2026
가스기능사
필기 무료동영상

예문사

무료 동영상 강의 이용 안내

STEP 1 네이버 카페 "가냉보열" 가입

- 좌측 QR 코드를 스캔하여 카페에 가입합니다.
- 카페 주소(https://cafe.naver.com/kos6370)를 직접 입력하거나, 네이버에서 "가냉보열"을 검색하셔도 됩니다.

STEP 2 도서인증 게시판 확인

- "권오수 저자 직강 무료 강의 수강 방법 안내" 글을 정독합니다.
- 각 강의별로 인증 가능한 도서가 다르게 운영되고 있으니, 원하시는 강의 게시판에 게시된 공지사항을 꼭 읽어보세요.

STEP 3 도서 구매인증 서식 작성

- "무료강의 도서인증" 해당 게시판에 구매 인증 글을 남깁니다.
- 도서 안쪽 첫 페이지에 자필로 카페 아이디를 적고 인증 사진을 촬영해주세요.

STEP 4 저자 직강 무료 강의 시청

- 카페 관리자가 승인하면 바로 시청이 가능합니다.
- 승인 가능한 시간은 평일 오전 8시~오후 5시이며, 주말 및 공휴일은 제외됩니다.

PREFACE
머리말

　석탄에서 기름, 기름에서 가스로 전환하면서 가스의 사용량이 너무 많아서인지 잊을 만하면 폭발사고가 연례행사처럼 발생하고 있다. 또한 산업현장에서, 가스보일러, 가스냉방 등 그 사용장소가 다양해지면서 가스의 안전관리에 대한 인식은 남녀노소의 구별이 없이 반드시 숙지해야만 되는 의무사항이 된 지 오래다.

　그래서 최근에는 각종 국가기술자격증 중 가스기사, 가스산업기사, 가스기능사, 가스기능장, 가스기술사에 도전하는 수험생을 주위에서 많이 볼 수 있다. 그중에서도 가장 기본이 되는 것이 가스기능사 자격증이므로 이 자격증 취득을 위해 공부하는 수험생들을 위해 「가스기능사 필기」 책을 기획하여 출간하게 되었다.

　본 저자는 이미 과거에도 고압가스기능사, 가스기사, 가스산업기사 등에 관한 기술서적을 저술하였고 최근에는 가스기능장 필기도 저술하여 독자에게 도움이 되고자 하였다. 누구든지 쉽게 1차 필기시험에 합격이 가능하도록 핵심이론과 과년도 기출문제를 위주로 구성하였기에 이 책을 구입하는 독자들께서 알찬 내용을 숙지하신다면 저자의 노고를 깊이 이해해 주시리라고 믿는다.

　끝으로 이 교재가 발간되도록 힘써 주신 도서출판 예문사 정용수 대표님께 감사드리며 마지막으로 편집부 직원 여러분들에게도 감사의 마음을 전한다.

저자 일동

INFORMATION
출제기준

직무 분야	안전관리	중직무 분야	안전관리	자격 종목	가스기능사	적용 기간	2025. 1. 1.~2028. 12. 31.

직무내용: 가스 시설의 운용, 유지관리 및 사고예방조치 등의 업무를 수행하는 직무이다.

필기검정방법	객관식	문제수	60	시험시간	1시간

필기과목명	문제수	주요항목	세부항목	세세항목
가스 법령 활용, 가스사고 예방·관리, 가스시설 유지관리, 가스 특성 활용	60	1. 가스 법령 활용	1. 가스제조 공급·충전	1. 고압가스 특정·일반제조시설 2. 고압가스 공급·충전시설 3. 고압가스 냉동제조시설 4. 액화석유가스 공급·충전시설 5. 도시가스 제조 및 공급시설 6. 도시가스 충전시설 7. 수소 제조 및 충전시설
			2. 가스저장·사용시설	1. 고압가스 저장·사용시설 2. 액화석유가스 저장·사용시설 3. 도시가스 저장·사용시설 4. 수소 저장·사용시설
			3. 고압가스 관련 설비 등의 제조·검사	1. 특정설비 제조 및 검사 2. 가스용품 제조 및 검사 3. 냉동기 제조 및 검사 4. 히트펌프 제조 및 검사 5. 용기 제조 및 검사
			4. 가스판매, 운반·취급	1. 가스 판매시설 2. 가스 운반시설 3. 가스 취급
			5. 가스관련법 활용	1. 고압가스안전관리법 활용 2. 액화석유가스의안전관리 및 사업법 활용 3. 도시가스사업법 활용 4. 수소경제육성 및 수소안전관리법률 활용
		2. 가스사고 예방·관리	1. 가스사고 예방·관리 및 조치	1. 사고조사 보고서 작성 2. 사고조사 장비 관리 3. 응급조치
			2. 가스화재·폭발예방	1. 폭발범위·종류 2. 폭발의 피해 영향·방지대책 3. 위험장소 및 방폭구조 4. 위험성 평가
			3. 부식·비파괴 검사	1. 부식의 종류 및 방식 2. 비파괴 검사의 종류

필기과목명	문제수	주요항목	세부항목	세세항목
		3. 가스시설 유지관리	1. 가스장치	1. 기화장치 및 정압기 2. 가스장치 요소 및 재료 3. 가스용기 및 저장탱크 4. 압축기 및 펌프 5. 저온장치
			2. 가스설비	1. 고압가스설비 2. 액화석유가스설비 3. 도시가스설비 4. 수소설비
			3. 가스계측기기	1. 온도계 및 압력계측기 2. 액면 및 유량계측기 3. 가스분석기 4. 가스누출검지기 5. 제어기기
		4. 가스 특성 활용	1. 가스의 기초	1. 압력 2. 온도 3. 열량 4. 밀도, 비중 5. 가스의 기초 이론 6. 이상기체의 성질
			2. 가스의 연소	1. 연소현상 2. 연소의 종류와 특성 3. 가스의 종류 및 특성 4. 가스의 시험 및 분석 5. 연소계산
			3. 고압가스 특성 활용	1. 고압가스 특성 및 취급 2. 고압가스의 품질관리·검사기준적용
			4. 액화석유가스 특성 활용	1. 액화석유가스 특성 및 취급 2. 액화석유가스의 품질관리·검사기준적용
			5. 도시가스 특성 활용	1. 도시가스 특성 및 취급 2. 도시가스의 품질관리·검사기준적용
			6. 독성가스 특성 활용	독성가스 특성 및 취급 독성가스 처리

CBT 전면시행에 따른

CBT PREVIEW

한국산업인력공단(www.q-net.or.kr)에서는 실제 컴퓨터 필기시험 환경과 동일하게 구성된 자격검정 CBT 웹 체험을 제공하고 있습니다. 또한, 예문사 홈페이지(http://yeamoonsa.com)에서도 CBT 형태의 모의고사를 풀어볼 수 있으니 참고하여 활용하시기 바랍니다.

수험자 정보 확인

시험장 감독위원이 컴퓨터에 나온 수험자 정보와 신분증이 일치하는지를 확인하는 단계입니다. 수험번호, 성명, 주민등록번호, 응시종목, 좌석번호를 확인합니다.

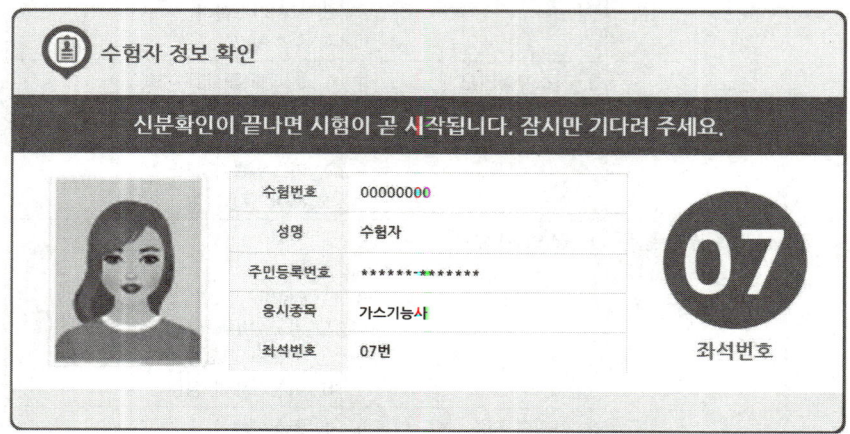

안내사항

시험에 관련된 안내사항이므로 꼼꼼히 읽어보시기 바랍니다.

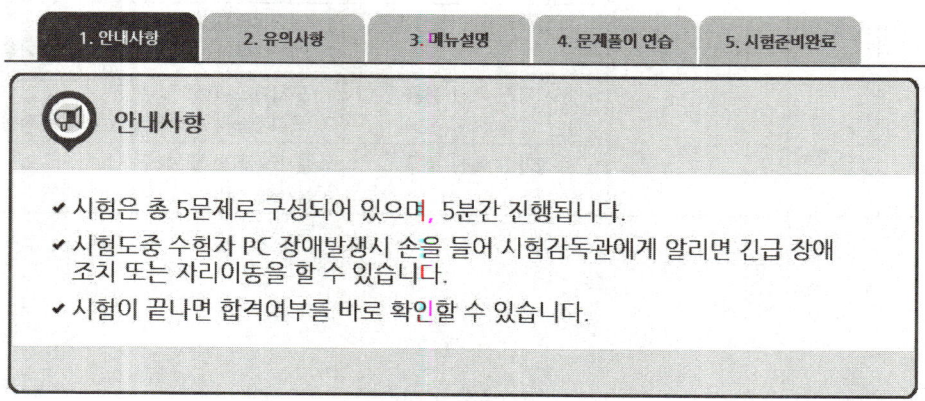

CRAFTSMAN GAS ■ ■ ■

 유의사항

부정행위는 절대 안 된다는 점, 잊지 마세요!

> 📢 유의사항 - [1/3]
>
> - 다음과 같은 부정행위가 발각될 경우 감독관의 지시에 따라 퇴실 조치되고, 시험은 무효로 처리되며, 3년간 국가기술자격검정에 응시할 자격이 정지됩니다.
>
>   ✓ 시험 중 다른 수험자와 시험에 관련한 대화를 하는 행위
>   ✓ 시험 중에 다른 수험자의 문제 및 답안을 엿보고 답안지를 작성하는 행위
>   ✓ 다른 수험자를 위하여 답안을 알려주거나, 엿보게 하는 행위
>   ✓ 시험 중 시험문제 내용과 관련된 물건을 휴대하여 사용하거나 이를 주고받는 행위
>
> (다음 유의사항 보기 ▶)

💻 문제풀이 메뉴 설명

문제풀이 메뉴에 대한 주요 설명입니다. CBT에 익숙하지 않다면 꼼꼼한 확인이 필요합니다.
(글자크기/화면배치, 전체/안 푼 문제 수 조회, 남은 시간 표시, 답안 표기 영역, 계산기 도구, 페이지 이동, 안 푼 문제 번호 보기/답안 제출)

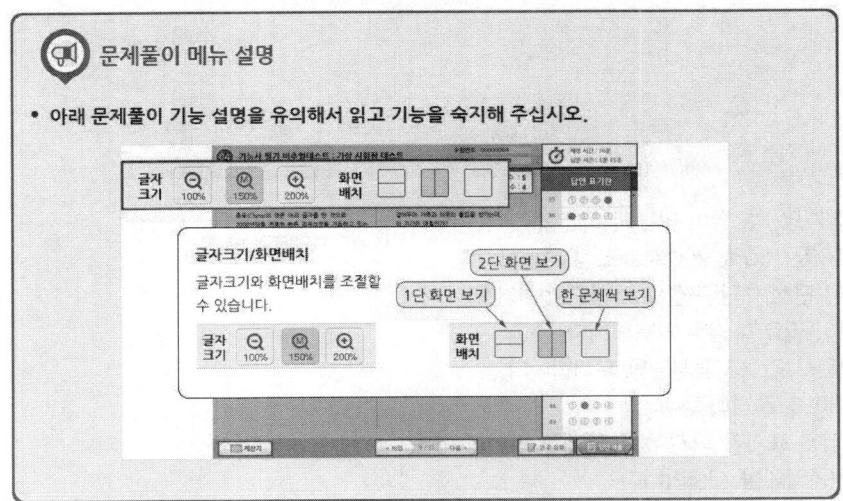

CBT PREVIEW 7

CBT 전면시행에 따른
CBT PREVIEW

🖥 시험준비 완료!

이제 시험에 응시할 준비를 완료합니다.

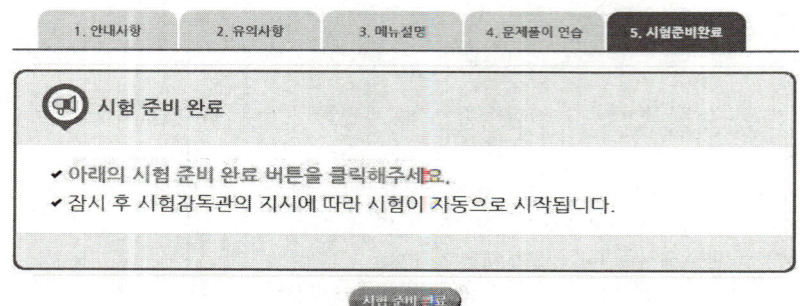

🖥 시험화면

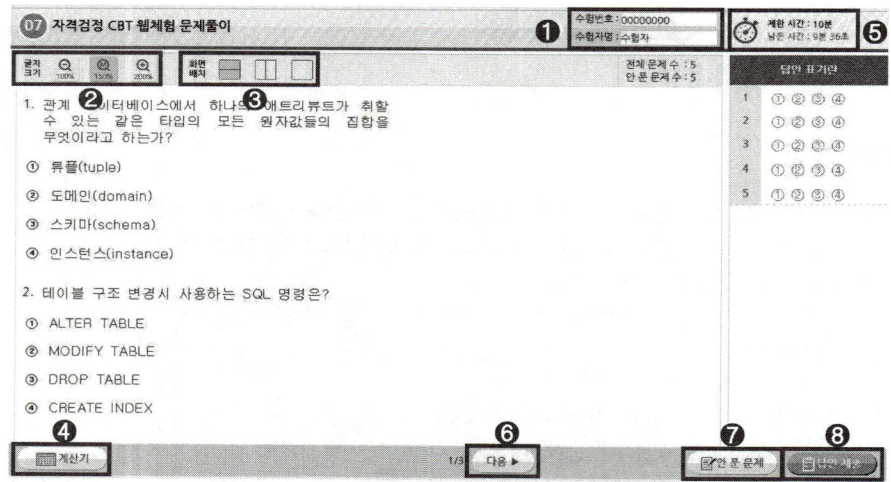

❶ 수험번호, 수험자명 : 본인이 맞는지 확인합니다.
❷ 글자크기 : 100%, 150%, 200%로 조정 가능합니다.
❸ 화면배치 : 2단 구성, 1단 구성으로 변경합니다.
❹ 계산기 : 계산이 필요할 경우 사용합니다.
❺ 제한 시간, 남은 시간 : 시험시간을 표시합니다.
❻ 다음 : 다음 페이지로 넘어갑니다.
❼ 안 푼 문제 : 답안 표기가 되지 않은 문제를 확인합니다.
❽ 답안 제출 : 최종답안을 제출합니다.

답안 제출

문제를 다 푼 후 답안 제출을 클릭하면 다음과 같은 메시지가 출력됩니다.
여기서 '예'를 누르면 답안 제출이 완료되며 시험을 마칩니다.

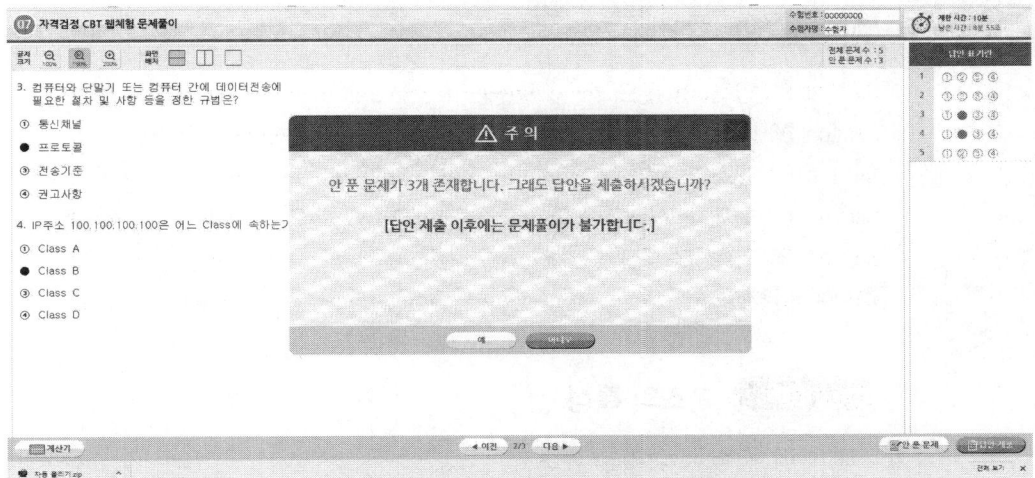

알고 가면 쉬운 CBT 4가지 팁

1. 시험에 집중하자.
　기존 시험과 달리 CBT 시험에서는 같은 고사장이라도 각기 다른 시험에 응시할 수 있습니다. 옆 사람은 다른 시험을 응시하고 있으니, 자신의 시험에 집중하면 됩니다.

2. 필요하면 연습지를 요청하자.
　응시자의 요청에 한해 시험장에서는 연습지를 제공하고 있습니다. 연습지는 시험이 종료되면 회수되므로 필요에 따라 요청하시기 바랍니다.

3. 이상이 있으면 주저하지 말고 손을 들자.
　갑작스럽게 프로그램 문제가 발생할 수 있습니다. 이때는 주저하며 시간을 허비하지 말고, 즉시 손을 들어 감독관에게 문제점을 알려주시기 바랍니다.

4. 제출 전에 한 번 더 확인하자.
　시험 종료 이전에는 언제든지 제출할 수 있지만, 한 번 제출하고 나면 수정할 수 없습니다. 맞게 표기하였는지 다시 확인해보시기 바랍니다.

CONTENTS 이책의 차례

제1편 가스 특성 활용

CHAPTER. 01 열역학 기초
- Section 01 압력 및 온도 ·· 2
- Section 02 가스 기본법칙 ·· 9
- Section 03 연소와 폭발 ·· 15
- Section 04 화재 ·· 19
- Section 05 가스연소계산 ·· 20
- 출제예상문제 ·· 26

CHAPTER. 02 가스의 특성
- Section 01 수소(Hydrogen, H_2) ··· 45
- Section 02 산소(Oxygen, O_2) ·· 46
- Section 03 질소(Nitrogen, N_2) ·· 47
- Section 04 희가스 ·· 48
- Section 05 염소(Chlorine, Cl_2) ·· 48
- Section 06 암모니아 ··· 49
- Section 07 일산화탄소(CO) ··· 50
- Section 08 이산화탄소(CO_2) ·· 51
- Section 09 LPG(Liquefied Petroleum Gas : 액화석유가스) ············· 52
- Section 10 LNG(Liquefied Natural Gas : 액화천연가스) ················· 53
- Section 11 메탄 ·· 54
- Section 12 에틸렌(Ethylene, C_2H_4) ··· 54
- Section 13 포스겐($COCl_2$) ·· 55
- Section 14 아세틸렌(Acetylene : C_2H_2) ·· 55
- Section 15 산화에틸렌(CH_2CH_2O) ··· 57
- Section 16 프레온(Freon) ·· 57
- Section 17 시안화수소(HCN) ·· 58
- Section 18 벤젠(Benzene, C_6H_6) ··· 59
- Section 19 황화수소 ··· 59

Section 20 이황화탄소(CS_2) ····· 59
Section 21 아황산가스(SO_2) ····· 60
출제예상문제 ····· 61

제2편 가스시설 유지관리

CHAPTER. 01 가스장치

Section 01 기화장치 ····· 82
Section 02 LPG 조정기(Regulator) ····· 83
Section 03 LNG 정압기(Governor) ····· 87
Section 04 연소기구 ····· 89
Section 05 펌프 ····· 94
Section 06 압축기 ····· 97
Section 07 금속재료 ····· 101
Section 08 금속가공의 열처리 ····· 104
Section 09 고압장치 ····· 105
Section 10 고압장치 요소 ····· 113
Section 11 가스 배관 ····· 117
출제예상문제 ····· 122

CHAPTER. 02 저온장치 및 반응기

Section 01 가스액화분리장치 및 재료 ····· 133
Section 02 고압반응장치 ····· 138
출제예상문제 ····· 141

CHAPTER. 03 가스설비

Section 01 LP 가스 이송장치 ····· 147
Section 02 LP 가스 공급 방식 ····· 150

CONTENTS 이책의 차례

Section 03 도시가스 이송장치 및 부취제 ············ 153
Section 04 도시가스의 부취제 ············ 156
Section 05 가스미터(Gas Meter)의 목적 ············ 160
출제예상문제 ············ 163

CHAPTER. 04 가스시설 유지관리

Section 01 압력계 측정 ············ 168
Section 02 온도 측정 ············ 171
Section 03 유량 측정 ············ 175
Section 04 액면의 측정 ············ 178
Section 05 가스분석법 ············ 180
Section 06 가스 분석계 ············ 187
Section 07 가스 검지법 ············ 189
Section 08 가스누설검지 경보장치 ············ 191
Section 09 제어동작에 의한 분류 ············ 192
출제예상문제 ············ 194

제3편 가스 법령 활용 및 안전관리

CHAPTER. 01 고압가스법 / 204
출제예상문제 ············ 223

CHAPTER. 02 액화석유가스법 / 243
출제예상문제 ············ 255

CHAPTER. 03 도시가스사업법 / 264
출제예상문제 ············ 272

CHAPTER. 04 고압가스 통합고시 요약 / 279

출제예상문제 ·· 312

부록 1 과년도 기출문제

2011년	2월 13일 시행 ··	324
	4월 17일 시행 ··	332
	7월 31일 시행 ··	340
	10월 9일 시행 ··	349
2012년	2월 12일 시행 ··	357
	4월 8일 시행 ··	365
	7월 22일 시행 ··	373
	10월 20일 시행 ··	382
2013년	1월 27일 시행 ··	390
	4월 14일 시행 ··	398
	7월 21일 시행 ··	407
	10월 12일 시행 ··	416
2014년	1월 26일 시행 ··	425
	4월 6일 시행 ··	434
	7월 20일 시행 ··	443
	10월 11일 시행 ··	452
2015년	1월 25일 시행 ··	461
	4월 4일 시행 ··	470
	7월 19일 시행 ··	479
	10월 10일 시행 ··	488
2016년	1월 24일 시행 ··	497
	4월 2일 시행 ··	506
	7월 10일 시행 ··	515

CONTENTS 이책의 차례

부록 2 CBT 실전모의고사

- 제1회 CBT 실전모의고사 ····· 526
  - 정답 및 해설 ····· 538
- 제2회 CBT 실전모의고사 ····· 542
  - 정답 및 해설 ····· 555
- 제3회 CBT 실전모의고사 ····· 559
  - 정답 및 해설 ····· 571
- 제4회 CBT 실전모의고사 ····· 575
  - 정답 및 해설 ····· 587
- 제5회 CBT 실전모의고사 ····· 590
  - 정답 및 해설 ····· 602
- 제6회 CBT 실전모의고사 ····· 606
  - 정답 및 해설 ····· 618
- 제7회 CBT 실전모의고사 ····· 622
  - 정답 및 해설 ····· 635
- 제8회 CBT 실전모의고사 ····· 639
  - 정답 및 해설 ····· 652

[중요 가연성 가스의 폭발범위 하한치와 상한치]

가스명	화학식	폭발범위 하한치~폭발범위 상한치	가스명	화학식	폭발범위 하한치~폭발범위 상한치
아세틸렌	C_2H_2	2.5~81%	메탄	CH_4	5~15%
산화에틸렌	C_2H_4O	3~80%	프로판	C_3H_8	2.1~9.5%
수소	H_2	4~75%	부탄	C_4H_{10}	1.8~8.4%
일산화탄소	CO	12.5~74%	암모니아	NH_3	15~28%
부롬화메탄	CH_3Br	13.5~14.5%	에틸렌	C_2H_4	2.7~36%
시안화수소	HCN	6~41%	벤젠	C_6H_6	1.3~7.9%
이황화탄소	CS_2	1.25~44%	염화메탄	CH_3Cl	8.3~18.7%
에탄	C_2H_6	3~12.5%	황화수소	H_2S	4.3~45%

폭발범위가 넓을수록 위험한 가스이다.
"아세틸렌가스의 경우"

$$위험도(H) = \frac{81\% - 2.5\%}{2.5\%} = 31.4 (수치가 클수록 위험하다.)$$

[TLV-TWA 기준 중요 독성가스의 허용농도]

가스명	화학식	허용농도(PPM)	가스명	화학식	허용농도(PPM)
포스겐	$COCl_2$	0.1	황화수소	H_2S	10
오존	O_3	0.1	시안화수소	HCN	10
불소	F_2	0.1	벤젠	C_6H_6	10
브롬	Br	0.1	브롬화메탄	CH_3Br	20
인화수소	PH_3	0.3	암모니아	NH_3	25
염소	Cl_2	1	일산화질소	NO	25
불화수소	HF	3	산화에틸렌	C_2H_4O	50
염화수소	HCl	5	일산화탄소	CO	50
아황산가스	SO_2	5	염화메탈	CH_3Cl	100

독성가스의 허용농도가 200ppm 이하인 가스는 독성가스이며 독성허용농도가 적은 수치일수록 독성이 많은 가스이다.(예 포스겐 가스)

가스기능사 필기
CRAFTSMAN GAS

PART 01

가스 특성 활용

CHAPTER 01 | 열역학 기초
CHAPTER 02 | 가스의 특성

CHAPTER 01 열역학 기초

SECTION 01 압력 및 온도

1. 압력(Pressure)

(1) 압력의 정의

용기나 관 등의 벽에 수직으로 작용하는 힘, 즉 단위면적당 작용하는 힘의 정도이다.

$$P(압력) = \frac{F(힘, N)}{A(면적, m^2)}$$

(2) 압력의 단위 및 종류

① **표준대기압(atm)** : 지구상의 표면에 작용하는 압력(토리첼리의 진공 수은 76cm)을 말한다.

$$1기압(atm) = 760mmHg = 76cmHg = 10.332mH_2O = 30inHg$$
$$= 14.7\,lb/in^2(psi) = 1.0332kg/cm^2 = 1.013bar$$
$$= 0.101325MPa = 101.325kPa$$

② **게이지압력(Gauge Pressure)** : 대기압을 0으로 측정한 압력(예 $kgf/cm^2 \cdot G$)을 말한다.

③ **절대압력(Absolute Pressure)** : 완전 진공상태의 압력(예 $kgf/cm^2 \cdot abs$, $kgf/cm^2 \cdot a$)을 말한다.

$$\begin{cases} 절대압력 = 대기압 + 게이지압력 \\ 절대압력 = 대기압 - 진공압 \end{cases}$$

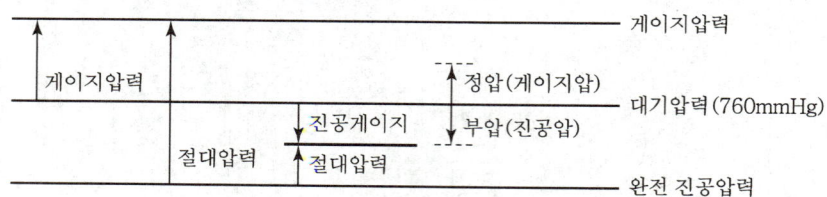

∥ 게이지압력과 절대압력 ∥

> **Reference**
> 1. 절대압력 단위 뒤에는 abs(absolute) 또는 a를 표시한다.
> 2. 절대압력 기호의 표시가 없으면 게이지압력으로 본다.

④ **진공압** : 대기압보다 낮은 압력(cmHgV)

$$진공 절대압 = 대기압 - 진공압$$

⑤ cmHgV에서 kg/cm² · a로 구할 때

$$P = \left(1 - \frac{h}{76}\right) \times 1.0332$$

여기서, P : 절대압력, h : 진공압력

2. 온도

(1) 섭씨온도(Celsius : ℃)

물의 어는점을 0℃, 끓는점을 100℃로 100등분하여 사용하는 온도를 말한다.

(2) 화씨온도(Fahrenheit : °F)

물의 어는점을 32°F, 끓는점을 212°F로 180등분하여 사용하는 온도를 말한다.

$$t\,℃ = \frac{5}{9}(°F - 32)$$

$$t\,°F = \frac{9}{5}t\,℃ + 32$$

(3) 절대온도(Absolute temperature)

역학적으로 분자의 운동에너지가 정지(0)상태의 온도를 말한다.

$$K(Kelvin) = 273 + t\,℃$$
$$°R(Rankine) = 460 + t\,°F$$

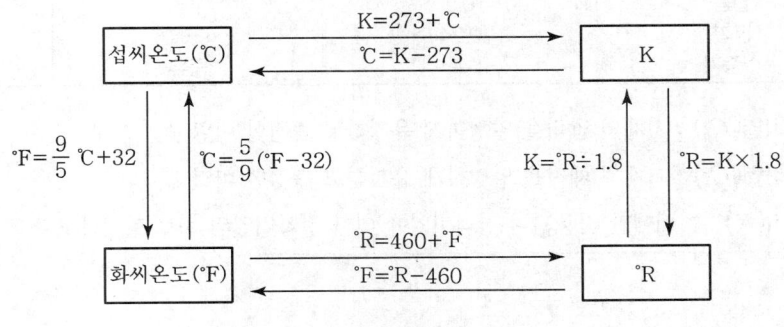

‖ 온도의 비교 관계 ‖

> **Reference**
> 물의 빙점 온도 : 273K = 0℃ = 32°F = 492°R

3. 열량(Heat)

(1) 열량 단위

① 1kcal : 대기압에서 물 1kg의 온도를 1℃ 올리는 데 필요한 열량
② 1BTU : 대기압에서 물 1 lb의 온도를 1°F 올리는 데 필요한 열량
③ 1CHU : 대기압에서 물 1 lb의 온도를 1℃ 올리는 데 필요한 열량

▼ 열량단위의 비교

kcal	BTU	CHU
1	3.968	2.205
0.252	1	0.556
0.4536	1.8	1

(2) 열용량(Heat Capacity Thermal)

어떤 물질의 온도를 1℃ 올리는 데 필요한 열량을 말한다.

$$\text{열용량}(H) = \text{물질의 질량}(G) \times \text{비열}(\text{kcal/kg} \cdot \text{℃})$$

(3) 비열(Specific Heat)

어떤 물질 1kg의 온도를 1℃ 올리는 데 필요한 열량(kcal/kg · ℃, kJ/kg · ℃)을 말한다.

▼ 물질의 비열

물질명	비열(kcal/kg · ℃)	물질명	비열(kcal/kg · ℃)
물	1	알루미늄	0.24
얼음	0.5	구리	0.094
공기	0.24	바닷물	0.94
수증기	0.44	중유	0.45

① 정압비열(C_p) : 기체의 압력을 일정하게 유지하고 측정한 비열
② 정적비열(C_v) : 기체의 체적을 일정하게 유지하고 측정한 비열
③ 비열비(K) : 기체에만 적용되며 정적비열에 대한 정압비열의 비로 항상 1보다 크다.

$$K = \frac{C_p}{C_v} > 1$$

(4) 현열과 잠열

① 현열(감열, Sensible Heat) : 어떤 물질이 상태변화가 생기지 않고 온도변화만 일으키는 열

$$Q_s = G \cdot C \cdot \Delta t$$

여기서, Q_s : 현열량(kcal), G : 물질의 무게(kg)
C : 물질의 비열(kcal/kg · ℃, kJ/kg · ℃), Δt : 온도차(℃)

② 잠열(Latent Heat) : 어떤 물질이 온도 변화가 생기지 않고 상태만 변화를 일으키는 열

$$Q_L = G \cdot r$$

여기서, Q_L : 잠열량(kcal)
　　　　G : 물질의 무게(kg)
　　　　r : 물질의 잠열(kcal/kg, kJ/kg)

Reference

1. 얼음의 융해잠열 : 79.68kcal/kg ≒ 80kcal/kg(335kJ/kg)
2. 물의 증발잠열 : 539kcal/kg(2,257kJ/kg)

③ 물의 상태변화에 의한 현열과 잠열

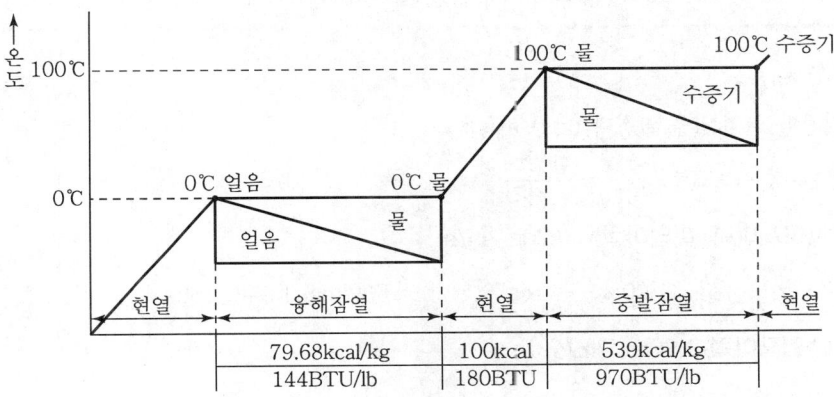

∥ 물의 상태 ∥

(5) 열효율 산출방법

$$열효율(\%) = \frac{유효하게\ 사용된\ 열량(\text{output})}{전소비열량(\text{input})} \times 100 = \frac{CG\Delta t}{Q \times W} \times 100$$

여기서, C : 물질의 비열(kcal/kg · ℃, kJ/kg · ℃)
　　　　G : 물질의 질량(kg)
　　　　Δt : 온도차(℃)
　　　　Q : 연료가스 발열량(kcal/m³, kcal/kg)
　　　　W : 연료가스 소비량(m³, kg)

Reference

1. 가스기구가 단위시간에 소비하는 열량을 Input(kcal/hr)이라 한다.
2. 가스기구가 가열하는 목적물에 유효하게 주어진 열량을 Output(kcal/hr)이라 한다.

4. 일과 동력

(1) 일(Work)

물체가 힘의 방향으로 이동한 거리를 말한다.(단위 : kgf · m)

① 1erg : 1dyne의 힘이 작용물체에 1cm의 변위에 해당하는 일

∴ 1erg = 1dyne × 1cm

② 1Joule : 1N(뉴턴)의 힘이 작용물체에 1m의 변위에 해당하는 일

∴ 1Joule = 1N × 1m = 10^5dyne × 10^2cm = 10^7erg

∴ 1kgf · m = 1kg × 9.807m/sec^2 × 1m = 9.807N

> **Reference**
>
> 1Joule = 1W/sec, 1Watt : 1Ω의 저항에 1A(암페어)가 흘러서 소비되는 전류

(2) 동력(Power)

단위시간당 일의 양을 말한다.(kg · m/s)

∴ 동력 = 힘 × 속도 = $\frac{일}{시간}$ = $\frac{힘 × 거리}{시간}$

① 1PS(국제마력, 미터마력) : 75kg · m/s

= 75kg · m/s × 3,600 × $\frac{1}{427}$ kcal/kg · m = 632kcal/hr = 0.736kW

② 1HP(영국마력) : 76kg · m/s

= 76kg · m/s × 3,600 × $\frac{1}{427}$ kcal/kg · m = 641kcal/hr = 0.746kW

③ 1kW : 102kg · m/s

= 102kg · m/s × 3,600 × $\frac{1}{427}$ kcal/kg · m = 860kcal/hr = 1.36PS = 1.34HP

▼ 일과 동력의 환산표

kW	영국마력(HP)	미터마력(PS)	kg · m/s	kcal/hr
1	1.34	1.36	102	860
0.746	1	1.0144	76	641
0.736	0.986	1	75	632

5. 열역학 법칙

(1) 열역학 제0법칙(열평형 법칙)

물체의 고온과 저온에서 마침내 열평형을 이룬다는 법칙이다.

$$평균온도(℃) = \frac{G_1 \cdot C_1 \cdot \Delta t_1 + G_2 \cdot C_2 \cdot \Delta t_2}{G_1 \cdot C_1 + G_2 \cdot C_2}$$

여기서, $G_1 \cdot G_2$: 물질의 무게(kg)
$C_1 \cdot C_2$: 물질의 비열(kcal/kg℃)
$\Delta t_1, \Delta t_2$: 온도차(℃)

(2) 열역학 제1법칙(에너지 보존법칙)

일은 열로, 열은 일로 교환할 수 있다는 법칙이다.

$$Q = A \cdot W (A : 일의\ 열당량 = \frac{1}{427} kcal/kg \cdot m)$$
$$W = J \cdot Q (J : 열의\ 일당량 = 427 kg \cdot m/kcal)$$

📖 **Reference** 일과 열량 관계

$$1kW = 102 kg \cdot m/s \times \frac{1}{427} kcal/kg \cdot m \times 3,600 s/h = 860 kcal/h = 3,600 kJ/h$$

(3) 열역학 제2법칙(에너지 흐름법칙)

일은 열로 바꿀 수 있지만 열은 일로 변하기 어렵다는 법칙이다.
① 클라우시우스(Clousius) 표현 : 저온에서 고온으로 이동할 수 없다.
② 켈빈(Kelvin – Plak) 표현 : 마찰 등의 손실은 회수하기 어렵다.(저온의 물체 필요)

(4) 열역학 제3법칙

절대온도 0도에 이르게 할 수 없다는 법칙이다.

6. 밀도, 비중량, 비체적, 비중

(1) 밀도(Density : ρ)

단위 체적이 갖는 질량을 말을 말한다.(단위 : kg/m^3)

$$\rho(밀도) = \frac{m(질량)}{V(체적)}$$
$$\therefore 기체의\ 밀도(d) = \frac{기체\ 분자량(M)}{22.4L}$$

(2) 비중량(Specific Weight : γ)

단위 체적이 갖는 중량을 말한다.(단위 : kg/m^3)

$$\gamma(비중량) = \frac{G(중량)}{V(체적)}$$

> **Reference**
>
> 1atm(기압) 4℃ 때의 순수한 물의 비중량은 절대단위로 $\gamma = 9,800 \text{N/m}$, 중력단위로 $\gamma = 1,000 \text{kgf/m}^3$, 즉 물 $1,000 \text{kg/m}^3 = 1 \text{ton/m}^3$

(3) 비체적(Specific Volume : V)

밀도의 역수로 단위중량 또는 질량이 차지하는 체적을 말한다.

$$V(\text{비체적}) = \frac{\text{체적}}{\text{중량}} = \frac{1}{\gamma}$$

$$\therefore \text{기체의 비체적 } V = \frac{22.4 \text{L}}{M(\text{분자량})}$$

(4) 비중(Specific Gravity : S)

물 4℃의 무게와 같은 체적을 갖는 어떤 물질의 무게비로 무차원이다.

$$S(\text{비중}) = \text{물질의 밀도}/4℃ \text{ 때의 물의 밀도}$$

$$\therefore \text{기체의 비중} = \text{분자량}/29(\text{공기분자량})$$

> **Reference**
>
> 1. 물의 비중량 1로 본다.(S_w(물비중) = 1)
> 2. 수은 비중 = 13.6
> 3. 경금속 : 비중이 4 이하인 금속 K, Mg, Ca 등
> 4. 중금속 : 비중이 4 이상인 금속 Cu, Pb 등

7. 엔탈피와 엔트로피

(1) 엔탈피(Enthalpy : kcal/kg)

자연계의 내부에너지와 외부에너지의 합을 말한다.(총에너지)

$$H = u + APV$$

여기서, H : 엔탈피(kcal/kg, kJ/kg)
u : 내부 에너지(kcal/kg)
A : 일의 열당량(kcal/kg·m)
P : 압력(kg/cm²)
V : 비체적(m³/kg)

(2) 엔트로피(Entropy : kcal/kg)

총에너지를 그때의 절대온도로 나눈 값을 말한다.

$$ds = \frac{dQ}{T}$$

여기서, ds : 엔트로피(kcal/kg·K)
dQ : 변화된 총열량(kcal/kg)
T : 절대온도(K)

> **Reference**
> 1. 0℃의 포화액의 엔트로피는 1kcal/kg·K이다.
> 2. 열출입이 없는 단열변화의 경우 엔트로피의 증감은 없다.
> 3. 엔트로피는 가역과정에서는 불변이고 비가역과정에서는 증가한다.

SECTION 02 가스 기본법칙

1. 원자와 분자

(1) 원자

물질을 구성하고 있는 최소의 입자를 말한다.
① **원자의 구성** : 원자핵, 중성자, 전자로 구성되어 있다.
② **원자량** : $^{12}_{6}C$(탄소) 원자량 12로 기준하여 비교한 질량비를 말한다.
③ 질량=원자번호(양성자수)+중성자수
④ **듀롱프티 법칙(고체물질의 원자량 측정)** : 원자량은 고유의 값을 비열로 나눈 값과 같다.

$$\text{금속 원자량} = \frac{6.4}{\text{비열}}$$

※ 텅스텐의 비열이 $0.035cal/g$이므로 원자량=6.4/0.035=182.85g

⑤ 원자에 대한 기본법칙
  ㉠ 질량불변의 법칙 : 물질의 화학적 반응에서는 질량은 보존된다.
  ㉡ 일정성분비의 법칙 : 물질의 화학적 반응에서 각 원소의 비는 일정한 비가 성립한다.
  ㉢ 배수비례 법칙 : 화학적 반응에서 화합물 구성 원소비는 일정한 배수가 존재한다.

(2) 분자

물질의 특성을 가진 최소의 입자로, 원자가 모여 안정화된 분자로 나타낸다.
① **분자량** : 구성 원자량의 합을 말한다.
② 분자는 고유의 화학적 성질을 가진다.

③ 분자의 구분
   ㉠ 단원자분자 : 헬륨, 네온, 아르곤
   ㉡ 이원자분자 : 산소, 수소, 질소
   ㉢ 삼원자분자 : 오존, 물, 이산화탄소

(3) 몰(mol) 개념

화학식량에 해당하는 값(g)으로, 물질단위 구분을 위한 단위군임

① **아보가드로 법칙** : 일정온도·압력하에서 모든 기체분자는 같은 수의 분자가 존재, 즉 0℃, 1atm 모든 기체 1mol의 부피는 22.4L이고 분자수는 6.02×10^{23}개가 존재한다.

② **기체의 법칙** : 표준상태(0℃, 1atm)에서 모든 기체 1mol의 부피는 22.4L이고, 22.4L 속에 존재하는 분자수는 6.02×10^{23}개가 존재한다.

$$n\ 몰(\text{mol}) = \frac{W(질량)}{M(분자량)} = \frac{V(부피)}{22.4\text{L}} = \frac{분자수}{6.02 \times 10^{23}}(개)$$

> **Reference**
>
> 몰(mol)비 = 부피비(V%) = 분자수비

2. 기체의 성질

(1) 이상(완전) 기체의 성질

① 기체분자 상호 간에 작용하는 인력, 크기, 충돌을 무시한 완전한 탄성기체로 이루어진다.
② 보일-샤를 법칙에 완전 적용한다.
③ 온도에 관계없이 비열비($K = \dfrac{C_p}{C_v}$)가 일정하다.
④ 내부 에너지는 부피에 관계없이 온도에서만 결정되므로, 줄(Joule) 법칙이 성립된다.
⑤ 아보가드로 법칙에 따른다.

(2) 이상기체 법칙

① **보일 법칙(Boyle's Low)** : 일정온도에서 압력과 부피는 서로 반비례한다.

$$P_1 V_1 = P_2 V_2$$

여기서, P_1 : 변하기 전의 압력(atm), P_2 : 변한 후의 압력(atm)
V_1 : 변하기 전의 부피, V_2 : 변한 후의 부피

② **샤를의 법칙(Charle's Law)** : 일정압력에서 부피는 절대온도에 서로 비례한다.

$$\frac{V_1}{T_1} = \frac{V_2}{T_2}$$

여기서, T_1 : 변하기 전의 절대온도
T_2 : 변한 후의 절대온도
V_1 : 변하기 전의 부피
V_2 : 변한 후의 부피

③ 보일-샤를의 법칙 : 기체의 부피와 압력은 서로 반비례하고 절대온도에 정비례한다.

$$\frac{P_1 V_1}{T_1} = \frac{P_2 V_2}{T_2}$$

(3) 이상기체 상태방정식

보일-샤를의 법칙과 아보가드로 법칙을 결합하여 온도, 압력, 부피 관계를 나타낸 상태식이다.

$$PV = nRT$$

여기서, $n = \frac{W}{M}$, n : 몰수, W : 질량, M : 분자량

$$PV = \frac{W}{M} RT$$

여기서, P : 절대 압력
V : 기체 부피
T : 절대 온도
R : 기체상수(0.082L · atm/mol · K)

> **Reference** 기체상수 R의 값
>
> 단위의 선택방법에 따라 다음과 같이 변한다.
> $PV = nRT$에서
> 1. $R = \frac{PV}{nT} = \frac{1\text{atm} \times 22.4\text{L}}{1\text{mol} \times 273\text{K}} = 0.08205 \frac{\text{L} \cdot \text{atm}}{\text{mol} \cdot \text{K}}$
> 2. $R = \frac{PV}{nT} = \frac{1.0332 \times 10^4 \text{kg/m}^2 \times 22.4\text{m}^3}{1\text{kmol} \times 273\text{K}} = 848 \frac{\text{kg} \cdot \text{m}}{\text{kmol} \cdot \text{K}}$
> 3. $R = 848 \frac{\text{kg} \cdot \text{m}}{\text{kmol} \cdot \text{K}} \times \frac{1\text{kcal}}{427\text{kg} \cdot \text{m}} = 1.986 \frac{\text{kcal}}{\text{kmol} \cdot \text{K}}$
> 4. $R = \frac{PV}{nT} = \frac{1.01325 \times 10^6 \text{dyne/cm}^2 \times 22.4 \times 10^3 \text{cm}^3}{1\text{mol} \times 273\text{K}} = 8.314 \times 10^7 \frac{\text{erg}}{\text{mol} \cdot \text{K}}$
> 5. $R = 8.314 \frac{\text{Joule}}{\text{mol} \cdot \text{K}}$
> 6. 압축계수 Z 경우 상태식 : $PV = ZnRT$

(4) 실제 기체의 상태방정식

$$1\text{mol} = \left(\frac{P+a}{V^2}\right)(V-b) = RT$$

$$n\text{mol} = \left(\frac{P+n^2 a}{V^2}\right)(V-nb) = nRT$$

여기서, P : 압력(atm)
V : 체적(L)
a : 기체의 종류에 따른 정수로 반데르발스 정수($L^2 \cdot atm/mol^2$)
b : 기체의 종류에 따른 정수로 반데르발스 정수(L/mol)
R : 기체상수($L \cdot atm/mol \cdot K$)
T : 절대온도(K)
$\frac{a}{V^2}$: 기체분자 간의 인력
b : 기체 자신이 차지하는 부피

▼ 반데르발스 정수

종류	$a(L^2 \cdot atm/mol^2)$	b(L/mol)
Ar	1.35	3.23×10^{-2}
H_2	0.245	2.67×10^{-2}
N_2	1.39	3.91×10^{-2}
O_2	1.36	3.19×10^{-2}
CH_4	2.26	4.30×10^{-2}
CO_2	3.60	4.28×10^{-2}
NH_3	4.17	3.72×10^{-2}

▼ 이상기체와 실제기체의 비교

구분	이상기체	실제기체
분자크기	질량은 있으나 부피가 없다.	기체에 따라 다르다.
분자 간의 인력	없다.(반발력도 없다.)	있다.
보일-샤를의 법칙	완전히 적용된다.	근사적으로 적용된다.
-273℃(0K)	기체의 부피는 0이다.	응고되어 고체이다.
고압, 저온상태	액화, 응고되지 않는다.	액화, 응고된다.

> **Reference**
>
> 실제기체 중에서도 수소, 질소, 산소, 헬륨 등과 같이 비등점이 낮은 물질은 비교적 온도가 높고 압력이 낮은 상태에서는 이상기체에 가까운 행동을 한다.
> 즉, 분자의 밀도가 아주 낮은 상태이기 때문이다.

(5) 돌턴(Dolton)의 분압 법칙

전체의 압력은 각 성분의 분압의 합과 같다.

$$P(전압) = P_a + P_b + P_c + \cdots$$

$$분압(P_a) = 전압(P) \times \frac{성분기체몰수}{전몰수}$$

여기서, P_a, P_b, P_c : 성분기체의 분압

> **Reference**
>
> $$\frac{성분기체몰수}{전몰수} = \frac{성분기체부피비}{전부피} = \frac{성분기체수}{전분자수}$$
>
> 즉, 몰% = 부피% = 분자수%

(6) 그레이엄의 기체확산속도 법칙

기체의 분자가 공간을 퍼져나가는 현상을 확산이라 하며, 기체확산속도는 일정한 온도와 압력하에서 그 기체의 분자량의 제곱근에 반비례한다.

$$\frac{U_b}{U_a} = \sqrt{\frac{M_a}{M_b}} = \frac{T_a}{T_b}$$

여기서, U_a, U_b : A, B 각 성분의 기체확산속도
M_a, M_b : A, B 각 성분의 기체분자량
T_a, T_b : A, B 각 성분의 기체확산시간

(7) 헨리의 용해도(Henry의 법칙)

용해도가 크지 않은 기체의 용해도는 일정온도에서 일정 용매에 용해되는 기체의 질량은 압력에 정비례한다.

> **Reference**
>
> 1. 헨리법칙 적용 기체 : H_2, O_2, N_2, CO_2 등
> 2. 적용 제외 : NH_3, HCl, H_2S 등

(8) 증기압 법칙(Raoult의 법칙)

휘발성분의 증기압은 용액을 구성하는 각 성분 증기압의 몰분율에 비례한다.

$$P_A = P_a \times X_a \qquad P_B = P_b \times X_b \qquad P = P_A + P_B$$

여기서, P_a, P_b : A, B 각 성분의 고유 증기압
X_a, X_b : A, B 각 성분 몰분율(V%)
P_A, P_B : A, B 각 성분 증기압
P : 전 증기압

> **Reference** 임계(Critical)온도, 압력
> 1. 액화할 수 있는 최고의 온도는 임계온도, 액화할 수 있는 최저의 압력은 임계압력이다.
> 2. 기체가 액화되기 쉬운 조건은 임계온도는 낮추고, 임계압력은 높인다.

3. 화학반응

(1) 반응열(Heat of Reaction)

모든 화학반응이 진행될 때 반응물질과 생성물질의 엔탈피의 차로 인하여 흡수하거나 방출하는 열량을 반응열이라 한다.

>>> **화학반응열의 종류**
① 반응열 : 어떤 물질 1mol이 반응할 때 발생 또는 흡수하는 열을 말함
② 생성열 : 어떤 물질 1mol이 화학반응하여 생성할 때 발생 또는 흡수하는 열을 말함
③ 연소열 : 가연 물질 1mol이 연소할 때 발생하는 열을 말함

(2) 총열량 불변의 법칙

최초의 반응물질 종류와 상태가 같고 최종의 생성물질의 종류와 상태만 결정되면 반응경로에 관계없이 출입하는 열량은 항상 같다.

① $C + O_2 \longrightarrow CO_2 + 94.1 kcal$

② $C + \frac{1}{2} O_2 \longrightarrow CO + 26.5 kcal$

③ $CO + \frac{1}{2} O_2 \longrightarrow CO_2 + 67.6 kcal$

즉, ①=②+③의 총열량은 같다.

(3) 화학평형

화학반응에 영향을 주는 인자는 온도, 농도, 압력으로 대별된다. 또한 화학반응은 정지되지 않고 정반응과 역반응속도가 같아지도록 이루어지는 형태를 화학평형이라 한다.

1) 평형상수

화학평형에서 반응물질과 생성물질의 농도의 비는 일정하다. 이 값을 평형상수라 한다.

$$aA + bB \underset{V_1}{\overset{V_2}{\rightleftarrows}} cC + dD$$

① 정반응속도 $V_1 = K_1 [A]^a [B]^b$

② 역반응속도 $V_2 = K_2 [C]^c [D]^d$

③ 평형상태에서는 $V_1 = V_2$ 이므로
   $K_1 [A]^a [B]^b = K_2 [C]^c [D]^d$

∴ K(평형상수) $= \dfrac{K_1}{K_2} = \dfrac{[C]^c[D]^d}{[A]^a[B]^b}$

∴ K_1, K_2는 온도가 변함에 따라 정해지는 비례상수이다.

2) 평형이동의 법칙(르샤틀리에의 법칙)

반응이 평형상태에 있을 때 농도, 온도, 압력 등의 평형조건을 변동시키면 그 변화를 없애고자 하는 방향으로 새로운 평형에 도달한다. 이것을 르 샤틀리에의 법칙이라 한다.

SECTION 03 연소와 폭발

1. 연소(Burning)

(1) 연소

가연성 물질이 공기 중의 산소와 결합하여 열과 빛을 발생하는 급격한 산화현상을 말한다.

(2) 연소의 3요소

연소의 요인은 가연성 물질과 연소를 돕는 조연성 가스인 산소와 불씨를 말하는 점화원으로 구분할 수 있다.

> **Reference** 연소의 3요소
>
> 가연성 물질, 조연성 가스, 점화원

(3) 연소의 종류
 ① 확산연소 : 수소, 아세틸렌 등과 같이 가연성 가스가 공기 분자가 서로 확산에 의하여 혼합되면서 연소하는 형태
 ② 증발연소 : 알코올, 에테르 등의 가연성 액체에서 생긴 증기에 착화하여 연소하는 형태
 ③ 분해연소 : 종이, 석탄 등의 고체가 연소하면서 열분해 가연성 가스를 수반하여 연소하는 형태
 ④ 표면연소 : 숯, 석탄, 금속분 등은 고체 표면에서 공기와 접촉한 부분에서 착화되어 연소하는 형태
 ⑤ 자기연소 : 산화에틸렌, 에스테르 등 자체 산소가 있어 산소 없이 연소하는 형태

2. 폭발(Explosion)

(1) 폭발

급격한 압력의 발생 또는 해방의 결과로 대단히 빠르게 연소를 진행하여 파열되거나 팽창의 결과로 열팽창과 동시에 매우 큰 파괴력을 일으키는 현상을 말한다.

(2) 폭발의 종류

① 화학적 폭발 : 폭발성 혼합가스에 점화 등으로 화학적 반응에 의한 폭발
② 압력의 폭발 : 압력용기의 폭발 또는 보일러 팽창탱크 폭발
③ 분해폭발 : 가압에 의해서 단일가스로 분리 폭발(산화에틸렌, 아세틸렌 등)
④ 중합폭발 : 중합반응에 의한 중합열에 의해 폭발(시안화수소 등)
⑤ 촉매폭발 : 직사일광 등 촉매의 영향으로 폭발(수소, 염소 등)
⑥ 분진폭발 : 분진입자의 충돌, 충격 등에 의한 폭발(Mg, Al)

3. 가스의 폭발

(1) 발생 원인

온도, 압력, 가스의 조성, 용기의 크기 등으로 대별된다.

(2) 인화점과 발화점(착화점)

① 인화점 : 점화원을 가까이하여 연소가 일어나는 최저온도를 말한다.
② 발화(착화)점 : 점화원 없이 스스로 연소가 일어나는 최저온도를 말한다.

(3) 발화지연

가열을 시작하여 발화온도에 이르는 시간을 말한다.

> **Reference** 발화지연이 짧아지는 요인
>
> 1. 고온, 고압일수록
> 2. 가연성 가스와 산소의 혼합비가 완전산화에 가까울수록

(4) 발화(착화)점에 영향을 주는 인자

① 가연성 가스와 공기의 혼합비
② 발화가 생기는 공간의 형태와 크기
③ 가열속도와 지속시간
④ 기벽의 재질과 촉매효과
⑤ 점화원의 종류와 에너지 투여

(5) 가스온도가 발화점까지 높아지는 이유

① 가스의 균일한 가열

② 외부 점화원에 의해 에너지를 한 부분에 국부적으로 주는 것

▼ 물질의 발화온도

명칭	온도(℃)	명칭	온도(℃)
수소	580~590	일산화탄소	630~658
메탄	615~682	가솔린	210~300
에틸렌	500~519	코크스	450~550
아세틸렌	400~440	석탄	330~450
프로판	460~520	건조한 목재	280~300
부탄	430~510	목탄	250~320

Reference

1. 탄화수소에서 착화온도는 탄소수가 많은 분자일수록 비교적 낮다.
2. 발화의 외부점화에너지 : 전기불꽃, 충격, 마찰, 화염, 단열압축, 충격파, 열복사, 정전기방전, 자외선 등
3. 최소점화에너지 : 가스가 발화하는 데 필요한 최소의 에너지로 낮을수록 위험이 커진다.
4. 최소점화에너지는 가스의 온도, 압력, 조성에 따라 다르다.

(6) 안전간격

폭발성 혼합가스를 점화시켜 외부 폭발성 가스에 화염이 전달되지 않는 한계의 틈을 말한다.

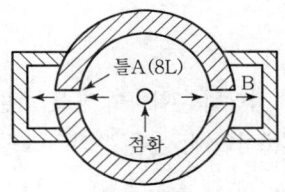

‖ 안전간격의 측정 ‖

》》 안전간격에 따른 폭발 등급

① 폭발 1등급(안전간격 : 0.6mm 초과) : 메탄, 에탄, 가솔린 등
② 폭발 2등급(안전간격 : 0.6mm 이하~0.4mm 초과) : 에틸렌, 석탄가스
③ 폭발 3등급(안전간격 : 0.4mm 이하) : 수소, 아세틸렌, 이황화탄소, 수성가스

(7) 안전공간

충전용기나 탱크에서 온도상승에 따른 내용물의 팽창을 고려한 공간의 체적(%)을 말한다.

$$\text{안전공간 공식(\%)} = \frac{V_1}{V} \times 100$$

(8) 소염(Quenching)

발화한 화염이 전파하지 않고 꺼지는 현상을 말한다.

① 소염거리 : 두 장의 평행판에 거리를 좁혀가면서 화염이 틈새로 전달되지 않는 한계의 거리를 말한다.
② 한계지름 : 파이프 속으로 화염이 진행할 때 화염이 진행되지 않는 한계의 지름을 말한다.

4. 폭굉과 폭굉유도거리

(1) 폭굉(Detonation)

가스 중의 음속보다 화염전파속도가 큰 경우 파면선단에 충격파라는 솟구치는 압력으로 격렬한 파괴작용하는 현상을 말한다.

정상연소 속도 : 0.03m/sec~10m/sec, 폭굉속도 : 1,000m/sec~3,500m/sec

(2) 폭굉 유도거리

최초 완만연소에서 격렬한 폭굉으로 발전할 때까지의 거리를 말한다.

(3) 폭굉 유도거리가 짧아지는 요소

① 정상연소속도가 큰 혼합가스일수록
② 관속에 방해물이 있거나 관경이 작은 경우
③ 압력이 클수록
④ 점화원의 에너지가 큰 경우

5. 가스의 폭발(연소) 범위

(1) 폭발범위

가연성 가스와 산소 또는 공기와 적당히 혼합하여 연소, 폭발이 일어날 수 있는 범위를 연소범위로 부피(%)로 나타내며, 낮은 쪽의 농도를 연소하한계, 높은 쪽의 농도를 상한계로 표현한다.

▼ 주요가스의 폭발(연소) 범위(1기압, 상온)

가스명	공기 중(V%)		산소 중(V%)		가스명	공기 중(V%)		산소 중(V%)	
	하한	상한	하한	상한		하한	상한	하한	상한
수소	4.0	75.0	4.0	94.0	프로판	2.1	9.5	2.3	55.0
일산화탄소	12.5	74.0	12.5	94.0	부탄	1.8	8.4	–	–
아세틸렌	2.5	81.0	2.5	93.0	에틸에테르	1.9	48.0	3.9	61.0
메탄	5.0	15.0	5.1	59.0	암모니아	15.0	28.0	15.0	79.0
에탄	3.0	12.4	3.0	66.0	시안화수소	6.0	41.0	–	–
에틸렌	3.1	36.8	2.7	80.0	아세트알데히드	4.1	57.0	–	–
프로필렌	2.4	11.0	2.1	53.0	산화에틸렌	3.0	80.0	3.0	100

(2) 폭발범위와 압력영향

① 일반적으로 가스압력이 높을수록 발화온도는 낮아지고, 폭발범위는 넓어진다.
② 수소는 10atm 정도까지는 폭발범위가 좁아지고 그 이상 압력에서는 넓어진다.
③ 일산화탄소는 압력이 높을수록 폭발범위가 좁아진다.
④ 가스의 압력이 대기압 이하로 낮아지면 폭발범위가 좁아진다.

(3) 위험도(H)

가연성 가스의 위험정도를 판단하기 위한 것으로, 폭발범위를 하한계로 나눈 값을 말한다.

$$H(위험도) = \frac{U-L}{L}$$

여기서, H : 위험도
U : 폭발상한값(%)
L : 폭발하한값(%)

(4) 르샤틀리에(Lechatelier) 법칙

혼합가스 폭발범위를 구하는 식을 말한다.

$$\frac{100}{L} = \frac{V_1}{L_1} + \frac{V_2}{L_2} \cdots\cdots$$

여기서, L : 혼합가스의 폭발한계치(하한계, 상한계)
L_1, L_2, L_3 : 각 성분 가스의 단독 폭발한계치, 즉 하한계 또는 상한계
V_1, V_2, V_3 : 각 성분 가스의 분포 비율(부피%)

※ 주의 : 혼합가스 각 성분 간에 반응이 일어나면 혼합가스의 성분이 변하므로 정확한 값의 산정이 어렵고, 메탄과 황화수소, 수소와 황화수소 등은 실제 측정과 차이가 있어 적용이 어렵다.

SECTION 04 화재

1. 화재의 종류

(1) A급 화재

일반적인 화재로서 목재 등 일반 가연물에 의한 화재를 말한다.

(2) B급 화재

가연성 액체(유류 종류)의 화재로서 연소된 이후 아무것도 남지 않는 것을 말한다.

(3) C급 화재

전기 화재로서 누전 또는 부하 등에 의하여 발생하는 화재를 말한다.

(4) D급 화재

금속류의 화재를 말한다.

▼ 화재의 종류

화재별 등급	화재 구분	예	표시 색상
A급 화재	일반 가연물 화재	종이, 섬유, 목재 등	백색
B급 화재	유류 화재	가솔린, 알코올, 등유 제4류 위험물	황색
C급 화재	전기 화재	전기합선, 과전류, 누전	청색
D급 화재	금속 화재	금속분(Na, K)	–

SECTION 05 가스연소계산

1. 연소계산

(1) 연소계산 이론

연료는 탄소(C), 수소(H), 산소(O), 황(S), 질소(N)와 회분(A), 수분(W) 등으로 구성되어 있는데, 산소와 화합하여 연소할 수 있는 가연원소의 연소 관계되는 반응물질과 생성물질간의 양적 관계를 산정한다.

▼ 공기의 조성

공기의 조성		산소 1kg에 대하여	산소 1Nm³에 대하여
중량(%)	체적(%)	중량(kg)	체적(Nm³)
산소 23.2	산소 21	공기 4.31	공기 4.76
질소 76.8	질소 79	질소 3.31	질소 3.76

※ 공기의 성분 : N_2(78%), O_2(21%), CO_2(0.93%), Ar(0.03%), He, Ne, Xe, Kr, Rn, H_2 등

1) 고체 및 액체의 연소

① 탄소의 연소

$$C + O_2 \longrightarrow CO_2$$

㉠ 산소량 : $\frac{32}{12} = 2.67 \text{kg/kg} (\frac{22.4}{12} = 1.87 \text{Nm}^3/\text{kg})$

㉡ 공기량 : $\frac{32}{12} \times \frac{1}{0.232} = 11.5 \text{kg/kg} (\frac{22.4}{12} \times \frac{1}{0.21} = 8.89 \text{Nm}^3/\text{kg})$

㉢ 생성량 : $\frac{44}{12} = 3.67 \text{kg/kg} (\frac{22.4}{12} = 1.87 \text{Nm}^3/\text{kg})$

㉣ 연소가스량 : $\frac{32}{12} \times \frac{0.768}{0.232} + 3.67 = 12.5 \text{kg/kg} (\frac{22.4}{12} \times \frac{0.79}{0.21} + 1.87 = 8.89 \text{Nm}^3/\text{kg})$

▼ 탄소가 완전연소 시

	탄소	소요공기		연소가스	
		O_2	N_2	CO_2	N_2
중량단위	12kg	32kg	106kg	44kg	106kg
	1kg	2.67kg	8.33kg	3.67kg	8.83kg
		11.5kg/kg		12.5kg/kg	
용량단위	12kg	22.4Nm³	84.3Nm³	22.4Nm³	84.3Nm³
	1kg	1.87Nm³	7.02Nm³	1.87Nm³	7.02Nm³
		8.89Nm³/kg		8.89Nm³/kg	

② 수소의 연소

$$H_2 + \frac{1}{2}O_2 \longrightarrow H_2O$$

㉠ 산소량 : $\frac{16}{2} = 8\text{kg/kg}(\frac{11.2}{2} = 5.6\text{Nm}^3/\text{kg})$

㉡ 공기량 : $\frac{16}{2} \times \frac{1}{0.232} = 34.5\text{kg/kg}(\frac{11.2}{2} \times \frac{1}{0.21} = 26.7\text{Nm}^3/\text{kg})$

㉢ 생성량 : $\frac{18}{2} = 9\text{kg/kg}(\frac{22.4}{2} = 11.2\text{Nm}^3/\text{kg})$

㉣ 연소가스량 : $\frac{16}{2} \times \frac{0.768}{0.232} + 9 = 35.5\text{kg/kg}(\frac{11.2}{2} \times \frac{0.79}{0.21} + 11.2 = 32.3\text{Nm}^3/\text{kg})$

▼ 수소가 완전연소 시

	수소	소요공기		연소가스	
		$1/2O_2$	N_2	H_2O	N_2
중량단위	2kg	16kg	53kg	18kg	53kg
	1kg	8kg	26.5kg	9kg	26.5kg
		34.5kg/kg		35.5kg/kg	
용량단위	2kg	11.2Nm³	42.1Nm³	22.4Nm³	42.1Nm³
	1kg	5.6Nm³	21.05Nm³	11.2Nm³	21.05Nm³
		26.7Nm³/kg		32.3Nm³/kg	

③ 황의 연소

$$S + O_2 \longrightarrow SO_2$$

㉠ 산소량 : $\frac{32}{32} = 1\text{kg/kg}(\frac{22.4}{32} = 0.7\text{Nm}^3/\text{kg})$

㉡ 공기량 : $\frac{32}{32} \times \frac{1}{0.232} = 4.31\text{kg/kg}(\frac{22.4}{32} \times \frac{1}{0.21} = 3.33\text{Nm}^3/\text{kg})$

    ⓒ 생성량 : $\frac{64}{32} = 2\text{kg/kg}(\frac{22.4}{32} = 0.7\text{Nm}^3/\text{kg})$

    ⓓ 연소가스량 : $\frac{32}{32} \times \frac{0.768}{0.232} + 2 = 5.31\text{kg/kg}(\frac{22.4}{32} \times \frac{0.79}{0.21} + 0.7 = 3.33\text{Nm}^3/\text{kg})$

▼ 유황이 완전연소 시

	유황	소요공기		연소가스	
		O_2	N_2	SO_2	N_2
중량단위	32kg	32kg	106kg	64kg	106kg
	1kg	1kg	3.31kg	2kg	3.31kg
		4.31kg/kg		5.31kg/kg	
용량단위	32kg	22.4Nm³	84.3Nm³	22.4Nm³	84.3Nm³
	1kg	0.7Nm³	2.63Nm³	0.7Nm³	2.63Nm³
		3.33Nm³/kg		3.33Nm³/kg	

2) 기체연료의 연소

① 수소	$H_2 + \frac{1}{2}O_2 = H_2O(기체) + 3{,}050\text{kcal/Nm}^3 (12.77\text{MJ/Nm}^3)$
② 이산화탄소	$CO + \frac{1}{2}O_2 = CO_2 + 3{,}050\text{kcal/Nm}^3 (12.77\text{MJ/Nm}^3)$
③ 메탄	$CH_4 + 2O_2 = CO_2 + 2H_2O(기체) + 9{,}530\text{kcal/Nm}^3 (39.90\text{MJ/Nm}^3)$
④ 아세틸렌	$2C_2H_2 + 5O_2 = 4CO_2 + 2H_2O(기체) + 14{,}080\text{kcal/Nm}^3 (58.94\text{MJ/Nm}^3)$
⑤ 에틸렌	$C_2H_4 + 3O_2 = 2CO_2 + 2H_2O(기체) + 15{,}280\text{kcal/Nm}^3 (63.96\text{MJ/Nm}^3)$
⑥ 에탄	$2C_2H_6 + 7O_2 = 4CO_2 + 6H_2O(기체) + 16{,}810\text{kcal/Nm}^3 (70.37\text{MJ/Nm}^3)$
⑦ 프로필렌	$2C_3H_6 + 9O_2 = 6CO_2 + 6H_2O(기체) + 22{,}540\text{kcal/Nm}^3 (94.35\text{MJ/Nm}^3)$
⑧ 프로판	$C_3H_8 + 5O_2 = 3CO_2 + 4H_2O(기체) + 24{,}370\text{kcal/Nm}^3 (102.01\text{MJ/Nm}^3)$
⑨ 부틸렌	$C_4H_8 + 6O_2 = 4CO_2 + 4H_2O(기체) + 29{,}170\text{kcal/Nm}^3 (122.11\text{MJ/Nm}^3)$
⑩ 부탄	$2C_4H_{10} + 13O_2 = 8CO_2 + 10H_2O(기체) + 32{,}010\text{kcal/Nm}^3 (134\text{MJ/Nm}^3)$
⑪ 벤졸증기	$2C_6H_6 + 15O_2 = 12CO_2 + 6H_2O(기체) + 34{,}960\text{kcal/Nm}^3 (146.34\text{MJ/Nm}^3)$

2. 복합성분의 이론 산소량과 공기량 산정

(1) 고체, 액체연료의 이론 산소량(O_o)

1) 체적기준

$$O_o = \frac{22.4}{12}C + \frac{11.2}{2}\left(H - \frac{O}{8}\right) + \frac{22.4}{32}S$$

$$= 1.867C + 5.6\left(H - \frac{O}{8}\right) + 0.7S \,[\text{Nm}^3/\text{kg}]$$

2) 중량기준

$$O_o = \frac{32}{12}C + \frac{16}{2}\left(H - \frac{O}{8}\right) + \frac{32}{32}S$$

$$= 2.667C + 8\left(H - \frac{O}{8}\right) + S\,[\text{Nm}^3/\text{kg}]$$

(2) 기체연료의 이론 산소량(O_o)

$$O_o = 0.5H_2 + 0.5CO + 2CH_4 + 3C_2H_4 + 5C_3H_8 + 6.5C_4H_{10} - O_2\,[\text{Nm}^3/\text{Nm}^3]$$

(3) 고체, 액체연료의 이론 공기량(A_o)

1) 체적기준

$$A_o = \frac{1}{0.21}\left[1.867C + 5.6\left(H - \frac{O}{8}\right) + 0.7S\right]$$

$$= 8.89C + 26.67\left(H - \frac{O}{8}\right) + 3.33S\,[\text{Nm}^3/\text{kg}]$$

2) 중량기준

$$A_o = \frac{1}{0.232}\left[2.667C + 8\left(H - \frac{O}{8}\right) + S\right] = 11.49C + 34.5\left(H - \frac{O}{8}\right) + 4.31S\,[\text{kg/kg}]$$

(4) 기체연료의 이론공기량(A_o)

$$A_o = \frac{1}{0.21}(0.5H_2 + 0.5CO + 2CH_4 + 3C_2H_4 + 5C_3H_8 + 6.5C_4H_{10} - O_2)\,[\text{Nm}^3/\text{Nm}^3]$$

3. 공기비(m)

(1) 실제 공기량(A_n)와 이론 공기(A_o)에 의한 공기비

$$m = \frac{A_o}{A_n} \text{ 또는 } A_n = m \times A_o$$

(2) 배기가스 분석에 의한 공기비

1) 완전 연소의 경우

$$m = \frac{21}{21 - O_2} = \frac{N_2/0.79}{(N_2/0.79) - (3.76O_2/0.79)} = \frac{N_2}{N_2 - 3.76O_2}$$

2) 불완전 연소의 경우

$$m = \frac{N_2/0.79}{N_2/0.79 - (O_2/0.21 - 0.5CO/0.21)}$$

$$= \frac{21N_2}{21N_2 - 79(O_2 - 0.5CO)} = \frac{N_2}{N_2 - 3.76(O_2 - 0.5CO)}$$

3) $CO_{2max}(\%)$에 의할 때

$$m = \frac{CO_{2max}(\%)}{CO_2(\%)}$$

4. 최대 탄산가스량($CO_{2max}\%$)

(1) 고체 및 액체연료인 경우

$$CO_{2max} = \frac{1.867C + 0.7S}{G_{od}} \times 100\%$$

여기서, G_{od} : 이론 건연소 가스량

(2) 기체연료인 경우

$$CO_{2max} = \frac{CO + CO_2 + CH_4 + 2C_2H_4 + 3C_3H_8}{G_{od}} \times 100\%$$

(3) 배기가스 성분 분석결과에 따라

$$CO_{2max} = \frac{21(CO_2 + CO)}{21 - O_2 + 0.395CO} \times 100\%$$

(4) 공기비에 따라

$$CO_{2max} = m \times CO_2(\%)$$

▼ 연료의 $CO_{2max}(\%)$ 개략값

연료	$CO_{2max}(\%)$	연료	$CO_{2max}(\%)$
탄소	21	코크스	20~20.5
장작	19~20	연료유	15~16
갈탄	19~19.5	코크스로 가스	11~11.5
역청탄	18.5~19	발생로 가스	18~19
무연탄	19~20	고로가스	24~25

5. 연소 가스량 산정

(1) 이론 연소 가스량

1) 습연소가스량(G_{ow}) : 연소 후 발생되는 배기가스 중 수분이 함유된 이론 배기가스량임

① 고체 및 액체의 경우

$$G_{ow} = (1 - 0.21)A_o + 1.87C + 11.2H + 0.7S + 0.8N + 1.24W\,[Nm^3/kg]$$

$$G_{ow} = 12.49C + 35.49\left(H - \frac{O}{8}\right) + 5.31S + N + W\,[kg/kg]$$

$$= (1 - 0.232)A_o + 3.67C + 9H + 2S + N + W$$

② 기체연료인 경우

$$G_{ow} = (1 - 0.21)A_o + CO_2 + CO + H_2 + 3CH_4 + 3C_2H_2 + 5C_2H_6 + 7C_3H_8 + \cdots + N_2\,[Nm^3/Nm^3]$$

2) 건연소 가스량(G_{od})

① 체적으로 구할 경우

$$G_{od} = G_{ow} - (11.2H + 1.25W)\,[Nm^3/kg]$$

$$= 8.89C + 32.27\left(H - \frac{O}{8}\right) + 3.33S + 0.8N + 1.25W - (11.2H + 1.25W)\,[Nm^3/kg]$$

$$= 8.89C + 21.07H - 2.63O + 3.33S + 0.8N\,[Nm^3/kg]$$

$$G_{od} = (1 - 0.21)A_o + 1.87C + 0.7S + 0.8N\,[Nm^3/kg]$$

② 중량으로 구할 경우

$$G_{od} = G_{od} - (9H + W)\,[kg/kg]$$

$$= 12.5C + 26.49H + 3.31O + 5.31S + N\,[kg/kg]$$

$$= (1 - 0.232)A_o + 3.67C + 2S + N\,[kg/kg]$$

③ 기체연료인 경우

$$G_{od}' = CO_2 + N_2 + 1.88H_2 + 2.88CO + 8.52CH_4 + 13.3C_2H_4 - 3.76O_2\,[Nm^3/Nm^3]$$

$$= (1 - 0.21)A_o + CO_2 + CO + CH_4 + 2C_2H_2 + 2C_2H_6 + 3C_3H_8 + \cdots + N_2\,[Nm^3/Nm^3]$$

▼ 기체연소 시 연소가스량

메탄(CH_4)	$CH_4 + 2O_2 \rightarrow CO_2 + 2H_2O$	$\left(22.4 + 2 \times 22.4 + 2 \times 22.4 \times \frac{79}{21}\right) \div 22.4 = 10.52$
에틸렌(C_2H_4)	$C_2H_4 + 3O_2 \rightarrow 2CO_2 + H_2O$	$\left(2 \times 22.4 + 2 \times 22.4 + 3 \times 22.4 \times \frac{79}{21}\right) \div 22.4 = 15.29$
에탄(C_2H_6)	$C_2H_5 + 3.5O_2 \rightarrow 2CO_2 + 3H_2O$	$\left(2 \times 22.4 + 3 \times 22.4 + 3.5 \times 22.4 \times \frac{79}{21}\right) \div 22.4 = 18.17$
프로판(C_3H_8)	$C_3H_8 + 5O_2 \rightarrow 3CO_2 + 4H_2O$	$\left(3 \times 22.4 + 4 \times 22.4 + 5 \times 22.4 \times \frac{79}{21}\right) \div 22.4 = 25.81$
부탄(C_4H_{10})	$C_4H_{10} + 6.5O_2 \rightarrow 4CO_2 + 5H_2O$	$\left(4 \times 22.4 + 5 \times 22.4 + 6.5 \times 22.4 \times \frac{79}{21}\right) \div 22.4 = 33.45$

CHAPTER 01 출제예상문제

01 압력이 일정하면 기체의 절대온도와 체적은 어떤 관계가 되는가?
① 절대온도와 체적은 비례한다.
② 절대온도와 체적은 반비례한다.
③ 절대온도와 체적의 자승에 비례한다.
④ 절대온도와 체적의 자승에 반비례한다.

해설 압력이 일정하면 기체의 절대온도와 체적은 비례한다.

02 압력의 특징을 설명한 것 중 맞는 것은?
① 액두압이란 액화가스 저장탱크 내부의 윗부분 압력이다.
② 고압가스법에 표시되는 압력은 절대압력이다.
③ 대기압보다 낮은 압력을 절대압력이라 한다.
④ 절대압력은 게이지 압력에 대기압을 더한 압력이다.

해설
① 액두압 : 저장탱크 하부의 압력
② 고압가스용기 또는 법규 압력은 게이지 압력
③ 대기압보다 낮으면 진공압
④ 절대압력 = 게이지압력 + 대기압력

03 진공압력을 절대압력으로 환산하면 다음 중 어느 것인가?
① 진공압력 + 표준대기압
② 표준대기압 - 진공압력
③ 표준대기압 - 압력
④ 국소대기압 + 진공압력

해설 절대압력
• 게이지압력 + 대기압
• 표준대기압 - 진공압력

04 포화온도에 대한 설명 중 옳은 것은?
① 액체가 증발하기 시작할 때의 온도
② 액체가 증발현상 없이 기체로 변하기 시작할 때의 온도
③ 액체가 증발하여 어떤 용기 안에 증기로 꽉 차 있을 때의 온도
④ 액체와 증기가 공존할 때 그 압력에 상당한 일정한 값의 온도

해설 포화온도란 액체와 증기가 공존할 때 그 압력에 상당한 일정한 값의 온도

05 임계온도에 대하여 옳게 설명한 것은?
① 액체를 기화시킬 수 있는 최고의 온도
② 가스를 기화시킬 수 있는 최고의 온도
③ 가스를 액화시킬 수 있는 최저의 온도
④ 가스를 액화시킬 수 있는 최고의 온도

해설 임계온도란 액체를 만들 수 있는 최고의 온도, 즉 가스를 액화시킬 수 있는 최고의 온도이다. 임계온도를 초과하면 가스를 액화시키기가 곤란하다.

06 100[℉]는 섭씨 몇 [℃]인가?
① 85　　② 63.5
③ 45.2　　④ 37.8

해설 $℃ = \frac{5}{9} \times (℉ - 32)$

$\therefore \frac{5}{9} \times (100 - 32) = 37.8[℃]$

07 비체적이란?
① 단위체적당 중량이다.
② 어느 물체의 체적이다.
③ 단위질량당 체적이다.
④ 단위체적의 엔탈피이다.

해설
• 비체적[m^3/kg] : 단위질량당 체적
• 비중량[kg/m^3] : 단위체적당 중량
• 밀도[kg/m^3] : 단위체적당 질량

1 ① 2 ④ 3 ② 4 ④ 5 ④ 6 ④ 7 ③ | ANSWER

08 비체적이 큰 순서대로 올바르게 나열된 것은?

① 프로판 – 메탄 – 질소 – 수소
② 프로판 – 질소 – 메탄 – 수소
③ 수소 – 메탄 – 질소 – 프로판
④ 수소 – 질소 – 메탄 – 프로판

해설 비체적 = $\dfrac{체적}{질량}$ [m³/kg], 분자량이 작을수록 비체적이 크다.

※ 분자량
- 수소 : 2
- 메탄 : 16
- 질소 : 28
- 프로판 : 44

09 다음 중 열과 같은 차원을 갖는 것은?

① 밀도 ② 비중
③ 비중량 ④ 에너지

해설
- 에너지 : 연료, 열, 전기
- 밀도 : 단위체적당 질량 [kg/m³]
- 비중량 : 단위체적당 중량 [kg/m³]
- 비중
  - 액체, 고체는 물과 비교
  - 기체는 공기와 비교
  - 비중은 단위가 없다.

10 압력이 일정하면 기체의 절대온도와 체적은 어떤 관계가 있는가?

① 절대온도와 체적은 비례한다.
② 절대온도와 체적은 반비례한다.
③ 절대온도는 체적의 제곱에 비례한다.
④ 절대온도는 체적의 제곱에 반비례한다.

해설 기체의 부피는 절대온도에 비례하고 압력에 반비례한다.

11 어느 온도 이상에서 물질은 액체와 기체의 구별이 없어지게 된다. 이때의 온도를 무엇이라 하는가?

① 절대온도 ② 임계온도
③ 건구온도 ④ 습구온도

해설 임계온도란 어느 온도 이상에서는 물질의 액체와 기체의 구별이 없어지는 이때의 온도이다.

12 표준대기압하에서 물 1[kg]을 1[℃] 올리는 데 필요한 열량의 단위는 어느 것인가?

① [kcal] ② [BTU]
③ [CHU] ④ [Joule]

해설 [kcal]란 표준대기압하에서 물 1[kg]을 14.5[℃]에서 15.5[℃]로 1[℃] 상승시키는 데 필요한 열량이다.

13 기체의 체적이 커지면 밀도는?

① 작아진다.
② 약간 커진다.
③ 일정하다.
④ 체적과 밀도는 무관하다.

해설 기체의 체적이 커지면 밀도는 작아진다.

14 100[℉]를 섭씨온도로 환산하면 몇 [℃]인가?

① 20.8 ② 27.8
③ 37.8 ④ 50.8

해설 $℃ = \dfrac{5}{9}(℉ - 32)$

∴ $\dfrac{5}{9} \times (100 - 32) = 37.8$

15 −40[℃]는 몇 [℉]인가?

① −40 ② 4.4
③ 54.2 ④ 233

해설 $℉ = \dfrac{9}{5} \times ℃ + 32 = 1.8 \times (-40) + 32 = -40[℉]$

16 30[℃]는 절대온도로 몇 [K]인가?

① 243 ② 273
③ 293 ④ 303

해설 켈빈의 절대온도[K]
[K] = [℃] + 273
∴ 30 + 273 = 303[K]

ANSWER | 8 ③ 9 ④ 10 ① 11 ② 12 ① 13 ① 14 ③ 15 ① 16 ④

17 다음 온도에 대한 설명 중 옳은 것은?
① 절대 0도는 물의 어는 온도를 0으로 기준한 온도이다.
② 임계(臨界)온도 이상시에는 액화되지 않는다.
③ 임계온도는 기체를 액화시킬 수 있는 최소의 온도이다.
④ 온도의 상한계(上限界)를 기준으로 정한 것이 절대온도이다.

해설 임계온도 이상, 임계압력 이하에서는 액화되지 않는다.

18 밀도에 대한 설명 중 옳은 것은?
① 어떤 물질의 단위체적당 질량을 말한다.
② 밀도의 단위는 없다.
③ 어떤 물질의 단위질량당 체적을 말한다.
④ 어떤 물질의 밀도와 4[℃]에서 물의 밀도와의 비를 말한다.

해설 밀도란 어떤 물질의 단위 체적당 질량[g/L]을 말한다. ③항은 비체적을 설명한 것이고, ④항은 비중을 설명한 것이다.

19 기체상태에 있는 어떤 물질의 분자량을 결정하기에 알맞은 실험적인 자료로서 온도와 압력 외에 필요한 것은?
① 밀도   ② 열량
③ 질량   ④ 비중

해설 밀도(ρ) = $\frac{질량}{체적}$ [g/L]

20 대기압이 1.0332[kg/cm²]이고, 계기압력이 10[kg/cm²]일 때 절대압력은 얼마인가?
① 8.9668[kg/cm²]
② 10.332[kg/cm²]
③ 103.32[kg/cm²]
④ 11.0332[kg/cm²]

해설 1.0332 + 10 = 11.0332[kg/cm²abs]

21 절대온도 0도에 해당되는 것은?
① 0[℃]   ② −459.67[℉]
③ −273.15[K]   ④ −273.15[°R]

해설 절대온도 0도
- −273[K]
- −459.67[°R]

22 온도를 올리는 데 필요한 열량은?
① 잠열   ② 숨은열
③ 현열   ④ 기화열

해설
- 잠열(숨은열, 기화열, 증발열)은 온도의 변화는 없고 상태변화(액체 → 기체)만 있다.
- 현열(감열)은 상태변화는 없으나 온도의 변화는 있다.

23 분자량이 44인 기체의 밀도는?
① 1.96[g/L]   ② 19.6[kg/L]
③ 196[g/L]   ④ 196[kg/L]

해설 $\rho = \frac{44[g]}{22.4[L]} = 1.964[g/L]$

프로판이나 CO_2의 분자량은 44이며 1몰의 무게값이며 1몰의 체적은 22.4[L]이다.

24 비체적에 대한 설명 중 옳은 것은?
① 단위 체적당 질량이다.
② 단위 질량당 체적이다.
③ 단위 체적당 중량이다.
④ 단위 중량당 체적이다.

해설 비체적(m^3/kg) : 단위질량당 체적

25 다음 중 열(熱)에 대한 설명이 틀린 것은?

① 비열이 큰 물질은 열용량이 크다.
② 1[cal] 1,000배의 열량을 1[kcal]라 한다.
③ 열은 고온에서 저온으로 흐른다.
④ 비열은 물보다 공기가 크다.

해설 물의 비열은 공기보다 매우 크다.

26 다음 중 일반 기체 상수의 단위는?

① kg · m/kg · K
② kg · m/kcal · K
③ kg · m/m^3 · K
④ kcal/kg · ℃

해설 ① R : 기체상수(0.082)[L · atm/mol · K]
② R : 가스상수 $\left(\dfrac{848}{M}\right)$[kg · m/kg · K]
※ M : 가스의 분자량
보편상수 R의 값 : 848[kg · m/kmol · K]

27 대기압보다 낮은 상태의 압력은 어떤 압력을 말하는가?

① 절대압력
② 게이지 압력
③ 진공압력
④ 표준대기압

해설 진공압력(atv) : 대기압보다 낮은 압력

28 다음 중 압력이 제일 높은 것은?

① 1[atm]
② 1[kg/cm^2]
③ 8[lb/in^2]
④ 700[mmHg]

해설 ① 1[atm] = 1.033[kg/cm^2]
② 1[kg/cm^2] = 1[kg/cm^2]
③ 8[lb/in^2] = $1.033 \times \dfrac{8}{14.7}$ = 0.56[kg/cm^2]
④ 700[mmHg] = $1.033 \times \dfrac{700}{760}$ = 0.95[kg/cm^2]

29 다음 압력단위 중 절대압력의 단위는?

① kg/cm^2 · g
② kg/cm^2 · VAC
③ kg/cm^2 · abs
④ kg · m

해설
- 게이지 압력 : kg/cm^{2}g
- 절대압력 : kg/cm^{2}abs

30 다음 압력 중 가장 높은 압력은 어느 것인가?

① 1.5[kgf/cm^2]
② 10[mH$_2$O]
③ 745[mmHg]
④ 0.6[atm]

해설 압력의 크기
① 1.5[kg/cm^2] = 1.4518[atm]
② 10[mH$_2$O] = 0.9678[atm]
③ 745[mmHg] = 0.9802[atm]
④ 0.6[atm] = 0.6[atm]

31 다음 보기 중 비열을 정확히 표현한 것으로 묶여진 것은?

〈보기〉
㉠ 비열은 물질 1[g](또는 1[kg])의 온도를 1[℃] 올리는 데 필요한 열량이다.
㉡ 비열이 0.3[kcal/kg℃]인 물질 5[kg]을 10[℃]에서 30[℃]까지 올리는 데 필요한 열량은 30[kcal]이다.
㉢ 철의 비열은 물의 비열보다 크다.

① ㉠, ㉡
② ㉡, ㉢
③ ㉠, ㉢
④ ㉠, ㉡, ㉢

해설
- $Q = 0.3 \times 5 \times (30-10) = 30$[kcal]
- 비열이란 물질 1[kg]의 온도를 1[℃] 올리는 데 필요한 열량이다.
- 철의 비열은 물의 비열보다 작다.

32 다음 중 열(熱)에 대한 설명이 틀린 것은?

① 비열이 큰 물질은 열용량이 크다.
② 1cal 1,000배의 열량을 1[kcal]라 한다.
③ 열은 고온에서 저온으로 흐른다.
④ 비열은 물보다 공기가 크다.

해설 비열은 어떤 물질 1[kg]이 온도 1[℃]를 높이는 데 필요한 열량이다. [kcal/kg] 물은 비열이 높고 공기는 비열이 낮다.

33 내부에너지를 U, 외부에너지를 W라고 할 때 총 엔탈피 I를 구하는 식으로 옳은 것은?

① $I = W - U$　　② $I = U \div W$
③ $I = U + W$　　④ $I = U \times W$

해설 엔탈피(I) = 내부에너지(U) + 외부에너지(W)

34 고압장치에 부착된 온도계가 86[°F]를 나타내고 있다. 이것을 절대온도로 환산하면 몇 [K]인가?

① 203　　② 303
③ 359　　④ 546

해설 $K = ℃ + 273$
$℃ = \frac{5}{9}(°F - 32) = \frac{5}{9} \times (86 - 32) = 30[℃]$
∴ $30 + 273 = 303[K]$

35 540[°R]는 화씨온도 [°F]로 얼마인가?

① 80[°F]　　② 85[°F]
③ 90[°F]　　④ 95[°F]

해설 $°R = °F + 460$
∴ $°F = 540 - 460 = 80[°F]$

36 10[L]의 밀폐된 용기 속에 32[g]의 산소가 들어 있다. 이때 온도를 150[℃]로 가열하면 이때의 압력 [atm]은?

① 111[atm]　　② 0.11[atm]
③ 3.47[atm]　　④ 34.7[atm]

해설 산소의 분자량
$32 = 1$몰 $= 22.4[L]$
$V_2 = V_1 \times \frac{T_2}{T_1} = 22.4 \times \frac{273 + 150}{273} = 34.7[L]$
∴ $P = \frac{34.7}{10} = 3.47[atm]$

37 내압 시험 압력이 20[kg/cm²]인 고압가스 설비에 설치된 안전밸브의 작동 압력은 몇 [kg/cm²]인가?

① 12　　② 14
③ 16　　④ 18

해설 내압시험압력의 $\frac{8}{10}$이 안전밸브의 작동압력이다.
$20 \times 0.8 = 16[kg/cm²]$

38 다음 중 엔트로피의 단위로 올바른 것은?

① kcal/kg　　② kcal/kg℃
③ kcal/kg·K　　④ kcal/℃

해설 ① 비엔탈피 : kcal/kg
② 비열 : kcal/kg℃
③ 엔트로피 : kcal/kg·K
④ 열용량 : kcal/℃

39 다음 중 열용량을 나타내는 것은?

① 비열×물질의 부피　　② 비중×물질의 부피
③ 비열×물질의 질량　　④ 비중×물질의 질량

해설 열용량 = 비열×물질의 질량

40 수소 1[g]이 1[L] 부피와 0[℃] 조건에서 나타내는 압력은 약 몇 기압인가?

① 8기압　　② 11기압
③ 13기압　　④ 15기압

해설 수소 1[g]의 기화 시 11.2[L]
$P = \frac{11.2}{1} = 11.2$기압

41 온도가 일정할 때 일정량의 기체가 차지하는 체적은 절대압력에 반비례한다. 어떤 법칙인가?

① 보일의 법칙　　② 샤를의 법칙
③ 보일-샤를의 법칙　　④ 아보가드로의 법칙

해설 1662년 영국의 R. Boyle이 발견한 법칙으로 온도가 일정한 상태에서는 기체의 체적은 압력에 반비례한다.

$$\frac{V_2}{V_1} = \frac{P_1}{P_2} \to P_1 V_1 = P_2 V_2 = PV = C$$

42 다음은 현열에 대한 설명이다. 맞는 것은?
① 물질이 상태변화 없이 온도가 변할 때 필요한 열이다.
② 물질이 온도변화 없이 상태가 변할 때 필요한 열이다.
③ 물질이 상태, 온도 모두 변할 때 필요한 열이다.
④ 물질이 온도변화 없이 압력이 변할 때 필요한 열이다.

해설 ① 내용은 현열(감열)
② 내용은 잠열(숨은 열)

43 대기압하에서 온도의 설명이 맞는 것은?
① 물의 동결점은 0[°F]
② 질소 비등점은 −183[℃]
③ 물의 동결점은 32[°F]
④ 산소 비등점은 −196[℃]

해설 • 물의 동결점 : 0[℃], 32[°F]
• 질소 비등점 : −196[℃]
• 산소 비등점 : −183[℃]

44 일반 증기의 선도 중 엔탈피의 차를 측정하여 노즐로부터 분출증기 속도 등을 쉽게 알 수 있는 것은?
① $P-V$ 선도   ② $T-S$ 선도
③ $i-S$ 선도   ④ $P-i$ 선도

해설 i : 엔탈피(kcal/kg)
S : 엔트로피(kcal/kg·K)
P : 압력(kg/cm²)
V : 비체적(m³/kg)
T : 온도(K)

45 물질의 온도변화 없이 상태변화에서 소요된 열을 나타낸 것은?
① 비열   ② 잠열
③ 현열   ④ 열용량

해설 • 잠열 : 물질의 온도는 변화 없이 상태변화에만 소요되는 열
• 비열 : 어떤 물질 1[kg]을 1[℃] 상승시키는 데 필요한 열
• 현열(감열) : 어떤 물질을 상태변화는 없이 온도변화 시에만 필요한 열
• 열용량 : 어떤 물질의 온도를 1[℃] 올리는 데 필요한 열

46 압력단위 환산이 맞는 것은?
① 절대압력＝게이지압력＋대기압
② 게이지압력＝절대압력＋대기압
③ 수주 m은 [mAq]와 다르다.
④ 대기압은 14.2[psi]이다.

해설 ① 절대압력＝게이지압력＋대기압
② 게이지압력＝절대압력−게이지압력
③ 수주 m은 mAq와 같다.
④ 대기압은 14.7[psi]이다.

47 다음 기술 중 적합하지 아니한 것은?
① 단위 질량의 물질의 온도를 1[℃] 올리는 데 필요한 열량을 현열이라 한다.
② 열의 전달 방법으로는 전열(전도), 대류 및 방사(복사)의 3가지가 있다.
③ 임계온도 이상의 온도에서는 어떤 압력을 가하여도 액화는 일어나지 않는다.
④ 액체를 일정 압력으로 가열할 경우 비점에 도달하면 액이 모두 증발할 때까지 온도는 일정하다.

해설 단위질량의 물질을 온도 1[℃] 올리는 데 필요한 열량을 비열이라 한다.

48 10,000[kcal]의 열로 0[℃]의 얼음을 몇 [kg] 용해시킬 수 있는가?
① 125   ② 140
③ 155   ④ 170

ANSWER | 42 ① 43 ③ 44 ③ 45 ② 46 ① 47 ① 48 ①

해설 얼음의 융해잠열은 80[kcal/kg], 0[℃] 얼음(고체)이 0[℃] 물(액체)로 만드는 데 잠열이 80[kcal/kg]

∴ $\frac{10,000}{80}=125[kg]$을 용해시킬 수 있다.

49 60[℉] 14.696[psia]에서 에탄가스 비중이 1.0382 (공기는 1.0)이다. 이 가스가 32[℉] 44.088[psia] 상태에서 비중은?

① 2.892　② 3.292
③ 3.742　④ 4.231

해설 $1.0382 \times \frac{T_1}{T_2} \times \frac{P_2}{P_1} = 1.0382 \times \frac{60+460}{32+460} \times \frac{44.088}{14.696} = 3.29185$

50 10[g]의 산소(이상기체라고 가정)는 100[℃] 740 [mmHg]에서는 몇 [L]의 용적을 차지하겠는가?

① 3.47　② 4.64
③ 9.83　④ 2.92

해설 산소 32[g] = 22.4[L]

산소 10[g] = $22.4 \times \frac{10}{32} = 7[L]$

$V_2 = V_1 \times \frac{T_2}{T_1} \times \frac{P_1}{P_2} = 7 \times \frac{273+100}{273} \times \frac{760}{740} = 9.83[L]$

51 다음 중 가장 작은 압력은?

① 0.1[kg/mm²]　② 1[kg/cm²]
③ 1,000[kg/m²]　④ 1[lb/in²(psi)]

해설 ① 0.1[kg/mm²] = 10[kg/cm²]
② 1[kg/cm²] = 1[kg/cm²]
③ 1,000[kg/m²] = 0.1[kg/cm²]
④ 1[lb/in²] = $1.033 \times \frac{1}{14.7} = 0.07[kg/cm²]$

52 압력 10[kg/cm²]은 몇 [mAq]인가?

① 1　② 10
③ 100　④ 1000

해설 10mAq = 1[kgf/cm²]
100mAq = 10[kgf/cm²]

53 분자량이 30인 산화질소의 압력 3[ata], 온도 100 [℃]에 있어서 비용적은 몇 [m³/kg]인가?

① 0.389　② 0.351
③ 0.478　④ 0.555

해설 NO : 분자량 30

비용적 = $\frac{체적}{질량} = \frac{22.4}{30} = 0.746[m^3/kg]$

∴ $\frac{\left(22.4 \times \frac{100+273}{273} \times \frac{1.033}{3}\right)}{30} = 0.351[m^3/kg]$

54 대기압 0[℃]에서 기체의 부피가 5[L]였다. 같은 압력 하에서 이 기체의 온도를 273[℃]로 가열하였다. 이때 기체의 부피는 몇 [L]인가?

① 1　② 2.5
③ 10　④ 50

해설 $V_2 = V_1 \times \frac{T_2}{T_1} \times \frac{P_1}{P_2}$

∴ $V_2 = 5 \times \frac{(273+273)}{273} = 10[L]$

55 압력계의 지침이 10.8[kg/cm²]였다면 절대압력[kg/cm²]은 얼마인가?(단, 대기압은 1.033[kg/cm²] 이다.)

① 11.83　② 10.80
③ 9.77　④ 10.93

해설 ∴ 10.8 + 1.033 = 11.833[kg/cm²abs]

56 표준대기압에 해당되지 않는 것은?

① 760[mmHg]　② 10332.2[mmH₂O]
③ 1.013[bar]　④ 14.2[psi]

해설 표준대기압(1[atm])
$760[mmHg] = 1.0332[kg/cm^2 abs] = 14.7[psi]$
$= 1.013[bar] = 10332.2[mmH_2O]$
$= 101325[N/m^2] = 101325[Pa]$
$= 10.33[mH_2O] = 1013[mbar]$
$= 29.9[inHg] = 14.7[lb/in^2 a]$
$= 76[cmHg]$

57 다음 중 물의 증발잠열은 얼마인가?
① 539[kcal/kg]   ② 79.68[kcal/kg]
③ 539[kg/kcal]   ④ 79.68[kg/kcal]

해설
- 물의 증발잠열 : 539[kcal/kg]
- 얼음의 융해잠열 : 79.68[kcal/kg]

58 기체의 비중을 잴 때 기준 물질로 사용되는 것은?
① 0[℃], 1기압의 공기
② 4[℃], 1기압의 수소
③ 25[℃], 1기압의 질소
④ −273[℃], 1기압의 산소

해설 수소, 질소, 산소 등 모든 기체나 가스의 비중 측정 시 기준은 공기가 된다.

59 다음 중 물의 비등점을 [°F]로 나타내면?
① 100[°F]   ② 180[°F]
③ 212[°F]   ④ 32[°F]

해설 물의 비등점
① 섭씨 100도   ② 화씨 212도

60 20[℃], 6[atm] 상태에 있는 메탄가스의 밀도[kg/m³]는?
① 0.8   ② 2
③ 4   ④ 6

해설
- 메탄가스(CH_4)의 밀도(0[℃] 1기압)
 메탄의 분자량 16

$\therefore \dfrac{16}{22.4} = 0.71[kg/m^3]$

- $22.4 \times \dfrac{273+20}{273} \times \dfrac{1}{6} = 4.0068[m^3]$

$\therefore \dfrac{16}{4.0068} = [4 kg/m^3]$

61 1.0332[kg/cm²a]은 게이지 압력(kg/cm²g)으로 얼마인가?(단, 대기압은 1.0332[kg/cm²]이다.)
① 1.0332   ② 0
③ 1   ④ 11.0332

해설 g = abs − atm
$\therefore 1.0332 - 1.0332 = 0[kg/cm^2]$

62 화씨온도 104[°F]를 섭씨온도로 환산하면 몇 [℃]인가?
① 25   ② 30
③ 35   ④ 40

해설 $℃ = \dfrac{5}{9}(°F - 32) = \dfrac{5}{9}(104 - 32) = 40[℃]$

63 밀도의 단위로 알맞은 것은?
① [g/s²]   ② [L/g]
③ [g/cm³]   ④ [lb/in²]

해설 밀도의 단위(단위체적의 질량)
- kg/L   • g/cm³
- kg/m³

64 다음 중 밀도가 가장 큰 가스는?
① 프레온   ② 부탄
③ 수소   ④ 암모니아

해설 밀도가 큰 가스(kg/m^3)는 분자량이 큰 가스이다.
프레온가스 > 부탄가스 > 암모니아가스 > 수소가스

65 표준상태에서 1[m³]의 체적을 가진 용기 속에 10[kg]의 수소가 들어 있다. 이 수소의 밀도는 몇 [kg/m³]가 되는가?
① 10   ② 1
③ 0.1 ④ 0.001

해설 밀도 = $\frac{질량}{체적} = \frac{10[kg]}{1[m^3]} = 10[kg/m^3]$

66 표준상태에서 아세틸렌 가스의 밀도는?
① 1.16[g/L]   ② 0.9[g/L]
③ 1.16[kg/L] ④ 0.9[kg/L]

해설 밀도 = $\frac{질량(분자량)}{부피} = \frac{26[g]}{22.4[L]} = 1.16[g/L]$

67 켈빈온도, 섭씨온도, 랭킨온도, 화씨온도 단위로 나타낸 온도의 값을 각각 T_k, t_c, T_R, t_F를 사용하였다. 다음 관계식 중 옳은 것은?
① $t_c = \frac{9}{5}(t_F - 32)$ ② $T_k = t_c + 273.13$
③ $T_R = \left(\frac{5}{9}\right)T_k$ ④ $t_F = T_R + 460$

해설 ① $t_c = \frac{5}{9}(t_F - 32)$ ② $T_k = t_c + 273.13$
③ $T_R = \frac{9}{5}T_k$ ④ $t_F = T_R - 460$

68 임계온도의 설명으로 타당한 것은?
① 기체를 액화할 수 있는 최저의 온도
② 기체를 액화할 수 있는 절대온도
③ 기체를 액화할 수 있는 최고의 온도
④ 기체를 액화할 수 있는 평균온도

해설 • 임계온도란 기체를 액화할 수 있는 최고의 온도
• 임계압력이란 기체를 액화할 수 있는 최저의 압력

69 다음 중 밀도가 가장 작은 가스는?
① 프레온   ② 프로판
③ 메탄   ④ 부탄

해설 밀도가 작다는 것은 분자량이 작다는 뜻이다.
① 프레온은 분자량이 매우 크다.
② 프로판은 44이다.
③ 메탄은 16이다.
④ 부탄은 58이다.
메탄 16[g]은 22.4[L]
∴ $\frac{16}{22.4} = 0.71[g/L]$

70 표준대기압하에서 물 1[kg]을 1[℃] 올리는 데 필요한 열량의 단위는 어느 것인가?
① kcal   ② BTU
③ CHU   ④ Joule

해설 • 1[kcal]란 표준대기압하에서 물 1[kg]을 1[℃] 올리는 데 필요한 열량이다.
• 1[kcal] = 3.968[BTU] = 2.205[CHU] = 4.2[kJ]

71 그림에서와 같은 수은을 사용한 U자관 압력계에서 h = 300[mm]일 때 P_2의 압력은 절대 압력으로 얼마인가?(단, 대기압 P_1은 1[kg/cm²]로 하고 수은의 비중은 13.6×10⁻³[kg/cm³]이다.)

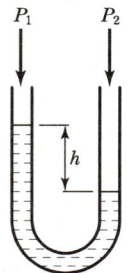

① 0.816[kg/cm²]   ② 1.408[kg/cm²]
③ 0.408[kg/cm²]   ④ 1.816[kg/cm²]

해설 300[mm] = 30[cm]
$1 + \frac{30 \times 13.6}{10^{-3}} = 1.408[kg/cm^2]$

PART 01 | 가스 특성 활용

72 비체적과 밀도의 관계식 중 적절한 것은?

① 밀도 = $\dfrac{22.4}{\text{분자량}}$ ② 비체적 = $\dfrac{\text{분자량}}{22.4}$

③ 밀도 = $\dfrac{1}{\text{비체적}}$ ④ 비체적 = 분자량 + 22.4

해설
- 밀도 = $\dfrac{\text{질량}}{\text{체적}}$
- 비체적 = $\dfrac{\text{체적}}{\text{질량}}$
- 밀도 = $\dfrac{1}{\text{비체적}}$

73 어떤 물속 $a[\text{cm}^3]$에 b개의 원자가 들어 있다면 이 물속의 원자량을 x라 할 때 비중 d를 구하는 식을 바르게 나타낸 것은?(단, 아보가드로수 N, 질량은 y로 각각 표시한다.)

① $\dfrac{aN}{bx}$ ② $\dfrac{abN}{x}$
③ $\dfrac{abx}{N}$ ④ $\dfrac{bx}{aN}$

해설 비중 $d = \dfrac{bX}{aN}$

74 표준상태에서 기체비중이 2인 물질의 분자량은 얼마인가?

① 29 ② 58
③ 32 ④ 64

해설 비중 2는 공기보다 2배의 중량이다.
$2 \times 29 = 58$
※ 공기의 분자량 = 29

75 다음 가스 중 비중이 가장 작은 것은?

① CO ② C_3H_8
③ Cl_2 ④ NH_3

해설 가스의 분자량
- 일산화탄소 : 28(CO)
- 프로판 : 44(C_3H_8)
- 염소 : 71(Cl_2)
- 암모니아 : 17(NH_3)
- 공기 : 29(Air)

공기보다 분자량이 작으면 비중이 작다.(공기는 비중이 1이다.)
※ 암모니아의 비중 : $\dfrac{17}{29} = 0.586$

76 10[L]의 밀폐된 용기 속에 들어 있는 1몰의 기체를 200[℃]로 가열할 때 압력[atm]은?

① 2.87 ② 3.88
③ 3.26 ④ 2.53

해설 $V_2 = V_1 \times \dfrac{T_2}{T_1} = 22.4[L] \times \dfrac{273+200}{273} = 38.81[L]$

∴ $\dfrac{38.81}{10} = 3.88$

※ 1mol = 22.4[L] $k = ℃ + 273$

77 N_2 20mol, O_2 30mol로 구성된 혼합가스가 용기에 [8kg/cm²]로 충전되어 있다. 질소와 산소의 분압은 각각 몇 [kg/cm²]인가?

① N_2 : 5.5, O_2 : 2.5 ② N_2 : 3.2, O_2 : 4.8
③ N_2 : 4.8, O_2 : 3.2 ④ N_2 : 3.7, O_2 : 4.3

해설 20몰 + 30몰 = 50몰
- 질소 = $8 \times \dfrac{20}{50} = 3.2[\text{kg/cm}^2]$
- 산소 = $8 \times \dfrac{30}{50} = 4.8[\text{kg/cm}^2]$

78 다음 중 가장 낮은 압력은?

① 1[bar] ② 0.99[atm]
③ 28.56[inHg] ④ 10.3[mH₂O]

해설
① 1[bar] = 0.986[atm]
② 0.99[atm] = 0.99[atm]
③ 28.56[inHg] = 0.952[atm]
④ 10.3[mH₂O] ≒ 0.997[atm]

79 다음 압력 중 가장 높은 압력은?

① 100[atm] ② 10[kg/mm²]
③ 10,000[kg/m²] ④ 100[kg/cm²]

해설
① 100[atm] = 103.32[kg/cm²]
② 10[kg/mm²] = 1,000[kg/cm²]
③ 10,000[kg/m²] = 1[kg/cm²]
④ 100[kg/cm²] = 100[kg/cm²]

ANSWER | 72 ③ 73 ④ 74 ② 75 ④ 76 ② 77 ② 78 ③ 79 ②

80 상용압력이 100[kg/cm^2]인 고압설비의 안전밸브 작동압력은 얼마인가?

① 100[kg/cm^2]　② 120[kg/cm^2]
③ 150[kg/cm^2]　④ 200[kg/cm^2]

해설 안전 밸브 작동압력 = 내압시험압력 × $\frac{8}{10}$ 이하
내압시험 = 상용압력 × 1.5배
$(100 × 1.5) × \frac{8}{10} = 120[kg/cm^2]$ 이하

81 절대온도[K]는 섭씨온도 몇 [℃]인가?

① −273　② 0
③ 32　④ 273

해설 절대온도 0[K] = −273[℃]

82 표준상태의 부탄가스 비중은?(단, 부탄의 분자량은 58이다.)

① 1.0　② 2.0
③ 20.0　④ 30.0

해설 $d = \frac{부탄의\ 분자량}{공기의\ 분자량} = \frac{58}{29} = 2.0$

83 0[℃], 1[atm] 하에서 메탄가스의 비용적 [m^3/kg]은?

① 0.7　② 0.9
③ 1.1　④ 1.4

해설 CH$_4$ = 16kg[kg] = 22.4[m^3]
$\frac{22.4}{16} = 1.4[m^3/kg]$

84 물 20[℃] 1.5[kg]을 1[atm]하에서 비등시켜 그중 $\frac{1}{2}$을 증발시키는 데 몇 [kcal]의 열량이 필요한가? (단, 물의 증발잠열은 540[kcal/kg]이다.)

① 480　② 500
③ 525　④ 560

해설
- 물의 현열 : $1.5 × 1 × (100 − 20) = 120[kcal]$
- 물의 증발열 : $\frac{1.5[kg] × 540}{2} = 405[kcal]$
- ∴ $120 + 405 = 525[kcal]$

85 용기에 산소가 충전되어 있다. 이 용기의 온도가 15[℃]일 때 압력은 150[kg/cm^2·g]였다. 이 용기가 직사일광을 받아서 용기의 온도가 40[℃]로 상승하였다면, 이때의 압력은 몇 [kg/cm^2·g]가 되겠는가?

① 163[kg/cm^2·g]　② 138[kg/cm^2·g]
③ 100[kg/cm^2·g]　④ 56[kg/cm^2·g]

해설 $P_2 = P_1 × \frac{T_2}{T_1} = 150 × \frac{273 + 40}{273 + 15} = 163[kg/cm^2·g]$

86 질소 0.8몰과 산소 0.2몰인 혼합공기의 전체압력 760[mmHg]일 때 산소가 나타내는 압력은?

① 608[mmHg]　② 152[mmHg]
③ 190[mmHg]　④ 200[mmHg]

해설 $760 × 0.2 = 152[mmHg]$

87 어떤 액의 비중은 13.6이다. 액주가 3[cm]일 때 압력은 몇 [kg/cm^2]인가?

① 40.8　② 4.08
③ 0.408　④ 0.0408

해설 액의 비중은 기준이 물이다.(물의 비중은 1, 비중이 13.6이면 물보다 13.6배 무겁다.)
76[cmHg] = 13.6, 3[cmHg] = x
∴ $1.0332 × \frac{2}{76} = 0.0408[kg/cm^2]$

88 수은을 이용한 U자관 액면계에서 액주높이(h) 600 mm, 대기압은 1[kg/cm^2]일 때 P_2는 몇 [kg/cm^2]인가?

① 0.82[kg/cm^2]　② 1.82[kg/cm^2]
③ 0.92[kg/cm^2]　④ 9.16[kg/cm^2]

ANSWER 80 ② 81 ① 82 ② 83 ④ 84 ③ 85 ① 86 ② 87 ④ 88 ②

해설 $P_2 = P_1 + \gamma h$

∴ $P_2 = 1 + \dfrac{13,600 \times 0.6}{10^4} = 1.816$

※ 수은의 비중량은 $13,600[kg/m^3]$이다.

89 압력에 대한 정의는?

① 단위체적에 작용되는 힘의 합
② 단위면적에 작용되는 모멘트의 합
③ 단위면적에 작용되는 힘의 합
④ 단위길이에 작용되는 모멘트의 합

해설 압력에 대한 정의는 단위면적에 작용되는 힘의 합이다. (kg/cm^2)

90 1[J]은 몇 [cal]의 열량에 해당하는가?

① 0.24   ② 2.24
③ 4.2   ④ 42

해설 $1[kgf/cm^2] = 9.80655[N/m] = 9.81[J]$
$1[kcal] = 4,186.8[kJ]$
$1[J] = \dfrac{1}{4,186.8} = 0.0002388[kcal] = 0.2388[cal]$

91 산소용기에 달린 압력계의 읽음이 $10[kg/cm^2]$일 때 절대압력은 얼마인가?(단, 그때의 대기압은 $1.033[kgf/cm^2]$)

① 1.033   ② 8.967
③ 10   ④ 11.033

해설 절대압력 = 대기압 + 용기압력
$10 + 1.033 = 11.033[kg/cm^2 a]$

92 압축성 기체의 비열비($K = \dfrac{C_p}{C_v}$)에 대하여 맞는 것은?

① 항상 1보다 작다.   ② 항상 1보다 크다.
③ 항상 1이다.   ④ 일정치 않다.

해설 기체의 비열비는 항상 1보다 크다.

93 다음 보기 중 압력이 높은 순서대로 나열된 것은?

〈보기〉
㉮ 100[atm], ㉯ 2[kg/mm²], ㉰ 15[m] 수은주

① ㉮, ㉯, ㉰   ② ㉯, ㉰, ㉮
③ ㉰, ㉮, ㉯   ④ ㉯, ㉮, ㉰

해설 $100[atm] = 103.3[kg/cm^2]$
$2[kg/mm^2] = 200[kg/cm^2]$
$15[mHg] = 19.74[kg/cm^2]$

94 20[atm]의 공기 중에서 질소의 분압은?

① 16[atm]   ② 4[atm]
③ 10[atm]   ④ 12[atm]

해설 질소는 공기 중 79[%], 산소는 공기 중 21[%]
$20 \times 0.79 ≒ 16[atm]$ (N_2)
$20 \times 0.21 ≒ 4[atm]$ (O_2)

95 다음 압력의 단위가 아닌 것은?

① Torr   ② mmHg
③ dyne.cm   ④ psi

해설 일(Work)의 단위
• 중력단위 : $1[kgf \cdot m] = 9.8[N \cdot m] = 9.8[J]$
• SI단위 : $1[J] = 1[N \cdot m] = 10^7[dyne \cdot cm] = 9.8[J]$
※ $1[erg](에르그) = 1[dyne \cdot cm]$이다.

96 게이지 압력에 관한 내용 중 옳지 않은 것은?

① 용기에 부착되어 있는 압력계에서 지시하는 압력이다.
② 표준대기압 상태를 0으로 기준하여 측정한 값이다.
③ 절대압력에서 표준대기압을 빼면 게이지 압력이 된다.
④ 완전 진공 상태를 0으로 기준하여 측정한 값이다.

해설 완전진공상태를 0으로 기준하여 측정한 압력은 절대압력이다.

97 온도계의 눈금이 40[℃]이다. 화씨 절대온도[°R]는?
① 330.4　　② 564
③ 474.4　　④ 464.4

해설
- °F = $\frac{9}{5}$ × ℃ + 32 = 1.8 × 40 + 32 = 104[°F]
- °R = °F + 460 = 104 + 460 = 564[°R]

98 표준대기압에서 순수한 물 1[lb]를 1[℃] 변화시키는 열량은?
① 1[kcal]　　② 1[BTU]
③ 1[CHU]　　④ 1,000[kcal]

해설 1[CHU]
표준대기압하에서 순수한 물 1[lb](454[g])를 1[℃] 변화시키는 열량이다.

99 1[J]은 몇 [cal]의 열량에 해당하는가?
① 0.24　　② 2.4
③ 4.2　　④ 42

해설
- 1[kcal] = 4.2[kJ] = 4,200[J]
- 1[J] = 0.24[cal]

100 다음 중 압력의 단위는?
① J　　② W
③ N/m²　　④ dyn

해설 압력 = atm = kg/cm² = inHg = cmHg = bar
= mbar = lb/in² = mH₂O = mAq = N/m² = Pa

101 20[℃]에서 1[L]의 체적을 나타내는 가스는 40[℃]에서 몇 [L]가 되는가?(단, 동일압력상태)
① 1.21　　② 1.3
③ 1.07　　④ 1.31

해설 $V_2 = V_1 \times \frac{T_2}{T_1} = 1[L] \times \frac{40+273}{20+273} = 1.07[L]$

102 산소가스가 27[℃]에서 130[kg/cm²]의 압력으로 50[kg]이 충전되어 있다. 이때 부피는 몇 [m³]인가?(단, 산소의 정수는 26.5[kg·m/kg·K])
① 0.30[m³]　　② 0.25[m³]
③ 0.28[m³]　　④ 0.43[m³]

해설 $PV = GRT$, $V = \frac{GRT}{P}$
∴ $V = \frac{50 \times 26.5 \times (273+27)}{130 \times 10^4} = 0.305[m^3]$

103 압력이 650[mmHg]인 10[L]의 질소는 압력 760[mmHg]에서는 약 몇 [L]인가?(단, 온도는 일정하다고 본다.)
① 8.5[L]　　② 10.5[L]
③ 15.5[L]　　④ 20.5[L]

해설 $V_2 = V_1 \times \frac{P_1}{P_2} = 10 \times \frac{650}{760} = 8.55[L]$

104 산소가스가 27[℃]에서 130[kg/cm²]의 압력으로 50[kg]이 충전되어 있다. 이때 부피는 몇 [m³]인가?(단, 산소의 정수는 26.5kg·m/kg·K)
① 0.30[m³]　　② 0.25[m³]
③ 0.28[m³]　　④ 0.43[m³]

해설 $PV = GRT$
$V = \frac{GRT}{P} = \frac{50 \times 26.5 \times (273+27)}{130 \times 10^4} = 0.3057[m^3]$

105 완전진공을 0으로 하여 측정한 압력을 무엇이라고 하는가?
① 절대압력　　② 게이지 압력
③ 표준대기압　　④ 진공압력

해설
- 절대압력은 완전진공을 0으로 측정한 압력이다.
- 게이지압력은 대기압을 0으로 측정한 압력이다.

106 다음 물성치 중 성질이 다른 것은?
① 온도 ② 비체적
③ 체적 ④ 압력

해설
• 강도성 : 온도, 압력, 비체적
• 종량성 : 체적, 내부에너지, 엔트로피

107 압력이 650[mmHg]인 10[L]의 질소는 압력 760[mmHg]에서는 약 몇 [L]인가?(단, 온도는 일정하다고 본다.)
① 8.5[L] ② 10.5[L]
③ 15.5[L] ④ 20.5[L]

해설 $V_2 = V_1 \times \dfrac{P_1}{P_2} = 10 \times \dfrac{650}{760} = 8.55[L]$

108 다음 기체들 중에서 비점이 가장 낮은 기체는?
① NH_3 ② C_3H_8
③ N_2 ④ H_2

해설
• 수소 비점 : -252[℃]
• 암모니아 비점 : -33.3[℃]
• 질소 비점 : -196[℃]
• 프로판 비점 : -42.1[℃]

109 다음 중 절대압력을 정하는데 기준이 되는 것은?
① 게이지 압력 ② 국소대기압
③ 완전 진공 ④ 표준대기압

해설
• 절대압력이란 완전진공 상태에서 바라본 압력이다.
• 게이지 압력이란 대기압이 0인 상태에서 측정한 압력이다.

110 표준상태에서 메탄 2[mol], 프로판 5[mol], 부탄 3[mol]로 구성된 LPG에서 부탄의 중량은 몇 [%]인가?
① 13.2 ② 40.8
③ 38.3 ④ 24.6

해설 $\dfrac{3 \times 58}{2 \times 16 + 3 \times 58 + 5 \times 44} \times 100 = 40.8[\%]$
※ (메탄 분자량 16, 프로판 44, 부탄 58)

111 표준상태의 부탄가스 비중은?(단, 부탄의 분자량은 58이다.)
① 1.0 ② 2.0
③ 20.0 ④ 30.0

해설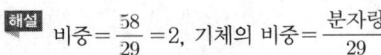
비중 = $\dfrac{58}{29}$ = 2, 기체의 비중 = $\dfrac{분자량}{29}$

112 엔트로피의 설명 중 틀린 것은?
① 단위는 kcal/kg·K
② 0℃ 포화액의 엔트로피를 1로 규정하였다.
③ 단위중량당의 물체가 얻는 열량을 말한다.
④ 열출입이 없는 단열변화의 경우엔 엔트로피의 증감은 없다.

해설 엔트로피$(s) = \dfrac{dQ}{T}$ 의 값이다.
즉, 단위중량당의 물체가 얻는 열량에다가 절대온도로 나눈 값이다.

113 화씨온도 86[℉]는 몇 [℃]인가?
① 30 ② 35
③ 40 ④ 45

해설 $℃ = \dfrac{5}{9}(℉ - 32) = \dfrac{5}{9}(86 - 32) = 30[℃]$

114 다음 보기 중 표준대기압에 대하여 바르게 설명한 것은?

〈보기〉
㉠ 위도 45°, 해면에서 0[℃], 760[mmHg]의 누르는 힘으로 규정한다.
㉡ 표준대기압은 1.0332[bar]이다.
㉢ 표준대기압은 10.332[mH₂O]이다.

ANSWER | 106 ③ 107 ① 108 ④ 109 ③ 110 ② 111 ② 112 ③ 113 ① 114 ③

① ㉠, ㉡　　　　　② ㉡, ㉢
③ ㉠, ㉢　　　　　④ ㉠, ㉡, ㉢

해설 표준대기압의 정의
- 위도 45° 해면에서 0[℃], 760[mmHg]의 누르는 힘으로 규정한다.
- 표준대기압은 10.332[mH₂O]이다.
- 표준대기압은 1.013[bar] 또는 1013[mbar]이다.

115 다음 가스 중 비점이 가장 낮은 것은?
① 아르곤(Ar)　　　② 질소(N_2)
③ 헬륨(He)　　　　④ 수소(H_2)

해설 비점
- 헬륨 : $-268.9[℃]$
- 아르곤 : $-185.87[℃]$
- 질소 : $-195.8[℃]$
- 수소 : $-252[℃]$

116 표준상태에서 가스 1[m³]은 몇 몰인가?
① 22.4　　　　　　② 37.6
③ 44.6　　　　　　④ 58.2

해설 $1[m^3]=1,000[C]$, 1몰=22.4[L]
∴ $\frac{1,000}{22.4}=44.6$몰

117 다음 기체들 중에서 비점이 가장 낮은 기체는?
① NH_3　　　　　② C_2H_2
③ N_2　　　　　　④ H_2

해설 비등점(비점)
- 암모니아 : $-33.35[℃]$
- 아세틸렌 : $-83.8[℃]$
- 질소 : $-195.8[℃]$
- 수소 : $-252.8[℃]$

118 다음 중 분해에 의한 폭발에 해당되지 않는 것은?
① 시안화수소　　　② 아세틸렌
③ 히드라진　　　　④ 산화에틸렌

해설 시안화수소(HCN)는 특이한 복숭아 향이 나는 가스로서 2[%] 이상의 수분이 혼재되면 중합폭발이 발생된다.

119 공기 액화분리장치에서 액화되어 나오는 가스의 순서로 맞는 것은?
① O_2-N_2-Ar　　② N_2-O_2-Ar
③ O_2-Ar-N_2　　④ N_2-Ar-O_2

해설 공기 액화 분리기에 비점이 높은 가스가 먼저 액화된다.
- 산소(O_2) : $-183[℃]$
- 아르곤(Ar) : $-186[℃]$
- 질소(N_2) : $-196[℃]$

120 가연성 가스와 산소의 혼합비가 완전산화에 가까울수록 발화지연은 어떻게 되는가?
① 길어진다.　　　② 짧아진다.
③ 변함없다.　　　④ 일정치 않다.

해설 가연성 가스와 산소의 혼합비가 완전산화에 가까울수록 발화지연은 짧아진다.

121 다음 중 가연성이면서 독성인 가스는?
① 프로판　　　　　② 불소
③ 염소　　　　　　④ 암모니아

해설 가스의 특성
- 프로판 : 가연성 가스
- 불소 : 독성, 조연성
- 염소 : 독성, 조연성
- 암모니아 : 가연성, 독성

122 다음 보기 중 가연성 가스만으로 짝지어진 것은?

〈보기〉	
㉠ 산소	㉡ 천연가스
㉢ 탄산가스	㉣ 수소
㉤ 염소	

① ㉠, ㉡　　　　　② ㉡, ㉣
③ ㉢, ㉤　　　　　④ ㉣, ㉤

ANSWER 115 ③　116 ③　117 ④　118 ①　119 ③　120 ②　121 ④　122 ②

해설 천연가스(CH_4)와 수소(H_2)가스는 가연성, 산소(O_2)는 조연성, 염소(Cl_2)는 독성, 탄산가스(CO_2)는 불연성 가스

123 다음 중 용해가스는?
① 염소　　② 암모니아
③ 메탄　　④ 아세틸렌

해설
- 염소, 암모니아 : 액화가스
- 메탄 : 압축가스
- 아세틸렌 : 용해가스

124 고압가스의 성질에 따른 분류가 아닌 것은?
① 가연성 가스　　② 액화가스
③ 조연성 가스　　④ 불연성 가스

해설 고압가스의 분류
- 액화가스　　・ 압축가스
- 용해가스

고압가스의 성질에 따른 분류
- 가연성 가스　　・ 조연성 가스
- 불연성 가스　　・ 독성 가스

125 다음 중 가연성 가스이며 독성 가스인 가스는?
① $CHClF_2$　　② HCl
③ C_2H_2　　④ HCN

해설 ①은 프레온가스, ②는 염화수소가스, ③은 아세틸렌가스, ④는 시안화수소(허용농도 10[ppm])의 독성 가스, 폭발범위 6~41[%]의 가연성 가스)

126 다음 중 압축가스에 속하는 것은?
① 산소　　② 염소
③ 탄산가스　　④ 암모니아

해설 산소
비점이 −183[℃]로 낮아서 압축가스이다.
염소, 탄산가스, 암모니아는 액화가스이면서 비점이 높은 가스이다.

127 다음 가스 중에서 가연성 가스는?
① 산소　　② 염소
③ 일산화탄소　　④ 불소

해설 ① 산소 : 조연성
② 염소 : 독성, 조연성
③ 일산화탄소 : 가연성, 독성
④ 불소 : 독성

128 다음 중 가연성 가스가 아닌 것은?
① 벤젠　　② 암모니아
③ 펜탄　　④ 염소

해설 염소 : 독성, 조연성 가스

129 불연성 가스와 관계없는 것은?
① 이산화탄소　　② 암모니아
③ 질소　　④ 아르곤

해설 암모니아는 폭발범위가 15~28[%]의 가연성 가스이며 허용농도가 25[ppm]이다.

130 다음 중 냉매로 사용하며 무독성인 기체는 어느 것인가?
① CCl_2F_2　　② NH_3
③ CO_2　　④ SO_2

해설 프레온 냉매 R−12(CCl_2F_2)는 무독성 기체의 냉매가스이다. 왕복동 압축기용이나 대용량 터보 냉동기에도 사용이 가능하다.

131 다음 중 지연성 가스에 해당되지 않는 것은?
① 염소　　② 불소
③ 이산화질소　　④ 이황화탄소

해설
- 공기, 산소, 불소, 염소, 이산화질소는 지연성 가스(연소성을 돕는 조연성 가스)이다.
- 이황화탄소(CS_2)는 가연성 가스(가연성 증기)이다.

ANSWER | 123 ④　124 ②　125 ④　126 ①　127 ③　128 ④　129 ②　130 ①　131 ④

132 다음 중 맞게 짝지어진 것은?
① 가연성 가스 – 수소, 암모니아, 산소
② 불활성 가스 – 질소, 아르곤, 수증기
③ 지연성 가스 – 염소, 아르곤, 황화수소
④ 가연성 가스 – 이산화탄소, 프로판, 헬륨

해설 ① 가연성 가스 : 수소, 암모니아, 황화수소, 프로판 등
② 불연성 가스 : 질소, 아르곤, 수증기, 이산화탄소, 헬륨 등
③ 지연성 가스 : 염소, 불소, 산소 등
④ 독성 가스 : 암모니아, 염소, 불소, 황화수소 등

133 다음 중 지연성 가스로만 구성되어 있는 것은?
① CO, H_2
② H_2, Ar
③ 산소, 산화질소
④ 석탄가스, 수성가스

해설 지연성(조연성) 가스는 산소, 오존, 공기, 불소, 염소, 이산화질소, 일산화질소 등이다.

134 메탄, 에탄 등 수소가 풍부한 가스와 혼합 시 폭발성이 있는 가스는?
① 질소
② 염소
③ 아세틸렌
④ 암모니아

해설 염소(Cl_2)가스는 조연성 가스이기 때문에 메탄, 에탄 등 수소가 풍부한 가스와 혼합 시 폭발성이 있다.

135 다음 가스 중 독성이 가장 큰 것은?
① 일산화탄소
② 산화질소
③ 유화수소
④ 염소

해설 독성 가스의 허용농도
• 일산화탄소 : 50[ppm]
• 산화질소 : 25[ppm]
• 유화수소 : 5[ppm]
• 염소 : 1[ppm]

136 다음 중 독성 가스는 어느 것인가?
① N_2
② O_2
③ H_2
④ Cl_2

해설 • Cl_2(염소)는 허용농도 1[ppm]인 맹독성 가스이면서 조연성 가스이다.
• 질소는 불연성, 산소는 조연성, 수소는 가연성

137 다음 가스 중 독성이 가장 큰 것은?
① 일산화탄소
② 산화질소
③ 시안화수소
④ 염소

해설 독성 가스 허용농도 : 허용농도가 작을수록 독성이 강하다.
① 일산화탄소 : 50[ppm]
② 산화질소 : 25[ppm]
③ 시안화수소 : 10[ppm]
④ 염소 : 1[ppm]

138 염소가스의 허용농도는?
① 0.1[ppm]
② 0.5[ppm]
③ 1[ppm]
④ 5[ppm]

해설 염소가스의 독성허용농도는 1[ppm]이다.

139 냄새로 알 수 없는 가스는?
① 염소
② 암모니아
③ 이산화탄소
④ 시안화수소

해설 이산화탄소(CO_2)는 무색무취의 가스이다.

140 공기 중에 누출 시 냄새로 쉽게 알 수 있는 가스로만 된 것은?
① Cl_2, NH_3
② CO, Ar
③ C_2H_2, CO
④ O_2, Cl_2

해설 염소(Cl_2)와 암모니아(NH_3) 가스는 누출 시 냄새로 용이하게 알 수 있다.

141 다음 가스 중 독성이 강한 순서로 나열된 것은?

〈보기〉
㉠ NH_3 ㉡ HCN
㉢ $COCl_2$ ㉣ Cl_2

① ㉠-㉡-㉢-㉣   ② ㉢-㉣-㉡-㉠
③ ㉡-㉢-㉠-㉣   ④ ㉢-㉡-㉠-㉡

해설 독성 가스 허용농도
- 염소 : 1[ppm]
- 포스겐 : 0.1[ppm](독성이 제일 강하다.)
- 시안화수소 : 10[ppm]
- 암모니아 : 25[ppm]

142 다음 중 독성 가스의 허용농도가 잘못된 것은?

① CO-500[ppm]   ② F_2-0.1[ppm]
③ O_3-0.1[ppm]   ④ HF-3[ppm]

해설 일산화탄소(CO)의 독성 가스 허용농도는 50[ppm]이다.

143 다음 가스 중 냄새로 쉽게 알 수 있는 것은?

① 프레온가스(R-12), 질소, 이산화탄소
② 일산화탄소, 아르곤, 메탄
③ 염소, 암모니아, 메탄올
④ 아세틸렌, 부탄, 프로판

해설 냄새가 나는 가스
- 염소
- 암모니아
- 메탄올

144 다음 중 독성 가스가 아닌 것은?

① 아크릴로니트릴   ② 과산화수소
③ 암모니아   ④ 펜탄

해설
- 과산화수소(H_2O_2)는 무색의 액체로서 물에 잘 녹으며 3[%] 수용액을 과산화수소(옥시풀)라고 한다. 소독제, 살균제로 사용한다.
- 펜탄(C_5H_{10})은 순수한 가연성 가스이다.

145 다음 가스 중 독성이 가장 큰 것은?

① 염소   ② 불소
③ 시안화수소   ④ 암모니아

해설 독성 허용농도
- 염소 : 1[ppm]
- 불소 : 0.1[ppm]
- 시안화 수소 : 10[ppm]
- 암모니아 : 25[ppm]

146 다음 가스 중 독성이 가장 큰 것은?

① 염소   ② 불소
③ 시안화수소   ④ 암모니아

해설 독성 가스는 허용농도가 적을수록 독성이 크다.
① 염소 : 1[ppm]
② 불소 : 0.1[ppm]
③ 시안화수소 : 10[ppm]
④ 암모니아 : 25[ppm]

147 다음 중 가연성 및 독성 가스가 아닌 것은?

① 아크릴로니트릴   ② 아황산가스
③ 시안화수소   ④ 일산화탄소

해설 $S+O_2 \rightarrow SO_2$(아황산가스는 독성 가스이다.)

148 다음의 가스 중 가연성이면서 유독한 것은?

① NH_3 ② H_2
③ CH_4 ④ N_2

해설 암모니아(NH_3)가스는 허용농도가 25[ppm]의 독성이며 폭발범위가 15~28[%] 가연성이다.

149 가연성 가스의 위험도에 대한 설명 중 맞는 것은?
① 위험도는 값이 클수록 위험하다.
② 위험도는 폭발상한값을 폭발하한값으로 나눈 수치이다.
③ 아세틸렌보다 프로판의 위험도가 크다.
④ 폭발상한값과 폭발하한값의 차가 적을수록 위험도는 값이 크다.

해설 가연성 가스
① 위험도의 값이 클수록 위험하다.
② 위험도 = $\dfrac{\text{폭발범위 상한값} - \text{폭발범위 하한값}}{\text{폭발범위 하한값}}$
③ 아세틸렌의 위험도가 프로판보다 크다.
④ 폭발범위 상한값과 하한값의 차가 클수록 위험도 값이 크다.

150 과산화수소와 동, 망간 등의 접촉 시 폭발은?
① 분해폭발   ② 중합폭발
③ 융합폭발   ④ 산화폭발

해설
• 자연발화 : 분해열, 산화열, 발효열, 중합열 등
• 분해폭발 : 과산화수소, 과산화벤졸, 산화은, 염소산칼륨, 가압아세틸렌 등
• 과산화수소는 동, 망간 등과 접촉 시 극심한 분해를 일으킨다.

151 다음 가연성 가스 중 위험성이 제일 큰 것은?
① 수소   ② 프로판
③ 산화 에틸렌 ④ 아세틸렌

해설 아세틸렌가스는 폭발범위도 넓고 위험도가 가장 크다.
$H = \dfrac{U-L}{L} = \dfrac{81-2.5}{2.5} = 31.4$
폭발범위 : 2.5~81[%]

152 다음 가스 누설 시 가장 위험성이 큰 가스는?
① 수소   ② 아세틸렌
③ 프로판   ④ 산화에틸렌

해설 가스의 위험도
• 수소 : $\dfrac{75-4}{4} = 17.75$
• 아세틸렌 : $\dfrac{81-2.5}{2.5} = 31.4$
• 프로판 : $\dfrac{9.5-2.1}{2.1} = 3.52$
• 산화에틸렌 : $\dfrac{80-3}{3} = 25.67$

153 C_4H_{10}의 위험도는?
① 1.23   ② 1.27
③ 3.52   ④ 3.67

해설 가스의 위험도 = $\dfrac{\text{폭발범위 상한계} - \text{폭발범위 하한계}}{\text{폭발범위 하한계}}$
부탄가스의 폭발범위 = 1.8~8.4[%]
위험도 = $\dfrac{8.4-1.8}{1.8} = 3.67$

ANSWER 149 ① 150 ① 151 ④ 152 ② 153 ④

CHAPTER 02 가스의 특성

SECTION 01 수소(Hydrogen, H₂)

1. 성질
① 상온에서 무색, 무취, 무미의 가연성 압축가스이다.
② 가장 밀도가 작고 가장 가벼운 기체이다.
③ 액체수소는 극저온으로 연성의 금속재료를 쉽게 취화시킨다.
④ 산소와 수소의 혼합가스를 연소시키면 2,000℃ 이상의 고온을 얻을 수 있다.

$$2H_2 + O_2 \rightarrow 2H_2O + 135.6 kcal (수소폭명기)$$

⑤ 고온·고압하에서 강재 중의 탄소와 반응하여 메탄을 생성 수소취화현상이 있다.

$$Fe_3C + 2H_2 \rightarrow CH_4 + 3Fe (탈탄작용)$$

> **Reference**
> 1. 탈탄작용 방지금속 : W, Cr, Ti, Mo, V
> 2. 탈탄작용 방지재료 : 5~6%크롬강, 18-8스테인리스

▼ 수소의 물성

구분	분자량	비점	임계온도	임계압력	융점	폭발범위	폭굉범위	발화점
수치	2.016	-252.8℃	-239.9℃	12.8atm	-259.1℃	4~75%	18.3~59.0	530℃

2. 공업적 제법
① 수전해법 : 물 전기분해법(20% NaOH 사용)
② 수성가스법 : 석탄, 코크스의 가스화법(폭발등급 3등급)
③ 석유분해법 : 수증기 개질법, 부분산화법(파우더법)
④ 천연가스 분해법
⑤ 일산화탄소 전화법

3. 용도
① 공업용으로 널리 사용되는 압축가스이다.
② 금속의 용접이나 절단에 사용한다.
③ 액체수소의 경우 로켓이나 미사일의 추진용 연료이다.

4. 폭발성 및 인체에 미치는 영향
① 염소, 불소와 반응하면 폭발(수소폭명기) 위험이 있다.
② 최소발화에너지가 매우 작아 미세한 정전기나 스파크로도 폭발할 위험이 있다.
③ 비독성으로 질식제로 작용한다.

SECTION 02 산소(Oxygen, O_2)

산소는 지각(地殼) 중에서 가장 다량(약 50%) 존재하며, 공기 중에 약 21% 함유되어 있다.
※ 산소에는 질량수 16, 17, 18의 안정한 동위원소가 있다.

1. 성질
① 비중은 공기를 1로 할 때 1.11의 무색·무취·무미의 기체이다.
② 화학적으로 화합하여 산화물을 만든다.
③ 순산소 중에서는 공기 중에서보다 심하게 반응한다.
④ 수소와는 격렬하게 반응하여 폭발하고 물을 생성한다.
⑤ 탄소와 화합하면 이산화탄소와 일산화탄소를 생성한다.
⑥ 산소-수소염은 2,000~2,500℃, 산소-아세틸렌염은 3,500~3,800℃에 달한다.
⑦ 산소는 그 자신 폭발의 위험은 없지만 강한 조연성 가스이다.
⑧ 기름이나 그리스 같은 가연성 물질은 발화 시에 산소 중에서 거의 폭발적으로 반응한다.
⑨ 만일 유지류가 부착되어 있을 경우에는 사염화탄소 등의 용제로 세정한다.

▼ 산소의 물성

구분	분자량	비점	임계온도	임계압력	융점	용해도	정압비열	정적비열
수치	32	-182.97℃	-118.4℃	50.1atm	-218℃	49.1cc	0.2187cal/g℃	0.1566cal/g℃

2. 제법
(1) 물 전기분해법

$2H_2O \rightarrow 2H_2 + O_2$

(2) 공기 액화 분리법

비등점 차이에 의한 분리(O_2 : -183℃, N_2 : -195.8℃)

> **》》》 공기 액화장치의 종류**
> ① 전저압식 공기 분리장치 : 5kg/cm² 이하, 대용량 사용
> ② 중압식 공기 분리장치 : 10~30kg/cm² 정도, 질소가 많음
> ③ 저압식 액산플랜트 방식 : 25kg/cm² 이하, Ar 회수

3. 용도

① 타 가스에 의한 마취로부터의 소생 등 의료계에 널리 이용되고 있다.
② 잠수 시 또는 우주탐사 시 호흡용과 연료원으로 사용된다.
③ 산소-아세틸렌염, 산소-수소염, 산소-프로판염 등으로 용접, 절단용으로 쓰이고 있다.
④ 인조보석 제조와 로켓 추진의 산화제 또는 액체산소 폭약 등에도 널리 쓰이고 있다.

4. 폭발성 및 인화성

① 물질의 연소성은 산소농도나 산소분압이 높아짐에 따라 현저하게 증대하고 연소속도의 급격한 증가, 발화온도의 저하, 화염온도의 상승 및 화염길이의 증가를 가져온다.
② 폭발한계 및 폭굉 한계도 공기 중과 비교하면 산소 중에서는 현저하게 넓고 또 물질의 점화에너지도 저하하여 폭발의 위험성이 증대한다.

5. 인체에 미치는 영향

① 기체산소의 흡입은 인체에 독성효과보다 강장의 효과가 있다.
② 산소과잉이거나 순산소인 경우는 인체에 유해하다. 60% 이상의 고농도에서 12시간 이상 흡입하면 폐충혈이 되며 어린아이나 작은 동물에서는 실명·사망하게 된다.

6. 장치 안전

① 산소가스용기 및 기계류에는 윤활유, 그리스 등을 사용하지 않는 금유 표시기기를 사용한다.
② 산소 압축기의 윤활유로 물이나 10% 이하의 글리세린수를 사용한다.
③ 산소의 최고압력은 150kg/cm^{2}이며, 용기재질은 Mn강, Cr강, 18-8스테인리스강을 사용한다.

SECTION 03 질소(Nitrogen, N$_2$)

1. 성질

① 상온에서 무색·무취의 기체이며 공기 중에 약 78.1% 함유되어 있다.
② 불연성 기체로 분자상태는 안정하나 원자상태는 화학적으로 활발하다.(NO, NO$_2$)
③ Mg, Li, Ca 등과 질화작용한다(Mg$_3$N$_2$, Li$_3$N$_2$, Ca$_3$N$_2$).(내질화성금속 : Ni)

▼ 질소의 물성

구분	분자량	비점	임계온도	임계압력	융점	밀도
수치	28	-195.8℃	-147℃	33.5atm	-209.89℃	1.25

2. 제법
① 공기 액화 분리장치 이용 제조
② 아질산암모늄(NH_4NO_2) 가열하여 제조

3. 용도
① 급속동결용 냉매로 사용한다.
② 산화방지용 보호제로 사용한다.
③ 기기 기밀 시험용, 퍼지용 등으로 사용한다.

SECTION 04 희가스

1. 성질
① 원소와 화합하지 않는 불활성기체이다.
② 무색·무취의 기체이며, 방전관 속에서 특유의 빛을 발생한다.

▼ 희가스의 물성

명칭	분자량	공기 중 분포	융점(℃)	비점(℃)	임계온도	임계압력	발광색
Ar	39.94	0.93%	−189.2	−185.8	−22℃	40atm	적색
Ne	20.18	0.0015%	−248.67	−245.9	−228.3℃	26.9atm	주황색
He	4.00	0.0005%	−272.2	−268.9	−267.9℃	2.26atm	황백색

※ Kr : 녹자색 Xe : 청자색 Rn : 청록색

2. 제법
공기액화 시 부산물로 생산

3. 용도
네온사인용, 형광등 방전관용, 금속가공 제련 보호가스 등 이용

SECTION 05 염소(Chlorine, Cl_2)

1. 성질
① 상온에서 심한 자극적인 냄새가 있는 황록색의 무거운 독성기체이다.(허용농도 1ppm)

② -34℃ 이하로 냉각시키거나, 6~8기압의 압력으로 액화되어 액체상태로 저장한다.
③ 기체일 때 무게는 공기보다 약 2.5배 무겁고, 조연성 가스로 취급된다.
④ 수소와 염소가 혼합되었을 경우 폭발성을 가진다.(염소폭명기)

▼ 염소의 물성

구분	분자량	비점	임계온도	임계압력	융점	용해도	허용농도	밀도(g/L)
수치	71	-34℃	144℃	76.1 atm	-100.98℃	4.61배	1ppm	1.429

2. 제조

- 소금 전기분해

① 수은법 : 아말감(고순도)
② 격막법 : 공업용

3. 용도

① 수돗물을 살균한다.
② 펄프·종이·섬유를 표백한다.
③ 공업용수나 하수의 정화제이다.

4. 폭발성, 인화성 및 위험성

① 염소가스 분위기 중에 있는 금속을 가열하면, 금속이 연소된다.
② 염소와 아세틸렌이 접촉하게 되면 자연발화의 가능성이 높다.
③ 독성 가스로서 호흡기에 유해하다.
④ 독성 재해제로는 소석회, 가성소다, 탄산소다 수용액을 사용한다.
⑤ 안전밸브는 가용전(65~68℃)식 안전밸브를 사용한다.

SECTION 06 암모니아

1. 성질

① 상온·상압하에서 자극이 강한 냄새를 가진 무색의 기체이다.
② 물에 잘 용해된다.(0℃, 1atm에서 1,164배 용해됨)
③ 증발잠열이 크며, 독성, 가연성 가스이다.

▼ 암모니아의 물성

구분	분자량	비점	임계온도	임계압력	융점	연소범위	허용농도	비중(공기)
수치	17	$-33.4°C$	$132.9°C$	$112.3atm$	$-77.7°C$	$15 \sim 28\%$	25ppm	0.59

2. 제법

(1) 하버보시법

$N_2 + 3H_2 \rightarrow 2NH_3 + 23kcal$ (촉매 $Fe + Al_2O_3$)

① 고압법($600 \sim 1,000kg/cm^2$ 이상) : 클로드법, 카자레법
② 중압법($300kg/cm^2$) : IG법, 뉴파우더법, 동고시법, JCI법
③ 저압법($150kg/cm^2$) : 구우데법, 케로그법(경제적임)

(2) 석회질소법

$3CaO + 3C + N_2 + 3H_2O \rightarrow 3CaCO_3 + 2NH_3$

3. 용도

① 질소비료, 황산암모늄 제조, 나일론, 아민류의 원료
② 흡수식이나 압축식 냉동기의 냉매, 드라이아이스 제조

4. 누출검지 및 인체에 미치는 영향

① 염산수용액과 반응하면 흰 연기 발생
② 페놀프탈레인 용액과 반응(무색 → 적색)
③ 적색리트머스 시험지와 반응(파란색)
④ 독성 가스로 최대허용치는 25ppm, 고온·고압에서 질화작용으로 18-8스테인리스강 사용

SECTION 07 일산화탄소(CO)

1. 성질

① 무미, 무취, 무색의 기체. 독성이 강하고, 환원성의 가연성 기체이다.
② 물에는 녹기 어렵고 알코올에 녹는다.
③ 금속과 반응하여 금속(Fe, Ni)카보닐을 생성(카보닐 방지금속 : Cu, Ag, Al)

$Fe + 5CO \rightarrow Fe(CO)_5$: 철카보닐
$Ni + 4CO \rightarrow Ni(CO)_4$: 니켈카보닐

▼ 일산화탄소의 물성

구분	분자량	비점	임계온도	임계압력	융점	연소범위	허용농도	비중(공기)
수치	28	-192.2℃	139℃	35atm	-207℃	12.5~74.2%	50ppm	0.97

2. 제조

(1) 수성가스화법

$CH_4 + H_2O \rightarrow CO + 2H_2$

(2) 석탄 코크스 습증기 분해법

$C + H_2O \rightarrow CO + H_2$

3. 용도

메탄올 합성, 포스겐 제조 등

SECTION 08 이산화탄소(CO_2)

1. 성질

① 무미, 무취, 무색의 기체, 독성이 없고, 불연성 기체로 공기보다 무겁다.
② 물에는 녹기 어렵고 물에 녹아 약산성으로 관부식한다.

▼ 수소의 물성

구분	분자량	비점	임계온도	임계압력	융점	공기 중 분포	허용농도	비중(공기)
수치	44	-78.5℃	31℃	72.9atm	-56℃	0.03%	1,000ppm	1.517

2. 제조

일산화탄소 전화반응, 석회석 가열, 코크스 연소 등

3. 용도

드라이아이스 제조, 요소($(NH_2)_2CO$) 원료, 탄산수, 소화제 등

SECTION 09 LPG(Liquefied Petroleum Gas : 액화석유가스)

LPG란 프로판, 부탄을 주성분으로 한 저급탄화수소로 보통 $C_3 \sim C_4$까지를 말한다.

1. 특성

① 기화 및 액화가 쉽다.(기화잠열 C_3H_8 : 101.8kcal/kg, C_4H_{10} : 92kcal/kg)
    ㉠ 프로판은 약 0.7MPa, 부탄은 약 0.2MPa 정도로 가압시키면 액화된다.
    ㉡ 기화되어도 재액화될 가능성이 있다.
② 공기보다 무겁고 물보다 가볍다.
③ 액화하면 부피가 작아진다.
④ 폭발성이 있다.
⑤ 연소 시 다량의 공기가 필요하다.(C_3H_8 : 25배, C_4H_{10} : 32배)
⑥ 발열량 및 청정성이 우수하다.

$$C_3H_8 + 5O_2 \rightarrow 3CO_2 + 4H_2O + 530kcal/mol$$
$$C_4H_{10} + 6.5O_2 \rightarrow 4CO_2 + 5H_2O + 700kcal/mol$$

> **Reference** 공기희석 목적
>
> 열량 조절, 연소효율 증대, 재액화 방지, 누설손실 감소

⑦ LPG는 고무, 페인트, 테이프 등의 유지류, 천연고무를 녹이는 용해성이 있다.
⑧ 무색 무취이다.(부취제인 메르캅탄을 첨가)

▼ LPG의 물성

구분	분자량	비점	임계온도	임계압력	발화점	연소범위
C_3H_8	44	−42.1℃	96.8℃	42atm	460~520℃	2.1~9.5%
C_4H_{10}	58	−0.5℃	152℃	37.5atm	430~510℃	1.8~8.4%

2. 제법

① 습성 천연가스 및 원유로부터의 제조 : 압축냉동법, 흡수법(경유), 활성탄 흡수법
② 제유소 가스로부터 제조
③ 나프타 분해 및 수소화 분해 생성물

3. 용도

① 프로판은 가정용 · 공업용 연료로 많이 쓰이며, 내연기관 연료로도 많이 쓰인다.
② 합성고무 원료인 부타디엔은 노르말부탄을 제조

> **Reference** 정전기발생 방지대책
> 1. 폭발성 분위기 형성, 확산방지
> 2. 방폭전기설비 설치
> 3. 접지실시
> 4. 작업자의 대전방지

4. 액화석유가스의 누출 시 주의

① LPG가 누출되면 공기보다 무거워서 낮은 곳에 고이게 되므로 특히 주의할 것
② 가스가 누출되었을 때는 부근의 착화원을 신속히 치우고 용기밸브, 중간밸브를 잠그고 창문 등을 열어 신속히 환기시킬 것
③ 용기의 안전밸브에서 가스가 누출될 때에는 용기에 물을 뿌려 냉각시킬 것

> **Reference** 발화점에 영향을 주는 인자
> 1. 가연성 가스와 공기의 혼합비
> 2. 가열속도와 지속시간
> 3. 점화원의 종류와 투여법
> 4. 발화가 생기는 공간의 형태
> 5. 기벽의 재질과 촉매효과

SECTION 10 LNG(Liquefied Natural Gas : 액화천연가스)

1. LNG의 조성

천연가스는 메탄(CH_4)가스가 주성분이고, 약간의 에탄 등 경질 파라핀계 탄화수소와 순수한 천연가스는 주성분인 메탄 외에도 황화수소, 이산화탄소 또는 부탄, 펜탄이 있다.

▼ LNG의 조성

구분	조성(Vol%)						액밀도	비점
	CH_4	C_2H_6	C_3H_8	C_4H_{10}	C_5H_{12}	N_2		
보르네오산	88.1	5.0	4.9	1.8	0.1	0.1	465	−160
알래스카산	99.8	0.1	−	−	−	0.1	415	−162

2. 용도

(1) 연료

① 도시가스
② 발전용 연료
③ 공업용 연료

(2) 한랭 이용
  ① 액화산소 및 액화질소의 제조
  ② 냉동창고
  ③ 냉동식품
  ④ 저온분쇄(자동차 폐타이어, 대형폐기물, 플라스틱 등)
  ⑤ 냉각(발전소 온·배수의 냉각)

(3) 화학공업 원료
  메탄올, 암모니아의 냉각

SECTION 11 메탄

천연가스의 주성분인 메탄가스의 특성을 보면 다음과 같다.

▼ 메탄의 물성

구분	분자량	비점	임계온도	임계압력	융점	연소범위	발화점	비중(공기)
수치	16	−162℃	−82.1℃	45.8atm	−182.4℃	5~15%	550℃	0.55

① 공기 중에서 잘 연소하고 담청색 화염을 낸다.

$$CH_4 + 2O_2 \rightarrow CO_2 + 2H_2O + 212.8 kcal/mol$$

② 염소와 반응시키면 염소화합물을 만든다.

SECTION 12 에틸렌(Ethylene, C_2H_4)

1. 성질

① 물에 녹지 않고, 무색의 달콤한 냄새를 가진 마취성 가스이다.
② 부가·중합반응을 일으킨다.

▼ 에틸렌의 물성

구분	분자량	융점	비점	임계온도	임계압력
수치	28.05	−169.2℃	−103.71℃	9.9℃	50.1atm

2. 용도

폴리에틸렌, 산화에틸렌, 에틸알코올의 제조에 이용

SECTION 13 포스겐($COCl_2$)

1. 성질

① 순수한 것은 무색, 시판품은 짙은 황록색, 자극적인 냄새를 가진 유독가스이다.
② 서서히 분해하면서 유독하고 부식성이 있는 가스를 생성한다.
③ 300℃에서 분해하여 일산화탄소와 염소가 된다.
④ 표준품질의 순도는 97% 이상이며, 유리염소는 0.3% 이상이다.
⑤ 중화제, 흡수제로 강한 알칼리를 사용한다.

▼ 포스겐의 물성

구분	분자량	융점	비점	임계온도	임계압력	비중	허용농도
수치	98.92	−128℃	8.2℃	181.85℃	56atm	1.435	0.1ppm

2. 제조법

① 일산화탄소와 염소로부터 제조한다.

$$CO + Cl_2 \rightarrow COCl_2$$

② 사염화탄소를 공기 중, 산화철, 습한 곳에서 생성한다.

SECTION 14 아세틸렌(Acetylene : C_2H_2)

1. 성질

① 3중 결합을 가진 불포화 탄화수소로 무색의 기체이다.
② 비점(−84℃)과 융점(−81℃)이 비슷하여 고체 아세틸렌은 융해하지 않고 승화한다.
③ 물 1몰에 아세틸렌은 1.1몰(15℃), 아세톤 1몰에 아세틸렌 25몰(15℃)이 녹는다.
④ 불꽃, 가열, 마찰 등에 의하여 자기분해를 일으키고, 수소와 탄소로 분해된다.

$$C_2H_2 \rightarrow 2C + H_2 + 54.2 kcal/mol$$

⑤ Cu, Hg, Ag 등의 금속과 결합하여 금속 아세틸리드를 생성한다.

$$C_2H_2 + 2Cu \rightarrow Cu_2C_2(동아세틸리드) + H_2$$

▼ 아세틸렌의 물성

구분	분자량	융점	비점	임계온도	임계압력	연소범위
수치	26	$-82℃$	$83.8℃$	$36℃$	$61.7atm$	$2.1\sim81\%$

2. 제법

① 카바이드(Carbide)에 물을 가하여 제조

$$CaC_2 + 2H_2O \rightarrow C_2H_2 + Ca(OH)_2$$

② 석유 크래킹으로 제조

$$C_3H_8 \rightarrow C_2H_2 + CH_4 + H_2(Creaking, 1,000\sim1,200℃)$$

3. 용도

① 산소·아세틸렌염을 이용 금속의 용접 및 절단에 사용된다.
② 벤젠, 부타디엔(합성고무원료), 알코올, 초산 등 생산에 사용한다.

> **Reference** 아세틸렌 발생기 요약
>
> 1. 가스발생기 : 주수식, 침지식, 투입식
> 2. 습식아세틸렌 발생기 : 표면온도는 70℃ 이하 유지, 적정온도는 50~60℃ 유지
> 3. 아세틸렌 압축기의 윤활유 : 양질의 광유 사용, 온도에 불구하고 $25kg/cm^2$ 이상 압축금지
> 4. 역화방지기 : 역화방지기 내부에 페로실리콘이나 물 또는 모래, 자갈이 사용
> 5. 건조기 건조제 : $CaCl_2$ 사용
> 6. 아세틸렌가스 청정제 : 에푸렌, 카타리솔, 리카솔(대표 불순물 : H_2S, PH_3, NH_3, SiH_4).
> 7. 아세틸렌가스 용제 : 아세톤, DMF(디메틸포름아미드)
> 8. 아세틸렌가스를 용제에 침윤시킨 다공도 : 75~92% 이하
> 9. 다공도(%) = $\dfrac{V-E}{V} \times 100$ (V : 다공 물질의 용적, E : 아세톤을 침윤시킨 잔용적)

SECTION 15 산화에틸렌(CH_2CH_2O)

1. 성질
① 상온에서는 무색가스로 에테르 냄새, 고농도에서 자극적 냄새가 난다.
② 액체는 안정하나 증기는 폭발성, 가연성 가스로 중합 및 분해 폭발을 한다.
③ 아세틸라이드를 형성하는 금속(Cu, Hg, Ag)을 사용해서는 안 된다.

▼ 산화에틸렌의 물성

구분	분자량	융점	비점	인화점	발화점	밀도	연소범위
수치	44.05	-113℃	-10.4℃	-17.8℃	429℃	1.52	3~100%

2. 용도
에틸렌 글리콜, 폴리에스테르섬유 원료 등에 이용

SECTION 16 프레온(Freon)

탄화수소와 할로겐 원소의 결합화합물

1. 성질
① 무미, 무취, 무색의 기체. 독성이 없고, 불연성 비폭발성으로 열에 안정하다.
② 액화하기 쉽고 증발잠열이 크다.
③ 약 800℃에서 분해하여 유독성의 포스겐가스를 생성한다.
④ 천연고무나 수지를 침식시킨다.

2. 용도
냉동기 냉매, 테프론수지 생산, 에어졸 용제, 우레탄 발포제 등

> **Reference** 할라이드 토치 램프 색상으로 프레온가스 누설검사
> 1. 누설이 없을 때 : 청색
> 2. 소량 누설 시 : 녹색
> 3. 다량 누설 시 : 자색
> 4. 극심할 때 : 불꺼짐

▼ 여러 가지 프레온의 물성

품명	약칭	분자식	비중	할론 No.
사염화탄소	CTC	CCl_4	1.595	104
1염화 1취화 메탄	CB	CH_2BrCl	1.95	1011
1취화 1염화 2불화 메탄	BCF	CF_2ClBr	2.18	1211
1취화 메탄	MB	CH_3Br	–	1001
1취화 3불화 메탄	MTB	CF_3Br	1.50	1301
2취화 4불화 에탄	FB^{-2}	$C_2F_4Br_2$	2.18	2402

SECTION 17 시안화수소(HCN)

1. 성질

① 복숭아 냄새의 무색기체, 무색 액체로 독성이 강하고 휘발하기 쉽다.
② 물, 암모니아수, 수산화나트륨 용액에 쉽게 흡수된다.
③ 장기간 저장하면 중합하여 암갈색의 폭발성 고체가 된다.(60일 이내 저장)

▼ 시안화수소의 물성

구분	분자량	융점	비점	인화점	발화점	밀도	연소범위	허용농도
수치	27	-13.2℃	-25.6℃	-17.8℃	538℃	0.941	6~41%	10ppm

2. 제법

(1) 앤드류소법

$$CH_4 + NH_3 + 3/2O_2 \rightarrow HCN + 3H_2O + 11.3kcal$$

(2) 폼아미드법

$$CO + NH_3 = HCONH_2 \rightarrow HCN + H_2O$$
$$\text{(폼아미드)}$$

3. 용도

살충제, 아크릴수지 원료

> **Reference** 아크릴로니트릴
>
> $C_2H_2 + HCN \rightarrow CH_2=CHCN$

SECTION 18 벤젠(Benzene, C_6H_6)

① 무색, 특유의 냄새를 지닌 휘발성의 가연성 독성이다.
② 물에 녹지 않으나, 유기용매에 잘 녹으며 용제로 사용한다.
③ 방향족 탄화수소로 수소에 비해 탄소가 많아 연소 시 그을음이 많이 난다.
④ 살충제(DDT), 염료, 수지의 원료로 사용한다.

SECTION 19 황화수소

① 달걀 썩는 냄새를 지닌 유독성 가연성 가스이다.
② 화산 속에 포함되어 있고, 킵장치로 얻는다.
③ 연당지($(CH_2=COO)_2Pb$)와 반응하여 흑색으로 변한다.(검출법)
④ 환원제, 정성분석, 공업용 의약품 등에 이용한다.

SECTION 20 이황화탄소(CS_2)

1. 성질

① 무색 또는 엷은 황색 휘발성 액체, 보통은 악취(계란 썩는 냄새)를 가지고 있다.
② 물에는 잘 녹지 않으며 알코올, 에테르에 용해된다.
③ 저온에도 강한 인화성이 있다.
④ 산화성은 없으나 폭발성, 연소성이 있다.

▼ 이황화탄소의 물성

구분	분자량	융점	비점	인화점	발화점	밀도	연소범위	허용농도
수치	76.14	−112℃	46.25℃	−30℃	90℃	2.67	1.2~50%	20ppm

2. 위험성

① 흡입 시 : 현기증, 두통, 의식불명, 정신장애, 정신착란, 전신마비
② 삼켰을 때 : 두통, 구토, 다발성 신경염, 정신착란, 혼수상태
③ 피부 : 홍반, 심한 통증, 피부로 흡수되어 중독되는 수도 있음
④ 눈 : 심하게 자극, 통증 홍반 급성중독의 경우는 순환기계 장애를 일으킴

3. 용도

① 비스코스레이온, 셀로판 제조
② 고무가황 촉진제 등

SECTION 21 아황산가스(SO_2)

1. 성질

① 물에는 쉽게 녹으며, 알코올과 에테르에도 녹는다. 환원성이 있다.
② 표백작용을 하고 액체는 각종 무기, 유기화합물의 용제로 사용한다.
③ 누출 시 눈, 코 및 기도를 강하게 자극시킨다.

▼ 아황산가스의 물성

구분	분자량	융점	비점	임계온도	임계압력	밀도	허용농도
수치	64	-78.5℃	-10℃	157.5℃	77.8atm	2.3	5ppm

2. 제법

황을 연소 : $S + O_2 \rightarrow SO_2$

3. 용도

황산 제조, 제당, 펄프의 표백제로 이용

CHAPTER 02 출제예상문제

01 액화석유가스 용기에 가장 적합한 안전 밸브는?
① 가용전식　② 스프링식
③ 중추식　　④ 파열판식

해설
- 수소가스 : 가용전, 파열판
- 염소 : 가용전(65~68[℃] 용융)
- 암모니아 : 가용전(105±5[℃] 용융)
- 액화석유가스 : 스프링식 안전 밸브
※ 가용전의 재료 : 납, 비스무트, 카드뮴, 주석(Pb, Bi, Cd, Sn)

02 다음 중 부탄가스의 완전연소 반응식은?
① $C_3H_8 + 4O_2 \rightarrow 3CO_2 + 5H_2O$
② $C_3H_8 + 5O_2 \rightarrow 3CO_2 + 4H_2O$
③ $C_4H_{10} + 6O_2 \rightarrow 4CO_2 + 5H_2O$
④ $2C_4H_{10} + 13O_2 \rightarrow 8CO_2 + 10H_2O$

해설 부탄가스의 완전연소반응식
$2C_4H_{10} + 13O_2 \rightarrow 8CO_2 + 10H_2O$
$C_4H_{10} + 5O_2 \rightarrow 4CO_2 + 5H_2O$

03 LP가스의 특성에 대한 설명 중 옳은 것은?
① 발화온도가 타 연료에 비하여 낮다.
② 연소속도가 타 연료에 비하여 빠르다.
③ 도시가스에 비하여 발열량이 크다.
④ 도시가스에 비하여 연소범위가 넓다.

해설 LP가스는 도시가스에 비해 2배 이상 발열량이 크나 연소속도가 완만하고, 연소범위가 좁으며 발화온도가 다소 높다.

04 LP가스의 특성을 잘못 설명한 것은?
① 상온·상압에서 기체 상태이다.
② 증기비중은 공기의 1.5~2.0배이다.
③ 액체는 물보다 무겁다.
④ 액체는 무색·투명하며, 물에 잘 녹지 않는다.

해설 LP가스의 액체는 비중이 0.55~0.58이기 때문에 물보다 가볍다. (물은 비중이 1이다.)

05 다음 중 LP가스의 특성으로 옳은 것은?
① LP가스의 액체는 물보다 가볍다.
② LP가스의 기체는 공기보다 가볍다.
③ LP가스는 푸른색상을 띠며 강한 취기를 가졌다.
④ LP가스는 용해성은 없다.

해설 LP가스는 기체상태에서는 공기보다 무겁고 물보다는 가볍다. 또한 무색, 무취이며 고무 등을 용해시킨다.

06 다음 LPG의 성질 중 옳은 것은?
① 공기보다 무겁기 때문에 누설 시 바닥에 고인다.
② 누설되면 공기와 비중이 같으므로 공기와 혼합된다.
③ 공기보다 가벼워 누설되면 위로 날아간다.
④ 조연성 가스이기 때문에 불이 붙도록 도와준다.

해설
- LPG는 프로판과 부탄의 혼합물이기 때문에 공기보다 무거워서 누설 시 바닥에 고인다.
- 공기 분자량 29, 프로판 분자량 44, 부탄 분자량 58

07 LP가스의 장점으로 옳은 것은?
① 열용량이 적어 공급관지름이 적다.
② 증기압의 이용으로 가압장치가 필요 없다.
③ 피크 사용 시 조성균일을 위해 조정이 필요하다.
④ 열량이 적어 공급압력 설정이 자유롭다.

해설 LP가스
증기압의 이용으로 가압장치가 필요 없다.

[온도와 압력 발생]

가스온도 \ 가스압력	C_3H_8	C_4H_{10}
−30[℃]	0.6[kg/cm²]	−
−20[℃]	1.5[kg/cm²]	−

ANSWER | 1 ② 2 ④ 3 ③ 4 ③ 5 ① 6 ① 7 ②

가스온도 \ 가스압력	C₃H₈	C₄H₁₀
-10[℃]	2.5[kg/cm²]	-
0[℃]	3.9[kg/cm²]	0.1[kg/cm²]
10[℃]	5.5[kg/cm²]	0.7[kg/cm²]
20[℃]	7.4[kg/cm²]	1.4[kg/cm²]
30[℃]	9.9[kg/cm²]	2.3[kg/cm²]
40[℃]	13.2[kg/cm²]	3.3[kg/cm²]

08 동일한 용량의 가스버너에서 프로판을 사용할 때에 비해 부탄을 사용하면 몇 배의 공기가 더 필요한가?

① 0.5배　　② 1.1배
③ 1.3배　　④ 1.6배

해설 연소반응식
- 프로판 : $C_3H_8 + 5O_2 \rightarrow 3CO_2 + 4H_2O$
- 부탄 : $C_4H_{10} + 6.5O_2 \rightarrow 4CO_2 + 5H_2O$

공기량
- 프로판 : $5 \times \dfrac{1}{0.21} = 23.8[m^3]$
- 부탄 : $6.5 \times \dfrac{1}{0.21} = 30.95[m^3]$

∴ $\dfrac{30.95}{23.81} = 1.239$배

09 LP가스의 성질에 대한 설명 중 옳은 것은?

① 무색 투명하고, 물에 잘 녹는다.
② LPG는 독성이 있어 다량으로 계속 혼입하면 중독의 위험성이 있다.
③ 프로판은 비점에서의 기화열이 101.8[kcal/kg]이다.
④ 초저온가스로서 액체누설 시 동상의 우려가 있다.

해설 LPG의 특성
- 무색 투명하고 냄새가 없다.
- 독성이 없다.
- 프로판은 비점에서 기화열은 101.9[kcal/kg]이다.
- 비점이 낮으나 -50[℃] 이하는 해당되지 않으므로 초저온 가스는 아니다.
- 액체는 물보다 가벼우나 기체인 경우 공기보다 무겁다.

10 액화석유가스의 주성분에 해당하지 않는 것은?

① 부탄　　② 햅탄
③ 프로판　　④ 프로필렌

해설 액화석유가스의 주성분
- 부탄
- 프로필렌
- 프로판
- 부틸렌

11 액화석유가스의 성질에 대한 설명 중 틀린 것은?

① 프로판의 임계압력은 42.01[atm]으로 부탄보다 낮다.
② LPG를 완전 연소시키면 CO_2, H_2O로 된다.
③ 물에는 잘 녹지 않으나 알코올과 에테르에는 잘 녹는다.
④ 프로판의 포화증기압은 20[℃]에서 약 7[kg/cm²]이다.

해설 프로판의 임계압력=42.0[atm]
부탄의 임계압력=37.5[atm]
∴ 프로판이 부탄보다 임계압력이 높다.

12 다음 내용 중 옳은 것은?

① 액상의 LP가스가 기화하면 약 500배 정도로 부피가 커진다.
② LP가스 용기 내의 증기압은 주위의 온도와 관계없이 일정하다.
③ LP가스는 증발잠열이 커서 대량 사용 시 용기 외벽에 서리가 생길 수 있다.
④ LP가스는 연소속도가 메탄, 수소 등의 타 연료에 비해 크므로 위험하다.

해설 LP가스는 증발잠열이 커서(프로판 102[kcal/kg], 부탄 92[kcal/kg]) 사용 시 기화할 때 주위 열을 흡수, H_2O가 응축 냉각하여 서리가 생길 수 있다.

13 부탄(C_4H_{10}) 용기에서 액체 580[g]이 대기 중에 방출되었다. 표준상태에서 부피는 몇 [L]가 되는가?
① 230[L]   ② 150[L]
③ 224[L]   ④ 210[L]

해설 $C_4H_{10} = 58[g] = 22.4[L]$
$C_4H_{10} = 580[g] = 224[L]$ 기화

14 다음 사항 중 옳은 것은?
① 메탄가스는 프로판 가스보다 무겁다.
② 프로판 가스는 공기보다 가볍다.
③ 프로판 가스의 비중은 공기를 1로 하면 상온에서 약 3이다.
④ 부탄가스의 비중은 공기를 1로 하면 상온에서 약 2이다.

해설
• 메탄은 프로판보다 가볍다.
• 프로판은 공기보다 1.53배 무겁다.
• 부탄가스의 비중은 (58/29 = 2)이다.

15 일반 소비자들의 가정용 연료로 사용되는 LPG에 대한 설명 중 틀린 것은?
① 40℃에서 증기압은 15.6[kg/cm²] 이하이다.
② 1종 LPG에 포함되어 있는 황성분은 전체조성의 0.015[%] 이하이어야 한다.
③ LPG에 포함된 에탄과 에틸렌의 전체 함유량은 증기압 저하를 방지하여, 10몰[%] 이하로 규정하고 있다.
④ LPG용기 내의 압력은 액량이 변함에 따라 압력도 변화한다.

해설 LPG에는 에탄과 에틸렌은 혼합되어 있지 않다.

16 액체 LPG가스 1[L]가 기화하면 약 250[L]가 된다. 10[kg]의 LP가스를 대기 중 가스체로 환산하면 얼마인가?(단, 액체의 비중은 0.5[kg/L]이다.)
① 10[m³]   ② 5[m³]
③ 20[m³]   ④ 2.5[m³]

해설 $10[kg]/0.5[kg/L] = 20[L]$
$20 \times 250 = 5,000[L] = 5[m^3]$

17 LP Gas 사용 시 주의하지 않아도 되는 것은?
① 완전 연소되도록 공기 조절기를 조절한다.
② 화력 조절은 가스레인지 콕으로 한다.
③ 사용 시 조정기 압력은 적당히 조절한다.
④ 중간 밸브 개폐는 서서히 한다.

해설 LP가스 사용 시 조정기의 압력은 법규 규정에 따른 압력을 조정하여 사용하여야 한다.

18 가정에서 액화석유가스(LPG)가 누설될 때 가장 쉽게 식별할 수 있는 방법은?
① 리트머스 시험지 색깔로 식별
② 냄새로써 식별
③ 누출 시 발생되는 흰색 연기로 식별
④ 성냥 등으로 점화시켜 봄으로써 식별

해설 액화석유가스는 가스량의 $\frac{1}{1,000}$ 정도 취질(부취제)의 혼합으로 누설 시 냄새로써 쉽게 식별이 가능하다.

19 다음 중 LPG의 성질이 아닌 것은?
① 상온, 상압에서 액체로 존재한다.
② 기체의 무게는 공기의 1.5~2배이다.
③ 무색, 무취이므로 T.M.B를 첨가한다.
④ 프로판의 비점은 -42.1℃로서 부탄보다 낮다.

해설 LPG가스는 상온, 상압에서는 기체로 존재한다. 그 이유는 프로판의 비등점 -42.1[℃], 부탄은 -0.5[℃]로서 상온 20[℃]보다 낮기 때문이다.

20 LP가스의 조성 중 가장 많이 함유된 것은?
① 메탄   ② 프로판
③ 부타디엔   ④ 도시가스

해설 LP가스의 주성분은 프로판과 부탄(C_3H_8, C_4H_{10})이다.

21 다음 중 프로판을 완전 연소시켰을 때 생성되는 물질은?

① CO_2, H_2
② CO_2, H_2O
③ C_2H_2, H_2O
④ C_4H_{10}, CO

해설 연소반응식
$C_3H_8 + 5O_2 \rightarrow 3CO_2 + 4H_2O$

22 LP가스의 연소기에 관한 설명 중 바른 것은?

① 도시 가스용으로 알맞다.
② 도시 가스용보다 공기구멍이 크게 되어 있다.
③ 도시 가스용보다 공기구멍이 작다.
④ 도시 가스용보다도 화구의 수를 적게 하면 좋다.

해설 LP가스는 도시가스보다 연소용 공기가 많이 소요되기 때문에 공기구멍이 크다.

23 다음 중 LPG의 주성분이 아닌 것은?

① C_3H_8
② C_4H_{10}
③ C_2H_4
④ C_4H_8

해설 LPG의 주성분
• 프로판 : C_3H_8 • 부탄 : C_4H_{10}
• 부틸렌 : C_4H_8 • 프로필렌 : C_3H_6

24 LP가스 생산과 관계없는 것은?

① 원유를 정제하여 부산물로 생산
② 가스전에서 부산물로 생산
③ 나프타 분해 공정에서 부산물로 생산
④ 석탄을 건류하여 부산물로 생산

해설 ④는 석탄가스이다.(도시가스의 원료이다.)

25 다음 설명 중 맞는 것은?

① 액화석유가스는 CH_4가 주성분이며 $-162[℃]$까지 냉각액화시킨 가스이다.
② 액화천연가스는 C_3H_4, C_4H_{10}이 주성분이다.
③ OFF 가스는 석유화학 계열공장에서 부생되는 가스이다.
④ 나프타는 원유의 상압 중유에 의해 얻어내는 비점 $100[℃]$ 이하의 유분이다.

해설 ① 액화석유가스는 프로판(C_3H_8)이 주성분이며, 비등점은 $-42[℃]$이다.
② 액화천연가스는 메탄(CH_4)이 주성분이다.
③ OFF 가스는 석유화학 계열공장의 부생가스이다.
④ 나프타는 비점 $200[℃]$ 이하의 유분이다.

26 LNG 제조공정 중 탈수법으로 적당한 것은?

① 압축 후 상온까지 냉각해서 분리한다.
② 간접식 가열법으로 분리한다.
③ 공기(Air) 가열법으로 분리한다.
④ 냉각에 의한 송출분리법

해설 LNG 탈수방법
• 압축 후 사용까지 냉각하여 응축수로서 분리한다.
• 예냉기를 이용하여 응축수로 분리한다.
• 액체의 흡수제(그리콜, 메탄올)를 이용한다.
• 고체의 흡착제(몰레큘러시브, 활성알루미나)를 이용한다.

27 천연가스에 대한 설명 중 틀린 것은?

① 주성분은 CH_4이다.
② 채굴된 천연가스에는 CO_2, C_3H_8 등이 포함되어 있다.
③ 천연가스는 액체상태로 지하에 매장되어 있다.
④ 천연가스는 기화 시에 체적이 약 600배로 팽창된다.

해설 천연가스는 지하에 기체상태로 매장되어 가스 취출 후 $-162[℃]$(비점) 이하로 냉각시키면 액화천연가스(LNG)가 된다.

28 다음은 메탄의 성질이다. 틀린 것은?

① 염소와 반응시키면 염소화합물을 만든다.
② 무색, 무취의 기체로 잘 연소된다.
③ 무극성이며 용해도가 크다.
④ 고온에서 수증기와 산소를 반응시키면 일산화탄소와 수소를 생성한다.

ANSWER 21 ② 22 ② 23 ③ 24 ④ 25 ③ 26 ① 27 ③ 28 ③

해설 메탄(CH_4)가스는 무극성이나 수분자와 결합하는 일이 없어 용해도가 작다.

29 액화천연가스의 비등점은 대기압 상태에서 몇 [℃]인가?
① -42.1 ② -140
③ -161 ④ -183

해설 액화천연가스(CH_4)의 비점은 -161.5[℃]이다.

30 비점을 -162[℃]까지 냉각 액화한 초저온 가스로 불순물을 전연 함유하지 않는 도시가스의 원료는?
① 액화천연가스 ② 액화석유가스
③ Off가스 ④ 나프타

해설 액화천연가스는 천연가스의 주성분인 메탄(CH_4)으로 만들며 비점 -162[℃] 이하로 냉각하여 도시가스로 이용한다.

31 다음 LNG의 성질 중 틀린 것은?
① 메탄을 주성분으로 하며 에탄, 프로판, 부탄 등이 포함되어 있다.
② LNG가 액화되면 체적이 1/600로 줄어든다.
③ 무독, 무공해의 청정 가스로 발열량이 약 9,500 [$kcal/m^3$] 정도로 높다.
④ LNG는 기체상태에서는 공기보다 가벼우나 액체상태에서는 물보다 무겁다.

해설 LNG(액화천연가스)는 기체상태에서 공기보다, 액체상태에서 물보다 가볍다.

32 천연가스에 대한 설명 중 맞는 것은?
① 천연가스 채굴 시 상당량의 황화합물이 함유되어 있으면 제거해야 한다.
② 천연가스의 주성분은 에탄과 프로판이다.
③ 천연가스의 액화 공정으로는 팽창법만을 이용한다.
④ 천연가스 채굴 시 혼합되어 있는 고분자 탄화수소 혼합물은 분리하지 않는다.

해설 천연가스 채굴 시 상당량의 황화합물이 함유되어 있으면 제거해야 한다.

33 액화천연가스(LNG)의 특징이 아닌 것은?
① 질소가 소량 함유되어 있다.
② 질식성 가스이다.
③ 연소에 필요한 공기량은 LPG에 비해 적다.
④ 발열량은 LPG에 비해 크다.

해설 LNG는 발열량이 9,200[$kcal/N/m^3$], LPG는 발열량이 12,600[$kcal/N/m^3$]

34 메탄가스에 관한 설명 중에 적당하지 않은 것은?
① 무색, 무취, 무미의 기체이다.
② 공기보다 무거운 기체이다.
③ 메탄과 염소는 어두운 곳에서는 반응하지 않는다.
④ 공기 중 메탄의 Vol[%]가 5~15[%] 정도 있으면 폭발하여 연소한다.

해설 메탄(CH_4)가스는 분자량이 16이다. 비중은 0.55이며 공기보다 가벼워서 누설 시 바닥층 위로 상승한다. 또한 폭발범위는 체적(Vol) 상태에서 5~15[%]이다.

35 다음 중 LNG와 SNG에 대한 설명으로 맞는 것은?
① 액체 상태의 나프타를 LNG라 한다.
② SNG는 대체 천연가스 또는 합성 천연가스를 말한다.
③ SNG는 순수 천연가스를 말한다.
④ SNG는 각종 도시가스의 총칭이다.

해설
• LNG : 액화천연가스
• LPG : 액화석유가스
• NG : 천연가스
• SNG : 대체천연가스(합성천연가스)

36 다음 도시가스의 가스화 종류 중 물리적 변화에 의한 것은?

① 열분해법
② 기화법
③ 수첨분해법
④ 부분연소법

해설 도시가스가 액체에서 기체로 기화하는 현상은 물리적 변화이다.

37 천연가스를 도시가스로 공급하고 있다. 이 천연가스의 성분은?

① CH_4
② C_2H_2
③ C_3H_8
④ C_4H_{10}

해설 천연가스의 주성분
- 건성가스분 : 메탄
- 습성가스분 : 메탄(프로판 소량 함유)

38 LNG(액화천연가스)의 주성분은 어느 것인가?

① 메탄
② 헥산
③ 헵탄
④ 옥탄

해설 LNG(액화천연가스)의 주성분
- 건성가스 : 메탄
- 습성가스 : 메탄과 소량의 프로판

39 다음 중 웨버지수의 산식을 옳게 나타낸 것은?(단, H_g : 도시가스의 총발열량, d : 도시가스의 공기에 대한 비중)

① $WI = \dfrac{H_g}{\sqrt{d}}$
② $WI = \dfrac{H_g}{d}$
③ $WI = 1 - \dfrac{H_g}{\sqrt{d}}$
④ $WI = 1 + \dfrac{H_g}{\sqrt{d}}$

해설 웨버지수 : $WI = \dfrac{H_g}{\sqrt{d}}$

40 다음 중 LNG의 주성분이 되는 것은?

① CH_4
② CO
③ C_2H_4
④ C_2H_2

해설 액화천연가스(LNG)의 주성분 : CH_4

41 천연가스(LNG)를 공급하는 도시가스의 주요 특성이 아닌 것은?

① 공기보다 가볍다.
② 황분이 없으며 독성이 없는 고열량의 연료로서 정제 설비가 필요 없다.
③ 공기보다 가벼워 누설되더라도 위험하지 않다.
④ 발전용, 일반공업용 연료로도 널리 쓰인다.

해설 천연가스는 공기보다 가볍기는 하나 가연성 가스이므로 누설되면 극히 위험하다.

42 천연가스의 임계온도는 몇 [℃]인가?

① -62.1
② -82.1
③ -92.1
④ -112.1

해설 CH_4의 임계온도 : -82.1[℃]
임계압력 : 45.8 [atm]

43 LP가스를 자동차용 연료로 사용 시 장단점이다. 다음 중 틀린 것은?

① 배기가스에는 독성이 적다.
② 발열량이 높고 완전연소하기 쉽다.
③ 기관의 부식, 마모가 적다.
④ 시동시 급가속이 용이하다.

해설 LP가스자동차는 급가속이 곤란한 단점이 있다.(연소상태가 완만하여)

44 촉매를 사용하여 사용온도 400~800[℃]에서 탄화수소와 수증기를 반응시켜 메탄, 수소, 일산화탄소, 이산화탄소로 변환하는 방법은?

① 열분해공정
② 접촉분해공정
③ 부분연소공정
④ 수소화분해공정

해설 접촉분해공정은 촉매를 사용하여 반응온도 400~800[℃] 정도에서 탄화수소와 수증기를 반응시켜 CH_4, H_2, CO_2, CO로 변환하는 방법이다.

45 다음 가스 중 가압 또는 냉각하면 가장 쉽게 액화되고 공업용 및 가정용 연료로 사용되는 가스는?

① 아세틸렌　　② 액화석유가스
③ CO_2　　　④ 수소

해설 액화석유가스 중 C_3H_8 가스는 7~8[kg/cm²]에서 가압하거나 −42.1[℃]로 냉각하면 쉽게 액화되어 연료로 사용한다.

46 상온에서 비교적 용이하게 가스를 압축 액화상태로 용기에 충전할 수 없는 가스는?

① C_3H_8　　　② CH_4
③ Cl_2　　　　④ CO_2

해설 메탄가스(CH_4)는 비점이 −161.5[℃]의 초저온이기 때문에 상온에서는 압축액화상태로 만들기가 매우 어렵다.

47 다음 중 암모니아의 특성과 거리가 먼 것은?

① 물에 800배 용해된다.
② 액화가 용이하다.
③ 상온에서 안정하나 100[℃] 이상 되면 분해한다.
④ 할로겐과 반응하여 질소를 유리시킨다.

해설 암모니아는 상온에서는 안정하나 1,000[℃]에서는 완전히 분해하고 철촉매 시에는 650[℃]에서 분해한다.

48 상온 상압의 물 1[cc]에 녹는 기체 암모니아의 양은 얼마인가?

① 200[cc]　　② 400[cc]
③ 600[cc]　　④ 800[cc]

해설 상온상압의 물 1[cc]에는 암모니아(NH_3)가 800[cc] 용해된다.

49 암모니아 합성법 중 중압 합성법은?

① 켈로그법　　② JCI법
③ 구우데법　　④ 클로드법

해설
① 켈로그법 : 저압합성법
② JCI법 : 중압합성법
③ 구우데법 : 저압합성법
④ 클로드법 : 고압합성법

50 다음 중 가스의 성질에 대한 설명으로 맞는 것은?

① 질소는 안정된 가스이며 불활성 가스라고도 불리고 고온에서도 금속과 화합하는 일은 없다.
② 암모니아는 산이나 할로겐과도 잘 화합한다.
③ 산소는 액체공기를 분류하여 제조하는 반응성이 강한 가스이며 그 자신으로서 연소된다.
④ 염소는 반응성이 강한 가스이며 강에 대해서 상온에서도 건조상태에서 현저한 부식성이 있다.

해설 암모니아는 산이나 할로겐과도 잘 화합한다.

51 암모니아 냉매의 누설검지법으로 잘못된 것은?

① 적색 리트머스 시험지를 사용하면 갈색으로 변화
② 자극성 냄새로 발견
③ 유황불꽃과 접촉되면 백연을 생성
④ 페놀프탈레인 시험지와 반응하여 적색 변화

해설 암모니아가 누설되면 적색 리트머스 시험지가 청색으로 변화된다.

52 암모니아 합성공정을 반응압력에 따라 분류한 것이 아닌 것은?

① 고압합성　　② 중압합성
③ 중저압합성　④ 저압합성

해설 암모니아 합성공정
• 고압합성 : 600~1,000[kg/cm²]
• 중압합성 : 300[kg/cm²] 전후
• 저압합성 : 150[kg/cm²] 전후

53 다음 암모니아에 대한 설명 중 적합하지 않은 것은?
① 상온, 상압에서 강한 자극성이 있는 공기보다 가벼운 기체이다.
② 가연성 가스이며 독성 가스로 액화하기 어려운 기체이다.
③ 산이나 할로겐 원소와는 잘 반응하며 물에 잘 용해하는 가스이다.
④ 허용농도는 25[ppm]으로 중화제는 물을 사용한다.

해설 암모니아(NH_3) 가스는 가연성이며 독성 가스로서 액화가 용이하다.

54 기준 냉동 사이클에서 토출가스 온도가 가장 높은 냉매는?
① R-22
② R-11
③ R-12
④ NH_3

해설 냉매 토출가스 온도(기준냉동 사이클)
- R-22 : 55[℃]
- R-11 : 44.4[℃]
- R-12 : 37.8[℃]
- NH_3 : 98[℃]

55 다음은 암모니아 가스의 특징이다. 옳지 못한 것은?
① 물에 잘 녹는다.
② $4NH_3 + 3O_2 \rightarrow 2N_2 + 6H_2O$
③ 공기 중에서 폭발범위는 15~79[%]이다.
④ 암모니아가 물에 녹으면 알칼리성이 된다.

해설
- 암모니아가스의 폭발범위는 공기 중에서 15~28%이다.
- 독성허용농도는 25[ppm]이다.

56 고온 고압에서 질화작용과 수소취화 작용이 일어나는 가스는?
① NH_3
② SO_2
③ Cl_2
④ C_2H_2

해설 $8NH_3 + 3Cl_2 \rightarrow 6NH_4Cl + N_2$
$2NH_3 \rightarrow 3H_2 + N_2$(1,000[℃]에서 수소나 질소로 된다.)

57 다음 사항 중 맞지 않은 것은?
① 왕복동 압축기의 내부압력은 고압이다.
② 프레온 냉매 중 수소원자가 많을수록 구리 부착현상이 커진다.
③ 암모니아 가스의 공기 중 폭발범위는 12~25[%]이다.
④ 터보냉동기에 사용하는 냉매는 비중이 적당히 큰 것이 좋다.

해설 암모니아의 가연성 폭발범위는 공기 중에서 15~28[%]이다.

58 암모니아 합성공정에서 중압법이 아닌 것은?
① 뉴파우더법
② 동공시법
③ IG법
④ 켈로그법

해설 암모니아(NH_3) 합성탑
- 고압합성 : 클로드법, 카자레법
- 중압합성 : I.G법, 신파우서법, 신우데법, 케미크법, J.C.I법, 동공시법
- 저압합성 : 구우데법, 켈로그법

59 수소 0.6몰과 질소 0.2몰이 반응하면 몇 몰의 암모니아가 생성하는가?
① 0.2몰
② 0.3몰
③ 0.4몰
④ 0.6몰

해설 $3H_2 + N_2 \rightarrow 2NH_3$
$3 : 1 \rightarrow 2$
$0.6 : 0.2 \rightarrow x$
$x = 2 \times \left(\dfrac{0.6 + 0.2}{3 + 1}\right) = 0.4$

60 질소의 용도가 아닌 것은?
① 비료에 이용
② 질산제조에 이용
③ 연료용에 이용
④ 냉동제

53 ② 54 ④ 55 ③ 56 ① 57 ③ 58 ① 59 ③ 60 ③

해설 **질소의 용도**
- 암모니아나 석회질소의 질소비료원료로 사용
- 금속의 산화방지용, 전구의 봉입가스로 사용
- 식품의 급속냉각용, 저온용 냉동기의 냉매
- 가스배관의 치환용, 가스기밀시험용, 소화기소화제용

61 다음 중 석유 정제 과정에서 발생될 수 없는 가스는?
① 암모니아   ② 프로판
③ 메탄   ④ 부탄

해설 **암모니아 공업적 제법(하버 보시법)**
$3H_2 + N_2 \rightarrow 2NH_3 + 24[kcal]$
압력 200~1,000[atm], 온도 500~600[℃], 정촉매 Fe_3O_4 등이 사용된다.

62 복식정류탑에서 얻어지는 질소의 순도는?
① 90~92[%]   ② 92~96[%]
③ 96~98[%]   ④ 99~99.8[%]

해설 복식정류탑에서 얻어지는 질소의 순도는 99~99.85[%]이다.

63 아연, 구리, 은, 코발트 등과 같은 금속과 반응하여 착이온을 만드는 가스는?
① 암모니아   ② 염소
③ 아세틸렌   ④ 질소

해설 암모니아는 Cu, Zn, Ag, Al, Co 등의 금속과 반응하여 착이온을 만든다.
그러므로 NH_3용의 장치나 계기는 탄소강을 사용해야 한다.

64 질소가스의 특징이 아닌 것은?
① 암모니아 합성원료   ② 공기의 주성분
③ 방전용으로 사용   ④ 산화방지제

해설 **질소가스의 특징**
- 암모니아 및 암모니아 비료용 및 금속공업에 대한 분위기 가스로 사용된다.
- 공기 중 체적비로 79[%] 주성분이다.
- 금속의 산화방지용으로 사용된다.

- 불활성 가스로서 고압가스 장치의 퍼지용(치환용)
- 식품공업의 급속냉동제로 사용

65 질소에 관한 설명 중 틀린 것은?
① 고온에서 산소와 반응하여 산화질소가 된다.
② 고온·고압하에서 수소와 반응하여 암모니아를 생성한다.
③ 안정된 가스이므로 Mg, Ca, Li 등의 금속과는 반응하지 않는다.
④ 고온에서 탄화칼슘과 반응하여 칼슘시아나미드가 된다.

해설 질소는 고온에서 질화물을 만든다.
Mg(Mg_3N_2, 질화마그네슘)
Ca(Ca_3N_2, 질화칼슘)
Li(Li_3N_2, 질화리튬)

66 질소(N_2)가스의 용도가 아닌 것은?
① 암모니아의 합성   ② 석회질소 제조
③ 식품의 급속냉동   ④ 열처리 및 용접

해설 **질소가스의 용도**
- 암모니아의 합성
- 석회질소의 제조
- 식품의 급속냉동
- 전구에 넣어 필라멘트의 보호제
- 기기의 기밀시험이나 가스의 치환용

67 3중결합을 가지는 불포화 탄화수소로서 공기보다 다소 가벼운 무색의 가스는?
① CH_4 ② C_2H_6
③ C_2H_2 ④ C_2H_8

해설 **불포화 화합물**
- 이중결합 에틸렌(C_2H_4) :
$$H = C = C - H$$
(H, H 결합)
- 삼중결합 아세틸렌(C_2H_2) : $H - C \equiv C - H$

68 다음 중 가스와 용도가 바르게 짝지어진 것은?
① 아세틸렌 - 용접 및 절단용
② 질소 - 염료
③ 프레온 - 염료
④ 에틸렌 - 소화제

해설 아세틸렌가스
- 용접이나 절단용, 연료용
- 염화비닐 제조용
- 아크릴산 에스테르 제조용
- 카본 블랙의 전지용 전극
- 의약, 향료, 파인케미컬스의 합성

69 아세틸렌에 대한 설명 중 틀린 것은?
① 액체 아세틸렌은 비교적 안정하다.
② 아세틸렌은 접촉적으로 수소화하면 에틸렌, 에탄이 된다.
③ 가열, 충격, 마찰 등의 원인으로 탄소와 수소로 자기분해한다.
④ 동, 은, 수은 등의 금속과 화합시 폭발성의 화합물인 아세틸라이트를 생성한다.

해설 고체 아세틸렌은 비교적 안정하다.

70 아세틸렌가스를 제조하기 위해 설치된 가스 제조설비의 순서가 올바르게 나열된 것은?
① 가스발생기 - 쿨러 - 가스압축기 - 가스청정기 - 가스충전용기
② 가스압축기 - 가스청정기 - 가스발생기 - 쿨러 - 가스충전용기
③ 쿨러 - 가스발생기 - 가스청정기 - 가스압축기 - 가스충전용기
④ 가스발생기 - 쿨러 - 가스청정기 - 가스압축기 - 가스충전용기

해설 아세틸렌(C_2H_2) 제조공정도
카바이드를 가스발생기에 투입 → 쿨러(냉각기) → 가스청정기 → 저압건조기 → 가스압축기 → 유분리기 → 고압건조기 → 가스충전용기

71 아세틸렌가스는 몇 기압 이상으로 발생시켜 사용하면 위험한가?
① 0.5   ② 0.7
③ 0.9   ④ 1.5

해설 아세틸렌가스는 1.5기압 이상 가하면 흡열화합가스이므로 분해폭발 발생
$C_2H_2 \rightarrow 2C + H_2 + 54.2[kcal]$

72 다음 중 가스와 용도가 바르게 짝지어진 것은?
① 아세틸렌 - 용접 및 절단용
② 질소 - 염료
③ 프레온 - 연료
④ 에틸렌 - 소화제

해설 아세틸렌 : 용접 및 철판 절단용가스

73 아세틸렌 제조를 위한 설비에서 폭발사고가 발생하였다. 그 원인과 가장 거리가 먼 것은?
① 동이 포함되어 있다.
② 수은이 포함되어 있다.
③ 은이 포함되어 있다.
④ 아연이 포함되어 있다.

해설 C_2H_2 치환폭발(금속아세틸리드 생성)
$C_2H_2 + 2Cu \rightarrow Cu_2C_2 + H_2$
$C_2H_2 + 2Hg \rightarrow Hg_2C_2 + H_2$
$C_2H_2 + 2Ag \rightarrow Ag_2C_2 + H_2$

74 표준상태하에서 500[L]의 아세틸렌 질량은 약 몇 [g]인가?
① 150   ② 210
③ 380   ④ 580

해설 C_2H_2 22.4[L] = 26[g]
$\therefore \dfrac{500}{22.4} \times 26 = 580.357[g]$

68 ① 69 ① 70 ④ 71 ④ 72 ① 73 ④ 74 ④ | ANSWER

75 다음 아세틸렌 취급방법 중 틀린 것은?
① 저장소는 화기 엄금을 명기한다.
② 가스출구 동결시 60[℃] 이하의 온수로 녹인다.
③ 용기는 산소병과 같이 저장하지 않는다.
④ 저장소는 통풍이 양호한 구조이어야 한다.

해설 가스가 동결할 때는 언제나 40[℃] 이하의 온수로 녹인다.

76 아세틸렌은 산소가스에 의해 연소시키면 몇 [℃]를 넘는 온도의 화염을 얻을 수 있는가?
① 100   ② 1,000
③ 2,000   ④ 3,000

해설
• 아세틸렌 – 산소화염 : 3,430[℃]
• 수소 – 산소화염 : 2,900[℃]
• 메탄 – 산소화염 : 2,700[℃]
• 프로판 – 산소화염 : 2,820[℃]

77 아세틸렌(C_2H_2)에 대한 설명으로 부적당한 것은?
① 폭발범위는 수소보다 넓다.
② 공기보다 무겁고 황색의 가스이다.
③ 공기와 혼합되지 않아도 폭발하는 수가 있다.
④ 구리, 은, 수은 및 그 합금과 폭발성 화합물을 만든다.

해설 아세틸렌(26/29)은 비중이 0.897이므로 공기보다 가볍다. 순수한 아세틸렌은 무색, 무취이므로 색깔 및 냄새가 나지 않는다.

78 C_2H_2 제조설비에서 제조된 C_2H_2를 충전용기에 충전 시 위험한 경우는?
① 아세틸렌이 접촉되는 설비부분은 63[%] 이상의 동합금을 사용한다.
② 충전 후 하루 동안 정치하여 둔다.
③ 8시간에 걸쳐 2~3회로 나누어 충전한다.
④ 충전용 지관은 탄소함유량 0.1[%] 이하의 강을 사용한다.

해설 아세틸렌의 화합폭발
구리, 은, 수은 등과 접촉하여 금속아세틸리드를 생성. 120[℃] 이상의 온도와 빛, 충격으로 폭발한다.
$C_2H_2 + Cu \rightarrow Cu_2C_2 + H_2$

79 아세틸렌 제조에 이용되는 카바이드(CaC_2)의 1급에 해당되는 가스 발생량은 몇 [L/kg] 이상인가?
① 363   ② 280
③ 255   ④ 225

해설 카바이드 1등급은 1[kg]당 아세틸렌 가스가 280[L] 이상 발생한다.

80 다공물질의 용적이 150[m^3]이며 아세톤 침윤 잔용적이 30[m^3]일 때의 다공도는 몇 [%]인가?
① 30   ② 40
③ 80   ④ 120

해설 $\dfrac{150-30}{150} \times 100 = 80[\%]$

81 습식 아세틸렌 가스발생기의 표면 유지 온도는?
① 110[℃] 이하   ② 100[℃] 이하
③ 90[℃] 이하   ④ 70[℃] 이하

해설 습식 아세틸렌 가스발생기의 표면온도는 70[℃] 이하를 유지하여야 한다.

82 아세틸렌의 건조제로 맞는 것은?
① 염화칼슘   ② 사염화탄소
③ 진한 황산   ④ 활성알루미나

해설 아세틸렌 제조 시 압축기로 가기 전에 아세틸렌 중의 수분을 제거하여 액이 압축되는 것을 방지하기 위하여 건조제로 주로 염화칼슘($CaCl_2$)을 사용한다.

83 순수 아세틸렌을 1.5[kg/cm²] 이상 압축 시 위험하다. 그 이유는?

① 중합폭발　　② 분해폭발
③ 화학폭발　　④ 촉매폭발

해설 아세틸렌가스
- 산화폭발 $2C_2H_2 + 5O_2 \rightarrow 4CO_2 + 2H_2O + 312.4 \times 2$[kcal]
- 분해폭발 $C_2H_2 \rightarrow 2C + H_2 + 54.2$[kcal]
※ 1.5[kg/cm²] 이상 압축 시 분해폭발 발생

84 다음 아세틸렌가스 발생법 중 대량 생산에 적합한 방식은?

① 투입식 반응　　② 고압식 반응
③ 주수식 반응　　④ 축열식 반응

해설
- 대량생산 : 투입식
- 소량생산 : 침지식
- 중간생산 : 주수식

85 아세틸렌가스의 폭발과 관계없는 것은?

① 중합폭발　　② 산화폭발
③ 분해폭발　　④ 화합폭발

해설 아세틸렌가스의 폭발분류
- 중합폭발은 시안화수소 등에서 발생된다.
- 아세틸렌 폭발 : 산화, 분해, 화합폭발 등 발생

86 산소의 임계압력은?

① 20[atm]　　② 33.5[atm]
③ 50.1[atm]　　④ 72.9[atm]

해설 산소
- 임계압력 : 50.1[atm]
- 임계온도 : -118.4[℃]
- 융해점 : -218.4[℃]

87 다음 중 아세틸렌의 특징으로 맞는 것은?

① 압축 시 산화폭발
② 고체 아세틸렌은 융해하지 않고 승화한다.
③ 금과는 폭발성 화합물 생성
④ 액체 아세틸렌은 안정하다.

해설 고체 아세틸렌(카바이드)은 용해하지 않고 승화하여 가스체가 된다.
$CaO + 3C \rightarrow CaC_2 + CO$
$CaC_2 + 2H_2O \rightarrow Ca(OH)_2 + \underline{C_2H_2}$
　　　　　　　　　　　　　아세틸렌

88 다음은 아세틸렌(C_2H_2)을 설명한 것이다. 틀린 것은?

① 카바이드(CaC_2)에 물을 넣어 제조한다.
② 청정제로서 아세톤을 사용한다.
③ 흡열 화합물이므로 압축하면 분해폭발을 일으킬 염려가 있다.
④ 공기 중 폭발범위는 2.5~80.5[℃]이다.

해설 아세톤은 분해폭발을 방지하는 용제이다.

89 다음 중 아세틸렌에 관한 설명으로 맞는 것은?

① 지연성 가스이다.
② 비등점이 상온보다 높으므로 액체로써 운반저장이 가능하다.
③ 고체 아세틸렌 승화하지 않는다.
④ 아세틸렌은 접촉적으로 수소화하면 에틸렌 및 에탄이 된다.

해설 아세틸렌가스
- 가연성 가스이다.(접촉적으로 수소화하면 에틸렌 및 에탄 발생)
- 비등점은 -84[℃]로서 비점이 매우 낮고 상온보다 낮으며 용해가스로 운반, 저장한다.
- 카바이드(고체)에 물을 부으면 승화하여 가스화가 된다.

90 아세틸렌 제조에 사용되는 카바이드(CaC_2) 중 1급에 의해 발생되는 가스발생량은 몇 [L/kg] 이상인가?

① 355　　② 280
③ 255　　④ 225

83 ② 84 ① 85 ① 86 ③ 87 ② 88 ④ 89 ④ 90 ② | ANSWER

해설 카바이드에서 아세틸렌가스가 발생되는 양에 따라서
- 1급 : 280[L/kg] 이상
- 2급 : 260[L/kg] 이상
- 3급 : 230[L/kg] 이상

91 다음은 산소(O_2)에 대하여 설명한 것이다. 틀린 것은?
① 무색, 무취의 기체이며, 물에는 약간 녹는다.
② 가연성 가스이나 그 자신은 연소하지 않는다.
③ 용기의 도색은 일반 공업용이 녹색, 의료용이 백색이다.
④ 용기는 탄소강으로 무계목 용기이다.

해설 산소는 조연성 가스이고 그 자신은 연소하지 않는다.

92 아세틸렌가스의 용해 충전 시 다공질 물질의 재료로 사용할 수 없는 것은?
① 규조토, 석면
② 알루미늄분말, 활성탄
③ 석회, 산화철
④ 탄산마그네슘, 다공성플라스틱

해설 알루미늄분말은 화재가 발생하기 용이한 제품이다.

93 용기에 아세틸렌을 넣으려 한다. 옳은 방법은?
① 용기에 압력기로 압력을 주면서 넣는다.
② 용기에 체면 모양인 다공성 물질을 넣고 거기에 아세톤을 침수시켜 이에 아세틸렌을 압축 흡수시킨다.
③ 용기에 물이 들어가지 않도록 거꾸로 하여 물속에 넣고 거기에 아세틸렌의 관을 삽입하여 조용히 넣는다.
④ 아세틸렌 청정기에서 용기에 직접 넣는다.

해설 아세틸렌용기 내에는 다공성 물질을 채운 후 용제를 침윤시키고 마지막으로 아세틸렌가스를 온도 15[℃]에서 15.5[kg/cm^2g] 이하 압력으로 충전시킨다.

94 다음 중 카바이드와 관련이 없는 성분은?
① 아세틸렌(C_2H_2) ② 석회석($CaCO_3$)
③ 생석회(CaO) ④ 염화칼슘($CaCl_2$)

해설 $CaO + 3C \rightarrow CaC_2 + CO$
$CaC_2 + 2H_2O \rightarrow Ca(OH)_2 + C_2H_2$
※ CaO : 생석회
CaC_2 : 카바이드

95 다음은 산소(O_2)에 대하여 설명한 것이다. 틀린 것은?
① 두색무취의 기체이며 물에는 약간 녹는다.
② 가연성 가스이나 그 자신은 연소하지 않는다.
③ 용기 도색은 일반 고업용이 녹색, 의료용이 백색이다.
④ 용기는 탄소강으로 무계목의 용기이다.

해설 산소는 조연성 가스이며, 그 자신은 연소하지 않는다. 또한 압축가스(10[kg/cm^2] 이상)이기 때문에 무계목 용기(용접하지 않은 용기)에 저장한다.

96 산소의 취급 시 유의할 사항이 아닌 것은?
① 고압의 산소와 유지류 접촉은 위험하다.
② 고-잉 산소는 인체에 해롭다.
③ 내산화성 재료로 납(Pb)이 사용된다.
④ 산소의 화학반응에 과산화물은 위험성이 있다.

해설 고온 고압의 산소는 산화력이 커서 Cr강이나 Si, Al 등의 합금을 사용한다.

97 공기쿨리공정에서 아르곤($Argon$) 생성을 위해 불순물인 O_2를 제거하여 정제된 아르곤을 만든다. 이때 첨가되는 가스는 무엇인가?
① H_2 ② CO_2
③ C_3H_6 ④ SO_2

해설 $SO_2 + \frac{1}{2}O_2 \rightarrow SO_3$(무수황산)

98 다음 가스 중 60[%] 이상의 고순도를 12시간 이상 흡입하게 되면 폐에 출혈을 일으켜 어린이나 작은 동물에게 실명, 사망을 일으키는 가스는?

① Ar   ② N_2
③ CO_2 ④ O_2

해설 산소(O_2)는 60[%] 이상의 고순도를 12시간 이상 흡입하면 폐에 출혈을 일으킨다.

99 다음 아세틸렌 취급 시 주의사항이 아닌 것은?

① 배관 재료는 부식을 방지하기 위하여 동을 사용할 것
② 배관 시 관의 지름을 가늘게 할 것
③ 운반 시 마찰이나 충격을 주지 말 것
④ 관 내의 압력을 낮게 할 것

해설 아세틸렌가스는 동, 은, 수은과는 아세틸라이드를 만들기 때문에 위험하다.
$C_2H_2 + 2Cu \rightarrow Cu_2C_2 + H_2$

100 산소의 일반적인 특징으로서 잘못 설명된 것은?

① 강력한 조연성 가스이며, 그 자체는 연소하지 않는다.
② 용기 도색은 일반공업용은 백색, 의료용은 녹색이다.
③ 산소압축기의 윤활유로는 물 또는 10[%] 이하의 글리세린 수를 사용
④ 공업적 제법으로 물을 전기분해하는 방법이 있다.

해설 산소의 일반용기 도색은 녹색이며 의료용은 백색이다.

101 아세틸렌은 흡열 화합물로서 압축하면 분해폭발을 일으키는데 이때 폭발열은?

① +113.6[kcal/mole]
② +108.4[kcal/mole]
③ +54.2[kcal/mole]
④ +27.1[kcal/mole]

해설 $C_2H_2 \rightarrow 2C + H_2 + 54.2[kcal/mole]$

102 아세틸렌이 은, 수은 등과 폭발성의 금속 아세틸라이드를 형성하여 폭발하는 것은?

① 분해폭발   ② 화합폭발
③ 산화폭발   ④ 압력폭발

해설 아세틸렌의 치환(화합)폭발 금속
- $C_2H_2 + 2Cu \rightarrow Cu_2C_2 + H_2$
- $C_2H_2 + 2Hg \rightarrow Hg_2C_2 + H_2$
- $C_2H_2 + 2Ag \rightarrow Ag_2C_2 + H_2$

103 다음은 산소의 물리적인 성질을 나타내고 있다. 이 중 틀린 것은?

① 산소는 -182.5[℃]에서 액화한다.
② 액체 산소는 비중 1.13의 청색 액체이다.
③ 무색, 무취의 기체이며 물에는 약간 녹는다.
④ 강력한 조연성 가스이므로 자신이 연소한다.

해설 산소는 조연성이며 가연성의 연소를 도와주나 그 자신은 연소하지 않는 불연성 가스이다.

104 산소(O_2)의 성질에 대한 설명 중 틀린 것은?

① 상온에서 무색, 무취의 기체이며 물에 약간 녹는다.
② 액체 산소는 비중이 1.13의 푸른 액체로서 진공 중에서 증발시키면 온도가 강하여 일부는 고체로 된다.
③ 산소 중이나 공기 중에서 무성 방전을 하면 오존이 된다.
④ 화학적으로 활발한 원소로 할로겐 원소, 백금 등과 화합하여 산화물을 만든다.

해설 산소는 화학적으로 활발한 원소이나 할로겐 원소나 백금 등과는 화합하지 않는다.

105 냉동기에 사용되는 냉매의 구비조건으로 다음 중 틀린 것은?
① 비체적이 적을 것
② 부식성이 적을 것
③ 분해성이 클 것
④ 증발잠열이 클 것

해설 냉매는 분해성이 없어야 한다.

106 다음은 산소의 성질이다. 옳지 않은 것은?
① 그 자신은 폭발위험은 없으나 연소를 돕는 조연제이다.
② 탄소와 반응하면 일산화탄소를 만든다.
③ 화학적으로 활성이 강하며 많은 원소와 반응하여 산화물을 만든다.
④ 상온에서 무색, 무취, 무미의 기체이다.

해설 $C + O_2 \rightarrow CO_2$(탄산가스)
$C + \frac{1}{2}O_2 \rightarrow CO$(일산화탄소)

107 무색, 무취, 무미의 기체로서 −183[℃]에서 액화되는 가스는?
① 수소
② 산소
③ 일산화탄소
④ 이산화탄소

해설 산소는 무색, 무취, 무미의 기체로서 비점이 −183[℃]이며 저온에서 액화되는 가스이다.

108 주기율표 0족에 속하는 희가스에 대한 설명 중 잘못된 것은?
① 비등점이 낮다.
② Rn은 용접 시 공기와의 접촉을 막는 보호용 가스로 사용한다.
③ He은 캐리어 가스 및 부양용 가스로 사용한다.
④ Ar의 방전색은 적색, 크립톤의 방전색은 녹자색이다.

해설 용접 시 공기와의 접촉을 막는 보호용 가스는 아르곤(Ar)가스이다.

109 다음 중에서 아르곤의 용도로 부적합한 것은?
① 광고용으로 사용
② 전자 및 기계공업의 특수용접용으로 사용
③ 전구에 수입하여 필라멘트 산화 방지
④ 전구 봉입용

해설 아르곤가스의 특징은 ①, ②, ④항 외에도 가스 크로마토그래피의 가스의 분석에 사용된다.

110 다음 가스 중 탄소강 용기에 기체상태로 충전되어 사용하는 것은?
① 프레온
② 이산화탄소
③ 아르곤
④ 프로필렌

해설 아르곤(Ar)은 비점이 −186[℃]이기 때문에 액화하기가 어렵다.

111 다음 가스 중 상온에서 가장 안정된 것은?
① 산소
② 네온
③ 프로판
④ 부탄

해설 네온, 아르곤, 헬륨, 라돈, 크세논, 크립톤, 질소 등은 상온에서 매우 안정된 가스이다.

112 주기율의 0족에 속하는 불활성 가스의 성질이 아닌 것은?
① 상온에서 기체이며, 단원자 분자이다.
② 다른 원소와 잘 화합한다.
③ 상온에서 무색, 무미, 무취의 기체이다.
④ 무색, 무취의 기체로 방전관에 넣어 방전시키면 특유의 색을 낸다.

해설 희가스는 주기율표 0족에 속하는 원소로 거의 화합을 하지 않는 불연성 가스이다.

113 다음 가스 중 액화시키기가 가장 어려운 가스는?

① H_2　　② He
③ N_2　　④ CH_4

해설 비점이 낮을수록 액화시키기가 어렵다.
① 수소의 비점(H_2) : $-252.5[℃]$
② 헬륨의 비점(He) : $-268.9[℃]$
③ 질소(N_2) : $-195.8[℃]$
④ 메탄(CH_4) : $-161.5[℃]$

114 다음 가스 중 수돗물의 살균과 섬유의 표백용으로 쓰이는 가스는?

① F_2　　② Cl_2
③ O_2　　④ CO_2

해설 $Cl_2 + H_2 \rightarrow HCl + HClO$
$HClO \rightarrow HCl + (O)\uparrow$ 발생기 산소로 수돗물을 살균한다.

115 Ar 가스의 용도로서 가장 옳지 않은 것은?

① 네온사인용 가스로 사용
② 전구용 봉입가스로 사용
③ 용접용 가스로 사용
④ 냉동용 가스로 사용

해설 아르곤(불활성 가스)은 발광색으로 적색이며 공기 중 $0.93[\%]$ 함유된다. 냉매사용은 부적당하다. 비점이 $-186[℃]$이다.

116 염소의 성질과 고압장치에 대한 부식성에 관한 설명으로 틀린 것은?

① 고온에서 염소가스는 철과 직접 심하게 작용한다.
② 염소는 압축가스 상태일 때 건조한 경우에 심한 부식성을 나타낸다.
③ 염소는 습기를 띠면 강재에 대하여 심한 부식성을 가지고 용기밸브 등이 침해된다.
④ 염소는 물과 작용하여 염산을 발생시키기 때문에 장치 재료로는 내산도기, 유리, 염화비닐이 가장 우수하다.

해설
• 염소는 액화가스이며 건조한 경우(수분이 없는 경우)에는 부식성을 나타내지 않는다.
• 염소는 $120[℃]$ 이상의 고온에서
$Cl_2 + H_2O \rightarrow HCl + HClO$
$Fe + 2HCl \rightarrow FeCl_2 + H_2$(반응에 의해 부식 발생)

117 다음 중 염소의 성질 중 맞지 않는 것은?

① 염소가스는 공기보다 가볍다.
② 독성이 강하다.
③ 용기에 충전한 상태는 액체이다.
④ 습기를 함유한 철에 부식성이 강하다.

해설 염소가스(Cl_2)는 분자량이 71
비중 $= \dfrac{71}{29} = 2.45$로서 공기보다 무겁다.
※ $29 =$ 공기의 분자량

118 보기와 같은 성질을 가진 가스는?

〈보기〉
• 상온에서 심한 자극성을 가진 황록색의 기체이다.
• $-34℃$ 이하로 냉각하거나 $6\sim 7[atm]$을 가하면 쉽게 액화한다.

① N_2　　② Cl_2
③ NH_3　　④ HCN

해설 염소(Cl_2)의 비점은 $-34.05[℃]$이며 황녹색의 자극성 냄새가 나는 기체이다. 독성 허용은 $1[ppm]$이다. $6\sim 8[atm]$에서 액화염소가 된다.

119 염소가스의 안전장치로 가용전을 사용할 때 응용온도는?

① $10\sim 15[℃]$　　② $30\sim 35[℃]$
③ $40\sim 45[℃]$　　④ $65\sim 68[℃]$

해설 염소가스의 안전밸브는 가용전이며, 그 온도가 $65\sim 68[℃]$에서 용해되어 가스를 안전한 곳으로 방출시킨다.

120 다음의 가스 중 고압가스의 제조장치에서 누설하고 있는 것을 그 냄새로 알 수 있는 것은?

① 일산화탄소　② 이산화탄소
③ 염소　　　　④ 아르곤

[해설] 염소, 암모니아, 메탄올 등의 가스나 증기는 냄새가 난다.

121 염소는 몇 [℃] 이상인 고온에서 철과 직접 반응하는가?

① 30[℃]　② 80[℃]
③ 100[℃]　④ 120[℃]

[해설] 염소는 용기의 재료인 철(Fe)의 온도가 120[℃] 이상에서 수분과 반응, 염산을 생성하여 부식시킨다.
$H_2O + Cl_2 \rightarrow HCl + HClO$
$Fe + 2HCl \rightarrow FeCl_2 + H_2$

122 다음 보기와 같은 반응은 어떤 반응인가?

〈보기〉
$CH_4 + Cl_2 \rightarrow CH_3Cl + HCl$
$CH_3Cl + Cl_2 \rightarrow CH_2Cl_2 + HCl$

① 첨가　② 치환
③ 중합　④ 축합

[해설] $CH_4 + Cl_2 \rightarrow \underline{CH_3Cl} + HCl$(냉동기 냉매에 이용)
　　　　　　　　　$R-40$
$CH_3Cl + Cl_2 \rightarrow CH_2Cl_2 + HCl$(공업용 용제에 이용)
※ 염소와 치환반응

123 다음 염소의 특성에 대한 설명 중 올바르게 기술한 것은?

① 푸른색의 자극성이 심한 기체이다.
② 대기압에서 -24[℃] 이하로 냉각하면 쉽게 액화되는 공기보다 무거운 기체이다.
③ 화학적으로 활성이 강하나 탄소, 질소, 산소와는 화합하지 않는다.
④ 수분이 존재할 경우에는 염화암모늄을 생성하여 철을 부식시킨다.

[해설] 염소
- 황록색의 기체이다.
- 비점은 -34.05[℃]이다.
- 암모니아와 반응하여 염화암모늄(흰연기) 발생
- 탄소, 질소, 산소와는 화합하지 않는다.

124 다음 염소의 특성에 대한 설명 중 올바르게 기술한 것은?

① 등황색의 자극성이 강한 기체이다.
② 대기압에서 -24[℃] 이하로 냉각하면 쉽게 액화되는 공기보다 무거운 기체이다.
③ 화학적으로 활성이 강하나 탄소, 질소, 산소와는 화합하지 않는다.
④ 수분이 존재할 경우에는 염화암모늄을 생성하여 철을 부식시킨다.

[해설] 염소의 특징
- 황록색의 자극성이 심한 무거운 기체이다.
- 비점이 대기압하에서 -34[℃] 이하로 냉각하면 6~7기압에서 갈색의 액화가스가 된다.
- 수분이 존재하면 철이 심하게 부식된다.
$Cl_2 - H_2O \rightarrow HCl + HClO$
$Fe + 2HCl \rightarrow FeCl_2 + H_2$
- 화학적으로 활성이 강하나 희가스, 탄소, 질소, 산소와는 반응하지 않는다.

125 일산화탄소를 충전하는 용기로서 적합하지 않은 것은?

① 강재 내면에 Ag을 라이닝한 것
② 강재 내면에 Ni을 라이닝한 것
③ 강재 내면에 Cu를 라이닝한 것
④ 강재 내면에 Al을 라이닝한 것

[해설] 일산화탄소(CO)는 니켈과 철과 반응하여 니켈카르보닐$(Ni(CO)_4)$과 철카르보닐$(Fe(CO)_5)$을 생성한다.

$Ni + 4CO \xrightarrow{100℃ \text{ 이상}} Ni(CO)_4$

$Fe + 5CO \xrightarrow{\text{고압}} Fe(CO)_5$

ANSWER | 120 ③　121 ④　122 ②　123 ③　124 ③　125 ②

126 일산화탄소 전화법에 의해 얻고자 하는 가스는?
① 암모니아　② 일산화탄소
③ 수소　　　④ 수성가스

해설 $CO + H_2O$(수증기) $\rightarrow CO_2 + H_2$(수소) $+ 9.8[kcal]$

127 일산화탄소와 반응하여 금속카르보닐을 생성하는 금속은 어느 것인가?
① 알루미늄(Al)　② 니켈(Ni)
③ 아연(Zn)　　 ④ 구리(Cu)

해설 일산화탄소의 금속카르보닐 생성(150~200[℃])
$Ni + 4CO \rightarrow Ni(CO)_4$: 니켈카르보닐
$Fe + 5CO \rightarrow Fe(CO)_5$: 철카르보닐

128 일산화탄소에 대한 설명 중 틀린 것은?
① 비금속의 산성 산화물이기 때문에 염기와 작용하여 염기물을 생성한다.
② 공기보다 약간 가벼우므로 수상치환으로 포집한다.
③ 개미산에 진하황산을 작용시켜 만든다.
④ 혈액 속의 헤모글로빈과 반응하여 그 활동력을 저하시킨다.

해설 일산화탄소는 환원성이 강한 가스로서 금속의 산화물을 환원시켜 단체금속을 생성한다. 20[℃]에서 염소와 반응($CO + Cl_2$)하여 $COCl_2$(포스겐) 생성

129 다음 중 프레온가스의 용도로 옳은 것은?
① 형광등 등 방전관의 충진제
② 합성고무의 제조
③ 냉동기의 냉매로 사용
④ 알미늄의 절단 및 용접용

해설 프레온가스는 냉동기의 냉매로 사용한다.

130 프레온가스의 특징에 대한 설명 중 틀린 것은?
① 화학적으로 안정하다.
② 불연성이고 폭발성이 없다.
③ 무색, 무취, 무독성이다.
④ 액화가 쉽고 증발잠열이 작다.

해설 프레온가스는 증발잠열이 크다.(액화가 용이하다.)

131 프레온가스의 원소 성분이 아닌 것은?
① 탄소　② 염소
③ 불소　④ 산소

해설 프레온가스
탄소, 염소, 불소 등의 혼합체로서 냉매, 에어졸의 용제, 살충제 등의 분무제조, 불소수지의 제조원료, 우레탄발포제로 사용

132 냉동기에 사용되는 냉매의 구비조건으로 다음 중 틀린 것은?
① 비체적이 적을 것　② 부식성이 적을 것
③ 분해성이 클 것　　④ 증발잠열이 클 것

해설 냉동기의 냉매는 분해성이 없어야 한다.

133 시안화수소(HCN)의 위험성에 대해 옳지 않은 것은?
① 허용농도는 10[ppm]이다.
② 오래된 시안화수소는 자체 폭발할 수 있다.
③ 저장은 용기에 충전한 후 60일을 초과하지 못한다.
④ 호흡 시 흡입하면 위험하나 피부에 묻으면 아무 이상이 없다.

해설 시안화수소(HCl)
무색 투명한 액화가스로서 독성(10[ppm])이면서 가연성(6~41[%]) 가스이다. 맹독성 가스로서 고농도를 흡입하면 목숨을 잃게 된다(복숭아 향이 난다). 오래된 시안화수소는 자체열로 중합폭발이 일어난다.

134 순수한 것은 안정하나 소량의 수분이나 알칼리성 물질을 함유하면 중합이 촉진되고 독성이 매우 강한 가스는?

① 염소　　　　　② 포스겐
③ 황화수소　　　④ 시안화수소

해설 시안화수소는 안정한 액상의 가스이나 소량의 수분이나 알칼리 등의 불순물을 함유하면 중합이 촉진되고 이 중합의 발열반응에 의하여 폭발하기 때문에 아황산가스나 황산 등의 안정제를 첨가한다.

135 시안화수소를 장기간 저장하지 못하게 하는 이유는?

① 분해폭발　　　② 산화폭발
③ 중합폭발　　　④ 압력폭발

해설 시안화수소(HCN)는 장기간 저장 중 2[%] 이상의 수분이 함유하면 중합이 촉진되어 중합폭발을 일으킨다.

136 순수한 것은 안정하나 소량의 수분이나 알칼리성 물질을 함유하면 중합이 촉진되고 독성이 매우 강한 가스는?

① 염소　　　　　② 포스겐
③ 황화수소　　　④ 시안화수소

해설 시안화수소(HCN)가스는 98[%] 이상의 순수한 것은 안정하나 2[%] 이상의 수분이나 알칼리성 물질을 함유하면 중합촉진이 된다.

ANSWER | 134 ④　135 ③　136 ④

가스기능사 필기
CRAFTSMAN GAS

PART

02

가스시설 유지관리

CHAPTER 01 | 가스장치
CHAPTER 02 | 저온장치 및 반응기
CHAPTER 03 | 가스설비
CHAPTER 04 | 가스시설 유지관리

CHAPTER 01 가스장치

SECTION 01 기화장치

1. 기화장치의 개요

① 기화장치는 기화기 또는 증발기(Vaporizer) 등으로도 불린다.
② 용기 또는 저조의 LP 가스를 그 상태로 또는 감압하여 빼내어 열교환기를 넣어 가습하여 가스화시키는 것이다.
③ 가온원으로서는 전열 또는 온수 등에 대해 강제적으로 가열하는 방식이 사용되고 있다.
④ 자연기화 방식과 비교하면 기화량은 용기의 대소, 개수에 무관계하므로 용기에 의한 자연기화 방식으로 대량 공급하는 경우에 비하여 용기의 설치 면적이 작아져서 좋다.
⑤ 다음은 기화장치의 구조 개요도이다.

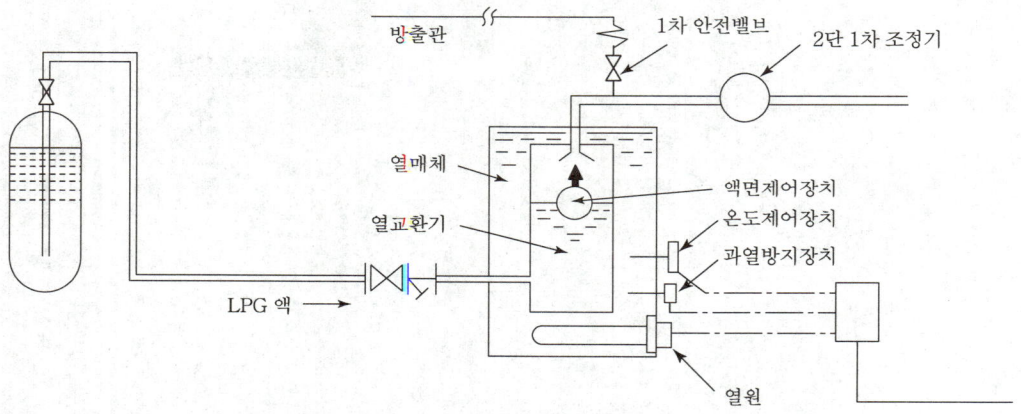

‖ 선기화장치의 구조 개요도 ‖

㉠ 기화부(열교환기) : 액체 상태의 LP 가스를 열교환기에 의해 Gas화 시키는 부분
㉡ 열매온도 제어장치 : 열매온도를 일정 범위 내에 보존하기 위한 장치
㉢ 열매과열 방지장치 : 열매가 이상하게 과열되었을 경우 열매로의 입열을 정지시키는 장치
㉣ 액유출 방지장치 : LP 가스가 액체상태대로 열교환기 밖으로 유출되는 것을 방지하는 장치
㉤ 압력 조정기 : 기화부에서 나온 가스를 소비목적에 따라 일정한 압력으로 조정하는 부분
㉥ 안전밸브 : 기화장치의 내압이 이상 상승했을 때 장치 내의 가스를 외부로 방출하는 장치

2. 기화장치를 작동원리에 따라 분류

(1) 가온 감압방식

일반적으로 많이 사용되고 있는 방식으로서 열교환기에 액체상태의 LP 가스를 흘러 들여보내고 여기서 기화된 가스를 가스용 조절기에 의해서 감압하여 공급하는 방식이다.

(2) 감압 가열방식

이 방식에서는 액체상태의 LP 가스를 액체 조정기 또는 팽창변등을 통하여 감압하며 온도를 내려서 열교환기에 도입시켜 대기 또는 온수 등으로 가온하여 기화를 시킨다.

3. 기화기 사용 시 이점

① LP 가스의 종류에 관계없이 한랭시에도 충분히 기화된다.
② 공급가스의 조성이 일정하다(자연기화는 변화가 크다).
③ 설비장소가 적게 든다(자연기화는 용기가 병렬로 설치된다).
④ 설비비 및 인건비가 절약된다.
⑤ 기화량을 가감할 수 있다.

SECTION 02 LPG 조정기(Regulator)

1. 조정기의 역할

① 용기로부터 나와 연소기구에 공급되는 가스의 압력을 그 연소기구에 적당한 압력까지 감압시킨다.
② 용기 내의 가스를 소비하는 양의 변화 등에 대응하여 공급압력을 유지하고 소비가 중단되었을 때는 가스를 차단시킨다.

2. 조정기의 사용 목적

가스의 유출압력(공급압력)을 조정하여 안정된 연소를 도모하기 위해서 사용한다.

3. 조정기와 고장 시 그 영향

고압가스의 누설(분출)이나 불완전 연소 등의 원인이 된다.

4. 조정기의 종류

(1) 단단 감압식 조정기

용기 내의 가스압력을 한 번에 소요압력까지 감압하는 방식이다.

1) 단단(1단) 감압식 저압 조정기

현재 많이 이용되고 있는 조정기이며 단단 감압에 의해서 일반소비자에게 LP 가스를 공급하는 경우에 사용하는 것이다.

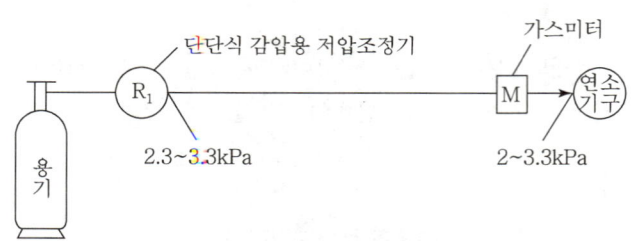

| 단단 감압식 저압 조정기 |

2) 단단(1단) 감압식 준저압 조정기

일반 소비자 등에 액화석유가스를 생활용 이외의 것으로(요리점의 조리용 등) 사용하는 데 한해 사용 가능한 조정기로 조정압력은 5kPa를 초과 30kPa까지 각종의 것이 있다. 그러나 연소기구가 일반소비자용(가정용)과 동일규격의 경우에는 단단식 감압용 저압 조정기를 사용한다.

3) 단단(1단) 감압방법

① 장점
  - 장치가 간단하다.
  - 조작이 간단하다.

② 단점
  - 배관이 비교적 굵어진다.
  - 최종 압력에 정확을 기하기 힘들다.

(2) 2단 감압식 조정기

용기 내의 가스압력을 소요압력보다 약간 높은 압력으로 감압하고 그 다음 단계에서 소요압력까지 감압하는 방법이다.

1) 2단 감압용 1차 조정기

2단 감압식의 1차용으로서 사용되는 것으로 중압 조정기라고도 불린다.
  ㉠ 입구압력 : 1.56MPa
  ㉡ 조정압력(출구압력) : 0.057~0.083MPa

2) 2단 감압용 2차 조정기

2단식 감압용의 2차 측 또는 자동절환식 분리형의 2차 측으로서 사용하는 조정기에 있어서는 입구압력의 상한이 $3.5kg/cm^2$로 설계되어 있으므로 단단식 감압용 저압조정기의 대용으로 사용할 수는 없다.

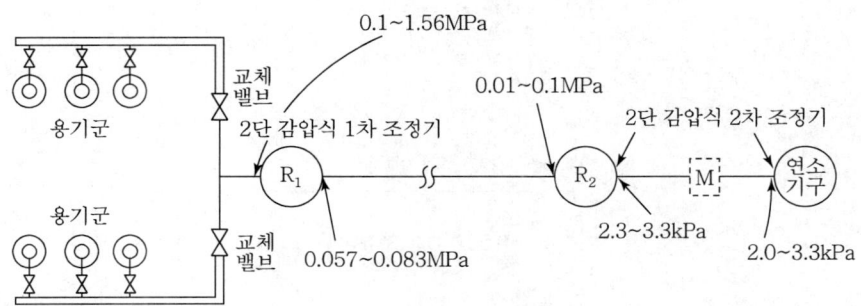

| 2단 감압용 2차 조정기 |

3) 2단 감압방법

① 장점
- 공급 압력이 안정하다.
- 중간 배관이 가늘어도 된다.
- 배관 입상에 의한 압력 강하를 보정할 수 있다.
- 각 연소 기구에 알맞은 압력으로 공급이 가능하다.

② 단점
- 설비가 복잡하다.
- 조정기가 많이 든다.
- 재액화의 문제가 있다.
- 검사방법이 복잡하다.

(3) 자동절환식(교체식) 조정기

2단 감압용에 있어서 자동절환 기능과 1차 감압기능을 겸한 1차용 조정기(사용 측과 예비 측에 1개씩 설치한 경우와 2개가 일체로 구성되어 있는 경우가 있다.)이며, 사용 측 용기 내의 압력이 저하하여 사용 측에서는 소요가스 소비량을 충분히 댈 수 없을 때 자동적으로 예비 측 용기군으로부터 보충하기 위한 것이다.

1) 자동절환식(교체식) 분리형 조정기

① 분리형 자동절환식은 중압, 중압배관에 가스를 내보내어 각 단말에 2차 측 조정기를 설치하는 경우에 사용하는 것이다.
② 자동절환식은 수동절환식에 비하여 소비자에 의해 대체할 필요가 없게 되며 또한 대체 시기의 잘못에 의한 가스공급의 중단이 없게 된다.
③ 용기 1개당의 잔액이 극히 작아질 때까지 소비 가능하며 수동절환식에 비하여 일반적으로 용기 설치 개수가 작게 되는 이점이 있다.

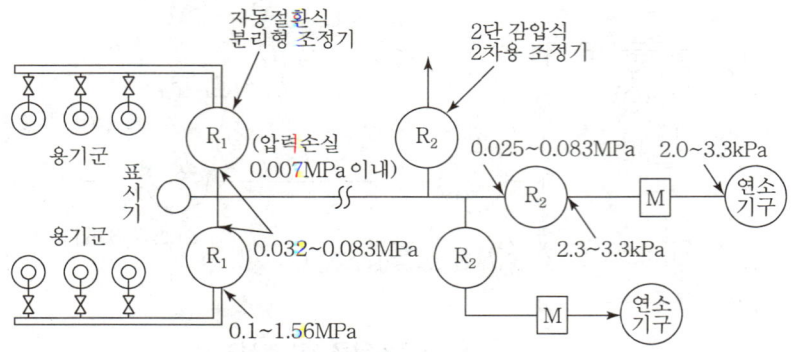

┃ 자동절환식 분리형 조정기 ┃

2) **자동절환식(교체식) 일체형 조정기**

2차 측 조정기가 1차 측 조정기의 출구 측에 직접 연결되어 있거나 또는 일체로 구성되어 있는 점이 틀린 것이다.

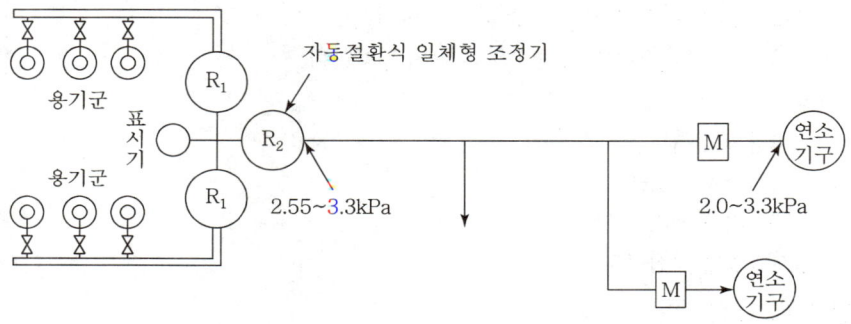

┃ 자동절환식 일체형 조정기 ┃

① **입구압력** : 0.1~1.56MPa
② **조정압력(출구압력)** : 2.55~3.3kPa

3) **자동절환식(교체식) 조정기 사용 시 이점**

① 전체 용기 수량이 수동교체식의 경우보다 적어도 된다.
② 잔액이 거의 없어질 때까지 소비된다.
③ 용기 교환주기의 폭을 넓힐 수 있다.
④ 분리형을 사용하면 단단 감압식 조정기의 경우보다 도관의 압력손실을 크게 해도 된다.

▼ 압력조정기 조정압력의 규격

구분	종류	1단 감압식		2단 감압식		자동절체식		
		저압조정기	준저압조정기	1차용 조정기	2차용 조정기	분리형 조정기	일체형 조정기 (저압)	일체형 조정기 (준저압)
입구 압력	하한	0.07MPa	0.1MPa	0.1MPa	0.01MPa	0.1MPa	0.1MPa	0.1MPa
	상한	1.56MPa	1.56MPa	1.56MPa	0.1MPa	1.56MPa	1.56MPa	1.56MPa
출구 압력	하한	2.3kPa	5kPa	0.057MPa	2.3kPa	0.032MPa	2.55kPa	5kPa
	상한	3.3kPa	30kPa	0.083MPa	3.3kPa	0.083MPa	3.3kPa	30kPa
내압 시험	입구 측	3MPa 이상	3MPa 이상	3MPa 이상	0.8MPa 이상	3MPa 이상	3MPa 이상	3MPa 이상
	출구 측	0.3MPa 이상	0.3MPa 이상	0.8MPa 이상	0.3MPa 이상	0.8MPa 이상	0.3MPa 이상	0.3MPa 이상
기밀 시험 압력	입구 측	1.56MPa 이상	1.56MPa 이상	1.8MPa 이상	0.5MPa 이상	1.8MPa 이상	1.8MPa 이상	1.8MPa 이상
	출구 측	5.5kPa	조정압력 2배 이상	0.15MPa 이상	5.5kPa 이상	0.15MPa 이상	5.5kPa 이상	조정압력의 2배 이상
최대폐쇄압력		3.5kPa	조정압력의 1.25배 이하	0.095MPa 이하	3.5kPa	0.095MPa 이하	3.5kPa	조정압력의 1.25배 이하

SECTION 03 LNG 정압기(Governor)

1. 작동원리

(1) 직동식 정압기

직동식 정압기의 작동원리는 정압기의 작동원리의 기본이 된다.

① **설정압력이 유지될 때** : 다이어프램(Diaphragm)에 걸려 있는 2차 압력과 스프링의 힘이 평행상태를 유지하면서 메인밸브는 움직이지 않고 일정량의 가스가 메인밸브를 경유하여 2차 측으로 가스를 공급한다.

② **2차 측 압력이 설정압력보다 높을 때** : 2차 측 가스 수요량이 감소하여 2차 측 압력이 설정압력 이상으로 상승하나 이때 다이어프램을 들어 올리는 힘이 증강하여 스프링의 힘에 이기고 다이어프램에 직결된 메인밸브를 위쪽으로 움직여 가스의 유량을 제한하므로 2차 압력을 설정압력이 유지되도록 작동한다.

③ **2차 측 압력이 설정압력보다 낮을 때** : 2차 측의 사용량이 증가하고 2차 압력이 설정압력 이하로 떨어질 경우, 스프링의 힘이 다이어프램을 받치고 있는 힘보다 커서 다이어프램에 연결된 메인 밸브를 열리게 하여 가스의 유량이 증가하게 되며 2차 압력을 설정 압력으로 유지되도록 작동한다.

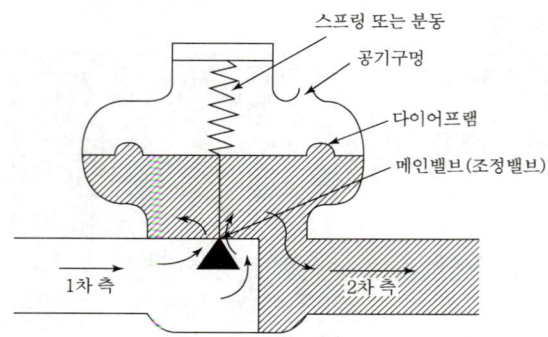

정압기의 기본구조(직동식 정압기)

(2) 파일럿식 정압기

파일럿식 정압기에는 언로딩(Unloading)형과 로딩(Loading)형의 2가지로 나눌 수 있다.

① **파일럿식 언로딩(Unloading)형 정압기** : 이 형의 정압기는 기본적으로는 아래 그림과 같이 직동식의 본체 및 파일럿으로 구성되어 있다.

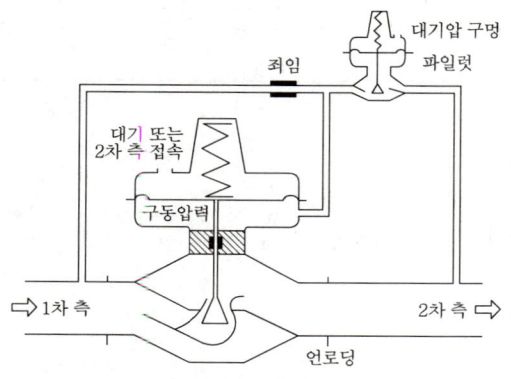

파일럿식 언로딩형 정압기의 구조

② **파일럿식 로딩(Loading)형 정압기** : 이 형식의 정압기는 기본적으로는 아래 그림과 같이 직동식의 본체 및 파일럿으로 이루어져 있다.

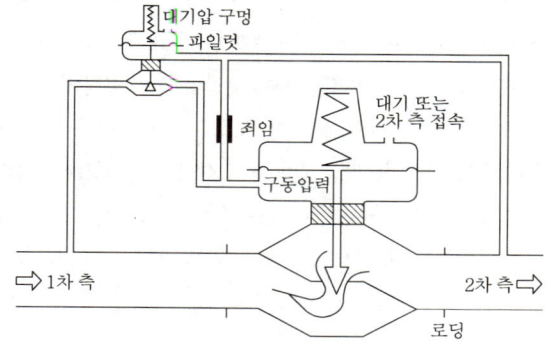

파일럿식 로딩형 정압기의 구조

2. 정압기의 특성

정압기를 평가 선정할 경우 다음의 각 특성을 고려해야 한다.

(1) 정특성

정압기의 정특성이란 정상 상태에서의 유량과 2차 압력의 관계를 말한다.

(2) 동특성(응답속도 및 안정성)

동특성은 부하 변화가 큰 곳에 사용되는 정압기에 대하여 중요한 특성으로 변동에 대한 응답의 신속성과 안전성이 모두 요구된다.

(3) 유량 특성

메인밸브의 열림과 유량과의 관계를 말한다.

(4) 사용 최대차압

메인밸브에는 1차 압력과 2차 압력의 차압이 작용하여 정압성능에 영향을 주나 이것이 실용적으로 사용할 수 있는 범위에서 최대로 되었을 때의 차압을 사용 최대차압이라 한다.

▼ 정압기의 종류 및 특징

종류	특징	사용압력
Fisher식	• Loading형 • 정특성, 동특성이 양호하다. • 비교적 콤팩트하다.	• 고압 → 중압 A • 중압 A → 중압 A, 중압 B
Axial-Flow식	• 변직 Unloading형 • 정특성, 동특성이 양호하다. • 고차압이 될수록 특성 양호 • 극히 콤팩트하다.	• Fisher식과 같다.
Reynolds식	• Unloading형 • 정특성은 극히 좋으나 안정성이 부족하다. • 다른 것에 비하여 크다.	• 중압 B → 저압 • 저압 → 저압
KRF식	• Reynolds식과 같다.	• Reynolds식과 같다.

SECTION 04 연소기구

1. 연소기구의 종류

가스의 연소방법은 가스와 공기에 혼합되는 부분이나 1차 공기 및 2차 공기를 어떤 비율로 어떤 방법으로 공급하는가에 따라 구별된다.

① 적화식 연소
② 분젠식 연소
③ 세미 · 분젠식 연소
④ 전일차 공기식 연소

▼ 연소기구의 연소방법

구분		분젠식	세미 · 분젠식	적화식	전일차공기식
필요 공기	1차 공기	40~70%	30~40%	0	100%
	2차 공기	60~30%	70~60%	100%	0
화염색		청록	청	약간 적	세라믹이나 백금망의 표면에서 불탄다.
화염의 길이		짧다.	조금 길다.	길다.	
화염의 온도(℃)		1,300	1,000	900	950

(1) 적화식 연소

가스를 그대로 대기 중에 분출하여 연소시키는 방법으로 연소에 필요한 공기는 모두 화염의 주위에서 확산하여 얻어진다. 즉, 연소에 필요한 공기전부를 2차 공기로 취하고 1차 공기는 취하지 않는 것이다.

1) 장점

① 역화하는 일은 전혀 없다.
② 자동온도 조절장치의 사용이 용이하다.
③ 적황색의 장염을 얻을 수 있다.
④ 낮은 칼로리의 기구에 사용된다.
⑤ 염의 온도는 비교적 낮다(900℃).
⑥ 기기를 국부적으로 과열하는 일이 없다.

2) 단점

① 연소실이 넓어야 한다. 좁으면 불완전 연소를 일으키기 쉽다.
② 버너내압이 너무 높으면 선화(Lifting) 현상이 일어난다.
③ 고온을 얻을 수 없다.
④ 불꽃이 차가운 기물에 접촉하면 기물표면에 그을음이 부착된다.

3) 용도

욕탕, 보일러용 버너, 파일럿 버너에 사용되었지만 지금은 거의 사용되지 않는다.

(2) 분젠식 연소

가스가 노즐에서 일정한 압력으로 분출하고 그때의 운동에너지로 공기공에서 연소 시 필요한 공기의 일부분(1차 공기)을 흡입하여 혼합관 내에서 혼합시켜 염공으로 나와 탄다.

이때 부족한 산소는 불꽃 주위에서 확산함으로써 공급받는다. 이 공기를 2차 공기라 한다. 즉, 공기와 일정비율로 혼합된 가스를 대기 중에서 연소시키는 것이다.

1) 장점
   ① 염은 내염, 외염을 형성한다.
   ② 1차 공기가 혼합되어 있기 때문에 연소는 급속한다. 따라서 염은 짧게 되며 발생한 열은 집중되어 염의 온도가 높다(1,200~1,300℃).
   ③ 연소실은 작고 좁아도 된다.

2) 단점
   ① 일반적으로 댐퍼의 조절을 요한다.
   ② 역화, 선화의 현상이 나타난다.
   ③ 소화음, 연소음이 발생할 수 있다.

(3) 세미 · 분젠식 연소

적화식 연소방법과 분젠식 연소방법의 중간방법, 즉 1차 공기량을 제한하여 연소시키는 방법으로 1차 공기와 2차 공기의 비율이 분젠식과는 반대이다. 1차 공기율이 약 40% 이하이고 내염과 외염의 구별이 뚜렷하지 않은 연소를 세미 · 분젠식 연소방법이라 한다. 염의 색은 주로 청색을 띠게 된다.

1) 장점
   ① 적화와 분젠의 중간상태에서 역화하지 않는다.
   ② 염의 온도는 1,000℃ 정도이다.

2) 단점
   ① 고온을 요할 경우는 사용할 수 없다.
   ② 국부감열에는 사용할 수 없다.

3) 용도

   목욕탕 버너, 온수기 버너 등에 이용된다.

(4) 전일차 공기식 연소

연소에 필요한 공기의 전부를 1차 공기로 혼합시켜 연소를 행하는 것으로 2차 공기가 필요 없다.
분젠식에서는 1차 공기를 많이 하면 역화하거나 선화하는 경우가 있듯이 전일차 공기식 연소법도 필요 공기를 전부 1차 공기로 연소하므로 역화하기 쉬운 연소법이다. 이러한 현상이 일어나지 않게 염공을 특수한 구조로 한 것도 있다.

1) 장점
   ① 버너는 어떠한 쪽으로 붙여도 사용할 수 있다.
   ② 가스가 갖는 에너지의 70% 가까이 적외선으로 전환할 수 있다.
   ③ 적외선은 열의 전달이 빠르다.
   ④ 개방식 노에 사용해도 대류에 의한 열손실이 적다.
   ⑤ 표면온도는 850~950℃ 정도이다.

2) 단점
① 고온의 노 내에 완전히 넣어서 부착하는 일이 불가하다.
  (버너의 뒷면은 가능한 한 냉각할 필요가 있다.)
② 구조가 복잡해서 고가이다.
③ 거버너의 부착이 필요하다.

3) 용도
난방용 가스 스토브, 건조로용 그릴용 버너, 소각용, 각종 가열건조로 등에 이용된다.

2. 연소시 현상

(1) 역화(Flast Back)

역화는 염이 염공을 통하여 버너의 혼합관 내에 불타며 들어오는 현상으로 일차공기를 공급하고 있는 분젠식 연소나 전일차 공기식 연소에서 볼 수 있다.

역화현상은 이 분출속도와 연소속도의 평형범위를 벗어나는 경우에 일어난다. 즉, 가스 공기혼합기체의 분출속도에 비해서 연소속도가 평형점을 넘어 빨라졌을 때, 또는 가스의 연소속도에 비해서 분출속도가 평형점 이하로 늦어졌을 때에 일어나는 것이다.

> **》》》 역화(Flast Back)의 원인**
> ① 부식에 의해 염공이 크게 된 경우
> ② 가스의 공급압력이 저하되었을 때
> ③ 노즐, 콕에 그리스, 먼지 등이 막혀 구경이 너무 작게 된 경우
> ④ 댐퍼가 과다하게 열려 연소속도가 빠르게 된 경우
> ⑤ 버너가 과열되어 혼합기의 온도가 올라간 경우

(2) 선화(Lifting)

리프팅(Lifting)을 간단히 Lift라고 부른다. 이것은 역화와 정반대의 현상으로 염공으로부터의 가스의 유출속도보다 크게 되었을 때 가스는 염공에 접하여 연소하지 않고 염공을 떠나서 연소하는 것을 선화라 한다.

> **》》》 선화(Lifting)의 원인**
> ① 버너의 염공이 막혀 유효면적이 감소하게 되어 버너의 압력이 높은 경우
> ② 가스의 공급압력이 지나치게 높은 경우
> ③ 공기조절장치(댐퍼 : Damper)를 너무 많이 열었을 경우
> ④ 노즐·콕의 구경이 크게 된 경우
> ⑤ 연소가스의 배출이 불안전한 경우나 2차 공기의 공급이 불충분한 경우

(3) LP 가스 불완전 연소의 원인
① 공기 공급량 부족
② 환기 불충분

③ 배기 불충분
④ 프레임의 냉각
⑤ 가스 조성이 맞지 않을 때
⑥ 가스기구 및 연소기구가 맞지 않을 때

3. 급배기 방식에 의한 연소기구의 분류

(1) 개방형 연소기구

실내로부터 연소용의 공기를 취해서 연소하고 폐가스를 그대로 실내에 배기하는 연소기구로서 비교적 입열량이 적은 주방용 기구, 소형 온수기(순간 온수기), 소형 가스난로 등이 이것에 해당한다.
이 개방형 연소기구를 좁은 방에 설치할 경우에는 환기에 특히 주의해야 한다.

>>> **개방형 기구 종류**
① 주방기구 : 가스테이블, 가스레인지, 가스밥솥, 가스오븐, 6,000kcal/hr 이하의 음료용 온수기 등
② 가스난로 : 입열량이 6,000kcal/hr 이하의 난로
③ 순간온수기 : 입열량이 10,000kcal/hr 이하의 온수기로 연통을 연결하지 않은 구조

Reference 개방형 연소기구의 종류
가스난로, 석유난로, 조리용 가스레인지, 소형 순간온수기

(2) 반밀폐형 연소기구

연소용 공기를 실내로부터 공급받아 연소하고 폐가스를 배기통을 통하여 배출하는 기구를 말한다.

>>> **반밀폐형 연소기구 종류**
① 난방용 가스보일러, 목욕탕용 순간온수기 및 대형온수기
② 순간온수기 : Input이 10,000kcal/hr를 초과하거나 10,000kcal/hr 이하로 연동장치가 부착된 연소기구
③ 난로 : Input 6,000kcal/hr를 초과하는 연소기구
④ 기타 연소기구로서 연동을 부착한 구조의 연소기구

Reference
1. 가스기구의 Input이라 함은 노즐로부터 분출하는 가스량과 그의 발열량을 곱해서 얻어지는 값을 말한다. 즉, 가스기구가 단위시간에 소비하는 열량이 Input(kcal/hr)이다.
2. 가스기구의 Output이라 함은 가스기구가 가열하는 목적물에 유효하게 주어진 열량 Output(kcal/hr)을 말한다.

(3) 밀폐형 연소기구

실내공기와 완전히 격리된 연소실 내에서 외기로부터 공급되는 공기에 의하여 연소되고 다시 외기로 폐가스를 배출하는 기구를 말한다.

> **≫ 밀폐형 연소기구의 종류**
> ① 밸런스형 난방기구 : 대형 온수기, 보일러
> ② 강제 급배기형 난방기구 : 대형 보일러

SECTION 05 펌프

1. 펌프의 분류

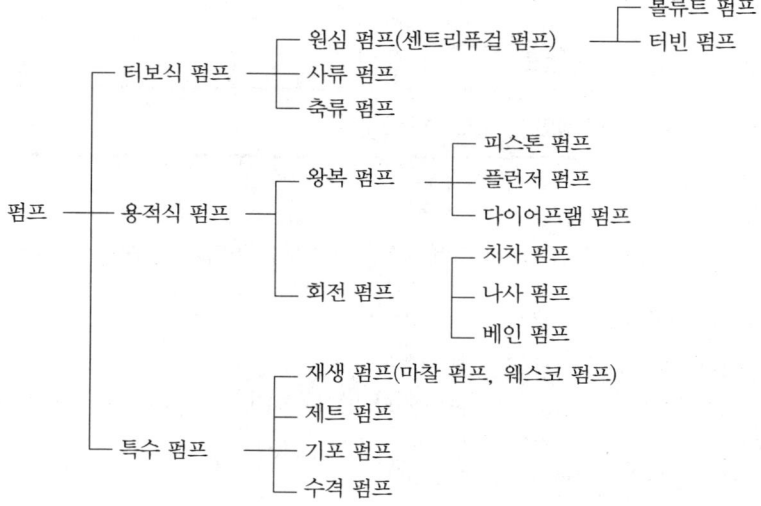

> **Reference**
> 대표적으로 사용되는 액체이송 펌프에는 다음과 같은 것이 사용된다.
> 1. 원심 펌프 : 볼류트 펌프(Volute Pump), 터빈 펌프(Turbine Pump)
> 2. 회전 펌프 : 기어 펌프(Gear Pump), 베인 펌프(Vane Pump)
> 3. 왕복 펌프 : 피스톤 펌프(Piston Pump), 플런저 펌프(Plunger Pump)

2. 펌프의 축동력

수량과 양정이 결정되면 그 요령을 만족시키는 펌프를 구동하는 데 필요한 구동축력은 다음 식에 의해 계산된다.

(1) 수동력

펌프 양수시의 이론동력을 수동력이라 한다. 즉, 펌프에 의하여 액체에 공급되는 동력을 그 펌프의 수동력(Water Horse Power)이라 한다.

$$L_s = \frac{Q \times H \times \gamma}{75 \times 60} [PS]$$

$$L_s = \frac{Q \times H \times \gamma}{102 \times 60} [kW]$$

여기서, Q : 유량[m³/min]
H : 전양정[m]
γ : 액체의 비중량[kg/m³]

(2) 메커니컬 실

화학액을 취급하는 펌프에서는 가연성, 유독성 등의 액체를 이송하는 경우가 많고 누설이 허용되지 않으므로 대단히 엄격한 축봉성이 요구되어 거의 메커니컬실이 채택된다.

▼ 메커니컬 실의 각 형식별 특징

형식	분류	LNG
세트 형식	인사이드형	일반적으로 사용된다.
	아웃사이드형	1. 구조재, 스프링재가 액의 내식성에 문제가 있을 때 2. 점성계수가 100cP를 초과하는 고점도액일 때 3. 저응고점액일 때 4. 스타핑, 복스 내가 고진공일 때
실형식	싱글실형	일반적으로 사용된다.
	더블실형	1. 유독액 또는 인화성이 강한 액일 때 2. 보냉, 보온이 필요할 때 3. 누설되면 응고되는 액일 때 4. 내부가 고진공일 때 5. 기체를 실(Seal)할 때
면압 밸런스 형식	언밸런스실	일반적으로 사용된다(메이커에 의해 차이가 있으나 윤활성이 좋은 액으로 약 7kg/cm² 이하, 나쁜 액으로 약 2.5kg/cm² 이하가 사용된다).
	밸런스실	1. 내압 4~5kg/cm² 이상일 때 2. LPG 액화가스와 같이 저비점 액체일 때 3. 하이드로 카본일 때

3. 펌프에서 발생되는 특수 현상

(1) 펌프의 공동현상(Cavitation)

유수 중에 그 수온의 증기압력보다 낮은 부분이 생기면 물이 증발을 일으키고 또 수중에 용해하고 있는 공기가 석출하여 적은 기포를 다수 발생한다. 이 현상을 캐비테이션(Cavitation) 현상이라고 한다.

> **Reference**
>
> 1. 캐비테이션 현상의 발생조건
>   ① 관속을 유동하고 있는 유체 중의 어느 부분이 고온일 때 발생할 가능성이 크다.
>   ② 펌프에 유체가 과속으로 유량이 증가할 때 펌프 입구에서 일어난다.
>   ③ 펌프와 흡수면 사이의 수직거리가 부적당하게 너무 길 때 발생한다.
> 2. 캐비테이션 발생에 따라 일어나는 현상
>   ① 소음과 진동이 생긴다.
>   ② 깃에 대한 침식이 생긴다.
>   ③ 토출량, 양정, 효율이 점차 감소한다(양정곡선과 효율곡선의 저하를 가져온다).
>   ④ 심하면 양수 불능의 원인이 된다.
> 3. 캐비테이션 발생의 방지법
>   ① 펌프에서 설치 위치를 낮추고 흡입양정을 짧게 한다.
>   ② 수직측 펌프를 사용하고 회전차를 수중에 완전히 잠기게 한다.
>   ③ 펌프의 회전수를 낮추고 흡입 회전도를 적게 한다.
>   ④ 양흡입 펌프를 사용한다.
>   ⑤ 펌프를 두 대 이상 설치한다.

(2) 수격작용(Water Hammering)

관속에 흐르고 있는 액체의 속도를 급격히 변화시키면 액체에 심한 압력의 변화가 생기는데 이 현상을 말한다.

> **▶▶▶ 수격작용의 방지법**
>
> ① 관 내의 유속을 낮게 한다(단, 관의 직경을 크게 할 것).
> ② 펌프의 플라이 휠(Fly Wheel)을 설치하여 펌프의 속도가 급격히 변화하는 것을 막는다.
> ③ 조압수조(Surge Tank)를 관선에 설치한다.
> ④ 밸브(Valve)는 펌프 송출구 가까이에 설치하고, 밸브는 적당히 제어(制御)한다.

(3) 서징(Surging) 현상

펌프를 운전하였을 때에 주기적으로 운동, 양정, 토출량이 규칙적으로 변동하는 현상을 서징(Surging) 현상이라 한다.

> **▶▶▶ 펌프의 서징에 따른 발생원인**
>
> ① 펌프의 양정곡선이 산형특성으로 그 사용범위가 우상 특성의 부분일 것(펌프의 양정곡선이 산고곡선이고 곡선의 산고상승부에서 운전했을 때)
> ② 토출배관 중에 수조 또는 공기 저장기가 있을 것(배관 중에 물탱크나 공기탱크가 있을 때)
> ③ 토출량을 조절하는 밸브의 위치가 수조, 공기 저장기보다 하류에 있을 것(유량 조절밸브가 탱크 뒤쪽에 있을 때)

(4) 펌프의 베이퍼록(Vapor Lock) 현상

저비등점 액체 등을 이송할 때 펌프의 입구 쪽에서 발생하는 현상으로 일종의 액체의 끓는 현상에 의한 동요라고 말할 수 있다.

SECTION 06 압축기

1. 압축기 분류

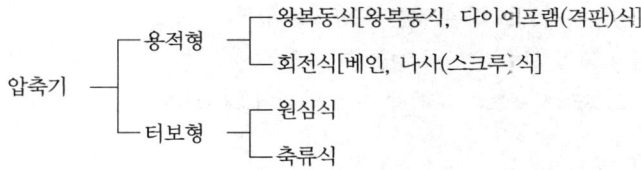

(1) 용적형 압축기

일정용적의 실내에 기체를 흡입한 다음 흡입구를 닫아 기체를 압축하면서 다른 토출구에 압출하는 것을 반복하는 형식이다.

1) 왕복식

압축을 피스톤의 왕복운동에 의해 교대로 행하는 것이며 접동부에 급유하는 것 또는 무급유로 래버린스, 카본, 테프론 등을 사용하는 것이 있다.

2) 회전식

로터를 회전하여 일정용액의 실린더 내에 기체를 흡입하고 실의 용적을 감소시켜 기체를 타방으로 압출하여 압축하는 기계이며 가동익, 루트, 나사형이 있다.

(2) 터보형 압축기

기계에너지를 회전에 의해 기체의 압력과 속도에너지로서 전하고 압력을 높이는 것이며 원심식과 축류식이 있다.

1) 원심식

케이싱 내에 모인 임펠러가 회전하면 기체가 원심력의 작용에 의해 임펠러의 중심부에서 흡입되어 외조부에 토출되고 그때 압력과 속도 에너지를 얻음으로써 압력 상승을 도모하는 것이다.

① 터보형 : 임펠러의 출구각이 90°보다 적을 때
② 레이디얼형 : 임펠러의 출구각이 90°일 때
③ 다익형 : 임펠러의 출구각이 90°보다 클 때

2) 축류식

선박 또는 항공기의 프로펠러에 외통을 장치한 구조를 하고 임펠러가 회전하면 기체는 한 방향으로 압출되어 압력과 속도에너지를 얻어 압력상승이 행하여진다. 즉, 기체가 축방향으로 흐르므로 축류식이라는 명칭이 붙게 되었다.

2. 왕복동 압축기

(1) 왕복동 압축기의 형식 구분

1) 피스톤, 실린더의 배열 및 조합에 의한 분류

① 횡형 : 피스톤이 수평으로 왕복하는 것
② 입형 : 피스톤은 수직으로 다른 것은 수평으로 왕복운동하는 것
③ L형 : 피스톤의 하나가 수직으로 다른 것은 수평으로 왕복운동하는 것
④ V형, W형 : 피스톤의 축이 서로 V형, W형을 하고 있는 것
⑤ 대향형 : 실린더가 크랭크 샤프트의 양쪽에 서로 맞대어 배치되어 있는 것

2) 압축방법에 의한 분류

① 단동형 : 피스톤의 한쪽에서만 압축이 행하여지는 것
② 복동형 : 피스톤의 양쪽에서 압축이 행하여지는 것

(2) 왕복동 압축기의 용량조정

1) 연속적으로 조절을 하는 방법

① 흡입주 밸브를 폐쇄하는 방법
② 바이패스 밸브에 의하여 압축가스를 흡입 쪽에 복귀시키는 방법
③ 타임드 밸브 제어에 의한 방법
④ 회전수를 변경하는 방법

2) 단계적으로 조절하는 방법

① 클리어런스 밸브에 의해 용적 효율을 낮추는 방법
② 흡입 밸브를 개방하여 가스의 흡입을 하지 못하도록 하는 방법

(3) 왕복동 압축기의 피스톤 압출량

1) 이론적 피스톤 압출량

$$V = \frac{\pi}{4} D^2 \times L \times N \times n \times 60$$

여기서, V : 이론적인 피스톤 압출량[m²/hr]
D : 피스톤의 지름[m]
L : 행정 거리[m]
N : 분당 회전수[rpm]
n : 기통수

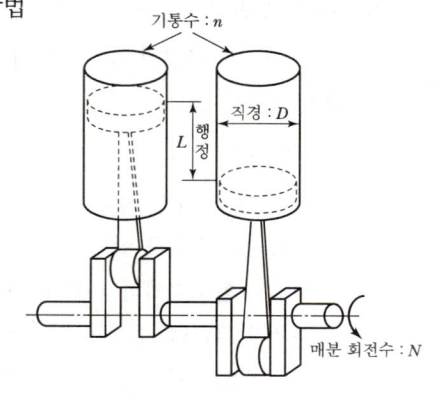

‖ 피스톤 압출량 이론 ‖

2) 실제적 피스톤 압출량

$$V' = \frac{\pi}{4}D^2 \times L \times N \times n \times 60 \times \eta$$

여기서, V' : 실제적인 피스톤 압출량[m^2/hr]
　　　　η : 체적효율

3) 체적효율(흡입효율 : η_v)

$$\eta_v = \frac{G_2}{G_1} = \frac{실제적인\ 기체\ 흡입량[kg/hr]}{이론적인\ 기체\ 흡입량[kg/hr]}$$

여기서, η_v : 체적효율

> **Reference**
>
> 체적효율은 다음과 같은 영향을 받는다.
> 1. 클리어런스에 의한 영향
> 2. 밸브 하중과 가스의 마찰에 의한 영향
> 3. 불완전한 냉각에 의한 영향
> 4. 가스 누설에 의한 영향

4) 압축효율(η_c)

$$\eta_c = \frac{N}{N_i} = \frac{이론상\ 가스압축\ 소요동력(이론적\ 동력)}{실제적\ 가스압축\ 소요동력(지시동력)}$$

5) 기계효율(η_m)

$$\eta_m = \frac{N}{N_{ia}} = \frac{실제\ 가스압축\ 소요동력(지시동력)}{축동력}$$

6) 토출효율(η')

$$\eta = \frac{V}{V_s} = \frac{토출기체의\ 흡입된\ 상태로\ 환산된\ 가스체적}{흡입된\ 기체의\ 부피}$$

또는 토출효율(η') = 체적효율(η) $- \frac{1}{100}(1+\varepsilon)$

> **Reference** 왕복동 압축기의 동력
>
> 1. 압축효율(η_c) = $\dfrac{\text{이론적 동력}}{\text{지시동력}}$
> 2. 기계효율(η_m) = $\dfrac{\text{지시동력}}{\text{축동력}}$
> 3. 축동력 = $\dfrac{\text{이론적 동력}}{\text{압축효율} \times \text{기계효율}}$

(4) 다단압축과 압축비

1) 다단압축의 목적

① 1단 단열압축과 비교한 일량의 절약
② 힘의 평형이 좋아진다.
③ 이용효율의 증가
④ 가스의 온도 상승을 피할 것

2) 단수의 결정시 고려할 사항

다단 압축기는 단수가 많을수록 고가이며 구조도 복잡하다. 단수의 적당한 범위를 일반적으로 선택한다.
① 최종의 토출압력
② 취급가스량
③ 취급가스의 종류
④ 연속운전의 여부
⑤ 동력 및 제작의 경제성

▼ 압력에 따른 단수의 표

압력[kg/cm²]	10	60	300	1,000
단수	1~2	3~4	5~6	6~9

3) 각 단의 압축비

각 단 압축에 있어서는 중간냉각에 의해 동력이 절약되나 중간압력의 결정방법에 의해 동력의 절약량은 변한다. 각 단의 압력을 균등하게 하면 압축에 요하는 동력은 최소가 된다.

① 각 단의 압축비(r) = $\sqrt[z]{\dfrac{P_2}{P_1}}$

여기서, P_2 : 최종압력[kg/cm² · abs]
P_1 : 흡입압력[kg/cm² · abs]
Z : 단수

② 압력손실을 고려한 압축비(r')

$$r' = K^z \sqrt{\frac{P_2}{P_1}}$$

여기서, K : 압력손실의 크기(=1.10)

③ 압축비가 커질 때 장치에 미치는 영향
  ㉠ 소요동력이 증대한다.
  ㉡ 실린더 내의 온도가 상승한다.
  ㉢ 체적 효율이 저하한다.
  ㉣ 토출 가스량이 감소한다.

SECTION 07 금속재료

1. 탄소강

(1) 탄소강

탄소강은 보통강이라고 부르며 철(Fe)과 탄소(C)를 주요 성분으로 하는 합금이고 망간(Mn), 규소(Si), 인(P), 황(S), 기타의 원소를 소량씩 함유하고 있다.

① 표준성분은 탄소(C) 0.03~1.7%, 망간(Mn) 0.2~0.8%, 규소(Si) 0.35%, 인·황 0.06%이며 나머지는 철이다.
② 탄소량이 증가하면 펄라이트의 조직이 증가하고 따라서 탄소강의 물리적 성질과 기계적 성질이 그것에 따라 변화한다. 즉, 탄소 함유량이 증가하면 강의 인장강도, 항복점은 증가하나 약 0.9% 이상이 되면 반대로 감소한다. 또 신장, 충격치는 반대로 감소하고 소위 취성을 증가시킨다.
③ 탄소강을 탄소함유량에 따라 분류하면 다음과 같다.
  ㉠ 저탄소강 : 탄소함유량 0.3% 이하
  ㉡ 중탄소강 : 탄소함유량 0.3~0.6%
  ㉢ 고탄소강 : 탄소함유량 0.6% 이상
④ 일반적으로 함유량이 0.3% 이하의 비교적 연한 강을 연강이라 하고 0.3% 이상의 단단한 강을 경강이라 한다.

(2) 망간(Mn)

① 망간은 철 중에 존재하는 황(S)과의 친화력이 철보다 강하므로 철 중에 용입된 것 이외에는 황화망간이 되며 황(S)의 영향을 완화하는 도움을 준다.
② 일반적으로 망간을 함유하면 단조, 압연을 용이하게 하며 강의 경도, 강도, 점성 강도를 증대하기 위해 철 중에는 0.2~0.8% 정도 함유되어 있다.

(3) 인(P)

인(P)은 강 중에 대체로 0.06% 이하 함유되어 있고 철 중에서 녹아 경도를 증대하나 상온에서는 취약하게 되어 소위 상온취성의 원인이 되므로 적은 것이 좋다.

(4) 유황(S)

황은 망간 존재시 황화망간으로서 존재하나 망간의 양이 적을 때에는 황화철이 되어 결정입의 경계에 분포되어 강을 약화시키고 적열취성이 되므로 적은 것이 좋다.

(5) 규소(Si)

① 유동성이 좋게 하나 단접성 및 냉간 가공성을 나쁘게 한다.
② 충격값이 낮아지므로 저탄소강에는 0.2% 이하로 제한한다.

(6) 가스(N_2, O_2, H_2)

① 질소(N_2)는 페라이트 중에서 석출 경화현상이 생긴다.
② 산소(O_2)는 FeO, MnO, SiO 등의 산화물을 만든다.
③ 수소(H_2)는 백점이나 헤어크랙의 원인이 된다.

> **Reference 강의 청열취성이란?**
>
> 중탄소강은 250~300℃에서 인장강도가 최대이며 이 온도 이상에서는 급격히 저하된다. 이것과 반대로 신율, 단면 수축률은 250~300℃ 범위에서 최소로 되는데 이와 같은 현상을 청열취성이라 한다.

2. 특수강

탄소강에 각종의 원소를 첨가하여 특수한 성질을 지닌 것으로서 그 목적과 첨가하는 원소와 첨가량에 따라 강의 기계적 성질을 개선한다.

(1) 크롬(Cr)

① 크롬(Cr) 혹은 니켈(Ni)과 크롬을 여러 가지 비율로 소량 함유한 강은 탄소강에 비하여 대단히 우수한 기계적 성질을 나타내게 된다.
② 크롬(Cr)을 첨가하면 취성은 증가하지 않고 인장강도, 항복점을 높일 수 있다. 내식성, 내열성, 내마모성을 증가시키므로 고온용 재료의 첨가 성분으로서 중요한 것이다.

(2) 니켈(Ni)

① 니켈은 모든 비율로 철과 고용체를 만들며 그 기계적 성질을 향상시키나 일반적으로 단독 첨가되는 경우는 적고 크롬(Cr), 몰리브덴(Mo) 등과 함께 첨가되는 경우가 많다.
② 니켈(Ni)과 크롬(Cr)을 동시에 함유한 강은 각각 단독으로 함유된 강보다는 뛰어난 성질을 나타낸다.
③ 고니켈-크롬강, 고크롬강은 소위 스테인리스강으로서 유명하고 또 내열강으로 사용되고 있다.

(3) 몰리브덴(Mo)

① 일반적으로 몰리브덴은 단독으로 가하여지는 경우가 적으며 다른 원소와 함께 소량이 첨가된다.
② 크롬강, 니켈-크롬강에 0.5% 정도 첨가하면 뜨임 취성을 방지하고 기타 기계적 성질도 대단히 좋아진다.
③ 니켈-크롬-몰리브덴강은 합금강으로 대단히 우수한 것이다.

(4) 코발트(Co)

코발트는 니켈과 성질이 유사하며 고온에 대한 강도를 증가함에는 니켈보다도 효과가 크다.

3. 고압 또는 고온용 금속

(1) 5% 크롬강

C 0.1~0.3% 함유한 강에 Cr 4~6% 또는 Mo, W, V를 소량 가한 것으로 500℃ 이하에서 강도는 탄소강보다 크므로 암모니아 합성, 제유장치 등에 많이 사용된다.

(2) 9% 크롬강

C 0.1~0.5%, Cr 8~10%를 함유한 강 또는 이것에 Mo, W, V 등을 소량 첨가한 것으로 반불투명강이라고도 한다.

(3) 스테인리스강

스테인리스강에는 Cr을 주체로 한 것과 Cr과 Ni를 첨가한 것이 있고, 소위 13Cr강이나 18~8강이 이에 속한다. 또 Ni의 함유량을 증가하고 Mo 등을 첨가하여 내식성을 증대시킨 것도 있다.

(4) 니켈-크롬-몰리브덴강

C 0.3%, Ni 2.35%, Cr 0.62%, Mo 0.65%의 것은 Vibrac강이라고 부른다.
이밖에 특히 강력한 내열강으로서는 Ni, Co, 기타의 첨가량을 한층 증가하여 가스터빈 등의 극히 고온의 부분에 적합한 것이 만들어지고 있다. 그 중에는 강이 아니고 Ni 기합금, Co 기합금까지도 있다.

4. 동 및 동합금

(1) 동

① 동은 연하고 전성, 연성이 풍부하며 가공성이 우수하고 내식성도 상당히 좋으므로 고압장치의 재료로서는 동관으로 많이 쓰인다.
② 상온에서 가공을 하고 가공 경화를 일으켜 경도가 증가하며 연성이 감소하여 취성을 일으키므로 사용상 주의해야 한다. 이것을 열처리하면 200~400℃에서 연화하여 연성을 회복하나, 700℃ 이상이 되면 연성이 감소하므로 온도를 너무 올리지 않도록 할 필요가 있다.
③ 고압장치에 동을 사용할 때는 취급되는 가스에 따라서 동을 사용할 수 없는 경우(암모니아, 아세틸렌)가 있으므로 사용상 주의를 요한다.

(2) 황동

① 동과 아연(30~35%)의 합금으로 놋쇠라고도 한다.

② 가공이 용이하며 고압장치용 재료로서는 계수류, 밸브, 콕 등에 널리 쓰인다.
③ 내식성은 동보다 우수하나 비교적 높은 온도에서 해수에 접촉하는 경우에는 침식되기 쉽다.

(3) 청동
① 동과 주석을 주성분으로 하는 합금이며, 아연, 납 등을 소량 함유하고 있다.
② 청동은 내식성과 경도 면에서 황동보다 우월하며 밸브, 콕류의 재료로서 널리 사용된다.
③ 주석의 함유량이 13% 이상인 청동은 내식성, 내마모성이 커서 축수재로 쓰인다.

SECTION 08 금속가공의 열처리

1. 가공
탄소강은 인고트 그대로는 강의 조직이 취약하므로 이것을 단조하여 단단한 조직으로 바꾸는 것이 필요하다. 또 고온도에서 압연, 드로잉 등을 행하여 일정 치수로 가공하는 경우가 있다.
① **열간가공** : 고온도로 가공하는 것
② **냉간가공** : 상온에서 가공하는 것
③ 탄소강을 냉간가공하면 인장강도, 항복점, 피로한도, 경도 등이 증가하고 신장, 교축, 충격치가 감소하여 가공경화를 일으킨다.

> **Reference 가공경화**
> 금속을 가공하는 도중 결정 내 변형이 생겨 경도가 증가되는 현상

④ 가공의 정도를 표시하려면 각종의 방법이 있는데 압연에 있어서 최초의 두께를 t_1, 압연 후의 두께를 t_2라고 하면 가공도 또는 압연도는 다음과 같이 표시된다.

$$가공도 = \frac{t_1 - t_2}{t_1} \times 100\%$$

2. 열처리

(1) 담금질(소입 : Quenching)
담금질은 재료를 적당한 온도로 가열하여 이 온도에서 물, 기름 속에 급히 침지하고 냉각, 경화시키는 것이며 강의 경우에는 A_3 또는 A_{cm} 변태점보다 30~60℃ 정도 높은 온도로 가열한다.

(2) 불림(소준 : Normalizing)
불림은 결정조직이 거친 것을 미세화하며 조직을 균일하게 하고, 조직의 변형을 제거하기 위하여 균일하게 가열한 후 공기 중에서 냉각하는 조작이다.

(3) 풀림(소둔 : Annealing)

금속을 기계가공하거나 주조, 단조, 용접 등을 하게 되면 가공경화나 내부응력이 생기므로 이러한 가공 중의 내부응력을 제거 또는 가공경화된 재료를 연화시키거나 열처리로 경화된 조직을 연화시켜 결정조직을 결정하고 상온가공을 용이하게 할 목적으로 뜨임보다는 약간 높은 온도로 가열하여 노 중에서 서서히 냉각시킨다.

(4) 뜨임(소려 : Tempering)

담금질 또는 냉각가공된 재료의 내부응력을 제거하며 재료에 연성이나 인장강도를 주기 위해 담금질 온도보다 낮은 적당한 온도로 재가열한 후 냉각시키는 조작을 말한다. 보통강은 가열 후 서서히 냉각하나 크롬강, 크롬-니켈강 등은 서서히 냉각하면 취약하게 되므로 이들 강은 급랭시킨다.

SECTION 09 고압장치

1. 저장장치

(1) 용기의 종류

1) 이음새 없는 용기(무계목 용기, 심레스 용기)

① 이음새 없는 용기는 산소, 질소, 수소, 아르곤 등의 압축가스 혹은 이산화탄소 등의 고압 액화가스를 충전하는 데 사용되지만 작게는 염소 등의 저압 액화가스나 용해 아세틸렌 가스용으로서 사용되고 있다.

② 상용온도에서 압력 1MP 이상의 압축가스, 상용온도에서 압력이 0.2MP 이상의 액화가스 및 용해 아세틸렌을 충전하는 내용적 0.1L 이상, 500L 이하의 이음새 없는 강철제 용기에 적용된다.

③ 이음새 없는 용기의 제조법

　㉠ 만네스만(Mannesmann)식 : 이음새 없는 강관을 재료로 하는 방식
　㉡ 에르하르트(Ehrhardt)식 : 강편을 재료로 하는 방법
　㉢ 딥 드로잉(Deep Drawing)식 : 강판을 재료로 하는 방법

④ 용기의 형상은 가늘고 길며 저부의 형상은 凹凸 및 스커트의 종류가 있다.

⑤ 이음새 없는 용기 재료

　㉠ 용기 재료는 C : 0.55% 이하, P : 0.04% 이하, S : 0.05% 이하의 강을 사용한다.
　㉡ 보통 염소, 암모니아 등 비교적 저압 용기에는 탄소강을 사용한다.
　㉢ 산소, 수소 등 고압 용기는 망간강을 사용한다.
　㉣ 초저온 용기의 재료는 오스테나이트계 스테인리스강, 알루미늄 합금을 사용한다.
　㉤ 알루미늄 합금 용기를 재료로 하여 제조된 용기에 충전되는 고압가스는 산소, 질소, 탄산가스 프로판 등으로 한정된다.

⑥ 이음새 없는 용기의 이점

㉠ 이음매가 없으므로 고압에 견디기 쉬운 구조이다.
㉡ 이음매가 없으므로 내압에 대한 응력분포가 균일하다.

2) 용접 용기(계목 용기)

용접 용기는 강판을 사용하여 용접에 의해 제작되는 것으로 프로판 용기 및 아세틸렌 용기 등의 비교적 저압용 용기로서 많이 사용되고 있다.

① 용접 용기의 이점
㉠ 재료로서 비교적 저렴한 강판을 사용하므로 같은 내용적의 이음새 없는 용기에 비하여 값이 싸다 (저렴한 강판을 사용하므로 경제적이다).
㉡ 재료가 판재이므로 용기의 형태, 치수가 자유로이 선택된다.
㉢ 이음새 없는 용기는 제조 공정상 두께를 균일하게 하는 것이 곤란하나 용접 용기는 강판을 사용하므로 두께 공차도 적다.

② 용접 용기의 제조법
㉠ 심교축 용기
㉡ 동체부에 종방향의 용접 포인트가 있는 것

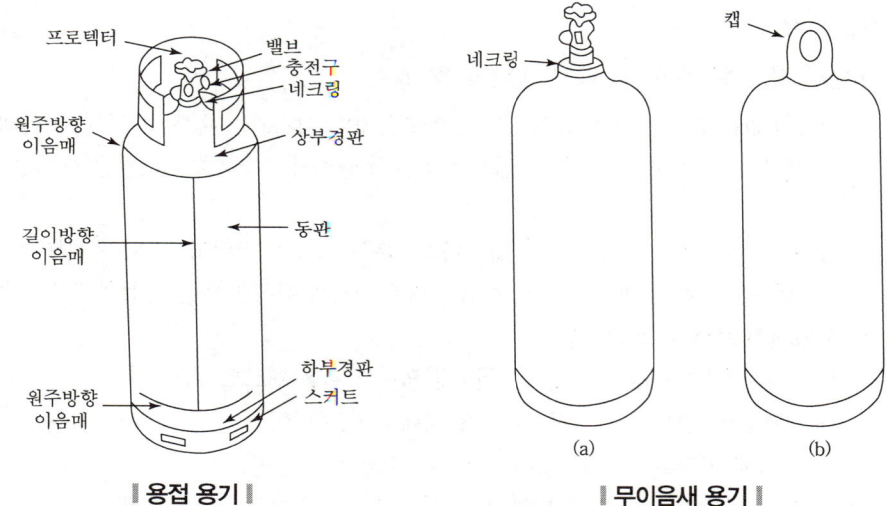

‖ 용접 용기 ‖　　　　　‖ 무이음새 용기 ‖

③ 용접 용기의 재료
㉠ 교축 가공성이 풍부하고 용접성이 좋은 것이 요구된다.
㉡ LPG, 아세틸렌 각종 프레온 가스 등의 고압가스를 충전하는 데 사용된다.
㉢ 500L 이하의 용접 용기의 재료로서는 고압가스용 강재가 제정되어 있다.
㉣ 화학성분은 C : 0.33% 이하, P : 0.04% 이하, S : 0.05% 이하의 것을 사용한다.

3) 용기의 재질
① LPG : 탄소강

② 산소(O_2) : 크롬강(산소 용기의 크롬 첨가량은 30%가 가장 적당하다.)
③ 수소(H_2) : 크롬강(5~6%)
(내수소성을 증가시키기 위하여 바나듐(V), 텅스텐(W), 몰리브덴(Mo), 티탄(Ti) 등을 첨가 재료로 사용한다.)
④ 암모니아(NH_3) : 탄소강(동 또는 동합금 62% 이상은 사용금지, 암모니아는 고온, 고압하에서 강재에 대하여 탈탄작용과 질화작용을 동시에 일으키므로 18~8 스테인리스강이 사용된다.)
⑤ 아세틸렌(C_2H_2) : 탄소강(동 또는 동합금 62% 이상 사용금지)
⑥ 염소(Cl_2) : 탄소강(염소용기는 수분에 특히 주의할 것)

(2) 용기의 각종 시험
1) 내압시험
용기의 내압시험은 보통 수압으로 행하며 수조식과 비수조식이 있다.
① 수조식
㉠ 용기를 수조에 넣고 수압으로 가압한다.
㉡ 수압에 의해 용기가 팽창함에 따라 그 팽창된 용적만큼 물이 압축되어 팽창계(브레드)에 나타난다. 이것을 전증가량이라 한다.
㉢ 용기 내부의 수압을 제거한 다음 용기의 영구 팽창 때문에 팽창계의 물이 수로로 완전히 돌아가지 않고 팽창계에 남게 되는데 이 남은 물의 양을 항구증가량이라 한다.
㉣ 위와 같은 방법에 의해 얻어진 항구증가량과 전증가량의 백분율을 항구증가율이라 한다.

$$\therefore 항구증가율(영구증가율) = \frac{항구증가량}{전증가량} \times 100$$

㉤ 항구증가율이 10% 이하인 용기는 내압시험에 합격한 것이 된다.

> **Reference** 수조식의 특징
> 1. 보통 소형 용기에서 행한다.
> 2. 내압시험 압력까지 각 압력에서의 팽창이 정확하게 측정된다.
> 3. 비수조식에 비하여 측정결과에 대한 신뢰성이 크다.

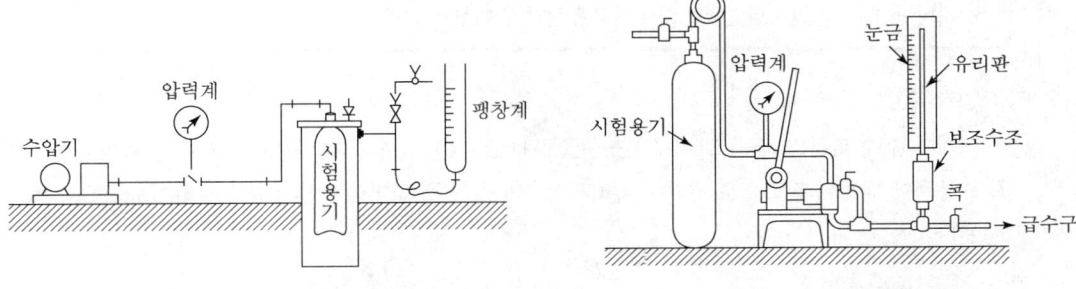

∥ 수조식 내압시험장치 예 ∥   ∥ 비수조식 내압시험장치 예 ∥

② **비수조식** : 용기를 수조에 넣지 않고 수압에 의해 가압하고 용기 내에 압입된 물의 양을 살피고 다음 식에 의하여 압축된 물의 양을 압입된 물의 양에서 빼어 용기의 팽창량을 조사하는 방법이다.

$$\Delta V = (A-B) - [(A-B)+B] \cdot P \cdot \beta$$

여기서, ΔV : 전증가[cc]
A : P기압에서의 압입된 모든 물의 양[cc]
B : P기압에서의 용기 이외에 압입된 물의 양[cc]
V : 용기 내용적[cc]
P : 내압시험압력[atm]
β_t : t℃에서 물의 압축계수

> **Reference** 용기의 내압시험
>
> 1. 압축가스 및 액화가스의 내압시험(Tp) = 최고충전압력(Tp) × $\frac{5}{3}$ 배
> 2. 아세틸렌 용기의 내압시험(Tp) = 최고충전압력(Fp) × 3배
> 3. 고압가스 설비의 내압시험(Tp) = 상용압력 × 1.5배

2) **기밀시험**

① 기밀시험에 사용되는 가스는 질소(N_2), 이산화탄소(CO_2) 등 불활성 가스를 사용한다.

② **기밀시험 방법**

㉠ 내압이 확인된 용기에 행하며 누설 여부를 측정한다.
㉡ 기밀시험은 가압으로 하는 것을 원칙으로 한다.
㉢ 시험기체는 공기 또는 불활성 가스로 가압한다.
㉣ 시험압력 이상의 기체를 압입하여 1분 이상 유지하고 비눗물을 사용하여 기포 발생 여부를 보아 판별한다.
㉤ 중·소형 용기의 시험은 용기를 수조에 담가 기포 발생으로 측정한다.

> **Reference** 용기의 기밀시험
>
> 1. 초저온 및 저온 용기의 기밀시험압력(Ap) = 최고충전압력(Fp) × 1.1배
> 2. 아세틸렌 용기의 기밀시험압력(Ap) = 최고충전압력(Fp) × 1.8배
> 3. 기타 용기의 기밀시험압력(Ap) = 최고충전압력 이상

3) **압궤시험**

꼭지가 60℃로서 그 끝을 반지름 13mm의 원호로 다듬질한 강제틀을 써서 시험 용기의 대략 중앙부에서 원통축에 대하여 직각으로 서서히 눌러서 2개의 꼭지 끝의 거리가 일정량에 달하여도 균열이 생겨서는 안 된다.

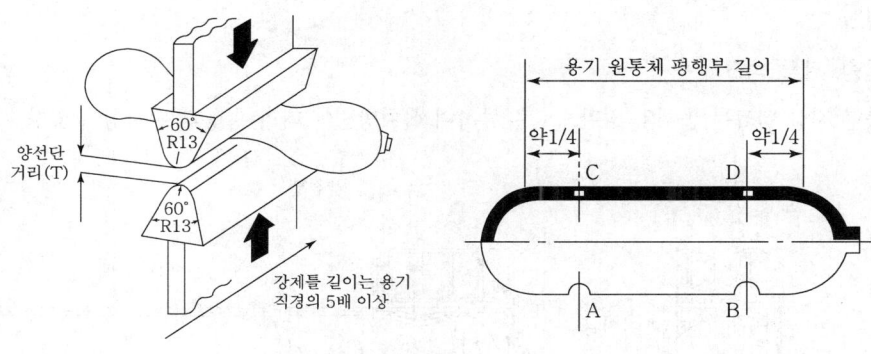

∥ 압궤시험 ∥

4) 인장시험
   ① 인장시험은 압궤시험 후 용기의 원통부로부터 길이 방향으로 잘라내어 인장강도와 연신율을 측정한다.
   ② 인장시험기에는 암슬러(Amsler), 올센(Olsen), 몰스(Mohrs) 등의 형식이 있는데 가장 대표적인 것은 암슬러 만능재료 시험기로서 인장시험 외에도 굽힘시험, 압축시험, 항절시험 등도 할 수 있다.

5) 충격시험
   금속재료의 충격치를 측정하는 것으로 샤르피식(Charpy Type)과 아이조드식(Izod Type)이 있다.
   ① 샤르피 충격시험기(Charpy Impact Tester)
   ② 아이조드 충격시험기(Izod Impact Tester)

6) 파열시험
   파열시험은 길이가 60cm 이하, 동체의 외경이 5.7cm 이하인 이음새 없는 용기에 대하여 압력을 가하여 파열하는가의 여부를 보아 인장시험 및 압궤시험을 파열시험으로서 갈음할 수 있다.

7) 단열성능시험
   ① 시험방법 : 용기에 시험용 저온 액화가스를 충전해서 다른 모든 밸브를 닫고, 가스방출밸브만 열어 대기 중으로 가스를 방출하면서 기화 방출되는 양을 측정
   ② 시험용 저온 액화가스 : 액화질소, 액화산소, 액화아르곤
   ③ 시험시의 충전량 : 저온 액화가스 용적이 용기 내용적의 1/3 이상, 1/2 이하인 것
   ④ 침입열량의 측정 : 저울 또는 유량계
   ⑤ 판정 : 합격기준은 다음 산식에 의해 침입열량을 계산해서 침입열량이 0.0005kcal/hr · ℃ · L(내용적이 1,000L를 초과하는 것에 있어서는 0.002kcal/hr · ℃ · L) 이하인 경우를 합격으로 한다.

$$Q = \frac{Wq}{H \times \Delta t \times V}$$

여기서, Q : 침입열량(kcal/hr · ℃ · L), W : 측정 중의 기화가스량(kg)
H : 측정시간(hr), Δt : 시험용 저온 액화가스의 비점과 외기와의 온도차(℃)
V : 용기 내용적(L), q : 시험용 액화가스의 기화잠열(kcal/kg)

2. 저장 탱크

(1) 원통형 저장 탱크

원통형 저장 탱크는 동체와 경판으로 분류하며 설치방법에 따라 횡형과 수직형이 있다.

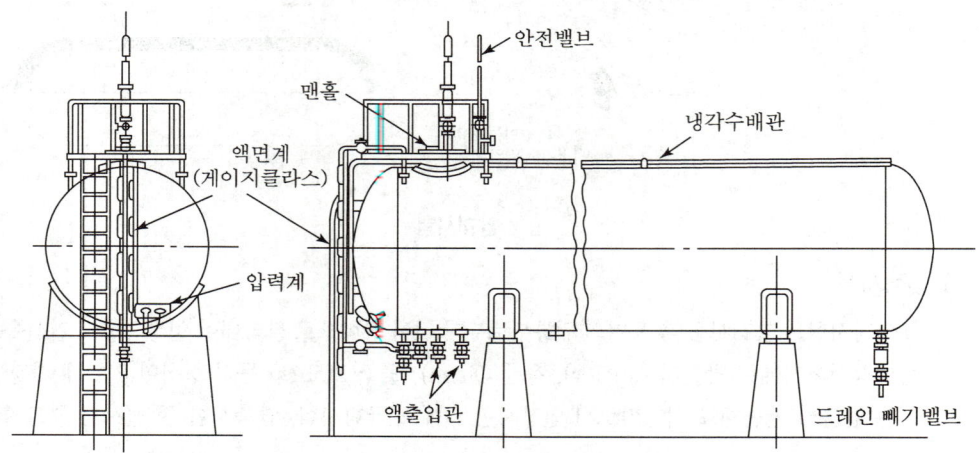

∥ 원통형 횡형 저조 ∥

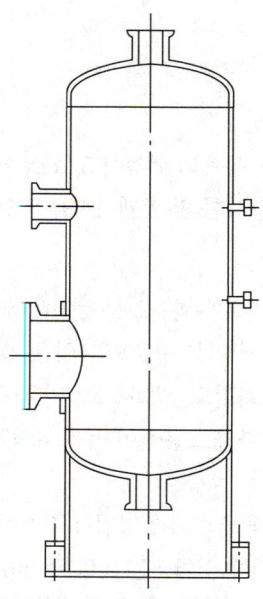

∥ 원통형 수직형 저조 ∥

1) 원통형 저장 탱크의 내용적
   ① 입형 저장 탱크

   $$V = \pi r^2 l$$

   ② 횡형 저장 탱크

   $$V = \pi r^2 \left(l + \frac{l_1 + l_2}{3} \right)$$

   여기서, V : 탱크 내용적[m³]
   r : 탱크 반지름[m]
   l : 원통부 길이[m]
   L : 저장 탱크의 전길이[m]

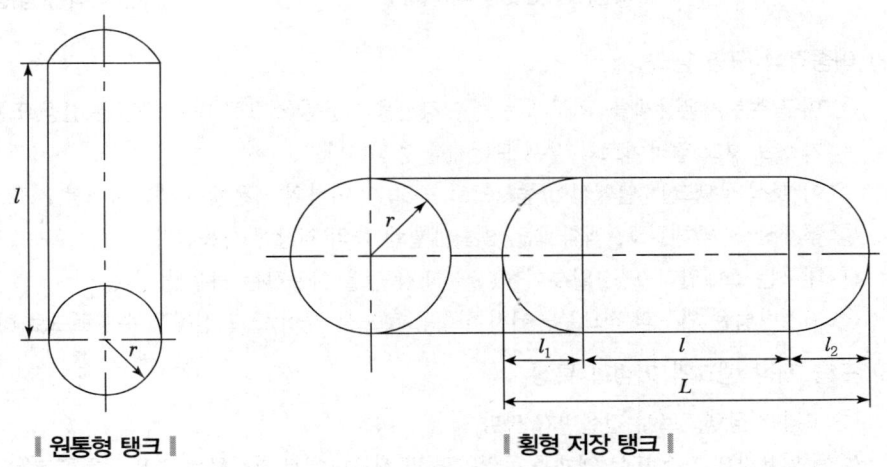

| 원통형 탱크 | | 횡형 저장 탱크 |

(2) 구형 저장 탱크

구형 저장 탱크에는 단각식과 이중각식이 있다.

1) 단각식 구형 탱크
   ① 상온 또는 −30℃ 전후까지 저온의 범위에 사용된다.
   ② 저온 탱크의 경우 일반적으로 냉동장치를 부속하고 탱크 내의 온도와 압력을 조절한다.
   ③ 구각 외면에 충분한 단열재를 장치하고 흡열에 의한 온도상승을 방지하나 이들 단열구조는 단지 단열성만이 아니라 빙결을 막는 의미에서 단열재 표면을 방습할 수 있는 조치가 필요하다.
   ④ 단각 구형 탱크의 각 부분의 재료는 상온 부근에서는 용접용 압연강재, 보일러용 압연강재 또는 고장력강이 사용된다. 보다 저온에서는 2.5% Ni강, 3.5% Ni강 정도가 사용된다.

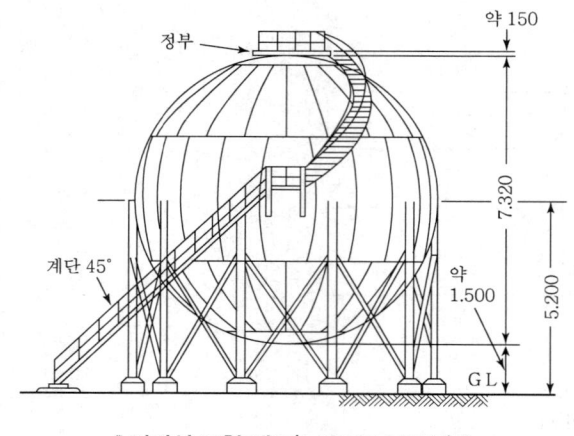

| 단각식 구형 탱크(1,000톤 부탄용) |

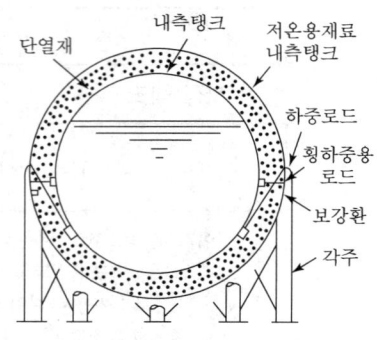

| 이중각식 구형 탱크의 예 |

2) 이중각식 구형 탱크

① 내구에는 저온강재를, 외구에는 보통 강판을 사용한 것으로 내외 구간은 진공 또는 건조공기 및 질소가스를 넣고 펄라이트와 같은 보냉재를 충전한다.
② 이 형식의 탱크는 단열성이 높으므로 −50℃ 이하의 저온에서 액화가스를 저장 하는 데 적합하다.
③ 액체산소, 액체질소, 액화메탄, 액화에틸렌 등의 저장에 사용된다.
④ 내구는 스테인리스강, 알루미늄, 9% Ni강 등을 사용하는 경우가 많다.
⑤ 지지방법은 외구의 적도부근에서 하수용 로드를 매어 달고 진동은 수평로드로 방지하고 있다.

3) 구형 저장 탱크의 이점과 특징

① 고압 저장탱크로서 건설비가 싸다.
② 동일용량의 가스 또는 액체를 동일압력 및 재료하에서 저장하는 경우 구형구조는 표면적이 가장 적고 강도가 높다.
③ 기초구조가 단순하며 공사가 용이하다.
④ 보존면에서 유리, 구형 저장탱크는 완성시 충분한 용접검사, 내압 및 기밀시험을 하므로 누설은 완전히 방지된다. 또 부속기기로서는 여러 대의 컴프레서, 압력조정 밸브가 주된 것이며 보존이 용이하다.
⑤ 형태가 아름답다.

4) 초저온 액화가스 저장 탱크

초저온 액화가스 저장조(Cold Evaporator ; C.E)는 공업용 액화가스 즉, 산소, 질소, 아르곤, 수소, 액화천연가스(LNG), 헬륨 등 액화가스를 저장 사용하는 데 가장 많이 사용되는 용기로서 그 구조와 제작방법에 대하여는 다소 차이가 있지만 크게 다른 점은 없다.

① C.E는 액화가스를 저조시켜 필요시에는 자기가압 장치 및 기화설비를 이용, 임의의 압력으로 기화된 다량의 가스를 연속적으로 안전하게 공급시키는 방식이다.
② C.E는 원통입형 초저온 저장용기로서 그 구조는 금속 마법병과 같이 이중으로 되어 있으며 외조와 내조의 중간부분은 외부로부터의 열침입을 최대한으로 방지하기 위하여 단열재를 충전하고 이를 다시

충전시킨 특수구조로서 분말진공형과 다층진공형으로 구분되나 분말진공형(Perlite 충진)이 보편적으로 많이 사용되고 있다.

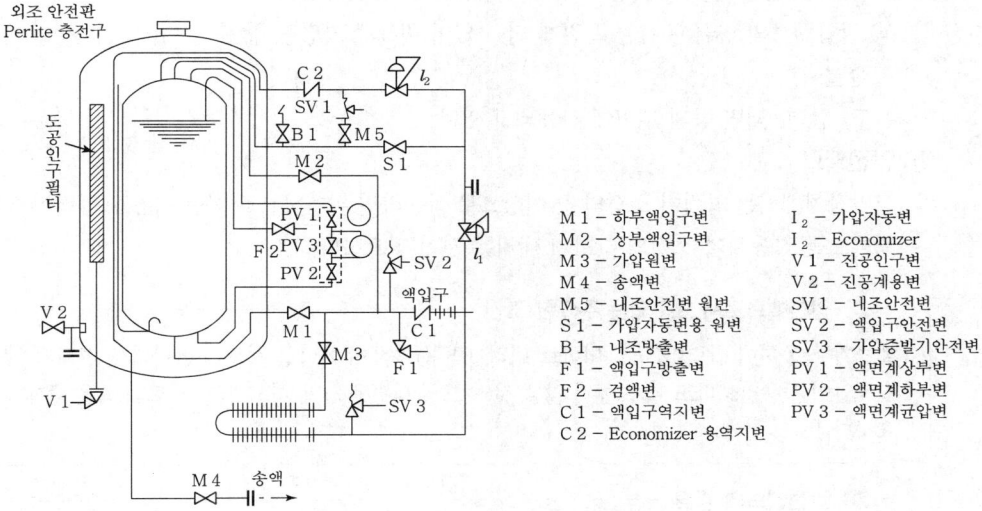

∥ 초저온 액화가스 저장탱크 구조 ∥

SECTION 10 고압장치 요소

1. 고압장치 요소

(1) 고압밸브

1) 고압밸브의 특징
① 주조품보다 단조품을 깎아서 만든다.
② 밸브 시트는 내식성과 경도가 높은 재료를 사용한다.
③ 밸브 시트는 교체할 수 있도록 되어 있는 것이 많다.
④ 기밀유지를 위해 스핀들에 패킹이 사용된다.

2) 고압밸브의 종류
고압밸브는 용도에 따라 스톱밸브, 감압밸브, 조절밸브(제어밸브), 안전밸브, 체크밸브 등으로 구분된다.
① 스톱밸브
㉠ 관 내경 3~10mm 정도의 소형 스톱밸브이며 압력계, 시료채취구의 이니셜 밸브 등에 많이 사용된다.
㉡ 밸브체와 스핀들이 동체로 되어 있다.
㉢ 30~60mm 정도의 대형밸브는 밸브 시트와 밸브체가 교체될 수 있도록 되어 있다.

ⓔ 슬루스밸브, 글로브밸브, 콕 등이 있다.
② 감압밸브
  ㉠ 유체의 높은 압력을 낮은 압력으로 감압하는 데 사용한다.
  ㉡ 감압밸브의 양끝은 가늘고 길게 되어 있어 미세한 가감을 할 수 있다.
③ 조절밸브
  온도, 압력, 액면 등의 제어에 사용되고 있다.
④ 안전밸브
  고압장치에서는 압력이 소정의 값 이상으로 상승하면 위험하므로 어떤 이유로 압력이 상승한 경우 압력밸브를 작동시켜 소정의 값까지 내리는 것이 필요하다.

>>> **안전밸브로서 요구되는 주요한 조건**
- 밸브가 작동하여 압력이 규정 이하로 내려가면 신속하게 이니셜 시트에 돌아가 누설되지 않을 것
- 작동압이 사용압보다도 너무 높지 않을 것(밸브의 직경을 크게 하고 밸브 시트의 폭을 좁게 하는 것이 필요하다.)

>>> **안전밸브의 종류**
- 스프링식 안전밸브
- 가용전식 안전밸브
- 파열판식 안전밸브
- 중추식 안전밸브

① 스프링식 안전밸브
  ㉠ 일반적으로 가장 널리 사용한다.
  ㉡ 스프링의 압력이 용기 내 압력보다 작을 때 용기 내의 이상고압만 배출한다.
  ㉢ 스프링식 안전밸브의 작동이 균일치 않은 경우에 대비하여 장치에 보안상 박판식 안전밸브를 병용하는 경우도 있다.
② 파열판(박판)식 안전밸브(랩튜어 디스크)
  파열판이란 안전밸브와 같은 용도로 사용되는 것으로 얇은 박판 또는 도움형 원판의 주위를 홀더로 공정하여 보호하려는 장치에 설치하는 것이다.
③ 가용전식 안전밸브
  ㉠ 설정온도에서 용기 내의 온도가 규정온도 이상이면 녹이 용기 내의 전체 가스를 배출한다.
  ㉡ 가스전의 재료는 구리, 망간, 주석, 납, 안티몬 등이 사용되나 사용가스와 반응하지 않는 재질을 사용한다.
④ 중추식 안전밸브
  중추식은 추의 일정한 무게를 이용하여 내부압력이 높아질 경우 추를 밀어 올리는 힘이 되므로 가스를 외부로 방출하여 장치를 보호하는 구조이다.

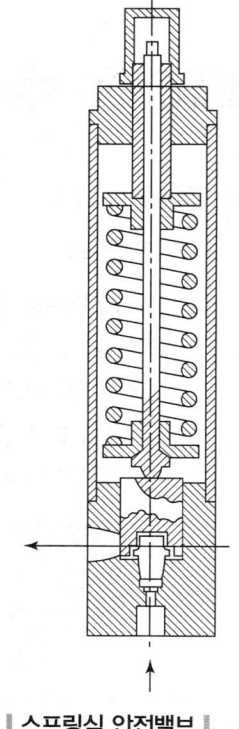

‖ 스프링식 안전밸브 ‖

> **Reference** 고압장치에서의 안전밸브 설치장소
>
> 1. 저장탱크의 상부
> 2. 압축기, 펌프의 토출 측, 흡입 측에 설치
> 3. 왕복동식 압축식의 각단에 설치
> 4. 반응탑, 정류탑 등에 설치
> 5. 감압밸브, 조정밸브 뒤의 배관

3) 체크밸브(Check Valve)

① 유체의 역류를 막기 위해서 설치한다.
② 체크밸브는 고압배관 중에 사용된다.
③ 유체가 역류하는 것은 중대한 사고를 일으키는 원인이 되므로 체크밸브의 작동은 신속하고 확실해야 한다.

4) 체크밸브의 종류

① 스윙형 : 수평, 수직관에 사용
② 리프트형 : 수평 배관에만 사용

(2) 고압 조인트

1) 뚜껑(덮개판)

① 뚜껑의 구조
  ㉠ 분해의 유무에 따른 분류
    ⓐ 영구뚜껑
    ⓑ 분해가능한 뚜껑
      • 플랜지식
      • 스크루식
      • 자긴식
  ㉡ 개스킷의 유무에 따른 분류
    ⓐ 개스킷 조인트형
    ⓑ 직조인트형

> **Reference** 자긴식 구조
>
> 1. 반경방향으로 자긴작용을 하는 것 : 렌즈패킹, O링, △링, 파형링
> 2. 축방향으로 작용하는 것 : 브리지만(Bridgemann)형, 해치드럭 어프레이트바(Hochdruch Apparateba)형

2) 배관용 조인트

① **영구 조인트** : 용접, 납땜 등에 의한 것이므로 가스의 누설에 대하여 안전하며 그 종류에는 버트 용접 조인트, 스켓 용접 조인트가 있다.

② **분해 조인트** : 플랜지, 스크루 등의 접속에 의한 것으로 장치의 보수, 교체시 분해 결합을 할 수가 있으며 스켓형(슬립온형) 플랜지, 루트형 플랜지 등이 있다.

3) 다방 조인트

배관에는 조작상 분기 또는 합류를 필요로 하는 것이 있다. 이와 같은 부분에 사용되는 것이 다방 조인트이다. 용접으로 접속하는 다방 조인트는 일반적으로 티 또는 크로스 등으로 부르고 있다.

4) 신축 조인트

판은 온도의 변화에 따라 신축하고 판의 양단이 고정되어 있으며 압축력(온도 상승의 경우) 또는 인장력(온도강하의 경우)이 생기면 이 때문에 판이 파괴되는 경우가 있는데 판의 신축에 따른 무리를 흡수, 완화시키기 위해 판에 신축 조인트를 설치한다.

> **》》 신축 조인트의 종류**
> ① 루트형(관 굽힘형)
> ② 벨로스형
> ③ 슬리브형
> ④ 스위블형
> ⑤ 상온 스프링(Cold Spring) : 배관의 자유 팽창량을 먼저 계산하고 판의 길이를 약간 짧게 하여 강제시공하는 배관공법을 말하며 이때 자유팽창량을 1/2 정도로 짧게 절단하는 것을 말한다.

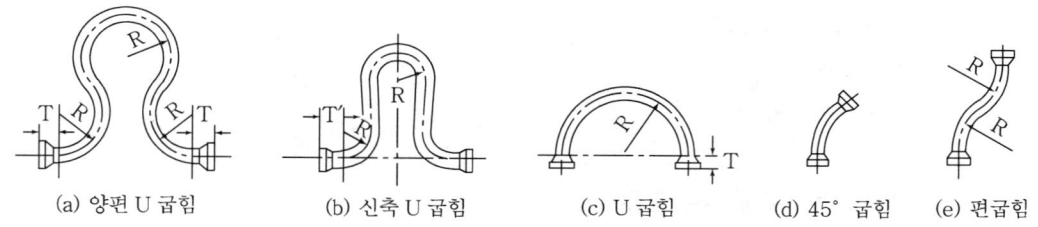

(a) 양편 U 굽힘　　(b) 신축 U 굽힘　　(c) U 굽힘　　(d) 45° 굽힘　　(e) 편굽힘

‖ 신축 조인트 ‖

SECTION 11 가스 배관

1. 가스 배관

(1) 가스 배관 시설 시 유의사항

1) 배관시공을 위해 고려할 사항
   ① 배관 내의 압력손실
   ② 가스 소비량 결정(최대 가스 유량)
   ③ 용기의 크기 및 필요 본수 결정
   ④ 감압방식의 결정 및 조정기의 산정
   ⑤ 배관 경로의 결정
   ⑥ 관지름의 결정

2) 가스배관 경로 선정 4요소
   ① 최단 거리로 할 것(최단)
   ② 구부러지거나 오르내림을 적게 할 것(직선)
   ③ 은폐하거나 매설을 피할 것(노출)
   ④ 가능한 한 옥외에 할 것(옥외)

3) 배관 내의 압력손실
   ① 마찰저항에 의한 압력손실
      ㉠ 유속의 2승에 비례한다(유속이 2배이면 압력손실은 4배이다).
      ㉡ 관의 길이에 비례한다(길이가 2이면 압력손실은 2배이다).
      ㉢ 관 내경의 5승에 반비례한다(관경이 1/2이면 압력손실은 32배이다).
      ㉣ 관 내벽의 상태에 관계한다(내면의 凹凸이 심하면 압력손실이 심하다).
      ㉤ 유체의 점도에 관계한다(유체점도(밀도)가 크면 압력손실이 크다).
      ㉥ 압력과는 관계가 없다.
   ② 입상배관에 의한 손실
      공급관 또는 배관입상에 따른 압력손실은 가스의 자중에 의해 압력차가 생긴다.
   ③ 압력강하 산출식

$$H = 1.293(S-1)h$$

여기서, H : 가스의 압력손실(압력강하)[수주mm]
　　　　h : 입상관의 높이[m]
　　　　S : 가스 비중

▼ 상승에 의한 압력강하(15℃, 수주 280mm 경우)

상승높이 [m]	압력강하[수주mm]		상승높이	압력강하[수주mm]	
	프로판	부탄		프로판	부탄
1	0.72	1.38	40	28.9	55.8
3	2.13	4.15	50	36	69
5	3.61	6.91	60	43	83
10	7.20	13.8	70	51	97
15	10.8	20.7	80	58	111
20	14.4	27.6	90	65	124
30	21.7	41.5	100	72	138

④ 밸브나 엘보 등 배관부속에 의한 압력손실

▼ 배관부속물의 저항에 상당하는 직관의 길이

판별 \ 부속물	개수	동관	강관
엘보, 우측방향 티	1개당	0.2m	1m
옥형밸브(글로밸브)	1개당	1m	3m
콕	1개당	1m	3m

4) LP 가스 공급, 소비설비의 압력손실 요인

① 배관의 직관부에서 일어나는 압력손실
② 관의 입상에 의한 압력손실(입하는 압력상승이 된다.)
③ 엘보, 티, 밸브 등에 의한 압력손실
④ 가스미터, 콕 등에 의한 압력손실

(2) 배관의 관경결정

1) 저압배관의 관경결정

$$Q = K\sqrt{\frac{D^5 \cdot H}{S \cdot L}} \quad \text{①}$$

$$D^5 = \frac{Q^2 \cdot S \cdot L}{K^2 \cdot L} \quad \text{②}$$

$$H = \frac{Q^2 \cdot S \cdot L}{K^2 \cdot D^5} \quad \text{③}$$

여기서, Q : 가스의 유량[m³/h]
D : 관의 내경[cm]
H : 압력손실[수주mm]
S : 가스 비중(공기를 1로 한 경우)
L : 관의 길이[m]
K : 유량계수(상수), (학자들의 실험 상수 : ① Pole : 0.707, ② Cox : 0.653)

▼ LP가스 저압관 파이프 치수 환산표

파이프 길이 [m]	내관의 압력손실[수주mm]																				
3	0.3	0.5	.8	1.0	1.3	1.5	1.8	2.0	2.3	2.5	3.0	3.5	4.0	4.5	5.0	6.0	7.0	8.0	10.0	12.0	14.0	16.0
4	0.4	0.7	1.1	1.3	1.7	2.0	2.4	2.7	3.1	3.3	4.0	4.7	5.3	6.0	6.7	8.0	9.3	10.7	13.3	16.0	18.7	21.3
5	0.5	0.8	1.3	1.7	2.2	2.5	3.0	3.3	3.8	4.2	5.0	5.8	6.7	7.5	8.3	10.0	11.7	13.3	16.7	20.0	23.3	26.9
6	0.6	1.0	1.6	2.0	2.6	3.0	3.6	4.0	4.6	5.0	6.0	7.0	8.0	9.0	10.0	12.0	14.0	16.0	20.0	24.0	28.0	
7	0.7	1.2	1.9	2.3	3.0	3.5	4.2	4.7	5.4	5.8	6.7	8.2	9.3	10.5	11.7	14.0	16.3	18.7	23.3	28.0		
8	0.8	1.3	2.1	2.7	3.5	4.0	4.8	5.3	6.1	6.7	8.0	9.3	10.7	12.0	13.3	16.0	18.7	21.3	26.7			
9	0.9	1.5	2.4	3.0	3.9	4.5	5.4	6.0	6.9	7.5	9.0	10.5	12.0	13.5	15.0	18.0	20.0	23.3	23.7			
10	1.0	1.7	2.7	3.3	4.3	5.0	6.0	6.7	7.7	8.3	10.0	11.7	13.3	15.0	16.7	20.0	23.3	26.7				
12.5	1.25	2.1	3.3	4.2	5.4	6.2	7.5	8.3	9.6	10.4	12.5	14.6	16.7	18.7	20.8	25.0	29.2					
15	1.5	2.5	4.0	5.0	6.5	7.5	9.0	10.0	11.5	12.5	15.0	17.5	20.0	22.5	25.0	30.0						
17.5	1.75	2.9	4.7	5.8	7.5	8.7	10.5	11.7	13.4	14.6	17.5	20.4	23.3	26.2	29.2							
20.	2.0	3.3	5.3	6.7	8.7	10.0	12.0	13.3	15.3	16.7	20.0	23.3	26.7	30.0								
22.5	2.25	3.8	6.0	7.5	9.8	11.3	13.5	15.0	17.3	19.2	22.5	26.3	30.0									
25	2.5	4.2	6.7	8.3	10.8	12.5	15.0	16.7	19.2	20.8	25.0	29.2										
27.5	2.75	4.6	7.3	9.2	11.9	13.7	16.5	18.3	21.1	22.9	27.5											
30	3.0	5.0	8.0	10.0	13.0	15.0	18.0	20.0	23.0	25.0	20.0											

배관 치수	가스유량[kg/h]																				
8φ	0.05	0.07	0.08	0.09	0.10	0.11	0.12	0.13	0.14	0.15	0.16	0.17	0.18	0.20	0.21	0.23	0.24	0.26	0.29	0.32	0.34	0.37
10φ	0.11	0.14	0.18	0.20	0.23	0.25	0.27	0.29	0.31	0.32	0.35	0.38	0.41	0.53	0.46	0.50	0.54	0.58	0.65	0.71	0.76	0.88
3/6B	0.37	0.48	0.61	0.68	0.77	0.83	0.91	0.96	1.03	1.07	1.17	1.27	1.36	1.44	1.52	1.66	1.79	1.92	2.14	2.35	2.54	2.71
1/2B	0.73	0.95	1.20	1.34	1.53	1.64	1.80	1.90	2.03	2.12	2.32	2.51	2.68	2.84	3.00	3.28	3.55	3.79	4.24	4.64	5.02	5.36
3/4B	1.70	2.19	2.77	3.10	3.53	3.79	4.16	4.38	4.70	4.90	5.37	5.80	6.20	6.57	6.93	7.59	8.20	8.76	9.80	10.7	11.6	12.4
1B	3.39	4.37	5.53	6.18	7.05	7.57	8.30	8.75	9.38	9.78	10.7	11.6	12.4	13.1	13.8	15.1	16.4	17.5	19.6	21.4	23.1	24.7
11/4B	6.94	8.97	11.3	12.7	14.5	15.5	17.0	17.9	19.2	20.0	22.0	23.7	25.4	26.9	28.4	31.1	33.5	35.9	40.1	43.9	47.4	50.7
11/2B	10.6	13.7	17.7	19.4	22.1	23.7	26.0	27.4	29.4	30.6	33.5	36.2	38.7	41.1	43.3	47.4	51.2	54.7	61.2	67.0	72.4	77.4

Reference 환산표를 읽는 요령

1. 관의 길이는 큰 수를 택한다.
2. 압력 손실은 적은 수를 택한다.
3. 가스 유량은 큰 수를 택한다.

》》 환산표 사용법

① 최대가스 유량 2kg/hr, 파이프의 길이 10m, 파이프 치수 1/2B일 때 압력손실을 구하는 경우 다음과 같다.

10m	7.7수주mm(답)
1/2B	2.03(2.0)kg/hr

최대한 수주 7.7mm로 한다.

② 호칭경 3/4B, 총 가스소비량 2.6kg/hr인 경우 압력손실을 수주 5mm 이하로 하면 파이프 길이는 몇 m로 하면 좋은가?

17.5m	4.7(5.0)mmH$_2$O
3/4B	2.77(2.6)kg/hr

③ 배관의 길이 15m, 압력손실을 수주 12mm로 하면 유량 2.6kg/hr를 확보하는 경우 다음과 같다.

15m	11.5(12)mmH₂O
3/4B	4.7(2.6)kg/hr

이때 수치는 떨어져 있어도 유량은 보다 큰 가장 가까운 수치를 사용한다.

2) 중압, 고압배관 관경결정

$$Q = K\sqrt{\frac{D^5(P_1^2 - P_2^2)}{S \cdot L}} \quad \cdots\cdots\cdots ①$$

$$D^5 = \frac{Q^2 \cdot S \cdot L}{K^2 \cdot (P_1^2 - P_2^2)} \quad \cdots\cdots\cdots ②$$

여기서, Q : 가스의 유량[m³/h]
L : 관의 길이[m]
D : 관의 내경[cm]
H : 압력손실[수주mm]
S : 가스 비중(공기를 1로 한 경우)
K : 유량 계수(코크스의 계수 : 52.31)
P_1^2 : 초압[kg/cm² 절대]
P_2^2 : 종압[kg/cm² 절대]

(3) 배관계에서의 응력 및 진동

1) 배관계에서 생기는 응력의 원인

① 열팽창에 의한 응력
② 내압에 의한 응력
③ 냉간 가공에 의한 응력
④ 용접에 의한 응력
⑤ 배관 재료의 무게(파이프 및 보온재 포함) 및 파이프 속을 흐르는 유체의 무게에 의한 응력
⑥ 배관 부속물, 밸브, 플랜지 등에 의한 응력

2) 배관에서 발생되는 진동의 원인

① 펌프, 압축기에 의한 영향
② 관 내를 흐르는 유체의 압력변화에 의한 영향
③ 관의 굴곡에 의해 생기는 힘의 영향
④ 안전밸브 작동에 의한 영향
⑤ 바람, 지진 등에 의한 영향

(4) 배관의 내면에서 수리하는 방법

① 관 내에 실(Seal)액을 가압충전 배출하여 이음부의 미소한 간격을 폐쇄시키는 방법

② 관 내에 플라스틱 파이프를 삽입하는 방법
③ 관 내벽에 접합제를 바르고 필름을 내장하는 방법
④ 관 내부에 실(Seal)제를 도포하여 고화시키는 방법

(5) 가스 소비량의 결정

가스 소비량은 전체기구를 통해 사용하는 총 가스 소비량과 사용할 기구를 감안해야 한다.
① 기구의 안내문(카달로그)에 의해 연소기구별 최대 소비량 합산
② 가스 기구의 종류로부터 산출
③ 가스 기구의 노즐 크기에 의한 산출

>>> 노즐에서 LP 가스 분출량 계산식

$$Q = 0.009 D^2 \sqrt{\frac{h}{d}}$$

여기서, Q : 분출 가스량[m³/h]
D : 노즐 직경[cm]
d : 가스 비중
h : 노즐 직전의 가스압력[mmAq]

▼ 배관의 종류

종류	규격기호 KS	주요 용도와 기타 사항
배관용 탄소강관	SPP	사용압력이 비교적 낮은(10kg/cm² 이하) 증기, 물, 기름, 가스 및 공기 등의 배관용. 흑관과 백관이 있으며, 호칭지름 6~500A
압력배관용 탄소강관	SPPS	350℃ 이하의 온도에서 압력이 10~100kg/cm²까지의 배관에 사용. 호칭은 호칭지름과 두께(스케줄번호)에 의한다. 호칭지름은 6~500A
고압배관용 탄소강관	SPPH	350℃ 이하의 온도에서 압력이 100kg/cm² 이상의 배관에 사용. 호칭은 SPPS와 동일. 호칭지름 6~500A
고온배관용탄소강관	SPHT	350℃ 이상온도에서 사용하는 배관. 호칭은 SPPS관과 동일. 호칭지름 6~500A
배관용아크용접탄소강관	SPW	사용압력 10kg/cm² 이하의 비교적 낮은 증기, 물, 기름, 가스 및 공기 등의 배관. 호칭지름 350~1,500A
배관용 합금강관	SPA	주로 고온도의 배관에 사용. 두께는 스케줄 번호에 따름. 호칭지름 6~500A
저온배관용 강관	SPLT	빙점 이하의 특히 저온도 배관에 사용. 두께는 스케줄 번호에 따름. 호칭지름 6~500A

CHAPTER 01 출제예상문제

01 다음 기화기에 대한 설명 중 틀린 것은?
① 기화기 사용 시 이점은 LP가스 종류에 관계없이 한냉시에도 충분히 기화시킨다.
② 기화 장치의 구성요소 중에는 기화부, 제어부, 조압부 등이 있다.
③ 감압가열 방식은 열교환기에 의해 액상의 가스를 기화시킨 후 조정기로 감압시켜 공급하는 방식이다.
④ 기화기를 증발형식에 의해 분류하면 순간 증발식과 유입 증발식이 있다.

[해설] 기화기의 종류
- 작동원리에 의한 분류
  - 가온감압방식
  - 감압가온방식(열교환 이용) : 액체조정기 또는 팽창변 등을 이용
- 가열방식에 의한 분류
  - 대기온 이용방식   - 간접가열방식
- 구성형식에 의한 분류
  - 단관식   - 사관식   - 열판식

02 다음 기화기에 대한 설명 중 틀린 것은?
① 기화기 사용시 이점은 가스 종류에 관계없이 한냉시에도 충분히 기화시킨다.
② 기화 장치의 구성요소 중에는 액상의 가스를 가스화시키는 열교환기도 있다.
③ 감압가온방식은 열교환기에 의해 액상의 가스를 기화시킨 후 조정기로 감압시켜 공급하는 방식이다.
④ 기화기를 증발형식에 의해 분류하면 순간 증발식과 유입 증발식이 있다.

[해설] 감압가온방식의 기화기는 액상의 LP가스를 조정기나 감압밸브를 감압시키고 이것을 열교환기에 흘려보내 대기나 온수를 통해 가열시켜서 기화시키는 방식이다.

03 부하변화가 큰 곳에 사용되는 정압기의 특성은?
① 정특성   ② 동특성
③ 유량특성   ④ 속도특성

[해설]
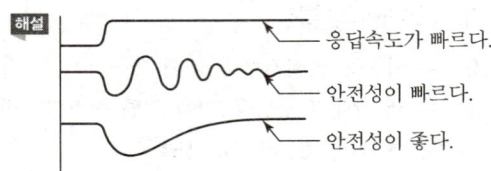
[부하변동에 대한 2차압력의 응답]
도시가스의 정압기에서 동특성이란 부하변화가 큰 곳에 사용되는 정압기이다.

04 강제 기화장치 중 온수를 매체로 하는 기화방식이 아닌 것은?
① 전기 가열식   ② 대기온 가열식
③ 증기 가열식   ④ 가스 가열식

[해설] 가열방식에 따른 기화장치
- 온수가스 가열식
- 온수전기 가열식
- 온수스팀 가열기
- 대기온 이용식(가열매체는 공기)

05 자연 기화방식의 설명 중 맞지 않는 것은?
① 가스의 조정 변화량이 크다.
② 발열량의 변화가 크다.
③ 기화능력에 한계가 있어 소량 소비자에게 적당하다.
④ 용기에서 액체의 LP가스를 도관을 통하여 기화하는 방식이다.

[해설] 자연 기화방식의 특징은 ①, ②, ③항 외에도 많은 수량의 용기가 필요하다.

06 다음은 기화장치의 성능에 대한 설명이다. 옳지 않은 것은?
① 온수 가열방식은 그 온수온도가 80[℃] 이하일 것
② 증기 가열방식은 그 증기의 온도가 120[℃] 이하일 것

1 ③ 2 ③ 3 ② 4 ② 5 ④ 6 ④ | ANSWER

③ 작동이 원활하고 열매체 온도가 소정의 온도범위로 조정될 것
④ 가열시험은 기화장치 및 기기류에 대해 상용압력 1.5배로 행하여 누출이 없을 것

해설 기화장치의 성능은 ①, ②, ③항이다. (내압시험은 상용압력의 1.5배)

07 기화기의 가열방식에서 온수를 매체로 할 경우 간접 가열 방식에서 제외되는 것은?
① 증기가열　　② 가스가열
③ 전기가열　　④ 대기온가열

해설 강제기화장치
- 대기온 이용방식
- 열매체 이용방식
  - 온수(전기, 가스, 증기 등의 가열)
  - 기타

08 다음 저온장치를 구성하는 재료로서 적당하지 않은 것은?
① LPG 저장탱크의 내조 : 18-8 스테인리스강
② -15℃로 되는 열교환기 : 강관
③ 액체산소 저장탱크의 내조 : 18-8 스테인리스강
④ 액체질소 저장탱크의 단열재 : 양모

해설 -15[℃]의 열교환기 재료로서 강관은 부적당하고 저온용기 재료나 알루미늄, 구리, 스테인리스강 등을 사용하여야 한다.

09 고압장치에 쓰이는 밸브에 관한 다음 기술 중 올바른 것은?
① 밸브는 흐르는 방향에 관계없이 설치하여도 된다.
② 글로브 밸브는 압력손실이 적고 대 관경에 적합하여 통상 유로의 차단용으로 완전히 개폐의 상태로 쓰인다.
③ 리프트식 역류밸브는 수평 및 수직의 어떠한 방향에도 설치할 수 있다.
④ 급격한 압력상승으로 고압가스 제조설비의 파기를 방지하기 위하여 릴리프 밸브가 쓰인다.

10 공기액화분리장치에는 어떤 가스 때문에 가연성 단열재를 사용할 수 없다. 어느 가스 때문인가?
① 질소　　② 수소
③ 산소　　④ 아르곤

해설 산소는 조연성 가스이기 때문에 공기액화분리장치에서는 단열재의 가연성은 금지한다.

11 고온 배관용 탄소강관의 KS규격 기호는?
① SPPH　　② SPHT
③ SPLT　　④ SPPW

해설 ① SPPH : 고압배관용
② SPHT : 고온배관용
③ SPLT : 저온배관용
④ SPPW : 수도용 아연도금용

12 다음의 계기 중 압력계를 나타내는 기호는?
① 　　②
③ 　　④ (A)

해설 Ⓢ : 스팀 Ⓟ : 압력계 Ⓜ : 유량계 Ⓐ : 공기

13 LP가스 수송관의 이음부분에 사용할 수 있는 패킹재료로 적당한 것은?
① 종이　　② 합성고무
③ 구리　　④ 실리콘 고무

해설 LP가스 수송관용 이음매 패킹제는 천연고무를 용해하므로 실리콘 고무를 사용한다.

14 다음 중 고압 배관용 탄소강관의 기호는?
① SPPS ② SPP
③ STS ④ SPPH

해설 ① SPPS : 압력배관용 탄소강관
② SPP : 일반배관용 탄소강관
④ SPPH : 100[kg/cm²] 이상의 고압배관용 탄소강관

15 구리관의 특징이 아닌 것은?
① 내식성이 좋아 부식의 염려가 없다.
② 열전도율이 높아 복사난방용에 많이 사용된다.
③ 스케일 생성에 의한 열효율의 저하가 적다.
④ 굽힘, 절단, 용접 등의 가공이 복잡하여 공사비가 많이 든다.

해설 구리관은 굽힘, 절단, 용접 등 가공이 편리하다.

16 보온재의 구비 조건 중 맞지 않는 것은?
① 열전도율이 적을 것
② 흡습, 흡수성이 클 것
③ 비중이 적고 적당한 강도가 있을 것
④ 시공이 용이할 것

해설 보온재는 흡습성이 흡수성이 적을 것

17 고온·고압의 가스 배관에 쓰이며 가끔 분해할 수 있는 관의 접합방법은?
① 플랜지 접합 ② 나사 접합
③ 차입 접합 ④ 용접 접합

해설 플랜지 접합은 고온고압의 가스배관에서 분해에 대비하여 접합한다.

18 다음 중 플랜지 패킹이 아닌 것은?
① 합성수지 패킹 ② 석면 패킹
③ 금속 패킹 ④ 몰드 패킹

해설 • 플랜지 패킹 : 천연고무, 네오프렌, 석면조인트시트, 합성수지 테프론, 금속패킹
• 나사용 패킹 : 페인트, 일산화연, 액화합성수지
• 그랜드 패킹 : 석면각형, 석면야안, 아마존, 몰드

19 저압가스 사용시설의 배관의 중간 밸브로 사용할 때 적당한 밸브는?
① 플러그 밸브 ② 글러브 밸브
③ 볼밸브 ④ 슬루스 밸브

해설 저압가스시설의 배관 중간밸브로 볼 밸브를 사용한다.

20 100A 강관을 B(inch)호칭으로 표시한 것은?
① 2B ② 3B
③ 4B ④ 6B

해설 100[A] = 100[mm]
1[B] = 25.4[mm], $\frac{100}{25.4}$ ≒ 4[B]강관

21 450[℃], 200[kg/cm²]의 가스에 사용하는 오토클레이브의 덮개에 써야 할 개스킷 중 적당한 것은?
① 납 ② 고무 또는 파이버
③ 파이버 ④ 동

해설 고온고압에 사용되는 덮개의 개스킷은 동으로 만든 것이 좋다.

22 유체를 일정한 방향으로만 흐르게 하고 역류를 적극적으로 방지하는 밸브는?
① 조정 밸브 ② 체크 밸브
③ 콕 ④ 글러브 밸브

해설 체크 밸브
스윙식, 리프트식, 디스크식이 있으며 유체의 역류방지 밸브

23 다음 중 팽창 조인트의 KS 도시기호는?

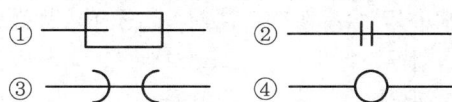

해설 팽창신축 조인트 : ─┤═╞─ (슬리브형)

24 관의 구부러진 부분의 접합에 사용되는 것은?
① 니플　　　　　② 캡
③ 유니온　　　　④ 엘보

해설 엘보는 90°, 45° 구부러진 부분의 배관이음재이다.

25 강관의 녹을 방지하기 위해 페인트를 칠하기 전에 먼저 사용되는 도료는?
① 알루미늄 도료　　② 산화철 도료
③ 합성수지 도료　　④ 광명단 도료

해설 강관의 녹을 방지하기 위해 페인트를 칠하기 전에 먼저 광명단 도료를 도포시킨다.

26 빙점 이하의 특히 낮은 온도에서 사용되는 LPG탱크, 화학공업 배관 등에 이용되며, 0.25[%]의 킬드강으로 제조한 관은 −50[℃], 3.5[%] Ni강으로 제조한 관은 −100[℃]까지 사용할 수 있는 관은?
① 저온 배관용 강관　　② 압력 배관용 강관
③ 고온 배관용 강관　　④ 고압 배관용 강관

해설 SPLT
제2종 SPLT는 −100[℃]까지 저온배관에 사용한다.(제1종은 −50℃까지)

27 가스배관의 배관경로의 결정에 관한 것 중 틀린 것은?
① 가능한 한 최단거리로 할 것
② 구부러지거나 오르내림을 적게 할 것
③ 가능한 한 은폐하거나 매설할 것
④ 가능한 한 옥외에 설치할 것

해설 가스배관은 가능한 개방시켜 설비해야 가스누설검사가 용이하다. 은폐시키는 것은 좋지 않다.

28 강관의 스케줄 번호가 의미하는 것은?
① 파이프의 길이　　② 파이프의 바깥지름
③ 파이프의 무게　　④ 파이프의 두께

해설 강관의 스케줄 번호는 파이프 두께를 나타내며 번호가 클수록 두께가 커진다.

29 상용의 온도에서 사용압력이 12[kg/cm²]인 고압가스설비가 있다. 고압가스설비에 사용되는 배관의 재료로서 부적합한 것은?
① KS D 3562(압력배관용 탄소 강관)
② KS D 3570(고온배관용 탄소 강관)
③ KS D 3507(배관용 탄소 강관)
④ KS D 3576(배관용 스테인리스 강관)

해설 배관용 탄소강관(SPP)은 10[kg/cm²] 이하에서 사용된다.

30 액화가스의 비중이 0.8이고 배관직경이 50[mm]일 때 1시간당 유량이 15톤이면 배관 내의 평균 유속은 얼마인가?
① 1.8[m/s]　　② 2.66[m/s]
③ 7.56[m/s]　　④ 8.52[m/s]

해설 50[mm]=0.05[m]

$A = \dfrac{\pi}{4} \times (0.05)^2 = 0.0019625 [m^2]$

$Q = A \times V, \ V = \dfrac{Q}{A}, \ \dfrac{15}{0.8} = 18.75[m^3]$

$18.75 = 0.0019625 \times V \times 3,600$

$\therefore V = \dfrac{18.75}{0.0019625 \times 3,600} = 2.6539 [m/sec]$

31 용접이음의 장점이 아닌 것은?
① 품질검사 용이　　② 자재절감
③ 수밀, 기밀 유지　　④ 강도가 큼

[해설] 용접이음의 이점 및 특성
- 품질검사가 불편하다.
- 자재가 절감된다.
- 수밀시험이나 기밀이 유지된다.
- 강도가 크다.

32 다음 곡률반지름 $r = 100[mm]$일 때 90° 구부림 곡선길이는 얼마인가?
① 630[mm] ② 280.5[mm]
③ 330[mm] ④ 157.1[mm]

[해설] $l = 2\pi r \times \dfrac{\theta}{360} = 2 \times 3.14 \times 100 \times \dfrac{90}{360} = 157[mm]$

33 다음 이음쇠 중 관지름을 막을 때 사용되는 이음쇠는?
① 소켓 ② 캡
③ 니플 ④ 엘보

[해설] 이음쇠 중 관 끝을 막을 때 사용되는 이음쇠는 캡이나 플러그이다.

34 가스설비 및 배관 도면의 기재사항 중 3150, 3/4B, SPP, 백이라고 하면 다음 중 틀린 것은?
① 3150 : 관의 길이[mm]
② 3/4B : 관의 안지름이 3/4인치
③ SPP : 스테인리스강관
④ 백 : 아연도금 관

[해설] SPP : 일반배관용 탄소강관

35 주철관 접합법이 아닌 것은?
① 기계적 접합 ② 소켓 접합
③ 플레어 접합 ④ 빅토릭 접합

[해설] 플레어접합(압축이음)은 지름이 작은 동관의 접합법이다.

36 450[℃], 200[kg/cm²]의 가스에 사용하는 오토클레이브의 덮개에 써야 할 개스킷 중 적당한 것은?
① 납 ② 고무 또는 파이버
③ 파이버 ④ 동

[해설] 450[℃], 200[kg/cm²]의 가스가 작용하는 오토클레이브의 뚜껑 접착에 사용할 수 있는 개스킷 재질로 풀림처리된 구리(동) 사용된다.

37 다음 중 나사이음용 공구와 가장 거리가 먼 것은?
① 파이프바이스 ② 파이프커터
③ 익스팬더 ④ 파이프렌치

[해설] 익스팬더는 관의 확관기이다.

38 저합금강에 관한 다음 기술 중 틀린 것은?
① 고압가스를 충전하는 용기재료는 망간을 0.3~1.5[%] 첨가한 고장력강이 많이 쓰인다.
② 고장력강이란 일반적으로 인장강도가 100[kg/cm²] 이상이고, 항복 50[kg/cm²] 이상의 강도를 가진 구조용강을 말한다.
③ 탄소 이외의 합금원소를 소량 첨가한 강을 저합금강이라 한다.
④ 고장력강은 항복비가 65[%] 이상으로 항복점을 기초로 하여 허용응력을 결정하는 것이 강도설계상 유리하다.

[해설] 고장력강은 탄소함량이 적어 용접이 용이하다.

39 고압가스 저장탱크에 관한 다음 기술 중 올바른 것은?
① 구형 저장탱크는 동일한 용량 및 압력의 다른 형식에 비하여 재료가 적게 든다.
② 내용적 500[m³]의 저장탱크에 사용온도에서 47[kg/cm²]의 액화가스를 충전하였다.
③ 대기압에 가까운 증기압의 액화가스 저장 탱크는 부압방지 조치는 아니 해도 된다.
④ LPG 저장탱크의 재료로 5[%] 니켈 강제를 사용하면 좋다.

32 ④ 33 ② 34 ③ 35 ③ 36 ④ 37 ③ 38 ② 39 ① | ANSWER

해설 구형 저장탱크는 동일한 용량 및 압력이 다른 형식에 비하여 재료가 적게 들고 강도가 크고 모양이 아름답고 고압에 잘 견딘다.
②의 경우는 450[m³]
③의 경우는 부압방지조치가 필요
④의 경우는 9[%] 니켈강 사용

40 다음 중 이음새 없는 용기의 이점이 아닌 것은?
① 용접용기에 비해 값이 싸다.
② 고압에 견디기 쉬운 구조이다.
③ 내압에 대한 응력 분포가 균일하다.
④ 맹독성 가스를 충전하는 데 사용한다.

해설 이음새 없는 용기는 용접용기(계목용기)에 비해 가격이 비싸다.

41 가스 저장시설 중 이중각식 구형 저장탱크에 저장하지 않아도 되는 가스는?
① 액체 산소   ② 액체 질소
③ 액화 에틸렌   ④ 액화 아세틸렌

해설 아세틸렌은 용해가스이며 저장탱크가 아닌 구형용기에 저장하고 동의 함유량이 62[%] 초과하는 동합금 사용이 불가능하다.
용기내부에는 다공질과 용제(아세톤)가 필요하다.(분해폭발 방지를 위해서)

42 수소 등의 압축가스 용기의 형태는?
① 이음새 용기   ② 무계목 용기
③ 피복 용기   ④ 용접 용기

해설 수소가스 등 압축가스는 튼튼한 무계목 용기로 저장한다.

43 원통형 저조의 경판 구조 중 내압강도가 가장 높은 것은?
① 접시형 경판   ② 원추형 경판
③ 반타원형 경판 ④ 반구형 경판

해설 경판의 내압강도
반구형 > 반타원형 > 접시형 > 원뿔형(원추형)

44 이동식 초저온용기 취급 시 주의사항으로 옳지 않은 것은?
① 면장갑을 사용하여 취급한다.
② 고도의 진공이므로 충격을 금한다.
③ 직사광선, 비, 눈 등을 피한다.
④ 통풍이 불량한 지하실 같은 곳에 두면 안 된다.

해설 초저온용기 취급 시는 특수장갑 또는 이동용기구를 이용한다.

45 용기에 안전밸브를 설치하는 이유는 무엇 때문인가?
① 규정량 이상의 가스를 충전하였을 때 여분의 가스를 분출하기 위하여
② 가스의 출구가 막혔을 때 가스출구로 사용하기 위하여
③ 분석용 가스의 출구로 사용하기 위하여
④ 용기내압의 이상 고압상승 시 압력을 정상화하기 위하여

해설 용기에 안전밸브를 설치하는 목적은 용기내압의 이상 고압상승 시 압력을 정상화하기 위함이다.

46 비중이 0.5인 LPG를 제조하는 공장에서 1일 생산량 10만[L]를 생산하여 24시간 정치 후 모두 산업현장에 보내진다. 이 회사에서 생산하는 LPG를 저장하려면 저장용량이 10[ton]인 저장탱크를 몇 개 설치해야 하는가?
① 2   ② 3
③ 4   ④ 5

해설 $\dfrac{100,000 \times 0.5}{1,000 \times 10} = 5$개

47 고압가스 용기재료의 구비조건과 무관한 것은?
① 경량이고 충분한 강도를 가질 것
② 내식성, 내마모성을 가질 것
③ 가공성, 용접성이 좋을 것
④ 저온 및 사용온도에 견디는 연성, 점성강도가 없을 것

해설 고압가스의 용기재료는 저온이나 사용온도에 견디는 연성이나 점성강도가 클 것

48 용기 밸브의 그랜드 너트의 6각 모서리에 V형의 홈을 낸 것은 무엇을 표시하는가?
① 왼나사임을 표시   ② 오른나사임을 표시
③ 암나사임을 표시   ④ 수나사임을 표시

해설 그랜드 너트의 6각 모서리에 V형의 홈을 내는 것은 가연성 가스 용기 밸브가 왼나사임을 표시한다.

49 고압가스 용기를 내압 시험한 결과 전증가량은 400[cc], 영구 증가량이 20[cc]이다. 항구 증가율은 얼마인가?
① 0.2[%]   ② 0.5[%]
③ 20[%]   ④ 5[%]

해설 $\frac{25}{400} \times 100 = 5[\%]$

50 산소, 질소, 수소, 아르곤 등의 압축가스 혹은 이산화탄소 등의 고압 액화 가스를 충전하는 데 사용되는 용기는?
① 심교 용기   ② 웰딩 용기
③ 무계목 용기   ④ 용접 이음 용기

해설 무계목 용기는 산소, 질소, 수소, 아르곤 등의 압축가스 또는 이산화탄소 등의 고압액화가스를 충전하는 데 사용되는 용기이다.

51 프로판 용기의 재료에 사용되는 금속은?
① 주철   ② 탄소강
③ 내산강   ④ 두랄루민

해설 프로판 용기의 재료는 저압용에 사용되는 탄소강이다.

52 액화가스 용기에 관한 설명 중 틀린 것은?
① 액화가스의 충전량은 액면계로 측정한다.
② 액화가스의 압력은 충전량에 관계없다.
③ 액화가스를 충전할 때는 펌프의 캐비테이션에 주의해야 한다.
④ 에틸렌, 메탄 등의 가스는 단열된 용기가 아니면 충전할 수 없다.

해설 • 에틸렌의 비점 : $-103.71[℃]$
• 메탄의 비점 : $-162[℃]$

53 초저온 용기에 대한 정의로 옳은 것은?
① 임계온도가 50[℃] 이하인 액화가스를 충전하기 위한 용기
② 강판과 동판으로 제조된 용기
③ 임계 온도가 $-50[℃]$ 이하인 액화가스를 충전하기 위한 용기
④ 단열재로 피복하여 용기 내의 가스온도가 상용의 온도를 초과하도록 조치된 용기

해설 초저온용기란 섭씨 온도 $-50[℃]$ 이하의 액화가스를 충전하기 위한 용기이다.

54 수소 용기의 파열사고 중 취급 사고의 원인이 아닌 것은?
① 용기가 40[℃] 이하에서 수소취성을 일으켰다.
② 과충전시켰다.
③ 용기에 균열이 있었다.
④ 용기 취급이 난폭했다.

해설 수소취성 (170[℃], 250[atm])
$$Fe3C + 2H_2 \xrightarrow{\text{고온, 고압}} CH_4 + 3Fe$$

PART 02 | 가스시설 유지관리

55 고압가스의 용기 파열사고 원인이 아닌 것은?
① 압축산소를 충전한 용기를 차량에 눕혀서 운반하였을 때
② 용기의 내압이 이상 상승하였을 때
③ 용기 재질의 불량으로 인하여 인장강도가 떨어질 때
④ 균열, 내부에 이물질이나 오일이 오염되었을 때

해설 압축가스의 충전용기 중 그 형태 및 운반차량의 구조상 세워서 적재하기 곤란한 경우에는 적재함 높이 이내로 눕혀서 적재할 수 있다.

56 고압가스용기를 내압시험한 결과 전증가량이 250[cc], 영구증가량이 15[cc]이다. 항구증가율은 얼마인가?
① 4[%] ② 6[%]
③ 8[%] ④ 10[%]

해설 $\frac{15}{250} \times 100 = 6[\%]$

57 구형 저조의 특징에 관한 사항 중 틀린 것은?(단, 동일용량의 가스를 동일압력 및 재료하에서 저장하는 경우)
① 형태가 아름답다.
② 기초구조가 단순하여 공사가 용이하다.
③ 보존이 유리하고, 누설을 완전히 방지할 수 있다.
④ 표면적이 크므로 강도가 높다.

해설 표면적이 큰 저장탱크는 구형이 아니고 원통형 저장탱크이다.

58 원통형 저조의 경판 구조 중 내압강도가 가장 높은 것은?
① 접시형 경판 ② 원추형 경판
③ 반타원형 경판 ④ 반구형 경판

해설 반구형 > 반타원형 > 접시형 > 원추형

59 다음 중 용접용기인 것은?
① 산소용기 ② LPG 용기
③ 질소용기 ④ 아르곤용기

해설 LPG, 염소(Cl_2), 아세틸렌(C_2H_2) 용기 등 저압가스 용기는 탄소강 용접용기에 충전시킨다.

60 내압시험에 합격하려면 용기의 전증가량이 500[cc]일 때 영구 증가량은 얼마인가?(단, 이음매 없는 용기는 신규 검사 시)
① 80[cc] 이하 ② 50[cc] 이하
③ 60[cc] 이하 ④ 70[cc] 이하

해설 $10[\%] = \frac{x}{500} \times 100$
∴ $x = \frac{500}{100} \times 10 = 50[cc]$

61 용기 재료 구비조건으로 적당하지 않은 것은?
① 경량이고 충분한 흡습성이 있을 것
② 점성강도를 가질 것
③ 내식성, 내마모성이 있을 것
④ 용접성 및 가공성이 좋을 것

해설 용기재료는 경량이면서 흡습성이 없어야 한다.

62 고압가스탱크의 제조 및 유지관리에 대한 설명 중 틀린 것은?
① 지진에 대해서는 구형보다는 횡형이 안전하다.
② 용접 후는 잔류응력을 제거하기 위해 용접부를 서서히 냉각시킨다.
③ 용접부는 방사성 검사를 실시한다.
④ 전기적으로 내부를 검사하여 부식균열의 유무를 조사한다.

해설 지진이 발생할 경우에는 횡형 탱크보다 강도가 큰 구형 탱크가 더 안전하다.

ANSWER | 55 ① 56 ② 57 ④ 58 ④ 59 ② 60 ② 61 ① 62 ①

63 고압가스 용기에 사용되는 강의 성분원소 중 탄소, 인, 황, 규소의 작용에 대한 설명을 틀리게 기술한 것은?
① 탄소량이 증가하면 인장강도는 증가한다.
② 황은 적열 취성의 원인이 된다.
③ 인은 상온 취성의 원인이 된다.
④ 규소량이 증가하면 충격값은 증가한다.

해설 규소 : 내열성 증가, 자기특성, 강도·경도 증가, 연신율과 충격값은 감소

64 LNG를 저장하는 재료로서 가장 적합한 것은?
① 2.5[%] Ni강   ② 3.5[%] Ni강
③ 5[%] Ni강   ④ 9[%] Ni강

해설 LNG의 저장재료는 저온에서 잘 견디는 9[%]의 니켈(Ni)강이다.

65 고압가스에 사용되는 고압장치용 금속재료가 갖추어야 할 일반적 성질로서 적당치 않은 것은?
① 내식성   ② 내열성
③ 내마모성   ④ 내알칼리성

해설 고압장치용 금속재료 조건
• 내식성
• 내열성
• 내마모성

66 수분이 존재하면 일반강재를 부식시키는 가스는?
① 일산화탄소   ② 수소
③ 황화수소   ④ 질소

해설 $2H_2S + 3O_2 \rightarrow 2H_2O + 2SO_2$
$H_2O + SO_2 \rightarrow H_2SO_3$
$2H_2O + SO_3 \rightarrow 2H_2SO_4$(황산)
※ H_2SO_4(황산은 저온부식의 원인이다.)

67 다음 중 고압가스배관의 내질화성을 증대시키는 원소는?
① Ni   ② Al
③ Cr   ④ Mo

해설 고압가스 배관에는 질소에 의한 질화를, 니켈(Ni)의 성분이 내질화성을 크게 한다.

68 액화 산소 및 LNG 등에 사용할 수 없는 재질은?
① Al   ② Cu
③ Cr강   ④ 18-8 스테인리스강

해설 크롬강(Cr)
• 취성은 불변
• 인장강도, 항복점 증가
• 내식성, 내열성, 내마모성 증가
• 고온용 재료의 첨가 성분
※ 저온용 금속 : Al(알루미늄), Cu(구리), 스테인리스강, 니켈 등

69 공기를 함유하지 않은 할로겐 가스에는 내식성이 크지만 습할로겐 가스에는 부식이 되는 관은?
① 동관   ② 연관
③ 주철관   ④ 강관

해설 동관은 공기를 함유하지 않은 할로겐 가스에는 내식성이 크지만 습할로겐 가스에는 부식된다.

70 금속재료에서 고온일 때 가스에 의한 부식으로 옳지 않은 것은?
① 수소에 의한 탈탄
② 암모니아에 의한 강의 질화
③ 이산화탄소에 의한 금속 카르보닐화
④ 황화수소에 의한 부식

해설 Ni(니켈)+4CO → Ni(CO)$_4$+니켈카르보닐
Fe(철)+5CO → Fe(CO)$_5$+철카르보닐
금속카르보닐화는 이산화탄소(CO_2)가 아닌 일산화탄소(CO)에서 부식이 발생한다.

63 ④ 64 ④ 65 ④ 66 ③ 67 ① 68 ③ 69 ① 70 ③ | ANSWER

71 수소취성을 방지하기 위해 강에 첨가하는 원소로서 옳지 않은 것은?

① Cr
② W
③ Mo
④ Mn

해설 수소취성 방지 원소
크롬(Cr), 텅스텐(W), 몰리브덴(Mo), 타이타늄(Ti), 바나듐(V), 나이오븀(Nb)

72 다음 기술 중 금속재료에 대한 가스의 작용에 대하여 올바른 것은?

① 수분을 함유한 염소는 상온에서도 철과 반응하지 않으므로 철강의 고압용기에 넣을 수 있다.
② 아세틸렌은 강과 직접 반응하여 폭발성 아세틸리드를 생성한다.
③ 일산화탄소는 철족의 금속과 반응하여 금속카르보닐을 생성한다.
④ 수소는 저온, 저압하에서 질소와 반응하여 암모니아를 생성한다.

해설 • CO가스의 금속카르보닐 생성(고온에서)
$Ni + 4CO \xrightarrow{150[℃]} Ni(CO)_4$: 니켈카르보닐
$Fe + 5CO \xrightarrow{200[℃]} Fe(CO)_5$: 철카르보닐
• 카르보닐 방지금속 : 구리, 은, 알루미늄

73 금속재료의 저온 특성에 관한 다음 기술 중 올바른 것은?

① 오스테나이트 스테인리스강은 어느 온도 이하가 되면 샤르피충격치가 급격히 저하, 저온취성을 나타낸다.
② 알루미늄은 저온취성이 현저하므로 저온용 재료로서 부적당하다.
③ 탄소강은 저온이 되면 연신율이 떨어진다.
④ 탄소강은 저온이 되면 인장강도가 저하한다.

해설 • 저온용금속 : 구리, 알루미늄, 니켈
• 인의 성분이 함유하면 탄소강은 저온취성 발생
• 탄소강은 저온이 되면 연신율의 저하 발생
• 탄소강은 탄소량이 증가하면 인장강도가 증가

74 금속재료에 S, P, Ni, Mn과 같은 원소들이 함유하면 강에 영향을 미치는데 다음 설명 중 틀린 것은?

① S : 적열취성의 원인이 된다.
② P : 상온취성을 개선시킨다.
③ Mn : S와 결합하여 황에 의한 악영향을 완화시킨다.
④ Ni : 저온취성을 개선시킨다.

해설 P(인) 상온취성이나 저온취성을 일으킨다.

75 액화산소 및 LNG 등에 사용할 수 없는 재질은?

① Al
② Cu
③ Cr강
④ 18-8 스테인리스강

해설 액화산소, LNG(액화천연가스)에는 저온용 금속인 알루미늄, 구리, 18-8 스테인리스강이 사용된다.(크롬은 내열강)

76 금속재료 중 저온재료로 적당하지 않은 것은?

① 탄소강
② 황동
③ 9[%] 니켈강
④ 18-8 스테인리스강

해설 탄소강은 -70[℃]에서 충격값이 0이 되기 때문에 저온에서는 사용이 불가능하다.

77 공기를 함유하지 않은 할로겐 가스에는 내식성이 크지만 습할로겐 가스에는 부식이 되는 관은?

① 동관
② 연관
③ 주철관
④ 강관

해설 동관은 습한 할로겐가스에는 부식이 일어난다.(암모니아 냉매는 동이나 동합금 사용은 금물이다.)

78 저온에서 초저온까지 사용되는 금속재료 중 맞는 것은?

① 탄소강, 27[%] Cr-Mn강
② 알루미늄, 동합금
③ 18-8 스테인레스강, Mo강
④ 주강, 주철

ANSWER | 71 ④ 72 ③ 73 ③ 74 ② 75 ③ 76 ① 77 ① 78 ②

해설 알루미늄이나 동합금은 저온용기나 초저온용기 금속재료로 사용된다.

79 고온·고압용 관재료로서 갖추어야 할 조건 중 틀린 것은?
   ① 고온도에서도 기계적 강도를 유지하고 저온에서도 재질의 여림화를 일으키지 않을 것
   ② 유체에 대한 내식성이 클 것
   ③ 가공이 용이하고 가격이 저렴할 것
   ④ 크리프(Creep) 강도가 작을 것

해설 관재료는 고온 고압에서 크리프강도가 커야 한다. 크리프란 관이 고온에서 일정하중을 받으면 천천히 약해지는 현상이다. 상온(20[℃])에서 크리프는 일어나지 않는다.

80 고온 고압하에서 암모니아 가스장치에 사용하는 금속 중 맞는 것은?
   ① 탄소강
   ② 알루미늄 합금
   ③ 동 합금
   ④ 오스테나이트계 스테인리스강

해설 고온고압하에서 암모니아 가스장치에 유용하는 금속은 오스테나이트계 스테인리스강이 적당하다. 고온고압하에서는 질화작용과 수소취성이 동시에 일어나기 때문이다. 암모니아는 동이나 동합금 사용은 금물이다.

81 다음 중 가스종류에 따른 용기재질이 부적합한 것은?
   ① LPG : 탄소강   ② 암모니아 : 동
   ③ 수소 : 크롬강   ④ 염소 : 탄소강

해설 암모니아는 탄소강의 용기재질이 적합하다. 구리, 아연, 은, 알루미늄, 코발트 등의 재질과는 반응하여 착이온을 만든다.

82 다음 비파괴 검사 중 검사자에 따른 차이가 많은 것은?
   ① 음향검사법   ② 전위차법
   ③ 설파 프린트법   ④ 자기검사법

해설 비파괴검사 중 검사자에 따른 차이가 많이 나는 것은 음향검사법이다.

83 수분을 함유한 다음 가스 중 탄소강을 부식시키지 않는 가스는?
   ① CO   ② CO_2
   ③ Cl_2 ④ SO_2

해설 수분이 존재할 때의 부식
• 염소 : $Cl_2 + H_2O \rightarrow HCl + HClO$
• 이산화황 : $H_2O + SO_2 \rightarrow H_2SO_3$, $H_2SO_3 + \frac{1}{2}O_2 \rightarrow H_2SO_4$
• 이산화탄소 : $CO_2 + H_2O \rightarrow H_2CO_3$

84 저온 장치용 금속재료는?
   ① 9[%] 크롬강   ② 탄소강
   ③ 니켈 몰리브덴강   ④ 9[%] 니켈강

해설 저온장치용 : 9[%] 니켈(Ni)강

85 다음 재료 중 저온용 강재로 사용하는 데 가장 적합한 것은?
   ① 탄소강   ② 주철
   ③ 경강   ④ 18-8 스테인리스강

해설 저온용 강재
• 18-8 스테인리스강
• 9[%] 니켈강

86 염화 메틸을 사용하는 배관재료로 부적합한 것은?
   ① 철   ② 알루미늄 합금
   ③ 니켈강   ④ 동합금

해설 염화메틸(CH_3Cl)
• 폭발범위 : 8.32~18.7[%]
• 마그네슘, 알루미늄, 아연과는 반응하므로 사용을 자제하여야 한다.

79 ④ 80 ④ 81 ② 82 ① 83 ① 84 ④ 85 ④ 86 ② | ANSWER

CHAPTER 02 저온장치 및 반응기

SECTION 01 가스액화분리장치 및 재료

1. 가스 액화 사이클

(1) 린데(Linde)식 공기액화 사이클

상온, 상압의 공기를 압축기에 의해 등온, 압축한 후 열교환기에서 저온으로 냉각하여 팽창밸브에서 단열 교축팽창(등엔탈피 팽창)시켜 액체공기로 만든다.

(2) 클로우드(Claude)식 공기액화 사이클

린데식에서는 저온을 얻는 방법으로 줄, 톰슨 효과에 따르고 있으나 클로우드식에서는 주로 단열팽창기에 따르고 있는 점이 서로 다르다.

클로우드(Claude)의 액화기는 압축기에서 약 40kgcm²로 압축된 공기는 제1열교환기에서 약 −100℃로 냉각되어 팽창기에 들어간다.

(3) 캐피자(Kapitza)의 공기액화 사이클

캐피자(Kapitza)의 공기의 압축압력은 약 7atm으로 낮다.

열교환에 축냉기를 사용하여 원료공기를 냉각시킴과 동시에 원료공기 중의 수분과 탄산가스를 제거하고 있다. 또, 팽창기는 클로우드 사이클의 피스톤식과 다르며 터빈식을 개발하였다.

팽창 터빈에서의 송입 공기 온도는 약 −145℃로 낮으며 송입 공기량은 전량의 약 90%이다.

(4) 필립스(Philips)의 공기액화 사이클

실린더 중에 피스톤과 보조 피스톤이 있고 양 피스톤의 작용으로 상부에 팽창기, 하부에 압축기로 구성된다. 냉매인 수소 또는 헬륨이 장치 내에 봉입되어 있어 팽창기와 압축기 사이를 왕복하나 양기의 중간에 수냉각기와 축냉기가 있다.

(5) 캐스케이드 액화 사이클

증기압축식 냉동 사이클에서 다원냉동 사이클과 같이 비점이 점차 낮은 냉매를 사용하여 저비점의 기체를 액화하는 사이클을 캐스케이드 액화 사이클(다원액화 사이클)이라고 부르고 있다.

(6) 린데식 액화장치

압축기에서 압축된 공기를 통해 열교환기에 들어가 액화기에서 액화하지 않고 나오는 저온공기와 열교환을 함으로써 저온이 되어 단열자유 팽창되므로 온도가 강화하여 액화기에 들어가 순환과정을 되풀이하는 액화장치를 말한다.

(7) 클로우드식 액화장치

압축기에서 압축된 공기를 열교환기에 들어가 액화기와 팽창기에서 나온 저온도의 공기와 열교환을 하여 냉각되고, 일부의 공기는 팽창기에 들어가 단열 팽창하여 저온으로 된 공기는 열교환기에 들어가 열교환한 뒤 팽창밸브에 의해 자유 팽창하여 액화기에 들어가면 일부는 액화되고 일부는 액화되지 않은 포화증기로 된다.

2. 공기액화 분리장치

(1) 고압식 액화 산소 분리장치

① 원료 공기는 압축기에 흡입되어 150~200at로 압축되나 약 15at 중간 단에서 탄산가스 흡수기에 이송된다.

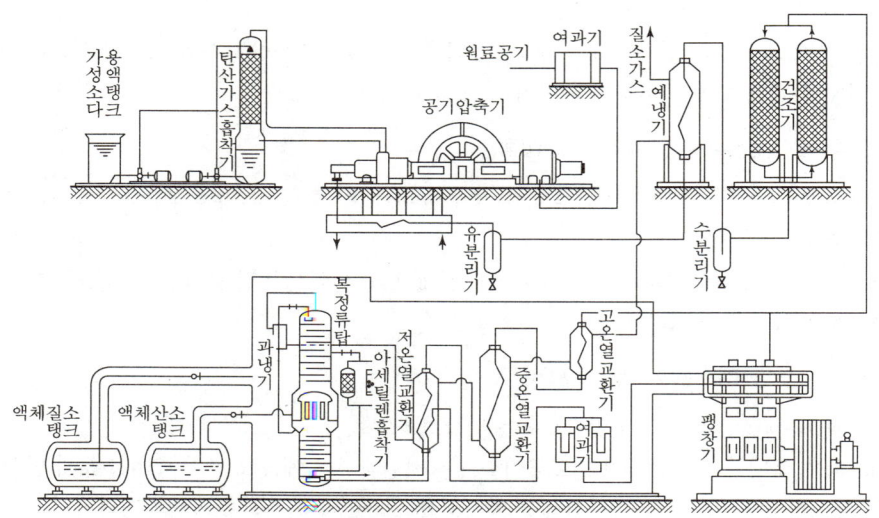

∥ 고압식 액화 산소 분리장치 ∥

② 공기 중의 탄산가스는 동기에서 가성소다 용액(약 8% 온도)에 흡수하여 제거된다.
③ 흡수기의 구조는 보통의 흡수탑과 같다.
④ 압축기를 나온 고압의 원료공기는 예냉기(열교환기)에서 냉각된 후 건조기에서 수분이 제거된다.
⑤ 건조기에는 고형 가성소다 또는 실리카겔 등의 흡착제가 충전되어 있으나 최근에는 흡착제가 많다.
⑥ 동기에서 탈습된 원료 공기 중 약 절반은 피스톤식 팽창기에 이송되어 하부탑의 압력 약 5atm까지 단열 팽창을 하여 약 -150℃의 저온이 된다.
⑦ 이 팽창공기는 여과기에서 유분(주로 팽창기에서 혼입한다)이 제거된 후 저온 열교환기에서 거의 액화 온도로 되어 복정유탑의 하부탑으로 이송된다.
⑧ 팽창기에 주입되지 않은 나머지의 약 반량의 원료 공기는 각 열교환기에서 냉각된 후 팽창밸브에서 약 5atm으로 팽창하여 하부탑에 들어간다. 이때 원료공기의 약 20%에 액화하고 있다.
⑨ 하부탑에는 다수의 정유판이 있어 약 5atm의 압력하에서 공기가 정유되고 하부탑 상부에 액체질소가 또 통탑하부의 산소에서 순도 약 40%의 액체공기가 분리된다.
⑩ 이 액체 질소와 액체 공기는 상부탑에 이송되나 이때 아세틸렌 흡착기에서 액체 공기 중의 아세틸렌 기타 탄화수소가 흡착 제거된다.

⑪ 상부탑에서는 약 0.5atm의 압력하에서 정유되고 상부탑 하부 순도 99.6~99.8%의 액체산소가 분리되어 액체산소 탱크에 저장된다.
또, 하부탑 상부에 분리된 액체 질소는 동용 탱크에 채취된다.

(2) 저압식 공기액화 분리장치

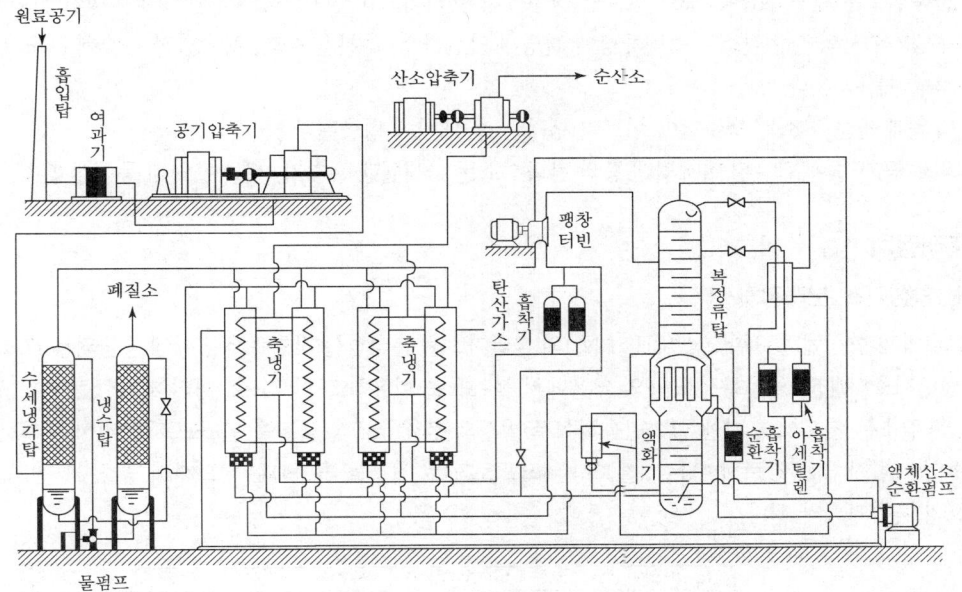

‖ 저압식 공기액화 분리 플랜트 계통도 ‖

① 원료 공기 여과기에서 여과된 후 터보식 공기 압축기에서 약 5at로 압축된다.
② 압축기의 공기는 수냉각기에서 냉수에 의해 냉각된 후 2회 1조로 된 축냉기의 각각에 1개씩 송입된다. 이때 불순 질소가 나머지 2개의 축냉기 반사 방향에서 흐르고 있다.
③ 일정 주기가 되면 1조 축냉기에서의 원료공기와 불순 질소류는 교체된다.
④ 순수한 산소는 축냉기 내부에 있는 사관에서 상온이 되어 채취된다.
⑤ 상온의 약 5at의 공기는 축냉기를 통하는 사이에 냉각되어 불순물인 수분과 탄산가스를 축냉체상에 빙결 분리하여 약 -170℃로 되어 복정류탑의 하부탑에 송입된다. 또 이때 일부의 원료공기는 축냉기의 중간 -120~-130℃에서 주기된다.
⑥ 이 때문에 축냉기 하부의 원료 공기량이 감소하므로 교체된 다음의 주기에서 불순질소에 의한 탄산가스의 제거가 완전하게 된다.
⑦ 주기된 공기에는 공기의 성분량만큼의 탄산가스를 함유하고 있으므로 탄산가스 흡착기(흡착기가 충만되어 있다)로 제거한다.
⑧ 흡착기를 나온 원료공기는 축냉기 하부에서 약간의 공기와 혼합되며 -140~150℃가 되어 팽창하고 약 -190℃가 되어 상부탑에 송입된다.

⑨ 복정류탑에서는 하부탑에서 약 5at의 압력하에 원료공기가 정류되고 동탑상부에 98% 정도의 액체질소가, 하단에 산소 40% 정도의 액체공기가 분리된다.
⑩ 이 액체질소와 액체공기는 상부탑에 이송되어 터빈에서의 공기와 더불어 약 0.5at의 압력하에서 정류된다.
⑪ 이 결과 상부탑 하부에서 순도 99.6~99.8%의 산소가 분리되고 축냉기 내의 사관에서 가열된 후 채취된다.
⑫ 불순질소는 순도 96~98%로 상부탑 상부에서 분리되고 과냉기, 액화기를 거쳐 축냉기에 이른다.
⑬ 축냉기에서의 불순질소는 축냉체상에 결빙된 탄산가스, 수분을 승화, 흡수함과 동시에 온도가 상승하여 축냉기를 나온다.
⑭ 다음에 불순 질소는 냉수탑에 이르러 냉각된 후 대기에 방출된다.
⑮ 원료 공기 중에 함유된 아세틸렌 등의 탄화수소는 아세틸렌 흡착기, 순화 흡착기 등에서 흡착, 분리된다.

3. 가스 분리장치

(1) NH_3 합성가스 분리장치

암모니아의 합성에 필요한 조성($3H_2 + N_2$)의 혼합가스를 분리하는 장치로서 장치에 공급되는 코크스로 가스는 탄산가스, 벤젠, 일산화질소 등의 저온에서 불순물을 함유하고 있으므로 미리 제거할 필요가 있다. 특히 일산화질소는 저온에서 디엔류와 반응하여 폭발성의 껌(Gum)상 물질을 만들므로 완전히 제거한다.

수소의 비점이 −25℃로서 다른 기체보다 낮으므로 원료 가스를 −190℃ 정도까지 냉각시키면 거의 수소와 질소의 혼합가스가 된다.

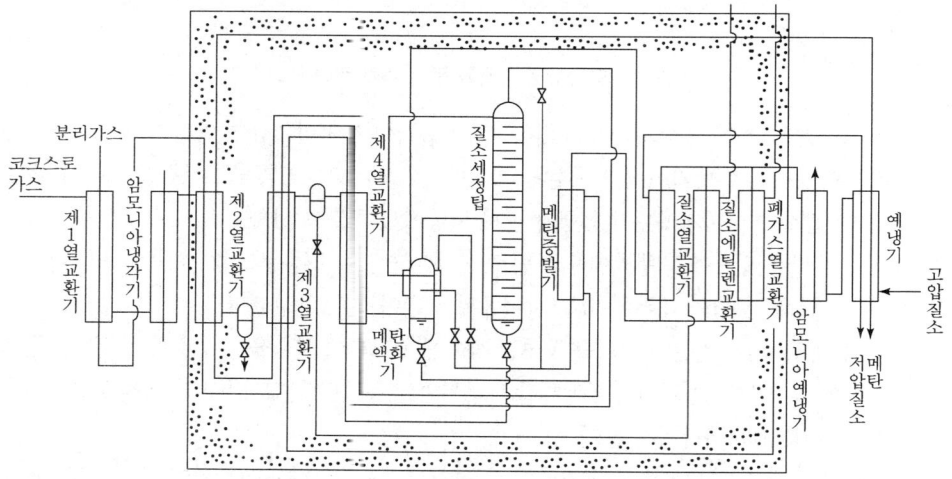

∥ 린데식 암모니아 합성가스 분리 플랜트 계통도 ∥

(2) LNG 액화장치

LNG의 주성분인 메탄은 비점 −161.5℃, 임계온도 −82℃이므로 그 액화는 가스 액화 사이클에 따르고 있다. 그러므로 대량의 천연가스를 액화하려면 캐스케이드(Cascade) 사이클이 사용되며, 암모니아, 에틸렌, 메탄 또는 프로판, 에틸렌, 메탄의 3원 캐스케이드 사이클이 실용화되고 있다. 냉매의 조성은 질소, 메탄, 에탄, 프로판, 부탄 등이 혼합가스이고 액화하는 천연가스의 조정에 따라 정하여진다.

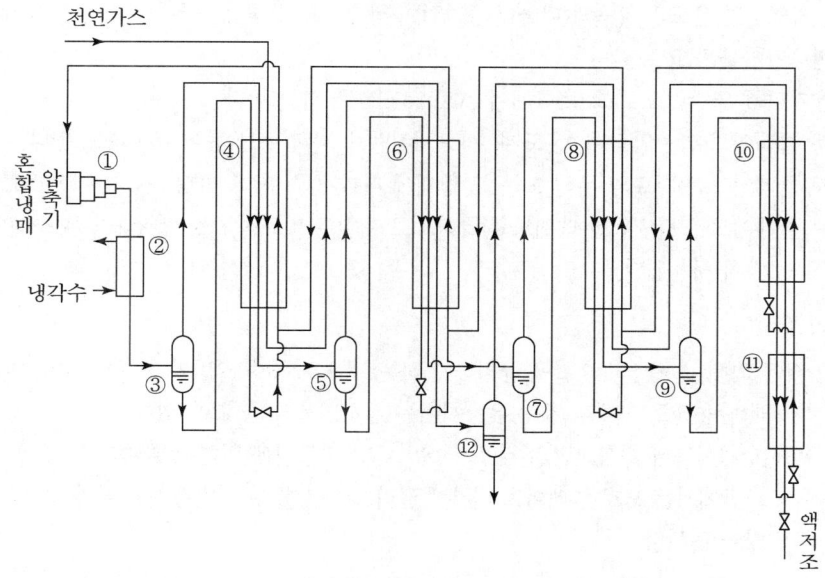

‖ 혼합 냉매를 사용하는 다원 천연가스 액화 플랜트 계통도 ‖

≫ 장치의 구성 개요

- 혼합냉매 압축기 ①에 의해 5.6at에서 41at로 압축된 혼합냉매는 수냉각기 ②에서 냉각되면 부탄분이 액분리기 ③으로 분리된다.
- 액화분은 열교환기 ④에서 냉각된 후 팽창, 복귀냉매와 혼합하여 동기 ④를 냉각시킨다.
- 이 때문에 열교환기 ④ 안에서 천연가스(압력 38at) 중의 고비점 성분이 액화된다.
- 혼합냉매도 냉각되어 액화분은 액분리기 ⑤로 분리된다.
- 이와 같이 혼합 냉매는 점차 액화되어 액분리기 ⑦, ⑨에 액을 분리하고 액화분은 복귀되어 열교환기 ⑦, ⑧, ⑩을 냉각시킨다.
- 이 때문에 천연가스는 열교환기에서 점차 냉각되어 최후로 메탄분이 액화하고 저조에 저축된다.

SECTION 02 고압반응장치

1. 화학 반응기

(1) 오토 클레이브(Auto Clave)

액체를 가열하면 온도의 상승과 더불어 증기압이 상승하므로 액상을 유지하며 반응을 일으킬 경우 밀폐개를 가진 반응가마를 필요로 한다.
이 반응가마를 일반적으로 오토 클레이브(Auto Clave)라고 한다.

① 오토 클레이브에는 압력계, 온도계, 시료채취밸브, 안전밸브 등이 부속하고 있다.
② 오토 클레이브는 시료의 무색 또는 그 방법에 따라 정치형, 교반형, 진탕형, 가스교반형 등이 있다.
③ 오토 클레이브는 광범위한 액체도 취급하므로 재질은 비교적 사용범위가 넓은 스테인리스강(SUS-27, SUS-32)이 사용된다.

1) 교반형

교반기에 의해 내용물의 혼합을 균일하게 하는 것으로 종형 교반기, 횡형 교반기의 두 종류가 있다.
① 기-액 반응으로 기체를 계속 유동시키는 실험법을 취급할 수 있다.
② 교반효과는 특히 횡형교반의 경우가 뛰어나며 진탕식에 비하여 효과가 크다.
③ 종형 교반에서는 오토 클레이브 내부에 글라스 용기를 넣어 반응시킬 수가 있으므로 특수한 라이닝을 하지 않아도 된다.

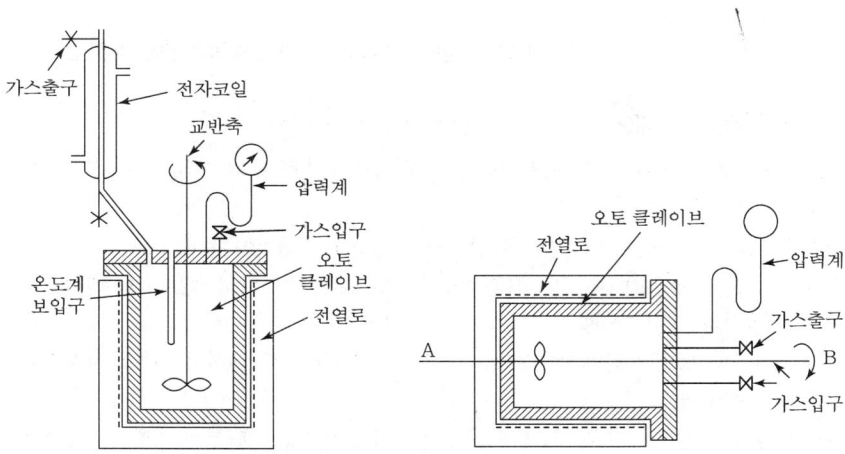

∥ 교반형 오토 클레이브 ∥

2) 진탕형

이 형식은 횡형 오토 클레이브 전체가 수평, 전후운동을 함으로써 내용물을 교반시키는 형식으로 가장 일반적이다.
① 가스누설의 가능성이 없다.
② 고압력에 사용할 수 있고 반응물의 오손이 없다.
③ 장치 전체가 진동하므로 압력계는 본체로부터 떨어져 설치하여야 한다.
④ 뚜껑판에 뚫어진 구멍(가스출입구멍, 압력계, 안전밸브 등의 연결구)에 촉매가 끼어 들어갈 염려가 있다.

3) 회전형

오토 클레이브 자체를 회전시키는 형식이다.
① 고체를 액체나 기체로 처리할 경우 등에 적합하다.
② 교반효과가 타 형식에 비하여 좋지 않으므로 용기벽에 장애판을 장치하거나 용기 내에 다수의 볼을 넣어 내용물의 혼합을 촉진시켜 교반효과를 올린다.

4) 가스 교반형

오토 클레이브의 기상부에서 반응가스를 취출하고 액상부의 최저부에 순환, 송입하는 방식과 원료가스를 액상부에 송입하고 배출가스는 환류 응축기를 통과하여 방출시키는 방식이 있다. 공업적으로 레페반응장치 등에 채택되며 연속반응의 실험실적 연구에도 보통 사용되는 형이다.

2. 고압가스 반응기

(1) 암모니아 합성탑

① 암모니아 합성탑은 내압용기와 내부구조물로 된다.
② 내부구조물은 촉매를 유지하고 반응과 열교환을 행하기 위한 것이다.
③ 암모니아 합성의 촉매는 보통 산화철에 Al_2O_3 및 K_2O를 첨가한 것이나 CaO 또는 MgO 등을 첨가한 것도 사용된다.
④ 촉매는 5~15mm 정도의 입도인 파염체 형태 그대로 촉매관에 충전되어 소위 고정 촉매층의 형식을 취하나, 열교환의 방법, 촉매층의 구조 등의 의해 여러 가지 형식이 있다.

> **Reference** 합성탑은 반응압력에 따라 구분
>
> 1. 고압법(600~1,000kg/cm^2) : 클로우드법, 카자레법
> 2. 중압법(300kg/cm^2 전후) : IG법, 신파우서법, 뉴파우서법, 동공시법, JCI법, 케미그법
> 3. 저압법(150kg/cm^2 전후) : 구우데법, 켈로그법

(2) 메탄올 합성탑

① 메탄올의 촉매 : Zn-Cr계, Zn-Cr-Cu계
② 온도 : 300~350℃

③ 압력 : 150~300atm
④ CO와 H_2로 직접 합성된다.

가스의 정제에 대해서 유황화합물, CO_2를 제거하는 것은 NH_3 합성과 변함이 없으나 CO_2가 1~2% 잔류하고 있어도 된다. 반응탑은 NH_3가 합성탑과 유사한 구조를 하고 있으나 부반응을 막는 의미에서 특히 온도분포가 균일한 것이 바람직하다.

(3) 석유화학 반응기

석유화학 반응에서는 반응장치, 전열장치, 분리장치, 저장 및 수송장치로 대별할 수 있으며 이 중 반응장치가 가장 중요하다.

1) 반응장치와 사용 예

① 조식 반응기 : 아크릴클로라이드의 합성, 디클로로 에탄의 합성
② 탑식 반응기 : 에틸벤젠의 제조, 벤졸의 염소화
③ 관식 반응기 : 에틸렌의 제조, 염화비닐의 제조
④ 내부 연소식 반응기 : 아세틸렌의 제조, 합성용 가스의 제조
⑤ 축열식 반응기 : 아세틸렌의 제조, 에틸렌의 제조
⑥ 고정촉매 사용기상 접촉 반응기 : 석유의 접촉개질, 에틸알코올 제조
⑦ 유동층식 접촉 반응기 : 석유개질
⑧ 이동상식 반응기 : 에틸렌의 제조

이와 같은 각종의 반응장치가 사용되고 있는 것이 현상이다.

2) 나프타의 접촉개질장치

석유화학장치에는 위와 같이 여러 가지가 있다. 나프타의 접촉개질장치의 예를 들어 그 플로시트를 표시한다.

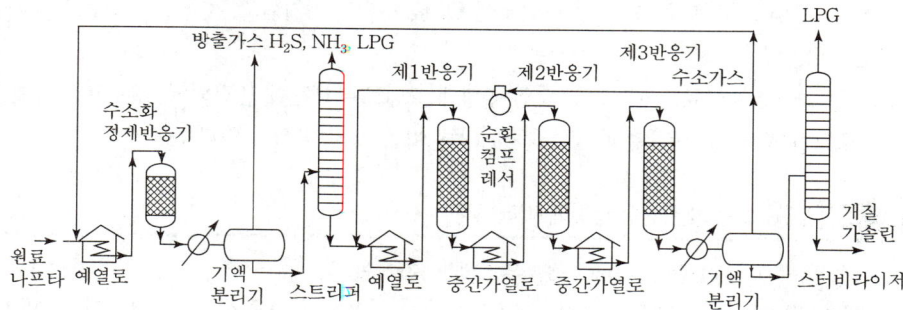

‖ 나프타의 접촉개질장치 ‖

CHAPTER 02 출제예상문제

01 저온 액체 저장에서 외부열 침입 요인이 아닌 것은?
① 단열재를 직접 통한 열전도
② 외면으로부터의 열복사
③ 연결 파이프를 통한 열전도
④ 밸브 등에 의한 열전도

해설 저온장치에서 외부열이 침입하는 요인
- 외면으로부터 열복사
- 연결파이프를 통한 열전도
- 밸브 등 부속품에 의한 열전도
- 단열재를 충전한 공간에 남는 가스의 분자 열전도
- 지지요크에서의 열전도

02 초저온 용기의 단열성능시험에 있어 침입열량산식은 다음과 같이 구해진다. 여기서 q가 뜻하는 것은?

〈보기〉
$$Q = \frac{w \cdot q}{H \cdot \Delta t \cdot v}$$

① 침입열량
② 측정시간
③ 기화된 가스량
④ 시험용 가스의 기화잠열

해설 w : 기화된 가스량[kg]
q : 시험용 가스의 기화잠열[kcal/kg]
H : 측정시간[hr]
Δt : 시험용 가스의 비점과 대기온도와의 온도차[℃]
v : 초저온 용기의 내용적[L]

03 공기액화분리장치에서 액화되어 나오는 가스의 순서로 맞는 것은?
① $O_2 - N_2 - Ar$
② $N_2 - O_2 - Ar$
③ $O_2 - Ar - N_2$
④ $N_2 - Ar - O_2$

해설 액화의 순서는 비점이 높은 가스 순서로 액화된다.
- 산소(O_2) : -183[℃]
- 아르곤(Ar) : -186[℃]
- 질소(N_2) : -196[℃]

04 다량의 메탄을 액화시키려면 어떤 액화사이클을 사용해야 하는가?
① 캐스케이드 사이클
② 필립스 사이클
③ 캐피자 사이클
④ 클로드 사이클

해설 캐스케이드 사이클은 10[atm]으로 암모니아를 액화하고 이 액화암모니아의 기화로 19[atm]의 에틸렌을 액화한다. 다음에 기화하는 에틸렌으로 29[atm]의 메탄을 액화하고 최후에 액화메탄이 된다.

05 고온 고압하에서 화학적인 합성이나 반응을 하기 위한 고압 반응솥을 무엇이라 하는가?
① 합성탑
② 반응기
③ 오토클레이브
④ 기화장치

해설 오토클레이브란 고온고압하에서 화학적인 합성이나 반응을 얻기 위한 고압 반응솥이다.

06 공기액화분리장치에서 폭발의 원인이 아닌 것은?
① 공기 취입구에서 아세틸렌의 침입
② 윤활유 분해에 의한 탄화수소의 생성
③ 산화질소(NO), 과산화질소(NO_2) 혼입
④ 공기 중의 산소혼입

해설 공기액화분리장치에서 폭발의 원인이 아닌 것은 공기 중의 산소혼입이다.(오존 혼입은 가능)

07 저온장치 내부에서 수분과 탄산가스가 존재되었을 때 미치는 영향 중 옳은 것은?
① 얼음 및 드라이아이스가 생성된다.
② 수분은 윤활제로서의 역할을 한다.
③ 가연성 가스가 침입될시 안정제가 된다.
④ 오존이 들어오면 중화시킨다.

해설 공기액화분리장치는 저온장치이기 때문에 수분과 탄산가스(CO_2)가 존재하면 얼음 및 드라이아이스가 생성된다.

ANSWER | 1 ① 2 ④ 3 ③ 4 ① 5 ③ 6 ④ 7 ①

08 고압 화학반응을 일으키는 반응기의 종류에 들지 않는 것은?
① 전화로
② 합성관
③ 합성버너
④ 합성탑

해설 고압반응기 : 합성탑, 전화로, 합성관

09 린데식 액화장치 구조상에 없는 것은?
① 열교환기
② 건조기
③ 액화기
④ 팽창밸브

해설 린데식 공기액화분리장치 구조
① 열교환기
② 건조기
③ 공기여과기
④ 공기압축기
⑤ CO_2 흡수기
⑥ 정류탑
⑦ 액화기

10 공기의 액화분리에 대한 설명 중 잘못된 것은?
① 공기액화분리장치에서는 산소가스가 가장 먼저 액화된다.
② 대량의 산소, 질소를 제조하는 공업적 제조법이다.
③ 액화의 원리는 임계온도 이하로 냉각시키고 임계압력 이상으로 압축하는 것이다.
④ 질소가 정류탑의 하부로 먼저 기화되어 나간다.

해설 공기액화분리기에서 질소는 비중차에 의해 정류탑 상부로, 산소는 하부탑으로 기화되어 나간다.

11 공기액화 분리상자 CO_2에 관한 설명으로 옳지 않은 것은?
① CO_2는 수분리계에서 제거하여 건조기에서 완결되어진다.
② CO_2상자폐쇄를 일으킨다.
③ CO_2는 8[%] NaOH 용액으로 제거한다.
④ CO_2는 원료 공기에 포함된 것이다.

해설 공기액화 분리장치는 가동 중 드라이아이스(고체탄산)의 생성을 방지하기 위하여 가성소다(NaOH)로 이산화탄소(CO_2)를 제거시킨다. 수분리계에서 이산화탄소 제거는 해당되지 않는다. (CO_2 1[g]당 NaOH 1.8[g] 사용)

12 20RT의 냉동능력을 갖는 냉동기에서 응축온도가 +30[℃]로, 증발온도가 −25[℃]일 때 냉동기를 운전하는 데 필요한 냉동기의 성적계수(COP)는 얼마인가?
① 4.51
② 14.51
③ 17.46
④ 7.46

해설 $30+273=303[K]$
$(-25)+273=248[K]$
$\dfrac{T_2}{T_1-T_2}=\dfrac{248}{303-248}=4.5090$

13 수소, 헬륨을 냉매로 하는 것이 특징이며, 장치가 소형인 액화장치는?
① 카르노식 액화장치
② 필립스식 액화장치
③ 린데식 액화장치
④ 클로드식 액화장치

해설 필립스식 액화장치는 수소, 헬륨을 냉매로 하는 것이 특징이며 소형인 액화장치에 사용된다.

14 공기액화 분리 공장에서 정상작업 중 액산펌프 폭발사고가 발생하였다. 주위 가까운 곳에 카바이드 공장이 있었다면 어떤 주요 원인으로 폭발되었다고 판단되는가?
① LPG의 혼입
② LNG의 혼입
③ C_2H_2의 혼입
④ C_2H_4의 혼입

해설 칼슘카바이드(CaC_2)
$CaC_2 \rightarrow CaO+CO_2 : -44.7[kcal]$
$CaO+3C \rightarrow CaC_2+CO : -111.6[kcal]$
$CaC_2+2H_2O \rightarrow Ca(OH)_2+C_2H_2$(아세틸렌)

15 실린더 중에 피스톤과 보조피스톤이 있고, 양 피스톤의 작용으로 상부에 팽창기가 있는 액화 사이클은?
① 클로드 공기액화 사이클
② 캐피자 공기액화 사이클
③ 필립스 공기액화 사이클
④ 캐스케이드 액화 사이클

8 ③ 9 ④ 10 ④ 11 ① 12 ① 13 ② 14 ③ 15 ③ | ANSWER

해설 필립스(Philps)의 공기액화사이클은 네덜란드 필립스사의 수소나 헬륨을 냉매로 한 효율적인 냉동기이다. 구조는 하나의 실린더 중에 피스톤과 보조피스톤(치환기)이 있고 2개의 피스톤 작용으로 상부는 팽창기로, 하부는 압축기로 구성되며 수냉각기와 축냉기로 구성되어 있다.

16 공기액화분리장치에서 폭발사고가 발생했다. 그 원인에 해당하지 않는 것은?
① 장치 내 질소산화물 생성
② 공기 중의 O_2 혼입
③ 공기 취입구로부터의 아세틸렌의 침입
④ 윤활유의 열화에 의한 탄화수소의 생성

해설 공기액화분리장치에서 폭발사고의 원인
① 장치 내 질소산화물의 생성
② 공기 중의 오존(O_3)의 혼입
③ 공기취입구로부터 아세틸렌의 침입
④ 압축기에 사용하는 윤활유의 열화에 의한 탄화수소의 생성

17 저온장치 단열법 중 분말진공 단열법에서 충진용 분말로 부적당한 것은?
① 펄라이트   ② 규조토
③ 알루미늄   ④ 글라스울

해설 저온장치 단열법 중 분말진공 단열법의 충진용 분말로 펄라이트, 규조토, 알루미늄 등을 사용한다.

18 진탕형 오토 클레이브의 특징이 아닌 것은?
① 가스 누설의 가능성이 없다.
② 고압력에 사용할 수 있고 반응물의 오손이 없다.
③ 뚜껑판에 뚫어진 구멍에 촉매가 끼어 들어갈 염려가 있다.
④ 교반효과가 뛰어나며 교반형에 비하여 효과가 크다.

해설 오토클레이브 중 교반형이 진탕형보다(진탕식에 비해) 효과가 크다.

19 다음 가스 중 액화시키기가 가장 어려운 가스는?
① H_2 ② He
③ N_2 ④ CH_4

해설 ① 수소 : 비점 $-252[℃]$
② 헬륨 : 비점 $-268.9[℃]$
③ 질소 : 비점 $-195.8[℃]$
④ 메탄 : 비점 $-161.5[℃]$

20 상온에서 비교적 용이하게 가스를 압축 액화상태로 용기에 충전할 수 없는 가스는?
① C_3H_8 ② CH_4
③ Cl_2 ④ CO_2

해설 CH_4(메탄)가스의 비점은 $-161.5[℃]$이기 때문에 상온에서는 언제나 기체상태이다.

21 다음 고압식 액화분리장치의 작동 개요 중 맞지 않는 것은?
① 원료 공기는 여과기를 통하여 압축기로 흡입하여 약 150~200[atm]으로 압축시킨 후 15[atm]탄산가스는 흡수탑으로 흡수시킨다.
② 압축기를 빠져나온 원료공기는 열교환기에서 약간 냉각되고 건조기에서 수분이 제거된다.
③ 압축공기는 수세정탑을 거쳐 축냉기로 송입되어 원료공기와 불순 질소류가 서로 교환된다.
④ 액체 공기는 상부 정류탑에서 약 0.5[atm] 정도의 압력으로 정류된다.

해설 상부탑에서는 약 0.5[atm]의 압력하에서 정류되고 액체산소가 분리된다.

ANSWER | 16 ② 17 ④ 18 ④ 19 ② 20 ② 21 ③

22 내부반응 감시장치를 설치하여야 할 설비에서 특수 반응 설비에 속하지 않은 것은?

① 암모니아 2차 개질로
② 수소화 분해반응기
③ 사이클로헥산 제조 시설의 벤젠 수첨 반응기
④ 산화에틸렌 제조시설의 아세틸렌 수첨 탑

해설 산화에틸렌은 $C_2H_4 + \frac{1}{2}O_2 \rightarrow C_2H_4O + 29.2[kcal](280℃)$
$20\sim25[kg/cm^2]$의 압력만으로도 제조가 가능하다.

23 공기를 압축하여 냉각시키면 액체공기로 된다. 다음 설명 중 맞는 것은?

① 산소가 먼저 액화한다.
② 질소가 먼저 액화한다.
③ 산소와 질소가 동시에 액화한다.
④ 산소와 질소 어느 것도 액화하지 않는다.

해설 공기 액화 분리기에서는 비점이 높은 산소가 비점이 낮은 아르곤가스나 질소가스 보다 조금 먼저 액화된다. 기화는 반대이다.

24 다음 중 반응기(반응탑)의 상의 상태에 따른 반응에 속하지 않는 것은?

① 액상반응   ② 기상반응
③ 기고촉매반응   ④ 고액반응

해설 반응기의 상변화
① 액상반응   ② 기상반응   ③ 고액반응

25 톰슨 법칙에 의하면 가스 단열팽창의 전후에 온도변화를 ΔT, 팽창 전의 절대온도 T_1, 팽창 후의 절대온도 T_2, 압력강하 ΔP, 줄-톰슨계수 μ라면 ΔT는?

① $\Delta T = \mu\left(\dfrac{T_1}{T_2}\right)\Delta P$
② $\Delta T = \dfrac{1}{\mu}\left(\dfrac{T_1}{T_2}\right)\Delta P$
③ $\Delta T = \mu(T_2 - T_1)\Delta P$
④ $\Delta T = \dfrac{1}{\mu}(T_2 - T_1)\Delta P$

해설 온도강하$(\Delta T) = \mu\left(\dfrac{T_1}{T_2}\right)\Delta P$

26 초저온 용기의 단열성능시험용 저온액화 가스가 아닌 것은?

① 액화아르곤   ② 액화산소
③ 액화공기   ④ 액화질소

해설 초저온 용기의 단열성능시험용 가스의 비점 및 기화잠열

시험용 가스	비등점(℃)	기화잠열(kcal/kg)
액화질소	-196	48
액화산소	-183	51
액화아르곤	-186	38

27 액체공기로부터 산소와 질소를 분리하는 공업적 방법의 특성은?

① 끓는점   ② 밀도
③ 반응성   ④ 녹는점

해설 액체공기에서 산소와 질소를 분리하는 간단한 방법은 끓는점(비점)이다.
• 산소 : -183[℃]   • 질소 : -196[℃]

28 공기액화분리장치에는 가연성 단열재를 사용할 수 없다. 그 이유는 어느 가스 때문인가?

① N_2 ② CO_2
③ H_2 ④ O_2

해설 공기액화분리장치는 산소를 제조하기 때문에 가연성의 단열재 사용은 금물이다.

29 공기액화분리장치에 취입되는 원료공기 중 불순물이 아닌 것은?

① 아세틸렌 등 탄화수소   ② 질소산화물
③ 오존   ④ 염화수소

해설 아세틸렌이나 탄화수소는 가연성 가스이므로 폭발원인이 되며 질소산화물, 오존 등은 공기액화분리장치의 불순물이다.

22 ④ 23 ① 24 ③ 25 ① 26 ③ 27 ① 28 ④ 29 ④ | **ANSWER**

30 저온장치의 분말 진공 단열법에서 충전용 분말로서 적당치 못한 것은?
① 펄라이트
② 알루미늄
③ 글라스울
④ 규조토

해설 저온장치의 단열분말재료의 종류
- 펄라이트
- 규조토
- 알루미늄분말

31 고압식 액화산소 분리장치에서 원료공기는 압축기에서 어느 경우 압축하는가?
① 40~60[atm]
② 70~100[atm]
③ 80~120[atm]
④ 150~200[atm]

해설 고압식 액화산소 분리장치에서 원료공기는 압축기에서 150~200[atm]으로 압축시킨다.

32 저온장치 내부에 CO_2와 수분이 있으면 어떻게 되는가?
① 얼음, 드라이아이스로 변한다.
② 윤활제 역할을 한다.
③ 가연성 가스가 들어오면 안전가스 역할을 한다.
④ 오존이 침입하는 것을 방지한다.

해설 저온장치에서 CO_2와 수분은 얼음, 드라이아이스로 변한다.

33 공기액화분리장치의 CO_2에 관한 설명으로 옳지 않은 것은?
① CO_2 수분리기에서 제거하여 건조기에서 완결되어진다.
② CO_2는 장치 폐쇄를 일으킨다.
③ CO_2는 8[%] NaOH 용액으로 제거한다.
④ CO_2 원료공기에 포함된 것이다.

해설 공기액화분리기는 드라이아이스의 생성을 방지하기 위하여 CO_2 탄산가스 흡수탑에서 가성소다 8[%] 정도로 제거하고 수분은 건조기에서 제거시킨다.

34 공기액화 분리장치에서 액화되어 나오는 가스의 순서로 맞는 것은?
① O_2-N_2-Ar
② N_2-O_2-Ar
③ O_2-Ar-N_2
④ N_2-Ar-O_2

해설 공기액화분리기에서는 비등점이 높은 가스부터 액화된다.
- 산소 : $-183[℃]$
- 아르곤(Ar) : $-186[℃]$
- 질소 : $-196[℃]$

35 저온장치에서 사용되는 진공 단열법이 아닌 것은?
① 고진공 단열법
② 분말진공 단열법
③ 다층진공 단열법
④ 단층진공 단열법

해설 저온장치 단열법
- 상압단열 : 액화산소까지만 상압단열 가능
- 진공단열 : 분말진공단열, 다층진공단열, 고진공단열

36 다음 중 반응기(반응탑)의 상(相)의 상태에 따른 반응기에 속하지 않는 것은?
① 액상반응
② 기상반응
③ 촉매반응
④ 고, 액 반응

해설 반응기의 종류
- 액상반응
- 기상반응
- 고-액 반응

37 초저온 액화가스를 취급 시 사고가 발생한다고 생각되는 사항이 아닌 것은?
① 동상, 질식에 의한 인명사고
② 물리적 원인에 의한 사고
③ 저온에 의해 생기는 물질의 변화에 의한 사고
④ 액체의 급격한 증발에 의한 이상압력 상승에 의한 사고

해설 초저온 액화가스 취급 시 물리적 원인에 의한 사고는 일어나지 않는다.

ANSWER | 30 ③ 31 ④ 32 ① 33 ① 34 ③ 35 ④ 36 ③ 37 ②

38 다음 공기 액화 사이클에서 관련이 없는 장치가 연결되어 있는 것은?
① 린데식 공기 액화 사이클 – 액화기
② 클로드 공기 액화 사이클 – 축냉기
③ 필립스 공기 액화 사이클 – 보조 피스톤
④ 카피자 공기 액화 사이클 – 압축기

해설 축냉기 사용은 카피자(Kapitza) 액화사이클에서 연결된다. (클로드는 팽창기가 필요)

39 공기액화 분리장치의 내부를 세척하고자 한다. 세정액으로 사용할 수 있는 것은?
① 탄산나트륨(Na_2CO_3)
② 사염화탄소(CCl_4)
③ 염산(HCl)
④ 가성소다(NaOH)

해설 공기액화 분리장치 내부 세척제 : 사염화탄소

40 액체공기의 분리법으로 얻는 가스는?
① 수소   ② 염소
③ 질소   ④ 암모니아

해설 액체공기의 분리법으로 얻는 가스는 질소(N_2), 산소(O_2), 아르곤(Ar) 등이다.

41 산소 속의 CO_2는 무엇으로 흡수시키는 것이 좋은가?
① 10[%] $Ca(OH)_2$ ② 50[%] KOH
③ 피로갈롤 용액   ④ $AgNO_3$

해설 탄산가스(CO_2)의 흡수용액은 수산화칼륨용액(KOH) 30%이다.

42 액체 공기의 분리법으로 얻는 가스는?
① 수소   ② 염소
③ 아르곤   ④ 암모니아

해설 액체공기의 분리법으로 얻는 가스는 산소, 질소, 아르곤 등이다.

43 다음 분말진공 단열법 중에서 충진용 분말로 사용되지 않는 것은?
① 가성소다   ② 펄라이트
③ 규조토   ④ 알루미늄 분말

해설 분말진공 단열법에서 충진용 분말
• 펄라이트
• 규조토
• 알루미늄 분말

CHAPTER 03 가스설비

SECTION 01 LP 가스 이송장치

1. LP 가스의 이송방법

(1) 차압에 의한 방법(탱크의 자체 압력을 이용하는 방법)

    탱크로리에서 저장탱크로 LP가스를 이입할 때 탱크로리는 수송 중 태양열을 받아서 가스의 온도가 높아지고 따라서 압력도 높아져 탱크와 압력차가 발생한 때에는 그 차압을 이용하여 펌프 등을 사용하지 않고 이송하는 방법이다.

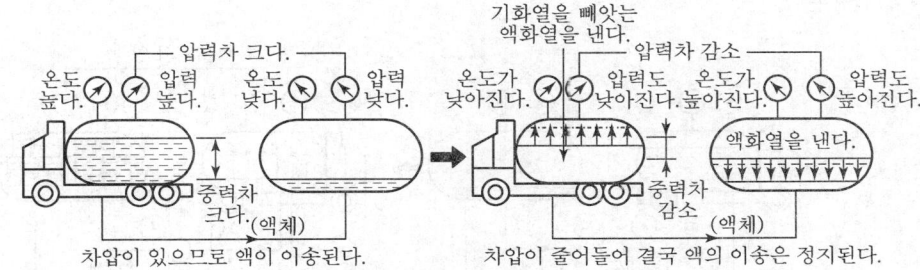

‖ 차압방식의 액 이송 원리 ‖

(2) 액펌프에 의한 방법

  1) 액펌프에 의한 방법(기상부의 균압관이 없는 경우)

    ① 펌프는 액만을 이송할 수 있으므로 액의 이입 또는 이충전라인에 설치하여 액을 가압하여 압송하는 방식이다.
    ② 베이퍼라인 없이 때문에 탱크로리에서 저장탱크로 이송할 때의 탱크로리 내의 액면은 낮아지고 따라서 가상부가 많게 되며 압력이 낮아진다.
    ③ LP 가스는 증발하게 되고 남은 액은 증발열을 빼앗겨 온도가 더욱 낮아지며 압력도 또한 낮아지나 탱크 내는 반대로 액량이 점차 증가하여 기상부의 가스는 액에 밀려 액화된다.
    ④ 이때 방출되는 열로 탱크 내의 온도는 상승하고 그에 수반하여 압력이 높게 된다.
    ⑤ 펌프에 무리가 생기며 충전시간이 길어지고 용량이 큰 펌프가 필요하게 된다.
    ⑥ 탱크로리에서 저장탱크로, 저장탱크에서 용기로 충전시 주로 사용된다.

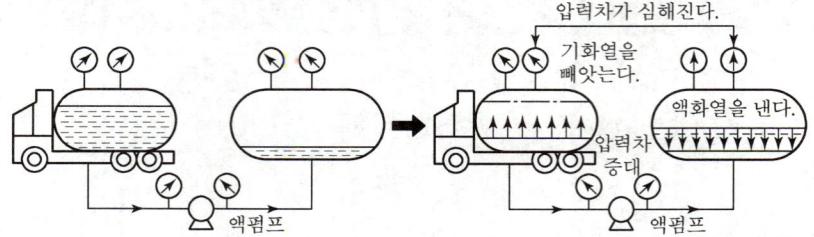

∥ 액체 펌프 방식(균압관이 없는 경우) ∥

2) 액펌프에 의한 방법(기상부의 균압관이 있는 경우)

탱크로리와 저장탱크 간의 차압을 없앨 목적으로 펌프는 액라인을 연결하고 기상부와 기상부를 잇는 베이퍼 라인(균압관)을 설치하는 방식으로 짧은 시간 내에 액을 이송(즉, 대용량에서 대용량으로 충전시)하는 데 사용된다.

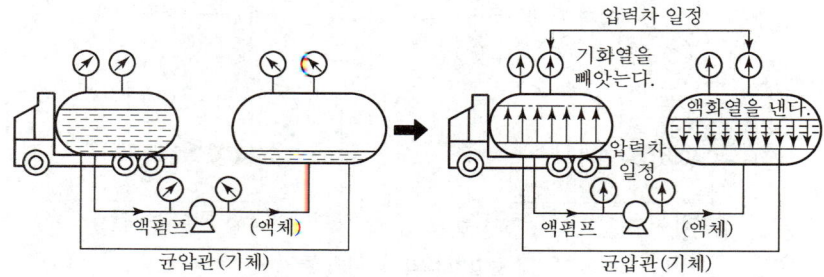

∥ 액체 펌프 방식(균압관이 있는 경우) ∥

> **Reference**
>
> 1. 펌프의 종류
>   ① 기어펌프(Gear Pump) 또는 바이킹 펌프(Viking Pump)
>   ② 벤펌프 : 고겐-벤펌프(Corken-van Pump)
>   ③ 원심펌프 : 임펠러의 회전에 의한다.
>   ④ 압력 조정기 : 기화부에서 나온 가스를 소비 목적에 따라 일정한 압력으로 조정하는 부분
>   ⑤ 안전밸브 : 기화장치의 내압이 이상하게 상승했을 때 장치 내의 가스를 외부로 방출하는 장치
>
> 2. 펌프를 사용함으로써 오는 장단점
>   ① 장점
>   • 재액화 현상이 일어나지 않는다.
>   • 드레인 현상이 없다.
>   ② 단점
>   • 충전시간이 길다.
>   • 잔가스 회수가 불가능하다.
>   • 베이퍼록 현상이 일어나 누설의 원인이 된다.

(3) 압축기에 의한 방법
① 압축기를 사용하여 저장탱크 상부에서 가스를 흡입하여 가압한 후 이것으로 탱크로리 상부를 가압하는 방식으로 베이퍼라인에 설치되며 사방밸브를 조작함으로써 탱크로리 내의 잔가스를 회수할 수 있다.
② 액라인을 닫고 이번에 반대로 탱크로리 상부의 가스를 흡입하여 탱크 상부로 보내주면 된다. 이때 탱크로리 내에는 대기압 이상의 압력을 남겨둘 필요가 있다.

> **Reference**
>
> 1. 압축기를 사용함으로써 오는 장단점
>   ① 장점
>   - 펌프에 비해 충전시간이 짧다.
>   - 잔가스 회수가 가능하다.
>   - 베이퍼록 현상이 생기지 않는다.
>   ② 단점
>   - 부탄의 경우 저온에서 재액화 현상이 일어난다.
>   - 압축기의 오일(기름)이 탱크에 들어가 드레인의 원인이 된다.
>
> 2. 탱크로리 충전작업 중 작업을 중단해야 하는 경우
>   ① 저장탱크에 과충전이 되는 경우
>   ② 탱크로리와 저장탱크를 연결한 호스 또는 로딩암 커플링의 접속이 빠지거나 누설되는 경우(O링의 불량이나 커플링의 마모 시 이러한 사태가 발생)
>   ③ 충전작업 중 그 주변에 화재가 발생한 경우
>   ④ 압축기 사용 시 액압축(워터 해머링)이 일어나는 경우
>   ⑤ 펌프 사용 시 액배관 내에서 베이퍼록이 심화되는 경우
>
> 3. LP 가스 압축기(Compressor)의 부속장치
>   ① 액트랩(액분리) : 가스 흡입 측에 설치, 실린더의 앞에서 액과 드레인을 가스와 분리시킨다.
>   - 액압축을 방지하는 목적 : 액상의 LP 가스가 압축기에 흡입되면 흡입밸브를 파손시키거나 실린더에 침입하여 워터 해머를 발생, 실린더 등을 파괴하는 경우가 있다.
>   ② 자종정지장치(HPS, LPS) : 가스의 흡입 토출압력이 지나치게 낮거나 지나치게 높아지면 압력 개폐기를 작동하여 운전을 정지시키는 압력위치 방식과 규정압력 이상이 되었을 때 흡입 측과 토출 측을 통하게 하여 토출 측의 압력을 흡입 측으로 바이패스시키는 것과 같이 규정압력 이하에서 운전을 계속하는 언로더 방식이 있다.

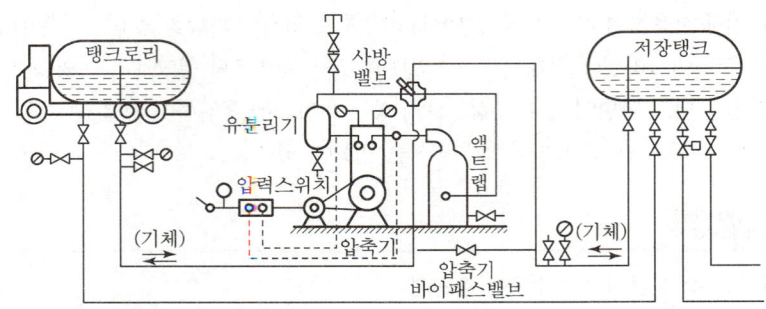

∥ LP 가스 컴프레서와 그 부속기기 ∥

③ 사방밸브(4-way Valve) : 압축기의 토출 측과 흡입 측을 전환시키는 밸브로서 액송과 가스회수를 한 동작으로 할 수 있다.
④ 유분리기 : 급유식 압축기의 부속기기로서 토출과로 중의 설치가스와 윤활유를 분리시키는 것이다.
 • 유분리기의 설치목적 : 실린더의 윤활유가 토출가스 중에 다량 수반되는 것을 방지한다.

SECTION 02 LP 가스 공급 방식

1. 자연기화방식

용기 내의 LP 가스가 대기 중의 열을 흡수해서 기화하는 가장 간단한 방식이다.
① LP 가스는 비등점(프로판 $-42.1℃$, 부탄 $-0.5℃$)이 낮기 때문에 대기의 온도에서도 쉽게 기화한다.
② 자연기화방식의 특징
  ㉠ 기화능력에 한계가 있어 소량 소비 시에 적당하다.
  ㉡ 가스의 조성 변화량이 크다.
  ㉢ 발열량의 변화가 크다.
  ㉣ 용기의 수가 많이 필요하다.

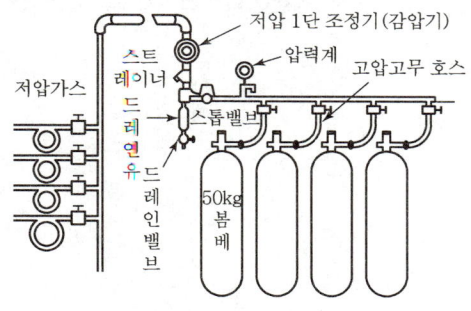

∥ 자연기화방법(1단 감압기) ∥

2. 강제기화방식

강제기화방식은 용기 또는 탱크에서 액체의 LP 가스가 도관으로 통하여 기화기에 의해서 기화하는 방식이다.

(1) 기화기의 능력은 10kg/hr의 소형에서부터 4ton/hr 정도의 대형까지 비교적 대량 소비처로서 부탄 등을 기화시키는 경우에 사용한다.

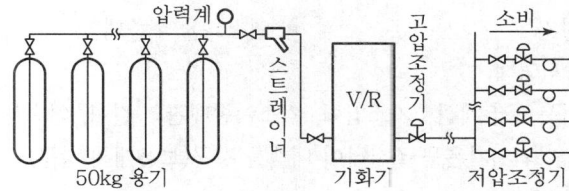

‖ 강제기화방식(2단 감압기) ‖

(2) 강제기화방식의 종류

1) 생가스 공급방식

생가스가 기화기(베이퍼라이저)에 의해서 기화된 그대로의 가스(자연기화의 경우도 포함)를 공급하는 것을 생가스 공급방식이라고 한다.

또한, 부탄의 경우 온도가 0℃ 이하가 되면 재액화되기 쉽기 때문에 가스배관은 보온하지 않으면 안 된다.

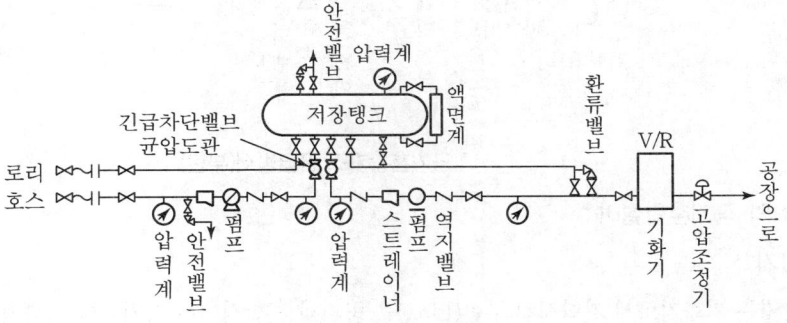

‖ 생가스 공급방식 ‖

> **≫ 생가스 공급방식의 특징**
> ① 높은 발열량을 필요로 하는 경우 사용한다.
> ② 발생된 가스의 압력이 높다.
> ③ 서지탱크가 필요하지 않다.(발열량과 압력이 균일하므로)
> ④ 장치가 간단하다.
> ⑤ 열량조정이 필요 없다.
> ⑥ 기화된 LP 가스가 이송배관 중에서 냉각되어 재액화의 문제점이 발생한다.

2) 공기혼합가스 공급방식

공기혼합가스(Air Mixture Gas)는 기화기, 혼합기(믹서)에 의해서 기화한 부탄에 공기를 혼합해서 만들며 다량 소비하는 경우에 유효하다.

① 공기혼합가스의 공급목적
- ㉠ 발열량 조절
- ㉡ 누설 시의 손실 감소
- ㉢ 재액화 방지
- ㉣ 연소효율의 증대

② 재액화의 방지대책
- ㉠ 가스의 사용조건 개선 : 가스압력, 가스이송배관의 길이, 연속운전이 단속운전이 되면 개선한다.
- ㉡ 사용장소의 최저기온을 조사하여 대책을 강구(보온대책 강구)

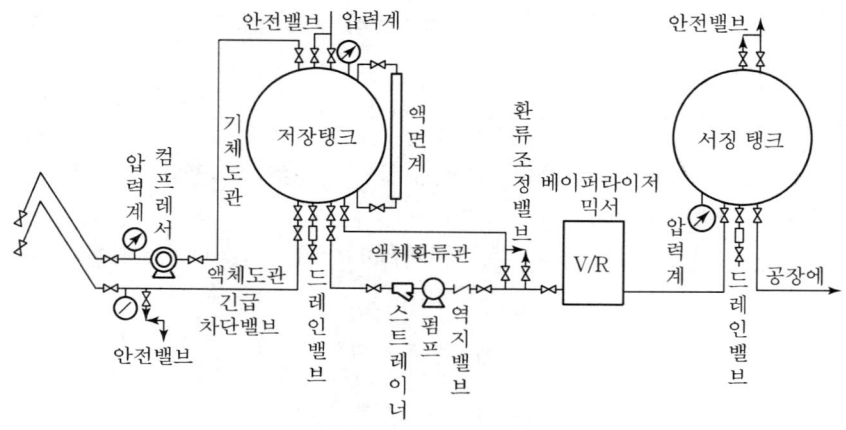

┃공기혼합가스 공급방식(부탄)┃

(3) LP 가스의 공기혼합설비

1) 혼합기

혼합기는 기화기로서 기화시킨 부탄(LPG)을 공기와 혼합시키는 장치이나 기화기와 함께 하나의 장치로서 사용하는 경우가 많다.

① 벤투리믹서

기화한 LP 가스는 일정압력으로 노즐에서 분출시켜 노즐 내를 감압함으로써 공기를 흡입하여 혼합하는 형식으로 가장 많이 사용되고 있는 방식이다.

> **≫ 벤투리믹서의 특징**
> ① 동력원을 특별히 필요로 하지 않는다.
> ② 가스분출에너지(가스압)의 조절에 의해서 공기의 혼합비를 자유로이 바꿀 수 있다.

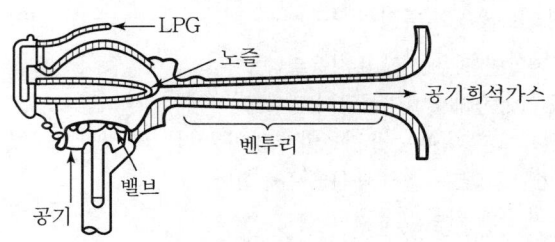

∥ 벤투리 혼합기의 구조 ∥

② 플로믹서(Flow Mixer)

LP 가스의 압력을 대기압으로 하며 플로(Flow)로서 공기와 함께 흡입하는 방식으로서 가스압이 내려갈 경우에는 안전장치가 움직여 플로(Flow)가 정지하도록 되어 있다.

2) 가스홀더(Gas Holder), 서지탱크(Surge Tank)

혼합기는 가스 소비량에 따라 운전할 수 없으므로 공기희석가스는 일단 가스홀더나 서지탱크에 저장되어 가스홀더의 조정(리미트) 스위치에 의해 최대사용 부하로 연속적 운전이 가능하다.

SECTION 03 도시가스 이송장치 및 부취제

1. 가스홀더(Gas Holder)

제조 공장에서 제정된 가스를 저장하여 가스의 질을 균일하게 유지하며 제조량과 수요량을 조절하는 저장탱크이다.

(1) 가스홀더 종류

1) 유수식 가스홀더

① 물탱크와 가스 탱크로 구성되어 있으며 단층식과 다층식이 있다.
② 가스의 출입관은 물탱크부 내에서 올라와 수면 위로 나와 있다.
③ 가스층은 가스의 출입에 따라서 상하로 자유롭게 움직이게 되어 있고 2층 이상인 것은 각층의 연결부를 수봉하고 있다.
④ 가스층의 증가에 따라 홀더 내 압력이 높아진다.

> **》》 유수식 가스홀더의 특징**
>
> ① 제조설비가 저압인 경우에 많이 사용된다.
> ② 구형 가스홀더에 비해 유효가동량이 많다.
> ③ 많은 물을 필요로 하기 때문에 기초비가 많이 든다.
> ④ 가스가 건조해 있으면 수조의 수분을 흡수한다.
> ⑤ 압력이 가스의 수에 따라 변동한다.
> ⑥ 한랭지에 있어서 물의 동결방지를 필요로 한다.

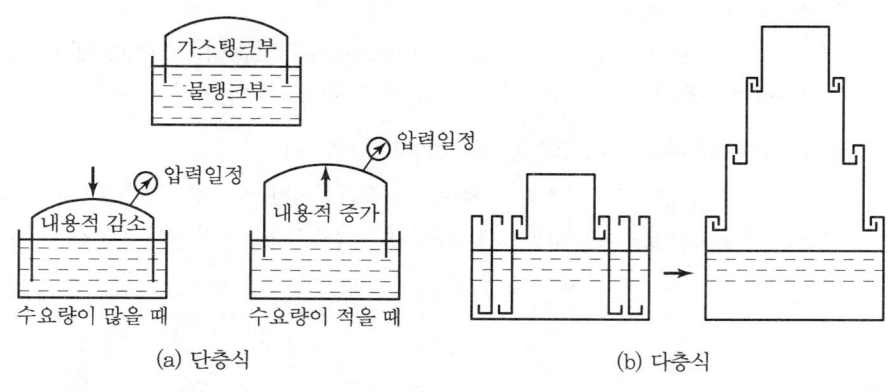

┃ 유수식 가스홀더 ┃

2) 무수식 가스홀더

고정된 탱크 내부의 가스는 피스톤이나 다이어프램 밑에 저장되고 저장가스량의 증감에 따라 피스톤이 상하 왕복운동을 하며 가스압력을 일정하게 유지시켜 준다.

> **》》 무수식 가스홀더의 특징**
>
> ① 수조가 없으므로 기초가 간단하고 설비가 절감된다.
> ② 유수식 가스홀더에 비해서 작동 중 가스압이 일정하다.
> ③ 저장가스를 건조한 상태에서 저장할 수 있다.
> ④ 대용량의 경우에 적합하다.

3) 고압식 홀더(서지탱크)

고압홀더는 가스를 압축하여 저장하는 탱크로서 원통형과 구형이 있으며 고압홀더로부터 가스를 압송할 때는 고압 정압기를 사용하여 압력을 낮추어 공급한다.

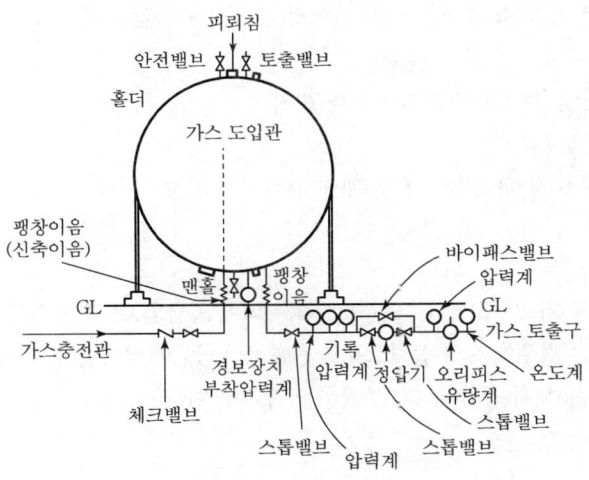

∥ 고압식 홀더 ∥

(2) 가스홀더의 기능

① 가스 수요의 시간적 변동에 대하여 일정한 제조 가스량을 안정하게 공급하고 남는 가스를 저장한다.
② 정전, 배관공사, 제조 및 공급설비의 일시적 저장에 대하여 어느 정도 공급을 확보한다.
③ 각 지역에 가스홀더를 설치하여 피크 시에 각 지구의 공급을 가스 홀더에 의해 공급함과 동시에 배관의 수송효율을 올린다.
④ 조성 변동이 있는 제조가스를 저장 혼합하여 공급가스의 열량, 성분, 연소성 등을 균일화한다.

(3) 가스홀더(Holder)의 용량 결정

가스 공급량이 제조량보다 많은 시간에는 홀더에서 가스를 공급하게 되며, 제조량이 적은 시간대에서는 가스를 홀더에 저장하여, 공급량과 제조량의 차를 공급 가능한 가동용량을 유지할 수 있는 가스홀더 용량을 보유해야 한다. 제조 가스량은 주·야 일정하므로 수급균형을 유지하기 위해서 다음과 같이 가스 홀더 가동 용량을 계산할 수 있다.

$$S \times a = \frac{t}{24} \times M + \Delta H$$

$$\therefore M = (S \times a - \Delta H) \times \frac{24}{t}$$

여기서, M : 최대 제조능력(m^3/day), S : 최대 공급량(m^3/day)
t : 시간당 공급량이 제조능력보다도 많은 시간
a : t시간의 공급률, ΔH : 가스홀더 가동 용량(m^3/day)

(4) 구형 가스홀더 부속품

① 가스홀더 하부 출입관에 가스 차단 밸브 및 신축관을 설치
② 검사용 맨홀
③ 안전밸브 2개(단, 1개의 능력이 최대 수입량 이상일 것)

④ 가스홀더 내 가스 압력 측정용 압력계(저장량 측정용을 겸한다.)
⑤ 드레인 장치
⑥ 가스홀더 입관에 수입량 조절용 밸브를 설치
⑦ 접지 2개소 이상
⑧ 가스홀더 외에 승강계단, 가스홀더 내에 검사시의 점검 사다리

2. 압송기

도시가스는 일반적으로 가스탱크에서 도관으로 각 지역에 공급될 때 그 압력은 가스홀더의 압력보다 낮다. 따라서, 가스의 수요가 적은 경우에는 그 압력으로도 충분하나 공급지역이 넓어 수요가 많은 경우에는 가스의 압력이 부족하여 압송기를 사용해서 공급해 준다. 이를 압송기라 한다.

(1) 압송기의 종류

　　1) 터보 압송기(블로워)

　　　　임펠러의 회전에 의해 가스압을 높이는 방식

　　2) 가동날개형 회전 압송기

　　　　회전날개로 가스를 압송하는 방식

　　3) 기타 루츠 블로워 및 피스톤을 지닌 왕복 압송기

(2) 압송기의 용도

　　① 도시가스를 제조 공장에서 원거리 수송할 필요가 있을 경우
　　② 재승압을 할 필요가 있을 경우
　　③ 도시가스 홀더의 압력으로 피크시 가스 홀더 압력만으로 전 필요량을 보낼 수 없게 되는 경우

SECTION 04　도시가스의 부취제

1. 부취제 일반

도시가스 원료인 LPG, 나프타가스, 액화천연가스(LPG) 등은 색도 없고 냄새도 거의 없거나 약하므로 누설 시 쉽게 발견할 수 없어 냄새를 낼 수 있는 향료(부취제)를 첨가함으로써 가스가 누설되었을 때 조기에 발견, 조치하여 폭발사고나 중독사고를 방지하기 위하여 $\frac{1}{1,000}$의 비율로 부취제를 사용하도록 되어 있다.

(1) 부취제 구비 조건

　　① 독성이 없을 것
　　② 보통 존재하는 냄새와는 명확하게 식별될 것

③ 극히 낮은 농도에서도 냄새가 확인될 수 있을 것
④ 가스관이나 가스 미터에 흡착되지 않을 것
⑤ 완전히 연소하고 연소 후에 유해한 혹은 냄새를 갖는 성질을 남기지 않을 것
⑥ 도관 내의 상용 온도에서는 응축하지 않을 것
⑦ 도관을 부식시키지 않을 것
⑧ 물에 잘 녹지 않는 물질일 것
⑨ 화학적으로 안정된 것
⑩ 토양에 대해 투과성이 클 것
⑪ 가격이 저렴할 것

(2) 부취제의 종류와 특성

1) 부취제의 화학적 안정성

① THT(Tetra Hydro Thiophene) : 화학 구조적으로 상당히 안정한 화합물이기 때문에 산화, 중합 등은 일어나지 않는다.
② TBM(Tertiary Butyl Mercaptan) : 동상 메르캅탄류는 공기 중에서 일부 산화되어 이황화물을 생성하기 쉽지만 TBM은 메르캅탄류 중에서 내산화성이 우수하다.
③ DMS(Di-Methyl Sulfide) : 안정된 화합물이고 내산화성이 우수하다.

2) 부취제의 토양에 대한 투과성

① THT : 토양 투과성이 보통이다(토양에 약간 흡착되기 쉽다).
② TBM : 토양 투과성이 우수하다(토양에 흡착되기 어렵다).
③ DMS : 토양 투과성이 상당히 우수하다(토양에 흡착되기 어렵다).

3) 부취제 취기의 강도

① TBM : 취기의 강도가 가장 강함
② THT : 취기의 강도가 보통임
③ DMS : 취기의 강도가 약함

▼ 부취제의 종류와 특성

구분 종류	THT (Tetra Hydro Thiophene)	TBM (Tertiary Butyl Mercaptan)	DMS (Di-Methyl Sulfide)	비고
유해성 (LD_{50} 기준)	피하주입 : 8,790mg/kg 경구투여 : 6,790mg/kg	피하주입 : 8,128mg/kg 경구투여 : 9,275mg/kg		• LD_{50} : 체중 kg당 치사량 • Ethyl Alcohol 경구투여 시 LD_{50} = 250mg/kg과 동일
취질	석탄가스냄새	양파썩는 냄새	마늘냄새	• 취기의 강도 Mercaptan > Thiophene > Disulfide • 혼합 시 취기농도 : 곱의 효과 · 배의 효과

구분 종류		THT (Tetra Hydro Thiophene)	TBM (Tertiary Butyl Mercaptan)	DMS (Di-Methyl Sulfide)	비고
부식성		가스 중 H₂O, O₂의 존재 시	배관(강철·동합금) 부식	H₂O, O₂ 부재 시 무관	고무, Plastic에 대하여는 팽윤 발생
화학적 안정성		안정화합물 (산화중합무관)	내산화성	안정된 화합물 (내산화성)	
토양투과성		보통 (흡착용이)	좋다 (흡착난이)	좋다 (흡착난이)	
물리적 성질	분자량	88	90	62	• THT : 0.06g/Nm³ · CRG 기준 • TBM : $0.06 \times \dfrac{0.09}{0.77} = 0.007$g/Nm³ • DMS : $0.06 \times \dfrac{2.5}{0.77} = O^2$g/Nm³
	비점(℃)	122	64.4	37.2	
	응고점(℃)	96	0	98	
	비중(℃)	0.999	0.799	0.85	
	S함유량 (wt%)	36.4	35.5	51.6	
	ppb	0.77	0.09	2.5	
	용해도 (%, 20℃)	0.85	0.96		
	구조식	H₂C–CH₂ | | H₂C CH₂ \\ / S	CH₃ | H₃C–C–CH₃ | CH₃	H₃C–S–SH₃	
부취제 주입 시의 변화 및 제어		완만한 변화, 제어용이	급격한 변화, 제어난이	THT와 동일, TBM과 혼합 사용	

2. 부취제의 주입설비

(1) 액체주입식 부취설비

이 부취설비는 부취제를 액상 그대로 직접 가스 흐름에 주입하여 가스 중에서 기화, 확산시키는 방식으로서 가스 유량에 맞추어 주입량을 변화시키는 데 따라서 항상 일정한 부취제 첨가율을 유지할 수 있다.

1) 액체주입식 부취설비의 종류

① 펌프주입방식

소요량의 다이어프램 펌프 등에 의해서 부취제를 직접 가스 중에 주입하는 방식이다. 간단한 계장으로 가스량의 변동에 대응하여 펌프의 스트로크 회전수 등을 변화시켜 가스 중의 부취제 농도를 항상 일정하게 유지할 수가 있다. 비교적 규모가 큰 부취설비에는 최적의 주입방식이다.

② 적하주입방식

　액체주입 방식 중에서도 가장 간단한 것으로서 부취제 주입용기를 가스압으로 밸런스시키면 중력에 의해서 부취제는 가스 흐름 중에 떨어진다. 주입량의 조정은 니들밸브, 전자밸브 등으로 하지만 그 정도는 낮다. 그러므로 유량 변동이 작은 소규모의 부취에 많이 쓰여지고 있다.

③ 미터 연결 바이패스 방식

　가스 주 배관의 오리피스 차압에 의해서 바이패스 라인과 가스 유량을 변화시켜 바이패스 라인에 설치된 가스미터에 연동하고 있는 부취제를 가스 중에 주입하는 방식이다. 이 방식은 미국에서 다년간 사용되어 왔지만 그다지 대규모의 설비에는 적합하지 않다.

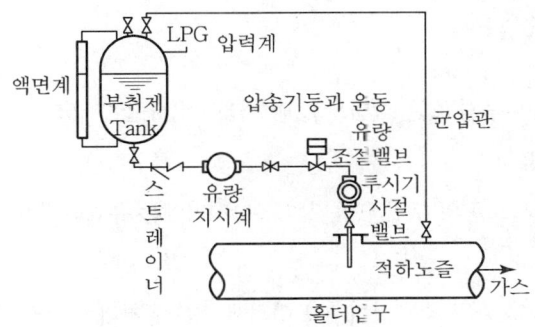

‖ 적하주입방식 예(중력저하 주입방식) ‖

(2) 증발식 부취설비

　이 부취설비는 부취제의 증기를 가스 흐름에 혼합하는 방식으로 설비비가 싸고, 동력을 필요로 하지 않는 이점이 있다. 설치 장소는 일반적으로 압력, 온도의 변동이 적고 판 내 가스 유속이 큰 곳이 바람직하다. 온도의 변동을 피하기 위하여 지중에 매설하는 것도 좋다. 여러 가지 요인에 따라 부취제 첨가율을 일정하게 유지하는 것이 어렵고 유량의 변동이 작은 소규모 부취에 쓰여지고 있다.

1) 증발식 부취설비의 종류

① 바이패스 증발식

　증발식 부취설비의 대표적인 형태이다. 부취제를 넣은 용기에 가스가 저유속으로 흐르면 가스는 부취제 증발로 거의 포화한다. 이때 가스라인에 설비된 오리피스에 의해서 부취제 용기에서 흐르는 유량을 조절하면 가스 유량에 상당한 부취제 포화가스가 가스라인으로 흘러들어가 거의 일정비율로 부취할 수가 있다. 이 방식은 부취조절범위가 한정되어 있으므로 혼합부취제에 적용할 수 없다.

② 위크 증발식

　아스베스토스 심을 전달하여 부취제가 상승하고 이것에 가스가 접촉하는 데 따라 부취제가 증발하여 부취가 된다. 설비는 상당히 간단하고 저렴하지만 부취지 첨가량의 조절이 어렵고 극히 소규모 부취에 사용된다.

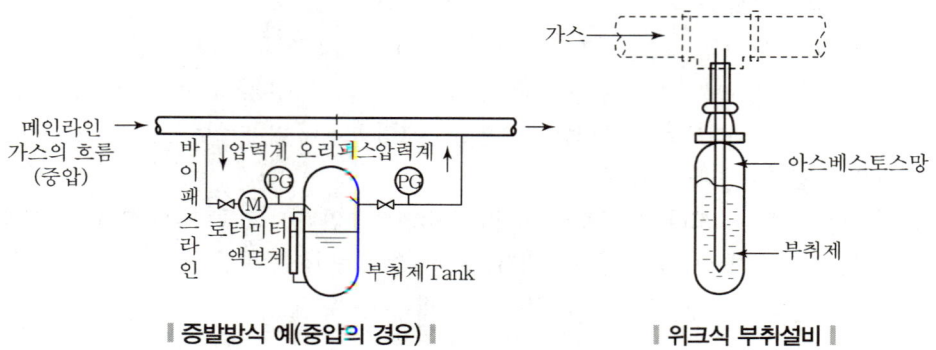

| 증발방식 예(중압의 경우) | 위크식 부취설비 |

3. 부취설비의 관리

부취제를 엎질렀을 때는 다음과 같은 방법으로 냄새를 감소시킬 수 있다.

(1) 활성탄에 의한 흡착

밀폐한 용기와 실내외 소량의 부취제 용기의 흡착제거에는 유효하지만 대량의 처리에는 적합하지 않다.

(2) 화학적 산화처리

차아염소산나트륨 용액 등의 강한 산화제로 부취제를 분해 처리하는 방법으로 부취제 용기, 배관, 수입 호스 등의 세정과 부취제를 엎질렀을 때 이용된다. 이 방법은 THT 등 안정한 부취제에는 적합하지 않다.

(3) 연소법

부취제 용기, 배관 등은 기름으로 닦고 그 기름을 연소처리하는 방법과 부취제 수입 시의 증기를 퍼지하는대로 연소처리하는 방법이 포함된다.

SECTION 05 가스미터(Gas Meter)의 목적

1. 가스미터의 고려사항

① 가스의 사용 최대 유량에 적합한 계량능력의 것일 것
② 사용 중에 기차 변화가 없고 정확하게 계량함이 가능한 것일 것
③ 내압, 내열성에 좋고 가스의 기밀성이 양호하여 내구성이 좋으며 부착이 간단하여 유지 관리가 용이할 것

2. 가스미터 선정 시 주의사항

① 액화 가스용의 것일 것
② 용량에 여유가 있을 것

③ 계량법에서 정한 유효 기간에 충분히 만족할 것
④ 기타 외관 시험 등을 행할 것

3. 일반적 가스미터의 종류

① 가스미터에는 다음의 것이 있지만 LP 가스에서는 독립내기식이 많이 사용되고 있다.
② 가스미터는 사용하는 가스 질에 따라 계량법에 의하여 도시가스용, LP 가스용, 양자병동 등으로 구별되어 시판되고 있다.

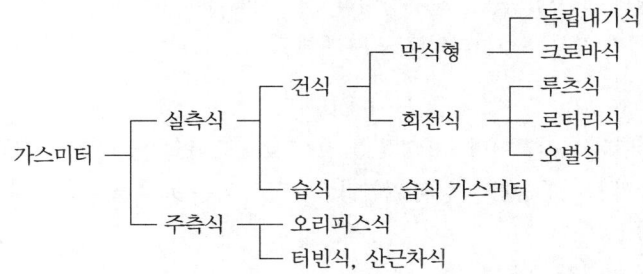

③ 실측식은 일정요식의 부피를 만들어 그 부피로 가스가 몇 회 측정되었는가를 적산하는 방식이다.
④ 추량식은 유량과 일정한 관계에 있는 다른 양(예를 들면, 흐름 속에 있는 임펠러의 회전수와 같은 것)을 측정함으로써 간접적으로 구하는 방식이다.
⑤ 실측식은 건식과 습식으로 구별되며 수용가에 부착되어 있는 것은 모두가 건식이고 액체를 봉입한 습식은 실험실 등의 기준 가스미터로 사용되고 있다.

▼ 가스미터의 종류별 특징 비교

구분	막식 가스미터	습식 가스미터	Roots미터
장점	• 값이 싸다. • 설치 후의 유지관리에 시간을 요하지 않는다.	• 계량이 정확하다. • 사용 중에 기차(器差)의 변동이 크지 않다.	• 대유량의 가스 측정에 적합하다. • 중압가스의 계량이 가능하다. • 설치면적이 작다.
단점	대용량의 것은 설치면적이 크다.	• 사용 중에 수위조정 등의 관리가 필요하다. • 설치면적이 크다.	• 스트레이너의 설치 및 설치 후의 유지관리가 필요하다. • 소유량($0.5m^3/h$ 이하)의 것은 부동의 우려가 있다.
일반적 용도	일반수용가	기준기 실험실용	대수용가
용량범위	$1.5 \sim 200m^3/h$	$0.2 \sim 3,000m^3/h$	$100 \sim 5,000m^3/h$

4. 가스미터 용어

(1) 사용공차

가스미터(막식)의 정도는 실제 사용되고 있는 상태에서 ±4%가 되어야 한다.

(2) 검정공차

계량법에서 정하여진 검정시의 오차의 한계(검정공차)는 사용 최대유량의 20~80%의 범위에서 ±1.5%이다.

(3) 감도유량

가스미터가 작동하는 최소유량을 감도유량이라 하며 계량법에서는 일반 가정용 LP 가스미터는 5L/hr 이하로 되어 있지만 일반 막식 가스미터의 감도는 대체로 3L/hr 이하로 되어 있다.

(4) 검정 유효기간

① 계량법에서 정한 유효기간이며 유효기간을 넘긴 것은 분해수리를 행하여 재검정을 받지 않으면 안 된다.
② 유효기간 중이라도 사용공차 이상의 기차가 있는 것, 파손 고장을 일으킨 것 등도 똑같이 재검정을 받지 않으면 사용할 수 없다.
③ 가스미터의 유효기간 : 약 5년

5. 가스미터의 고장

① **부동** : 가스는 미터를 통과하나 미터지침이 작동하지 않는 고장을 말한다.
② **불통** : 가스가 미터를 통과하지 않는 고장을 말한다.
③ **기차불량** : 사용 중의 가스미터는 계량하고 있는 가스의 영향을 받는다든지 부품의 마모 등에 의하여 기차가 변화하는 수가 있다. 기차가 변화하여 계량법에 사용공차(±4% 이내)를 넘어서는 경우를 기차불량이라 한다.
④ **감도불량**
⑤ **이물질로 인한 불량**

CHAPTER 03 출제예상문제

01 LP가스 이송설비 중 압축기의 부속장치로서 토출 측과 흡입 측을 전환시키며 액송과 가스회수를 한동작으로 조작이 용이한 것은 어느 것인가?
① 액트랩
② 액가스분리기
③ 전자밸브
④ 사로밸브

해설 사로밸브 : 압축기 부속장치이며 토출과 흡입을 전환시킨다.

02 도시가스 배관이 10[m] 수직상승했을 경우 배관 내의 압력상승은 얼마나 되겠는가?(단, 가스비중은 0.65이다.)
① 4.52[mmAq]
② 6.52[mmAq]
③ 8.75[mmAq]
④ 10.75[mmAq]

해설 $1.293 \times (S-1)h = 1.293 \times (1-0.65) \times 10$
$= 4.52[mmAq]$
∴ 비중이 1 미만이면 $(1-S)$가 된다.

03 다음 중 막식 가스미터의 특징으로 옳은 것은?
① 계량이 정확하다.
② 대수요에 용이하다.
③ 설치 후 유지관리가 편리하다.
④ 사용 중 기차의 변동이 거의 없다.

해설 실측식인 건식 가스미터기의 일종인 막식 가스미터기는 가격이 싸고 설치 후 유지관리에 시간을 요하지 않으나 대용량에서는 설치스페이스가 크다.

04 20℃의 물 50[kg]을 90[℃]로 올리기 위해 LPG를 사용하였다면, 이때 필요한 LPG 양은 몇 [kg]인가? (단, LPG 발열량은 10,000[kcal/kg]이고, 열효율은 50[%]이다.)
① 0.5
② 0.6
③ 0.7
④ 0.8

해설 $\dfrac{50 \times 1 \times (90-20)}{10,000 \times 0.5} = 0.7[kg]$

05 도시가스의 부취제가 갖추어야 할 성질 중 틀린 것은?
① 독성이 없을 것
② 극히 낮은 온도에서도 냄새가 확인될 수 있을 것
③ 가스관이나 가스미터에 흡착되어야 할 것
④ 도관내의 사용온도에서는 응축하지 않을 것

해설 도시가스의 부취제는 가스관이나 가스미터에 흡착되지 않아야 좋은 부취제이다.

06 LP가스의 자동교체식 조정기 설치의 이점 중 틀린 것은?
① 도관의 압력손실을 적게 해야 한다.
② 용기 숫자가 수동식보다 적어도 된다.
③ 잔액이 거의 없어질 때까지 소비가 가능하다.
④ 용기교환 주기의 폭을 넓힐 수 있다.

해설 자동교체식 LP가스의 조정기는 분리형의 경우 도관의 압력손실을 크게 해도 된다.

07 기동성이 있어 장·단거리 어느 쪽에도 적당하고 용기에 비해 다량 수송이 가능한 방법은?
① 용기에 의한 방법
② 탱크로리에 의한 방법
③ 철도 차량에 의한 방법
④ 유조선에 의한 방법

해설 탱크로리에 의한 수송방법은 기동성이 있고 장거리, 단거리 어느 쪽에도 적합하고 용기의 다량 수송이 가능하다.

ANSWER | 1 ④ 2 ① 3 ③ 4 ③ 5 ③ 6 ① 7 ②

08 가스 공급을 위한 시설로 필요 없는 것은?
① 가스홀더　　　② 압송기
③ 정적기　　　　④ 정압기

해설 가스공급시설
- 가스홀더　・압송기　・정압기

09 LPG를 탱크로리에서 저장탱크로 이송 시 작업을 중단해야 되는 경우가 아닌 것은?
① 과충전이 된 경우
② 압축기 이용 시 베이퍼록 발생 시
③ 작업 중 주위에 화재 발생 시
④ 누출이 생길 경우

해설 베이퍼록은 압축기 이용 시에 발생되는 것이 아니고 펌프 이송 시 발생된다.

10 가스도매사업 공급시설의 시설기준에서 절토한 경사면 부근에 배관을 매설할 경우, 미끄럼면의 안전율은 얼마 이상 확보하여야 하는가?
① 0.8　　　　　② 1.0
③ 1.3　　　　　④ 1.5

해설 경사면의 부근에 배관매설시 미끄럼면의 안전율은 1.3 이상

11 도시가스 배관이 10[m] 수직상승했을 경우 배관 내의 압력상승은 얼마나 되겠는가?(단, 가스비중은 0.65이다.)
① 4.52[mmAq]　　② 6.52[mmAq]
③ 8.75[mmAq]　　④ 10.75[mmAq]

해설 $H = 1.293(S-1)h$
$= 1.293 \times (1-0.65) \times 10 = 4.52[mmAq]$

12 가스배관에서 가스의 마찰저항 압력손실에 대한 설명으로 틀린 것은?
① 관의 길이에 비례한다.
② 유속의 2승에 비례한다.
③ 가스비중에 비례한다.
④ 관벽의 상태에 관계가 없다.

해설 가스배관에서 가스의 마찰저항은 관 내벽의 상태에 따라 압력손실이 달라진다.(즉 요철이 심하면 압력손실이 크다.)

13 다음 중 LP가스의 수송방법이 아닌 것은?
① 용기에 의한 방법
② 탱크로리에 의한 방법
③ 파이프라인에 의한 방법
④ 정압기에 의한 방법

해설 LP가스의 수송방법
- 용기에 의한 방법
- 탱크로리에 의한 방법
- 파이프라인에 의한 방법

14 도시가스 사용시설의 입상관의 설치방법이다. 설명이 잘못된 것은?
① 입상관은 화기(그 시설에 사용되는 자체화기를 제외한다)와 2[m] 이상의 우회거리를 유지하여야 한다.
② 입상관의 밸브는 분리가 가능한 것으로 설치하여야 한다.
③ 입상관의 밸브 높이는 건축구조상 1.7[m] 높이에 설치가 가능하나 어린이들이 조작할 우려가 있으므로 2[m] 이상의 높이에 설치하여야 한다.
④ 입상관은 환기가 양호한 곳에 설치하여야 한다.

해설 도시가스 입상관의 설치
- 입상관은 화기와는 2[m] 이상의 우회거리 유지
- 입상관은 바닥으로부터 1.6~2[m] 이내에 설치한다.

15 다음 중 당해 설비 내의 압력이 상용압력을 초과할 경우 즉시, 사용압력 이하로 되돌릴 수 있는 안전장치의 종류에 해당하지 않는 것은?
① 안전밸브　　　② 감압밸브
③ 바이패스밸브　④ 파열판

해설 감압밸브란 설비 내의 압력이 상용압력을 초과할 경우 사용압력 이하로 되돌릴 수 없다.(출구압력이 일정하기 때문이다.)

8 ③　9 ②　10 ③　11 ①　12 ④　13 ④　14 ③　15 ② | ANSWER

16 도시가스 공급방식에서 수송할 가스량이 많고 원거리 이동시 주로 쓰는 방식은?

① 저압공급   ② 중압공급
③ 고압공급   ④ 초고압공급

해설 도시가스에서 수송가스량이 많고 원거리의 이동 시에는 고압공급이 우선이다.

17 고압가스의 설비 점검에 관한 다음 기술 중 잘못된 것은?

① 운전 중에 계기류의 지시, 경보 제어상황을 점검한다.
② 운전 중에 각 배관계통의 밸브 등의 개폐상황 및 칸막이의 삽입이나 제거상황을 점검한다.
③ 사용종료 시는 설비 내의 가스, 액 등의 불활성 가스 등에 의한 치환상황을 점검한다.
④ 사용 개시 시는 인터록, 긴급용 시퀀스의 경보 및 자동제어장치의 기능을 점검한다.

해설 배관계통의 밸브 등의 개폐상황 및 칸막이의 삽입이나 제거상황 점검은 운전 중이 아니라 제조설비 사용개시 전 상황이다.

18 가스미터의 검정공차는 최대유량 사용 시 20~80[%] 범위에서는 몇 [%]인가?

① 1.5[%]   ② 3.5[%]
③ 4.5[%]   ④ 5.5[%]

해설 가스미터기의 검정공차는 최대유량 사용 시 20~80[%] 범위에서 ±1.5[%]이다.

19 LPG의 연소방식 중 모두 연소용 공기를 2차 공기로만 취하는 방식은?

① 적화식   ② 분젠식
③ 세미분젠식   ④ 전1차 공기식

해설 ① 적화식 : 2차 공기만 취한다.
② 분젠식 : 1차 공기 60[%], 2차 공기 40[%]
③ 세미분젠식 : 적화식과 분젠식의 중간
④ 전1차 공기식 : 1차 공기만 취한다.

20 관 내를 흐르는 유체의 압력강하에 관한 설명으로 틀린 것은?

① 가스비중에 비례한다.
② 관 길이에 비례한다.
③ 관 내경의 5승에 반비례한다.
④ 압력에 비례한다.

해설 관 내를 흐르는 유체의 압력강하에 관한 내용
• 가스비중에 비례한다.
• 관 길이에 비례한다.
• 관 안지름의 5제곱에 반비례한다.
• 압력에는 관계없다.

21 가스미터의 사용공차는 실제 사용되고 있는 상태에서 얼마가 되어야 하는가?

① ±3[%]   ② ±4[%]
③ ±5[%]   ④ 6[%]

해설 가스미터기
• 압력손실 : 수주 30[mm] 이내
• 사용공차 : 막식은 ±4[%]
• 검정공차 : 사용최대유량의 20~80[%] 범위에서 ±1.5[%]

22 가스흐름에 부취제를 액체상태로 직접 주입시키는 방식이 아닌 것은?

① 적하주입방식
② 바이패스 증발식
③ 미터연결 바이패스방식
④ 펌프 주입방식

해설 부취제 액체주입방식
• 펌프주입방식
• 적하주입방식
• 미터연결 바이패스방식

부취제 증발식 부취설비
• 바이패스 증발식
• 위크증발식

ANSWER | 16 ③ 17 ② 18 ① 19 ④ 20 ④ 21 ② 22 ②

23 LP가스를 용기에 의해 수송할 경우 이에 대한 설명으로 옳지 않은 것은?

① 용기 자체가 저장설비로 이용될 수 있다.
② 소량 수송의 경우 편리한 점이 많다.
③ 취급 부주의로 인한 사고의 위험 등이 수반된다.
④ 수송비가 적게 든다.

해설 LP가스를 용기에 수송하는 경우
- 용기 자체가 저장설비로 이용된다.
- 소량 수송의 경우 편리하다.
- 취급 부주의로 인한 사고위험이 따른다.
- 개별용기 수송 시 수송이 복잡하다.

24 가스 공급설비 중 유수식 가스홀더의 특징은?

① 동절기 동결방지 조치가 필요하다.
② 유효 가동량이 구형 가스홀더에 비해 적다.
③ 제조설비가 고압인 경우 사용된다.
④ 압력이 가스탱크의 양에 따라 거의 일정하다.

해설 유수식 가스홀더의 특징
- 제조설비가 저압인 경우에 사용한다.
- 한랭지에 있어서 물의 동결방지를 필요로 한다.
- 압력이 가스의 수요에 따라 변동한다.
- 많은 물을 필요로 하기 때문에 기초비가 많이 든다.
- 가스가 건조하면 수조의 수분을 흡수한다.

25 이산화탄소의 제거 방법이 아닌 것은?

① 암모니아 흡수법   ② 고압수 세정법
③ 열탄산칼륨법   ④ 알킬아민법

해설 CO_2 제거법
- 암모니아 흡수법
- 열탄산칼륨법
- 알킬아민법

26 도시가스 배관이 10[m] 수직 상승했을 경우 배관 내의 압력상승은 얼마나 되겠는가?(단, 가스비중은 0.65이다.)

① 4.52[mmAq]   ② 6.52[mmAq]
③ 8.75[mmAq]   ④ 10.75[mmAq]

해설 $H = 1.293(1-S)h$
$= 1.293(1-0.65) \times 10 = 4.52[\text{mmAq}]$

27 기어펌프로 10[kg] 용기에 LP가스를 충전하던 중 베이퍼록이 발생하였다면 그 원인으로 맞지 않는 것은?

① 저장탱크의 긴급차단밸브가 충분히 열려 있지 않았다.
② 스트레이너에 녹, 먼지가 끼었다.
③ 펌프의 회전수가 적었다.
④ 흡입측 배관의 지름이 가늘었다.

해설 LPG 이송에서 회전수가 빠른 펌프를 이용하는 경우 베이퍼록 현상이 발생할 우려가 있으며, 베이퍼록이란 저비점 액체 이송 시 마찰열에 의해 기화되는 현상이다.

28 LP가스의 자동교체식 조정기 설치 시의 이점 중 틀린 것은?

① 용기 숫자가 수동식보다 적어도 된다.
② 잔액이 거의 없어질 때까지 소비가 가능하다.
③ 용기 교환주기의 폭을 넓힐 수 있다.
④ 도관의 압력손실을 적게 해야 한다.

해설 자동교체식 조정기의 이점은 ①, ②, ③항 외에도 도관의 압력손실을 크게 해도 된다.

29 조정기의 사용 목적은?

① 가스량을 측정하는 기기로 기화하는 데 사용한다.
② 가스의 유출압력을 조정하여 안정된 연소를 공급하기 위해 사용한다.
③ 사용기구에 맞는 적당한 유량으로 감량하여 공급하기 위해 사용한다.
④ 적당한 온도를 조절해 주는 데 사용한다.

해설 LPG의 조정기 사용목적은 가스의 유출 압력을 조정하여 안정된 연소를 도모하기 위해서이다.

ANSWER 23 ④ 24 ① 25 ② 26 ① 27 ③ 28 ④ 29 ②

30 LP가스 설비에서 가스미터 부착 기준으로 옳지 않은 것은?

① 입구와 출구의 구별을 혼돈치 말 것
② 가스미터 또는 배관의 상호 부당한 힘이 가해지지 않도록 할 것
③ 수직으로 부착할 것
④ 가스미터 입구 배관에는 드레인을 부착할 것

해설 가스미터기는 수직으로만 부착하는 것이 아니고 수직 또는 수평으로 설치가 가능하다.

31 그림에서 점선 속에 설치할 수 없는 것은?

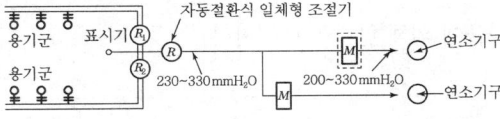

① 조정기 ② 가스미터
③ 긴급차단밸브 ④ 콕밸브

해설 긴급차단 밸브의 적용시설
• LPG 저장탱크가 5,000[L] 이상의 액상의 가스를 이입 또는 충전하는 배관에 설치
• 가연성 가스, 독성 가스, 산소가스의 저장탱크가 5,000[L] 이상의 액상의 가스를 이입 또는 충전하는 배관에 설치

32 다음 부취제의 구비조건 중 맞지 않는 것은?

① 화학적으로 안정할 것
② 가스배관, 가스미터 등에 흡착되지 않을 것
③ 물에 잘 녹고, 독성이 없을 것
④ 가격이 저렴할 것

해설 가연성 가스(프로판, 도시가스)에는 가스량의 $\frac{1}{1,000}$ (0.1%) 정도 부취제를 넣어서 누설 시 냄새로 조기에 발견이 용이하게 한다. 또한 부취제는 물에 녹아서는 안 된다.

33 2단 감압조정기의 장점이 아닌 것은?

① 공급압력이 일정하다.
② 중간배관이 가늘어도 된다.
③ 장치가 간단하다.
④ 각 연소기구에 알맞은 압력으로 가스공급이 가능하다.

해설 2단 감압조정기의 장점
• 공급압력이 안정하다.
• 중간배관이 가늘어도 된다.
• 입상배관에 의한 압력손실을 보정할 수 있다.
• 각 연소기구에 알맞은 압력으로 공급이 가능하다.

34 LP가스의 연소기에 관한 설명으로 바른 것은?

① 도시가스용으로 알맞다.
② 도시가스용보다 공기 구멍이 크게 되어 있다.
③ 도시가스용보다 공기 구멍이 작다.
④ 도시가스용보다 화구의 수를 적게 하면 좋다.

해설 LP가스는 도시가스에 비해 발열량이 크기 때문에, 또 다량의 공기가 소요되기 때문에 도시가스용보다 공기구멍이 크게 되어 있다.

CHAPTER 04 가스시설 유지관리

SECTION 01 압력계 측정

1. 1차 압력계
정확한 압력의 측정이나 2차 압력계의 눈금 교정에 사용된다.
① 액주식(Manometer)
② 자유 피스톤형 압력계

2. 2차 압력계
물질의 성질이 압력에 의해 받는 변화를 측정하고 그 변화율에 의해 압력을 측정한다.

> **측정 방법**
> ① 탄성을 이용하는 것   ② 전기적 변화를 이용한 것   ③ 물질변화를 이용한 것

(1) 부르동관(Bourdon) 압력계
① 2차 압력계 중 일반적인 것은 부르동관 압력계이며 탄성이용의 압력계로서 가장 많이 사용되고 있다.
② 부르동관의 재질
  ㉠ 저압의 경우 : 황동, 인청동, 니켈, 청동
  ㉡ 고압의 경우 : 니켈강, 특수강, 인발관, 강

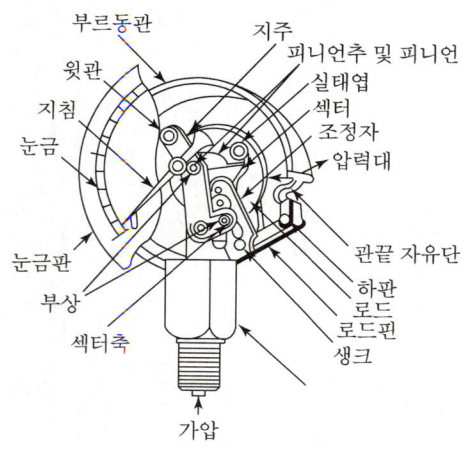

∥ 부르동관 압력계 ∥

> **Reference**
>
> 암모니아(NH_3), 아세틸렌(C_2H_2), 산화에틸렌(C_2H_4O)의 경우는 동 및 동합금을 사용할 수 없고 연강재를 사용한다. 산소일 경우는 다른 가스의 것과 혼용해서는 안 된다.
> 1. 고압의 산소용 압력계에는 유지류에 접촉하면 격렬하게 연소폭발을 일으킬 위험이 있으므로 눈금판에 금유라고 명기된 산소 전용의 깃을 사용해야 한다.
> 2. 특히 가연성 가스의 압력계와 혼용시 폭발의 위험이 있으며 유지류와 접촉하면 산화폭발의 위험이 있으므로 반드시 금유라고 명기된 산소 전용의 것을 사용해야 한다.
> 3. 압력계의 눈금 범위는 상용압력의 1.5배 이상, 2배 이하의 눈금이 있는 것을 사용해야 한다.
> 4. 부르동관 압력계를 사용할 때의 주의사항
>   ① 항상 검사를 행하고 지시의 정확성을 확인하여 둘 것
>   ② 안전장치를 한 것을 사용할 것
>   ③ 압력계에 가스를 유입하거나 빼낼 때는 서서히 조작할 것
>   ④ 온도변화나 진동, 충격 등이 적은 장소에 설치할 것

(2) 다이어프램(Diaphragm Manometer) 압력계

① 베릴륨, 구리, 인청동, 스테인리스강과 같은 탄성이 강한 얇은 판 양쪽 변위의 크기를 측정하여 압력의 차이를 알 수 있는 것을 다이어프램 압력계(격막식 압력계)라 한다.
② 공업용의 경우 사용범위는 20~5,000mmAg 정도이다.
③ 다이어프램(격막)의 재질 : 비금속 재료(천연고무, 합성고무, 테프론, 가죽)
④ 다이어프램 압력계의 특징
  ㉠ 극히 미소한 압력을 측정하기 위한 압력계이다.
  ㉡ (+), (-) 차압을 측정할 수 있다.
  ㉢ 부식성 유체의 측정이 가능하다.
  ㉣ 응답이 빠르나 온도의 영향을 받기 쉽다.
  ㉤ 과잉 압력으로 파손되어도 그 위험은 적다.

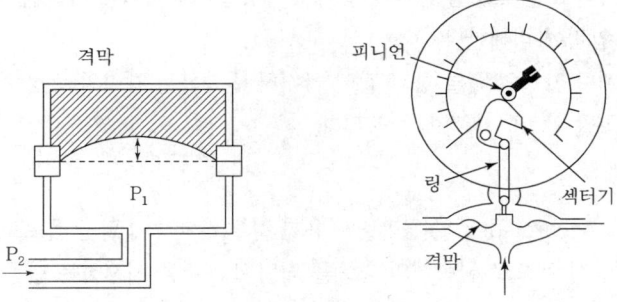

∥ 다이어프램 압력계 ∥

(3) 벨로스(Bellows) 압력계

① 얇은 금속판으로 만들어진 원통에 주름이 생기게 만든 것을 벨로스(Bellows)라 하며 이 벨로스의 탄성을 이용하여 압력을 측정하는 것이다.
② 측정압력 0.01~10kg/cm² 정도, ±1~2% 정도이다.
③ 유체 내 먼지 등의 영향이 적다.
④ 압력 변동에 적응하기 어렵다.

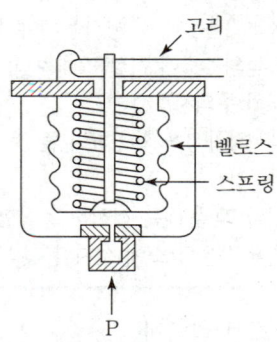

┃벨로스 압력계┃

(4) 전기저항 압력계

① 금속의 전기저항이 압력에 의해 변화하는 것을 이용한 것으로 그 목적에 적합한 금속으로서는 저항 변화가 압력과 더불어 직선적으로 변화하며 온도계수가 적은 것이 좋다.
② 망간 선은 이들의 조건을 가장 잘 갖추고 있으므로 그 가는 선을 코일상으로 감아 가압하여 전기저항을 측정하면 압력을 안다.
③ 망간 선으로도 압력에 의한 전기저항의 변화는 적으므로 수백 기압 이하에는 사용하지 않고 오로지 초고압의 측정이나 특수한 목적에 이용된다.

(5) 피에조(Piezo) 전기 압력계

① 수정이나 전기석 또는 로쉘염 등의 결정체의 특정방향에 압력을 가하면 그 표면에 전기가 일어나고 발생한 전기량은 압력에 비례한다.
② 엔진의 지시계나 가스의 폭발 등과 같이 급격히 변화하는 압력의 측정에 유효하다.
③ 아세틸렌의 폭발 압력의 측정에 사용된다.

(6) 침종식 압력계

① 아르키메데스(Archimedes)의 원리를 이용한 것으로 액중에 담근 플로트의 편위가 그 내부 압력에 비례하는 것을 이용한 것으로 금속제의 침종을 띄워 스프링을 지시하는 단종식과 복종식이 있다.
② 진동 및 충격의 영향이 적고, 미소 차압의 측정과 저압가스의 유량측정이 가능하다.
③ 액유입관을 최대한 짧게 하여 과다한 차압을 피하는 것이 좋으며 정도는 ±1~2%이다.

SECTION 02 온도 측정

1. 접촉식 온도계

온도를 측정하여야 할 물체에 온도계의 감온부를 접촉시키고 감온부와 물체 사이에 열교환을 행하여 평형을 유지할 때의 감온부의 물리적 변화량에서 온도를 아는 방법이다.

(1) 열팽창을 이용한 방법

　1) 고체 열팽창

　　① 고체압력식 온도계
　　② 바이메탈식 온도계

　2) 액체 열팽창

　　유리제(알코올, 수은) 온도계, 액체 압력계 온도계

　3) 기체 열팽창

　　기체압력식 온도계

(2) 전기저항 변화를 이용한 방법

　1) 금속 저항 변화

　　① 백금 온도계　　② 니켈 온도계　　③ 구리 온도계

　2) 반도체 저항 변화

　　더미스트 온도계

(3) 열전기력을 이용한 방법

　1) 귀금속 열전대

　　① 백금-로듐 온도계　　② 철-콘스탄탄　　③ 동-콘스탄탄

　2) 비금속 열전대

　　크로멜-알루멜 온도계

(4) 물질 상태 변화를 이용한 방법

　① 제겔콘의 융점 이용 : 제겔콘 온도계
　② 증기압의 이용 : 증기압력식 온도계

2. 비접촉식 온도계

피측온체에서 열복사의 강도를 측정하여 온도를 아는 방법이다.

(1) 완전방사를 이용한 방법

　① 광고 온도계　　　　　② 광전관 온도계　　　　　③ 방사 온도계

(2) 단색 물체를 이용한 방법

　① 흑체와 색온도를 비교 : 색 온도계

　② 완전 방사체 온도와 색 온도의 비교 : 더머컬러 온도계

▼ 각종 온도계의 사용범위

온도계의 종류	사용가능(℃)	적용범위(℃)
봉상글라스온도계	-200~1,000	
수은온도계	-35~700	-30~500
알코올온도계	-100~200	-70~150

(3) 온도계의 선택요령

　① 온도의 측정범위와 정밀도가 적당할 것
　② 지시 및 기록 등을 쉽게 행할 수 있을 것
　③ 피측 물체의 크기가 온도계의 크기에 적당할 것
　④ 피측 물체의 온도 변화에 대한 온도계 반응이 충분할 것
　⑤ 피측 물체의 화학반응 등으로 온도계에 영향이 없을 것
　⑥ 견고하고 내구성이 있을 것
　⑦ 취급하기가 쉽고 측정하기 간편할 것
　⑧ 원격지시 및 기록, 자동제어 등이 가능할 것

(4) 접촉법에 의한 온도측정

접촉법의 온도계에는 먼저 열팽창의 것으로서 봉상 온도계, 압력식 온도계 등이 있다.

1) 봉상 온도계

　봉상 온도계는 가장 일반적으로 사용되는 것이다.

　① 통상 -30~300℃ 전후의 곳에 적용된다.
　② 측정에 특히 어려운 점은 없으나 오차를 최소한으로 하려면 가급적 온도계 전체를 측정하는 물체에 접촉시키는 것이 좋다.

2) 압력식 온도계

　기체 또는 액체의 온도에 의한 팽창압력을 이용하는 것과 액체의 증기압을 이용한 것이 있다.

　① 압력식 온도계의 구성은 감온부(금속통부), 금속 모세관, 수압계로 되어 있다.
　② 감온부 내의 기체 또는 액체가 온도상승에 의해 팽창(또는 증기압이 변화)하고 그것에 의해 생긴 압력이 모세관을 통하여 수압부인 부르동관에 달한다.
　③ 부르동관의 편위가 지침에 의해 지시된다.
　④ 액체 팽창식은 수은, 에틸알코올, 물, 부탄-프로판을 사용하며, 측온범위는 -185~-315℃이다.

⑤ 기체 압력식은 질소
⑥ 증기압식은 프로판, 에틸알코올, 에테르를 사용하고 측온범위는 -45~-315℃이다.
⑦ 구조가 간단하고 가격면에서도 현장용의 간역계기(簡易計器)로서 가장 적합하다.

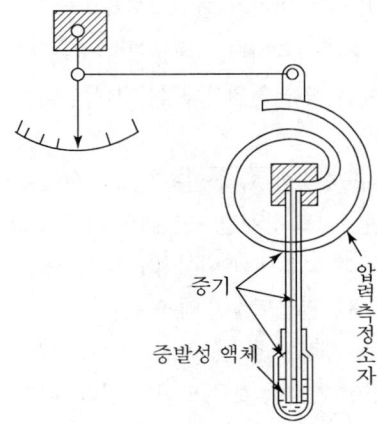

| 증기압식 온도계의 원리 |

3) 저항 온도계

저항 온도계는 온도 상승에 따라 순 금속선의 전기저항이 증가하는 현상을 이용한 것이다.
① 측정범위는 -200~-400℃ 이하 정도까지의 온도를 정확하게 측정하는 데 적합하다.
② 금속선으로서는 백금선이 사용된다.
③ 0℃에서의 전기저항은 25Ω, 50Ω, 100Ω 등이 있고 이것을 5cm 정도의 테에 감아 보통 금속성의 보호관에 넣고 있다. 이것을 측정 저항체라고 한다.
④ 금속선으로서 현재 사용되고 있는 것은 백금 이외의 니켈, 동이 있고 서미스터 등의 비금속 재료도 사용하게 되어 있다.
⑤ 일반적으로 저항온도계는 측온체, 동도선 및 표시계로 되어 있고 측정 회로로서 휘스톤 브리지가 채택되고 있다.
⑥ 저항 측정법으로서 보통 사용되고 있는 것은 전위차계, 전교, 교차선륜, 전류비율계 등이다.

4) 열전대 온도계

열전대 온도계는 열전대를 사용하여 온도를 측정하는 것이다. 즉, 이종의 금속선의 양단을 접속하여 두 접합점에 온도차를 부여하면 양 접점 간에 기전력이 발생한다. 이 열기전력은 2종의 금속선이 재질과 양 접점의 온도만으로 결정된다.
① 열전대 온도계의 구성은 열전대 보상도선, 냉접점, 동도선 및 표시계기로 성립한다.
② 열전대는 측온 저항체와 같이 보호관에 넣어 사용하는 경우가 많다.
③ 보상도선은 고온에는 견딜 수 없으나 150℃ 이하에서는 열전대와 대략 같은 열기전력을 갖는 것으로 열전대만으로 냉접점까지 결선하는 것은 고온이므로 비교적 저온 부분은 보상도선으로 대응하는 것이 보통이다.

④ 열전대는 온접점과 냉접점의 기전력의 차를 나타내므로 냉접점을 일정 온도로 유지하는 것이 좋다.
⑤ 실험실용으로서는 수냉식으로 0℃로 유지한다.
⑥ 공업계기로는 서모스탯에 의해 일정 온도를 유지하는 것이 행하여지고 있다.
⑦ 지시계기로서 전위차기 또는 밀리볼트미터를 사용한다.
⑧ 실험실 등에 사용되는 밀리볼트미터는 내분저항이 큰 것을 사용한다.
⑨ 열전대의 전자관계기에는 직류 전위차계식을 사용한다.
⑩ 열전대의 구비조건
  ㉠ 열기전력이 크고 온도상승에 따라 연속적으로 상승할 것
  ㉡ 열기전력 특성이 안정되고 장시간 사용에도 변화가 없을 것
  ㉢ 내열성이 크고 고온 가스에 대한 내식성도 있을 것
  ㉣ 전기저항 및 온도계수, 열전도율이 작을 것
  ㉤ 재료의 공급이 쉽고, 가격이 쌀 것
  ㉥ 재생도가 높고 특성이 일정한 것은 얻기 쉬워야 하며, 가공이 쉬워야 한다.
⑪ 열전대의 종류 및 특성

▼ 열전대

형식	종류	사용금속 +극	사용금속 -극	선굵기(m)	최고측정 온도	특징
R	백금 로듐-백금 PR	Pt 87 Rh 13	Pt (백금)	0.5	0~1,600	산화성 분위기에는 침식되지 않으나 환원성에는 약하다. 정도가 높고 안전성이 우수하여 고온 측정에 적합하다.
K	크로멜-알루멜 CA	크로멜 Ni : 90 Cu : 10	알루멜 Ni : 94 Al : 3 Mn : 2 Si : 1	0.65~3.20	0~1,200	가전력이 크고 온도-기전력선이 거의 직선적이다. 값이 싸고 특성이 안정되어 있다.
J	철-콘스탄탄 IC	Fe (순철)	콘스탄탄 Cu : 55 Ni : 45	0.50~3.20	-200~800	환원성 분위기에 강하나 산화성에는 약하며 값이 싸고 열기전력이 높다.
T	구리-콘스탄탄 CC	Cu (순수 구리)	콘스탄탄	0.50~1.6	-200~350	열기전력이 크고 저항 및 온도계수가 작아 저온용으로 쓰인다.

>>> **보호관의 구비조건**

① 고온에서도 변형되지 않고 온도의 급변에도 영향을 받지 않을 것
② 압력에 견디는 힘이 강할 것
③ 산화성 가스, 환원성 가스 및 용융성 금속 등에 강할 것
④ 보호관 재료가 열전대에 유해한 가스를 발생시키지 말 것
⑤ 외부 온도 변화를 신속히 열전대에 전할 것

(5) 비접촉에 의한 온도측정

1) 광고 온도계

피온물체에서 나오는 가시역 내의 일정 파장의 빛(통상 적생광 0.65μ)을 선정하고 표준전구에서 나오는 필라멘트의 휘도와 같게 하여 표준전구의 전류 또는 저항을 측정하여 온도를 안다. 본 계기는 흑체 온도로 눈금을 새기고 있으므로 흑도에 의해 보정할 필요가 있다. 이 계기는 비교적 정도는 좋으나 직접 사람이 측정해야 하는 결점이 있다.

2) 방사 고온계

피온물체에서 나오는 전방사를 렌즈, 반사경으로 모아 흡수체에 받는다. 이 흡수체의 상승온도를 열전대로 읽고 측온 물체의 반사경을 아는 것이다.

SECTION 03 유량 측정

1. 유량의 측정방법

(1) 직접법

유체의 부피나 질량을 직접 측정하는 방법으로서 중량이나 용적 유량을 직접 측정하기 때문에 유체의 성질에 영향을 받는 경우가 적고 고점도로 측정되는 반면 일반적으로 구조가 복잡하고 취급하기 어렵다는 결점이 있다. 대표적으로 습식 가스미터가 있다.

(2) 간접법

유속을 측정하여 유량을 구하는 방법이 대부분이며 베르누이의 정리를 응용한 것이 주류를 이루고 있다. 직접법에 비하면 약간 정도는 떨어지나 기계적 측정치의 전기 또는 공기압 신호에의 변환이 용이하므로 공업용 유량계로서 널리 이용되고 있다.

① 피토관(Pitot Tube)
② 오리피스미터(Orificemeter)
③ 벤투리미터(Venturimeter)
④ 로터미터(Rotameter)

> **Reference** 고압용 유량계
>
> 1. 압력 천평
> 2. 전기 저항식 유량계
> 3. 부자(플로)식 유량계

2. 적산 유량계(직접 유량계)

(1) 평량식 유량계

용량기지의 용기에 액체를 주입하고 만량이 되면 그 무게로 용기가 경사하여 방출하는 장치이며 일정시간 내의 용기의 경사, 액의 방출횟수에서 중량 유량을 적산하여 나타내는 것이다. 정도는 높지만(0.1%) 가압 유체의 측정은 되지 않는다.

(2) 용적식 유량계

체적기지의 계산실에 유체압에 의해 유체를 만량하며 이어 배출조작을 반복함으로써 유체의 용적유량을 측정하여 적산표시하는 것으로 정도도 좋고 공업적 용도도 넓다.

3. 간접 유량계

(1) 피토관(Pitot Tube)

유체 중에 피토관(Pitot Tube)을 삽입하고 동압과 정압을 측정하여 유속을 구하며 유량을 아는 것이다. 다음에 말하는 오리피스미터가 평균유속을 측정하는 데 대하여 피토관은 유체 중 어느 점에서의 유속을 측정한다.

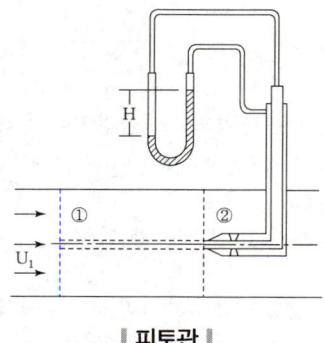

|| 피토관 ||

① 피토관(Pitot Tube)은 직각으로 굽은 2중관이며 환상부는 단이 뾰족하게 봉하여져 있다.
② 환상부와 중심관을 U자관에 연결하고 피토관을 유동방향으로 맞춰 중심관의 선단개구가 유동을 받아 흐르도록 하여 준다.
③ Pitot관의 유량(Q)을 구하는 식

$$Q = AV = \frac{\pi}{4}d^2 \sqrt{\frac{2g(\rho' - \rho)h}{\rho}}$$

여기서, Q : 유량(m³/sec)
V : (m/sec)
d : 관 내경(m)
ρ : 관에 흐르는 유체의 밀도(kg/m³)
ρ' : U자관 내의 액밀도(kg/m³)

(2) 차압식 유량계

공업용도에 가장 널리 이용되고 있는 것은 이 차압식 유량계이다. 이것은 측정관로 중에 교축기구를 설치하여 유동을 교축하고 이 때문에 생기는 교축부 전후의 압력차에서 유속을 구하여 유량을 측정하는 것을 오리피스미터, 벤투리미터 등이 있다.

1) 오리피스미터(Orifice Meter)

오리피스미터는 피토관과 같이 베르누이의 정리를 사용하여 유속을 구하는 것이나 피토관과 달리 도관의 평균 유속을 알 수 있고 공업용 또는 실험용의 간접측정법으로서 가장 중요한 것이다.

∴ 평균 유속(u)

$$u = \frac{C_o}{\sqrt{1-m^2}} \times \sqrt{\frac{2g_c(\rho'-1)H}{\rho}}$$

여기서, C_o : 유량계수

m : 교축비($=\frac{d^2}{D^2}$)

D : 교축 전의 지름(m)

d : 교축 후의 지름(m)

g_c : 중력 가속도(9.8m/sec²)

H : 마노미터의 읽기(m)

ρ' : 마노미터 봉입액의 밀도(kg/m³)

ρ : 유체로 밀도(kg/m³)

> **Reference** 유량계산식
>
> $$Q(\text{m}^3/\text{sec}) = A \times u$$
> $$= \frac{\pi}{4}d^2 \times \frac{C_o}{\sqrt{1-m^2}} \times \sqrt{\frac{2g(\rho'-1)H}{\rho}}$$

2) 벤투리미터(Venturimeter)

벤투리미터 역시 오리피스미터와 같이 관경의 변화에 따른 속도의 변화에 대한 압력변화의 차를 측정하여 유속을 구하는 것이다.

$$u = \frac{C_o}{\sqrt{1-m^2}} \times \sqrt{\frac{2g_c(\rho'-1)H}{\rho}}$$

(3) 면적식 유량계

차압식 유량계가 일정한 교축면적인 데 반하여 면적식은 유량의 대소에 의해 교축면적을 바꾸고 차압을 일정하게 유지하면서 면적변화에 의해 유량을 구한다. 이 형의 유량계는 부자형과 피스톤형으로 대별된다.

1) 로터미터(Rotameter)

글라스제 수직관속에 부자가 있어서 계량할 액 또는 가스가 아래에서 위로 통과하고 부자는 그 부력과 중력이 평정하는 위치에 부상하므로 부자 위치의 눈금에 따라 유속을 알 수 있다. 즉, 저레이놀즈수에서도 유량계수가 안정하므로 중유와 같은 고점도 유체나 오리피스 미터에서는 측정 불능한 소유량의 측정에 적합하다.

$$S_f g_c(P_1 - P_2) = V_f(\rho_t - \rho)g$$
$$\therefore \frac{P_1 - P_2}{\rho} = \frac{V_f}{S_f}\left(\frac{\rho_f - \rho}{\rho}\right)\frac{g}{g_c}$$

여기서, V_f : 부자의 체적
ρ_f : 부자의 밀도
P_1, P_2 : 부자 전후의 압력
ρ : 유체의 밀도
S_f : 부자와 관 사이의 환상로의 면적

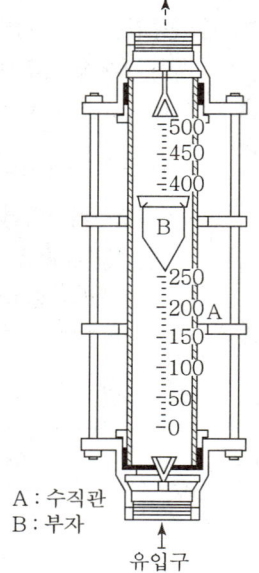

A : 수직관
B : 부자

∥ 로터미터 ∥

≫ 면적 가변식 유량계의 장점
① 소용량 측정이 가능하다.
② 압력손실이 적고 거의 일정하다.
③ 유효 측정범위가 넓다.
④ 직접 유량을 측정한다.
⑤ 장치가 간단하다.

SECTION 04 액면의 측정

1. 액면계의 종류
① 클링커식 액면계　　② 유리관식 액면계　　③ 플로식 액면계
④ 정전 용량식 액면계　⑤ 차압식(햄프슨) 액면계　⑥ 편위식 액면계
⑦ 고정 튜브식 액면계　⑧ 회전 튜브식 액면계　⑨ 슬립 튜브식 액면계

2. 액면계의 구비조건
① 온도나 압력 등에 견딜 수 있을 것　② 연속 조정이 가능할 것
③ 지시 기록에 원격 측정이 가능할 것　④ 가격이 싸고 보수가 쉬울 것
⑤ 구조가 간단하고 내식성일 것　　　⑥ 자동제어화할 수 있을 것

3. 액면계 선정 시 고려사항

① 측정범위와 정도　　② 측정장소와 제반 조건　　③ 설치조건
④ 안정성　　　　　　⑤ 변동상태

4. 액면계의 원리

(1) 클링커식 액면계

유리판과 금속판을 조합하여 사용하며 파손할 때 액체의 유출을 최소한도로 줄이기 위하여 짧은 것을 서로 비슷하게 배열한다.

저장소 내의 액면을 직접 읽을 수 있는 것으로 경질의 유리관 또는 유리판의 파손을 방지하기 위하여 프로텍터 및 밸브 등으로 구성한다.

(2) 플로트식 액면계(부자식 액면계)

저장조 내의 중앙부 액면에 부자를 띄워서 철사줄(Wire Rope)로 밖으로 인출하여 측정한다. 저장조 내의 측벽에 부자를 띄워서 회전력에 의하여 링기구를 가지고 중앙 경판(거울)부에 축을 인출하여 지침에 전한다.

(3) 정전용량식 액면계

저장조 벽과 전극부를 축전기로써 액면의 변화에 의한 정전 용량을 변화로 하여 끄집어 내고 이것을 함께 측정한다. 즉 그림 ③에 있어서 액면 A와 액면 B는 정전 용량 C가 된다.

(4) 초음파식 액면계

기상부에 초음파 발진기를 두고 초음파의 왕복하는 시간을 측정하여 액면까지의 길이를 측정하는 것과 액면 밑에 발전기를 붙여두고 같은 모양으로 액면까지의 높이를 아는 것이다.

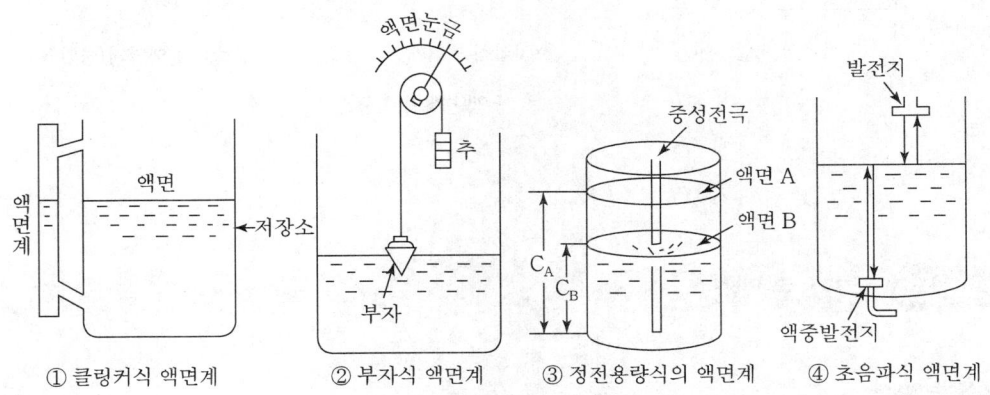

‖ 액면계의 종류 ‖

(5) 마그네트식 액면계(자석식 액면계)

비자성 관내의 부자를 전자화하여 두고 관외의 철심 부자의 상하에 추종시키도록 한 것. 부식성 액체에도 사용된다.

(6) 햄프슨식 액면계(차압식 액면계)

액화 산소 등과 같은 극저온의 저장조의 액면의 측정에는 차압식이 많이 사용되고 있다. 저장조 상부로부터 끄집어 낸 압력과 저장조 저부로부터 끄집어 낸 압력의 차압에 의하여 액면을 측정한다.

(7) 벨로스식 액면계

차압식의 극저온 액체의 액면 측정에 쓰인다. 고압 벨로스에 저장조 저면으로부터의 압력을 저압 벨로스로 저장조 상부로부터의 압력을 걸어 신축의 차를 지침에 나타내도록 한 것

(8) 슬립 튜브식 액면계(Slip Tube)

저장조 최정상부 중앙으로부터 가는 스테인리스관을 저면까지 붙인다. 이 관을 상하로 하여 관내에서 분출하는 가스상과 액상의 경계를 찾아 액면을 측정한다.

(9) 전기 저항식 액면계

백금선 등을 가온하여 저장조 내에 세워두면 액중의 길이에 대하여 전기저항이 변화하므로 액면을 측정할 수 있다.

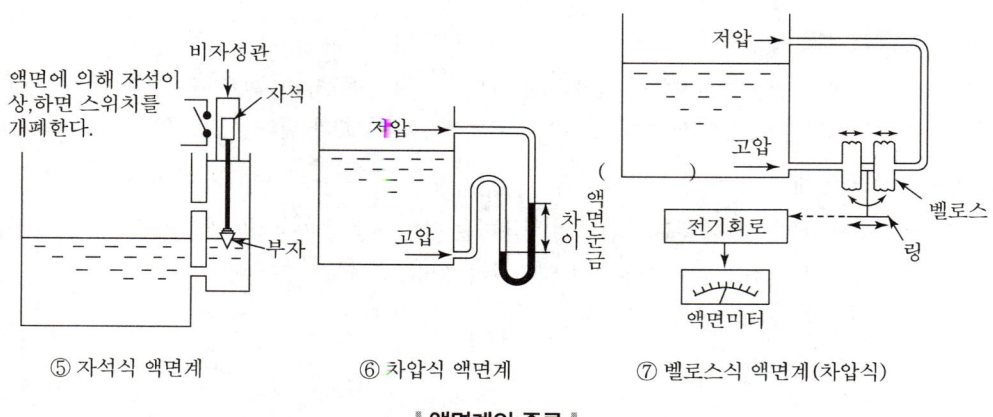

⑤ 자석식 액면계   ⑥ 차압식 액면계   ⑦ 벨로스식 액면계(차압식)

‖ 액면계의 종류 ‖

SECTION 05 가스분석법

1. 흡수 분석법

흡수법은 혼합가스를 각각 특정한 흡수액에 흡수시켜 흡수 전후의 가스용적의 차에서 흡수된 가스량을 구하여 정량을 행하는 것이다.

(1) 헴펠(Hempel)법

헴펠법에서 분석되는 가스는 주로 CO_2, C_mH_n(중탄화수소), O_2, CO이며 흡수액은 다음 표와 같다.

▼ 헴펠법의 흡수액

성분	흡수액	피펫
CO_2	KOH 30g/H_2O 100ml	단식 또는 복식
C_mH_n	무수황산약 25%를 포함한 발연황산	구입
O_2	KOH 60g/H_2O 100ml + 피로갈롤 12g/H_2O 100ml	복식
CO	NH_4Cl 33g + CuCl 27g/H_2O 100ml + 암모니아수	복식

흡수장치에는 헴펠의 피펫을 사용하고 CO_2, C_mH_n, O_2 및 CO의 순서에 따라 각각 규정된 흡수액에 흡수시켜 흡수 가스량은 가스뷰렛으로 측정한다.

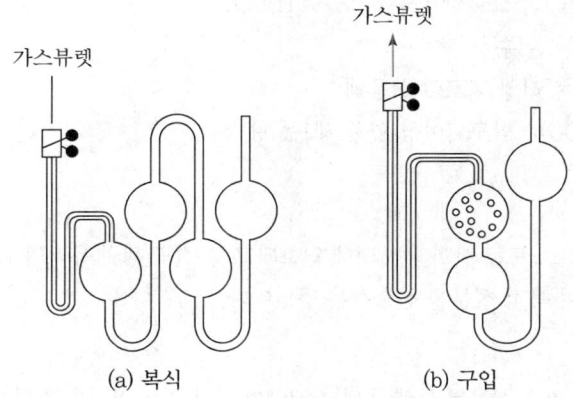

‖ 헴펠의 흡수 피펫 ‖

(2) 오르사트(Orsat)법

오르사트법은 가스와 흡수액의 접촉이 양호한 구조의 피펫을 사용하여 가스의 흡수는 섞지 않고 행한다.

1) 오르사트 분석장치의 일례

① 뷰렛 B는 보온 외투관부 수준병 N에 의해 a에서 시료 가스를 뷰렛 내에 도입한다.

② 피펫Ⅲ의 흡수액은 KOH 용액으로 뷰렛 내의 시료가스를 수준병의 조작으로 피펫Ⅲ에 넣고 또 뷰렛에 복귀시키는 것을 반복하여 완전히 CO_2를 흡수시킨다.

③ 나머지 가스를 같은 조작으로 피펫Ⅱ(알칼리성 피로갈롤 용액)에 넣어 O_2를 흡수한다.

④ 다시 남은 가스는 피펫Ⅰ(암모니아성 염화 제1동 용액)에 넣어 CO를 흡수한다.

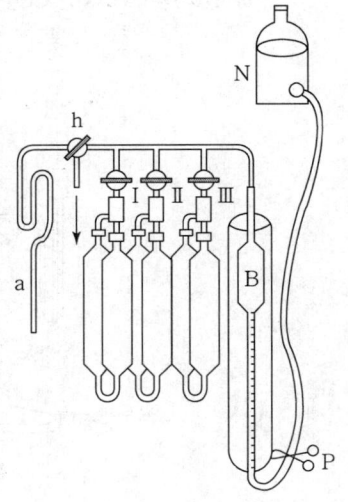

‖ 오르사트 분석장치 ‖

2) 오르사트 가스 분석 순서 및 흡수액

① 이산화탄소(CO_2) : 33% KOH 수용액

② 산소(O_2) : 알칼리성 피로갈롤 용액
③ 일산화탄소(CO) : 암모니아성 염화 제1동 용액

(3) 게겔(Gockel)법
① 게겔법은 저급 탄화수소의 분석용에 고안된 것이다.
② 게겔법의 분석 순서 및 흡수액은 다음과 같다.
㉠ 이산화탄소(CO_2) : 33% KOH 용액
㉡ 아세틸렌(C_2H_2) : 옥소수은칼륨 용액
㉢ 프로필렌(C_3H_6)과 노르말부틸렌 : 87% H_2SO_4
㉣ 에틸렌(C_2H_4) : 취수소
㉤ 산소(O_2) : 알칼리성 피로갈롤 용액
㉥ 일산화탄소(CO) : 암모니아성 염화 제1동 용액

2. 연소 분석법

시료 가스는 공기 또는 산소 또는 산화제에 의해 연소되고 그 결과 생긴 용적의 감소, 이산화탄소의 생성량, 산소의 소비량 등을 측정하여 목적 성분을 산출하는 방법이다.

(1) 폭발법
① 일정량의 가연성 가스 시료를 뷰렛에 넣고 적량의 산소 또는 공기를 혼합하여 폭발 피펫에 옮겨 전기 스파크에 의해 폭발시킨다.
② 가스를 다스 뷰렛에 되돌려 연소에 의한 용적의 감소에서 목적 성분을 구하는 방법이다.
③ 연소에서 생성된 CO_2 및 잔류하는 O_2는 흡수법에 의해 구할 수 있다.

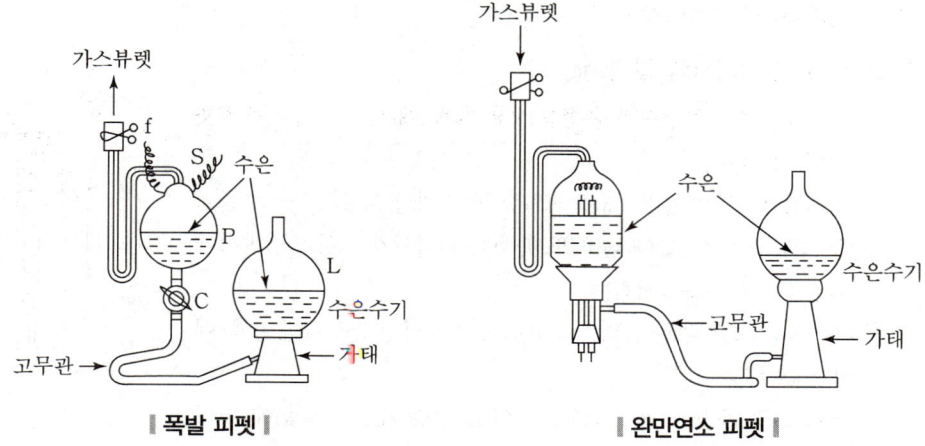

‖ 폭발 피펫 ‖   ‖ 완만연소 피펫 ‖

④ 폭발법은 가스 조성이 대체로 변할 때에 사용하는 것이 안전하다.

(2) 완만 연소법

지름 0.5mm 정도의 백금선을 3~4mm의 코일로 한 적열부를 가진 완만연소 피펫으로 시료 가스의 연소를 행하는 방법이며 적열백금법 또는 우인클레법이라고도 한다.

① 시료가스와 적당량의 산소를 서서히 피펫에 이송하고 가열, 조절이 되는 백금선으로 연소를 행하므로 폭발의 위험을 피할 수 있고 N_2가 혼재할 때에도 질소 산화물의 생성을 방지할 수 있다.

② 완면연소법은 흡수법과 조합하여 H_2와 CH_4를 산출하는 이외에 H_2와 CO, H_2, H_2 또는 CH_4와 C_2H_6 등을 모두 용적의 수축과 CO_2의 생성량 및 소비 O_2량에서 산출할 수 있다.

(3) 분별 연소법

2종 이상의 동족 탄화수소와 H_2가 혼재하고 있는 시료에서는 폭발법과 완만 연소법이 이용될 수 없다. 이 경우에 탄화수소는 산화시키지 않고, H_2 및 CO만을 분별적으로 완전 산화시키는 분별 연소법이 사용된다.

1) 팔라듐관 연소법

약 10%의 팔라듐 석면 0.1~0.2g을 넣은 팔라듐관을 80℃ 전후로 유지하고 시료가스와 적당량의 O_2를 통하여 연소시키면

$$2H_2 + O_2 \longrightarrow 2H_2O$$

와 같다.

연소 전후의 체적차 2/3가 H_2량이 되어 이때 C_mH_{2n+2}는 변화하지 않으므로 H_2량이 산출된다.

■ 촉매로서 팔라듐 석면 이외에 팔라듐 흑연, 백금 실리카겔 등도 사용된다.

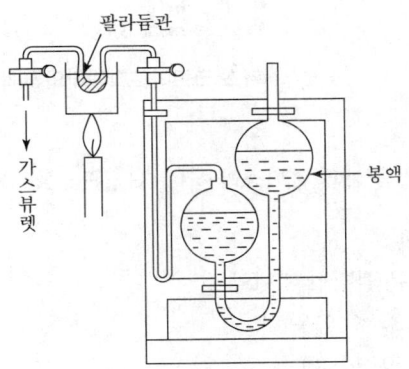

∥ 팔라듐관 연소장치 ∥

2) 산화동법

산화제로서 산화동을 250℃로 가열하여 시료 가스를 통하면 H_2 및 CO는 연소하나 CH_4는 남는다. 또, 적열(800~900℃) 가까이 산화동에서는 CH_4도 연소하므로 H_2 및 CO를 제거한 가스에 대해서는 CH_4의 정량도 된다.

3. 기기 분석법

(1) 가스 크로마토그래피(Gas Chromatography)

1) 가스 크로마토그래피의 구성

가스 크로마토그래피(Gas Chromatography)라고 부르며 분리관(칼럼), 검출기, 기록계 등으로 구성된다.

2) 가스 크로마토그래피의 원리

먼저 캐리어가스(Carrier Gas)의 유량을 조절하면서 흘려 넣고 측정가스도 시료 도입부를 통하여 공급하면 측정가스와 캐리어가스가 분리관(칼럼)을 통하게 되는 동안 분리되어 시료의 각 성분을 검출기에서 측정하게 된다. 이때 캐리어가스와 시료성분의 검출은 열전도율의 차에 의해 검출되고 검출기에서는 대조 측과 시료 측의 양자의 차를 비교하여 기록계에서 기록한다.

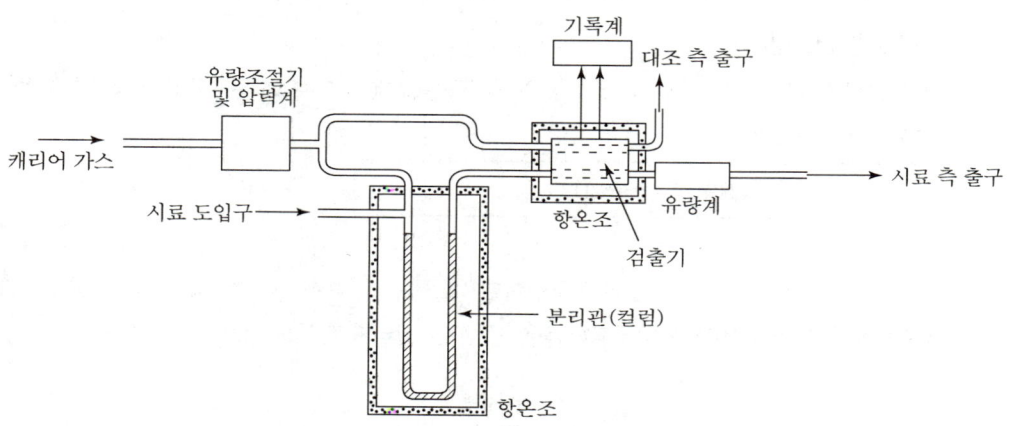

∥ 가스 크로마토그래피의 일례 ∥

3) 캐리어 가스의 종류

전개제에 상당하는 가스를 캐리어 가스라 하며, H_2, He, Ar, N_2 등이 사용된다.

4) 캐리어 가스의 구비조건

① 시료와 반응하지 않은 불활성 기체일 것
② 기체 확산을 최초로 할 수 있을 것
③ 순도가 높고 구입이 용이할 것
④ 경제적일 것(가격이 저렴할 것)
⑤ 사용하는 검출기에 적합할 것

▼ 분리관(칼럼)의 충전물

	품명	최고사용온도(℃)	적용
흡착형	황성탄	–	H_2, CO, CO_2, CH_4
	활성알루미나	–	CO, $C_1 \sim C_4$ 탄화수소
	실리카겔	–	CO_2, $C_1 \sim C_3$ 탄화수소
	Molecular Sieves 13X	–	CO, CO_2, N_2, O_2
	Porapak Q	250	N_2O, NO, H_2O
분기형	DMF(Dimethyl Formamide)	20	$C_1 \sim C_4$ 탄화수소
	DMS(Dimethyl Sulfolane)	50	프레온, 올레핀류
	TCP(Ticresyl Phosphate)	125	유황 화합물
	Silicone SE-30	250	고비점 탄화수소
	Goaly U-90(Squalane)	125	다성분 혼합의 탄화수소

5) 가스 크로마토그래피의 검출기에는 각종의 형식이 있으나 일반적으로 많이 사용되고 있는 3종류를 대별한다.
   ① 열전도형 검출기(TCD)
   ② 수소이온화 검출기(FID)
   ③ 전자포획 이온화 검출기(ECD)

▼ 검출기의 종류

명칭	열전도도형 검출기(TCD)	수소이온화 검출기(FID)	전자포획이온화 검출기(ECD)
원리	캐리어 가스와 시료성분 가스의 열전도도차를 금속필라멘트(혹은 더미스터)의 저항 변화로 검출	염으로 시료성분이 0 온화됨으로써 염중에 놓여진 전극간의 전기전도도가 증대하는 것을 이용	방사선으로 캐리어 가스가 이온화되고 생긴 자유전자를 시료성분이 포획하면 이온전류가 멸소하는 것을 이용
적용	일반적으로 가장 널리 사용된다.	탄화수소에서의 감도 최고이며 H_2, O_2, CO, CO_2, SO_2 등은 감도 없음	할로겐 및 산소화합물에서의 감도 최고, 탄화수소는 감도가 나쁘다.

(2) 질량 분석법

시료가스를 진공의 이온화실에 도입하여 열전자로 이온화를 행하고 생성된 이온을 정전장에서 가속하여 이온선을 만들어 이것을 직각으로 자장을 작용시키면 이온 전류가 생긴다. 이 전류를 이온 콜렉터로 검출하면 질량 스펙트럼(운동량 스펙트럼)을 얻는다.

(3) 적외선 분광 분석법

적외선 분광 분석법은 분자의 진동 중 쌍극자 모멘트의 변화를 일으킬 진동에 의하여 적외선의 흡수가 일어나는 것을 이용한 것이다.
① 쌍극자 모멘트를 갖지 않는 H_2, O_2, N_2, Cl_2 등의 2원자는 적외선을 흡수하지 않으므로 분석이 불가능하다.
② 분자 내 전자에너지의 천이에 의하여 일어나는 자외선 흡수($400 \sim 50 \mu m$)를 이용하는 방법도 있고 O_3, Cl_2, SO_2, $COCl_2$ 등의 분석이 된다.

(4) 전량 적정법

패러데이(Faraday)의 법칙에 따르면 전해에 소비되는 전기량(Q)(1쿨롱=1암페어×1초)과 피전해중량 W와의 관계는 다음과 같다.

$$W = \frac{W_m \cdot Q}{n \cdot F}$$

여기서, W_m : 피전해질의 그램 원자수(또는 그램 분자수)
　　　　n : 반응에 관여하는 전자수
　　　　F : 패러데이 정수(96,500쿨롱)

이 원리에 의한 전해에 요하는 전기량에서 목적 물질을 분석하는 것을 전량 적정법(정전류 전량분석법)이라 한다.
① 특히 미량 분석에 많이 사용된다.
② CO_2, O_2, SO_2, NH_3 등의 분석에도 이용된다.

(5) 저온 정밀 증류법

시료가스를 상압에서 냉각하거나 가압하여 액화시키고 정류 효과가 큰 정류탑으로 정류하여 그 증류 온도 및 유출 가스의 분압($PV = nRT$)에서 증류 곡선을 얻어 시료가스의 조성을 산출하는 방법이다.
① 탄화수소 혼합가스의 분석에 많이 사용된다.
② C_2H_2, CO_2 등 간단하게 핵화하지 않는 가스나 저함유량의 성분에 대해서는 부적당하다.

4. 각종 가스의 분석

(1) 수소
　① 팔라듐 블랙에 의한 흡수
　② 폭발법
　③ 산화동에 의한 연소
　④ 열전도도법

(2) 산소
　① 염화 제1동의 암모니아성 용액에 의한 흡수
　② 탄산동의 암모니아성 용액에 의한 흡수
　③ 알칼리성 피로갈롤 용액에 의한 흡수
　④ 티오황산나트륨 용액에 의한 흡수

(3) 이산화탄소
　① 수산화나트륨 수용액에 의한 흡수
　② 소다라임에 흡수시켜 그 중량을 평량
　③ 수산화바륨 수용액에 흡수시켜 전기전도도를 측정하거나 염산으로 적정
　④ 열전도도법

(4) 일산화탄소
　① 염화 제1동의 암모니아성 용액에 의한 흡수
　② 미량 일산화탄소는 오산화요소로 산화하여 이산화탄소로 한 다음 수산화바륨 수용액에 흡수시켜서 전기도도법으로 측정

(5) 암모니아
　황산에 흡수시키고 나머지는 알칼리로 황산을 적정

(6) 아세틸렌
　① 발열황산에 의한 흡수
　② 시안화수은과 수산화칼륨 용액에 의한 흡수

(7) 이산화유황
　① 취소로 산화하여 황산으로 한 다음에 염화바륨을 황산바륨으로 하여 중량을 측정
　② 요소로 산화하여 나머지의 요소를 티오황산나트륨으로 적정

(8) 염소
　① 수산화나트륨에 의한 흡수
　② 요드화칼륨 수용액에 흡수시켜 유리된 요소를 티오황산나트륨으로 적정

SECTION 06 가스 분석계

1. 밀도식(비중식)

혼합가스 성분의 조정률을 알고 있는 경우 그 조정률의 변화는 가스 밀도의 변화가 되는 것을 이용하여 가스 밀도의 측정에서 조성률을 구하는 것이 밀도식 가스 분석계이다.
① 밀도의 측정법에는 가스 천칭, 유출식, 임펠러식, 음향식 등이 있다.
② 실용의 예로는 암모니아 합성원료 가스 중의 수소, 연소 가스 중의 SO_2 등이 있다.

2. 열전도율식

가스 크로마토그래피에서의 열전도형 검출기와 같은 원리에 의한 것이나 단일 성분이 아닌 혼합가스에서 측정이 되므로 표준가스(대조 측)와 측정가스 열전도율의 차가 큰 것일수록 측정이 용이하다. N_2 중의 H_2 측정 또는 공기 분리장치에서의 N_2 및 O_2, Ar 등의 사용 예가 있다.

3. 적외선식

적외선 분광분석법과 원리는 같으나 적외선을 분광하지 않고 측정성분의 흡수파장을 그대로 시료에 통하게 하는 것이다. 이 방법에 의한 분석계는 측정 대상 가스의 종류가 많고 측정범위도 CO 또는 CO_2로 0~20ppm에서 0~100%의 것까지 있어 널리 사용되고 있다.

4. 반응열식

촉매를 사용하여 측정성분에 화학반응을 일으키게 하고 그때 생기는 반응열을 측정하여 함유량을 구하는 방법이다. 따라서 촉매의 성능이 분석계의 성능을 좌우하므로 촉매의 독(특히 황분, 할로겐) 등에 주의해야 한다.
① 반응열의 측정법
　　㉠ 열전대를 사용하는 것
　　㉡ 백금선을 저항선으로 하여 그 저항치가 온도에 의존하는 것을 이용하는 열선법
② 본법에서 이용되는 반응은 특히 반응열이 큰 O_2와의 연소반응이 있다.
③ 가연성 가스 또는 불활성 가스 중의 O_2의 측정 및 H_2 혼합가스 중의 O_2 또는 H_2 등의 측정에 이용되고 있다.

5. 자기식

가스의 자화율(대자율)을 이용한 것이며 특히 자화율이 큰 산소의 분석계로써 널리 사용되고 있다. 자장을 가진 측정실 내에서 시료 가스 중의 O_2에 자기풍(자화율과 온도의 상호관계에서 생기는 순환류)을 일으키고 이것을 검출하여 함량을 구하는 방식이다.
① 자기풍의 검출
　　㉠ 열선소자의 저항치 변화로써 측정하는 방법
　　㉡ 쿠인케의 법칙에 의하여 계면 압력차를 이용하는 방법
② 자기분석계에서는 O_2에 이어 자화율이 큰 NO, NO_2, ClO_2, ClO_3 이외는 측정에 방해가 되지 않으므로 O_2 측정에 대한 선택성은 우수하다.
③ 연소 가스 중의 O_2(1~10vol%), 폭발성 혼합가스 중의 O_2(1~10vol%) 측정에 이용한다.

6. 용액도전율식

용액(반응식 또는 흡수액)에 시료가스를 흡수시켜서 측정 성분에 따라 도전율이 변하는 것을 이용한 것이다. 따라서 측정대상 가스에 적합한 반응액의 종류, 농도 등이 분석계의 성능을 좌우한다.
① 도전율(저항률의 역수)의 측정은 콜라우시의 교류 브리지가 기초로 되어 있다.
② 가스분석계에서는 도전율의 절대치를 구하는 것에서 반응 또는 흡착 전후의 변화를 구하면 되므로 이 변화 측정에 각종의 편법이 취해지고 있다.
③ 다음 표의 분석계는 미량성분의 측정에 유효하다.

▼ 용액전도율식 분석계의 반응액열

측정가스	반응액	반응식
CO_2	NaOH 용액	$CO_2 + 2NaOH \longrightarrow Na_2CO_3 + H_2O$
SO_2	H_2O_2 용액	$SO_2 + H_2O_2 \longrightarrow H_2SO_4$
Cl_2	$AgNO_3$ 용액	$3Cl_2 + 6AgNO_3 + 3H_2O \longrightarrow 5AgCl + AgClO_3 + 6HNO_3$
N_2S	I_2 용액	$H_2S + I_2 \longrightarrow 2HI + S$
NH_3	H_2SO_4 용액	$2NH_3 + H_2SO_4 + H_2O \longrightarrow (NH_4)_2SO_4 + H_2O$

📖 Reference

예를 들면, SO_2, Cl_2, H_2S 등의 0~2ppm의 측정이 가능하다.

SECTION 07 가스 검지법

1. 시험지법

검지 가스와 반응하여 변색하는 시약을 여지 등에 침투시킨 것을 이용한다.

▼ 시험지의 예

시험지	제법	검지가스	반응	감도
KI-전분지	전분액과 N-KI액을 동량혼합	할로겐 NO_2ClO	청~갈색으로 변한다	Cl_2는 0.00143g/L
리트머스지		산성가스	적변	NH_3는 0.0007mg/L
		NH_3	청변	
염화제일동	$CuSO_4 \cdot 5HO$ 3g, NH_4Cl 3g : 염산히드록실아민 5g을 88mL H_2O에 용해한다. 이 액 9mL와 암모니아성 $AgNO_3$액 1.5mL를 양합액으로 만든다.	C_2H_2	적갈색	2.5mg/L
Harrison씨 시약지	P-디메틸아미노벤츠알데이드 및 디펠아민 1g을 CCl_4 10mL에 용해해서 만든다.	포스겐	심등색	1mg/L
염화팔라듐지	$PdCl_2$ 0.2%액에 침수, 건조 후 5% 초산 침수시킨다.	CO	흑변	0.01mg/L
연당지	초산연 10g을 물 90mL로 용해한다.	H_2S	회~흑변	0.001mg/L
초산벤지진지	초산동 2.86g을 물 1L에 용해하고 따로 포화초산벤지진지액 475mL와 525mL를 혼합한다. 사용 직전에 양자의 등용을 혼합하여 만든다.	HCN	청변	0.001mg/L

2. 검지관법

검지관은 내경 2~4mm의 글라스관 중에 발샥시약을 흡착시킨 검지제를 충전하여 관의 양단을 액봉한 것이다. 사용에 있어서는 양단을 절단하여 가스 채취기로 시료가스를 넣은 후 착색층의 길이, 착색의 정도에서 성분의 농도를 측정한다.

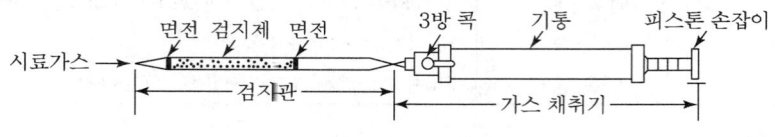

∥ 가스 크로마토그래피의 일례 ∥

3. 가연성 가스 검출기

공기와 혼합하여 폭발할 가능성이 있는 가스는 모두 그 폭발 범위의 농도에 달하기 전에 검출되지 않으면 안 된다. 따라서 이들의 검출에는 현장에서 시료를 채취하여 일반적인 가스 분석법으로도 좋으나 그것만으로는 안전상 불편하므로 현장에 파이프로 시험실에 연결하여 신속하게 또 가능한 한 자동적으로 검출이 되고 경보가 작동하여야 한다.

(1) 안전등형

탄광 내에서 CH_4의 발생을 검출하는 데 안전등형 간이 가연성 가스 검지기가 사용되고 있다. 이것은 2중의 철강에 둘러싸인 석유 램프의 일종이고 인화점 50℃ 전후의 등유를 사용하며 CH_4가 존재하면 불꽃 주변의 발열량이 증가하므로 불꽃의 형상이 커진다.

이것을 청염(푸른 불꽃)이라 하며 청염의 길이에서 CH_4의 농도를 대략적으로 알 수 있는 것이다.

▼ 염길이와 메탄농도의 관계

청염길이(mm)	7	8	9.5	11	13.5	17	24.5	47
메탄농도(%)	1	1.5	2	2.5	3	3.5	4	4.5

- CH_4가 폭발범위로 근접하여 5.7%가 되면 불꽃이 흔들리기 시작하고 5.85%가 되면 등내서 폭발하여 불꽃이 꺼지나 철강 때문에 등외의 가스에 점화되지 않도록 되어 있다.

(2) 간섭계형

가스의 굴절률 차를 이용하여 농도를 측정하는 것이다.

1) 성분의 가스 농도(%)

$$X = \frac{Z}{(n_m - n_s)L} \times 100$$

여기서, X : 성분 가스의 농도(%)
Z : 공기의 굴절률 차에 의한 간섭두늬의 이동
n_m : 성분가스의 굴절률
n_s : 공기의 굴절률

2) 열선형

측정원리에 의하여 열전도식과 연소식이 있다.
① **열전도식** : 가스 크로마토그래피의 열전도형 검출기와 같이 전기적으로 가열된 열선(필라멘트)으로 가스를 검지한다.
② **연소식** : 열선(필라멘트)으로 검지 가스를 연소시켜 생기는 전기 저항의 변화가 연소에 의해 생기는 온도에 비례하는 것을 이용한 것이다.

> **Reference**
> 열선형의 열전도식과 연소식 어느 것이나 브리지 회로의 편위 전류로써 가스 농도를 지시하거나 자동적으로 경보를 한다.

SECTION 08 가스누설검지 경보장치

가스누설검지 경보장치는 가스의 누설 시 검지하여 경보농도에서 자동적으로 경보하는 것일 것

1. 가스누설검지 경보장치의 종류

① 접촉연소 방식 　　　② 격막갈바니 전지 방식 　　　③ 반도체 방식

2. 가스누설검지 경보장치의 경보농도

① 가연성 가스 : 폭발하한계의 1/4 이하
② 독성 가스 : 허용농도 이하(단, NH_3를 실내에서 사용하는 경우 : 50ppm)

3. 가스누설검지 경보기의 정밀도

① 가연성 가스용 : ±25% 이하
② 독성 가스용 : ±30% 이하

4. 가스누설검지 경보장치의 검지에서 발신까지 걸리는 시간

① 가스누설 검지 경보장치의 경보농도의 1.6배 농도에서 보통 30초 이내일 것
② NH_3, CO 또는 이와 유사한 가스는 1분 이내

5. 가스누설검지 경보장치 지시계의 눈금범위

① 가연성 가스 : 0~폭발하한계
② 독성 가스 : 0~허용농도의 3배값(단, NH_3를 실내에서 사용하는 경우에는 150ppm)

SECTION 09 제어동작에 의한 분류

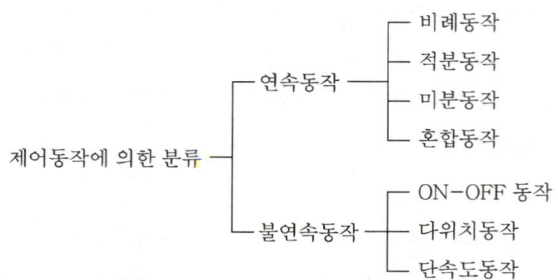

1. 불연속 동작

① ON-OFF 동작 : 일명 2위치 동작이라 하며, 조작량 또는 제어량을 지배하는 신호가 입력의 크기에 의해 2개의 정해진 값(ON, OFF) 중 어느 한쪽인가를 취하는 동작
② 다위치 제어 : 편차의 크기에 따라 제어장치의 조작량이 3개 이상의 정해진 값 중 하나를 취하는 제어동작
③ 단속도 제어 : 편차가 어느 특정 범위를 넘으면 편차에 따라 일정한 속도로 조작신호가 변하는 단속도 제어동작
④ 다속도 동작 : 편차의 크기에 따라 조작신호의 변화 속도를 3개 이상 정한 값 중 하나를 취하도록 하는 제어동작

2. 연속 동작

(1) 비례 동작(Proportional Action, P동작)

조작량은 제어편차의 변화속도에 비례하는 동작으로 연속동작 중 가장 기본적이다.

■ 특징
① 잔류편차가 발생한다.
② 응답속도가 정확하다.
③ 계의 안정도가 있어야 한다.

(2) 적분 동작(Integral Action, I동작)

조작량은 제어편차의 적분치에 비례한 크기로 조작량을 변화시키는 동작으로 잔류편차를 제거하는 데 효과적인 방법이다.

■ 특징
① 잔류편차가 남지 않는다.
② 안전성이 떨어지고 응답속도가 느리다.

(3) 미분 동작(Derivative, D동작)

조작량은 제어편차의 미분값에 비례하는 크기로 조작량을 변화시키는 동작이다.
- 특징
① 빠른 응답시간으로 진동을 감소시킬 수 있다.
② 비례동작이나 비례적분동작과 조합하여 사용한다.

(4) 비례적분 동작(Proportional Integral Action, PI동작)

비례제어에서는 잔류편차를 제거하기 위하여 수동 리셋(Reset)을 사용하는데 이것을 자동화한 동작이다.
- 특징
① 잔류편차(Offset) 제거
② 감도 응답이 빨라짐
③ 제어시간의 증가

(5) 비례미분 동작(Proportional Derivative, PD동작)

동작신호의 미분값과 현재 편차의 경향에서 장래 편차를 예상한 정정 신호를 내는 제어로 시간지연이 큰 공정에 적합하다.

(6) 비례적분미분 동작(Proportional Integral Derivative, PID동작)

비례, 적분, 미분 동작을 조합하여 잔류편차(Offset)가 없고 응답이 빠르게 한 연속동작의 대표적인 동작이다.

CHAPTER 04 출제예상문제

01 다음 가스유량계 중 그 측정원리가 다른 3개와 같지 않은 것은?
① 오리피스미터 ② 벤투리미터
③ 피토관 ④ 로터미터

해설 오리피스, 벤투리미터, 피토관, 유량계는 압력차를 이용, 평균유속을 측정하여 유량을 측정하나 로터미터는 면적가변형 유량계로서 부자의 위치에 따라 유량을 알 수 있다.

02 다음 유량계 중 직접 유량계에 속하는 것은?
① 피토관 ② 벤투리미터
③ 습식 가스미터 ④ 오리피스

해설 가스미터기
- 직접식 : 건식, 습식
- 추측식 : 오리피스식, 터빈식, 선근차식

간접식 유량계
- 차압식 : 벤투리미터, 오리피스 등
- 유속식 : 피토관
- 면적식

03 유량 측정 시 직접 측정법에 사용되는 것은?
① 차압식 ② 벤투리미터
③ 습식 가스미터 ④ 로터미터

해설
- 직접식 유량계 : 습식 가스미터, 건식 가스미터, 다이어프램식 등
- 간접식 유량계 : 오리피스미터, 벤투리미터, 로터미터

04 유량측정법에는 직접측정법과 간접측정법이 있다. 다음 중 간접측정법에 해당되지 않는 것은?
① 습식 가스미터 ② 피토관
③ 벤투리미터 ④ 로우미터

해설
- 간접측정법 : 피토관, 벤투리미터, 로터미터 등
- 직접측정법 : 습식 가스미터, 건식 가스미터, 오벌기어식, 루트식, 회전원판식, 로터리피스톤식

05 전자식 유량계는 다음 중 어느 법칙을 응용한 것인가?
① 쿨롱의 전자유도법칙
② 반도체의 전자유도법칙
③ 패러데이의 전자유도법칙
④ 중성자의 전자유도법칙

해설 전자식 유량계
패러데이(Faraday)의 전자유도법칙에 의해 관 내에 흐르는 유체에 유체가 흐르는 방향과 직각으로 자장을 형성시키고 자장과 유체가 흐르는 방향과 직각방향으로 전극을 설치하여 주면 기전력이 발생된다. 이때 기전력을 측정하여 유량을 측정한다.

06 피토관(Pito Tube)이 쓰이는 용도는?
① 온도를 측정 ② 유속을 측정
③ 압력을 측정 ④ 손실수두를 측정

해설 피토관은 동압, 정압, 전압을 측정하며 또한 국부유속을 측정한다.

07 액면계에 대한 설명 중 틀린 것은?
① 정전 용량식 액면계는 기상부와 액상부에 초음파 발진기를 두고, 초음파의 시간을 측정하여 액 높이를 안다.
② 크린카식 액면계는 투시식과 반사식이 있다.
③ 차압식 액면계는 초저온의 설비에 많이 사용한다.
④ 부자식 액면계는 장기간 사용 시 1년에 한 번 정도 교정할 필요가 있다.

해설 ①의 내용은 초음파식 액면계의 액면측정원리이다.

08 대기 중의 장치로부터 미량의 가스가 누설될 때 사용되는 시험지 명칭과 변색 상태를 설명한 것이다. 연결이 옳은 것은?
① 시안화수소 – 초산벤지딘지 – 흑색
② 일산화탄소 – 요오드칼륨분지 – 흑색

1 ④ 2 ③ 3 ③ 4 ① 5 ③ 6 ② 7 ① 8 ③ | ANSWER

③ 유화수소 – 초산연시험지 – 황갈색 또는 흑색
④ 포스겐 – 하리슨시약 – 적색

해설 시안화수소(HCN) – 초산벤지딘지 → 청색(누설 시)
일산화탄소(CO) – 염화파라듐지 → 흑색(누설 시)
유화수소(H_2S) – 연당지(초산연) → 흑색(누설 시)
포스겐($COCl_2$) – 하리슨시약 → 유자색(누설 시)

09 아세틸렌 검지를 위한 시험지와 반응색은?
① KI 전분지 – 청색
② 염화제1동 착염지 – 적색
③ 염화파라듐지 – 적색
④ 초산납 시험지 – 흑색

해설

가스명	시험지	색변
염소	KI 전분지	청색
아세틸렌	염화제1동 착염지	적색
일산화탄소	염화파라듐지	흑색
황화수소	초산납시험지	적갈색

10 연소가스 중에 있는 암모니아를 황산에 흡수시켜 나머지 황산을 가성소다 용액으로 적정하는 화학분석법은?
① 요오드적정법   ② 중화적정법
③ 중량적정법   ④ 칼레이트적정법

해설 연소가스 중에 있는 암모니아를 황산에 흡수시켜 나머지 황산을 가성소다용액(알칼리)으로 적정하는 화학분석법을 중화적정법이다.

11 다음 가스 분석법 중 흡수분석법에 해당되지 않는 것은?
① 헴펠법   ② 산화동법
③ 오르사트법   ④ 게겔법

해설 흡수분석법
- 헴펠법
- 오르사트법
- 게겔법

12 유독가스의 검지법으로 하리슨 시험지를 사용하는 가스는 다음 중 어느 것인가?
① 염소   ② 아세틸렌
③ 황화수소   ④ 포스겐

해설 ① 염소 : KI 전분지
② 아세틸렌 : 염화제2동 착염지
③ 황화수소 : 연당지
④ 포스겐 : 하리슨시험지

13 다음 중 염소가스를 검지할 때 사용되는 시험지는?
① 적색 리트머스지   ② 요오드칼륨 전분지
③ 하리슨씨 시험지   ④ 염화파라듐지

해설 ① 적색 리트머스 시험지 : 암모니아 검지
② 요오드칼륨 전분지 : 염소 검지
③ 하리슨씨 시험지 : 포스겐 검지
④ 염화파라듐지 : 일산화탄소 검지

14 극저온 저장탱크의 측정에 많이 사용되며 차압에 의해 액면을 측정하는 액면계는?
① 햄프슨식 액면계
② 전기저항식 액면계
③ 벨로스식 액면계
④ 크링카식 액면계

해설 극저온 저장탱크에서 차압에 의한 액면계는 햄프슨식 액면계가 사용이 편리하다.

15 액화석유가스 저장탱크에 설치하는 액면계가 아닌 것은?
① 평형투시식 액면계
② 차압식 액면계
③ 고정튜브식 액면계
④ 부르동관식 액면계

해설 부르동관식은 액면계보다는 압력계로 많이 사용된다.

16 저장조 상부로부터 끄집어낸 압력과 저장조 하부로부터 끄집어낸 압력의 차로써 액면을 측정하는 것은?
① 부자식 액면계 ② 차압식 액면계
③ 편위식 액면계 ④ 유리관식 액면계

해설 차압식 액면계는 압력의 차로써 액면을 측정한다.

17 다음 액면계 중에서 직접적으로 자동제어에 이용하기가 어려운 것은?
① 유리관식 액면계 ② 부력검출식 액면계
③ 부자식 액면계 ④ 압력검출식 액면계

해설 유리관식 액면계는 직접식 액면계이기는 하나 자동제어에 이용하기는 용이하지 못하고 육안관찰이 가능하다.

18 초대형 지하탱크의 액면을 측정하기 적합한 액면계는?
① 게이지 글라스식 액면계
② 부자식 액면계
③ 전기량 검출식 액면계
④ 초음파식 액면계

해설 부자식(플로트식) 액면계의 용도
초대형 지하탱크용 액면계

19 가스분석법 중 흡수분석법에 속하지 않는 것은?
① 오르사트법 ② 흡광 광도법
③ 헴펠법 ④ 게겔법

해설
• 흡수분석법에는 오르사트법, 헴펠법, 게겔법이 있다.
• 흡광 광도법은 화학분석법이다.

20 오르사트 가스 분석기에서 CO_2의 흡수액은?
① 포화 식염수
② 염화제1구리 용액
③ 알칼리성 피로갈롤 용액
④ 수산화칼륨 30% 수용액

해설 오르사트 가스 분석기에서 CO_2의 흡수액은 수산화칼륨 30[%] 수용액

21 면적 가변식 유량계의 특징이 아닌 것은?
① 소요량 측정이 가능하다.
② 압력손실이 크고 거의 일정하다.
③ 유효 측정범위가 넓다.
④ 직접 유량을 측정한다.

해설 면적식 유량계는 부자식과 로터미터 등이 있으며 압력손실이 적다.

22 피토관을 사용할 때 주의사항으로 옳지 않은 것은?
① 유속 5[m/s] 이상인 기체는 측정이 곤란하다.
② 먼지나 분무 등이 많은 유체는 부적당하다.
③ 피토관의 두부를 흐름에 대하여 평행으로 붙인다.
④ 흐름에 대하여 충분한 강도를 가져야 한다.

해설 피토관 유속식 유량계는 전압, 동압, 정압 등의 압력을 측정하여 유속을 측정한 후 단면적을 곱한 유량이 측정되거나 기체의 유속이 5[m/sec] 이내인 가스 유량은 측정이 불가능하다.

23 다음 유량계 중 간접 유량계가 아닌 것은?
① 피토관 ② 오리피스
③ 벤투리미터 ④ 습식 가스미터

해설 습식 가스미터는 직접식 가스미터기이다.

24 부식성 유체나 고점도의 유체 및 소량의 유체 측정에 가장 적합한 유량계는?
① 차압식 유량계 ② 면적식 유량계
③ 용적식 유량계 ④ 유속식 유량계

해설 면적식 유량계는 순간차압을 이용하며 부식성 유체나 고점도 유체, 소량의 유체 측정에 유리하나 진동이 있으면 사용이 불편하다.

25 액화석유가스 저장 탱크에 설치하는 액면계가 아닌 것은?
① 평행투시식 액면계 ② 차압식 액면계
③ 고정튜브식 액면계 ④ 부르동관식 액면계

해설 액면계
평형반사식 유리액면계, 평형투시식 유리액면계, 플로트식, 차압식, 정전용량식, 편위식, 고정튜브식, 회전튜브식, 슬립튜브식 액면계 등

26 다음의 가스를 분석하고자 한다. 적당한 흡수제와 짝지어진 것은?
① 산소 – KOH 용액
② 암모니아 – 파라듐 블랙
③ 염소 – 가성소다 용액
④ 일산화탄소 – 발연 황산

해설 가스의 흡수제 및 가스분석 시의 시험지
- 산소 : 알칼리성 피로갈롤 용액
- 암모니아 : 다량의 물(적색 리트머스 시험지 사용)
- 염소 : 가성소다 수용액(KI 전분지 사용)
- 일산화탄소 : 염화파라듐지

27 초대형 지하탱크의 액면을 측정하기 적합한 액면계는?
① 게이지 글라스식 액면계
② 부자식 액면계
③ 전기량 검출식 액면계
④ 초음파식 액면계

해설 초대형 지하탱크의 액면계는 부자식(플로트식) 액면계가 용이하게 사용된다.

28 독성 가스 검지방법 중 암모니아로 검지하는 가스는?
① SO_2 ② HCN
③ NH_3 ④ CO

해설 아황산가스의 검지가스는 암모니아수이다.

29 가스 크로마토그래피에 쓰이는 캐리어 가스가 아닌 것은?
① He ② Ar
③ N_2 ④ CO

해설 캐리어 가스(전개제 가스)
헬륨(He), 아르곤(Ar), 질소(N_2), 수소(H_2)

30 열전대 온도계에서 열전대가 갖추어야 할 성질 중 틀린 것은?
① 기전력이 크고 안정할 것
② 내열성, 내식성이 클 것
③ 전기저항 및 열전도율이 적을 것
④ 온도 상승에 따른 기전력이 일정할 것

해설 열전대 온도계는 열기전력이 커야 한다.

31 가스 크로마토그래피의 특징으로 볼 수 없는 것은?
① 분리 성능이 좋고 선택성이 좋다.
② 구조가 간단하고 취급이 용이하다.
③ 1대의 장치로 여러 가지 가스를 분석할 수 있다.
④ 짧은 시간에 낮은 농도에서도 정확히 정량할 수 있다.

해설 가스 크로마토그래피는 전개제 및 (캐리어 가스) 검출기, 흡착제 등의 장치가 복잡하고 취급은 다소 간편하지 않은 가스기기 분석 또는 액체시료의 분석에 많이 사용된다.

32 다음에서 비접촉식 온도계가 아닌 것은?
① 광고온도계 ② 방사온도계
③ 광전관온도계 ④ 열전대 온도계

해설 ④ 열전대 온도계 : 접촉식 온도계
①, ②, ③ 온도계 : 비접촉식 고온용 온도계

33 비접촉식 온도계에 속하지 않는 것은?
① 광전관 온도계 ② 색온도계
③ 방사 온도계 ④ 압력식 온도계

해설 접촉식 온도계의 종류
- 압력식 온도계
- 열전대 온도계
- 전기저항식 온도계
- 액주식 온도계

①, ②, ③항은 비접촉식 고온용 온도계이다.

34 다음 중 비접촉식 온도계에 해당되지 않는 것은?
① 색온도계   ② 방사 온도계
③ 광고 온도계   ④ 저항식 온도계

해설 저항식 온도계(백금, 니켈, 구리, 서미스터)는 측정범위가 $-200 \sim 400[℃]$까지이며 접촉식 온도계이다.

35 비접촉식 온도계의 종류로 맞는 것은?
① 방사 온도계   ② 열전대 온도계
③ 전기저항식 온도계   ④ 바이메탈식 온도계

해설 비접촉식 온도계
- 방사 온도계
- 색온도계
- 광고 고온계

36 다음 열전대 온도계 중 가장 저온 측정에 적합한 것은?
① 크로멜-알루멜   ② 백금-백금로듐
③ 철-콘스탄탄   ④ 구리-콘스탄탄

해설

기호	열전대 온도계	측정범위(℃)	기타
R형	백금로듐-백금	600~1,600	PR
K형	크로멜-알루멜	300~1,200	CA
J형	철-콘스탄탄	400~800	IC
T형	구리-콘스탄탄	-180~350	CC

37 온도계의 선택 시 부적합한 방법은?
① 지시 및 기록 등을 쉽게 명할 수 있을 것
② 견고하고 내구성이 있을 것
③ 취급하기가 쉽고 측정하기 간편할 것
④ 피측온체의 화학반응 등으로 온도계에 영향이 있을 것

해설 온도계는 피측온체의 화학반응 등으로 인한 온도계의 영향이 없어야 한다.

38 온도상승에 따른 순 백금선(동, 니켈)의 전기저항이 증가하는 현상을 이용한 온도계는?
① 베크만 온도계   ② 바이메탈 온도계
③ 열전대 온도계   ④ 저항 온도계

해설 저항온도계의 측온저항체
- 백금(Pt)   • 니켈(Ni)
- 구리(Cu)   • 더미스터(반도체)

39 열전대 온도계의 특징이 아닌 것은?
① 고온측정에 적합하다.
② 냉접점이나 보상도선으로 인한 오차가 발생되기 쉽다.
③ 측정장치에 전원이 필요하고, 원격지시 및 기록이 용이하다.
④ 열전대의 열접점을 측정부에 접촉시키지 않으면 안 된다.

해설 열전대 온도계는 열기전력(기전력)을 이용하기 때문에 전원이 필요하지 않다.

40 다음 중 부식성 유체의 압력 측정에 효과적인 압력계는?
① 벨로스식 압력계   ② 다이어프램식 압력계
③ 피에조 압력계   ④ 전기저항식 압력계

해설 다이어프램식 압력계는 격막식이며 격막을 도료나 내식재료로 하여 라이닝한 후 부식성 유체를 측정하며 미소한 압력의 측정이 가능하다.

41 다음 열전대 및 측정온도 범위가 가장 높은 것은?
① R형(PR) 열전대   ② K형(CA) 열전대
③ J형(IC) 열전대   ④ T형(CC) 열전대

해설 36번 해설 참조

ANSWER 34 ④ 35 ① 36 ④ 37 ④ 38 ④ 39 ③ 40 ② 41 ①

42 액주식 압력계에 사용되는 액체의 구비조건으로 적당하지 못한 것은?
① 화학적으로 안정되어야 한다.
② 모세관 현상이 적어야 한다.
③ 점도와 팽창계수가 작아야 한다.
④ 온도변화에 의한 밀도가 커야 한다.

해설 액주식 압력계에서 액체는 온도변화에 의한 밀도변화가 적어야 사용이 가능하다.

43 다음은 압력계의 특징을 설명한 것이다. 틀린 것은?
① 자유 피스톤식 압력계는 부르동관 압력계의 눈금 교정에 사용한다.
② 부르동관 압력계는 고압장치에 많이 사용되며 1차 압력계이다.
③ 다이어프램 압력계는 부식성 유체의 측정에 알맞다.
④ 피에조 전기 압력계는 가스폭발이나 급속한 압력변화를 측정하는 데 유효하다.

해설 부르동관 탄성식 압력계는 오차, 즉 정도가 높지 않아서 1차 압력계로서는 사용이 불가능하고 2차 압력계로 사용된다. 2.5~1,000[kg/cm²]까지 측정이 용이하고 최고 3,000[kg/cm²]까지 측정이 가능하다.

44 부르동관 압력계 사용 시 주의사항으로 옳지 않은 것은?
① 항상 검사를 행하고 지시의 정확성을 확인하여 둘 것
② 안전장치를 한 것을 사용할 것
③ 온도변화나 진동, 충격 등이 적은 장소에 설치할 것
④ 압력계에 가스를 유입하거나 빼낼 때는 신속히 조작할 것

해설 압력계에 가스를 유입하거나 빼낼 때는 천천히 조작한다.

45 다음 온도계 중에서 접촉식 방법의 온도 측정을 하는 온도계가 아닌 것은?
① 서미스터 온도계 ② 광고온도계
③ 압력 온도계 ④ 금속저항 온도계

해설 비접촉식 온도계
• 광고온도계 • 방사 온도계
• 색온도계 • 서머카플
• 광전관식 온도계

46 다음 압력계 중 탄성식이 아닌 것은?
① 부르동관식 ② 벨로스식
③ 부이식 ④ 캡슐식

해설 탄성식 압력계
• 부르동관식 • 벨로스식
• 다이어프램식 • 캡슐식

47 다음 중 다이어프램식 압력계 특징으로 적당하지 않은 것은?
① 반응속도가 빠르다.
② 정확성이 크다.
③ 온도에 따른 영향이 적다.
④ 점도가 큰 유체 압력 측정에 적합하다.

해설 다이어프램식 탄성식 압력계는 응답속도가 빠르고 부식성 유체의 측정이 가능하지만 온도의 영향을 받기 쉬우므로 주의한다.

48 자유 피스톤식 압력계의 피스톤의 직경이 4[cm], 추와 피스톤의 무게가 15.7[kg]일 때 압력은?(단, π = 3.14로 계산한다.)
① 1.25[kg/cm²] ② 1.57[kg/cm²]
③ 2.5[kg/cm²] ④ 5[kg/cm²]

해설 단면적 $\left(\dfrac{\pi}{4}D^2\right) = \dfrac{3.14 \times (4)^2}{4} = 12.56[cm^2]$

$P = \dfrac{15.7}{12.56} = 1.25[kg/cm^2]$

49 수은을 사용한 U자관 압력계에서, 대기에 개방된 쪽의 액주 높이가 30[cm] 높다. 이 설비의 압력은?(단, 액의 비중은 13.6, 대기압은 1[kg/cm²]이다.)

① 0.408[kg/cm²]   ② 1.408[kg/cm²]
③ 0.592[kg/cm²]   ④ 1.013[kg/cm²]

해설 $P = \dfrac{H}{r} = \dfrac{13.6 \times 30}{1,000} = 0.408$
∴ abs = 1 + 0.408 = 1.409[kg/cm²]

50 다음 중 오리피스미터로 유량 측정 시 갖추지 않아도 되는 조건은?

① 관로가 수평일 것
② 정상류 흐름일 것
③ 관 속에 유체가 항시 충만되어 있을 것
④ 유체전도 영향이 크고 압축영향은 적을 것

해설 오리피스 차압식 유량계 조건
  • 관로가 수평일 것
  • 정상류 흐름일 것
  • 관 속에 유체가 항시 충만되어 있을 것

51 다음과 같이 깊이 10[cm]인 물탱크에 구멍을 뚫었을 때 물의 유속은?

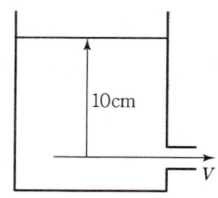

① 1.2[m/s]   ② 12[m/s]
③ 1.4[m/s]   ④ 14[m/s]

해설 $V = \sqrt{2gh} = \sqrt{2 \times 9.8 \times 0.1} = 1.385$[m/s]

52 고압가스설비 중 측정기기 부착 시 주의사항이다. 이 중 맞지 않는 것은?

① 압력계 설치 시 반드시 "금유"라고 표기된 전용가스 압력계를 설치해야 한다.
② 온도계 설치 시 감온부의 물리적 변화량을 정확히 측정하는 것을 설치해야 한다.
③ 유량계 설치 시 차압식 유량계는 교축부 전후에 압력차가 있는 곳에 설치해야 한다.
④ 가스검지기 설치 시 지면에서 1[m] 이상의 높이에 설치해야 한다.

해설 가스검지기 설치는 바닥면이나(공기보다 무거운 가스), 천장면(공기보다 가벼운 판)에 설치한다.

53 액주식 압력계에 사용되는 액체의 구비조건으로 적당하지 못한 것은?

① 화학적으로 안정되어야 한다.
② 모세관 현상이 적어야 한다.
③ 점도와 팽창계수가 작아야 한다.
④ 온도변화에 의한 밀도가 커야 한다.

해설 액주식 압력계는 온도변화에 따른 밀도변화가 적어야 한다.

54 다음 압력계 중 부르동관 압력계 눈금 교정용으로 사용되는 압력계는?

① 피에조 전기압력계
② 마노미터 압력계
③ 자유 피스톤식 압력계
④ 벨로스 압력계

해설 부르동관 압력계(탄성식 압력계)의 눈금 교정용으로는 자유 피스톤식이다.

55 암모니아용 부르동관의 압력계 재질은?

① 황동   ② Al강
③ 청동   ④ 연강

해설 암모니아는 구리, 구리의 합금(황동, 청동), 알루미늄(Al), 코발트(Co), 은, 아연 등과 착이온을 일으킨다.

49 ② 50 ④ 51 ③ 52 ④ 53 ④ 54 ③ 55 ④

56 극저온 저장탱크의 측정에 많이 사용되며 차압에 의해 액면을 측정하는 액면계는?
① 햄프슨식 액면계
② 전기저항식 액면계
③ 벨로스식 액면계
④ 크링카식 액면계

해설 햄프슨식 액면계는 극저온 저장탱크의 측정에 많이 사용되는 차압식 액면계이다.

57 가스의 폭발 등과 같이 급속한 압력변화를 측정하는 것에 이용되는 압력계는?
① 부르동관 압력계
② 피스톤식 압력계
③ 피에조 전기압력계
④ U자관 압력계

해설 피에조 전기압력계는 가스의 폭발 등과 같이 급속한 압력변화를 측정한다.

58 자유 피스톤식 압력계의 피스톤의 직경이 4[cm], 추와 피스톤의 무게가 15.7[kg]일 때 압력은?(단, π = 3.14로 계산한다.)
① 1.25[kg/cm^2] ② 1.57[kg/cm^2]
③ 2.5[kg/cm^2]   ④ 5[kg/cm^2]

해설
$P = \dfrac{W}{A}$
$A = \dfrac{\pi}{4}D^2 = \dfrac{3.14}{4} \times 4^2 = 12.56[\text{cm}^2]$
$\therefore P = \dfrac{15.7}{12.56} = 1.25[\text{kg/cm}^2]$

ANSWER | 56 ① 57 ③ 58 ①

가스기능사 필기
CRAFTSMAN GAS

PART

03

가스 법령 활용 및 안전관리

CHAPTER 01 | 고압가스법
CHAPTER 02 | 액화석유가스법
CHAPTER 03 | 도시가스사업법
CHAPTER 04 | 고압가스 통합고시 요약

CHAPTER 01 고압가스법

1. 고압가스 안전관리법
고압가스의 종류와 범위는 대통령령으로 정하고, 시설기준과 기술기준은 산업통상자원부령으로 정한다.

2. 고압가스의 종류 및 범위
① 상용 온도에서 1MPa 이상이 되는 압축가스
② 섭씨 15℃의 온도에서 압력이 0Pa(파스칼)을 초과하는 아세틸렌가스
③ 상용의 온도에서 압력이 0.2MPa 이상이 되는 액화가스
④ 섭씨 35℃의 온도에서 압력이 0Pa(파스칼)을 초과하는 액화가스 중 액화시안화수소 · 액화브롬화메탄 및 액화산화에틸렌가스

3. 안전관리자의 종류
안전관리 총괄자, 안전관리 부총괄자, 안전관리 책임자, 안전관리원

4. 용어 정리

(1) 가연성 가스
연소하는 가스로서 폭발한계의 하한이 10% 이하인 것과 폭발한계의 상한과 하한의 차가 20% 이상인 것

(2) 독성 가스
독성을 가진 가스로서 허용농도가 100만분의 5,000 이하인 것

> **Reference 허용농도**
> 해당 가스를 성숙한 흰쥐 집단에게 대기 중에서 1시간 동안 계속 노출시킨 경우 14일 이내에 그 흰쥐의 2분의 1 이상이 죽게 되는 가스의 농도

(3) 액화가스
액체 상태로 되어 있는 것으로서 대기압에서의 끓는점이 40℃ 이하 또는 상용의 온도 이하인 것

(4) 초저온저장탱크
영하 50℃ 이하의 액화가스를 저장하기 위한 저장탱크

(5) 가연성 가스 저온저장탱크
대기압에서의 끓는점이 0℃ 이하인 가연성 가스를 0℃ 이하인 액체 또는 해당 가스의 기상부의 상용압력이 0.1MPa 이하의 액체상태로 저장하기 위한 저장탱크

(6) 초저온용기

영하 50℃ 이하의 액화가스를 충전하기 위한 용기

(7) 특수고압가스

압축모노실란 · 압축디보레인 · 액화알진 · 포스핀 · 세렌화수소 · 게르만 · 디실란 및 그 밖에 반도체의 세정 등 산업통상자원부장관이 인정하는 특수한 용도에 사용되는 고압가스

(8) 고압가스 관련 설비

안전밸브 · 긴급차단장치 · 역화방지장치, 기화장치, 압력용기, 자동차용 가스 자동주입기, 독성 가스 배관용 밸브, 냉동용 특정설비, 고압가스용 실린더캐비닛, 자동차용 압축천연가스 완속충전설비, 액화석유가스용 용기 잔류가스회수장치, 차량에 고정된 탱크

(9) 처리능력

처리설비 또는 감압설비에 의하여 압축 · 액화나 그 밖의 방법으로 1일에 처리할 수 있는 가스의 양(0℃, 게이지압력 0MPa 상태 기준)

(10) 방호벽

높이 2미터 이상, 두께 12센티미터 이상의 철근콘크리트 또는 이와 같은 수준 이상의 강도를 가지는 구조의 벽

(11) 특정설비

① 안전밸브 · 긴급차단장치 · 역화방지장치
② 기화장치
③ 압력용기
④ 자동차용 가스 자동주입기
⑤ 독성 가스 배관용 밸브
⑥ 냉동설비를 구성하는 압축기 · 응축기 · 증발기 또는 압력용기
⑦ 특정고압가스용 실린더캐비닛
⑧ 자동차용 압축천연가스 완속충전설비(처리능력이 시간당 $18.5m^3$ 미만인 충전설비)
⑨ 액화석유가스용 용기 잔류가스회수장치

(12) 중간검사를 받아야 하는 공정

① 가스설비 또는 배관의 설치가 완료되어 기밀시험, 내압시험을 할 수 있는 상태의 공정
② 저장탱크를 지하에 매설하기 직전의 공정
③ 배관을 지하설치할 경우 한국가스안전공사가 지정하는 부분을 매몰하기 직전의 공정
④ 한국가스안전공사가 지정하는 부분의 비파괴시험을 하는 공정
⑤ 방호벽 또는 저장탱크의 기초설치 공정
⑥ 내진설계 대상 설비의 기초설치 공정

(13) 시공기록 등의 작성·보존

시공기록을 작성하여 5년간 보존하여야 하며, 완공된 도면을 작성하여 영구히 보존

5. 저장능력 산정 기준

(1) 압축가스의 저장탱크 및 용기

$$Q = (10P+1)V_1$$

(2) 액화가스의 저장탱크

$$W = 0.9dV_2$$

(3) 액화가스의 용기 및 차량에 고정된 탱크

$$W = V_2/C$$

여기서, Q : 저장능력(단위 : m³)
P : 35℃(아세틸렌가스의 경우 15℃)에서의 최고충전 압력(단위 : MPa)
V_1 : 내용적(단위 : m³)
W : 저장능력(단위 : kg)
d : 상용온도에서의 액화가스의 비중(단위 : kg/L)
V_2 : 내용적(단위 : L)
C : 액화가스 정수(프로판 : 2.35, 부탄 : 2.05 등이며, 기타 가스는 1.05를 액화가스 48℃에서의 비중으로 나누어 얻은 수치임)

> **Reference**
> 1. 액화가스와 압축가스가 섞여 있는 경우에는 액화가스 10kg을 압축가스 1m³로 본다.
> 2. 저장탱크 및 용기가 배관으로 연결된 경우 중심거리가 30m 이하인 경우 저장능력을 합산한다.

6. 냉동능력 1톤

① 원심식 압축기를 사용하는 냉동설비는 압축기 원동기의 정격출력 1.2kW/일
② 흡수식 냉동설비는 발생기를 가열하는 1시간의 입열량 6,640kcal/일

$$R(그\ 밖의\ 냉동능력) = \frac{V}{C}$$

㉠ 다단압축방식 또는 다원냉동방식에 따른 제조설비 시

$$V = VH + 0.08VL$$

㉡ 회전피스톤형 압축기 사용 시

$$V = 60 \times 0.785tn(D^2 - d^2)$$

ⓒ 스크루형 압축기 사용 시

$$V = K \times D^3 \times \frac{L}{D} \times n \times 60$$

ⓔ 왕복동형 압축기의 경우

$$V = 0.785 \times D^2 \times L \times N \times n \times 60$$

여기서, ⓐ부터 ⓔ까지의 기호를 표시한다.
- VH : 압축기의 표준회전속도에 있어서 최종단 또는 최종원의 기통의 1시간의 피스톤 압출량(단위 : m^3)
- VL : 압축기의 표준회전속도에 있어서 최종단 또는 최종원 앞의 기통의 1시간의 피스톤 압출량(단위 : m^3)
- t : 회전피스톤의 가스압축부분의 두께(단위 : m)
- n : 회전피스톤의 1분간의 표준회전수(스크루형의 것은 로터의 회전수)
- D : 기통의 안지름(스크루형은 로터의 지름)(단위 : m)
- d : 회전피스톤의 바깥지름(단위 : m)
- K : 치형의 종류에 따른 다음 표의 계수
- L : 로터의 압축에 유효한 부분의 길이 또는 피스톤의 행정(단위 : m)
- N : 실린더 수
- C : 냉매가스의 종류에 따른 정수

▼ 냉매의 종류에 따른 정수

냉매가스의 종류	압축기의 기통 1개의 체적이 5천cm^3 이하인 것	압축기의 기통 1개의 체적이 5천cm^3를 넘는 것
프레온 21	49.7	46.6
프레온 114	46.4	43.5
암모니아	8.4	7.9
프레온 502	8.4	7.9
프레온 13B1	6.2	5.8
프레온 13	4.4	4.2
에탄	3.1	2.9
탄산가스	1.9	1.8

7. 보호시설

(1) 제1종 보호시설

① 학교 · 유치원 · 어린이집 · 놀이방 · 어린이놀이터 · 학원 · 병원 · 도서관 · 청소년수련시설 · 경로당 · 시장 · 공중목욕탕 · 호텔 · 여관 · 극장 · 교회 및 공회당
② 사람을 수용하는 건축물로서 사실상 독립된 부분의 연면적이 1,000m^2 이상인 것
③ 예식장 · 장례식장 및 전시장, 유사한 시설로서 300명 이상 수용할 수 있는 건축물
④ 아동복지시설 또는 장애인복지시설로서 20명 이상 수용할 수 있는 건축물
⑤ 문화재보호법에 따라 지정문화재로 지정된 건축물

(2) 제2종 보호시설

① 주택

② 사람을 수용하는 건축물로서 사실상 독립된 연면적이 100m² 이상 1,000m² 미만인 것

8. 특정고압가스 사용신고

(1) 특정고압가스 종류

수소 · 산소 · 액화암모니아 · 아세틸렌 · 액화염소 · 천연가스 · 압축모노실란 · 압축디보레인 · 액화알진 · 포스핀 · 셀렌화수소 · 게르만 · 디실란 · 오불화비소 · 오불화인 · 삼불화인 · 삼불화질소 · 삼불화붕소 · 사불화유황 · 사불화규소

(2) 특정고압가스 사용신고 기준

① 저장능력 500kg 이상인 액화가스저장설비를 갖추고 특정고압가스를 사용하려는 자
② 저장능력 50m³ 이상인 압축가스저장설비를 갖추고 특정고압가스를 사용하려는 자
③ 배관으로 특정고압가스(천연가스는 제외한다)를 공급받아 사용하려는 자
④ 특정고압가스를 사용하려는 자(단, 시험용으로 사용하려 하거나 시장 · 군수 또는 구청장이 정하는 지역에서 사료용으로 볏짚 등을 발효하기 위하여 액화암모니아를 사용하려는 경우는 제외)
⑤ 자동차 연료용으로 특정고압가스를 공급받아 사용하려는 자

(3) 특정고압가스 사용 신고를 하려는 자는 사용개시 7일 전까지 시장 · 군수 또는 구청장에게 제출

9. 고압가스 제조 기준

(1) 배치기준

고압가스의 처리설비 및 저장설비는 그 외면으로부터 보호시설까지 이격거리

▼ 처리능력 및 저장능력에 따른 이격거리

처리능력 및 저장능력	산소의 처리설비 및 저장설비		독성 가스 또는 가연성 가스의 처리설비 및 저장설비		그 밖의 가스의 처리설비 및 저장설비	
	제1종보호시설	제2종보호시설	제1종보호시설	제2종보호시설	제1종보호시설	제2종보호시설
1만 이하	12m	8m	17m	12m	8m	5m
1만 초과 2만 이하	14m	9m	21m	14m	9m	7m
2만 초과 3만 이하	16m	11m	24m	16m	11m	8m
3만 초과 4만 이하	18m	13m	27m	18m	13m	9m
4만 초과 5만 이하	20m	14m	30m	20m	14m	10m

(2) 가스설비 또는 저장설비와 화기를 취급하는 장소까지 2m, 가연성 가스 또는 산소의 가스설비 또는 저장설비는 8m 우회거리 유지

(3) 가연성 가스 제조시설의 고압가스설비는 그 외면으로부터 다른 가연성 가스 제조시설의 고압가스설비와 5m 이상, 산소 제조시설의 고압가스설비와 10m 이상의 거리 유지

(4) 가연성 가스 저장탱크(저장능력이 300m^3 또는 3톤 이상인 탱크)와 다른 가연성 가스 저장탱크 또는 산소저장탱크 사이에는 두 저장탱크 최대지름을 더한 길이의 4분의 1 이상의 거리를 유지

(5) 용기보관장소의 주위 2m 이내에는 화기 또는 인화성 물질 금지, 충전용기는 항상 40℃ 이하 유지

(6) 고압가스 압축 금지사항
   ① 가연성 가스 중 산소용량이 전체 용량의 4% 이상인 것
   ② 산소 중의 가연성 가스의 용량이 전체 용량의 4% 이상인 것
   ③ 아세틸렌·에틸렌, 수소 중의 산소용량이 전체 용량의 2% 이상인 것

(7) 가연성 가스 또는 산소순도 유지
   산소 : 99.5%, 아세틸렌 : 98%, 수소 : 98.5% 이상(1일 1회 이상분)의 순도 유지

(8) 점검기준
   ① 고압가스 제조설비의 사용개시 전, 후 1일 1회 이상 점검
   ② 충전용 주관 압력계는 매월 1회 이상, 그 밖은 3개월에 1회 이상
   ③ 안전밸브 중 압축기의 최종단에 설치한 것은 1년에 1회 이상, 그 외는 2년에 1회 이상

(9) 저장능력이 100m^3 또는 1톤 이상인 경우 고압가스설비의 기초는 그 설비에 유해한 영향을 끼치지 않도록 필요한 조치를 할 것(부등침하 방지)

(10) 암모니아, 브롬화메탄 및 공기 중에서 자기 발화하는 가스는 제외한 가연성 가스설비 중 전기설비는 방폭성능을 가지는 것일 것

(11) 내부반응 감시설비 및 위험사태발생 방지설비의 설치 등 필요한 특수반응설비는 암모니아 2차 개질로, 에틸렌 제조시설의 아세틸렌수첨탑, 산화에틸렌 제조시설의 에틸렌과 산소 또는 공기와의 반응기, 사이클로헥산 제조시설의 벤젠수첨반응기, 석유정제 시의 중유 직접수첨탈황반응기 및 수소화분해반응기, 저밀도 폴리에틸렌중합기 또는 메탄올합성반응탑을 말한다.

(12) 피해저감설비기준
   ① 가연성 가스, 독성 가스 또는 산소의 액화가스 저장탱크 주위에는 액상가스 유출을 방지하기 위한 조치를 할 것
   ② 압축기와 그 충전장소 사이, 압축기와 그 가스충전용기 보관장소 사이, 충전장소와 그 가스충전용기 보관장소 사이 및 충전장소와 그 충전용 주관밸브 조작밸브 사이에는 가스폭발에 따른 충격에 견딜 수 있는 방호벽을 설치할 것
   ③ 제조시설에는 그 시설에서 이상사태가 발생하는 경우 확대를 방지하기 위하여 긴급이송설비, 벤트스택, 플레어스택 등 필요한 설비를 설치할 것

④ 제조설비가 위험한 상태가 되었을 경우에 응급조치를 하기에 충분한 양 및 압력의 질소와 그 밖에 불활성 가스 또는 스팀을 보유할 수 있는 설비를 갖출 것
⑤ 저장탱크 또는 배관에는 그 저장탱크 또는 배관을 보호하기 위하여 온도상승방지조치 등 필요한 조치를 할 것

(13) 저장설비기준

① 저장량이 $5m^3$ 이상의 가스를 저장하는 경우 가스방출장치 설치
② 저장능력 $300m^3$ 또는 3톤 이상인 가연성 가스 또는 산소 저장탱크 사이는 두 저장탱크 최대지름의 1/4 이상의 거리 유지
③ 고압가스 제조시설에는 이상사태발생시 그 확대를 방지 위해 통신설비, 압력계, 비상전력설비 등 설치
④ 공기액화분리기에 설치된 액화산소통 안의 액화산소 5L 중 C_2H_2 5mg, 탄화수소의 탄소의 질량이 500mg을 넘으면 방출
⑤ 공기압축기 내부윤활유는 재생유 이외의 것으로 잔류탄소량이 1% 이하는 인화점이 170℃ 이상 200℃에서 8시간 이상 교반해도 분해되지 않거나 잔류탄소량이 1% 초과, 1.5% 이하는 인화점이 170℃ 이상 230℃에서 12시간 이상 교반해도 분해되지 않을 것

(14) 기타 기술기준

① 이음쇠와 접속되는 부분에는 무리한 하중이 걸리지 않도록 하여야 하며, 상용압력이 19.6MPa 이상이 되는 곳의 나사는 나사게이지로 검사할 것
② 안전밸브 또는 방출밸브에 설치된 스톱밸브는 그 밸브의 수리 등을 위하여 특별히 필요한 때를 제외하고는 항상 완전히 열어 놓을 것
③ 화기를 취급하는 곳이나 인화성 물질 또는 발화성 물질이 있는 곳 및 그 부근에서는 가연성 가스를 용기에 충전하지 않을 것
④ 차량에 고정된 탱크 내용적이 2천L 이상인 것에는 고압가스를 충전하거나 그로부터 가스를 이입받을 때에는 차량정지목을 설치하는 등 그 차량이 고정되도록 할 것
⑤ 탱크 또는 용기의 내압시험압력의 10분의 8 이하의 압력에서 작동할 수 있는 것일 것
⑥ 긴급차단장치는 원격조작에 의하여 작동되고 차량에 고정된 탱크 또는 이에 접속하는 배관 외면의 온도가 110℃일 때에 자동적으로 작동할 수 있는 것일 것
⑦ 지상에 설치된 저장탱크와 가스충전장소 사이에는 방호벽을 설치할 것

▼ 방호벽 기준

종류	두께	높이	구조 규격
철근콘크리트	12cm 이상	2m 이상	ϕ9mm 이상의 철근을 40cm×40cm 이하의 간격으로 배근 결속함
콘크리트 블록	15cm 이상	2m 이상	ϕ9mm 이상의 철근을 40cm×40cm 이하의 간격으로 배근 결속하고 블록 공동부를 콘크리트 모르타르로 채움
박강판	3.2mm 이상	2m 이상	1.8m 이하의 간격으로 지주를 세우고 30mm×30mm 이상의 앵글을 40cm×40cm 이하의 간격으로 용접 보강함
후강판	6mm 이상	2m 이상	1.8m 이하의 간격으로 지주를 세움

⑧ 방호벽을 설치할 장소
  ㉠ C$_2$H$_2$ 압축기와 충전용기 보관장소 사이
  ㉡ C$_2$H$_2$ 압축기와 충전용 주관 밸브 조작장소 사이
  ㉢ 압축가스 압축기와 충전장소 사이
  ㉣ 압축가스 압축기와 충전용기 보관장소 사이
  ㉤ 판매시설의 용기 보관실벽
⑨ 역류방지밸브 설치장소
  ㉠ 가연성 가스 압축기와 충전용 주관 사이
  ㉡ C$_2$H$_2$ 압축기의 유분리기와 고압건조기 사이
  ㉢ 암모니아, 메탄올의 합성탑이나 정제탑과 압축기 사이
  ㉣ 감압설비와 당해가스의 반응설비 간의 배관 사이
⑩ 역화방지장치 설치장소
  ㉠ 가연성 가스를 압축하는 압축기와 오토클레이브 사이
  ㉡ 아세틸렌의 고압 건조기와 충전 교체밸브 사이의 배관
  ㉢ 아세틸렌 충전용 지관
  ㉣ 수소화염 또는 산소, 아세틸렌화염의 사용 시설
⑪ 2중 배관을 하여야 할 독성 가스 종류
  포스겐, 황화수소, 시안화수소, 염소, 아황산가스, 산화에틸렌, 암모니아, 염화메탄 등

10. 고압가스 자동차 충전의 시설 기술기준

(1) 안전거리
  ① 저장설비, 처리설비, 압축가스설비 및 충전설비는 그 외면으로부터 사업소경계까지 10m 이상 유지(방호벽이 설치하는 경우에는 5m 이상)
  ② 충전설비는 도로법에 따른 도로경계까지 5m 이상의 거리를 유지
  ③ 저장설비·처리설비·압축가스설비 및 충전설비는 철도까지 30m 이상 유지
  ④ 충전시설의 고압가스설비는 그 외면으로부터 다른 가연성 가스 제조시설의 고압가스설비와 5m 이상, 산소 제조시설의 고압가스설비와 10m 이상 거리를 유지
(2) 저장설비의 지반침하방지 조치할 저장탱크는 저장능력 100m^3 또는 1톤 이상
(3) 액화천연가스 자동차 충전
  ① 안전거리
    ▼ 액화천연가스 시설의 안전거리

저장설비의 저장능력(w)	사업소 경계와의 안전거리
25톤 이하	10m
25톤 초과 50톤 이하	15m

저장설비의 저장능력(w)	사업소 경계와의 안전거리
50톤 초과 100톤 이하	25m
100톤 초과	40m

　② 방류 둑이 높이 2m 이상, 두께 12cm 이상의 철근콘크리트인 경우에는 방류 둑이 방호벽임
　③ 차량에 고정된 탱크의 내용적이 5,000L 이상 액화천연가스를 이입하는 경우에는 차량 정지목으로 고정
　④ 자동차에 고정된 탱크는 저장탱크의 외면으로부터 3m 이상 떨어져 정지
　⑤ 배관에는 그 온도를 항상 40℃ 이하로 유지
　⑥ 저장탱크 내용적의 90%를 넘지 않을 것
　⑦ 충전용 지관을 가열할 필요가 있을 때에는 열습포 또는 40℃ 이하의 물을 사용할 것
　⑧ 슬립튜브식 액면계의 패킹을 주기적으로 점검하고 이상이 있을 때에는 교체할 것
　⑨ 충전설비는 1일 1회 이상 충전설비의 작동상황에 대하여 점검·확인할 것
　⑩ 충전용 주관의 압력계는 매월 1회 이상, 그 밖의 압력계는 3개월에 1회 이상 그 기능을 검사할 것
　⑪ 안전밸브는 1년에 1회 이상 적절한 조건의 압력에서 작동하도록 조정할 것
　⑫ 고압가스설비를 이음쇠로 접속할 때에는 무리한 하중이 걸리지 않도록 상용압력이 19.6MPa 이상 되는 곳의 나사는 나사게이지로 검사한 것일 것
　⑬ 처리설비·압축가스설비 및 충전설비는 지상에 설치할 것

11. 고압가스 저장·사용의 시설·기술·검사기준

　(1) 고압가스 저장기준

　　① 저장탱크의 내진성능 확보 대상은 저장능력 5톤(가연성 또는 독성의 가스가 아닌 경우 10톤) 또는 500m³ (가연성 또는 독성의 가스가 아닌 경우 1,000m³) 이상
　　② 가스방출장치를 설치 대상은 5m³ 이상의 가스를 저장하는 것
　　③ 가연성 가스 또는 산소의 액화가스 저장탱크는 저장능력 1천톤 이상, 독성 가스의 액화가스 저장탱크는 저장능력 5톤 이상의 액상일 경우에는 유출을 방지하기 위한 조치를 할 것
　　④ 가스설비 또는 저장설비는 그 외면으로부터 화기를 취급하는 장소까지 2m(가연성 가스 또는 산소의 가스설비 또는 저장설비는 8m) 이상의 우회거리를 유지
　　⑤ 용기보관장소 주위 2m 이내에는 화기 또는 인화성 물질이나 발화성 물질을 두지 않을 것
　　⑥ 안전밸브 또는 방출밸브에 설치된 스톱밸브는 그 밸브의 수리 등을 위하여 특별히 필요한 때를 제외하고는 항상 완전히 열어 놓을 것
　　⑦ 압력계는 3개월에 1회 이상 표준이 되는 압력계로 그 기능을 검사할 것
　　⑧ 안전밸브 중 압축기의 최종단에 설치한 것은 1년에 1회 이상, 그 밖의 안전밸브는 2년에 1회 이상 조정하여 적절한 압력 이하에서 작동되도록 점검할 것

　(2) 특정고압가스 기준

　　① 가연성 가스의 가스설비 또는 저장설비는 그 외면으로부터 화기를 취급하는 장소까지 8m의 우회거리 확보

② 산소의 저장설비 주위 5m 이내에는 화기를 취급해서는 안 된다.
③ 저장능력이 500kg 이상인 액화염소사용시설의 저장설비는 그 외면으로부터 보호시설까지 제1종 보호시설은 17m 이상, 제2종 보호시설은 12m 이상의 거리를 유지할 것
④ 고압가스의 저장량이 300kg(압축가스의 경우에는 $1m^3$를 5kg 환산) 이상 시 아래의 안전거리를 유지할 것

▼ 특정고압가스 저장량 이상 시 안전거리

구분	제1종 보호시설	제2종 보호시설
산소저장설비	12m	8m
독성(가연성) 가스 저장설비	17m	12m
그 밖의 가스 저장설비	8m	5m

[비고] 한 사업소 안에 2개 이상의 저장설비가 있는 경우에는 각각 안전거리를 유지한다.

⑤ 독성 가스의 감압설비와 그 가스의 반응설비 간의 배관에는 긴급 시 가스가 역류되는 것을 효과적으로 차단할 수 있는 조치를 마련할 것
⑥ 수소화염 또는 산소·아세틸렌화염을 사용하는 시설의 분기되는 각각의 배관에는 가스가 역화되는 것을 효과적으로 차단할 수 있는 조치를 마련할 것
⑦ 사용시설은 소비설비의 사용개시 및 사용종료 시에 소비설비의 이상 유무를 점검하는 외에 1일 1회 이상 수시로 소비설비의 작동상황을 점검할 것

(3) 아세틸렌 기준

① 충전 시 온도에 관계없이 2.5MPa이하로 하며, 이때에는 질소, 메탄, 일산화탄소, 에틸렌 등의 희석제를 첨가 충전 후 15℃에서 1.5MPa 이하가 되도록 정치할 것
② 다공도는 75% 이상 92% 미만으로 하고 아세톤, DMF로 고루 침윤 후 충전
③ 아세틸렌 충전 시 동 및 동합금의 동함유량이 62% 이하 사용
④ 충전용 지관에는 탄소 함유량이 0.1% 이하의 강 재료 사용
⑤ 습식 아세틸렌 발생기 표면 온도는 70℃ 이하 유지

(4) 시안화수소 기준

① 충전 시 순도가 98% 이상 유지하고 안정제로 황산, 아황산가스를 사용함
② 충전 후 24시간 정치함
③ 저장 시 1일 1회 이상 질산구리벤젠지로 누설 검사 실시
④ 용기에 충전된 시안화수소는 60일이 경과되기 전에 다른 용기에 이충전 실시

(5) 산화에틸렌 기준

① 충전 용기는 45℃에서 0.4MPa 이상 되도록 질소, 탄산가스로 봉입할 것
② 질소, 탄산가스로 치환하고 항상 5℃ 이하로 유지할 것

12. 고압가스 판매

(1) 용기보관실에는 독성 가스를 흡수·중화하는 설비와 연동되도록 경보장치를 설치하고, 독성 가스가 누출되었을 경우 흡수·중화설비를 갖출 것

(2) 누출된 고압가스가 체류하지 않도록 환기구를 갖출 것

(3) 용기보관실의 벽은 방호벽으로 할 것

(4) 용기에 의한 고압가스 판매사업소의 부지는 한 면이 폭 4m 이상의 도로에 접할 것

(5) 용기보관 장소 기준
  ① 충전용기와 잔가스용기는 각각 구분하여 용기보관장소에 놓을 것
  ② 가연성 가스·독성 가스 및 산소의 용기는 각각 구분하여 설치하고, 각각의 면적은 $10m^2$ 이상으로 할 것
  ③ 용기보관장소에는 계량기 등 작업에 필요한 물건 외에는 두지 않을 것
  ④ 용기보관장소의 주위 2m 이내에는 화기 또는 인화성 물질이나 발화성 물질을 두지 않을 것
  ⑤ 충전용기는 항상 40℃ 이하의 온도를 유지하고, 직사광선을 받지 않도록 조치할 것
  ⑥ 충전용기에는 넘어짐 등에 의한 충격 및 밸브의 손상을 방지하는 등의 조치를 할 것
  ⑦ 가연성 가스 용기보관장소에는 방폭형 휴대용 손전등을 갖출 것
  ⑧ 가연성 가스(암모니아, 브롬화메탄 및 공기 중에서 자기 발화하는 가스는 제외)의 가스설비 중 전기설비는 적절한 방폭성능을 가지는 것일 것
  ⑨ 가연성 가스 또는 산소의 액화가스 저장탱크는 저장능력 5천 L 이상, 독성 가스의 액화가스 저장탱크는 저장능력 5톤 이상시 액상의 가스 누출 방지를 위한 조치를 할 것

(6) 용기에 의한 고압가스 판매의 부대설비기준
  ① 판매시설에는 압력계 및 계량기를 갖출 것
  ② 판매업소에는 용기운반자동차의 원활한 통행과 용기의 원활한 하역작업을 위하여 용기보관실 주위에 $11.5m^2$ 이상의 부지를 확보할 것
  ③ 사무실의 면적은 $9m^2$ 이상으로 할 것

(7) 시설별 수시검사 안전장치
  ① 안전밸브
  ② 긴급차단장치
  ③ 독성 가스 재해설비
  ④ 가스누출 검지경보장치
  ⑤ 물분무장치(살수장치포함) 및 소화전
  ⑥ 긴급이송설비
  ⑦ 강제환기시설
  ⑧ 안전제어장치
  ⑨ 운영상태 감시장치
  ⑩ 안전용 접지기기, 방폭전기기기
  ⑪ 그 밖에 안전관리에 필요한 사항

13. 용기 제조의 기술 기준 및 용기부속품 제조의 시설·기술

(1) 내용적 40L 이상 50L 이하의 액화석유가스용 용기에 부착하는 밸브는 과류차단형 또는 차단기능형으로 할 것

(2) 용기설계 생산 부속품이 안전하게 하는 설계사항
① 재료의 기계적·화학적 성능
② 내압성능
③ 단열성능
④ 기밀성능
⑤ 작동성능
⑥ 그 밖에 용기부속품의 안전 확보에 필요한 성능

(3) 생산단계 검사사항

▼ 생산단계의 검사대상과 주기

검사의 종류	대상	구성항목	주기
제품확인검사	생산공정검사 또는 종합공정검사 대상 외의 품목	상시품질검사	신청 시마다
생산공정검사	제조공정·자체검사공정에 대한 품질시스템의 적합성을 충족할 수 있는 품목	정기품질검사	3개월에 1회
		공정확인심사	3개월에 1회
		수시품질검사	1년에 2회 이상
종합공정검사	공정 전체(설계·제조·자체 검사)에 대한 품질 시스템의 적합성을 충족할 수 있는 품목	종합품질관리체계심사	6개월에 1회
		수시품질검사	1년에 1회 이상

(4) 재충전 금지용기
① 용기와 용기부속품을 분리할 수 없는 구조일 것
② 최고충전압력(MPa)의 수치와 내용적(L)의 수치를 곱한 값이 100 이하일 것
③ 최고충전압력이 22.5MPa 이하이고 내용적이 25L 이하일 것
④ 최고충전압력이 3.5MPa 이상인 경우에는 내용적이 5L 이하일 것
⑤ 가연성 가스 및 독성 가스를 충전하는 것이 아닐 것

14. 용기 재검사기간

(1) 용기 재검사기간

▼ 용기 재검사주기

용기의 종류		신규검사 후 경과 연수에 따른 재검사주기		
		15년 미만	15년 이상 20년 미만	20년 이상
용접용기(LPG용 용접용기 제외)	500L 이상	5년마다	2년마다	1년마다
	500L 미만	3년마다	2년마다	1년마다
LPG용 용접용기	500L 이상	5년마다	2년마다	1년마다
	500L 미만	5년마다		2년마다
이음매 없는 용기 또는 복합재료용기	500L 이상	5년마다		
	500L 미만	신규검사 후 10년 이하는 5년마다, 초과는 3년마다		

용기의 종류		신규검사 후 경과 연수에 따른 재검사주기		
		15년 미만	15년 이상 20년 미만	20년 이상
LPG용 복합재료용기		5년마다		
용기 부속품	용기에 부착되지 아니한 것	용기에 부착되기 전(검사 후 2년이 지난 것만 해당)		
	용기에 부착 시	검사 후 2년이 지나 용기의 재검사 시		

(2) 제조 후 경과연수가 15년 미만이고 내용적이 500L 미만인 용접용기에 대하여는 재검사주기를 다음과 같이 한다.

① 용기내장형 가스난방기용 용기는 6년
② 내식성 재료로 제조된 초저온 용기는 5년

(3) 내용적 20L 미만인 용접용기 및 지게차용 용기는 10년, 자동차용 용기는 그 자동차를 폐차할 때까지의 기간을 첫 번째 재검사주기로 한다.

(4) 1회용으로 제조된 용기는 사용 후 폐기한다.

(5) 내용적 125L 미만인 용기에 부착된 용기부속품은 그 부속품의 제조 또는 수입 시의 검사를 받은 날부터 2년이 지난 후 해당 용기의 첫 번째 재검사를 받게 될 때 폐기한다.

(6) 복합재료용기 및 압축천연가스 자동차용 용기는 제조검사를 받은 날부터 15년이 되었을 때에 폐기한다.

(7) 내용적 45L 이상 125L 미만인 것으로서 제조 후 경과연수가 26년 이상된 액화석유가스용 용접용기는 폐기한다.

15. 가스 공급자의 안전점검

(1) 안전점검 장비

▼ 가스별 점검장비 기준

점검장비 \ 가스별	산소	불연성 가스	가연성 가스	독성 가스
가스누출검지기			○	
가스누출시험지				○
가스누출검지액	○	○	○	○
그 밖에 점검에 필요한 시설 및 기구	○	○	○	○

(2) 점검방법

① 가스 공급 시마다 점검 실시
② 2년에 1회 이상 정기점검 실시

(3) 점검기록의 작성 · 보존 : 정기점검 실시기록을 작성하여 2년간 보존

16. 고압가스 운반기준

(1) 고압가스를 200km 이상의 거리를 운반할 때에는 운반책임자를 동승시킨다.

▼ 운반책임자 동승기준

가스의 종류		기준
액화가스	독성 가스	1,000kg 이상
	가연성 가스	3,000kg 이상
	조연성 가스	6,000kg 이상
압축가스	독성 가스	100m³ 이상
	가연성 가스	300m³ 이상
	조연성 가스	600m³ 이상

(2) 충전용기를 차량에 적재하여 운반할 때에는 고압가스 운반차량에 세워서 운반할 것

▼ 고압가스 운반 시 휴대하는 소화설비기준

가스의 구분	소화기의 종류		비치 개수
	소화약제 종류	소화기의 능력단위	
가연성 가스	분말소화제	BC용, B-10 이상 또는 ABC용, B-12 이상	차량 좌우에 각 1개 이상
산소	분말소화제	BC용, B-8 이상 또는 ABC용, B-10 이상	차량 좌우에 각 1개 이상

(3) 독성 가스 운반 시 응급조치에 필요한 약제는 다음 표에 게시한 것을 비치하고 운반한다.

품명	액화가스질량 1,000kg		비고
	미만인 경우	이상인 경우	
소석회	20kg 이상	40kg 이상	염소, 염화수소, 포스겐, 아황산가스 등 효과 있는 액화가스에 적용된다.

(4) 독성 가스를 운반하는 차량에는 위해를 예방하기 위하여 일반인이 쉽게 알아볼 수 있도록 각각 붉은 글씨로 "위험 고압가스" 및 "독성 가스"라는 경계표시와 위험을 알리는 도형 및 전화번호를 표시할 것

(5) 차량에 고정된 탱크 운반차량의 가연성 가스 및 산소탱크의 내용적은 1만 8천L, 독성 가스 탱크의 내용적은 1만 2천L를 초과하지 않을 것

(6) 독성 가스를 운반하는 때에는 고압가스의 명칭·성질 및 이동 중의 재해방지를 위하여 필요한 주의사항을 적은 서면을 운반책임자 또는 운전자에게 주어 운반 중에 지니도록 할 것

17. 용기 등의 수리자격과 범위

▼ 수리자격자별 수리범위

수리자격자	수리범위
용기제조자	1) 용기 몸체의 용접 2) 아세틸렌 용기 내의 다공질물 교체 3) 용기의 스커트 · 프로텍터 및 네크링의 교체 및 가공 4) 용기부속품의 부품 교체 5) 저온 또는 초저온용기의 단열재 교체 6) 초저온용기부속품의 탈 · 부착
특정설비제조자	1) 특정설비 몸체의 용접 2) 특정설비의 부속품의 교체 및 가공 3) 단열재 교체
냉동기제조자	1) 냉동기용접부분의 용접 2) 냉동기부속품의 교체 및 가공 3) 냉동기의 단열재 교체
고압가스제조자	1) 초저온용기부속품의 탈 · 부착 및 용기부속품의 부품 교체 2) 특정설비의 부품 교체 3) 냉동기의 부품 교체 4) 단열재 교체(고압가스특정제조자만을 말한다) 5) 용접가공
검사기관	1) 특정설비의 부품 교체 및 용접 2) 냉동설비의 부품 교체 및 용접 3) 단열재 교체 4) 용기의 프로텍터 · 스커트 교체 및 용접 5) 초저온용기부속품의 탈 · 부착 및 용기부속품의 부품 교체 6) 액화석유가스를 액체상태로 사용하기 위한 액화석유가스용기 액출구의 나사사용 막음조치
액화석유가스 충전사업자	액화석유가스 용기용 밸브의 부품 교체
자동차관리사업자	자동차의 액화석유가스 용기에 부착된 용기부속품의 수리

18. 정기검사의 주기

▼ 대상별 검사주기

검사대상	검사주기
고압가스특정제조허가를 받은 자	매 4년
고압가스특정제조자 외의 가연성 가스 · 독성 가스 및 산소의 제조자 · 저장자 또는 판매자(수입업자를 포함한다.)	매 1년
고압가스특정제조자 외의 불연성 가스(독성 가스는 제외한다.)의 제조자 · 저장자 또는 판매자	매 2년
그 밖에 공공의 안전을 위하여 특히 필요하다고 산업통상자원부장관이 인정하여 지정하는 시설의 제조자 또는 저장자	산업통상자원부장관이 지정하는 시기

대상별 검사주기는 해당 시설의 설치에 대한 최초의 완성검사증명서를 발급받은 날을 기준으로 기간이 지난 날 전후 15일 안에 받아야 한다.

19. 특정설비의 재검사주기

▼ 특정설비 재검사

특정설비의 종류		신규검사 후 경과 연수에 따른 재검사주기		
		15년 미만	15년 이상 20년 미만	20년 이상
차량에 고정된 탱크		5년마다	2년마다	1년마다
		해당 탱크를 다른 차량으로 이동하여 고정할 경우에는 이동하여 고정한 때마다		
저장탱크		5년마다(재검사에 불합격되어 수리한 것은 3년)		
기화장치	저장탱크와 함께 설치된 것	검사 후 2년을 경과하여 해당 탱크의 재검사 시마다		
	저장탱크가 없는 곳에 설치된 것	3년마다		
	설치되지 아니한 것	3년마다		
안전밸브 및 긴급차단장치		검사 후 2년을 경과하여 해당 안전밸브 또는 긴급차단장치가 설치된 저장탱크 또는 차량에 고정된 탱크의 재검사 시마다		
압력용기		4년마다		

20. 불합격 용기 및 특정 설비의 파기방법

(1) 절단 등의 방법으로 파기하여 원형으로 가공할 수 없도록 할 것

(2) 잔가스를 전부 제거한 후 절단할 것

(3) 검사신청인에게 파기의 사유·일시·장소 및 인수시한 등을 통지하고 파기할 것

(4) 파기하는 때에는 검사장소에서 검사원으로 하여금 직접 실시하게 하거나 검사원 입회하에 용기 및 특정설비의 사용자로 하여금 실시하게 할 것

(5) 파기한 물품은 검사신청인이 인수시한(통지한 날부터 1개월 이내) 내에 인수하지 아니하는 때에는 검사기관으로 하여금 임의로 매각 처분

21. 용기 등의 표시방법

(1) 용기의 각인(합격용기)

① 용기제조업자의 명칭 또는 약호

② 충전하는 가스의 명칭

③ 용기의 번호

④ 내용적(기초 : V, 단위 : L)

⑤ 초저온용기 외의 용기는 밸브 및 부속품을 포함하지 아니한 용기의 질량(기호 : W, 단위 : kg)

⑥ 아세틸렌가스는 충전용기 질량에 용기의 다공물질·용제 및 밸브의 질량을 합한 질량(기호 : TW, 단위 : kg)

⑦ 내압시험에 합격한 연월

⑧ 내압시험압력(기호 : TP, 단위 : MPa)
⑨ 최고충전압력(기호 : FP, 단위 : MPa)
⑩ 내용적이 500L를 초과하는 용기에는 동판의 두께(기호 : t, 단위 : mm)
⑪ 충전량(g)(납붙임 또는 접합용기에 한정한다)

(2) 용기의 도색 및 표시

1) 일반가스 용기 도색

가스의 종류	도색의 구분	가스의 종류	도색의 구분
액화석유가스	회색	산소	녹색
수소	주황색	액화탄산가스	청색
아세틸렌	황색	질소	회색
액화암모니아	백색	소방용 용기	소방법에 따른 도색
액화염소	갈색	그 밖의 가스	회색

> **Reference**
> 1. 내용적 2L 미만의 용기는 제조자가 정하는 바에 의한다.
> 2. 액화석유가스용기 중 부탄가스를 충전하는 용기는 부탄가스임을 표시하여야 한다.
> 3. 선박용 액화석유가스용기의 표시방법
>   1) 용기의 상단부에 폭 2cm의 백색 띠를 두 줄로 표시한다.
>   2) 백색 띠의 하단과 가스 명칭 사이에 백색글자로 가로·세로 5cm의 크기로 "선박용"이라고 표시한다.
> 4. 자동차의 연료장치용 용기의 외면에는 그 용도를 "자동차용"으로 표시할 것
> 5. 그 밖의 가스에는 가스명칭 하단에 가로·세로 5cm 크기의 백색글자로 용도("절단용")를 표시할 것

2) 의료용 가스용기

가스의 종류	도색의 구분	가스의 종류	도색의 구분
산소	백색	질소	흑색
액화탄산가스	회색	아산화질소	청색
헬륨	갈색	사이클로프로판	주황색
에틸렌	자색	그 밖의 가스	회색

> **Reference**
> 1. 용기의 상단부에 폭 2cm의 백색(산소는 녹색)의 띠를 두 줄로 표시하여야 한다.
> 2. 용도의 표시 의료용 각 글자마다 백색(산소는 녹색)으로 가로·세로 5cm로 띠와 가스 명칭 사이에 표시하여야 한다.

3) 용기부속품에 대한 표시
① 부속품제조업자의 명칭 또는 약호

② 바목의 규정에 의한 부속품의 기호와 번호
③ 질량(기호 : W, 단위 : kg)
④ 부속품검사에 합격한 연월
⑤ 내압시험압력(기호 : TP, 단위 : MPa)
⑥ 용기종류별 부속품의 기호
  ㉠ 아세틸렌가스를 충전하는 용기의 부속품 : AG
  ㉡ 압축가스를 충전하는 용기의 부속품 : PG
  ㉢ 액화석유가스 외의 액화가스를 충전하는 용기의 부속품 : LG
  ㉣ 액화석유가스를 충전하는 용기의 부속품 : LPG
  ㉤ 초저온용기 및 저온용기의 부속품 : LT

4) 냉동기에 대한 표시
  ① 냉동기제조자의 명칭 또는 약호
  ② 냉매가스의 종류
  ③ 냉동능력(단위 : RT). 다만, 압력용기의 경우에는 내용적(단위 : L)을 표시하여야 한다.
  ④ 원동기소요전력 및 전류(단위 : kW, A). 다만, 압축기의 경우에 한한다.
  ⑤ 제조번호
  ⑥ 검사에 합격한 연월(年月)
  ⑦ 내압시험압력(기호 : TP, 단위 : MPa)
  ⑧ 최고사용압력(기호 : DP, 단위 : MPa)

5) 특정설비별 기호
  ① 아세틸렌가스용 : AG
  ② 압축가스용 : PG
  ③ 액화석유가스용 : LPG
  ④ 저온 및 초저온가스용 : LT
  ⑤ 그 밖의 가스용 : LG

22. 기타 안전관리 요약

(1) 용기의 내압시험
  ① 아세틸렌 용기는 최고 충전압력(15℃에서 1.5MPa)의 3배
  ② 아세틸렌 이외의 압축가스와 액화가스 용기는 최고 충전 압력 5/3배

(2) 용기의 기밀시험
  ① 아세틸렌 용기는 최고 충전압력의 1.8배
  ② 초저온 및 저온가스 용기는 최고 충전압력 1.1배
  ③ 기타 가스용기는 최고 충전압력 이상

(3) 용기재료 조건
　① 용기재료는 스테인리스강, 알루미늄합금 또는 C(탄소) : 0.33%(무이음새 용기 0.55%), P(인) : 0.04%, S(황) : 0.05% 이하 강 사용
　② 용기 동판의 최대와 최소 두께의 차는 평균 두께의 20% 이하로 할 것
　③ 초저온 용기는 오스테나이트계 스테인리스강 또는 알루미늄 합금강, 동합금강을 사용할 것
　④ 용접용기 내압시험의 영구증가율 10% 이하 시 합격임

(4) 단열성능시험은 내용적 1,000L 이상 용기 침입열량 0.002kcal/hr · ℃ · L(그 외 0.0005kcal/hr · ℃ · L) 이하 시 합격

(5) 에어졸 용기
　① 온수시험 탱크는 45℃ 이상 50℃ 미만에서 에어졸의 누설이 없을 것
　② 35℃에서 내압이 0.8MPa 이하 및 내용적의 90% 이하로 충전할 것
　③ 100cm^3 초과 용기는 강 또는 경금속을 사용하며 그 내용적은 1L 미만일 것
　④ 두께 0.125mm 이상으로 하고 유리제 용기는 합성수지로 그 내 · 외면을 피복할 것
　⑤ 50℃에서 용기 내의 가스 압력의 1.5배로 가압 시 변형이 없고 50℃에서 용기 내의 가스 압력의 1.8배로 가압 시 파열되지 않을 것
　⑥ 30cm^3 이상 용기는 에어졸 제조에 사용된 일이 없을 것

CHAPTER 01 출제예상문제

01 고압가스 운반 기준에서 후부 취출식 탱크 외의 탱크는 탱크의 후면과 차량의 뒤범퍼와의 수평거리가 몇 [cm] 이상이 되도록 탱크를 차량에 고정시켜야 하는가?
① 30[cm] 이상
② 40[cm] 이상
③ 60[cm] 이상
④ 1[cm] 이상

해설 탱크의 후면과 차량의 뒤범퍼와의 수평거리
- 후부취출식 : 40[cm] 이상
- 후부취출식 외 : 30[cm] 이상
- 조작상자 : 20[cm] 이상

02 차량에 고정된 탱크의 조작상자와 뒤범퍼와의 수평거리는 규정상 얼마인가?
① 20[cm] 이상
② 30[cm] 이상
③ 40[cm] 이상
④ 60[cm] 이상

해설 차량에 고정된 탱크의 조작상자와 차량의 뒤범퍼와의 수평거리는 규정상 20[cm] 이상이다.

03 아세틸렌 용기에 표시하는 문자로 옳은 것은?
① 독
② 연
③ 독, 연
④ 지

해설 아세틸렌은 가연성 가스이므로 적색으로 '연'자 표시를 한다.

04 다음은 가스를 용기에 충전하는 방법에 대한 설명이다. 적합한 것은?
① 압축가스는 0[℃]에서 최고 충전압력이 되도록 충전한다.
② 액화가스를 탱크로리에 충전할 때는 충전할 액화가스 내 용적의 95[%]를 초과하지 않는다.
③ 액화가스는 질량을 계측하여 충전하나 충전질량은 내용적과 그 가스에 정해진 충전정수로 한다.
④ 액화가스를 저장탱크에 충전할 때는 $W = V/C$ 의 산식에 의한다.

해설
- 액화가스의 용기 질량 = $\frac{용기내\ 용적}{충전상수}$ = [kg]
- 액화가스 저장탱크 = $0.9 \times 비중 \times 탱크의\ 내용적$ = [kg]

05 아세틸렌 제조시설 중 아세틸렌 접촉부분에 사용해서는 안 되는 것은?
① 알루미늄 또는 알루미늄 함량 62[%]
② 스테인리스
③ 철 또는 탄소 함유량이 4.34[%] 이상인 강
④ 동 또는 동 함유량이 62[%] 이상

해설 아세틸렌가스나 암모니아가스의 사용 시 동이나 동 함유량이 62[%] 이상 되는 접촉부분은 피한다. 동아세틸리드의 생성을 방지하기 위해서이다.

06 일반공업용 용기색깔로 틀린 것은?
① 산소 – 백색
② 수소 – 주황색
③ 염소 – 갈색
④ 질소 – 회색

해설
① 산소 : 녹색
② 수소 : 주황색
③ 염소 : 갈색
④ 질소 : 회색

07 가연성 가스의 제조설비 중 전기설비는 방폭성능을 가지는 구조이어야 한다. 그러나 다음 중 방폭성능을 가지지 않아도 되는 가연성 가스는?
① 수소
② 프로판
③ 아세틸렌
④ 암모니아

해설 모든 가연성 가스의 전기설비는 방폭구조이어야 한다. 단, 암모니아가스나 브롬화메틸은 전기설비의 방폭구조에서 제외되어야 한다.
- 암모니아가스의 연소범위 : 15~28[%]
- 브롬화메틸의 연소범위 : 13.5~14.5[%]

ANSWER | 1 ① 2 ① 3 ② 4 ③ 5 ④ 6 ① 7 ④

08 운반차량의 적재방법 중 원칙적으로 세워서 적재하는 충전용기가 아닌 것은?
① 아세틸렌용기 ② 액화석유가스용기
③ 압축산소용기 ④ 염소용기

[해설] 충전용기는 차량에 의해 적재 시에 고무링을 씌우거나 적재함에 넣어 세워서 운반할 것. 다만 산소 등 압축가스의 경우 구조상 세워서 운반하기 곤란하면 적재함 높이 이내로 눕혀서 적재할 수 있다.

09 고압가스설비는 사용압력이 몇 배 이상의 압력으로 실시하는 내압시험에 합격한 것이어야 하는가?
① 1배 ② 1.5배
③ 2.5배 ④ 3배

[해설] 고압가스설비의 내압시험 : 사용압력의 1.5배

10 고압가스 특정제조사업소의 고압가스설비 중 특수반응설비와 긴급차단장치를 설치한 고압가스설비에서 이상사태가 발생하였을 때 그 설비 내의 내용물을 설비 밖으로 긴급하고 안전하게 이송하여 연소시키기 위한 것은?
① 내부반응감시장치 ② 밴드스택
③ 인터록 ④ 플레어스택

[해설] 플레어스택은 설비 내에 이상 상태가 발생하였을 때 그 설비 내의 내용물을 설비 밖으로 긴급하고 안전하게 이송하여 연소시킨다.

11 다음 보기에서 고압가스 설비의 운전지침에 기재하여야 할 것 중 적당한 것은?

〈보기〉
① 화재, 누출, 지진 시의 조치방법
② 두께의 계산방법
③ 안전밸브의 토출량 계산방법
④ 온도, 압력 등의 운전관리 범위값

① ①, ② ② ②, ③
③ ③, ④ ④ ①, ④

[해설] 고압가스의 설비 운전지침
• 화재, 누출, 지진 시의 조치방법
• 온도, 압력 등의 운전관리 범위값

12 액화암모니아 50[kg]을 충전하기 위한 용기의 내용적은 몇 [L]인가? (단, $C=1.86$이다.)
① 93 ② 70
③ 40 ④ 27

[해설] $50 = \dfrac{x}{1.86} \rightarrow x = 50 \times 1.86 = 93[L]$

13 역화방지장치를 설치할 곳으로 적당하지 않은 곳은?
① 아세틸렌의 고압 건조기와 충전용 교체밸브 사이의 배관
② 가연성 가스를 압축하는 압축기와 오토클레이브 사이의 배관
③ 아세틸렌 충전용 지관
④ 가연성 가스를 압축하는 압축기와 충전용 주관과의 사이

[해설] 가연성 가스를 압축하는 압축기와 충전용 주관과의 사이 배관에는 역류방지 밸브를 설치한다.

14 다음 가스용기의 밸브 중 충전구 나사를 왼나사로 정한 것은 어느 것인가?
① N_2O ② C_2H_2
③ CO_2 ④ O_2

[해설] C_2H_2(아세틸렌) 가스는 가연성이므로 용기밸브가 왼나사이다.(암모니아와 브롬화메탄만은 폭발범위 하한값이 10[%] 이상이며 폭발범위가 좁기 때문에 오른나사로 한다.)

15 압축, 액화 그 밖의 방법으로 처리할 수 있는 가스의 용적이 1일 100[m³] 이상인 사업소에는 표준이 되는 압력계를 몇 개 이상 비치해야 하는가?
① 1개 ② 2개
③ 3개 ④ 4개

ANSWER 8 ③ 9 ② 10 ④ 11 ④ 12 ① 13 ④ 14 ② 15 ②

해설 압축, 액화가스의 용적이 1일 100[m³] 이상인 사업소에는 표준이 되는 압력계를 2개 이상 비치할 것

16 암모니아를 사용하는 냉동장치의 시운전에 사용해서는 안 되는 기체는?
① 질소 ② 산소
③ 공기 ④ 이산화탄소

해설 암모니아가스는 가연성 및 독성 가스이기 때문에 조연성 가스인 산소로는 시운전해서는 안 된다.

17 액화산소 취급 시 아세틸렌 혼입은 위험하므로 검출하게 되는데 이때 사용하는 시약은?
① 이로스베이 시약 ② 질산은 시약
③ 페놀프탈레인 시약 ④ 동 암모니아 시약

해설 액화산소를 제조하는 공기액화분리기는 공기흡입구 부근에서 카바이드나 아세틸렌 혼입은 폭발의 위험이 있기 때문에 C_2H_2의 혼입을 검출하는 시약으로 이로스베이 시약을 사용한다.

18 고압가스용의 안전점검 기준에 해당되지 않는 것은?
① 용기의 부식, 도색 및 표시 확인
② 용기의 캡이 씌워져 있나 프로텍터의 부착 여부 확인
③ 재검사 기간의 도래 여부를 확인
④ 용기의 누설을 성냥불로 확인

해설 가스용기의 누설검사는 비눗물이나 가스누설검지로 한다.

19 암모니아를 사용하는 냉동장치의 시운전에 사용해서는 안 되는 기체는?
① 질소 ② 산소
③ 공기 ④ 이산화탄소

해설 산소 같은 조연성 가스는 가연성 가스의 시운전이나 기밀시험에 사용되지 않는다.

20 액상의 염소가 피부에 닿았을 경우의 조치로서 옳은 것은?
① 암모니아로 씻어낸다.
② 이산화탄소로 씻어낸다.
③ 소금물로 씻어낸다.
④ 맑은 물로 씻어낸다.

해설 액상의 염소가 피부에 닿으면 맑은 물로 씻어낸다.

21 다음 중 다중이용시설이 아닌 것은?
① 항공법에 의한 공항의 여객청사
② 도로교통법에 의한 고속도로 휴게소
③ 문화재 보호법에 의한 지정문화재 건축물
④ 의료법에 의한 종합병원

해설 문화재보호법에 의한 지정문화재 건축물은 다중이용시설에서 제외된다.

22 고압가스 충전용기의 폭발 파열 중 파열의 직접 원인이 아닌 것은?
① 질소 용기 내에 5[%]의 산소가 존재할 때
② 재료의 불량이나 부식
③ 액화가스의 과충전
④ 충전 용기의 외부로부터 열을 받았을 때

해설 질소는 불연성 가스이기 때문에 산소와 혼합하여도 폭발이나 파열하지 않는다.

23 다음 배관 중에서 역화방지장치를 설치해야 할 곳은?
① 가연성 가스 압축기와 충전용 주관 사이
② 가연성 가스 압축기와 오토클레이브 사이
③ 아세틸렌 압축기의 유분리기와 고압 건조기 사이
④ 암모니아 또는 메탄올의 합성탑과 압축기 사이의 배관

해설 역화방지장치를 설치해야 하는 곳
• 가연성 가스 압축기와 오토클레이브 사이
• 아세틸렌 고압건조기와 충전용 교체 밸브 사이 배관
• 아세틸렌 충전용 지관

ANSWER | 16 ② 17 ① 18 ④ 19 ② 20 ④ 21 ③ 22 ① 23 ②

24 가스를 사용하는 일반가정이나 음식점 등에서 호스가 절단 또는 파손으로 다량 가스누출 시 사고예방을 위해 신속하게 자동으로 가스누출을 차단하기 위해 설치하는 제품은?
① 중간밸브
② 체크밸브
③ 나사 콕
④ 퓨즈 콕

해설 자동가스누출차단 콕 : 퓨즈 콕

25 다음 고압가스 설비의 안전상 조치에 대하여 올바른 것은?
① 가연성 가스 설비 부근에 있는 가열로 주변에 스팀 커튼을 설치한다.
② 계기실은 필요한 압력을 유지할 수 있는 구조로 출입문은 2중문으로 하고 출입구는 1개소로 한다.
③ 안전밸브가 작동하여 즉시 밸브를 잠그었다.
④ 운전압력이 서서히 상승하여 긴급차단 밸브를 조작하여 가스의 이송량을 감소시켰다.

해설
• 가연성 가스 설비 부근에 있는 가열로 주변에 스팀 커튼을 설치하여야 안전하다.
• 출입구는 2개 이상, 안전밸브는 분출 시 차단은 자체적으로 해결된다.
• 가스 누설 시에 긴급차단밸브가 조작

26 주거지역, 상업지역의 저장탱크에 폭발방지장치를 설치해야 하는 저장능력 규모는?
① 10톤 이상
② 15톤 이상
③ 20톤 이상
④ 30톤 이상

해설 주거지역 상업지역의 저장탱크 용량이 10톤 이상이면 폭발방지장치를 설치한다.

27 2개 이상의 탱크를 동일한 차량에 고정하여 운반할 때 충전관에 설치하는 것이 아닌 것은?
① 온도계
② 안전밸브
③ 압력계
④ 긴급 탈압밸브

해설 2개 이상의 탱크를 동일한 차량에 고정하여 운반할 때는 충전관에 안전밸브, 압력계, 긴급 탈압밸브의 설치가 필요하다.

28 고압가스 저장탱크의 기준으로 틀린 것은?
① 저장탱크는 가스가 누출하지 아니하는 구조로 하고, 규정량 이상의 가스를 저장하는 것에는 가스 방출장치를 설치할 것
② 가연성 가스 저온 저장탱크에는 그 저장탱크의 내부압력이 외부압력보다 낮아짐에 따라 그 저장탱크가 파괴되는 것을 방지할 수 있는 조치를 할 것
③ 가연성 가스 및 독성 가스의 저장탱크, 그 지주에는 온도의 상승을 방지할 수 있는 조치를 할 것
④ 독성 가스의 저장탱크에는 그 가스의 용량이 그 저장탱크 내용적의 80%를 초과하는 것을 방지하는 장치를 설치할 것

해설 저장탱크에는 그 가스의 용량이 저장탱크 내용적의 90%를 초과하는 것을 방지한다.

29 고압가스용기의 안전점검기준에 해당되지 않는 것은?
① 용기의 부식, 도색 및 표시확인
② 용기의 캡이 씌워져 있나 프로텍터의 부착 여부 확인
③ 재검사 기간의 도래 여부를 확인
④ 용기의 누설을 성냥불로 확인

해설 가스용기의 가스누설은 비눗물이나 가스누설검지기로서 실시한다.

30 아세틸렌가스 충전 시에 희석제로서 부적합한 것은?
① 메탄
② 프로판
③ 수소
④ 이산화황

해설 아세틸렌의 충전 시 희석제
• 메탄
• 에틸렌
• 질소
• 일산화탄소

31 시안화수소의 중합폭발을 방지할 수 있는 안정제는?
① 질소, 탄산가스
② 아황산가스, 염화칼슘
③ 수증기, 질소
④ 탄산가스, 일산화탄소

해설 시안화수소의 중합폭발방지제
아황산가스, 염화칼슘, 황산 등이다.

32 고압가스의 용기의 파열사고 원인이 아닌 것은?
① 압축산소를 충전한 용기를 차량에 눕혀서 운반하였을 때
② 용기의 내압이 이상 상승하였을 때
③ 용기 재질의 불량으로 인하여 인장강도가 떨어질 때
④ 균열, 내부에 이물질이나 오일이 오염되었을 때

해설 압축산소는 눕혀서 운반이 가능하다.

33 산화에틸렌에 대한 설명 중 틀린 것은?
① 산화에틸렌 저장탱크는 질소가스 또는 탄산가스로 치환하고 5[℃]로 유지한다.
② 산화에틸렌 용기에 충전 시에는 질소 또는 탄산가스로 치환한 후는 알칼리를 함유하지 않는 상태로 충전한다.
③ 산화에틸렌 저장탱크는 45[℃]에 내부압력이 4[kg/cm^2] 이상이 되도록 질소 또는 탄산가스를 충전한다.
④ 산화에틸렌을 충전한 용기는 충전 후 24시간 정치하고 용기에 충전 연월일을 명기한 표지를 붙인다.

해설 산화에틸렌이 아닌 시안화수소(HCN)를 충전한 용기는 충전 후 24시간 정치하고 그 후 1일 1회 이상 질산구리벤젠 등의 시험지로 가스의 누출검사를 하여야 하며 용기에 충전 연월일을 명기한 표지를 붙인다.

34 고압가스 일반제조시설기준으로 적당한 것은?
① 공기보다 가벼운 가연성 가스 제조시설에는 가스누출검지 경보장치를 설치한다.
② 독성 가스의 가스설비 배관은 가급적 2중관을 설치하지 않도록 한다.
③ 독성 가스 가스설비 시설에는 가스누출검지 경보장치를 설치한다.
④ 독성 가스 제조시설에는 그 외부에 식별조치 및 펌프, 밸브 등 누출될 수 있는 장소에는 위험 표지를 게시한다.

해설 고압가스 일반제조시설기준
• 공기보다 무거운 가연성 가스 제조 시 가스누출검지 경보장치가 필요하다.
• 독성 가스 가스설비배관은 가급적 2중관 설치
• 독성 가스 가스설비시설에는 가스누출의 경우 중화설비로 이송시켜 흡수나 중화할 수 있는 설비를 한다.
∴ ④의 내용은 고압가스 일반제조시설기준이다.

35 고압가스의 용어로서 다음 중 설명이 잘못된 것은?
① 액화가스란 가압, 냉각 등의 방법에 의하여 액체상태로 되어 있는 것으로서 대기압에서의 비점이 섭씨 40도 이하 또는 상용의 온도 이하인 것을 말한다.
② 독성 가스란 공기 중에 일정량이 존재하는 경우 인체에 유해한 독성을 가진 가스로서 허용농도가 100만 분의 2,000 이하인 가스를 말한다.
③ 초저온 저장탱크라 함은 섭씨 영하 50도 이하의 액화가스를 저장하기 위한 저장탱크로서 단열재로 피복하거나 냉동설비로 냉각하는 등의 방법으로 저장탱크 내의 가스온도가 상용의 온도를 초과하지 아니하도록 한 것을 말한다.
④ 가연성 가스라 함은 공기 중에서 연소하는 가스로서 폭발한계의 하한이 10[%] 이하인 것과 폭발한계의 상한과 하한의 차가 20[%] 이상인 것을 말한다.

해설 독성 가스란 허용농도가 100만 분의 200 이하인 가스이다.

36 고압가스 특정 제조시설기준 및 기술기준에서 설비와 설비 사이의 거리가 옳은 것은?
① 안전구역 내의 고압가스설비(배관을 제외한다)는 그 외면으로부터 당해 안전구역에 인접하는 다른 안전구역 내에 있는 고압설비와 30[m] 이상의 거리 유지
② 인접한 다른 저장탱크와 사이에 두 저장탱크의 외경지름을 합한 길이의 $\frac{1}{4}$이 1[m] 이상인 경우 1[m] 이하로 유지
③ 가연성 가스의 저장탱크는 그 외면으로부터 처리능력이 20만[m³] 이상인 압축기와 20[m] 거리 유지
④ 제조설비는 그 외면으로부터 당해 제조소의 경계와 15[m] 이상 유지

해설 ①의 내용은 고압가스 특정제조시설기준 및 기술기준에서 설비 사이의 거리이다.
②는 $\frac{1}{4}$이 1[m] 이상이면 그 거리의 간격을 유지한다.
③항의 경우 30[m] 이상의 거리 유지
④항의 경우 20[m] 이상의 거리 유지

37 가스를 사용하려 하는데 밸브에 얼음이 묻었다. 어떻게 하면 되겠는가?
① 40[℃] 이하의 물수건
② 80[℃]의 램프
③ 100[℃]의 뜨거운 물
④ 종이에 불을 피워 녹인다.

해설 얼음을 녹이려면 40[℃] 이하의 물수건으로 녹인다.

38 다음 기술 중 고압가스 제조설비의 운전에 대한 설명으로 올바른 것은?
① 압축기의 토출량을 조절하기 위하여 바이패스 밸브를 천천히 조작하였다.
② 가연성 가스 설비의 가스누설경보기의 경보설정 값을 그 가스폭발 하한농도로 하였다.
③ 운전조작 기준에 저장탱크의 액화가스 이송관에서 누설을 발견 시 긴급차단 밸브를 조작하는 운전원은 필히 안전관리원의 허가를 득해야 한다.
④ 계장설비에 설치한 인터록 기구는 오조작 방지의 목적이 아니다.

해설 가연성 가스는 폭발한계의 $\frac{1}{4}$ 이하 경보설정 값

39 아세틸렌가스 충전 시에 희석제로서 부적합한 것은?
① 메탄   ② 프로판
③ 수소   ④ 이산화황

해설 아세틸렌가스 충전 시 희석제
• 메탄   • 프로판
• 수소   • 질소 등

40 아세틸렌을 용기에 충전 시, 미리 용기에 다공질물을 고루 채운 후 침윤 및 충전을 해야 하는데 이때 다공도는 얼마로 해야 하는가?
① 75[%] 이상 92[%] 미만
② 70[%] 이상 95[%] 미만
③ 62[%] 이상 75[%] 미만
④ 92[%] 이상

해설 아세틸렌 다공질물의 다공도는 75[%] 이상 92[%] 미만이어야 한다.

41 노출된 배관(매달림 배관)의 점검 통로는 노출된 배관의 길이가 몇 [m]를 넘는 경우에 설치해야 하는가?
① 5[m]   ② 10[m]
③ 15[m]   ④ 20[m]

해설 15[m]가 넘는 배관의 노출배관은 점검통로가 설치되어야 한다.

42 차량에 고정된 탱크 중 독성 가스는 내용적을 얼마로 제작하여야 하는가?
① 12,000[L] 이하
② 18,000[L] 이하
③ 15,000[L] 이하
④ 16,000[L] 이하

해설 독성 가스의 탱크는 차량에 고정시킬 경우 12,000[L] 이하로 제작한다.(단, 액화암모니아는 제외한다.) 액화석유가스를 제외한 가연성 가스나 산소탱크의 내용적은 1만 8천[L]를 초과하지 않는다.

43 아세틸렌을 용기에 충전 시, 미리 용기에 다공질물을 고루 채운 후 침윤 및 충전을 해야 하는데 이때 다공도는 얼마로 해야 하는가?
① 75[%] 이상 92[%] 미만
② 70[%] 이상 95[%] 미만
③ 62[%] 이상 75[%] 미만
④ 92[%] 이상

해설 아세틸렌의 다공도는 75~92[℃] 미만이어야 한다.

44 저장탱크에 액화석유 가스를 충전하는 때에는 가스의 용량이 상용의 온도에서 저장탱크 내용적의 몇 [%]를 넘지 아니하여야 하는가?
① 95
② 90
③ 85
④ 80

해설 액화석유가스를 저장탱크에 저장하려면 저장탱크 내용적의 90[%]를 넘지 않게 저장시킨다.

45 충전용기를 차량에 적재하여 운반하는 도중에 주차하고자 할 때 주의사항으로 옳지 않은 것은?
① 충전용기를 싣거나 내릴 때를 제외하고는 제1종 보호시설의 부근 및 제2종 보호시설이 밀집된 지역을 피한다.
② 주차 시는 엔진을 정지시킨 후 사이드 브레이크를 걸어 놓는다.
③ 주차를 하고자 하는 주위의 교통상황, 주위의 지형조건, 주위의 화기 등을 고려하여 안전한 장소를 택하여 주차한다.
④ 주차 시에는 긴급한 사태에 대비하여 바퀴 고정목을 사용하지 않는다.

해설 주차 시에는 엔진을 정지시킨 후 주차제동장치를 걸어 놓고 차바퀴를 고정목으로 고정시킨다.

46 재충전금지용기에 충전 가능한 가스의 종류 및 충전조건으로 옳지 않은 것은?
① 가연성 가스, 독성 가스 및 헬륨가스를 제외하고 충전할 것
② 최고충전압력[MPa]의 수치와 내용적[L]의 수치와의 곱이 100 이하일 것
③ 최고충전압력이 35.5[MPa] 이하이고 내용적이 20리터 이하일 것
④ 최고충전압력이 3.5[MPa] 이상인 경우에는 내용적이 5리터 이하일 것

해설 ①, ②, ④항은 재충전금지 용기에 충전 가능한 충전조건에 해당된다.

47 용기 또는 용기밸브에 안전밸브를 설치하는 이유는?
① 규정량 이상의 가스를 충전시켰을 때 여분의 가스를 분출하기 위해
② 용기 내 압력이 이상 상승 시 용기파열을 방지하기 위해
③ 가스출구가 막혔을 때 가스출구로 사용하기 위해
④ 분석용 가스출구로 사용하기 위해

해설 안전밸브를 설치하는 이유는 용기 내 압력이 이상 상승 시 용기의 파열을 방지하기 위해서이다.

48 가연성 가스 제조시설의 설비와 산소 제조시설의 설비는 몇 [m] 이상의 거리를 유지해야 하는가?
① 5[m]
② 10[m]
③ 15[m]
④ 20[m]

해설 가연성 가스 제조시설의 설비와 산소 제조시설의 설비는 10[m] 이상 거리 유지

ANSWER | 42 ① 43 ① 44 ② 45 ④ 46 ③ 47 ② 48 ②

49 가연성 가스의 제조설비 또는 저장설비 중 전기설비 방폭구조를 하지 않아도 되는 가스는?

① 암모니아, 시안화수소
② 암모니아, 염화메탄
③ 브롬화메탄, 일산화탄소
④ 암모니아, 브롬화메탄

해설 가연성 가스 중 암모니아와 브롬화메탄은 전기설비 방폭구조가 필요 없는 가연성 가스에 해당된다.

50 고압가스 설비 중 측정기기 부착 시 주의사항이다. 다음 중 맞지 않는 것은?

① 압력계 설치 시 반드시 "금유"라고 표기된 전용가스 압력계를 설치해야 한다.
② 온도계 설치 시 감온부의 물리적 변화량을 정확히 측정하는 것을 설치해야 한다.
③ 유량계 설치 시 차압식 유량계는 교축부 전후에 압력차가 있는 곳에 설치해야 한다.
④ 가스검지기 설치 시 지면에서 1[m] 이상의 높이에 설치해야 한다.

해설 가스검지기를 설치 시 공기보다 가벼운 가스는 천장에, 공기보다 무거운 가스의 경우는 바닥에 설치한다.

51 가스설비의 수리 시 가연성 가스와 독성 가스의 농도 기준으로 틀린 것은?

① 수소의 농도를 1[%]로 유지하였다.
② 아세틸렌의 농도를 1[%]로 유지하였다.
③ 산소가스의 농도를 18~22[%] 이하로 유지하였다.
④ 염소가스의 농도를 1[ppm]으로 유지하였다.

해설
• 가연성 가스 : 폭발범위 하한값의 $\frac{1}{4}$ (수소는 $4 \times \frac{1}{4} = 1\%$)
• 독성 가스 : 허용농도 이하
  아세틸렌의 폭발범위 : 2.5~81[%]
  ∴ $2.5 \times \frac{1}{4} = 0.625[\%]$ 이하로 유지

52 폭발 등의 사고발생 원인을 기술한 것 중 틀린 것은?

① 산소의 고압배관 밸브를 급격히 열면 배관 내의 철, 녹 등이 급격히 움직여 발화의 원인이 된다.
② 염소와 암모니아를 접촉할 때, 염소과잉의 경우는 대단히 강한 폭발성 물질인 NCl_3를 생성하여 사고발생 원인이 된다.
③ 아르곤은 수은과 접촉하면 위험한 성질인 아르곤 수은을 생성하여 사고발생 원인이 된다.
④ 아세틸렌은 동금속과 반응하여 금속 아세틸드를 생성하여 사고발생 원인이 된다.

해설 아르곤은 불활성이므로 타 물질과 접촉화합하지 않는다.

53 다음 중 공기 액화 분리기의 운전을 중지하고 액화 산소를 방출하여야 하는 경우는?

① 액화산소 5[L] 중 아세틸렌이 0.5[mg]이 넘는 경우
② 액화산소 5[L] 중 아세틸렌이 0.05[mg]이 넘는 경우
③ 액화산소 5[L] 중 탄화수소의 탄소 질량이 500[mg]이 넘는 경우
④ 액화산소 5[L] 중 탄화수소의 탄소 질량이 50[mg]이 넘는 경우

해설 액화산소 5[L] 중 탄화수소의 탄소질량이 500[mg]이 넘는 경우에는 공기액화분리기의 운전을 중지하고 액화산소를 방출한다.

54 고압가스 특정제조시설에서 배관을 해저에 설치하는 경우 다음 중 기준에 적합하지 않은 것은?

① 배관은 해저밑면에 매설할 것
② 배관은 원칙적으로 다른 배관과 교차하지 아니할 것
③ 배관은 원칙적으로 다른 배관과 수평거리로 20[m] 이상을 유지할 것
④ 배관의 입상부에는 보호시설물을 설치할 것

해설 배관을 해저에 설치하는 경우 배관과 배관은 원칙적으로 30[m] 이상의 간격을 유지해야 한다.

49 ④ 50 ④ 51 ② 52 ③ 53 ③ 54 ③ | ANSWER

55 고압가스 제조시설에 안전밸브를 설치하는 곳과의 관계가 잘못된 것은?
① 압축기 토출 측
② 감압밸브 앞의 배관
③ 반응탑
④ 저장탱크

해설 감압밸브 설치 시는 밸브 출구에는 안전밸브가 설치되고, 입구에는 여과기가 설치된다.

56 다음과 같은 가스 운반 중 서로 접촉하더라도 폭발하지 않는 것은?
① 아세틸렌과 은
② 암모니아와 염소
③ 염소산칼리와 암모니아
④ 인화수소와 나트륨

해설 인화수소와 나트륨의 접촉 시에는 폭발이 불가능하다.

57 아세틸렌 용기충전에 관한 내용으로 틀린 것은?
① 용기의 총질량[TW]은 용기질량에 다공물질량, 밸브질량, 용제질량을 합한 질량이다.
② 충전 후 약 24시간 동안 정치시킨 후 출하하는 것이 좋다.
③ 충전은 가급적 단시간 내에 규정된 양을 충전하는 것이 좋다.
④ 충전라인의 압력계를 $25[kg/cm^2]$ 이하가 되도록 해야 한다.

해설 아세틸렌(C_2H_2)가스는 분해폭발을 방지하기 위하여 충전은 가급적 2~3회에 걸쳐 용기에 충전한다.

58 저온저장 탱크에는 그 저장탱크의 내부압력이 외부압력보다 저하함에 따라 그 저장탱크가 파괴되는 것을 방지할 수 있는 조치를 강구하여야 한다. 다음 중 옳지 아니한 것은?
① 진공 안전밸브
② 다른 저장탱크 또는 시설로부터의 가스도입 배관 (균압관)
③ 압력과 연동하는 긴급차단장치를 설치한 송액 설비
④ 안전밸브

해설 저온저장탱크에는 그 저장탱크의 내부압력이 외부압력보다 저하하면 파괴되는 것을 방지하기 위한 조치로서 ①, ②, ③의 설비가 필요하다.

59 공기액화분리장치에서 폭발사고가 발생했다. 그 원인에 해당하지 않는 것은?
① 장치 내 질소 생성
② 공기 중의 O_3 혼입
③ 공기 취입구로부터의 아세틸렌의 침입
④ 윤활유의 열화에 의한 탄화수소의 생성

해설 공기액화분리장치 사용 중 장치 내 질소의 생성은 폭발사고와 무관하다.

60 고압가스 제조설비에 누설된 가스의 확산을 방지할 수 있는 등의 여러 가지 재해조치를 해야 하는 가스가 아닌 것은?
① 황화수소
② 시안화수소
③ 아황산가스
④ 탄산가스

해설 가스의 누설 시 신속히 방지해야 하는 가스의 종류
• 아황산가스   • 암모니아
• 염소   • 염화메탄
• 산화에틸렌   • 시안화수소
• 포스겐 또는 황화수소 등

61 다음은 고압가스 제조장치의 설계에 관한 설명이다. 틀린 것은?
① 탱크의 온도 상승을 방지하는 방법으로 살수장치를 한다.
② 가연성 가스를 로리차에 충전하는 설비에는 어스선을 부착한다.
③ 제조장치로부터 배출되는 가스는 플레어스택에서 소각하거나 벤트스택을 통하여 대기 중에 배출한다.
④ 안전밸브는 내압시험압력의 1.5배의 압력으로 작동하도록 한다.

ANSWER | 55 ② 56 ④ 57 ③ 58 ④ 59 ① 60 ④ 61 ④

해설 안전밸브는 내압시험압력의 $\frac{8}{10}$ 이하에서 작동하는 적합한 규격의 안전밸브를 설치한다.(액화산소탱크의 경우는 상용압력의 1.5배)

62 다음 중 냉동제조시설에서 냉매설비의 배관 이외의 부분의 내압시험압력은?
① 설계압력의 1.5배 이상
② 설계압력의 1.1배 이상
③ 설계압력 이상
④ 기밀시험압력 이상

해설
- 냉매설비는 설계압력 이상으로 행하는 기밀시험에 합격할 것
- 냉매설비 중 배관 외의 부분은 설계압력의 1.5배 이상의 압력으로 행하는 내압시험압력에 합격할 것

63 내용적이 300[L]인 용기에 액화암모니아를 저장하려고 한다. 이 저장설비의 저장능력은 얼마인가?(단, 액화암모니아의 정수는 1.86이다.)
① 161[kg]   ② 232[kg]
③ 279[kg]   ④ 559[kg]

해설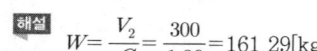
$W = \dfrac{V_2}{C} = \dfrac{300}{1.86} = 161.29[kg]$

64 다음 중 특정설비의 범위에 해당되지 않는 것은?
① 저장탱크   ② 저장탱크의 안전밸브
③ 조정기   ④ 기화기

해설 특정설비
- 차량에 고정된 탱크   • 저장탱크
- 안전밸브 및 긴급차단장치 • 기화장치
- 압력용기

65 고압가스냉매설비의 기밀시험 시 압축공기를 공급할 때 공기의 온도는?
① 40[℃] 이하   ② 70[℃] 이하
③ 100[℃] 이하 ④ 140[℃] 이하

해설 고압가스냉매설비의 기밀시험 시(설계압력 이상), 내압시험 시(설계압력의 1.5배 이상), 압축공기를 시험기체로 사용하는 경우 140[℃] 이하로 공급하여야 한다.

66 고압가스 용기는 항상 몇 [℃] 이하로 유지하여야 하는가?
① 35[℃]   ② 40[℃]
③ 45[℃]   ④ 60[℃]

해설 고압가스 용기는 항상 40[℃] 이하로 유지해야 한다.

67 고압가스 공급자의 안전점검 기준에 속하지 않는 것은?
① 충전용기 및 부속품, 가스렌지의 합격표시 유무
② 충전용기와 화기와의 거리
③ 충전용기 및 배관설치상태
④ 독성 가스의 경우 흡수장치, 보호구 등에 대한 적합 여부

해설 ②, ③, ④의 내용은 가스공급자의 안전점검기준에서 점검기준에 해당되는 내용이다.

68 차량에 고정된 탱크의 운반 기준 시 그 내용적의 한계로 틀린 것은?
① 수소 : 18,000[L]
② 산소 : 18,000[L]
③ 액화염소 : 12,000[L]
④ 액화암모니아 : 12,000[L]

해설 액화암모니아 : 18,000[L]를 초과하지 못한다.

69 (   )와 아세틸렌, 암모니아 또는 수소는 동일 차량에 적재 운반하지 아니할 것. (   ) 내에 적당한 말은?
① 염소   ② 액화석유가스
③ 질소   ④ 일산화탄소

해설 염소와 아세틸렌, 암모니아, 수소가스는 동일차량에 적재운반하지 않는다.

70 액화산소의 저장탱크 방류둑은 저장능력 상당 용적의 몇 [%] 이상으로 하는가?
① 40[%]   ② 60[%]
③ 80[%]   ④ 100[%]

해설 저장탱크의 방류둑 저장능력
• 액화산소 : 저장능력의 60[%] 이상
• 기타 액화가스 : 상당용적 이상

71 가스 누설 시의 조치방법 중 틀린 것은?
① 발견자는 큰 소리로 사람들에게 알리며 동시에 책임자에게 보고한다.
② 정해진 사내 안전조직에 의하여 행동하고 먼저 소방서 등에 통보한다.
③ 누설이 그치지 않을 경우는 될 수 있는 한 일시에 누설량을 크게 하는 대책을 취한다.
④ 긴급차단 밸브 또는 필요밸브를 차단한다.

해설 가스의 누설이 그치지 않을 경우에는 될 수 있는 한 최선의 방법으로 누설량을 적게 하는 신속한 조치가 필요하다.

72 시안화수소의 중합폭발을 방지할 수 있는 안정제는?
① 질소, 탄산가스
② 오산화인, 황산
③ 수증기, 질소
④ 탄산가스, 일산화탄소

해설 시안화수소(HCN)의 중합폭발 방지 안정제는 오산화인, 황산, 아황산가스, 동망, 인, 인산, 염화칼슘 등이다.

73 다음 가스의 저장시설 중 양호한 통풍구조로 해야 되는 것은?
① 질소 저장소   ② 탄산가스 저장소
③ 헬륨 저장소   ④ 부탄 저장소

해설 부탄은 가연성이므로 양호한 통풍구조로 해야 한다.

74 암모니아 취급 시 피부에 닿았을 때 조치사항은?
① 열습포로 감싸준다.
② 다량의 물로 세척 후 붕산수를 바른다.
③ 산으로 중화시키고 붕대로 감는다.
④ 아연화 연고를 바른다.

해설 암모니아 취급 시 피부에 닿으면 다량의 물로 세척 후 붕산수를 바른다.

75 가스 중독에 원인이 되는 가스로 거리가 가장 먼 것은?
① 시안화수소   ② 염소
③ 이산화황   ④ 헬륨

해설 헬륨은 불활성 가스이며 상온에서 무색, 무미, 무취의 기체이다.

76 다음 중 산소의 접촉해서는 안 되는 물질은?
① 수분   ② 유지분
③ 질소   ④ 테프론

해설 산소와 접촉해서는 안 되는 물질은 유지분과 가연성 가스이다.

77 산소 저장설비에서 화기는 몇 [m] 이내에서 취급해서는 안 되는가?
① 8[m]   ② 7[m]
③ 5[m]   ④ 2[m]

해설
• 산소저장설비에서 화기취급은 8[m] 이내에서는 삼가야 한다.
• 가연성 가스나 그 저장설비는 화기로부터 8[m] 이상의 우회거리를 두어야 한다.

78 액화산소의 저장탱크 방류둑은 저장능력 상당 용적의 몇 [%] 이상으로 하는가?
① 40[%]   ② 60[%]
③ 80[%]   ④ 100[%]

해설 액화산소의 저장탱크 방류둑은 저장능력 상당용적의 60[%] 이상(단, 가연성이나 독성은 저장능력 상당용적 이상)

ANSWER | 70 ② 71 ③ 72 ② 73 ④ 74 ② 75 ④ 76 ② 77 ① 78 ②

79 특정고압가스 사용시설의 소비설비 작동상황 점검은?
① 1일 1회 이상 ② 1주일 1회 이상
③ 1달 1회 이상 ④ 1년 1회 이상

해설 특정고압가스 사용시설의 소비설비는 1일 1회 이상 작동상황을 점검한다.

80 독성 가스 저장탱크에 과충전 방지장치를 설치하고자 한다. 과충전 방지장치는 가스충전량이 저장탱크 내용적 몇 [%]를 초과하는 경우에 가스충전이 되지 않도록 하여야 하는가?
① 80[%] ② 85[%]
③ 90[%] ④ 95[%]

해설 가스저장탱크에는 과충전방지를 위하여 90[%]를 초과하여 저장하지 않는다.

81 고압가스 운반 시 사고가 발생하여 가스 누설부분의 수리가 불가능한 경우의 조치사항으로 옳지 않은 것은?
① 상황에 따라 안전한 장소로 운반할 것
② 착화된 경우 용기 파열 등의 위험이 없다고 인정될 때는 그대로 놔둘 것
③ 독성 가스가 누설한 경우에는 가스를 제독할 것
④ 비상 연락망에 따라 관계업소에 협조를 의뢰할 것

해설 고압가스 운반 시, 가스누설 중 착화된 경우 즉시 소화시킨다.

82 액화 염소가스의 1일 처리능력이 38,000[kg]일 때 수용정원이 350명인 공연장과의 안전거리는 얼마로 유지해야 하는가?
① 11[m] ② 18[m]
③ 23[m] ④ 27[m]

해설 • 액화염소는 독성 가스이다.
• 350명 공연장은 제1종 보호시설로 독성 가스 처리능력이 30,000~40,000[kg] 이하일 때 27[m]의 안전거리가 필요하다.

83 고압가스 용기 보관 장소에 충전용기를 보관할 때의 기준으로 적합하지 않은 것은?
① 충전용기와 잔가스용기는 각각 구분하여 용기보관 장소에 놓을 것
② 용기보관 장소의 주위 12[m] 이내에는 화기 또는 인화성 물질이나 발화성 물질을 두지 아니할 것
③ 충전용기는 항상 40[℃] 이하의 온도를 유지하고 직사광선을 받지 않도록 조치할 것
④ 가연성 가스 용기보관 장소에는 휴대용 손전등 외의 등화를 휴대하고 들어가지 아니할 것

해설 고압가스 용기보관장소에 충전용기를 보관할 때의 기준은 ①, ③, ④의 내용 외에도 용기 보관장소의 주위 2[m] 이내에는 화기 또는 인화성 물질이나 발화성 물질을 두지 않는다.

84 고압가스 충전용기의 운반기준으로 틀린 것은?
① 염소와 아세틸렌, 암모니아 또는 수소는 동일차량에 적재하여 운반하지 아니할 것
② 가연성 가스와 산소를 동일차량에 적재하여 운반하는 때에는 그 충전용기의 밸브가 마주 보도록 할 것
③ 가연성 가스 또는 산소를 운반하는 차량에는 소화설비 및 재해 발생 방지를 위한 응급조치에 필요한 자재 및 공구를 휴대할 것
④ 충전용기와 소방법이 정하는 위험물과는 동일차량에 적재하여 운반하지 아니할 것

해설 가연성 가스와 산소를 동일차량에 적재하여 운반하는 경우 그 충전용기의 밸브가 마주 보지 않도록 할 것

85 가스공급시설의 안전조작에 필요한 장소의 조도는 몇 [lux]인가?
① 10 ② 60
③ 110 ④ 150

해설 가스공급시설의 안전조작에 필요한 장소의 조도는 150럭스이다.

ANSWER 79 ① 80 ③ 81 ② 82 ④ 83 ② 84 ② 85 ④

86 독성 가스 저장탱크에 가스를 충전할 때 최대 적정량은 몇 [%] 이하인가?
① 90 ② 85
③ 80 ④ 60

해설 가스의 충전 시 최대저장량은 저장탱크의 90[%] 이하로 저장한다.

87 어떤 고압설비의 최고사용압력이 16[kg/cm²]일 때 이 설비의 내압시험압력은 몇 [kg/cm²]인가?
① 20.8 ② 23.8
③ 24.0 ④ 26.0

해설 내압시험압력＝최고사용압력×1.5배
∴ $16 \times 1.5 = 24 [kg/cm^2]$

88 고압가스 저장의 기술기준상 옳지 않은 것은?
① 충전용기에는 넘어짐 및 충격을 방지하는 조치를 할 것
② 가연성 가스의 저장실은 누설된 가스가 체류하지 아니하도록 할 것
③ 가연성 가스를 저장하는 곳에는 휴대용 손전등 외의 등화를 휴대하지 아니할 것
④ 시안화수소를 저장 시에는 1일 2회 이상 가스누설을 검사할 것

해설 시안화수소(HCN) 저장 시 1일 1회 이상, 질산구리 벤젠지로 누설검사

89 시안화수소 충전 시 유지해야 할 조건으로 틀린 것은?
① 충전 시 농도는 98[%] 이상을 유지한다.
② 안정제는 아황산가스나 황산 등을 사용한다.
③ 저장 시는 1일 2회 이상 염화제1동착염지로 누출검사를 한다.
④ 용기에 충전한 후 60일이 경과되기 전에 다른 용기에 충전한다.

해설 시안화수소(HCN) 저장 시 1일 1회 이상 누출검사가 반드시 필요하다.

90 특정제조시설에서 안전구역 내의 고압가스설비는 그 외면으로부터 다른 안전구역 내의 고압가스설비와 몇 [m] 이상의 거리를 유지해야 하는가?
① 10[m] ② 20[m]
③ 30[m] ④ 40[m]

해설 특정제조시설의 안전구역 내의 고압가스설비는 그 외면으로부터 다른 안전구역 내의 고압가스설비와 30[m] 이상의 거리를 유지시킨다.

91 용기에 충전한 시안화수소는 충전 후 (   )을 초과하지 아니할 것, 다만 순도 (   ) 이상으로서 착색되지 아니한 것에 대하여는 그러하지 아니하다. (   ) 안에 알맞은 것은 어느 것인가?
① 30일, 90[%]
② 30일, 95[%]
③ 60일, 98[%]
④ 60일, 90[%]

해설 시안화수소는 충전 후 60일을 초과하지 말 것. 다만 순도가 98% 이상으로서 착색되지 않는 것은 그러하지 아니하다.

92 이동식 초저온 용기 취급 시 주의사항으로 옳지 않은 것은?
① 면장갑을 사용하여 취급한다.
② 고도의 진공이므로 충격을 금한다.
③ 직사광선, 비, 눈 등을 피한다.
④ 통풍이 불량한 지하실 같은 곳에 두면 안 된다.

해설 초저온 용기 취급 시 주의사항
• 고도의 진공이므로 충격을 금한다.
• 직사광선이나 비, 눈 등을 피한다.
• 통풍이 불량한 지하실 같은 곳에 두면 안 된다.

93 가연성 가스와 동일차량에 적재하여 운반할 경우 충전용기의 밸브가 서로 마주 보지 않도록 적재해야 할 가스는?
① 수소   ② 산소
③ 질소   ④ 아르곤

해설 가연성 가스 용기와 산소용기는 동일차량에 적재운반시키려면 충전용기가 서로 마주 보지 않도록 적재한다.

94 고압가스 충전용기의 운반기준 중 틀린 것은?
① 충전용기를 운반하는 때는 충격을 방지하기 위해 단단하게 묶을 것
② 운반 중의 충전용기는 항상 40[℃] 이하를 유지할 것
③ 차량통행이 가능한 지역에선 오토바이로 적재하여 운반할 것
④ 염소와 수소는 동일차량에 적재하여 운반하지 아니할 것

해설 충전용기는 자전거 또는 오토바이에 적재하여 운반하지 아니할 것.(다만 시도지사가 지정하는 경우에는 액화석유가스 충전용기를 오토바이에 적재하여 가능하다. 그러나 충전량이 20[kg] 이하, 적재수가 2개를 초과하지 아니하는 경우)

95 충전용기를 차량에 적재하여 운반하는 도중에 주차하고자 할 때 주의사항으로 옳지 않은 것은?
① 충전용기를 싣거나 내릴 때를 제외하고는 제1종 보호시설의 부근 및 제2종 보호시설이 밀집된 지역을 피한다.
② 주차시는 엔진을 정지시킨 후 사이드 브레이크를 걸어 놓는다.
③ 주차를 하고자 하는 주위의 교통상황, 주위의 지형조건, 주위의 화기 등을 고려하여 안전한 장소를 택하여 주차한다.
④ 주차 시에는 긴급한 사태를 대비하여 바퀴 고정목을 사용하지 않는다.

해설 주차 시에는 엔진을 정지시킨 후 주차제동장치를 걸어놓고 차바퀴를 고정목으로 고정시킬 것

96 아세틸렌 용기충전에 관한 내용으로 틀린 것은?
① 용기의 총질량(TW)은 용기질량에 다공물질량, 밸브질량, 용제질량을 합한 질량이다.
② 충전 후 약 24시간 동안 정치시킨 후 출하하는 것이 좋다.
③ 충전은 가급적 단시간 내에 규정된 양을 충전하는 것이 좋다.
④ 충전라인의 압력계를 2.5[MPa] 이하가 되도록 해야 한다.

해설 아세틸렌은 1회에 끝내지 말고 2~3회 걸쳐 8시간 이상 천천히 용기에 충전시킨다.

97 저장능력 얼마 이상인 액화염소 사용시설의 저장설비는 그 외면으로부터 보호시설까지 규정된 안전거리를 유지해야 하는가?
① 100[kg]   ② 200[kg]
③ 300[kg]   ④ 500[kg]

해설 저장능력 500[kg] 이상인 액화염소사용시설의 저장설비는 그 외면으로부터 보호시설까지 규정된 안전거리가 필요하다.

98 특정고압가스 사용시설의 시설기준 및 기술기준으로 틀린 것은?
① 저장시설 주위에는 보기 쉽게 경계표지를 할 것
② 사용시설은 습기 등으로 인한 부식을 방지할 것
③ 독성 가스의 감압설비와 그 가스의 반응설비 간의 배관에는 일류방지장치를 할 것
④ 고압가스 저장량이 300[kg] 이상인 용기 보관실의 벽은 방호벽으로 할 것

해설 ③에서는 일류방지장치가 아닌 역류방지장치가 필요하다.

99 다음 가스용기의 밸브 중 충전구 나사를 왼나사로 정한 것은 어느 것인가?
① NH_3 ② C_2H_2
③ CO_2 ④ O_2

PART 03 | 가스 법령 활용 및 안전관리

해설 가연성 가스의 충전구 나사는 왼나사로 정한다.(단, 암모니아와 브롬화메탄가스는 제외)

100 다음은 고압가스 제조장치의 재료에 관한 사항이다. 이 중 틀린 것은?
① 암모니아 합성탑 내통의 재료로서는 18-8 스테인리스강을 사용한다.
② 아세틸렌은 동족(銅族)의 금속과 반응하여 금속 아세틸라이드를 생성한다.
③ 상온건조 상태의 염소가스에 대하여는 보통강을 사용한다.
④ 탄소강의 충격치는 -30℃에서 거의 0으로 되며 이 성질은 탄소강의 탄소함유량에 따라 현저하게 변한다.

해설 탄소강의 충격값은 -70[℃]에서 거의 0으로 된다.

101 고압가스 특정 제조 시설 중 철도부지 밑에 매설하는 배관에 대하여 설명한 것이다. 옳지 않은 것은?
① 배관은 그 외면으로부터 다른 시설물과 30[cm] 이상의 거리를 유지한다.
② 배관은 그 외면과 지표면과의 거리를 1[m] 이상 유지한다.
③ 배관은 그 외면으로부터 궤도 중심과 4[m] 이상 유지한다.
④ 배관은 그 외면으로부터 수평거리 건축물까지 1.5[m] 이상 유지한다.

해설 철도부지 밑의 지하배관은 지표면으로부터 배관의 외면까지의 깊이를 1.2[m] 이상으로 할 것

102 압축, 액화 그 밖의 방법으로 처리할 수 있는 가스의 용적이 1일 100[m³] 이상인 사업소에는 표준이 되는 압력계를 몇 개 이상 비치해야 하는가?
① 1개 ② 2개
③ 3개 ④ 4개

해설 1일 100[m³] 이상인 사업소에서는 표준이 되는 압력계를 2개 이상 비치해야 한다.

103 용기종류별 부속품 기호로 틀린 것은?
① AG : 아세틸렌가스를 충전하는 용기의 부속품
② PG : 압축가스를 충전하는 용기의 부속품
③ LPG : 액화석유가스를 충전하는 용기의 부속품
④ TL : 초저온용기 및 저온용기의 부속품

해설 LT : 초저온용기 및 저온용기의 부속품

104 가스를 사용하려 하는데 밸브에 얼음이 붙었다. 어떻게 조치를 하면 되겠는가?
① 40[℃] 이하의 물수건을 도포
② 80[℃]의 램프로 조치
③ 100[℃]의 뜨거운 물로 도포
④ 성냥불로 조치

해설 가스 밸브에 얼음이 붙으면 40[℃] 이하의 열습포(물수건) 도포(바른다)하여 녹인다.

105 시안화수소 충전 시 유지해야 할 조건으로 틀린 것은?
① 충전 시 농도는 98[%] 이상을 유지한다.
② 안정제는 아황산가스나 황산 등을 사용한다.
③ 저장 시는 1일 2회 이상 염화제1동 착염지로 누출검사를 한다.
④ 용기에 충전한 후 60일이 경과되기 전에 다른 용기에 충전한다.

해설 시안화수소(HCN)의 저장 시 1일 1회 이상 질산구리벤젠 등의 시험지로 가스누설 시험을 실시한다.

106 고압가스 냉매설비의 기밀시험 시 압축공기를 공급할 때 공기의 온도는?
① 40[℃] 이하 ② 70[℃] 이하
③ 100[℃] 이하 ④ 140[℃] 이하

ANSWER | 100 ④ 101 ② 102 ② 103 ④ 104 ① 105 ③ 106 ④

해설 냉매설비 시 기밀시험에서 압축공기를 이용하려면 그 온도가 140[℃] 이하를 유지해야 한다.

107 고압가스 일반제조의 기술기준이다. 에어졸 제조 기준에 맞지 않는 것은?
① 에어졸의 분사제는 독성 가스를 사용하지 말 것
② 에어졸 제조는 35[℃]에서 그 용기의 내압을 8[kg/cm²] 이하로 할 것
③ 에어졸 제조설비의 주위 4[m] 이내에는 인화성 물질을 두지 말 것
④ 에어졸을 충전하기 위한 충전용기를 가열할 때에는 열습포 또는 40[℃] 이하의 더운물을 사용할 것

해설 에어졸의 제조설비 및 에어졸의 충전용기저장소는 화기 또는 인화성 물질과는 8[m] 이상의 우회거리를 유지할 것

108 용기에 충전하는 시안화수소의 순도는 몇 [%] 이상이어야 하는가?
① 55 ② 75
③ 87 ④ 98

해설 용기에 충전하는 시안화수소는 순도가 98[%] 이상이고 아황산가스 또는 황산 등의 안정제를 첨가한 것일 것

109 특정고압가스 사용시설의 시설기준 및 기술기준으로 틀린 것은?
① 사용시설에는 그 주위에 보기 쉽게 경계표시를 할 것
② 사용설비는 습기 등으로 인한 부식을 방지할 것
③ 독성 가스의 감압설비와 당해 가스의 반응설비 간의 배관에는 역류방지장치를 할 것
④ 액화가스 저장량이 300[kg] 이상인 용기 보관실의 벽은 방호벽으로 할 것

해설 사용시설이 아닌 저장시설의 주위에는 보기 쉽게 경계표시를 할 것

110 다음 가스용기의 밸브 중 충전구 나사를 왼나사로 정한 것은?
① N_2O ② C_2H_2
③ CO_2 ④ O_2

해설 가연성 가스인 아세틸렌(C_2H_2)가스의 용기 충전구 나사는 왼나사이다. 다만 암모니아나 브롬화메탄가스만은 가연성이나 충전구나사는 오른나사이다.

111 에어졸의 제조는 다음의 기준에 적합한 용기를 사용하여야 한다. 틀린 것은?
① 용기 내용적이 100[cm³]를 초과하는 용기의 재료는 강 또는 경금속을 사용한 것일 것
② 내용적이 80[cm³]를 초과하는 용기는 그 용기의 제조자의 명칭이 명시되어 있을 것
③ 내용적이 30[cm³] 이상인 용기는 에어졸의 제조에 사용된 일이 없는 것일 것
④ 금속제의 용기는 그 두께가 0.125[mm] 이상이고 내용물에 의한 부식을 방지할 수 있는 조치를 할 것

해설 내용적이 100[cm³]를 초과하는 용기는 그 용기의 제조자의 명칭 또는 기호가 표시되어 있을 것

112 산소를 제조할 때 가스 분석은?
① 1일 1회 이상
② 1일 3회 이상
③ 2일 1회 이상
④ 2일 3회 이상

해설 산소를 제조하는 경우 폭발을 방지하기 위하여 1일 1회 이상 가스를 분석한다.

113 액화 염소의 1일 처리능력이 38,000[kg]일 때 수용 정원이 350명인 공연장과의 안전거리는 얼마로 유지해야 하는가?

① 11[m] ② 18[m]
③ 23[m] ④ 27[m]

해설 독성 가스, 가연성 가스이므로 경우 1일간 처리능력이 3만~4만[kg](3만~4만[m³])에서 제1종 보호시설(300인 이상 수용능력 건축물 등)과는 27[m] 이상, 제2종 보호시설과는 18[m] 이상의 안전거리가 필요하다.

114 고압가스 제조설비 내부의 가스를 출구로 연소시켜 폐기하고자 할 때 이용되는 설비는?

① 방출구 ② 굴뚝
③ 플레어 스택 ④ 벤트 스택

해설 플레어 스택은 고압가스 제조설비 내부의 가스를 출구로 연소시켜 폐기하고자 할 때 이용되는 설비이다.

115 고압가스 판매의 시설기준으로 옳지 않은 것은?

① 충전용기의 보관실은 불연재료를 사용할 것
② 판매시설에는 압력계 또는 계량기를 갖출 것
③ 용기 보관실은 그 경계를 명시하고 외부의 눈에 안 띄는 곳에 경계표지를 할 것
④ 가연성 가스의 충전 용기보관실의 전기설비는 방폭성능을 가진 것일 것

해설 용기보관장소는 그 경계를 명시하고 외부에서 보기 쉬운 곳에 경계표시를 설치할 것

116 고압가스 중 사용에 따른 위험성이 크기 때문에 특별히 정한 특정 고압가스가 아닌 것은?

① 액화암모니아 ② 아세틸렌
③ 액화알진 ④ 액화석유가스

해설 특정 고압가스
수소, 산소, 액화암모니아, 아세틸렌, 천연가스, 압축모노실란, 압축디보레인, 액화알진, 포스핀, 셀렌화수소, 모노게르마늄, 디실란

117 고압가스 제조설비의 수리완료 후의 확인사항 등에 관한 다음 설명 중 옳지 않은 것은?

① 수리 등을 하기 위해 설치한 맹판이 제거되었는지 확인한다.
② 회전기계의 내부에 이물질이 없고 구동상태가 정상이며 이상진동, 이상음이 없는지 확인한다.
③ 내압시험은 실시할 필요가 있으나 기밀시험은 생략한다.
④ 가연성 가스설비에서는 그 내부를 불활성 가스로 치환하고 폭발 하한계의 1/4 이하인지를 확인한다.

해설 고압가스 제조설비 수리완료 후 내압시험 및 기밀시험을 실시한다.

118 충전용 주관의 압력계는 정기적으로 표준 압력계로 그 기능을 검사하여야 한다. 다음 중 올바른 것은?

① 1개월에 1회 이상 실시
② 3개월에 1회 이상 실시
③ 6개월에 1회 이상 실시
④ 1년에 1회 이상 실시

해설 충전용 주관의 압력계는 매월 1회 이상, 그 밖의 압력계는 3월에 1회 이상 표준이 되는 압력계로 그 기능을 검사할 것

119 ( )와 아세틸렌, 암모니아 또는 수소는 동일 차량에 적재 운반하지 아니할 것. ( ) 내에 적당한 말을 고르시오.

① 염소 ② 액화석유가스
③ 질소 ④ 일산화탄소

해설 염소와 아세틸렌, 암모니아, 수소는 동일 차량에 적재 운반하지 아니할 것

120 특정고압가스에 해당하지 않는 것은?

① 이산화탄소 ② 수소
③ 산소 ④ 천연가스

해설 탄산가스는 고압가스 일반제조가스이다.

ANSWER | 113 ④ 114 ③ 115 ③ 116 ④ 117 ③ 118 ① 119 ① 120 ①

121 산화에틸렌의 저장탱크는 그 내부의 질소가스, 탄산가스 및 산화에틸렌가스의 분위기 가스를 질소가스 또는 탄산가스로 치환하고 몇 [℃] 이하로 유지해야 하는가?
① 0   ② 5
③ 10 ④ 20

해설 산화에틸렌의 저장 시 그 내부의 질소가스, 탄산가스 및 산화에틸렌가스를 질소가스 또는 탄산가스로 치환하고 5[℃] 이하로 유지할 것

122 특정 고압가스 사용시설 중 화기취급 장소와의 사이에 8[m] 이상의 우회거리를 유지하지 않아도 되는 것은?
① 방화벽   ② 저장설비
③ 기화장치 ④ 배관

해설 방화벽은 그 자체가 안전장치 보호벽이다.

123 고압가스 판매시설의 용기보관실에 대한 기준으로 맞지 않는 것은?
① 충전용기의 넘어짐 및 충격을 방지하는 조치를 할 것
② 가연성 가스와 산소의 용기보관실은 각각 구분하여 설치할 것
③ 가연성 가스의 충전용기 보관실 8[m] 이내에 화기 또는 발화성 물질을 두지 말 것
④ 충전용기는 항상 40[℃] 이하를 유지할 것

해설 고압가스 가연성 가스의 충전용기 보관장소의 주위 2[m] 이내에는 화기 또는 인화성 물질이나 발화성 물질을 두지 아니할 것

124 가스 사용시설 중 가스용기 점검사항으로 옳지 않은 것은?
① 용기의 부식 상태를 확인한다.
② 밸브 그랜드 너트 고정핀 이탈 유무를 확인한다.
③ 밸브 오조작 방지를 위해 핸들을 제거한다.
④ 용기 도색 및 표시를 확인한다.

해설 밸브의 핸들은 항상 장착되어야 한다.

125 고압가스 일반제조의 기술기준이다. 에어졸 제조 기준에 맞지 않는 것은?
① 에어졸의 분사제는 독성 가스를 사용하지 말 것
② 에어졸 제조는 35[℃]에서 그 용기의 내압을 8[kg/cm^2] 이하로 할 것
③ 에어졸 제조설비의 주위 4[m] 이내에는 인화성 물질을 두지 말 것
④ 에어졸을 충전하기 위한 충전용기를 가열할 때에는 열습포 또는 40[℃] 이하의 더운물을 사용할 것

해설 에어졸의 제조설비 및 에어졸의 충전용기저장소는 화기 또는 인화성 물질과는 8[m] 이상의 우회거리를 유지할 것

126 다음 중 냉동제조시설에서 냉매설비의 배관 이외의 부분 내압시험 압력은?
① 설계압력의 1.5배 이상
② 설계압력의 1.1배 이상
③ 설계압력 이상
④ 기밀시험압력 이상

해설 냉매설비
• 기밀시험 : 설계압력 이상
• 내압시험 : 배관 외의 부분은 설계 압력의 1.5배 이상

127 산소, 수소 및 아세틸렌의 품질검사 시 그 합격순도는 각각 얼마 이상이어야 하는가?
① 산소 : 98[%], 수소 : 98.5[%], 아세틸렌 : 99.5[%]
② 산소 : 98.5[%], 수소 : 98[%], 아세틸렌 : 99[%]
③ 산소 : 99.5[%], 수소 : 98[%], 아세틸렌 : 98.5[%]
④ 산소 : 99.5[%], 수소 : 98.5[%], 아세틸렌 : 98[%]

해설 품질검사
• 산소 : 99.5[%] 이상
• 수소 : 98.5[%] 이상
• 아세틸렌 : 98[%] 이상

ANSWER 121 ② 122 ① 123 ③ 124 ③ 125 ③ 126 ① 127 ④

128 품질검사기준 중 산소의 농도측정에 사용되는 시약은?
① 동암모니아 시약   ② 발연황산 시약
③ 피로갈롤 시약   ④ 하이드로 설파이드 시약

해설
- 산소 : 동암모니아 시약
- 아세틸렌 : 발연황산 시약
- 수소 : 피로갈롤, 하이드로 설파이드 시약

129 입상관 밸브는 분리가 가능한 것으로서 바닥으로부터 몇 [m] 이내에 설치해야 하는가?
① 1~1.2[m]   ② 1.2~1.5[m]
③ 1.6~2.0[m] ④ 2.5~3.0[m]

해설 입상관 밸브는 바닥에서 1.6~2.0[m] 이내에 설치한다.

130 고압가스 안전관리자가 공급자 안전점검 시 갖추지 않아도 되는 장비는?
① 가스누설 검지기   ② 가스누설 차단기
③ 가스누설 시험지   ④ 가스누설 검지액

해설 가스누설 차단기는 가스설비 자체에 부착되어 있다. 안전관리자가 갖추는 장비가 아니다.

131 시안화수소(HCN)를 장기간 저장하지 못하게 규정하는 이유로서 옳은 것은?
① 산화 폭발 방지   ② 중합 폭발 방지
③ 분해 폭발 방지   ④ 압력 폭발 방지

해설 시안화수소는 수분이 2% 이상 스며들면 중합 폭발을 일으킨다.

132 "아세틸렌 가스를 용기에 충전시키는 온도에 관계없이 (   )[kg/cm²] 이하로 하고, 충전한 후에 압력은 (   )[℃]에서 15.5[kg/cm²] 이하가 되도록 한다." (   ) 안에 알맞은 것은?
① 46.5, 35   ② 35, 20
③ 25, 15   ④ 18, 15

해설 25[kg/cm²], 15[℃]

133 아세틸렌 용기의 내용적이 6[L]이고 다공물질의 다공도가 90~92[%] 이하일 때 아세톤의 최대 충전량은 몇 [%] 이하인가?
① 34.8   ② 37.1
③ 39.5   ④ 41.8

해설 내용적 10[L] 이하의 아세틸렌 용기로서 다공도가 90[%] 이상 92[%] 이하에서 아세톤의 최대 충전량은 41.8[%] 이하이고, 디메틸포름아미드의 최대 충전량은 43.5% 이하이다.

134 고압가스 충전용기에 대한 운반기준으로 적합하지 않은 것은?
① 염소, 아세틸렌, 수소 등은 동일차량에 적재 운반하지 않는다.
② 질량 300[kg] 이상의 암모니아 운반 시는 운반책임자를 동승시킨다.
③ 독성 가스 충전용기 운반 시에는 용기 사이에 목재 칸막이를 한다.
④ 충전용기와 위험물과는 동일 차량에 적재 운반하지 않는다.

해설 운반책임자의 동승기준
- 암모니아는 허용농도 25[ppm]의 독성 가스이다. 독성 가스의 운반책임자의 동승기준은 1,000[kg] 이상일 경우에만 동승자가 필요하다.
- 가연성 가스 : 3,000[kg] 이상
- 조연성 가스 : 6,000[kg] 이상

135 다음 중 고압가스 제조설비의 사용 개시 전 점검사항이 아닌 것은?
① 개방하는 제조설비나 다른 제조설비 등과의 차단사항
② 제조설비 중 당해 설비의 전반적인 누설 유무
③ 각 배관계통에 부착된 밸브 등의 개폐상황 및 명판의 탈착상황
④ 안전용 불활성 가스의 준비사항

ANSWER | 128 ① 129 ③ 130 ② 131 ② 132 ③ 133 ④ 134 ② 135 ①

해설 ①항의 내용은 사용 종료 시 점검사항이다.

136 초저온 용기에 대한 정의로 옳은 것은?
① 임계온도가 50[℃]가 이하인 액체가스를 충전하기 위한 용기
② 강관과 동관으로 제조된 용기
③ 임계온도가 −50[℃] 이하인 액화가스를 충전하기 위한 용기
④ 단열재를 피복하여 용기 내의 가스 온도가 상용의 온도를 초과하도록 조치된 용기

해설 초저온 용기란 −50[℃] 이하인 액화가스를 충전하기 위한 용기이다.

137 아세틸렌용기 충전에 관한 내용으로 틀린 것은?
① 용기의 총질량(TW)은 용기질량에 다공물질량, 밸브질량, 용제질량을 합한 질량이다.
② 충전 후 약 24시간 동안 정치시킨 후 충전하는 것이 좋다.
③ 충전은 가급적 단시간 내에 규정된 양을 충전하는 것이 좋다.
④ 충전라인의 압력계를 25[kg/cm^2] 이하가 되도록 해야 한다.

해설 아세틸렌 충전 시 단시간 내에 하지 말고 서서히 해야 한다. 또 정치시간을 두어 2~3회에 걸쳐 충전한다.

138 다음은 긴급차단장치에 관한 설명이다. 이 중 옳지 않은 것은?
① 긴급차단장치는 저장탱크 주밸브의 외측으로서 가능한 한 저장탱크의 가까운 위치에 설치해야 한다.
② 긴급차단장치는 저장탱크 주밸브와 겸용할 수 있다.
③ 긴급차단장치의 동력원은 그 구조에 따라 액압, 기압, 전기 또는 스프링 등으로 할 수 있다.
④ 긴급차단장치는 당해 저장탱크로부터 5[m] 이상 떨어진 곳에서 조작할 수 있어야 한다.

해설 긴급차단장치는 저장탱크 주밸브와는 어떠한 경우에도 겸용할 수 없다.

139 차량에 고정된 탱크 운반 시 "충전탱크는 그 온도를 항상 40℃ 이하로 유지하고, 액화가스가 충전된 탱크는 (㉠) 또는 (㉡)를 적절히 측정할 수 있는 장치를 설치할 것" ( ) 안에 적합한 것은?
① ㉠ 압력계, ㉡ 압력
② ㉠ 압력계, ㉡ 온도
③ ㉠ 온도계, ㉡ 온도
④ ㉠ 온도계, ㉡ 압력

해설 ㉠ 온도계 ㉡ 온도

140 공기액화 분리장치에서 액화산소통 내의 액화산소 5[L] 중에 아세틸렌의 질량이 어느 정도 존재 시 폭발방지를 위하여 운전을 중지하고 액화산소를 방출시켜야 하는가?
① 0.1[mg]
② 5[mg]
③ 1.5[mg]
④ 2[mg]

해설 공기액화 분리장치에서 액화산소통 내의 액화산소 5[L] 중에 아세틸렌이 5[mg] 이상 검출되면 운전을 중지하고 액화산소를 방출시켜야 한다.

CHAPTER 02 액화석유가스법

1. 액화석유가스
프로판이나 부탄(C_3~C_4)을 주성분으로 한 가스를 액화한 것이다.

2. 액화석유가스 충전사업
(1) 용기 충전사업

　액화석유가스를 용기에 충전하여 공급하는 사업

(2) 자동차에 고정된 용기 충전사업

　액화석유가스를 연료로 사용하는 자동차에 고정된 용기에 충전하여 공급하는 사업

(3) 소형용기 충전사업

　액화석유가스를 내용적 1L 미만의 용기에 충전하여 공급하는 사업

(4) 가스난방기용기 충전사업

　액화석유가스를 용기내장형 가스난방기용 용기에 충전하여 공급하는 사업

(5) 자동차에 고정된 탱크 충전사업

　액화석유가스를 자동차에 고정된 탱크에 충전하여 공급하는 사업

(6) 배관을 통한 저장탱크 충전사업

　액화석유가스를 배관을 통하여 저장탱크에 이송하여 공급하는 사업

3. 용어의 정의
(1) 저장설비

　액화석유가스를 저장하기 위한 저장탱크 · 마운드형 저장탱크 · 소형저장탱크 및 용기

(2) 저장탱크

　액화석유가스를 저장하기 위하여 지상 또는 지하에 고정 설치된 탱크로 저장능력이 3톤 이상인 탱크

(3) 소형저장탱크

　액화석유가스를 저장하기 위하여 지상 또는 지하에 고정 설치된 탱크로 저장능력이 3톤 미만인 탱크

(4) 용기집합설비

　2개 이상의 용기를 집합하여 액화석유가스를 저장하기 위한 설비로서 용기 · 용기집합장치 · 자동절체기와 이를 접속하는 관 및 그 부속설비

(5) 액화석유가스 특정사용자

　① 제1종 보호시설이나 지하실에서 식품접객업소로서 영업장의 면적이 $100m^3$ 이상인 업소를 운영하는 자

② 제1종 보호시설이나 지하실에서 식품위생법에 따른 집단급식소로서 상시 1회 50명 이상을 수용할 수 있는 급식소를 운영하는 자
③ 시장에서 액화석유가스의 저장능력이 100kg 이상인 저장설비를 갖춘 자
④ 액화석유가스의 저장능력이 250kg 이상인 저장설비를 갖춘 자

(6) 마운드형 저장탱크
액화석유가스를 저장하기 위하여 지상에 설치된 원통형 탱크에 흙과 모래를 사용하여 덮은 탱크

(7) 충전용기와 잔가스 용기
① **충전용기** : 가스 충전 질량의 2분의 1 이상이 충전되어 있는 상태의 용기
② **잔가스 용기** : 가스 충전 질량의 2분의 1 미만이 충전되어 있는 상태의 용기

(8) 용기가스소비자
용기에 충전된 액화석유가스를 연료로 사용하는 자

(9) 공급설비 : 용기가스소비자에게 액화석유가스를 공급하기 위한 설비로 아래와 같다.
① 액화석유가스를 부피단위로 계량하여 판매하는 방법(체적판매방법)으로 공급하는 경우에는 용기에서 가스계량기 출구까지의 설비를 말함
② 액화석유가스를 무게단위로 계량하여 판매하는 방법(중량판매방법)으로 공급하는 경우에는 용기를 말함

(10) 소비설비 : 용기가스소비자가 액화석유가스를 사용하기 위한 설비로 아래와 같다.
① 체적판매방법으로 액화석유가스를 공급하는 경우에는 가스계량기 출구에서 연소기까지의 설비
② 중량판매방법으로 액화석유가스를 공급하는 경우에는 용기 출구에서 연소기까지의 설비

(11) 저장능력 기준
① 액화석유가스 판매업자는 저장능력 10톤 이하 저장설비일 것
② 액화석유가스 저장소는 내용적 1L 미만의 용기에 충전하는 액화석유가스의 경우에는 500kg 또는 저장설비의 경우에는 저장능력 5톤 이상을 말함

4. 안전성 확인 및 변경공사 중 완성검사

(1) 안전성 확인공사
① 저장탱크를 지하에 매설하기 직전의 공정
② 배관을 지하에 설치하는 경우로서 한국가스안전공사가 지정하는 부분을 매몰하기 직전의 공정
③ 한국가스안전공사가 지정하는 부분의 비파괴시험을 하는 공정
④ 방호벽 또는 지상형 저장탱크의 기초설치공정

(2) 완성검사를 받아야 하는 시설의 변경공사
① 판매시설 및 영업소의 저장설비를 교체설치하거나 용량을 증가시키는 공사
② 수량이 증가되지 아니하면서 가스설비의 용량을 증가시키는 공사

③ 길이 20m 이상의 배관을 교체설치하거나 그 관경을 변경하는 공사와 배관길이를 20m 이상 증설하는 공사(단, 집단공급시설의 경우에는 길이 50m 이상의 배관을 교체설치하거나 그 관경을 변경하는 공사와 배관길이를 50m 이상 증설하는 공사)
④ 가스 종류를 변경함으로써 저장설비의 용량이 변경되는 공사(단, 가스 종류를 변경하는 자는 한국가스안전공사가 위해의 우려가 없다고 인정하는 경우는 제외)

5. 액화석유가스 특정사용자

① 제1종 보호시설이나 지하실에서 액화석유가스를 사용(주거용의 경우는 제외)하려는 자
② 집단급식소를 운영하는 자
③ 식품접객업의 영업을 하는 자
④ 공동으로 저장능력 250킬로그램(자동절체기를 사용하여 용기를 집합하는 경우에는 500kg) 이상의 저장설비를 갖추고 액화석유가스를 사용하는 공동주택
⑤ 저장능력이 250kg 이상 5톤 미만(자동절체기로 용기를 집합한 경우는 저장능력이 500kg 이상 5톤 미만)인 저장설비를 갖추고 이를 사용하는 자
⑥ 건축법에 따라 건축물에 대한 사용승인을 받아야 하는 건축물 중 액화석유가스를 사용하는 단독주택·공동주택 및 오피스텔(주거용의 경우에만 해당된다.)의 건축주
⑦ 자동차의 연료용으로 액화석유가스를 사용하려는 자
⑧ 캠핑용 자동차 안에서 취사 및 야영을 목적으로 액화석유가스를 사용하는 자
⑨ 시장·군수·구청장이 안전관리를 위하여 필요하다고 인정하여 지정하는 자

6. 액화석유가스 충전의 시설기준

① 저장설비와 가스설비는 그 외면으로부터 화기를 취급하는 장소까지 8m 이상의 우회거리를 둘 것
② 액화석유가스 충전시설 중 저장설비는 그 외면으로부터 사업소경계까지 다음 표에 따른 거리 이상을 유지할 것

▼ 충전시설의 저장능력과 사업소 경계와의 거리

저장능력	사업소 경계와의 거리	저장능력	사업소 경계와의 거리
10톤 이하	24m	30톤 초과 40톤 이하	33m
10톤 초과 20톤 이하	27m	40톤 초과 200톤 이하	36m
20톤 초과 30톤 이하	30m	200톤 초과	39m

③ 저장능력 산정

$$W = 0.9dV$$

여기서, W : 저장탱크 또는 소형저장탱크의 저장능력(단위 : kg)
d : 상용온도에 있어서의 액화석유가스 비중(단위 : kg/L)
V : 저장탱크의 내용적(단위 : L)

④ 동일한 사업소에 두 개 이상의 저장설비가 있는 경우에는 각 저장설비별로 안전거리를 유지하여야 한다.
⑤ 액화석유가스 충전시설 중 충전설비는 그 외면과 사업소경계까지 24m 이상을 유지할 것
⑥ 자동차에 고정된 탱크 이입·충전장소에는 정차위치를 지면에 표시하되, 그 중심으로부터 사업소경계까지 24m 이상을 유지할 것
⑦ 저장설비와 충전설비는 그 외면으로부터 사업소경계까지 다음의 기준에서 정한 거리 이상을 유지할 것

▼ 저장설비와 충전설비의 사업소 경계까지의 거리

저장능력	사업소 경계와의 거리
10톤 이하	17m
10톤 초과 20톤 이하	21m
20톤 초과 30톤 이하	24m
30톤 초과 40톤 이하	27m
40톤 초과	30m

⑧ 사업소의 부지는 그 한 면이 폭 8m 이상의 도로에 접할 것
⑨ 소형저장탱크는 안전을 확보하기 위하여 같은 장소에 소형저장탱크의 수는 6기 이하로 하고 충전 질량의 합계는 5,000kg 미만으로 할 것
⑩ 저장탱크에는 과충전 경보 또는 방지장치, 폭발방지장치 등 그 저장탱크의 안전을 확보하기 위하여 필요한 설비를 설치하고, 부압파괴방지 조치 및 방호조치 등 그 저장탱크의 안전을 확보하기 위하여 필요한 조치를 마련할 것
⑪ 용기보관장소에 충전용기 보관기준
  ㉠ 용기보관장소에는 계량기 등 작업에 필요한 물건 외에는 두지 아니할 것
  ㉡ 용기보관장소의 주위 8m 이내에는 화기 또는 인화성물질이나 발화성물질을 두지 아니할 것
  ㉢ 충전용기는 항상 40℃ 이하를 유지하고, 직사광선을 받지 않도록 조치할 것
  ㉣ 충전용기에는 넘어짐 등에 의한 충격이나 밸브의 손상을 방지하는 조치를 하고 난폭한 취급을 하지 아니할 것
  ㉤ 용기보관장소에는 방폭형 휴대용 손전등 외의 등화를 지니고 들어가지 아니할 것
  ㉥ 용기보관장소에는 충전용기와 잔가스용기를 각각 구분하여 놓을 것
⑫ 가스 충전 시 가스의 용량이 저장탱크 내용적의 90%(소형저장탱크의 경우는 85%)를 넘지 아니하도록 충전할 것
⑬ 자동차에 고정된 탱크는 저장탱크의 외면으로부터 3m 이상 떨어져 정지
⑭ 액화석유가스는 공기 중의 혼합비율의 용량이 1/1,000의 상태에서 냄새로 감지할 것
⑮ 액화석유가스가 충전된 이동식 부탄연소기용 용접용기는 연속공정에 의하여 55±2℃의 온수조에 60초 이상 통과시키는 누출검사를 전수에 대하여 실시하고, 불합격된 이동식 부탄연소기용 용접용기는 파기할 것
⑯ 정전기 제거설비를 정상상태로 유지하기 위하여 다음 기준에 따라 검사를 하여 기능을 확인할 것
  ㉠ 지상에서 접지저항치

ⓒ 지상에서의 접속부의 접속상태
ⓒ 지상에서의 절선 그 밖에 손상부분의 유무
⑰ 저장설비와 충전설비는 그 외면으로부터 보호시설까지 다음의 기준에 따른 안전거리를 유지할 것

▼ 저장설비와 충전설비의 외면으로부터 보호시설까지의 안전거리

저장능력	제1종 보호시설	제2종 보호시설
10톤 이하	17m	12m
10톤 초과 20톤 이하	21m	14m
20톤 초과 30톤 이하	24m	16m
30톤 초과 40톤 이하	27m	18m
40톤 초과	30m	20m

⑱ 용기 충전량 산정

$$G = \frac{V}{C}$$

여기서, G : 액화석유가스의 질량(단위 : kg)
V : 용기의 내용적(단위 : L)
C : 프로판은 2.35, 부탄은 2.05의 수치

⑲ 액화석유가스가 충전된 이동식 부탄연소기용 용접용기는 연속공정에 의하여 55 ± 2℃의 온수조에 60초 이상 통과시키는 누출검사를 전수에 대하여 실시하고, 불합격된 이동식 부탄연소기용 용접용기는 파기할 것
⑳ 자동차용기 충전소에는 충전소의 종사자가 이용하기 위한 연면적 $100m^2$ 이하의 식당
㉑ 자동차용기 충전소에는 비상발전기실 또는 공구 등을 보관하기 위한 연면적 $100m^3$ 이하의 창고
㉒ 자동차에 고정된 탱크 충전시설의 저장탱크의 저장능력은 40톤 이상일 것

7. 액화석유가스 일반집단공급·저장소의 시설

① 소형저장탱크의 가스충전구와 토지경계선 및 건축물 개구부 사이의 거리, 소형저장탱크와 다른 소형저장탱크 사이의 거리는 다음의 거리를 유지하여야 한다.

▼ 소형저장탱크의 설치거리

소형저장탱크의 충전질량(kg)	가스충전구로부터 토지경계선에 대한 수평거리(m)	탱크 간 거리 (m)	가스충전구로부터 건축물 개구부에 대한 거리(m)
1,000 미만	0.5 이상	0.3 이상	0.5 이상
1,000 이상 2,000 미만	3.0 이상	0.5 이상	3.0 이상
2,000 이상	5.5 이상	0.5 이상	3.5 이상

② 다음 중 어느 하나를 설치한 경우에는 폭발방지장치를 설치한 것으로 본다.
㉠ 물분무장치(살수장치를 포함한다.)나 소화전을 설치하는 저장탱크

ⓒ 저온저장탱크(2중각 단열구조의 것을 말한다.)로서 그 단열재의 두께가 해당 저장탱크 주변의 화재를 고려하여 설계 시공된 저장탱크
　　ⓒ 지하에 매몰하여 설치하는 저장탱크
　③ 피해저감설비기준
　　㉠ 저장탱크를 지상에 설치하는 경우 저장능력이 1천톤 이상의 저장탱크 주위에는 액상의 액화석유가스가 누출된 경우에 그 유출을 방지조치할 것
　　ⓒ 저장탱크 또는 가스설비에는 살수장치 수준 이상의 소화능력을 가지는 설비를 할 것
　　ⓒ 가스공급배관에는 그 배관에 위해요인 발생 시 가스를 긴급하게 차단할 수 있도록 가스공급을 차단하기 위한 조치를 할 것
　　㉢ 배관에는 그 배관을 보호하기 위하여 온도상승방지조치 등 필요한 조치를 마련할 것
　④ 가스용 폴리에틸렌관은 노출배관으로 사용하지 아니할 것
　⑤ 저장탱크의 안전을 위하여 1년에 1회 이상 정기적으로 적정한 방법으로 침하상태를 측정할 것
　⑥ 배관에는 그 온도를 항상 40℃ 이하로 유지할 수 있는 조치를 할 것
　⑦ 소형저장탱크와 기화장치의 주위 5m 이내에서는 화기의 사용을 금지하고 인화성 물질이나 발화성 물질을 두지 말 것
　⑧ 소형저장탱크 주위에 있는 밸브류의 조작은 원칙적으로 수동조작할 것
　⑨ 저장탱크에 가스를 충전하려면 정전기를 제거한 후 저장탱크의 내용적의 90%(소형저장탱크의 경우는 85%)를 넘지 아니하도록 충전할 것
　⑩ 설비에 대한 작동상황은 충전설비의 경우에는 1일 1회 이상 점검할 것
　⑪ 안전밸브는 1년에 1회 이상 설정되는 압력 이하의 압력에서 작동하도록 조정할 것
　⑫ 가스시설에 설치된 긴급차단장치에 대하여는 1년에 1회 이상 원활하며, 확실하게 개폐될 수 있는 작동기능을 가졌음을 확인할 것
　⑬ 실외저장소 안의 용기군 사이의 통로는 다음 기준에 맞게 할 것
　　㉠ 용기의 단위 집적량은 30톤을 초과하지 아니할 것
　　ⓒ 팰릿(pallet)에 넣어 집적된 용기군 사이의 통로는 그 너비가 2.5m 이상일 것
　　ⓒ 팰릿에 넣지 아니한 용기군 사이의 통로는 그 너비가 1.5m 이상일 것
　　㉢ 팰릿에 넣어 집적된 용기의 높이는 5m 이하일 것
　　㉣ 팰릿에 넣지 아니한 용기는 2단 이하로 쌓을 것

8. 액화석유가스용품 제조허가

(1) 압력조정기(용접 절단기용 액화석유가스 압력조정기를 포함)

① 일반용 액화석유가스 압력조정기
② 액화석유가스 자동차용 압력조정기
③ 용기내장형 가스난방기용 압력조정기
④ 용접 절단기용 액화석유가스 압력조정기

(2) 가스누출자동차단장치

　　① 가스누출경보차단장치
　　② 가스누출자동차단기

(3) 정압기용 필터(정압기에 내장된 것은 제외)

(4) 매몰형 정압기

(5) 호스

　　1) 고압호스

　　　　① 일반용 고압고무호스(투윈호스·측도관만을 말한다.)
　　　　② 자동차용 고압고무호스
　　　　③ 자동차용 비금속호스

　　2) 저압호스

　　　　① 염화비닐호스
　　　　② 금속플렉시블호스
　　　　③ 고무호스
　　　　④ 수지호스

(6) 배관용 밸브(볼밸브와 글로브밸브만을 말한다.)

　　① 가스용 폴리에틸렌 밸브
　　② 매몰용접형 가스용 볼밸브
　　③ 그 밖의 배관용 밸브

(7) 콕(퓨즈콕, 상자콕, 주물연소기용 노즐콕 및 업무용 대형연소기용 노즐콕만을 말한다.)

(8) 배관이음관

　　① 전기절연이음관
　　② 전기융착폴리에틸렌이음관
　　③ 이형질이음관(금속관과 폴리에틸렌관을 연결하기 위한 것을 말한다.)
　　④ 퀵커플러
　　⑤ 세이프티커플링

(9) 강제혼합식 가스버너

(10) 연소기

▼ 허가대상 연소기 종류

연소기의 종류	가스소비량		사용압력 (kPa)
	전가스 소비량	버너 1개의 소비량	
레인지	16.7kW(14,400kcal/h) 이하	5.8kW(5,000kcal/h) 이하	3.3 이하
오븐	5.8kW(5,000kcal/h) 이하	5.8kW(5,000kcal/h) 이하	
그릴	7.0kW(6,000kcal/h) 이하	4.2kW(3,600kcal/h) 이하	
오븐레인지	22.6kW(19,400kcal/h) 이하 [오븐부는 5.8kW(5,000kcal/h) 이하]	4.2kW(3,600kcal/h) 이하 [오븐부는 5.8kW(5,000kcal/h) 이하]	
밥솥	5.6kW(4,800kcal/h) 이하	5.6kW(4,800kcal/h) 이하	
온수기·온수보일러·난방기·냉난방기 및 의류건조기	232.6kW(20만kcal/h) 이하	-	
주물연소기	232.6kW(20만kcal/h) 이하	-	
업무용 대형 연소기	위 종류마다의 전가스소비량 또는 버너 1개의 소비량을 초과하는 것		30 이하
	튀김기, 국솥, 그리들, 브로일러, 소독조, 다단식 취반기 등		
이동식 부탄연소기·부탄연소기 및 숯불구이점화용 연소기	232.6kW(20만kcal/h) 이하	-	-
그 밖의 연소기	232.6kW(20만kcal/h) 이하	-	-

(11) 다기능가스안전계량기

(12) 로딩암

(13) 다기능보일러(가스소비량이 232.6 kW(20만 kcal/h) 이하인 것에 한함)

(14) 허가대상에서 제외된 가스용품

① 용접이나 절단 등에 사용되는 가스 토치
② 주물사 건조로, 인쇄잉크 건조로, 콘크리트 건조로 등에 사용되는 건조로용 연소기
③ 금속열처리로, 유리 및 도자기로, 분위기가스 발생로 등에 사용되는 열처리로 또는 가열로용 연소기
④ 금속용융, 유리용융 등에 사용되는 용융로용 연소기
⑤ 내용적 100mL 미만의 가스용기에 부착하여 사용하는 연소기
⑥ 안전관리에 지장이 없다고 인정하는 연소기

9. 액화석유가스 판매, 충전 영업소에 설치하는 용기저장 및 시설기준

① 사업소의 부지는 그 한 면이 폭 4m 이상의 도로에 접할 것
② 판매업소의 용기보관실 벽은 방호벽으로 할 것
③ 용기보관실은 누출된 가스가 사무실로 유입되지 아니하는 구조로 하고, 용기보관실의 면적은 $19m^2$ 이상으로 할 것

④ 용기보관실과 사무실은 동일한 부지에 구분하여 설치하되, 사무실의 면적은 $9m^2$ 이상으로 할 것
⑤ 판매업소에는 용기보관실 주위에 $11.5m^2$ 이상의 부지를 확보할 것
⑥ 용기보관실은 누출된 가스가 사무실로 유입되지 아니하는 구조로 하고, 용기보관실의 면적은 $12m^2$ 이상으로 할 것
⑦ 용기보관실은 불연성 재료를 사용하고, 용기보관실의 벽은 방호벽으로 하여야 한다.
⑧ 용기보관실에서 사용하는 휴대용손전등은 방폭형일 것
⑨ 용기는 2단 이상으로 쌓지 아니할 것. 다만, 내용적 30L 미만의 용기는 2단은 제외

10. 액화석유가스 사용시설의 시설 및 기술기준

① 저장설비·감압설비 및 배관을 취급장소와 화기를 취급장소는 다음의 우회거리를 둔다.

▼ 저장설비·감압설비 등의 취급장소와 화기와의 우회거리

저장능력	화기와의 우회거리
1톤 미만(주거시설, 계량기)	2m 이상
1톤 이상 3톤 미만	5m 이상
3톤 이상	8m 이상

② 가스계량기의 설치 높이는 바닥으로부터 1.6m 이상 2m 이하에 고정할 것
③ 입상관의 부착된 밸브는 바닥으로부터 1.6m 이상 2m 이내에 설치할 것
④ 사용시설의 저장설비를 용기는 저장능력이 500kg 이하로 할 것
⑤ 소형저장탱크와 기화장치 주위 5m 이내에서는 화기의 사용을 금지할 것
⑥ 밸브나 배관을 가열하는 때에는 열습포나 40℃ 이하의 더운 물을 사용할 것
⑦ 가스계량기와 전기계량기 및 전기개폐기와의 거리는 60cm 이상, 굴뚝·전기점멸기 및 전기접속기와의 거리는 30cm 이상, 절연조치를 하지 아니한 전선과의 거리는 15cm 이상의 거리를 유지할 것
⑧ 가스보일러를 설치·시공한 자는 그가 설치·시공한 시설에 관련된 정보가 기록된 가스보일러 설치시공확인서를 작성하여 5년간 보존하여야 하며 그 사본을 가스보일러 사용자에게 교부하여야 하고 작동요령에 대한 교육을 실시할 것
⑨ 가스용 폴리에틸렌관은 노출배관으로 사용하지 아니할 것. 다만, 지상배관과 연결하기 위해 지면에서 30cm 이하로 노출배관으로 사용할 수 있다.
⑩ 용기집합설비의 저장능력이 100kg 이하일 것
⑪ 사용시설에는 호스의 길이는 3m 이내로 하고, 호스는 T형으로 연결하지 아니한다.
⑫ 사이폰용기는 기화장치가 설치되어 있는 시설에서만 사용할 것
⑬ 소형저장탱크의 수는 6기 이하로 하고 충전 질량의 합계는 5,000kg 미만이 되도록 할 것
⑭ 물분무장치, 살수장치와 소화전은 매월 1회 이상 작동상황을 점검하여 원활하고 확실하게 작동하는지 확인하고, 그 기록을 작성·유지할 것
⑮ 배관의 고정 부착은 관지름이 13mm 미만은 1m마다, 관지름이 13mm 이상 33mm 미만은 2m마다, 관지름이 33mm 이상은 3m마다 할 것

11. 가스용품 합격표시

(1) 배관용 밸브의 합격표시는 각인

 바깥지름 : 5mm

(2) 압력조정기 · 가스누출자동차단장치 · 콕 · 전기절연이음관 · 전기융착폴리에틸렌이음관 · 이형질이음관 · 퀵카플러 등에 검사증명서

 크기 : 15mm×15mm
은백색 바탕에 검은색 문자

(3) 강제혼합식 가스버너 · 연소기 · 연료전지 등에 검사증명서

 크기 : 30mm×30mm. 다만, 이동식 부탄연소기의 경우에는 20mm×20mm로 한다.
은백색 바탕에 검은색 문자

(4) 고압호스 · 염화비닐호스 · 금속 플렉시블호스 등에 검사증명서

크기 : 20mm×16mm
노란색 바탕에 검은색 문자

12. 액화석유가스의 공급방법

① 액화석유가스 충전사업자 및 액화석유가스 판매사업자가 일반 수요자에게 액화석유가스를 공급할 때에는 체적판매로 공급한다.
② 가스공급자가 내용적 40L 이상 125L 미만의 용기에 충전된 액화석유가스를 수요자에게 공급하는 경우 용기의 외면에 다음의 사항을 표시한다.
   ㉠ 허가관청의 명칭
   ㉡ 가스공급자의 상호
   ㉢ 액화석유가스 충전사업자
③ 용기로 공급 시 안전공급계약에는 다음의 사항이 포함되어야 한다.
   ㉠ 액화석유가스의 전달방법
   ㉡ 액화석유가스의 계량방법과 가스요금
   ㉢ 공급설비와 소비설비에 대한 비용부담
   ㉣ 공급설비와 소비설비의 관리방법
   ㉤ 위해예방조치에 관한 사항

ⓑ 계약의 해지
ⓢ 소비자보장책임보험 가입에 관한 사항
④ 저장탱크나 소형저장탱크에 의한 집단공급기준
  ㉠ 저장설비로 동일한 건축물 안의 여러 가스사용자에게 액화석유가스를 공급하려면 가스공급자는 가스사용자의 대표와 공급계약을 체결한다.
  ㉡ 계약기간은 가스공급자가 연소기를 제외한 가스사용시설의 설치비를 부담하는 경우에는 4년 이상, 가스공급자가 가스사용시설 중 저장설비의 설치비만을 부담하는 경우에는 2년 이상으로 하고, 당사자가 계약 만료일 1개월 이전에 서면으로 계약의 해지를 통지하지 아니하였을 때에는 계약기간이 6개월씩 연장되는 것으로 한다.

13. 액화석유가스의 품질검사 및 자체검사

① 석유정제업자, 석유수출입업자 또는 석유제품판매업자는 생산공장 또는 수입기지에서 보관 중인 액화석유가스에 대하여 월 1회 이상, 생산공장 또는 수입기지 밖의 저장시설에 보관 중인 액화석유가스에 대하여는 분기 1회 이상 품질검사를 한다.
② 생산한 액화석유가스에 대하여 주 1회 이상, 다만, 공장 밖의 저장시설에 저장 중인 액화석유가스에 대하여는 월 1회 이상 자체검사를 한다.

14. 압력조정기 종류에 따른 조정 범위

(1) 압력조정기의 종류에 따른 입구압력과 조정압력

종류	입구압력(MPa)	조정압력(kPa)
1단감압식 저압조정기	0.07~1.56	2.3~3.3
1단감압식 준저압조정기	0.1~1.56	5.0~30.0 내에서 제조자가 설정한 기준압력의 ±20%
2단감압식 1차용 조정기 (용량 100kg/h 이하)	0.1~1.56	57~83
2단감압식 1차용 조정기 (용량 100kg/h 초과)	0.3~1.56	57~83
2단감압식 2차용 저압조정기	0.01~0.1 또는 0.025~0.1	2.3~3.3
2단감압식 2차용 준저압조정기	조정압력 이상~0.1	5.0~30.0 내에서 제조자가 설정한 기준압력의 ±20%
자동절체식 일체형 저압조정기	0.1~1.56	2.55~3.30
자동절체식 일체형 준저압조정기	0.1~1.56	5.0~30.0 내에서 제조자가 설정한 기준압력의 ±20%
그 밖의 압력조정기	조정압력 이상~1.561	5kPa을 초과하는 압력범위에서 상기 압력조정기의 종류에 따른 조정압력에 해당하지 않는 것에 한하며, 제조자가 설정한 기준압력의 ±20%일 것

(2) 내압시험

① 입구 쪽 : 3MPa 이상으로 1분간 실시(단, 2단감압식 2차용 조정기의 경우에는 0.8MPa 이상)

② 출구 쪽

㉠ 보통 0.3MPa 이상

㉡ 2단감압식 1차용 조정기 및 자동절체식 분리형 조정기의 경우에는 0.8MPa 이상

㉢ 그 밖의 압력조정기의 경우에는 0.8MPa 이상 또는 조정압력의 1.5배 이상 중 압력이 높은 것

(3) 기밀성능 : 기밀시험은 종류별 압력에서 1분간 실시

▼ 종류별 기밀시험 압력

구분	1단감압식 저압 조정기	1단감압식 준저압 조정기	2단감압식 1차용 조정기	2단감압식 2차용 저압조정기	2단감압식 2차용 준저압조정기	자동절체식 저압일체형	자동절체식 준저압일체형	그 밖의 압력조정기
입구측	1.56MPa 이상	1.56MPa 이상	1.8MPa 이상	0.5MPa 이상	0.5 MPa 이상	1.8MPa 이상	1.8MPa 이상	최대입구압력의 1.1배 이상
출구측	5.5KPa	조정압력의 2배 이상	0.15MPa 이상	5.5KPa	조정압력의 2배 이상	5.5KPa	조정압력의 2배 이상	조정압력의 1.5배

(4) 조정기 최대 폐쇄압력

① 1단감압식 저압조정기, 2단감압식 2차용 저압조정기 및 자동절체식 일체형 저압조정기는 3.5kPa 이하

② 2단감압식 1차용 조정기 및 자동절체식 분리형 조정기는 95kPa 이하

(5) 조정압력이 3.3kPa 이하인 압력조정기의 안전장치 작동압력

① 작동개시압력 : 5.6~8.4kPa

② 작동정지압력 : 5.04~8.4kPa

(6) 관연결부 및 방출구가 나사식인 경우에는 관용 테이퍼나사로 하고, 플랜지식인 경우에는 강재 관플랜지에 해당하는 것으로 하며, 그 나사는 왼나사로서 W22.5×14T, 나사부의 길이 12mm 이상인 것으로 한다.

(7) 용기밸브에 연결하는 조정기의 핸들은 지름은 50mm 이상, 폭은 9mm 이상으로 한다.

(8) 자동절체식 조정기의 출구는 관용 테이퍼나사로 연결할 수 있는 유니언을 내장하는 구조로 한다.

(9) 용량 100kg/h 이하의 압력조정기는 입구 측에 황동선망 또는 스테인리스강선망을 사용한 스트레이너를 내장 또는 조립할 수 있는 구조일 것

CHAPTER 02 출제예상문제

01 액화석유가스를 탱크로리로부터 충전할 때 정전기를 제거하는 조치로 접지하는 접속선의 규격은?

① 5.5[mm²] 이상 ② 6.7[mm²] 이상
③ 9.6[mm²] 이상 ④ 10.5[mm²] 이상

해설 액화석유가스 탱크로리로부터 충전할 때 정전기를 제거하는 조치로서 접지의 접속선은 5.5[mm²] 이상이어야 한다.

02 LPG저장탱크에 폭발방지장치를 설치해야 하는 경우는?

① 준공업지역에 설치하는 저장능력 5톤 이상
② 주거지역에 설치하는 저장능력 5톤 이상
③ 주거, 상업지역에 설치하는 저장능력 10톤 이상
④ 주거, 상업지역의 지하에 매몰하는 저장능력 10톤 이상

해설 주거지역이나 상업지역에 설치하는 10톤 이상의 LPG 저장탱크는 폭발방지장치를 설치해야 한다.

03 고압가스 운반 기준에서 후부취출식 탱크 외의 탱크는 탱크의 후면과 차량의 뒤범퍼와의 수평거리가 몇 [cm] 이상이 되도록 탱크를 차량에 고정시켜야 하는가?

① 30[cm] 이상 ② 40[cm] 이상
③ 60[cm] 이상 ④ 1[m] 이상

해설
- 후부취출식 : 40[cm] 이상
- 후부취출식 외(기타) : 30[cm] 이상
- 조작상자 : 20[cm] 이상

04 가스운반 시 차량 비치 항목이 아닌 것은?

① 가스표시색상
② 가스 특성(온도와 압력과의 관계, 비중, 색깔, 냄새)
③ 인체에 대한 독성 유무
④ 화재, 폭발의 위험성 유무

해설 가스표시색상은 용기에 표시한다.

05 방 안에서 가스난로를 사용하다가 사망한 사고가 발생하였다. 사고의 원인이라고 생각되는 것은 어느 것인가?

① 가스에 의한 질식
② 산소부족에 의한 질식
③ 탄산가스에 의한 질식
④ 질소와 탄산가스에 의한 질식

해설 방 안에서 가스난로를 사용하면 산소부족에 의한 질식사 발생

06 다음 중 당해 설비 내의 압력이 상용압력을 초과할 경우 즉시, 사용압력 이하로 되돌릴 수 있는 안전장치의 종류에 해당하지 않는 것은?

① 안전밸브 ② 감압밸브
③ 바이패스밸브 ④ 파열판

해설 감압밸브는 압력을 감소시키는 밸브로 일명 조정 밸브라고도 한다.(출구압력 일정)

07 저장탱크를 지하에 설치하는 기준이 틀린 것은?

① 저장탱크의 주위에 마른 모래를 채울 것
② 저장탱크의 정상부와 지면과의 거리는 40[cm] 이상으로 할 것
③ 저장탱크를 2개 이상 인접하여 설치하는 경우에는 상호 간에 1[m] 이상의 거리를 유지할 것
④ 저장탱크를 묻은 곳의 주위에는 지상에 경계를 표시할 것

해설 저장탱크와 정상부와 지면과의 거리는 60[cm] 이상으로 한다.

ANSWER | 1 ① 2 ③ 3 ① 4 ① 5 ② 6 ② 7 ②

08 가스레인지를 사용하는 주방에서 가스가 누출되어 폭발사고가 발생하였다 누출원인이라 추정할 수 있는 것을 모두 찾는다면 어느 것인가?

〈보기〉
㉠ 점화할 때 점화가 안 되어 가스가 누출되었다.
㉡ 가스레인지의 콕을 잠그지 않았다.
㉢ 국물이 넘쳐 가스레인지의 불이 꺼졌다.
㉣ 환기팬이 고장으로 작동하지 않았다.

① ㉡, ㉣
② ㉠, ㉢, ㉣
③ ㉡, ㉢, ㉣
④ ㉠, ㉡, ㉢

해설 가스레인지 사용 주방에서 가스누출로 폭발사고가 났다면 그 원인 추정은 ㉠, ㉡, ㉢에서 찾는다.

09 가스 사용시설 중 가스용기 사항으로 옳지 않은 것은?
① 용기의 부식 상태를 확인한다.
② 밸브 그랜드 너트 고정핀 이탈 유무를 확인한다.
③ 밸브 오조작 방지를 위해 핸들을 제거한다.
④ 용기 도색 및 표시를 확인한다.

해설 밸브 핸들은 어떠한 경우에라도 제거하면 아니 된다.

10 LP가스 저장탱크를 수리할 때 작업원이 저장탱크 속으로 들어가서는 안 되는 탱크 속의 농도는?
① 16[%]
② 19[%]
③ 20[%]
④ 21[%]

해설 산소가 18[%] 이하이면 산소 결핍을 일으키기 때문에 16[%]의 탱크 속의 산소농도는 위험하다.

11 저장탱크를 지하에 설치하는 기준이 틀린 것은?
① 저장탱크의 주위에 마른모래를 채울 것
② 저장탱크의 정상부와 지면과의 거리는 40[cm] 이상으로 할 것
③ 저장탱크를 2개 이상 인접하여 설치하는 경우에는 상호 간에 1[m] 이상의 거리를 유지할 것
④ 저장탱크를 묻은 곳의 주위에는 지상에 경계를 표시할 것

해설 지하 저장탱크의 설치 시에는 저장탱크의 정상부와 지면과의 거리는 60[cm] 이상으로 하며 나머지는 ①, ③, ④항의 기준이 필요하다.

12 저장탱크를 지하에 설치할 경우, 저장탱크의 정상부와 지면과의 거리는 몇 [cm] 이상으로 하는가?
① 60
② 80
③ 100
④ 120

해설 지하의 저장탱크는 저장탱크의 정상부와 지면과의 거리는 60[cm] 이상으로 해야 한다.

13 차량에 고정된 고압가스 탱크 및 용기의 안전밸브 작동압력은?
① 사용압력의 8/10 이하
② 내압시험압력의 8/10 이하
③ 기밀시험압력의 8/10 이하
④ 최고충전압력의 8/10 이하

해설 안전밸브의 작동압력 : 내압시험의 $\frac{8}{10}$ 이하

14 가스계량기는 절연조치를 하지 아니한 전선과는 몇 [cm] 이상 거리를 두는가?
① 150[cm]
② 30[cm]
③ 15[cm]
④ 5[cm]

해설 가스계량기는 절연조치를 하지 아니한 전선과는 15[cm] 이상 거리를 두어야 한다.

15 충전용 주관의 압력계는 정기적으로 표준압력계로 그 기능을 검사하여야 한다. 다음 중 올바른 것은?
① 1개월에 1회 이상 실시
② 3개월에 1회 이상 실시
③ 6개월에 1회 이상 실시
④ 1년에 1회 이상 실시

해설 충전용 주관의 압력계는 매월 1회 이상, 그 밖의 압력계는 3개월에 1회 이상 표준이 되는 압력계로 그 기능을 검사할 것

16 용기 또는 용기밸브에 안전밸브를 설치하는 이유는?
① 규정량 이상의 가스를 충전시켰을 때 여분의 가스를 분출하기 위해
② 용기 내 압력이 이상 상승시 용기파열을 방지하기 위해
③ 가스출구가 막혔을 때 가스출구로 사용하기 위해
④ 분석용 가스출구로 사용하기 위해

해설 안전밸브의 설치이유는 용기 내 압력이 이상 상승 시 용기파열을 방지하기 위해서이다.

17 차량에 고정된 안전운행 기준상 운행 중 가스의 온도는 몇 [℃]를 초과해서는 안 되는가?
① 40[℃]   ② 50[℃]
③ 70[℃]   ④ 90[℃]

해설 각종 가스의 온도는 40[℃]를 초과하여서는 아니 된다.(가스의 폭발방지를 위하여)

18 고압가스 운반책임자의 자격이 될 수 없는 자는?
① 안전관리원
② 안전관리책임자
③ 안전관리총괄자
④ 한국가스안전공사에서 운반에 관한 소정의 교육을 이수한 자

해설 안전관리총괄자는 사무요원이기 때문에 고압가스 운반책임자로서는 적합하지 않다.

19 차량에 고정된 탱크에 부착된 긴급차단장치는 그 성능이 원격조작에 의하여 작동되고 용기 또는 이에 접속하는 배관외면의 온도가 몇 [℃]일 때에 자동적으로 작동될 수 있어야 하는가?
① 90[℃]   ② 100[℃]
③ 110[℃]   ④ 120[℃]

해설 차량에 고정된 탱크에 부착된 긴급차단장치는 용기 또는 배관 외면의 온도가 110[℃]일 때 자동적으로 작동될 수 있어야 한다.

20 가스설비 및 저장설비는 그 외면으로부터 화기를 취급하는 장소까지 몇 [m] 이상의 우회거리를 두어야 하는가?
① 2[m]   ② 5[m]
③ 8[m]   ④ 10[m]

해설 가스설비 및 저장설비는 그 외면으로부터 화기를 취급하는 장소까지 2[m] 이상의 우회거리를 두어야 한다.(가연성이나 산소의 설비나 저장설비는 8[m] 이상)

21 액화석유가스 충전용기 보관 시 넘어짐 방지조치를 하지 않아도 되는 용량은?
① 내용적 5[L] 미만
② 내용적 10[L] 미만
③ 내용적 20[L] 미만
④ 내용적 50[L] 미만

해설 액화석유가스를 충전할 용기는(내용적 20[L] 이상 125[L] 미만의 것에 한하여) 아랫부분의 부식 및 넘어짐 등을 방지하고 넘어짐 등에 의한 충격을 완화하기 위하여 적절한 재질 및 구조의 스커트를 부착할 것

22 고압가스 운반책임자의 자격이 될 수 없는 자는?
① 안전관리원
② 안전관리 책임자
③ 안전관리 사업장 종사원
④ 한국가스안전공사에서 운반에 관한 소정의 교육을 이수한 자

해설 안전관리원이나 안전관리책임자나 가스안전공사의 소정의 교육을 이수한 자는 고압가스 운반책임자의 자격이 있다.

ANSWER | 16 ② 17 ① 18 ③ 19 ③ 20 ① 21 ③ 22 ③

23 고압가스 저장능력 산정 시 액화가스의 용기 및 차량에 고정된 탱크의 산정식은?(단, W = 저장능력[kg], d = 액화가스 비중[kg/L], V_2 = 내용적[L], C = 가스의 종류에 따른 정수)

① $W = 0.9dV^2$
② $W = \dfrac{V_2}{C}$
③ $W = 0.9dC_2$
④ $W = \dfrac{V_2}{C^2}$

해설
• 액화가스의 용기 및 차량에 고정된 탱크의 저장능력
$W[\text{kg}] = \dfrac{V_2}{C}$
• 저장탱크 $W[\text{kg}] = 0.9dV_2$

24 충전용기를 적재한 차량의 운반개시 전 점검사항이 아닌 것은?

① 차량의 적재중량 확인
② 용기의 충전량 확인
③ 용기 고정상태 확인
④ 용기 보호캡의 부착 유무 확인

해설 충전용기는 고정시켜서 운반하지 않는다.

25 고압가스 충전용기의 운반기준 중 틀린 것은?

① 충전용기를 운반하는 때는 충격을 방지하기 위해 단단하게 묶을 것
② 운반 중의 충전용기는 항상 40[℃] 이하를 유지할 것
③ 차량통행이 불가능한 지역에서는 오토바이로 적재하여 운반할 수 있다.
④ 독성 가스 충전용기 운반 시에는 목재 칸막이 또는 패킹을 할 것

해설 차량통행이 불가능한 지역 또는 시, 도지사가 지정하는 경우에는 액화석유가스 충전용기를 오토바이에 적재하여 운반할 수 있다.(독성의 경우 보호장비가 필요하다.)

26 다음은 액화석유가스 사용시설의 시설기준 및 기술기준이다. 설명이 잘못된 것은?

① 용기에 의하여 가스를 사용하는 경우 용기 집합설비를 설치하되, 그 저장능력이 100[kg]을 초과하는 경우에는 용기보관실을 설치하여야 한다.
② 저장능력이 500[kg] 이상인 경우에는 저장탱크 또는 소형 저장탱크를 설치하여야 한다.
③ 용기의 수량과 압력조정기의 조정압력 및 최대유량은 설치된 연소기의 가스소비량보다 적어야 한다.
④ 주거용 시설이 아닌 저장설비, 감압설비 및 배관은 화기취급장소와 8[m] 이상 우회거리를 유지하여야 한다.(단, 그 설비 내의 것은 제외한다.)

해설 용기의 수량과 압력조정기의 조정압력 및 최대 유량은 설치된 연소기의 가스소비량보다 커야 한다.

27 액화석유가스 충전설비의 점검, 확인 주기는?

① 1일에 1회
② 1주일에 1회
③ 3월에 1회
④ 6월에 1회

해설 액화석유가스 LPG의 충전설비의 점검, 확인주기는 1일에 1회 이상이다.

28 액화석유가스 판매업소의 용기보관실의 면적은?

① 9[m²] 이상으로서, 허가관청이 정하는 면적 이상
② 19[m²] 이상으로서, 허가관청이 정하는 면적 이상
③ 29[m²] 이상으로서, 허가관청이 정하는 면적 이상
④ 39[m²] 이상으로서, 허가관청이 정하는 면적 이상

해설 액화석유가스의 용기보관실의 면적은 19[m²](5.7평), 사무실면적은 9[m²] 이상으로 허가관청이 정하는 면적 이상일 것

29 단단감압식 저압조정기의 성능에서 조정기 입구 측 기밀시험압력은?

① 14.6[kg/cm²] 이상
② 15.6[kg/cm²] 이상
③ 16.6[kg/cm²] 이상
④ 17.6[kg/cm²] 이상

해설 단단감압식 저압조정기의 성능에서 LPG 가스의 조정기 입구 측 기밀시험압력은 15.6[kg/cm²] 이상이고 출구 측은 550[mmH₂O]이다.

30 액화석유가스 용기보관소에 관한 설명 중 잘못된 것은?
① 용기보관소에는 보기 쉬운 곳에 경계 표지를 할 것
② 용기보관소는 양호한 통풍구조로 할 것
③ 용기보관소의 지붕은 불연성, 난연성 재료를 사용할 것
④ 용기보관소에는 화재 경보기를 설치할 것

해설 액화석유가스 용기보관소에는 분리형 가스누출경보기를 설치할 것

31 LP가스의 용기 보관실 바닥 면적이 3[m²]라면 통풍구의 크기는 얼마로 하여야 하는가?
① 1,100[cm²]   ② 900[cm²]
③ 700[cm²]   ④ 500[cm²]

해설 바닥면적 1[m²]마다 300[cm²]
3×300=900[cm²]

32 액화가스 저장탱크의 부압방지대책에 관한 다음 기술 중 틀린 것은?
① 다른 저장탱크 또는 설비에서 가스 도입관을 설치한다.
② 액의 이송장치에 압력과 연동하는 긴급차단설비를 설치한다.
③ 불활성 가스 도입관을 설치한다.
④ 진공안전밸브를 설치한다.

해설 부압방지대책은 ①, ②, ④항의 설비 및 다른 저장탱크 또는 시설로부터의 가스 도입관(균압관)을 설치한다.

33 액화석유가스 용기보관소에 관한 설명 중 잘못된 것은?
① 용기보관소에는 보기 쉬운 곳에 경계 표시를 할 것
② 용기보관소는 양호한 통풍구조로 할 것
③ 용기보관소의 지붕은 불연성, 난연성 재료를 사용할 것
④ 용기보관소에는 화재경보기를 설치할 것

해설 액화석유가스 용기보관소에는 화재경보기보다는 가스누출경보기를(분리형) 설치할 것

34 겨울철 LP가스용기에 서릿발이 생겨 가스가 잘 나오지 아니할 경우 가스를 사용하기 위한 조치로 옳은 것은?
① 연탄불로 쪼인다.
② 용기를 힘차게 흔든다.
③ 열 습포를 사용한다.
④ 90[℃] 정도의 물을 용기에 붓는다.

해설 LP가스용기 기화 시 주위냉각으로 서릿발이 생겨 가스가 잘 나오지 않으면 미지근한 열습포를 감싼다.

35 LPG 충전 및 저장시설 내압시험 시 공기를 사용하는 경우 우선 상용압력의 몇 [%]까지 승압하는가?
① 상용압력의 30[%]까지
② 상용압력의 40[%]까지
③ 상용압력의 50[%]까지
④ 상용압력의 60[%]까지

해설 LPG 충전 및 저장시설 내압시험 시 공기를 사용하는 경우 우선 상용압력의 50[%]까지 승압한다.

36 압력조정기 출구에서 연소기 입구까지의 배관 및 호스는 얼마 이내의 압력으로 기밀시험을 실시해야 하는가?
① 230~330[mmH₂O]   ② 500~3,000[mmH₂O]
③ 560~840[mmH₂O]   ④ 840~1,000[mmH₂O]

해설 LPG 압력조정기 출구에서 연소기 입구까지의 배관 및 호스는 840~1,000[mmH₂O] 이내의 압력으로 기밀시험을 실시해야 한다.

37 LPG 사용시설의 고압배관에 안전장치를 설치해야 되는 저장능력은?

① 저장능력 100[kg] 이상
② 저장능력 150[kg] 이상
③ 저장능력 200[kg] 이상
④ 저장능력 250[kg] 이상

해설 LPG는 저장능력이 250[kg] 이상인 경우 이상압력 상승 시 압력을 방출할 수 있는 안전장치를 설치할 것

38 집단공급시설에 설치된 지상 저장탱크 중 액화석유가스의 저장능력이 15,000[kg]인 경우 종합병원과 유지해야 할 거리는?

① 17[m] 이상
② 21[m] 이상
③ 24[m] 이상
④ 30[m] 이상

해설 15,000[kg](15톤)이므로 10톤 초과, 20톤 이하의 저장능력은 종합병원(제1종 보호시설)과는 21[m] 이상의 거리를 유지한다.

39 LPG 충전소에는 시설의 안전확보상 "충전 중 엔진정지"라는 문구를 주위의 보기 쉬운 곳에 설치해야 한다. 이 표지란에 바탕색과 글씨색은?

① 흑색 바탕에 백색 글씨
② 흑색 바탕에 황색 글씨
③ 백색 바탕에 흑색 글씨
④ 황색 바탕에 흑색 글씨

해설 충전 중 엔진정지 표시판 표시
• 바탕색 : 황색
• 글씨색 : 흑색

40 다음 액화석유가스의 저장소에 관한 시설 및 기술기준에 관한 설명으로 적합하지 아니한 것은?

① 지표면 아래의 장소에는 용기를 보관하지 아니한다.
② 저장설비에 등화를 휴대하고 출입 시는 일반 등화를 휴대해야 한다.
③ 팔레트에 넣어 집적된 용기의 높이는 5[m] 이하로 한다.
④ 용기보관 바닥으로부터 3[m] 이내의 도랑이 있을 경우에는 방수재료로 이중 복개한다.

해설 용기보관장소에는 방폭형 휴대용 손전등 외의 등화를 휴대하고 들어가지 아니할 것

41 겨울철 LPG 용기에서 가스가 잘 나오지 않을 경우 조치사항으로 적당한 것은?

① 용기를 힘차게 흔든다.
② 90[℃] 정도의 더운물을 용기에 붓는다.
③ 40[℃] 이하의 열습포로 녹인다.
④ 화기를 사용하여 용기를 녹인다.

해설 겨울철 LPG 용기에서 가스가 잘 나오지 않을 경우 40[℃] 이하의 열습포로 녹인다.

42 액화석유가스의 안전 및 사업관리법에서 액화석유가스 저장소란 내용적 1[L] 미만의 용기에 충전된 액화석유가스를 저장할 경우 총량이 몇 [kg] 이상 저장하는 장소를 말하는가?

① 100[kg]
② 150[kg]
③ 200[kg]
④ 250[kg]

해설 액화석유가스 저장소 : 250[kg] 이상

43 액화석유가스를 저장하는 시설의 강제통풍구조에 관한 내용이다. 설명이 잘못된 것은?

① 통풍능력이 바닥면적 $1[m^2]$마다 $0.5[m^3/분]$ 이상으로 한다.
② 배기구는 바닥면 가까이에 설치한다.
③ 배기가스 방출구를 지면에서 5[m] 이상의 높이에 설치한다.
④ 배기구는 천장면에서 30[cm] 이내에 설치하여야 한다.

해설 액화석유가스는 바닥면에서 30[cm] 이내에 가스누설검지 경보기가 설치되어야 한다.

44 LPG 충전시설의 잔가스 연소장치가 가스 배출설비와 유지해야 할 거리는?(단, 방출량은 30[g/분] 이상이다.)
① 4[m] 이상
② 8[m] 이상
③ 10[m] 이상
④ 12[m] 이상

해설 LPG 충전시설의 잔가스 연소장치의 가스배출설비와 유지해야 할 거리는 방출량이 분당 30[g] 이상인 경우 8[m] 이상 확보해야 한다.

45 LP가스 저장탱크를 수리할 때 작업원이 저장탱크 속으로 들어가서는 안 되는 탱크 속의 농도는?
① 16[%]
② 19[%]
③ 20[%]
④ 21[%]

해설 산소의 적정농도 : 18~22[%]

46 액화석유가스 충전소에서 저장탱크를 지하에 설치하는 경우에는 콘크리트로 저장탱크실을 만들고 그 실내에 설치하여야 한다. 이때 저장탱크 실내의 공간은 무엇으로 채워야 하는가?
① 물
② 건조 모래
③ 자갈
④ 콜타르

해설 지하에 설치하는 액화석유가스 충전소 저장탱크는 저장탱크 실내의 공간에 건조 모래를 채운다.

47 액화석유가스 저장능력이 몇 [kg] 이상인 고속도로 휴게소에는 소형 저장탱크를 설치해야 하는가?
① 500[kg]
② 1,000[kg]
③ 1,500[kg]
④ 2,000[kg]

해설 액화석유가스의 저장능력이 500[kg] 이상인 경우에는 저장탱크 또는 소형 저장탱크를 설치한다.

48 다음은 LPG를 수송할 때 주의사항을 나타낸 것이다. 틀린 것은?
① 운전 중이나 정차 중에도 허가된 장소를 제외하고는 담배를 피워서는 안 된다.
② 운전자는 운전기술 외에 LPG의 취급 및 소화기 사용 등에 관한 지식을 가져야 한다.
③ 누설됨을 알았을 때는 운행을 중지하지 않고 가까운 경찰서, 소방서에 알린다.
④ 주차할 때는 안전한 장소에 주차하며, 종사원은 멀리 가지 않는다.

해설 LPG가 누설되면 수송 중이라도 즉시 운행을 중지한 후 가까운 경찰서나 소방서에 알린다.

49 LPG용기의 안전점검 기준으로서 틀린 것은?
① 용기의 부식여부를 확인할 것
② 용기캡이 씌워져 있거나 프로텍터가 부착되어 있을 것
③ 밸브의 그랜드너트를 고정핀으로 이탈을 방지한 것인가 확인할 것
④ 완성검사 도래 여부를 확인할 것

해설 ④의 완성검사가 아닌 재검사 도래 여부를 확인해야 한다.

50 가정용 액화석유가스(LPG) 연소기구 부근에서 가스가 새어나올 때의 조치방법은?
① 용기를 안전한 장소로 옮긴다.
② 용기의 메인 밸브를 즉시 잠근다.
③ 물을 뿌려서 가스를 용해시킨다.
④ 방의 창문을 닫고 가스가 다른 곳으로 새어 나가지 않도록 한다.

해설 가정용 LPG가 누설되면 용기의 메인밸브를 즉시 잠근다.

ANSWER | 44 ② 45 ① 46 ② 47 ① 48 ③ 49 ④ 50 ②

51 액화석유가스 충전사업시설 중 저장탱크와 다른 저장탱크 사이에는 두 저장탱크의 최대직경을 합산한 길이의 $\frac{1}{4}$이 1[m] 이상일 경우에 얼마의 간격을 유지해야 하는가?
① 2[m]
② 그 길이의 간격
③ 그 길이의 $\frac{1}{2}$ 간격
④ 3[m]

해설 $\frac{1}{4}$이 1[m] 이상인 경우 탱크와의 간격은 그 길이의 간격

52 20[kg]의 LPG 용기의 내용적은 얼마인가?(단, 충전상수는 2.35이다.)
① 30[L]
② 47[L]
③ 5[L]
④ 44[L]

해설 $W = \dfrac{V_2}{C}$
$V_2 = W \times C = 20 \times 2.35 = 47[L]$

53 가스 연소기 버너의 가스 소비량은 표시량의 몇 ±[%] 이내이어야 하는가?
① 표시값의 ±10[%] 이내
② 표시값의 ±20[%] 이내
③ 표시값의 ±30[%] 이내
④ 표시값의 ±40[%] 이내

해설 잔가스 소비량 및 각 버너의 가스소비량은 표시값이 ±10[%] 이내일 것

54 액화석유가스 판매업소의 충전용기 보관실에 강제통풍장치를 설치할 때 통풍 능력에 대해서 옳게 설명한 것은?
① 바닥면적 1[m²]당 0.5[m³/분] 이상
② 바닥면적 1[m²]당 1.0[m³/분] 이상
③ 바닥면적 1[m²]당 1.5[m³/분] 이상
④ 바닥면적 1[m²]당 2.0[m³/분] 이상

해설 액화석유가스 판매업소의 충전용기 보관실의 강제통풍장치의 능력은 바닥면적 1[m²]당 (0.5[m³/min]) 이상

55 LPG 용기의 안전점검 기준으로서 틀린 것은?
① 용기의 부식 여부를 확인할 것
② 용기캡이 씌워져 있거나 프로텍터가 부착되어 있을 것
③ 밸브의 그랜드 너트를 고정핀으로 이탈을 방지한 것인가 확인할 것
④ 완성검사 도래 여부를 확인할 것

해설 LPG용기 안전검사 시에는 재검사 기간의 도래 여부를 확인해야 한다.

56 액화석유가스 사용시설의 엘피지 용기집합설비의 저장능력이 얼마일 때는 용기, 용기밸브, 압력조정기가 직사광선, 눈 또는 빗물에 노출되지 않도록 해야 하는가?
① 50[kg] 이하
② 100[kg] 이하
③ 300[kg] 이하
④ 500[kg] 이하

해설 저장능력이 100[kg] 미만인 경우 액화석유가스의 사용시설에서 용기, 용기 밸브 및 압력조정기가 직사광선, 눈 또는 빗물에 노출되지 않도록 하고 용기바닥면이 부식되지 않게 한다.

57 액화석유가스 용기저장실의 통풍구는 어디에 설치하는 것이 옳은 방법인가?
① 저장실 하부 바닥면에 가까운 위치
② 저장실 상부에서 30[cm] 밑에
③ 저장실 중간 부분에
④ 아무 데나

해설 액화석유가스 용기저장실의 통풍구는 저장실 하부 바닥면 가까운 위치에 설치한다. 그 이유는 공기의 비중보다 크기 때문이다.

51 ② 52 ② 53 ① 54 ① 55 ④ 56 ② 57 ① | ANSWER

58 액화석유가스 용기저장소의 시설기준 중 틀린 것은?
① 용기저장실을 설치하고 보기 쉬운 곳에 경계표지를 설치한다.
② 용기저장실의 전기 시설은 방폭구조인 것이어야 하며, 전기스위치는 용기저장실 내부에 설치한다.
③ 용기저장실 내에는 분리형 가스누출경보기를 설치한다.
④ 용기저장실 내에는 방폭등 외의 조명등을 설치하지 아니한다.

해설 액화석유가스의 용기저장실의 전기설비는 방폭구조(폭발방지구조)의 것이어야 하고 전기스위치는 용기보관실의 내부가 아닌 외부에 설치할 것

59 프로판 용기의 제조에 사용되는 금속은?
① 주철   ② 탄소강
③ 내산강   ④ 두랄루민

해설 탄소강 – 염소, 암모니아, 프로판, 아세틸렌 가스용기 등 저압용기의 재료

60 LPG 충전 집단 공급저장시설의 공기 내압시험 시 상용압력의 일정 압력 이상 승압 후 단계적으로 승압시킬 때 몇 [%]씩 증가시키는가?
① 상용압력의 5[%]씩
② 상용압력의 10[%]씩
③ 상용압력의 15[%]씩
④ 상용압력의 20[%]씩

해설 내압시험 시 상용압력의 10[%]씩 승압시킨다.

61 LPG 충전 및 저장시설 내압시험 시 공기를 사용하는 경우 우선 상용압력의 몇 [%]까지 승압하는가?
① 상용압력의 30[%]까지
② 상용압력의 40[%]까지
③ 상용압력의 50[%]까지
④ 상용압력의 60[%]까지

해설 LPG 충전 및 저장시설 내압시험 시 우선 상용압력이 50%까지 승압하고, 그 이후에는 10%씩 승압한다.

62 LP가스 공급원이 보유하여야 할 장비는?
① 연소기 입구압력 측정기
② 가스누출 검지기
③ 자기압력 기록계
④ 조정기의 폐쇄압력 측정기

해설 LP가스 공급원은 항상 가스누출검지기를 보유하여야 한다.

63 액화석유가스 집단공급자의 안전점검기준에서 점검자의 인원으로 옳은 것은?
① 수용가 2,000개소당 1인
② 수용가 3,000개소당 1인
③ 수용가 4,000개소당 1인
④ 수용가 5,000개소당 1인

해설 LPG는 수용가 2,000개소당, 도시가스는 수용가 4,000개소당 점검자가 필요하다.

64 지상에 액화석유가스(LPG) 저장탱크를 설치하는 경우 냉각용 살수장치는 그 외면으로부터 몇 [m] 이상 떨어진 곳에서 조작할 수 있어야 하는가?
① 2   ② 3
③ 5   ④ 7

해설 냉각용 살수장치는 저장탱크 외면으로부터 5[m] 이상 떨어진 곳에서 조작이 가능하여야 한다.

ANSWER | 58 ② 59 ② 60 ② 61 ③ 62 ② 63 ① 64 ③

CHAPTER 03 도시가스사업법

1. 도시가스사업법에서 사용하는 용어

① 도시가스란 천연가스, 배관을 통하여 공급되는 석유가스, 나프타부생가스, 바이오가스 또는 합성천연가스로서 대통령령으로 정하는 것을 말한다.

② 도시가스사업이란 수요자에게 도시가스를 공급하거나 도시가스를 제조하는 사업으로서 가스도매사업, 일반도시가스사업, 도시가스충전사업, 나프타부생가스 · 바이오가스제조사업 및 합성천연가스제조사업을 말한다.

③ 가스도매사업이란 일반도시가스사업자 및 나프타부생가스 · 바이오가스제조사업자 외의 자가 일반도시가스사업자, 도시가스충전사업자, 선박용천연가스사업자 또는 산업통상자원부령으로 정하는 대량수요자에게 도시가스를 공급하는 사업을 말한다.

④ 일반도시가스사업이란 가스도매사업자 등으로부터 공급받은 도시가스 또는 스스로 제조한 석유가스, 나프타부생가스, 바이오가스를 일반의 수요에 따라 배관을 통하여 수요자에게 공급하는 사업을 말한다.

⑤ 가스공급시설이란 도시가스를 제조하거나 공급하기 위한 시설로서 산업통상자원부령으로 정하는 가스제조시설, 가스배관시설, 가스충전시설, 나프타부생가스 · 바이오가스제조시설 및 합성천연가스제조시설을 말한다.

⑥ 가스사용시설이란 가스공급시설 외의 가스사용자의 시설로서 산업통상자원부령으로 정하는 것을 말한다.

⑦ 정밀안전진단이란 가스안전관리 전문기관이 도시가스사고를 방지하기 위하여 장비와 기술을 이용하여 가스공급시설의 잠재된 위험요소와 원인을 찾아내는 것을 말한다.

⑧ 도시가스사업법 시행규칙에 사용되는 용어의 정의는 다음과 같다.
  ㉠ 배관이란 도시가스를 공급하기 위하여 배치된 관으로서 본관, 공급관, 내관 또는 그 밖의 관을 말한다.
  ㉡ 본관이란 도시가스제조사업소의 부지 경계에서 정압기지의 경계까지 이르는 배관을 말한다.
  ㉢ 공급관이란 정압기에서 가스사용자가 구분하여 소유하거나 점유하는 건축물의 외벽에 설치하는 계량기의 전단밸브까지 이르는 배관을 말한다.
  ㉣ 사용자공급관이란 공급관 중 가스사용자가 소유하거나 점유하고 있는 토지의 경계에서 가스사용자가 구분하여 소유하거나 점유하는 건축물의 외벽에 설치된 계량기의 전단밸브까지 이르는 배관을 말한다.
  ㉤ 내관이란 가스사용자가 소유하거나 점유하고 있는 토지의 경계에서 연소기까지 이르는 배관을 말한다.
  ㉥ 고압이란 1MPa 이상의 압력(게이지압력). 다만, 액체상태의 액화가스는 고압으로 본다.
  ㉦ 중압이란 0.1MPa 이상 1MPa 미만의 압력. 다만, 액화가스가 기화되고 다른 물질과 혼합되지 아니한 경우에는 0.01MPa 이상 0.2MPa 미만의 압력을 말한다.
  ㉧ 저압이란 0.1MPa 미만의 압력. 다만, 액화가스가 기화되고 다른 물질과 혼합되지 아니한 경우에는 0.01MPa 미만의 압력을 말한다.
  ㉨ 액화가스란 상용의 온도 또는 35℃의 온도에서 압력이 0.2MPa 이상이 되는 것을 말한다.
  ㉩ 처리능력이란 처리설비 또는 감압설비에 따라 압축 · 액화나 그 밖의 방법으로 1일 처리할 수 있는 도시가스의 양(0℃, 0Pa 게이지의 상태를 기준)을 말한다.

> **Reference** 도시가스의 종류
>
> 1. 천연가스 : 지하에서 자연적으로 생성되는 가연성 가스로서 메탄을 주성분으로 하는 가스
> 2. 천연가스와 일정량을 혼합하거나 이를 대체하여도 가스공급시설 및 가스사용시설의 성능과 안전에 영향을 미치지 않는 것으로서 산업통상자원부장관이 정하여 고시하는 품질기준에 적합한 다음 각 목의 가스 중 배관을 통하여 공급되는 가스
>   ① 석유가스 : 「액화석유가스의 안전관리 및 사업법」에 따른 액화석유가스 및 「석유 및 석유대체연료 사업법」에 따른 석유가스를 공기와 혼합하여 제조한 가스
>   ② 나프타부생가스 : 나프타 분해공정을 통해 에틸렌, 프로필렌 등을 제조하는 과정에서 부산물로 생성되는 가스로서 메탄이 주성분인 가스 및 이를 다른 도시가스와 혼합하여 제조한 가스
>   ③ 바이오가스 : 유기성 폐기물 등 바이오매스로부터 생성된 기체를 정제한 가스로서 메탄이 주성분인 가스 및 이를 다른 도시가스와 혼합하여 제조한 가스
>   ④ 합성천연가스 : 석탄을 주원료로 하여 고온·고압의 가스화 공정을 거쳐 생산한 가스로서 메탄이 주성분인 가스 및 이를 다른 도시가스와 혼합하여 제조한 가스
>   ⑤ 그 밖에 메탄이 주성분인 가스로서 도시가스 수급 안정과 에너지 이용 효율 향상을 위해 보급할 필요가 있다고 인정하여 산업통상자원부령으로 정하는 가스

2. 도시가스 공급계획

① 일반도시가스사업자는 산업통상자원부령으로 정하는 바에 따라 다음 연도 이후 5년간의 가스공급계획을 작성하여 매년 11월 말일까지 시·도지사에게 제출하여야 한다.
② 가스도매사업자 및 합성천연가스제조사업자는 산업통상자원부령으로 정하는 바에 따라 다음 연도 이후 5년간의 가스공급계획을 작성하여 매년 12월 말일까지 산업통상자원부장관에게 제출하여야 한다.

3. 도시가스 대량수요자

① 월 10만m³ 이상의 천연가스를 배관을 통하여 공급받아 사용하는 자 중 일반도시가스사업자의 공급권역 외의 지역에서 천연가스를 사용하는 자
② 발전용·열병합용(시설용량 100MW 이상만 해당한다.)으로 천연가스를 사용하는 자
③ 액화천연가스 저장탱크를 설치하고 천연가스를 사용하는 자

4. 특정가스사용시설

① 월 사용예정량이 2,000m³ 이상인 가스사용시설
② 월 사용예정량이 2,000m³ 미만인 가스사용시설 중 내관 및 그 부속시설이 바닥·벽 등에 매립 또는 매몰 설치되는 가스사용시설, 많은 사람이 이용하는 시설로서 시·도지사가 안전관리를 위하여 필요하다고 인정하여 지정하는 가스사용시설

5. 가스도매사업의 가스공급시설의 시설·검사 정밀안전진단 기준

① 액화석유가스의 저장설비와 처리설비는 그 외면으로부터 보호시설까지 30m 이상의 거리를 유지할 것
② 제조소 및 공급소에 설치하는 도시가스가 통하는 가스공급시설은 그 외면으로부터 화기를 취급하는 장소까지 8m 이상의 우회거리를 유지할 것
③ 액화천연가스의 저장설비와 처리설비(1일 처리능력이 52,500m³ 이상)는 그 외면으로부터 사업소경계까지 다음 계산식에 따라 얻은 거리(그 거리가 50m 미만의 경우에는 50m) 이상을 유지할 것

$$L = C \times \sqrt[3]{143,000W}$$

여기서, L : 유지하여야 하는 거리(단위 : m)
C : 저압 지하식 저장탱크는 0.240, 그 밖의 가스저장설비와 처리설비는 0.576
W : 저장탱크는 저장능력(단위 : 톤)의 제곱근, 그 밖의 것은 그 시설 안의 액화천연가스의 질량(단위 : 톤)

④ 고압의 가스공급시설은 안전구획 안에 설치하고 그 안전구역의 면적은 2만m² 미만일 것
⑤ 안전구역 안에 있는 고압인 가스공급시설의 외면까지 30m 이상의 거리를 유지할 것
⑥ 두 개 이상의 제조소가 인접하여 있는 경우의 가스공급시설은 그 외면으로부터 다른 제조소의 경계까지 20m 이상의 거리를 유지할 것
⑦ 액화천연가스의 저장탱크는 그 외면으로부터 처리능력이 20만m³ 이상인 압축기까지 30m 이상의 거리를 유지할 것
⑧ 저장탱크와 다른 저장탱크 또는 가스홀더와의 사이에는 두 저장탱크의 최대지름을 더한 길이의 4분의 1 이상에 해당하는 거리를 유지할 것
⑨ 저장탱크에는 폭발방지장치, 액면계, 물분무장치, 방류둑, 긴급차단장치 등 저장탱크의 안전을 확보하기 위하여 필요한 설비를 설치할 것
⑩ 액화가스 저장탱크의 저장능력이 500톤 이상인 것의 주위에는 액상의 가스가 누출된 경우에 그 유출을 방지하기 위한 조치를 마련할 것
⑪ 물분무장치 등은 매월 1회 이상 확실하게 작동하는지를 확인하고 그 기록을 유지할 것
⑫ 긴급차단장치는 1년에 1회 이상 밸브 몸체의 누출검사와 작동검사를 실시하여 누출양이 안전 확보에 지장이 없는 양 이하이고, 원활하며 확실하게 개폐될 수 있는 작동기능을 가졌음을 확인할 것
⑬ 제조소 및 공급소에 설치된 가스누출경보기는 1주일에 1회 이상 작동상황을 점검할 것
⑭ 정압기는 설치 후 2년에 1회 이상 분해점검을 실시할 것
⑮ 도로와 평행하여 매설되어 있는 배관으로부터 도시가스의 사용자가 소유하거나 점유한 토지에 이르는 배관으로서 호칭지름 65mm(가스용폴리에틸렌관의 경우에는 공칭외경 75mm)를 초과하는 것에는 위급한 때에 도시가스를 신속히 차단시킬 수 있는 장치를 도로 또는 가스사용자의 동의를 얻어 그 토지 안의 경계선 가까운 곳에 설치할 것

6. 가스도매사업의 도시가스 공급 배관의 기준

① 배관을 매설하는 경우에는 설치환경에 따라 다음 기준에 따른 적절한 매설 깊이나 설치 간격을 유지할 것
㉠ 배관을 지하에 매설하는 경우에는 지표면으로부터 배관의 외면까지의 매설깊이는 산이나 들에서는 1m 이

상, 그 밖의 지역에서는 1.2m 이상
ⓒ 배관의 외면으로부터 도로의 경계까지 수평거리 1m 이상, 도로 밑의 다른 시설물과는 0.3m 이상
ⓒ 배관을 시가지의 도로 노면 밑에 매설하는 경우에는 노면으로부터 배관의 외면까지 1.5m 이상. 다만, 방호구조물 안에 설치하는 경우에는 노면으로부터 그 방호구조물의 외면까지 1.2m 이상
ⓔ 배관을 시가지 외의 도로 노면 밑에 매설하는 경우에는 노면으로부터 배관의 외면까지 1.2m 이상
ⓜ 배관을 포장되어 있는 차도에 매설하는 경우에는 그 포장부분의 노반의 밑에 매설하고 배관의 외면과 노반의 최하부와의 거리는 0.5m 이상
ⓗ 배관을 인도·보도 등 노면 외의 도로 밑에 매설하는 경우에는 지표면으로부터 배관의 외면까지 1.2m 이상. 다만, 방호구조물 안에 설치하는 경우에는 그 방호구조물의 외면까지 0.6m(시가지의 노면 외의 도로 밑에 매설하는 경우에는 0.9m) 이상
ⓢ 배관을 철도부지에 매설하는 경우에는 배관의 외면으로부터 궤도 중심까지 4m 이상, 그 철도부지 경계까지는 1m 이상의 거리를 유지하고, 지표면으로부터 배관의 외면까지의 깊이를 1.2m 이상
ⓞ 하천 밑을 횡단하여 매설하는 경우 배관의 외면과 계획하상높이와의 거리는 원칙적으로 4m 이상
② 도로와 평행하여 매설되어 있는 배관으로서 호칭지름 65mm를 초과하는 것에는 위급한 때에 가스를 신속히 차단시킬 수 있는 장치를 도로 또는 가스사용자의 동의를 얻어 경계선 가까운 곳에 설치할 것
③ 물이 체류할 우려가 있는 배관에는 수취기를 콘크리트 등의 박스에 설치할 것
④ 배관의 외부에 사용가스명, 최고사용압력 및 가스의 흐름방향을 표시할 것
⑤ 중압 이하의 배관으로서 노출된 부분의 길이가 100m 이상인 것은 위급한 때에 그 부분에 유입되는 도시가스를 신속히 차단할 수 있도록 노출부분 양끝으로부터 300m 이내에 차단장치를 설치하거나 500m 이내에 원격조작이 가능한 차단장치를 설치할 것
⑥ 굴착으로 인하여 20m 이상 노출된 배관에 대하여는 20m마다 누출된 가스가 체류하기 쉬운 장소에 가스누출경보기를 설치할 것

7. 일반도시가스사업의 도시가스 공급 배관의 기준

① 정압기는 설치 후 2년에 1회 이상 분해점검을 실시하고 1주일에 1회 이상 작동상황을 점검하며, 필터는 가스공급개시 후 1개월 이내 및 가스공급개시 후 매년 1회 이상 분해점검을 실시할 것
② 입상관의 밸브는 바닥으로부터 1.6m 이상, 2m 이내에 설치할 것
③ 배관은 움직이지 않도록 건축물에 고정 부착하는 조치를 하되, 그 호칭지름이 13mm 미만의 것에는 1m마다, 13mm 이상 33mm 미만의 것에는 2m마다, 33mm 이상의 것에는 3m마다 고정 장치를 설치할 것
④ 배관의 이음매와 전기계량기 및 전기개폐기와의 거리는 60cm 이상, 전기점멸기 및 전기접속기와의 거리는 30cm 이상, 절연전선과의 거리는 10cm 이상, 절연조치를 하지 않은 전선 및 단열조치를 하지 않은 굴뚝과의 거리는 15cm 이상의 거리를 유지할 것
⑤ 배관을 매설하는 경우에는 다음 기준에 적절한 매설 깊이나 설치간격을 유지할 것
  ⓐ 공동주택 등의 부지 안에서는 0.6m 이상
  ⓑ 폭 8m 이상의 도로에서는 1.2m 이상

ⓒ 폭 4m 이상 8m 미만인 도로에서는 1m 이상
⑥ 제조시설 및 공급소 시설 배치기준
　㉠ 가스혼합기·가스정제설비·배송기·압송기 그 밖에 가스공급시설의 부대설비는 그 외면으로부터 사업장 경계까지의 거리를 3m 이상 유지
　㉡ 최고사용압력이 고압인 것은 그 외면으로부터 사업장 경계까지의 거리를 20m 이상, 제1종 보호시설까지의 거리를 30m 이상으로 유지
　㉢ 가스발생기와 가스홀더는 그 외면으로부터 사업장의 경계까지 최고사용압력이 고압인 것은 20m 이상, 최고사용압력이 중압인 것은 10m 이상, 최고사용압력이 저압인 것은 5m 이상의 거리를 각각 유지

8. 가스사용시설 기준

① 가스사용시설에 설치된 압력조정기는 매 1년에 1회 이상 압력조정기의 유지·관리에 적합한 방법으로 안전점검을 실시할 것
② 정압기에는 안전밸브와 가스방출관을 설치하고 가스방출관의 방출구는 주위에 불 등이 없는 안전한 위치로서 지면으로부터 5m 이상의 높이에 설치할 것. 다만, 전기시설물과의 접촉 등으로 사고의 우려가 있는 장소에서는 3m 이상으로 할 수 있다.
③ 가스보일러 또는 가스온수기는 다음 기준에 따라 설치할 것
　㉠ 가스보일러 또는 가스온수기는 목욕탕이나 환기가 잘되지 않는 곳에 설치하지 아니할 것
　㉡ 가스보일러 또는 가스온수기는 전용보일러실에 설치할 것
　㉢ 배기통의 재료는 스테인리스 강판이나 배기가스 및 응축수에 내열·내식성이 있는 것일 것
　㉣ 가스보일러 또는 가스온수기는 화재, 폭발 및 중독 등의 사고를 방지하기 위하여 사용시설의 안전 확보와 정상 작동이 가능하도록 적절하게 설치하고 필요한 조치를 할 것
　㉤ 가스보일러 또는 가스온수기를 설치·시공한 자는 사용자·시공자·보일러가 설치된 건축물·보일러 시공내역·시공 확인사항 등과 관련된 정보가 기록된 가스보일러 또는 가스온수기 설치 시공확인서를 작성하여 5년간 보존하여야 하며 그 사본을 가스보일러 또는 가스온수기 사용자에게 교부하고 작동요령에 대한 교육을 실시할 것
④ 가스사용시설의 월사용예정량은 다음 계산식에 따라 산출할 것

$$Q = \frac{(A \times 240) + (B \times 90)}{11,000}$$

여기서, Q : 월사용예정량(단위 : m^3)
A : 산업용으로 사용하는 연소기의 명판에 적힌 도시가스 소비량의 합계(단위 : kcal/h)
B : 산업용이 아닌 연소기의 명판에 적힌 도시가스 소비량의 합계(단위 : kcal/h)

⑤ 특정가스사용시설·식품접객업소로서 영업장의 면적이 $100m^2$ 이상인 가스사용시설이나 지하에 있는 가스사용시설의 경우에는 가스누출경보차단장치나 가스누출자동차단기를 설치할 것

9. 도시가스의 유해성분 · 열량 · 압력 및 연소성의 측정

(1) 열량 측정
매일 6시 30분부터 9시 사이와 17시부터 20시 30분 사이에 각각 제조소의 출구나 배송기 또는 압송기의 출구에서 자동열량측정기로 측정한다.

(2) 압력 측정
가스홀더의 출구 · 정압기 출구 및 가스공급시설의 끝부분의 배관에서 자기압력계를 사용하여 측정하되, 정압기 출구 및 가스공급시설의 끝부분의 배관에서 측정한 가스압력은 1kPa 이상 2.5kPa 이내를 유지할 것

(3) 연소성 측정
매일 6시 30분부터 9시 사이와 17시부터 20시 30분 사이에 각각 1회씩 가스홀더 또는 압송기 출구에서 연소속도 및 웨베지수를 다음 계산식에 따라 측정하되, 웨베지수가 표준웨베지수의 ±4.5% 이내를 유지할 것

1) 연소속도
KS B 2081(연료가스의 헴펠식 분석방법) 또는 KS M 2077(액화석유가스의 탄화수소성분 시험방법)에 따라 도시가스 중의 수소 · 일산화탄소 · 메탄 · 메탄 외의 탄화수소 및 산소의 함유율과 도시가스의 비중을 측정하고, 다음 계산식에 따라 계산한 값으로 한다.

$$C_p = K \frac{1.0H_2 + 0.6(CO + C_m H_n) + 0.3CH_4}{\sqrt{d}}$$

여기서, C_p : 연소속도
K : 도시가스 중 산소 함유율에 따라 정하는 정수로서 다음 도표에서 구한 값
H_2 : 도시가스 중의 수소 함유율(단위 : 용량 %)
CO : 도시가스 중의 일산화탄소 함유율(단위 : 용량 %)
$C_m H_n$: 도시가스 중의 메탄 외의 탄화수소 함유율(단위 : 용량 %)
CH_4 : 도시가스 중의 메탄 함유율(단위 : 용량 %)
d : 도시가스 중의 공기에 대한 비중

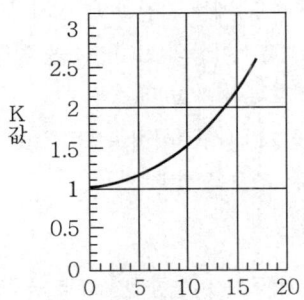

∥ 도시가스 중의 산소 함유율(용량 %) ∥

2) 웨베지수

측정한 열량과 도시가스의 비중을 다음 계산식에 따라 계산한 값으로 한다.

$$WI = \frac{H_g}{\sqrt{d}}$$

여기서, WI : 웨베지수
H_g : 도시가스의 총발열량(단위 : kcal/m³)
d : 도시가스의 공기에 대한 비중

(4) 유해성분 측정

① 도시가스의 황전량, 황화수소 및 암모니아에 대하여는 매주 1회씩 가스홀더의 출구에서 KS M 2082(연소가스의 특수성분 분석방법)에 따른 분석방법에 따라 검사할 것
② 도시가스 성분 중 유해성분의 양은 0℃, 101,325Pa의 압력에서 건조한 도시가스 1m³당 황전량은 0.5g, 황화수소는 0.02g, 암모니아는 0.2g을 초과하지 못한다.

10. 도시가스충전사업의 가스충전시설 기준

(1) 고정식 압축도시가스 자동차 충전시설

① 처리설비 및 압축가스설비로부터 30m 이내에 보호시설이 있는 경우에는 처리설비 및 압축가스설비의 주위에 도시가스폭발에 따른 충격을 견딜 수 있는 철근콘크리트제 방호벽을 설치할 것
② 저장설비, 처리설비, 압축가스설비 및 충전설비는 그 외면으로부터 사업소경계까지 10m 이상의 안전거리를 유지할 것. 다만, 처리설비 및 압축가스설비의 주위에 철근콘크리트제 방호벽을 설치하는 경우에는 5m 이상의 안전거리를 유지할 수 있다.
③ 충전설비는 도로경계까지 5m 이상의 거리를 유지할 것
④ 저장설비·처리설비·압축가스설비 및 충전설비는 철도까지 30m 이상의 거리를 유지할 것
⑤ 저장탱크는 저장능력 5톤 또는 500m³ 이상인 저장탱크 및 압력용기(반응·분리·정제·증류를 위한 탑류로서 높이 5m 이상인 것만 해당)에는 지진발생 시 저장탱크를 보호하기 위하여 내진성능 확보를 위한 조치 등 필요한 조치를 하며, 5m³ 이상의 도시가스를 저장하는 것에는 가스방출장치를 설치할 것
⑥ 배관은 안전율이 4 이상이 되도록 설계할 것
⑦ 가스충전시설에는 충전설비 근처 및 충전설비로부터 5m 이상 떨어진 장소에서 긴급 시 도시가스의 누출을 효과적으로 차단할 수 있는 조치를 할 것

(2) 이동식 압축도시가스 자동차 충전

① 가스배관구와 가스배관구 사이 또는 이동충전차량과 충전설비 사이에는 8m 이상의 거리를 유지할 것
② 사업소에서 주정차 또는 충전작업을 하는 이동충전차량의 설치대수는 3대 이하로 할 것
③ 이동충전차량 및 충전설비는 철도에서부터 15m 이상의 거리를 유지할 것

(3) 고정식 압축도시가스 이동충전차량 충전
  ① 압축장치와 이동충전차량 충전설비 사이, 압축가스설비와 이동충전차량 충전설비 사이에는 도시가스폭발에 따른 충격에 견딜 수 있는 방호벽을 설치
  ② 이동충전차량 충전설비는 그 외면으로부터 이동충전차량의 진입구 및 진출구까지 12m 이상의 거리를 유지할 것
  ③ 이동충전차량의 사업소 외에서 이동충전차량에 충전을 하지 말 것

(4) 액화도시가스 자동차 충전
  ① 저장설비는 그 외면으로부터 사업소 경계까지 다음의 표에 따른 거리 이상의 안전거리를 유지할 것

저장탱크의 저장능력(w)	사업소 경계와의 안전거리
25톤 이하	10m
25톤 초과 50톤 이하	15m
50톤 초과 100톤 이하	25m
100톤 초과	40m

$w = 0.9 d \times v$
  w : 저장탱크의 저장능력(단위 : kg)
  d : 상용온도에서의 액화도시가스 비중(단위 : kg/L)
  v : 저장탱크의 내용적

  ② 처리설비 및 충전설비는 그 외면으로부터 사업소 경계까지 10m 이상의 안전거리를 유지할 것. 다만, 처리설비 및 충전설비 주위에 방호벽을 설치하는 경우에는 5m 이상의 안전거리를 유지할 수 있다.
  ③ 슬립튜브식 액면계의 패킹을 주기적으로 점검하고 이상이 있을 때에는 교체할 것

CHAPTER 03 출제예상문제

01 가스공급시설의 임시합격 기준으로 틀린 것은?
① 도시가스 공급이 가능한지의 여부
② 당해 지역의 도시가스의 수급상 도시가스의 공급이 필요한지의 여부
③ 공급의 이익 여부
④ 가스공급시설을 사용함에 따른 안전저해의 우려가 있는지의 여부

해설 가스공급시설의 임시합격 기준에 해당되는 것은 ①, ②, ④ 항이다.

02 액화천연가스(LNG) 제조설비 중 보일오프가스(Boil Off Gas)의 처리설비가 아닌 것은?
① 플레어스택   ② 밴트 스택
③ BOG 압축기   ④ 가스 반송기

해설 보일오프가스 처리설비
- 플레어스택(연소처리)
- 밴트스택(대기 중에 처리)
- 가스반송기

03 도시가스의 배관을 철도부지 밑에 매설할 경우 배관의 외면과 지표면과의 거리는 몇 [m]인가?
① 1.5[m] 이상   ② 1.4[m] 이상
③ 1.3[m] 이상   ④ 1.2[m] 이상

해설 도시가스 배관을 철도부지 밑에 매설할 경우 배관의 외면과 지표면과의 거리는 1.2[m] 이상이어야 한다.

04 일반도시가스 사업자 정압기의 가스 방출관 방출구는 지면으로부터 몇 [m] 이상의 높이에 설치하겨야 하는가?(단, 전기시설물과의 접촉 등으로 사고의 우려가 없는 장소이다.)
① 1[m] 이상   ② 2[m] 이상
③ 4[m] 이상   ④ 5[m] 이상

해설 정압기의 가스방출관의 방출구는 지면으로부터 5[m] 이상 높게 설치한다.

05 가스사고 조사의 주요 목적과 관계가 적은 것은?
① 가스의 피해를 최소화
② 가스사고 예방
③ 가스사고 유발자 조치
④ 유사사고 재발방지

해설 가스사고 조사의 주요목적
- 가스의 피해를 최소화
- 가스사고 예방
- 유사사고 재발방지

06 도시가스 배관을 시가지 외의 도로, 산지, 농지 등에 매설하는 경우 표지판의 바탕색과 글씨색은?
① 황색, 검은색   ② 흰색, 검은색
③ 흰색, 빨간색   ④ 검은색, 흰색

해설 도시가스를 시가지 외에 도로나 산지, 농지 등에 매설하는 경우 표지판은 500[m] 간격으로 1개 이상 설치하며 표지판은 가로 200[mm], 세로 150[mm] 이상의 직사각형으로 하고 바탕은 황색, 글씨는 검정색으로 한다.

07 가스도매사업의 가스공급 시설 중 배관을 지하에 매설할 때, 다음 중 부적합한 것은?
① 배관은 그 외면으로부터 수평거리를 건축물까지 1.3[m] 이상 유지하여야 한다.
② 배관은 그 외면으로부터 다른 시설물과 0.3[m] 이상의 거리를 유지한다.
③ 배관의 깊이는 산과 들에서는 1[m] 이상 유지한다.
④ 배관을 산과 들 이외에 매몰할 때는 그 깊이를 1.2[m] 이상으로 한다.

해설 가스배관을 지하에 매설하는 경우 배관은 건축물과는 1.5[m] 이상의 거리를 유지할 것

1 ③ 2 ③ 3 ④ 4 ④ 5 ③ 6 ① 7 ① | **ANSWER**

08 가스계량기와 전기계량기 및 전기개폐기와의 거리는 몇 [cm] 이상의 거리를 유지해야 하는가?
① 15[cm]　　　② 30[cm]
③ 60[cm]　　　④ 80[cm]

해설 가스계량기 이격거리
- 피복을 하지 않는 저압전선 : 15[cm] 이상
- 소켓이나 굴뚝 : 30[cm] 이상
- 전기계량기, 전기개폐기 : 60[cm] 이상

09 가스 사용시설의 배관을 움직이지 아니하도록 고정 부착하는 조치에 해당되지 않는 것은?
① 관지름이 13[mm] 미만의 것에는 1,000[mm]마다 고정부착하는 조치를 해야 한다.
② 관지름이 33[mm] 이상의 것에는 3,000[mm]마다 고정부착하는 조치를 해야 한다.
③ 관지름이 13[mm] 이상 33[mm] 미만의 것에는 2,000[mm]마다 고정부착하는 조치를 해야 한다.
④ 관지름이 43[mm] 미만의 것에는 4,000[mm]마다 고정부착하는 조치를 해야 한다.

해설
- 관지름 13[mm] 미만 : 1[m](1,000[mm])마다 고정
- 관지름 13~33[mm] : 2[m](2,000[mm])마다 고정
- 관지름 33[mm] 이상 : 3[m](3,000[mm])마다 고정
※ 43[mm] 미만은 33[mm] 이상이므로 3,000[mm])마다 고정이 필요하다.

10 가스 계량기(30[m³/h] 미만)의 설치높이는 바닥으로부터 얼마인가?
① 1.2~1.5[m]　　② 1.6~2[m]
③ 2~2.5[m]　　　④ 3~4[m]

해설 30[m³/h] 미만의 용량인 가스 계량기의 설치 높이는 바닥으로부터 1.6~2[m] 미만에 설치한다.

11 도시가스 배관 이음부와 전기점멸기, 전기접속기와는 몇 [cm] 이상의 거리를 유지해야 하는가?
① 10[cm]　　　② 30[cm]
③ 40[cm]　　　④ 60[cm]

해설 도시가스 배관 이음부와 전기점멸기, 전기접속기와 30[cm] 이상의 거리를 유지해야 한다.

12 최고사용압력이 저압인 가스 정제 설비에서 압력의 이상 상승을 방지하기 위해 설치하는 것은?
① 일류방지장치　　② 역류방지장치
③ 고압차단스위치　④ 수봉기

해설 수봉기는 최고사용압력이 저압인 가스정제 설비에서 압력의 이상 상승을 방지하기 위해 설치한다.

13 가스설비를 수리할 때 산소농도가 18~22[%]가 되어야 하는데 산소농도가 몇 [%] 이하가 되면 산소결핍현상을 초래하게 되는가?
① 12[%]　　　② 14[%]
③ 15[%]　　　④ 16[%]

해설 산소농도가 16~18[%] 이하가 되면 산소결핍현상을 초래한다.

14 다음 중 고압가스 저장설비의 경계책 설치 높이는 몇 [m] 이상인가?
① 1　　　　② 1.2
③ 1.5　　　④ 3

해설 고압가스 저장설비 주위의 경계책의 설치 높이는 1.5[m] 이상이다.

15 배관을 지하에 매설할 때 독성 가스 배관은 그 가스가 혼입될 우려가 있는 수도 시설과 몇 [m] 이상의 거리를 유지해야 하는가?
① 100[m]　　　② 200[m]
③ 300[m]　　　④ 400[m]

해설 지하 독성 가스 배관은 수도시설과는 300[m] 이상의 간격이 유지되어야 한다.

16 도시가스 배관을 지하에 매설하는 경우 공동주택 등의 부지 내에서는 지면으로부터 몇 [m] 이상인 곳에 매설하는가?

① 지면으로부터 0.6[m] 이상인 곳에 매설
② 지면으로부터 1.0[m] 이상인 곳에 매설
③ 지면으로부터 1.2[m] 이상인 곳에 매설
④ 지면으로부터 1.5[m] 이상인 곳에 매설

해설 공동부지 내에 도시가스배관의 지하매설배관 깊이는 지면으로부터 0.6[m] 이상인 곳에 매설한다. 기타는 1.2[m] 이상

17 도시가스 도매사업의 가스공급시설에서 가스 누출경보기의 설치기준이 아닌 것은?

① 가스가 체류할 우려가 있는 장소에 적절하게 설치할 것
② 가스 누출경보기 설치수는 도시가스의 누출을 신속하게 검지하고 경보하기에 충분한 수량일 것
③ 가스 누출검지기의 기능은 가스종류에 적합할 것
④ 가스 누출검지기는 높이와 관계없이 체류할 우려가 있는 장소에 설치할 것

해설 도시가스 누출검지기는 검지부가 천장에서 30[cm] 이내에 설치하여야 한다. 높이와 관계된다.(단, 공기보다 가벼운 도시가스에서)
※ 천장면으로부터 – 검지부 하단까지는 30[cm] 이하가 되도록 한다.

18 도시가스 배관을 도로에 매설하는 경우 보호포는 중압 이상의 배관의 경우에 보호판의 상부로부터 몇 [cm] 이상 떨어진 곳에 설치하는가?

① 20[cm]   ② 30[cm]
③ 40[cm]   ④ 60[cm]

해설 도시가스 배관을 도로에 매설하는 경우 보호포는 중압 이상의 배관의 경우 보호판의 상부로부터 30[cm] 이상 떨어진 곳에 설치한다.

19 일반도시가스사업의 가스공급 시설 중에는 수봉기를 설치하여야 한다. 수봉기를 설치하여야 할 설비는 다음 중 어느 것인가?

① 일반안전설비   ② 가스발생설비
③ 저압가스정제설비   ④ 부대설비

해설 일반도시가스사업의 가스공급시설 중 최고사용압력이 저압인 가스정제설비에는 압력의 이상 상승을 방지하기 위한 수봉기를 설치할 것

20 일반도시가스사업의 가스공급시설의 정압기에 대한 분해점검 사항에 대하여 내용 중 맞게 기술된 것은?

① 6개월에 1회 이상   ② 1년에 1회 이상
③ 2년에 1회 이상   ④ 3년에 1회 이상

해설 정압기의 설치 시 분해 점검은 설치 후 2년에 1회 이상 실시하고 지속적으로 작동 상황을 점검한다.

21 도시가스 배관의 보호판은 배관의 정상부에서 몇 [cm] 이상 높이에 설치하는가?

① 20[cm]   ② 30[cm]
③ 40[cm]   ④ 60[cm]

해설 도시가스 배관의 보호판은 배관의 정상부에서 30[cm] 이상 높이에 설치한다.

22 도시가스의 유해성분을 측정할 때 측정하지 않아도 되는 성분은?

① 황   ② 황화수소
③ 이산화탄소   ④ 암모니아

해설 도시가스의 유해성분은 황, 황화수소, 암모니아이다.

23 도시가스 사용시설(연소기 제외) 기밀시험 압력은?

① 최고사용압력의 1.1배 또는 840[mmH$_2$O] 중 높은 압력 이상
② 최고사용압력의 1.5배 또는 840[mmH$_2$O] 중 높은 압력 이상

ANSWER 16 ①   17 ④   18 ②   19 ③   20 ③   21 ②   22 ③   23 ①

③ 최고사용압력의 1.2배 또는 1,200[mmH₂O] 중 높은 압력 이상
④ 최고사용압력의 2배 또는 1,200[mmH₂O] 중 높은 압력 이상

해설 도시가스의 기밀시험 압력
도시가스의 정압기의 입구 측은 최고사용압력의 1.1배, 출구 측은 최고사용압력의 1.1배 또는 840[mmH₂O] 중 높은 압력 이상이다.

24 도시가스의 배관 내의 상용압력이 42[kg/cm²]이다. 배관 내의 압력이 이상 상승하여 경보장치의 경보가 울리기 시작하는 압력은?
① 42.0[kg/cm²] 초과 시
② 44.0[kg/cm²] 초과 시
③ 45.1[kg/cm²] 초과 시
④ 6.1[kg/cm²] 초과 시

해설 배관 내의 압력이 상용압력의 1.05배 이상 초과한 경우에는 경보장치가 울릴 것(단, 상용압력이 40[kg/cm²] 이상인 경우는 상용압력 +2.0[kg/cm²]를 초과할 때)

25 도시가스 저장탱크 외부에는 그 주위에서 보기 쉽도록 가스의 명칭을 표시해야 하는데 무슨 색으로 표시해야 하는가?
① 은백색   ② 황색
③ 흑색   ④ 적색

해설 도시가스 저장탱크에는 은백색 도료를 칠한 후 가스명칭은 적색으로 표기한다.

26 도시가스 배관을 지하에 매설하는 경우 배관의 외면과 지면과의 유지거리를 틀리게 설명한 것은?
① 공동주택 등의 부지 내에서는 0.6[m] 이상
② 폭 8[m] 이상의 도로에서는 1.2[m] 이상
③ 폭 4[m] 이상 8[m] 미만의 도로에서는 1.0[m] 이상
④ 폭 8[m] 이상 도로의 보도에서는 0.8[m] 이상

해설 지하매설배관에서 차량이 통행하는 폭 8[m] 이상의 도로에서만 1.2[m] 이상 거리를 유지한다.

27 도시가스 저장탱크 외부에는 그 주위에서 보기 쉽도록 가스의 명칭을 표시해야 하는데 무슨 색으로 표시해야 하는가?
① 은백색   ② 백색
③ 흑색   ④ 적색

해설 도시가스의 지상 저장탱크에는 은백색 도료를 바르고 가스의 명칭을 붉은 글씨로 표시한다.

28 도시가스 배관을 지하에 매설하는 경우에는 표지판을 설치해야 하는데 몇 m 간격으로 1개 이상을 설치하는가?
① 500[m]   ② 700[m]
③ 900[m]   ④ 1,000[m]

해설 도시가스의 배관을 지하에 매설하면 표지판은 500[m] 간격으로 1개 이상 설치한다.

29 다음 설명 중 옳은 것은?
① 도시가스 계량기는 전기계량기와 30[cm] 이상의 거리를 유지하여야 한다.
② 도시가스 계량기는 전기개폐기와 15[cm] 이상의 거리를 유지하여야 한다.
③ 도시가스 계량기는 절연조치를 하지 아니한 전선과 15[cm] 이상의 거리
④ 도시가스 계량기는 전기점멸기와 50[cm] 이상의 거리를 유지하여야 한다.

해설 도시가스 계량기와의 거리
• 전기계량기와 전기개폐기와는 60[cm] 이상
• 전기점멸기 및 전기접속기와는 30[cm] 이상
• 절연조치를 하지 아니한 전선과는 15[cm] 이상

ANSWER | 24 ② 25 ④ 26 ④ 27 ④ 28 ① 29 ③

30 도시가스의 배관장치를 해저에 설치하는 아래의 기준 중에서 적합하지 않은 것은?

① 배관은 원칙적으로 다른 배관과 교차하지 않을 것
② 배관의 입상부에서 방호 시설물을 설치할 것
③ 배관은 원칙적으로 다른 배관과 20[m]의 수평거리를 유지할 것
④ 해저면 밑에 배관을 매설하지 않고 설치하는 경우에는 해저면을 고르게 하여 배관이 해저면에 닿도록 할 것

해설 도시가스 배관은 바다 밑에 설치하는 경우 원칙적으로 다른 배관과 30m 이상 수평거리를 유지할 것

31 도시가스 배관의 설치기준에서 옥외 공동구 벽을 관통하는 배관의 손상방지조치가 아닌 것은?

① 지반의 부등침하에 대한 영향을 줄이는 조치
② 보호관과 배관 사이에 가황 고무를 충전하는 조치
③ 공동구의 내외에서 배관에 작용하는 응력의 차단 조치
④ 배관의 바깥지름에 3[cm]를 더한 지름의 보호관 설치 조치

해설 배관의 바깥지름에 5[cm]를 더한 지름 또는 배관의 바깥지름의 1.2배의 지름 중 작은 지름 이상의 보호관이 필요하다.

32 도시가스는 무색무취이기 때문에 누출 시 중독 및 사고를 미연에 방지하기 위하여 부취제를 첨가하는데 그 첨가 비율은?

① 0.1[%] 이하 ② 0.01[%] 이하
③ 0.2[%] 이하 ④ 0.02[%] 이하

해설 도시가스 부취제는 가스소비량의 $\frac{1}{1,000}$ 의 상태이므로 (%)로는 0.1[%] 정도의 부취제를 첨가하여 가스누설 시 조기발견이 순조로워질 수 있다.

33 다음은 도시가스가 안전하게 공급되기 위한 조건이다. 이 중 틀린 것은?

① 공급하는 가스에 공기 중의 혼합비율의 용량이 $\frac{1}{1,000}$ 상태에서 감지할 수 있는 냄새를 첨가해야 한다.
② 정압기 출구에서 측정한 가스압력은 150[mmH$_2$O] 이상 250[mmH$_2$O] 이내를 해야 한다.
③ 웨버지수는 표준 웨버지수의 ±4.5[%] 이내를 유지해야 한다.
④ 표준상태에서 건조한 도시가스 1[m^3]당 황전량은 0.5[g] 이하를 유지해야 한다.

해설 도시가스의 압력측정은 자기압력계를 사용하여 측정하되 정압기출구 및 가스공급시설의 끝부분의 배관에서 측정한 가스압력은(일반가정의 취사용, 난방용) 100[mmH$_2$O] 이상 250[mmH$_2$O] 이내를 유지할 것

34 도시가스 배관 중 관지름 15[mm]인 배관의 고정장치는 몇 [m]마다 설치해야 하는가?

① 1 ② 2
③ 3 ④ 4

해설
• 13[mm] 미만은 1[m]마다 고정
• 13~33[mm]까지는 2[m]마다 고정
• 33[mm] 이상은 3[m]마다 고정

35 도시가스 배관의 보호판의 재료로 사용할 수 있는 것은?

① KSD 3500 ② KSD 3503
③ KSD 5101 ④ KSD 6001

해설 도시가스 배관의 보호판 : KSD 3503 재료(일반구조용 압연강재)

36 도시가스 사용시설에서 배관을 지하에 매설하는 경우에는 공동부지 주택 내 지면으로부터 몇 [m] 이상의 거리를 유지해야 하는가?

① 0.3[m] ② 0.6[m]
③ 1[m] ④ 1.2[m]

해설 도시가스 사용에서 배관을 지하에 매설하는 경우 공동부지 주택 내에서는 0.6[m] 이상의 거리를 유지한다.

37 도시가스 공급배관을 차량이 통행하는 폭 8[m] 이상인 도로에 묻을 때 깊이는 얼마 이상인가?

① 1[m] ② 1.2[m]
③ 1.5[m] ④ 2[m]

해설 차량이 통행하는 폭 8[m] 이상의 도로 지하매설배관의 깊이는 1.2[m] 이상이다.

38 도시가스 배관의 설치기준에서 옥외 공동구 벽을 관통하는 배관의 손상방지조치가 아닌 것은?

① 지반의 부등침하에 대한 영향을 줄이는 조치
② 보호관과 배관 사이에 가황 고무를 충전하는 조치
③ 공동구의 내외에서 배관에 작용하는 응력의 차단 조치
④ 배관의 바깥지름에 3[cm]를 더한 지름의 보호관 설치 조치

해설 배관에는 그 배관과 동등 이상의 강도를 갖는 보호관이나 보호판(폭이 배관지름의 1.5배 이상이고 두께가 4[mm] 이상인 부식방지 코팅철판)이 필요하다.(외경에 5[cm]를 더함)

39 공기보다 비중이 가벼운 도시가스의 공급시설로서 공급시설이 지하에 설치된 경우 통풍구조는 흡입구 및 배기구의 관지름을 몇 [mm] 이상으로 하는가?

① 50 ② 75
③ 100 ④ 150

해설 공기보다 비중이 가벼운 도시가스를 지하에 설치한 경우 통풍구조는 환기구를 2방향 이상 분산하여 설치하고 배기구는 천장면 가까이에 설치하고 흡입구 및 배기구의 관지름은 100[mm] 이상으로 하되 통풍이 양호하도록 할 것

40 도시가스 배관의 압력이 중압 배관일 경우 보호판의 두께[mm]는?

① 3 ② 4
③ 5 ④ 6

해설 도시가스 보호판의 두께 : 4[mm]

41 도시가스 배관의 설치기준에서 옥외 공동구 벽을 관통하는 배관의 손상방지조치가 아닌 것은?

① 지반의 부등침하에 대한 영향을 줄이는 조치
② 보호관과 배관 사이에 가황 고무를 충전하는 조치
③ 공동구의 내외에서 배관에 작용하는 응력의 차단 조치
④ 배관의 바깥지름에 3[cm]를 더한 지름의 보호관 설치 조치

해설 도시가스 배관에는 보호관 또는 보호판(폭이 배관지름의 1.5배 이상이고 두께가 4[mm] 이상인 부식방지 코팅 철판)으로 보호한다.

42 도시가스 사용시설(연소기 제외)의 기밀시험압력은?

① 최고 사용 압력의 1.1배 또는 8.4[kPa] 중 높은 압력 이상
② 최고 사용 압력의 1.5배 또는 8.4[kPa] 중 높은 압력 이상
③ 최고 사용 압력의 1.2배 또는 8.4[kPa] 중 높은 압력 이상
④ 최고 사용 압력의 2배 또는 8.4[kPa] 중 높은 압력 이상

해설 도시가스 사용시설에서 기밀시험압력
최고사용압력의 1.1배 또는 840[mmH$_2$O](8.4([kPa]) 중 높은 압력 이상

43 실내에 설치된 도시가스(천연가스) 정압기의 가스누출검지 통보설비에서 검지부의 설치 개수는?

① 연소기 반경 8[m]마다 1개
② 연소기 반경 4[m]마다 1개
③ 바닥둘레 10[m]마다 1개
④ 바닥둘레 20[m]마다 1개

해설 실내에 설치된 도시가스는 정압기가 설치된 바닥둘레 20[m]마다 1개 정도의 가스누출검지기 검지부가 필요하다.

ANSWER | 37 ② 38 ④ 39 ③ 40 ② 41 ④ 42 ① 43 ④

44 도시가스의 측정 사항에 있어서 반드시 측정하지 않아도 되는 것은?
① 농도 측정　② 연소성 측정
③ 압력 측정　④ 열량 측정

해설 도시가스의 측정 항목
- 연소성
- 압력
- 열량
- 유해성분

45 도시가스의 유해성분 측정에 있어 암모니아는 도시가스 1[m³]당 몇 [g]을 초과해서는 안 되는가?
① 0.2　② 0.05
③ 1.0　④ 2.0

해설 도시가스 유해성분이 다음의 기준을 초과해서는 아니 된다.
- 황 전량 : 0.5[g]
- 황화수소 : 0.02[g]
- 암모니아 : 0.2[g]

46 도시가스의 배관 내의 상용압력이 42[kg/cm²]이다. 배관 내의 압력이 이상 상승하여 경보장치의 경보가 울리기 시작하는 압력은?
① 22.0[kg/cm²] 초과 시
② 34.0[kg/cm²] 초과 시
③ 35.1[kg/cm²] 초과 시
④ 44.1[kg/cm²] 초과 시

해설 배관 내의 압력이 상용압력의 1.05배를 초과하면 경보가 울려야 한다.
∴ 42×1.05=44.1[kg/cm²]

47 일반도시가스사업의 가스공급 시설기준에서 배관을 지상에 설치할 경우 배관에 도색할 색깔은?
① 흑색　② 황색
③ 적색　④ 회색

해설 일반도시가스의 배관은 지상에 설치할 경우 배관도색은 황색이다.

48 도시가스 배관이 하천을 횡단하는 경우 배관 주위의 흙이 사질토이면 방호구조물의 비중은?
① 배관의 비중 이상　② 물의 비중 이상
③ 토양의 비중 이상　④ 공기의 비중 이상

해설 하천을 횡단하는 배관에서 배관 주위의 흙이 사질토이면 방호구조물의 비중은 물의 비중 이상이어야 한다.

49 도시가스 배관 주위 굴착 시 배관의 좌우거리는 얼마 이내에서 인력굴착을 해야 하는가?
① 30[cm]　② 50[cm]
③ 1[m]　④ 1.5[m]

해설 도시가스 배관 주위 굴착 시 배관의 좌우거리는 1[m] 이내에서 인력굴착을 한다.

ANSWER 44 ①　45 ①　46 ④　47 ②　48 ②　49 ③

CHAPTER 04 고압가스 통합고시 요약

1. 경계표지

(1) 사업소 등의 경계표지

① 사업소의 경계표지는 사업소 출구(경계울타리, 담 등) 외부에서 보기 쉬운 곳에 게시한다.
② 당해시설이 명확하게 구분될 수 있는 곳에 설치한다.

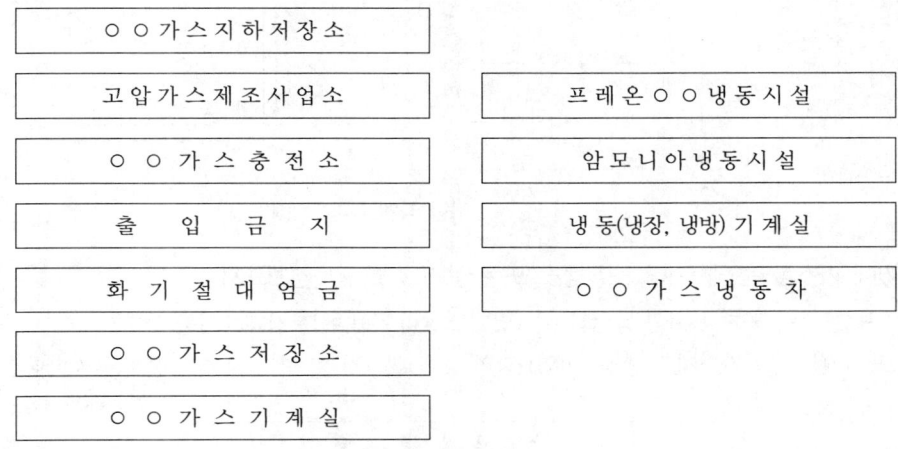

∥ 여러 가지 경계표시의 예 ∥

(2) 용기보관소 또는 보관실의 경계표지

① 경계표지는 당해 용기보관소 또는 보관실의 출입구 등 외부로부터 보기 쉬운 곳에 게시하고 출입문이 여러 방향일 경우 그 장소마다 설치한다.
② 표지는 외부사람이 용기보관소 또는 용기보관실이라는 것을 명확히 식별할 수 있는 크기로 하여야 하며, 용기에 충전되어 있는 가스를 성질에 따라 가연성 가스일 경우에는 "연", 독성 가스일 경우에는 "독"자를 표시한다.

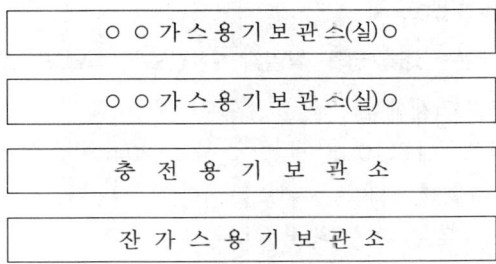

∥ 용기보관장소 표지의 예 ∥

(3) 고압가스를 운반하는 차량의 경계표지

① 경계표지는 차량 앞뒤에서 명확하게 볼 수 있도록 위험고압가스라 표시하고 삼각기를 운전석 외부의 보기 쉬운 곳에 게시한다.
② 경계표지 크기의 가로는 차체폭의 30% 이상, 세로는 가로치수의 20% 이상으로 직사각형으로 하고, 그 면적은 600cm² 이상으로 한다.
③ 문자는 KS M 5334(발광도료) 또는 KS A 3507(보안용반사시트)를 사용하고, 삼각기는 적색바탕에 글자색은 황색, 경계표지는 적색글씨로 표시한다.

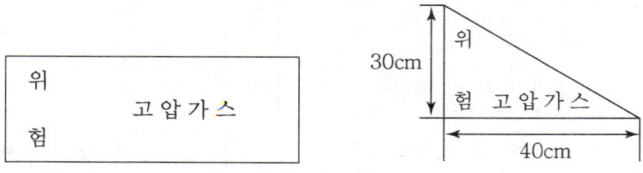

∥ 차량 경계표지의 예 ∥

(4) 용기에 가스를 충전하거나 저장탱크 또는 용기 상호 간 경계표지

① 가스를 충전하거나 이입 작업하는 고압가스설비 주변에는 경계표지를 한다.
② 표지에는 고압가스제조(충전, 이입) 작업 중이라는 것 및 화기 사용을 절대 금지한다.

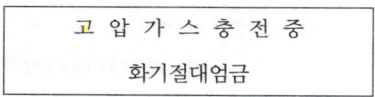

∥ 가스충전 표지의 예 ∥

(5) 배관의 표지판

① 표지판은 배관이 설치되어 있는 경로에 따라 배관의 위치를 정확히 알 수 있도록 설치한다.
② 지하에 설치된 배관은 500m 이하, 지상에 설치된 배관은 1,000m 이하의 간격으로 각각 설치한다.
③ 표지판에는 고압가스의 종류, 설치 구역명, 배관 설치 위치, 신고처, 회사명 및 연락처를 기재한다.

2. 독성 가스의 식별조치 및 위험표시

(1) 독성 가스 제조시설이라는 것을 쉽게 식별할 수 있도록 식별표지를 게시

① 가스 명칭은 적색으로 기재한다.
② 문자와의 크기는 가로·세로 10cm 이상으로 하고, 30m 이상 떨어진 위치에서도 알 수 있어야 한다.
③ 식별표지의 바탕색은 백색, 글씨는 흑색으로 한다.
④ 문자는 가로 또는 세로로 쓸 수 있다.
⑤ 식별표지에는 다른 법령에 의한 지시사항 등을 병기할 수 있다.

```
┌─────────────────────────┐
│  독 성 가 스 ( ○ ○ ) 제 조 시 설  │
└─────────────────────────┘

┌─────────────────────────┐
│  독 성 가 스 ( ○ ○ ) 저 장 소  │
└─────────────────────────┘
```

∥ 독성 가스 식별표지의 예 ∥

(2) 독성 가스가 누출할 우려가 있는 부분에는 위험표지를 게시
  ① 문자의 크기는 가로, 세로 5cm 이상으로 하고, 10m 이상 떨어진 위치에서 알 수 있도록 한다.
  ② 위험표지는 바탕색은 백색, 글씨는 흑색(주의는 적색)으로 한다.
  ③ 위험표지는 다른 법령에 의한 지시사항을 병기할 수 있다.

```
┌─────────────────────────┐
│   독 성 가 스 누 설 주 의 부 분   │
└─────────────────────────┘
```

∥ 독성 가스 위험표지의 예 ∥

3. 저장실 등의 경계책 등
  ① 저장설비·처리설비 및 감압설비를 설치하는 장소주위에는 높이 1.5m 이상의 철책 또는 철망 등의 경계책을 설치하여 일반인의 출입을 통제한다.
  ② 경계책 주위에는 외부사람이 무단출입을 금하는 내용의 경계표지를 부착한다.
  ③ 경계책 안에는 누구도 화기, 발화 또한 발화되기 쉬운 물질을 휴대하고 들어가서는 안 된다.

4. 누출된 가연성 가스의 유동방지시설 기준
  ① 가연성 가스의 가스설비 등에서 누출된 가연성 가스와 화기를 취급하는 장소로 유동을 방지하기 위한 시설은 높이 2m 이상의 내화벽으로 한다.
  ② 가스설비와 화기를 취급하는 장소와의 사이는 우회수평거리로 8m 이상 유지한다.
  ③ 건축물의 개구부는 방화문 또는 망입유리를 사용하여 폐쇄하고 사람이 출입하는 출입문은 2중문으로 한다.

5. 가스설비의 내진설계 기준
  (1) 적용범위 기준
    ① 고압가스 안전관리법에 적용받는 5톤(비가연성, 비독성은 10톤) 또는 $500m^3$(비가연성, 비독성은 $1,000m^3$) 이상의 저장탱크 및 압력용기, 지지구조물 및 기초와 이것들의 연결부
    ② 고압가스 안전관리법에 적용받는 세로방향으로 설치한 동체의 길이가 5m 이상인 원통형 응축기 및 내용적이 5,000L 이상인 수액기, 지지구조물 및 기초와 이것들의 연결부
  (2) 내진설계의 용어 구분
    ① 제1종 독성 가스라 함은 독성 가스 중 염소, 시안화수소, 이산화질소, 불소, 포스겐과 허용농도가 1ppm 이하인 것을 말한다.
    ② 제2종 독성 가스라 함은 독성 가스 중 염화수소, 삼불화붕소, 이산화유황, 불화수소, 브롬화메틸, 황화수소와 허용농도가 1ppm 초과 10ppm 이하인 것을 말한다.

③ 제3종 독성 가스라 함은 제1종 및 제2종 독성 가스 이외의 것을 말한다.
④ 내진 특등급이라 함은 그 설비의 손상이나 기능상실이 사업소경계 밖에 있는 공공의 생명과 재산에 막대한 피해를 초래할 수 있을 뿐만 아니라 사회의 정상적인 기능 유지에 심각한 지장을 가져올 수 있는 것을 말한다.
⑤ 내진 1등급이라 함은 그 설비의 손상이나 기능상실이 사업소경계 밖에 있는 공공의 생명과 재산에 막대한 피해를 초래할 수 있는 것을 말한다.
⑥ 내진 2등급이라 함은 그 설비의 손상이나 기능상실이 사업소경계 밖에 있는 공공의 생명과 재산에 경미한 피해를 초래할 수 있는 것을 말한다.

6. 고압가스 안전설비

(1) 내부 반응 감시장치
① 온도감시장치
② 압력감시장치
③ 유량감시장치
④ 가스의 밀도, 조성 등의 감시장치

(2) 긴급이송설비에 부속된 처리설비의 처리방법
① 플레어스택에서 안전하게 연소시켜야 한다.
② 안전한 장소에 설치되어 저장탱크 등에 임시 이송할 수 있어야 한다.
③ 벤트스택에서 안전하게 방출시킬 수 있어야 한다.
④ 독성 가스는 제독조치 후 안전하게 폐기시켜야 한다.

(3) 벤트스택에 관한 기준
① 벤트스택 높이는 방출된 가스의 착지농도가 폭발하한계 미만이 되고, 독성 가스의 경우 허용농도 미만이 되도록 한다.
② 독성 가스는 제독조치를 한 후 방출할 것
③ 방출구의 위치는 작업원이 통행하는 장소로부터 긴급벤트스택은 10m 이상(일반은 5m) 떨어진 곳에 설치할 것
④ 액화가스가 방출되거나 급랭의 우려가 있는 곳에는 기액분리기를 설치할 것
⑤ 벤트스택에는 정전기 또는 낙뢰 등에 의한 착화를 방지하는 조치를 하고 만일 착화된 경우에는 즉시 소화할 수 있는 조치를 강구할 것
⑥ 벤트스택에 연결된 배관에는 응축액의 고임을 제거 또는 방지하는 조치를 강구할 것

(4) 플레어스택에 관한 기준
① 플레어스택의 설치위치 및 높이는 플레어스택의 바로 밑의 지표면에 미치는 복사열이 $4,000kcal/m^2 \cdot hr$ 이하가 되도록 한다. 다만 $4,000kcal/m^2 \cdot hr$ 초과하는 경우로서 출입이 통제된 경우는 제외한다.
② 플레어스택의 구조는 이송된 가스를 연소시켜 대기로 안정하게 방출시킬 수 있도록 다음의 조치를 한다.

㉠ 파일럿버너 또는 항상 작동할 수 있는 자동점화장치를 설치하고 파일럿버너가 꺼지지 않도록 하거나, 자동점화장치의 기능이 완전하게 유지되도록 하여야 한다.
㉡ 역화 및 공기 등과의 혼합폭발을 방지하기 위하여 당해제조시설의 가스의 종류 및 시설의 구조에 따라 다음 각 호 중에서 하나 또는 둘 이상을 갖추어야 한다.
ⓐ Liquid Seal의 설치
ⓑ Flame Arresstor의 설치
ⓒ Vapor Seal의 설치
ⓓ Purge Gas(N_2, Off Gas 등)의 지속적인 주입 등
ⓔ Molecular Seal의 설치

7. 가스누출 검지경보장치의 설치기준

(1) 가스누출 검지경보장치의 기능
① 검지경보장치는 접촉연소방식, 격막갈바니전지방식, 반도체방식 그밖의 방식에 의하여 검지엘리먼트의 변화를 전기적신호에 의해 설정해 놓은 가스의 농도에서 자동경보할 것
② 경보농도는 검지경보장치의 설치장소, 주위의 분위기 온도에 따라 가연성 가스는 폭발한계의 1/4 이하, 독성 가스는 허용농도 이하로 할 것(다만, 암모니아는 50ppm으로 한다.)
③ 경보기의 정밀도는 경보농도 설정치에 대하여 가연성 가스는 ±25% 이하, 독성 가스는 ±30% 이하로 할 것
④ 검지경보장치의 검지에서 발신까지 걸리는 시간은 경보농도의 1.6배 농도에서 30초 이내일 것(다만, 암모니아, 일산화탄소 등에 있어서는 1분 이내로 한다.)
⑤ 전원의 전압 등 변동이 ±10% 정도일 때에도 경보정밀도가 저하되지 않을 것
⑥ 지시계의 눈금은 가연성 가스용은 0~폭발하한계 값, 독성 가스는 0~허용농도의 3배 값(다만, 암모니아는 150ppm)으로 눈금의 범위를 지시할 것
⑦ 경보를 발신한 후에는 원칙적으로 분위기 중 가스농도가 변화하여도 계속 경보를 울릴 것

(2) 검지경보장치의 구조
① 충분한 강도를 지니며 취급 및 정비가 쉬울 것
② 가스에 접촉하는 부분은 내식성의 재료 또는 충분한 부식방지 처리한 재료를 사용한다.
③ 가연성 가스(암모니아를 제외)의 검지경보장치는 방폭성능을 갖는 것일 것
④ 수신회로가 작동상태에 있는 것을 쉽게 식별할 수 있을 것
⑤ 경보는 램프의 점등 또는 점멸과 동시에 경보를 울리는 것일 것

(3) 검지경보장치의 검출부 설치장소와 개수
① 건축물 내에 설치된 압축기, 펌프, 저장탱크, 감압설비, 판매시설 등 가스가 누출하여 체류하기 쉬운 곳에는 바닥면 둘레 10m에 1개 이상의 비율로 계산한 수
② 건축물 밖에 설치된 고압가스설비는 누출하여 체류하기 쉬운 곳에는 바닥면 둘레 20m에 1개 이상의 비율로 계산한 수

③ 특수 반응설비로서 누출하여 체류하기 쉬운 곳에는 바닥면 둘레 10m에 1개 이상의 비율로 계산한 수
④ 가열로 등 발화원이 있는 제조설비 주위에 누출하여 체류하기 쉬운 곳에는 바닥면 둘레 20m에 1개 이상의 비율로 계산한 수
⑤ 계기실 내부에 1개 이상
⑥ 독성 가스의 충전용 접속구 군의 주위에 1개 이상
⑦ 방류둑 내에 설치된 저장탱크의 경우에는 당해 저장탱크마다 1개 이상

8. 전기설비의 방폭성능 기준의 적용

(1) 방폭전기기기의 분류

① 내압(耐壓)방폭구조 : 방폭전기기기의 용기 내부에서 가연성 가스의 폭발이 발생할 경우 그 용기가 폭발압력에 견디고, 접합면, 개구부 등을 통하여 외부의 가연성 가스에 인화되지 아니하도록 한 구조를 말한다.
② 유입(油入)방폭구조 : 용기 내부에 절연유를 주입하여 불꽃 · 아크 또는 고온발생부분이 기름 속에 잠기게 함으로써 기름면 위에 존재하는 가연성 가스에 인화되지 아니하도록 한 구조를 말한다.
③ 압력(壓力)방폭구조 : 용기 내부에 보호가스(신선한 공기 또는 불활성 가스)를 압입하여 내부압력을 유지함으로써 가연성 가스가 용기 내부로 유입되지 아니하도록 한 구조를 말한다.
④ 안전증방폭구조 : 정상운전 중에 가연성 가스의 점화원이 될 전기불꽃 · 아크 또는 고온부분 등의 발생을 방지하기 위하여 기계적 · 전기적 구조상 또는 온도상승에 대하여 특히 안전도를 증가시킨 구조를 말한다.
⑤ 본질안전방폭구조 : 정상 시 및 사고 시에 발생하는 전기불꽃 · 아크 또는 고온부에 의하여 가연성 가스가 점화되지 아니하는 것이 점화시험, 기타 방법에 의하여 확인된 구조를 말한다.
⑥ 특수방폭구조 : 방폭구조로서 가연성 가스에 점화를 방지할 수 있다는 것이 시험, 기타 방법에 의하여 확인된 구조를 말한다.

▼ 방폭전기기기의 구조별 표시방법

방폭전기기기의 구조별 표시방법	표시방법
내압방폭구조	d
유입방폭구조	o
압력방폭구조	p
안전증방폭구조	e
본질안전방폭구조	ia 또는 ib
특수방폭구조	s

(2) 위험장소의 분류

① 1종 장소 : 상용상태에서 가연성 가스가 체류하여 위험하게 될 우려가 있는 장소, 정비보수 또는 누출 등으로 인하여 종종 가연성 가스가 체류하여 위험하게 될 우려가 있는 장소를 말한다.
② 2종 장소
㉠ 밀폐된 용기 또는 설비 내에 밀봉된 가연성 가스가 그 용기 또는 설비의 사고로 인해 파손되거나 오조작의 경우에만 누출할 위험이 있는 장소

ⓒ 확실한 기계적 환기조치에 의하여 가연성 가스가 체류하지 않도록 되어 있으나 환기장치에 이상이나 사고가 발생한 경우에는 가연성 가스가 체류하여 위험하게 될 우려가 있는 장소

ⓒ 1종장소의 주변 또는 인접한 실내에서 위험한 농도의 가연성 가스가 종종 침입할 우려가 있는 장소

③ 0종 장소 : 상용의 상태에서 가연성 가스의 농도가 연속해서 폭발하한계 이상으로 되는 장소(폭발상한계를 넘는 경우에는 폭발한계 내로 들어갈 우려가 있는 경우를 포함한다.)를 말한다.

(3) 가연성 가스의 발화 온도범위와 방폭전기기기의 온도 등급 분류

▼ 발화 온도범위에 따른 방폭전기기기 등급표시

가연성 가스의 발화도(℃) 범위	방폭전기기기의 온도등급
450 초과	T1
300 초과 450 이하	T2
200 초과 300 이하	T3
135 초과 200 이하	T4
100 초과 135이하	T5
85 초과 100 이하	T6

9. 통신시설

사업소 내에서 긴급사태 발생 시 연락을 신속히 할 수 있도록 통신시설을 구비하여야 한다.

▼ 구분별 설치할 통신설비

사항별(통신범위)	설치(구비)하여야 할 통신설비	비고
1. 안전관리자가 상주하는 사업소와 현장사업소와의 사이 또는 현장사무소 상호 간	1. 구내전화 2. 구내방송설비 3. 인터폰 4. 페이징설비	사무소가 동일한 위치에 있는 경우에는 제외한다.
2. 사업소 내 전체	1. 구내방송설비 2. 사이렌 3. 휴대용 확성기 4. 페이징설비 5. 메가폰	
3. 종업원 상호 간(사업소 내 임의의 장소)	1. 페이징설비 2. 휴대용 확성기 3. 트랜시버(계기 등에 대하여 영향이 없는 경우에 한한다.) 4. 메가폰	사무소가 동일한 위치에 있는 경우에는 제외한다.

> **Reference**
> 1. 사항별 2, 3의 메가폰은 당해 사업소 내 면적이 $1,500m^3$ 이하인 경우에 한한다.
> 2. 위의 표 중 통신설비는 사업소의 규모에 적합하도록 1가지 이상을 구비하여야 한다.

10. 정전기의 제거기준

가연성 가스 제조설비는 접지저항의 총합이 100Ω(피뢰설비를 설치한 것은 총합 10Ω) 이상 시 정전기 제거조치를 다음과 같이 한다.
① 탑류, 저장탱크, 열교환기, 회전기계, 벤트스택 등은 단독으로 정전기 제거조치를 한다.
② 벤딩용 접속선 및 접지접속선은 단면적 $5.5mm^2$ 이상인 것을 사용한다.
③ 접지저항치는 총합 100Ω(피뢰설비를 설치한 것은 총합 10Ω) 이하로 하여야 한다.

11. 제독설비 및 제독제

(1) 제독설비

제독설비는 제조시설 등의 상황 및 가스의 종류에 따라 다음의 설비 또는 이와 동등 이상의 기능을 가진 것일 것
① 가압식, 동력식 등에 의하여 작동하는 제독제 살포장치 또는 살수장치
② 가스를 흡인하여 이를 흡수·중화제와 접속시키는 장치

(2) 제독제의 보유량

제독제는 독성 가스의 종류에 따라 다음 표 중 적합한 흡수·중화제 1가지 이상의 것 또는 이와 동등 이상의 제독효과가 있는 것으로서 다음 표 중 우란의 수량(용기보관실에는 그의 1/2로 하고, 가성소다 수용액 또는 탄산소다 수용액은 가성소다 또는 탄산소다를 100%로 환산한 수량을 표시한다.) 이상 보유하여야 한다.

▼ 독성 가스별 제독제 보유량 기준

가스별	제독제	보유량
염소	가성소다 수용액	670kg[저장탱크 등이 2개 이상 있을 경우 저장탱크에 관계되는 저장탱크의 수의 제곱근의 수치, 그 밖의 제조설비와 관계되는 저장설비 및 처리설비(내용적이 $5m^2$ 이상의 것에 한한다.) 수의 제곱근의 수치를 곱하여 얻은 수량, 이하 염소에 있어서는 탄산소다 수용액 및 소석회에 대하여도 같다.
	탄산소다 수용액	870kg
	소석회	620kg
포스겐	가성소다 수용액	390kg
	소석회	360kg
황화수소	가성소다 수용액	1,140kg
	탄산소다 수용액	1,500kg
시안화수소	가성소다 수용액	250kg
아황산가스	가성소다 수용액	530kg
	탄산소다 수용액	700kg
암모니아 산화에틸렌 염화메탄	물	다량

(3) 제독제의 보관

흡수장치 등에 사용되는 제독제 중 그 주변에 살포하여 사용하는 것은 관리하기가 용이한 당해 제조설비의 부근으로서 긴급 시 독성 가스를 쉽게 흡수·중화시킬 수 있는 장소에 분산 보관하여야 한다.

(4) 보호구의 종류

① 공기호흡기 또는 송기식 마스크(전면형)
② 격리식 방독마스크(농도에 따라 전면 고농도형, 중농도형, 저농도형 등)
③ 보호장갑 및 보호장화(고무 또는 비닐제품)

12. 고압가스설비 및 배관의 두께산정 기준

① 상용압력의 2배 이상의 압력에서 항복을 일으키지 아니하는 고압가스설비 및 배관의 두께로 산정한다.
② 상용압력이 29.4MPa 이하인 고압가스설비의 두께 계산은 KS B 6733(압력용기기반규격)에 의할 수 있다.
③ 상용압력이 98MPa 이하인 고압가스설비의 두께 계산은 다음 식에 의한다.
  ㉠ 원통형의 것

고압가스설비의 부분		동체외경과 내경의 비가 1.2 미만인 것	동체외경과 내경의 비가 1.2 이상인 것
동판		$t = \dfrac{PD}{0.5f\eta - P} + C$	$t = \dfrac{D}{2}\left(\sqrt{\dfrac{0.25f\eta + P}{0.25f\eta - P}} - 1\right) + C$
경판	접시형의 경우	$t = \dfrac{PDW}{f\eta - P} + C$	
	반타원체형의 경우	$t = \dfrac{PDV}{f\eta - P} + C$	
	원추형의 경우	$t = \dfrac{PD}{0.5f\eta \cos a - P} + C$	
	그 밖의 경우	$t = d\sqrt{\dfrac{KP}{0.25f\eta}} + C$	

> **Reference**
> 위의 표에서 "반타원체형"이라 함은 내면의 장축부 길이와 단축부 길이의 비가 2.6 이하인 반타원체형을 말한다.

  ㉡ 구형의 것

$$t = \dfrac{PD}{f\eta - P} + C$$

위의 ㉠ 및 ㉡의 산식에서 t, P, D, W, V, d, K, f, η, a 및 C는 각각 다음의 수치를 표시한다.

  t : 두께(단위 : mm)의 수치
  P : 상용압력(단위 : MPa)의 수치. 다만, 가운데가 볼록한 경판은 그 1.67배의 압력수치
  D : 원동력의 경우 동판은 동체의 내경, 접시형 경판은 그 중앙만곡부의 내경, 반타원체형 경판은 반타원체 내면의 장축부 길이, 원추형 경판은 그 단곡부의 내경에서 그리고 구형의 경우에는 내경에서 각각 부식여부에 상당하는 부분을 뺀 부분의 수치(단위 : mm)

W : 접시형 경판의 형상에 따른 계수로서 다음 산식에 의하여 계산한 수치

$$\frac{3+\sqrt{n}}{4}$$

위의 산식에서 n은 경판중앙만곡부의 내경과 단곡부 내경과의 비를 표시한다.

V : 반타원형 경판의 형상에 따른 계수로서 다음 산식에 의하여 계산한 수치

$$\frac{2+m^2}{3}$$

위의 산식에서 m은 반타원체형 내면의 장축부길이와 단축부길이의 비를 표시한다.

d : 부식여유에 상당하는 부분을 제외한 동체의 내경(단위 : mm). 다만, K에 관한 표 중 d에 대하여 따로 정한 경우에는 그 수치(단위 : mm)

K : 경판의 부착방법에 따른 계수로서 다음 표의 게기한 부착방법에 따라서 각각 동표의 게기한 수치

▼ 경판 부착계수

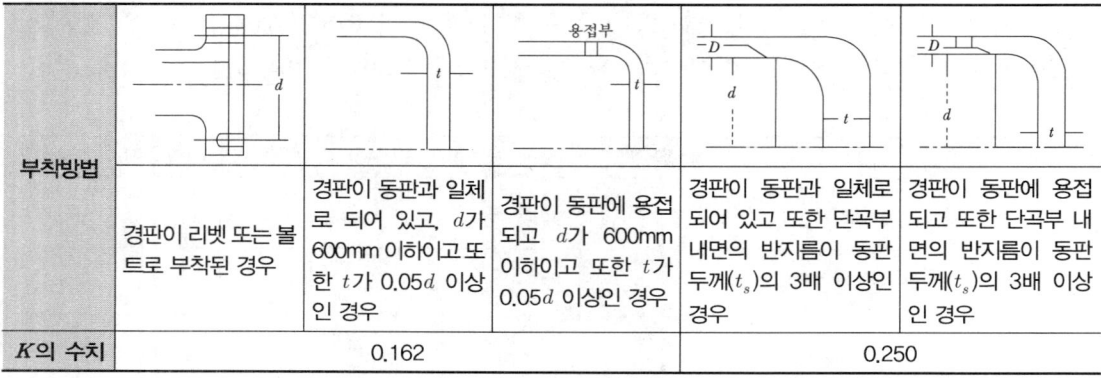

부착방법	경판이 리벳 또는 볼트로 부착된 경우	경판이 동판과 일체로 되어 있고, d가 600mm 이하이고 또한 t가 $0.05d$ 이상인 경우	경판이 동판에 용접되고 d가 600mm 이하이고 또한 t가 $0.05d$ 이상인 경우	경판이 동판과 일체로 되어 있고 또한 단곡부 내면의 반지름이 동판두께(t_s)의 3배 이상인 경우	경판이 동판에 용접되고 또한 단곡부 내면의 반지름이 동판두께(t_s)의 3배 이상인 경우
K의 수치		0.162		0.250	

ⓒ 배관의 두께 계산은 다음 식에 의한다.
  ⓐ 외경과 내경의 비가 1.2 미만인 경우

$$t = \frac{PD}{2\frac{f}{s} - P} + C$$

  ⓑ 외경과 내경의 비가 1.2 이상인 경우

$$t = \frac{D}{2}\left(\sqrt{\frac{\frac{f}{s}+P}{\frac{f}{s}-P}} - 1\right) + C$$

위의 산식에서 t, P, D, f, C 및 s는 각각 다음 수치를 표시한다.

t : 배관두께(단위 : mm)의 수치
P : 상용압력(단위 : MPa)의 수치
D : 내경에서 부식여유에 상당하는 부분을 뺀 부분(단위 : mm)의 수치
f : 재료의 인장강도(단위 : N/mm^2) 규격 최소치이거나 항복점(단위 : N/mm^2) 규격 최소치의 1.6배
C : 관내면의 부식여유의 수치(단위 : mm)
s : 안전율로서 다음 표에 게기하는 환경의 구분에 따라 각각 동표의 우란에 게기하는 수치

▼ 환경구분에 따른 안전율

구분	환경	안전율
A	공로 및 가옥에서 100m 이상의 거리를 유지하고 지상에 가설되는 경우와 공로 및 가옥에서 50m 이상의 거리를 유지하고 지하에 매설되는 경우	3.0
B	공로 및 가옥에서 50m 이상 100m 미만의 거리를 유지하고 지상에 가설되는 경우와 공로 및 가옥에서 50m 미만의 거리를 유지하고 지하에 매설되는 경우	3.5
C	공로 및 가옥에서 50m 미만의 거리를 유지하고 지상에 가설되는 경우와 지하에 매설되는 경우	4.0

13. 전기방식 조치기준

(1) 전기방식의 조치기준에 사용되는 용어

① **전기방식(電氣防蝕)**: 배관 등의 외면에 전류를 유입시켜 양극반응을 저지함으로써 배관 등의 전기적 부식을 방지하는 것을 말한다.

② **희생양극법(犧牲陽極法)**: 지중 또는 수중에 설치된 양극금속과 매설배관 등을 전선으로 연결하여 양극금속과 매설배관 등 사이의 전지작용에 의하여 전기적 부식을 방지하는 방법을 말한다.

③ **외부전원법(外部電源法)**: 외부직류전원장치의 양극(+)은 매설배관 등이 설치되어 있는 토양이나 수중에 설치한 외부전원용 전극에 접속하고, 음극(-)은 매설배관 등에 접속시켜 전기적 부식을 방지하는 방법을 말한다.

④ **배류법(俳流法)**: 매설배관 등의 전위가 주위의 타 금속구조물의 전위보다 높은 장소에서 매설배관 등과 주위의 타 금속구조물을 전기적으로 접속시켜 매설배관 등에 유입된 누출전류를 복귀시킴으로써 전기적 부식을 방지하는 방법을 말한다.

(2) 전기방식의 설치기준

1) 전기방식방법의 선택

① 직류전철 등에 의한 누출전류의 영향이 없는 경우에는 외부전원법 또는 희생양극법으로 할 것
② 직류전철 등에 의한 누출전류의 영향을 받는 배관 등에는 배류법으로 하되, 방식효과가 충분하지 않을 경우에는 외부전원법 또는 희생양극법을 병용할 것

2) 전기방식시설의 시공

① 전기방식시설의 유지관리를 위하여 전위측정용 터미널을 설치하되, 희생양극법·배류법은 배관길이 300m 이내의 간격, 외부전원법은 배관길이 500m 이내의 간격으로 설치한다.
② 교량 및 횡단배관의 양단부. 다만, 외부전원법 및 배류법에 의해 설치된 것으로 횡단길이가 500m 이하인 배관과 희생양극법에 의해 설치된 것으로 횡단길이가 50m 이하인 배관은 제외한다.
③ 전기방식전류가 흐르는 상태에서 토양 중에 있는 배관 등의 방식전위는 포화황산동 기준전극으로 -5V 이상, -0.85V 이하(황산염환원 박테리아가 번식하는 토양에서는 -0.95V 이하)일 것
④ 전기방식전류가 흐르는 상태에서 자연전위와의 전위변화가 최소한 -300mV 이하일 것. 다만, 다른 금속과 접촉하는 배관 등은 제외한다.

⑤ 전기방식시설의 관대지전위(管對地電位) 등을 1년에 1회 이상 점검하여야 한다.
⑥ 외부전원법에 의한 전기방식시설은 외부전원점 관대지전위, 정류기의 출력, 전압, 전류, 배선의 접속상태 및 계기류 확인 등을 3개월에 1회 이상 점검하여야 한다.

14. 압축천연가스 자동차연료장치의 구조 등에 관한 기준

① 용기검사에 합격한 것으로 천연가스자동차용 연료저장 이외의 목적으로 사용하지 말 것
② 용기는 보기 쉬운 위치에 "자동차용"이라 표시할 것
③ 용기밸브 및 안전밸브는 용기의 최고충전압력에 대하여 내압성능을 갖는 것일 것
④ 안전밸브로부터 방출된 가스는 외부의 안전한 장소로 방출될 수 있도록 할 것
⑤ 밀폐된 곳에 용기를 격납하는 경우에는 안전밸브에서 분출되는 가스를 차 밖으로 방출할 수 있는 구조일 것
⑥ 용기밸브 또는 그 부근에는 일정량 이상의 가스가 흐를 때 자동으로 가스의 통로를 차단하는 과류방지밸브가 설치되어 있을 것. 다만, 전기작동식 용기밸브와 같이 용기밸브가 과류방지기능을 갖는 경우에는 그러하지 아니한다.
⑦ 연료가스의 압력차에 의해 자동적으로 연료가스를 차단하는 기계방식의 과류방지 밸브의 경우에는 균압노즐방식 또는 수동식 복귀장치를 갖춘 것일 것
⑧ 상용압력의 1.5배 이상의 내압성능(그 구조상 물에 의한 내압시험이 곤란한 경우 공기·질소 등의 기체에 의해 1.25배 이상의 압력으로 내압시험을 실시할 수 있다.)을 가지며, 사용압력 이상에서 기밀성능을 갖는 것. 다만, 기체로 내압시험을 하는 경우 기밀시험은 생략한다.
⑨ 감압밸브를 가열할 경우에는 열원으로서 엔진의 배기가스를 직접 사용하지 않을 것
⑩ 감압밸브는 상용압력의 1.5배 이상의 내압성능을 가지며, 상용압력 이상에서 기밀성능을 갖는 것일 것
⑪ 배관 및 접합부는 최소 60cm마다 차체에 고정되어 진동 및 충격으로부터 보호할 것
⑫ 배관 및 접합부는 사용조건에 대하여 충분한 내식성을 갖는 재료일 것
⑬ 배관 및 접합부는 상용압력의 1.5배 이상의 내압성능을 가지며, 상용압력 이상에서 기밀성능을 갖는 것일 것
⑭ 용기 등은 열에 의한 손상을 방지하기 위하여 배기판 및 소음기로부터 10cm 이상 떨어진 곳에 부착할 것. 다만, 당해 용기 및 용기부속품에 적당한 방열조치가 설치된 경우에는 4cm 이상 떨어진 곳에 부착할 수 있다.
⑮ 용기 등은 불꽃이 발생할 수 있는 노출된 전기단자 및 전기개폐기로부터 20cm 이상, 배기판 출구로부터 30cm 이상 떨어진 곳에 부착할 것
⑯ 가스충전구 부근에 다음 각 호의 사항이 쉽게 지워지지 않는 방법으로 표시할 것
　㉠ 충전하는 연료의 종류(압축천연가스)
　㉡ 가스용기 등의 충전유효기한(년/월)
　㉢ 차량에 충전가능한 최고 충전압력(MPa)
⑰ 주밸브는 충돌 등에 의한 충격을 받을 우려가 있는 장소에 있어서 손상을 최소화하기 위하여 자동차의 후단부로부터 30cm 이상의 떨어진 곳에 부착할 것
⑱ 주밸브는 충돌 등에 의한 충격을 받을 우려가 있는 장소에 있어서 손상을 최소화하기 위하여 자동차의 외측(후단부를 제외한다.)으로부터 20cm 이상 떨어진 곳에 부착할 것

15. 안전성평가 및 안전성향상계획서에 대한 용어의 정의

① **위험성평가기법** : 사업장 내에 존재하는 위험에 대하여 정성적 또는 정량적으로 위험성 등을 평가하는 방법으로서 체크리스트 기법, 상대위험순위 결정기법, 작업자 실수 분석기법, 사고예상질문 분석기법, 위험과 운전 분석기법, 이상위험도 분석기법, 결함수 분석기법, 사건수 분석기법, 원인결과 분석기법, 예비위험 분석기법, 공정위험 분석기법 등을 말한다.

② **체크리스트(Checklist)기법** : 공정 및 설비의 오류, 결함상태, 위험상황 등을 목록화한 형태로 작성하여 경험적으로 비교함으로써 위험성을 정성적으로 파악하는 안전성평가기법을 말한다.

③ **상대위험순위결정(Dow And Mond Indices)기법** : 설비에 존재하는 위험에 대하여 수치적으로 상대위험순위를 지표화하여 그 피해 정도를 나타내는 상대적 위험 순위를 정하는 안전성평가기법을 말한다.

④ **작업자 실수 분석(Human Error Analysis ; HEA)기법** : 설비의 운전원, 정비보수원, 기술자 등의 작업에 영향을 미칠만한 요소를 평가하여 그 실수의 원인을 파악하고 추조하여 정량적으로 실수의 상대적 순위를 결정하는 안전성평가기법을 말한다.

⑤ **사고예상질문분석(WHAT-IF)기법** : 공정에 잠재하고 있으면서 원하지 않는 나쁜 결과를 초래할 수 있는 사고에 대하여 예상질문을 통해 사전에 확인함으로써 그 위험과 결과 및 위험을 줄이는 방법을 제시하는 정성적 안전성평가기법을 말한다.

⑥ **위험과 운전 분석(HAZard And OPerablity Studies ; HAZOP)기법** : 공정에 존재하는 위험 요소들과 공정의 효율을 떨어뜨릴 수 있는 운전상의 문제점을 찾아내어 그 원인을 제거하는 정성적인 안전성평가기법을 말한다.

⑦ **이상위험도 분석(Failure Modes, Effects, and Criticality Analysis ; FMECA)기법** : 공정 및 설비의 고장의 형태 및 영향, 고장형태별 위험도 순위 등을 결정하는 기법을 말한다.

⑧ **결함수분석(Fault Tree Analysis ; FTA)기법** : 사고를 일으키는 장치의 이상이나 운전사 실수의 조합을 연역적으로 분석하는 정량적 안전성평가기법을 말한다.

⑨ **사건수분석(Event Tree Analysis ; ETA)기법** : 초기사건으로 알려진 특정한 장치의 이상이나 운전자의 실수로부터 발생되는 잠재적인 사고결과를 평가하는 정량적 안전성평가기법을 말한다.

⑩ **원인결과분석(Cause-Consequence Analysis ; CCA)기법** : 잠재된 사고의 결과와 이러한 사고의 근본적인 원인을 찾아내고 사고 결과와 원인의 상호관계를 예측·평가하는 정량적 안전성평가기법을 말한다.

⑪ **예비위험분석(Preliminary Hazard Analysis ; PHA)기법** : 공정 또는 설비 등에 관한 상세한 정보를 얻을 수 없는 상황에서 위험물질과 공정 요소에 초점을 맞추어 초기위험을 확인하는 방법을 말한다.

⑫ **공정위험분석(Process Hazard Review ; PHR)기법** : 기존설비 또는 안전성향상계획서를 제출·심사 받은 설비에 대하여 설비의 설계·건설·운전 및 정비의 경험을 바탕으로 위험성을 평가·분석하는 방법을 말한다.

16. 고압가스설비와 배관의 내압시험방법

① 내압시험에 종사하는 사람의 수는 작업에 필요한 최소인원으로 하고, 관측 등을 하는 경우에는 적절한 방호시설을 설치하고 그 뒤에서 할 것
② 내압시험을 하는 장소 및 그 주위는 잘 정돈하여 긴급한 경우 대피하기 좋도록 하고 2차적으로 인체에 피해가 발생하지 않도록 할 것
③ 내압시험은 내압시험압력에서 팽창, 누설 등의 이상이 없을 때 합격으로 할 것
④ 내압시험을 공기 등의 기체의 압력에 의해 하는 경우에는 먼저 상용압력의 50%까지 승압하고 그 후에는 상용압력의 10%씩 단계적으로 승압하여 내압시험압력에 달하였을 때 누설 등의 이상이 없고, 그 후 압력을 내려 상용압력으로 하였을 때 팽창, 누설 등의 이상이 없으면 합격으로 할 것
⑤ 사업소 경계밖에 설치되는 배관의 내압시험 시 시공관리자는 시험이 시작되는 때부터 끝날 때까지 시험구간을 순회점검하고 이상유무를 확인한다.

17. 고압가스설비와 배관의 기밀시험방법

① 기밀시험은 원칙적으로 공기 또는 위험성이 없는 기체의 압력에 의하여 실시할 것
② 기밀시험은 그 설비가 취성 파괴를 일으킬 우려가 없는 온도에서 할 것
③ 기밀시험압력은 상용압력 이상으로 하되, 0.7MPa를 초과하는 경우 0.7MPa압력 이상으로 한다. 이 경우 다음 표와 같이 시험할 부분의 용적에 대응한 기밀유지시간 이상을 유지하고 처음과 마지막 시험의 측정압력차가 압력측정기구의 허용오차 내에 있는 것을 확인한다.(처음과 마지막 시험의 온도차가 있는 경우에는 압력차에 대하여 보정한다.)

▼ 압력측정기구 기밀유지기준

압력측정기구	용적	기밀유지시간
압력계 또는 자기압력기록계	1m³ 미만	48분
	1m³ 이상 10m³ 미만	480분
	10m³ 이상	48×V분(다만, 2,880분을 초과한 경우는 2,880분으로 할 수 있다.)

(비고) V는 피시험부분의 용적(단위 : m³)이다.

④ 검사의 상황에 따라 위험이 없다고 판단되는 경우에는 당해 고압가스설비에 의해 저장 또는 처리되는 가스를 사용하여 기밀시험을 할 수 있다. 이 경우 압력은 단계적으로 올려 이상이 없음을 확인하면서 승압할 것
⑤ 기밀시험은 기밀시험압력에서 누설 등의 이상이 없을 때 합격으로 할 것

18. 용기밸브 검사기준의 시험의 종류 및 방법

(1) 내가스성 시험

밸브패킹, 안전밸브패킹, 연결구 씰, 그 밖에 가스가 접촉되는 부분에 사용하는 고무 및 합성수지 부품은 −10℃의 액화부탄가스액, 40℃의 액화부탄 가스액 및 −10℃의 공기 중에서 각각 24시간 방치한 후 팽윤 및 수축에 대한 체적변화량은 시험 전 체적의 20% 이내이고, 가스누출의 우려가 있는 취화 및 연화 등이 없을 것

(2) 내압시험

밸브몸통은 2.6MPa 이상의 압력으로 2분간 유지하여 누출 또는 변형이 없을 것

(3) 기밀시험

밸브시트의 기밀시험은 0.7MPa의 압력으로 1분간 유지하여 누출이 없을 것

(4) 안전밸브 분출량 시험

안전밸브의 분출유량은 다음 식에 의한 계산값보다 클 것

$$Q = 0.0278PW$$

여기서, Q : 분출유량(m^3/min)
P : 작동절대압력(MPa)
W : 용기내용적(L)

(5) 안전밸브 작동시험

안전밸브는 2.0MPa 이상 2.2MPa 이하에서 작동하여 분출개시되어야 하고 1.7MPa 이상에서 분출이 정지되는 것일 것

(6) 진동시험

기밀시험 압력을 가한 상태에서 진동수 매분 2,000회, 전진폭 2mm로 임의의 한쪽 방향으로 30분간 진동시험을 한 후 누출, 기타의 이상이 없을 것

(7) 내구성 시험

밸브시트와 연결구 씰은 밸브를 5만회 반복개폐 조작한 후 누출이 발생하거나 기계적인 결함이 없을 것

(8) 충격시험

밸브를 용기네크링이나 유사한 고정장치에 정확히 연결하고 경화된 강철추를 3m/s 이상의 속도로 몸통의 윗부분(네크링으로부터 약 2/3 위쪽의 몸통)에 밸브의 축 직각 방향에서 100J 충격치를 가하였을 때 용기부착부 나사에서 분당 4기포(기포지름 3.5mm) 이상의 누출이 없을 것

19. 아세틸렌 충전용기의 용해제 및 다공도 기준

(1) 품질

① 다공질물에 침윤시키는 아세톤의 품질은 KS M 1665(아세톤)에 의한 종류 1호 또는 이와 동등 이상의 품질이어야 한다.
② 다공질물에 침윤시키는 디메틸포름아미드의 품질은 품위 1급 또는 이와 동등 이상의 품질이어야 한다.

(2) 충전량

① 아세톤의 최대충전량은 용기내용적, 다공질물의 다공도에 따라서 다음 표와 같다.

▼ 다공도에 따른 아세톤 최대 충전량

다공질물의 다공도(%) 용기구분	내용적 10L 이하	내용적 10L 초과
90 이상 92 미만	41.8% 이하	43.4% 이하
87 이상 90 미만	–	42.0% 이하
83 이상 90 미만	38.5% 이하	–
80 이상 83 미만	37.1% 이하	–
75 이상 87 미만	–	40.0% 이하
75 이상 80 미만	34.8% 이하	–

② 디메틸포름아미드의 최대충전량은 용기 내용적, 다공질물의 다공도에 따라 다음 표와 같다.

▼ 다공도에 따른 디메틸포름아미드의 최대 충전량

다공질물의 다공도(%) 용기구분	내용적 10L 이하	내용적 10L 초과
90 이상 92 미만	43.5% 이하	43.7% 이하
85 이상 90 미만	41.1% 이하	42.8% 이하
80 이상 85 미만	38.7% 이하	40.3% 이하
75 이상 80 미만	36.3% 이하	37.8% 이하

Reference

위의 가목·나목의 표 중 우란의 %는 용제의 충전용량과 용기의 내용적에 대한 백분율임(20℃ 기준)

(3) 다공도 측정

다공질물의 다공도는 다공질물을 용기에 충전한 상태로 온도 20℃에 있어서의 아세톤, 디메틸포름아미드 또는 물의 흡수량으로 측정한다.

(4) 다공질물

① 아세틸렌을 충전하는 용기는 밸브 바로 밑의 가스 취입·취출부분을 제외하고 다공질물을 빈틈없이 채운 것으로서 다음의 다공질물 성능시험에 합격한 것일 것. 다만, 다공질물이 고형일 경우에는 아세톤 또는 디메틸포름아미드를 충전한 다음 용기벽을 따라 용기 직경의 1/200 또는 3mm를 초과하지 아니하는 틈이 있는 것은 무방하다.

② 다공질물은 아세톤, 디메틸포름아미드 또는 아세틸렌에 의해 침식되는 성분이 포함되지 아니할 것

③ 다공질물 성능시험(다공도시험)
 ㉠ 시험용기 : 동일제조소에서 제조된 다공질물의 다공도, 조성, 제조방법이 동일하고 아세톤 또는 디메틸포름아미드를 침윤시킨 다공질물을 채운 100개의 용기에 온도 15℃에서 압력이 1.5MPa이 되도록 아세틸렌을 충전한 것 중에서 임의로 5개 이상을 시험용으로 채취한다.
 ㉡ 진동시험
  ⓐ 다공도가 80% 이상인 다공질물에 대하여는 용기 내의 가스를 방출한 후 용기를 콘크리트 바닥에 놓은 강괴 위에 7.5cm 이상의 높이에서 동체의 축이 수직이 되도록 하여 1,000회 이상 반복 낙하시키는 방

법으로 시험하여 시험 후 용기를 세로 방향으로 절단하여 다공질물의 침하·공동·갈라짐 등이 없는 것을 합격으로 한다.

ⓑ 다공도가 80% 미만인 다공질물에 대하여는 용기 내의 가스를 방출한 후 이것을 평평한 나무 토막 위에 5.0cm 이상의 높이에서 동체의 축이 수직이 되도록 하여 1,000회 이상 반복 낙하시키는 방법으로 시험하며 시험 후 용기를 세로 방향으로 절단하여 다공질물에 공동이 없고 침하량이 3mm 이하인 것을 합격으로 한다.

20. 단열성능시험 및 기밀시험

(1) 시험용 가스

단열성능시험은 액화질소, 액화산소 또는 액화아르곤(이하 "시험용 가스"라 한다.)을 사용하여 실시한다.

(2) 시험방법

초저온용기에 시험용 가스를 충전하고, 기상부에 접속된 가스방출밸브를 완전히 열고 다른 모든 밸브는 잠그며, 초저온용기에서 가스를 대기 중으로 방출하여 기화가스량이 거의 일정하게 될 때까지 정지한 후 가스방출밸브에서 방출된 기화량을 중량계(저울) 또는 유량계를 사용하여 측정한다.

(3) 시험 시의 충전량

시험용 가스의 충전량은 충전한 후 기화가스량이 거의 일정하게 되었을 때 시험용 가스의 용적이 초저온용기 내용적의 1/3 이상 1/2 이하가 되도록 충전한다.

(4) 침입열량의 계산

침입열량은 다음 산식에 의한다.

$$Q = \frac{Wq}{H \cdot \Delta t \cdot V}$$

여기서, Q : 침입열량(kcal/hr·℃·L)
W : 기화된 가스량(kg)
q : 시험용 가스의 기화잠열(kcal/kg)
H : 측정기간(hr)
Δt : 시험용 가스의 비점과 대기온도와의 온도차(℃)
V : 초저온용기의 내용적(L)

▼ 시험가스의 비점과 기화잠열

시험용 가스의 종류	비점(℃)	기화잠열(kcal/kg)
액화질소	-196	48
액화산소	-183	51
액화아르곤	-186	38

(5) 판정

침입열량이 0.0005kcal/hr·℃·L(내용적이 1,000L 이상인 초저온용기는 0.002kcal/hr·℃·L) 이하의 경우를 합격으로 한다.

(6) 재시험방법

단열성능시험에 합격하지 않은 초저온용기는 단열재를 교체하여 재시험을 행할 수 있다.

(7) 초저온용기의 기밀시험방법

① 초저온용기의 기밀시험은 외동, 단열재, 밸브 등을 부착한 상태로 실시한다.
② 기밀시험압력은 최고 충전압력의 1.1배의 압력으로 한다.
③ 시험방법은 초저온용기를 상온 부근까지 가열 후 공기 또는 가스로 기밀시험압력 이상이 되도록 가압하여 30분 이상 방치한 후 압력계의 지침이 변화하는 것에 의해 "누출유무"를 확인하여 이상이 없는 것을 합격으로 한다.

21. 고압가스용기의 표시방법 기준

① 고압가스용기에 사용하는 문자의 색상은 다음과 같다.

▼ 고압가스용기 표시색상과 문자

가스의 종류	문자의 색상		가스의 종류	문자의 색상	
	공업용	의료용		공업용	의료용
액화석유가스	적색	–	질소	백색	백색
수소	백색	–	아산화질소	백색	백색
아세틸렌	흑색	–	헬륨	백색	백색
액화암모니아	흑색	–	에틸렌	백색	백색
액화염소	백색	–	사이클로프로판	백색	백색
산소	백색	녹색	그 밖의 가스	백색	–
액화탄산가스	백색	백색			

② 용기에 사용하는 문자의 크기, 의료용 때의 표시방법은 다음과 같다(다만, 내용적 20 미만 용기의 문자크기는 1 이상으로 한다).

㉠ 일반·공업용

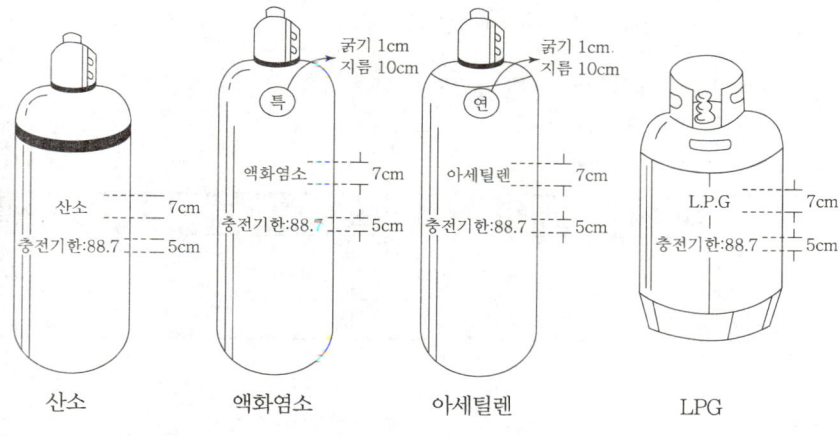

┃LPG 용기┃

ⓛ 의료용

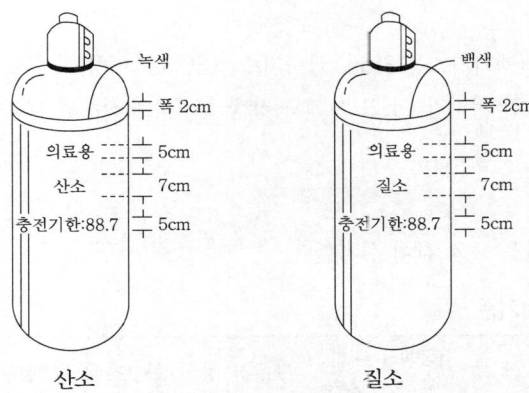

∥ 일반고압가스용기 ∥

③ 가연성 및 독성 가스에 각각 표시하는 "연" 및 "독" 자는 적색으로 하되, 수소는 백색으로 한다.
④ 유통 중인 고압가스용기는 가스명 표시부분 아래에 적색으로 그 충전기한을 표시하여야 한다.
⑤ 용기의 재검사 합격표시는 다음 그림과 같다.

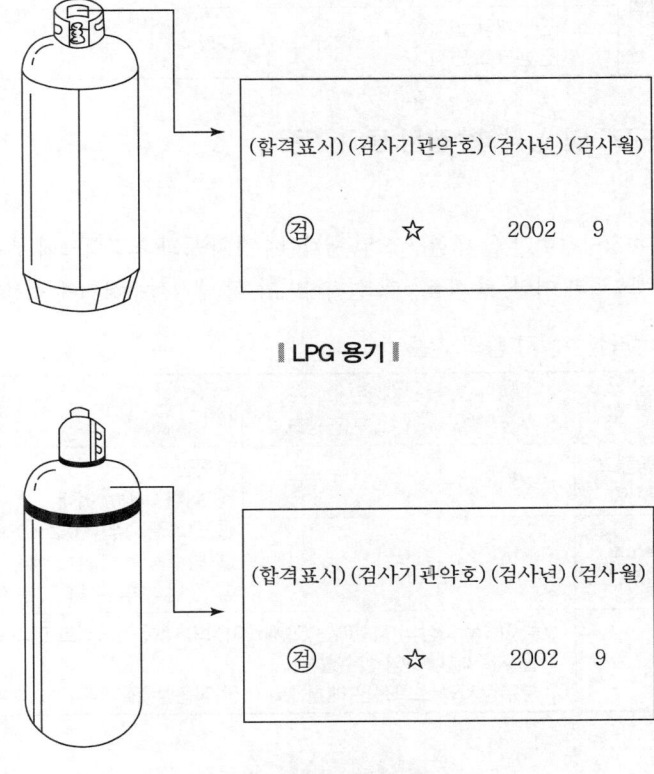

∥ LPG 용기 ∥

∥ 일반고압가스용기 ∥

22. 물분무장치의 설치기준

(1) 적용시설

가연성 가스 저장탱크(액화가스는 3ton, 압축가스는 300m³ 이상)가 상호 인접한 경우 또는 산소저장탱크와 인접된 경우로서 상호 간 거리가 1m 또는 그 저장탱크의 최대 직경의 1/4 중 큰 거리를 유지하지 못한 경우에 적용한다.

(2) 설치기준

적용면적에 대하여 다음 표와 같이 설치한다.

▼ 물분무장치의 설치기준

설비 구분	저장탱크 내화 구조상 구분	노출된 경우	내화구조 저장탱크	준내화구조 저장탱크	비고
산소탱크와 가연성 가스 탱크의 상호 인접 시	물분무장치의 저장탱크 표면적 1m²당 분사량	8L/min	4L/min	6.5L/min	소화전 ① 위치 : 40m 이내 ② 호스끝수압 : 0.35MPa 이상 ③ 방수능력 : 400L/min ④ 수원 : 최대수량 30분 이상 연속방사 수원 ⑤ 조작위치 : 저장탱크 외면 15m 이상 떨어진 곳
	소화전 1개당 설치할 저장탱크 표면적	30m²	60m²	38m²	
가연성 가스 탱크와 가연성 가스 탱크의 상호 인접 시	물분무장치의 저장탱크 표면적 1m²당 분사량	7L/min	2L/min	4.5L/min	
	소화전 1개당 설치할 저장탱크 표면적	35m²	125m²	55m²	

23. 저장탱크의 내열구조 및 냉각살수장치 등의 기준

(1) 적용범위

저장탱크에 대하여 강구하여야 할 내열구조 및 냉각살수장치 등과 저장탱크에 부속된 펌프, 압축기 등이 설치된 가스설비 및 탱크로리 이입, 충전장소에 설치하여야 할 냉각살수장치에 적용한다.

▼ 내열구조 및 냉각살수장치 등의 기준

살수장치 구분	내화구조 저장탱크	준내화구조 저장탱크	비고
물분무장치의 저장탱크 표면적 1m²당 분사량	5L/min	2.5L/min	소화전 ① 위치 : 40m 이내 ② 호스끝 수압 : 0.25MPa 이상 ③ 방수능력 : 350L/min ④ 수원 : 최대수량 30분 이상 연속방사 수원
소화전 1개당 설치할 저장탱크 표면적	40m²	85m²	
기타	① 높이 1m 이상의 지주에는 50mm 이상의 내화 콘크리트로 피복하거나, 분무장치 또는 소화전을 지주에 대하여 살수할 것 ② 분무장치와 소화전은 매월 1회 이상 작동상황을 점검하고 기록할 것		

24. 방류둑 설치기준

(1) 방류둑 기준
저장탱크 내의 액화가스가 액체상태로 유출되는 것을 방지하기 위하여 설치하는 것으로 다음의 경우 방류둑을 설치한 것으로 본다.
① 저장탱크 등의 저부가 지하에 있고 주위피트상 구조로 되어 있는 것으로 그 용량 이상인 것
② 지하에 묻은 저장탱크 등으로서 그 저장탱크 내의 액화가스가 전부 유출된 경우에 그 액면이 지면보다 낮도록 된 구조인 것
③ 저장탱크 등의 주위에 충분한 안전용 공지가 확보된 경우

(2) 적용 범위
① 고압가스 제조시설의 가연성 및 산소의 액화가스 저장능력이 1,000톤(독성 가스는 5톤) 이상일 경우
② 냉동제조시설의 독성 가스를 냉매로 사용하는 수액기의 내용적 10,000L 이상인 경우
③ 액화석유가스 저장시설의 LPG 저장능력이 1,000톤 이상인 경우
④ 도시가스시설 중 가스도매사업에서 LPG 저장능력이 500톤(일반도시가스는 1,000톤) 이상인 경우

(3) 방류둑 용량
① 저장탱크의 저장능력에 상당하는 용적 이상으로 한다.(단, 액화산소는 저장능력의 상당용량의 60% 이상으로 한다.)
② 2기 이상의 저장탱크를 집합방류둑 내에 설치한 저장탱크에는 당해 저장탱크 중 최대 저장탱크의 저장능력 상당용적에 잔여저장탱크의 총 저장능력 상당용량 10%를 합하여 산정한다.(이때, 칸막이가 있을 경우 칸막이 높이는 방류둑보다 10cm 낮게 한다.)
③ 액화석유가스의 종류 및 저장능탱크 내의 압력구분에 따라 기화하는 액화석유가스의 용적을 저장능력 상당용적에서 다음 표에 의해 감한 용적으로 할 수 있다.

▼ 프로판 저장탱크의 경우

압력 범위	0.2MPa 이상~ 0.4MPa 미만	0.4MPa 이상~ 0.7MPa 미만	0.7MPa 이상~ 1.1MPa 미만	1.1MPa 이상
감한 용량	90%	80%	70%	60%

▼ 부탄 저장탱크의 경우

압력 범위	0.1MPa 이상~0.25MPa 미만	0.25MPa 이상
감한 용량	90%	80%

(4) 방류둑의 구조 및 기준
① 방류둑의 재료는 철근콘크리트, 철골·철근콘크리트, 금속, 흙 또는 이들을 혼합한 액밀한 구조일 것
② 액이 체류하는 표면적은 가능한 한 적게 할 것(대기와 접하는 부분이 많으면 기화량 증대)
③ 높이에 상당하는 당해 가스의 액두압에 견딜 수 있을 것
④ 배관 관통부의 틈새로부터 누설방지 및 방식조치를 할 것

⑤ 금속재료는 당해 가스에 부식되지 않게 방식 및 방청조치를 할 것
⑥ 방류둑 내에 고인 물을 외부에 배출하기 위한 배수조치를 할 것
⑦ 가연성 및 독성 또는 가연성과 조연성의 액화가스 방류둑을 혼합배치하지 말 것
⑧ 방류둑의 내면과 그 외면으로부터 10[m] 이내에는 저장 탱크 부속설비 이외의 것을 설치하지 아니할 것
⑨ 성토는 수평에 대하여 45[°] 이하의 구배를 가지고 성토한 정상부의 폭은 30[cm] 이상일 것
⑩ 방류둑의 계단 및 사다리는 출입구 둘레 50[m]마다 1개 이상 설치하고 그 둘레가 50[m] 미만일 경우는 2개소 이상 분산 설치할 것
⑪ 저장탱크를 건물 내에 설치한 경우에는 그 건물구조가 방류둑의 구조를 갖는 것일 것

25. 액화석유가스의 배관의 설치기준

(1) 지상에 노출되는 배관의 경우
① "ㄷ" 형태로 가공한 방호철판에 의한 방호구조물은 다음 기준에 의한다.
　㉠ 방호철판의 두께는 4mm 이상이고 재료는 KS D 3503(일반구조용압연강재) 또는 이와 동등 이상의 기계적 강도가 있는 것일 것
　㉡ 방호철판은 부식을 방지하기 위한 조치를 할 것
　㉢ 방호철판 외면에는 야간식별이 가능한 야광테이프 또는 야광페인트에 의해 가스배관임을 알려주는 경계표지를 할 것
　㉣ 방호철판의 크기는 1m 이상으로 하고 앵커볼트 등에 의해 건축물 외벽에 견고하게 고정 설치할 것

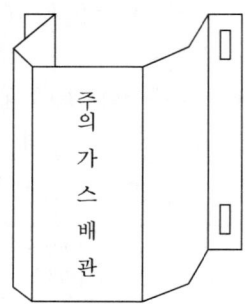

‖ 가스배관 방호철판 표시 예 ‖

　㉤ 방호철판과 배관은 서로 접촉되지 않도록 설치하고 필요한 경우에는 접촉을 방지하기 위한 조치를 할 것
② 파이프를 "ㄷ" 형태로 가공한 강관제 구조물에 의한 방호구조물은 다음 기준에 의한다.
　㉠ 방호파이프는 호칭지름 50A 이상으로 하고 재료는 KS D 3507(배관용탄소강관) 또는 이와 동등 이상의 기계적 강도가 있는 것일 것
　㉡ 강관제 구조물은 부식을 방지하기 위한 조치를 할 것
　㉢ 강관제 구조물 외면에는 야간식별이 가능한 야광테이프 또는 야광페인트에 의해 가스배관임을 알려주는 경계표지를 할 것
　㉣ 그 밖에 강관제 구조물의 크기 및 설치방법은 제1호 라목 및 마목 기준에 따른다.

③ "ㄷ" 형태의 철근콘크리트재 방호구조물은 다음 기준에 의한다.
　㉠ 철근콘크리트재는 두께 10cm 이상, 높이 1m 이상으로 할 것
　㉡ 철근콘크리트재 구조물 외면에는 야간식별이 가능한 야광테이프 또는 야광페인트에 의해 가스배관임을 알려주는 경계표지를 할 것
　㉢ 철근콘크리트재 구조물은 건축물 외벽에 견고하게 고정 설치할 것
　㉣ 철근콘크리트에 의한 방호구조물과 배관은 서로 접촉되지 않도록 설치하고 필요한 경우에는 접촉을 방지하기 위한 조치를 할 것

(2) 배관을 지하에 매설할 경우
① 배관은 지면으로부터 최소한 1m 이상의 깊이에 매설할 것이며 공로의 지하에 있어서는 그 위를 통과하는 차량의 교통량 및 배관의 관경 등을 고려하여 더 깊은 곳에 매설하여야 한다.
② 차량의 교통량의 특히 많은 공로의 횡단부 지하에 있어서는 지면으로부터 1.2m 이상의 깊이에 매설하여야 한다.
③ 정한 깊이에 매설할 수 없는 경우에는 커버플레이트, 케이싱 등을 사용 또는 배관의 두께를 증가시키는 조치를 하여야 한다.
④ 철도의 횡단부 지하에는 지면으로부터 1.2m 이상인 깊이에 매설하고 또한 강재의 케이싱을 사용하여 보호하여야 한다.
⑤ 되메움(Backfill)은 다음과 같다.
　㉠ 배관에 작용하는 하중을 분산시켜주고 도로의 침하 등을 방지하기 위하여 침상재료상단에서 도로노면까지 포설하는 재료를 말한다.
　㉡ 되메움재는 암편이나 굵은 돌이 포함되지 않은 양질의 흙을 사용할 것. 다만, 유기질토(이탄 등)·실트·점토질 등 연약한 흙은 제외한다.

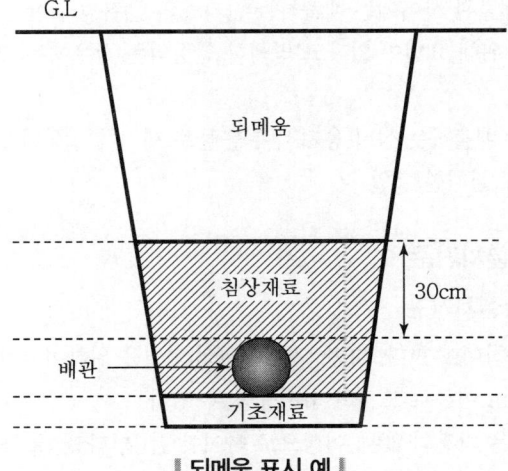

‖ 되메움 표시 예 ‖

　㉢ 배관 상단으로부터 30cm마다 다짐을 실시한다.

26. 잔가스제거장치 기준

액화석유가스 충전소의 용기보수 설비의 잔가스제거장치는 다음의 기준으로 한다.
① 용기에 잔류하는 액화석유가스를 회수할 수 있는 용기전도대를 갖추어야 한다.
② 다음 기준에 적합한 압축기 또는 액송용펌프를 갖추어야 한다.
  ㉠ 압축기는 유분리기 및 응축기가 부착되어 있고 0MPa 이상 0.05MPa 이하의 압력 범위에서 자동으로 정지할 것
  ㉡ 액송용 펌프에는 잔류가스에 포함된 이물질을 제거할 수 있는 스트레이너(Strainer)를 부착할 것
③ 회수한 잔가스를 저장하기 위한 전용 저장탱크를 다음 기준에 적합하도록 설치하여야 한다.
  ㉠ 저장탱크의 내용적은 1,000L 이상일 것
  ㉡ 압축기를 사용하는 경우에는 가목에서 규정하는 저장탱크를 2기 이상 설치할 것. 다만, 열교환기(응축기를 포함한다)를 사용하는 경우에는 당해 열교환기가 분리탱크로서의 기능을 만족시킬 수 있는 경우에는 1기로 할 수 있다.
④ 다음 기준에 적합한 잔가스배출관 또는 잔가스연소장치를 갖추어야 한다.
  ㉠ 잔가스배출관
    ⓐ 잔가스배출관은 방출량에 따라 화기취급시설 외면으로부터 다음 거리를 유지할 것

방출량	유지하여야 할 거리
30g/분 이상	8m 이상
60g/분 이상	10m 이상
90g/분 이상	12m 이상
120g/분 이상	14m 이상
150g/분 이상	16m 이상

    ⓑ 배출관의 높이는 지상 5m 이상으로서 그 주변건물의 높이보다 높고 상향으로 개구되어 있는 것일 것
    ⓒ 용기와 잔가스배출관 사이에는 배출하는 잔가스의 탈취를 위한 설비가 설치되어 있을 것. 다만, 주위의 상황에 따라 위해 요인이 없다고 명백히 인정되는 경우에는 그러하지 아니하다.
  ㉡ 잔가스연소장치
    잔가스를 회수 또는 배출하는 설비(용기 내부를 물로 세척하는 설비를 포함한다.)로부터 8m 이상의 거리를 유지하는 장소에 설치한 것일 것

27. 가스용 폴리에틸렌관 설치기준

(1) 가스용 폴리에틸렌관 설치기준

① 관은 매몰하여 시공하여야 한다. 다만, 지상배관의 연결을 위하여 금속관을 사용하여 보호조치를 한 경우에는 지면에서 30cm 이하로 노출하여 시공할 수 있다.
② 관의 굴곡허용반경은 외경의 20배 이상으로 하여야 한다. 다만, 굴곡반경이 외경의 20배 미만일 경우에는 엘보를 사용한다.
③ 관의 매설위치를 지상에서 탐지할 수 있는 탐지형 보호포·로케팅와이어(굵기는 6mm^2 이상) 등을 설치한다.

④ 관은 온도가 40℃ 이상이 되는 장소에 설치하지 아니하여야 한다. 다만, 파이프슬리브 등을 이용하여 단열조치를 한 경우에는 그러하지 아니하다.
⑤ 폴리에틸렌융착원 양성교육을 이수한 자가 한다.

(2) 폴리에틸렌관 두께별 압력범위

SDR	압력
11 이하	0.4MPa 이하
17 이하	0.25MPa 이하
21 이하	0.2MPa 이하

여기서, SDR(Standard Dimension Ration) = D(외경)/t(최소두께)

(3) 폴리에틸렌관의 열융착이음
① 열융착이음은 다음 각 호의 기준에 적합하게 실시한다.
  ㉠ 맞대기 융착(Butt Fusion)은 관경 75mm 이상의 직관과 이음관 연결에 적용하되 다음 기준에 적합할 것
    ⓐ 비드(Bead)는 좌·우 대칭형으로 둥글고 균일하게 형성되어 있을 것
    ⓑ 비드의 표면은 매끄럽고 청결할 것
    ⓒ 접합면의 비드와 비드 사이의 경계부위는 배관의 외면보다 높게 형성될 것

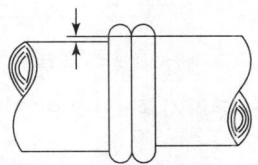

‖ 맞대기 융착 이음부 연결오차 ‖

    ⓓ 이음부의 연결오차(v)는 배관 두께의 10% 이하일 것
    ⓔ 호칭지름별 비드폭은 원칙적으로 다음 식에 의해 산출한 최소치 이상 최대치 이하이고 산출 예는 다음 표와 같다.

[식] 최소=$3+0.5t$, 최대=$5+0.75t$ (t=배관두께)

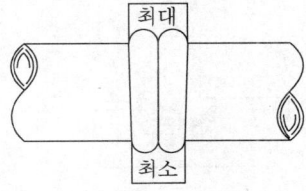

‖ 비드폭 구분 ‖

▼ 호칭지름에 따른 비드폭

호칭지름	비드폭(mm)		
	제1호관	제2호관	제3호관
75	7~11	–	–
100	8~13	6~10	–
125	–	7~11	–
150	11~16	8~12	7~11
175	–	9~13	8~12
200	13~20	9~15	8~13

  ㄴ 소켓융착(Socket Fusion)은 다음 기준에 적합하게 실시한다.
    ⓐ 용융된 비드는 접합부 전면에 고르게 형성되고 관 내부로 밀려나오지 않도록 할 것
    ⓑ 배관 및 이음관의 접합은 수평을 유지할 것
    ⓒ 비드 높이(h)는 이음관의 높이(H) 이하일 것

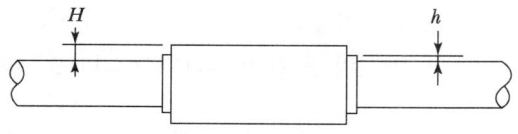

∥ 소켓 융착 ∥

    ⓓ 융착작업은 홀더(Holder) 등을 사용하고 관의 용융부위는 소켓 내부 경계턱까지 완전히 삽입되도록 할 것
    ⓔ 시공이 불량한 융착이음부는 절단하여 제거하고 재시공할 것
  ㄷ 새들 융착(Saddle Fusion)은 다음 기준에 적합하게 실시한다.
    ⓐ 접합부 전면에는 대칭형의 둥근형상 이중비드가 고르게 형성되어 있을 것
    ⓑ 비드의 표면은 매끄럽고 청결할 것
    ⓒ 접합된 새들은 배관과 수직 및 수평을 유지할 것
    ⓓ 비드의 높이(h)는 이음관 높이(H) 이하일 것

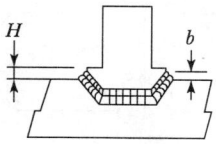 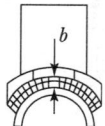

∥ 새들 융착 ∥

    ⓔ 시공이 불량한 융착이음부는 절단하여 제거하고 재시공할 것

28. 가스보일러 설치기준

(1) 공통기준

① 바닥설치형 가스보일러는 그 하중에 충분히 견디는 구조의 바닥면 위에 설치하고, 벽걸이형 가스보일러는 그 하중에 충분히 견디는 구조의 벽면에 견고하게 설치하여야 한다.
② 가스보일러를 설치하는 주위는 가연성 물질 또는 인화성 물질을 저장·취급하는 장소가 아니어야 하며 조작·연소·확인 및 점검수리에 필요한 간격을 두어 설치하여야 한다.
③ 가스보일러는 전용보일러실(보일러실 안의 가스가 거실로 들어가지 아니하는 구조로서 보일러실과 거실 사이의 경계벽은 출입구를 제외하고는 내화구조의 벽으로 한 것을 말한다. 이하 같다.)에 설치하여야 한다. 다만, 다음 각 목의 경우에는 그러하지 아니하다.
　㉠ 밀폐식 보일러
　㉡ 가스보일러를 옥외에 설치한 경우
　㉢ 전용급기통을 부착시키는 구조로 검사에 합격한 강제배기식 보일러
④ 밀폐식 보일러는 방, 거실 그밖에 사람이 거처하는 곳과 목욕탕, 샤워장 그 밖에 환기가 잘되지 아니하여 보일러의 배기가스가 누출되는 경우 사람이 질식할 우려가 있는 곳에는 설치하지 아니하여야 한다. 다만, 다음 각목의 어느 하나에 해당하는 경우에는 그러하지 아니하다.
　㉠ 보일러와 배기통의 접합을 나사식 또는 플랜지식 등으로 하여 배기통이 보일러에서 이탈되지 아니하도록 밀폐식 보일러를 설치하는 경우
　㉡ 막을 수 없는 구조의 환기구가 외기와 직접 통하도록 설치되어 있고, 그 환기구의 크기가 바닥면적 $1m^2$마다 $300cm^2$의 비율로 계산한 면적(철망 등을 부착할 때는 철망이 차지하는 면적을 뺀 면적으로 한다.) 이상인 곳에 밀폐식 보일러를 설치하는 경우
⑤ 전용보일러실에는 환기팬이나 사람이 거주하는 거실·주방 등과 통기될 수 있는 가스레인지 배기덕트(후드) 등이 설치되어 있지 아니하여야 한다.
⑥ 가스보일러는 지하실 또는 반지하실에 설치하지 아니하여야 한다. 다만, 밀폐식 보일러 및 급배기시설을 갖춘 전용보일러실에 설치된 반밀폐식 보일러의 경우에는 그러하지 아니하다.
⑦ 가스보일러의 가스접속배관은 금속배관 또는 가스용품검사에 합격한 가스용 금속플렉시블호스를 사용하고, 가스의 누출이 없도록 확실히 접속하여야 한다.
⑧ 이 절에서 규정하지 아니한 사항은 제조자가 제시한 시공지침에 따라야 한다.
⑨ 가스보일러를 설치 시공한 자는 그가 설치·시공한 시설에 대하여 다음의 시공 표지판을 부착하여야 한다.

▼ 시공표지판 예

시공표지판		
시공자	명칭 또는 상호	
	시공자등록번호	
	사무소소재지	
	시공관리자성명	(전화번호)

시공표지판		
보일러	제조자명	
	모델명 및 기종	
	제조번호	
시공내역	설치기준적합 여부	
	시공연월일	
	특기사항	

- (규격) 12cm×9cm
- (재료) 100g/m²의 노란색 아트지에 코팅한 스티커

⑩ 가스보일러를 설치·시공한 자는 그가 설치·시공한 시설이 가스보일러의 설치기준에 적합한 경우 보일러 설치시공확인서를 작성하여 5년간 보존한다.
⑪ 가스보일러를 옥외에 설치할 때는 눈·비·바람 등에 의하여 연소에 지장이 없도록 보호조치를 강구하여야 한다. 다만, 옥외형 보일러는 그러하지 아니하다.
⑫ 배기통의 재료는 스테인리스강관 또는 배기가스 및 응축수에 내열·내식성이 있는 것으로서 배기통은 한국가스안전공사 또는 공인시험기관의 성능인증을 받은 것이어야 한다.
⑬ 배기통이 가연성의 벽을 통과하는 부분은 방화조치를 하고 배기가스가 실내로 유입되지 않도록 조치하여야 한다.
⑭ 가스보일러의 단독배기통톱 및 공동배기구톱에는 동력팬을 부착하지 아니하여야 한다. 다만, 부득이하여 무동력팬을 부착할 경우에는 무동력팬의 유효단면적이 공동배기구의 단면적 이상이 되도록 하여야 한다.
⑮ 보일러에 댐퍼를 부착하는 경우 그 위치는 보일러의 역풍방지장치 도피구 직상부로 하여야 한다.
⑯ 가스보일러 배기통의 호칭지름은 가스보일러의 배기통접속부의 호칭지름과 동일하여야 하며, 배기통과 가스보일러의 접속부는 내열실리콘 등(석고붕대를 제외한다.)으로 마감 조치하여 기밀이 유지하도록 한다.

(2) 반밀폐식 보일러의 급배기설비의 설치기준

1) 자연배기식

① 단독배기통방식

㉠ 배기통의 높이(역풍방지장치 개구부의 하단으로부터 배기통 끝의 개구부 높이를 말한다. 이하 같다.)는 다음 식에서 계산한 수치 이상일 것

$$h = \frac{0.5 + 0.4n + 0.1L}{(\frac{1,000Av}{6Q})^2}$$

여기서, h : 배기통의 높이(m)
n : 배기통의 굴곡수
L : 역풍방지장치 개구부 하단으로부터 배기통 끝의 개구부까지의 전길이(m)
Av : 배기통의 유효단면적(cm^2)
Q : 가스소비량(kW)

㉡ 배기통의 굴곡수는 4개 이하로 할 것

ⓒ 배기통의 입상높이는 원칙적으로 10m 이하로 할 것. 다만, 부득이하여 입상높이가 10m를 초과하는 경우에는 보온조치를 할 것
ⓓ 배기통의 끝은 옥외로 뽑아낼 것
ⓔ 배기통의 가로 길이는 5m 이하로서 될 수 있는 한 짧고 물고임이나 배기통 앞끝의 기울기가 없도록 할 것

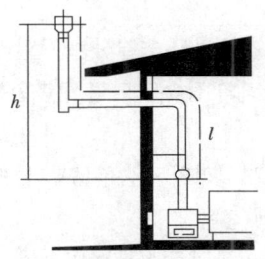

┃배기통의 높이┃

ⓕ 배기통은 자중 · 풍압 · 적절하중 및 진동 등에 견디게 견고하게 설치할 것
ⓖ 배기통의 유효단면적은 보일러의 배기통과 접속되는 부분의 유효단면적보다 작지 아니할 것
ⓗ 배기통의 옥외부분의 가장 낮은 부분은 응축수를 제거할 수 있는 구조로 할 것
ⓘ 배기통은 점검 · 유지가 용이한 장소에 설치하되 부득이하여 천장 속 등의 은폐부에 설치되는 경우에는 금속 이외의 불연성 재료로 피복하고, 수리나 교체에 필요한 점검구 및 동기구를 설치할 것
ⓙ 배기톱의 위치는 풍압대를 피하여 바람이 잘 통하는 곳에 설치할 것
ⓚ 배기톱의 옥상돌출부는 지붕면으로부터 수직거리를 1m 이상으로 하고 배기톱 상단으로부터 수평거리 1m 이내에 건축물이 있는 경우에는 그 건축물의 처마보다 1m 이상 높게 할 것
ⓛ 배기톱의 모양은 모든 방향의 바람에 관계없이 배기가스를 잘 배출시키는 구조로 다익형, H형, 경사 H형, P형 등으로 할 것
ⓜ 급기구 및 상부환기구의 유효단면적은 배기통의 단면적 이상으로 할 것
ⓝ 상부환기구는 될 수 있는 한 높게 설치하며, 최소한 보일러 역풍방지장치보다 높게 설치할 것
㉮ 상부환기구는 외기와 통기성이 좋은 장소이며, 급기구는 통기성이 좋은 장소에 개구되어 있을 것
㉯ 급기구 또는 상부환기구는 유입된 공기가 직접 보일러 연소실에 흡입되어 불이 꺼지지 아니하는 구조일 것

② **챔버방식**
㉠ 챔버는 급 · 배기를 위한 전용실로서 다른 용도로 사용하지 않을 것
㉡ 챔버를 구성하는 내부벽면은 밀폐구조일 것
㉢ 챔버를 구성하는 내벽(보일러설치벽 · 측면 · 차단판 · 천장 · 바닥 등) 및 배기구 주변 150mm, 상방 600mm 이내에는 불연성 · 내식성의 물질일 것
㉣ 챔버급기구의 크기

> 급기구유효면적 = 유효개구면적 - 배기통단면적

ⓤ 차단판의 최하부에 70mm 정도의 공간(보조급기구)을 설치할 것
ⓥ 배기톱은 급기구면보다 20mm 이상 나와 있을 것
ⓦ 배기통의 높이는 가로 길이의 0.6배 이상일 것

③ 복합배기통방식
㉠ 동일 실내에서 벽면의 상태 등에 의하여 각각의 배기통을 설치할 수 없는 부득이한 경우에 한하여 사용할 것
㉡ 자연배기식의 경우에만 사용하고 연결하는 보일러의 수는 2대에 한할 것
㉢ 배기통의 단면적은 보일러의 접속부 단면적(복합부분에 있어서는 각 배기통의 합계 단면적) 이상일 것
㉣ 보일러의 단독배기통은 보일러의 접속부로부터 300mm 이상의 입상높이를 유지하고 될 수 있는 한 높은 위치로 공용부에 접속할 것
㉤ 공용부에 접속하는 각 배기통의 접속부는 250mm 이상 떨어뜨리고 공용부와의 접속부분의 T자관 등은 공용부와 동일한 구경의 것을 사용할 것
㉥ 기타 필요한 사항은 제1호 가목의 기준에 따를 것

④ 공동배기방식
공동배기구는 다음 기준에 의할 것
㉠ 공동배기구의 정상부에서 최상층 보일러의 역풍방지장치 개구부 하단까지의 거리가 4m 이상일 경우에는 공동배기구에 연결시키며, 그 이하일 경우에는 단독으로 설치할 것
㉡ 공동배기구의 유효단면적은 다음 계산식에 의한 면적 이상일 것

$$A = Q \times 0.6 \times K \times F + P$$

여기서, A : 공동배기구의 유효단면적(mm^2)
Q : 보일러의 가스소비량 합계(kW)
K : 형상계수
F : 보일러의 동시사용률
P : 배기통의 수평투명면적(mm^2)

▼ 형상계수

내부면이 원형일 때	1.0
내부면이 정사각형일 때	1.3
내부면이 직사각형일 때	1.4

▼ 보일러의 동시사용률

보일러 수량	동시사용률(F)	보일러 수량	동시사용률(F)
1	1.00	12	0.80
2	1.00	13	0.80
3	1.00	14	0.79
4	0.95	15	0.79

보일러 수량	동시사용률(F)	보일러 수량	동시사용률(F)
5	0.92	16	0.78
6	0.89	17	0.78
7	0.86	18	0.77
8	0.84	19	0.76
9	0.82	20	0.76
10	0.81	21 이상	0.75
11	0.80		

ⓒ 공동배기구는 굴곡 없이 수직으로 설치하고 단면형태는 될 수 있는 한 원형 또는 정사각형에 가깝도록 해야 하며 가로 세로의 비는 1 : 1.4 이하일 것
ⓔ 동일층에서 공동배기구로 연결되는 보일러의 수는 2대 이하로 할 것
ⓜ 공동배기구의 재료는 내열·내식성이 좋은 것을 사용할 것
ⓗ 공동배기구의 단면적이 부족한 경우에는 건물 외벽에 별도의 배기구를 설치하고 그 재료가 금속재일 때는 보온조치를 할 것
ⓢ 공동배기구 최하부에 청소구와 수취기를 설치할 것
ⓞ 공동배기구 및 배기통에는 방화댐퍼(Damper)를 설치하지 않을 것
ⓩ 공동배기구에 접속하는 보일러의 배기통 높이 및 수평길이는 다음의 1에 따를 것
    ⓐ 보일러 배기통 접속부에서 공동배기구에 접속되는 배기통 하단부까지의 높이가 30cm 이상 60cm 미만인 경우에는 수평길이를 1m 이하로 할 것
    ⓑ 보일러 배기통 접속부에서 공동배기구에 접속되는 배기통 하단부까지의 높이가 60cm 이상인 경우에는 배기통 수평길이를 5m 이하로 할 것
ⓩ 공동배기구와 배기통과의 접속부는 기밀을 유지하도록 할 것
ⓚ 공동배기구는 사람이 거주하는 실내와 접하고 있는 면을 이중벽으로 하거나 실내측벽에 시멘트모르타르 등으로 마감처리를 한 구조이어야 하고, 가스보일러의 배기통을 최초로 공동배기구에 연결하기 전에는 연막을 주입하는 등의 시험에 의하여 공동배기구의 기밀에 이상이 없는지를 확인할 것
ⓣ 공동배기구톱은 풍압대 밖에 있을 것
ⓟ 공동배기구톱은 통기저항이 적고 유풍시 흡인성이 좋은 것을 사용할 것
ⓗ 배기통의 유효단면적은 보일러 배기통 접속부의 유효단면적 이상일 것
㉮ 보일러실의 급기구 및 상부환기구는 기준에 적합하게 할 것
㉯ 공동배기구의 배기통 톱까지 단독배기통을 설치하는 경우에는 기준에 적합하게 할 것
㉰ 옥상 또는 지붕면에서 공동배기구톱 개구부하단까지 수직높이는 1.5m 이상일 것
㉱ 급기 또는 배기형식이 다른 보일러는 공동배기구에 함께 접속하지 아니할 것

2) 강제배기식
  ① 단독배기통방식
    ㉠ 배기통의 유효단면적은 보일러 또는 배기팬의 배기통 접속부 유효단면적 이상일 것

ⓒ 배기통은 기울기를 주어 응축수가 외부로 배출될 수 있도록 설치할 것. 다만, 콘덴싱보일러의 경우에는 응축수가 내부로 유입될 수 있도록 설치할 수 있다.
　　　ⓒ 배기통톱에는 새·쥐 등이 들어가지 않도록 직경 16mm 이상의 물체가 들어가지 아니하는 방조망을 설치할 것
　　　ⓒ 배기통톱의 전방·측변·상하주위 60cm(방열관이 설치된 것은 30cm) 이내에 가연물이 없을 것
　　　ⓒ 배기통톱 개구부로부터 60cm 이내에 배기가스가 실내로 유입할 우려가 있는 개구부가 없을 것

(3) 밀폐식 보일러 급·배기설비 설치기준

　　1) 일반사항

　　　① 급·배기톱은 옥외에 물고임 등이 없을 정도의 기울기를 주어 설치할 것
　　　② 급·배기톱의 주위에는 장애물이 없는 것일 것
　　　③ 눈내림 구역에 설치하는 경우는 급·배기톱 주위의 적설을 처리할 수 있는 구조일 것
　　　④ 급·배기톱의 최대연장길이는 보일러의 취급설명서에 기재한 최대연장길이 이내이고 급·배기톱은 바깥벽에 설치할 것
　　　⑤ 급·배기톱과 부착된 벽 및 보일러 본체와 벽의 접속은 단단하게 고정 부착할 것

　　2) 자연급·배기식

　　　■ 외벽식
　　　① 급·배기톱은 충분히 개방된 옥외 공간에 충분히 벽외부로 나오도록 설치하되 수평이 되게 할 것
　　　② 급·배기톱은 좌우 또는 상하에 설치된 돌출물 간의 거리가 1,500mm 미만인 곳에는 설치하지 않을 것
　　　③ 급·배기톱은 전방 150mm 이내에 장애물이 없는 장소에 설치할 것
　　　④ 급·배기톱의 벽관통부는 급·배기톱 본체와 벽과의 사이에 배기가스가 실내로 유입되지 아니하도록 할 것
　　　⑤ 급·배기톱의 높이는 바닥면 또는 지면으로부터 150mm 위쪽에 설치할 것
　　　⑥ 급·배기톱과 상방향 건축물 돌출물과의 이격거리는 250mm 이상일 것
　　　⑦ 급·배기통 톱 개구부로부터 60cm 이내에 배기가스가 실내로 유입할 것

29. 가스누출경보차단장치의 제조

(1) 차단방식에 따른 경보장치의 분류

　　① 핸들작동식 : 밸브핸들을 움직여 차단하는 방식
　　② 밸브직결식 : 차단부와 밸브스템이 직접 연결되는 방식
　　③ 전자밸브식 : 차단부를 솔레노이드 밸브로 사용한 방식
　　④ 플런저작동식 : 차단부가 유압액추에이터로 구동되는 방식

(2) 경보차단장치의 제조기술기준

　　① 경보차단장치는 차단부의 사용압력에 따라 다음과 같이 구분한다.

▼ 가스누설 경보차단장치 구분

종류	사용압력
중압용	0.1MPa 이상
준저압용	0.01MPa~0.1MPa 미만
저압용	0.01MPa 미만

② 경보차단장치는 검지부, 제어부 및 차단부로 구성되어 있는 구조로서, 원격개폐가 가능하고 누출된 가스를 검지하여 경보를 울리면서 자동으로 가스통로를 차단하는 구조이어야 한다.
③ 제어부는 벽 등에 나사못 등으로 확실하게 고정시킬 수 있는 구조이어야 한다.
④ 차단부 및 옥외용 제어부는 사용상태에서 빗물이나 눈 등이 들어가지 않는 구조이어야 한다.
⑤ 검지부는 방수구조(가정용은 제외)로서 소방법에 의한 검정품이고, 다음과 같은 사항이 표시된 것이어야 한다.
  ㉠ 용도 및 사용가스명
  ㉡ 제조연월(또는 제조번호)
  ㉢ 품질보증기간(설치한 날로부터 가정용 3년, 영업용 2년)
  ㉣ 제조자명 및 A/S 연락처(전화번호)
⑥ 교류전원을 사용하는 경보차단장치는 전압이 정격전압의 90% 이상 110% 이하일 때 사용상 지장이 없는 것이어야 한다.
⑦ 교류전압을 사용하는 경보차단장치는 충전부와 비충전 금속부와의 사이 및 변압기의 선로상호 간의 절연저항이 직류 500V를 가했을 때 5MΩ 이상이어야 한다.
⑧ 제어부는 −10℃ 이하 및 40℃(상대습도 90% 이상)에서 각각 1시간 이상 유지한 후 10분 이내에 작동시험을 실시하여 이상이 없어야 한다.
⑨ 차단부를 연상태로 −30℃ 및 75℃에서 각각 30분간 방치한 후 10분 이내에 작동시험 및 기밀시험을 실시하여 이상이 없어야 한다.
⑩ 차단부는 중압용에 대하여는 3MPa, 준저압용에 대하여는 0.8MPa, 저압용에 대하여는 0.3MPa의 수압으로 1분간 내압시험을 할 때 누출 및 파손 등이 없어야 한다. 다만, 차단부의 구조상 물을 사용하는 것이 곤란한 경우에는 공기 또는 질소 등의 기체로 가압시험을 실시할 수 있다.
⑪ 차단부는 다음 표의 압력으로 기밀시험을 하여 외부누출이 없고, 내부누출량이 1시간당 0.55L 이하이어야 한다.

▼ 경보차단장치 기밀시험 압력

종류		시험압력
중압용		1.8MPa 이상
준저압용		0.15MPa 이상
저압용	외부누출	0.035MPa 이상
	내부누출	8.4MPa 이상

⑫ 차단부의 유량은 표시치의 ±5% 이내일 것

CHAPTER 04 출제예상문제

01 폭발 등의 사고발생 원인을 기술한 것 중 틀린 것은?
① 산소의 고압배관 밸브를 급격히 열면 배관 내의 철, 녹 등이 급격히 움직여 발화의 원인이 된다.
② 염소와 암모니아를 접촉할 때, 염소과잉의 경우는 대단히 강한 폭발성 물질인 NCl_3를 생성하여 사고발생 원인이 된다.
③ 아르곤은 수은과 접촉하면 위험한 성질인 아르곤수은을 생성하여 사고발생 원인이 된다.
④ 아세틸렌은 동금속과 반응하여 금속 아세틸드를 생성하여 사고발생 원인이 된다.

해설 주기율표의 0족에 속하는 원소(원자가 0)로 화학적으로 반응이 없는 아르곤, 네온, 헬륨, 크립톤, 크세논, 라돈 등은 화학분석시 검출되지 않으므로 방전관 중에서 방전시켜 방전색을 이용하여 검출한다.

02 염소(Cl_2) 가스를 취급하다가 눈(目)이 중독되어 충혈되었을 때, 응급처치의 가장 이상적인 방법은?
① 알코올로 소독한다.
② 비누로 세수한다.
③ 붕산수 3[%] 정도로 씻어낸다.
④ 눈을 감고 쉰다.

해설 염소가스의 취급 부주의로 눈에 중독되면 응급처치는 붕산수 3[%] 정도로 씻어낸다.

03 가스사고 조사의 주요 목적과 관계가 적은 것은?
① 가스의 피해를 최소화
② 가스사고 예방
③ 가스사고 유발자 조치
④ 유사사고 재발 방지

해설 가스사고 조사의 주요목적
• 가스의 피해를 최소화
• 가스사고 예방
• 유사사고 재발 방지

04 가스를 사용하는 일반가정이나 음식점 등에서 호스가 절단 또는 파손으로 다량 가스누출 시 사고예방을 위해 신속하게 자동으로 가스누출을 차단하기 위해 설치하는 제품은?
① 중간 밸브   ② 체크 밸브
③ 나사콕   ④ 퓨즈콕

해설 퓨즈콕은 호스 절단이나 파손 시 다량의 가스가 누출할 때 자동으로 가스누출을 차단한다.

05 염소(Cl_2)가스를 취급하다가 눈(目)이 중독되어 충혈되었을 때, 응급처치의 가장 이상적인 방법은?
① 알코올로 소독한다.
② 비누로 세수한다.
③ 붕산수 3[%] 정도로 씻어낸다.
④ 눈을 감고 쉰다.

해설 염소가스가 눈에 영향을 미쳐 눈이 중독 충혈되면 응급처치로 붕산수 3[%] 정도로 씻어낸다.

06 프레온 냉매가 실수로 눈에 들어갔을 경우 눈세척에 쓰이는 약품으로 적당한 것은?
① 와세린
② 희붕산 용액
③ 농피크린산 용액
④ 유동파라핀

해설 냉매가 실수로 눈에 들어갔을 때 구급법
• 냉매의 경우 : 물로 세척 후 2%의 붕산액으로 세척하고 유동 파라핀을 2~3방울 눈에 점안시킨다.
• 프레온의 경우 : 2%의 살균광물유나 5%의 붕산액으로 세척

ANSWER 1 ③ 2 ③ 3 ③ 4 ④ 5 ③ 6 ②

07 가스운반 사고 발생 시 조치사항으로 옳지 않은 것은?
① 부근의 화기를 제거한다.
② 착화된 경우 잔가스가 남지 않도록 완전소화시킨다.
③ 안전한 장소로 운반한다.
④ 독성 가스 누출 시에는 제독시킨다.

해설 가스운반 시 가스에 착화한 경우 즉시 소화기 등으로 소화한다.

08 다음 중 당해 설비 내의 압력이 상용압력을 초과할 경우 즉시, 사용압력 이하로 되돌릴 수 있는 안전장치의 종류에 해당하지 않는 것은?
① 안전밸브   ② 감압밸브
③ 바이패스밸브   ④ 파열판

해설 감압밸브를 사용하면 고압의 기체를 저압으로 일정한 압력으로 공급한다.

09 가연성 고압가스 제조공장에 있어서 착화원인이 될 수 없는 것은?
① 정전기
② 베릴륨 합금제공구에 의한 타격
③ 사용 촉매의 접촉작용
④ 밸브의 급격한 조작

해설 고무, 나무, 플라스틱, 가죽, 베릴륨, 베아론합금은 충격이나 마찰시 불꽃이 튀는 것이 방지된다.

10 고압가스 냉매설비의 기밀시험 시 압축공기를 공급할 때 공기의 온도는?
① 40[℃] 이하   ② 70[℃] 이하
③ 100[℃] 이하   ④ 140[℃] 이하

해설 고압가스 냉매설비의 기밀시험 시 압축공기를 공급할 때 공기의 온도는 140[℃] 이하이다.

11 암모니아 취급 시 피부에 닿았을 때 조치사항은?
① 열습포로 감싸준다.
② 다량의 물로 세척 후 붕산수를 바른다.
③ 산으로 중화시키고 붕대로 감는다.
④ 아연화 연고를 바른다.

해설 암모니아 취급 시 피부에 닿으면 다량의 맑은 물로 세척 후 붕산수를 바른다.

12 다음 중 암모니아 건조제로 사용되는 것은?
① 진한 황산   ② 할로겐 화합물
③ 소다석회   ④ 황산동 수용액

해설 암모니아의 건조제 : NaOH(가성소다), CaO, KOH

13 가스의 허용농도란 그 분위기 속에서 1일 몇 시간 노출되더라도 신체 장해를 일으키지 않는 것을 말하는가?
① 1시간   ② 3시간
③ 5시간   ④ 8시간

해설 8시간, 그 분위기 속에서 연속 노출되더라도 신체 장해를 일으키지 않는 기준을 가스의 독성 허용농도라 한다.

14 밸브 부근의 온도가 일정 온도를 넘으면 퓨즈 메탈이 열려서 가스가 방출되는 안전밸브는?
① 가용전식   ② 스프링식
③ 증추식   ④ 병용식

해설 가용전식은 밸브 부근의 온도가 일정 온도를 넘으면 퓨즈메탈이 열려서 가스가 방출되는 일종의 안전장치이다.

15 공업용 산소용기의 문자 색상은?
① 백색   ② 적색
③ 흑색   ④ 녹색

해설 공업용 산소용기
• 용기 색상 : 녹색
• 문자 색상 : 백색

ANSWER | 7 ② 8 ② 9 ② 10 ④ 11 ② 12 ③ 13 ④ 14 ① 15 ①

16 고압가스의 분출에 대하여 정전기가 가장 발생되기 쉬운 경우는?
① 가스가 충분히 건조되어 있을 경우
② 가스 속에 액체나 고체의 미립자가 있을 경우
③ 가스분자량이 작은 경우
④ 가스비중이 큰 경우

해설 가스 속에 액체나 고체의 미립자가 있을 경우에 고압가스 분출 시 정전기가 발생되기 용이하다.

17 일반공업용 용기의 도색 중 잘못된 것은?
① 액화염소 – 갈색　② 액화암모니아 – 백색
③ 아세틸렌 – 황색　④ 수소 – 회색

해설 용기의 도색
• 액화염소 : 갈색　• 액화암모니아 : 백색
• 아세틸렌 : 황색　• 수소 – 주황색

18 고압가스 설비에서 정전기는 폭발화재의 원인이 되므로 정전기 발생을 방지하거나 억제하는 방법으로 옳지 않은 것은?
① 마찰을 적게 한다.
② 유속을 크게 한다.
③ 주위를 이온화하여 중화한다.
④ 습도를 높인다.

해설 정전기 발생의 예방조치는 ①, ③, ④항 외에도 정전기의 발생방지를 위하여 가스의 유속을 알맞게 한다.

19 다음 중 공기보다 무거운 가스로 가스 유출 시 바닥으로 내려와 퍼지는 가스는?
① 메탄가스　② 헬륨가스
③ 수소가스　④ 프로판가스

해설 공기의 분자량 29보다 큰 경우는 가스의 유출 시 바닥으로 내려와 가라앉는다.
• 메탄 : 16　• 헬륨 : 4
• 수소 : 2　• 프로판 : 44

20 다음 중 일반용 고압가스 용기의 도색이 옳은 것은?
① 액화암모니아 – 백색
② 수소 – 회색
③ 아세틸렌 – 주황색
④ 액화염소 – 황색

해설 ② 수소 : 주황색
③ 아세틸렌 : 황색
④ 액화염소 : 갈색

21 고압가스 매설관의 부식에 대한 전기방식에 있어서 외부 전원법의 장점이 아닌 것은?
① 전극의 소모가 적어서 관리가 용이하다.
② 전압, 전류의 조정이 용이하다.
③ 전식에 대해서도 방식이 가능하다.
④ 과방식의 염려가 없다.

해설 전기방식 외부전원법
• 전극의 소모가 적어서 관리가 용이하다.
• 전압전류의 조정이 용이하다.
• 전식에 대해서도 방식이 가능하다.

22 고압가스설비에 설치하는 벤트스택과 플레어스택에 관한 기술 중 틀린 것은?
① 플레어스택에서는 화염이 장치 내에 들어가지 않도록 역화방지장치를 설치해야 한다.
② 플레어스택에서 방출하는 가연성 가스를 폐기할 때는 흑연의 발생을 방지하기 위하여 스팀을 불어 넣는 방법이 이용된다.
③ 가연성 가스의 긴급용 벤트스택의 높이는 착지농도가 폭발하한계값 미만이 되도록 충분한 높이로 한다.
④ 벤트스택은 가능한 한 공기보다 무거운 가스를 방출해야 한다.

해설 벤트스택은 가능한 공기보다 가벼운 가스의 방출이 필요하다.

16 ② 17 ④ 18 ② 19 ④ 20 ① 21 ④ 22 ④ | ANSWER

23 아세틸렌 용기에 표시하는 문자로 옳은 것은?
① 독
② 연
③ 독, 연
④ 지

해설 아세틸렌가스는 가연성 가스에 해당되므로 ㉥자 표시가 있어야 한다. 독성 가스는 ㉤자 표시가 있어야 한다.

24 다음 중 분해연소를 하지 않는 물질은?
① 목재
② 석탄
③ 종이
④ 수소

해설 수소는 가연성이므로 확산연소를 한다.

25 독성 가스 제조시설 식별표지의 글씨(가스의 명칭은 제외) 색상은?
① 백색
② 적색
③ 노란색
④ 흑색

해설 식별표지
• 바탕색 : 백색
• 글씨명칭 : 흑색
• 가스명칭 : 적색

26 순수 아세틸렌을 1.5[kg/cm²] 이상 압축 시 위험하다. 그 이유는?
① 중합폭발
② 분해폭발
③ 화학폭발
④ 촉매폭발

해설 아세틸렌의 분해폭발 $C_2H_2 \rightarrow 2C + H_2 \rightarrow 54.2[kcal]$

27 다음 중 일반용 고압가스 용기의 도색이 옳은 것은?
① 액화암모니아 – 백색
② 수소 – 회색
③ 아세틸렌 – 주황색
④ 액화염소 – 황색

해설 ① 액화암모니아 : 백색
② 수소 : 주황색
③ 아세틸렌 : 황색
④ 액화염소 : 갈색

28 다음 중 가연성 가스이면서 독성 가스인 것은?
① 산화에틸렌
② 프로판
③ 불소
④ 염소

해설 산화에틸렌(C_2H_4O)
• 폭발범위 : 3.0~80.0[%](가연성 가스)
• 독성허용농도 : 50[ppm]

29 의료용 가스용기의 도색구분이 맞는 것은?
① 산소 – 회색
② 질소 – 흑색
③ 헬륨 – 백색
④ 에틸렌 – 주황색

해설 의료용 용기 도색
• 산소 : 백색
• 질소 : 흑색
• 헬륨 : 갈색
• 에틸렌 : 자색
• 사이클론 프로판 : 주황색

30 다음 경계표시를 설명한 것 중 틀린 것은?
① 사업소의 경계표시는 당해 사업소의 출입구 등 외부에서 보기 쉬운 곳에 개시한다.
② 가스의 성질에 따라 "연"자 또는 "독"자를 표시하고, 충전용기 및 그 밖의 용기의 보관장소는 구분한다.
③ 운반차량의 경계표시는 차량의 앞뒤에서 볼 수 있도록 적색글씨로 "위험 고압가스"라고 표시한다.
④ 도시가스 배관을 철도부지 내 배관 시 1,000[m] 이하의 간격으로 배관의 표시판을 설치하여야 한다.

해설 인구밀집지역 외에도 도로를 따라 가스배관이 설치되면 500[m] 간격을 기준하여 배관의 표시판이 필요하다.

31 독성 가스 제조시설 식별표지의 가스 명칭 색은?
① 노란색 ② 청색
③ 적색 ④ 흰색

해설 독성 가스 제조시설의 식별표지색
- 바탕색 : 백색
- 글자색 : 흑색
- 가스명칭 : 적색

32 가연성 가스의 제조설비 중 전기설비로서 방폭성능을 가지지 않아도 되는 가연성 가스는?
① 수소 ② 프로판
③ 아세틸렌 ④ 암모니아

해설 방폭성능이 필요 없는 가연성 가스로는 암모니아, 브롬화메탄이다.

33 다음 중 가연성 가스 취급 장소에서 사용 가능한 방폭공구가 아닌 것은?
① 철금속 합금공구 ② 베릴륨 합금공구
③ 고무공구 ④ 나무공구

해설 방폭공구
- 베릴륨 합금공구
- 베아론 합금공구
- 고무나 나무공구

34 아세틸렌 용기에 표시하는 문자로 옳은 것은?
① 독 ② 연
③ 독, 연 ④ 지

해설 아세틸렌가스는 가연성 가스이므로 ⓔ자 표시가 된다.

35 합격한 용기의 도색구분이 백색인 가스는?(단, 의료용 가스용기를 제외한다.)
① 염소 ② 질소
③ 산소 ④ 액화암모니아

해설 용기의 도색구분
- 액화염소 : 갈색
- 산소 : 녹색
- LPG : 회색
- 아세틸렌 : 황색
- 질소 및 기타 : 회색
- 액화암모니아 : 백색
- 수소 : 주황색
- 액화탄산가스 : 회색

36 의료용 가스 용기의 도색구분으로 틀린 것은?
① 산소-백색 ② 액화탄산가스-회색
③ 질소-흑색 ④ 에틸렌-갈색

해설 의료용
- 에틸렌 : 자색
- 헬륨 : 갈색
- 사이크로프로판 : 주황색
- 아산화질소 : 청색
- 질소 : 흑색
- 기타 : 회색

37 고압가스 제조설비에 설치할 가스누설 검지 경보설비에 대하여 틀리게 설명한 것은?
① 계기실 내부에도 1개 이상 설치한다.
② 수소의 경우 경보 설정치를 1[%] 이하로 한다.
③ 경보부는 붉은 램프가 점멸함과 동시에 경보가 울리는 방식으로
④ 가연성 가스의 제조설비에 격막 갈바니 전지방식의 것을 설치한다.

해설
- 가연성 가스의 가스검출기는 안전등형, 간섭계형, 열선형 등이 있다.
- 가스누출검지 경보장치 : 접촉연소방식, 격막갈바니 전지방식, 반도체방식이 있다.
①, ②, ③항의 내용은 경보설비에 대한 내용이다.

38 제조소의 긴급용 벤트스택 방출구 위치는 작업원이 항시 통행하는 통로로부터 얼마나 이격되어야 하는가?
① 5[m] 이상 ② 10[m] 이상
③ 15[m] 이상 ④ 관계없다.

해설 벤트스택의 방출구의 위치는 작업원이 정상작업을 하는 데 필요한 장소 및 작업원이 항시 통행하는 장소로부터 10[m] 이상 떨어진 곳에 설치할 것

39 다음 중 고압가스와 그 충전용기의 도색이 알맞게 짝지어진 것은?
① 아세틸렌 – 흑색
② 수소 – 주황색
③ 질소 – 갈색
④ 액화탄산가스 – 흰색

해설 가스 충전용기의 도색
- 아세틸렌 : 용기 – 황색, 문자 – 흑색
- 수소 : 주황색
- 질소 : 회색
- 액화탄산가스 : 청색

40 가연성 가스를 취급하는 장소에는 누출된 가스의 폭발 사고를 방지하기 위하여 전기설비를 방폭구조로 한다. 다음 중 방폭구조가 아닌 것은?
① 안전증방폭구조
② 내열방폭구조
③ 압력방폭구조
④ 내압방폭구조

해설 방폭구조
- 안전증방폭구조
- 압력방폭구조
- 내압방폭구조
- 본질안전방폭구조
- 유입방폭구조

41 독성 가스의 제독제로 물을 사용하는 가스명은 어느 것인가?
① 염소
② 포스겐
③ 황화수소
④ 산화에틸렌

해설
- 염소 : 가성소다 수용액
- 포스겐 : 가성소다 수용액, 소석회
- 황화수소 : 탄산소다 수용액, 가성소다 수용액

42 사업소 내에서 긴급사태 발생 시 종업원 상호 간 연락을 신속히 할 수 있는 통신시설에 해당하지 않는 것은?
① 페이징설비
② 휴대용 확성기
③ 메가폰
④ 구내전화

해설
- 사업소 내 전체에서 구비하여야 할 통신설비는 ㉠ 사이렌, ㉡ 구내방송설비, ㉢ 페이징설비, ㉣ 휴대용확성기, ㉤ 메가폰 등이 필요하다.
- 구내전화는 안전관리자가 상주하는 사업소와 현장사업소와의 사이, 또는 현장사무소 상호 간에 필요하다.

43 저온 저장탱크의 부압으로 인한 탱크의 파괴를 방지하기 위한 설비와 관계 없는 것은?
① 압력계
② 진공안전밸브
③ 송액설비
④ 벤트스택

해설 저온장치에서 부압을 방지하기 위한 설비
- 압력계
- 압력경보설비
- 균압관
- 송액설비
- 진공안전밸브

44 고압가스를 운반할 때 휴대하지 않아도 좋은 것은?
① 가스 이동계획서
② 가스 자격증
③ 가스 물성표
④ 기술 검토서

해설 안전운행 서류철
- 고압가스 이동계획서
- 고압가스 관련 자격증
- 운전면허증
- 탱크 테이블(용량 환산표)
- 차량운행일지
- 차량등록일지
- 그 밖에 필요한 서류

45 일산화탄소의 경우 가스누출검지 경보장치의 검지에서 발신까지 걸리는 시간은 경보농도의 1.6배 농도에서 몇 초 이내이어야 하는가?
① 10
② 20
③ 30
④ 60

해설 검지경보장치의 검지에서 발신까지 걸리는 시간은 경보농도의 1.6배 농도에서 보통 30초 이내일 것(단, 일산화탄소나 암모니아는 1분(60초) 이내로 한다.)

ANSWER | 39 ② 40 ② 41 ④ 42 ④ 43 ④ 44 ④ 45 ④

46 방폭 전기기기의 구조별 표시방법 중 "e"의 표시는?
① 안전증방폭구조 ② 내압방폭구조
③ 유입방폭구조 ④ 압력방폭구조

해설
- 내압방폭구조 : d
- 유입방폭구조 : o
- 압력방폭구조 : p
- 안전증방폭구조 : e
- 본질안전방폭구조 : ia 또는 ib
- 특수방폭구조 : s

47 다음 독성 가스 중에서 가성소다(NaOH)를 제독제로 사용할 수 없는 것은?
① 시안화수소 ② 황화수소
③ 산화에틸렌 ④ 염소

해설 산화에틸렌의 제독제 : 다량의 물

48 독성 가스의 사용설비에서 가스누설에 대비하여 설치할 것은?
① 역화방지장치 ② 액회수장치
③ 살수장치 ④ 흡수장치

해설 독성 가스의 사용설비에서 가스누설에 대비하여 흡수장치에 사용되는 제독제를 사용한다.

49 저장탱크 간의 간격이 유지된 가연성 가스 저장탱크가 상호 인접한 경우 저장탱크 전 표면적에 대하여 표면적 1[m²]당의 물분무장치의 방수량은 얼마인 가? (단, 내화구조가 아닌 경우임)
① 4[L/분] ② 4.5[L/분]
③ 7[L/분] ④ 8[L/분]

해설
- 저장탱크 상호 간에 인접한 경우에 저장탱크 표면에 물분무장치 방수량은 8[L/분]
- 내화구조의 저장탱크는 4[L/분]
- 준내화구조는 6.5[L/분]

50 고압가스를 운반할 때 운반 중 재해방지를 위하여 주요사항을 기재한 서면을 휴대하여야 하는 내용과 관계없는 것은?(단, 법적 기준임)
① 고압가스의 압력
② 고압가스의 명칭
③ 고압가스의 성질
④ 고압가스의 주의사항

해설 고압가스의 압력은 운반 중 재해방지사항을 기재한 서면에 포함되지 않는다.

51 독성 가스의 제독작업에 필요한 보호구의 장착훈련은?
① 1개월마다 1회 이상
② 2개월마다 1회 이상
③ 3개월마다 1회 이상
④ 6개월마다 1회 이상

해설 독성 가스의 제독작업에 필요한 보호구의 장착훈련은 3개월마다 1회 이상

52 다음은 방류둑의 구조를 설명한 것이다. 옳지 않은 것은?
① 방류둑의 재료는 철근콘트리트, 철골, 흙 또는 이들을 조합하여 만든다.
② 철근 콘크리트는 수밀성 콘크리트를 사용한다.
③ 성토는 수평에 대하여 50° 이하의 기울기로 하여 다져 쌓는다.
④ 방류둑의 높이는 당해 가스의 액두압에 견디어야 한다.

해설 성토는 수평에 대하여 45° 이하의 기울기로 하여 다져 쌓는다.

53 독성 가스를 차량에 적재하여 운반할 경우 갖추어야 할 것이 아닌 것은?
① 소화장비 ② 고무장갑
③ 제독제 ④ 방독마스크

ANSWER 46 ① 47 ③ 48 ④ 49 ④ 50 ① 51 ③ 52 ③ 53 ①

해설 독성 가스의 차량운반 시 보호장비
- 방독마스크
- 공기호흡기
- 보호의
- 보호장갑
- 보호장화
- 약재
- 자재
- 공구

54 면적이 2,000[m²]인 고압가스 일반제조 시설의 사업소 내 전체에 신속히 연락할 수 있는 통신설비에 해당되지 않는 것은?

① 사이렌
② 메가폰
③ 페이징 설비
④ 휴대용 확성기

해설 메가폰은 면적이 1,500[m²] 이하의 사업소에서만 통신설비에 해당된다.

55 독성 가스 제독작업에 갖추지 않아도 되는 보호구는?

① 공기호흡기
② 격리식 방독마스크
③ 고무장화, 비닐장갑
④ 보호용 면수건

해설 독성 가스 제독작업용 보호구
- 공기호흡기 또는 전면형 송기식 마스크
- 격리식 방독마스크
- 보호장갑 및 보호장화
- 보호복

56 가연성 가스의 제조설비 중 전기설비를 방폭성능을 가지는 구조로 갖추지 아니하여도 되는 가스는?

① 암모니아
② 염화메탄
③ 아크릴 알데히드
④ 산화에틸렌

해설 암모니아가스나 브롬화메탄가스의 제조설비 중 전기설비는 방폭성능을 가지는 구조로 갖추지 아니하여도 된다.(폭발범위가 낮기 때문이다.)

57 고압가스 매설관의 부식에 대한 전기방식에 있어서 외부전원법의 장점이 아닌 것은?

① 전극의 소모가 적어서 관리가 용이하다.
② 전압, 전류의 조정이 용이하다.
③ 전식에 대해서도 방식이 가능하다.
④ 과방식의 염려가 없다.

해설 전기방식에서 외부전원법은 과방식의 염려가 있다.

58 가스누출검지 경보장치로 실내 사용 암모니아 검출 시 지시계 눈금 범위로 옳은 것은?

① 25[ppm]
② 50[ppm]
③ 100[ppm]
④ 150[ppm]

해설 가스누출검지 경보장치지시계 눈금
- 가연성 가스용 : 0~폭발하한계값
- 독성 가스용 : 0~허용농도 3배 값
- 실내에 사용하는 암모니아 : 150[ppm]

59 NH_3(암모니아)가스 중화제로 가장 많이 쓰이는 것은?

① 리듐 브로마이드
② 에틸알코올
③ 물
④ 가성소다

해설 암모니아가스의 중화제는 다량의 물이다.

60 방류둑 내측 및 그 외면으로부터 몇 [m] 이내에는 그 저장탱크의 부속설비 외의 것을 설치하지 않아야 하는가?(단, 저장능력이 2천 톤인 가연성 가스 저장탱크시설이다.)

① 10[m]
② 15[m]
③ 20[m]
④ 25[m]

해설 방류둑의 내측 및 그 외면으로부터 10[m] 이내에는 그 저장탱크의 부속설비 외의 것을 설치하지 아니할 것
- 1천 톤 이상인 산소탱크 및 가연성 가스 저장탱크
- 5톤 이상의 독성 가스의 액화가스 저장탱크

ANSWER | 54 ② 55 ④ 56 ① 57 ④ 58 ④ 59 ③ 60 ①

61 독성 가스의 용기에 의한 운반기준이다. 충전용기를 차량에 적재하여 운반하는 때에는 그 차량의 앞뒤 보기 쉬운 곳에 각각 붉은 글씨로 경계표시와 위험을 알리는 표시를 하여야 한다. 꼭 표시하지 않아도 되는 것은?
① 위험고압가스 ② 회사 상호
③ 독성 가스 ④ 회사 전화번호

해설 고압가스 운반기준
충전용기의 운반 시 차량에 적재운반 시에는 위험고압가스, 전화번호, 독성 가스, 표시 등이 부착되어야 한다.

62 가스 누설을 검지하는 검지경보설비의 경보설정 값으로 올바른 것은?
① 수소 4[%]
② 아세틸렌 0.625[%]
③ 암모니아 60[ppm]
④ 일산화탄소 3[%]

해설 가스누설을 검지하는 검지경보설비의 경보설정값은 폭발범위 하한값의 $\frac{1}{4}$ 값이므로(단, 독성 가스는 허용농도 이하) 아세틸렌 폭발 범위 $C_2H_2 = 2.5 \sim 81[\%]$
∴ $2.5 \times \frac{1}{4} = 0.625[\%]$ 이하
① 1%, ③ 150ppm, ④ 50ppm

63 해당 가스의 제독제 연결이 틀린 것은?
① 암모니아 – 물 ② 산화에틸렌 – 물
③ 포스겐 – 물 ④ 염화메탄 – 물

해설 제독제
• 염소 : 가성소다 수용액, 탄산소다 수용액, 소석회
• 포스겐 : 가성소다 수용액, 소석회
• 황화수소 : 가성소다 수용액, 탄산소다 수용액
• 시안화수소 : 가성소다 수용액
• 아황산가스 : 가성소다 수용액, 탄산소다 수용액, 물
• 암모니아 : 다량의 물
• 산화에틸렌 : 다량의 물
• 염화메탄 : 다량의 물

MEMO

가스기능사 필기
CRAFTSMAN GAS

APPENDIX

01

과년도 기출문제

01 | 2011년도 기출문제
02 | 2012년도 기출문제
03 | 2013년도 기출문제
04 | 2014년도 기출문제
05 | 2015년도 기출문제
06 | 2016년도 기출문제

※ 2016년 제5회 시험부터 시험유형(CBT) 변경으로 기출문제가 공개되지 않습니다.

2011년 1회 과년도 기출문제

01 공기 중에서 폭발범위가 가장 넓은 가스는?
① C_2H_4O ② CH_4
③ C_2H_4 ④ C_3H_8

[해설] 가스 폭발범위(%)
- 산화에틸렌 C_2H_4O : 3~80
- 에틸렌 C_2H_4 : 2.7~36
- 메탄 CH_4 : 5~15
- 프로판 C_3H_8 : 2.1~9.5

02 아세틸렌을 용기에 충전 시 미리 용기에 다공물질을 채우는데 이때 다공도의 기준은?
① 75% 이상 92% 미만
② 80% 이상 95% 미만
③ 95% 이상
④ 98% 이상

[해설]
- 다공도 기준 : 75% 이상~92% 미만
- 다공물질 : 다공성플라스틱, 석면, 규조토, 점토, 산화철, 목탄

03 핼라이드 토치를 사용하여 프레온의 누출검사를 할 때 다량으로 누출될 때의 색깔은?
① 황색 ② 청색
③ 녹색 ④ 자색

[해설] 프레온냉매가스 누출검사
- 누설이 없으면 : 청색
- 소량 누설 시 : 녹색
- 중량 누설 시 : 자주색
- 다량으로 매우 많이 누설 : 불이 꺼진다.

04 다음은 어떤 안전설비에 대한 설명인가?

> 설비가 잘못 조작되거나 정상적인 제조를 할 수 없는 경우 자동으로 원재료의 공급을 차단시키는 등 고압가스 제조설비 안의 제조를 제어하는 기능을 한다.

① 안전밸브 ② 긴급차단장치
③ 인터록기구 ④ 벤트스택

[해설] 인터록기구
가스설비의 제조제어 기능(설비 잘못 조작 및 정상적인 제조가 불가능한 경우 원재료 공급차단)

05 물체의 상태변화 없이 온도변화만 일으키는 데 필요한 열량을 무엇이라 하는가?
① 현열 ② 잠열
③ 열용량 ④ 대사량

[해설]
① 현열 : 물체의 온도변화 시 소요되는 열
② 잠열 : 물체의 상태변화 시 필요한 열(액화가스를 기화시킬 때 잠열 소비)

06 조정압력이 3.3kPa 이하인 LP가스용 조정기 안전장치의 작동정지 압력은?
① 5.04~7.0kPa ② 5.60~7.0kPa
③ 5.04~8.4kPa ④ 5.60~8.4kPa

[해설]
- 작동정지 압력 : 5.04~8.4kPa
- 작동개시 압력 : 5.6~8.4kPa
- 분출개시 압력 : 7.0kPa

07 다음 각 금속재료의 가스 작용에 대한 설명으로 옳은 것은?
① 수분을 함유한 염소는 상온에서도 철과 반응하지 않으므로 철강의 고압용기에 충전할 수 있다.
② 아세틸렌은 강과 직접 반응하여 폭발성의 금속아세틸라이드를 생성한다.
③ 일산화탄소는 철족의 금속과 반응하여 금속카르보닐을 생성한다.
④ 수소는 저온, 저압하에서 질소와 반응하여 암모니아를 생성한다.

[해설]
- 수분을 함유한 염소는 철과 반응하여 부식

1. ① 2. ① 3. ④ 4. ③ 5. ① 6. ③ 7. ③ | ANSWER

- 아세틸렌은 구리, 은, 수은과 반응
- 수소는 고온 고압하에서 질소와 반응, 암모니아 생성

08 LPG사용시설의 고압배관에서 이상 압력 상승 시 압력을 방출할 수 있는 안전장치를 설치하여야 하는 저장능력의 기준은?

① 100kg 이상 ② 150kg 이상
③ 200kg 이상 ④ 250kg 이상

해설 LPG는 저장능력이 250kg 이상이면 안전장치를 부착하여야 한다.

09 고압가스 판매소의 시설기준에 대한 설명으로 틀린 것은?

① 충전용기의 보관실은 불연재료를 사용한다.
② 가연성 가스·산소 및 독성 가스의 저장실은 각각 구분하여 보관한다.
③ 용기보관실 및 사무실은 동일 부지 안에 설치하지 않는다.
④ 산소, 독성 가스 또는 가연성 가스를 보관하는 용기보관실의 면적은 각 고압가스별로 $10m^2$ 이상으로 한다.

해설 용기보관실 및 사무실은 동일부지 안에 설치가 가능하다.

10 차량에 고정된 탱크운반차량에서 돌출부속품의 보호조치에 대한 설명으로 틀린 것은?

① 후부취출식 탱크의 주밸브는 차량의 뒷범퍼와의 수평거리가 30cm 이상 떨어져 있어야 한다.
② 부속품이 돌출된 탱크는 그 부속품의 손상으로 가스가 누출되는 것을 방지하는 조치를 하여야 한다.
③ 탱크주밸브와 긴급차단장치에 속하는 밸브를 조작상자 내에 설치한 경우 조작상자와 차량의 뒷범퍼와의 수평거리는 20cm 이상 떨어져 있어야 한다.
④ 탱크주밸브 및 긴급차단장치에 속하는 중요한 부속품이 돌출된 저장탱크는 그 부속품을 차량의 좌측면이 아닌 곳에 설치한 단단한 조작상자 내에 설치하여야 한다.

해설
- 후부취출식은 이격거리가 40cm 이상이다.
- 후부취출식이 아니면 이격거리는 30cm 이상이다.

11 고압가스 설비에 설치하는 압력계의 최고눈금에 대한 측정범위의 기준으로 옳은 것은?

① 상용압력의 1.0배 이상, 1.2배 이하
② 상용압력의 1.2배 이상, 1.5배 이하
③ 상용압력의 1.5배 이상, 2.0배 이하
④ 상용압력의 2.0배 이상, 3.0배 이하

해설 압력계 최고눈금범위
상용압력의 1.5배 이상, 2.0배 이하

12 고압가스의 분출에 대하여 정전기가 가장 발생되기 쉬운 경우는?

① 가스가 충분히 건조되어 있을 경우
② 가스 속에 고체의 미립자가 있을 경우
③ 가스의 분자량이 작은 경우
④ 가스의 비중이 큰 경우

해설 가스 속에 고체의 미립자가 있을 경우 고압가스 분출에 대하여 정전기가 발생되기 쉽다.

13 고압가스 일반제조시설의 밸브가 돌출한 충전용기에서 고압가스를 충전한 후 넘어짐 방지조치를 하지 않아도 되는 용량의 기준은 내용적이 몇 L 미만일 때인가?

① 5   ② 10
③ 20 ④ 50

해설 고압가스 내용적이 5L 미만의 경우 넘어짐 방지조치가 불필요하다.

14 LPG 충전·집단공급 저장시설의 공기에 의한 내압시험 시 상용압력의 일정 압력 이상으로 승압한 후 단계적으로 승압시킬 때, 상용압력의 몇 %씩 증가시켜 내압시험압력에 달하였을 때 이상이 없어야 하는가?

① 5   ② 10
③ 15 ④ 20

ANSWER | 8.④ 9.③ 10.① 11.③ 12.② 13.① 14.②

해설 LPG 집단공급 저장시설의 경우 공기로 내압시험을 실시할 때 상용압력의 10%씩 증가시켜 내압시험을 실시한다.

15 염소가스 저장탱크의 과충전 방지장치는 가스 충전량이 저장탱크 내용적의 몇 %를 초과할 때 가스충전이 되지 않도록 동작하는가?
① 60%　　② 70%
③ 80%　　④ 90%

해설 염소가스 저장탱크 내용적의 90% 초과 시 과충전 방지장치가 작동한다.

16 가연성 가스라 함은 폭발한계의 상한과 하한의 차가 몇 % 이상인 것을 말하는가?
① 10%　　② 20%
③ 30%　　④ 40%

해설 가연성 가스는 폭발한계의 상한과 하한의 차가 20% 이상이면 가연성 가스이다.

17 액화석유가스(LPG) 이송방법과 관련이 먼 것은?
① 압력차에 의한 방법
② 온도차에 의한 방법
③ 펌프에 의한 방법
④ 압축기에 의한 방법

해설 LPG 이송방법
• 압력차에 의한 방법
• 펌프에 의한 방법
• 압축기에 의한 방법

18 고압가스 용기보관실에 충전용기를 보관할 때의 기준으로 틀린 것은?
① 충전용기와 잔가스용기는 각각 구분하여 용기보관장소에 놓는다.
② 용기보관장소의 주위 5m 이내에는 화기 또는 인화성 물질이나 발화성 물질을 두지 아니한다.
③ 충전용기는 항상 40℃ 이하의 온도를 유지하고, 직사광선을 받지 않도록 조치한다.
④ 가연성 가스 용기보관장소에는 방폭형 휴대용 손전등 외의 등화를 휴대하고 들어가지 아니한다.

해설 화기나 인화성 물질의 경우 8m 이내에는 가스용기를 보관하지 않는다.

19 충전용기를 차량에 적재하여 운반하는 도중에 주차하고자 할 때의 주의사항으로 옳지 않은 것은?
① 충전용기를 적재한 차량은 제1종 보호시설로부터 15m 이상 떨어지고, 제2종 보호시설이 밀집된 지역은 가능한 한 피한다.
② 주차 시에는 엔진을 정지시킨 후 주차브레이크를 걸어 놓는다.
③ 주차를 하고자 하는 주위의 교통상황·지형조건·화기 등을 고려하여 안전한 장소를 택하여 주차한다.
④ 주차 시에는 긴급한 사태에 대비하여 바퀴 고정목을 사용하지 않는다.

해설 고압가스 충전용기 주차 시에는 긴급사태에 대비하여 바퀴 고정목을 사용한다.

20 다음 중 지진감지장치를 반드시 설치하여야 하는 도시가스시설은?
① 가스도매사업자 인수기지
② 가스도매사업자 정압기지
③ 일반도시가스사업자 제조소
④ 일반도시가스사업자 정압기

해설 가스도매사업자 정압기지에는 반드시 지진감지장치를 설치한다.

21 다음 중 아황산가스의 제독제가 아닌 것은?
① 소석회　　② 가성소다 수용액
③ 탄산소다 수용액　　④ 물

해설 소석회
염소, 포스겐 등의 독성 가스 제독제

15. ④　16. ②　17. ②　18. ②　19. ④　20. ②　21. ①　| ANSWER

22 암모니아가스 검지경보장치는 검지에서 발신까지 걸리는 시간을 얼마 이내로 하는가?
① 30초   ② 1분
③ 2분   ④ 3분

해설 가스누출 검지경보장치의 검지에서 발신까지 걸리는 시간 : 30초 이내(단, 암모니아, 일산화탄소는 1분 이내)

23 가정에서 액화석유가스(LPG)가 누출될 때 가장 쉽게 식별할 수 있는 방법은?
① 냄새로써 식별
② 리트머스 시험지 색깔로 식별
③ 누출 시 발생되는 흰색 연기로 식별
④ 성냥 등으로 점화시켜 봄으로써 식별

해설 가정용 LPG 누출 식별
• 냄새로써 식별
• 비눗물로써 검출

24 압축 또는 액화 그 밖의 방법으로 처리할 수 있는 가스의 용적이 1일 100m³ 이상인 사업소는 압력계를 몇 개 이상 비치하도록 되어 있는가?
① 1   ② 2
③ 3   ④ 4

해설 가스의 용적이 100m³ 이상 사업소 압력계 2개 이상 비치

25 도시가스 공급시설 중 저장탱크 주위의 온도상승 방지를 위하여 설치하는 고정식 물분무장치의 단위면적당 방사능력의 기준은?(단, 단열재를 피복한 준내화구조 저장탱크가 아니다.)
① 2.5L/분·m² 이상   ② 5L/분·m² 이상
③ 7.5L/분·m² 이상   ④ 10L/분·m² 이상

해설 온도상승방지 고정식 물분무장치
• 저장탱크 표면적 : 5L/m²·min
• 저온저장탱크 및 준내화구조 저장탱크 : 2.5L/m²·min

26 고압가스 저장탱크 및 처리설비에 대한 설명으로 틀린 것은?
① 가연성 저장탱크를 2개 이상 인접 설치 시에는 0.5m 이상의 거리를 유지한다.
② 지면으로부터 매설된 저장탱크 정상부까지의 깊이는 60cm 이상으로 한다.
③ 저장탱크를 매설한 곳의 주위에는 지상에 경계 표지를 한다.
④ 독성 가스 저장탱크실과 처리설비실에는 가스누출검지경보장치를 설치한다.

해설 저장탱크가 가연성의 경우 2개 이상이면 두 저장탱크의 최대지름을 합산한 거리인 길이의 1/4 이상에 해당하는 거리를 유지한다.

27 수성가스의 주성분으로 바르게 이루어진 것은?
① CO, CO_2 ② CO_2, N_2
③ CO, H_2O ④ CO, H_2

해설
• 수성가스 주성분 : CO, H_2
• 수성가스 : 석탄의 화염 등에 H_2O를 투입하여 CO, H_2 가스 발생

28 용기의 내부에 절연유를 주입하여 불꽃, 아크 또는 고온발생 부분이 기름 속에 잠기게 함으로써 기름면 위에 존재하는 가연성 가스에 인화되지 않도록 한 방폭구조는?
① 압력방폭구조   ② 유입방폭구조
③ 내압방폭구조   ④ 안전증방폭구조

해설 유입방폭구조
용기의 내부에 절연유 주입

29 프로판 15vol%와 부탄 85vol%로 혼합된 가스의 공기 중 폭발하한 값은 얼마인가?(단, 프로판의 폭발하한값은 2.1%로 하고, 부탄은 1.8%로 한다.)
① 1.84   ② 1.88
③ 1.94   ④ 1.98

ANSWER | 22. ② 23. ① 24. ② 25. ② 26. ① 27. ④ 28. ② 29. ①

해설
$$\frac{100}{L} = \frac{V_1}{L_1} + \frac{V_2}{L_2}$$
$$= \frac{15}{2.1} + \frac{85}{1.8} = 7.14 + 47.2$$
$$\therefore \frac{100}{L} = \frac{100}{7.14 + 47.2} = \frac{100}{54.36} = 1.84$$

30 체적 0.8m³의 용기에 16kg의 가스가 들어 있다면 이 가스의 밀도는?
① 0.05kg/m³ ② 8kg/m³
③ 16kg/m³ ④ 20kg/m³

해설 밀도(ρ) = $\frac{질량}{체적}$ = $\frac{16}{0.8}$ = 20kg/m³

31 햄프슨식이라고도 하며 저장조 상부로부터 압력과 저장조 하부로부터의 압력의 차로써 액면을 측정하는 것은?
① 부자식 액면계 ② 차압식 액면계
③ 편위식 액면계 ④ 유리관식 액면계

해설 햄프슨식 액면계
차압식 액면계

32 코일장에 감겨진 백금선의 표면으로 가스가 산화반응할 때의 발열에 의해 백금선의 저항 값이 변화하는 현상을 이용한 가스검지방법은?
① 반도체식 ② 기체열전도식
③ 접촉연소식 ④ 액체열전도식

해설 촉연소식 가스검지방법
백금선의 저항 값이 변화하는 현상을 이용

33 대기차단식 가스보일러에서 반드시 갖추어야 할 장치가 아닌 것은?
① 저수위안전장치 ② 압력계
③ 압력팽창탱크 ④ 헛불방지장치

해설
• 저수위안전장치 : 산업용 보일러용
• 헛불방지장치 : 소형가스 보일러용

34 원심펌프를 직렬로 연결하여 운전할 때 양정과 유량의 변화는?
① 양정 : 일정, 유량 : 일정
② 양정 : 증가, 유량 : 증가
③ 양정 : 증가, 유량 : 일정
④ 양정 : 일정, 유량 : 증가

해설
• 직렬 연결 : 양정증가, 유량일정
• 병렬 연결 : 유량증가, 양정일정

35 초저온용 가스를 저장하는 탱크에 사용되는 단열재의 구비조건으로 틀린 것은?
① 밀도가 클 것
② 흡수성이 없을 것
③ 열전도도가 작을 것
④ 화학적으로 안정할 것

해설 보온단열재는 밀도(kg/m³)가 작아야 열전달을 차단할 수 있다.

36 다음 중 특정설비가 아닌 것은?
① 차량에 고정된 탱크 ② 안전밸브
③ 긴급차단장치 ④ 압력조정기

해설 압력조정기
가스의 압력을 소정의 압력으로 감압시키는 가스용기기이다.

37 고속회전하는 임펠러의 원심력에 의해 속도에너지를 압력에너지로 바꾸어 압축하는 형식으로서 유량이 크고 설치면적을 적게 차지하는 압축기의 종류는?
① 왕복식 ② 터보식
③ 회전식 ④ 흡수식

해설 터보식 압축기
원심력 압축기(비용적식)

30. ④ 31. ② 32. ③ 33. ① 34. ③ 35. ① 36. ④ 37. ② | ANSWER

38 루트 미터에 대한 설명으로 옳은 것은?
① 설치공간이 크다.
② 일반 수용가에 적합하다.
③ 스트레이너가 필요 없다.
④ 대용량 가스 측정에 적합하다.

해설 루트 미터 가스미터기
- 대용량 측정가능(100~5,000m³/h)
- 설치 스페이스가 적다.
- 여과기를 설치해야 한다.

39 액화산소 및 LNG 등에 사용할 수 없는 재질은?
① Al합금   ② Cu합금
③ Cr강   ④ 18-8스테인리스강

해설 크롬(Cr)강
내열성, 내식성, 내마모성, 담금질성 강(초저온 용기에는 부적당)

40 액주식 압력계에 사용되는 액체의 구비 조건으로 틀린 것은?
① 화학적으로 안정되어야 한다.
② 모세관 현상이 없어야 한다.
③ 점도와 팽창계수가 작아야 한다.
④ 온도변화에 의한 밀도변화가 커야 한다.

해설 액주식 압력계 액체는 온도변화에 따른 밀도의 변화가 적을 것

41 다음 중 액면계의 측정방식에 해당하지 않는 것은?
① 압력식   ② 정전용량식
③ 초음파식   ④ 환상천평식

해설 환상천평식
수은을 이용한 300atm까지 압력을 측정할 수 있다.

42 흡입압력이 대기압과 같으며 최종압력이 $15kgf/cm^2 \cdot g$인 4단 공기압축기의 압축비는 약 얼마인가?(단 대기압은 $1kgf/cm^2$로 한다.)

① 2   ② 4
③ 8   ④ 16

해설 $p_m = {}^z\sqrt{\dfrac{p_2}{p_1}} = {}^4\sqrt{\dfrac{15+1}{1+1}} = 2$

43 LP가스의 이송설비에서 펌프를 이용한 것에 비해 압축기를 이용한 충전방법의 특징이 아닌 것은?
① 충전시간이 길다.
② 잔가스회수가 가능하다.
③ 압축기의 오일이 탱크에 들어가 드레인의 원인이 된다.
④ 베이퍼록 현상이 없다.

해설 LP가스 이송설비에서 압축기를 이용하면 충전시간이 짧아진다.(펌프이송 시 충전시간이 길다.)

44 저온장치 진공단열법에 해당되지 않는 것은?
① 고진공단열법   ② 격막진공단열법
③ 분말진공단열법 ④ 다층진공단열법

해설 진공단열법
- 고진공단열법
- 분말진공단열법
- 다층진공단열법

45 고압가스 용기에 사용되는 강의 성분원소 중 탄소, 인, 황 및 규소의 작용에 대한 설명으로 옳지 않은 것은?
① 탄소량이 증가하면 인장강도는 증가한다.
② 황은 적열취성의 원인이 된다.
③ 인은 상온취성의 원인이 된다.
④ 규소량이 증가하면 충격치는 증가한다.

해설
- 규소(Si) : 내열성 증가, 자기특성 발생
- 탄소(C)량이 증가하면 인장강도 증가
- 황은 800℃ 정도에서 적열취성 원인
- 인은 상온(18~20℃)에서 취성발생

ANSWER | 38. ④ 39. ③ 40. ④ 41. ④ 42. ① 43. ① 44. ② 45. ④

46 다음과 같은 특징을 가지는 가스는?

[보기]
- 맹독성이고 자극성 냄새의 황록색 기체
- 임계온도는 약 144℃, 임계압력은 약 76.1atm
- 수은법, 격막법 등에 의해 제조

① CO ② Cl_2
③ $COCl_2$ ④ H_2S

해설 염소(Cl_2)
- 맹독성(허용농도 1ppm 가스)
- 임계압력 76.1atm
- 임계온도 144℃

47 프로판 용기에 50kg의 가스가 충전되어 있다. 이때 액상의 LP가스는 몇 L의 체적을 갖는가?(단, 프로판의 액 비중량은 0.5kg/L이다.)

① 25 ② 50
③ 100 ④ 150

해설 프로판 1L=0.5kg
∴ $V = \frac{50}{0.5} = 100L$

48 1.0332kg/cm² · a는 게이지 압력(kg/cm² · g)으로 얼마인가?(단, 대기압은 1.0332kg/cm²이다.)

① 0 ② 1
③ 1.0332 ④ 2.0664

해설 게이지 압력=표준대기압과 절대압력의 차이가 되므로
atg=abs−atm
=1.0332−1.0332
=0kg/cm²g

49 압력의 단위로 사용되는 SI 단위는?

① atm ② Pa
③ psi ④ bar

해설 압력 SI 단위 : Pa, kPa, MPa 등

50 아세틸렌에 대한 설명으로 틀린 것은?

① 공기보다 무겁다.
② 일반적으로 무색, 무취이다.
③ 폭발위험성이 있다.
④ 액체 아세틸렌은 불안정하다.

해설 아세틸렌 가스 비중(26), C_2H_2 가스
비중 = $\frac{가스 분자량}{29} = \frac{2.6}{29} = 0.896$
∴ 공기보다 가볍다.(공기비중은 1)

51 도시가스에 첨가하는 부취제가 갖추어야 할 성질로 틀린 것은?

① 독성이 없을 것
② 극히 낮은 농도에서도 냄새가 확인될 수 있을 것
③ 가스관이나 가스미터에 흡착이 잘될 것
④ 배관 내의 상용온도에서 응축하지 않을 것

해설 부취제는 가스관이나 가스미터에 흡착되지 말 것(부취제 : 누설 시 냄새로 누설 파악)

52 다음 중 물과 접촉 시 아세틸렌가스를 발생하는 것은?

① 탄화칼슘 ② 소석회
③ 가성소다 ④ 금속칼륨

해설
- 카바이드(탄화칼슘 CaC_2) : 칼슘카바이드
- $CaO + 3C \rightarrow CaC_2 + CO$
- $CaC_2 + 2H_2O \rightarrow Ca(OH) + C_2H_2$(아세틸렌)

53 일산화탄소 가스의 용도로 알맞은 것은?

① 메탄올 합성 ② 용접 절단용
③ 암모니아 합성 ④ 섬유의 표백용

해설 메탄올(메틸알코올 : CH_3OH)
$CO + 2H_2 \xrightarrow[200\sim300atm]{250\sim400℃} CH_3OH$(메탄올 발생)

46. ② 47. ③ 48. ① 49. ② 50. ① 51. ③ 52. ① 53. ① | ANSWER

54 다음 중 조연성(지연성) 가스는?
① H_2 ② O_3
③ Ar   ④ NH_3

해설 | 조연성 가스
O_2, O_3, Cl_2, 공기, F_2, NO_2, NO(연소성을 도와주는 가스)

55 고압고무호스에 사용하는 부품 중 조정기 연결부 이음쇠의 재료로서 가장 적당한 것은?
① 단조용 황동   ② 쾌삭 황동
③ 스테인리스 스틸   ④ 아연 합금

해설 | 단조용 황동
고압고무 호스에 사용하는 조정기 연결부 이음쇠 재료

56 주기율표의 0족에 속하는 불활성 가스의 성질이 아닌 것은?
① 상온에서 기체이며, 단원자 분자이다.
② 다른 원소와 잘 화합한다.
③ 상온에서 무색, 무미, 무취의 기체이다.
④ 방전관에 넣어 방전시키면 특유의 색을 낸다.

해설 | 불활성 가스는 다른 원소와 화합하지 않는다.(He, Ne, Ar, Kr, Xe, Rn 등 가스)

57 프로판의 착화온도는 약 몇 ℃ 정도인가?
① 460~520   ② 550~590
③ 600~660   ④ 680~740

해설 | 프로판 가스(C_3H_8 Gas)의 착화온도는 460~520℃이다.

58 표준 대기압 상태에서 물의 끓는점을 °R로 나타낸 것은?
① 373   ② 560
③ 672   ④ 772

해설 | °R(랭킨절대온도)=°F+460, 물의 끓는 온도 212°F
∴ °R=212+462=672

59 다음 중 온도의 단위가 아닌 것은?
① 섭씨온도   ② 화씨온도
③ 켈빈온도   ④ 헨리온도

해설 | 헨리의 법칙
기체의 용해도 법칙(기체는 온도가 낮고 압력이 높을수록 잘 용해된다.)

60 다음 중 표준 대기압에 대하여 바르게 나타낸 것은?
① 적도지방 연평균 기압
② 토리첼리의 진공실험에서 얻어진 압력
③ 대기압을 0으로 보고 측정한 압력
④ 완전진공을 0으로 했을 때의 압력

해설 | 표준대기압
토리첼리의 진공실험에서 얻어진 압력
1atm=101.325kPa=1.0332kg/cm²=10.332mAq
  =14.7psi=101,325N/m²=101,325Pa
③은 게이지압력, ④는 절대압력

ANSWER | 54. ② 55. ① 56. ② 57. ① 58. ③ 59. ④ 60. ②

2011년 2회 과년도 기출문제

01 액화천연가스 저장설비의 안전거리 산정식으로 옳은 것은?(단, L : 유지하여야 하는 거리[m], C : 상수, W : 저장능력[톤]의 제곱근이다.)

① $L = C^3\sqrt{143,000\,W}$
② $L = W\sqrt{143,000\,C}$
③ $L = C\sqrt{143,000\,W}$
④ $W = L\sqrt{143,000\,C}$

해설 액화천연가스 저장설비 안전거리 산정식(L)
$L = C^3\sqrt{143,000\,W}$ (m)

02 다음 굴착공사 중 굴착공사를 하기 전에 도시가스사업자와 협의를 하여야 하는 것은?

① 굴착공사 예정지역 범위에 묻혀 있는 도시가스배관의 길이가 110m인 굴착공사
② 굴착공사 예정지역 범위에 묻혀 있는 도시가스배관의 길이가 200m인 굴착공사
③ 해당 굴착공사로 인하여 압력이 3.2kPa인 도시가스배관의 길이가 30m 노출될 것으로 예상되는 굴착공사
④ 해당 굴착공사로 인하여 압력이 0.8MPa인 도시가스배관의 길이가 8m 노출될 것으로 예상되는 굴착공사

해설 도시가스의 배관길이가 100m 이상인 굴착공사는 반드시 안전에 관하여 협의하여야 한다.

03 독성 가스 제독작업에 반드시 갖추지 않아도 되는 보호구는?

① 공기 호흡기   ② 격리식 방독 마스크
③ 보호장화   ④ 보호용 면수건

해설 공기호흡기, 보호용 장갑, 보호장화가 필요하다.

04 도시가스 공급배관에서 입상관의 밸브는 바닥으로부터 얼마의 범위에 설치하여야 하는가?

① 1m 이상, 1.5m 이내
② 1.6m 이상, 2m 이내
③ 1m 이상, 2m 이내
④ 1.5m 이상, 3m 이내

해설 입상관 밸브
바닥에서 1.6m 이상~2m 이내에 설치한다.

05 가연물의 종류에 따른 화재의 구분이 잘못된 것은?

① A급 : 일반화재   ② B급 : 유류화재
③ C급 : 전기화재   ④ D급 : 식용유 화재

해설 D급 : 금속화재
E급 : 가스화재

06 도시가스사업법에서 규정하는 도시가스사업이란 어떤 종류의 가스를 공급하는 것을 말하는가?

① 제조용 가스   ② 연료용 가스
③ 산업용 가스   ④ 압축가스

해설 도시가스사업 : 연료용 가스공급사업

07 도시가스시설의 설치공사 또는 변경공사를 하는 때에 이루어지는 전공정 시공감리 대상은?

① 도시가스사업자 외의 가스공급시설설치자의 배관 설치공사
② 가스도매사업자의 가스공급시설 설치공사
③ 일반도시가스사업자의 정압기 설치공사
④ 일반도시가스사업자의 제조소 설치공사

해설 ①항 배관설치검사는 「도시가스사업법 시행규칙」 제23조 제3항에 의해 전공정 시공감리 대상이다.

ANSWER 1.① 2.① 3.④ 4.② 5.④ 6.② 7.①

08 가스의 폭발한계에 대한 설명으로 틀린 것은?
① 메탄계 탄화수소가스의 폭발한계는 압력이 상승함에 따라 넓어진다.
② 가연성 가스에 불활성 가스를 첨가하면 폭발범위는 좁아진다.
③ 가연성 가스에 산소를 첨가하면 폭발범위는 넓어진다.
④ 온도가 상승하면 폭발하한은 올라간다.

해설 온도가 상승하면 가연성 가스의 폭발범위가 넓어진다.

09 도시가스의 고압배관에 사용되는 관재료가 아닌 것은?
① 배관용 아크용접 탄소강관
② 압력배관용 탄소강관
③ 고압배관용 탄소강관
④ 고온배관용 탄소강관

해설 배관용 아크용접 탄소강관 : SPW이며 사용압력이 1MPa (10kg/cm²)의 낮은 증기, 물, 가스, 기름, 공기배관용(350~1,500A에 사용)

10 독성 가스의 저장탱크에는 가스의 용량이 그 저장탱크 내용적의 90%를 초과하는 것을 방지하는 장치를 설치하여야 한다. 이 장치를 무엇이라고 하는가?
① 경보장치
② 액면계
③ 긴급차단장치
④ 과충전방지장치

해설 과충전방지장치
그 저장탱크 내용적의 90% 초과방지장치 역할

11 다음 중 폭발방지대책으로서 가장 거리가 먼 것은?
① 압력계 설치
② 정전기 제거를 위한 접지
③ 방폭성능 전기설비 설치
④ 폭발하한 이내로 불활성 가스에 의한 희석

해설 압력계
증기나 가스 등의 압력을 측정하여 압력초과 방지에 사용되는 계측기기

12 가스공급자는 안전유지를 위하여 안전관리자를 선임하여야 한다. 다음 중 안전관리자의 업무가 아닌 것은?
① 용기 또는 작업과정의 안전유지
② 안전관리규정의 시행 및 그 기록의 작성 · 보존
③ 사업소 종사자에 대한 안전관리를 위하여 필요한 지휘 · 감독
④ 공급시설의 정기검사

해설 공급시설의 정기검사와 가스안전관리자의 업무와는 관련이 없다.

13 압축 가연성 가스를 몇 m³ 이상을 차량에 적재하여 운반하는 때에 운반책임자를 동승시켜 운반에 대한 감독 또는 지원을 하도록 되어 있는가?
① 100
② 300
③ 600
④ 1,000

해설 압축가스 운반책임자 동승기준
- 가연성 : 300m³ 이상
- 독성 : 100m³ 이상
- 조연성 : 600m³ 이상

14 방류둑의 성토 윗부분의 폭은 얼마 이상으로 규정되어 있는가?
① 30cm 이상
② 50cm 이상
③ 100cm 이상
④ 120cm 이상

해설 방류둑의 성토 윗부분 : 30cm 이상

15 산소의 저장설비 외면으로부터 얼마의 거리에서 화기를 취급할 수 없는가?(단, 자체 설비 내의 것을 제외한다.)
① 2m 이내
② 5m 이내
③ 8m 이내
④ 10m 이내

해설
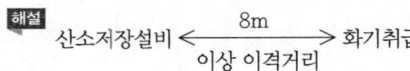

ANSWER | 8. ④ 9. ① 10. ④ 11. ① 12. ④ 13. ② 14. ① 15. ③

16 가연성 가스가 폭발할 위험이 있는 장소에 전기설비를 할 경우 위험 장소의 등급 분류에 해당하지 않는 것은?
① 0종　　② 1종
③ 2종　　④ 3종

해설 위험장소의 등급 분류
1종 장소, 2종 장소, 0종 장소(3등급으로 분류)

17 고압가스 냉매설비의 기밀시험 시 압축공기를 공급할 때 공기의 온도는 몇 ℃ 이하로 정해져 있는가?
① 40℃ 이하　　② 70℃ 이하
③ 100℃ 이하　　④ 140℃ 이하

해설 고압가스 냉매설비 기밀시험 시 압축공기는 140℃ 이하로 한다.

18 고압가스의 용어에 대한 설명으로 틀린 것은?
① 액화가스란 가압, 냉각 등의 방법에 의하여 액체 상태로 되어 있는 것으로서 대기압에서의 끓는점이 섭씨 40도 이하 또는 상용의 온도 이하인 것을 말한다.
② 독성 가스란 공기 중에 일정량이 존재하는 경우 인체에 유해한 독성을 가진 가스로서 허용농도가 100만분의 2,000 이하인 가스를 말한다.
③ 초저온 저장탱크라 함은 섭씨 영하 50도 이하의 액화가스를 저장하기 위한 저장탱크로서 단열재로 씌우거나 냉동설비로 냉각하는 등의 방법으로 저장탱크 내의 가스온도가 상용의 온도를 초과하지 아니하도록 한 것을 말한다.
④ 가연성 가스라 함은 공기 중에서 연소하는 가스로서 폭발한계의 하한이 10% 이하인 것과 폭발한계의 상한과 하한의 차가 20% 이상인 것을 말한다.

해설 독성 가스 : 허용농도 200ppm 이하, $\left(\dfrac{200}{10^6}\right)$ 이하 가스

19 도시가스 사용시설인 배관의 내용적이 10L 초과 50L 이하일 때 기밀시험압력 유지시간은 얼마인가?
① 5분 이상　　② 10분 이상
③ 24분 이상　　④ 30분 이상

해설 기밀시험압력 유지 소요시간
• 10L 이하 : 5분
• 10L 초과~50L 이하 : 10분
• 50L 초과 : 24분

20 액상의 염소가 피부에 닿았을 경우의 조치로서 가장 적당한 것은?
① 암모니아로 씻어낸다.
② 이산화탄소로 씻어낸다.
③ 소금물로 씻어낸다.
④ 맑은 물로 씻어낸다.

해설 염소의 제독제
• 가성소다 수용액
• 탄산소다 수용액
• 소석회
※ 피부에 닿으면 맑은 물로 씻어낸다.

21 다음 중 용기의 설계단계검사 항목이 아닌 것은?
① 용접부의 기계적 성능　　② 단열성능
③ 내압성능　　④ 작동성능

해설 용기의 설계단계검사
• 용접부의 기계적 성능
• 단열성능
• 내압성능

22 아세틸렌을 용기에 충전할 때에는 미리 용기에 다공물질을 고루 채운 후 침윤 및 충전을 하여야 한다. 이때 다공도는 얼마로 하여야 하는가?
① 75% 이상 92% 미만　　② 70% 이상 95% 미만
③ 62% 이상 75% 미만　　④ 92% 이상

해설 C_2H_2가스 저장 시 용기의 다공도(다공물질) : 75% 이상~92% 미만

16. ④　17. ④　18. ②　19. ②　20. ④　21. ④　22. ① | ANSWER

23 다음 방폭구조에 대한 설명 중 틀린 것은?
① 용기내부에 보호가스를 압입하여 내부압력을 유지함으로써 가연성 가스가 용기내부로 유입되지 않도록 한 구조를 압력방폭구조라 한다.
② 용기내부에 절연유를 주입하여 불꽃 아크 또는 고온발생부분이 기름 속에 잠기게 함으로써 기름면 위에 존재하는 가연성 가스에 인화되지 않도록 한 구조를 유입방폭구조라 한다.
③ 정상운전 중에 가연성 가스의 점화원이 될 전기불꽃 아크 또는 고온 부분 등의 발생을 방지하기 위해 기계적 전기적 구조상 또는 온도상승에 대해 특히 안전도를 증가시킨 구조를 특수방폭구조라 한다.
④ 정상 시 및 사고 시에 발생하는 전기불꽃 아크 또는 고온부로 인하여 가연성 가스가 점화되지 않는 것이 점화시험 그 밖의 방법에 의해 확인된 구조를 본질안전방폭구조라 한다.

해설 ③의 내용은 안전증방폭구조이다.

24 도로굴착공사에 의한 도시가스배관 손상 방지기준으로 틀린 것은?
① 착공 전 도면에 표시된 가스배관과 기타 지장물 매설유무를 조사하여야 한다.
② 도로굴착자의 굴착공사로 인하여 노출된 배관 길이가 10m 이상인 경우에는 점검통로 및 조명시설을 하여야 한다.
③ 가스배관이 있을 것으로 예상되는 지점으로부터 2m 이내에서 줄파기를 할 때에는 안전관리전담자의 입회하에 시행하여야 한다.
④ 가스배관의 주위를 굴착하고자 할 때에는 가스배관의 좌우 1m 이내의 부분은 인력으로 굴착한다.

해설 ②항은 15m 이상 노출배관 시 적용사항이다.

25 다음 중 산소 없이 분해폭발을 일으키는 물질이 아닌 것은?
① 아세틸렌   ② 히드라진
③ 산화에틸렌   ④ 시안화수소

해설 시안화수소(HCN) : 폭발범위 6~41% 가연성 가스이며 허용농도 10ppm의 독성 가스이다.

26 내화구조의 가연성 가스 저장탱크에서 탱크 상호간의 거리가 1m 또는 두 저장 탱크의 최대지름을 합산한 길이의 1/4 길이 중 큰 쪽의 거리를 유지하지 못한 경우 물분무 장치의 수량기준으로 옳은 것은?
① $4L/m^2 \cdot min$ ② $5L/m^2 \cdot min$
③ $6.5L/m^2 \cdot min$ ④ $8L/m^2 \cdot min$

해설
• 저장탱크 전표면 : 8L/min
• 내화구조 압면두께 25mm 이상 : 4L/min
• 준내화구조 : 6.5L/min

27 다음 중 가연성 가스에 해당되지 않는 것은?
① 산화에틸렌   ② 암모니아
③ 산화질소   ④ 아세트알데히드

해설 NO : 허용농도 25ppm 독성 가스

28 독성 가스를 사용하는 내용적이 몇 L 이상인 수액기 주위에 액상의 가스가 누출될 경우에 대비하여 방류둑을 설치하여야 하는가?
① 1,000   ② 2,000
③ 5,000   ④ 10,000

해설 방류둑 기준
• 산소 1천톤 이상
• 독성(액화가스) : 5톤 이상
• 암모니아(액화가스) : 10,000톤 이상

29 공기 중에서 폭발범위가 가장 넓은 가스는?
① 메탄   ② 프로판
③ 에탄   ④ 일산화탄소

해설 폭발범위
• 메탄 5~15%   • 프로판 : 2.1~9.5%
• 에탄 2.7~36%   • 일산화탄소 : 12.5~74%

ANSWER | 23. ③ 24. ② 25. ④ 26. ① 27. ③ 28. ④ 29. ④

30 가연성 액화가스 저장탱크의 내용적이 40m³일 때 제1종 보호시설과의 거리는 몇 m 이상을 유지하여야 하는가?(단, 액화가스의 비중은 0.52이다.)
① 17m ② 21m
③ 24m ④ 27m

해설 가연성 가스 40m³ = 40,000L
40,000 × 0.52 = 20,800kg
20,800 × 0.9 = 18,720kg 저장
(탱크 내 90%만 저장 가능)
∴ 1만 초과~2만kg 이하의 경우
  • 제1종 : 21m
  • 제2종 : 14m

31 수소와 염소에 직사광선이 작용하여 폭발하였다. 폭발의 종류는?
① 산화폭발 ② 분해폭발
③ 중합폭발 ④ 촉매폭발

해설 $Cl_2 + H_2 \xrightarrow[\text{촉매}]{\text{직사광선}} 2HCl + 44kcal$(염소폭명기)
※ Cl_2(염소), H_2(수소), HCl(염화수소)

32 LP가스 이송설비 중 압축기에 의한 이송방식에 대한 설명으로 틀린 것은?
① 잔가스 회수가 용이하다.
② 베이퍼록 현상이 없다.
③ 펌프에 비해 이송시간이 짧다.
④ 저온에서 부탄가스가 재액화되지 않는다.

해설 LP가스(프로판+부탄)는 압축기에 의한 이송(기체가스) 중 저온이 되면 부탄가스 등은 재액화가 될 우려가 크다.

33 압축기의 실린더를 냉각할 때 얻는 효과가 아닌 것은?
① 압축효율이 증가되어 동력이 증가한다.
② 윤활기능이 향상되고 적당한 점도가 유지된다.
③ 윤활유의 탄화나 열화를 막는다.
④ 체적효율이 증가한다.

해설 암모니아 등 압축기의 실린더를 냉각시키면 압축효율이 증가되어 동력이 감소한다.

34 빙점 이하의 낮은 온도에서 사용되며 LPG탱크, 저온에서도 인성이 감소되지 않는 화학공업 배관 등에 주로 사용되는 관의 종류는?
① SPLT ② SPHT
③ SPPH ④ SPPS

해설 • SPLT : 저온용 탄소강 강관
• SPHT : 고온배관용 탄소강 강관
• SPPH : 고압배관용 탄소강 강관
• SPPS : 압력배관용 탄소강 강관

35 다음 중 캐비테이션(Cavitation)의 발생 방지법이 아닌 것은?
① 펌프의 회전수를 높인다.
② 흡입관의 배관을 간단하게 한다.
③ 펌프의 위치를 흡수면에 가깝게 한다.
④ 흡입관의 내면에 마찰저항이 적게 한다.

해설 캐비테이션(펌프의 공동현상 : 펌프에서 주기적으로 액체가 기화하는 현상)을 방지하려면 펌프의 회전수를 낮추어 준다.

36 손잡이를 돌리면 원통형의 폐지밸브가 상하로 올라가고 내려가 밸브 개폐를 함으로써 폐쇄가 양호하고 유량조절이 용이한 밸브는?
① 플러그 밸브 ② 게이트 밸브
③ 글로브 밸브 ④ 볼 밸브

해설 글로브 밸브 : 유량조절밸브

37 1,000L의 액산 탱크에 액산을 넣어 방출밸브를 개방하여 12시간 방치하였더니 탱크 내의 액산이 4.8kg 방출되었다면 1시간당 탱크에 침입하는 열량은 약 몇 kcal인가?(단, 액산의 증발잠열은 60kcal/kg이다.)
① 12 ② 24
③ 70 ④ 150

30. ② 31. ④ 32. ④ 33. ① 34. ① 35. ① 36. ③ 37. ② | ANSWER

해설 증발열 = 60 × 4.8 = 288kcal
∴ 침입열량 = $\frac{288}{12}$ = 24kcal/h

38 다음 가스계량기 중 측정 원리가 다른 하나는?
① 오리피스미터 ② 벤투리미터
③ 피토관 ④ 로터미터

해설
- 로터미터 : 면적식 유량계
- 오리피스, 벤투리미터 : 차압식 유량계
- 피토관 : 유속식 유량계

39 압축 도시가스자동차 충전의 냄새첨가장치에서 냄새가 나는 물질의 공기 중 혼합비율은 얼마인가?
① 공기 중 혼합비율이 용량의 10분의 1
② 공기 중 혼합비율이 용량의 100분의 1
③ 공기 중 혼합비율의 용량이 1,000분의 1
④ 공기 중 혼합비율의 용량이 10,000분의 1

해설 가스 부취제 혼합비율 : 공기 중 혼합비율의 용량이 $\frac{1}{1,000}$ 정도 혼합

40 펌프를 운전할 때 송출 압력과 송출 유량이 주기적으로 변동하여 펌프의 토출구 및 흡입구에서 압력계의 지침이 흔들리는 현상을 무엇이라고 하는가?
① 맥동(Surging)현상
② 진동(Vibration)현상
③ 공동(Cavitation)현상
④ 수격(Water Hammering)현상

해설 맥동(서징)현상은 펌프를 운전할 때 송출 압력과 송출 유량이 주기적으로 변동하여 펌프의 토출구 및 흡입구에서 압력계의 지침이 흔들리는 현상을 말한다.

41 암모니아 합성공정 중 중압합성에 해당되지 않는 것은?
① IG법 ② 뉴파우더법
③ 케이크법 ④ 케로그법

해설 암모니아 저압합성법
구우데법, 케로그법

42 설치 시 공간을 많이 차지하여 신축에 따른 응력을 수반하나 고압에 잘 견디어 고온 고압용 옥외 배관에 많이 사용되는 신축 이음쇠는?
① 벨로스형 ② 슬리브형
③ 루프형 ④ 스위블형

해설 루프형 신축이음(옥외 대형 배관용)

43 다음 연소기 중 가스용품 제조 기술기준에 따른 가스레인지로 보기 어려운 것은?(단, 사용압력은 3.3kPa 이하로 한다.)
① 전가스소비량이 9,000kcal/h인 3구 버너를 가진 연소기
② 전가스소비량이 11,000kcal/h인 4구 버너를 가진 연소기
③ 전가스소비량이 13,000kcal/h인 6구 버너를 가진 연소기
④ 전가스소비량이 15,000kcal/h인 2구 버너를 가진 연소기

해설 가스레인지는 16.7kW(14,400kcal/h) 이하의 가스에 해당된다.(버너 1개 소비량은 5.8kW : 5,000kcal/h 이하)

44 용기의 내용적이 105L인 액화암모니아 용기에 충전할 수 있는 가스의 충전량은 몇 kg인가?(단, 액화암모니아의 가스정수 C 값은 1.86이다.)
① 20.5 ② 45.5
④ 56.5 ④ 117.5

해설 가스 충전량(W) = $\frac{V_2}{C}$ = $\frac{105}{1.86}$ = 56.4516kg

ANSWER | 38. ④ 39. ③ 40. ① 41. ④ 42. ③ 43. ④ 44. ③

45 물체에 힘을 가하면 변형이 생긴다. 이 후크의 법칙에 의해 작용하는 힘과 변형이 비례하는 원리를 이용하는 압력계는?
① 액주식 압력계 ② 분동식 압력계
③ 전기식 압력계 ④ 탄성식 압력계

해설 탄성식 압력계
부르동관 압력계 등 후크의 법칙을 이용한 압력계

46 다음 중 LPG(액화석유가스)의 성분 물질로 가장 거리가 먼 것은?
① 프로판 ② 이소부탄
③ n-부탈렌 ④ 메탄

해설 메탄(CH_4)가스
액화천연가스(LPG)의 주성분

47 다음 염소에 대한 설명 중 틀린 것은?
① 상온, 상압에서 황록색의 기체로 조연성이 있다.
② 강한 자극성의 취기가 있는 독성기체이다.
③ 수소와 염소의 등량 혼합기체를 염소폭명기라 한다.
④ 건조상태의 상온에서 강재에 대하여 부식성을 갖는다.

해설 염소(Cl_2)는 습한 상태에서 강재에 대한 부식성을 갖는다.
$H_2O + Cl_2 \rightarrow HCl + HClO$
$Fe(철) + 2HCl \rightarrow FeCl_2 + H_2$

48 다음 중 표준상태에서 가스상 탄화수소의 점도가 가장 높은 가스는?
① 에탄 ② 메탄
③ 부탄 ④ 프로판

해설 ① 에탄 : C_2H_6
② 메탄 : CH_4(가스상 점도가 높다.)
③ 부탄 : C_4H_{10}
④ 프로판 : C_3H_8
가스의 점성도는 보통 $0.01cP(1cP = 10^{-2} g/cm \cdot s)$ 이하

49 다음 중 일산화탄소의 용도가 아닌 것은?
① 요소나 소다회 원료
② 메탄올 합성
③ 포스겐 원료
④ 개미산이나 화학공업 원료

해설
• 암모니아 : 요소비료 원료
• 이산화탄소 : 소다회 원료

50 다음 중 시안화수소의 중합을 방지하는 안정제가 아닌 것은?
① 아황산가스 ② 가성소다
③ 황산 ④ 염화칼슘

해설
• 시안화수소의 중합폭발원인은 소량의 수분 또는 장기간 저장
• 중합방지제 : 황산, 동망, 염화칼슘, 인산, 오산화인, 아황산가스 등

51 도시가스의 연소성을 측정하기 위한 시험방법을 틀린 것은?
① 매일 6시 30분부터 9시 사이와 17시부터 20시 30분 사이에 각각 1회씩 실시한다.
② 가스홀더 또는 압송기 입구에서 연소속도를 측정한다.
③ 가스홀더 또는 압송기 출구에서 웨버지수를 측정한다.
④ 측정된 웨버지수는 표준웨버지수의 ±4.5% 이내를 유지해야 한다.

해설 도시가스 연소성 측정
①, ③, ④ 외에도 가스홀더 또는 압송기출구에서 연소속도 및 웨버지수 측정

52 70℃는 랭킨온도로 몇 °R인가?
① 618 ② 688
③ 736 ④ 792

해설 °R = °F + 460

45. ④ 46. ④ 47. ④ 48. ② 49. ① 50. ② 51. ② 52. ① | ANSWER

$°F = \frac{9}{5} \times °C + 32$

$\therefore (1.8 \times 70 + 32) + 460 = 618°R$

53 1MPa과 같은 압력은 어느 것인가?
① 10N/cm²
② 100N/cm²
③ 1,000N/cm²
④ 10,000N/cm²

해설 $1MPa = 10kgf/cm^2 = 98N/cm^2$
$1kgf = 9.8N$

54 아세틸렌가스를 온도에 불구하고 2.5MPa의 압력으로 압축할 때 첨가하는 희석제가 아닌 것은?
① 질소
② 메탄
③ 에틸렌
④ 산소

해설 아세틸렌가스(C_2H_2)의 희석제
- C_2H_4(에탄)
- CH_4(메탄)
- CO
- N_2(질소)

55 표준상태에서 부탄가스의 비중은 약 얼마인가?(단, 부탄의 분자량은 58이다.)
① 1.6
② 1.8
③ 2.0
④ 2.2

해설
- 공기의 분자량 = 29
- 가스 비중 = $\frac{가스 분자량}{29}$
- C_4H_{10}(부탄가스) 분자량 = 58
- $\therefore$ 부탄가스 분자량 = $\frac{58}{29} = 2$

56 다공물질 내용적이 100m³, 아세톤의 침윤 잔용적이 20m³일 때 다공도는 몇 %인가?
① 60%
② 70%
③ 80%
④ 90%

해설 $100 - 20 = 80m^3$
$\therefore$ 다공도 = $\frac{80}{100} \times 100 = 80\%$

57 아세틸렌(C_2H_2)에 대한 설명 중 틀린 것은?
① 카바이드(CaC_2)에 물을 넣어 제조한다.
② 구리와 접촉하여 구리아세틸라이드를 만들므로 구리 함유량이 62% 이상을 설비로 사용한다.
③ 흡열화합물이므로 압축하면 폭발을 일으킬 수 있다.
④ 공기 중 폭발범위는 약 2.5~81%이다.

해설 $C_2H_2 + 2Cu(구리) \rightarrow Cu_2C_2 + H_2$
※ Cu_2C_2(동아세틸라이드) : 화합폭발

58 연소 시 공기비가 클 경우 나타나는 연소현상으로 틀린 것은?
① 연소가스 온도 저하
② 배기가스량 증가
③ 불완전연소 발생
④ 연료소모 증가

해설 공기비($\frac{실제공기량}{이론공기량}$)가 크면 연소용 공기량이 풍부하여 완전연소가 용이하다.

59 시안화수소의 임계온도는 약 몇 °C인가?
① -140
② 31
③ 183.5
④ 195.8

해설 시안화수소(HCN) 액화가스(독성, 가연성)
- 임계온도 : 183.5°C
- 임계압력 : 53.2atm
- 폭발범위 : 6~41%
- 독성허용농도 : 10ppm

60 다음 중 아세틸렌의 폭발과 관계가 없는 것은?
① 산화폭발
② 중합폭발
③ 분해폭발
④ 화합폭발

해설 아세틸렌 폭발
- 산화폭발
- 분해폭발
- 화합폭발(치환폭발)

시안화수소(HCN)
- 중합폭발
- 산화폭발

ANSWER | 53. ② 54. ④ 55. ③ 56. ③ 57. ② 58. ③ 59. ③ 60. ②

2011년 3회 과년도 기출문제

01 프로판가스의 위험도(H)는 약 얼마인가?(단, 공기 중의 폭발범위는 2.1~9.5v%이다.)
① 2.1   ② 3.5
③ 9.5   ④ 11.6

[해설] 위험도(H) = $\frac{상한계 - 하한계}{하한계}$
= $\frac{9.5 - 2.1}{2.1}$ = 3.52

02 산소 제조 시 가스분석주기는?
① 1일 1회 이상   ② 주 1회 이상
③ 3일 1회 이상   ④ 주 3회 이상

[해설] 산소의 제조 시 가스분석주기(품질검사)는 1일 1회 이상 가스제조장에서 99.5% 이상인가 확인하여야 한다.

03 다음 가스의 일반적인 성질에 대한 설명 중 틀린 것은?
① 염산(HCl)은 암모니아와 접촉하면 흰 연기를 낸다.
② 시안화수소(HCN)는 복숭아 냄새가 나는 맹독성의 기체이다.
③ 염소(Cl_2)는 황녹색의 자극성 냄새가 나는 맹독성의 기체이다.
④ 수소(H_2)는 저온·저압하에서 탄소강과 반응하여 수소취성을 일으킨다.

[해설] 수소(H_2)가스는 고온·고압(170℃, 250atm)에서 강 중의 탄소와 반응하여 탈탄작용에 의해 수소취성($Fe_3C + 2H_2 \rightarrow CH_4 + 3Fe$)을 일으킨다.

04 압력용기의 내압부분에 대한 비파괴 시험으로 실시되는 초음파탐상시험 대상은?
① 두께가 35mm인 탄소강
② 두께가 5mm인 9% 니켈강
③ 두께가 15mm인 2.5% 니켈강
④ 두께가 30mm인 저합금강

[해설] 초음파 대상시험 대상조건
① : 50mm 이상만 해당(탄소강)
② : 6mm 이상만 해당(니켈강)
③ : 13mm 이상이고 2.5% 니켈강 또는 3.5% 니켈강
④ : 초음파탐상시험에서 38mm 이상 저합금강

05 도시가스 중 에틸렌, 프로필렌 등을 제조하는 과정에서 부산물로 생성되는 가스로서 메탄이 주성분인 가스를 무엇이라 하는가?
① 액화천연가스   ② 석유가스
③ 나프타부생가스 ④ 바이오가스

[해설] 나프타부생가스
도시가스 중 에틸렌(C_2H_4), 프로필렌(C_3H_6) 등을 제조하는 과정에서 부산물로 생성되는 가스이며 주성분은 CH_4이다.

06 고압가스 일반제조시설의 저장탱크를 지하에 매설하는 경우의 기준에 대한 설명으로 틀린 것은?
① 저장탱크 외면에는 부식방지코팅을 한다.
② 저장탱크는 천장, 벽, 바닥의 두께가 각각 10cm 이상의 콘크리트로 설치한다.
③ 저장탱크 주위에는 마른 모래를 채운다.
④ 저장탱크에 설치한 안전밸브에는 지면에서 5m 이상의 높이에 방출구가 있는 가스방출관을 설치한다.

[해설] ②는 30cm 이상 콘크리트를 설치한다.

07 다음 각 가스의 공업용 용기 도색이 옳지 않게 짝지어진 것은?
① 질소(N_2) – 회색
② 수소(H_2) – 주황색
③ 액화암모니아(NH_3) – 백색
④ 액화염소(Cl_2) – 황색

[해설] 액화염소 : 갈색

1.② 2.① 3.④ 4.③ 5.③ 6.② 7.④ | **ANSWER**

08 독성 가스의 정의는 다음과 같다. 괄호 안에 알맞은 LC₅₀ 값은?

> "독성 가스"라 함은 공기 중에 일정량 이상 존재하는 경우 인체에 유해한 독성을 가진 가스로서 허용농도(해당 가스를 성숙한 흰쥐 집단에게 대기 중에서 1시간 동안 계속하여 노출시킨 경우 14일 이내에 그 흰쥐의 2분의 1 이상이 죽게 되는 가스의 농도를 말한다.)가 (　　) 이하인 것을 말한다.

① 100만분의 2,000　② 100만분의 3,000
③ 100만분의 4,000　④ 100만분의 5,000

해설 독성 가스 종류(2008년 7월 16일 개정)
아크릴로니트릴, 아크릴알데히드, 아황산가스, 암모니아, 일산화탄소, 이황화탄소, 불소, 염소, 브롬화메탄, 염화메탄, 염화프렌, 산화에틸렌, 시안화수소, 황화수소, 모노메틸아민, 디메틸아민, 트리메틸아민, 벤젠, 포스겐, 요오드화수소, 브롬화수소, 염화수소, 불화수소, 겨자가스, 알진, 모노실란, 디실란, 디보레인, 셀렌화수소, 포스핀, 모노게르만
※ 해당가스를 성숙한 흰쥐 집단에게 대기 중에서 1시간 동안 계속하여 노출시킨 경우 14일 이내에 그 흰쥐의 2분의 1 이상이 죽게 되는 가스의 농도를 말한다.
허용농도 100만분의 5,000 이하인 것을 말한다.(과거 TLV-TWA 기준으로는 100만분의 200 이하인 것)
LC₅₀(치사농도 : Lethal Concentration 50)

※ LC₅₀에 의한 독성 가스 허용농도(단위 : ppm)
(1) 알진 : 20　　　　　(2) 포스겐 : 5
(3) 불소 : 185　　　　(4) 인화수소 : 20
(5) 염소 : 293　　　　(6) 불화수소 : 966
(7) 염화수소 : 3,124　(8) 아황산가스 : 2,520
(9) 시안화수소 : 140　(10) 황화수소 : 444
(11) 브롬화메탄 : 850　(12) 아크릴로니트릴 : 666
(13) 일산화탄소 : 3,760　(14) 산화에틸렌 : 2,900
(15) 암모니아 : 7,338　(16) 염화메탄 : 8,300
(17) 실란 : 19,000　(18) 삼불화질소 : 6,700

※ TLV-TWA 규정 독성 가스 허용농도(단위 : ppm)
(1) 알진(A_5H_3) : 0.05　(2) 니켈카르보닐 : 0.05
(3) 디보레인(B_2H_6) : 0.1　(4) 포스겐($COCl_2$) : 0.1
(5) 브롬(Br_2) : 0.1　(6) 불소(F_2) : 0.1
(7) 오존(O_3) : 0.1　(8) 인화수소(PH_3) : 0.3
(9) 모노실란 : 0.5　(10) 염소(Cl_2) : 1
(11) 불화수소(HF) : 3　(12) 염화수소(HCl) : 5
(13) 아황산가스(SO_2) : 2　(14) 브롬알데히드 : 5
(15) 염화비닐(C_2H_3Cl) : 5
(16) 시안화수소(HCN) : 10
(17) 황화수소(H_2S) : 10
(18) 메틸아민(CH_3NH_2) : 10
(19) 디메틸아민[$(CH_3)_2NH$] : 10
(20) 에틸아민 : 10
(21) 벤젠(C_6H_6) : 10
(22) 트리메틸아민[$(CH_3)_3N$] : 10
(23) 브롬화메틸(CH_3Br) : 20
(24) 이황화탄소(CS_2) : 20
(25) 아크릴로니트릴(CH_2CHCN) : 20
(26) 암모니아(NH_3) : 25
(27) 산화질소(NO) : 25
(28) 일산화탄소(CO) : 50
(29) 산화에틸렌(C_2H_4O) : 50
(30) 염화메탄(CH_3Cl) : 50
(31) 아세트알데히드 : 200
(32) 이산화탄소(CO_2) : 5,000

09 다음 가스 중 2중관 구조로 하지 않아도 되는 것은?
① 아황산가스　② 산화에틸렌
③ 염화메탄　　④ 브롬화메탄

해설 2중관이 필요한 고압가스
염소, 포스겐, 불소, 아크릴알데히드, 아황산가스, 시안화수소, 황화수소

10 차량에 고정된 탱크의 안전운행을 위하여 차량을 점검할 때의 점검순서로 가장 적합한 것은?
① 원동기 → 브레이크 → 조향장치 → 바퀴 → 시운전
② 바퀴 → 조향장치 → 브레이크 → 원동기 → 시운전
③ 시운전 → 바퀴 → 조향장치 → 브레이크 → 원동기
④ 시운전 → 원동기 → 브레이크 → 조향장치 → 바퀴

해설 차량에 고정된 탱크의 안전운행을 위한 점검순서
원동기 → 브레이크 → 조향장치 → 바퀴 → 시운전

11 부탄가스의 공기 중 폭발범위(v%)에 해당하는 것은?
① 1.3~7.9　② 1.8~8.4
③ 2.2~9.5　④ 2.5~12

해설 부탄(C_4H_{10})가스 폭발범위 : 1.8~8.4%

ANSWER | 8. ④　9. ④　10. ①　11. ②

12 다음 중 제1종 보호시설이 아닌 것은?
① 학교　　② 여관
③ 주택　　④ 시장

해설 주택, 연면적 100m² 이상~1,000m² 미만 주거시설은 제2종 보호시설이다.

13 2개 이상의 탱크를 동일한 차량에 고정하여 운반할 때 충전관에 설치하는 것이 아닌 것은?
① 안전밸브　　② 온도계
③ 압력계　　　④ 긴급탈압밸브

해설 충전관에 설치하는 것
안전밸브, 압력계, 긴급탈압밸브

14 액화가스가 통하는 가스공급시설에서 발생하는 정전기를 제거하기 위한 접지접속선(Bonding)의 단면적은 얼마 이상으로 하여야 하는가?
① 3.5mm²　　② 4.5mm²
③ 5.5mm²　　④ 6.5mm²

해설 본딩용 접속선 및 접지접속선
단면적 5.5mm² 이상일 것

15 LPG 사용시설의 기준에 대한 설명 중 틀린 것은?
① 연소기 사용압력이 3.3KPa를 초과하는 배관에는 배관용 밸브를 설치할 수 있다.
② 배관이 분기되는 경우에는 주배관에 배관용 밸브를 설치한다.
③ 배관의 관경이 33mm 이상의 것은 3m 마다 고정장치를 한다.
④ 배관의 이음부(용접이음 제외)와 전기 접속기와는 15cm 이상의 거리를 유지한다.

해설 • 전기계량기, 전기개폐기 : 60cm 이상
• 굴뚝, 전기점멸기, 전기접속기 : 30cm 이상
• 절연조치를 하지 아니한 전선 : 15cm 이상

16 압력용기 제조 시 A387 Gr22 강 등을 Annealing 하거나 900℃ 전후로 Tempering하는 과정에서 충격값이 현저히 저하되는 현상으로 Mn, Cr, Ni 등을 품고 있는 합금계의 용접금속에서 C, N, O 등이 입계에 편석함으로써 입계가 취약해지기 때문에 주로 발생한다. 이러한 현상을 무엇이라고 하는가?
① 적열취성　　② 청열취성
③ 뜨임취성　　④ 수소취성

해설 뜨임취성
어닐링(Annealing), 탬퍼링 과정에서 충격값이 현저히 저하되는 현상

17 고압가스 설비는 상용압력의 몇 배 이상에서 항복을 일으키지 아니하는 두께이어야 하는가?
① 1.5배　　② 2배
③ 2.5배　　④ 3배

해설 고압가스 설비는 상용압력의 2배 이상에서 항복을 일으키지 아니하는 두께이어야 한다.

18 도시가스사용시설에 정압기를 2012년에 설치하고 2015년에 분해점검을 실시하였다. 다음 중 이 정압기의 차기 분해점검 만료기간으로 옳은 것은?
① 2017년　　② 2018년
③ 2019년　　④ 2020년

해설 • 가스사용시설 압력조정기 : 매년 1회 이상 점검(필터나 스트레이너는 3년에 1회 이상 청소)
• 정압기와 필터는 설치 후 3년까지는 1회, 그 이후에는 4년에 1회 이상 분해점검 실시

19 다음 중 분해에 의한 폭발을 하지 않는 가스는?
① 시안화수소　　② 아세틸렌
③ 히드라진　　　④ 산화에틸렌

해설 시안화수소(HCN) : 2% 정도 소량의 수분이나 장기간 저장 시 중합이 되어 중합폭발을 일으킨다.

12. ③ 13. ② 14. ③ 15. ④ 16. ③ 17. ② 18. ③ 19. ① | ANSWER

20 20kg LPG 용기의 내용적은 몇 L인가?(단, 충전상수 C는 2.35이다.)

① 8.51　　② 20
③ 42.3　　④ 47

해설　$V = W \times C$
∴ $20 \times 2.35 = 47L$

21 차량에 고정된 저장탱크로 염소를 운반할 때 용기의 내용적(L)은 얼마 이하가 되어야 하는가?

① 10,000　　② 12,000
③ 15,000　　④ 18,000

해설　염소 등 독성 가스의 용기내용적은 12,000L 이하(단, 암모니아는 제외한다.)

22 시안화수소(HCN)의 위험성에 대한 설명으로 틀린 것은?

① 인화온도가 아주 낮다.
② 오래된 시안화수소는 자체 폭발할 수 있다.
③ 용기에 충전한 후 60일을 초과하지 않아야 한다.
④ 호흡 시 흡입하면 위험하나 피부에 묻으면 아무 이상이 없다.

해설　시안화수소(HCN)
• 독성 가스(10ppm), 가연성(6~41%)
• 복숭아 향이 나며 중합폭발 발생
• 고농도를 흡입하면 사망발생(피부에 묻지 않게 한다.)

23 고압가스특정제조시설기준 중 도로 밑에 매설하는 배관에 대한 기준으로 틀린 것은?

① 시가지의 도로 밑에 배관을 설치하는 경우에는 보호관을 배관의 정상부로부터 30cm 이상 떨어진 그 배관의 직상부에 설치한다.
② 배관은 그 외면으로부터 도로의 경계와 수평거리로 1m 이상을 유지한다.
③ 배관은 자동차 하중의 영향이 적은 곳에 매설한다.
④ 배관은 그 외면으로부터 다른 시설물과 60cm 이상의 거리를 유지한다.

해설　④항에서는 30cm 이상의 거리 유지가 필요하다.

24 다음 가스 중 허용농도 값이 가장 적은 것은?

① 염소　　② 염화수소
③ 아황산가스　　④ 일산화탄소

해설　8번 문제 해설 참조

25 윤활유 선택 시 유의할 사항에 대한 설명 중 틀린 것은?

① 사용 기체와 화학반응을 일으키지 않을 것
② 점도가 적당할 것
③ 인화점이 낮을 것
④ 전기 전연 내력이 클 것

해설　윤활유(압축기용)는 인화점이 높은 것으로 사용한다.

26 도시가스도매사업자 배관을 지하 또는 도로 등에 설치할 경우 매설깊이의 기준으로 틀린 것은?

① 산이나 들에서는 1m 이상의 깊이로 매설한다.
② 시가지의 도로 노면 밑에는 1.5m 이상의 깊이로 매설한다.
③ 시가지 외의 도로 노면 밑에는 1.2m 이상의 깊이로 매설한다.
④ 철도를 횡단하는 배관은 지표면으로부터 배관 외면까지 1.5m 이상의 깊이로 매설한다.

해설　④항에서는 1.2m 이상 깊이 요구

27 압축천연가스자동차 충전의 시설기준에서 배관 등에 대한 설명으로 틀린 것은?

① 배관, 튜브, 피팅 및 배관요소 등은 안전율이 최소 4 이상 되도록 설계한다.
② 자동차 주입호스는 5m 이하이어야 한다.
③ 배관의 단열재료는 불연성 또는 난연성 재료를 사용하고 화재나 열·냉기·물 등에 노출 시 그 특성이 변하지 아니하는 것으로 한다.

ANSWER | 20. ④　21. ②　22. ④　23. ④　24. ①　25. ③　26. ④　27. ②

④ 배관지지물은 화재나 초저온 액체의 유출 등을 충분히 견딜 수 있고 과다한 열전달을 예방하도록 설계한다.

[해설] ②항은 법규에서 제외된 내용이다.

28 용기에 의한 고압가스 판매시설의 충전용기 보관실 기준으로 옳지 않은 것은?
① 가연성 가스 충전용기 보관실은 불연재료나 난연성의 재료를 사용한 가벼운 지붕을 설치한다.
② 가연성 가스 충전용기 보관실에는 가스누출검지 경보장치를 설치한다.
③ 충전용기 보관실은 가연성 가스가 새어나오지 못하도록 밀폐구조로 한다.
④ 용기보관실의 주변에는 화기 또는 인화성 물질이나 발화성 물질을 두지 않는다.

[해설] 충전용기 보관실은 개방식 구조로 하여 가스가 고이는 것을 방지한다.

29 용기 종류별 부속품의 기호 중 압축가스를 충전하는 용기밸브의 기호는?
① PG　　② LG
③ AG　　④ LT

[해설]
• PG : 압축가스 충전용기 부속품기호
• LG : LPG 외의 액화가스 충전용기 부속품기호
• AG : 아세틸렌가스 충전용기 부속품기호
• LT : 초저온 및 저온용기 부속품기호

30 가연성 가스의 검지경보장치 중 반드시 방폭성능을 갖지 않아도 되는 가스는?
① 수소　　② 일산화탄소
③ 암모니아　　④ 아세틸렌

[해설] 암모니아가스, 브롬화메탄가스의 검지경보장치는 방폭성능을 갖지 않아도 된다.

31 단열공간 양면 간에 복사방지용 실드판으로서의 알루미늄박과 글라스울을 서로 다수 포개어 고진공 중에 둔 단열법은?
① 상압 단열법　　② 고진공 단열법
③ 다층진공 단열법　　④ 분말진공 단열법

[해설] 다층진공 단열법 : 단열공간 양면 간에 알루미늄박, 글라스울로 다수 포개어 고진공 중에 단열한다.

32 저온을 얻는 기본적인 원리로 압축된 가스를 단열팽창시키면 온도가 강하한다는 원리를 무엇이라고 하는가?
① 줄-톰슨 효과　　② 돌턴 효과
③ 정류 효과　　④ 헨리 효과

[해설] 줄-톰슨 효과 : 저온을 얻는 기본적인 원리

33 다음 배관재료 중 사용온도 350℃ 이하, 압력이 10MPa 이상의 고압관에 사용되는 것은?
① SPP　　② SPPH
③ SPPW　　④ SPPG

[해설] SPPH(고압배관용 탄소강관) : 10MPa 이상용

34 압송기 출구에서 도시가스의 연소성을 측정한 결과 총 발열량이 10,700kcal/m³, 가스비중이 0.56이었다. 웨베지수(WI)는 얼마인가?
① 14,298　　② 19,107
③ 1.8　　④ 6.9×10^{-5}

[해설] 웨베지수(WI) $= \dfrac{H_g}{\sqrt{d}} = \dfrac{10,700}{\sqrt{0.56}} = \dfrac{10,700}{0.74833} = 14,298$

35 펌프는 주로 임펠러의 입구에서 캐비테이션이 많이 발생한다. 다음 중 그 이유로 가장 적당한 것은?
① 액체의 온도가 높아지기 때문
② 액체의 압력이 낮아지기 때문

③ 액체의 밀도가 높아지기 때문
④ 액체의 유량이 적어지기 때문

해설 캐비테이션(공동현상) 발생원인은 펌프에서 유체액의 압력이 갑자기 저하하면 발생한다.

36 터보 압축기의 특징이 아닌 것은?
① 유량이 크므로 설치면적이 작다.
② 고속회전이 가능하다.
③ 압축비가 적어 효율이 낮다.
④ 유량조절 범위가 넓으나 맥동이 많다.

해설 터보형은 유량조절범위가 70~100%로 비교적 어렵고 조정 범위가 좁다.

37 자동제어의 용어 중 피드백 제어에 대한 설명으로 틀린 것은?
① 자동제어에서 기본적인 제어이다.
② 출력 측의 신호를 입력 측으로 되돌리는 현상을 말한다.
③ 제어량의 값을 목표치와 비교하여 그것들을 일치하도록 정정동작을 행하는 제어이다.
④ 미리 정해진 순서에 따라서 제어의 각 단계가 순차적으로 진행되는 제어이다.

해설 ④의 내용 설명은 시퀀스제어에 대한 답변이다.

38 가스누출을 감지하고 차단하는 가스누출 자동차단기의 구성요소가 아닌 것은?
① 제어부   ② 중앙통제부
③ 검지부   ④ 차단부

해설 가스누출 자동차단기 구성요소에는 제어부, 검지부, 차단부가 있다.

39 2단 감압조정기 사용 시의 장점에 대한 설명으로 가장 거리가 먼 것은?
① 공급 압력이 안정하다.
② 용기 교환주기의 폭을 넓힐 수 있다.
③ 중간 배관이 가늘어도 된다.
④ 입상에 의한 압력손실을 보정할 수 있다.

해설 2단 감압은 자동교체식 조정기의 경우에만 용기 교환주기의 폭을 넓힐 수 있다.

40 가스압력을 적당한 압력으로 감압하는 직동식 정압기의 기본구조의 구성요소에 해당되지 않는 것은?
① 스프링   ② 다이어프램
③ 메인밸브   ④ 파일럿

해설 정압기
• 직동식(스프링, 메인밸브, 다이어프램으로 구성)
• 파일럿식(다이어프램, 스프링, 파일럿으로 구성)

41 가스분석방법 중 연소 분석법에 해당되지 않는 것은?
① 완만연소법   ② 분별연소법
③ 폭발법   ④ 크로마토그래피법

해설 크로마토그래피법(FID, TCD, ECD법)은 기기분석법이다.

42 액화석유가스 충전용 주관 압력계의 기능 검사주기는?
① 매월 1회 이상   ② 3월에 1회 이상
③ 6월에 6회 이상   ④ 매년 1회 이상

해설 액화석유가스 충전용 주관 압력계의 기능 검사주기는 매월 1회 이상 검사한다.

43 다음 중 저온 재료로 부적당한 것은?
① 주철   ② 황동
③ 9% 니켈   ④ 18-8스테인리스강

해설 주철은 충격 값에 약하고 저온용 재료에는 부적당하다.

44 연소 배기가스 분석목적으로 가장 거리가 먼 것은?
① 연소가스 조성을 알기 위하여
② 연소가스 조성에 따른 연소상태를 파악하기 위하여
③ 열정산 자료를 얻기 위하여
④ 열전도도를 측정하기 위하여

ANSWER | 36.④ 37.④ 38.② 39.② 40.④ 41.④ 42.① 43.① 44.④

해설 연소 배기가스 분석목적은 ①, ②, ③항에 해당된다.

45 지름 9cm인 관속의 유속이 30m/s이었다면 유량은 약 몇 m^3/s인가?
① 0.19 ② 2.11
③ 2.7   ④ 19.1

해설 유량(Q) = 단면적 × 유속
단면적(A) = $\frac{\pi}{4}D^2 = \frac{3.14}{4} \times (0.09)^2$
= $0.0063585 m^2$
∴ $Q = 0.0063585 \times 30 = 0.190 m^3/s$
※ 9cm = 0.09m

46 프로판을 완전연소시켰을 때 주로 생성되는 물질은?
① CO_2, H_2 ② CO_2, H_2O
③ C_2H_4, H_2O ④ C_4H_{10}, CO

해설 프로판(C_3H_8) 연소반응식
$C_3H_8 + 5O_2 \rightarrow 3CO_2 + 4H_2O$

47 다음 각 가스의 특성에 대한 설명으로 틀린 것은?
① 수소는 고온, 고압에서 탄소강과 반응하여 수소취성을 일으킨다.
② 산소는 공기액화분리장치를 통해 제조하며, 질소와 분리 시 비등점 차이를 이용한다.
③ 일산화탄소는 담황색의 무취 기체로 허용농도는 TLV-TWA 기준으로 50ppm이다.
④ 암모니아는 붉은 리트머스를 푸르게 변화시키는 성질을 이용하여 검출할 수 있다.

해설 일산화탄소는 무색, 무취의 가스로서 TLV-TWA 기준으로 독성허용농도는 50ppm이다.

48 도시가스의 웨베지수에 대한 설명으로 옳은 것은?
① 도시가스의 총발열량(kcal/m^3)을 가스 비중의 평방근으로 나눈 값을 말한다.
② 도시가스의 총발열량(kcal/m^3)을 가스 비중으로 나눈 값을 말한다.
③ 도시가스의 가스 비중을 총발열량(kcal/m^3)의 평방근으로 나눈 값을 말한다.
④ 도시가스의 가스 비중을 총발열량(kcal/m^3)으로 나눈 값을 말한다.

해설 웨베지수(WI) = $\frac{H_g (발열량)}{\sqrt{가스비중}}$

49 1 Therm에 해당하는 열량을 바르게 나타낸 것은?
① 10^3BTU ② 10^4BTU
③ 10^5BTU ④ 10^6BTU

해설 1썸(Therm) = 10^5BTU 열량
(10만 BTU 열량 = 1썸)

50 LP가스가 불완전연소되는 원인으로 가장 거리가 먼 것은?
① 공기 공급량 부족 시
② 가스의 조성이 맞지 않을 때
③ 가스기구 및 연소기구가 맞지 않을 때
④ 산소 공급이 과잉일 때

해설 산소 공급이 과잉이면 완전연소 가능, 노내온도 저하, 배기가스량 증가, 열손실 증가, CO_2 감소

51 프로판가스 224L가 완전 연소하면 약 몇 kcal의 열이 발생되는가?(단, 표준상태기준이며, 1mol당 발열량은 530kcal이다.)
① 530   ② 1,060
③ 5,300 ④ 12,000

해설 1몰 = 22.4L(C_3H_8 44g)
$\frac{224}{22.4} = 10몰$
∴ $10 \times 530 = 5,300$kcal

45. ① 46. ② 47. ③ 48. ① 49. ③ 50. ④ 51. ③ | ANSWER

52 다음 각종 가스의 공업적 용도에 대한 설명 중 옳지 않은 것은?

① 수소는 암모니아 합성원료, 메탄올의 합성, 인조 보석 제조 등에 사용된다.
② 포스겐은 알코올 또는 페놀과의 반응성을 이용해 의약, 농약, 가소제 등을 제조한다.
③ 일산화탄소는 메탄올 합성연료에 사용된다.
④ 암모니아는 열분해 또는 불완전연소시켜 카본블랙의 제조에 사용된다.

해설 암모니아는 카본블랙 제조와는 연관성이 없다.

53 다음 중 제벡효과(Seebeck Effect)를 이용한 온도계는?

① 열전대 온도계
② 광고온도계
③ 서미스터 온도계
④ 전기저항 온도계

해설
• 제벡효과 이용 온도계 : 열전대 온도계
• 열전대 온도계 : 백금-백금로듐, 크로멜-알루멜, 철-콘스탄탄, 구리-콘스탄탄

54 다음 압력 중 가장 높은 압력은?

① $1.5 kg/cm^2$
② $10mH_2O$
③ $745mmHg$
④ $0.6atm$

해설
$10mH_2O = 1.033 \times \dfrac{10}{10.33} = 1 kg/cm^2$

$745mmHg = 1.033 \times \dfrac{745}{760} = 1.01 kg/cm^2$

$0.6atm = 0.6198 kg/cm^2$

55 다음 F_2의 성질에 대한 설명 중 틀린 것은?

① 담황색의 기체로 특유의 자극성을 가진 유독한 기체이다.
② 활성이 강한 원소로 거의 모든 원소와 화합한다.
③ 전기음성도가 작은 원소로서 강한 환원제이다.
④ 수소와 냉암소에서도 폭발적으로 반응한다.

해설 불소(F_2), 수소(H_2), 일산화탄소(CO)
• 허용농도 0.1ppm 독성 가스이다. (불소)
• 수소는 고온에서 금속산화물을 환원시킨다.
• 일산화탄소는 환원성이 강한 가스이다.
• 불소의 특성은 ①, ②, ④이다.

56 가스의 연소 시 수소성분의 연소에 의하여 수증기를 발생한다. 가스발열량의 표현식으로 옳은 것은?

① 총발열량=진발열량+현열
② 총발열량=진발열량+잠열
③ 총발열량=진발열량-현열
④ 총발열량=진발열량-잠열

해설
• 총발열량(고위발열량)=진발열량+잠열
• 진발열량(저위발열량)=총발열량-잠열

57 아세틸렌 충전 시 첨가하는 다공물질의 구비조건이 아닌 것은?

① 화학적으로 안정할 것
② 기계적인 강도가 클 것
③ 가스의 충전이 쉬울 것
④ 다공도가 적을 것

해설 다공물질
다공성 플라스틱, 석면, 규조토, 점토, 산화철, 목탄 등이며 다공도가 커야 한다.

58 다음 중 LP가스의 특성으로 옳은 것은?

① LP가스의 액체는 물보다 가볍다.
② LP가스의 기체는 공기보다 가볍다.
③ LP가스의 푸른 색상을 띠며 강한 취기를 가진다.
④ LP가스의 알코올에는 녹지 않으나 물에는 잘 녹는다.

해설 LP가스
• 액비중이 0.5kg/L로 물보다 가볍다.
• 공기보다 가스의 비중은 무겁다.
• 무색 무취의 가스이다.
• 물에는 녹지 않는다.

ANSWER | 52. ④ 53. ① 54. ① 55. ③ 56. ② 57. ④ 58. ①

59 수성가스(Water Gas)의 조성에 해당하는 것은?
① $CO + H_2$ ② $CO_2 + H_2$
③ $CO + N_2$ ④ $CO_2 + N_2$

해설 수성가스 주성분 = $CO + H_2$ 성분

60 1기압, 25℃의 온도에서 어떤 기체 부피가 88mL이었다. 표준상태에서 부피는 얼마인가?(단, 기체는 이상 기체로 간주한다.)
① 56.8mL   ② 73.3mL
③ 80.6mL   ④ 88.8mL

해설 $V_2 = 25℃ \rightarrow 88\text{mL}$
$V_1 = 0℃$ 1기압(273K, 1atm)
$25 + 273 = 298K$
$\therefore V_1 = 88 \times \dfrac{273}{298} = 80.6\text{mL}$

2011년 4회 과년도 기출문제

01 고압가스 제조설비에서 누출된 가스의 확산을 방지할 수 있는 제해조치를 하여야 하는 가스가 아닌 것은?
① 황화수소 ② 시안화수소
③ 아황산가스 ④ 탄산가스

해설 탄산가스는 무독성 가스이므로 확산방지나 제해조치가 필요 없는 가스이다.

02 고압가스 제조장치의 취급에 대한 설명 중 틀린 것은?
① 압력계의 밸브를 천천히 연다.
② 액화가스를 탱크에 처음 충전할 때에는 천천히 충전한다.
③ 안전밸브는 천천히 작동한다.
④ 제조장치의 압력을 상승시킬 때 천천히 상승시킨다.

해설 고압가스 안전밸브는 설정압력이 초과하면 신속히 작동하여 가스를 외부로 방출시킨다.

03 재충전 금지용기의 안전을 확보하기 위한 기준으로 틀린 것은?
① 용기와 용기부속품을 분리할 수 있는 구조로 한다.
② 최고충전압력 22.5MPa 이하이고 내용적 25L 이하로 한다.
③ 납붙임 부분은 용기 몸체 두께의 4배 이상의 길이로 한다.
④ 최고충전압력이 3.5MPa 이상인 경우에는 내용적이 5L 이하로 한다.

해설 재충전금지용기는 용기의 안전을 확보하기 위해 용기와 용기부속품을 분리할 수 없는 구조일 것

04 다음 특정설비 중 재검사 대상에서 제외되는 것이 아닌 것은?
① 역화방지장치
② 자동차용 가스 자동주입기
③ 차량에 고정된 탱크
④ 독성 가스 배관용 밸브

해설 차량에 고정된 탱크(특정설비)의 재검사주기는 5년이며 불합격되어 수리한 것은 3년마다 재검사가 필요하다.

05 공기 중에서의 폭발범위가 가장 넓은 가스는?
① 황화수소 ② 암모니아
③ 산화에틸렌 ④ 프로판

해설 가스폭발범위(가연성 가스)
• 황화수소(H_2S) : 4.3~45%
• 암모니아(NH_3) : 15~28%
• 산화에틸렌(C_2H_4O) : 3~80%
• 프로판(C_3H_8) : 2.1~9.5%

06 다음 중 용기의 도색이 백색인 가스는?(단, 의료용 가스용기를 제외한다.)
① 액화염소 ② 질소
③ 산소 ④ 액화암모니아

해설 공업용 용기도색
• 액화염소 : 갈색
• 산소 : 녹색
• 질소 : 회색
• 액화 암모니아 : 백색

07 LPG가 충전된 납붙임 또는 접합용기는 얼마의 온도에서 가스누출시험을 할 수 있는 온수시험탱크를 갖추어야 하는가?
① 20~32℃ ② 35~45℃
③ 46~50℃ ④ 60~80℃

해설 납붙임 또는 접합용기의 온수시험탱크온도 : 46~50℃

08 포스겐의 취급 방법에 대한 설명 중 틀린 것은?
① 포스겐을 함유한 폐기액은 산성물질로 충분히 처리한 후 처분한다.
② 취급 시에는 반드시 방독마스크를 착용한다.
③ 환기시설을 갖추어 작업한다.
④ 누출 시 용기가 부식되는 원인이 되므로 약간의 누출에도 주의한다.

해설
• 포스겐은 수산화나트륨에 신속하게 흡수된다.
  $COCl_2 + 4NaOH \rightarrow Na_2CO_3 + 2NaCl + 2H_2O$
• 포스겐 제해제 : 가성소다 수용액, 소석회로 처분한다.

09 독성 가스용 가스누출검지경보장치의 경보 농도 설정치는 얼마 이하로 정해져 있는가?
① ±5%   ② ±10%
③ ±25% ④ ±30%

해설
• 가연성 가스 : ±25% 이하
• 독성 가스 : ±30% 이하

10 도시가스시설 설치 시 일부 공정 시공감리대상이 아닌 것은?
① 일반도시가스사업자의 배관
② 가스도매사업자의 가스공급시설
③ 일반도시가스사업자의 배관(부속시설 포함) 이외의 가스공급시설
④ 시공감리의 대상이 되는 사용자 공급관

해설 일반 도시가스사업자의 배관은 일부 공정 시공감리대상이 아니고 전 공정 시공감리 대상자이다.

11 고압가스배관을 도로에 매설하는 경우에 대한 설명으로 틀린 것은?
① 원칙적으로 자동차 등의 하중의 영향이 적은 곳에 매설한다.
② 배관의 외면으로부터 도로의 경계까지 1m 이상의 수평거리를 유지한다.
③ 배관은 그 외면으로부터 도로 밑의 다른 시설물과 0.6m 이상의 거리를 유지한다.
④ 시가지의 도로 밑에 배관을 설치하는 경우 보호판을 배관의 정상부로부터 30cm 이상 떨어진 그 배관의 직상부에 설치한다.

해설 배관은 그 외면으로부터 도로 밑의 다른 시설물과 0.3m 이상의 거리를 유지할 것

12 가연성 가스 제조공장에서 착화의 원인으로 가장 거리가 먼 것은?
① 정전기
② 베릴륨 합금제 공구에 의한 충격
③ 사용 촉매의 접촉 작용
④ 밸브의 급격한 조작

해설 안전공구(불꽃이 나지 않는 공구)
② 외에 고무, 나무, 플라스틱, 베아론 합금, 가죽 등

13 일산화탄소에 대한 설명으로 틀린 것은?
① 공기보다 가볍고 무색, 무취이다.
② 산화성이 매우 강한 기체이다.
③ 독성이 강하고 공기 중에서 잘 연소한다.
④ 철족의 금속과 반응하여 금속카르보닐을 생성한다.

해설 일산화탄소(CO)는 환원성이 강한 가스이다.

14 이상기체 1mol이 100℃, 100기압에서 0.1기압으로 등온 가역적으로 팽창할 때 흡수되는 최대 열량은 약 몇 cal인가?(단, 기체상수는 1.987cal/mol·K이다.)
① 5,020   ② 5,080
③ 5,120   ④ 5,190

해설 등온 $T = C$
$_1W_2 = W_t = RT\ln\left(\dfrac{P_2}{P_1}\right)$
∴ $1.987(100+273)\ln\left(\dfrac{0.1}{100}\right) = -5,120\,cal$
∴ $\Delta H = 5,120\,cal$

8. ① 9. ④ 10. ① 11. ③ 12. ② 13. ② 14. ③ | ANSWER

15 고압가스 용기 제조의 시설기준에 대한 설명 중 틀린 것은?

① 용기 동판의 최대두께와 최소두께와의 차이는 평균두께의 20% 이하로 한다.
② 초저온 용기는 오스테나이트계 스테인리스강 또는 알루미늄합금으로 제조한다.
③ 아세틸렌용기에 충전하는 다공질물은 다공도 72% 이상 95% 미만으로 한다.
④ 용기에는 프로텍터 또는 캡을 고정식 또는 체인식으로 부착한다.

해설
- 다공물질(규조토, 점토, 목탄, 석회, 산화철, 다공성 플라스틱, 탄산마그네슘)
- 다공도 : 75% 이상~92% 미만

16 도시가스 누출 시 폭발사고를 예방하기 위하여 냄새가 나는 물질인 부취제를 혼합시킨다. 이때 부취제의 공기 중 혼합비율의 용량은?

① 1/1,000   ② 1/2,000
③ 1/3,000   ④ 1/5,000

해설 도시가스 부취제(THT, TBM, DMS)의 혼합비율 용량은 $\frac{1}{1,000}$이다.

17 다음 고압가스 압축작업 중 작업을 즉시 중단해야 하는 경우가 아닌 것은?

① 아세틸렌 중 산소용량이 전 용량의 2% 이상의 것
② 산소 중 가연성 가스(아세틸렌, 에틸렌 및 수소를 제외한다.)의 용량이 전 용량의 4% 이상의 것
③ 산소 중 아세틸렌, 에틸렌 및 수소의 용량 합계가 전 용량의 2% 이상인 것
④ 시안화수소 중 산소용량이 전 용량의 2% 이상의 것

해설 시안화수소(HCN)은 압축금지대상가스에서 제외된다.

18 다음 중 가스의 폭발범위가 틀린 것은?

① 일산화탄소 : 12.5~74%
② 아세틸렌 : 2.5~81%
③ 메탄 : 2.1~9.3%
④ 수소 : 4~75%

해설 메탄가스 : 5~15%(가연성 가스)

19 액화석유가스 저장탱크의 저장능력 산정 시 저장능력은 몇 ℃에서의 액비중을 기준으로 계산하는가?

① 0   ② 15
③ 25   ④ 40

해설 액화석유가스(LPG) 저장능력은 40℃에서 액비중으로 저장탱크의 저장능력을 계량한다.

20 이동식 압축도시가스자동차 시설기준에서 처리설비, 이동충전차량 및 충전설비의 외면으로부터 화기를 취급하는 장소까지 몇 m 이상의 우회거리를 유지하여야 하는가?

① 5m   ② 8m
③ 12m   ④ 20m

해설 화기와의 가연성 가스는 우회거리 : 8m 이상

21 고압가스를 운반하는 차량의 경계표지 크기의 가로 치수는 차체 폭의 몇 % 이상으로 하여야 하는가?

① 10%   ② 20%
③ 30%   ④ 50%

해설
- 가로치수 : 30% 이상
- 세로치수 : 가로치수의 20% 이상 직사각형

22 독성 가스를 운반하는 차량에 반드시 갖추어야 할 용구나 물품에 해당되지 않는 것은?

① 방독면   ② 제독제
③ 고무장갑 ④ 소화장비

해설 소화장비 : 가연성 가스에서 갖추어야 한다.

ANSWER | 15. ③ 16. ① 17. ④ 18. ③ 19. ④ 20. ② 21. ③ 22. ④

23 아세틸렌에 대한 설명 중 틀린 것은?
① 액체 아세틸렌은 비교적 안정하다.
② 접촉적으로 수소화하면 에틸렌, 에탄이 된다.
③ 압축하면 탄소와 수소로 자기분해한다.
④ 구리 등의 금속과 화합 시 금속아세틸라이드를 생성한다.

> 해설 고체 아세틸렌(카바이드 : CaC_2)은 안전하다.

24 프로판가스의 위험도(H)는 약 얼마인가?
① 2.2 ② 3.3
③ 9.5 ④ 17.7

> 해설 위험도(H)
> $= \dfrac{\text{폭발범위상한치} - \text{폭발범위하한치}}{\text{폭발범위하한치}}$
> $= \dfrac{u-L}{L} = \dfrac{9.5-2.1}{2.1} = 3.3$
> ※ 위험도가 클수록 위험하다.

25 고압가스 일반제조시설에서 저장탱크를 지상에 설치한 경우 다음 중 방류둑을 설치하여야 하는 것은?
① 액화산소 저장능력 900톤
② 염소 저장능력 4톤
③ 암모니아 저장능력 10톤
④ 액화질소 저장능력 1,000톤

> 해설 방류둑
> • 산소 : 1천톤 이상 저장능력 지상탱크
> • 독성 가스 : 5톤 이상 저장능력 지상탱크
> ※ 염소, 암모니아 : 독성 가스
>   액화질소 : 무독성 가스

26 용기의 재검사 주기에 대한 기준으로 틀린 것은?
① 용접용기로서 신규검사 후 15년 이상 20년 미만인 용기는 2년마다 재검사
② 500L 이상 이음매 없는 용기는 5년마다 재검사
③ 저장탱크가 없는 곳에 설치한 기화기는 2년마다 재검사
④ 압력용기는 4년마다 재검사

> 해설 저장탱크가 없는 곳에 설치한 기화기 : 3년마다

27 고압가스 저장탱크 2개를 지하에 인접하여 설치하는 경우 상호 간에 유지하여야 할 최소거리 기준은?
① 0.6m 이상 ② 1m 이상
③ 1.2m 이상 ④ 1.5m 이상

> 해설 지하저장탱크 상호 간의 이격거리는 최소 1m 이상이어야 한다.

28 용기에 표시된 각인 기호 중 연결이 잘못된 것은?
① FP - 최고 충전압력 ② TP - 검사일
③ V - 내용적 ④ W - 질량

> 해설 TP : 내압시험압력

29 고압가스 운반기준에 대한 설명 중 틀린 것은?
① 밸브가 돌출한 충전용기는 고정식 프로텍터나 캡을 부착하여 밸브의 손상을 방지한다.
② 충전용기를 차에 실을 때에는 넘어지거나 부딪침 등으로 충격을 받지 않도록 주의하여 취급한다.
③ 소방기본법이 정하는 위험물과 충전용기를 동일 차량에 적재 시에는 1m 정도 이격시킨 후 운반한다.
④ 염소와 아세틸렌·암모니아 또는 수소는 동일 차량에 적재하여 운반하지 않는다.

> 해설 충전용기와 소방법이 정하는 위험물들은 동일 차량에 적재하여 운반하지 않는다.

30 일정 압력, 20℃에서 체적 1L의 가스는 40℃에서는 약 몇 L가 되는가?
① 1.07 ② 1.21
③ 1.30 ④ 2

> 해설 $T_1 = 20 + 273 = 293K$
> $T_2 = 40 + 273 = 313K$
> $\therefore V_2 = 1 \times \dfrac{313}{293} = 1.07L$

31 액화가스의 비중이 0.8, 배관 직경이 50mm이고 유량이 15ton/h일 때 배관 내의 평균유속은 약 몇 m/s인가?

① 1.80　　　② 2.66
③ 7.56　　　④ 8.52

해설 유속(V) = $\dfrac{\text{유량}(m^3/s)}{\text{단면적}(m^2)}$, 1시간 = 3,600초

$$V = \dfrac{\dfrac{15}{0.8}}{\dfrac{3.14}{4} \times (0.05)^2 \times 3,600} = 2.66 \text{m/s}$$

32 100A용 가스누출 경보차단장치의 차단시간은 얼마 이내이어야 하는가?

① 20초　　　② 30초
③ 1분　　　④ 3분

해설 가스누출검지경보장치
- 경보농도 1.6배 농도에서 보통 30초 이내일 것
- 암모니아, 일산화탄소는 60초 이내일 것

33 다음 열전대 중 측정온도가 가장 높은 것은?

① 백금-백금·로듐형　② 크로멜-알루멜형
③ 철-콘스탄탄형　　④ 동-콘스탄탄형

해설 ① : 0~1,600℃　② : 0~1,200℃
③ : -200~800℃　④ : -200~350℃

34 초저온 저장탱크의 측정에 많이 사용되며 차압에 의해 액면을 측정하는 액면계는?

① 햄프슨식 액면계　② 전기저항식 액면계
③ 초음파식 액면계　④ 크링카식 액면계

해설 햄프슨식(차압식) 액면계
액화산소 등과 같은 극저온의 저장탱크에 사용

35 회전식 펌프의 특징에 대한 설명으로 틀린 것은?

① 고점도액에도 사용할 수 있다.
② 토출압력이 낮다.
③ 흡입양정이 적다.
④ 소음이 크다.

해설 회전식 펌프(로터리 펌프)
고점도의 유체 수송에 적합한 유압펌프이다. 흡입 및 토출밸브가 없다.(연속 송출로 액의 맥동이 적다.)

36 펌프의 유량이 100m³/s, 전양정 50m, 효율이 75%일 때 회전수를 20% 증가시키면 소요 동력은 몇 배가 되는가?

① 1.44　　　② 1.73
③ 2.36　　　④ 3.73

해설 동력 = 회전수 증가의 3승에 비례
$1 + 0.2 = 1.2$
$\therefore \left(\dfrac{1.2}{1}\right)^3 = 1.73$

37 다음 중 실측식 가스미터가 아닌 것은?

① 루트식　　　② 로터리 피스톤식
③ 습식　　　　④ 터빈식

해설 가스미터 추측식
- 오리피스식　• 터빈식　• 선근차식

38 가스 배관 설비에 전단응력이 일어나는 원인으로 가장 거리가 먼 것은?

① 파이프의 구배　　② 냉간가공의 응력
③ 내부압력의 응력　④ 열팽창에 의한 응력

해설 파이프의 구배와 전단응력과는 관련성이 없다.

39 부취제 중 황화합물의 화학적 안전성을 순서대로 바르게 나열한 것은?

① 이황화물 > 메르캅탄 > 환상황화물
② 메르캅탄 > 이황화물 > 환상황화물
③ 환상황화물 > 이황화물 > 메르캅탄
④ 이황화물 > 환상황화물 > 메르캅탄

ANSWER | 31. ② 32. ② 33. ① 34. ① 35. ② 36. ② 37. ④ 38. ① 39. ③

해설
- 부취제 중 황화합물의 화학적 안전성 순서
  환상황화물 > 이황화물 > 메르캅탄
- 부취제의 종류 : THT, TBM, DMS

40 다음 가스에 대한 가스용기의 재질로 적절하지 않은 것은?
① LPG : 탄소강
② 산소 : 크롬강
③ 염소 : 탄소강
④ 아세틸렌 : 구리함유강

해설 아세틸렌가스는 Cu, Ag, Hg와의 접촉 시 금속아세틸라이드를 생성하여 화합폭발을 일으킨다.
- $C_2H_2 + 2Cu(구리) \rightarrow Cu_2C_2 + H_2$
- $C_2H_2 + 2Hg(수은) \rightarrow Hg_2C_2 + H_2$
- $C_2H_2 + 2Ag(은) \rightarrow Ag_2C_2 + H_2$

41 진탕형 오토클레이브의 특징이 아닌 것은?
① 가스 누출의 가능성이 없다.
② 고압력에 사용할 수 있고 반응물의 오손이 없다.
③ 뚜껑판에 뚫어진 구멍에 촉매가 끼어들어갈 염려가 있다.
④ 교반효과가 뛰어나며 교반형에 비하여 효과가 크다.

해설 교반형 오토클레이브는 횡형 교반의 경우가 교반효과가 우수하며 진탕식에 비해 효과가 크다.

42 가스 액화 사이클 중 비점이 점차 낮은 냉매를 사용하여 저비점의 기체를 액화하는 사이클로서 다원 액화 사이클이라고도 하는 것은?
① 클라우드식 공기액화 사이클
② 캐피자식 공기액화 사이클
③ 필립스의 공기액화 사이클
④ 캐스케이드식 공기액화 사이클

해설 캐스케이드식 공기액화사이클은 비점이 점차 낮은 냉매를 사용하여 저비점의 기체를 액화시키는 다원 액화 사이클이라 한다.

43 쉽게 고압이 얻어지고 유량조정범위가 넓어 LPG 충전소에 주로 설치되어 있는 압축기는?
① 스크류압축기
② 스크롤압축기
③ 베인압축기
④ 왕복식 압축기

해설 왕복식 압축기
쉽게 고압이 얻어지고 유량조정범위가 넓어 LPG충전소에 주로 사용된다.

44 면적 가변식 유량계의 특징이 아닌 것은?
① 소용량 측정이 가능하다.
② 압력손실이 크고 거의 일정하다.
③ 유효 측정범위가 넓다.
④ 직접 유량을 측정한다.

해설 면적 가변식 유량계
압력손실이 작고 고점도 유체나 소유량 측정이 가능한 순간 유량계(직접식)로서 액체나 기체 또는 부식성 유체 슬러리 측정에 적합하다. 플로트식과 게이트식이 있다.

45 배관용 보온재의 구비조건으로 옳지 않은 것은?
① 장시간 사용온도에 견디며, 변질되지 않을 것
② 가공이 균일하고 비중이 적을 것
③ 시공이 용이하고 열전도율이 클 것
④ 흡습, 흡수성이 적을 것

해설 배관용 보온재는 열전도율(kJ/m·h)이 적어야 한다.

46 이상기체 상태방정식의 R 값을 옳게 나타낸 것은?
① $8.314 L \cdot atm/mol \cdot K$
② $0.082 L \cdot atm/mol \cdot K$
③ $8.314 m^3 \cdot atm/mol \cdot K$
④ $0.082 joule/mol \cdot K$

해설
$R = \dfrac{PV}{n \cdot T} = \dfrac{1 atm \times 22.4 L}{1 mol \times 273 K}$
$= 0.082 L \cdot atm/mol \cdot K$
$R = \dfrac{PV}{n \cdot T} = \dfrac{1.0332 \times 10^4 kg/cm^2 a \times 22.4 m^3}{1 kmol \times 273 K}$
$= 848 kg \cdot m/kmol \cdot K$

40. ④ 41. ④ 42. ④ 43. ④ 44. ② 45. ③ 46. ② | **ANSWER**

47 다음 중 불연성 가스는?
  ① CO_2　　② C_3H_6
  ③ C_2H_2　　④ C_2H_4

해설 　불연성 가스 : CO_2, N_2, SO_2 등
　　　가연성 가스 : C_3H_8, C_2H_2, C_2H_4

48 다음 중 가장 높은 압력을 나타내는 것은?
  ① 101.325kPa　　② 10.33mH_2O
  ③ 1,013hPa　　④ 30.69Psi

해설 　• 10.33mH_2O = 102kPa
　　　• 1,013hPa × 100 = 101,300Pa = 101.3kPa
　　　• (30.69psi/14.7psi) = 2.09atm
　　　　2.09 × 102 = 213kPa

49 1몰의 프로판을 완전 연소시키는 데 필요한 산소의 몰수는?
  ① 3몰　　② 4몰
  ③ 5몰　　④ 6몰

해설 　C_3H_8 + $5O_2$ → $3CO_2$ + $4H_2O$
　　　1몰 + 5몰 → 3몰 + 4몰
　　　1몰=22.4L ∴ 5×22.4=112L

50 도시가스의 제조공정이 아닌 것은?
  ① 열분해 공정　　② 접촉분해 공정
  ③ 수소화분해 공정　　④ 상압증류 공정

해설 　도시가스 제조공정
　　　①, ②, ③ 외에도 부분연소공정, 대체천연가스공정 등이 있다.

51 표준상태하에서 증발열이 큰 순서에서 적은 순으로 옳게 나열된 것은?
  ① NH_3 – LNG – H_2O – LPG
  ② NH_3 – LPG – LNG – H_2O
  ③ H_2O – NH_3 – LNG – LPG
  ④ H_2O – LNG – LPG – NH_3

해설 　증발열 : 액화가스에서 기화될 때 필요한 잠열
　　　H_2O > NH_3 > LNG > LPG

52 대기압 하의 공기로부터 순수한 산소를 분리하는 데 이용되는 액체산소의 끓는점은 몇 ℃인가?
  ① -140　　② -183
  ③ -196　　④ -273

해설 　• 액체 산소 비점 : -183℃
　　　• 액체 질소 비점 : -196℃

53 다음 중 임계압력(atm)이 가장 높은 가스는?
  ① CO　　② C_2H_4
  ③ HCN　　④ Cl_2

해설 　가스가 임계압력 이상이면 액화가 어렵다.
　　　염소 : 76.1atm, CO : 35atm, C_2H_4 : 50.1atm

54 공기액화분리장치의 폭발원인으로 볼 수 없는 것은?
  ① 공기취입구로부터 O_2 혼입
  ② 공기취입구로부터 C_2H_2 혼입
  ③ 액체 공기 중에 O_3 혼입
  ④ 공기 중에 있는 NO_2의 혼입

해설 　공기(액체공기) 중의 오존(O_3)의 혼입이나 공기취입구로부터 C_2H_2(아세틸렌)의 혼입이 공기액화분리장치의 폭발원인이 된다.

55 일정한 압력에서 20℃인 기체의 부피가 2배 되었을 때의 온도는 몇 ℃인가?
  ① 293　　② 313
  ③ 323　　④ 486

해설 　273+20=293K
　　　∴ 293×2=586K
　　　586-273=313℃

ANSWER | 47.① 48.④ 49.③ 50.④ 51.③ 52.② 53.④ 54.① 55.②

56 다음 중 공기보다 가벼운 가스는?
① O_2 ② SO_2
③ CO ④ CO_2

해설 공기의 분자량 29보다 가벼운 가스(CO가스)
분자량 : ① 산소(O_2) : 32
② 아황산(SO_2) : 64
③ 일산화탄소(CO) : 28
④ 탄산가스(CO_2) : 44

57 LNG와 LPG에 대한 설명으로 옳은 것은?
① LPG는 대체 천연가스 또는 합성 천연가스를 말한다.
② 액체상태의 나프타를 LNG라 한다.
③ LNG는 각종 석유가스의 총칭이다.
④ LNG는 액화 천연가스를 말한다.

해설 • LNG : 액화천연가스(CH_4)
• LPG : 액화석유가스(C_3H_8, C_4H_{10})

58 다음 암모니아 제법 중 중압 합성방법이 아닌 것은?
① 카자레법   ② 뉴우데법
③ 케미크법   ④ 뉴파우더법

해설 암모니아(NH_3) 고압합성법
• 압력 : 60~100MPa
• 방법 : 카자레법, 클로우드법

59 아세틸렌(C_2H_2)에 대한 설명 중 옳지 않은 것은?
① 시안화수소와 반응 시 아세트알데히드를 생성한다.
② 폭발범위(연소범위)는 약 2.5~81%이다.
③ 공기 중에서 연소하면 잘 탄다.
④ 무색이고 가연성이다.

해설 아세틸렌(C_2H_2)가스는 황산수은($HgSO_4$)을 촉매로 하여 물(H_2O)을 부가시키면 아세트알데히드(CH_3CHO)가 된다.

60 천연가스의 성질에 대한 설명으로 틀린 것은?
① 주성분은 메탄이다.
② 독성이 없고 청결한 가스이다.
③ 공기보다 무거워 누출 시 바닥에 고인다.
④ 발열량은 약 9,500~10,500kcal/m³ 정도이다.

해설 천연가스 CH_4의 분자량 = 16
비중 $= \dfrac{분자량}{29} = \dfrac{16}{29} = 0.553$
(공기보다 가볍다.)

56. ③ 57. ④ 58. ① 59. ① 60. ③ | ANSWER

2012년 1회 과년도 기출문제

01 탱크를 지상에 설치하고자 할 때 방류둑을 설치하지 않아도 되는 저장탱크는?
① 저장능력 1,000톤 이상의 질소탱크
② 저장능력 1,000톤 이상의 부탄탱크
③ 저장능력 1,000톤 이상의 산소탱크
④ 저장능력 5톤 이상의 염소탱크

해설 질소가스는 불연성 무독성 가스이기 때문에 흘러 넘쳐도 방류둑이 필요하지 않다.

02 액화석유가스 충전소에서 저장탱크를 지하에 설치하는 경우에는 철근콘크리트로 저장탱크실을 만들고 그 실내에 설치하여야 한다. 이때 저장탱크 주위의 빈 공간에는 무엇을 채워야 하는가?
① 물　　　　② 마른 모래
③ 자갈　　　④ 콜타르

해설 가스용 지하 저장탱크 설치 시 탱크 주위 공간에 마른 모래를 채워 넣어서 고정시킨다.

03 독성 가스 배관은 안전한 구조를 갖도록 하기 위해 2중관 구조로 하여야 한다. 다음 가스 중 2중관으로 하지 않아도 되는 가스는?
① 암모니아　　② 염화메탄
③ 시안화수소　④ 에틸렌

해설 • 2중관 가스배관 : 염소, 포스겐, 불소, 아크릴알데히드, 아황산가스, 시안화수소, 황화수소
• C_2H_4(에틸렌) : 가연성 가스(2.7~36% 가연성 폭발범위)

04 자연환기설비 설치 시 LP가스의 용기 보관실 바닥 면적이 $3m^2$라면 통풍구의 크기는 몇 cm^2 이상으로 하도록 되어 있는가?(단, 철망 등이 부착되어 있지 않은 것으로 간주한다.)
① 500　　　② 700
③ 900　　　④ 1,100

해설 자연환기 통풍구 기준
바닥면적 $1m^2$당 $300cm^2$
∴ $300 \times 3 = 900cm^2$

05 자동차 용기 충전시설에 게시한 "화기엄금"이라 표시한 게시판의 색상은?
① 황색바탕에 흑색문자
② 백색바탕에 적색문자
③ 흑색바탕에 황색문자
④ 적색바탕에 백색문자

해설 충전시설 화기엄금표시
• 바탕색 : 백색
• 글자색 : 적색

06 제조소의 긴급용 벤트스택 방출구의 위치는 작업원이 항시 통행하는 장소로부터 얼마나 이격되어야 하는가?
① 5m 이상　　② 10m 이상
③ 15m 이상　　④ 30m 이상

해설 가스제조소 벤드스택 방출구
작업원이 항시 통행하는 장소로부터 10m 이상 이격거리 필요

07 내용적이 1천 L를 초과하는 염소용기의 부식 여유 두께의 기준은?
① 2mm 이상　　② 3mm 이상
③ 4mm 이상　　④ 5mm 이상

해설 염소가스 용기 부식 여유 두께
• 1천 L 이하 : 3mm 이상
• 1천 L 초과 : 5mm 이상

ANSWER | 1.① 2.② 3.④ 4.③ 5.② 6.② 7.④

08 고압가스 용접용기 제조 시 용기동판의 최대 두께와 최소 두께의 차이는 평균 두께의 몇 % 이하로 하여야 하는가?
① 10%　　② 20%
③ 30%　　④ 40%

해설 고압가스 용접용기 제조 시 용기동판의 최대 ↔ 최소 두께 차이는 평균 두께의 20% 이하로 한다.

09 일반도시가스사업자가 선임하여야 하는 안전점검원 선임의 기준이 되는 배관길이 산정 시 포함되는 배관은?
① 사용자공급관
② 내관
③ 가스사용자 소유 토지 내의 본관
④ 공공 도로 내의 공급관

해설 공공 도로 내의 도시가스 공급관을 배관길이당 법으로 정한 길이에 따라 안전점검원을 선임하여야 한다.

10 가연성 가스로 인한 화재의 종류는?
① A급 화재　　② B급 화재
③ C급 화재　　④ D급 화재

해설 ① A급 화재 : 일반 화재
② B급 화재 : 유류, 가스(가연성용)
③ C급 화재 : 전기
④ D급 화재 : 금속 화재

11 고압가스(산소, 아세틸렌, 수소)의 품질검사 주기의 기준은?
① 1월 1회 이상　　② 1주 1회 이상
③ 3일 1회 이상　　④ 1일 1회 이상

해설 산소, 아세틸렌, 수소는 품질검사가 필요하며 그 주기는 1일 1회 이상이다.

12 도시가스 사용시설의 배관은 움직이지 아니하도록 고정부착하는 조치를 하도록 규정하고 있는데 다음 중 배관의 호칭지름에 따른 고정간격의 기준으로 옳은 것은?
① 배관의 호칭지름 20mm인 경우 2m마다 고정
② 배관의 호칭지름 32mm인 경우 3m마다 고정
③ 배관의 호칭지름 40mm인 경우 4m마다 고정
④ 배관의 호칭지름 65mm인 경우 5m마다 고정

해설
- 호칭 13mm 미만 배관 : 1m마다 고정
- 호칭 13mm 이상~33mm 미만 : 2m마다 고정
- 호칭 33mm 이상 : 3m마다 고정

13 일반도시가스사업의 가스공급시설에서 중압 이하의 배관과 고압 배관을 매설하는 경우 서로 몇 m 이상의 거리를 유지하여 설치하여야 하는가?
① 1　　② 2
③ 3　　④ 5

해설 도시가스 공급시설 배관매설

중압 이하 배관 ←── 2m 이상 ──→ 고압배관
　　　　　　　　이격거리

14 고압가스 일반제조소에서 저장탱크 설치 시 물분무장치는 동시에 방사할 수 있는 최대 수량을 몇 분 이상 연속하여 방사할 수 있는 수원에 접속되어 있어야 하는가?
① 30분　　② 45분
③ 60분　　④ 90분

해설 고압가스 물 분무장치는 저장탱크에 동시에 방사할 수 있는 최대수량은 30분 이상 방사가 가능한 수원에 접속되어야 한다.

15 아세틸렌을 용기에 충전할 때에는 미리 용기에 다공물질을 고루 채운 후 침윤 및 충전을 하여야 한다. 이때 다공도는 얼마로 하여야 하는가?
① 75% 이상 92% 미만　　② 70% 이상 95% 미만
③ 62% 이상 75% 미만　　④ 92% 이상

8. ② 9. ④ 10. ② 11. ④ 12. ① 13. ② 14. ① 15. ① | **ANSWER**

해설 아세틸렌 가스(C_2H_2)는 폭발범위가 넓고 분해 폭발을 방지하기 위해 다공물질을 채우는데, 그 다공도는 75% 이상~92% 미만이어야 한다.

16 다음 중 냄새로 누출 여부를 쉽게 알 수 있는 가스는?
① 질소, 이산화탄소 ② 일산화탄소, 아르곤
③ 염소, 암모니아   ④ 에탄, 부탄

해설 염소(독성허용농도 1ppm, 암모니아 25ppm)는 독성 가스이므로 누출 여부를 냄새로 알 수 있다.

17 다음 중 독성이면서 가연성인 가스는?
① SO_2 ② $COCl_2$
③ HCN   ④ C_2H_6

해설
• 독성 가스 : SO_2(아황산), $COCl_2$(포스겐), HCN(시안화수소)
• 가연성 : 시안화수소, 에탄(C_2H_6)

18 저장능력이 1ton인 액화염소 용기의 내용적(L)은?
(단, 액화염소 정수(C)는 0.80이다.)
① 400   ② 600
③ 800   ④ 1,000

해설 $W = \dfrac{V}{C}$, $V = W \times C$ (L)
∴ $(1 \times 1,000) \times 0.8 = 800L$

19 고압가스 운반 등의 기준으로 틀린 것은?
① 고압가스를 운반하는 때에는 재해방지를 위하여 필요한 주의사항을 기재한 서면을 운전자에게 교부하고 운전 중 휴대하게 한다.
② 차량의 고장, 교통사정 또는 운전자의 휴식 등 부득이한 경우를 제외하고는 장시간 정차하여서는 안 된다.
③ 고속도로 운행 중 점심식사를 하기 위해 운반책임자와 운전자가 동시에 차량을 이탈할 때에는 시건장치를 하여야 한다.
④ 지정한 도로, 시간, 속도에 따라 운반하여야 한다.

해설 고압가스 운반에서 운반책임자와 운전자가 동시에 차량에서 이탈하면 안 된다.

20 정압기지의 방호벽을 철근콘크리트 구조로 설치할 경우 방호벽 기초의 기준에 대한 설명 중 틀린 것은?
① 일체로 된 철근콘크리트 기초로 한다.
② 높이 350mm 이상, 되메우기 깊이는 300mm 이상으로 한다.
③ 두께 200mm 이상, 간격 3,200mm 이하의 보조벽을 본체와 직각으로 설치한다.
④ 기초의 두께는 방호벽 최하부 두께의 120% 이상으로 한다.

해설 보조벽 ③은 수평설치가 맞다.

21 고압가스 제조설비의 계장회로에는 제조하는 고압가스의 종류·온도 및 압력과 제조설비의 상황에 따라 안전확보를 위한 주요 부문에 설비가 잘못 조작되거나 정상적인 제조를 할 수 없는 경우에 자동으로 원재료의 공급을 차단시키는 등 제조설비 안의 제조를 제어할 수 있는 장치를 설치하는데 이를 무엇이라 하는가?
① 인터록제어장치   ② 긴급차단장치
③ 긴급이송설비   ④ 벤트스택

해설 인터록제어장치
고압가스 제조설비 안전 제어장치

22 다음 중 독성(TLV-TWA)이 가장 강한 가스는?
① 암모니아   ② 황화수소
③ 일산화탄소   ④ 아황산가스

해설 독성 농도(ppm)
• 암모니아 : 25   • 황화수소 : 10
• 일산화탄소 : 50   • 아황산가스 : 5

ANSWER | 16. ③ 17. ③ 18. ③ 19. ③ 20. ③ 21. ① 22. ④

23 독성 가스 배관을 지하에 매설할 경우 배관은 그 가스가 혼입될 우려가 있는 수도시설과 몇 m 이상의 거리를 유지하여야 하는가?
① 50m   ② 100m
③ 200m   ④ 300m

해설 독성 가스 배관 ←——→ 수도시설
(300m 이상 이격거리가 필요하다.)

24 다음 중 같은 성질을 가진 가스로만 나열된 것은?
① 에탄, 에틸렌   ② 암모니아, 산소
③ 오존, 아황산가스   ④ 헬륨, 염소

해설
① 가연성 : 에탄(C_2H_6), 에틸렌(C_2H_4)
② 독성 : 오존(O_3), 아황산가스(SO_2), 염소(Cl_2)
③ 무독성 : 산소(O_2), 헬륨(He)
④ 조연성 : 산소, 오존, 염소

25 고압가스 용기의 안전점검 기준에 해당되지 않는 것은?
① 용기의 부식, 도색 및 표시 확인
② 용기의 캡이 씌워져 있거나 프로텍터의 부착 여부 확인
③ 재검사 기간의 도래 여부 확인
④ 용기의 누출을 성냥불로 확인

해설 고압가스 용기의 가스누출 확인 : 비눗물

26 가스 공급시설의 임시사용 기준 항목이 아닌 것은?
① 도시가스 공급이 가능한지의 여부
② 도시가스의 수급상태를 고려할 때 해당지역에 도시가스의 공급이 필요한지의 여부
③ 공급의 이익 여부
④ 가스공급시설을 사용할 때 안전을 해칠 우려가 있는지의 여부

해설 가스 공급시설의 임시사용 기준 항목에서 공급의 이익 여부는 생략

27 용기의 파열사고 원인으로 가장 거리가 먼 것은?
① 용기의 내압력 부족
② 용기의 내압 상승
③ 용기 내에서 폭발성 혼합가스에 의한 발화
④ 안전밸브의 작동

해설 안전밸브(안전장치)가 작동하면 용기의 파열사고가 미연에 방지된다.

28 도시가스 배관의 철도궤도 중심과 이격거리 기준으로 옳은 것은?
① 1m 이상   ② 2m 이상
③ 4m 이상   ④ 5m 이상

해설 철도부지 매설배관
배관 외면 ←4m 이상→ 궤도 중심

29 충전용기 보관실의 온도는 항상 몇 ℃ 이하를 유지하여야 하는가?
① 40℃   ② 45℃
③ 50℃   ④ 55℃

해설 가스 충전용기는 항상 40℃ 이하를 유지한다.

30 시안화수소 가스는 위험성이 매우 높아 용기에 충전 보관할 때에는 안정제를 첨가하여야 한다. 적합한 안정제는?
① 염산   ② 이산화탄소
③ 황산   ④ 질소

해설 시안화수소(HCN) : 복숭아 향 가스
• 폭발범위 : 6~41%
• 중합폭발 방지를 위해 안정제는 황산, 동망, 염화칼슘, 인산, 오산화인, 아황산가스 등

23. ④ 24. ① 25. ④ 26. ③ 27. ④ 28. ③ 29. ① 30. ③ | ANSWER

31 가스 폭발 사고의 근본적인 원인으로 가장 거리가 먼 것은?
① 내용물의 누출 및 확산
② 화학반응열 또는 잠열의 축적
③ 누출경보장치의 미비
④ 착화원 또는 고온물의 생성

해설 가스에서 화학반응열이나 잠열은 폭발사고와는 관련성이 없다.

32 정압기의 선정 시 유의사항으로 가장 거리가 먼 것은?
① 정압기의 내압성능 및 사용 최대차압
② 정압기의 용량
③ 정압기의 크기
④ 1차 압력과 2차 압력 범위

해설 정압기의 크기는 정압기의 선정 시 유의사항에서 거리가 멀다. ①, ②, ④항이 선정사항이다.

33 가스용품제조허가를 받아야 하는 품목이 아닌 것은?
① PE 배관   ② 매몰형 정압기
③ 로딩암   ④ 연료전지

해설 허가품목
②, ③, ④ 외에도 압력조정기, 가스누출차단장치, 가스누출차단장치, 정압기용 필터, 호스, 배관용 밸브, 콕, 배관이음관, 강제혼합식가스버너, 연소기, 다기능가스 안전계량기, 연료전지

34 다음 [그림]은 무슨 공기 액화장치인가?

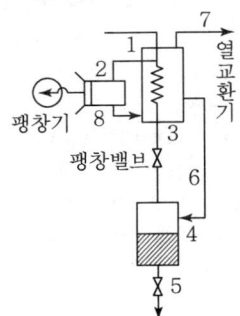

① 클라우드식 액화장치 ② 린데식 액화장치
③ 캐피자식 액화장치   ④ 필립스식 액화장치

해설 클라우드식 액화장치
줄-톰슨 효과를 이용하기 때문에(피스톤식 팽창기 이용) 린데식보다는 효율적이다.

35 2,000rpm으로 회전하는 펌프를 3,500rpm으로 변환하였을 경우 펌프의 유량과 양정은 각각 몇 배가 되는가?
① 유량 : 2.65, 양정 : 4.12
② 유량 : 3.06, 양정 : 1.75
③ 유량 : 3.06, 양정 : 5.36
④ 유량 : 1.75, 양정 : 3.06

해설
유량 $= \left(\dfrac{N_2}{N_1}\right) = \left(\dfrac{3,500}{2,000}\right) = 1.75$배

양정 $= \left(\dfrac{N_2}{N_1}\right)^2 = \left(\dfrac{3,500}{2,000}\right)^2 = 3.06$배

36 액주식 압력계가 아닌 것은?
① U자관식   ② 경사관식
③ 벨로스식   ④ 단관식

해설 탄성식 압력계
벨로스식, 다이어프램식, 부르동관식

37 가스분석 시 이산화탄소 흡수제로 주로 사용되는 것은?
① NaCl   ② KCl
③ KOH   ④ Ca(OH)₂

해설 이산화탄소(CO_2) 흡수용액
수산화칼륨용액(KOH) 33%

38 이동식 부탄연소기의 용기연결방법에 따른 분류가 아닌 것은?
① 카세트식   ② 직결식
③ 분리식   ④ 일체식

ANSWER | 31. ② 32. ③ 33. ① 34. ① 35. ④ 36. ③ 37. ③ 38. ④

[해설] 이동식 부탄연소기의 용기연결방법
• 카세트식   • 직결식   • 분리식

39 파일럿 정압기 중 구동압력이 증가하면 개도도 증가하는 방식으로서 정특성·동특성이 양호하고 비교적 컴팩트한 구조의 로딩형 정압기는?
① Fisher식   ② Axial Flow식
③ Reynolds식   ④ KRF식

[해설] 피셔식(Fisher)식
구동압력이 증가하면 개도가 증가하고 정특성·동특성이 양호하며 비교적 컴팩트하다.

40 다음 가스분석법 중 흡수분석법에 해당하지 않는 것은?
① 헴펠법   ② 구우데법
③ 오르사트법   ④ 게겔법

[해설] 케로그법, 구우데법
암모니아 합성공정(저압합성법)

41 땅 속의 애노드에 강제 전압을 가하여 피방식 금속제를 캐소드로 하는 전기방식법은?
① 희생양극법   ② 외부전원법
③ 선택배류법   ④ 강제배류법

[해설] 외부전원법
땅 속의 애노드에 강제 전압을 가하여 피방식 금속제를 캐소드로 하는 전기방식이다.

42 화학적 부식이나 전기적 부식의 염려가 없고 0.4MPa 이하의 매몰배관으로 주로 사용하는 배관의 종류는?
① 배관용 탄소강관   ② 폴리에틸렌피복강관
③ 스테인리스강관   ④ 폴리에틸렌관

[해설] 폴리에틸렌관(PE관)
화학적 부식이나 전기적 부식의 염려가 없는 0.4MPa 이하의 매몰배관이다.

43 도시가스의 총발열량이 10,400kcal/m³, 공기에 대한 비중이 0.55일 때 웨베지수는 얼마인가?
① 11,023   ② 12,023
③ 13,023   ④ 14,023

[해설] 웨베지수(WI) $= \dfrac{H_g}{\sqrt{d}} = \dfrac{10,400}{\sqrt{0.55}}$
$= 14,023$

44 가연성 가스 검출기 중 탄광에서 발생하는 CH_4의 농도를 측정하는 데 주로 사용되는 것은?
① 간섭계형   ② 안전등형
③ 열선형   ④ 반도체형

[해설] 안전등형
탄광에서 메탄(CH_4)의 농도 측정

45 서로 다른 두 종류의 금속을 연결하여 폐회로를 만든 후, 양접점에 온도차를 두면 금속 내에 열기전력이 발생하는 원리를 이용한 온도계는?
① 광전관식 온도계   ② 바이메탈 온도계
③ 서미스터 온도계   ④ 열전대 온도계

[해설] 열전대 온도계(접촉식)
서로 다른 두 종류의 금속을 연결하여 폐회로를 만든 후 양접점에 온도차를 주면 금속에 열기전력이 발생하는 원리를 이용한 온도계(백금-백금모듈 온도계)

46 다음 중 액화가 가장 어려운 가스는?
① H_2 ② He
③ N_2 ④ CH_4

[해설] 가스의 융점(비점)
비점이 낮으면 액화하기가 곤란하다.
① 수소(H_2) : -252 ℃
② 헬륨(He) : -272.2 ℃
③ 질소(N_2) : -196 ℃
④ 메탄(CH_4) : -162 ℃

39. ① 40. ② 41. ② 42. ④ 43. ④ 44. ② 45. ④ 46. ② | ANSWER

47 다음 중 압력이 가장 높은 것은?
① 10lb/in^2　　② 750mmHg
③ 1atm　　④ 1kg/cm^2

해설　1atm = 1.033kg/cm^2 = 760mmHg
　　　　　= 14.7lb/in^2 = 10.33mmAg
　　　　　= 101,325Pa

48 자동절체식 조정기의 경우 사용 쪽 용기 안의 압력이 얼마 이상일 때 표시 용량의 범위에서 예비 쪽 용기에서 가스가 공급되지 않아야 하는가?
① 0.05MPa　　② 0.1MPa
③ 0.15MPa　　④ 0.2MPa

해설　0.1MPa(1kg/cm^2 압력 이상)
예비 쪽 용기에서 가스가 공급되지 않는다. 1MPa(10kg/cm^2 압력)

49 산소의 성질에 대한 설명 중 옳지 않은 것은?
① 자신은 폭발위험은 없으나 연소를 돕는 조연제이다.
② 액체산소는 무색, 무취이다.
③ 화학적으로 활성이 강하며 많은 원소와 반응하여 산화물을 만든다.
④ 상자성을 가지고 있다.

해설　액체산소
담청색(비점 −183℃)

50 '성능계수(ε)가 무한정한 냉동기의 제작은 불가능하다.'라고 표현되는 법칙은?
① 열역학 제0법칙　　② 열역학 제1법칙
③ 열역학 제2법칙　　④ 열역학 제3법칙

해설　① 열역학 제2법칙 Ostwald의 표현 : 자연계에 아무런 변화도 남기지 않고 어느 열원의 열을 계속해서 일로 바꾸는 제2종 영구기관은 존재하지 않는다.
② 제2종 영구기관 : 입력과 출력이 같은 기관, 즉 효율이 100%인 기관(열역학 제2법칙에 위배)

51 60K을 랭킨온도로 환산하면 약 몇 °R인가?
① 109　　② 117
③ 126　　④ 135

해설　°R = °F + 460 = K × 1.8
°F = $\frac{9}{5}$ × ℃ + 32 = (화씨온도), °R(랭킨절대온도), K(켈빈절대온도)
∴ 60K × 1.8배 ≒ 109°R

52 밀폐된 공간 안에서 LP가스가 연소되고 있을 때의 현상으로 틀린 것은?
① 시간이 지나감에 따라 일산화탄소가 증가된다.
② 시간이 지나감에 따라 이산화탄소가 증가된다.
③ 시간이 지나감에 따라 산소농도가 감소된다.
④ 시간이 지나감에 따라 아황산가스가 증가된다.

해설　밀폐공간 LP가스는 연소 시 CO가스 또는 CO$_2$가 증가한다.(공기 내 산소부족)

53 탄소 12g을 완전연소시킬 경우에 발생되는 이산화탄소는 약 몇 L인가?(단, 표준상태일 때를 기준으로 한다.)
① 11.2　　② 12
③ 22.4　　④ 32

해설　탄소(C) 1mol(1몰) = 12g
C + O$_2$ → CO$_2$
12 g + 22.4 L → 22.4 L

54 공기 중에서 폭발하한이 가장 낮은 탄화수소는?
① CH$_4$　　② C$_4$H$_{10}$
③ C$_3$H$_8$　　④ C$_2$H$_6$

해설　폭발범위(하한값~상한값)
• 메탄(CH$_4$) : 5~15%
• 부탄(C$_4$H$_{10}$) : 1.8~8.4%
• 프로판(C$_3$H$_8$) : 2.1~9.5%
• 에탄(C$_2$H$_6$) : 3~12.5%

ANSWER | 47. ③　48. ②　49. ②　50. ③　51. ①　52. ④　53. ③　54. ②

55 에틸렌 제조의 원료로 사용되지 않는 것은?
① 나프타 ② 에탄올
③ 프로판 ④ 염화메탄

해설 에틸렌 제조원료
- 탄화수소(프로판, 에탄올)
- 나프타
- 아세틸렌

56 다음 중 비중이 가장 작은 가스는?
① 수소 ② 질소
③ 부탄 ④ 프로판

해설 가스분자량이 적으면 비중이 작다.
비중 = $\dfrac{29(공기분자량)}{가스분자량}$
분자량 : ① 수소(2), 질소(28), 부탄(58), 프로판(44)

57 가연성 가스의 정의에 대한 설명으로 맞는 것은?
① 폭발한계의 하한이 10% 이하인 것과 폭발한계의 상한과 하한의 차가 20% 이상인 것을 말한다.
② 폭발한계의 하한이 20% 이하인 것과 폭발한계의 상한과 하한의 차가 10% 이상인 것을 말한다.
③ 폭발한계의 상한이 10% 이하인 것과 폭발한계의 상한과 하한의 차가 20% 이하인 것을 말한다.
④ 폭발한계의 상한이 10% 이상인 것과 폭발한계의 상한과 하한의 차가 10% 이하인 것을 말한다.

해설 ①의 내용은 가연성 가스의 정의이다.

58 다음 중 아세틸렌의 발생방식이 아닌 것은?
① 주수식 : 카바이드에 물을 넣는 방법
② 투입식 : 물에 카바이드를 넣는 방법
③ 접촉식 : 물과 카바이드를 소량씩 접촉시키는 방법
④ 가열식 : 카바이드를 가열하는 방법

해설 아세틸렌 발생 제조
- 주수식   - 투입식   - 접촉식

59 암모니아 가스의 특성에 대한 설명으로 옳은 것은?
① 물에 잘 녹지 않는다.
② 무색의 기체이다.
③ 상온에서 아주 불안정하다.
④ 물에 녹으면 산성이 된다.

해설 암모니아
- 자극성 냄새가 난다.
- 물에 녹는다.
- 무색의 기체이다.
- 상온에서 안정하다.

60 질소에 대한 설명으로 틀린 것은?
① 질소는 다른 원소와 반응하지 않아 기기의 기밀시험용 가스로 사용된다.
② 촉매 등을 사용하여 상온(350℃)에서 수소와 반응시키면 암모니아를 생성한다.
③ 주로 액체 공기를 비점 차이로 분류하여 산소와 같이 얻는다.
④ 비점이 대단히 낮아 극저온의 냉매로 이용된다.

해설 질소를 고온·고압에서 수소(H_2)와 반응시켜 암모니아(NH_3) 제조
$N_2 + 3H_2 \xrightarrow[250\ atm]{550\ ℃} 2NH_3$

55. ④ 56. ① 57. ① 58. ④ 59. ② 60. ② | ANSWER

2012년 2회 과년도 기출문제

01 도시가스 사용시설 중 가스계량기의 설치기준으로 틀린 것은?
① 가스계량기는 화기(자체 화기는 제외)와 2m 이상의 우회 거리를 유지하여야 한다.
② 가스계량기($30m^3/h$ 미만)의 설치 높이는 바닥으로부터 1.6m 이상, 2m 이내이어야 한다.
③ 가스계량기를 격납상자 내에 설치하는 경우에는 설치 높이의 제한을 받지 아니한다.
④ 가스계량기는 절연조치를 하지 아니한 전선과 30cm 이상의 거리를 유지하여야 한다.

해설 가스계량기
절연조치를 하지 아니한 전선과는 15cm 이상 거리를 유지한다.

02 지상에 설치하는 액화석유가스의 저장탱크 안전밸브에 가스 방출관을 설치하고자 한다. 저장탱크의 정상부가 8m일 경우 방출관의 방출구 높이는 지상에서 얼마 이상의 높이에 설치하여야 하는가?
① 5m   ② 8m
③ 10m   ④ 12m

해설 저장탱크의 정상부 높이 +2m 이상 높은 위치
∴ 8+2=10m 이상 높이에 가스방출관 설치

03 다음 중 지식경제부령이 정하는 특정설비가 아닌 것은?
① 저장탱크   ② 저장탱크의 안전밸브
③ 조정기   ④ 기화기

해설 특정설비
• 저장탱크 및 그 부속품
• 차량에 고정된 탱크 및 그 부속품
• 저장탱크와 함께 설치된 기화기

04 지하에 매설된 도시가스 배관의 전기방식 기준으로 틀린 것은?
① 전기방식전류가 흐르는 상태에서 토양 중에 있는 배관 등의 방식전위 상한값은 포화황산동 기준전극으로 -0.85V 이하일 것
② 전기방식전류가 흐르는 상태에서 자연전위와의 전위변화가 최소한 -300mV 이하일 것
③ 배관에 대한 전위측정은 가능한 배관 가까운 위치에서 실시할 것
④ 전기방식시설의 관대지 전위 등을 2년에 1회 이상 점검할 것

해설 • 전기방식시설의 관대지 전위 등은 1년에 1회 이상 점검
• 계기류 확인(전기방식시설) 등은 3개월에 1회 이상(외부전원법이나 배류법에 한하여)

05 가스용 폴리에틸렌관의 굴곡허용반경은 외경의 몇 배 이상으로 하여야 하는가?
① 10   ② 20
③ 30   ④ 50

해설 가스용 폴리에틸렌관의 굴곡허용 반경은 외경의 20배 이상으로 한다.(다만, 굴곡반경이 외경의 20배 미만일 경우에는 엘보를 사용한다.)

06 압력용기의 내압부분에 대한 비파괴 시험으로 실시되는 초음파탐상시험 대상은?
① 두께가 35mm인 탄소강
② 두께가 5mm인 9% 니켈강
③ 두께가 15mm인 2.5% 니켈강
④ 두께가 30mm인 저합금강

해설 초음파 탐상시험 재료(압력용기)
• 탄소강 : 50mm 이상
• 니켈강 : 두께 13mm 이상인 2.5% 니켈강 및 3.5% 니켈강
• 저합금강 : 두께가 38mm 이상

ANSWER | 1.④ 2.③ 3.③ 4.④ 5.② 6.③

07 프로판 15vol%와 부탄 85vol%로 혼합된 가스의 공기 중 폭발하한 값은 약 몇 %인가?(단, 프로판의 폭발하한 값은 2.1%이고, 부탄은 1.8%이다.)
① 1.84
② 1.88
③ 1.94
④ 1.98

해설 $\frac{100}{L} = \frac{V_1}{L_1} + \frac{V_2}{L_2} = \left(\frac{15}{2.1} + \frac{85}{1.8}\right) = 54.37$

∴ $\frac{100}{54.37} = 1.84$

08 특정고압가스용 실린더캐비닛 제조설비가 아닌 것은?
① 가공설비
② 세척설비
③ 패널설비
④ 용접설비

해설 특정고압가스용 실린더캐비닛 제조설비
• 가공설비   • 세척설비   • 용접설비

09 가스설비를 수리할 때 산소의 농도가 약 몇 % 이하가 되면 산소결핍현상을 초래하게 되는가?
① 8%
② 12%
③ 16%
④ 20%

해설 산소농도가 16% 이하
산소결핍현상

10 인체용 에어졸 제품의 용기에 기재하여야 할 사항으로 틀린 것은?
① 특정부위에 계속하여 장시간 사용하지 말 것
② 가능한 한 인체에서 10cm 이상 떨어져서 사용할 것
③ 온도가 40℃ 이상 되는 장소에 보관하지 말 것
④ 불 속에 버리지 말 것

해설 인체용 에어졸 제품의 용기 기재사항
• 특정부위에 계속 장시간 사용하지 말 것(20cm 이상 간격 거리 유지)
• 온도가 40℃ 이상 되는 장소에 보관하지 말 것
• 불 속에 버리지 말 것

11 도시가스의 유해성분 측정에 있어 암모니아는 도시가스 $1m^3$당 몇 g을 초과해서는 안 되는가?
① 0.02
② 0.2
③ 0.5
④ 1.0

해설 도시가스 유해성분 측정(0℃, 1.013250bar)
건조한 도시가스 $1m^3$당 다음을 초과하지 못한다.
• 황전량 : 0.5g
• 황화수소 : 0.02g
• 암모니아 : 0.2g

12 용기 동판의 최대 두께와 최소 두께와의 차이는 평균 두께의 몇 % 이하로 하여야 하는가?
① 5%
② 10%
③ 20%
④ 30%

해설 고압가스 용기 동판의 최대 두께와 최소 두께와의 차이는 평균 두께의 20% 이하로 한다.

13 저장능력 $300m^3$ 이상인 2개의 가스홀더 A, B 간에 유지해야 할 거리는?(단, A와 B의 최대지름은 각각 8m, 4m이다.)
① 1m
② 2m
③ 3m
④ 4m

해설 가스홀더 유지거리
홀더 합산지름 × $\frac{1}{4}$ 이상

∴ 8+4=12m, $12 \times \frac{1}{4} = 3m$ 이상

14 다음 중 가연성이면서 유독한 가스는?
① NH_3
② H_2
③ CH_4
④ N_2

해설 • 가연성 : 수소(H_2), 메탄(CH_4), 암모니아(NH_3)
• 불연성 : 질소(N_2)
암모니아 - 폭발범위 : 15~28%
       - 독성허용농도 : 25ppm

7. ① 8. ③ 9. ③ 10. ② 11. ② 12. ③ 13. ③ 14. ① | ANSWER

15 부취제의 구비조건으로 적합하지 않은 것은?
① 연료가스 연소 시 완전 연소될 것
② 일상생활의 냄새와 확연히 구분될 것
③ 토양에 쉽게 흡수될 것
④ 물에 녹지 않을 것

해설 부취제(가스양의 $\frac{1}{1,000}$ 혼합) 특성
- THT(석탄가스 냄새)
- TBM(양파 썩는 냄새)
- DMS(마늘냄새)
※ 토양에 대한 투과성이 클 것

16 가스보일러의 설치기준 중 자연배기식 보일러의 배기통 설치방법으로 옳지 않은 것은?
① 배기통의 굴곡수는 6개 이하로 한다.
② 배기통의 끝은 옥외로 뽑아낸다.
③ 배기통의 입상높이는 원칙적으로 10m 이하로 한다.
④ 배기통의 가로 길이는 5m 이하로 한다.

해설 가스보일러(자연배기식)의 배기통 굴곡수는 4개소 이내로 할 것

17 가스누출자동차단장치 및 가스누출자동차단기의 설치기준에 대한 설명으로 틀린 것은?
① 가스공급이 불시에 자동 차단됨으로써 재해 및 손실이 클 우려가 있는 시설에는 가스누출경보차단장치를 설치하지 않을 수 있다.
② 가스누출자동차단기를 설치하여도 설치목적을 달성할 수 없는 시설에는 가스누출자동차단기를 설치하지 않을 수 있다.
③ 월사용예정량이 1,000m³ 미만으로서 연소기에 소화안전장치가 부착되어 있는 경우에는 가스누출경보차단장치를 설치하지 않을 수 있다.
④ 지하에 있는 가정용 가스사용시설은 가스누출경보차단장치의 설치대상에서 제외된다.

해설 특정가스사용시설에서 월 사용예정량 2,000m³ 미만으로서 연소기가 연결된 각 배관에 퓨즈콕, 상자콕 등 각 연소기에 소화안전장치가 부착되어 있는 경우 가스누출자동차단기를 설치하지 않을 수 있다.

18 다음 가스 중 독성이 가장 강한 것은?
① 염소   ② 불소
③ 시안화수소   ④ 암모니아

해설 독성허용농도(ppm)
허용농도가 적을수록 독성이 강하다.
- 염소 : 1
- 불소 : 0.1
- 시안화수소 : 10
- 암모니아 : 25

19 도시가스 배관을 지하에 설치 시공 시 다른 배관이나 타 시설물과의 이격거리 기준은?
① 30cm 이상   ② 50cm 이상
③ 1m 이상   ④ 1.2m 이상

해설 도시가스 지하배관 ←30cm 이상→ 다른 배관 또는 타 시설물

20 고압가스 충전용기의 적재 기준으로 틀린 것은?
① 차량의 최대적재량을 초과하여 적재하지 아니한다.
② 충전 용기의 차량에 적재하는 때에는 뉘어서 적재한다.
③ 차량의 적재함을 초과하여 적재하지 아니한다.
④ 밸브가 돌출한 충전용기는 밸브의 손상을 방지하는 조치를 한다.

해설 고압가스 충전용기는 차량에 적재하는 경우 세워서 적재한다.

21 방류둑에는 계단, 사다리 또는 토사를 높이 쌓아올림 등에 의한 출입구를 둘레 몇 m마다 1개 이상을 두어야 하는가?
① 30   ② 50
③ 75   ④ 100

해설 방류둑에는 계단, 사다리 등을 출입구 둘레 50m마다 1개 이상 두어야 한다.

22 아세틸렌가스 압축 시 희석제로서 적당하지 않은 것은?
① 질소   ② 메탄
③ 일산화탄소   ④ 산소

ANSWER | 15. ③ 16. ① 17. ③ 18. ② 19. ① 20. ② 21. ② 22. ④

해설 아세틸렌가스 압축 시 희석제
- 에틸렌
- 메탄
- 일산화탄소
- 질소 등

23 가스가 누출된 경우 제2의 누출을 방지하기 위하여 방류둑을 설치한다. 방류둑을 설치하지 않아도 되는 저장탱크는?
① 저장능력 1,000톤의 액화질소탱크
② 저장능력 10톤의 액화암모니아탱크
③ 저장능력 1,000톤의 액화산소탱크
④ 저장능력 5톤의 액화염소탱크

해설 질소는 독성이나 가연성이 아니므로 방류둑이 필요없다.

24 냉동기 제조시설에서 내압성능을 확인하기 위한 시험압력의 기준은?
① 설계압력 이상
② 설계압력의 1.25배 이상
③ 설계압력의 1.5배 이상
④ 설계압력의 2배 이상

해설 냉동기 제조에서 내압성능시험
설계압력의 1.5배 이상

25 충전용기를 차량에 적재하여 운반 시 차량의 앞뒤 보기 쉬운 곳에 표시하는 경계표시의 글씨 색깔 및 내용으로 적합한 것은?
① 노랑 글씨 – 위험고압가스
② 붉은 글씨 – 위험고압가스
③ 노랑 글씨 – 주의고압가스
④ 붉은 글씨 – 주의고압가스

해설 충전용기 차량 경계표시
- 글씨 : 적색
- 내용 : 위험 고압가스

26 고압가스 운반, 취급에 관한 안전사항 중 염소와 동일차량에 적재하여 운반이 가능한 가스는?
① 아세틸렌
② 암모니아
③ 질소
④ 수소

해설 염소가스와 동일차량에 적재가 불가능한 가스
아세틸렌, 암모니아, 수소 등

27 사고를 일으키는 장치의 이상이나 운전자 실수의 조합을 연역적으로 분석하는 정량적 위험성 평가 기법은?
① 사건수분석(ETA)기법
② 결함수분석(FTA)기법
③ 위험과 운전분석(HAZOP)기법
④ 이상위험도분석(FMECA)기법

해설 FTA(결함수분석)
사고를 일으키는 장치의 이상이나 운전자 실수의 조합을 연역적으로 분석하는 정량적 안정성 평가기법

28 가스배관의 주위를 굴착하고자 할 때에는 가스배관의 좌우 얼마 이내의 부분을 인력으로 굴착해야 하는가?
① 30cm 이내
② 50cm 이내
③ 1m 이내
④ 1.5m 이내

해설 가스배관 주위 굴착 시 가스배관의 좌우 1m 이내의 부분은 인력으로 굴착한다.

29 천연가스의 발열량이 10,400kcal/Sm^{3}이다. SI 단위인 MJ/Sm^{3}으로 나타내면?
① 2.47
② 43.68
③ 2.476
④ 43,680

해설 1kcal = 4.2kJ
10,400 × 4.2 = 43,680kJ(43,680,000J/Sm^3)
= 43.68MJ

30 시안화수소 충전 시 한 용기에서 60일을 초과할 수 있는 경우는?
① 순도가 90% 이상으로서 착색이 된 경우
② 순도가 90% 이상으로서 착색되지 아니한 경우
③ 순도가 98% 이상으로서 착색이 된 경우
④ 순도가 98% 이상으로서 착색되지 아니한 경우

해설 용기용 시안화수소 독성 가스는 순도가 98% 이상이면 착색되지 아니한 경우 60일을 초과할 수 있다.

31 액화가스의 고압가스설비에 부착되어 있는 스프링식 안전밸브는 상용의 온도에서 그 고압가스 설비 내의 액화가스의 상용의 체적이 그 고압가스설비 내의 몇 %까지 팽창하게 되는 온도에 대응하는 그 고압가스 설비 안의 압력에서 작동하는 것으로 하여야 하는가?
① 90   ② 95
③ 98   ④ 99.5

해설 스프링식 안전밸브
상용체적이 고압가스 설비 내 98%까지 팽창하게 되는 온도에 대응하는 압력에서 작용하여야 한다.

32 안정된 불꽃으로 완전연소를 할 수 있는 염공의 단위 면적당 인풋(In Put)을 무엇이라고 하는가?
① 염공부하   ② 연소실부하
③ 연소효율   ④ 배기열손실

해설 염공부하
안정된 불꽃으로 완전연소를 할 수 있는 염공의 단위 면적당 인풋

33 자동교체식 조정기 사용 시 장점으로 틀린 것은?
① 전체용기 수량이 수동식보다 적어도 된다.
② 배관의 압력손실을 크게 해도 된다.
③ 잔액이 거의 없어질 때까지 소비된다.
④ 용기교환 주기의 폭을 좁힐 수 있다.

해설 자동교체식 조정기 사용 시에는 용기 교환주기의 폭을 넓힐 수 있다.

34 저장능력 50톤인 액화산소 저장탱크 외면에서 사업소경계선까지의 최단거리가 50m일 경우 이 저장탱크에 대한 내진설계 등급은?
① 내진 특등급   ② 내진 1등급
③ 내진 2등급   ④ 내진 3등급

해설 액화산소의 내진설계등급
① 저장능력 : 10톤 초과~100톤 이하
② 사업소경계선까지 최단거리 : 40m 초과~90m 이하
①, ②에 해당하면 내진설계 2등급에 해당

35 다음 중 흡수분석법의 종류가 아닌 것은?
① 헴펠법   ② 활성알루미나겔법
③ 오르사트법   ④ 게겔법

해설 가스 흡수분석법
①, ③, ④법

36 LPG 기화장치의 작동원리에 따른 구분으로 저온의 액화가스를 조정기를 통화여 감압한 후 열교환기에 공급해 강제 기화시켜 공급하는 방식은?
① 해수가열 방식   ② 가온감압 방식
③ 감압가열 방식   ④ 중간매체 방식

해설 감압가열 방식(LPG 기화장치)
저온의 액화가스를 조정기를 통하여 감압한 후 열교환기에 공급해 강제기화시킨다.

37 특정가스 제조시설에 설치한 가연성 독성 가스 누출검지 경보장치에 대한 설명으로 틀린 것은?
① 누출된 가스가 체류하기 쉬운 곳에 설치한다.
② 설치수는 신속하게 감지할 수 있는 숫자로 한다.
③ 설치위치는 눈에 잘 보이는 위치로 한다.
④ 기능은 가스의 종류에 적합한 것으로 한다.

해설 독성 가스 누출검지 경보기 설치
설치위치는 가스비중, 주위상황, 가스설비 높이 또는 가스 종류 등 조건에 따라서 결정한다.

ANSWER | 30. ④ 31. ③ 32. ① 33. ④ 34. ③ 35. ② 36. ③ 37. ③

38 열전대 온도계는 열전쌍회로에서 두 접점의 발생되는 어떤 현상의 원리를 이용한 것인가?
① 열기전력 ② 열팽창계수
③ 체적변화 ④ 탄성계수

해설 열전대 온도계
열기전력 이용

39 도시가스 제조공정에서 사용되는 촉매의 열화와 가장 거리가 먼 것은?
① 유황화합물에 의한 열화
② 불순물의 표면 피복에 의한 열화
③ 단체와 니켈과의 반응에 의한 열화
④ 불포화탄화수소에 의한 열화

해설 도시가스 제조 공정에서 촉매의 열화는 ①, ②, ③에 의한 열화가 많다.

40 액화천연가스(LNG) 저장탱크 중 액화천연가스의 최고 액면을 지표면과 동등 또는 그 이하가 되도록 설치하는 형태의 저장탱크는?
① 지상식 저장탱크(Aboveground Storage Tank)
② 지중식 저장탱크(Inground Storage Tank)
③ 지하식 저장탱크(Underground Storage Tank)
④ 단일방호식 저장탱크(Single Containment Tank)

해설 지중식 저장탱크
LNG 저장탱크 중 액화천연가스의 최고 액면을 지표면과 동등 또는 그 이하가 되도록 설치한다.

41 모듈 3, 잇수 10개, 기어의 폭이 12mm인 기어펌프를 1,200rpm으로 회전할 때 송출량은 약 얼마인가?
① 9,030cm³/s ② 11,260cm³/s
③ 12,160cm³/s ④ 13,570cm³/s

해설 기어펌프 배출량
$Q = 2\pi Z(M)^2 \times B \times \dfrac{rpm}{60} \times \eta_v \text{(cm}^3\text{/s)}$
기어의 폭 12mm(1.2cm)
$(2 \times 3.14 \times 10 \times 3^2 \times 1.2) \times 1,200 = 13,565 \text{cm}^3\text{/s}$

42 고압가스 배관재료로 사용되는 동관의 특징에 대한 설명으로 틀린 것은?
① 가공성이 좋다. ② 열전도율이 적다.
③ 시공이 용이하다. ④ 내식성이 크다.

해설 동관
열전도율이 매우 크다.

43 공기보다 비중이 가벼운 도시가스의 공급시설로서 공급시설이 지하에 설치된 경우의 통풍구조에 대한 설명으로 옳은 것은?
① 환기구를 2방향 이상 분산하여 설치한다.
② 배기구는 천장면으로부터 50cm 이내에 설치한다.
③ 흡입구 및 배기구의 관경은 80mm 이상으로 한다.
④ 배기가스 방출구는 지면에서 5m 이상의 높이에 설치한다.

해설 공기보다 비중이 가벼운 도시가스의 공급시설로서 공급시설이 지하에 설치된 경우 통풍구조는 환기구를 2방향 이상 분산하여 설치한다.

44 원통형의 관을 흐르는 물의 중심부의 유속을 피토관으로 측정하였더니 수주의 높이가 10m이었다. 이때 유속은 약 몇 m/s인가?
① 10 ② 14
③ 20 ④ 26

해설 유속$(V) = \sqrt{2gh}$ (m/s)
∴ $\sqrt{2 \times 9.8 \times 10} = 14\text{m/s}$

45 실린더 중에 피스톤과 보조 피스톤이 있고 양 피스톤의 작용으로 상부에 팽창기가 있는 액화사이클은?
① 클라우드 액화사이클 ② 캐피자 액화사이클
③ 필립스 액화사이클 ④ 캐스케이드 액화사이클

해설 필립스 액화사이클
실린더 중에 피스톤과 보조피스톤이 있고 양 피스톤의 작용으로 상부에 팽창기가 있어 공기를 액화시킨다.

38. ① 39. ④ 40. ② 41. ④ 42. ② 43. ① 44. ② 45. ③ | ANSWER

46 다음 중 메탄의 제조방법이 아닌 것은?
① 석유를 크래킹하여 제조한다.
② 천연가스를 냉각시켜 분별 증류한다.
③ 초산나트륨에 소다회를 가열하여 얻는다.
④ 니켈을 촉매로 하여 일산화탄소에 수소를 작용시킨다.

해설 메탄(CH_4)가스 제조방법은 ②, ③, ④방법이 있다. ①은 LPG 제조방법

47 아세틸렌의 특징에 대한 설명으로 옳은 것은?
① 압축 시 산화폭발한다.
② 고체 아세틸렌은 융해하지 않고 승화한다.
③ 금과는 폭발성 화합물을 생성한다.
④ 액체 아세틸렌은 안정하다.

해설 아세틸렌(C_2H_2)
- 분해폭발(압축 시)
- 액체 아세틸렌은 불안정함
- 구리, 은, 수은과 접촉 시 아세틸라이드 생성

48 도시가스의 주원료인 메탄(CH_4)의 비점은 약 얼마인가?
① $-50°C$
② $-82°C$
③ $-120°C$
④ $-162°C$

해설 메탄의 비점온도 : $-162°C$

49 다음 중 휘발분이 없는 연료로서 표면연소를 하는 것은?
① 목탄, 코크스
② 석탄, 목재
③ 휘발유, 등유
④ 경유, 유황

해설 목탄, 코크스
- 휘발분이 없다.
- 표면연소를 한다.

50 다음 가스 중 상온에서 가장 안정한 것은?
① 산소
② 네온
③ 프로판
④ 부탄

해설 불활성 가스인 네온(Ne), 헬륨(He), 아르곤(Ar), 크립톤(Kr), 크세논(Xe), 라돈(Rn)은 상온에서 안정하다.

51 다음 중 카바이드와 관련이 없는 성분은?
① 아세틸렌(C_2H_2)
② 석회석($CaCO_3$)
③ 생석회(CaO)
④ 염화칼슘($CaCl_2$)

해설 염화칼슘 : 흡습제

52 설비나 장치 및 용기 등에서 취급 또는 운용되고 있는 통상의 온도를 무슨 온도라 하는가?
① 상용온도
② 표준온도
③ 화씨온도
④ 켈빈온도

해설 통상의 운용온도 : 상용온도

53 다음 화합물 중 탄소의 함유율이 가장 많은 것은?
① CO_2
② CH_4
③ C_2H_4
④ CO

해설 탄소의 분자량은 12이다.
① 탄산가스(CO_2) : 탄소(12)
② 메탄(CH_4) : 탄소(12)
③ 에틸렌(C_2H_4) : 탄소(24)
④ 일산화탄소(CO) : 탄소(12)

54 어떤 물질의 질량은 30g이고 부피는 600cm³이다. 이것의 밀도(g/cm³)는 얼마인가?
① 0.01
② 0.05
③ 0.5
④ 1

해설 밀도 $= \dfrac{질량}{체적} = \dfrac{30}{600} = 0.05 g/cm^3$

55 브롬화메탄에 대한 설명으로 틀린 것은?
① 용기가 열에 노출되면 폭발할 수 있다.
② 알루미늄을 부식하므로 알루미늄 용기에 보관할 수 없다.
③ 가연성이며 독성 가스이다.
④ 용기의 충전구 나사는 왼나사이다.

해설 암모니아, 브롬화메탄 용기의 충전구 나사는 오른나사이다.
(불연성 가스도 오른나사이다.)
(가연성은 용기 충전구 나사가 왼나사)

56 대기압이 $1.0332kgf/cm^2$이고, 계기압력이 $10kgf/cm^2$일 때 절대압력은 약 몇 kgf/cm^2인가?
① 8.9668
② 10.332
③ 11.0332
④ 103.32

해설 절대압력(abs) = atm + atg
= 1.0332 + 10
= $11.0332kg/cm^2$

57 도시가스 정압기의 특성으로 유량이 증가됨에 따라 가스가 송출될 때 출구 측 배관(밸브 등)의 마찰로 인하여 압력이 약간 저하되는 상태를 무엇이라 하는가?
① 히스테리시스(Hysteresis) 효과
② 록업(Lock-up) 효과
③ 충돌(Impingement) 효과
④ 형상(Body-Configuration) 효과

해설 도시가스 정압기가 출구 측 배관의 마찰로 인하여 압력이 약간 저하되는 상태를 히스테리시스 효과라 한다.

58 0℃ 물 10kg을 100℃ 수증기로 만드는 데 필요한 열량은 약 몇 kcal인가?
① 5,390
② 6,390
③ 7,390
④ 8,390

해설 0℃ 물 → 100℃ 수증기로 변화(물의 증발잠열 : 539kcal/kg)
• 물의 현열 = 10kg × 1kcal/kg · ℃ × (100-0)
= 1,000kcal
• 물의 증발잠열 = 539kcal/kg × 10kg
= 5,390kcal
∴ Q = 1,000 + 5,390 = 6,390kcal

59 다음 중 압력단위의 환산이 잘못된 것은?
① $1kg/cm^2$ ≒ 14.22psi
② 1psi ≒ $0.0703kg/cm^2$
③ 1mbar ≒ 14.7psi
④ $1kg/cm^2$ ≒ 98.07kPa

해설 1atm = 1,013mbar = 14.7psi
$1.0332kg/cm^2$ = $10.33mH_2O$
$101,325N/m^2$ = 101,325Pa

60 다음 중 온도의 단위가 아닌 것은?
① °F
② ℃
③ °R
④ °T

해설 온도의 단위
• 화씨온도(°F) : $\frac{9}{5} \times ℃ + 32$
• 섭씨온도(℃) : $\frac{5}{9} \times (°F - 32)$
• 랭킨의 절대온도(°R) : °F + 460
• 켈빈의 절대온도(K) : ℃ + 273

2012년 3회 과년도 기출문제

01 안전관리자가 상주하는 사무소와 현장사무소와의 사이 또는 현장사무소 상호 간에는 신속히 통보할 수 있도록 통신시설을 갖추어야 하는데 이에 해당되지 않는 것은?
① 구내방송 설비 ② 메가폰
③ 인터폰 ④ 페이징 설비

[해설] 메가폰은 사무소와 사무소 간이 아닌 사업소 내 전체 통신시설은 필요하다.
• 구내방송 설비 • 사이렌
• 휴대용 확성기 • 페이징 설비
• 메가폰

02 1몰의 아세틸렌가스를 완전연소하기 위하여 몇 몰의 산소가 필요한가?
① 1몰 ② 1.5몰
③ 2.5몰 ④ 3몰

[해설] $\underset{1몰}{C_2H_2(아세틸렌)} + \underset{2.5몰}{2.5O_2} \rightarrow \underset{2몰}{2CO_2} + \underset{1몰}{H_2O}$

03 고압가스의 용어에 대한 설명으로 틀린 것은?
① 액화가스란 가압, 냉각 등의 방법에 의하여 액체상태로 되어 있는 것으로서 대기압에서의 끓는점이 섭씨 40도 이하 또는 상용의 온도 이하인 것을 말한다.
② 독성 가스란 공기 중에 일정량이 존재하는 경우 인체에 유해한 독성을 가진 가스로서 허용농도가 100만분의 2,000 이하인 가스를 말한다.
③ 초저온저장탱크라 함은 섭씨 영하 50도 이하의 액화가스를 저장하기 위한 저장탱크로서 단열재로 씌우거나 냉동설비로 냉각하는 등의 방법으로 저장탱크 내의 가스온도가 상용의 온도를 초과하지 아니하도록 한 것을 말한다.
④ 가연성 가스라 함은 공기 중에서 연소하는 가스로서 폭발한계의 하한이 10% 이하인 것과 폭발한계의 상한과 하한의 차가 20% 이상인 것을 말한다.

[해설] 독성 가스 허용농도
허용농도는 $\frac{200}{100만}$ ppm 이하 가스만 해당된다.

04 고압가스안전관리법에서 정하고 있는 특수고압가스에 해당되지 않는 것은?
① 아세틸렌 ② 포스핀
③ 압축모노실란 ④ 디실란

[해설] 특수고압가스
압축모노실란, 압축디보레인, 액화알진, 포스핀, 세렌화수소, 거르만, 디실란(고압가스시행규칙 2조)

05 다음 중 동일차량에 적재하여 운반할 수 없는 경우는?
① 산소와 질소
② 질소와 탄산가스
③ 탄산가스와 아세틸렌
④ 염소와 아세틸렌

[해설] 염소와 동일차량에 적재가 불가능한 가스
염소 : 아세틸렌, 수소, 암모니아

06 천연가스 지하 매설 배관의 퍼지용으로 주로 사용되는 가스는?
① N_2 ② Cl_2
③ H_2 ④ O_2

[해설] N_2(질소가스)는 지하 매설 배관의 퍼지용으로 주로 사용된다.

07 독성 가스 제조시설 식별표지의 글씨 색상은?(단, 가스의 명칭은 제외한다.)
① 백색 ② 적색
③ 황색 ④ 흑색

ANSWER | 1.② 2.③ 3.② 4.① 5.④ 6.① 7.④

해설 식별표지
- 바탕(백색)
- 글씨(흑색)
- 문자와의 크기(가로×세로 10cm 이상)
- 30m 이상 떨어진 위치에서 알 수 있게 한다.

08 다음 중 폭발성이 예민하므로 마찰 타격으로 격렬히 폭발하는 물질에 해당되지 않는 것은?
① 메틸아민 ② 유화질소
③ 아세틸라이드 ④ 염화질소

해설 메틸아민(CH_3NH_2)
- 허용농도 : 10ppm 독성 가스
- 폭발범위 : 4.9~20.7%
- 특이한 냄새가 난다.
- 상온 상압에서 기체이며, 액화하면 무색의 액체이다
- 저급알코올, 물에 잘 녹는다.

09 고압가스를 제조하는 경우 가스를 압축해서는 아니 되는 경우에 해당하지 않는 것은?
① 가스연가스(아세틸렌, 에틸렌 및 수소 제외) 중 산소용량이 전체 용량의 4% 이상인 것
② 산소 중의 가연성 가스의 용량이 전체 용량의 4% 이상인 것
③ 아세틸렌, 에틸렌 또는 수소 중의 산소용량이 전체 용량의 2% 이상인 것
④ 산소 중의 아세틸렌, 에틸렌 및 수소의 용량 합계가 전체용량의 4% 이상인 것

해설 ④에서는 2% 이상이면 압축하지 않는다.

10 지하에 설치하는 지역정압기에서 시설의 조작을 안전하고 확실하게 하기 위하여 필요한 조명도는 얼마를 확보하여야 하는가?
① 100룩스 ② 150룩스
③ 200룩스 ④ 250룩스

해설 지하 지역정압기 조작 시 필요한 조명은 150lux이다.

11 공기 중에서의 폭발 하한값이 가장 낮은 가스는?
① 황화수소 ② 암모니아
③ 산화에틸렌 ④ 프로판

해설 가스 폭발범위(하~상)한값
- 황화수소(H_2S) : 4.3~45
- 암모니아(NH_3) : 5~28%
- 산화에틸렌(C_2H_4O) : 3~80%
- 프로판(C_3H_8) : 2.1~9.5%

12 가스도매사업의 가스공급시설 중 배관을 지하에 매설할 때의 기준으로 틀린 것은?
① 배관은 그 외면으로부터 수평거리로 건축물까지 1.0m 이상을 유지한다.
② 배관은 그 외면으로부터 지하의 다른 시설물과 0.3m 이상의 거리를 유지한다.
③ 배관을 산과 들에 매설할 때는 지표면으로부터 배관의 외면까지의 매설깊이를 1m 이상으로 한다.
④ 배관은 지반 동결로 손상을 받지 아니하는 깊이로 매설한다.

해설 ①에서는 1.5m 이상의 거리를 둘 것

13 아세틸렌을 용기에 충전하는 때에 사용하는 다공물질에 대한 설명으로 옳은 것은?
① 다공도가 55% 이상 75% 미만의 석회를 고루 채운다.
② 다공도가 65% 이상 82% 미만의 옥탄을 고루 채운다.
③ 다공도가 75% 이상 92% 미만의 규조토를 고루 채운다.
④ 다공도가 95% 이상인 다공성 플라스틱을 고루 채운다.

해설 아세틸렌 용기 충전(다공질)
다공도 : 75% 이상~92% 미만 규조토 등을 사용한다.(분해 폭발 방지를 위하여)

8. ① 9. ④ 10. ② 11. ④ 12. ① 13. ③ | ANSWER

14 고압가스안전관리법에서 정하고 있는 보호시설이 아닌 것은?
① 의원   ② 학원
③ 가설건축물   ④ 주택

해설 가설건축물
보호시설에서 제외된다.

15 다음 가스폭발의 위험성 평가기법 중 정량적 평가방법은?
① HAZOP(위험성운전 분석기법)
② FTA(결함수 분석기법)
③ Check List법
④ WHAT-IF(사고예상질문 분석기법)

해설 FTA(Fault Tree Analysis)
사고를 일으키는 장치의 이상이나 운전자의 실수의 조합을 연연적으로 분석하는 정량적 안전성 평가기법

16 도시가스사업법령에 따른 안전관리자의 종류에 포함되지 않는 것은?
① 안전관리 총괄자   ② 안전관리 책임자
③ 안전관리 부책임자   ④ 안전점검원

해설 도시가스 안전관리자
- 안전관리 총괄자
- 안전관리 책임자
- 안전점검원

17 독성 가스 배관은 2중관 구조로 하여야 한다. 이때 외층관 내경은 내층관 외경의 몇 배 이상을 표준으로 하는가?
① 1.2   ② 1.5
③ 2   ④ 2.5

해설 독성 가스 2중관 배관의 외층관 내경은 내층관 외경의 1.2배 이상이어야 한다.

18 액화석유가스 충전사업자의 영업소에 설치하는 용기저장소 용기보관실 면적의 기준은?
① $9m^2$ 이상   ② $12m^2$ 이상
③ $19m^2$ 이상   ④ $21m^2$ 이상

해설 액화석유가스 충전사업자의 영업소에 설치하는 용기저장소 용기보관실 면적기준 : $19m^2$ 이상

19 자연발화의 열의 발생 속도에 대한 설명으로 틀린 것은?
① 초기 온도가 높은 쪽이 일어나기 쉽다.
② 표면적이 작을수록 일어나기 쉽다.
③ 발열량이 큰 쪽이 일어나기 쉽다.
④ 촉대 물질이 존재하면 반응 속도가 빨라진다.

해설 자연발화는 열의 발생속도가 표면적이 클수록 일어나기 쉽다.

20 암모니아 충전용기로서 내용적이 1,000L 이하인 것은 부식여유치가 A이고, 염소 충전용기로서 내용적이 1,000L 초과하는 것은 부식여유치가 B이다. A와 B항의 알맞은 부식여유치는?
① A : 1mm, B : 2mm
② A : 1mm, B : 3mm
③ A : 2mm, B : 5mm
④ A : 1mm, B : 5mm

해설 부식여유수치

용기종류		부식여유 수치
암모니아 충전용기	내용적 1천 L 이하	1
	내용적 1천 L 초과	2
염소 충전용기	내용적 1천 L 이하	3
	내용적 1천 L 초과	5

ANSWER | 14. ③ 15. ② 16. ③ 17. ① 18. ③ 19. ② 20. ④

21 다음 중 고압가스 관련 설비가 아닌 것은?
① 일반압축가스 배관용 밸브
② 자동차용 압축천연가스 완속충전설비
③ 액화석유가스용 용기잔류가스 회수장치
④ 안전밸브, 긴급차단장치, 역화방지장치

해설 고압가스 관련 설비
- 안전밸브, 긴급차단장치, 역화방지장치
- 기화장치
- 압력용기
- 자동차용 가스자동주입기
- 독성 가스 배관용 밸브
- 냉동설비
- 특정 고압가스용 실린더 캐비닛
- 자동차용 압축천연가스 완속충전설비
- 액화석유가스용 용기잔류가스 회수장치

22 고압가스일반제조시설의 저장탱크 지하 설치기준에 대한 설명으로 틀린 것은?
① 저장탱크 주위에는 마른 모래를 채운다.
② 지면으로부터 저장탱크 정상부까지의 깊이는 30cm 이상으로 한다.
③ 저장탱크를 매설한 곳의 주위에는 지상에 경계표지를 설치한다.
④ 저장탱크에 설치한 안전밸브는 지면에서 5m 이상 높이에 방출구가 있는 가스방출관을 설치한다.

해설 고압가스 지하 탱크

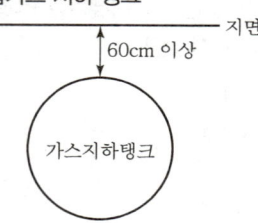

23 아황산가스의 제독제로 갖추어야 할 것이 아닌 것은?
① 가성소다 수용액   ② 소석회
③ 탄산소다 수용액   ④ 물

해설 아황산가스의 제독제 : 가성소다 수용액, 탄산소다 수용액, 물

24 산소 압축기의 윤활유로 사용되는 것은?
① 석유류   ② 유지류
③ 글리세린   ④ 물

해설 산소(조연성 가스) 압축기
물 사용(윤활유 대용)

25 아세틸렌이 은, 수은과 반응하여 폭발성의 금속 아세틸라이드를 형성하여 폭발하는 형태는?
① 분해폭발   ② 화합폭발
③ 산화폭발   ④ 압력폭발

해설 C_2H_2(아세틸렌)의 금속아세틸라이드(구리, 은, 수은)
- $C_2H_2 + 2Cu \rightarrow Cu_2C_2 + H_2$
  구리 동아세틸라이드
- $C_2H_2 + 2Hg \rightarrow HgC_2 + H_2$
  수은 수은아세틸라이드
- $C_2H_2 + 2Ag \rightarrow Ag_2C_2 + H_2$
  은   은아세틸라이드

26 가연성 가스 또는 독성 가스의 제조시설에서 자동으로 원재료의 공급을 차단시키는 등 제조설비 안의 제조를 제어할 수 있는 장치를 무엇이라고 하는가?
① 인터록기구   ② 벤트스택
③ 플레어스택   ④ 가스누출검지경보장치

해설 인터록
제조설비에서 자동으로 원재료의 공급을 차단시키는 제어장치(안전장치)

27 지상에 설치하는 정압기실 방호벽의 높이와 두께 기준으로 옳은 것은?
① 높이 2m, 두께 7cm 이상의 철근콘크리트벽
② 높이 1.5m, 두께 12cm 이상의 철근콘크리트벽
③ 높이 2m, 두께 12cm 이상의 철근콘크리트벽
④ 높이 1.5m, 두께 15cm 이상의 철근콘크리트벽

해설 지상용 정압기실 방호벽 기준
- 높이 2m 이상
- 두께 12cm 이상

21. ① 22. ② 23. ② 24. ④ 25. ② 26. ① 27. ③ | ANSWER

28 도시가스 도매사업 제조소에 설치된 비상공급시설 중 가스가 통하는 부분은 최소사용압력의 몇 배 이상의 압력으로 기밀시험이나 누출검사를 실시하여야 이상이 없는 것으로 간주하는가?

① 1.1　　② 1.2
③ 1.5　　④ 2.0

해설　도시가스 도매사업 제조소 비상공급시설의 가스가 통하는 부분은 최소사용압력의 1.1배 이상 압력으로 (기밀시험, 누출검사) 실시

29 용기 종류별 부속품의 기호 중 압축가스를 충전하는 용기의 부속품을 나타낸 것은?

① LG　　② PG
③ LT　　④ AG

해설　① PG : 압축가스용
② LG : 그 밖의 가스용
③ LT : 저온 및 초저온가스용
④ AG : 아세틸렌 가스용

30 다음 (　) 안에 알맞은 말은?

> 시·도지사는 도시가스를 사용하는 자에게 퓨즈콕 등 가스안전 장치의 설치를 (　)할 수 있다.

① 권고　　② 강제
③ 위탁　　④ 시공

해설　퓨즈콕은 가스안전장치 설치의 (권고) 사항이다.

31 고압식 액화산소 분리장치에서 원료공기는 압축기에서 어느 정도 압축되는가?

① 40~60atm　　② 70~100atm
③ 80~120atm　　④ 150~200atm

해설　고압식 액화산소 분리장치(공기액화 분리장치)에서 원료공기는 압축기에서 150~200atm 정도로 압축시킨다.

32 수은을 이용한 U자관 압력계에서 액주높이(h) 600 mm, 대기압(P_1)은 1kg/cm²일 때 P_2는 약 몇 kg/cm²인가?

① 0.22　　② 0.92
③ 1.82　　④ 9.16

해설　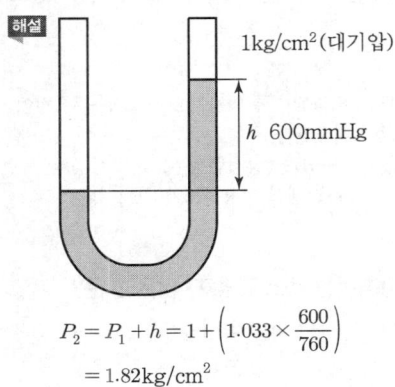

$P_2 = P_1 + h = 1 + \left(1.033 \times \dfrac{600}{760}\right)$
$= 1.82 \text{kg/cm}^2$

33 조정기를 사용하여 공급가스를 감압하는 2단 감압방법의 장점이 아닌 것은?

① 공급압력이 안정하다.
② 중간배관이 가늘어도 된다.
③ 각 연소기구에 알맞은 압력으로 공급이 가능하다.
④ 장치가 간단하다.

해설　2단 감압조정기는 단단감압에 비하여 장치가 복잡하다.

34 LNG의 주성분인 CH₄의 비점과 임계온도를 절대온도(K)로 바르게 나타낸 것은?

① 435K, 355K　　② 111K, 355K
③ 435K, 283K　　④ 111K, 283K

해설　LNG(CH₄)
비점은 약 −162℃, 임계온도는 82℃
비점(K) = ℃ + 273 = (−162) + 273 = 111K
임계점 : ℃ + 273 = 82 + 273 = 355K

35 저온하에서의 재료의 성질에 대한 설명으로 가장 거리가 먼 것은?

① 강은 암모니아 냉동기용 재료로서 적당하다.
② 탄소강은 저온도가 될수록 인장강도가 감소한다.
③ 구리는 액화분리장치용 금속재료로서 적당하다.
④ 18-8 스테인리스강은 우수한 저온장치용 재료이다.

해설 • 탄소강은 온도가 저하될수록 인장강도가 감소되는 것이 아니라 충격값이 저하된다.
• 탄소강 충격값 0 : -70℃(임계취성온도)
• 탄소강은 200~300℃에서 인장강도가 최대이다.

36 수소취성을 방지하는 원소로 옳지 않은 것은?

① 텅스텐(W)   ② 바나듐(V)
③ 규소(Si)   ④ 크롬(Cr)

해설 수소취성 방지 원소
크롬(Cr), 타이타늄(Ti), V(바나듐), W(텅스텐), Mo(몰리브덴), 나이오븀(Nb)

37 온도계의 선정방법에 대한 설명 중 틀린 것은?

① 지시 및 기록 등을 쉽게 행할 수 있을 것
② 견고하고 내구성이 있을 것
③ 취급하기가 쉽고 측정하기 간편할 것
④ 피측 온체의 화학반응 등으로 온도계에 영향이 있을 것

해설 온도계는 피측 온체의 화학반응 등으로 온도계에 영향이 없어야 한다.

38 펌프의 캐비테이션에 대한 설명으로 옳은 것은?

① 캐비테이션은 펌프 임펠러의 출구 부근에 더 일어나기 쉽다.
② 유체 중에 그 액온의 증기압보다 압력이 낮은 부분이 생기면 캐비테이션이 발생한다.
③ 캐비테이션은 유체의 온도가 낮을수록 생기기 쉽다.
④ 이용 NPSH > 필요 NPSH일 때 캐비테이션이 발생한다.

해설 펌프의 캐비테이션
유체 중에 그 액온의 증기압보다 압력이 낮은 부분에서 캐비테이션(공동현상)이 발생한다.

39 LP가스를 자동차용 연료로 사용할 때의 특징에 대한 설명 중 틀린 것은?

① 완전연소가 쉽다.
② 배기가스에 독성이 적다.
③ 기관의 부식 및 마모가 적다.
④ 시동이나 급가속이 용이하다.

해설 LPG 자동차의 단점
• 용기부착으로 장소와 중량이 많아진다.
• 급속한 가속은 곤란하다.(소요공기가 많이 필요하여 연소속도 완만)
• 누설가스가 차 내에 들어오지 않도록 트렁크와 차실 간을 완전히 밀폐시켜야 한다.

40 원거리 지역에 대량의 가스를 공급하기 위하여 사용되는 가스공급방식은?

① 초저압 공급   ② 저압 공급
③ 중압 공급   ④ 고압 공급

해설 가스의 고압 공급
1MPa 이상으로 공급하며 원거리 지역에 대량의 가스 공급에 이상적이다.

41 다음은 어떤 압력계에 대한 설명인가?

> 주름관이 내압변화에 따라서 신축되는 것을 이용한 것으로 진공압 및 차압 측정에 주로 사용된다.

① 벨로스 압력계   ② 다이어프램 압력계
③ 부르동관 압력계 ④ U자관식 압력계

해설 벨로스 탄성식 압력계
주름관 사용 신축압력계(진공압 및 차압 측정용)

42 공기의 액화 분리에 대한 설명 중 틀린 것은?
① 질소가 정류탑의 하부로 먼저 기화되어 나간다.
② 대량의 산소, 질소를 제조하는 공업적 제조법이다.
③ 액화의 원리는 임계온도 이하로 냉각시키고 임계압력 이상으로 압축하는 것이다.
④ 공기 액화 분리장치에서는 산소가스가 가장 먼저 액화된다.

해설 공기액화 분리기에서 질소는 정류탑 상부로, 산소는 정류탑 하부로 배출된다.
기화순서 : 질소>아르곤>산소(비점이 낮으면 기화가 먼저 된다.)

43 증기 압축식 냉동기에서 실제적으로 냉동이 이루어지는 곳은?
① 증발기   ② 응축기
③ 팽창기   ④ 압축기

해설 증발기
냉매액이 포화온도에서 증발잠열을 흡수하고 냉매증기가 된다.

44 직동식 정압기의 기본 구성요소가 아닌 것은?
① 안전밸브   ② 스프링
③ 메인 밸브   ④ 다이어프램

해설 직동식 정압기 기본 구성요소
• 스프링   • 메인 밸브   • 다이어프램

45 가연성 가스의 제조설비 내에 설치하는 전기기기에 대한 설명으로 옳은 것은?
① 1종 장소에는 원칙적으로 전기설비를 설치해서는 안 된다.
② 안전 중 방폭구조는 전기기기의 불꽃이나 아크를 발생하여 착화원이 될 염려가 있는 부분을 기름 속에 넣은 것이다.
③ 2종 장소는 정상의 상태에서 폭발성 분위기가 연속하여 또는 장시간 생성되는 장소를 말한다.
④ 가연성 가스가 존재할 수 있는 위험장소는 1종 장소, 2종 장소 및 0종 장소로 분류하고 위험장소에는 방폭형 전기기기를 설치하여야 한다.

해설 가연성 가스의 위험장소 구분(방폭형 전기기기 설치)
제1종, 제2종, 제0종 장소로 구분

46 다음 중 온도가 가장 높은 것은?
① 450°R   ② 220K
③ 2°F   ④ −5℃

해설 ① 450°R = −10°F (460+(−10°F))
② 220K = −53℃ (273+(−53))
③ $2°F = \frac{5}{9}(2-32) = -17℃$
④ −5℃ = −5℃

47 다음 중 염소의 용도로 적합하지 않은 것은?
① 소독용으로 사용된다.
② 염화비닐 제조의 원료이다.
③ 표백제로 사용된다.
④ 냉매로 사용된다.

해설 염소의 용도
• 염산 제조
• 포스겐 원료
• 수돗물 살균
• 펄프 및 종이 제조용
• 섬유의 표백분
• 염화비닐, 클로로포름, 사염화탄소의 원료

48 부탄(C_4H_{10}) 용기에서 액체 580g이 대기 중에 방출되었다. 표준상태에서 부피는 몇 L가 되는가?
① 150   ② 210
③ 224   ④ 230

해설 C_4H_{10}(부탄) $+ 6.5O_2 \rightarrow 4CO_2 + 5H_2O$
58g(22.4L)
58 : 22.4 = 580 : x
$x = 22.4 \times \frac{580}{58} = 224L$

ANSWER | 42. ① 43. ① 44. ① 45. ④ 46. ④ 47. ④ 48. ③

49 다음 중 비점이 가장 낮은 기체는?
① NH₃   ② C₃H₈
③ N₂   ④ H₂

해설 가스의 비점(비점이 낮으면 기화가 용이하다.)
- 수소(H₂) : -252℃
- 질소(N₂) : -198℃
- 프로판(C₃H₈) : -42℃
- 암모니아(NH₃) : -33.3℃

50 도시가스에 첨가되는 부취제 선정 시 조건으로 틀린 것은?
① 물에 잘 녹고 쉽게 액화될 것
② 토양에 대한 투과성이 좋을 것
③ 독성 및 부식성이 없을 것
④ 가스배관에 흡착되지 않을 것

해설
- 부취제는 물에 용해되지 말고 부식성이 없을 것
- 부취제 - THT(석탄가스 냄새)
  - TBM(양파 썩는 냄새)
  - DMS(마을 냄새)
- 부취제 냄새 강도 : TBM > THT > DMS

51 가연성 가스 배관의 출구 등에서 공기 중으로 유출하면서 연소하는 경우는 어느 연소 형태에 해당하는가?
① 확산연소   ② 증발연소
③ 표면연소   ④ 분해연소

해설
- 가연성 가스 연소 : 확산연소
- 가연성 가스+공기 : 예혼합연소

52 다음 중 수소가스와 반응하여 격렬히 폭발하는 원소가 아닌 것은?
① O₂   ② N₂
③ Cl₂ ④ F₂

해설
- N₂+O₂ → 2NO(산화질소)
- N₂+3H₂ → 2NH₃(암모니아)
- 액체질소는 급속냉동용 가스
- N₂+CaC₂ → CaCN₂(석회질소)+C

53 다음에서 설명하는 법칙은?

> 모든 기체 1몰의 체적(V)은 같은 온도(T), 같은 압력(P)에서는 모두 일정하다.

① Dalton의 법칙   ② Henry의 법칙
③ Avogadro의 법칙   ④ Hess의 법칙

해설 아보가드로(Avogadro) 법칙
모든 기체 1몰(22.4L)은 같은 온도, 같은 압력에서는 모두 일정하다.

54 액화석유가스에 관한 설명 중 틀린 것은?
① 무색투명하고 물에 잘 녹지 않는다.
② 탄소의 수가 3~4개로 이루어진 화합물이다.
③ 액체에서 기체로 될 때 체적은 150배로 증가한다.
④ 기체는 공기보다 무거우며, 천연고무를 녹인다.

해설 액화석유가스 LPG(프로판+부탄)
- 프로판(C₃H₈ : 44g=22.4L)
- 부탄(C₄H₁₀ : 58g=22.4L)

55 0℃에서 온도를 상승시키면 가스의 밀도는?
① 높게 된다.   ② 낮게 된다.
③ 변함이 없다.   ④ 일정하지 않다.

해설 가스는 온도가 높아지면 용적이 팽창하고 밀도는 감소한다.
- 밀도 : g/L
- 비중량 : g/L
- 비체적 : L/g

56 이상기체에 잘 적용될 수 있는 조건에 해당되지 않는 것은?
① 온도가 높고 압력이 낮다.
② 분자 간 인력이 작다.
③ 분자크기가 작다.
④ 비열이 작다.

해설 실제기체가 이상기체에 가까워지기 위해서는 압력을 낮추고 온도를 높이면 된다.(저압, 고온)
비열 : 어떤 물질 1kg을 1℃ 상승시키는 데 필요한 열

57 60℃의 물 300kg과 20℃의 물 800kg을 혼합하면 약 몇 ℃의 물이 되겠는가?

① 28.2　　② 30.9
③ 33.1　　④ 37

해설

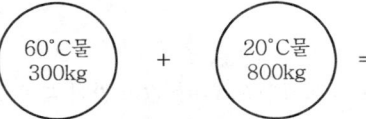

※ 물의 비열 : 1kcal/kg℃
$300 \times 1 \times (60-0) = 18{,}000$ kcal
$800 \times 1 \times (20-0) = 16{,}000$ kcal
$\therefore t_m = \dfrac{18{,}000 + 16{,}000}{(300 \times 1) + (800 \times 1)} = 30.9$ ℃

58 착화원이 있을 때 가연성 액체나 고체의 표면에 연소하한계 농도의 가연성 혼합기가 형성되는 최저온도는?

① 인화온도　　② 임계온도
③ 발화온도　　④ 포화온도

해설 인화온도
착화원이 있을 때 가연성 액체나 고체의 표면에 연소하한계 농도의 가연성 혼합기가 형성되는 최저온도

59 암모니아의 성질에 대한 설명으로 옳은 것은?

① 상온에서 약 8.46atm이 되면 액화한다.
② 불연성의 맹독성 가스이다.
③ 흑갈색의 기체로 물에 잘 녹는다.
④ 염화수소와 만나면 검은 연기를 발생한다.

해설 암모니아(NH_3) 가스
- 가연성 가스이다. (15~28%)
- 가연성이며 허용농도 25ppm의 독성 가스이다.
- 물에 800배로 녹는다.
- 염화수소와 반응하면 염화암모늄(흰 연기) 발생
  $HCl + NH_3 \rightarrow NH_4Cl$

60 표준상태에서 에탄 2mol, 프로판 5mol, 부탄 3mol로 구성된 LPG에서 부탄의 중량은 몇 %인가?

① 13.2　　② 24.6
③ 38.3　　④ 48.5

해설 에탄(C_2H_4) : 분자량(30)×2=60
프로판(C_3H_8) : 분자량(44)×5=220
부탄(C_4H_{10}) : 분자량(58)×3=174
총분자량=60+220+174=454g
부탄가스 중량(%)=$\dfrac{174}{454}$=0.383
∴ 38.3%

ANSWER | 57. ② 58. ① 59. ① 60. ③

2012년 4회 과년도 기출문제

01 도시가스사용시설에서 배관의 용접부 중 비파괴시험을 하여야 하는 것은?
① 가스용 폴리에틸렌관
② 호칭지름 65mm인 매몰된 저압배관
③ 호칭지름 150mm인 노출된 저압배관
④ 호칭지름 65mm인 노출된 중압배관

해설
- 65mm인 노출된 중압배관 : 용접부 비파괴시험이 필요하다.
- 도시가스 중압의 용접부와 저압의 용접부(80mm 미만은 제외)는 비파괴시험을 실시한다.

02 고압가스 특정제조시설 중 비가연성 가스의 저장탱크는 몇 m^3 이상일 경우에 지진영향에 대한 안전한 구조로 설계하여야 하는가?
① 300
② 500
③ 1,000
④ 2,000

해설 지진영향에 대한 안전한 구조설계 기준(저장탱크)
- 가연성 : 5,000m^3 이상
- 비가연성 : 1,000m^3 이상

03 다음은 어떤 안전설비에 대한 설명인가?

> 설비가 잘못 조작되거나 정상적인 제조를 할 수 없는 경우 자동으로 원재료의 공급을 차단시키는 등 고압가스 제조설비 안의 제조를 제어하는 기능을 한다.

① 안전밸브
② 긴급차단장치
③ 인터록기구
④ 벤트스택

해설 인터록기구
안전설비로서 설비의 이상상태가 발생될 때 자동으로 원재료의 공급을 차단하는 기능이다.

04 0℃, 1atm에서 6L인 기체가 273℃, 1atm일 때 몇 L가 되는가?
① 4
② 8
③ 12
④ 24

해설 $V_2 = V_1 \dfrac{T_2}{T_1} = 6 \times \dfrac{273+273}{273} = 12L$

05 다음 가스 중 폭발범위의 하한값이 가장 높은 것은?
① 암모니아
② 수소
③ 프로판
④ 메탄

해설 가연성 가스별 폭발범위의 하한값·상한값

가스명	하한값(%)	상한값(%)
암모니아(NH_3)	15	28
수소(H_2)	4	75
프로판(C_3H_8)	2.1	9.5
메탄(CH_4)	5	15

06 일반도시가스 공급시설의 시설기준으로 틀린 것은?
① 가스공급 시설을 설치한 곳에는 누출된 가스가 머물지 아니하도록 환기설비를 설치한다.
② 공동구 안에는 환기장치를 설치하여 전기설비가 있는 공동구에는 그 전기설비를 방폭구조로 한다.
③ 저장탱크의 안전장치인 안전밸브나 파열판에는 가스 방출관을 설치한다.
④ 저장탱크의 안전밸브는 다이어프램식 안전밸브로 한다.

해설 도시가스 안전밸브
스프링식을 많이 사용한다.

07 다음 중 2중관으로 하여야 하는 고압가스가 아닌 것은?
① 수소
② 아황산가스
③ 암모니아
④ 황화수소

해설 하천 등 횡단설치 방법에서 독성 가스 중 2중관이 필요한 고압가스는 염소, 포스겐, 불소, 아크릴알데히드, 아황산가스, 시안화수소, 황화수소 등이다.

1. ④ 2. ③ 3. ③ 4. ③ 5. ① 6. ④ 7. ① | ANSWER

08 고압용기에 각인되어 있는 내용적의 기호는?
① V   ② FP
③ TP   ④ W

해설 ① V : 내용적
② FP : 최고충전 압력
③ TP : 내압시험 압력
④ W : 질량

09 고압가스의 충전 용기를 차량에 적재하여 운반하는 때의 기준에 대한 설명으로 옳은 것은?
① 염소와 아세틸렌 충전 용기는 동일 차량에 적재하여 운반이 가능하다.
② 염소와 수소 충전 용기는 동일 차량에 적재하여 운반이 가능하다.
③ 독성 가스가 아닌 $300m^3$의 압축 가연성 가스를 차량에 적재하여 운반하는 때에는 운반책임자를 동승시켜야 한다.
④ 독성 가스가 아닌 2,000kg의 액화 조연성 가스를 차량에 적재하여 운반하는 때에는 운반책임자를 동승시켜야 한다.

해설 • ①은 동일 차량 적재운반 불가
• ②는 동일 차량 적재운반 불가
• ④는 1,000kg 이상 운반 시(독성)운반 책임자 동승

10 고압가스 특정제조시설에서 배관을 해저에 설치하는 경우의 기준으로 틀린 것은?
① 배관의 해저면 밑에 매설한다.
② 배관은 원칙적으로 다른 배관과 교차하지 아니하여야 한다.
③ 배관은 원칙적으로 다른 배관과 수평거리로 20m 이상을 유지하여야 한다.
④ 배관의 입상부에는 방호시설물을 설치한다.

해설 ③의 경우는 수평거리로 30m 이상을 유지해야 한다.

11 도시가스사업법상 제1종 보호시설이 아닌 것은?
① 아동 50명이 다니는 유치원
② 수용인원이 350명인 예식장
③ 객실 20개를 보유한 여관
④ 250세대 규모의 개별난방 아파트

해설 제2종 보호시설
• 250세대 개별난방 아파트
• 주택
• 연면적 $100m^2$ 이상 $1,000m^2$ 미만의 건축물

12 가스도매사업의 가스공급시설에서 배관을 지하에 매설할 경우의 기준으로 틀린 것은?
① 배관을 시가지 외의 도로 노면 밑에 매설할 경우 노면으로부터 배관 외면까지 1.2m 이상 이격할 것
② 배관의 깊이는 산과 들에서는 1m 이상으로 할 것
③ 배관을 시가지의 도로 노면 밑에 매설할 경우 노면으로부터 배관 외면까지 1.5m 이상 이격할 것
④ 배관을 철도부지에 매설할 경우 배관 외면으로부터 궤도 중심까지 5m 이상 이격할 것

해설 배관 외면 ←4m 이상→ 철도부지 궤도 중심

13 다음 중 LNG의 주성분은?
① CH_4 ② CO
③ C_2H_4 ④ C_2H_2

해설 LNG(액화천연가스)의 주성분
메탄(CH_4)

14 방폭전기 기기의 구조별 표시방법으로 틀린 것은?
① 내압방폭구조-s   ② 유압방폭구조-o
③ 압력방폭구조-p   ④ 본질안전방폭구조-ia

해설 표시별 내압방폭구조 : d

15 아세틸렌 제조설비의 기준에 대한 설명으로 틀린 것은?
① 압축기와 충전장소 사이에는 방호벽을 설치한다.
② 아세틸렌 충전용 교체밸브는 충전장소와 격리하여 설치한다.
③ 아세틸렌 충전용 지관에는 탄소 함유량이 0.1% 이하의 강을 사용한다.
④ 아세틸렌에 접촉하는 부분에는 동 또는 동 함유량이 72% 이하의 것을 사용한다.

해설 아세틸렌(C_2H_2) 가스의 밸브재질로는 단조강 또는 동 함유량이 62% 이하의 청동이나 황동을 사용한다.

16 가연성 가스 및 방폭 전기기기의 폭발등급 분류 시 사용하는 최소점화전류비는 어느 가스의 최소 점화전류를 기준으로 하는가?
① 메탄 ② 프로판
③ 수소 ④ 아세틸렌

해설 메탄(CH_4)가스
가연성 가스 및 방폭 전기기기의 폭발등급 분류 시 최소점화전류비의 기준이 되는 가스이다.

17 고압가스 배관에 대하여 수압에 의한 내압시험을 하려고 한다. 이때 압력은 얼마 이상으로 하는가?
① 사용압력×1.1배 ② 사용압력×2배
③ 상용압력×1.5배 ④ 상용압력×2배

해설 고압가스배관 수압에 의한 내압시험=상용압력×1.5배

18 다음 중 가연성이면서 독성인 가스는?
① 아세틸렌, 프로판
② 수소, 이산화탄소
③ 암모니아, 산화에틸렌
④ 아황산가스, 포스겐

해설 가연성이면서 독성인 가스
암모니아, 산화에틸렌, 일산화탄소, 이황화탄소, 염화메탄, 황화수소, 시안화수소 등

19 고압가스 냉동제조의 시설 및 기술기준에 대한 설명으로 틀린 것은?
① 냉동제조시설 중 냉매설비에는 자동제어장치를 설치할 것
② 가연성 가스 또는 독성 가스를 냉매로 사용하는 냉매설비 중 수액기에 설치하는 액면계는 환형유리관액면계를 사용할 것
③ 냉매설비에는 압력계를 설치할 것
④ 압축기 최종단에 설치한 안전장치는 1년에 1회 이상 점검을 실시할 것

해설 ①, ③, ④항은 고압가스 냉동제조시설의 기술 및 시설기준이다.

20 허용농도가 100만분의 200 이하인 독성 가스 용기 운반차량은 몇 km 이상의 거리를 운행할 때 중간에 충분한 휴식을 취한 후 운행하여야 하는가?
① 100km ② 200km
③ 300km ④ 400km

해설 독성 가스 용기운반차량 기사는 200km 이상의 거리를 운행할 때 충분한 휴식을 취한다.

21 도시가스사용시설에서 입상관과 화기 사이에 유지하여야 하는 거리는 우회거리 몇 m 이상인가?
① 1m ② 2m
③ 3m ④ 5m

해설 입상관 ←우회거리→ 화기
2m 이상

22 일반도시가스 사업자는 공급권역을 구역별로 분할하고 원격조작에 의한 긴급차단장치를 설치하여 대형 가스누출, 지진발생 등 비상시 가스차단을 할 수 있도록 하고 있는데 이 구역의 설정기준은?
① 수요자 수가 20만 미만이 되도록 설정
② 수요자 수가 25만 미만이 되도록 설정
③ 배관길이가 20km 미만이 되도록 설정
④ 배관길이가 25km 미만이 되도록 설정

[해설] 긴급차단장치 설정기준
도시가스 수요자 수가 20만 미만이 되도록 설정

23 방류둑의 성토는 수평에 대하여 몇 도 이하의 기울기로 하여야 하는가?
① 30° ② 45°
③ 60° ④ 75°

[해설] 가연성·독성 가스의 저장탱크 설치 시 방류둑의 성토는 45° 이하의 기울기가 필요하다.

24 도시가스공급시설에 대하여 공사가 실시하는 정밀안전진단의 실시시기 및 기준에 의거 본관 및 공급관에 대하여 최초로 시공감리증명서를 받은 날부터 (   )년이 지난 날이 속하는 해 및 그 이후 매 (   )년이 지난 날이 속하는 해에 받아야 한다. (   ) 안에 각각 들어갈 숫자는?
① 10, 5   ② 15, 5
③ 10, 10 ④ 15, 10

[해설] 정밀안전진단
본관 및 공급관에 대하여 최초로 시공감리증명서를 받은 날로부터 15년이 지난날이 속하는 해 및 그 이후 매 5년이 지난 날이 속하는 해에 받는다.

25 가스제조시설에 설치하는 방호벽의 규격으로 옳은 것은?
① 철근콘크리트 벽으로 두께 12cm 이상, 높이 2m 이상
② 철근콘크리트블록 벽으로 두께 20cm 이상, 높이 2m 이상
③ 박강판 벽으로 두께 3.2cm 이상, 높이 2m 이상
④ 후강판 벽으로 두께 10mm 이상, 높이 2.5m 이상

[해설]
- 방호벽(철근콘크리트) : 두께 12cm 이상, 높이 2m 이상이 필요하다.
- 콘크리트블록 : 두께 15cm 이상, 높이 2m 이상
- 박강판 : 3.2mm 이상, 높이 2m 이상
- 후강판 : 두께 6mm 이상, 높이 2m 이상

26 고압가스에 대한 사고예방설비기준으로 옳지 않은 것은?
① 가연성 가스의 가스설비 중 전기설비는 그 설치장소 및 그 가스의 종류에 따라 적절한 방폭성능을 가지는 것일 것
② 고압가스설비에는 그 설비 안의 압력이 내압압력을 초과하는 경우 즉시 그 압력을 내압압력 이하로 되돌릴 수 있는 안전장치를 설치하는 등 필요한 조치를 할 것
③ 폭발 등의 위해가 발생할 가능성이 큰 특수반응설비에는 그 위해의 발생을 방지하기 위하여 내부반응 감시 설비 및 위험사태발생 방지설비의 설치 등 필요한 조치를 할 것
④ 저장탱크 및 배관에는 그 저장탱크 및 배관이 부식되는 것을 방지하기 위하여 필요한 조치를 할 것

[해설] 고압가스설비에서 그 설비 안의 압력이 상용압력(설정압력)을 초과하면 그 압력을 설정압력 이하로 되돌릴 수 있는 안전장치를 확보할 것

27 다음 중 풍압대와 관계없이 설치할 수 있는 방식의 가스 보일러는?
① 자연배기식(CF) 단독배기통 방식
② 자연배기식(CF) 복합배기통 방식
③ 강제배기식(FE) 단독배기통 방식
④ 강제배기식(FE) 공동배기구 방식

[해설] 풍압대
- 풍압대와 관계없이 설치가 가능한 가스보일러 : 강제배기 방식의 단독배기통 방식
- 주택 벽면에 바람이 불어오면 압력이 높아지는 부분(배기통은 여기에 설치하면 역류현상으로 사고 발생)

28 고압가스 저장탱크 및 가스홀더의 가스방출장치는 가스저장량이 몇 m^3 이상인 경우 설치하여야 하는가?
① $1m^3$ ② $3m^3$
③ $5m^3$ ④ $10m^3$

[해설] 고압가스 저장탱크 및 가스홀더 가스방출장치의 설치기준
가스저장량이 $5m^3$ 이상

ANSWER | 23. ② 24. ② 25. ① 26. ② 27. ③ 28. ③

29 액화석유가스 저장탱크에 가스를 충전하고자 한다. 내용적이 15m³인 탱크에 안전하게 충전할 수 있는 가스의 최대 용량은 몇 m³인가?
① 12.75 ② 13.5
③ 14.25 ④ 14.7

해설 가스충전량=내용적×0.9=15×0.9=13.5m³

30 고압가스특정제조시설에서 플레어스택의 설치기준으로 틀린 것은?
① 파이롯트버너를 항상 꺼두는 등 플레어스택에 관련된 폭발을 방지하기 위한 조치가 되어 있는 것으로 한다.
② 긴급이송설비로 이송되는 가스를 안전하게 연소시킬 수 있는 것으로 한다.
③ 플레어스택에서 발생하는 복사열이 다른 제조시설에 나쁜 영향을 미치지 아니하도록 안전한 높이 및 위치에 설치한다.
④ 플레어스택에서 발생하는 최대열량에 장시간 견딜 수 있는 재료 및 구조로 되어 있는 것으로 한다.

해설 플레어스택
- 공장에서 방출하는 폐가스 중의 유해성분을 연소시켜 무해화하는 소각탑
- 특정제조시설에서 플레어스택은 파이롯트버너를 항상 켜두는(점화) 방식이며 플레어스택에 관련된 폭발을 방지하기 위한 조치가 필요하다.

31 관 도중에 조리개(교축기구)를 넣어 조리개 전후의 차압을 이용하여 유량을 측정하는 계측기는?
① 오벌식 유량계 ② 오리피스 유량계
③ 막식 유량계   ④ 터빈 유량계

해설 차압식(교축식) 유량계
- 오리피스
- 플로노즐
- 벤투리미터

32 유리 온도계의 특징에 대한 설명으로 틀린 것은?
① 일반적으로 오차가 적다.
② 취급은 용이하나 파손이 쉽다.
③ 눈금 읽기가 어렵다.
④ 일반적으로 연속 기록 자동제어를 할 수 있다.

해설 유리제 저온 온도계(직접식)는 연속기록 자동제어는 불가능하다.

33 부탄(C_4H_{10})의 제조시설에 설치하는 가스누출 경보기는 가스누출 농도가 얼마일 때 경보를 울려야 하는가?
① 0.45% 이상 ② 0.53% 이상
③ 1.8% 이상   ④ 2.1% 이상

해설 가연성 가스 경보 설정치
폭발범위 하한치의 $\frac{1}{4}$ 이하, 부탄(C_4H_{10})가스 폭발범위 : 1.8~8.4%
∴ $1.8\% \times \frac{1}{4} = 0.45\%$ 이상

34 재료에 하중을 작용하여 항복점 이상의 응력을 가하면, 하중을 제거하여도 본래의 형상으로 돌아가지 않도록 하는 성질을 무엇이라고 하는가?
① 피로   ② 크리프
③ 소성   ④ 탄성

해설 소성
하중을 제거하여도 본래의 형상으로 돌아가지 않도록 하는 현상

35 카플러안전기구와 과류차단안전기구가 부착된 것으로서 배관과 카플러를 연결하는 구조의 콕은?
① 퓨즈콕   ② 상자콕
③ 노즐콕   ④ 커플콕

해설 상자콕
카플러안전기구와 과류차단안전기구가 부착된 것으로 배관과 카플러를 연결하는 콕

29. ② 30. ① 31. ② 32. ④ 33. ① 34. ③ 35. ② | ANSWER

36 펌프가 운전 중에 한숨을 쉬는 것과 같은 상태가 되어 토출구 및 흡입구에서 압력계의 바늘이 흔들리며 동시에 유량이 변화하는 현상을 무엇이라고 하는가?
① 캐비테이션 ② 워터햄머링
③ 바이브레이션 ④ 서징

해설 펌프의 서징 현상
펌프 운전 중 연속적으로 한숨을 쉬는 것과 같은 상태가 되어 토출구 및 흡입구에서 압력계 바늘이 흔들리며 유량이 변화하는 현상

37 자유 피스톤식 압력계에서 추와 피스톤의 무게가 15.7kg일 때 실린더 내의 액압과 균형을 이루었다면 게이지 압력은 몇 kg/cm²이 되겠는가?(단, 피스톤의 지름은 4cm이다.)
① 1.25kg/cm² ② 1.57kg/cm²
③ 2.5kg/cm² ④ 5kg/cm²

해설 단면적$(A) = \frac{\pi}{4}d^2 = \frac{3.14}{4} \times (4)^2$
$= 12.56\text{cm}^2$
$\therefore P = \frac{15.7}{12.56} = 1.25\text{kg/cm}^2$

38 다음 중 저온장치의 가스 액화 사이클이 아닌 것은?
① 린데식 사이클 ② 클라우드식 사이클
③ 필립스식 사이클 ④ 카자레식 사이클

해설 암모니아 고압합성법
클라우드법, 카자레법
(600~1,000kg/cm²에서 제조)

39 자동차에 혼합적재가 가능한 것끼리 연결된 것은?
① 염소-아세틸렌 ② 염소-암모니아
③ 염소-산소 ④ 염소-수소

해설 염소는 독성 가스, 산소는 조연성 가스이므로 혼합적재가 가능하다.

40 왕복스 압축기에서 피스톤과 크랭크샤프트를 연결하여 왕복운동을 시키는 역할을 하는 것은?
① 크랭크 ② 피스톤링
③ 커넥팅로드 ④ 톱 클리어런스

해설 커넥팅로드
왕복동압축기에서 피스톤과 크랭크샤프트(축)를 연결하여 왕복운동을 시킨다.

41 실린더의 단면적 50cm², 행정 10cm, 회전수 200 rpm, 체적효율 80%인 왕복 압축기의 토출량은?
① 60L/min ② 80L/min
③ 120L/min ④ 140L/min

해설 토출량 = 단면적 × 행정 × 회전수 × 효율
$= 50 \times 10 \times 200 \times 0.8 = 80,000\text{cm}^3$
$= 80\text{L}$

42 액화천연가스(LNG) 저장탱크 중 내부탱크의 재료로 사용되지 않는 것은?
① 자기 지지형(Self Supporting) 9% 니켈강
② 알루미늄 합금
③ 멤브레인식 스테인리스강
④ 프리스트레스트 콘크리트(PC ; Prestressed Concrete)

해설 LNG 저장탱크 중 내부탱크 재료
- 9% 니켈강
- 알루미늄합금
- 멤브레인식 스테인리스강

43 공기에 의한 전열이 어느 압력까지 내려가면 급히 압력에 비례하여 적어지는 성질을 이용하는 저온장치에 사용되는 진공단열법은?
① 고진공 단열법 ② 분말 진공 단열법
③ 다층진공 단열법 ④ 자연진공 단열법

해설 고진공 단열법
공기에 의한 전열이 어느 압력까지 내려가면 급히 압력에 비례하여 적어지는 성질을 이용한 저온단열법

ANSWER | 36.④ 37.① 38.④ 39.③ 40.③ 41.② 42.④ 43.①

44 고압식 액체산소분리장치에서 원료공기는 압축기에서 압축된 후 압축기의 중간단에서는 몇 atm 정도로 탄산가스 흡수기에 들어가는가?

① 5atm ② 7atm
③ 15atm ④ 20atm

해설 고압식 액체산소분리장치 원료공기는 압축기 중간단에서 15atm 정도로 탄산가스 흡수기에 들어간다.

45 펌프의 축봉 장치에서 아웃사이드 형식이 쓰이는 경우가 아닌 것은?

① 구조재, 스프링재가 액의 내식성에 문제가 있을 때
② 점성계수가 100cP를 초과하는 고점도 액일 때
③ 스타핑 복스 내가 고진공일 때
④ 고응고점 액일 때

해설 메카니칼 시일
- 세트형식 — 인사이드형(내장형)
        — 아웃사이드형(외장형)
아웃사이드형이 사용되는 용도는 ①, ②, ③이다.

46 가스누출자동차단기의 내압시험 조건으로 맞는 것은?

① 고압부 1.8MPa 이상, 저압부 8.4~10MPa
② 고압부 1MPa 이상, 저압부 0.1MPa 이상
③ 고압부 2MPa 이상, 저압부 0.2MPa 이상
④ 고압부 3MPa 이상, 저압부 0.3MPa 이상

해설 가스누출자동차단기 내압시험 조건
- 고압부 : 3MPa 이상
- 저압부 : 0.3MPa 이상

47 염소의 특징에 대한 설명 중 틀린 것은?

① 염소 자체는 폭발성·인화성이 없다.
② 상온에서 자극성의 냄새가 있는 맥동성 기체이다.
③ 염소와 산소의 1:1 혼합물을 염소 폭명기라고 한다.
④ 수분이 있으면 염산이 생성되어 부식성이 가해진다.

해설 염소(Cl_2) 폭명기(염소 : 수소)
$$Cl_2 + H_2 \xrightarrow{직사광선} 2HCl + 44kcal$$

48 다음 중 불꽃의 표준온도가 가장 높은 연소방식은?

① 분젠식 ② 적화식
③ 세미분젠식 ④ 전 1차 공기식

해설 분젠식 연소방식
- 1차 공기 60%, 2차 공기 40% 연소
- 일반가스기구·온수기·가스레인지 등
- 불꽃의 표준온도가 가장 높은 연소방식

49 도시가스의 유해성분을 측정하기 위한 도시가스 품질검사의 성분분석은 주로 어떤 기기를 사용하는가?

① 기체크로마토그래피 ② 분자흡수분광기
③ NMR ④ 1CP

해설 도시가스의 유해성분을 측정하기 위한 가스분석기 기체크로마토그래피법 사용

50 다음 중 독성도 없고 가연성도 없는 기체?

① NH_3 ② C_2H_4O
③ CS_2 ④ $CHClF_2$

해설 $CHClF_2$ 냉매(R-22 냉매)
- 1의 자릿수(F)
- 10의 자릿수(H)+1을 한다.
- 100의 자릿수(C)-1을 한다.

51 다음 중 드라이아이스의 제조에 사용되는 가스는?

① 일산화탄소 ② 이산화탄소
③ 아황산가스 ④ 염화수소

해설 드라이아이스 제조가스 : CO_2(이산화탄소)
100atm까지 압축 후 -25℃까지 냉각단열 팽창시키면 드라이아이스 발생

52 가스의 비열비의 값은?

① 언제나 1보다 작다.
② 언제나 1보다 크다.
③ 1보다 크기도 하고 작기도 하다.
④ 0.5와 1 사이의 값이다.

ANSWER 44.③ 45.④ 46.④ 47.③ 48.① 49.① 50.④ 51.② 52.②

[해설] 가스의 비열비(K) = $\dfrac{정압비열}{정적비열}$ (항상 1보다 크다.)
기체는 (정압비열/정적비열)에서 정압비열이 크기 때문이다.

53 염화수소(HCl)의 용도가 아닌 것은?
① 강판이나 강재의 녹 제거
② 필름 제조
③ 조미료 제조
④ 향료, 염료, 의약 등의 중간을 제조

[해설]
- 염화수소의 용도 : ①, ③, ④ 등
- 허용농도 5ppm(독성 가스)

54 국가표준기본법에서 정의하는 기본단위가 아닌 것은?
① 질량 – kg   ② 시간 – s
③ 전류 – A   ④ 온도 – ℃

[해설] 국가표준기본단위 온도 = K(켈빈의 절대온도)
K = ℃ + 273

55 47L 고압가스 용기에 20℃의 온도, 15MPa의 게이지압력으로 충전하였다. 40℃로 온도를 높이면 게이지압력은 약 얼마가 되겠는가?
① 16.031MPa   ② 17.132MPa
③ 18.031MPa   ④ 19.031MPa

[해설] $P_2 = P_1 \times \dfrac{T_2}{T_1} = 15 \times \dfrac{273+40}{273+20} = 16.03 \text{MPa}$

56 10%의 소금물 500g을 증발시켜 400g으로 농축하였다면 이 용액은 몇 %의 용액인가?
① 10   ② 12.5
③ 15   ④ 20

[해설] $10 : 500 = x : 400$
$x = 10 \times \dfrac{500}{400} = 12.5\%$

57 천연가스(NG)의 특징에 대한 설명으로 틀린 것은?
① 메탄이 주성분이다.
② 공기보다 가볍다.
③ 연소에 필요한 공기량은 LPG에 비해 적다.
④ 발열량(kcal/m³)은 LPG에 비해 크다.

[해설] 천연가스(CH_4)와 LPG($C_3H_8 + C_4H_{10}$) 중 액화석유가스인 LPG의 발열량이 2~3배 크다.

58 다음 중 암모니아 가스의 검출방법이 아닌 것은?
① 네슬러시약을 넣어 본다.
② 초산연 시험지를 대어본다.
③ 진한 염산에 접촉시켜 본다.
④ 붉은 리트머스지를 대어본다.

[해설] 초산연(초산납시험지 = 연당지) 시험지
황화수소(H_2S)가스 누설검지에 사용

59 다음 중 표준상태에서 비점이 가장 높은 것은?
① 나프타   ② 프로판
③ 에탄   ④ 부탄

[해설] 비점(비등점)
- 나프타 : 30~200℃
- 프로판 : -42.1℃
- 메탄 : -161.5℃
- 부탄 : -0.5℃

60 절대온도 300K은 랭킨온도(°R)로 약 몇 도인가?
① 27   ② 167
③ 541   ④ 572

[해설]
- °R(랭킨온도) = K × 1.8
   = 300 × 1.8 = 540°R
- K(켈빈온도) = °R × $\dfrac{5}{9}$

2013년 1회 과년도 기출문제

01 액화석유가스 또는 도시가스용으로 사용되는 가스용 염화비닐호스는 그 호스의 안전성, 편리성 및 호환성을 확보하기 위하여 안지름 치수를 규정하고 있는데 그 치수에 해당하지 않는 것은?
① 4.8mm ② 6.3mm
③ 9.5mm ④ 12.7mm

해설 염화비닐호스 규격(mm) : 6.3, 9.5, 12.7

02 가스 누출 자동차단장치의 검지부 설치금지 장소에 해당하지 않는 것은?
① 출입구 부근 등으로서 외부의 기류가 통하는 곳
② 가스가 체류하기 좋은 곳
③ 환기구 등 공기가 들어오는 곳으로부터 1.5m 이내의 곳
④ 연소기의 폐가스에 접촉하기 쉬운 곳

해설 가스가 체류하기 좋은 곳에는 반드시 가스누출 자동차단장치 검지부를 설치한다.

03 가연성 고압가스 제조소에서 다음 중 착화원인이 될 수 없는 것은?
① 정전기
② 베릴륨 합금제 공구에 의한 타격
③ 사용 촉매의 접촉
④ 밸브의 급격한 조작

해설 베릴륨 합금제, 베아론 공구 사용은 공구 타격시 불꽃이나 착화를 방지하여 가스사고를 예방할 수 있다.

04 LP가스의 일반적인 성질에 대한 설명 중 옳은 것은?
① 공기보다 무거워 바닥에 고인다.
② 액의 체적팽창률이 적다.
③ 증발잠열이 적다.
④ 기화 및 액화가 어렵다.

해설 LP가스(액화석유가스 : 프로판, 부탄가스)는 공기보다 무거워(비중 1.53~2) 바닥에 고이므로 가스폭발사고가 많이 발생한다.

05 도시가스 사용시설에서 배관의 호칭지름이 25mm인 배관은 몇 m 간격으로 고정하여야 하는가?
① 1m마다 ② 2m마다
③ 3m마다 ④ 4m마다

해설
• 13mm 미만 배관 : 1m마다 고정
• 13~33mm 미만 배관 : 2m마다 고정
• 33mm 이상 : 3m마다 고정

06 액화석유가스는 공기 중의 혼합비율의 용량이 얼마인 상태에서 감지할 수 있도록 냄새가 나는 물질을 섞어 용기에 충전하여야 하는가?
① $\frac{1}{10}$ ② $\frac{1}{100}$
③ $\frac{1}{1,000}$ ④ $\frac{1}{10,000}$

해설 액화석유가스의 부취제 물질 함량은 $\frac{1}{1,000}$ 상태에서 냄새가 나도록 메르캅탄류 등의 부취제를 용기에 섞는다.

07 다음 중 천연가스(LNG)의 주성분은?
① CO ② CH_4
③ C_2H_4 ④ C_2H_2

해설 LNG(액화천연가스) 주성분 : 메탄(CH_4)

08 건축물 안에 매설할 수 없는 도시가스 배관의 재료는?
① 스테인리스 강관
② 동관
③ 가스용 금속플렉시블 호스
④ 가스용 탄소강관

1. ① 2. ② 3. ② 4. ① 5. ② 6. ③ 7. ② 8. ④ | ANSWER

해설 가스용 탄소강관은 부식성이 높아서 건축물 안에 매설이 불가능하다.

09 고압가스용 용접용기 동판의 최대 두께와 최소 두께의 차이는?
① 평균두께의 5% 이하
② 평균두께의 10% 이하
③ 평균두께의 20% 이하
④ 평균두께의 25% 이하

해설 고압가스용 용접용기(계목용기) 동판의 최대두께와 최소두께의 차이는 평균두께의 20% 이하가 기준이다.

10 공기 중에서 폭발범위가 가장 넓은 가스는?
① 메탄
② 프로판
③ 에탄
④ 일산화탄소

해설 가연성 가스의 폭발범위
• 메탄(CH_4) : 5~15%
• 프로판(C_3H_8) : 2.1~9.5%
• 에탄(C_2H_6) : 3~12.5%
• CO : 12.5~74%

11 다음 중 마찰, 타격 등으로 격렬히 폭발하는 예민한 폭발물질로서 가장 거리가 먼 것은?
① AgN_2
② H_2S
③ Ag_2C_2
④ N_4S_4

해설 예민한 폭발물질
• AgN_2 : 아질화은
• Ag_2C_2 : 아세틸렌은
• N_4S_4 : 유화질소
• 질화수소산
• HgN_6 : 질화수은
• Cu_2C_2 : 동아세틸라이드
• $C_2H_5ON_{10}$: 테트라센
• NH_3, N_3Cl, N_3I : 할로겐치환제
※ 황화수소(H_2S) : 가연성, 독성 가스

12 독성 가스 용기 운반기준에 대한 설명으로 틀린 것은?
① 차량의 최대 적재량을 초과하여 적재하지 아니한다.
② 충전용기는 자전거나 오토바이에 적재하여 운반하지 아니한다.
③ 독성 가스 중 가연성 가스와 조연성 가스는 같은 차량의 적재함으로 운반하지 아니한다.
④ 충전용기를 차량에 적재하여 운반할 때에는 적재함에 넘어지지 않게 뉘어서 운반한다.

해설 독성 가스 용기는 차량에 세워서 운반한다.

13 도시가스계량기와 화기 사이에 유지하여야 하는 거리는?
① 2m 이상
② 4m 이상
③ 5m 이상
④ 8m 이상

해설
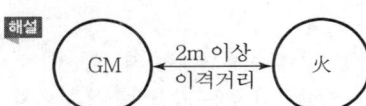

14 용기 밸브 그랜드너트의 6각 모서리에 V형의 홈을 낸 것은 무엇을 표시하기 위한 것인가?
① 왼나사임을 표시
② 오른나사임을 표시
③ 암나사임을 표시
④ 수나사임을 표시

해설

용기밸브 그랜드너트 6각 모서리 V형 홈 표시 : 가연성 가스 용기밸브 표시(왼나사 표시용 표기)

15 부탄가스용 연소기의 명판에 기재할 사항이 아닌 것은?
① 연소기명
② 제조자의 형식 호칭
③ 연소기 재질
④ 제조(로트) 번호

해설 부탄가스용 연소기 명판 기재사항
• 연소기명
• 제조자의 형식 호칭
• 제조번호(로트번호)

16 도시가스도매사업자가 제조소에 다음 시설을 설치하고자 한다. 다음 중 내진 설계를 하지 않아도 되는 시설은?

① 저장능력이 2톤인 지상식 액화천연가스 저장탱크의 지지구조물
② 저장능력이 300m³인 천연가스 홀더의 지지구조물
③ 처리능력이 10m³인 압축기의 지지구조물
④ 처리능력이 15m³인 펌프의 지지구조물

해설 저장능력 2톤인 경우 저장량이 적어서 내진설계가 불필요하다.

17 저장탱크의 지하설치기준에 대한 설명으로 틀린 것은?

① 천정, 벽 및 바닥의 두께가 각각 30cm 이상인 방수조치를 한 철근콘크리트로 만든 곳에 설치한다.
② 지면으로부터 저장탱크의 정상부까지의 깊이는 1m 이상으로 한다.
③ 저장탱크에 설치한 안전밸브에는 지면에서 5m 이상의 높이에 방출구가 있는 가스방출관을 설치한다.
④ 저장탱크를 매설한 곳의 주위에는 지상에 경계표지를 설치한다.

해설
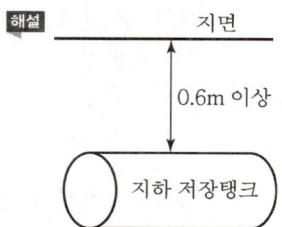

18 가스 중 음속보다 화염전파속도가 큰 경우 충격파가 발생하는데 이때 가스의 연소 속도로써 옳은 것은?

① 0.3~100m/s   ② 100~300m/s
③ 700~800m/s   ④ 1,000~3,500m/s

해설 디토네이션(폭굉)
음속보다 화염전파 속도가 큰 충격파로서 가스의 연소속도는 1,000~3,500m/s이다.

19 도시가스사용시설의 가스계량기 설치기준에 대한 설명으로 옳은 것은?

① 시설 안에서 사용하는 자체 화기를 제외한 화기와 가스계량기의 유지하여야 하는 거리는 3m 이상이어야 한다.
② 시설 안에서 사용하는 자체 화기를 제외한 화기와 입상관의 유지하여야 하는 거리는 3m 이상이어야 한다.
③ 가스계량기와 단열조치를 하지 아니한 굴뚝과의 거리는 10cm 이상 유지하여야 한다.
④ 가스계량기와 전기개폐기와의 거리는 60cm 이상 유지하여야 한다.

해설 ①항 내용 : 2m 이상   ②항 내용 : 2m 이상
③항 내용 : 15cm 이상   ④항 내용 : 60cm 이상

20 비등액체팽창증기폭발(BLEVE)이 일어날 가능성이 가장 낮은 곳은?

① LPG 저장탱크   ② 액화가스 탱크로리
③ 천연가스 지구정압기   ④ LNG 저장탱크

해설 천연가스 지구정압기의 가스는 액화된 LNG가 기화된 후 공급되는 지구의 정압기이므로 비등액체증기폭발과는 관련성이 없다.

21 액화석유가스를 탱크로리로부터 이·충전할 때 정전기를 제거하는 조치로 접지하는 접지접속선의 규격은?

① 5.5mm² 이상   ② 6.7mm² 이상
③ 9.6mm² 이상   ④ 10.5mm² 이상

해설 본딩용 접속선 및 접지접속선 : 단면적 5.5mm² 이상

22 가연성 가스, 독성 가스 및 산소설비의 수리 시에 설비 내의 가스 치환용으로 주로 사용되는 가스는?

① 질소   ② 수소
③ 일산화탄소   ④ 염소

해설 가연성, 독성, 산소설비의 수리 시 가스 치환용 가스는 질소가스(N_2)이다.

23 다음 중 지연성 가스에 해당되지 않는 것은?

① 염소 ② 불소
③ 이산화질소 ④ 이황화탄소

해설 · CS_2(이황화탄소) : 발화 5등급, 폭발 3등급의 가스로서 가연성 가스이면서 독성 가스이다.
· 지연성 가스 : 가연성 가스 연소를 촉진하는 조연성 가스이다.

24 내용적이 300L인 용기에 액화암모니아를 저장하려고 한다. 이 저장설비의 저장능력은 얼마인가?(단, 액화암모니아의 충전정수는 1.86이다.)

① 161kg ② 232kg
③ 279kg ④ 558kg

해설 저장능력(액화가스) : 용기 및 차량에 고정된 저장능력
$W = \dfrac{V_2}{C} = \dfrac{300}{1.86} = 161\text{kg}$

25 다음 중 방류둑을 설치하여야 할 기준으로 옳지 않은 것은?

① 저장능력이 5톤 이상인 독성 가스 저장탱크
② 저장능력이 300톤 이상인 가연성 가스 저장탱크
③ 저장능력이 1,000톤 이상인 액화석유가스 저장탱크
④ 저장능력이 1,000톤 이상인 액화산소 저장탱크

해설 방류둑 설치기준(액화가스 저장탱크 기준)
· 가연성 가스 : 500톤 이상 · 독성 가스 : 5톤 이상
· 산소 : 1,000톤 이상 · LPG : 1,000톤 이상

26 다음은 도시가스사용시설의 월사용예정량을 산출하는 식이다. 이 중 기호 "A"가 의미하는 것은?

$$Q = \dfrac{[(A \times 240) + (B \times 90)]}{11,000}$$

① 월사용예정량
② 산업용으로 사용하는 연소기의 명판에 기재된 가스소비량의 합계
③ 산업용이 아닌 연소기의 명판에 기재된 가스소비량의 합계
④ 가정용 연소기의 가스소비량 합계

해설 · A : ②항 기준
· B : ③항 기준
· Q : ①항 기준(단위 : m^3)

27 LPG용 압력조정기 중 1단 감압식 저압조정기의 조정압력 범위는?

① 2.3~3.3kPa
② 2.55~3.3kPa
③ 57~83kPa
④ 5.0~30kPa 이내에서 제조자가 설정한 기준압력의 ±20%

해설 LPG 압력조정기 중 1단 감압식 저압조정기 조정압력범위 : 2.3~3.3kPa

28 용기의 내용적 40L에 내압시험 압력의 수압을 걸었더니 내용적이 40.24L로 증가하였고, 압력을 제거하여 대기압으로 하였더니 용적은 40.02L가 되었다. 이 용기의 항구 증가량과 또 이 용기의 내압시험에 대한 합격 여부는?

① 1.6%, 합격 ② 1.6%, 불합격
③ 8.3%, 합격 ④ 8.3%, 불합격

해설 $40.24 - 40 = 0.24\text{L}$(압력증가량)
$40.02 - 40 = 0.02\text{L}$(항구증가량)
항구증가율 $= \dfrac{0.02}{0.24} \times 100 = 8.3\%$
(항구증가율 10% 이하이면 내압시험 합격)

29 산소가스 설비의 수리를 위한 저장탱크 내의 산소를 치환할 때 산소측정기 등으로 치환 결과를 수시로 측정하여 산소의 농도가 원칙적으로 몇 % 이하가 될 때까지 치환하여야 하는가?

① 18% ② 20%
③ 22% ④ 24%

해설 산소가스 설비 수리(저장탱크 내의 산소 치환)
치환결과 산소농도가 22% 이하가 될 때까지 치환한다.

ANSWER | 23. ④ 24. ① 25. ② 26. ② 27. ① 28. ③ 29. ③

30 최근 시내버스 및 청소차량연료로 사용되는 CNG 충전소 설계 시 고려하여야 할 사항으로 틀린 것은?

① 압축장치와 충전설비 사이에는 방호벽을 설치한다.
② 충전기에는 90kgf 미만의 힘에서 분리되는 긴급분리장치를 설치한다.
③ 자동차 충전기(디스펜서)의 충전호스 길이는 8m 이하로 한다.
④ 펌프 주변에는 1개 이상 가스누출검지경보장치를 설치한다.

해설 긴급분리장치 : 100kgf 이상 힘에서 설치

31 다이어프램식 압력계의 특징에 대한 설명 중 틀린 것은?

① 정확성이 높다.
② 반응속도가 빠르다.
③ 온도에 따른 영향이 적다.
④ 미소압력을 측정할 때 유리하다.

해설 다이어프램식 탄성식 압력계 특징
①, ②, ④의 특징 외에도 부식성 유체의 측정이 가능하고, 온도의 영향을 받기 쉬우므로 주의한다.

32 어떤 도시가스의 발열량이 15,000kcal/Sm³일 때 웨버지수는 얼마인가?(단, 가스의 비중은 0.5로 한다.)

① 12,121 ② 20,000
③ 21,213 ④ 30,000

해설 웨버지수 계산(WI)

$$WI = \frac{H_g}{\sqrt{d}} = \frac{15,000}{\sqrt{0.5}} = 21,213$$

33 염화파라듐지로 검지할 수 있는 가스는?

① 아세틸렌 ② 황화수소
③ 염소 ④ 일산화탄소

해설 시험지 검색상태(가스누설 시)
• 아세틸렌 : 염화 제1동 착염지(적색)
• 황화수소 : 초산납시험지(흑색)
• 염소 : KI 전분지(청색)
• CO : 염화파라듐지(흑색)

34 전위측정기로 관대지전위(Pipe To Soil Potential) 측정 시 측정방법으로 적합하지 않은 것은?(단, 기준전극은 포화황산동전극이다.)

① 측정선 말단의 부식부분을 연마한 후에 측정한다.
② 전위측정기의 (+)는 T/B(Test Box), (−)는 기준전극에 연결한다.
③ 콘크리트 등으로 기준전극을 토양에 접지할 수 없을 경우에는 물에 적신 스펀지 등을 사용하여 측정한다.
④ 전위측정은 가능한 한 배관에서 먼 위치에서 측정한다.

해설 전위측정은 가능한 배관에서 가까운 위치에서 실시한다.

35 주로 탄광 내에서 CH₄의 발생을 검출하는 데 사용되며 청염(푸른 불꽃)의 길이로써 그 농도를 알 수 있는 가스 검지기는?

① 안전등형 ② 간섭계형
③ 열선형 ④ 흡광광도형

해설 가연성 가스 검출기
• 안전등형 : 탄광 내 메탄(CH_4)가스 검출
• 간섭계형 : CH_4 및 가연성 측정
• 열선형(열전도식, 연소식) : 가스농도 지시

화학분석법(가스분석기)
• 적정법
• 중량법
• 흡광광도법

36 다음 중 용적식 유량계에 해당하는 것은?

① 오리피스 유량계
② 플로노즐 유량계
③ 벤투리관 유량계
④ 오벌기어식 유량계

해설 용적식 유량계
• 오벌기어식
• 가스미터기
• 루트식
• 회전원판식

37 가스난방기의 명판에 기재하지 않아도 되는 것은?
① 제조자의 형식호칭(모델번호)
② 제조자명이나 그 약호
③ 품질보증기간과 용도
④ 열효율

해설 가스난방기 명판 기재사항 : ①, ②, ③ 내용

38 진탕형 오토클레이브의 특징에 대한 설명으로 틀린 것은?
① 가스누출의 가능성이 적다.
② 고압력에 사용할 수 있고 반응물의 오손이 적다.
③ 장치 전체가 진동하므로 압력계는 본체로부터 떨어져 설치한다.
④ 뚜껑판에 뚫어진 구멍에 촉매가 끼어들어갈 염려가 없다.

해설
- 오토글레이브(고압반응기) : 교반형, 진탕형, 회전형, 가스교반형
- 진탕형 특징 : ①, ②, ③항 외 횡형 타입으로서 뚜껑판에 뚫어진 구멍에 혼입될 우려가 있다.

39 송수량 12,000L/min, 전양정 45m인 볼류트 펌프의 회전수를 1,000rpm에서 1,100rpm으로 변화시킨 경우 펌프의 축동력은 약 몇 PS인가?(단, 펌프의 효율은 80%이다.)
① 165   ② 180
③ 200   ④ 250

해설 동력 $= \left(\dfrac{N_2}{N_1}\right)^3 = \left(\dfrac{1,100}{1,000}\right)^3 \times 150 ≒ 200PS$

※ $PS = \dfrac{r\phi H}{75 \times 60 \times \eta}$

$= \dfrac{1,000 \times \left(\dfrac{12,000}{1,000}\right) \times 45}{75 \times 60 \times 0.8} = 150(1차동력)$

40 펌프의 실제 송출유량을 Q, 펌프 내부에서의 누설유량을 ΔQ, 임펠러 속을 지나는 유량을 $Q+\Delta Q$라 할 때 펌프의 체적효율(η_v)을 구하는 식은?
① $\eta_v = \dfrac{Q}{Q+\Delta Q}$ ② $\eta_v = \dfrac{Q+\Delta Q}{Q}$
③ $\eta_v = \dfrac{Q-\Delta Q}{Q+\Delta Q}$ ④ $\eta_v = \dfrac{Q+\Delta Q}{Q-\Delta Q}$

해설 펌프의 체적효율(η_v) $= \dfrac{Q}{Q+\Delta Q}$

41 염화메탄을 사용하는 배관에 사용하지 못하는 금속은?
① 주강   ② 강
③ 동합금   ④ 알루미늄 합금

해설 염화메탄(CH_3C)의 금속반응(사용불가 금속)
- 마그네슘
- 알루미늄
- 아연

42 고압가스용기의 관리에 대한 설명으로 틀린 것은?
① 충전 용기는 항상 40℃ 이하를 유지하도록 한다.
② 충전 용기는 넘어짐 등으로 인한 충격을 방지하는 조치를 하여야 하며 사용한 후에는 밸브를 열어둔다.
③ 충전용기 밸브는 서서히 개폐한다.
④ 충전 용기 밸브 또는 배관을 가열하는 때에는 열습포나 40℃ 이하의 더운물을 사용한다.

해설 충전용기는 사용이 끝나면 반드시 밸브를 잠가둔다.

43 저온장치의 분말진공단열법에서 충진용 분말로 사용되지 않는 것은?
① 펄라이트   ② 알루미늄 분말
③ 글라스울   ④ 규조토

해설
- 진공단열법 : 고진공단열, 분말진공단열, 다층진공단열
- 분말진공단열 충진용 분말 : 펄라이트, 알루미늄 분말, 규조토 등

ANSWER | 37. ④ 38. ④ 39. ③ 40. ① 41. ④ 42. ② 43. ③

44 다음 중 저온을 얻는 기본적인 원리는?
① 등압 팽창 ② 단열 팽창
③ 등온 팽창 ④ 등적 팽창

해설 저온을 얻는 기본적 원리
단열 팽창, 팽창기 사용

45 압축기를 이용한 LP가스 이·충전 작업에 대한 설명으로 옳은 것은?
① 충전시간이 길다.
② 잔류가스를 회수하기 어렵다.
③ 베이퍼록 현상이 일어난다.
④ 드레인 현상이 일어난다.

해설 LPG 이송설비
- 압축기 이용(드레인 현상 발생)
- 펌프이용(드레인 현상이 없다.)
①, ②, ③항의 설명은 펌프를 이용하는 이·충전 작업이다.

46 다음 중 가장 높은 압력은?
① 1atm ② 100kPa
③ 10mH$_2$O ④ 0.2MPa

해설
① 1atm : 1.033kg/cm^2
② 100kPa : 0.1MPa(1kg/cm^2)
③ 10mH$_2$O : 1kg/cm^2(0.1MPa)
④ 0.2MPa : 2kg/cm^2(20mH$_2$O)

47 다음 중 비점이 가장 낮은 것은?
① 수소 ② 헬륨
③ 산소 ④ 네온

해설 가스비점
- 수소(−252℃)   · 헬륨(−272.2℃)
- 산소(−183℃)   · 네온(−248.67℃)

48 공기 중에 10vol% 존재 시 폭발의 위험성이 없는 가스는?
① CH$_3$Br ② C$_2$H$_6$
③ C$_2$H$_4$O ④ H$_2$S

해설 폭발범위
- 브롬화메탄(CH$_3$Br) : 13.5~14.5%
- 에탄(C$_2$H$_6$) : 3~12.5%
- 산화에틸렌(C$_2$H$_4$O) : 3~80%
- 황화수소(H$_2$S) : 4.3~45%

49 다음 중 LP가스의 일반적인 연소특성이 아닌 것은?
① 연소 시 다량의 공기가 필요하다.
② 발열량이 크다.
③ 연소속도가 늦다.
④ 착화온도가 낮다.

해설 LP가스
- 프로판 착화온도(460~520℃)
- 부탄 착화온도(430~510℃)
액화석유가스는 착화온도가 다소 높다.

50 LNG의 특징에 대한 설명 중 틀린 것은?
① 냉열을 이용할 수 있다.
② 천연에서 산출한 천연가스를 약 −162℃까지 냉각하여 액화시킨 것이다.
③ LNG는 도시가스, 발전용 이외에 일반 공업용으로도 사용된다.
④ LNG로부터 기화한 가스는 부탄이 주성분이다.

해설 LNG(액화천연가스) 주성분 : 메탄
메탄(CH$_4$)
- 분자량 16   · 16kg(22.4Nm^3)
- 비중(16/29=0.55)
연소반응식 : CH$_4$+2O$_2$ → CO$_2$+2H$_2$O

51 가정용 가스보일러에서 발생하는 가스중독사고의 원인으로 배기가스의 어떤 성분에 의하여 주로 발생하는가?
① CH$_4$ ② CO$_2$
③ CO ④ C$_3$H$_8$

해설 C+O$_2$ → CO$_2$(탄산가스)
C+$\frac{1}{2}$O$_2$ → CO(일산화탄소 : 독성 가스)

44. ② 45. ④ 46. ④ 47. ② 48. ① 49. ④ 50. ④ 51. ③ | ANSWER

52 순수한 물 1g을 온도 14.5℃에서 15.4℃까지 높이는 데 필요한 열량을 의미하는 것은?
① 1cal
② 1BTU
③ 1J
④ 1CHU

해설 1cal : 순수한 물 1g을 14.5℃~15.4℃까지 높이는 데 필요한 열량

53 물질이 융해, 응고, 증발, 응축 등과 같은 상의 변화를 일으킬 때 발생 또는 흡수하는 열을 무엇이라 하는가?
① 비열
② 현열
③ 잠열
④ 반응열

해설
• 얼음의 융해, 응고(잠열) : 79.68kcal/kg
• 물의 증발, 응축(잠열) : 538.8kcal/kg

54 에틸렌(C_2H_4)의 용도가 아닌 것은?
① 폴리에틸렌의 제조
② 산화에틸렌의 원료
③ 초산비닐의 제조
④ 메탄올 합성의 원료

해설 CO 가스 용도

$$CO + 2H_2 \xrightarrow[200\sim300kg/cm^2]{250\sim400℃} CH_3OH (메탄올\ 합성용)$$

55 공기 100kg 중에는 산소가 약 몇 kg 포함되어 있는가?
① 12.3kg
② 23.2kg
③ 31.5kg
④ 43.7kg

해설 공기 중 산소
• 체적당 : 21%   • 중량당 : 23.2%
∴ 100×0.232=23.2kg

56 100℉를 섭씨온도로 환산하면 약 몇 ℃인가?
① 20.8
② 27.8
③ 37.8
④ 50.8

해설 $℃ = \dfrac{5}{9}(℉-32)$
$= \dfrac{5}{9} \times (100-32) = 37.8℃$

57 0℃, 2기압하에서 1L의 산소와 0℃, 3기압 2L의 질소를 혼합하여 2L로 하면 압력은 몇 기압이 되는가?
① 2기압
② 4기압
③ 6기압
④ 8기압

해설
산소=1L×2기압=2L
질소=2L×3기압=6L
용기 부피를 2L로 한다면
압력 = $\dfrac{2L+6L}{2L}$ = 4기압

58 다음 중 상온에서 비교적 낮은 압력으로 가장 쉽게 액화되는 가스는?
① CH_4
② C_3H_8
③ O_2
④ H_2

해설 C_3H_8(프로판) : 7kg/cm² 가압 액화

59 완전연소 시 공기량을 가장 많이 필요로 하는 가스는?
① 아세틸렌
② 메탄
③ 프로판
④ 부탄

해설
아세틸렌 : $C_2H_2 + \boxed{2.5}\ O_2 \rightarrow 2CO_2 + H_2O$
메탄 : $CH_4 + \boxed{2}\ O_2 \rightarrow CO_2 + 2H_2O$
프로판 : $C_3H_8 + \boxed{5}\ O_2 \rightarrow 3CO_2 + 4H_2O$
부탄 : $C_4H_{10} + \boxed{6.5}\ O_2 \rightarrow 4CO_2 + 5H_2O$
공기량=산소량×(1/0.21)
※ 산소(O_2) 요구량이 많으면 공기량이 많이 필요하다.

60 산소의 물리적 성질에 대한 설명 중 틀린 것은?
① 물에 녹지 않으며 액화산소는 담녹색이다.
② 기체, 액체, 고체 모두 자성이 있다.
③ 무색, 무취, 무미의 기체이다.
④ 강력한 조연성 가스로서 자신은 연소하지 않는다.

해설 산소는 물에 약간 녹으며 액체 산소는 담청색이다.

ANSWER | 52. ① 53. ③ 54. ④ 55. ② 56. ③ 57. ② 58. ② 59. ④ 60. ①

2013년 2회 과년도 기출문제

01 산소 저장설비에서 저장능력이 9,000m³일 경우 1종 보호 시설 및 2종 보호시설과의 안전거리는?

① 8m, 5m
② 10m, 7m
③ 12m, 8m
④ 14m, 9m

해설 고압가스의 처리설비 및 저장설비의 경우 그 외면으로부터 보호시설까지 이격거리

[처리능력 및 저장능력에 따른 이격거리]

처리능력 및 저장능력	산소의 처리설비 및 저장설비		독성 가스 또는 가연성 가스의 처리 설비 및 저장설비		그 밖의 가스의 처리설비 및 저장설비	
	제1종 보호시설	제2종 보호시설	제1종 보호시설	제2종 보호시설	제1종 보호시설	제2종 보호시설
1만 이하	12m	8m	17m	12m	8m	5m
1만 초과 2만 이하	14m	9m	21m	14m	9m	7m
2만 초과 3만 이하	16m	11m	24m	16m	11m	8m
3만 초과 4만 이하	18m	13m	27m	18m	13m	9m
4만 초과 5만 이하	20m	14m	30m	20m	14m	10m
5만 초과 99만 초과			30m (가연성 가스 저온저장 탱크는 120m)	20m (가연성 가스 저온저장 탱크는 80m)		

02 다음의 고압가스의 용량을 차량에 적재하여 운반할 때 운반책임자를 동승시키지 않아도 되는 것은?

① 아세틸렌 : 400m³
② 일산화탄소 : 700m³
③ 액화염소 : 6,500kg
④ 액화석유가스 : 2,000kg

해설 고압가스를 200km 이상의 거리를 운반할 때에는 운반책임자를 동승시킨다.

[운반책임자 동승기준]

가스의 종류		기준
액화가스	독성 가스	1,000kg 이상
	가연성 가스	3,000kg 이상
	조연성 가스	6,000kg 이상
압축가스	독성 가스	100m³ 이상
	가연성 가스	300m³ 이상
	조연성 가스	600m³ 이상

03 독성 가스 여부를 판정할 때 기준이 되는 "허용농도"를 바르게 설명한 것은?

① 해당 가스를 성숙한 흰쥐 집단에게 대기 중에서 1시간 동안 계속하여 노출시킨 경우 7일 이내에 그 흰쥐의 1/2 이상이 죽게 되는 가스의 농도를 말한다.
② 해당 가스를 성숙한 흰쥐 집단에게 대기 중에서 24시간 동안 계속하여 노출시킨 경우 7일 이내에 그 흰쥐의 1/2 이상이 죽게 되는 가스의 농도를 말한다.
③ 해당 가스를 성숙한 흰쥐 집단에게 대기 중에서 1시간 동안 계속하여 노출시킨 경우 14일 이내에 그 흰쥐의 1/2 이상이 죽게 되는 가스의 농도를 말한다.
④ 해당 가스를 성숙한 흰쥐 집단에게 대기 중에서 24시간 동안 계속하여 노출시킨 경우 14일 이내에 그 흰쥐의 1/2 이상이 죽게 되는 가스의 농도를 말한다.

해설 독성 가스는 독성을 가진 가스로서 허용농도가 5,000ppm 이하인 것이며 허용농도는 당해 가스를 성숙한 흰쥐 집단에게 대기 중에서 1시간 동안 계속하여 노출시킨 경우 14일 이내에 그 흰쥐의 1/2 이상이 죽게 되는 가스의 농도를 말한다.

04 고압가스 특정제조시설 중 철도부지 밑에 매설하는 배관에 대한 설명으로 틀린 것은?

① 배관의 외면으로부터 그 철도부지의 경계까지는 1m 이상의 거리를 유지한다.

1. ③ 2. ④ 3. ③ 4. ② | ANSWER

② 지표면으로부터 배관의 외면까지의 깊이를 60cm 이상 유지한다.
③ 배관은 그 외면으로부터 궤도 중심과 4m 이상 유지한다.
④ 지하철도 등을 횡단하여 매설하는 배관에는 전기방식조치를 강구한다.

해설 배관을 철도부지에 매설하는 경우에는 배관의 외면으로부터 궤도 중심까지 4m 이상, 그 철도부지 경계까지는 1m 이상의 거리를 유지하고, 지표면으로부터 배관의 외면까지의 깊이를 1.2m 이상으로 한다.

05 도시가스 사용시설 중 가스계량기와 다음 설비와의 안전거리 기준으로 옳은 것은?
① 전기계량기와는 60cm 이상
② 전기접속기와는 60cm 이상
③ 전기점멸기와는 60cm 이상
④ 절연조치를 하지 않는 전선과는 30cm 이상

해설 배관의 이음매와 전기계량기 및 전기개폐기와의 거리는 60cm 이상, 전기점멸기 및 전기접속기와의 거리는 30cm 이상, 절연전선과의 거리는 10cm 이상, 절연조치를 하지 않은 전선 및 단열조치를 하지 않은 굴뚝과의 거리는 15cm 이상의 거리를 유지할 것

06 특정고압가스사용시설 중 고압가스 저장량이 몇 kg 이상인 용기보관실에 있는 벽을 방호벽으로 설치하여야 하는가?
① 100
② 200
③ 300
④ 500

해설 특정고압가스 저장량이 300kg 이상 시 방호벽을 설치한다.

07 다음 가연성 가스 중 공기 중에서의 폭발 범위가 가장 좁은 것은?
① 아세틸렌
② 프로판
③ 수소
④ 일산화탄소

해설 가연성 가스 폭발범위
• 아세틸렌 : 2.5~81%
• 프로판 : 2.1~9.5%
• 수소 : 4~75%
• 일산화탄소 : 12.5~74%

08 도시가스 중 음식물쓰레기, 가축·분뇨, 하수슬러지 등 유기성 폐기물로부터 생성된 기체를 정제한 가스로서 메탄이 주성분인 가스를 무엇이라 하는가?
① 천연가스
② 나프타부생가스
③ 석유가스
④ 바이오가스

해설 바이오가스란 생물반응에 의해 생성되는 연료용 가스의 총칭이며 가축분료 음식물쓰레기 하수슬러지 등 유기성 폐기물로부터 생성되는 것으로는 메탄과 수소가 있다. 메탄은 폐기물처리에 의해 얻을 수 있는 에너지원으로 유망하다.

09 용기 부속품에 각인하는 문자 중 질량을 나타내는 것은?
① TP
② W
③ AG
④ V

해설 용기부속품 각인 사항
• 부속품제조업자의 명칭 또는 약호
• 바목의 규정에 의한 부속품의 기호와 번호
• 질량(기호 : W, 단위 : kg)
• 부속품검사에 합격한 연월
• 내압시험압력(기호 : TP, 단위 : MPa)

10 원심식 압축기를 사용하는 냉동설비는 그 압축기의 원동기 정격출력 및 kW를 1일의 냉동능력 1톤으로 산정하는가?
① 1.0
② 1.2
③ 1.5
④ 2.0

해설 원심식 압축기를 사용하는 냉동설비는 그 압축기의 원동기 정격출력 1.2kW를 1일의 냉동능력 1톤으로 보고, 흡수식 냉동설비는 발생기를 가열하는 1시간의 입열량 6천640kcal를 1일의 냉동능력 1톤으로 본다.

11 다음 중 화학적 폭발로 볼 수 없는 것은?
① 증기폭발
② 중합폭발
③ 분해폭발
④ 산화폭발

해설 증기폭발은 압력에 의한 폭발로 물리적인 작용으로 본다.

12 다음 중 같은 저장실에 혼합 저장이 가능한 것은?
① 수소와 염소가스
② 수소와 산소
③ 아세틸렌가스와 산소
④ 수소와 질소

해설 질소가스는 불연성 가스로 가연성인 수소와 혼합저장이 가능하다.

13 액화석유가스의 시설기준 중 저장탱크의 설치 방법을 틀린 것은?
① 천장, 벽 및 바닥의 두께가 각각 30cm 이상의 방수조치를 한 철근콘크리트구조로 한다.
② 저장탱크실 상부 윗면으로부터 저장탱크 상부까지의 깊이는 60cm 이상으로 한다.
③ 저장탱크에 설치한 안전밸브에는 지면으로부터 5m 이상의 방출관을 설치한다.
④ 저장탱크 주위 빈 공간에는 세립분을 25% 이상 함유한 마른 모래를 채운다.

해설 저장탱크 주위에 빈 공간이 없도록 마른모래로 채운다.

14 가스공급 배관 용접 후 검사하는 비파괴 검사방법이 아닌 것은?
① 방사선투과검사   ② 초음파탐상검사
③ 자분탐상검사   ④ 주사전자현미경검사

해설 비파괴 검사 종류
방사선투과검사, 초음파탐상검사, 자분탐상검사, 음향검사, 설파 프린트 등

15 고압가스 제조시설에 설치되는 피해저감설비로 방호벽을 설치해야 하는 경우가 아닌 것은?
① 압축기와 충전장소 사이
② 압축기와 가스충전용기 보관장소 사이
③ 충전장소와 충전용 주관밸브, 조작밸브 사이
④ 압축기와 저장탱크 사이

해설 압축기와 그 충전장소 사이, 압축기와 그 가스충전용기 보관장소 사이, 충전장소와 그 가스충전용기 보관장소 사이 및 충전장소와 그 충전용 주관밸브, 조작밸브 사이에는 가스폭발에 따른 충격에 견딜 수 있는 방호벽을 설치한다.

16 가연성 가스의 위험성에 대한 설명으로 틀린 것은?
① 누출 시 산소결핍에 의한 질식의 위험성이 있다.
② 가스의 온도 및 압력이 높을수록 위험성이 커진다.
③ 폭발한계가 넓을수록 위험하다.
④ 폭발하한이 높을수록 위험하다.

해설 가연성 가스는 폭발하한이 낮을수록 위험하다.

17 수소에 대한 설명 중 틀린 것은?
① 수소용기의 안전밸브는 가용전식과 파열판식을 병용한다.
② 용기밸브는 오른나사이다.
③ 수소가스는 피로갈롤 시약을 사용한 오르사트법에 의한 시험법에서 순도가 98.5% 이상이어야 한다.
④ 공업용 용기의 도색은 주황색으로 하고 문자의 표시는 백색으로 한다.

해설 수소 등 가연성 가스의 용기밸브는 왼나사로 한다.

18 산소 가스설비의 수리 및 청소를 위한 저장탱크 내의 산소를 치환할 때 산소측정기 등으로 치환결과를 측정하여 산소의 농도가 최대 몇 % 이하가 될 때까지 계속하여 치환작업을 하여야 하는가?
① 18%   ② 20%
③ 22%   ④ 24%

해설 작업자가 작업할 수 있는 산소치환 농도는 18~22%로 한다.

12. ④ 13. ④ 14. ④ 15. ④ 16. ④ 17. ② 18. ③ | ANSWER

19 다음 중 폭발성이 예민하므로 마찰 및 타격으로 격렬히 폭발하는 물질에 해당되지 않는 것은?
① 황화질소 ② 메틸아민
③ 염화질소 ④ 아세틸라이드

해설 메틸아민은 화학식이 CH_3NH_2, 분자량이 31.06, 녹는점이 $-92.5℃$, 비등점이 $-6.5℃$, 비중이 0.699이다. 암모니아 NH_3의 수소원자 하나를 메틸기 $-CH_3$로 치환한 것으로 마찰에 의한 폭발의 위험이 적다.

20 고압가스특정제조시설에서 지하매설 배관은 그 외면으로부터 지하의 다른 시설물과 몇 m 이상 거리를 유지하여야 하는가?
① 0.1 ② 0.2
③ 0.3 ④ 0.5

해설 고압가스특정제조시설에서 지하매설배관은 그 외면으로부터 다른 지하시설물까지 0.3m 이상 유지한다.

21 다음 [보기]의 독성 가스 중 독성(LC_{50})이 가장 강한 것과 가장 약한 것을 바르게 나열한 것은?

[보기]
㉠ 염화수소   ㉡ 암모니아
㉢ 황화수소   ㉣ 일산화탄소

① ㉠, ㉡   ② ㉠, ㉣
③ ㉢, ㉡   ④ ㉢, ㉣

해설 허용농도가 낮을수록 위험한 독성 가스이다.(황화수소 : 강하다, 암모니아 : 약하다.)

22 LPG충전시설의 충전소에 기재한 "화기엄금"이라고 표시한 게시판의 색깔로 옳은 것은?
① 황색 바탕에 흑색 글씨
② 황색 바탕에 적색 글씨
③ 흰색 바탕에 흑색 글씨
④ 흰색 바탕에 적색 글씨

해설 LPG 충전시설 충전소의 표지 게시판은 백색 바탕으로 하고 글씨는 적색으로 한다.

23 고압가스 제조설비에서 누출된 가스의 확산을 방지할 수 있는 재해조치를 하여야 하는 가스가 아닌 것은?
① 이산화탄소 ② 암모니아
③ 염소   ④ 염화메틸

해설 제해조치는 독성 가스의 경우 확산방지를 하는 것으로 이산화탄소는 무독성 불연성 가스로 해당하지 않는다.

24 액화가스를 운반하는 탱크로리(차량에 고정된 탱크)의 내부에 설치하는 것으로서 탱크 내 액화가스 액면 요동을 방지하기 위해 설치하는 것은?
① 폭발방지장치 ② 방파판
③ 압력방출장치 ④ 다공성 충진제

해설 차량에 고정된 탱크에 고압가스를 충전하거나 운송 중에 액 유동을 방지하기 위해 방파판을 설치한다.

25 염소의 성질에 대한 설명으로 틀린 것은?
① 상온, 상압에서 황록색의 기체이다.
② 수분 존재 시 철을 부식시킨다.
③ 피부에 닿으면 손상의 위험이 있다.
④ 암모니아와 반응하여 푸른 연기를 생성한다.

해설 염소는 암모니아와 반응하여 흰색의 염화암모늄을 생성한다.

26 고압가스의 제조시설에서 실시하는 가스설비의 점검 중 사용 개시 전에 점검할 사항이 아닌 것은?
① 기초의 경사 및 침하
② 인터록, 자동제어장치의 기능
③ 가스설비의 전반적인 누출 유무
④ 배관 계통의 밸브 개폐 상황

해설 고압가스 제조설비의 사용 개시 전과 사용종료 후에는 반드시 그 제조설비에 속하는 제조시설의 이상 유무를 점검하고, 기초의 경사 및 침하는 상시 점검한다.

ANSWER | 19. ② 20. ③ 21. ③ 22. ④ 23. ① 24. ② 25. ④ 26. ①

27 다음 중 고압가스의 성질에 따른 분류에 속하지 않는 것은?
① 가연성 가스 ② 액화가스
③ 조연성 가스 ④ 불연성 가스

해설 액화가스는 상태에 따른 분리이다.

28 LPG를 수송할 때의 주의사항으로 틀린 것은?
① 운전 중이나 정차 중에도 허가된 장소를 제외하고는 담배를 피워서는 안 된다.
② 운전자는 운전기술 외에 LPG의 취급 및 소화기 사용 등에 관한 지식을 가져야 한다.
③ 주차할 때는 안전한 장소에 주차하며, 운반책임자와 운전자는 동시에 차량에서 이탈하지 않는다.
④ 누출됨을 알았을 때는 가까운 경찰서, 소방서까지 직접 운행하여 알린다.

해설 운행 중 가스 누출을 알았을 경우 운행을 즉시 중지하고 가까운 소방소나 경찰에 알린다.

29 시안화수소의 중합폭발을 방지할 수 있는 안정제로 옳은 것은?
① 수증기, 질소 ② 수증기, 탄산가스
③ 질소, 탄산가스 ④ 아황산가스, 황산

해설 시안화수소의 중합방지제로는 아황산, 황산을 이용한다.

30 방폭전기기기의 용기 내부에서 가연성 가스의 폭발이 발생할 경우 그 용기가 폭발압력에 견디고 접합면, 개구부 등을 통해 외부의 가연성 가스에 인화되지 않도록 한 방폭구조는?
① 내압(耐壓)방폭구조 ② 유입(油入)방폭구조
③ 압력(壓力)방폭구조 ④ 본질안전방폭구조

해설 방폭전기기기의 분류
① 내압방폭구조 : 방폭전기기기의 용기 내부에서 가연성 가스의 폭발이 발생할 경우 그 용기가 폭발압력에 견디고, 접합면, 개구부 등을 통하여 외부의 가연성 가스에 인화되지 아니하도록 한 구조를 말한다.

② 유입방폭구조 : 용기 내부에 절연유를 주입하여 불꽃·아크 또는 고온발생부분이 기름 속에 잠기게 함으로써 기름면 위에 존재하는 가연성 가스에 인화되지 아니하도록 한 구조를 말한다.
③ 압력방폭구조 : 용기 내부에 보호가스(신선한 공기 또는 불활성 가스)를 압입하여 내부압력을 유지함으로써 가연성 가스가 용기 내부로 유입되지 아니하도록 한 구조를 말한다.
④ 안전증방폭구조 : 정상운전 중에 가연성 가스의 점화원이 될 전기불꽃·아크 또는 고온부분 등의 발생을 방지하기 위하여 기계적·전기적 구조상 또는 온도상승에 대하여 특히 안전도를 증가시킨 구조를 말한다.
⑤ 본질안전방폭구조 : 정상 시 및 사고 시에 발생하는 전기불꽃·아크 또는 고온부에 의하여 가연성 가스가 점화되지 아니하는 것이 점화시험, 기타 방법에 의하여 확인된 구조를 말한다.
⑥ 특수방폭구조 : 방폭구조로서 가연성 가스에 점화를 방지할 수 있다는 것이 시험, 기타 방법에 의하여 확인된 구조를 말한다.

[방폭전기기기의 구조별 표시방법]

방폭전기기기의 구조별 표시방법	표시방법
내압방폭구조	d
유입방폭구조	o
압력방폭구조	p
안전증방폭구조	e
본질안전방폭구조	ia 또는 ib
특수방폭구조	s

31 다음 고압가스 설비 중 축열식 반응기를 사용하여 제조하는 것은?
① 아크릴로아이드 ② 염화비닐
③ 아세틸렌 ④ 에틸벤젠

해설 아세틸렌은 분해폭발의 위험이 있어 축열식 반응기를 이용하여 제조한다.

32 고압가스 설비의 안전장치에 관한 설명 중 옳지 않은 것은?
① 고압가스 용기에 사용되는 가용전은 열을 받으면 가용합금이 용해되어 내부의 가스를 방출한다.
② 액화가스용 안전밸브의 토출량은 저장탱크 등의 내부의 액화가스가 가열될 때의 증발량 이상이 필요하다.

27. ② 28. ④ 29. ④ 30. ① 31. ③ 32. ③ | ANSWER

③ 급격한 압력상승이 있는 경우에는 파열판은 부적당하다.
④ 펌프 및 배관에는 압력상승 방지를 위해 릴리프밸브가 사용된다.

해설 파열판이란 안전밸브와 같은 용도로 박판을 이용한 급격한 압력변화에 이용한다.

33 흡수식 냉동기에서 냉매로 물을 사용할 경우 흡수제로 사용하는 것은?
① 암모니아
② 사염화에탄
③ 리튬브로마이드
④ 파라핀유

해설 흡수식 냉·온수기는 리튬브로마이드(LiBr)이라는 물질의 흡수성을 이용하여 물이 증발할 때 온도가 내려가는 성질로 냉방을 한다.

34 다음 중 이음매 없는 용기의 특징이 아닌 것은?
① 독성 가스를 충전하는 데 사용한다.
② 내압에 대한 응력 분포가 균일하다.
③ 고압에 견디기 어려운 구조이다.
④ 용접용기에 비해 값이 비싸다.

해설 이음매 없는 용기는 고압용 용기에 이용한다.

35 다음 중 압력계 사용 시 주의사항으로 틀린 것은?
① 정기적으로 점검한다.
② 압력계의 눈금판은 조작자가 보기 쉽도록 안면을 향하게 한다.
③ 가스의 종류에 적합한 압력계를 선정한다.
④ 압력의 도입이나 배출은 서서히 행한다.

해설 압력계는 ①, ③, ④ 이외의 진동이 없고, 될 수 있는 한 보기 좋은 곳에 설치한다.

36 다음 가스 분석 중 화학분석법에 속하지 않는 방법은?
① 가스크로마토그래피법
② 중량법

③ 분광광도법
④ 요오드적정법

해설 가스크로마토그래피는 기기분석법에 해당한다.

37 부유 피스톤형 압력계에서 실린더 지름 5cm, 추와 피스톤의 무게가 130kg일 때 이 압력계에 접속된 부르동관의 압력계 눈금이 7kg/cm²를 나타내었다. 이 부르동관 압력계의 오차는 약 몇 %인가?
① 5.7
② 6.6
③ 9.7
④ 10.5

해설
• 표준압력 $= \dfrac{\text{힘}(F)}{\text{면적}(A)} = \dfrac{130}{\dfrac{\pi D^2}{4}}$

$= \dfrac{130}{\dfrac{\pi \times 5^2}{4}}$

$= 6.625 \text{kg/cm}^2$

• 계기압력 $= 7\text{kg/cm}^2$

• 오차 $= \dfrac{\text{계기압력} - \text{표준압력}}{\text{표준압력}} \times 100$

$= \dfrac{(7 - 6.625)\text{kg/cm}^2}{6.625\text{kg/cm}^2} \times 100$

$= 5.7\%$

38 계측기기의 구비조건으로 틀린 것은?
① 설치장소 및 주위 조건에 대한 내구성이 클 것
② 설비비 및 유지비가 적게 들 것
③ 구조가 간단하고 정도(精度)가 낮을 것
④ 원거리 지시 및 기록이 가능할 것

해설 계측기기는 구조가 간단하고 정도가 좋아야 한다.

39 LPG(C_4H_{10}) 공급방식에서 공기를 3배 희석했다면 발열량은 약 몇 kcal/Sm³이 되는가?(단, C_4H_{10}의 발열량은 30,000kcal/Sm³으로 가정한다.)
① 5,000
② 7,500
③ 10,000
④ 11,000

해설 희석 발열량 = $\dfrac{표준 발열량}{1+희석배수}$
$= \dfrac{30,000}{1+3}$
$= 7,500 \text{kcal/m}^3$

40 고점도 액체나 부유 현탁액의 유체 압력측정에 가장 적당한 압력계는?
① 벨로스   ② 다이어프램
③ 부르동관 ④ 피스톤

해설 다이어프램 압력계
미소압력 측정에 이용하며 고점도, 부유성 액체의 압력측정에 이용한다.

41 고압가스제조소의 작업원은 얼마의 기간 이내에 1회 이상 보호구의 사용훈련을 받아 사용방법을 숙지하여야 하는가?
① 1개월   ② 3개월
③ 6개월   ④ 12개월

해설 고압가스 제조소의 작업원은 3개월에 1회 이상 보호구 사용훈련을 받아야 한다.

42 다음 고압장치의 금속재료 사용에 대한 설명으로 옳은 것은?
① LNG 저장탱크 – 고장력강
② 아세틸렌 압축기 실린더 – 주철
③ 암모니아 압력계 도관 – 동
④ 액화산소 저장탱크 – 탄소강

해설
• LNG 저장탱크 : 탄소강, 스테인리스강
• 암모니아 압력계 도관 : 연강재
• 액화산소 저장탱크 : 동합금, 9% 니켈강, 알루미륨 및 알루미늄합금강, 스테인리스강 등
• 압축기 실린더 : 주철

43 다음 중 유체의 흐름방향을 한 방향으로만 흐르게 하는 밸브는?
① 글로브밸브 ② 체크밸브
③ 앵글밸브   ④ 게이트밸브

해설 급수장치 등에 사용되는 체크밸브는 한 방향으로만 흐르도록 구성된 밸브이다.

44 열기전력을 이용한 온도계가 아닌 것은?
① 백금 – 백금 · 로듐 온도계
② 동 – 콘스탄탄 온도계
③ 철 – 콘스탄탄 온도계
④ 백금 – 콘스탄탄 온도계

해설 열기전력을 이용한 온도계로는 ①, ②, ③ 이외에 크로멜 – 알루멜 온도계가 있다.

45 내산화성이 우수하고 양파 썩는 냄새가 나는 부취제는?
① THT   ② TBM
③ DMS   ④ NAPHTHA

해설
• THT : 석탄가스 냄새
• TBM : 양파 썩는 냄새
• DMS : 마늘냄새

46 표준상태에서 산소의 밀도는 몇 g/L인가?
① 1.33   ② 1.43
③ 1.53   ④ 1.63

해설 산소의 밀도
$= \dfrac{산소 분자량}{22.4} = \dfrac{32}{22.4} = 1.43\text{g/L}$

47 가스배관 내 잔류물질을 제거할 때 사용하는 것이 아닌 것은?
① 피그   ② 거버너
③ 압력계 ④ 컴프레서

해설 거버너(Governor)는 정압기이다.

40. ② 41. ② 42. ② 43. ② 44. ④ 45. ② 46. ② 47. ② | ANSWER

48 다음 중 화씨온도와 가장 관계가 깊은 것은?
① 표준대기압에서 물의 어는점을 0으로 한다.
② 표준대기압에서 물의 어는점을 12로 한다.
③ 표준대기압에서 물의 끓는점을 100으로 한다.
④ 표준대기압에서 물의 끓는점을 212로 한다.

해설 화씨온도
물의 어는 온도는 32°F, 끓는 온도는 212°F로 한다.

49 다음 중 부탄가스의 완전연소 반응식은?
① $C_3H_8 + 4O_2 \rightarrow 3CO_2 + 5H_2O$
② $C_3H_8 + 5O_2 \rightarrow 3CO_2 + 4H_2O$
③ $C_4H_{10} + 6O_2 \rightarrow 4CO_2 + 5H_2O$
④ $2C_4H_{10} + 13O_2 \rightarrow 8CO_2 + 10H_2O$

해설 탄화수소의 완전연소 시 발생되는 가스 CO_2, H_2O이다. ②는 프로판 가스 완전연소반응식이며 ④는 부탄의 완전 연소 반응식이다.

50 산소 가스의 품질검사에 사용되는 시약은?
① 동·암모니아 시약   ② 피로갈롤 시약
③ 브롬 시약   ④ 하이드로설파이드 시약

해설 품질검사에서 산소는 99.5%를 유지하고 동·암모니아성 시약을 사용한다. 수소는 98.5% 피로갈롤, 하이드로설파이드 시약을 사용하고, 아세틸렌은 98% 발열황산 시약을 사용한다.

51 -10°C인 얼음 10kg을 1기압에서 증기로 변화시킬 때 필요한 열량은 약 몇 kcal인가?(단, 얼음의 비열은 0.5kcal/kg·°C, 얼음의 용해열은 80kcal/kg, 물의 기화열은 539kcal/kg이다.)
① 5,400   ② 6,000
③ 6,240   ④ 7,240

해설 $Q(현열) = GC\Delta t$, $Q(잠열) = G \times h$
㉠ -10°C 열량 = 10kg × 0.5 × 10 = 50kcal
㉡ 0°C 물 열량 = 10kg × 80 = 800kcal
㉢ 100°C 물 열량 = 10kg × 1 × 100 = 1,000kcal
㉣ 증기 열량 = 10kg × 539 = 5,390kcal
필요한 열량 = ㉠+㉡+㉢+㉣ = 7,240kcal

52 염소에 대한 설명 중 틀린 것은?
① 황록색을 띠며 독성이 강하다.
② 표백작용이 있다.
③ 액상은 물보다 무겁고 기상은 공기보다 가볍다.
④ 비교적 쉽게 액화된다.

해설 염소가스(Cl_2)는 황록색을 띠며 산화력과 독성이 강하고, 쉽게 액화하며 표백작용이 있고 공기보다 2.5배 무겁다. 소량을 흡입해도 눈·코·목의 점막을 파괴하고, 다량 흡입하면 폐에 염증을 일으켜 호흡이 곤란하다.

53 LP 가스의 성질에 대한 설명으로 틀린 것은?
① 온도변화에 따른 액 팽창률이 크다.
② 석유류 또는 동·식물유나 천연고무를 잘 용해시킨다.
③ 물에 잘 녹으며 알코올과 에테르에 용해된다.
④ 액체는 물보다 가볍고, 기체는 공기보다 무겁다.

해설 액화석유가스는 유전에서 석유와 함께 나오는 프로판(C_3H_8)과 부탄(C_4H_{10})을 주성분으로 한 가스를 상온에서 압축하여 액체로 되며, 액화·기화가 용이하고, 액화하면 체적이 작아진다. 상온(15°C)하에서 프로판은 액화하면 1/260의 부피로 줄어들며, 부탄은 1/230의 부피로 줄어들어 수송·저장이 용이하고 물에 녹지 않으며 유기용매(알코올, 에테르 등)에 녹는다.

54 다음 중 염소의 주된 용도가 아닌 것은?
① 표백   ② 살균
③ 염화비닐 합성   ④ 강재의 녹 제거용

해설 강재의 녹 제거에는 염산이 사용된다.

55 표준물질에 대한 어떤 물질의 밀도의 비를 무엇이라고 하는가?
① 비중   ② 비중량
③ 비용   ④ 비열

해설 $비중(S) = \dfrac{성분 물질의 무게}{물의 무게} = \dfrac{성분물질의 밀도}{물의 밀도}$

56 공기 중에 누출 시 폭발 위험이 가장 큰 가스는?
① C_3H_8
② C_4H_{10}
③ CH_4
④ C_2H_2

해설 위험도가 클수록 위험하다.
아세틸렌 위험도(H)
$$H = \frac{폭발상한 - 폭발하한}{폭발하한}$$
∴ $\frac{81 - 2.5}{2.5} = 31.4$

57 LP가스가 증발할 때 흡수하는 열을 무엇이라 하는가?
① 현열
② 비열
③ 잠열
④ 융해열

해설 잠열은 온도의 변화 없이 상태가 변하는 것을 말하므로 물질이 증발할 때 흡수되는 열을 잠열이라 할 수 있다. 또한 현열은 상태변화 없이 온도가 변화되는 열을 말한다.

58 다음 중 1atm과 다른 것은?
① $9.8N/m^2$
② $101,325Pa$
③ $14.7lb/in^2$
④ $10.332mH_2O$

해설 $1atm = 101,325Pa = 101,325N/m^2$
$= 14.7 lb/in^2 = 10.332mH_2O$

59 도시가스 제조공정 중 접촉분해공정에 해당하는 것은?
① 저온수증기 개질법
② 열분해 공정
③ 부분연소 공정
④ 수소화분해 공정

해설 도시가스 제조 공정 중 접촉분해공정은 사이클링식 접촉분해 공정, 저온 수증기 개질 공정, 고온 수증기 개질 공정으로 구분 한다.

60 LP가스를 자동차연료로 사용할 때의 장점이 아닌 것은?
① 배기가스의 독성이 가솔린보다 적다.
② 완전연소로 발열량이 높고 청결하다.
③ 옥탄가가 높아서 노킹현상이 없다.
④ 균일하게 연소되므로 엔진수명이 연장된다.

해설 옥탄가는 휘발유의 고급 정도를 재는 수치이자, 노킹을 억제하는 정도를 수치로 표시한 것으로 LP 가스 자동차 연료와는 관계가 없다.

2013년 3회 과년도 기출문제

01 신규검사에 합격된 용기의 각인사항과 그 기호의 연결이 틀린 것은?
① 내용적 : V   ② 최고 충전압력 : FP
③ 내압시험압력 : TP   ④ 용기의 질량 : M

해설 W(단위 : kg)
초저온 용기의 질량(단, 초저온 용기 외의 용기는 밸브나 부속품을 포함하지 아니한 용기의 질량 기호) 또는 용기부속품의 질량 기호

02 역화방지장치를 설치하지 않아도 되는 곳은?
① 가연성 가스 압축기와 충전용 주관 사이의 배관
② 가연성 가스 압축기와 오토클레이브 사이의 배관
③ 아세틸렌 충전용 지관
④ 아세틸렌 고압건조기와 충전용 교체밸브 사이의 배관

해설 역류방지밸브 설치
가연성 가스를 압축하는 압축기와 충전용 주관 사이의 배관에 설치한다.

03 아세틸렌 용접용기의 내압시험 압력으로 옳은 것은?
① 최고 충전압력의 1.5배
② 최고 충전압력의 1.8배
③ 최고 충전압력의 5/3배
④ 최고 충전압력의 3배

해설 아세틸렌 용접용기 내압시험(압축가스)
최고 충전압력의 3배(아세틸렌가스 이외의 가스나 또는 초저온 용기 및 저온용기의 경우 최고 충전압력의 $\frac{5}{3}$배)

04 가연성 가스의 제조설비 또는 저장설비 중 전기설비 방폭 구조를 하지 않아도 되는 가스는?
① 암모니아, 시안화수소
② 암모니아, 염화메탄
③ 브롬화메탄, 일산화탄소
④ 암모니아, 브롬화메탄

해설 암모니아, 브롬화메탄 가연성 가스
저장설비 중 전기설비의 경우 방폭구조로 하지 않아도 된다. (폭발력이 작기 때문)

05 고압가스특정제조시설에서 안전구역 설정 시 사용하는 안전구역 안의 고압가스설비 연소열량수치(Q)의 값은 얼마 이하로 정해져 있는가?
① 6×10^8 ② 6×10^9
③ 7×10^8 ④ 7×10^9

해설 고압가스 특정 제조시설의 안전구역 설정시 사용하는 안전구역 안의 고압가스설비 연소열량 수치(Q) = 6×10^8

06 LP가스사용시설에서 호스의 길이는 연소기까지 몇 m 이내로 하여야 하는가?
① 3m   ② 5m
③ 7m   ④ 9m

해설 LP가스 사용시설 호스길이 ←3m 이내→ 연소기까지

07 액상의 염소가 피부에 닿았을 경우의 조치로써 가장 적절한 것은?
① 암모니아로 씻어낸다.
② 이산화탄소로 씻어낸다.
③ 소금물로 씻어낸다
④ 맑은 물로 씻어낸다.

해설 액상의 염소(Cl_2)가 피부에 닿았을 경우 맑은 물로 씻어낸다.

ANSWER | 1.④ 2.① 3.④ 4.④ 5.① 6.① 7.④

08 용기에 의한 고압가스 판매시설 저장실 설치기준으로 틀린 것은?
① 고압가스의 용적이 300m³을 넘는 저장설비는 보호시설과 안전거리를 유지하여야 한다.
② 용기보관실 및 사무실은 동일 부지 내에 구분하여 설치한다.
③ 사업소의 부지는 한 면이 폭 5m 이상의 도로에 접하여야 한다.
④ 가연성 가스 및 독성 가스를 보관하는 용기보관실의 면적은 각 고압가스별로 10m² 이상으로 한다.

[해설] 사업소의 부지는 한 면이 4m 이상의 도로에 접할 것(판매시설 저장실 기준에서)

09 아세틸렌 용기에 다공질 물질을 고루 채운 후 아세틸렌을 충전하기 전에 침윤시키는 물질은?
① 알코올   ② 아세톤
③ 규조토   ④ 탄산마그네슘

[해설] 아세틸렌가스 침윤 용제
• 아세톤
• 디메틸 포름 아미드

10 운전 중인 액화석유가스 충전설비의 작동상황에 대하여 주기적으로 점검하여야 한다. 점검 주기는?
① 1일에 1회 이상
② 1주일에 1회 이상
③ 3월에 1회 이상
④ 6월에 1회 이상

[해설] 운전 중인 액화석유가스(LPG) 충전설비 작동상황은 1일에 1회 이상 점검이 필요하다.

11 수소와 다음 중 어떤 가스를 동일 차량에 적재하여 운반하는 때에 그 충전용기와 밸브가 서로 마주보지 않도록 적재하여야 하는가?
① 산소   ② 아세틸렌
③ 브롬화메탄 ④ 염소

[해설] • 염소와 아세틸렌, 암모니아 또는 수소는 동일 차량에 적재하여 운반하지 않는다.
• 가연성 가스(수소 등)와 산소를 동일차량에 적재하여 운반하는 때에는 그 충전용기와 밸브는 서로 마주보지 않도록 한다.

12 LP가스가 누출될 때 감지할 수 있도록 첨가하는 냄새가 나는 물질의 측정방법이 아닌 것은?
① 유취실법   ② 주사기법
③ 냄새 주머니법 ④ 오더(Odor)미터법

[해설] 액화석유가스 냄새 측정법
• 오더(Odor) 미터법 : 냄새측정기법
• 냄새 주머니법
• 주사기법

13 독성 가스 허용농도의 종류가 아닌 것은?
① 시간가중 평균농도(TLV-TWA)
② 단시간 노출허용농도(TLV-STEL)
③ 최고허용농도(TLV-C)
④ 순간 사망허용농도(TLV-D)

[해설] 독성 가스 허용농도 종류
• TLV-TWA 법
• TLV-STEL 법
• 최고허용농도 TLV-C 법

14 내용적 94L인 액화프로판 용기의 저장능력은 몇 kg인가?(단, 충전상수 C는 2.35이다.)
① 20   ② 40
③ 60   ④ 80

[해설] 질량$(W) = \dfrac{V}{C} = \dfrac{94}{2.35} = 40$kg(저장능력)

15 가연성 가스의 제조설비 중 1종 장소에서의 변압기 방폭구조는?
① 내압방폭구조   ② 안전증방폭구조
③ 유입방폭구조   ④ 압력방폭구조

8. ③ 9. ② 10. ① 11. ① 12. ① 13. ④ 14. ② 15. ① **ANSWER**

해설 내압방폭구조(표시방법 : d)
제1종 위험장소 : 상용상태에서 가연성 가스가 체류하여 위험하게 될 우려가 있는 장소나 정비보수 또는 누출 등으로 인하여 종종 가연성 가스가 체류하여 위험하게 될 우려가 있는 장소

16 액화석유가스 용기를 실외저장소에 보관하는 기준으로 틀린 것은?
① 용기보관장소의 경계 안에서 용기를 보관할 것
② 용기는 눕혀서 보관할 것
③ 충전용기는 항상 40℃ 이하를 유지할 것
④ 충전용기는 눈·비를 피할 수 있도록 할 것

해설 액화석유가스(LPG)는 가능하면 세워서 보관하여야 한다.

17 가스계량기와 전기계량기는 최소 몇 cm 이상의 거리를 유지하여야 하는가?
① 15cm   ② 30cm
③ 60cm   ④ 80cm

해설
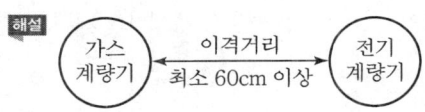

18 산소에 대한 설명 중 옳지 않은 것은?
① 고압의 산소와 유지류의 접촉은 위험하다.
② 과잉의 산소는 인체에 유해하다.
③ 내산화성 재료로는 주로 납(Pb)이 사용된다.
④ 산소의 화학반응에서 과산화물은 위험성이 있다.

해설 내산화성 재료
크롬(Cr), 규소(Si), 알루미늄(Al) 합금

19 재검사 용기에 대한 파기방법의 기준으로 틀린 것은?
① 절단 등의 방법으로 파기하여 원형으로 가공할 수 없도록 할 것
② 허가관청에 파기의 사유·일시·장소 및 인수시한 등에 대한 신고를 하고 파기할 것
③ 잔가스를 전부 제거한 후 절단할 것
④ 파기하는 때에는 검사원이 검사 장소에서 직접 실시할 것

해설 재검사 용기의 파기 시 허가관청에 파기 등에 대한 신고절차는 필요 없다.

20 시내버스의 연료로 사용되고 있는 CNG의 주요 성분은?
① 메탄(CH_4)   ② 프로판(C_3H_8)
③ 부탄(C_4H_{10})   ④ 수소(H_2)

해설 CNG(압축천연가스) 주성분 : 메탄

21 액화석유가스의 냄새 측정 기준에서 사용하는 용어에 대한 설명으로 옳지 않은 것은?
① 시험가스란 냄새를 측정할 수 있도록 액화석유가스를 기화시킨 가스를 말한다.
② 시험자란 미리 선정한 정상적인 후각을 가진 사람으로서 냄새를 판정하는 자를 말한다.
③ 시료기체란 시험가스를 청정한 공기로 희석한 판정용 기체를 말한다.
④ 희석배수란 시료기체의 양을 시험가스의 양으로 나눈 값을 말한다.

해설 ②항의 내용은 시험자가 아닌 패널(Panel)에 대한 설명이다.

22 가스의 폭발에 대한 설명 중 틀린 것은?
① 폭발범위가 넓은 것은 위험하다.
② 폭굉은 화염전파속도가 음속보다 크다.
③ 안전간격이 큰 것일수록 위험하다.
④ 가스의 비중이 큰 것은 낮은 곳에 체류할 위험이 있다.

해설 안전간격이 작은 가스일수록 폭발 위험이 크다.
• 폭발1등급 : 안전간격 0.6mm 초과
• 폭발2등급 : 안전간격 0.4mm 초과~0.6mm 이하
• 폭발3등급 : 안전간격 0.4mm 이하

23 독성 가스의 저장탱크에는 그 가스의 용량을 탱크 내용적의 몇 %까지 채워야 하는가?
① 80% ② 85%
③ 90% ④ 95%

[해설] 독성 가스나 액화가스는 탱크 내용적의 90%까지만 채워야 한다.(안전공간 10%)

24 고압가스특정제조시설에서 상용압력 0.2MPa 미만의 가연성 가스 배관을 지상에 노출하여 설치 시 유지하여야 할 공지의 폭 기준은?
① 2m 이상 ② 5m 이상
③ 9m 이상 ④ 15m 이상

[해설] 공지 폭

상용압력(MPa)	공지의 폭(m)
0.2 미만	5
0.2 이상~1 미만	9
1 이상	15

25 고압가스 공급자 안전 점검 시 가스누출검지기를 갖추어야 할 대상은?
① 산소 ② 가연성 가스
③ 불연성 가스 ④ 독성 가스

[해설] 고압가스 공급자 안전점검 시 가스누출검지기를 갖추어야 할 대상 가스는 가연성 가스이다.

26 고압가스 설비에 설치하는 압력계의 최고눈금 범위는?
① 상용압력의 1배 이상, 1.5배 이하
② 상용압력의 1.5배 이상, 2배 이하
③ 상용압력의 2배 이상, 3배 이하
④ 상용압력의 3배 이상, 5배 이하

[해설] 고압설비 압력계 최고 눈금 : 상용압력의 1.5배 이상~2배 이하

27 고압가스특정제조시설에서 고압가스설비의 설치기준에 대한 설명으로 틀린 것은?
① 아세틸렌의 충전용 교체밸브는 충전하는 장소에 직접 설치한다.
② 에어졸 제조시설에는 정량을 충전할 수 있는 자동충전기를 설치한다.
③ 공기액화분리기로 처리하는 원료공기의 흡입구는 공기가 맑은 곳에 설치한다.
④ 공기액화분리기에 설치하는 피트는 양호한 환기구조로 한다.

[해설] • 아세틸렌 충전용 교체 밸브는 충전하는 장소가 아니라 충전기에 설치하여야 한다.
• 충전설비에는 충전기, 잔량측정기, 자동계량기를 갖춘다.

28 2013년에 도시가스 사용시설에 정압기를 설치하였다. 다음 중 이 정압기의 분해점검 만료시기로 옳은 것은?
① 2015년 ② 2016년
③ 2017년 ④ 2018년

[해설] 정압기
설치 후 2년에 1회 이상 분해 점검(단독정압기는 3년에 1회 이상)한다.

29 액화석유가스 충전사업장에서 가스충전준비 및 충전작업에 대한 설명으로 틀린 것은?
① 자동차에 고정된 탱크는 저장탱크의 외면으로부터 3m 이상 떨어져 정지한다.
② 안전밸브에 설치된 스톱밸브는 항상 열어둔다.
③ 자동차에 고정된 탱크(내용적이 1만 리터 이상의 것에 한한다.)로부터 가스를 이입받을 때에는 자동차가 고정되도록 자동차 정지목 등을 설치한다.
④ 자동차에 고정된 탱크로부터 저장탱크에 액화석유가스를 이입받을 때에는 5시간 이상 연속하여 자동차에 고정된 탱크를 저장탱크에 접속하지 아니한다.

[해설] 자동차 정지목
내용적이 5,000L 이상인 것에 한하여 설치한다.

30 저장량이 10,000kg인 산소저장설비는 제1종 보호시설과의 거리가 얼마 이상이면 방호벽을 설치하지 아니할 수 있는가?

① 9m ② 10m
③ 11m ④ 12m

해설 산소저장설비의 저장량이 1만 kg 이하일 경우 제1종 보호시설과 12m 안전거리를 확보하면 방호벽이 불필요하다.(제2종 보호시설은 8m)

31 압력계의 측정방법에는 탄성을 이용하는 것과 전기적 변화를 이용하는 방법 등이 있다. 다음 중 전기적 변화를 이용하는 압력계는?

① 부르동관 압력계 ② 벨로스 압력계
③ 스트레인 게이지 ④ 다이어프램 압력계

해설 스트레인 게이지
전기적 변화 이용 압력계

32 금속 재료에서 고온일 때 가스에 의한 부식으로 틀린 것은?

① 산소 및 탄산가스에 의한 산화
② 암모니아에 의한 강의 질화
③ 수소가스에 의한 탈탄작용
④ 아세틸렌에 의한 황화

해설
- 아세틸렌은 구리나 은, 수은과 접촉시 폭발성 물질(금속 아세틸라이드)을 형성한다.
- 수소, 산소, CO, 암모니아 등은 고온에서 반응한다.

33 오리피스 미터로 유량을 측정할 때 갖추지 않아도 되는 조건은?

① 관로가 수평일 것
② 정상류 흐름일 것
③ 관속에 유체가 충만되어 있을 것
④ 유체의 전도 및 압축의 영향이 클 것

해설 오리피스 차압식 유량계는 유체의 전도나 압축의 영향이 적어야 한다.

34 액화석유가스용 강제용기란 액화석유가스를 충전하기 위한 내용적이 얼마 미만인 용기를 말하는가?

① 30L ② 50L
③ 100L ④ 125L

해설 액화석유가스용 강제용기 : 내용적 125L 미만 용기

35 나사압축기에서 수로터의 직경 150mm, 로터 길이 100mm 회전수가 350rpm이라고 할 때 이론적 토출량은 약 몇 m³/min인가?(단, 로터 형상에 의한 계수(C_v)는 0.476이다.)

① 0.11 ② 0.21
③ 0.37 ④ 0.47

해설 나사압축기 토출량 계산(Q)

$Q = K \cdot D^3 \cdot \dfrac{L}{D} \cdot n \cdot 60 (m^3/h)$

$\therefore 0.476 \times (0.15)^3 \times \dfrac{0.1}{0.15} \times 350 \times 60$
$= 22.491 m^3/h (0.37 m^3/min)$

※ 1시간은 60분(min)

36 고압가스설비는 그 고압가스의 취급에 적합한 기계적 성질을 가져야 한다. 충전용 지관에는 탄소 함유량이 얼마 이하인 강을 사용하여야 하는가?

① 0.1% ② 0.33%
③ 0.5% ④ 1%

해설 충전용 지관에는 탄소함량 0.1% 이하의 강을 사용한다.

37 고압식 액화산소분리장치의 원료공기에 대한 설명 중 틀린 것은?

① 탄산가스가 제거된 후 압축기에서 압축된다.
② 압축된 원료공기는 예냉기에서 열교환하여 냉각된다.
③ 건조기에서 수분이 제거된 후에는 팽창기와 정류탑의 하부로 열교환하며 들어간다.
④ 압축기로 압축한 후 물로 냉각한 다음 축랭기에 보내진다.

ANSWER | 30. ④ 31. ③ 32. ④ 33. ④ 34. ④ 35. ③ 36. ① 37. ④

해설 압축기로 압축한 후 압축된 공기는 CO_2 흡수탑에서(공기 중 포함된 CO_2)를 가성소다(NaOH) 용액을 이용하여 제거한다.
$2NaOH + CO_2 \rightarrow Na_2CO_3 + H_2O$

38 LP가스 수송관의 이음부분에 사용할 수 있는 패킹 재료로 적합한 것은?

① 종이   ② 천연고무
③ 구리   ④ 실리콘 고무

해설 LPG가스는 천연고무를 용해하므로 합성고무인 실리콘 고무를 사용한다.(누설방지용 패킹에서도 실리콘 고무를 사용한다.)

39 회전 펌프의 특징에 대한 설명으로 틀린 것은?

① 고압에 적당하다.
② 점성이 있는 액체에서 성능이 좋다.
③ 송출량의 맥동이 거의 없다.
④ 왕복펌프와 같은 흡입·토출 밸브가 있다.

해설 회전펌프(로터리 펌프)는 펌프 본체 속에 회전자(Roter)를 이용하며 흡입 및 토출밸브 장착은 없다.

40 공기액화분리기에서 이산화탄소 7.2kg을 제거하기 위해 필요한 건조제(NaOH)의 양은 약 몇 kg인가?

① 6   ② 9
③ 13   ④ 15

해설 $2NaOH + CO_2 \rightarrow Na_2CO_3 + H_2O$
$2 \times 40 + 44 \rightarrow 106 + 18$
∴ CO_2 1g 제거 시 NaOH는 $\left(\dfrac{2 \times 40}{44} = 1.81g\right)$ 소비되므로
7.2kg × 1.81kg = 13kg이 필요하다.

41 염화메탄을 사용하는 배관에 사용해서는 안 되는 금속은?

① 철   ② 강
③ 동합금   ④ 알루미늄

해설 염화메탄(CH_3Cl)
• 폭발범위 : 8.32~18.7%
• 독성 허용농도 : 100ppm
• 마그네슘(Mg), 알루미늄(Al), 아연(Zn)과 반응한다.

42 저온장치에 사용하는 금속재료로 적합하지 않은 것은?

① 탄소강   ② 18-8 스테인리스강
③ 알루미늄   ④ 크롬-망간강

해설 탄소강은 저온에서 충격값이 0이 되므로 사용이 불가능하다.

43 관 내를 흐르는 유체의 압력강하에 대한 설명으로 틀린 것은?

① 가스비중에 비례한다.
② 관 길이에 비례한다.
③ 관내경의 5승에 반비례한다.
④ 압력에 비례한다.

해설 관 내를 흐르는 유체는 압력과는 무관하다.
가스유량$(Q) = K\sqrt{\dfrac{D^5 h}{SL}}$
압력손실$(h) = \dfrac{Q^2 \cdot S \cdot L}{K^2 \cdot D^5}$

44 액화천연가스(LNG) 저장탱크의 지붕 시공 시 지붕에 대한 좌굴강도(Buckling Strength)를 검토하는 경우 반드시 고려하여야 할 사항이 아닌 것은?

① 가스압력
② 탱크의 지붕판 및 지붕뼈대의 중량
③ 지붕부위 단열재의 중량
④ 내부탱크 재료 및 중량

해설 LNG 저장탱크 지붕시공에서 지붕에 대한 좌굴강도 검토 시 고려사항은 ①, ②, ③항이다.

45 연소기의 설치방법에 대한 설명으로 틀린 것은?
① 가스온수기나 가스보일러는 목욕탕에 설치할 수 있다.
② 배기통이 가연성 물질로 된 벽 또는 천장 등을 통과하는 때에는 금속 외의 불연성 재료로 단열조치를 한다.
③ 배기팬이 있는 밀폐형 또는 반밀폐형의 연소기를 설치한 경우 그 배기팬의 배기가스와 접촉하는 부분은 불연성재료로 한다.
④ 개방형 연소기를 설치한 실에는 환풍기 또는 환기구를 설치한다.

해설 가스온수기나 가스보일러를 습기가 많은 목욕탕에 설치하는 것은 금물이다.

46 "자연계에 아무런 변화도 남기지 않고 어느 열원의 열을 계속해서 일로 바꿀 수 없다. 즉 고온물체의 열을 계속해서 일로 바꾸려면 저온물체로 열을 버려야만 한다."라고 표현되는 법칙은?
① 열역학 제0법칙 ② 열역학 제1법칙
③ 열역학 제2법칙 ④ 열역학 제3법칙

해설 열역학 제2법칙
자연계에 아무런 변화도 남기지 않고 어느 열원의 열을 계속해서 일로 바꿀 수는 없다.

47 공기 중에서의 프로판의 폭발범위(하한과 상한)를 바르게 나타낸 것은?
① 1.8~8.4%   ② 2.2~9.5%
③ 2.1~8.4%   ④ 1.8~9.5%

해설 프로판(C_3H_8) 가스의 폭발범위
2.2%~9.5%(하한치~상한치)

48 다음 중 액화석유가스의 주성분이 아닌 것은?
① 부탄   ② 헵탄
③ 프로판 ④ 프로필렌

해설 액화석유가스(LPG) 주성분
- 프로판   • 부탄
- 프로필렌   • 부틸렌
- 부타디엔

49 고압가스안전관리법령에 따라 "상용의 온도에서 압력이 1MPa 이상이 되는 압축가스로서 실제로 그 압력이 1MPa 이상이 되는 경우에는 고압가스에 해당한다." 여기에서 압력은 어떠한 압력을 말하는가?
① 대기압   ② 게이지압력
③ 절대압력   ④ 진공압력

해설 용기나 저장탱크 내 압력은 모두 다 게이지 압력(atg)이다.
절대압력(abs) = 게이지 압력 + 대기압력

50 비중병의 무게가 비었을 때는 0.2kg이고, 액체로 충만되어 있을 때에는 0.8kg이었다. 액체의 체적이 0.4L이라면 비중량(kg/m^3)은 얼마인가?
① 120   ② 150
③ 1,200 ④ 1,500

해설 $0.4L = \left(\dfrac{0.4}{1,000} = 0.0004m^3\right)$
$0.8 - 0.2 = 0.6kg$(액체가스)
$\therefore$ 비중량(γ) $= \dfrac{0.6}{0.0004} = 1,500 kg/m^3$

51 가스를 그대로 대기 중에 분출시켜 연소에 필요한 공기를 전부 불꽃의 주변에서 취하는 연소방식은?
① 적화식   ② 분젠식
③ 세미분젠식   ④ 전1차공기식

해설
- 가스의 연소방식
  - 적화식
  - 븐젠식(1차 공기 60% + 2차 공기 40%)
  - 세미분젠식(1, 2차 공기 사용, 2차공기가 더 많다.)
  - 전 1차식(1차공기만 사용)
- 적화식 : 연소에 필요한 공기를 2차 공기로 사용(가스를 대기 중에 분출하여 연소)

52 천연가스(NG)를 공급하는 도시가스의 주요 특성이 아닌 것은?

① 공기보다 가볍다.
② 메탄이 주성분이다.
③ 발전용, 일반공업용 연료로도 널리 사용된다.
④ LPG보다 발열량이 높아 최근 사용량이 급격히 많아졌다.

해설 가스 발열량
- NG : 7,000~11,000kcal/m³
- LPG : 20,000~30,000kcal/m³

53 다음 중 엔트로피의 단위는?

① kcal/h
② kcal/kg
③ kcal/kg · m
④ kcal/kg · K

해설 엔트로피$(\Delta S) = \dfrac{dQ}{T}$(kcal/kg · K)
※ 단열변화 : 등엔트로피 변화(엔트로피 변화가 없다.)

54 압력에 대한 설명으로 옳은 것은?

① 절대압력=게이지압력+대기압이다.
② 절대압력=대기압+진공압이다.
③ 대기압은 진공압보다 낮다.
④ 1atm은 1033.2kg/m²이다.

해설
- 절대압력=대기압-진공압
- 진공압력=760mmHg(1.033kg/cm²)보다 낮다.
- 1atm=1.033kg/cm²=101,325Pa(101.325kPa)

55 수분이 존재할 때 일반 강재를 부식시키는 가스는?

① 황화수소
② 수소
③ 일산화탄소
④ 질소

해설 황화수소(H_2S)
습기를 함유한 공기 중에서는 금, 백금 이외의 거의 모든 금속과 작용하여 황화물을 만들고 부식을 시킨다.(일반적으로 강재를 부식시킨다).
$4Cu + 2H_2S + O_2 \rightarrow 2Cu_2S + 2H_2O$
- 허용농도 10ppm의 맹독성 가스
- 폭발범위 : 4.3~45%

56 브로민화수소의 성질에 대한 설명으로 틀린 것은?

① 독성 가스이다.
② 기체는 공기보다 가볍다.
③ 유기물 등과 격렬하게 반응한다.
④ 가열 시 폭발 위험성이 있다.

해설 브로민화수소는 공기보다 무겁다.(기체상에서)
분자식 : HBr(허용농도 10ppm의 독성 가스)

57 증기압이 낮고 비점이 높은 가스는 기화가 쉽게 되지 않는다. 다음 가스 중 기화가 가장 안 되는 가스는?

① CH_4
② C_2H_4
③ C_3H_8
④ C_4H_{10}

해설 부탄가스(C_4H_{10})
- 비점 : -0.5℃
- 밀도 : 2.589g/L
- 폭발범위 : 1.8~8.4%
- 착화온도 : 480℃

58 절대온도 40K를 랭킨온도로 환산하면 몇 °R인가?

① 36
② 54
③ 72
④ 90

해설
- 랭킨온도(°R)=켈빈온도×1.8배
  =40×1.8=72°R
- 켈빈온도(K)=$\dfrac{랭킨온도}{1.8}$
- 랭킨온도=화씨온도+460
- 켈빈온도=섭씨온도+273

59 도시가스에 사용되는 부취제 중 DMS의 냄새는?

① 석탄가스 냄새
② 마늘 냄새
③ 양파 썩는 냄새
④ 암모니아 냄새

해설 부취제(가스 속에 첨가하여 향료의 냄새로 가스누설을 판별)
- THT : 석탄가스(토양에 대한 투과성은 보통이다.)
- TBM : 양파 썩는 냄새(취기가 가장 강하고 토양에 대한 투과성이 크다.)
- DMS : 마늘냄새(취기가 가장 약하고 토양에 대한 투과성은 가장 우수하다.)

52. ④ 53. ④ 54. ① 55. ① 56. ② 57. ④ 58. ③ 59. ② | ANSWER

60 0℃, 1atm인 표준상태에서 공기와의 같은 부피에 대한 무게비를 무엇이라고 하는가?

① 비중 ② 비체적
③ 밀도 ④ 비열

해설
- 가스의 비중 = $\dfrac{가스의\ 분자량}{공기분자량(29)}$
  (비중이 1보다 크면 공기보다 무거운 가스)
- 메탄 비중 = $\dfrac{16}{29}$ = 0.53
- 프로판 비중 = $\dfrac{44}{29}$ = 1.53(공기보다 무겁다.)
- atm : 표준대기압(760mmHg = 1.033kg/cm^2)

ANSWER | 60. ①

2013년 4회 과년도 기출문제

01 가스가 누출되었을 때의 조치로써 가장 적당한 것은?
① 용기 밸브가 열려서 누출 시 부근 화기를 멀리하고 즉시 밸브를 잠근다.
② 용기 밸브 파손으로 누출 시 전부 대피한다.
③ 용기 안전밸브 누출 시 그 부위를 열습포로 감싸준다.
④ 가스 누출로 실내에 가스 체류 시 그냥 놔두고 밖으로 피신한다.

해설 가스 누출 시 긴급조치사항
용기 부근 화기를 엄금하고 즉시 용기밸브를 잠근다.

02 무색, 무미, 무취의 폭발범위가 넓은 가연성 가스로서 할로겐원소와 격렬하게 반응하여 폭발반응을 일으키는 가스는?
① H_2 ② Cl_2
③ HCl ④ C_2H_2

해설 염소폭명기
- $Cl_2 + H_2(수소) \xrightarrow{직사광선} 2HCl + 44kcal$
- $2H_2 + O_2 \xrightarrow{직사광선} 2H_2O + 136.6kcal$
- 수소(H_2)의 폭발범위 : 4~75%

03 가스사용시설의 연소기 각각에 대하여 퓨즈콕을 설치하여야 하나, 연소기 용량이 몇 kcal/h를 초과할 때 배관용 밸브로 대용할 수 있는가?
① 12,500   ② 15,500
③ 19,400   ④ 25,500

해설 연소기 용량 19,400kcal/h 초과 시 퓨즈콕 대신 배관용 밸브로 대용이 가능하다.

04 C_2H_2 제조설비에서 제조된 C_2H_2를 충전용기에 충전 시 위험한 경우는?
① 아세틸렌이 접촉되는 설비부분에 동 함량 72%의 동합금을 사용하였다.
② 충전 중의 압력을 2.5MPa 이하로 하였다.
③ 충전 후에 압력이 15℃에서 1.5MPa 이하로 될 때까지 정치하였다.
④ 충전용 지관은 탄소함유량 0.1% 이하의 강을 사용하였다.

해설 아세틸렌(C_2H_2) 가스는 구리와 반응하여 폭발물을 발생한다.
$C_2H_2 + 2Cu \rightarrow Cu_2C_2(동아세틸라이드) + H_2$
동 함유량이 62% 이상이 되면 용기에 충전 시 위험하다.

05 LP가스 저장탱크를 수리할 때 작업원이 저장탱크 속으로 들어가서는 안 되는 탱크 내의 산소농도는?
① 16%   ② 19%
③ 20%   ④ 21%

해설 탱크 내 수리 시 탱크 내 산소 농도가 18% 이하가 되면 산소결핍에 의한 사고 발생

06 고압가스용기 등에서 실시하는 재검사 대상이 아닌 것은?
① 충전할 고압가스 종류가 변경된 경우
② 합격표시가 훼손된 경우
③ 용기밸브를 교체한 경우
④ 손상이 발생된 경우

해설 고압가스 제조자가 용기밸브의 부품을 교체하는 것은 수리범위에 속한다.

07 다음 중 제독제로서 다량의 물을 사용하는 가스는?
① 일산화탄소   ② 이황화탄소
③ 황화수소   ④ 암모니아

ANSWER 1.① 2.① 3.③ 4.① 5.① 6.③ 7.④

해설 가스 제독제(독성 가스 중화제)
• 일산화탄소 : 해당 없음
• 이황화탄소 : 해당 없음
• 황화수소 : 가성소다 수용액, 탄산소다수용액
• 암모니아, 산화에틸렌, 염화메탄 : 다량의 물

08 고압가스 냉매설비의 기밀시험 시 압축공기를 공급할 때 공기의 온도는 몇 ℃ 이하로 할 수 있는가?
① 40℃ 이하
② 70℃ 이하
③ 100℃ 이하
④ 140℃ 이하

해설 고압가스 냉매설비의 기밀시험원인 압축공기는 140℃ 이하로 기밀시험을 한다.

09 LP가스 저온 저장탱크에 반드시 설치하지 않아도 되는 장치는?
① 압력계
② 진공안전밸브
③ 감압밸브
④ 압력경보설비

해설 LP가스 저온 저장탱크에 반드시 설치해야 하는 장치
• 압력계
• 진공안전밸브
• 압력경보설비

10 가연성 가스 제조설비 중 전기설비는 방폭성능을 가지는 구조이어야 한다. 다음 중 반드시 방폭성능을 가지는 구조로 하지 않아도 되는 가연성 가스는?
① 수소
② 프로판
③ 아세틸렌
④ 암모니아

해설 암모니아, 브롬화메탄 가스는 가연성 가스이나 폭발범위 하한치가 10%를 초과하여 전기설비는 방폭성능이 불필요하다.

11 도시가스 품질검사 시 허용기준 중 틀린 것은?
① 전유황 : 30mg/m³ 이하
② 암모니아 : 10mg/m³ 이하
③ 할로겐총량 : 10mg/m³ 이하
④ 실록산 : 10mg/m³ 이하

해설 도시가스 유해성분 측정
암모니아 가스는 0.2g(200mg)을 초과하지 못하게 하여야 한다.

12 포스겐의 취급방법에 대한 설명 중 틀린 것은?
① 환기시설을 갖추어 작업한다.
② 취급 시에는 반드시 방독마스크를 착용한다.
③ 누출 시 용기가 부식되는 원인이 되므로 약간의 누출에도 주의한다.
④ 포스겐을 함유한 폐기액은 염화수소로 충분히 처리한 후 처분한다.

해설 포스겐($COCl_2$) 맹독성 가스는 독성제해제
• 가성소다 수용액(NaOH)으로 처리한다.
• 소석회[$Ca(OH)_2$]로 처리한다.
※ 허용농도 : 0.1ppm

13 가스보일러의 공통 설치기준에 대한 설명으로 틀린 것은?
① 가스보일러는 전용보일러실에 설치한다.
② 가스보일러는 지하실 또는 반지하실에 설치하지 아니한다.
③ 전용보일러실에는 반드시 환기팬을 설치한다.
④ 전용보일러실에는 사람이 거주하는 곳과 통기될 수 있는 가스레인지 배기덕트를 설치하지 아니한다.

해설 전용보일러실에 가스보일러를 설치 시에는 환기팬은 반드시 설치할 필요가 없다.

14 수소 가스의 위험도(H)는 약 얼마인가?
① 13.5
② 17.8
③ 19.5
④ 21.3

해설 가스위험도(H) = $\dfrac{u-L}{L}$
수소가스 폭발범위 = 4~75%
∴ $H = \dfrac{75-4}{4} = 17.8$

ANSWER | 8. ④ 9. ③ 10. ④ 11. ② 12. ④ 13. ③ 14. ②

15 액화석유가스 용기충전시설의 저장탱크에 폭발 방지장치를 의무적으로 설치하여야 하는 경우는?

① 상업지역에 저장능력 15톤의 저장탱크를 지상에 설치하는 경우
② 녹지지역에 저장능력 20톤의 저장탱크를 지상에 설치하는 경우
③ 주거지역에 저장능력 5톤의 저장탱크를 지상에 설치하는 경우
④ 녹지지역에 저장능력 30톤의 저장탱크를 지상에 설치하는 경우

해설 액화석유가스(LP가스)는 주거지역 또는 상업지역에 설치하는 10톤 이상의 저장탱크에는 반드시 폭발 방지장치를 설치한다.

16 다음 가스 저장시설 중 환기구를 갖추는 등의 조치를 반드시 하여야 하는 곳은?

① 산소 저장소   ② 질소 저장소
③ 헬륨 저장소   ④ 부탄 저장소

해설 가연성 가스 중 공기보다 비중이 무거운 가스(부탄, 프로판 등)는 반드시 저장시설 중 환기구가 필요하다.

17 고압가스 용기를 내압 시험한 결과 전증가량은 400 mL, 영구증가량이 20mL이었다. 영구증가율은 얼마인가?

① 0.2%   ② 0.5%
③ 5%   ④ 20%

해설 가스용기 영구증가율 = $\dfrac{\text{영구증가량}}{\text{전 증가량}} \times 100$
= $\dfrac{20}{400} \times 100 = 5\%$

18 염소의 일반적인 성질에 대한 설명으로 틀린 것은?

① 암모니아와 반응하여 염화암모늄을 생성한다.
② 무색의 자극적인 냄새를 가진 독성, 가연성 가스이다.
③ 수분과 작용하면 염산을 생성하여 철강을 심하게 부식시킨다.
④ 수돗물의 살균 소독제, 표백분 제조에 이용된다.

해설 염소(Cl_2) : 자극성이 강한 맹독성 가스
• 액체염소 : 담황색
• 기체염소 : 황록색

19 독성 가스 용기 운반차량의 경계표지를 정사각형으로 할 경우 그 면적의 기준은?

① 500cm^2 이상   ② 600cm^2 이상
③ 700cm^2 이상   ④ 800cm^2 이상

해설 고압가스 운반 경계표지

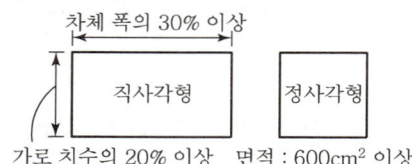

20 독성 가스인 염소를 운반하는 차량에 반드시 갖추어야 할 용구나 물품에 해당되지 않는 것은?

① 소화장비   ② 제독제
③ 내산장갑   ④ 누출검지기

해설 • 소화장비 : 가연성 가스 운반차량에 반드시 갖추어야 한다.
• 제독제 : 독성 가스 운반용 시 물품

21 다음 중 연소기구에서 발생할 수 있는 역화(Back Fire)의 원인이 아닌 것은?

① 염공이 적게 되었을 때
② 가스의 압력이 너무 낮을 때
③ 콕이 충분히 열리지 않았을 때
④ 버너 위에 큰 용기를 올려서 장시간 사용할 경우

해설 • 선화(Lifting) : 염공 노즐이 지나치게 크게 되면 염공으로부터 가스유출속도가 연소속도보다 크게 되며 화염이 염공으로부터 떠나 공간에서 연소한다.
• 역화원인 : 염공이 부식하여 구경이 너무 큰 경우

APPENDIX 01 | 과년도 기출문제(2013. 10. 12. 시행)

22 다음 중 특정고압가스에 해당되지 않는 것은?
① 이산화탄소　② 수소
③ 산소　　　　④ 천연가스

해설 이산화탄소(CO_2) : 불연성 가스
$C + O_2 \rightarrow CO_2$
$H_2O + CO_2 \rightarrow H_2CO_3$(탄산 : 강제부식)

23 일반도시가스 배관의 설치기준 중 하천 등을 횡단하여 매설하는 경우로서 적합하지 않은 것은?
① 하천을 횡단하여 배관을 설치하는 경우에는 배관의 외면과 계획하상(河床, 하천의 바닥) 높이와의 거리는 원칙적으로 4.0m 이상으로 한다.
② 소하천, 수로를 횡단하여 배관을 매설하는 경우 배관의 외면과 계획하상(河床, 하천의 바닥) 높이와의 거리는 원칙적으로 2.5m 이상으로 한다.
③ 그 밖의 좁은 수로를 횡단하여 배관을 매설하는 경우 배관의 외면과 계획하상(河床, 하천의 바닥) 높이와의 거리는 원칙적으로 1.5m 이상으로 한다.
④ 하상변동, 패임, 닻내림 등의 영향을 받지 아니하는 깊이에 매설한다.

해설 ③에서는 1.5m가 아닌 1.2m 이상으로 해야 한다.

24 일반 공업지역의 암모니아를 사용하는 A공장에서 저장능력 25톤의 저장탱크를 지상에 설치하고자 한다. 저장설비 외면으로부터 사업소 외의 주택까지 몇 m 이상의 안전거리를 유지하여야 하는가?
① 12m　② 14m
③ 16m　④ 18m

해설
- 암모니아(독성 가스) 25톤 : 25,000kg
- 2만 초과~3만 사이의 저장능력에서 주택은 제2종 보호시설이므로 안전거리는 16m 이상(제1종 보호시설이라면 24m 이상)

25 다음 중 폭발범위의 상한값이 가장 낮은 가스는?
① 암모니아　② 프로판
③ 메탄　　　④ 일산화탄소

해설 폭발범위(하한값~상한값)
- 암모니아 : 15~28%
- 프로판 : 2.1~9.5%
- 메탄 : 5~15%
- 일산화탄소 : 12.5~74%

26 고압가스 설비의 내압 및 기밀시험에 대한 설명으로 옳은 것은?
① 내압시험은 상용압력의 1.1배 이상의 압력으로 실시한다.
② 기체로 내압시험을 하는 것은 위험하므로 어떠한 경우라도 금지된다.
③ 내압시험을 할 경우에는 기밀시험을 생략할 수 있다.
④ 기밀시험은 상용압력 이상으로 하되, 0.7MPa을 초과하는 경우 0.7MPa 이상으로 한다.

해설 고압가스 설비의 내압시험 및 기밀시험기준
- 기밀시험 : 상용압력 이상
- 0.7MPa 초과 가스 : 0.7MPa 이상

27 저장탱크에 의한 LPG 사용시설에서 가스계량기의 설치기준에 대한 설명으로 틀린 것은?
① 가스계량기와 화기의 우회거리 확인은 계량기의 외면과 화기를 취급하는 설비의 외면을 실측하여 확인한다.
② 가스계량기는 화기와 3m 이상의 우회거리를 유지하는 곳에 설치한다.
③ 가스계량기의 설치높이는 1.6m 이상, 2m 이내에 설치하여 고정한다.
④ 가스계량기와 굴뚝 및 전기점멸기와의 거리는 30cm 이상의 거리를 유지한다.

해설
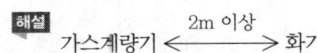

ANSWER | 22. ① 23. ③ 24. ③ 25. ② 26. ④ 27. ②

28 차량에 고정된 탱크로서 고압가스를 운반할 때 그 내용적의 기준으로 틀린 것은?
① 수소 : 18,000L
② 액화 암모니아 : 12,000L
③ 산소 : 18,000L
④ 액화 염소 : 12,000L

해설
- 독성 가스 : 1만 2,000L 초과금지(다만 액화 암모니아는 제외한다.)
- LPG를 제외한 가연성 가스나 산소탱크 내용적은 1만 8,000L 초과 금지

29 고압가스 특정제조시설에서 안전구역 안의 고압가스 설비는 그 외면으로부터 다른 안전구역 안에 있는 고압가스설비의 외면까지 몇 m 이상의 거리를 유지하여야 하는가?
① 5m   ② 10m
③ 20m   ④ 30m

해설
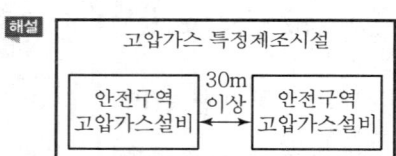

30 다음 중 독성 가스에 해당하지 않는 것은?
① 아황산가스   ② 암모니아
③ 일산화탄소   ④ 이산화탄소

해설
- 이산화탄소 : 불연성 가스
- 독성 가스 허용농도
  - 아황산가스 : 5ppm
  - 암모니아 가스 : 25ppm
  - 일산화탄소 : 50ppm

31 고압식 공기액화 분리장치의 복식 정류탑 하부에서 분리되어 액체산소 저장탱크에 저장되는 액체산소의 순도는 약 얼마인가?
① 99.6~99.8%   ② 96~98%
③ 90~92%   ④ 88~90%

해설 공기액화분리장치 복식 정류탑 하부에서 분리되는 액체산소의 순도 : 99.6~99.8%

32 초저온 용기의 단열성능 검사 시 측정하는 침입열량의 단위는?
① kcal/h · L · ℃   ② kcal/m² · h · ℃
③ kcal/m · h · ℃   ④ kcal/m · h · bar

해설
- 초저온 용기 단열성능 검사 시 침입하는 열량의 단위 : kcal/h · L · ℃
- 시험용 가스 : 액화질소, 액화산소, 액화아르곤

33 저장능력 10톤 이상의 저장탱크에는 폭발 방지장치를 설치한다. 이때 사용되는 폭발 방지제의 재질로서 가장 적당한 것은?
① 탄소강   ② 구리
③ 스테인리스   ④ 알루미늄

해설 저장능력 10톤 이상인 저장탱크 폭발 방지장치의 재질 : 알루미늄

34 긴급차단장치의 동력원으로 부적당한 것은?
① 스프링   ② X선
③ 기압   ④ 전기

해설 긴급차단장치의 동력원
- 스프링   · 기압   · 전기

35 다음 중 1차 압력계는?
① 부르동관 압력계   ② 전기저항식 압력계
③ U자관형 마노미터   ④ 벨로스 압력계

해설 1차 압력계(액주식 압력계)
- U자관형 마노미터
- 경사관식 압력계
- U자관형 압력계
- 호르단형 압력계
- 침종식 압력계

36 압축기의 윤활에 대한 설명으로 옳은 것은?
① 산소압축기의 윤활유로는 물을 사용한다.
② 염소압축기의 윤활유로는 양질의 광유가 사용된다.
③ 수소압축기의 윤활유로는 식물성유가 사용된다.
④ 공기압축기의 윤활유로는 식물성유가 사용된다.

해설 산소는 가연성 가스의 연소성을 도와주는 조연성 가스(자연성 가스)이기 때문에 산소압축기의 윤활유로는 물을 사용한다.
- 공기 압축기 : 양질의 광유
- 염소 압축기 : 진한 황산류
- 수소 압축기 : 양질의 광유

37 다음 금속재료 중 저온재료로 부적당한 것은?
① 탄소강　　② 니켈강
③ 스테인리스강　　④ 황동

해설 탄소강
$-70℃$에서 충격값이 0이기 때문에 저온재료로는 부적당하다.

38 다음 유량 측정방법 중 직접법은?
① 습식 가스미터　　② 벤투리미터
③ 오리피스미터　　④ 피토튜브

해설 가스미터의 종류
(1) 실측식
　　┌ 건식 ┬ 막식(독립내기식, 그로바식)
　　│　　 └ 회전식(루트식, 로터리식, 오발식)
　　└ 습식
(2) 추측식 : 오리피스식, 터빈식, 선근차식

39 내용적 47L인 LP가스 용기의 최대 충전량은 몇 kg 인가?(단, LP가스 정수는 2.35이다.)
① 20　　② 42
③ 50　　④ 110

해설 충전량$(G) = \dfrac{V}{C} = \dfrac{47}{2.35} = 20kg$

40 다음 중 정압기의 부속설비가 아닌 것은?
① 불순물 제거장치　　② 이상압력 상승 방지장치
③ 검사용 맨홀　　④ 압력기록장치

해설 정압기(가버너)의 부속설비
- 불순물 제거장치
- 이상압력 상승 방지장치
- 압력기록장치

41 다음 [보기]의 특징을 가지는 펌프는?

[보기]
㉠ 고압, 소유량에 적당하다.
㉡ 토출량이 일정하다.
㉢ 송수량의 가감이 가능하다.
㉣ 맥동이 일어나기 쉽다.

① 원심 펌프　　② 왕복 펌프
③ 축류 펌프　　④ 사류 펌프

해설 보기에 해당하는 펌프는 왕복식 펌프(워싱턴, 웨어, 플런저 펌프 등)이며 다이어프램 펌프, 윙(깃) 펌프도 왕복식 펌프의 일종이다.

42 터보식 펌프로서 비교적 저양정에 적합하며, 효율 변화가 비교적 급한 펌프는?
① 원심 펌프　　② 축류 펌프
③ 왕복 펌프　　④ 베인 펌프

해설
- 축류펌프(터보형 비용적형 펌프) : 비교적 저양정에 적합하며 효율 변화가 비교적 급하다.
- 터보형 펌프 : 원심식, 사류식, 축류식

43 산소용기의 최고 충전압력이 15MPa일 때 이 용기의 내압 시험압력은 얼마인가?
① 15MPa　　② 20MPa
③ 22.5MPa　　④ 25MPa

해설 용기내압시험 = 최고충전압력 $\times \dfrac{5}{3}$ 배

$\therefore 15 \times \dfrac{5}{3} = 25MPa$

ANSWER | 36. ① 37. ① 38. ① 39. ① 40. ③ 41. ② 42. ② 43. ④

44 기화기에 대한 설명으로 틀린 것은?
① 기화기 사용 시 장점은 LP가스 종류에 관계없이 한랭 시에도 충분히 기화시킨다.
② 기화장치의 구성요소 중에는 기화부, 제어부, 조압부 등이 있다.
③ 감압가열방식은 열교환기에 의해 액상의 가스를 기화시킨 후 조정기로 감압시켜 공급하는 방식이다.
④ 기화기를 증발형식에 의해 분류하면 순간 증발식과 유입 증발식이 있다.

해설 기화기 기화방식(자연기화, 강제기화)
- 작동원리에 따른 분류
  - 가온 감압방식(조정기로 감압)
  - 감압 가온방식
- 강제기화장치
  - 대기온이용방식
  - 간접가열방식
- 장치구성형식
  다관식 기화기, 단관식 기화기, 사관식 기화기, 열판식 기화기
- 기화기 증발 형식
  - 순간 증발식
  - 유입 증발식

45 펌프에서 유량을 $Q(m^3/min)$, 양정을 $H(m)$, 회전수를 $N(rpm)$이라 할 때 1단 펌프에서 비교 회전도 η_s를 구하는 식은?

① $\eta_s = \dfrac{Q^2\sqrt{N}}{H^{3/4}}$ ② $\eta_s = \dfrac{N^2\sqrt{Q}}{H^{3/4}}$
③ $\eta_s = \dfrac{N\sqrt{Q}}{H^{3/4}}$ ④ $\eta_s = \dfrac{\sqrt{NQ}}{H^{3/4}}$

해설 펌프비교회전도
- 1단식 $(\eta_s) = \dfrac{N \cdot \sqrt{Q}}{H^{\frac{3}{4}}}$
- 다단식 $(\eta_s) = \dfrac{N \cdot \sqrt{Q}}{\left(\dfrac{H}{N}\right)^{\frac{3}{4}}}$

※ η : 단수

46 액체 산소의 색깔은?
① 담황색 ② 담적색
③ 회백색 ④ 담청색

해설 액체 산소
- 액체 산소의 색깔은 담청색
- 상온에서는 기체로, 무색, 무미, 무취이다.
- 압축가스(1MPa) 이상으로 사용한다.

47 LPG에 대한 설명 중 틀린 것은?
① 액체상태는 물(비중 1)보다 가볍다.
② 가화열이 커서 액체가 피부에 닿으면 동상의 우려가 있다.
③ 공기와 혼합시켜 도시가스 원료로도 사용된다.
④ 가정에서 연료용으로 사용하는 LPG는 올레핀계 탄화수소이다.

해설 LPG(액화석유가스)
- 지방족 탄화수소 중 메탄(CH_4), 에탄(C_2H_6), 프로판(C_3H_8) 등은 메탄계 탄화수소 또는 알칸(Alkane)계 탄화수소이다.
- 파라핀계(C_nH_{2n+2}) : $C_1 \sim C_4$(상온에서 기체), $C_5 \sim C_{15}$(상온에서 액체)
- 나프텐계(C_nH_{2n}) : 포화
- 방향족(C_nH_{2n-6})
- 올레핀계(C_nH_{2n}) : 불포화

48 "기체의 온도를 일정하게 유지할 때 기체가 차지하는 부피는 절대 압력에 반비례한다."라는 법칙은?
① 보일의 법칙 ② 샤를의 법칙
③ 헨리의 법칙 ④ 아보가드로의 법칙

해설 보일의 법칙
기체의 온도를 일정하게 하면 기체의 용적은 절대압력에 반비례한다.

49 압력 환산값을 서로 가장 바르게 나타낸 것은?
① $1lb/ft^2 ≒ 0.142kg/cm^2$
② $1kg/cm^2 ≒ 13.7 lb/in^2$
③ $1atm ≒ 1,033g/cm^2$
④ $76cmHg ≒ 1,013dyne/cm^2$

44. ③ 45. ③ 46. ④ 47. ④ 48. ① 49. ③ | ANSWER

해설 ① 1lb/in² = 1.019716×10⁻⁵kg/cm²
② 1kg/cm² = 14.22334lb/im²
③ 1atm = 1.033g/cm²
④ 76cmHg = 1.033227kg/cm²
※ 1N = 0.1019716kg = 10⁻⁵dyne
   = 0.2248089lb

50 절대온도 0K은 섭씨온도로 약 몇 ℃인가?
① −273   ② 0
③ 32   ④ 273

해설 K = ℃ + 273
℃ = K − 273
∴ 0 − 273 = −273℃

51 수소와 산소 또는 공기와의 혼합기체에 점화하면 급격히 화합하여 폭발하므로 위험하다. 이 혼합기체를 무엇이라고 하는가?
① 염소 폭명기   ② 수소 폭명기
③ 산소 폭명기   ④ 공기 폭명기

해설 • 수소 폭명기
   $H_2 + O_2 \rightarrow 2H_2O + 136.6kcal$
• 염소 폭명기
   $Cl_2 + H_2 \rightarrow 2HCl + 44kcal$

52 기체연료의 일반적인 특징에 대한 설명으로 틀린 것은?
① 완전연소가 가능하다.
② 고온을 얻을 수 있다.
③ 화재 및 폭발의 위험성이 적다.
④ 연소조절 및 점화, 소화가 용이하다.

해설 기체연료는 화재나 폭발의 위험성이 크다.

53 다음 중 압력단위가 아닌 것은?
① Pa   ② atm
③ bar   ④ N

해설 • 공학단위
   − 힘의 단위(kgf)
   − 무게 단위(kgt)
• SI단위
   − 힘의 단위(N)
   − 무게 단위(N)
※ 1kgf = 9.80665N, 1N = 1kg·m/s²
   1N·m = 1J

54 공기비가 클 경우 나타나는 현상이 아닌 것은?
① 통풍력이 강하여 배기가스에 의한 열손실 증대
② 불완전연소에 의한 매연 발생이 심함
③ 연소가스 중 SO_3의 양이 증대되어 저온 부식 촉진
④ 연소가스 중 NO_2의 발생이 심하여 대기오염 유발

해설 공기비(m) = $\frac{실제공기량}{이론공기량}$ (항상 1보다 크다.)
공기비가 크면 과잉공기량의 투입으로 완전연소는 가능하나 질소산화물, 배기가스 열손실이 증가한다.

55 표준상태에서 1몰의 아세틸렌이 완전연소될 때 필요한 산소의 몰수는?
① 1몰   ② 1.5몰
③ 2몰   ④ 2.5몰

해설 아세틸렌 반응식
$C_2H_2 + 2.5O_2 \rightarrow 2CO_2 + H_2O$
(1몰) + (2.5몰) → (2몰) + (1몰)

56 다음 [보기]에서 설명하는 가스는?

[보기]
㉠ 독성이 강하다.
㉡ 연소시키면 잘 탄다.
㉢ 각종 금속에 작용한다.
㉣ 가압·냉각에 의해 액화가 쉽다.

① HCl   ② NH_3
③ CO   ④ C_2H_2

해설 보기에서 설명하는 특성의 가스는 암모니아(NH_3)이다.

ANSWER | 50. ① 51. ② 52. ③ 53. ④ 54. ② 55. ④ 56. ②

57 질소의 용도가 아닌 것은?
① 비료에 이용   ② 질산 제조에 이용
③ 연료용에 이용   ④ 냉매로 이용

해설 질소(N) 가스
불연성 가스(공기 중 78% 함유)이며 흡열반응가스로서 암모니아 가스를 제조한다.
$N_2 + 3H_2 \rightarrow 2NH_3$(암모니아)
: (비등점 $-196°C$: 질소)

58 27°C, 1기압하에서 메탄가스 80g이 차지하는 부피는 약 몇 L인가?
① 112   ② 123
③ 224   ④ 246

해설 메탄가스(CH_4 : 분자량 16, 1몰 = 22.4L)
- 메탄가스(16g = 22.4L)
- 부피(V) = $\frac{가스량}{분자량} \times 22.4 = 112L$

$\therefore V' = V \times \frac{T_2}{T_1} = 112 \times \frac{(273+27)}{273} = 123L$

59 산소 농도의 증가에 대한 설명으로 틀린 것은?
① 연소속도가 빨라진다.
② 발화온도가 올라간다.
③ 화염온도가 올라간다.
④ 폭발력이 세어진다.

해설 공기 중 산소(O_2) 농도가 증가하면 발화온도(착화온도)가 내려간다.

60 다음 중 보관 시 유리를 사용할 수 없는 것은?
① HF   ② C_6H_6
③ $NaHCO_3$ ④ KBr

해설 불화수소(HF)
- 무색의 기체
- 물에 잘 용해됨(수용액 = 불화수소산)
- 허용농도 3ppm의 맹독성 가스
- 유리를 부식시키므로 유리용기에 저장 불가(납 그릇이나 베크라이트 용기 및 폴리에틸렌병 등에 저장한다.)
- 유리에 눈금을 긋거나 무늬를 넣는 용도로 이용

2014년 1회 과년도 기출문제

01 도로굴착공사에 의한 도시가스배관 손상 방지기준으로 틀린 것은?
① 착공 전 도면에 표시된 가스배관과 기타 지장물 매설 유무를 조사하여야 한다.
② 도로굴착자의 굴착공사로 인하여 노출된 배관 길이가 10m 이상인 경우에는 점검통로 및 조명시설을 하여야 한다.
③ 가스배관이 있을 것으로 예상되는 지점으로부터 2m 이내에서 줄파기를 할 때에는 안전관리전담자의 입회하에 시행하여야 한다.
④ 가스배관의 주위를 굴착하고자 할 때에는 가스배관의 좌우 1m 이내의 부분은 인력으로 굴착한다.

해설 노출된 배관길이가 15m 이상인 경우 고시령에 의해 점검통로 및 조명시설이 필요하다.

02 도시가스 배관이 하천을 횡단하는 배관 주위의 흙이 사질토의 경우 방호구조물의 비중은?
① 배관 내 유체 비중 이상의 값
② 물의 비중 이상의 값
③ 토양의 비중 이상의 값
④ 공기의 비중 이상의 값

해설 도시가스 배관이 하천을 횡단하는 배관 주위의 흙이 사질토의 경우 방호구조물의 비중은 물의 비중 이상이어야 한다.

03 액화석유가스 사용시설에서 LPG용기 집합설비의 저장능력이 얼마 이하일 때 용기, 용기밸브, 압력조정기가 직사광선, 눈 또는 빗물에 노출되지 않도록 해야 하는가?
① 50kg 이하   ② 100kg 이하
③ 300kg 이하 ④ 500kg 이하

해설 LPG 용기 집합설비 저장능력이 100kg 이하일 때 용기, 밸브, 압력조정기가 직사광선, 눈 또는 빗물에 노출되지 않도록 한다.

04 아세틸렌 용기를 제조하고자 하는 자가 갖추어야 하는 설비가 아닌 것은?
① 원료혼합기   ② 건조로
③ 원료충전기   ④ 소결로

해설 소결로
금속요로에 속한다(용기 제조자 설비와는 관련성이 없다).

05 가스의 연소한계에 대하여 가장 바르게 나타낸 것은?
① 착화온도의 상한과 하한
② 물질이 탈 수 있는 최저온도
③ 완전연소가 될 때의 산소공급 한계
④ 연소가 가능한 가스의 공기와의 혼합비율의 상한과 하한

해설
• 가연성 가스 연소한계 : 연소가 가능한 가스의 공기와의 혼합비율의 상한과 하한
• 메탄가스(CH_4) 연소한계(폭발범위) : 5%(하한계)~15%(상한계)

06 LPG 사용시설에서 가스누출경보장치 검지부 설치 높이의 기준으로 옳은 것은?
① 지면에서 30cm 이내
② 지면에서 60cm 이내
③ 천장에서 30cm 이내
④ 천장에서 60cm 이내

해설 가스누출경보장치 설치위치

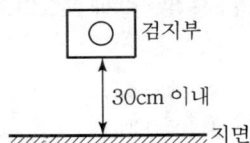

ANSWER | 1.② 2.② 3.② 4.④ 5.④ 6.①

07 도시가스사업자는 가스공급시설을 효율적으로 관리하기 위하여 배관·정압기에 대하여 도시가스배관망을 전산화하여야 한다. 이 때 전산관리 대상이 아닌 것은?
① 설치도면 ② 시방서
③ 시공자 ④ 배관제조자

해설 도시가스 정압기 도시가스 배관망 전산화 전산관리 대상
• 설치도면 • 시방서 • 시공자

08 겨울철 LP가스용기 표면에 성에가 생겨 가스가 잘 나오지 않을 경우 가스를 사용하기 위한 가장 적절한 조치는?
① 연탄불로 쪼인다.
② 용기를 힘차게 흔든다.
③ 열 습포를 사용한다.
④ 90℃ 정도의 물을 용기에 붓는다.

해설 겨울철 LP가스용기 표면 성에 제거 작업 : 열습포를 사용하여 가스가 증발기화 하도록 한다.

09 액화석유가스를 저장하기 위하여 지상 또는 지하에 고정 설치된 탱크로서 액화석유가스의 안전관리 및 사업법에서 정한 "소형저장탱크"는 그 저장능력이 얼마인 것을 말하는가?
① 1톤 미만 ② 3톤 미만
③ 5톤 미만 ④ 10톤 미만

해설 액화석유가스 소형저장탱크 저장능력 : 3톤 미만

10 차량에 고정된 탱크로 염소를 운반할 때 탱크의 최대 내용적은?
① 12,000L ② 18,000L
③ 20,000L ④ 38,000L

해설 • 염소 등(독성 가스) 탱크의 내용적은 12,000L 이하를 유지한다.(단, 암모니아 독성 가스는 제외)
• 가연성 가스 : 18,000L 이내

11 굴착으로 인하여 도시가스배관이 65m가 노출되었을 경우 가스누출경보기의 설치 개수로 알맞은 것은?
① 1개 ② 2개
③ 3개 ④ 4개

해설 노출배관의 경우 가스배관 길이가 20m마다 가스누출경보기를 설치한다.
따라서 (65/20) : 약 4개가 필요하다.

12 도시가스 제조소 저장탱크의 방류둑에 대한 설명으로 틀린 것은?
① 지하에 묻은 저장탱크내의 액화가스가 전부 유출된 경우에 그 액면이 지면보다 낮도록 된 구조는 방류둑을 설치한 것으로 본다.
② 방류둑의 용량은 저장탱크 저장능력의 90%에 상당하는 용적 이상이어야 한다.
③ 방류둑의 재료는 철근콘크리트, 금속, 흙, 철골·철근 콘크리트 또는 이들을 혼합하여야 한다.
④ 방류둑은 액밀한 것이어야 한다.

해설 • 방류둑의 용량 : 저장탱크의 저장능력에 상당하는 용적
• 냉동설비 수액기 방류둑 용량 : 수액기 내의 90% 이상 용적

13 냉동기란 고압가스를 사용하여 냉동하기 위한 기기로서 냉동능력 산정기준에 따라 계산된 냉동능력 몇 톤 이상인 것을 말하는가?
① 1 ② 1.2
③ 2 ④ 3

해설 냉동능력 산정기준
$R = \dfrac{V}{C}$ (3톤 이상)
• R : 1일의 냉동능력
• V : 압축기 1시간의 피스톤 압축량(m^3)
• C : 냉매가스의 종류에 따른 수치

7. ④ 8. ③ 9. ② 10. ① 11. ④ 12. ② 13. ④ | ANSWER

14 에어졸 제조설비와 인화성 물질과의 최소 우회거리는?
① 3m 이상　　② 5m 이상
③ 8m 이상　　④ 10m 이상

해설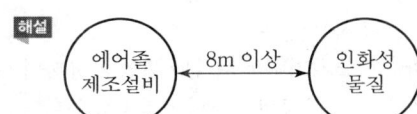

15 지상 배관은 안전을 확보하기 위해 그 배관의 외부에 다음의 항목들을 표기하여야 한다. 해당하지 않는 것은?
① 사용가스명　　② 최고사용압력
③ 가스의 흐름방향　　④ 공급회사명

해설 지상배관 외부에 공급회사명 표기는 생략한다.

16 고압가스제조시설에서 가연성 가스 가스설비 중 전기설비를 방폭구조로 하여야 하는 가스는?
① 암모니아
② 브롬화메탄
③ 수소
④ 공기 중에서 자기 발화하는 가스

해설 가연성 가스인 수소(H_2 : 폭발범위 4~74%)는 전기설비를 방폭구조로 하여야 한다.
①, ②, ④항의 가스는 방폭구조를 생략한다.

17 용기종류별 부속품의 기호 중 아세틸렌을 충전하는 용기의 부속품 기호는?
① AT　　② AG
③ AA　　④ AB

해설 아세틸렌가스 용기 부속품기호 : AG

18 도시가스 배관을 노출하여 설치하고자 할 때 배관 손상방지를 위한 방호조치 기준으로 옳은 것은?
① 방호철판 두께는 최소 10mm 이상으로 한다.
② 방호철판의 크기는 1m 이상으로 한다.
③ 철근 콘크리트재 방호 구조물은 두께가 15cm 이상이어야 한다.
④ 철근 콘크리트재 방호 구조물은 높이가 1.5m 이상이어야 한다.

해설 ① : 4mm 이상
② : 1m 이상, 앵커볼트 등에 의해 건축물 외벽에 견고하게 고정시킬 것
③ : 10cm 이상 높이 1m 이상
④ : 1m 이상

19 다음 중 누출 시 다량의 물로 제독할 수 있는 가스는?
① 산화에틸렌　　② 염소
③ 일산화탄소　　④ 황화수소

해설 다량의 물로 제독이 가능한 가스
• 아황산가스　　• 암모니아
• 산화에틸렌　　• 염화메탄

20 시안화수소의 충전 시 사용되는 안정제가 아닌 것은?
① 암모니아　　② 황산
③ 염화칼슘　　④ 인산

해설 시안화수소(HCN)가스 저장충전 시 안정제
황산, 아황산가스, 염화칼슘, 인산, 오산화인, 동망(구리망) 등

21 가스계량기와 전기개폐기와의 최소 안전거리는?
① 15cm　　② 30cm
③ 60cm　　④ 80cm

해설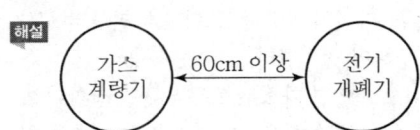

22 다음 중 공동주택 등에 도시가스를 공급하기 위한 것으로서 압력조정기의 설치가 가능한 경우는?

① 가스압력이 중압으로서 전체세대수가 100세대인 경우
② 가스압력이 중압으로서 전체세대수가 150세대인 경우
③ 가스압력이 저압으로서 전체세대수가 250세대인 경우
④ 가스압력이 저압으로서 전체세대수가 300세대인 경우

해설 공동주택에서 도시가스 공급 시 가스압력이 중압인 경우, 전체 세대수가 100세대인 경우 압력조정기 설치가 가능하다.

23 다음 중 동일차량에 적재하여 운반할 수 없는 가스는?

① 산소와 질소
② 염소와 아세틸렌
③ 질소와 탄산가스
④ 탄산가스와 아세틸렌

해설 혼합적재의 금지
염소와 (아세틸렌, 암모니아, 또는 수소)는 동일 차량에 적재하여 운반하지 아니할 것

24 고압가스 배관의 설치기준 중 하천과 병행하여 매설하는 경우에 대한 설명으로 틀린 것은?

① 배관은 견고하고 내구력을 갖는 방호구조물 안에 설치한다.
② 배관의 외면으로부터 2.5m 이상의 매설심도를 유지한다.
③ 하상(河床, 하천의 바닥)을 포함한 하천구역에 하천과 병행하여 설치한다.
④ 배관손상으로 인한 가스누출 등 위급한 상황이 발생한 때에 그 배관에 유입되는 가스를 신속히 차단할 수 있는 장치를 설치한다.

해설 고압가스 배관의 설치기준 중 하천과 병행하여 매설하는 경우 ①, ②, ④항 기준에 따른다.

25 가스사용시설에서 원칙적으로 PE배관을 노출배관으로 사용할 수 있는 경우는?

① 지상배관과 연결하기 위하여 금속관을 사용하여 보호조치를 한 경우로서 지면에서 20cm 이하로 노출하여 시공하는 경우
② 지상배관과 연결하기 위하여 금속관을 사용하여 보호조치를 한 경우로서 지면에서 30cm 이하로 노출하여 시공하는 경우
③ 지상배관과 연결하기 위하여 금속관을 사용하여 보호조치를 한 경우로서 지면에서 50cm 이하로 노출하여 시공하는 경우
④ 지상배관과 연결하기 위하여 금속관을 사용하여 보호조치를 한 경우로서 지면에서 1m 이하로 노출하여 시공하는 경우

해설 PE(가스용 폴리에틸렌관) 관은 노출배관 허용은 지상배관과 연결을 위하여 금속관을 사용하여 보호조치를 한 관으로 지면에서 30cm 이하로 노출하여 시공하는 경우

26 가연물의 종류에 따른 화재의 구분이 잘못된 것은?

① A급 : 일반화재
② B급 : 유류화재
③ C급 : 전기화재
④ D급 : 식용유 화재

해설 D급 화재 : 금속화재

27 정전기에 대한 설명 중 틀린 것은?

① 습도가 낮을수록 정전기를 축적하기 쉽다.
② 화학섬유로 된 의류는 흡수성이 높으므로 정전기가 대전하기 쉽다.
③ 액상의 LP가스는 전기 절연성이 높으므로 유동 시에는 대전하기 쉽다.
④ 재료 선택 시 접촉 전위차를 적게 하여 정전기 발생을 줄인다.

해설 화학섬유로 된 의류는 흡수성이 낮아서 정전기가 대전하기가 용이하다.

28 비중이 공기보다 커서 바닥에 체류하는 가스로만 나열된 것은?

① 프로판, 염소, 포스겐
② 프로판, 수소, 아세틸렌
③ 염소, 암모니아, 아세틸렌
④ 염소, 포스겐, 암모니아

해설 분자량이 공기의 분자량 29보다 큰 것은 누설 시 바닥에 체류한다.
• 프로판(44)
• 염소(71)
• 포스겐(99)

29 아세틸렌을 용기에 충전 시 미리 용기에 다공물질을 채우는데 이때 다공도의 기준은?

① 75% 이상 92% 미만
② 80% 이상 95% 미만
③ 95% 이상
④ 98% 이상

해설 아세틸렌가스
• $C_2H_2 + 2.5O_2 \rightarrow 2CO_2 + H_2O$
• 다공물질 : 목탄, 규조토, 석면, 석회석, 탄산마그네슘
• 다공도 : 75% 이상~92% 미만
• 용제 : 아세톤, 디메틸포름아미드(DMF)

30 다음 중 폭발방지대책으로서 가장 거리가 먼 것은?

① 압력계 설치
② 정전기 제거를 위한 접지
③ 방폭성능 전기설비 설치
④ 폭발하한 이내로 불활성 가스에 의한 희석

해설 압력계 : 가스나 유체의 압력을 측정하여 안전관리에 일조한다.
• 액주식 압력계
• 탄성식 압력계
• 전기식 압력계

31 재료에 인장과 압축하중을 오랜 시간 반복적으로 작용시키면 그 응력이 인장강도보다 작은 경우에도 파괴되는 현상은?

① 인성파괴   ② 피로파괴
③ 취성파괴   ④ 크리프파괴

해설 피로파괴
재료에 인장과 압축하중을 오랜시간 반복적으로 작용시키면 그 응력이 인장강도 보다 작은 경우에도 파괴되는 현상

32 아세틸렌용기에 주로 사용되는 안전밸브의 종류는?

① 스프링식   ② 가용전식
③ 파열판식   ④ 압전식

해설 아세틸렌용기 안전밸브 : 가용전식

33 다량의 메탄을 액화시키려면 어떤 액화사이클을 사용해야 하는가?

① 캐스케이드 사이클   ② 필립스 사이클
③ 캐피자 사이클   ④ 클라우드 사이클

해설 캐스케이드 사이클
• 메탄가스(CH_4)를 다량으로 액화시킨다.(다원 액화사이클)
• 비점이 낮은 냉매를 사용하여 저비점의 기체를 액화시킨다.(초저온을 얻기 위하여 2개의 냉동사이클 운영)

34 저온 액체 저장설비에서 열의 침입요인으로 가장 거리가 먼 것은?

① 단열재를 직접 통한 열대류
② 외면으로부터의 열복사
③ 연결 파이프를 통한 열전도
④ 밸브 등에 의한 열전도

해설 열의 침입요인
• 외면으로부터 열복사
• 연결 파이프를 통한 열전도
• 밸브 등에 의한 열전도
• 지지 요크 등에 의한 열전도
• 단열재를 넣은 공간에 남은 가스의 분자 열전도
• 밸브, 안전밸브 등에 의한 열전도

35 LP가스 이송설비 중 압축기의 부속장치로서 토출 측과 흡입 측을 전환시키며 액송과 가스회수를 한 동작으로 할 수 있는 것은?
① 액트랩   ② 액가스분리기
③ 전자밸브   ④ 사방밸브

해설 사방밸브
LP가스(액화석유가스) 이송설비 중 압축기의 부속장치로서 토출 측과 흡입 측의 경로를 전환시키며 액의 이송과 가스의 회수를 한 동작으로 할 수 있게 하는 밸브이다.

36 다음 중 고압배관용 탄소강 강관의 KS규격 기호는?
① SPPS   ② SPHT
③ STS   ④ SPPH

해설 ① SPPS : 압력 배관용
② SPHT : 고온 배관용
③ STS : 스테인리스강

37 저온장치용 재료 선정에 있어서 가장 중요하게 고려해야 하는 사항은?
① 고온 취성에 의한 충격치의 증가
② 저온 취성에 의한 충격치의 감소
③ 고온 취성에 의한 충격치의 감소
④ 저온 취성에 의한 충격치의 증가

해설 • 저온장치용 재료 선정 시 가장 중요하게 고려해야 할 사항 : 저온 취성에 의한 충격치 감소
• 저온용 금속 : 동 및 동합금, 알루미늄, 니켈

38 다음 가연성 가스 검출기 중 가연성 가스의 굴절률 차이를 이용하여 농도를 측정하는 것은?
① 열선형   ② 안전등형
③ 검지관형   ④ 간섭계형

해설 가연성 가스 검출기
• 간섭계형 : 가연성 가스 굴절율 차이 이용농도 측정
• 안전등형 : 탄광 내 메탄가스 농도 측정(등유 사용)
• 열선형 : 브리지 회로의 편위전류로 가스농도 측정 및 경보

39 다음 곡률 반지름(r)이 50mm일 때 90° 구부림 곡선 길이는 얼마인가?
① 48.75mm   ② 58.75mm
③ 68.75mm   ④ 78.75mm

해설 곡선길이(L) $= 2 \times 3.14 \times \dfrac{\theta}{360} \times r$
$= 2 \times 3.14 \times \dfrac{90}{360} \times 50 = 78.5\text{mm}$

40 다음 펌프 중 시동하기 전에 프라이밍이 필요한 펌프는?
① 기어펌프   ② 원심펌프
③ 축류펌프   ④ 왕복펌프

해설 프라이밍(공기를 빼기 위해 물을 채워 넣는 것)이 필요한 급수펌프
• 원심식 펌프
 - 터빈 펌프(고양정용)
 - 볼류트 펌프(저양정용)

41 강관의 녹을 방지하기 위해 페인트를 칠하기 전에 먼저 사용되는 도료는?
① 알루미늄 도료   ② 산화철 도료
③ 합성수지 도료   ④ 광명단 도료

해설 광명단 도료
강관의 녹을 방지하기 위해 페인트를 칠하기 전에 먼저 밑칠용으로 사용하는 도료이다.

42 "압축된 가스를 단열 팽창시키면 온도가 강하한다"는 것은 무슨 효과라고 하는가?
① 단열효과   ② 줄-톰슨효과
③ 정류효과   ④ 팽윤효과

해설 줄-톰슨효과
압축된 가스를 단열 팽창시키면 온도가 하강하는 효과이다. (팽창 전의 압력이 높고 최초의 온도가 낮을수록 효과가 커진다)

43 다음 중 저온 장치 재료로서 가장 우수한 것은?
① 13% 크롬강 ② 9% 니켈강
③ 탄소강 ④ 주철

해설 9% 니켈강 : 저온장치 재료로서 가장 우수하다.

44 펌프의 회전수를 1,000rpm에서 1,200rpm으로 변화시키면 동력은 약 몇 배가 되는가?
① 1.3 ② 1.5
③ 1.7 ④ 2.0

해설 펌프의 동력은 회전수 증가의 3승에 비례한다.
동력 $\times \left(\dfrac{N_2}{N_1}\right) = 1 \times \left(\dfrac{1,200}{1,000}\right)^3 = 1.7$배

45 다음 중 왕복동 압축기의 특징이 아닌 것은?
① 압축하면 맥동이 생기기 쉽다.
② 기체의 비중에 관계없이 고압이 얻어진다.
③ 용량 조절의 폭이 넓다.
④ 비용적식 압축기이다.

해설 왕복동식 압축기 특징
• 용적식(1회전당 냉매가스가 정량됨)
• 운전이 단속적이다.
• 중량이 무겁고 설치면적을 많이 차지한다.
• 마찰저항을 줄이기 위해 오일이 공급되므로 토출냉매가스에 오일의 혼입이 우려된다.
• 흡입 토출 밸브가 필요하고 저속으로 단단 고압을 얻으며 기타 위 문제의 ①, ②, ③항이 추가된다.
• 횡형, 입형 배열이 있다.

46 다음 각 가스의 성질에 대한 설명으로 옳은 것은?
① 질소는 안정한 가스로서 불활성 가스라고도 하고, 고온에서도 금속과 화합하지 않는다.
② 염소는 반응성이 강한 가스로 강재에 대하여 상온에서도 무수(無水) 상태로 현저한 부식성을 갖는다.
③ 암모니아는 동을 부식하고 고온고압에서는 강재를 침식한다.
④ 산소는 액체 공기를 분류하여 제조하는 반응성이 강한 가스로 그 자신이 잘 연소한다.

해설 • 질소는 고온에서는 산소와 화합한다.
• 염소는 무수상태에서는 부식성이 없다.
• 산소는 연소성은 없고 가연성 가스의 조연성 가스이다.

47 어떤 액의 비중을 측정하였더니 2.5이었다. 이 액의 액주 6m의 압력은 몇 kg/cm²인가?
① 15kg/cm² ② 1.5kg/cm²
③ 0.15kg/cm² ④ 0.015kg/cm²

해설 H₂O 10m=1kgf/cm²
$1 \times 2.5 \times \left(\dfrac{6}{10}\right) = 1.5$ kgf/cm²

48 100℃를 화씨온도로 단위 환산하면 몇 °F인가?
① 212 ② 234
③ 248 ④ 273

해설 °F = 1.8×℃ + 32 = 1.8×100 + 32 = 212°F

49 밀도의 단위로 옳은 것은?
① g/s² ② L/g
③ g/cm³ ④ lb/in²

해설 • 밀도의 단위 : g/cm³=kg/m³
• 비체적 단위 : cm³/g=m³/kg=L/g
• 압력의 단위 : lb/in²

50 수돗물의 살균과 섬유의 표백용으로 주로 사용되는 가스는?
① F₂ ② Cl₂
③ O₂ ④ CO₂

해설 염소(Cl₂)의 특징
• 상온에서 강한 자극성 냄새가 난다.
• 상온에서 황록색 기체이다.
• −34℃, 6~8atm 이상 압력을 가하면 쉽게 액화가스가 된다.
• 상온에서 물에 용해되면 소량의 염산 및 차아염소산(HClO)을 생성하여 살균, 표백작용이 가능하다.(수소와 혼합 염소 폭명기 발생)

ANSWER | 43. ② 44. ③ 45. ④ 46. ③ 47. ② 48. ① 49. ③ 50. ②

51 다음 중 1atm에 해당하지 않는 것은?
① 760mmHg ② 14.7psi
③ 29.92inHg ④ 1013kg/m²

해설 1atm = 101,325Pa = 101,325N/m²
= 10,332kg/m² = 10.332mH₂O
= 10,332mmH₂O
= 760mmHg = 14.7psi
= 29.92inHg = 1.0313bar

52 다음 중 액화석유가스의 일반적인 특성이 아닌 것은?
① 기화 및 액화가 용이하다.
② 공기보다 무겁다.
③ 액상의 액화석유가스는 물보다 무겁다.
④ 증발잠열이 크다.

해설 액화석유가스 비중
0.52~0.58로서(물보다 가볍다) 물과 혼합 시 물에 잘 용해되지 않고 물 위에 뜬다. (단, 가스는 공기보다 무겁다.)

53 다음 가스 1몰을 완전연소시키고자 할 때 공기가 가장 적게 필요한 것은?
① 수소 ② 메탄
③ 아세틸렌 ④ 에탄

해설 공기가 적게 소비 되려면 산소요구량이 적어야 한다.
① 수소($H_2 + 0.5O_2 \rightarrow H_2O$)
② 메탄($CH_4 + 2O_2 \rightarrow CO_2 + 2H_2O$)
③ 아세틸렌($C_2H_2 + 2.5O_2 \rightarrow 2CO_2 + H_2O$)
④ 에탄($C_2H_6 + 3.5O_2 \rightarrow 2CO_2 + 3H_2O$)

54 다음 중 열(熱)에 대한 설명이 틀린 것은?
① 비열이 큰 물질은 열용량이 크다.
② 1cal은 약 4.2J이다.
③ 열은 고온에서 저온으로 흐른다.
④ 비열은 물보다 공기가 크다.

해설 • 물의 비열 : 1kcal/kg · ℃
• 공기의 비열 : 0.24kcal/kg · ℃

55 다음 중 무색, 무취의 가스가 아닌 것은?
① O_2 ② N_2
③ CO_2 ④ O_3

해설 오존가스
독성의 허용농도가 0.1ppm의 맹독성 가스

56 불완전연소 현상의 원인으로 옳지 않은 것은?
① 가스압력에 비하여 공급 공기량이 부족할 때
② 환기가 불충분한 공간에 연소기가 설치되었을 때
③ 공기와의 접촉혼합이 불충분할 때
④ 불꽃의 온도가 증대되었을 때

해설 불꽃이나 화염의 온도가 낮을 때 불완전연소 현상이 발생한다.

57 무색의 복숭아 냄새가 나는 독성 가스는?
① Cl_2 ② HCN
③ NH_3 ④ PH_3

해설 시안화수소(HCN) 특성
• 무색, 복숭아 냄새가 나는 허용농도 10ppm의 독성 가스
• 극히 휘발하기 쉽고 물에 잘 용해한다.
• 60일이 경과하면 중합폭발 발생의 우려가 있다.

58 다음 가스 중 기체밀도가 가장 작은 것은?
① 프로판 ② 메탄
③ 부탄 ④ 아세틸렌

해설 • 밀도(kg/m³)가 적은 가스는 분자량이 적다.
• 가스의 분자량(프로판 44, 메탄 16, 부탄 58, 아세틸렌 26)

59 수소의 성질에 대한 설명 중 틀린 것은?
① 무색, 무미, 무취의 가연성 기체이다.
② 밀도가 아주 작아 확산속도가 빠르다.
③ 열전도율이 작다.
④ 높은 온도일 때에는 강재, 기타 금속재료라도 쉽게 투과한다.

51. ④ 52. ③ 53. ① 54. ④ 55. ④ 56. ④ 57. ② 58. ② 59. ③ | ANSWER

해설 수소 가스
- 수소는 열전도율이 대단히 크다.(공기 : 0.026, 수소 : 0.18)
- 상온에서 무색, 무미, 무취, 가연성 가스
- 비중이 작고(2/29=0.069), 확산속도가 가장 빠르다.
- 고온에서 금속산화물을 환원시킨다.

60 액화천연가스(LNG)의 폭발성 및 인화성에 대한 설명으로 틀린 것은?

① 다른 지방족 탄화수소에 비해 연소속도가 느리다.
② 다른 지방족 탄화수소에 비해 최소발화에너지가 낮다.
③ 다른 지방족 탄화수소에 비해 폭발하한 농도가 높다.
④ 전기저항이 작으며 유동 등에 의한 정전기 발생은 다른 가연성 탄화수소류보다 크다.

해설 최소발화에너지
가스가 발화하는 데 필요한 최소의 에너지이며 가스의 온도, 압력, 조성에 따라 다르다.(다른 지방족 탄화수소에 비해 액화천연가스는 최소발화에너지가 다소 높다.)

2014년 2회 과년도 기출문제

01 다음 중 가연성이면서 독성 가스인 것은?
① NH₃   ② H₂
③ CH₄   ④ N₂

해설
- 가연성 : 암모니아(NH₃), 수소(H₂), 메탄(CH₄)
- 독성 : 암모니아(NH₃)
- 불연성 : 질소(N₂)

02 가연성 물질을 공기로 연소시키는 경우 공기 중의 산소농도를 높게 하면 연소속도와 발화온도는 어떻게 변하는가?
① 연소속도는 빠르게 되고, 발화온도는 높아진다.
② 연소속도는 빠르게 되고, 발화온도는 낮아진다.
③ 연소속도는 느리게 되고, 발화온도는 높아진다.
④ 연소속도는 느리게 되고, 발화온도는 낮아진다.

해설 공기 중 산소(O₂) 농도가 높게 되면 가연성 물질의 연소속도가 증가하고 발화온도(착화온도)가 낮아진다.

03 고압가스 특정제조 시설에서 긴급이송설비에 의하여 이송되는 가스를 안전하게 연소시킬 수 있는 장치는?
① 플레어스택   ② 벤트스택
③ 인터록기구   ④ 긴급차단장치

해설 플레어 스택
긴급이송설비에 의하여 이송되는 가스를 안전하게 연소시킬 수 있다.

04 도시가스로 천연가스를 사용하는 경우 가스누출경보기의 검지부 설치위치로 가장 적합한 것은?
① 바닥에서 15cm 이내
② 바닥에서 30cm 이내
③ 천장에서 15cm 이내
④ 천장에서 30cm 이내

해설 천연가스 사용(CH₄ 메탄가스 비중 0.55) 시 가스누출 경보기 검지부 설치위치

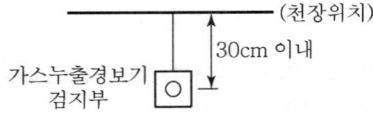

05 다음 중 독성(LC₅₀)이 가장 강한 가스는?
① 염소   ② 시안화수소
③ 산화에틸렌   ④ 불소

해설 LC₅₀ 기준 독성 가스 허용농도(ppm)
- 염소(Cl₂) : 293
- 시안화수소(HCN) : 140
- 산화에틸렌(C₂H₄O) : 2,900
- 불소(F) : 185
※ 수치가 적을수록 독성이 크다.

06 LPG 저장탱크 지하설치 시 저장탱크실 상부 윗면으로부터 저장탱크 상부까지의 깊이는 얼마 이상으로 하여야 하는가?
① 0.6m   ② 0.8m
③ 1m   ④ 1.2m

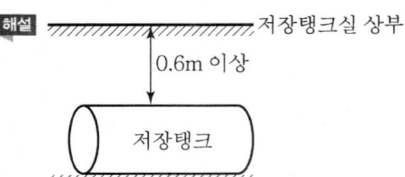

1.① 2.② 3.① 4.④ 5.② 6.① | ANSWER

07 차량에 고정된 충전탱크는 그 온도를 항상 몇 ℃ 이하로 유지하여야 하는가?

① 20　　② 30
③ 40　　④ 50

 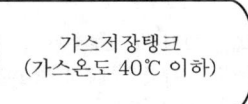
가스저장탱크
(가스온도 40℃ 이하)

08 초저온용기나 저온용기의 부속품에 표시하는 기호는?

① AG　　② PG
③ LG　　④ LT

해설 ① AG : 아세틸렌
② PG : 압축가스
③ LG : 그 밖의 가스
④ LT : 저온 및 초저온용 가스

09 상용의 온도에서 사용압력이 1.2MPa인 고압가스 설비에 사용되는 배관의 재료로서 부적합한 것은?

① KS D 3562(압력배관용 탄소 강관)
② KS D 3570(고온배관용 탄소 강관)
③ KS D 3507(배관용 탄소 강관)
④ KS D 3576(배관용 스테인리스 강관)

해설 1.2MPa(12kg/cm²), 배관용 탄소강관은 1MPa(10kg/cm²) 이하용 배관이다.

10 도시가스 사용시설의 지상배관은 표면색상을 무슨 색으로 도색하여야 하는가?

① 황색　　② 적색
③ 회색　　④ 백색

해설 도시가스 지상배관 : 황색

11 액화석유가스 충전시설 중 충전설비는 그 외면으로부터 사업소 경계까지 몇 m 이상의 거리를 유지하여야 하는가?

① 5　　② 10
③ 15　　④ 24

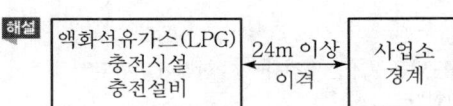

12 가스의 경우 폭굉(Detonation)의 연소속도는 약 몇 m/s 정도인가?

① 0.03~10　　② 10~50
③ 100~600　　④ 1,000~3,000

해설 • 연소 : 10m/s 이내
• 폭연 : 10m/s 초과~1,000m/s 이내
• 폭굉 : 1,000m/s 초과~3,000m/s 이내

13 의료용 가스용기의 도색 구분이 틀린 것은?

① 산소-백색　　② 액화탄산가스-회색
③ 질소-흑색　　④ 에틸렌-갈색

해설 에틸렌가스(C_2H_4)
• 의료용 용기 도색 : 백색
• 공업용 용기 도색 : 백색

14 다음 가스 중 위험도(H)가 가장 큰 것은?

① 프로판　　② 일산화탄소
③ 아세틸렌　　④ 암모니아

해설 아세틸렌 가연성 가스의 위험도(H)
$$H = \frac{u-L}{L} = \frac{81-2.5}{2.5} = 31.4$$

가스의 폭발범위
• 프로판(2.1~9.5%)
• 암모니아(15~28%)
• 아세틸렌(2.5~81%)
• 일산화탄소(12.5~74%)

ANSWER | 7. ③　8. ④　9. ③　10. ①　11. ④　12. ④　13. ④　14. ③

15 용기의 안전점검 기준에 대한 설명으로 틀린 것은?
① 용기의 도색 및 표시 여부를 확인
② 용기의 내·외면을 점검
③ 재검사 기간의 도래 여부를 확인
④ 열영향을 받은 용기는 재검사와 상관없이 새 용기로 교환

해설 열영향을 받은 용기는 재검사 시 불합격이 판명되면 새 용기로 교환한다.

16 다음 각 독성 가스 누출 시 사용하는 제독제로서 적합하지 않은 것은?
① 염소 : 탄산소다수용액
② 포스겐 : 소석회
③ 산화에틸렌 : 소석회
④ 황화수소 : 가성소다수용액

해설 산화에틸렌가스 제독제
많은 양의 물(H_2O)

17 에어졸 시험방법에서 불꽃길이 시험을 위해 채취한 시료의 온도 조건은?
① 24℃ 이상, 26℃ 이하
② 26℃ 이상, 30℃ 미만
③ 46℃ 이상, 50℃ 미만
④ 60℃ 이상, 66℃ 미만

해설 에어졸 시험방법(불꽃길이 시험용 가스온도)
24℃ 이상~26℃ 이하

18 교량에 도시가스 배관을 설치하는 경우 보호조치 등 설계·시공에 대한 설명으로 옳은 것은?
① 교량첨가 배관은 강관을 사용하며 기계적 접합을 원칙으로 한다.
② 제3자의 출입이 용이한 교량설치 배관의 경우 보행방지철조망 또는 방호철조망을 설치한다.
③ 지진발생 시 등 비상 시 긴급차단을 목적으로 첨가배관의 길이가 200m 이상인 경우 교량 양단의 가까운 곳에 밸브를 설치토록 한다.
④ 교량첨가 배관에 가해지는 여러 하중에 대한 합성응력이 배관의 허용응력을 초과하도록 설계한다.

해설 교량에 도시가스 배관 설치 시 보호조치
제3자의 출입이 용이한 교량설치 배관의 경우 보행방지 철조망 또는 방호철조망을 설치한다.

19 고압가스 저장실 등에 설치하는 경계책과 관련된 기준으로 틀린 것은?
① 저장설비·처리설비 등을 설치한 장소의 주위에는 높이 1.5m 이상의 철책 또는 철망 등의 경계표지를 설치하여야 한다.
② 건축물 내에 설치하였거나, 차량의 통행 등 조업 시행이 현저히 곤란하여 위해 요인이 가중될 우려가 있는 경우에는 경계책 설치를 생략할 수 있다.
③ 경계책 주위에는 외부사람이 무단출입을 금하는 내용의 경계표지를 보기 쉬운 장소에 부착하여야 한다.
④ 경계책 안에는 불가피한 사유발생 등 어떠한 경우라도 화기, 발화 또는 인화하기 쉬운 물질을 휴대하고 들어가서는 아니 된다.

해설 고압가스 저장실 경계책 안에도 불가피한 사유 시에는 화기나 인화성 물질의 휴대가 가능한 상태로 출입이 가능하다.

20 독성 가스 사용시설에서 처리설비의 저장능력이 45,000kg인 경우 제2종 보호시설까지 안전거리는 얼마 이상 유지하여야 하는가?
① 14m
② 16m
③ 18m
④ 20m

해설 독성 가스 안전거리 : 40,000 초과~50,000 이하
• 제1종 보호시설 : 30m 이상
• 제2종 보호시설 : 20m 이상

15. ④ 16. ③ 17. ① 18. ② 19. ④ 20. ④ | **ANSWER**

21 아세틸렌의 성질에 대한 설명으로 틀린 것은?

① 색이 없고 불순물이 있을 경우 악취가 난다.
② 융점과 비점이 비슷하여 고체 아세틸렌은 융해하지 않고 승화한다.
③ 발열화합물이므로 대기에 개방하면 분해폭발할 우려가 있다.
④ 액체 아세틸렌보다 고체 아세틸렌이 안정하다.

해설 아세틸렌(C_2H) 가스는 흡열화합(압축 시 분해폭발)
$2C + H_2 \rightarrow C_2H_2 - 54.2kcal$
C_2H_2(압축하면) $\rightarrow 2C + H_2 + 54.2kcal$

22 고압가스용 이음매 없는 용기의 재검사 시 내압시험 합격판정의 기준이 되는 영구증가율은?

① 0.1% 이하   ② 3% 이하
③ 5% 이하   ④ 10% 이하

해설 용기내압시험 합격판정기준 : 영구증가율 10% 이하

23 프로판을 사용하고 있던 버너에 부탄을 사용하려고 한다. 프로판의 경우보다 약 몇 배의 공기가 필요한가?

① 1.2배   ② 1.3배
③ 1.5배   ④ 2.0배

해설
• 프로판 $C_3H_8 + 5O_2 \rightarrow 3CO_2 + 4H_2O$
• 부탄 $C_4H_{10} + 6.5O_2 \rightarrow 4CO_2 + 5H_2O$

$$소요공기량 = \frac{부탄\left(6.5 \times \frac{1}{0.21}\right)}{프로판\left(5 \times \frac{1}{0.21}\right)} = 1.3배$$

24 가스의 연소에 대한 설명으로 틀린 것은?

① 인화점은 낮을수록 위험하다.
② 발화점은 낮을수록 위험하다.
③ 탄화수소에서 착화점은 탄소수가 많은 분자일수록 낮아진다.
④ 최소점화에너지는 가스의 표면장력에 의해 주로 결정된다.

해설
• 가스의 연소는 그 특성으로 ①, ②, ③ 항에 따른다.
• 탄화수소의 최소점화에너지 : 표준상태에서 $10^{-1}mJ$
• 최소점화에너지는 가스 종류, 혼합가스 조성, 온도, 압력 등의 조건에 따라 결정된다.

25 아세틸렌의 취급방법에 대한 설명으로 가장 부적절한 것은?

① 저장소는 화기엄금을 명기한다.
② 가스 출구 동결 시 60℃ 이하의 온수로 녹인다.
③ 산소용기와 같이 저장하지 않는다.
④ 저장소는 통풍이 양호한 구조이어야 한다.

해설 가스의 동결 시에는 40℃ 이하의 열습포로 녹인다.

26 가스 폭발을 일으키는 영향 요소로 가장 거리가 먼 것은?

① 온도   ② 매개체
③ 조성   ④ 압력

해설 24번 문제 해설 참조

27 어떤 도시가스의 웨버지수를 측정하였더니 36.52MJ/m^3이었다. 품질검사기준에 의한 합격 여부는?

① 웨버지수 허용기준보다 높으므로 합격이다.
② 웨버지수 허용기준보다 낮으므로 합격이다.
③ 웨버지수 허용기준보다 높으므로 불합격이다.
④ 웨버지수 허용기준보다 낮으므로 불합격이다.

해설
$$웨버지수(WI) = \frac{도시가스\ 총\ 발열량(MJ/m^3)}{\sqrt{도시가스비중}}$$
• $36.52MJ/m^3 = 32,520KJ/m^3 = 7,743kcal/m^3$
• 표준도시가스 발열량 : LNG의 경우 $10,550kcal/m^3$

28 300kg의 액화프레온12(R-12)가스를 내용적 50L 용기에 충전할 때 필요한 용기의 개수는?(단, 가스정수 C는 0.86이다.)
① 5개 ② 6개
③ 7개 ④ 8개

해설 용기 1개당 $\frac{50}{0.86}$ = 58.14kg

필요 용기 수 = $\frac{300}{58.14}$ = 약 6개

29 저장탱크에 의한 액화석유가스 사용시설에서 가스계량기는 화기와 몇 m 이상의 우회거리를 유지해야 하는가?
① 2m ② 3m
③ 5m ④ 8m

해설
액화석유가스 저장탱크 사용시설	2m 이상 우회거리	가스계량기 (GM)

30 가스사고가 발생하면 산업통상자원부령에서 정하는 바에 따라 관계기관에 가스사고를 통보해야 한다. 다음 중 사고 통보내용이 아닌 것은?
① 통보자의 소속, 직위, 성명 및 연락처
② 사고원인자 인적사항
③ 사고발생 일시 및 장소
④ 시설현황 및 피해현황(인명 및 재산)

해설 가스사고 통보내용은 ①, ③, ④ 내용 통보(관계기관에 통보한다)이다.

31 가스크로마토그래피의 구성요소가 아닌 것은?
① 광원   ② 칼럼
③ 검출기 ④ 기록계

해설 가스크로마토그래피(물리적 가스분석계) 구성요소
• 칼럼(분리기)
• 검출기
• 기록계

32 도시가스공급시설에서 사용되는 안전제어장치와 관계가 없는 것은?
① 중화장치
② 압력안전장치
③ 가스누출검지경보장치
④ 긴급차단장치

해설 중화장치
독성 가스 중 독성 제독용 중화제

33 LPG나 액화가스와 같이 비점이 낮고 내압이 0.4~0.5MPa 이상인 액체에 주로 사용되는 펌프의 메커니컬 실의 형식은?
① 더블 실형   ② 인사이드 실형
③ 아웃사이드 실형 ④ 밸런스 실형

해설 밸런스 실
메커니컬 실이며 펌프의 축봉장치(유체의 누설방지용)로서 유체 압력이 0.4~0.5MPa 이상에 사용된다. LPG와 같이 저비점의 액체 또는 하이드로 카본일 때 사용

34 유량을 측정하는 데 사용하는 계측기기가 아닌 것은?
① 피토관   ② 오리피스
③ 벨로스   ④ 벤투리

해설 벨로스 : 저압 압력계로 많이 사용한다.

35 기화기의 성능에 대한 설명으로 틀린 것은?
① 온수가열방식은 그 온수의 온도가 90℃ 이하일 것
② 증기가열방식은 그 증기의 온도가 120℃ 이하일 것
③ 압력계는 그 최고눈금이 상용압력의 1.5~2배일 것
④ 기화통 안의 가스액이 토출배관으로 흐르지 않도록 적합한 자동제어장치를 설치할 것

해설 기화기(온수가열방식)의 온수온도는 80℃ 이하일 것

28. ② 29. ① 30. ② 31. ① 32. ① 33. ④ 34. ③ 35. ① | ANSWER

36 고압장치의 재료로서 가장 적합하게 연결된 것은?
① 액화염소용기 – 화이트메탈
② 압축기의 베어링 – 13% 크롬강
③ LNG 탱크 – 9% 니켈강
④ 고온고압의 수소반응탑 – 탄소강

해설
- LNG탱크(저온장치) : 9% 니켈강 사용
- 염소용기 : 탄소강
- 압축기 : 주철 또는 단조강
- 수소반응탑 : 특수강

37 구조에 따라 외치식, 내치식, 편심로터리식 등이 있으며 베이퍼록 현상이 일어나기 쉬운 펌프는?
① 제트펌프   ② 기포펌프
③ 왕복펌프   ④ 기어펌프

해설 기어펌프(회전식) : 베이퍼록 발생 우려
- 외치식
- 내치식
- 편심식

38 다음 중 터보(Turbo)형 펌프가 아닌 것은?
① 원심펌프   ② 사류펌프
③ 축류펌프   ④ 플런저 펌프

해설 플런저 펌프 : 왕복동식 펌프

39 가스액화분리장치에서 냉동사이클과 액화사이클을 응용한 장치는?
① 한냉발생장치   ② 정유분출장치
③ 정유흡수장치   ④ 불순물제거장치

해설 한냉발생장치(가스액화분리장치)
냉동사이클+액화사이클 응용

40 저압가스 수송배관의 유량공식에 대한 설명으로 틀린 것은?
① 배관길이에 반비례한다.
② 가스비중에 비례한다.
③ 허용압력손실에 비례한다.
④ 관경에 의해 결정되는 계수에 비례한다.

해설 가스수송에서 그 수송량은 가스비중에 반비례한다.
- 유량(m^3/s) = 단면적(m^2) × 유속(m/s)
- 유속(m/s) = $\dfrac{유량(m^3/s)}{단면적(m^2)}$
- 단면적(A) = $\dfrac{\pi}{4}d^2(m^2)$

41 탄소강 중에 저온취성을 일으키는 원소로 옳은 것은?
① P   ② S
③ Mo   ④ Cu

해설
- 저온취성인자 : 저온취성인자는 인(P)이다.
- 적열취성인자 : 황(S)
- 고온에서 인장강도 경도 증가 : 몰리브덴(Mo)
- 대기 중 내산화성 증가 : 구리(Cu)

42 가스의 연소방식이 아닌 것은?
① 적화식   ② 세미분젠식
③ 분젠식   ④ 원지식

해설 가스연소방식
- 적화식   • 세미분젠식
- 분젠식   • 전1차 공기식

43 양정 90m, 유량이 90m^3/h인 송수 펌프의 소요동력은 약 몇 kW인가?(단, 펌프의 효율은 60%이다.)
① 30.6   ② 36.8
③ 50.2   ④ 56.8

해설 펌프소요동력(kW)
$= \dfrac{rQH}{102 \times 3,600 \times \eta} = \dfrac{1,000 \times 90 \times 90}{102 \times 3,600 \times 0.6}$
$= 36.8 kW$
※ 1kW = 102kg · m/s, 1시간 = 3,600초,
물 1m^3 = 1,000kg

ANSWER | 36. ③ 37. ④ 38. ④ 39. ① 40. ② 41. ① 42. ④ 43. ②

44 재료가 일정 온도 이상에서 응력이 작용할 때 시간이 경과함에 따라 변형이 증대되고 때로는 파괴되는 현상을 무엇이라 하는가?
① 피로
② 크리프
③ 에로숀
④ 탈탄

해설 크리프현상에 대한 설명이다.

45 LP가스 공급방식 중 강제기화방식의 특징에 대한 설명 중 틀린 것은?
① 기화량 가감이 용이하다.
② 공급가스의 조성이 일정하다.
③ 계량기를 설치하지 않아도 된다.
④ 한랭 시에도 충분히 기화시킬 수 있다.

해설 계량기는 자연기화나 강제기화나 모두가 설치하여 가스사용량을 측정한다.

46 다음 설명과 관계있는 법칙은?

> 열은 스스로 저온의 물체에서 고온의 물체로 이동하는 것은 불가능하다.

① 에너지 보존의 법칙
② 열역학 제2법칙
③ 평형 이동의 법칙
④ 보일-샤를의 법칙

해설 열역학 제2법칙
열은 스스로 저온에서 고온으로의 이동이 불가능하다는 법칙이다.
①항은 열역학 제1법칙이다.

47 산소(O_2)에 대한 설명 중 틀린 것은?
① 무색, 무취의 기체이며, 물에는 약간 녹는다.
② 가연성 가스이나 그 자신은 연소하지 않는다.
③ 용기의 도색은 일반 공업용이 녹색, 의료용이 백색이다.
④ 저장용기는 무계목 용기를 사용한다.

해설 산소는 연소성을 도와주는 조연성(지연성) 가스이다.
연소반응식 : 메탄(CH_4) + $2O_2$ → CO_2 + $2H_2O$

48 다음 중 암모니아 건조제로 사용되는 것은?
① 진한 황산
② 할로겐 화합물
③ 소다석회
④ 황산동 수용액

해설 암모니아 건조제
• NaOH
• CaO
• KOH

49 10L 용기에 들어 있는 산소의 압력이 10MPa이었다. 이 기체를 20L 용기에 옮겨놓으면 압력은 몇 MPa로 변하는가?
① 2
② 5
③ 10
④ 20

해설 10L : 10MPa = 20L : x
$x = 10MPa \times \dfrac{10}{20} = 5MPa$
※ 같은 양의 가스가 용기가 커지면 압력은 감소한다.

50 다음 [보기]와 같은 성질을 갖는 것은?

> [보기]
> ㉠ 공기보다 무거워서 누출 시 낮은 곳에 체류한다.
> ㉡ 기화 및 액화가 용이하며, 발열량이 크다.
> ㉢ 증발잠열이 크기 때문에 냉매로도 이용된다.

① O_2
② CO
③ LPG
④ C_2H_4

해설 LPG(액화석유가스) : 가연성 가스
• 주성분 : 프로판, 부탄
• 비중 : 1.53~2 정도(공기보다 무겁다.)
• 기화 및 액화가 용이하다.
• 증발잠열(92~102kcal/kg)이 크다.
• 냉매가스 사용이 가능하다.

51 다음 압력 중 가장 높은 압력은?
① 1.5kg/cm² ② 10mH₂O
③ 745mmHg ④ 0.6atm

해설
- $10mH_2O = 1kg/cm^2$
- $760 : 1.033 = 745 : x$
  $x = 1.033 \times \dfrac{745}{760} = 1.02 kg/cm^2$
- $1atm = 1.033 kg/cm^2$
  $1.033 \times \dfrac{0.6}{1} = 0.6 kg/cm^2$

52 다음 중 게이지압력을 옳게 표시한 것은?
① 게이지압력＝절대압력－대기압
② 게이지압력＝대기압－절대압력
③ 게이지압력＝대기압＋절대압력
④ 게이지압력＝절대압력＋진공압력

해설
- 게이지압력＝절대압력－대기압
- 절대압력
  －대기압＋계기압
  －대기압－진공압

53 같은 조건일 때 액화시키기 가장 쉬운 가스는?
① 수소 ② 암모니아
③ 아세틸렌 ④ 네온

해설 비점온도
- 암모니아(－33℃) 임계압력 111.3atm
- 수소(－252℃) 임계압력 12.8atm
- 아세틸렌(－84℃) 임계압력 61.6atm
- 네온(－249.9℃) 임계압력 26.9atm
※ 비점이 높으면 액화가 용이하다.

54 가스분석 시 이산화탄소의 흡수제로 사용되는 것은?
① KOH ② H₂SO₄
③ NH₄Cl ④ CaCl₂

해설 가스분석 시 이산화탄소(CO_2)의 흡수제로 사용되는 것은 수산화칼륨용액(KOH)이다.

55 연소기 연소상태 시험에 사용되는 도시가스 중 역화하기 쉬운 가스는?
① 13A－1 ② 13A－2
③ 13A－3 ④ 13A－R

해설 역화하기 쉬운 도시가스 : 13A－2 가스

56 나프타(Naphtha)의 가스화 효율이 좋으려면?
① 올레핀계 탄화수소 함량이 많을수록 좋다.
② 파라핀계 탄화수소 함량이 많을수록 좋다.
③ 나프텐계 탄화수소 함량이 많을수록 좋다.
④ 방향족계 탄화수소 함량이 많을수록 좋다.

해설
- 나프타 : 원유의 증류에 의해 얻는 유분 (경질휘발유와 등유의 중간에서 나온다.) 일명 중질 가솔린이다.
- 도시가스, 합성가스 제조이며 파라핀계 탄화수소 함량이 많을수록 좋다.

57 순수한 물 1kg을 1℃ 높이는 데 필요한 열량을 무엇이라 하는가?
① 1kcal ② 1BTU
③ 1CHU ④ 1kJ

해설 1kcal : 순수한 물 1kg을 1℃ 높이는 데 필요한 열량 단위

58 기체의 성질을 나타내는 보일의 법칙(Boyle's law)에서 일정한 값으로 가정한 인자는?
① 압력 ② 온도
③ 부피 ④ 비중

해설 보일의 법칙
기체가 온도 일정에서 그 부피는 압력에 반비례한다. (그 반대는 샤를의 법칙)

59 섭씨온도(℃)의 눈금과 일치하는 화씨온도(℉)는?
① 0 ② －10
③ －30 ④ －40

ANSWER | 51. ① 52. ① 53. ② 54. ① 55. ② 56. ② 57. ① 58. ② 59. ④

해설 °F(화씨온도) $= \frac{9}{5}$ ℃ $+ 32 = \frac{9}{5} \times -40 + 32 = -40$ °F

60 다음 중 폭발범위가 가장 넓은 가스는?
① 암모니아 ② 메탄
③ 황화수소 ④ 일산화탄소

해설 가연성 가스의 폭발범위
- 암모니아(NH_3) : 15~28%
- 메탄(CH_4) : 5~15%
- 황화수소(H_2S) : 4.3~45%
- 일산화탄소(CO) : 12.5~74%

60. ④ | ANSWER

2014년 3회 과년도 기출문제

01 아세틸렌은 폭발형태에 따라 크게 3가지로 분류된다. 이에 해당되지 않는 폭발은?

① 화합폭발　　② 중합폭발
③ 산화폭발　　④ 분해폭발

해설
- 아세틸렌가스 폭발 : 화합폭발, 산화폭발, 분해폭발
- 시안화수소 : 수분에 의해 중합폭발 발생

02 연소에 대한 일반적인 설명 중 옳지 않은 것은?

① 인화점이 낮을수록 위험성이 크다.
② 인화점보다 착화점의 온도가 낮다.
③ 발열량이 높을수록 착화온도는 낮아진다.
④ 가스의 온도가 높아지면 연소범위는 넓어진다.

해설 가연물은 인화점(점화원에 의해 불이 붙는 최저온도)이 착화점(주위 산화열에 의해 온도상승으로 불이 붙는 최저온도)보다 낮다.

03 일반도시가스사업 가스공급시설의 입상관 밸브는 분리가 가능한 것으로서 바닥으로부터 몇 m범위에 설치하여야 하는가?

① 0.5~1m　　② 1.2~1.5m
③ 1.6~2.0m　　④ 2.5~3.0m

해설 가스공급시설 입상관 밸브는 바닥면에서 1.6~2.0m 이내에 설치한다.

04 액화석유가스 사용시설을 변경하여 도시가스를 사용하기 위해서 실시하여야 하는 안전조치 중 잘못 설명한 것은?

① 일반도시가스사업자는 도시가스를 공급한 이후에 연소기 열량의 변경 사실을 확인하여야 한다.
② 액화석유가스의 배관 양단에 막음조치를 하고 호스는 철거하여 설치하려는 도시가스 배관과 구분되도록 한다.
③ 용기 및 부대설비가 액화석유가스 공급자의 소유인 경우에는 도시가스공급 예정일까지 용기 등을 철거해 줄 것을 공급자에게 요청해야 한다.
④ 도시가스로 연료를 전환하기 전에 액화석유가스 안전공급계약을 해지하고 용기 등의 철거와 안전조치를 확인하여야 한다.

해설 일반 도시가스사업자는 도시가스를 공급하기 전에 연소기 열량의 변경사실을 확인한다.

05 시안화수소(HCN)의 위험성에 대한 설명으로 틀린 것은?

① 인화온도가 아주 낮다.
② 오래된 시안화수소는 자체 폭발할 수 있다.
③ 용기에 충전한 후 60일을 초과하지 않아야 한다.
④ 호흡 시 흡입하면 위험하나 피부에 묻으면 아무 이상이 없다.

해설 시안화수소 특징은 ①, ②, ③항 외 무색 투명한 액화가스로 허용농도 10ppm의 독성 가스, 폭발범위 6~41% 가연성 가스, 특이한 복숭아 향이 나며 고농도를 흡입하면 목숨을 잃는다. 물에 용해되면 시안화수소산이라고 한다.

06 고정식 압축도시가스자동차 충전의 저장설비, 처리설비, 압축가스설비 외부에 설치하는 경계책의 설치기준으로 틀린 것은?

① 긴급차단장치를 설치할 경우는 설치하지 아니할 수 있다.
② 방호벽(철근콘크리트로 만든 것)을 설치할 경우는 설치하지 아니할 수 있다.
③ 처리설비 및 압축가스설비가 밀폐형 구조물 안에 설치된 경우는 설치하지 아니할 수 있다.
④ 저장설비 및 처리설비가 액확산방지시설 내에 설치된 경우는 설치하지 아니할 수 있다.

ANSWER | 1.② 2.② 3.③ 4.① 5.④ 6.①

해설 고정식 압축도시가스 자동차 충전의 설비 외부에 긴급차단장치가 설치되어도 경계책은 필요하다.

07 다음 ( ) 안의 ⓐ와 ⓑ에 들어갈 명칭은?

"아세틸렌을 용기에 충전하는 때에는 미리 용기에 다공물질을 고루 채워 다공도가 75% 이상, 92% 미만이 되도록 한 후 (ⓐ) 또는 (ⓑ)를(을) 고루 침윤시키고 충전하여야 한다."

① ⓐ : 아세톤, ⓑ : 알코올
② ⓐ : 아세톤, ⓑ : 물(H_2O)
③ ⓐ : 아세톤, ⓑ : 디메틸포름아미드
④ ⓐ : 알코올, ⓑ : 물(H_2O)

해설 ⓐ : 아세톤[$(CH_3)_2CO$]
ⓑ : 디메틸포름아미드[$HCON(CH_3)_2$]

08 고압가스용 냉동기에 설치하는 안전장치의 구조에 대한 설명으로 틀린 것은?

① 고압차단장치는 그 설정압력이 눈으로 판별할 수 있는 것으로 한다.
② 고압차단장치는 원칙적으로 자동복귀방식으로 한다.
③ 안전밸브는 작동압력을 설정한 후 봉인될 수 있는 구조로 한다.
④ 안전밸브 각부의 가스통과 면적은 안전밸브의 구경면적 이상으로 한다.

해설 고압가스용 냉동기 안전장치 중 고압차단장치는 원칙적으로 수동복귀식으로 한다.

09 공기 중에서 폭발하한치가 가장 낮은 것은?

① 시안화수소　② 암모니아
③ 에틸렌　　　④ 부탄

해설 가연성 가스 폭발범위(하한치~상한치)
• 시안화수소(HCN) : 6~41%
• 암모니아(NH_3) : 15~25%
• 에틸렌(C_2H_4) : 2.7~36%
• 부탄(C_4H_{10}) : 1.8~8.4%

10 도시가스사용시설 중 자연배기식 반밀폐식 보일러에서 배기톱의 옥상돌출부는 지붕면으로부터 수직거리로 몇 cm 이상으로 하여야 하는가?

① 30　② 50
③ 90　④ 100

해설 자연배기방식(반밀폐식 보일러) 배기톱의 옥상돌출부 지붕면으로부터 수직거리 100cm 이상

11 고압가스 제조설비에 설치하는 가스누출경보 및 자동차단장치에 대한 설명으로 틀린 것은?

① 계기실 내부에도 1개 이상 설치한다.
② 잡가스에는 경보하지 아니하는 것으로 한다.
③ 누출을 검지하여 그 농도를 지시함과 동시에 경보를 울리는 방식으로 한다.
④ 가연성 가스의 제조설비에 격막 갈바니 전지방식의 것을 설치한다.

해설 • 가스검지법
　- 시험지법
　- 검지관법
　- 가연성 가스 검출기(안전등형, 간섭계형, 열선형)
• 격막 갈바니 전지방식 : 가스누출검지경보장치

12 고압가스 용기의 파열사고 원인으로서 가장 거리가 먼 내용은?

① 압축산소를 충전한 용기를 차량에 눕혀서 운반하였을 때
② 용기의 내압이 이상 상승하였을 때
③ 용기 재질의 불량으로 인하여 인장강도가 떨어질 때
④ 균열되었을 때

해설 압축가스는 부득이한 경우에는 용기를 차량에 눕혀서 운반할 수 있다.

13 공기 중 폭발범위에 따른 위험도가 가장 큰 가스는?

① 암모니아　② 황화수소
③ 석탄가스　④ 이황화탄소

7. ③　8. ②　9. ④　10. ④　11. ④　12. ①　13. ④ | ANSWER

해설
- 가연성 가스 위험도
$$H = \frac{폭발상한계 - 폭발하한계}{폭발하한계}$$
- 가스의 폭발범위
  - 암모니아 : 15~25%
  - 황화수소 : 4.3~45%
  - 이황화탄소 : 1.25~44%
  - 석탄가스(CO) : 12.5~74%
- 위험도(이황화탄소)
$$\frac{44 - 1.25}{1.25} = 34.2$$

14 LP가스 충전설비의 작동상황 점검주기로 옳은 것은?

① 1일 1회 이상 ② 1주일 1회 이상
③ 1월 1회 이상 ④ 1년 1회 이상

해설 액화석유가스(LPG) 충전설비 작동상황
1일 1회 이상

15 고압가스설비에 장치하는 압력계의 눈금은?

① 상용압력의 2.5배 이상, 3배 이하
② 상용압력의 2배 이상, 2.5배 이하
③ 상용압력의 1.5배 이상, 2배 이하
④ 상용압력의 1배 이상, 1.5배 이하

해설 고압가스설비 압력계 눈금
상용압력의 1.5배 이상, 2배 이하 범위

16 도시가스공급시설의 공사계획 승인 및 신고대상에 대한 설명으로 틀린 것은?

① 제조소 안에서 액화가스용 저장탱크의 위치변경공사는 공사계획 신고대상이다.
② 밸브기지의 위치변경공사는 공사계획 신고대상이다.
③ 호칭지름이 50mm 이하인 저압의 공급관을 설치하는 공사는 공사계획 신고대상에서 제외한다.
④ 저압인 사용자공급관 50m를 변경하는 공사는 공사계획 신고대상이다.

해설 도시가스 공급시설의 공사계획 승인 및 신고대상에서 밸브기지의 위치변경공사는 신고대상이 아니다.

17 공정과 설비의 고장형태 및 영향, 고장형태별 위험도 순위 등을 결정하는 안전성평가기법은?

① 위험과 운전분석(HAZOP)
② 예비위험분석(PHA)
③ 결함수분석(FTA)
④ 이상위험도 분석(FMECA)

해설 이상위험도 분석(FMECA ; Failure Modes Effects and Criticaty Analysis)
공정 및 설비고장의 형태 및 영향, 고장형태별 위험도 순위 등을 결정하는 기법이다.

18 다음은 이동식 압축도시가스 자동차충전시설을 점검한 내용이다. 이 중 기준에 부적합한 경우는?

① 이동충전차량과 가스배관구를 연결하는 호수의 길이가 6m였다.
② 가스배관구 주위에는 가스배관구를 보호하기 위하여 높이 40cm, 두께 13cm인 철근콘크리트 구조물이 설치되어 있었다.
③ 이동충전차량과 충전설비 사이 거리는 8m이었고, 이동충전차량과 충전설비 사이에 강판제 방호벽이 설치되어 있었다.
④ 충전설비 근처 및 충전설비에서 6m 떨어진 장소에 수동긴급차단장치가 각각 설치되어 있었으며 눈에 잘 띄었다.

해설 호스의 길이 : 3m 이내

19 독성 가스 저장시설의 제독조치로서 옳지 않은 것은?

① 흡수, 중화조치
② 흡착 제거조치
③ 이송설비로 대기 중에 배출
④ 연소조치

해설 독성 가스 저장시설의 제독조치
①, ②, ④항

ANSWER | 14. ① 15. ③ 16. ② 17. ④ 18. ① 19. ③

20 도시가스 배관의 지하매설시 사용하는 침상재료(Bedding)는 배관 하단에서 배관 상단 몇 cm까지 포설하는가?
① 10　　② 20
③ 30　　④ 50

해설
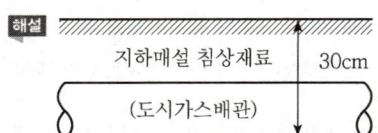

21 시안화수소를 충전한 용기는 충전 후 몇 시간 정치한 뒤 가스의 누출검사를 해야 하는가?
① 6　　② 12
③ 18　　④ 24

해설 시안화수소(HCN)를 충전한 용기는 충전 후 24시간 정치한 후에 가스의 누출검사를 해야 한다.

22 폭발 등급은 안전간격에 따라 구분한다. 폭발 등급 1급이 아닌 것은?
① 일산화탄소　　② 메탄
③ 암모니아　　④ 수소

해설 폭발등급에 따른 위험성
3등급 > 2등급 > 1등급
※ 3등급 가스
　수소(H_2), 수성 가스($CO+H_2$), 이황화탄소(CS_2), 아세틸렌(C_2H_2)

23 염소(Cl_2)의 재해방지용으로서 흡수제 및 제해제가 아닌 것은?
① 가성소다 수용액　　② 소석회
③ 탄산소다 수용액　　④ 물

해설 물이 흡수제 및 제해제인 독성 가스
• 아황산가스
• 암모니아
• 산화에틸렌
• 염화메탄

24 다음 굴착공사 중 굴착공사를 하기 전에 도시가스사업자와 협의를 하여야 하는 것은?
① 굴착공사 예정지역 범위에 묻혀 있는 도시가스 배관의 길이가 110m인 굴착공사
② 굴착공사 예정지역 범위에 묻혀 있는 송유관의 길이가 200m인 굴착공사
③ 해당 굴착공사로 인하여 압력이 3.2kPa인 도시가스배관의 길이가 30m 노출될 것으로 예상되는 굴착공사
④ 해당 굴착공사로 인하여 압력이 0.8MPa인 도시가스배관의 길이가 8m 노출될 것으로 예상되는 굴착공사

해설 굴착으로 인한 배관손상 방지를 위하여 고압배관 길이가 100m 이상이면 도시가스사업자와 협의해야 한다.

25 건축물 내 도시가스 매설배관으로 부적합한 것은?
① 동관
② 강관
③ 스테인리스강
④ 가스용 금속플렉시블호스

해설 강관은 부식력이 커서 매설배관으로 사용하는 것은 부적당하다.

26 고압가스안전관리법의 적용을 받는 가스는?
① 철도차량의 에어컨디셔너 안의 고압가스
② 냉동능력 3톤 미만인 냉동설비 안의 고압가스
③ 용접용 아세틸렌가스
④ 액화브롬화메탄 제조설비 외에 있는 액화브롬화메탄

해설 시행령 제2조에 의거 15℃에서 압력이 0Pa를 초과하는 아세틸렌 가스는 고압가스이다. (①, ②, ④항 가스는 고압가스안전관리법에서 제외한다)

20. ③　21. ④　22. ④　23. ④　24. ①　25. ②　26. ③ | ANSWER

27 일반도시가스사업자의 가스공급시설 중 정압기의 분해점검주기의 기준은?

① 1년에 1회 이상　② 2년에 1회 이상
③ 3년에 1회 이상　④ 5년에 1회 이상

해설 도시가스 정압기의 분해점검주기
2년에 1회 이상

28 자동차용 압축천연가스 완속충전설비에서 실린더 내경이 100mm, 실린더의 행정이 200mm, 회전수가 100rpm일 때 처리능력(m^3/h)은 얼마인가?

① 9.42　② 8.21
③ 7.05　④ 6.15

해설 단면적 = $\frac{\pi}{4}d^2 = \frac{3.14}{4} \times (0.1)^2$
1행정 가스 용적 = 단면적 × 실린더 행정
1분당 회전수 = 100회, 1시간 = 60분
∴ 처리능력 = $\frac{3.14}{4} \times (0.1)^2 \times 0.2 \times 100 \times 60 = 9.42 m^3$

29 다음 중 가연성이면서 유독한 가스는?

① NH_3　② H_2
③ CH_4　④ N_2

해설 ㉠ 암모니아(NH_3) : 가연성, 독성 가스
㉡ 수소(H_2) : 가연성 가스
㉢ 메탄(CH_4) : 가연성 가스
㉣ 질소(N_2) : 불연성 가스

30 다음은 어떤 안전설비에 대한 설명인가?

> 설비가 잘못 조작되거나 정상적인 제조를 할 수 없는 경우 자동으로 원재료의 공급을 차단시키는 등 고압가스 제조설비 안의 제조를 제어하는 기능을 한다.

① 긴급이송설비　② 인터록기구
③ 안전밸브　④ 벤트스택

해설 인터록기구
설비가 잘못 조작되거나 정상적인 제조를 할 수 없는 경우 자동적으로 원재료의 공급을 차단시키는 등 고압가스 제조설비 안의 제조를 제어하는 기능이다.

31 LPG를 탱크로리에서 저장탱크로 이송 시 작업을 중단해야 되는 경우가 아닌 것은?

① 과충전이 된 경우
② 충전기에서 자동차에 충전하고 있을 때
③ 작업 중 주위에 화재 발생 시
④ 누출이 생길 경우

해설 LPG(액화석유가스) 탱크로리에서 저장탱크로 이송 시 작업을 중단해야 하는 사항 : ①, ③, ④항

32 다음 배관재료 중 사용온도 350℃ 이하, 압력 10MPa 이상의 고압관에 사용되는 것은?

① SPP　② SPPH
③ SPPW　④ SPPG

해설
- 10MPa 이하용 : SPPS(압력배관용)
- 10MPa 이상용 : SPPH(고압배관용)

33 대형 저장탱크 내를 가는 스테인리스관으로 상하로 움직여 관 내에서 분출하는 가스상태와 액체상태의 경계면을 찾아 액면을 측정하는 액면계로 옳은 것은?

① 슬립튜브식 액면계　② 유리관식 액면계
③ 클링커식 액면계　④ 플로트식 액면계

해설 슬립튜브식 액면계
대형 저장탱크 내를 가는 스테인리스관을 상하로 움직여 관 내에서 분출하는 가스상태와 액체상태의 경계면을 찾아 액면을 측정하는 액면체

34 내압이 0.4~0.5MPa 이상이고, LPG나 액화가스와 같이 낮은 비점의 액체일 때 사용되는 터보식 펌프의 매커니컬 실 형식은?

① 더블 실　② 아웃사이드 실
③ 밸런스 실　④ 언밸런스 실

해설 밸런스 실(면압밸런스 형식)
축봉장치(터보식 펌프 메커니컬 실)에서 내압이 0.4~0.5MPa 이상이고 LPG나 액화가스에서 비교적 비점이 낮은 액화가스용

ANSWER | 27. ② 28. ① 29. ① 30. ② 31. ② 32. ② 33. ① 34. ③

35 3단 토출압력이 2MPa·g이고, 압축비가 2인 4단공기압축기에서 1단 흡입 압력은 약 몇 MPa·g인가?

① 0.16 MPa·g ② 0.26 MPa·g
③ 0.36 MPa·g ④ 0.46 MPa·g

해설
- 압축비 $(P_m) = \sqrt[z]{\dfrac{P_2}{P_1}} = 2$
- 3단 토출압력 : 2MPa·g
- 절대압력 = 2 + 0.1 = 2.1MPa·a
- 압축비 = $\dfrac{\text{토출절대압력}}{\text{흡입절대압력}}$
- 3단 흡입압력(2단 토출압력) = $\dfrac{\text{토출압력}}{\text{압축비}}$
  - ㉠ 3단 흡입 = $\dfrac{2.1}{2}$ = 1.05MPa·a
  - ㉡ 2단 흡입 = $\dfrac{1.05}{2}$ = 0.525MPa·a
  - ㉢ 1단 흡입 = $\dfrac{0.525}{2}$ = 0.26MPa·a
- ∴ 1단 흡입 = 0.26MPa·a − 0.1MPa·a
  = 0.16MPa·g (게이지압력)

36 반복하중에 의해 재료의 저항력이 저하하는 현상을 무엇이라고 하는가?

① 교축 ② 크리프
③ 피로 ④ 응력

해설 피로 : 반복하중에 의해 재료의 저항력이 저하하는 현상

37 가연성 가스 검출기 중 탄광에서 발생하는 CH_4의 농도를 측정하는 데 주로 사용되는 것은?

① 간섭계형 ② 안전등형
③ 열선형   ④ 반도체형

해설 안전등형 가연성 가스 검출기
탄광에서 발생하는 메탄(CH_4) 가스의 농도측정기

38 저온액화가스 탱크에서 발생할 수 있는 열의 침입현상으로 가장 거리가 먼 것은?

① 연결된 배관을 통한 열전도
② 단열재를 충전한 공간에 남은 가스분자의 열전도
③ 내면으로부터의 열전도
④ 외면의 열복사

해설 저온가스 내 열의 침입은 내면이 아닌 외면으로부터 침입현상을 방지하여야 한다.

39 가연성 가스를 냉매로 사용하는 냉동제조시설의 수액기에는 액면계를 설치한다. 다음 중 수액기의 액면계로 사용할 수 없는 것은?

① 환형유리관 액면계 ② 차압식 액면계
③ 초음파식 액면계   ④ 방사선식 액면계

해설 환형유리관 액면계는 유리원통관이라서 냉매액을 저장하는 수액기의 액면계로 사용할 수 없다.

40 LP가스 자동차충전소에서 사용하는 디스펜서(Dispenser)에 대하여 옳게 설명한 것은?

① LP가스 충전소에서 용기에 일정량의 LP가스를 충전하는 충전기기이다.
② LP가스 충전소에서 용기에 충전하는 가스용적을 계량하는 기기이다.
③ 압축기를 이용하여 탱크로리에서 저장탱크로 LP가스를 이송하는 장치이다.
④ 펌프를 이용하여 LP가스를 저장탱크로 이송할 때 사용하는 안전장치이다.

해설 LP가스 디스펜서
충전소에서 LP가스 용기에 일정량의 LP가스를 충전하는 충전기기이다.

41 다음 중 왕복식 펌프에 해당하는 것은?

① 기어펌프   ② 베인펌프
③ 터빈펌프   ④ 플런저펌프

해설 왕복식 펌프
- 플런저 펌프
- 워싱턴 펌프
- 웨어 펌프

35. ① 36. ③ 37. ② 38. ③ 39. ① 40. ① 41. ④

42 도시가스의 측정사항에 있어서 반드시 측정하지 않아도 되는 것은?
① 농도 측정 ② 연소성 측정
③ 압력 측정 ④ 열량 측정

해설 독성 가스는 독성허용농도 측정이 가능하다.

43 펌프의 실제 송출유량을 Q, 펌프 내부에서의 누설유량을 $0.6Q$, 임펠러 속을 지나는 유량을 $1.6Q$라 할 때 펌프의 체적효율(η_V)은?
① 37.5% ② 40%
③ 60% ④ 62.5%

해설 펌프의 체적효율 $= \left(1 - \dfrac{0.6Q}{1.6Q}\right) \times 100$
$= 62.5\%$

44 LP가스 공급방식 중 자연기화방식의 특징에 대한 설명으로 틀린 것은?
① 기화능력이 좋아 대량 소비 시에 적당하다.
② 가스 조성의 변화량이 크다.
③ 설비장소가 크게 된다.
④ 발열량의 변화량이 크다.

해설 LP 자연기화방식(외기온도 사용)
기화능력이 나빠서 소량 소비 시에 적당하다.

45 다음 [보기]에서 설명하는 정압기의 종류는?

[보기]
• Unloading 형이다.
• 본체는 복좌밸브로 되어 있어 상부에 다이어프램을 가진다.
• 정특성은 아주 좋으나 안정성은 떨어진다.
• 다른 형식에 비하여 크기가 크다.

① 레이놀드 정압기
② 엠코 정압기
③ 피셔식 정압기
④ 엑셀 플로식 정압기

해설 레이놀드식 정압기
• 언로딩형(변칙성)
• 본체는 복좌밸브형(상부에 다이어프램이 있다.)
• 정특성, 동특성 양호
• 비교적 콤팩트하다.

46 도시가스 제조방식 중 촉매를 사용하여 사용온도 400~800℃에서 탄화수소와 수증기를 반응시켜 수소, 메탄, 일산화탄소, 탄산가스 등의 저급 탄화수소로 변환시키는 프로세스는?
① 열분해 프로세스
② 접촉분해 프로세스
③ 부분연소 프로세스
④ 수소화분해 프로세스

해설 접촉분해 프로세스
• 도시가스 제조방식이다.
• 촉매를 사용하여 400~800℃에서 탄화수소와 H_2O를 반응시킨다.
• 수소, 메탄, CO, CO_2 등의 저급탄화수소 제조

47 수소의 공업적 용도가 아닌 것은?
① 수증기의 합성
② 경화유의 제조
③ 메탄올의 합성
④ 암모니아 합성

해설 수소는 NH_3 제조, CH_3OH(메탄올)의 원료 등 ②, ③, ④항의 용도에 사용된다.

48 다음 각 온도의 단위환산 관계로서 틀린 것은?
① 0℃ = 273K ② 32°F = 492°R
③ 0K = −273℃ ④ 0K = 460°R

해설 • 0K = −273℃
• 0°R = −460°F

ANSWER | 42.① 43.④ 44.① 45.① 46.② 47.① 48.④

49 다음 중 저장소의 바닥부 환기에 가장 중점을 두어야 하는 가스는?
① 메탄 ② 에틸렌
③ 아세틸렌 ④ 부탄

해설 • 가스의 비중이 클수록(분자량이 큰 가스) 저장소 바닥에 환기시킨다.
• 가스비중
 −메탄(16)
 −에틸렌(28)
 −아세틸렌(26)
 −부탄(58)

50 고압가스의 성질에 따른 분류가 아닌 것은?
① 가연성 가스 ② 액화 가스
③ 조연성 가스 ④ 불연성 가스

해설 고압가스의 종류
• 압축가스
• 액화가스
• 용해가스

51 압력이 일정할 때 기체의 절대온도와 체적은 어떤 관계가 있는가?
① 절대온도와 체적은 비례한다.
② 절대온도와 체적은 반비례한다.
③ 절대온도는 체적의 제곱에 비례한다.
④ 절대온도는 체적의 제곱에 반비례한다.

해설 기체는 압력이 일정한 가운데 그 체적은 절대온도에 비례한다(온도 상승=용적 증가, 온도 하강=용적 감소).

52 100J의 일의 양을 cal 단위로 나타내면 약 얼마인가?
① 24 ② 40
③ 240 ④ 400

해설 1cal=4.186J(4.186kJ/kcal)
∴ 100/4.186=24cal

53 표준 상태에서 분자량이 44인 기체의 밀도는?
① 1.96g/L ② 1.96kg/L
③ 1.55g/L ④ 1.55kg/L

해설 • 밀도$(P) = \frac{질량}{체적} = \frac{44}{22.4} = 1.96$g/L
• 1몰=22.4L(질량=고유의 분자량)

54 고압가스 종류별 발생 현상 또는 작용으로 틀린 것은?
① 수소−탈탄작용
② 염소−부식
③ 아세틸렌−아세틸라이드 생성
④ 암모니아−카르보닐 생성

해설 일산화탄소(CO)
$$Ni + 4CO \xrightarrow{150℃} Ni(CO)_4 : 니켈 카르보닐$$
$$Fe + 5CO \xrightarrow[고압]{200℃} Fe(CO)_5 : 철 카르보닐$$

55 정압비열(C_p)과 정적비열(C_v)의 관계를 나타내는 비열비(k)를 옳게 나타낸 것은?
① $k = C_p / C_v$ ② $k = C_v / C_p$
③ $k < 1$ ④ $k = C_v - C_p$

해설 기체비열비$(k) = \frac{C_p}{C_v}$ (항상 1보다 크다.)

56 다음 중 수소(H_2)의 제조법이 아닌 것은?
① 공기액화 분리법
② 석유 분해법
③ 천연가스 분해법
④ 일산화탄소 전화법

해설 • 수소
 −공업적 제법
 −실험적 제법
• 산소
 −공기액화분리법(공업적 제법)
 −실험적 제법

49. ④ 50. ② 51. ① 52. ① 53. ① 54. ④ 55. ① 56. ① | ANSWER

57 수은주 760mmHg 압력은 수주로는 얼마가 되는가?
① 9.33mH₂O ② 10.33mH₂O
③ 11.33mH₂O ④ 12.33mH₂O

해설 표준대기압(1atm) = 10.33mH₂O = 1.033kg/cm²
= 14.7psi = 101325Pa
= 1.013bar = 1013mbar
= 101325N/m²
= 30inHg = 760mmHg

58 일산화탄소의 성질에 대한 설명 중 틀린 것은?
① 산화성이 강한 가스이다.
② 공기보다 약간 가벼우므로 수상치환으로 포집한다.
③ 개미산에 진한 황산을 작용시켜 만든다.
④ 혈액 속의 헤모글로빈과 반응하여 산소의 운반력을 저하시킨다.

해설 일산화탄소(CO)는 환원성이 강한 가스로서 금속의 산화물을 환원시켜 단체금속을 생성한다.
C + H₂O → CO + H₂ (수성 가스법으로 제조)

59 프로판의 완전연소반응식으로 옳은 것은?
① C₃H₈ + 4O₂ → 3CO₂ + 2H₂O
② C₃H₈ + 5O₂ → 3CO₂ + 4H₂O
③ C₃H₈ + 2O₂ → 3CO + H₂O
④ C₃H₈ + O₂ → CO₂ + H₂O

해설 프로판가스(C₃H₈) 연소반응식
C₃H₈ + 5O₂ → 3CO₂ + 4H₂O
1m³ + 5m³ → 3m³ + 4m³

60 다음 중 확산속도가 가장 빠른 것은?
① O₂ ② N₂
③ CH₄ ④ CO₂

해설 기체의 확산속도비(그레이엄의 법칙)
$$\frac{U_1}{U_2} = \sqrt{\frac{M_2}{M_1}} = \sqrt{\frac{d_2}{d_1}}$$
※ 기체의 확산속도는 분자량, 밀도의 제곱근에 반비례한다
 (분자량이 작은 기체는 확산속도가 커진다).

분자량의 크기
산소(32), 질소(28), 메탄(16), 탄산가스(44)

ANSWER | 57. ② 58. ① 59. ② 60. ③

2014년 4회 과년도 기출문제

01 일반도시가스사업 정압기실에 설치되는 기계환기설비 중 배기구의 관경은 얼마 이상으로 하여야 하는가?

① 10cm ② 20cm
③ 30cm ④ 50cm

해설 일반도시가스사업 정압기(가버너)실 기계환기설비 중 배기구의 관경은 10cm(0.1m) 이상 요구된다.

02 액화염소가스 1,375kg을 용량 50L인 용기에 충전하려면 몇 개의 용기가 필요한가?[단, 액화염소가스의 정수(C)는 0.8이다.]

① 20 ② 22
③ 35 ④ 37

해설
- 용량(V) = $G \times C$ = 1,375 × 0.8 = 1,100L
- 용기 개수 = $\dfrac{\text{총 용량}}{\text{용기내용적}}$
  = $\dfrac{1,100L}{50L}$ = 22개

03 차량에 고정된 산소용기 운반차량에는 일반인이 쉽게 식별할 수 있도록 표시하여야 한다. 운반차량에 표시하여야 하는 것은?

① 위험고압가스, 회사명
② 위험고압가스, 전화번호
③ 화기엄금, 회사명
④ 화기엄금, 전화번호

해설 산소용기 운반차량 식별표시 안내

│ 위험고압가스, 전화번호 │

04 고압가스 품질검사에 대한 설명으로 틀린 것은?

① 품질검사 대상 가스는 산소, 아세틸렌, 수소이다.
② 품질검사는 안전관리책임자가 실시한다.
③ 산소는 동·암모니아 시약을 사용한 오르사트법에 의한 시험결과 순도가 99.5% 이상이어야 한다.
④ 수소는 하이드로설파이트 시약을 사용한 오르잣드법에 의한 시험결과 순도가 99.0% 이상이어야 한다.

해설
- 수소가스 : 순도가 98.5% 이상이어야 한다.(용기 내 가스 충전압력이 35℃에서 12MPa 이상일 것)
- 아세틸렌 : 발연황산시약 사용(순도 98% 이상)

05 압력조정기 출구에서 연소기 입구까지의 호스는 얼마 이상의 압력으로 기밀시험을 실시하는가?

① 2.3kPa ② 3.3kPa
③ 5.63kPa ④ 8.4kPa

해설 가스압력조정기(R) 출구에서 연소기 입구까지의 호스 기밀시험 압력 : 8.4kPa

06 도시가스 중압 배관을 매몰할 경우 다음 중 적당한 색상은?

① 회색 ② 청색
③ 녹색 ④ 적색

해설 도시가스 중압배관 매몰 시 색상
적색(지상은 황색 배관)

07 도시가스 공급시설을 제어하기 위한 기기를 설치한 계기실의 구조에 대한 설명으로 틀린 것은?

① 계기실의 구조는 내화구조로 한다.
② 내장재는 불연성 재료로 한다.
③ 창문은 망입(網入)유리 및 안전유리 등으로 한다.
④ 출입구는 1곳 이상에 설치하고 출입문은 방폭문으로 한다.

해설 계기실의 출입구는 2곳 이상 설치하고 출입문은 방폭문(폭발방지문)이어야 한다.

1. ① 2. ② 3. ② 4. ④ 5. ④ 6. ④ 7. ④ | ANSWER

08 LPG 저장탱크에 설치하는 압력계는 상용압력 몇 배 범위의 최고 눈금이 있는 것을 사용하여야 하는가?
  ① 1~1.5배　　② 1.5~2배
  ③ 2~2.5배　　④ 2.5~3배

해설 LPG(액화석유가스) 압력계는 상용압력의 1.5~2배 이하의 최고 눈금을 요한다.

09 고압가스 저장능력 산정기준에서 액화가스의 저장탱크 저장능력을 구하는 식은?(단, Q, W는 저장능력, P는 최고충전압력, V는 내용적, C는 가스종류에 따른 정수, d는 가스의 비중이다.)
  ① $W=0.9dV$　　② $Q=10PV$
  ③ $W=\dfrac{V}{C}$　　④ $Q=(10P+1)V$

해설 액화가스 저장탱크 저장능력(W)
  $W=0.9dV$ (90% 이하 저장 완료)

10 가연성 가스를 취급하는 장소에서 공구의 재질로 사용하였을 경우 불꽃이 발생할 가능성이 가장 큰 것은?
  ① 고무　　② 가죽
  ③ 알루미늄합금　　④ 나무

해설 알루미늄, 마그네슘 분말은 금속화재가 발생할 우려가 있다.

11 액화가스를 충전하는 탱크는 그 내부에 액면요동을 방지하기 위하여 무엇을 설치하여야 하는가?
  ① 방파판　　② 안전밸브
  ③ 액면계　　④ 긴급차단장치

해설 액화가스 저장탱크

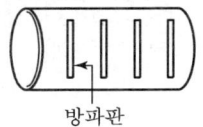
방파판

12 고압가스 충전용 밸브를 가열할 때의 방법으로 가장 적당한 것은?
  ① 60℃ 이상의 더운물을 사용한다.
  ② 열습포를 사용한다.
  ③ 가스버너를 사용한다.
  ④ 복사열을 사용한다.

해설 고압가스 충전용 밸브 가열 시 40℃ 이하의 열습포 사용(가스 온도 기화 및 폭발 방지를 위하여)

13 과압안전장치 형식에서 용전의 용융온도로서 옳은 것은?(단, 저압부에 사용하는 것은 제외한다.)
  ① 40℃ 이하　　② 60℃ 이하
  ③ 75℃ 이하　　④ 105℃ 이하

해설
• 암모니아가스 안전장치 : 파열판, 가용전(용전)을 사용하며 가용전(납+주석)의 용융온도는 75℃ 이하
• 염소의 가용전 용융온도 : 65~68℃

14 특정고압가스 사용시설에서 독성 가스 감압설비와 그 가스의 반응설비 간의 배관에 반드시 설치하여야 하는 설비는?
  ① 안전밸브　　② 역화방지장치
  ③ 중화장치　　④ 역류방지장치

해설 특정고압가스 사용시설

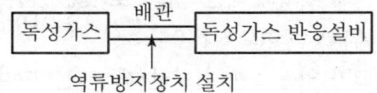
역류방지장치 설치

15 도시가스 도매사업자가 제조소 내에 저장능력이 20만 톤인 지상식 액화천연가스 저장탱크를 설치하고자 한다. 이때 처리능력이 30만 m³인 압축기와 얼마 이상의 거리를 유지하여야 하는가?
  ① 10m　　② 24m
  ③ 30m　　④ 50m

해설 도시가스 도매사업자가 제조소 내 저장능력 20만 톤인 지상식 액화천연가스 저장탱크를 설치할 때 처리능력이 30만 m³인 압축기와의 이격거리(L)

$L = C \times \sqrt[3]{143,000 \times W}$
$= 0.576 \times \sqrt[3]{143,000 \times 200,000} = 30m$

※ 처리설비에서 $C = 0.576$(저압 지하식 저장탱크는 0.240이다.)

16 가스사용시설인 가스보일러의 급·배기방식에 따른 구분으로 틀린 것은?

① 반밀폐형 자연배기식(CF)
② 반밀폐형 강제배기식(FE)
③ 밀폐형 자연배기식(RF)
④ 밀폐형 강제급·배기식(FF)

해설 ③ 밀폐형 자연배기식 : FC 방식

17 다음 중 2중관으로 하여야 하는 가스가 아닌 것은?

① 일산화탄소   ② 암모니아
③ 염화메탄   ④ 염소

해설 2중관으로 하여야 하는 독성 가스
염소, 포스겐, 불소, 아크릴알데히드, 아황산가스, 시안화수소, 황화수소, 염화메탄, 염소, 암모니아

18 용기의 재검사 주기에 대한 기준으로 맞는 것은?

① 압력용기는 1년마다 재검사
② 저장탱크가 없는 곳에 설치한 기화기는 2년마다 재검사
③ 500L 이상 이음매 없는 용기는 5년마다 재검사
④ 용접용기로서 신규검사 후 15년 이상 20년 미만인 용기는 3년마다 재검사

해설 용기의 재검사 주기
• 재검사 주기 : 압력용기 4년
• 기화기(저장탱크가 없는 곳의 기화기) : 3년
• 이음매 없는 용기(500L 이상 : 5년, 500L 미만 용기 중 10년 이하 용기는 5년, 10년 초과 사용용기는 3년)
• 용접용기 : 신규검사 후 15년 이상~20년 미만은 2년

19 도시가스 공급시설의 안전조작에 필요한 조명등의 조도는 몇 럭스 이상이어야 하는가?

① 100   ② 150
③ 200   ④ 300

해설 도시가스 공급시설의 안전조작 조명등은 조도 150럭스 이상 필요하다.

20 암모니아(NH₃) 가스 취급 시 피부에 닿았을 때의 조치사항으로 가장 적당한 것은?

① 열습포로 감싸준다.
② 아연화 연고를 바른다.
③ 산으로 중화시키고 붕대로 감는다.
④ 다량의 물로 세척 후 붕산수를 바른다.

해설 암모니아가 피부에 닿았을 때는 다량의 물로 세척 후 붕산수를 바른다.

21 차량에 고정된 탱크 중 독성 가스는 내용적을 얼마 이하로 하여야 하는가?

① 12,000L   ② 15,000L
③ 16,000L   ④ 18,000L

해설 차량의 탱크 내용적 제한
• 가연성 가스, 산소 : 18,000L 이하
• 독성 가스 : 12,000L 이하(단, 암모니아 독성 가스는 제외)

22 가연성 가스용 가스누출경보 및 자동차단장치의 경보농도 설정치의 기준은?

① ±5% 이하   ② ±10% 이하
③ ±15% 이하   ④ ±25% 이하

해설 가연성 가스의 누출경보 및 자동차단장치 경보농도 설정치 기준은 ±25% 이하(단, 독성은 ±30% 이하)이다.

16. ③ 17. ① 18. ③ 19. ② 20. ④ 21. ① 22. ④ | ANSWER

23 저장탱크 방류둑 용량은 저장능력에 상당하는 용적 이상이어야 한다. 다만, 액화산소 저장탱크의 경우에는 저장능력 상당용적의 몇 % 이상으로 할 수 있는가?

① 40　　② 60
③ 80　　④ 90

해설 방류둑의 용량
- 저장탱크의 저장능력에 상당하는 용적
- 수액기는 내용적의 90% 이상
- 액화산소 저장탱크의 방류둑은 저장능력 상당용적의 60% 이상

24 도시가스사업법에서 정한 특정가스사용시설에 해당하지 않는 것은?

① 제1종 보호시설 내 월사용예정량 $1,000m^3$ 이상인 가스사용시설
② 제2종 보호시설 내 월사용예정량 $2,000m^3$ 이상인 가스사용시설
③ 월사용예정량 $2,000m^3$ 이하인 가스사용시설 중 많은 사람이 이용하는 시설로 시·도지사가 지정하는 시설
④ 전기사업법, 에너지이용합리화법에 의한 가스사용시설

해설 고압가스법에서는 전기사업법, 에너지이용합리화법에 의한 가스사용시설은 제외한다.

25 LPG 충전·집단공급 저장시설의 공기에 의한 내압시험 시 상용압력의 일정 압력 이상으로 승압한 후 단계적으로 승압시킬 때, 상용압력의 몇 %씩 증가시켜 내압시험 압력에 달하였을 때 이상이 없어야 하는가?

① 5%　　② 10%
③ 15%　　④ 20%

해설 저장시설 내압시험 단계승압 범위
10%씩 증가시켜 단계별로 내압시험을 한다.

26 도시가스 배관을 지상에 설치 시 검사 및 보수를 위하여 지면으로부터 몇 cm 이상의 거리를 유지하여야 하는가?

① 10cm　　② 15cm
③ 20cm　　④ 30cm

해설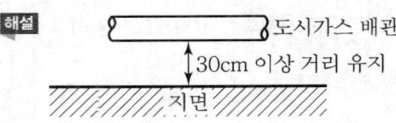

27 다음 각 가스의 정의에 대한 설명으로 틀린 것은?

① 압축가스란 일정한 압력에 의하여 압축되어 있는 가스를 말한다.
② 액화가스란 가압·냉각 등의 방법에 의하여 액체 상태로 되어 있는 것으로서 대기압에서의 끓는점이 40℃ 이하 또는 상용온도 이하인 것을 말한다.
③ 독성 가스란 인체에 유해한 독성을 가진 가스로서 허용농도가 100만분의 3,000 이하인 것을 말한다.
④ 가연성 가스란 공기 중에서 연소하는 가스로서 폭발한계의 하한이 10% 이하인 것과 폭발한계의 상한과 하한의 차가 20% 이상인 것을 말한다.

해설 독성 가스
독성 허용농도가 100만분의 200 이하인 가스이다.

28 용기 신규검사에 합격된 용기 부속품 각인에서 초저온 용기나 저온 용기의 부속품에 해당하는 기호는?

① LT　　② PT
③ MT　　④ UT

해설
- LT : 초저온 용기 및 저온 용기
- PG : 압축가스 충전용기
- AG : 아세틸렌가스 충전용기
- LPG : 액화석유가스 충전용기

29 압축, 액화 등의 방법으로 처리할 수 있는 가스의 용적이 1일 100m³ 이상인 사업소에는 표준이 되는 압력계를 몇 개 이상 비치하여야 하는가?

① 1개 ② 2개
③ 3개 ④ 4개

해설 1일 100m³ 이상의 처리사업소는 압력계를 2개 이상 비치한다.

30 가연성 가스 및 독성 가스의 충전용기보관실에 대한 안전거리 규정으로 옳은 것은?

① 충전용기 보관실 1m 이내에 발화성 물질을 두지 말 것
② 충전용기 보관실 2m 이내에 인화성 물질을 두지 말 것
③ 충전용기 보관실 3m 이내에 발화성 물질을 두지 말 것
④ 충전용기 보관실 8m 이내에 인화성 물질을 두지 말 것

해설
2m 이내에는 인화성 물질 차단

가연성 가스 / 독성가스) 충전용기 보관실 ↔ 인화성 물질

31 배관 속을 흐르는 액체의 속도를 급격히 변화시키면 물이 관벽을 치는 현상이 일어나는데 이런 현상을 무엇이라 하는가?

① 캐비테이션 현상
② 워터해머링 현상
③ 서징 현상
④ 맥동현상

해설 액해머링(워터해머링) 현상
배관 내 유체의 속도를 급격히 변화시키면 물이 관벽을 치는 현상

32 증기 압축식 냉동기에서 냉매가 순환되는 경로로 옳은 것은?

① 압축기 → 증발기 → 응축기 → 팽창밸브
② 증발기 → 응축기 → 압축기 → 팽창밸브
③ 증발기 → 팽창밸브 → 응축기 → 압축기
④ 압축기 → 응축기 → 팽창밸브 → 증발기

해설 증기압축식 냉동기(프레온, 암모니아 사용)의 냉매 순환 경로

압축기 → 응축기 → 팽창밸브 → 증발기 (순환)

33 오리피스 미터의 특징에 대한 설명으로 옳은 것은?

① 압력 손실이 매우 작다.
② 침전물이 관 벽에 부착되지 않는다.
③ 내구성이 좋다.
④ 제작이 간단하고 교환이 쉽다.

해설 오리피스 차압식 유량계는 압력손실이 크고 침전물의 생성 우려가 많지만 제작이 간단하고 교환이 용이하며, 유량신뢰도가 크다.

34 도시가스의 품질검사 시 가장 많이 사용되는 검사방법은?

① 원자흡광광도법
② 가스크로마토그래피법
③ 자외선, 적외선 흡수분광법
④ ICP법

해설 가스크로마토그래피법
도시가스 품질검사 시 가장 많이 사용하는 검사법

35 고압가스안전관리법령에 따라 고압가스 판매시설에서 갖추어야 할 계측설비가 바르게 짝지어진 것은?

① 압력계, 계량기 ② 온도계, 계량기
③ 압력계, 온도계 ④ 온도계, 가스분석계

해설 고압가스 판매시설 계측설비
• 가스압력계
• 가스계량기(가스미터기)

36 연소기의 설치방법으로 틀린 것은?
① 환기가 잘되지 않은 곳에는 가스온수기를 설치하지 아니한다.
② 밀폐형 연소기는 급기구 및 배기통을 설치하여야 한다.
③ 배기통의 재료는 불연성 재료로 한다.
④ 개방형 연소기가 설치된 실내에는 환풍기를 설치한다.

해설 밀폐형 연소기는 급기와 배기가 혼합되어 설치되므로 별도로 부착하지 않아도 된다.

37 도시가스 정압기에 사용되는 정압기용 필터의 제조기술 기준으로 옳은 것은?
① 내가스 성능시험의 질량변화율은 5~8%이다.
② 입·출구 연결부는 플랜지식으로 한다.
③ 기밀시험은 최고사용압력 1.25배 이상의 수압으로 실시한다.
④ 내압시험은 최고사용압력 2배의 공기압으로 실시한다.

해설 도시가스 정압기 필터 제조기술 기준은 입, 출구 연결부는 플랜지식으로 한다.

38 압력조정기의 종류에 따른 조정압력이 틀린 것은?
① 1단 감압식 저압조정기 : 2.3~3.3kPa
② 1단 감압식 준저압조정기 : 5~30kPa 이내에서 제조자가 설정한 기준압력의 ±20%
③ 2단 감압식 2차용 저압조정기 : 2.3~3.3kPa
④ 자동절체식 일체형 저압조정기 : 2.3~3.3kPa

해설 ④ 자동절체식 일체형 저압조정기 조정압력 : 2.55~3.3kPa

39 용기의 내용적이 105L인 액화암모니아 용기에 충전할 수 있는 가스의 충전량은 약 몇 kg인가?(단, 액화암모니아의 가스정수 C값은 1.86이다.)
① 20.5   ② 45.5
③ 56.5   ④ 117.5

해설 가스 충전량$(W) = \dfrac{V}{C} = \dfrac{105}{1.86} = 56.5\text{kg}$

40 가스미터의 설치장소로서 가장 부적당한 곳은?
① 통풍이 양호한 곳
② 전기공작물 주변의 직사광선이 비치는 곳
③ 가능한 한 배관의 길이가 짧고 꺾이지 않는 곳
④ 화기와 습기에서 멀리 떨어져 있고 청결하며 진동이 없는 곳

해설 가스미터기(가스계량기)는 전기공작물 주변이나 직사광선이 비치지 않는 곳에 설치하여야 한다.

41 구조가 간단하고 고압, 고온 밀폐탱크의 압력까지 측정이 가능하여 가장 널리 사용되는 액면계는?
① 클링커식 액면계
② 벨로스식 액면계
③ 차압식 액면계
④ 부자식 액면계

해설 부자식(플로트식) 액면계
• 구조가 간단하다.
• 고압, 고온에 사용된다.
• 밀폐탱크에 사용된다.

42 도시가스시설 중 입상관에 대한 설명으로 틀린 것은?
① 입상관이 화기가 있을 가능성이 있는 주위를 통과하여 불연재료로 차단조치를 하였다.
② 입상관의 밸브는 분리 가능한 것으로서 바닥으로부터 1.7m의 높이에 설치하였다.
③ 입상관의 밸브를 어린 아이들이 장난을 못하도록 3m의 높이에 설치하였다.
④ 입상관의 밸브 높이가 1m이어서 보호상자 안에 설치하였다.

해설 입상관 밸브 설치높이
1.6~2m 이내에 설치한다.

43 사용 압력이 2MPa, 관의 인장강도가 20kg/mm²일 때의 스케줄 번호(Sch No.)는?(단, 안전율은 4로 한다.)
① 10 ② 20
③ 40 ④ 80

해설 스케줄 번호(Sch No.)
$$= 10 \times \frac{P}{S} = 10 \times \frac{20\text{kg/cm}^2}{20 \times \frac{1}{4}} = 40$$

※ $1\text{MPa} = 10\text{kg/cm}^2$

허용응력(S) = 인장강도 × $\frac{1}{\text{안전율}}$

44 액주식 압력계에 사용되는 액체의 구비조건으로 틀린 것은?
① 화학적으로 안정되어야 한다.
② 모세관 현상이 없어야 한다.
③ 점도와 팽창계수가 작아야 한다.
④ 온도변화에 의한 밀도변화가 커야 한다.

해설 액주식 압력계(유자관, 경사관 등)는 온도변화에 의한 밀도(kg/m³)변화가 적어야 한다.

45 부취제 주입용기를 가스압으로 밸런스시켜 중력에 의해서 부취제를 가스 흐름 중에 주입하는 방식은?
① 적하 주입방식
② 펌프 주입방식
③ 위크증발식 주입방식
④ 미터연결 바이패스 주입방식

해설 적하 주입방식
가스 부취제(냄새) 주입용기를 가스압으로 밸런스시켜 중력에 의해서 가스부취제를 가스흐름 중에 주입한다.(부취제는 가스양의 $\frac{1}{1,000}$ 의 양)

46 절대영도로 표시한 것 중 가장 거리가 먼 것은?
① −273.15℃ ② 0K
③ 0R ④ 0°F

해설
- 0K = −273℃
- K = ℃ + 273
- 0°R = −460°F
- °R = °F + 460

47 압력단위를 나타낸 것은?
① kg/cm² ② kL/m²
③ kcal/mm² ④ kV/km²

해설 압력단위
kg/cm² = psi = kPa = MPa = mmHg 등

48 '효율이 100%인 열기관은 제작이 불가능하다.'라고 표현되는 법칙은?
① 열역학 제0법칙 ② 열역학 제1법칙
③ 열역학 제2법칙 ④ 열역학 제3법칙

해설 열역학 제2법칙
효율이 100%인 열기관 제작은 불가능하다.(입력과 출력이 같은 기관은 제2종 영구기관이며 열역학 제2법칙에 위배된다.)

49 일산화탄소 전화법에 의해 얻고자 하는 가스는?
① 암모니아 ② 일산화탄소
③ 수소 ④ 수성가스

해설 수소가스
일산화탄소 전화법에 의해 제조가 가능하다.
$CO + H_2O \rightarrow CO_2 + H_2 + 9.8\text{kcal}$

50 공급가스인 천연가스 비중이 0.6이라 할 때 45m 높이의 아파트 옥상까지의 압력손실은 약 몇 mmH₂O 인가?
① 18.0 ② 23.3
③ 34.9 ④ 27.0

해설 압력손실 = $1.293(S-1)h$
$= 1.293 \times (1-0.6) \times 45$
$= 23.3\text{mmH}_2\text{O}$

※ 1.293kg/Nm^3 : 표준상태의 공기 밀도(비중량)

51 염소(Cl_2)에 대한 설명으로 틀린 것은?
① 황록색의 기체로 조연성이 있다.
② 강한 자극성의 취기가 있는 독성 기체이다.
③ 수소와 염소의 등량 혼합기체를 염소폭명기라 한다.
④ 건조 상태의 상온에서 강재에 대하여 부식성을 갖는다.

해설 염소가스는 습한 상태에서만 강재에 대한 부식성을 갖는다.
※ 조연성 : 연소성을 도와준다.

52 A의 분자량은 B의 분자량의 2배이다. A와 B의 확산 속도의 비는?
① $\sqrt{2}$: 1   ② 4 : 1
③ 1 : 4   ④ 1 : $\sqrt{2}$

해설 확산속도 = $\dfrac{u_1}{u_2} = \dfrac{\sqrt{M_2}}{\sqrt{M_1}} = \sqrt{\dfrac{d_2}{d_1}} = \sqrt{\dfrac{1}{2}}$

∴ 1 : $\sqrt{2}$

53 순수한 물의 증발잠열은?
① 539kcal/kg   ② 79.68kcal/kg
③ 539cal/kg   ④ 79.68cal/kg

해설 • 물 100℃의 증발잠열 : 539kcal/kg(2,256.25kJ/kg)
• 얼음 0℃의 융해잠열 : 79.68kcal/kg(333.54kJ/kg)

54 주기율표의 0족에 속하는 불활성 가스의 성질이 아닌 것은?
① 상온에서 기체이며, 단원자 분자이다.
② 다른 원소와 잘 화합한다.
③ 상온에서 무색, 무미, 무취의 기체이다.
④ 방전관에 넣어 방전시키면 특유의 색을 낸다.

해설 불활성 가스는 안정되어서 다른 원소와는 화합하지 않는다.
(아르곤, 네온, 헬륨, 크립톤, 크세논, 라돈 등 0족)

55 게이지압력 1,520mmHg는 절대압력으로 몇 기압인가?
① 0.33atm   ② 3atm
③ 30atm   ④ 33atm

해설 • 1atm(표준대기압)=760mmHg
• 절대압력=게이지압력+1atm(abs)
$1 \times \dfrac{1,520}{760} = 2atm$
∴ abs(절대압)=2+1=3atm

56 부탄(C_4H_{10}) 가스의 비중은?
① 0.55   ② 0.9
③ 1.5   ④ 2

해설 가스비중 = $\dfrac{가스분자량}{공기분자량(29)}$
• 부탄원자량 $C_4H_{10} = 12 \times 4 = 48$, $1 \times 10 = 10$
• 분자량 = 48+10 = 58
∴ 비중 = $\dfrac{58}{29} = 2$

57 도시가스는 무색, 무취이기 때문에 누출 시 중독 및 사고를 미연에 방지하기 위하여 부취제를 첨가하는데 그 첨가비율의 용량이 얼마인 상태에서 냄새를 감지할 수 있어야 하는가?
① 0.1%   ② 0.01%
③ 0.2%   ④ 0.02%

해설 도시가스의 부취제 함량 = $\dfrac{1}{1,000} = 0.1\%$

58 LPG 1L가 기화해서 약 250L의 가스가 된다면 10kg의 액화 LPG가 기화하면 가스 체적은 얼마가 되는가?(단, 액화 LPG의 비중은 0.5이다.)
① 1.25m³   ② 5.0m³
③ 10.0m³   ④ 25m³

해설 LPG 가스용량(V) = $\dfrac{10}{0.5} = 20L$
∴ 기화가스양(V_2) = 20×250 = 5,000L = 5m³

59 시안화수소 충전에 대한 설명 중 틀린 것은?
① 용기에 충전하는 시안화수소는 순도가 98% 이상이어야 한다.
② 시안화수소를 충전한 용기는 충전 후 24시간 이상 정치한다.
③ 시안화수소는 충전 후 30일이 경과되기 전에 다른 용기에 옮겨 충전하여야 한다.
④ 시안화수소 충전용기는 1일 1회 이상 질산구리벤젠지 등의 시험지로 가스누출 검사를 한다.

해설
- 시안화수소(HCN) 가스는 충전 후 60일이 경과되기 전 다른 용기에 옮겨서 충전하여야 한다.
- 시안화수소의 가연성 폭발범위 : 6~41%
- 시안화수소의 독성 허용농도 : 10ppm

60 다음 중 절대압력을 정하는데 기준이 되는 것은?
① 게이지압력　② 국소 대기압
③ 완전진공　　④ 표준 대기압

해설 절대압력
완전진공상태에서 정하는 압력
- 게이지압력 = 절대압력 – 대기압력
- 대기압력 = 절대압력 – 게이지압력

2015년 1회 과년도 기출문제

01 도시가스의 매설 배관에 설치하는 보호판은 누출가스가 지면으로 확산되도록 구멍을 뚫는데 그 간격의 기준으로 옳은 것은?
① 1m 이하 간격
② 2m 이하 간격
③ 3m 이하 간격
④ 5m 이하 간격

해설
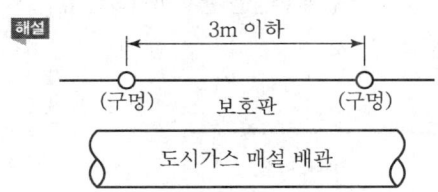

02 처리능력이 1일 35,000m³인 산소 처리설비로 전용 공업지역이 아닌 지역일 경우 처리설비 외면과 사업소 밖에 있는 병원과는 몇 m 이상 안전거리를 유지하여야 하는가?
① 16m
② 17m
③ 18m
④ 20m

해설 병원은 제1종 보호시설로, 산소 처리능력이 3만 초과~4만 이하인 산소 처리설비와는 18m 이상의 안전거리를 유지해야 한다.(제2종 보호시설과는 13m)

03 도시가스사업자는 굴착공사정보지원센터로부터 굴착계획의 통보내용을 통지받은 때에는 얼마 이내에 매설된 배관이 있는지를 확인하고 그 결과를 굴착공사정보지원센터에 통지하여야 하는가?
① 24시간
② 36시간
③ 48시간
④ 60시간

해설 도시가스 사업자 굴착계획 시 매설배관 확인 통보시간 24시간 이내

04 공기 중에서 폭발범위가 가장 좁은 것은?
① 메탄
② 프로판
③ 수소
④ 아세틸렌

해설 가연성 가스의 폭발범위
• 메탄(CH_4) : 5~15%
• 프로판(C_3H_8) : 2.1~9.5%
• 수소(H_2) : 4~74%
• 아세틸렌(C_2H_2) : 2.5~81%

05 용기에 의한 액화석유가스 저장소에서 실외저장소 주위의 경계 울타리와 용기보관장소 사이에는 얼마 이상의 거리를 유지하여야 하는가?
① 2m
② 8m
③ 15m
④ 20m

해설
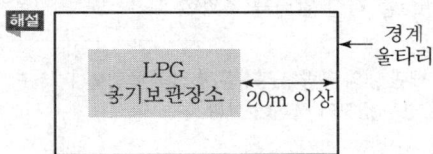

06 다음 중 고압가스 특정제조허가의 대상이 아닌 것은?
① 석유정제시설에서 고압가스를 제조하는 것으로서 그 저장능력이 100톤 이상인 것
② 석유화학공업시설에서 고압가스를 제조하는 것으로서 그 처리능력이 1만 세제곱미터 이상인 것
③ 철강공업시설에서 고압가스를 제조하는 것으로서 그 처리능력이 1만 세제곱미터 이상인 것
④ 비료제조시설에서 고압가스를 제조하는 것으로서 그 저장능력이 100톤 이상인 것

해설 ③에서는 10만 세제곱미터 이상이어야 고압가스 특정제조허가 대상이다.

ANSWER | 1.③ 2.③ 3.① 4.② 5.④ 6.③

07 가연성 가스의 제조설비 중 전기설비를 방폭성능을 가지는 구조로 갖추지 아니하여도 되는 가스는?

① 암모니아 ② 염화메탄
③ 아크릴알데히드 ④ 산화에틸렌

해설 가연성 가스 중 전기설비가 방폭성능을 가지지 않아도 되는 가스 및 가스 폭발범위
- 암모니아 : 15~28%
- 브롬화 메탄 : 13.5~14.5%

08 가스도매사업 제조소의 배관장치에 설치하는 경보장치가 울려야 하는 시기의 기준으로 잘못된 것은?

① 배관 안의 압력이 상용압력의 1.05배를 초과한 때
② 배관 안의 압력이 정상운전 때의 압력보다 15% 이상 강하한 경우 이를 검지한 때
③ 긴급차단밸브의 조작회로가 고장 난 때 또는 긴급차단밸브가 폐쇄된 때
④ 상용압력이 5MPa 이상인 경우에는 상용압력에 0.5MPa를 더한 압력을 초과한 때

해설 ④에서는 배관 내의 유량이 정상운전 시의 유량보다 7% 이상 변동한 경우 경보가 울려야 한다.

09 다음 중 상온에서 가스를 압축, 액화상태로 용기에 충전시키기가 가장 어려운 가스는?

① C_3H_8 ② CH_4
③ Cl_2 ④ CO_2

해설 메탄(CH_4) 가스는 비점이 -162℃로 매우 낮아서 액화상태로 만들기가 어렵다.

10 일반도시가스사업의 가스공급시설기준에서 배관을 지상에 설치할 경우 가스 배관의 표면 색상은?

① 흑색 ② 청색
③ 적색 ④ 황색

해설 도시가스 배관 중 지상 배관의 표면 색상 : 황색

11 가스도매사업의 가스공급시설 중 배관을 지하에 매설할 때의 기준으로 틀린 것은?

① 배관은 그 외면으로부터 수평거리로 건축물까지 1.0m 이상을 유지한다.
② 배관은 그 외면으로부터 지하의 다른 시설물과 0.3m 이상의 거리를 유지한다.
③ 배관을 산과 들에 매설할 때는 지표면으로부터 배관의 외면까지의 매설깊이를 1m 이상으로 한다.
④ 배관은 지반 동결로 손상을 받지 아니하는 깊이로 매설한다.

해설
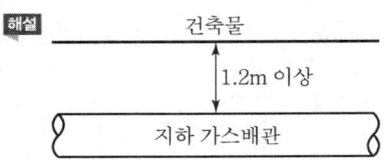

12 운반 책임자를 동승시키지 않고 운반하는 액화석유가스용 차량에서 고정된 탱크에 설치하여야 하는 장치는?

① 살수장치 ② 누설방지장치
③ 폭발방지장치 ④ 누설경보장치

해설 액화석유가스 LPG 차량(운반 책임자가 동승하지 않는 경우)의 고정탱크에는 가스 폭발방지장치를 설치해야 한다.

13 수소의 특징에 대한 설명으로 옳은 것은?

① 조연성 기체이다.
② 폭발범위가 넓다.
③ 가스의 비중이 커서 확산이 느리다.
④ 저온에서 탄소와 수소취성을 일으킨다.

해설 수소(H_2) 가스
- 분자량 2(비중=$\left(\frac{2}{29}\right)$로 매우 작다.)
- 가연성 기체이다.
- 비중이 작아서 확산이 매우 빠르다.
- 고온에서 탄소와 수소취성을 일으킨다.

14 다음 중 제1종 보호시설이 아닌 것은?
① 가설건축물이 아닌 사람을 수용하는 건축물로서 사실상 독립된 부분의 연면적이 1,500m²인 건축물
② 문화재보호법에 의하여 지정문화재로 지정된 건축물
③ 수용 능력이 100인(人) 이상인 공연장
④ 어린이집 및 어린이놀이시설

해설 ③ 수용 능력 300인 이상인 공연장

15 가연성 가스와 동일 차량에 적재하여 운반할 경우 충전용기의 밸브가 서로 마주보지 않도록 적재해야 할 가스는?
① 수소   ② 산소
③ 질소   ④ 아르곤

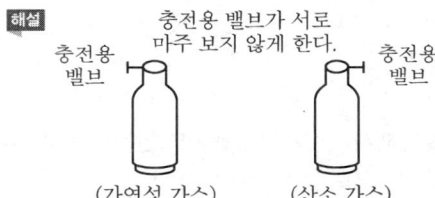

16 천연가스의 발열량이 10,400kcal/Sm³이다. SI 단위인 MJ/Sm³으로 나타내면?
① 2.47   ② 43.68
③ 2,476   ④ 43,680

해설 1kcal = 4.186kJ(4.2kJ)
10,400 × 4.2 = 43,680kJ/Sm³
1MJ = 1,000kJ
∴ $\frac{43,680}{1,000}$ = 43.68MJ/Sm³

17 다음 중 연소의 3요소가 아닌 것은?
① 가연물   ② 산소공급원
③ 점화원   ④ 인화점

해설 연소의 3대 요소
• 가연물
• 산소공급원
• 점화원

18 다음 중 허가대상 가스용품이 아닌 것은?
① 용접절단기용으로 사용되는 LPG 압력조정기
② 가스용 폴리에틸렌 플러그형 밸브
③ 가스소비량이 132.6kW인 연료전지
④ 도시가스정압기에 내장된 필터

해설 「액화석유가스법」 별표 4에 의해 정압기용 필터는 허가 대상 품목이나 정압기에 내장된 것은 제외한다.

19 가연성 가스 충전용기 보관실의 벽 재료의 기준은?
① 불연재료
② 난연재료
③ 가벼운 재료
④ 불연 또는 난연재료

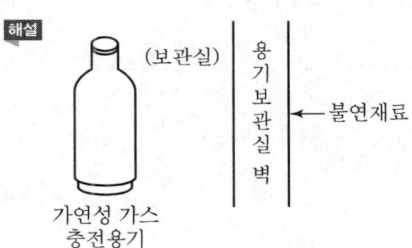

20 고압가스안전관리법상 독성 가스는 공기 중에 일정량 이상 존재하는 경우 인체에 유해한 독성을 가진 가스로서 허용농도(해당 가스를 성숙한 흰쥐 집단에게 대기 중에서 1시간 동안 계속하여 노출시킨 경우 14일 이내에 그 흰쥐의 2분의 1 이상이 죽게 되는 가스의 농도를 말한다.)가 얼마인 것을 말하는가?
① 100만분의 2,000 이하
② 100만분의 3,000 이하
③ 100만분의 4,000 이하
④ 100만분의 5,000 이하

[해설] 독성 가스 허용농도기준

$\frac{5,000}{10^6}$ 이하 가스

※ 10^6 = 100만

21 고압가스 저장시설에서 가연성 가스 저장시설에 설치하는 유동 방지 시설의 기준은?
① 높이 2m 이상의 내화성 벽으로 한다.
② 높이 1.5m 이상의 내화성 벽으로 한다.
③ 높이 2m 이상의 불연성 벽으로 한다.
④ 높이 1.5m 이상의 불연성 벽으로 한다.

[해설] 가연성 가스 저장시설에 설치하는 유동 방지 시설기준
높이 2m 이상의 내화벽

22 고압가스 용기 재료의 구비조건이 아닌 것은?
① 내식성·내마모성을 가질 것
② 무겁고 충분한 강도를 가질 것
③ 용접성이 좋고 가공 중 결함이 생기지 않을 것
④ 저온 및 사용온도에 견디는 연성과 점성강도를 가질 것

[해설] 고압가스 용기 재료
가볍고 충분한 강도를 가질 것 외 ①, ③, ④항이 구비조건이다.

23 LPG 충전소에는 시설의 안전확보상 "충전 중 엔진 정지"를 주위의 보기 쉬운 곳에 설치해야 한다. 이 표지판의 바탕색과 문자색은?
① 흑색 바탕에 백색 글씨
② 흑색 바탕에 황색 글씨
③ 백색 바탕에 흑색 글씨
④ 황색 바탕에 흑색 글씨

[해설]
```
(LPG 충전소) ── 식별표지
충전 중 엔진 정지 ── 글씨(흑색)
            └── 바탕색(황색)
```

24 도시가스 배관의 지름이 15mm인 배관에 대한 고정장치의 설치간격은 몇 m 이내마다 설치하여야 하는가?
① 1   ② 2
③ 3   ④ 4

[해설] 도시가스 배관 고정장치 설치간격
• 13mm 미만 : 1m 이내
• 13mm 이상~33mm 미만 : 2m 이내
• 33mm 이상 : 3m 이내

25 가스 운반 시 차량 비치 항목이 아닌 것은?
① 가스 표시 색상
② 가스 특성(온도와 압력의 관계, 비중, 색깔, 냄새)
③ 인체에 대한 독성 유무
④ 화재, 폭발의 위험성 유무

[해설] 가스 표시 색상은 다음과 같은 용기에 이미 표시되어 있다.
• 가연성 가스 및 독성 가스의 용기
• 의료용 가스용기
• 그 밖의 가스용기

26 고압가스 판매자가 실시하는 용기의 안전점검 및 유지관리의 기준으로 틀린 것은?
① 용기 아랫부분의 부식상태를 확인할 것
② 완성검사 도래 여부를 확인할 것
③ 밸브의 그랜드너트가 고정핀으로 이탈 방지를 위한 조치가 되어 있는지의 여부를 확인할 것
④ 용기캡이 씌워져 있거나 프로텍터가 부착되어 있는지의 여부를 확인할 것

[해설] ② 충전기한의 도래 여부를 확인해야 한다.

27 독성 가스인 암모니아의 저장탱크에는 그 가스의 용량이 그 저장탱크 내용적의 몇 %를 초과하지 않아야 하는가?
① 80%   ② 85%
③ 90%   ④ 95%

21. ① 22. ② 23. ④ 24. ② 25. ① 26. ② 27. ③ | **ANSWER**

해설 안전공간 10% 이상 확보

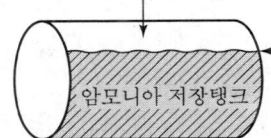

90%을 초과하지 않도록 저장한다.(액의 팽창 시 안전공간 확보)

28 액화 암모니아 10kg을 기화시키면 표준상태에서 약 몇 m³의 기체로 되는가?

① 4　② 5
③ 13　④ 26

해설 암모니아 분자량(17kg : 22.4m³)

∴ $22.4 \times \frac{10}{17} = 13m^3 (13,000L)$

29 용기에 의한 고압가스 판매시설의 충전용기보관실의 기준으로 옳지 않은 것은?

① 가연성 가스 충전용기 보관실은 불연성 재료나 난연성의 재료를 사용한 가벼운 지붕을 설치한다.
② 공기보다 무거운 가연성 가스의 용기보관실에는 가스누출검지경보장치를 설치한다.
③ 충전용기 보관실은 가연성 가스가 새어나오지 못하도록 밀폐구조로 한다.
④ 용기보관실의 주변에는 화기 또는 인화성 물질이나 발화성 물질을 두지 않는다.

해설 고압가스 충전용기 보관실은 가연성 가스의 누설 시 공기와 희석이 가능하도록 개방식 구조로 한다.

30 도시가스배관의 용어에 대한 설명으로 틀린 것은?

① 배관이란 본관, 공급관, 내관 또는 그 밖의 관을 말한다.
② 본관이란 도시가스제조사업소의 부지경계에서 정압기까지 이르는 배관을 말한다.
③ 사용자 공급관이란 공급관 중 정압기에서 가스사용자가 구분하여 소유하는 건축물의 외벽에 설치된 계량기까지 이르는 배관을 말한다.
④ 내관이란 가스사용자가 소유하거나 점유하고 있는 토지의 경계에서 연소기까지 이르는 배관을 말한다.

해설 사용자 공급관
공급관 중 가스사용자가 소유하거나 점유하고 있는 토지의 경계에서 가스사용자가 구분하여 소유하거나 점유하는 건축물의 외벽에 설치된 전단 밸브를 말한다.

31 측정압력이 0.01~10kg/cm² 정도이고, 오차가 ±1~2% 정도이며 유체 내의 먼지 등의 영향이 적으나, 압력 변동에 적응하기 어렵고 주위 온도 오차에 의한 충분한 주의를 요하는 압력계는?

① 전기저항 압력계
② 벨로스(Bellows) 압력계
③ 부르동(Bourdon)관 압력계
④ 피스톤 압력계

해설 벨로스 탄성식 압력계의 측정압력 범위 : 0.01~10kg/cm² 이내 사용 가능

32 1단 감압식 저압조정기의 조정압력(출구압력)은?

① 2.3~3.3kPa　② 5~30kPa
③ 32~83kPa　④ 57~83kPa

해설 ① 1단 감압식 저압조정기 조정압력
② 1단 감압식 준저압조정기 조정압력
③ 자동절체식 분리형 조정기
④ 2단 감압식 1차용 조정기

33 초저온 저장탱크에 주로 사용되며, 차압에 의하여 측정하는 액면계는?

① 시창식　② 햄프슨식
③ 부자식　④ 회전 튜브식

해설 햄프슨식 액면계
차압식이며 초저온용 액화가스 저장탱크용이다.

34 분말진공단열법에서 충진용 분말로 사용되지 않는 것은?
① 탄화규소
② 펄라이트
③ 규조토
④ 알루미늄 분말

해설 충진용 분말(분말진공단열법)
- 펄라이트
- 규조토
- 알루미늄 분말

35 압축기에서 다단압축을 하는 목적으로 틀린 것은?
① 소요 일량의 감소
② 이용 효율의 증대
③ 힘의 평형 향상
④ 토출온도 상승

해설 다단압축을 하는 목적은 ①, ②, ③항 외 토출가스 온도 하강을 위함이다.

36 1,000L의 액산 탱크에 액산을 넣어 방출밸브를 개방하여 12시간 방치하였더니 탱크 내의 액산이 4.8kg 방출되었다면 1시간당 탱크에 침입하는 열량은 약 몇 kcal인가?(단, 액산의 증발잠열은 60kcal/kg이다.)
① 12
② 24
③ 70
④ 150

해설 액산의 총 증발열 $= 4.8 \times 60 = 288$ kcal
∴ 시간당 증발열 $= \dfrac{288}{12} = 24$ kcal/h

37 도시가스용 압력조정기에 대한 설명으로 옳은 것은?
① 유량성능은 제조자가 제시한 설정압력의 ±10% 이내로 한다.
② 합격표시는 바깥지름이 5mm인 "K"자 각인을 한다.
③ 입구 측 연결배관 관경은 50A 이상의 배관에 연결되어 사용되는 조정기이다.
④ 최대 표시유량이 300Nm³/h 이상인 사용처에 사용되는 조정기이다.

해설 도시가스용 압력조정기
- 합격표시 외경 5mm
- 각인("K") 표시

38 오리피스 유량계는 어떤 형식의 유량계인가?
① 차압식
② 면적식
③ 용적식
④ 터빈식

해설 차압식 유량계
- 벤투리 미터
- 오리피스
- 플로 노즐

39 질소를 취급하는 금속재료에서 내질화성을 증대시키는 원소는?
① Ni
② Al
③ Cr
④ Ti

해설
- 내질화성 금속 : 니켈(Ni)
- 질화작용 금속 : Mg, Li, Ca

40 다음 각 가스에 의한 부식현상 중 틀린 것은?
① 암모니아에 의한 강의 질화
② 황화수소에 의한 철의 부식
③ 일산화탄소에 의한 금속의 카르보닐화
④ 수소원자에 의한 강의 탈수소화

해설 수소(H_2) 가스의 용기 내 탈탄작용
- $Fe_3C + 2H_2(수소) \rightarrow CH_4 + 3Fe(탈탄)$
- 탈탄작용 방지 금속 : W, Cr, Ti, Mo, V

41 다음 중 아세틸렌과 치환반응을 하지 않는 것은?
① Cu
② Ag
③ Hg
④ Ar

해설 아세틸렌(C_2H_2) 가스의 치환반응 금속
- 구리(Cu)
- 은(Ag)
- 수은(Hg)

34. ① 35. ④ 36. ② 37. ② 38. ① 39. ① 40. ④ 41. ④ | ANSWER

42 비점이 점차 낮아지는 냉매를 사용하여 저비점의 기체를 액화하는 사이클은?

① 클라우드 액화사이클
② 플립스 액화사이클
③ 캐스케이드 액화사이클
④ 캐피자 액화사이클

해설 캐스케이드 액화사이클
비점이 점차 낮아지는 냉매를 사용하여 저비점의 기체를 액체상태로 액화시키는 사이클(일명 : 다원액화 사이클)

43 유체가 5m/s의 속도로 흐를 때 이 유체의 속도수두는 약 몇 m인가?(단, 중력가속도는 9.8m/s²이다.)

① 0.98
② 1.28
③ 12.2
④ 14.1

해설 유속$(V) = \sqrt{2gh} = \sqrt{2 \times 9.8 \times h} = 5m/s$
속도수두$(h) = \dfrac{V^2}{2g} = \dfrac{5^2}{2 \times 9.8} = 1.28m$

44 빙점 이하의 낮은 온도에서 사용되며 LPG 탱크, 저온에도 인성이 감소되지 않는 화학공업 배관 등에 주로 사용되는 관의 종류는?

① SPLT
② SPHT
③ SPPH
④ SPPS

해설 ① SPLT : 빙점 이하의 배관에 사용되는 저온배관용 탄소강관
② SPHT : 고온배관용 탄소강관(350℃ 이상용)
③ SPPH : 고압배관용 탄소강관(10MPa 이상용)
④ SPPS : 압력 배관용 탄소강관(10MPa 미만용)

45 고압가스용 이음매 없는 용기에서 내력비란?

① 내력과 압궤강도의 비를 말한다.
② 내력과 파열강도의 비를 말한다.
③ 내력과 압축강도의 비를 말한다.
④ 내력과 인장강도의 비를 말한다.

해설 이음매 없는 용기의 내력비(무계목용기용)
내력비 = $\dfrac{내력}{인장강도}$

46 섭씨온도로 측정할 때 상승된 온도가 5℃이었다. 이 때 화씨온도로 측정하면 상승온도는 몇 도인가?

① 7.5
② 8.3
③ 9.0
④ 41

해설 ℉ = ℃ 온도보다 눈금이 1.8배가 많다.
$\left(\dfrac{180}{100}\right)$
∴ $5 \times 1.8 = 9℉$

47 어떤 물질의 고유의 양으로 측정하는 장소에 따라 변함이 없는 물리량은?

① 질량
② 중량
③ 부피
④ 밀도

해설 질량
어떤 물질의 고유의 양으로, 측정하는 장소에 따라 변함이 없는 물리량(중량은 측정하는 장소의 압력에 따라 변화한다.)

48 하버-보시법으로 암모니아 44g을 제조하려면 표준상태에서 수소는 약 몇 L가 필요한가?

① 22
② 44
③ 87
④ 100

해설 암모니아 제조
$N_2 + 3H_2 \rightarrow 2NH_3(34g)$
$22.4L + 3 \times 22.4L \rightarrow 2 \times 22.4L$
$34 : (3 \times 22.4) = 44 : x$
∴ $x = \dfrac{44}{34} \times (3 \times 22.4) = 87L$

49 기체연료의 연소 특성으로 틀린 것은?

① 소형의 버너도 매연이 적고, 완전연소가 가능하다.
② 하나의 연료 공급원으로부터 다수의 연소로와 버너에 쉽게 공급된다.
③ 미세한 연소 조정이 어렵다.
④ 연소율의 가변범위가 넓다.

해설 기체연료는 버너 연소를 함으로써 미세한 연소 조정이 용이하다.

50 비중이 13.6인 수은은 76cm의 높이를 갖는다. 비중이 0.5인 알코올로 환산하면 그 수주는 몇 m인가?
① 20.67   ② 15.2
③ 13.6   ④ 5

해설 76cm = 0.76m
비중차 = $\frac{13.6}{0.5}$ = 27.2배
27.2 × 0.76 = 20.67m

51 SNG에 대한 설명으로 가장 적당한 것은?
① 액화석유가스   ② 액화천연가스
③ 정유가스   ④ 대체천연가스

해설 • 천연가스(LNG)
• 대체천연가스(SNG)
• 액화석유가스(LPG)

52 액체는 무색 투명하고, 특유의 복숭아향을 가진 맹독성 가스는?
① 일산화탄소   ② 포스겐
③ 시안화수소   ④ 메탄

해설 시안화수소(HCN)
• 복숭아 향기
• 무색이며 독성이 강하다.
• 저장은 60일을 초과하지 않는다.
• 용도 : 살충제, 아크릴수지 원료

53 단위체적당 물체의 질량은 무엇을 나타내는 것인가?
① 중량   ② 비열
③ 비체적   ④ 밀도

해설 • 밀도(kg/m^3) : 단위체적당 물체의 질량
• 중량(kg/m^3) : 단위체적당 물체의 중량
• 비체적(m^3/kg) : 단위질량당 물체의 체적

54 다음 중 지연성 가스로만 구성되어 있는 것은?
① 일산화탄소, 수소   ② 질소, 아르곤
③ 산소, 이산화질소   ④ 석탄가스, 수성가스

해설 연소성을 도와주는 조연성(지연성) 가스
산소, 공기, 오존, 염소, 이산화질소(NO_2)

55 메탄가스의 특성에 대한 설명으로 틀린 것은?
① 메탄은 프로판에 비해 연소에 필요한 산소량이 많다.
② 폭발하한농도가 프로판보다 높다.
③ 무색, 무취이다.
④ 폭발상한농도가 부탄보다 높다.

해설 • 메탄의 산소량
$CH_4 + \boxed{2O_2} \rightarrow CO_2 + 2H_2O$
• 프로판 산소량
$C_3H_8 + \boxed{5O_2} \rightarrow 3CO_2 + 4H_2O$
※ 산소량이 큰 가스는 소요공기량이 크다.

56 암모니아의 성질에 대한 설명으로 옳지 않은 것은?
① 가스일 때 공기보다 무겁다.
② 물에 잘 녹는다.
③ 구리에 대하여 부식성이 강하다.
④ 자극성 냄새가 있다.

해설 암모니아 분자량 = 17(공기보다 비중이 가볍다.)
공기의 분자량 = 29
∴ 암모니아 비중 = $\frac{17}{29}$ = 0.58(공기비중 : 1)

57 수소에 대한 설명으로 틀린 것은?
① 상온에서 자극성을 가지는 가연성 기체이다.
② 폭발범위는 공기 중에서 약 4~75%이다.
③ 염소와 반응하여 폭명기를 형성한다.
④ 고온·고압에서 강재 중 탄소와 반응하여 수소취성을 일으킨다.

해설 수소(H_2) 가스는 상온에서 자극성이 없는 가연성 가스이다.
$H_2 + \frac{1}{2}O_2 \rightarrow H_2O$

50. ① 51. ④ 52. ③ 53. ④ 54. ③ 55. ① 56. ① 57. ① | ANSWER

58 다음 중 표준상태에서 가스상 탄화수소의 점도가 가장 높은 가스는?
① 에탄　　　② 메탄
③ 부탄　　　④ 프로판

해설 가스의 분자량
- 에탄(C_2H_6) : 30
- 메탄(CH_4) : 16(점도가 높다.)
- 부탄(C_4H_{10}) : 58
- 프로판(C_3H_8) : 44

59 도시가스의 원료인 메탄가스를 완전연소시켰다. 이때 어떤 가스가 주로 발생되는가?
① 부탄　　　② 암모니아
③ 콜타르　　④ 이산화탄소

해설 메탄(CH_4) + $2O_2$ →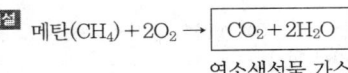
　　　　　　　　　　　$CO_2 + 2H_2O$
　　　　　　　　　　　연소생성물 가스

60 표준대기압하에서 물 1kg의 온도를 1℃ 올리는 데 필요한 열량은 얼마인가?
① 0kcal　　　② 1kcal
③ 80kcal　　 ④ 539kcal/kg·℃

해설 물의 비열을 찾는 문제이다.
- 물의 비열 : 1kcal/kg·℃
- 물의 증발열 : 539kcal/kg(100℃에서)
- 얼음의 융해잠열 : 80kcal/kg(0℃의 얼음에서)

ANSWER | 58. ② 59. ④ 60. ②

2015년 2회 과년도 기출문제

01 액화석유가스의 안전관리 및 사업법에서 정한 용어에 대한 설명으로 틀린 것은?
① 저장설비란 액화석유가스를 저장하기 위한 설비로서 각종 저장탱크 및 용기를 말한다.
② 저장탱크란 액화석유가스를 저장하기 위하여 지상 또는 지하에 고정 설치된 탱크로서 그 저장능력이 3톤 이상인 탱크를 말한다.
③ 용기집합설비란 2개 이상의 용기를 집합하여 액화석유가스를 저장하기 위한 설비를 말한다.
④ 충전용기란 액화석유가스 충전 질량의 90% 이상이 충전되어 있는 상태의 용기를 말한다.

해설 충전용기
고압가스 충전질량 또는 충전압력의 $\frac{1}{2}$ 이상이 충전되어 있는 상태의 용기이다. ($\frac{1}{2}$ 미만은 잔가스용기)

02 방호벽을 설치하지 않아도 되는 곳은?
① 아세틸렌가스 압축기와 충전장소 사이
② 판매소의 용기 보관실
③ 고압가스 저장설비와 사업소 안의 보호시설 사이
④ 아세틸렌가스 발생장치와 당해 가스충전용기 보관장소 사이

해설 방호벽이 필요한 장소는 ①, ②, ③항 사이이다.

03 공기와 혼합된 가스가 압력이 높아지면 폭발범위가 좁아지는 가스는?
① 메탄 ② 프로판
③ 일산화탄소 ④ 아세틸렌

해설 • 일산화탄소(CO)는 고압일수록 폭발범위가 좁아진다.
• 수소(H_2)는 10atm까지는 폭발범위가 좁아지고 그 이상부터는 다시 넓어진다.
• 가스는 고온고압일수록 폭발범위가 넓어진다.

04 천연가스 지하매설배관의 퍼지용으로 주로 사용되는 가스는?
① N_2 ② Cl_2
③ H_2 ④ O_2

해설 • 지하 매설 가스의 퍼지용 가스 : N_2
• 지상 가스의 퍼지용 : CO_2, N_2 등

05 산소압축기의 내부 윤활유제로 주로 사용되는 것은?
① 석유 ② 물
③ 유지 ④ 황산

해설 윤활제
• 산소 압축기 : 물 또는 10% 이하의 글리세린수
• 염소 압축기 : 진한 황산
• 아세틸렌 압축기 : 양질의 광유

06 지하에 매설된 도시가스 배관의 전기방식 기준으로 틀린 것은?
① 전기방식전류가 흐르는 상태에서 토양 중에 있는 배관 등의 방식전위 상한값은 포화황산동 기준전극으로 -0.85V 이하일 것
② 전기방식전류가 흐르는 상태에서 자연전위와의 전위변화가 최소한 -300mV 이하일 것
③ 배관에 대한 전위측정은 가능한 배관 가까운 위치에서 실시할 것
④ 전기방식시설의 관대지전위 등을 2년에 1회 이상 점검할 것

해설 희생 양극법 전기방식시설은 관대지전위 등을 1년에 1회 이상 점검할 것

1.④ 2.④ 3.③ 4.① 5.② 6.④ | ANSWER

07 충전용기 등을 적재한 차량의 운반 개시 전용기 적재상태의 점검내용이 아닌 것은?
① 차량의 적재중량 확인
② 용기 고정상태 확인
③ 용기 보호캡의 부착 유무 확인
④ 운반계획서 확인

해설 차량에 고정된 탱크를 운행할 경우 운행 전의 점검에서 ①, ②, ③항 외 안전운행 서류철을 휴대하여야 한다.

08 도시가스 사용시설에서 안전을 확보하기 위하여 최고사용 압력의 1.1배 또는 얼마의 압력 중 높은 압력으로 실시하는 기밀시험에 이상이 없어야 하는가?
① 5.4kPa
② 6.4kPa
③ 7.4kPa
④ 8.4kPa

해설 기밀시험
최고사용압력의 1.1배 또는 8.4kPa(840mmH$_2$O) 중 높은 압력 이상

09 다음 각 폭발의 종류와 그 관계로서 맞지 않은 것은?
① 화학폭발 : 화약의 폭발
② 압력폭발 : 보일러의 폭발
③ 촉매폭발 : C$_2$H$_2$의 폭발
④ 중합폭발 : HCN의 폭발

해설 아세틸렌가스(C$_2$H$_2$) 폭발
• 산화폭발
• 분해폭발
• 치환폭발

10 일반도시가스사업자가 설치하는 가스공급시설 중 정압기의 설치에 대한 설명으로 틀린 것은?
① 건축물 내부에 설치된 도시가스사업자의 정압기로서 가스누출경보기와 연동하여 작동하는 기계환기설비를 설치하고 1일 1회 이상 안전점검을 실시하는 경우에는 건축물의 내부에 설치할 수 있다.
② 정압기에 설치되는 가스방출관의 방출구는 주위에 불 등이 없는 안전한 위치로서 지면으로부터 3m 이상의 높이에 설치하여야 하며, 전기시설물과의 접촉 등으로 사고의 우려가 있는 장소에서는 5m 이상의 높이로 설치한다.
③ 정압기에 설치하는 가스차단장치는 정압기의 입구 및 출구에 설치한다.
④ 정압기는 2년에 1회 이상 분해점검을 실시하고 필터는 가스공급 개시 후 1월 이내 및 가스공급 개시 후 매년 1회 이상 분해점검을 실시한다.

해설 도시가스 가스방출관 방출구(지면 : 5m 이상) 전기시설물과는 3m 이상 높이

11 아세틸렌(C$_2$H$_2$)에 대한 설명으로 틀린 것은?
① 폭발범위는 수소보다 넓다.
② 공기보다 무겁고 황색의 가스이다.
③ 공기와 혼합되지 않아도 폭발하는 수가 있다.
④ 구리, 은, 수은 및 그 합금과 폭발성 화합물을 만든다.

해설 아세틸렌(C$_2$H$_2$)은 비중이 $\left(\dfrac{26}{29}=0.9\right)$로서 공기보다 가볍다. 무색의 기체이고 순수한 가스는 에테르의 향기가 있으나 불순물이 포함되면 악취가 난다.(공기비중=1이다.)

12 고압가스 충전용기는 항상 몇 ℃ 이하의 온도를 유지하여야 하는가?
① 10℃
② 30℃
③ 40℃
④ 50℃

해설 고압가스 충전용기는 항상 40℃ 이하 온도를 유지하여야 한다.

13 용기에 의한 고압가스 운반기준으로 틀린 것은?
① 3,000kg의 액화 조연성 가스를 차량에 적재하여 운반할 때에는 운반책임자가 동승하여야 한다.
② 허용농도가 500ppm인 액화 독성 가스 1,000kg을 차량에 적재하여 운반할 때에는 운반책임자가 동승하여야 한다.
③ 충전용기와 위험물 안전관리법에서 정하는 위험물과는 동일 차량에 적재하여 운반할 수 없다.

④ 300m³의 압축 가연성 가스를 차량에 적재하여 운반할 때에는 운전자가 운반책임자의 자격을 가진 경우에는 자격이 없는 사람을 동승시킬 수 있다.

해설 조연성 가스의 운반기준(운반 책임자)
- 압축가스의 조연성 : 600m³ 이상일 때
- 액화가스의 조연성 : 6,000kg 이상일 때

14 공기 중으로 누출 시 냄새로 쉽게 알 수 있는 가스로만 나열된 것은?

① Cl_2, NH_3 ② CO, Ar
③ C_2H_2, CO ④ O_2, Cl_2

해설 자극성 냄새 가스
- 암모니아(NH_3)
- 염소(Cl_2)
- 염화수소(HCl)
- 포스겐($COCl_2$)
- 황화수소(H_2S)
- 이산화황(SO_2)

15 신규검사 후 20년이 경과한 용접용기(액화석유가스용 용기는 제외한다)의 재검사 주기는?

① 3년마다 ② 2년마다
③ 1년마다 ④ 6개월마다

해설 재검사주기(용접용기)
- 500L 이상~500L 미만 : 1년마다
- 15년 이상~20년 미만(500L 이상 : 2년마다, 500L 미만 : 2년마다)
- 15년 미만(500L 이상 : 5년마다, 500L 미만 : 3년마다)
- 20년 이상 : 1년마다(용기저장량에 관계없이)

16 액화석유가스 저장탱크 벽면의 국부적인 온도상승에 따른 저장탱크의 파열을 방지하기 위하여 저장탱크 내벽에 설치하는 폭발방지장치의 재료로 맞는 것은?

① 다공성 철판
② 다공성 알루미늄판
③ 다공성 아연판
④ 오스테나이트계 스테인리스판

해설 액화석유가스(LPG) 저장탱크 벽면의 저장탱크 파열 방지용 재료
다공성 알루미늄판(온도상승에 따른 파열 방지)

17 최대지름이 6m인 가연성 가스 저장탱크 2개가 서로 유지하여야 할 최소 거리는?

① 0.6m ② 1m
③ 2m   ④ 3m

해설 최소 이격거리

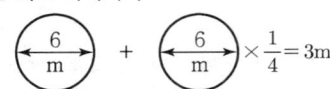

18 다음 중 연소의 형태가 아닌 것은?

① 분해연소 ② 확산연소
③ 증발연소 ④ 물리연소

해설 연소의 형태
- 분해연소
- 증발연소
- 확산연소
- 분무연소

19 고압가스 일반제조시설 중 에어졸의 제조기준에 대한 설명으로 틀린 것은?

① 에어졸의 분사제는 독성 가스를 사용하지 아니한다.
② 35℃에서 그 용기의 내압이 0.8MPa 이하로 한다.
③ 에어졸 제조설비는 화기 또는 인화성 물질과 5m 이상의 우회거리를 유지한다.
④ 내용적이 30m³ 이상인 용기는 에어졸의 제조에 재사용하지 아니한다.

해설 ③에서는 8m 이상의 우회거리가 필요하다.

20 가스누출검지경보장치의 설치에 대한 설명으로 틀린 것은?

① 통풍이 잘 되는 곳에 설치한다.
② 가스의 누출을 신속하게 검지하고 경보하기에 충분한 개수 이상 설치한다.
③ 장치의 기능은 가스의 종류에 적절한 것으로 한다.
④ 가스가 체류할 우려가 있는 장소에 적절하게 설치한다.

해설 가스누출검지 경보장치는 일반적으로 실내 통풍이 잘 되지 않는 곳에 설치한다.

21 가스용기의 취급 및 주의사항에 대한 설명으로 틀린 것은?
① 충전 시 용기는 용기 재검사 기간이 지나지 않았는지 확인한다.
② LPG용기나 밸브를 가열할 때는 뜨거운 물(40℃ 이상)을 사용한다.
③ 충전한 후에는 용기밸브의 누출 여부를 확인한다.
④ 용기 내에 잔류물이 있을 때에는 잔류물을 제거하고 충전한다.

해설 가스용기나 밸브를 가열하려면 40℃ 이하의 물습포를 사용한다.

22 용기 신규검사에 합격된 용기 부속품 기호 중 압축가스를 충전하는 용기 부속품의 기호는?
① AG   ② PG
③ LG   ④ LT

해설
- AG : 아세틸렌
- PG : 압축가스
- LG : 기타 가스
- LT : 저온 및 초저온가스
- LPG : 액화석유가스

23 일반 액화석유가스 압력조정기에 표시하는 사항이 아닌 것은?
① 제조자명이나 그 약호
② 제조번호나 로트번호
③ 입구압력(기호 : P, 단위 : MPa)
④ 검사 연월일

해설 압력조정기 LPG용은 ①, ②, ③의 내용을 표시한다.

24 산화에틸렌 취급 시 주로 사용되는 제독제는?
① 가성소다 수용액   ② 탄산소다 수용액
③ 소석회 수용액   ④ 물

해설
- 산화에틸렌가스(C_2H_4O) 제독제 : 물(다량)
- 염소 : 가성소다 수용액
- 염소 : 황화수소, 아황산가스 : 탄산소다 수용액

25 고압가스 설비에 설치하는 압력계의 최고눈금에 대한 측정범위의 기준으로 옳은 것은?
① 상용압력의 1.0배 이상, 1.2배 이하
② 상용압력의 1.2배 이상, 1.5배 이하
③ 상용압력의 1.5배 이상, 2.0배 이하
④ 상용압력의 2.0배 이상, 3.0배 이하

해설 고압가스 설비 압력계 최고눈금 측정범위는 ③항에 따른다.

26 0종 장소에는 원칙적으로 어떤 방폭구조를 하여야 하는가?
① 내압방폭구조   ② 본질안전방폭구조
③ 특수방폭구조   ④ 안전증방폭구조

해설 0종 장소
상용의 상태에서 가연성 가스의 농도가 연속해서 폭발한계 이상으로 되는 장소이며 방폭구조는 본질안전 방폭구조(ia, ib 표시)로 한다.

27 도시가스 사용시설에서 PE배관은 온도가 몇 ℃ 이상이 되는 장소에 설치하지 아니하는가?
① 25℃   ② 30℃
③ 40℃   ④ 60℃

해설 도시가스 PE 배관(폴리에틸렌관)
40℃ 이상이 되는 장소에는 설치하지 않는다.

28 충전용 주관의 압력계는 정기적으로 표준압력계로 그 기능을 검사하여야 한다. 다음 중 검사의 기준으로 옳은 것은?
① 매월 1회 이상
② 3개월에 1회 이상
③ 6개월에 1회 이상
④ 1년에 1회 이상

해설 압력계 검사(기능검사)
- 충전용 주관 : 매월 1회 이상
- 기타 : 3개월에 1회 이상

ANSWER | 21. ② 22. ② 23. ④ 24. ④ 25. ③ 26. ② 27. ③ 28. ①

29 방류둑의 내측 및 그 외면으로부터 몇 m 이내에 그 저장탱크의 부속설비 외의 것을 설치하지 못하도록 되어 있는가?

① 3m   ② 5m
③ 8m   ④ 10m

해설
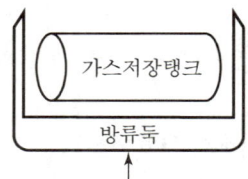
외면으로부터 10m 이내에는 그 저장탱크 부속설비와 그 밖의 설비 또는 시설로서 안전상 지장이 없는 것 외에는 이를 설치하지 않는다.

30 가스의 성질에 대하여 옳은 것으로만 나열된 것은?

> ㉮ 일산화탄소는 가연성이다.
> ㉯ 산소는 조연성이다.
> ㉰ 질소는 가연성도 조연성도 아니다.
> ㉱ 아르곤은 공기 중에 함유되어 있는 가스로서 가연성이다.

① ㉮, ㉯, ㉱   ② ㉮, ㉯, ㉰
③ ㉯, ㉰, ㉱   ④ ㉮, ㉰, ㉱

해설
• 일산화탄소 : 가연성, 독성
• 산소 : 조연성
• 질소 : 불연성
• 아르곤 : 불활성, 불연성

31 부취제를 외기로 분출하거나 부취설비로부터 부취제가 흘러나오는 경우 냄새를 감소시키는 방법으로 가장 거리가 먼 것은?

① 연소법
② 수동조절
③ 화학적 산화처리
④ 활성탄에 의한 흡착

해설 부취제 냄새감소법은 ①, ③, ④항에 의한 방법을 선택한다.

32 고압가스 매설배관에 실시하는 전기방식 중 외부 전원법의 장점이 아닌 것은?

① 과방식의 염려가 없다.
② 전압, 전류의 조정이 용이하다.
③ 전식에 대해서도 방식이 가능하다.
④ 전극의 소모가 적어서 관리가 용이하다.

해설 외부전원법 전기방식
전류제어가 곤란하며 과방식의 배려가 필요하다.(비교적 가격이 싸다.)

33 압력배관용 탄소강관의 사용압력 범위로 가장 적당한 것은?

① 1~2MPa   ② 1~10MPa
③ 10~20MPa   ④ 10~50MPa

해설 압력배관용 탄소강관 사용압력 범위(SPPS)
1~10MPa(10~100kg/cm²)

34 정압기(Governor)의 기능을 모두 옳게 나열한 것은?

① 감압기능
② 정압기능
③ 감압기능, 정압기능
④ 감압기능, 정압기능, 폐쇄기능

해설 정압기(가버너) 기능
• 감압기능   • 정압기능   • 폐쇄기능

35 고압식 액화분리장치의 작동 개요에 대한 설명이 아닌 것은?

① 원료 공기는 여과기를 통하여 압축기로 흡입하여 약 150~200kg/cm²으로 압축시킨다.
② 압축기를 빠져나온 원료 공기는 열교환기에서 약간 냉각되고 건조기에서 수분이 제거된다.
③ 압축공기는 수세정탑을 거쳐 축냉기로 송입되어 원료공기와 불순 질소류가 서로 교환된다.
④ 액체 공기는 상부 정류탑에서 약 0.5atm 정도의 압력으로 정류된다.

해설 공기액화 분리장치
- 하부탑 정류판에서 공기가 정류된다.
- 하부탑 상부에서 액체질소, 산소의 공기가 분리된다. 또한 상부탑 하부에서 산소가 분리되어 액체산소탱크에 저장된다.
- 축냉기에서 수분, CO_2가 분리된다.

36 정압기의 분해점검 및 고장에 대비하여 예비정압기를 설치하여야 한다. 다음 중 예비정압기를 설치하지 않아도 되는 경우는?
① 캐비닛형 구조의 정압기실에 설치된 경우
② 바이패스관이 설치되어 있는 경우
③ 단독사용자에게 가스를 공급하는 경우
④ 공동사용자에게 가스를 공급하는 경우

해설 단독사용자에게는 예비정압기가 불필요하다.

37 부유 피스톤형 압력계에서 실린더 지름 0.02m, 추와 피스톤의 무게가 20,000g일 때 이 압력계에 접속된 부르동관의 압력계 눈금이 7kg/cm²를 나타내었다. 이 부르동관 압력계의 오차는 약 몇 %인가?
① 5 ② 10
③ 15 ④ 20

해설 20,000g = 20kg

단면적$(A) = \frac{\pi}{4}d^2 = \frac{3.14}{4} \times (0.02)^2$
$= 0.000314m^2 = 3.14cm^2$

표준압력 $= \frac{20}{3.14} = 6.37kg/cm^2$

$\therefore \frac{7-6.36}{6.36} \times 100 = 10\%$

38 저비점(低沸點) 액체용 펌프 사용상의 주의사항으로 틀린 것은?
① 밸브와 펌프 사이에 기화가스를 방출할 수 있는 안전밸브를 설치한다.
② 펌프의 흡입, 토출관에는 신축 조인트를 장치한다.
③ 펌프는 가급적 저장용기(貯槽)로부터 멀리 설치한다.

④ 운전 개시 전에는 펌프를 청정(淸淨)하여 건조한 다음 펌프를 충분히 예냉(豫冷)한다.

해설 저비점(O_2, H_2, N_2, Ar 등) 액체용 펌프는 사용상 저장용기와 가까이 설치하여 충전한다.

39 금속재료의 저온에서의 성질에 대한 설명으로 가장 거리가 먼 것은?
① 강은 암모니아 냉동기용 재료로서 적당하다.
② 탄소강은 저온도가 될수록 인장강도가 감소한다.
③ 구리는 액화분리장치용 금속재료로서 적당하다.
④ 18-8 스테인리스강은 우수한 저온장치용 재료이다.

해설 탄소강
200~300℃에서 인장강도가 최대(탄소강은 상온보다 낮아지면 인장강도가 증가)

40 상용압력 15MPa, 배관내경 15mm, 재료의 인장강도 480N/mm², 관내면 부식여유 1mm, 안전율 4, 외경과 내경의 비가 1.2 미만인 경우 배관의 두께는?
① 2mm ② 3mm
③ 4mm ④ 5mm

해설 $t = \frac{P \cdot D}{200S \cdot \eta - 1.2P} + C$

41 수소불꽃을 이용하여 탄화수소의 누출을 검지할 수 있는 가스누출검출기는?
① FID ② OMD
③ 접촉연소식 ④ 반도체식

해설 FID
가스크로마토 분석기에서 수소이온화 검출기이다. (탄화수소 누출검지, H_2, O_2, CO, CO_2, SO_2 등은 검출 불가)

ANSWER | 36. ③ 37. ② 38. ③ 39. ② 40. ① 41. ①

42 압축기에 사용하는 윤활유 선택 시 주의사항으로 틀린 것은?

① 인화점이 높을 것
② 잔류탄소의 양이 적을 것
③ 점도가 적당하고 항유화성이 적을 것
④ 사용가스와 화학반응을 일으키지 않을 것

[해설] 압축기 윤활유의 구비조건은 ①, ②, ④항 외 점도가 적당하고 항유화성이 클 것

43 공기에 의한 전열은 어느 압력까지 내려가면 급히 압력에 비례하여 적어지는 성질을 이용하는 저온장치에 사용되는 진공단열법은?

① 고진공 단열법
② 분말 진공 단열법
③ 다층진공 단열법
④ 자연진공 단열법

[해설]
• 진공단열 : 고진공, 분말진공, 다층진공
• 고진공 단열법 : 공기에 의한 전열이 어느 압력까지 내려가면 압력에 비례하여 급히 적어지는 성질을 이용하여 저온장치에 사용

44 1단 감압식 저압조정기의 성능에서 조정기 최대 폐쇄 압력은?

① 2.5kPa 이하   ② 3.5kPa 이하
③ 4.5kPa 이하   ④ 5.5kPa 이하

[해설] 1단 감압식 저압조정기
• 입구압력 : $0.7 \sim 15.6 kg/cm^2$
• 조정압력 : 2.3~3.3kPa
• 최대 폐쇄 압력 : 3.5kPa 이하

45 백금 – 백금로듐 열전대 온도계의 온도 측정 범위로 옳은 것은?

① -180~350℃   ② -20~800℃
③ 0~1,700℃   ④ 300~2,000℃

[해설] 열전대 온도계 측정범위
• 구리–콘스탄탄 : -180~350℃
• 철–콘스탄탄 : -20~800℃
• 크로멜–알루멜 : 0~1,200℃

46 비열에 대한 설명 중 틀린 것은?

① 단위는 kcal/kg · ℃이다.
② 비열비는 항상 1보다 크다.
③ 정적비열은 정압비열보다 크다.
④ 물의 비열은 얼음의 비열보다 크다.

[해설]
• 정압비열(C_p)은 정적비열(C_v)보다 크다.
• 비열비 : C_p/C_v
• 물의 비열 : 1kcal/kg℃
  얼음의 비열 : 0.5kcal/kg℃

47 다음 화합물 중 탄소의 함유율이 가장 많은 것은?

① CO_2 ② CH_4
③ C_2H_4 ④ CO

[해설] 가스의 탄소 원자량
• CO_2 : 12(분자량 44)
• 메탄(CH_4) : 12(분자량 16)
• 에탄(C_2H_4) : 24(분자량 28)
• CO : 12(분자량 28)

48 수소(H_2)에 대한 설명으로 옳은 것은?

① 3중 수소는 방사능을 갖는다.
② 밀도가 크다.
③ 금속재료를 취화시키지 않는다.
④ 열전달률이 아주 작다.

[해설] 수소가스
• 수소의 분자량 : 2(2/22.4=0.089g/L 밀도)
• $Fe_3C + 2H_2 \rightarrow CH_4 + 3Fe$(수소취화)
• 열전도율이 대단히 크다.
• 수소폭명기 : $O_2 + H_2 \rightarrow 2H_2O + 136.6kcal$

42. ③ 43. ① 44. ② 45. ③ 46. ③ 47. ③ 48. ① | ANSWER

49. 샤를의 법칙에서 기체의 압력이 일정할 때 모든 기체의 부피는 온도가 1℃ 상승함에 따라 0℃ 때의 부피보다 어떻게 되는가?

① 22.4배씩 증가한다.
② 22.4배씩 감소한다.
③ 1/273씩 증가한다.
④ 1/273씩 감소한다.

해설
- 샤를의 법칙은 1℃ 상승
  $\left(\text{부피 } \dfrac{1}{273} \text{ 증가, } 1℃ \text{ 하강 } \dfrac{1}{273} \text{ 감소}\right)$
- 기체 1몰=22.4L, 분자량은 가스마다 다르다.

50. 다음 중 가장 높은 온도는?

① $-35℃$ ② $-45°F$
③ $213K$ ④ $450°R$

해설 ℃ 온도계산
① $-35℃$
② $-45°F = \dfrac{5}{9}(°F-32)$
   $= \dfrac{5}{9}(-45-32) = -42℃$
③ $213K = 213-273 = -70℃$
④ $450R = \dfrac{450}{1.8} = 250K$
   $250K-273 = -23℃$

51. 현열에 대한 가장 적절한 설명은?

① 물질이 상태변화 없이 온도가 변할 때 필요한 열이다.
② 물질이 온도변화 없이 상태가 변할 때 필요한 열이다.
③ 물질이 상태, 온도 모두 변할 때 필요한 열이다.
④ 물질이 온도변화 없이 압력이 변할 때 필요한 열이다.

해설 ①항 내용 : 현열
②항 내용 : 잠열

52. 일산화탄소와 염소가 반응하였을 때 주로 생성되는 것은?

① 포스겐   ② 카르보닐
③ 포스핀   ④ 사염화탄소

해설 일산화탄소(CO) + 염소(Cl_2) → $COCl_2$(포스겐), 맹독성 가스

53. 다음 보기에서 압력이 높은 순서대로 나열된 것은?

[보기]
㉠ 100atm   ㉡ $2kg/mm^2$ ㉢ 15m 수은주

① ㉠>㉡>㉢   ② ㉡>㉢>㉠
③ ㉢>㉠>㉡   ④ ㉡>㉠>㉢

해설 압력($1atm = 1.033kg/cm^2 = 0.76mHg$)
㉠ 100atm : $1.033 \times 100 = 103.3kg/cm^2$
㉡ $2kg/mm^2$: $2 \times 100 = 200kg/cm^2$
㉢ 15mHg : $1.033 \times (15/0.76) = 19.8kg/cm^2$

54. 산소에 대한 설명으로 옳은 것은?

① 안전밸브는 파열판식을 주로 사용한다.
② 용기는 탄소강으로 된 용접용기이다.
③ 의료용 용기는 녹색으로 도색한다.
④ 압축기 내부 윤활유는 양질의 광유를 사용한다.

해설 산소(압축가스)
- 용기 : 무계목 용기(용접을 하지 않는다) 재질은 탄소강
- 용기 바탕색 : 공업용(녹색), 의료용(백색)
- 압축기 내부 윤활유 : 물 또는 10% 이하의 묽은 글리세린수

55. 다음 가스 중 가장 무거운 것은?

① 메탄   ② 프로판
③ 암모니아   ④ 헬륨

해설 분자량이 크면 무거운 가스
- 메탄 : $CH_4(16)$
- 프로판 : $C_3H_8(44)$
- 암모니아 : $NH_3(17)$
- 헬륨 : $He(4)$

56 대기압하에서 0℃ 기체의 부피가 500mL였다. 이 기체의 부피가 2배가 될 때의 온도는 몇 ℃인가?(단, 압력은 일정하다.)
① -100℃
② 32℃
③ 273℃
④ 500℃

해설 0℃=273K, 500mL×2배=1,000mL
273K×2배=546K
∴ ℃=K-273, K=℃+273
546K-273=273℃

57 다음에 설명하는 열역학 법칙은?

"어떤 물체의 외부에서 일정량의 열을 가하면 물체는 이 열량의 일부분을 소비하여 외부에 대하여 일을 하고 남은 부분은 전부 내부에너지로 내부에 저장되고, 그 사이에 소비된 열은 발생되는 일과 같다."

① 열역학 제0법칙
② 열역학 제1법칙
③ 열역학 제2법칙
④ 열역학 제3법칙

해설 열역학 제1법칙
열량의 일부분을 소비하고 남은 부분은 전부 내부에너지로 저장된다.(가열을 받는 경우)

58 다음 중 불연성 가스는?
① CO_2
② C_3H_6
③ C_2H_2
④ C_2H_4

해설
• 탄산가스(CO_2), 질소, 공기 등은 불연성 가스
• 프로필렌(C_3H_6), 아세틸렌(C_2H_2), 에틸렌(C_2H_4) : 가연성 가스

59 에틸렌(C_2H_4)이 수소와 반응할 때 일으키는 반응은?
① 환원반응
② 분해반응
③ 제거반응
④ 첨가반응

해설
• 에틸렌가스가 수소(H_2)와 반응 : 첨가반응
• 아세틸렌+수소($C_2H_2+H_2$) → C_2H_4(에틸렌가스 제조)
• C_2H_4 폭발범위 : 2.7~36%

60 황화수소의 주된 용도는?
① 도료
② 냉매
③ 형광물질 원료
④ 합성고무

해설 황화수소(H_2S)의 용도
금속정련, 형광물질 원료 제조, 공업약품·의약품 제조, 유황 생성

2015년 3회 과년도 기출문제

01 압축 또는 액화 그 밖의 방법으로 처리할 수 있는 가스의 용적이 1일 100m³ 이상인 사업소는 압력계를 몇 개 이상 비치하도록 되어 있는가?
① 1   ② 2
③ 3   ④ 4

해설 100m³ 이상의 가스용적을 처리하는 사업소는 2개 이상의 압력계를 비치해야 한다.

02 고압가스의 충전용기는 항상 몇 ℃ 이하의 온도를 유지하여야 하는가?
① 15   ② 20
③ 30   ④ 40

해설 고압가스 충전용기는 항상 40℃ 이하의 온도를 유지해야 한다.

03 암모니아 200kg을 내용적 50L 용기에 충전할 경우 필요한 용기의 개수는?(단, 충전 정수를 1.86으로 한다.)
① 4개   ② 6개
③ 8개   ④ 12개

해설 용기 1개당 질량
$W = \dfrac{V}{C} = \dfrac{50}{1.86} = 26.88 \text{kg}$

∴ 필요용기 개수 = $\dfrac{200}{26.88} = 8$개

04 가스도매사업자 가스공급시설의 시설기준 및 기술기준에 의한 배관의 해저 설치의 기준에 대한 설명으로 틀린 것은?
① 배관은 원칙적으로 다른 배관과 교차하지 아니한다.
② 두 개 이상의 배관을 동시에 설치하는 경우에는 배관이 서로 접촉하지 아니하도록 필요한 조치를 한다.
③ 배관이 부양하거나 이동할 우려가 있는 경우에는 이를 방지하기 위한 조치를 한다.
④ 배관은 원칙적으로 다른 배관과 20m 이상의 수평거리를 유지한다.

해설 ④ 30m 이상의 수평거리를 유지하여야 한다.

05 도시가스 제조시설의 플레어스택 기준에 적합하지 않은 것은?
① 스택에서 방출된 가스가 지상에서 폭발한계에 도달하지 아니하도록 할 것
② 연소능력은 긴급이송설비로 이송되는 가스를 안전하게 연소시킬 수 있을 것
③ 스택에서 발생하는 최대열량에 장시간 견딜 수 있는 재료 및 구조로 되어 있을 것
④ 폭발을 방지하기 위한 조치가 되어 있을 것

해설 도시가스는 지하에서나 지면에서는 폭발한계(연소범위)에 도달하지 않게 한다.

06 초저온 용기에 대한 정의로 옳은 것은?
① 임계온도가 50℃ 이하인 액화가스를 충전하기 위한 용기
② 강판과 동판으로 제조된 용기
③ -50℃ 이하인 액화가스를 충전하기 위한 용기로서 용기 내의 가스온도가 상용의 온도를 초과하지 않도록 한 용기
④ 단열재로 피복하여 용기 내의 가스온도가 상용의 온도를 초과하도록 조치된 용기

해설 초저온 용기
-50℃ 이하인 액화가스를 충전하기 위한 용기로서 용기 내의 가스온도가 상용의 온도를 초과하지 않도록 한 용기

ANSWER | 1.② 2.④ 3.③ 4.④ 5.① 6.③

07 독성 가스의 제독제로 물을 사용하는 가스는?
① 염소   ② 포스겐
③ 황화수소   ④ 산화에틸렌

해설 독성 가스 제독제
- 염소 : 가성소다 수용액
- 포스겐 : 가성소다 수용액
- 황화수소 : 탄산소다 수용액

08 특정설비 중 압력용기의 재검사 주기는?
① 3년마다   ② 4년마다
③ 5년마다   ④ 10년마다

해설
- 특정설비
  - 저장탱크 및 그 부속품
  - 차량에 고정된 탱크 및 그 부속품
  - 저장탱크와 함께 설치된 기화장치
- 압력용기 재검사 주기 : 4년마다

09 아세틸렌 제조설비의 방호벽 설치기준으로 틀린 것은?
① 압축기와 충전용 주관밸브 조작밸브 사이
② 압축기와 가스충전용기 보관장소 사이
③ 충전장소와 가스충전용기 보관장소 사이
④ 충전장소와 충전용주관밸브 조작밸브 사이

해설 아세틸렌가스 또는 압력이 10MPa 이상인 압축기와 압축가스를 용기에 충전하는 경우 방호벽 설치 기준은 압축기와 그 충전장소 사이 및 ②, ③, ④항에 의한다.

10 용기 파열사고의 원인으로 가장 거리가 먼 것은?
① 용기의 내압력 부족
② 용기 내 규정압력의 초과
③ 용기 내에서 폭발성 혼합가스에 의한 발화
④ 안전밸브의 작동

해설 안전밸브가 압력초과 시 작동하지 않으면 파열사고가 발생한다.

11 액화산소 저장탱크 저장능력이 1,000m³일 때 방류둑의 용량은 얼마 이상으로 설치하여야 하는가?
① 400m³   ② 500m³
③ 600m³   ④ 1,000m³

해설 액화산소 저장탱크 저장능력당 방류둑 기준 60%
∴ 1,000 × 0.6 = 600m³ 이상

12 당해 설비 내의 압력이 상용압력을 초과할 경우 즉시 상용압력 이하로 되돌릴 수 있는 안전장치의 종류에 해당하지 않는 것은?
① 안전밸브   ② 감압밸브
③ 바이패스밸브   ④ 파열판

해설 감압밸브
- 압력을 일정하게 공급한다.
- 고압, 저압을 동시에 사용 가능하다.
- 고압을 저압으로 감압시킨다.

13 일반도시가스 배관을 지하에 매설하는 경우에는 표지판을 설치해야 하는데 몇 m 간격으로 1개 이상을 설치해야 하는가?
① 100m   ② 200m
③ 500m   ④ 1,000m

해설 일반도시가스 지하 매설배관의 표지판
200m 간격당 1개 이상 설치한다.

14 도시가스 보일러 중 전용 보일러실에 반드시 설치하여야 하는 것은?
① 밀폐식 보일러
② 옥외에 설치하는 가스보일러
③ 반밀폐형 자연배기식 보일러
④ 전용급기통을 부착시키는 구조로 검사에 합격한 강제배기식 보일러

해설 반밀폐형 자연배기식 보일러
전용보일러실에 반드시 설치하여 급기, 배기가 원활하게 하여야 한다.

ANSWER 7. ④ 8. ② 9. ① 10. ④ 11. ③ 12. ② 13. ② 14. ③

15 산소압축기의 내부 윤활제로 적당한 것은?
① 광유   ② 유지류
③ 물   ④ 황산

해설 산소압축기 윤활제 : 물, 10% 이하 묽은 글리세린 수

16 고압가스 용기 제조의 시설기준에 대한 설명으로 옳은 것은?
① 용접용기 동판의 최대두께와 최소두께의 차이는 평균 두께의 5% 이하로 한다.
② 초저온 용기는 고압배관용 탄소 강관으로 제조한다.
③ 아세틸렌용기에 충전하는 다공질물은 다공도가 72% 이상 95% 미만으로 한다.
④ 용접용기에는 그 용기의 부속품을 보호하기 위하여 프로텍터 또는 캡을 고정식 또는 체인식으로 부착한다.

해설 ① 5% → 20%로 하여야 한다.
② 초저온 용기재료에는 니켈 등의 금속이 쓰인다.
③ 다공도가 75% 이상 92% 미만이어야 한다.
※ 고압배관용(SPPH)은 10MPa 이상용이다.

17 도시가스 배관 이음부와 전기점멸기, 전기접속기와는 몇 cm 이상의 거리를 유지해야 하는가?
① 10cm   ② 15cm
③ 30cm   ④ 40cm

해설 15cm 이상의 거리를 유지해야 한다.

18 용기종류별 부속품의 기호 표시로서 틀린 것은?
① AG : 아세틸렌 가스를 충전하는 용기의 부속품
② PG : 압축가스를 충전하는 용기의 부속품
③ LG : 액화석유가스를 충전하는 용기의 부속품
④ LT : 초저온 용기 및 저온 용기의 부속품

해설 LG
액화석유가스(LPG) 외의 액화가스 충전용기 부속품

19 독성 가스 제독작업에 필요한 보호구의 보관에 대한 설명으로 틀린 것은?
① 독성 가스가 누출할 우려가 있는 장소에 가까우면서 관리하기 쉬운 장소에 보관한다.
② 긴급 시 독성 가스에 접하고 반출할 수 있는 장소에 보관한다.
③ 정화통 등의 소모품은 정기적 또는 사용 후에 점검하여 교환 및 보충한다.
④ 항상 청결하고 그 기능이 양호한 장소에 보관한다.

해설 독성 가스 제독작업 시 필요한 보호구의 보관은 긴급 시 독성 가스에서 떨어진 곳에서 반출이 가능한 장소에 보관한다.

20 일반 공업용 용기의 도색 기준으로 틀린 것은?
① 액화염소 – 갈색   ② 액화암모니아 – 백색
③ 아세틸렌 – 황색   ④ 수소 – 회색

해설 • 수소가스 용기 도색 : 주황색
• 회색용기 : 기타 그 밖의 가스

21 액화석유가스의 안전관리 및 사업법에 규정된 용어의 정의에 대한 설명으로 틀린 것은?
① 저장설비라 함은 액화석유가스를 저장하기 위한 설비로서 저장탱크, 마운드형 저장탱크, 소형저장탱크 및 용기를 말한다.
② 자동차에 고정된 탱크라 함은 액화석유가스의 수송, 운반을 위하여 자동차에 고정 설치된 탱크를 말한다.
③ 소형저장탱크라 함은 액화석유가스를 저장하기 위하여 지상 또는 지하에 고정 설치된 탱크로서 그 저장능력이 3톤 미만인 탱크를 말한다.
④ 가스설비라 함은 저장설비외의 설비로서 액화석유가스가 통하는 설비(배관을 포함한다)와 그 부속설비를 말한다.

해설 가스설비
저장설비 외의 설비로서 액화석유가스가 통하는 설비와 그 부속설비를 말한다.(배관은 제외한다.)

ANSWER | 15. ③ 16. ④ 17. ② 18. ③ 19. ② 20. ④ 21. ④

22 1%에 해당하는 ppm의 값은?
① 10^2ppm ② 10^3ppm
③ 10^4ppm ④ 10^5ppm

해설 %는 백분율 $\left(\dfrac{1}{100}=0.01\right)$
ppm은 백만분율 $\left(\dfrac{1}{10^6}=0.000001\right)$
∴ $1\% = 10^4$ ppm $\left(\dfrac{0.01}{0.000001}=10,000=10^4\right)$

23 가스배관의 시공 신뢰성을 높이는 일환으로 실시하는 비파괴검사 방법 중 내부선원법, 이중벽 이증상법 등을 이용하는 방법은?
① 초음파탐상시험 ② 자분탐상시험
③ 방사선투과시험 ④ 침투탐상방법

해설 방사선투과시험(비파괴법)
X선, γ선을 투과하여 용접부 결함 유무를 판단하는 검사법(내부선원법, 이중벽 이중상법)이다. 장치가 크고 가격이 비싸다.

24 차량에 고정된 저장탱크로 염소를 운반할 때 용기의 내용적(L)은 얼마 이하가 되어야 하는가?
① 10,000 ② 12,000
③ 15,000 ④ 18,000

해설 염소는 독성 가스(Cl_2 = 허용농도 1ppm)이다. 독성 가스 저장탱크의 내용적은 12,000L 이하로 제작하여야 한다.

25 일산화탄소와 공기의 혼합가스는 압력이 높아지면 폭발범위는 어떻게 되는가?
① 변함없다. ② 좁아진다.
③ 넓어진다. ④ 일정치 않다.

해설
- 일산화탄소(CO)는 다른 가연성 가스와 반대로 압력이 고압일수록 폭발범위가 좁아진다.
- CO 가스 폭발범위 : 12.5~74%

26 도시가스 배관을 폭 8m 이상의 도로에서 지하에 매설 시 지표면으로부터 배관의 외면까지의 매설깊이의 기준은?
① 0.6m 이상 ② 1.0m 이상
③ 1.2m 이상 ④ 1.5m 이상

해설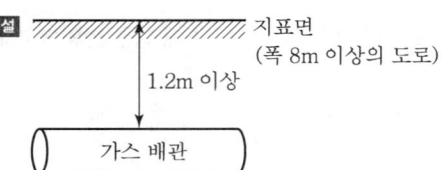

27 도시가스시설의 설치공사 또는 변경공사를 하는 때에 이루어지는 주요 공정 시공감리 대상은?
① 도시가스사업자 외의 가스공급시설 설치자의 배관 설치공사
② 가스도매사업자의 가스공급시설 설치공사
③ 일반도시가스사업자의 정압기 설치공사
④ 일반도시가스사업자의 제조소 설치공사

해설 도시가스시설(설치공사, 변경공사) 주요 공정 시공감리대상
도시가스사업자 외의 가스공급시설 설치자의 배관 설치공사

28 고압가스 공급자의 안전점검 항목이 아닌 것은?
① 충전용기의 설치위치
② 충전용기의 운반방법 및 상태
③ 충전용기와 화기와의 거리
④ 독성 가스의 경우 흡수장치, 제해장치 및 보호구 등에 대한 적합 여부

해설 고압가스 공급자의 안전점검 항목은 ①, ③, ④항이다.

29 액화석유가스 판매업소의 충전용기 보관실에 강제통풍장치 설치 시 통풍능력의 기준은?
① 바닥면적 $1m^2$당 $0.5m^3$/분 이상
② 바닥면적 $1m^2$당 $1.0m^3$/분 이상
③ 바닥면적 $1m^2$당 $1.5m^3$/분 이상
④ 바닥면적 $1m^2$당 $2.0m^3$/분 이상

해설 액화석유가스 통풍능력
바닥면적 1m²당 0.5m³/분 이상으로 할 것

30 다음 중 동일 차량에 적재하여 운반할 수 없는 경우는?
① 산소와 질소
② 질소와 탄산가스
③ 탄산가스와 아세틸렌
④ 염소와 아세틸렌

해설 염소가스와 아세틸렌, 암모니아, 수소는 동일차량에 적재하여 운반하지 아니할 것

31 액화가스의 이송 펌프에서 발생하는 캐비테이션 현상을 방지하기 위한 대책으로서 틀린 것은?
① 흡입 배관을 크게 한다.
② 펌프의 회전수를 크게 한다.
③ 펌프의 설치위치를 낮게 한다.
④ 펌프의 흡입구 부근을 냉각한다.

해설 캐비테이션 현상
순간의 압력저하로 액이 기화하는 현상이며 펌프의 회전수를 작게 하면 방지할 수 있다.

32 다음 중 대표적인 차압식 유량계는?
① 오리피스 미터   ② 로터미터
③ 마노미터   ④ 습식 가스미터

해설 차압식 유량계
• 오리피스 미터
• 플로 노즐
• 벤투리미터

33 공기액화분리기 내의 CO_2를 제거하기 위해 NaOH 수용액을 사용한다. 1.0kg의 CO_2를 제거하기 위해서는 약 몇 kg의 NaOH를 가해야 하는가?
① 0.9   ② 1.8
③ 3.0   ④ 3.8

해설 $2NaOH$(가성소다) $+ CO_2 \rightarrow Na_2CO_3 + H_2O$
2×40 $\quad\quad + 44$
NaOH 분자량 : 40
CO_2 분자량 : 44
∴ 가성소다 소비량(NaOH)
$\dfrac{2 \times 40}{44} = 1.81 \text{kg/kg}$

34 왕복동 압축기 용량조정방법 중 단계적으로 조절하는 방법에 해당되는 것은?
① 회전수를 변경하는 방법
② 흡입 주밸브를 폐쇄하는 방법
③ 타임드 밸브 제어에 의한 방법
④ 클리어런스 밸브에 의해 용적 효율을 낮추는 방법

해설 왕복동 압축기 용량조정방법 중 단계적 조절방법에 해당하는 것은 ④이다.

35 LP가스에 공기를 희석시키는 목적이 아닌 것은?
① 발열량 조절
② 연소효율 증대
③ 누설 시 손실감소
④ 재액화 촉진

해설 액화석유가스에 공기를 섞어서 희석시키는 목적은 ①, ②, ③항이다.

36 다음 중 정압기의 부속설비가 아닌 것은?
① 불순물 제거장치
② 이상압력 상승 방지장치
③ 검사용 맨홀
④ 압력기록장치

해설 정압기(거버너) 부속설비
• 불순물 제거장치
• 이상압력 상승 방지장치
• 압력기록장치

ANSWER | 30. ④ 31. ② 32. ① 33. ② 34. ④ 35. ④ 36. ③

37 금속재료 중 저온재료로 적당하지 않은 것은?
① 탄소강
② 황동
③ 9% 니켈강
④ 18-8 스테인리스강

해설 탄소(C)
인성, 연신율, 충격치, 비중, 융해온도, 열전도율, 인장강도, 경도, 항복점, 비열, 취성, 전기저항에 관계된다.

38 다음 중 터보압축기에서 주로 발생할 수 있는 현상은?
① 수격작용(Water Hammer)
② 베이퍼 록(Vapor Lock)
③ 서징(Surging)
④ 캐비테이션(Cavitation)

해설 터보압축기(원심식 압축기)
서징현상 발생(주기적으로 한숨을 일으키는 소리)

39 파이프 커터로 강관을 절단하면 거스러미(Burr)가 생긴다. 이것을 제거하는 공구는?
① 파이프 벤더
② 파이프 렌치
③ 파이프 바이스
④ 파이프 리머

해설 파이프 리머
강관 절단면 거스러미 제거용 공구

40 고속회전하는 임펠러의 원심력에 의해 속도에너지를 압력에너지로 바꾸어 압축하는 형식으로서 유량이 크고 설치면적이 적게 차지하는 압축기의 종류는?
① 왕복식
② 터보식
③ 회전식
④ 흡수식

해설 터보식 압축기
원심력을 이용(속도에너지 → 압력에너지 변화)하는 비용적식 압축기로서 대용량 압축기

41 가스홀더의 압력을 이용하여 가스를 공급하며 가스 제조공장과 공급지역이 가깝거나 공급면적이 좁을 때 적당한 가스공급방법은?
① 저압공급방식
② 중앙공급방식
③ 고압공급방식
④ 초고압공급방식

해설 가스홀더 저압식
유수식, 무수식이 있다. 가스 제조공장과 공급지역이 가깝거나 공급면적이 좁을 때 적당하다.

42 가스 종류에 따른 용기의 재질로서 부적합한 것은?
① LPG : 탄소강
② 암모니아 : 동
③ 수소 : 크롬강
④ 염소 : 탄소강

해설 암모니아 가스가 아연, 동(구리), 은, 알루미늄, 코발트와 만나면 착이온을 생성시킨다.
- $CaCN_2$(칼슘시안아미드) $+ 3H_2O \rightarrow CaCO_3 + 2NH_3$(암모니아 제조)
- $3H_2 + N_2 \rightarrow 2NH_3 + 24kcal$(암모니아 제조)

43 오르사트법으로 시료가스를 분석할 때의 성분분석순서로서 옳은 것은?
① $CO_2 \rightarrow O_2 \rightarrow CO$
② $CO \rightarrow CO_2 \rightarrow O_2$
③ $O_2 \rightarrow CO \rightarrow CO_2$
④ $O_2 \rightarrow CO_2 \rightarrow CO$

해설 오르사트법의 가스분석 순서
$CO_2 \rightarrow O_2 \rightarrow CO$

44 수소염 이온화식(FID) 가스 검출기에 대한 설명으로 틀린 것은?
① 감도가 우수하다.
② CO_2와 NO_2는 검출할 수 없다.
③ 연소하는 동안 시료가 파괴된다.
④ 무기화합물의 가스검지에 적합하다.

해설 FID(수소염 이온화 검출기) 가스크로마토 기기분석법
- 탄화수소에서 감도가 최고
- H_2, O_2, CO, CO_2, SO_2 등은 분석 불가

45 다음 [보기]와 관련 있는 분석방법은?

[보기]
- 쌍극자모멘트의 알짜변화
- 진동 짝지움
- Nernst 백열등
- Fourier 변환분광계

① 질량분석법
② 흡광광도법
③ 적외선 분광분석법
④ 킬레이트 적정법

해설 적외선 분광분석법
H_2, O_2, N_2, Cl_2 등의 가스는 (2원자 분자) 적외선을 흡수하지 않아서 가스분석 불가, 보기의 4가지를 이용하여 진동에 의해서 적외선의 흡수가 일어난다.

46 표준상태에서 1,000L의 체적을 갖는 가스상태의 부탄은 약 몇 kg인가?

① 2.6   ② 3.1
③ 5.0   ④ 6.1

해설 부탄가스(C_4H_{10}) 분자량 : 58(22.4L/mol)

몰수 $= \dfrac{1,000}{22.4} = 44.64$몰(1몰 $=58g$)

$\therefore (44.64 \times 58) = 2,589.29g ≒ 2.6kg$

47 다음 중 일반기체상수(R)의 단위는?

① kg · m/kmol · K
② kg · m/kcal · K
③ kg · m/m³ · K
④ kcal/kg · ℃

해설 일반기체상수(R)
- $R = 848$kg · m/kmol · K
- $R = \dfrac{101,300 \times 22.4}{273}$
  $= 8,314$ J/kmol · K
  $= 8.314$ kJ/kmol · K

48 열역학 제1법칙에 대한 설명이 아닌 것은?

① 에너지 보존의 법칙이라고 한다.
② 열은 항상 고온에서 저온으로 흐른다.
③ 열과 일은 일정한 관계로 상호 교환된다.
④ 제1종 영구기관이 영구적으로 일하는 것은 불가능하다는 것을 알려준다.

해설 ②항은 열역학 제2법칙이다.

49 표준상태의 가스 1m³를 완전연소시키기 위하여 필요한 최소한의 공기를 이론공기량이라고 한다. 다음 중 이론공기량으로 적합한 것은?(단, 공기 중에 산소는 21% 존재한다.)

① 메탄 : 9.5배   ② 메탄 : 12.5배
③ 프로판 : 15배   ④ 프로판 : 30배

해설
- 메탄(CH_4) $+ 2O_2 \rightarrow CO_2 + 2H_2O$

  이론공기량(A_o) = 이론산소량(O_o) $\times \dfrac{1}{0.21}$
  $= 2 \times \dfrac{1}{0.21} = 9.52 Nm^3/Nm^3$

- 프로판(C_3H_8) $+ 5O_2 \rightarrow 3CO_2 + 4H_2O$

  이론공기량 = 이론산소량(O_o) $\times \dfrac{1}{0.21}$
  $= 5 \times \dfrac{1}{0.21} = 23.3 Nm^3/Nm^3$

50 다음 중 액화가 가장 어려운 가스는?

① H_2 ② He
③ N_2 ④ CH_4

해설 비점(끓는점)이 낮은 가스는 액화가 매우 어렵다.

※ 가스의 비점
- 수소 : -252℃
- 헬륨 : -272.2℃
- 질소 : -196℃
- 메탄 : -162℃

ANSWER | 45. ③ 46. ① 47. ① 48. ② 49. ① 50. ②

51 다음 중 아세틸렌의 발생방식이 아닌 것은?

① 주수식 : 카바이드에 물을 넣는 방법
② 투입식 : 물에 카바이드를 넣는 방법
③ 접촉식 : 물과 카바이드를 소량씩 접촉시키는 방법
④ 가열식 : 카바이드를 가열하는 방법

해설 아세틸렌가스 발생방식
- 투입식
- 주수식
- 접촉식

$CaO + 3C \rightarrow CaC_2 + CO$
$CaC_2(카바이드) + 2H_2O \rightarrow Ca(OH) + C_2H_2(아세틸렌 제조)$

52 이상기체의 등온과정에서 압력이 증가하면 엔탈피 (H)는?

① 증가한다.
② 감소한다.
③ 일정하다.
④ 증가하다가 감소한다.

해설 등온과정(온도일정)
변화전후의 기체가 갖는 내부에너지 엔탈피는 모두 같다.
(가열된 열량은 공업일, 절대일로 방출된다.)
- 내부에너지 $(\Delta u) = mC_v(T_2 - T_1) = 0$
- 가열량 $(Q) = AP_1 V_1 \ln\left(\dfrac{V_2}{V_1}\right)$

53 1kW의 열량을 환산한 것으로 옳은 것은?

① 536kcal/h   ② 632kcal/h
③ 720kcal/h   ④ 860kcal/h

해설 1kW = 102kg · m/s
1kWh = 120kg · m/s × 1h × 3,600s/h
      × $\dfrac{1}{427}$ kcal/kg · m
    = 860kcal = 3,600kJ/h

54 섭씨온도와 화씨온도가 같은 경우는?

① -40℃   ② 32℉
③ 273℃   ④ 45℉

해설
$-40℃ = \dfrac{9}{5} \times -40 + 32 = -40℉$

$℉ = \dfrac{9}{5} \times ℃ + 32$

$℃ = \dfrac{5}{9}(℉ - 32)$

$°R = ℉ + 460$
$K = ℃ + 273$

55 다음 중 1기압(1atm)과 같지 않은 것은?

① 760mmHg   ② 0.9807bar
③ 10.332mH₂O   ④ 101.3kPa

해설 1atm = 1.013bar = 1,013mbar
       = 101,325N/m²
       = 30inHg = 14.7 lb/in² = 101,325Pa

※ Aq(Aqua) : 수두압

56 어떤 기구가 1atm, 30℃에서 10,000L의 헬륨으로 채워져 있다. 이 기구가 압력이 0.6atm이고 온도가 -20℃인 고도까지 올라갔을 때 부피는 약 몇 L가 되는가?

① 10,000   ② 12,000
③ 14,000   ④ 16,000

해설
$V_2 = V_1 \times \dfrac{T_2}{T_1} \times \dfrac{P_1}{P_2}$
$= 10,000 \times \dfrac{273-20}{273+30} \times \dfrac{1}{0.6}$
$≒ 14,000 L$

57 다음 중 절대온도 단위는?

① K   ② °R
③ ℉   ④ ℃

해설 절대온도
- $K = ℃ + 273$
- $°R = ℉ + 460$

51. ④ 52. ③ 53. ④ 54. ① 55. ② 56. ③ 57. ① | ANSWER

58 이상 기체를 정적하에서 가열하면 압력과 온도의 변화는?

① 압력증가, 온도일정
② 압력일정, 온도일정
③ 압력증가, 온도상승
④ 압력일정, 온도상승

해설 정적(체적일정) → 가열하면
- 압력증가
- 온도상승

59 산소의 물리적인 성질에 대한 설명으로 틀린 것은?

① 산소는 약 -183℃에서 액화한다.
② 액체산소는 청색으로 비중이 약 1.13이다.
③ 무색무취의 기체이며 물에는 약간 녹는다.
④ 강력한 조연성 가스이므로 자신이 연소한다.

해설
- O_2(산소)는 조연성 가스이므로 자신은 연소되지 못하고 가연성 가스를 연소시킨다.(불연성 가스)
- 가연성 : H_2, CH_4, C_2H_2, C_3H_8, C_4H_{10} 등

60 도시가스의 주원료인 메탄(CH_4)의 비점은 약 얼마인가?

① -50℃
② -82℃
③ -120℃
④ -162℃

해설 메탄(CH_4) · 비점 : -161.5℃
- 분자량 : 16
- 액비중 : 0.415
- 임계압력 : 45.8atm
- 임계온도 : -82.1℃
- 폭발범위 : 5~15%

ANSWER | 58. ③ 59. ④ 60. ④

2015년 4회 과년도 기출문제

01 다음 중 사용신고를 하여야 하는 특정고압가스에 해당하지 않는 것은?
① 게르만
② 삼불화질소
③ 사불화규소
④ 오불화붕소

해설
- 특정 고압가스 : 포스핀, 세렌화수소, 디실란, 오불비소, 오불화인, 삼불화인, 삼불화붕소, 사불화유황 외 ①, ②, ③ 등이다.
- 특수가스 : 압축모노실란, 압축디보레인, 액화알진, 포스핀, 세렌화수소, 게르만, 디실란 등

02 LP가스 저장탱크 지하에 설치하는 기준에 대한 설명으로 틀린 것은?
① 저장탱크실 상부 윗면으로부터 저장탱크 상부까지의 깊이는 1m 이상으로 한다.
② 저장탱크 주위 빈 공간에는 세립분을 함유하지 않은 것으로서 손으로 만졌을 때 물이 손에서 흘러내리지 않는 상태의 모래를 채운다.
③ 저장탱크를 2개 이상 인접하여 설치하는 경우에는 상호 간에 1m 이상의 거리를 유지한다.
④ 저장탱크실은 천장, 벽 및 바닥의 두께가 각각 30cm 이상의 방수조치를 한 철근 콘크리트 구조로 한다.

해설

03 용기의 설계단계 검사항목이 아닌 것은?
① 단열성능
② 내압성능
③ 작동성능
④ 용접부의 기계적 성능

해설 용기의 설계단계 검사항목
- 단열성능
- 내압성능
- 용접부 기계적 성능

04 고압가스용 저장탱크 및 압력용기 제조시설에 대하여 실시하는 내압검사에서 압력용기 등의 재질이 주철인 경우 내압시험압력의 기준은?
① 설계압력의 1.2배의 압력
② 설계압력의 1.5배의 압력
③ 설계압력의 2배의 압력
④ 설계압력의 3배의 압력

해설 압력용기 재질이 주철제인 경우 내압시험 설계압력의 2배

05 초저온 용기의 단열성능시험에 있어 침입열량 산식은 다음과 같이 구해진다. 여기서 "q"가 의미하는 것은?

$$Q = \frac{W \cdot q}{H \cdot \Delta t \cdot V}$$

① 침입열량
② 측정시간
③ 기화된 가스량
④ 시험용 가스의 기화잠열

해설
- W : 기화된 가스량
- q : 시험용 가스의 기화 잠열
- H : 측정시간
- Δt : 시험용 가스의 비점과 외기온도차
- V : 용기 내 용적

1. ④ 2. ① 3. ③ 4. ③ 5. ④ | ANSWER

06 인체용 에어졸 제품의 용기에 기재하여야 할 사항으로 틀린 것은?
① 불속에 버리지 말 것
② 가능한 한 인체에서 10cm 이상 떨어져서 사용할 것
③ 온도가 40℃ 이상 되는 장소에 보관하지 말 것
④ 특정부위에 계속하여 장시간 사용하지 말 것

해설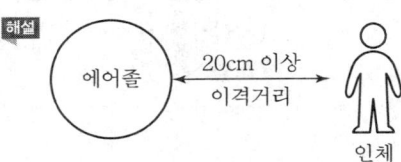

07 비등액체팽창증기폭발(BLEVE)이 일어날 가능성이 가장 낮은 곳은?
① LPG 저장탱크
② LNG 저장탱크
③ 액화가스 탱크로리
④ 천연가스 지구정압기

해설 BLEVE
가연성 액체 저장탱크 주변에서 화재가 발생하여 기상부의 탱크가 국부적으로 가열되면 그 부분이 강도가 약해져 탱크가 파열된다. 이때 내부의 액화가스가 급격히 유출팽창되어 화구를 형성하는 폭발

08 자연발화의 열의 발생 속도에 대한 설명으로 틀린 것은?
① 발열량이 큰 쪽이 일어나기 쉽다.
② 표면적이 작을수록 일어나기 쉽다.
③ 초기 온도가 높은 쪽이 일어나기 쉽다.
④ 촉매 물질이 존재하면 반응속도가 빨라진다.

해설 자연발화는 표면적이 클수록 일어나기가 용이하다.

09 다음 가스의 용기보관실 중 그 가스가 누출된 때에 체류하지 않도록 통풍구를 갖추고, 통풍이 잘 되지 않는 곳에는 강제환기시설을 설치하여야 하는 곳은?
① 질소 저장소
② 탄산가스 저장소
③ 헬륨 저장소
④ 부탄 저장소

해설 공기보다 무거운 가연성 가스(부탄의 분자량은 58)가 누출되면 체류하지 않도록 통풍구를 갖추고 강제환기시설을 설치한다.

10 발열량이 9,500kcal/m³이고 가스 비중이 0.65인 (공기 비중 1) 가스의 웨버지수는 약 얼마인가?
① 6,175
② 9,500
③ 11,780
④ 14,615

해설 웨버지수(WI) = $\dfrac{H_g}{\sqrt{d}}$ = $\dfrac{9,500}{\sqrt{0.65}}$ = 11,780

11 도시가스 배관의 매설심도를 확보할 수 없거나 타 시설물과 이격거리를 유지하지 못하는 경우 등에는 보호판을 설치한다. 압력이 중압 배관일 경우 보호판의 두께 기준은?
① 3mm
② 4mm
③ 5mm
④ 6mm

해설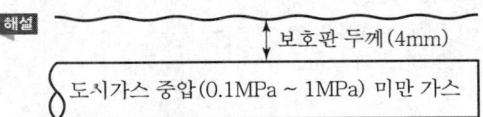

12 고압가스안전관리법의 적용을 받는 고압가스의 종류 및 범위로서 틀린 것은?
① 상용의 온도에서 압력이 1MPa 이상이 되는 압축가스
② 섭씨 35도의 온도에서 압력이 0Pa을 초과하는 아세틸렌가스
③ 상용의 온도에서 압력이 0.2MPa 이상이 되는 액화가스
④ 섭씨 35도의 온도에서 압력이 0Pa을 초과하는 액화가스 중 액화시안화수소

해설 아세틸렌가스(C_2H_2)는 15℃에서 압력이 0Pa을 초과하면 고압가스이다.

ANSWER | 6. ② 7. ④ 8. ② 9. ④ 10. ③ 11. ② 12. ②

13 고압가스 제조허가의 종류가 아닌 것은?
① 고압가스 특수제조
② 고압가스 일반제조
③ 고압가스 충전
④ 냉동제조

해설 ①항에서는 제조허가가 특정제조이어야 고압가스 제조허가가 필요하다.

14 암모니아 충전용기로서 내용적이 1,000L 이하인 것은 부식여유 두께의 수치가 (A)mm이고, 염소 충전용기로서 내용적이 1,000L 초과하는 것은 부식 여유 두께의 수치가 (B)mm이다. A와 B에 알맞은 부식 여유치는?
① A : 1, B : 3   ② A : 2, B : 3
③ A : 1, B : 5   ④ A : 2, B : 5

해설 ㉠ 암모니아 용기 부식 여유의 수치
• 1,000L 이하 : 1mm
• 1,000L 초과 : 2mm
㉡ 염소 용기 여유의 수치
• 1,000L 이하 : 3mm
• 1,000L 초과 : 5mm

15 LPG 자동차에 고정된 용기충전시설에서 저장탱크의 물분무장치는 최대수량을 몇 분 이상 연속해서 방사할 수 있는 수원에 접속되어 있도록 하여야 하는가?
① 20분   ② 30분
③ 40분   ④ 60분

해설
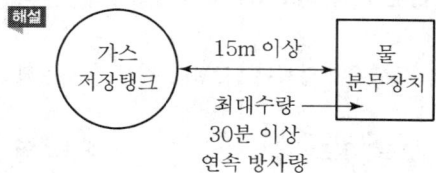

16 산화에틸렌 충전용기에는 질소 또는 탄산가스를 충전하는데 그 내부가스 압력의 기준으로 옳은 것은?
① 상온에서 0.2MPa 이상
② 35℃에서 0.2MPa 이상
③ 40℃에서 0.4MPa 이상
④ 45℃에서 0.4MPa 이상

해설 산화에틸렌(C_2H_4O) 충전용기 상부에 질소나 탄산가스를 45℃에서 0.4MPa 이상이 되도록 그 내부에 충전시킨다.

17 다음 중 보일러 중독사고의 주원인이 되는 가스는?
① 이산화탄소   ② 일산화탄소
③ 질소   ④ 염소

해설 $CO + \frac{1}{2}O_2 \rightarrow CO_2$
※ CO : 독성허용농도 TLV 기준 50ppm

18 플레어스택에 대한 설명으로 틀린 것은?
① 플레어스택에서 발생하는 복사열이 다른 제조 시설에 나쁜 영향을 미치지 아니하도록 안전한 높이 및 위치에 설치한다.
② 플레어스택에서 발생하는 최대열량에 장시간 견딜 수 있는 재료 및 구조로 되어 있는 것으로 한다.
③ 파일럿버너를 항상 점화하여 두는 등 플레어스택에 관련된 폭발을 방지하기 위한 조치가 되어 있는 것으로 한다.
④ 특수반응설비 또는 이와 유사한 고압가스설비에는 그 특수반응설비 또는 고압가스설비마다 설치한다.

해설 플레어스택의 기준은 ①, ②, ③항이며 설치높이는 지표면에 미치는 복사열이 4,000kcal/m²h 이하가 되도록 할 것

19 도시가스사용시설에서 도시가스 배관의 표시등에 대한 기준으로 틀린 것은?
① 지하에 매설하는 배관은 그 외부에 사용가스명, 최고사용압력, 가스의 흐름방향을 표시한다.
② 지상배관은 부식방지 도장 후 황색으로 도색한다.
③ 지하매설배관은 최고사용압력이 저압인 배관은 황색으로 한다.
④ 지하매설배관은 최고사용압력이 중압이상인 배관은 적색으로 한다.

13. ① 14. ③ 15. ② 16. ④ 17. ② 18. ④ 19. ①

해설 도시가스 지하매설배관
흐름방향 표지는 생략할 수 있다.

20 특정고압가스 사용시설에서 용기의 안전조치 방법으로 틀린 것은?
① 고압가스의 충전용기는 항상 40℃ 이하를 유지하도록 한다.
② 고압가스의 충전용기 밸브는 서서히 개폐한다.
③ 고압가스의 충전용기 밸브 또는 배관을 가열할 때에는 열습포나 40℃ 이하의 더운 물을 사용한다.
④ 고압가스의 충전용기를 사용한 후에는 밸브를 열어 둔다.

해설 충전용기는 항상 사용이 끝나면 밸브를 잠가둔다.

21 일반도시가스의 배관을 철도부지 밑에 매설할 경우 배관의 외면과 지표면과의 거리는 몇 m이상으로 하여야 하는가?
① 1.0m ② 1.2m
③ 1.3m ④ 1.5m

해설
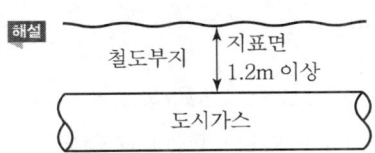

22 가스도매사업시설에서 배관 지하매설의 설치기준으로 옳은 것은?
① 산과 들 이외의 지역에서 배관의 매설 깊이는 1.5m 이상
② 산과 들에서의 배관의 매설깊이는 1m 이상
③ 배관은 그 외면으로부터 수평거리로 건축물까지 1.2m 이상 거리 유지
④ 배관은 그 외면으로부터 지하의 다른 시설물과 1.2m 이상 거리 유지

해설

건축물	산, 들	그 밖의 지역	다른 시설물
1.5m	1m 이상	1.2m 이상	0.3m 이상

가스배관 (지하매설)

23 인화온도가 약 -30℃이고 발화온도가 매우 낮아 전구 표면이나 증기파이프 등의 열에 의해 발화할 수 있는 가스는?
① CS_2 ② C_2H_2
③ C_2H_4 ④ C_3H_8

해설 이황화탄소(CS_2)
• 폭발범위 : 1.25~44%(독성허용농도 20ppm)
• 발화등급 : G_5 등급(발화온도 : 100℃ 초과~135℃ 이하)
• 인화점 : -30℃

24 액화가스를 충전하는 차량에 고정된 탱크는 그 내부에 액면요동을 방지하기 위하여 액면요동방지조치를 하여야 한다. 다음 중 액면요동방지조치로 올바른 것은?
① 방파판 ② 액면계
③ 온도계 ④ 스톱밸브

해설
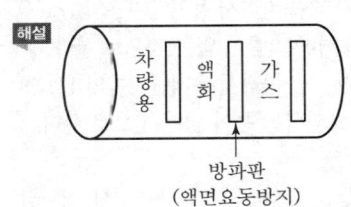
방파판
(액면요동방지)

25 가연성 가스의 지상저장탱크의 경우 외부에 바르는 도료의 색깔은 무엇인가?
① 청색 ② 녹색
③ 은·백색 ④ 검은색

해설
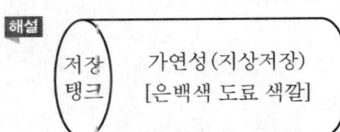
가연성 (지상저장)
[은백색 도료 색깔]

ANSWER | 20.④ 21.② 22.② 23.① 24.① 25.③

26 아르곤(Ar) 가스 충전용기의 도색은 어떤 색상으로 하여야 하는가?
① 백색　　　② 녹색
③ 갈색　　　④ 회색

해설 아르곤가스(그 밖의 가스) 등의 충전용기 도색은 회색이다.

27 지하에 매몰하는 도시가스 배관의 재료로 사용할 수 없는 것은?
① 가스용 폴리에틸렌관
② 압력 배관용 탄소강관
③ 압출식 폴리에틸렌 피복강관
④ 분말융착식 폴리에틸렌 피복강관

해설 압력배관용 탄소강관(SPPS)을 지하 매몰용으로 사용하면 부식이 발생한다.

28 아세틸렌 용기에 대한 다공물질 충전검사 적합판정 기준은?
① 다공물질은 용기 벽을 따라서 용기안지름의 1/200 또는 1mm를 초과하는 틈이 없는 것으로 한다.
② 다공물질은 용기 벽을 따라서 용기안지름의 1/200 또는 3mm를 초과하는 틈이 없는 것으로 한다.
③ 다공물질은 용기 벽을 따라서 용기안지름의 1/100 또는 5mm를 초과하는 틈이 없는 것으로 한다.
④ 다공물질은 용기 벽을 따라서 용기안지름의 1/100 또는 10mm를 초과하는 틈이 없는 것으로 한다.

해설 가스용기 내의 다공물질(규조토, 점토, 목탄, 석회, 산화철 등) 검사는 용기 안지름의 $\frac{1}{200}$ 또는 3mm를 초과하는 틈이 없는 것으로 한다.

29 액화석유가스가 공기 중에 얼마의 비율로 혼합되었을 때 그 사실을 알 수 있도록 냄새가 나는 물질을 섞어 용기에 충전하여야 하는가?
① $\frac{1}{1,000}$　　　② $\frac{1}{10,000}$
③ $\frac{1}{100,000}$　　　④ $\frac{1}{1,000,000}$

해설 가스부취제
가스양의 $\frac{1}{1,000}$ 비율로 섞어서 가스를 제조한다.

부취제 종류
• THT(석탄가스)
• TBM(양파 썩는 냄새)
• DMS(마늘냄새)

30 가스누출자동차단장치의 구성요소에 해당하지 않는 것은?
① 지시부　　　② 검지부
③ 차단부　　　④ 제어부

해설 가스누출자동차단장치 구성요소
• 검지부
• 차단부
• 제어부

31 도시가스사용시설의 정압기실에 설치된 가스누출경보기의 점검주기는?
① 1일 1회 이상
② 1주일 1회 이상
③ 2주일 1회 이상
④ 1개월 1회 이상

해설 도시가스 정압기(거버너)의 가스누출경보기 점검주기
1주일에 1회 이상
※ 정압기 종류 : 피셔식, 엑셀-플로식, 레이놀즈식

32 고압가스 제조설비에서 정전기의 발생 또는 대전 방지에 대한 설명으로 옳은 것은?
① 가연성 가스 제조설비의 탑류, 벤트스택 등은 단독으로 접지한다.
② 제조장치 등에 본딩용 접속선은 단면적 $5.5mm^2$ 미만의 단선을 사용한다.
③ 대전 방지를 위하여 기계 및 장치에 절연 재료를 사용한다.
④ 접지저항치 총합이 100Ω 이하인 경우에는 정전기 제거 조치가 필요하다.

26. ④　27. ②　28. ②　29. ①　30. ①　31. ②　32. ① | ANSWER

해설 ②에서는 5.5mm² 이상(단선은 제외한다.)
③에서는 본딩용 접속선을 한다.
④에서는 정전기 제거 조치는 하면 안 된다.

33 이동식 부탄연소기의 용기 연결방법에 따른 분류가 아닌 것은?
① 용기이탈식 ② 분리식
③ 카세트식   ④ 직결식

해설 이동식 부탄(C_4H_{10}) 가스 용기 연결방법
- 분리식
- 카세트식
- 직결식

34 액화산소, LNG 등에 일반적으로 사용될 수 있는 재질이 아닌 것은?
① Al 및 Al 합금
② Cu 및 Cu 합금
③ 고장력 주철강
④ 18-8 스테인리스강

해설 액화산소, LNG 초저온 가스의 용기 재질에서 주철강은 사용이 불가능하다.

35 저압식(Linde-Frankl식) 공기액화분리장치의 정류탑 하부의 압력은 어느 정도인가?
① 1기압   ② 5기압
③ 10기압 ④ 20기압

해설 공기액화분리장치
- 하부탑의 압력 : 5at(-150℃ 저온 생성)
- 원료공기 압축 : 150~200at
- 중간단 압축 : 15at
- 상부탑 압력 : 0.5at(액체 산소분리)

36 LP가스 저압배관공사를 완료하여 기밀시험을 하기 위해 공기압을 1,000mmH₂O로 하였다. 이때 관지름 25mm, 길이 30m로 할 경우 배관의 전체 부피는 약 몇 L인가?
① 5.7L   ② 12.7L
③ 14.7L ④ 23.7L

해설 $Q(부피) = 단면적\left(\frac{\pi}{4}d^2\right) \times 길이$

25mm = 0.025m
- 1m³ = 1,000L

∴ $Q = \frac{3.14}{4} \times (0.025)^2 \times 30 \times 1,000 = 14.7L$

37 저온, 고압의 액화석유가스 저장 탱크가 있다. 이 탱크를 퍼지하여 수리 점검 작업할 때에 대한 설명으로 옳지 않은 것은?
① 공기로 재치환하여 산소 농도가 최소 18%인지 확인한다.
② 질소가스로 충분히 퍼지하여 가연성 가스의 농도가 폭발하한계의 1/4 이하가 될 때까지 치환을 계속한다.
③ 단시간에 고온으로 가열하면 탱크가 손상될 우려가 있으므로 국부가열이 되지 않게 한다.
④ 가스는 공기보다 가벼우므로 상부 맨홀을 열어 자연적으로 퍼지가 되도록 한다.

해설 액화석유가스는 비중이 1.53~2 사이이므로 공기비중(1)보다 커서 강제환기가 필요하다.

38 연소에 필요한 공기를 전부 2차 공기로 취하며 불꽃의 길이가 길고, 온도가 가장 낮은 연소방식은?
① 분젠식   ② 세미분젠식
③ 적화식   ④ 전1차 공기식

해설
- 분젠식 : 1차 공기 60%, 2차 공기 40%
- 세미분젠식 : 1차공기량이 분젠식보다 적다.
- 전1차 공기식 : 연소공기가 전부 1차 공기만 취합

ANSWER | 33.① 34.③ 35.② 36.③ 37.④ 38.③

39 액주식 압력계에 대한 설명으로 틀린 것은?
① 경사관식은 정도가 좋다.
② 단관식은 차압계로도 사용된다.
③ 링 밸런스식은 저압가스의 압력측정에 적당하다.
④ U자관은 메니스커스의 영향을 받지 않는다.

해설 • 단관식 압력계는 유체의 압력측정이 가능하다.
• U자관은 메니스커스의 영향을 받는다.

40 압축천연가스자동차 충전소에 설치하는 압축가스설비의 설계압력이 25MPa인 경우 이 설비에 설치하는 압력계의 지시눈금은?
① 최소 25.0MPa까지 지시할 수 있는 것
② 최소 27.5MPa까지 지시할 수 있는 것
③ 최소 37.5MPa까지 지시할 수 있는 것
④ 최소 50.0MPa까지 지시할 수 있는 것

해설 가스 압력계는 설계압력의 1.5배 이상~2배 이하 지시 눈금이 필요하다.
∴ $25 \times (1.5\sim2) = 37.5(최소)\sim50MPa(최대)$

41 저온장치에서 열의 침입 원인으로 가장 거리가 먼 것은?
① 내면으로부터의 열전도
② 연결 배관 등에 의한 열전도
③ 지지 요크 등에 의한 열전도
④ 단열재를 넣은 공간에 남은 가스의 분자 열전도

해설 ②, ③, ④항은 저온장치(액화 산소, 질소, 아르곤)에서 열의 침입원인이다.

42 저장탱크 내부의 압력이 외부의 압력보다 낮아져 그 탱크가 파괴되는 것을 방지하기 위한 설비와 관계없는 것은?
① 압력계
② 진공안전밸브
③ 압력경보설비
④ 벤트스택

해설 벤트스택
가스제조과정에서 불필요한 가연성 가스・독성 가스 이상 상태가 생성될 때 외부로 배출시키는 안전용 굴뚝이다.(방출구는 작업원이 통행하는 장소로부터 10m 이상 떨어진 곳)

43 공기액화분리장치에는 다음 중 어떤 가스 때문에 가연성 물질을 단열재로 사용할 수 없는가?
① 질소
② 수소
③ 산소
④ 아르곤

해설 • 공기액화 분리장치 제조가스 : 질소, 산소, 아르곤
• 산소 : 가연성 가스의 연소성을 도와주는 조연성 가스

44 도시가스 공급시설이 아닌 것은?
① 압축기
② 홀더
③ 정압기
④ 용기

해설 도시가스는 배관으로 공급하는 가스이므로 용기는 필요하지 않다.

45 암모니아 용기의 재료로 주로 사용되는 것은?
① 동
② 알루미늄합금
③ 동합금
④ 탄소강

해설 암모니아 가스는 착이온을 생성하는 용기재료로서 아연, 구리, 은, 알루미늄, 코발트 재료는 사용이 불가능하다.

46 표준상태에서 부탄가스의 비중은 약 얼마인가?(단, 부탄의 분자량은 58이다.)
① 1.6
② 1.8
③ 2.0
④ 2.2

해설 부탄(C_4H_{10}) 가스 분자량 : 58
공기의 분자량 : 29
비중 = $\dfrac{가스\ 분자량}{공기의\ 분자량} = \dfrac{58}{29} = 2.0$
연소식(C_4H_{10}) + $6.5O_2 \rightarrow 4CO_2 + 5H_2O$

47 메탄(CH_4)의 공기 중 폭발범위 값에 가장 가까운 것은?
① 5~15.4%
② 3.2~12.5%
③ 2.4~9.5%
④ 1.9~8.4%

해설 메탄가스의 폭발 연소범위
5~15% 정도($CH_4 + 2O_2 \rightarrow CO_2 + 2H_2O$)

ANSWER 39. ④ 40. ③ 41. ① 42. ④ 43. ③ 44. ④ 45. ④ 46. ③ 47. ①

48 다음 중 가장 낮은 압력은?
① 1atm
② 1kg/cm²
③ 10.33mH₂O
④ 1MPa

해설
- 1atm(표준대기압) = 10.33mH₂O = 14.7psi
  = 101.325kPa = 760mmH₂O
  = 1.033kg/cm²
- 1MPa = 10kg/cm²
- 1at(공학기압) = 1kg/cm² = 735mmHg ≒ 100kPa

49 부탄가스의 주된 용도가 아닌 것은?
① 산화에틸렌 제조
② 자동차 연료
③ 라이터 연료
④ 에어졸 제조

해설 산화에틸렌(C_2H_4O) 제조
- 에틸렌크롤히드린을 경유하는 방법
- 에틸렌을 직접 산화하는 공업적 제법
※ C_2H_4O 가스는 무색의 가연성 가스 3~80% 폭발범위 허용농도 50ppm 독성 가스, 자극성 냄새 가스이다.

50 포스겐의 화학식은?
① $COCl_2$
② $COCl_3$
③ PH_2
④ PH_3

해설 $COCl_2$(포스겐 : 염화카보닐 가스)
- 상온에서 자극성 냄새가 난다.
- 허용농도 0.1ppm 가스
- 열분해하면 $COCl_2 \xrightarrow{800°C} CO + Cl_2$로 분해
- 제조방법 : $Cl_2 + CO \xrightarrow{활성탄} COCl_2$
- 가스분해하면 $COCl_2 + H_2O \rightarrow CO_2 + 2HCl$로 CO_2와 염산 발생

51 다음 중 헨리의 법칙에 잘 적용되지 않는 가스는?
① 암모니아(NH_3)
② 수소(H_2)
③ 산소(O_2)
④ 이산화탄소(CO_2)

해설 기체의 용해도(헨리의 법칙)
- 기체는 온도가 낮고 압력이 높을수록 용해가 빠르다.
- 기체의 용해도는 무게비로 압력에 비례한다.
- 물에 잘 녹지 않는 기체만 적용한다.
- HCl, SO_2, NH_3 등 물에 잘 녹는 기체는 적용하지 않는다.

52 착화원이 있을 때 가연성 액체나 고체의 표면에 연소한계 농도의 가연성 혼합기가 형성되는 최저온도는?
① 인화온도
② 임계온도
③ 발화온도
④ 포화온도

해설 인화온도
착화원이 있을 때 가연성 액체나 고체의 표면에서 연소한계 농도의 가연성 혼합기가 형성되는 최저온도(착화원이 없는 경우에는 발화온도이다.)

53 부양기구의 수소 대체용으로 사용되는 가스는?
① 아르곤
② 헬륨
③ 질소
④ 공기

해설 부양기구는 공기보다 매우 가벼운 수소(H_2) 가스가 좋으나 대체용은 헬륨(분자량 4)이 사용된다.
※ 분자량 : 공기 29, 수소 2, 헬륨 4, 아르곤 40, 질소 28

54 시안화수소를 충전한 용기는 충전 후 얼마를 정치해야 하는가?
① 4시간
② 8시간
③ 16시간
④ 24시간

해설 시안화수소가스(HCN)
- 허용농도 : 10ppm(독성 가스)
- 폭발범위 : 6~41%(가연성 가스)
- 중합방지제 : 황산, 동망, 염화칼슘, 인산, 오산화인 등
- 충전한 용기는 24시간 정치시간이 필요하다.
- 2% 이상 수분이 혼입되면 중합폭발 발생

55 아세틸렌(C_2H_2)에 대한 설명 중 틀린 것은?
① 공기보다 무거워 낮은 곳에 체류한다.
② 카바이드(CaC_2)에 물을 넣어 제조한다.
③ 공기 중 폭발범위는 약 2.5~81%이다.
④ 흡열화합물이므로 압축하면 폭발을 일으킬 수 있다.

ANSWER | 48. ② 49. ① 50. ① 51. ① 52. ① 53. ② 54. ④ 55. ①

해설
- 아세틸렌(C_2H_2) 가스의 분자량은 28로서 공기의 분자량보다 작다.
- 카바이드로 C_2H_2을 제조한다.
  $CaO + 3C \rightarrow CaC_2 + CO$
  카바이드(CaC_2) + $2H_2O \rightarrow Ca(OH)_2 + C_2H_2$(아세틸렌)
- 구리, 은, 수은과 접촉 시 금속아세틸라이드 생성(치환폭발 발생)

56 황화수소에 대한 설명으로 틀린 것은?
① 무색이다.
② 유독하다.
③ 냄새가 없다.
④ 인화성이 아주 강하다.

해설 황화수소(H_2S)
- 무색으로 특유한 계란 썩은 냄새가 난다.
- 허용농도 10ppm의 유독성 기체이다.
  $2H_2S + 3O_2 \rightarrow 2H_2O + 2SO_2$(완전연소)
- $2H_2S + O_2 \rightarrow 2H_2O + 2S$(불완전연소)

57 표준상태에서 산소의 밀도(g/L)는?
① 0.7
② 1.43
③ 2.72
④ 2.88

해설 밀도(ρ) = $\dfrac{\text{분자량}}{22.4}$, 산소분자량 = 32

∴ 산소밀도(ρ) = $\dfrac{32}{22.4}$ = 1.43g/L

58 다음 가스 중 비중이 가장 적은 것은?
① CO
② C_3H_8
③ Cl_2
④ NH_3

해설 분자량
- CO(28)
- C_3H_8(44)
- Cl_2(70)
- NH_3(17)

가스 비중 계산식

가스 비중 = $\dfrac{\text{가스 분자량}}{\text{공기 분자량}(29)}$

59 이상기체의 정압비열(C_p)과 정적비열(C_v)에 대한 설명 중 틀린 것은?(단, k는 비열비이고, R은 이상기체 상수이다.)
① 정적비열과 R의 합은 정압비열이다.
② 비열비(k)는 $\dfrac{C_p}{C_v}$로 표현된다.
③ 정적비열은 $\dfrac{R}{k-1}$로 표현된다.
④ 정적비열은 $\dfrac{k-1}{k}$로 표현된다.

해설
- 정압비열(C_p) = $\dfrac{kR}{k-1}$
- $C_p - C_v = R$(기체상수)
  가스상수(R) = $\dfrac{8.314}{M}$(kJ/kg·K)
- 비열비(k) = $\dfrac{C_p}{C_v}$ = $\dfrac{\text{정압비열}}{\text{정적비열}}$
- 기체는 정압비열이 정적 비열보다 커서 비열비가 항상 1보다 크다.

60 LNG의 주성분은?
① 메탄
② 에탄
③ 프로판
④ 부탄

해설
- LNG(액화 천연가스) 주성분 : 메탄(CH_4)
  $CH_4 + 2O_2 \rightarrow CO_2 + 2H_2O$(연소반응식)
- CH_4의 비점 : −161.5℃
- CH_4 가스가 액화되면 부피가 $\dfrac{1}{600}$로 축소된다.
- 분자량은 16이다. (비중 = $\dfrac{16}{29}$ = 0.55)

2016년 1회 과년도 기출문제

01 고압가스 제조설비에서 기밀시험용으로 사용할 수 없는 것은?
① 산소 ② 질소
③ 공기 ④ 탄산가스

해설 산소는 조연성 가스이므로(연소성을 도와주는 기체) 또는 산화용 가스로서 제조설비 기밀용으로는 사용이 불가하다.

02 액화석유가스 자동차에 고정된 용기충전시설에 설치하는 긴급차단장치에 접속하는 배관에 대하여 어떠한 조치를 하도록 되어 있는가?
① 워터해머가 발생하지 않도록 조치
② 긴급차단에 따른 정전기 등이 발생하지 않도록 하는 조치
③ 체크 밸브를 설치하여 과량 공급이 되지 않도록 조치
④ 바이패스 배관을 설치하여 차단성능을 향상시키는 조치

해설 LPG 자동차 용기충전시설용 긴급차단장치에 접속하는 배관에서 워터해머(액해머)가 발생하지 않도록 조치한다.

03 액화석유가스 자동차에 고정된 용기 충전시설에 게시한 "화기엄금"이라 표시한 게시판의 색상은?
① 황색 바탕에 흑색 글씨
② 흑색 바탕에 황색 글씨
③ 백색 바탕에 적색 글씨
④ 적색 바탕에 백색 글씨

해설
화기엄금 표시 | 적색 글씨 (백색 바탕)

04 특정고압가스 사용시설의 시설기준 및 기술기준으로 틀린 것은?
① 가연성 가스의 사용설비에는 정전기 제거설비를 설치한다.
② 지하에 매설하는 배관에는 전기부식 방지조치를 한다.
③ 독성 가스의 저장설비에는 가스가 누출될 때 이를 흡수 또는 중화할 수 있는 장치를 설치한다.
④ 산소를 사용하는 밸브에는 밸브가 잘 동작할 수 있도록 석유류 및 유지류를 주유하여 사용한다.

해설 산소는 조연성 가스로서 석유류나 유지류 주입을 금지하는 밸브를 사용한다.

05 다음 중 가연성이면서 독성인 가스는?
① $CHClF_2$ ② HCl
③ C_2H_2 ④ HCN

해설
① $CHClF_2$(R-22냉매) : 불연성 기체
② HCl(염화수소) : 5ppm 독성 가스
③ C_2H_2(아세틸렌) : 가연성 가스(2.5~81%)
④ HCN(시안화수소) : 가연성(6~41%), 10ppm 독성 가스

06 액화석유가스 집단공급시설에서 가스설비의 상용압력이 1MPa일 때 이 설비의 내압시험 압력은 몇 MPa으로 하는가?
① 1   ② 1.25
③ 1.5   ④ 2.0

해설 내압시험(TP) = 상용압력의 1.5배
∴ $1 \times 1.5 = 1.5MPa$

ANSWER | 1.① 2.① 3.③ 4.④ 5.④ 6.③

07 아세틸렌가스 또는 압력이 9.8MPa 이상인 압축가스를 용기에 충전하는 경우 방호벽을 설치하지 않아도 되는 곳은?
① 압축기와 충전장소 사이
② 압축가스 충전장소와 그 가스충전용기 보관장소 사이
③ 압축기와 그 가스 충전용기 보관장소 사이
④ 압축가스를 운반하는 차량과 충전용기 사이

해설 ①, ②, ③항의 장소에는 방호벽 설치가 필요하다.

08 저장탱크에 의한 액화석유가스 저장소에서 지상에 노출된 배관을 차량 등으로부터 보호하기 위하여 설치하는 방호철판의 두께는 얼마 이상으로 하여야 하는가?
① 2mm ② 3mm
③ 4mm ④ 5mm

해설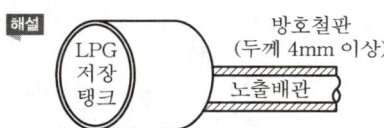

09 가스제조시설에 설치하는 방호벽의 규격으로 옳은 것은?
① 박강판 벽으로 두께 3.2cm 이상, 높이 3m 이상
② 후강판 벽으로 두께 10mm 이상, 높이 3m 이상
③ 철근콘크리트 벽으로 두께 12cm 이상, 높이 2m 이상
④ 철근콘크리트 블록 벽으로 두께 20cm 이상, 높이 2m 이상

해설 ①은 3.2mm 이상, 2m 이상
②는 6mm 이상, 2m 이상
④는 15cm 이상, 2m 이상

10 고압가스안전관리법의 적용범위에서 제외되는 고압가스가 아닌 것은?
① 섭씨 35℃의 온도에서 게이지압력이 4.9MPa 이하인 유니트형 공기압축장치 안의 압축공기
② 섭씨 15℃의 온도에서 압력이 0Pa을 초과하는 아세틸렌가스
③ 내연기관의 시동, 타이어의 공기 충전, 리벳팅, 착암 또는 토목공사에 사용되는 압축장치 안의 고압가스
④ 냉동능력이 3톤 미만인 냉동설비 안의 고압가스

해설 ②항은 고압가스에 해당한다.
①항은 1MPa 이상이어야 고압가스이다.
③, ④항의 가스는 고압가스 적용범위 제외가스

11 도시가스배관에 설치하는 희생양극법에 의한 전위 측정용 터미널은 몇 m 이내의 간격으로 하여야 하는가?
① 200m ② 300m
③ 500m ④ 600m

해설 전위 측정용 터미널 간격(희생양극법, 배류법) : 300m 내의 간격
※ 외부전원법 : 500m 이내의 간격

12 고압가스 용기를 취급 또는 보관할 때의 기준으로 옳은 것은?
① 충전용기와 잔가스 용기는 각각 구분하여 용기보관장소에 놓는다.
② 용기는 항상 60℃ 이하의 온도를 유지한다.
③ 충전용기는 통풍이 잘 되고 직사광선을 받을 수 있는 따스한 곳에 둔다.
④ 용기 보관장소의 주위 5m 이내에는 화기, 인화성 물질을 두지 아니한다.

해설 ②는 40℃ 이하
③은 직사광선이 없는 곳에
④는 2m 이내

13 도시가스에 대한 설명 중 틀린 것은?
① 국내에서 공급하는 대부분의 도시가스는 메탄을 주성분으로 하는 천연가스이다.
② 도시가스는 주로 배관을 통하여 수요가에게 공급된다.
③ 도시가스의 원료로 LPG를 사용할 수 있다.
④ 도시가스는 공기와 혼합되면 폭발한다.

해설 도시가스는 점화원이 있어야 폭발한다.

14 고압가스의 용어에 대한 설명으로 틀린 것은?
① 액화가스란 가압, 냉각 등의 방법에 의하여 액체상태로 되어 있는 것으로서 대기압에서의 끓는점이 섭씨 40도 이하 또는 상용의 온도 이하인 것을 말한다.
② 독성 가스란 공기 중에 일정량이 존재하는 경우 인체에 유해한 독성을 가진 가스로서 허용농도가 100만분의 2,000 이하인 가스를 말한다.
③ 초저온저장탱크라 함은 섭씨 영하 50도 이하의 액화가스를 저장하기 위한 저장탱크로서 단열재로 씌우거나 냉동설비로 냉각하는 등의 방법으로 저장탱크 내의 가스온도가 상용의 온도를 초과하지 아니하도록 한 것을 말한다.
④ 가연성 가스라 함은 공기 중에서 연소하는 가스로서 폭발한계의 하한이 10% 이하인 것과 폭발한계의 상한과 하한의 차가 20% 이상인 것을 말한다.

해설 • 독성 가스(TLV-TWA) 기준 : 100만분의 200 이하
• 독성 가스(LC_{50}) 기준 : 100만분의 5,000 이하

15 도시가스 배관에는 도시가스를 사용하는 배관임을 명확하게 식별할 수 있도록 표시를 한다. 다음 중 그 표시방법에 대한 설명으로 옳은 것은?
① 지상에 설치하는 배관 외부에는 사용가스명, 최고사용압력 및 가스의 흐름방향을 표시한다.
② 매설배관의 표면색상은 최고사용압력이 저압인 경우에는 녹색으로 도색한다.
③ 매설배관의 표면색상은 최고사용압력이 중압인 경우에는 황색으로 도색한다.
④ 지상배관의 표면색상은 백색으로 도색한다. 다만, 흑색으로 2중 띠를 표시한 경우 백색으로 하지 않아도 된다.

해설 ②, ③은 매설배관 저압(황색), 중압(적색)
∴ ④는 3cm의 황색 띠로 표시

16 고압가스 특정제조시설에서 선임하여야 하는 안전관리원의 선임인원 기준은?
① 1명 이상   ② 2명 이상
③ 3명 이상   ④ 5명 이상

해설 특정제조시설 : 안전관리원 2명 이상

17 일반도시가스 공급시설에 설치하는 정압기의 분해점검 주기는?
① 1년에 1회 이상
② 2년에 1회 이상
③ 3년에 1회 이상
④ 1주일에 1회 이상

해설 일반도시가스 공급시설 정압기(거버너)의 분해 점검시기 2년에 1회 이상(작동상황은 1주에 1회 이상)

18 방폭전기 기기구조별 표시방법 중 "e"의 표시는?
① 안전증방폭구조   ② 내압방폭구조
③ 유입방폭구조   ④ 압력방폭구조

해설 ① e, ② d, ③ o, ④ p, ⑤ 본질안전 ia 또는 ib, ⑥ 특수 : s

19 자연환기설비 설치 시 LP가스의 용기 보관실 바닥 면적이 $3m^2$이라면 통풍구의 크기는 몇 cm^2 이상으로 하도록 되어 있는가?(단, 철망 등이 부착되어 있지 않은 것으로 간주한다.)
① 500   ② 700
③ 900   ④ 1,100

[해설] 통풍구 크기는 바닥면적 1m²당 300cm² 이상
∴ 300×3=900cm²

20 고속도로 휴게소에서 액화석유가스 저장능력이 얼마를 초과하는 경우에 소형 저장탱크를 설치하여야 하는가?
① 300kg
② 500kg
③ 1,000kg
④ 3,000kg

[해설] 저장능력 500kg 이상은 저장탱크나 소형저장탱크로 한다.

21 액화석유가스의 용기보관소 시설기준으로 틀린 것은?
① 용기보관실은 사무실과 구분하여 동일 부지에 설치한다.
② 저장 설비 용기는 집합식으로 한다.
③ 용기보관실은 불연재료를 사용한다.
④ 용기보관실 창의 유리는 망입유리 또는 안전유리로 한다.

[해설] 액화석유가스의 용기 보관실 용기는 집합식으로 하지 않는다.

22 액화석유가스 사용시설의 연소기 설치방법으로 옳지 않은 것은?
① 밀폐형 연소기는 급기구, 배기통과 벽과의 사이에 배기가스가 실내로 들어올 수 없게 한다.
② 반밀폐형 연소기는 급기구와 배기통을 설치한다.
③ 개방형 연소기를 설치한 실에는 환풍기 또는 환기구를 설치한다.
④ 배기통이 가연성 물질로 된 벽을 통과 시에는 금속 등 불연성 재료로 단열조치를 한다.

[해설] 배기통이 가연성 물질로 된 벽을 통과하는 부분은 방화조치를 하고 배기가스가 실내로 유입되지 않도록 한다.

23 상용압력이 10MPa인 고압설비의 안전밸브 작동압력은 얼마인가?
① 10MPa
② 12MPa
③ 15MPa
④ 20MPa

[해설] 안전밸브 작동압력
- 내압시험압력 × $\frac{8}{10}$ 이하
- 상용압력의 1.2배

24 다음 가스 중 독성(LC_{50})이 가장 강한 것은?
① 암모니아
② 디메틸아민
③ 브롬화메탄
④ 아크릴로니트릴

[해설] LC_{50} 독성 가스 허용농도(농도수치가 적을수록 독성이 강하다.)
- 암모니아 : 4,230ppm/h
- 디메틸아민 : TLV 기준 10ppm
- 브롬화메탄 : 850ppm
- 아크릴로니트릴 : 660ppm

25 특정고압가스 사용시설에서 취급하는 용기의 안전조치사항으로 틀린 것은?
① 고압가스 충전용기는 항상 40℃ 이하를 유지한다.
② 고압가스 충전용기 밸브는 서서히 개폐하고 밸브 또는 배관을 가열하는 때에는 열습포나 40℃ 이하의 더운 물을 사용한다.
③ 고압가스 충전용기를 사용한 후에는 폭발을 방지하기 위하여 밸브를 열어 둔다.
④ 용기보관실에 충전용기를 보관하는 경우에는 넘어짐 등으로 충격 및 밸브 등의 손상을 방지하는 조치를 한다.

[해설] 고압가스 충전용기를 사용한 후에는 반드시 밸브를 닫아 두어야 한다.

26 LPG충전자가 실시하는 용기의 안전점검기준에서 내용적 얼마 이하의 용기에 대하여 "실내보관 금지" 표시 여부를 확인하여야 하는가?

① 15L ② 20L
③ 30L ④ 50L

해설 LPG는 내용적 15L 이하의 용기는 실내보관 금지 표시를 충전자가 확인해야 한다.

27 독성 가스 충전용기를 차량에 적재할 때의 기준에 대한 설명으로 틀린 것은?

① 운반차량에 세워서 운반한다.
② 차량의 적재함을 초과하여 적재하지 아니한다.
③ 차량의 최대적재량을 초과하여 적재하지 아니한다.
④ 충전용기는 2단 이상으로 겹쳐 쌓아 용기가 서로 이격되지 않도록 한다.

해설 독성 가스 충전용기를 차량에 적재하여 운반하는 경우에는 ①, ②, ③항의 조치에 따른다.(충전용기는 겹쳐 쌓지 않는다.)

28 허용농도가 100만분의 200 이하인 독성 가스 용기 중 내용적이 얼마 미만인 충전용기를 운반하는 차량의 적재함에 대하여 밀폐된 구조로 하여야 하는가?

① 500L ② 1,000L
③ 2,000L ④ 3,000L

해설 허용농도가 100만분의 200 이하 독성 가스 용기 중 내용적이 1,000L 미만의 충전용기를 운반하는 차량의 적재함은 밀폐구조로 한다.

29 도시가스 배관 굴착작업 시 배관의 보호를 위하여 배관 주위 얼마 이내에는 인력으로 굴착하여야 하는가?

① 0.3m ② 0.6m
③ 1m ④ 1.5m

해설 1m 이내는 사고발생 방지를 위해 굴착 시 인력으로 굴착한다.
지하 도시가스 배관

30 차량에 고정된 고압가스 탱크를 운행할 경우 휴대하여야 할 서류가 아닌 것은?

① 차량등록증
② 탱크 테이블(용량 환산표)
③ 고압가스 이동계획서
④ 탱크 제조시방서

해설 ①, ②, ③항 외에도 차량운행일지, 운전면허증, 자격증, 그 밖에 필요한 서류가 있어야 한다.

31 다단 왕복동 압축기의 중간단의 토출온도가 상승하는 주된 원인이 아닌 것은?

① 압축비 감소
② 토출 밸브 불량에 의한 역류
③ 흡입밸브 불량에 의한 고온가스 흡입
④ 전단쿨러 불량에 의한 고온가스의 흡입

해설 ①항에서는 중간단의 토출온도가 상승하는 원인으로서 압축비 감소가 아닌 증가하는 경우이다.

32 LP가스의 자동 교체식 조정기 설치 시의 장점에 대한 설명 중 틀린 것은?

① 도관의 압력손실을 적게 해야 한다.
② 용기 숫자가 수동식보다 적어도 된다.
③ 용기 교환 주기의 폭을 넓힐 수 있다.
④ 잔액이 거의 없어질 때까지 소비가 가능하다.

해설 LP가스 자동교체식 분리형의 경우(단단감압식) 도관의 압력손실을 크게 해도 된다.

33 수은을 이용한 U자관 압력계에서 액주높이(h) 600 mm, 대기압(P_1)은 1kg/cm²일 때 P_2는 약 몇 kg/cm²인가?

① 0.22 ② 0.92
③ 1.82 ④ 9.16

해설 600mm=0.6m
1kg/cm²=10mH₂O=10,000mmH₂O(10^4)
수은의 비중=13.56

ANSWER | 26. ① 27. ④ 28. ② 29. ③ 30. ④ 31. ① 32. ① 33. ③

물의 비중 = 1(1,000kg/m³)

$P_2 = 1 + \dfrac{600 \times 13.56}{10,000} = 1.82 \text{kg/cm}^2$

$1\text{m}^2 = 10,000\text{cm}^2(10^4)$

또는 $P_2 = 1 + (13.56 \times 10^3 \times 0.6 \times 10^{-4})$
$≒ 1.82 \text{kg/cm}^2$

34 오리피스 유량계의 특징에 대한 설명으로 옳은 것은?
① 내구성이 좋다.
② 저압, 저유량에 적당하다.
③ 유체의 압력손실이 크다.
④ 협소한 장소에는 설치가 어렵다.

해설 ①은 벤투리미터 특성
②는 플로노즐의 특성
④ 오리피스는 제작이나 설치가 용이하다.
(침전물의 생성 우려가 있다.)

35 공기액화 분리장치의 내부를 세척하고자 할 때 세정액으로 가장 적당한 것은?
① 염산(HCl)
② 가성소다(NaOH)
③ 사염화탄소(CCl₄)
④ 탄산나트륨(Na₂CO₃)

해설 공기액화 분리장치의 내부세척제 : 사염화탄소(1년에 1회 정도 CCl₄로 장치 내부를 세척한다.)

36 가스 유량 2.03kg/h, 관의 내경 1.61cm, 길이 20m의 직관에서의 압력손실은 약 몇 mm 수주인가?(단, 온도 15℃에서 비중 1.58, 밀도 2.04kg/m³, 유량계수 0.436이다.)
① 11.4   ② 14.0
③ 15.2   ④ 17.5

해설 1.61cm(길이 20m 배관)

$Q = K\sqrt{\dfrac{D^5 \times h}{S \cdot L}} = 0.436 \times \sqrt{\dfrac{1.61^5 \times h}{1.58 \times 20}}$

$D^5 = \dfrac{Q^2 \times S \cdot L}{K^2 \cdot h}$

$Q = \dfrac{2.03\text{kg/h}}{2.04\text{kg/m}^3} = 0.995\text{m}^3/\text{h}$

압력손실$(h) = \left(\dfrac{Q}{K}\right)^2 \times \left(\dfrac{S \cdot L}{D^5}\right)$

$= \left(\dfrac{0.995}{0.436}\right)^2 \times \left(\dfrac{1.58 \times 20}{1.61^5}\right) = 15.2 \text{mmH}_2\text{O}$

37 암모니아를 사용하는 고온·고압가스 장치의 재료로 가장 적당한 것은?
① 동   ② PVC 코팅강
③ 알루미늄 합금   ④ 18-8 스테인리스강

해설 암모니아 금속착이온(구리, 아연, 은, 알루미늄, 코발트 등은 사용불가 금속)
※ NH₃ 장치재료 : 18-8 스테인리스강

38 가스보일러의 본체에 표시된 가스소비량이 100,000 kcal/h이고, 버너에 표시된 가스소비량이 120,000 kcal/h일 때 도시가스 소비량 산정은 얼마를 기준으로 하는가?
① 100,000kcal/h   ② 105,000kcal/h
③ 110,000kcal/h   ④ 120,000kcal/h

해설 도시가스 월(月) 사용 예정량 산정기준(m³)
$= \dfrac{(연소기\ 소비량\ 합계(\text{kcal/h}) \times 240) + (B \times 90)}{11,000}$

• B : 도시가스 산업용이 아닌 연소기 명판 가스소비량 합계
• 보일러 본체의 가스소비량을 기준으로 산정한다.

39 다음 중 다공도를 측정할 때 사용되는 식은?(단, V : 다공물질의 용적, E : 아세톤 침윤잔용적이다.)
① 다공도 $= \dfrac{V}{(V-E)}$
② 다공도 $= (V-E) \times \dfrac{100}{V}$
③ 다공도 $= (V+E) \times V$
④ 다공도 $= (V+E) \times \dfrac{V}{100}$

해설 아세틸렌 용기 다공도 $= (V-E) \times \dfrac{100}{V} = \dfrac{V-E}{V} \times 100(\%)$

40 공기액화분리장치의 부산물로 얻어지는 아르곤가스는 불활성 가스이다. 아르곤가스의 원자가는?

① 0   ② 1
③ 3   ④ 8

해설 아르곤가스(Ar 분자량 40) : 불활성 기체
- 융점 : -189.2℃
- 비점 : -185.87℃
- 임계온도 : -122℃
- 임계압력 : 40atm
- Ar, He, Ne 등의 불활성 가스는 단원자 분자
- O_2, N_2, H_2 등은 2원자 분자
- O_2, H_2O, CO_2 등은 3원자 분자

41 로터미터는 어떤 형식의 유량계인가?

① 차압식   ② 터빈식
③ 회전식   ④ 면적식

해설 ① 차압식 : 오리피스, 플로노즐, 벤투리 등
② 터빈식(임펠러식 : 용적식)
③ 회전식(용적식) : 오벌기어식, 루트식
④ 면적식 : 플로트식(로터미터), 게이트식

42 LP가스 사용 시 주의사항으로 틀린 것은?

① 용기밸브, 콕 등은 신속하게 열 것
② 연소기구 주위에 가연물을 두지 말 것
③ 가스누출 유무를 냄새 등으로 확인할 것
④ 고무호스의 노화, 갈라짐 등은 항상 점검할 것

해설 LP가스 용기에서 밸브나 콕은 서서히 연다.

43 원심펌프의 양정과 회전속도의 관계는?(단, N_1 : 처음 회전수, N_2 : 변화된 회전수)

① $\left(\dfrac{N_2}{N_1}\right)$ ② $\left(\dfrac{N_2}{N_1}\right)^2$
③ $\left(\dfrac{N_2}{N_1}\right)^3$ ④ $\left(\dfrac{N_2}{N_1}\right)^5$

해설 원심식 펌프의 양정과 회전속도와의 관계는 $\left(\dfrac{N_2}{N_1}\right)^2$
①은 유량과의 관계, ③은 동력과의 관계이다.

44 조정압력이 2.8kPa인 액화석유가스 압력조정기의 안전장치 작동표준압력은?

① 5.0kPa   ② 6.0kPa
③ 7.0kPa   ④ 8.0kPa

해설 조정압력 3.3kPa 이하 LPG가스 압력조정기
- 작동표준압력 : 7.0kPa
- 작동개시압력 : 5.6~8.4kPa
- 작동정지압력 : 5.04~8.4kPa

45 오스테나이트계 스테인리스강에 대한 설명으로 틀린 것은?

① Fe-Cr-Ni 합금이다.
② 내식성이 우수하다.
③ 강한 자성을 갖는다.
④ 18-8 스테인리스강이 대표적이다.

해설 오스테나이트계는 자성을 상실한다.
※ 오스테나이트계(Austenite) : 고탄소강을 열처리 과정에서 물로 수냉하면 나타나는 조직으로 비자성체이며 전기저항이 크고 경도는 작으나 인장강도에 비하여 연신율이 크다.

46 임계온도에 대한 설명으로 옳은 것은?

① 기체를 액화할 수 있는 절대온도
② 기체를 액화할 수 있는 평균온도
③ 기체를 액화할 수 있는 최저의 온도
④ 기체를 액화할 수 있는 최고의 온도

해설
- 임계온도 : 기체를 액화시킬 수 있는 최고 온도
- 임계압력 : 기체를 액화시킬 수 있는 최저 압력

ANSWER | 40. ① 41. ④ 42. ① 43. ② 44. ③ 45. ③ 46. ④

47 암모니아에 대한 설명 중 틀린 것은?
① 물에 잘 용해된다.
② 무색, 무취의 가스이다.
③ 비료의 제조에 이용된다.
④ 암모니아가 분해하면 질소와 수소가 된다.

해설 암모니아(NH_3) 가스는 상온, 상압에서 자극성 냄새를 가진 무색의 기체이다.(가연성 15~28%이며 독성 가스이다.)

48 LNG의 특징에 대한 설명 중 틀린 것은?
① 냉열을 이용할 수 있다.
② 천연에서 산출한 천연가스를 약 -162℃까지 냉각하여 액화시킨 것이다.
③ LNG는 도시가스, 발전용 이외에 일반 공업용으로도 사용된다.
④ LNG로부터 기화한 가스는 부탄이 주성분이다.

해설 LNG 액화천연가스는 거의 대부분 메탄(CH_4)이 주성분이다.

49 불꽃의 끝이 적황색으로 연소하는 현상을 의미하는 것은?
① 리프트   ② 옐로팁
③ 캐비테이션   ④ 워터해머

해설
• 리프팅(선화) : 가스의 유출속도가 연소속도보다 빨라서 염공을 떠나서 연소하는 현상
• 옐로팁(Yellow Tip) : 버너 선단에서 불꽃이 적황색으로 연소한다.(일차공기 부족)

50 랭킨온도가 420°R일 경우 섭씨온도로 환산한 값으로 옳은 것은?
① -30℃   ② -40℃
③ -50℃   ④ -60℃

해설
• 켈빈온도(K) = ℃ + 273 = $\left(\dfrac{R}{1.8}\right)$
• 랭킨온도(°R) = °F + 460(1.8×K)
• ℃ = $\dfrac{420}{1.8}$ - 273 = -40℃
• °F = K×1.8 - 460

51 도시가스의 제조공정이 아닌 것은?
① 열분해 공정   ② 접촉분해 공정
③ 수소화분해 공정   ④ 상압증류 공정

해설 도시가스 제조
• 열분해   • 접촉분해
• 부분연소   • 수첨분해
• 대체천연가스

52 포화온도에 대하여 가장 잘 나타낸 것은?
① 액체가 증발하기 시작할 때의 온도
② 액체가 증발현상 없이 기체로 변하기 시작할 때의 온도
③ 액체가 증발하여 어떤 용기 안이 증기로 꽉 차 있을 때의 온도
④ 액체와 증기가 공존할 때 그 압력에 상당한 일정한 값의 온도

해설 포화온도
액체와 증기 공존 시 그 압력에 상당한 일정한 값의 온도
1atm(물의 포화온도 : 100℃)

53 다음 중 1MPa과 같은 것은?
① $10N/cm^2$ ② $100N/cm^2$
③ $1,000N/cm^2$ ④ $10,000N/cm^2$

해설
$1MPa = 10kg/cm^2$
$1Pa = 1kg \cdot m/s^2$
$1N = 1kg \cdot m/s^2$
$1kgf = 1kg \times 9.8m/s^2 = 9.8N$
$10kg/cm^2 = 100N/cm^2$

54 20℃의 물 50kg을 90℃로 올리기 위해 LPG를 사용하였다면, 이때 필요한 LPG의 양은 몇 kg인가?(단, LPG 발열량은 10,000kcal/kg이고, 열효율은 50%이다.)
① 0.5   ② 0.6
③ 0.7   ④ 0.8

47. ② 48. ④ 49. ② 50. ② 51. ④ 52. ④ 53. ② 54. ③ | **ANSWER**

해설 물의 현열(Q) = 50kg × 1kcal/kg℃ × (90−20)℃
= 3,500kcal
∴ LPG 소비량 = $\frac{3,500}{10,000 \times 0.5}$ = 0.7(70%)

55 다음 중 압축가스에 속하는 것은?
① 산소   ② 염소
③ 탄산가스   ④ 암모니아

해설 비점(끓는점)이 낮은 가스가 압축가스이다.
• 산소 : −183℃
• 염소 : −33.7℃
• 암모니아 : −33.3℃
• 탄산가스 : −78.5℃

56 진공도 200mmHg는 절대압력으로 약 몇 kg/cm² · abs인가?
① 0.76   ② 0.80
③ 0.94   ④ 1.03

해설
• abs(절대압력) = 대기압 − 진공압
= 760 − 200 = 560mmHg
∴ 1.033 × $\frac{560}{760}$ = 0.76kg/cm²abs
• 진공게이지압력 = 200 × $\frac{1.033}{760}$ = 0.27kg/cm²g
• 진공도 = $\frac{200}{760}$ × 100 = 26.4%

57 다음 중 압력단위로 사용하지 않는 것은?
① kg/cm²   ② Pa
③ mmH₂O   ④ kg/m³

해설
• 비용적 단위 : m³/kg
• 비중량 단위 : kg/m³(밀도의 단위)
①, ②, ③은 압력의 단위이다.

58 다음 중 엔트로피의 단위는?
① kcal/h   ② kcal/kg
③ kcal/kg · m   ④ kcal/kg · K

해설 엔트로피
• 어떤 물질에 열을 가하면 엔트로피(kcal/kg · K)가 증가한다.
• 어떤 물질의 열을 냉각시키면 엔트로피는 감소한다.
• 가역 단열변화 시에는 엔트로피가 일정하고 비가역 단열변화 시에는 엔트로피가 증가한다.

59 다음 각 가스의 특성에 대한 설명으로 틀린 것은?
① 수소는 고온 · 고압에서 탄소강과 반응하여 수소취성을 일으킨다.
② 산소는 공기액화분리장치를 통해 제조하며, 질소와 분리 시 비등점 차이를 이용한다.
③ 일산화탄소는 담황색의 무취기체로 허용농도는 TLV−TWA 기준으로 50ppm 이다.
④ 암모니아는 붉은 리트머스를 푸르게 변화시키는 성질을 이용하여 검출할 수 있다.

해설 일산화탄소(TLV−TWA 기준 독성 50ppm)는 담황색이 아닌 무색무취의 독성 가스이다.

60 대기압 하에서 다음 각 물질별 온도를 바르게 나타낸 것은?
① 물의 동결점 : −273K
② 질소 비등점 : −183℃
③ 물의 동결점 : 32℉
④ 산소 비등점 : −196℃

해설
• 물의 동결점 : 0℃(273K), 32℉(492°R)
• 질소 비등점 : −195.8℃
• 산소 비등점 : −183℃

ANSWER | 55. ① 56. ① 57. ④ 58. ④ 59. ③ 60. ③

2016년 2회 과년도 기출문제

01 다음 중 전기설비 방폭구조의 종류가 아닌 것은?
① 접지방폭구조 ② 유입방폭구조
③ 압력방폭구조 ④ 안전증방폭구조

해설 방폭구조
②, ③, ④ 외에도 내압 방폭구조, 본질안전 방폭구조, 특수 방폭구조가 있다.

02 다음 중 특정고압가스에 해당되지 않는 것은?
① 이산화탄소 ② 수소
③ 산소 ④ 천연가스

해설 특정고압가스
포스핀, 셀렌화수소, 게르만, 디실란, 오불화비소, 오불화인, 삼불화인, 삼불화질소, 삼불화붕소, 사불화유황, 사불화규소

03 내부용적이 25,000L인 액화산소 저장탱크의 저장능력은 얼마인가?(단, 비중은 1.14이다.)
① 21,930kg ② 24,780kg
③ 25,650kg ④ 28,500kg

해설 액화가스 저장능력(kg)
$G = V \times 0.9 \times 비중$
$= 25,000 \times 1.14 \times 0.9$
$= 25,650 kg$
※ 액화가스는 90% 저장 : 안전차원

04 배관의 설치방법으로 산소 또는 천연메탄을 수송하기 위한 배관과 이에 접속하는 압축기와의 사이에 반드시 설치하여야 하는 것은?
① 방파판 ② 솔레노이드
③ 수취기 ④ 안전밸브

해설
산소·천연메탄 → 수취기 → 압축기

05 공정에 존재하는 위험요소와 비록 위험하지는 않더라도 공정의 효율을 떨어뜨릴 수 있는 운전상의 문제를 파악하기 위한 안전성 평가기법은?
① 안전성 검토(Safety Review) 기법
② 예비위험성 평가(Preliminary Hazard Analysis) 기법
③ 사고예상 질문(What If Analysis) 기법
④ 위험과 운전분석(HAZOP) 기법

해설 안전성 평가기법(위험과 운전분석, HAZOP)
공정에 존재하는 위험요소들과 공정의 효율을 떨어뜨릴 수 있는 운전상의 문제점을 찾아내어 그 원인을 제거하는 정상적인 안정성 평가기법이다. (체크리스트기법, 상대위험순위 결정기법, 작업자실수분석 HEA 기법, 사고예상질문분석 WHAT-IF 기법, 이상위험도 분석 FMECA 기법, 결함수분석 FTA 기법, 사건수분석 ETA 기법, 원인결과분석 CCA 기법 등이 있다.)

06 다음 특정설비 중 재검사 대상인 것은?
① 역화 방지장치
② 차량에 고정된 탱크
③ 독성 가스 배관용 밸브
④ 자동차용 가스 자동주입기

해설 특정설비
차량에 고정된 탱크, 저장탱크, 안전밸브 및 긴급차단장치, 기화장치, 압력용기
※ 차량에 고정된 탱크(15년 미만 : 5년마다, 15년 이상~20년 미만 : 2년마다, 20년 이상 : 1년마다 재검사 실시)

07 독성 가스 외의 고압가스 충전용기를 차량에 적재하여 운반할 때 부착하는 경계표지에 대한 내용으로 옳은 것은?
① 적색 글씨로 "위험 고압가스"라고 표시
② 황색 글씨로 "위험 고압가스"라고 표시
③ 적색 글씨로 "주의 고압가스"라고 표시
④ 황색 글씨로 "주의 고압가스"라고 표시

1. ① 2. ① 3. ③ 4. ③ 5. ④ 6. ② 7. ① | **ANSWER**

해설 독성 가스 외의 고압가스 충전용기 차량 경계표지

위험 고압가스(적색 글씨)

08 LP 가스설비를 수리할 때 내부의 LP 가스를 질소 또는 물로 치환하고, 치환에 사용된 가스나 액체를 공기로 재치환하여야 하는데, 이때 공기에 의한 재치환 결과가 산소농도 측정기로 측정하여 산소 농도가 얼마의 범위 내에 있을 때까지 공기로 재치환하여야 하는가?
① 4~6% ② 7~11%
③ 12~16% ④ 18~22%

해설 LP 가스설비의 수리 후에 공기 치환 시 산소농도는 18~22%로 한다.

09 고압가스특정제조시설 중 도로 밑에 매설하는 배관의 기준에 대한 설명으로 틀린 것은?
① 시가지의 도로 밑에 배관을 설치하는 경우에는 보호판을 배관의 정상부로부터 30cm 이상 떨어진 그 배관의 직상부에 설치한다.
② 배관은 그 외면으로부터 도로의 경계와 수평거리로 1m 이상을 유지한다.
③ 배관은 원칙적으로 자동차 등의 하중의 영향이 적은 곳에 매설한다.
④ 배관은 그 외면으로부터 도로 밑의 다른 시설물과 60cm 이상의 거리를 유지한다.

해설 가스배관 그 외면으로부터 도로 밑의 다른 시설물과 30cm 이상의 거리를 유지할 것

10 공기보다 비중이 가벼운 도시가스의 공급시설로서 공급시설이 지하에 설치된 경우의 통풍구조의 기준으로 틀린 것은?
① 통풍구조는 환기구를 2방향 이상 분산하여 설치한다.
② 배기구는 천장면으로부터 30cm 이내에 설치한다.
③ 흡입구 및 배기구의 관경은 500mm 이상으로 하되, 통풍이 양호하도록 한다.
④ 배기가스 방출구는 지면에서 3m 이상의 높이에 설치하되, 화기가 없는 안전한 장소에 설치한다.

해설 흡입구, 배기구의 관경
100mm 이상으로 하며 통풍이 양호하도록 할 것

11 다음 중 폭발한계의 범위가 가장 좁은 것은?
① 프로판 ② 암모니아
③ 수소 ④ 아세틸렌

해설 가연성 가스의 폭발범위(하한계~상한계)
• 프로판 : 2.1~9.5%
• 암모니아 : 5~15%
• 수소 : 4~74%
• 아세틸렌 : 2.5~81%

12 도시가스 사용시설에서 정한 액화가스란 상용의 온도 또는 섭씨 35도의 온도에서 압력이 얼마 이상이 되는 것을 말하는가?
① 0.1MPa ② 0.2MPa
③ 0.5MPa ④ 1MPa

해설 도시가스 사용시설에서 정한 액화가스란 상용온도 또는 섭씨 35℃에서 압력 0.2MPa 이상의 가스를 의미한다.

13 염소가스 저장탱크의 과충전 방지장치는 가스충전량이 저장탱크 내용적의 몇 %를 초과할 때 가스충전이 되지 않도록 동작하는가?
① 60% ② 80%
③ 90% ④ 95%

해설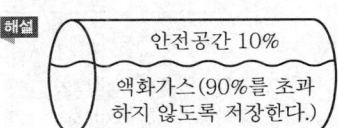

ANSWER | 8. ④ 9. ④ 10. ③ 11. ① 12. ② 13. ③

14 도시가스 사고의 유형이 아닌 것은?
① 시설 부식   ② 시설 부적합
③ 보호포 설치   ④ 연결부 이완

해설 보호포
도시가스 배관 매입 시 안전관리 차원에서 설치한다.

15 가연성 가스 저온저장탱크 내부의 압력이 외부의 압력보다 낮아져 저장탱크가 파괴되는 것을 방지하기 위한 조치로서 갖추어야 할 설비가 아닌 것은?
① 압력계   ② 압력 경보설비
③ 정전기 제거설비 ④ 진공 안전밸브

해설 정전기 제거설비는 가스의 발화나 폭발을 방지하기 위하여 설치한다.(탱크 내부의 진공압에 의한 저장탱크 파괴와는 관련성이 없다.)

16 일반 도시가스 배관 중 중압 이하의 배관과 고압배관을 매설하는 경우 서로 간의 거리를 몇 m 이상으로 유지하여야 하는가?
① 1   ② 2
③ 3   ④ 5

해설 도시가스 배관 설비

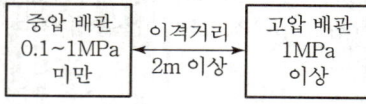

17 초저온 용기의 단열성능 시험용 저온액화가스가 아닌 것은?
① 액화아르곤   ② 액화산소
③ 액화공기   ④ 액화질소

해설 단열성능 시험용 기체
• 액화질소(비점 : -196℃, 기화잠열 : 48kcal/kg)
• 액화산소(비점 : -183℃, 기화잠열 : 51kcal/kg)
• 액화아르곤(비점 : -186℃, 기화잠열 : 38kcal/kg)

18 고압가스 판매소의 시설기준에 대한 설명으로 틀린 것은?
① 충전용기의 보관실은 불연재료를 사용한다.
② 가연성 가스·산소 및 독성 가스의 저장실은 각각 구분하여 설치한다.
③ 용기보관실 및 사무실은 부지를 구분하여 설치한다.
④ 산소, 독성 가스 또는 가연성 가스를 보관하는 용기보관실의 면적은 각 고압가스별로 $10m^2$ 이상으로 한다.

해설 고압가스 판매소의 시설기준
용기보관실 및 사무실은 부지를 구분하지 않고 함께 설치한다.

19 운전 중인 액화석유가스 충전설비는 작동상황에 대하여 주기적으로 점검하여야 한다. 점검주기는?(단, 철망 등이 부착되어 있지 않은 것으로 간주한다.)
① 1일에 1회 이상   ② 1주일에 1회 이상
③ 3월에 1회 이상   ④ 6월에 1회 이상

해설 자동차 운전 중 액화석유가스(LPG) 충전설비는 작동상황에 대해 1일 1회 이상 점검해야 한다.

20 재검사 용기 및 특정 설비의 파기방법으로 틀린 것은?
① 잔가스를 전부 제거한 후 절단한다.
② 절단 등의 방법으로 파기하여 원형으로 가공할 수 없도록 한다.
③ 파기 시에는 검사장소에서 검사원 입회하에 사용자가 실시할 수 있다.
④ 파기 물품은 검사 신청인이 인수시한 내에 인수하지 아니한 때도 검사인이 임의로 매각처분하면 안 된다.

해설 파기 물품은 검사 신청인이 인수시한 내에 인수하지 않으면 검사기관으로 하여금 임의로 매각 처분하게 할 것

21 도시가스 배관이 굴착으로 20m 이상이 노출되어 누출가스가 체류하기 쉬운 장소일 때 가스누출경보기는 몇 m마다 설치해야 하는가?

① 5　　② 10
③ 20　　④ 30

해설 도시가스 배관이 굴착으로 20m 이상 노출이 된 경우라면 누출가스가 체류하기 쉬운 장소일 때 가스누출경보기는 20m마다 설치한다.

22 시안화수소의 중합폭발을 방지하기 위하여 주로 사용할 수 있는 안정제는?

① 탄산가스　　② 황산
③ 질소　　④ 일산화탄소

해설 시안화수소(HCN)
- 폭발범위 6~41%, 독성 허용농도 10ppm, 액화가스, 특이한 복숭아 향이 난다.
- 순수하지 못하면 2% 소량의 수분이나 장기간 저장 시 중합에 의해 중합폭발이 발생한다.
※ 중합방지제 : 황산, 동망, 염화칼슘, 인산, 오산화인, 아황산가스 등)

23 고압가스 용접용기 동체의 내경은 약 몇 mm인가?

- 동체 두께 : 2mm
- 최고충전압력 : 2.5MPa
- 인장강도 : 480N/mm²
- 부식 여유 : 0
- 용접효율 : 1

① 190mm　　② 290mm
③ 660mm　　④ 760mm

해설 동판 두께$(t) = \dfrac{P \cdot D}{2s \cdot \eta - 1.2P} + C$

$2 = \dfrac{2.5 \cdot D}{2 \times \left(\dfrac{480}{4} \times 1\right) - 1.2 \times 2.5} + 0$

$2 = \dfrac{2.5 \times D}{240 - 3} + 0$

$2 = \dfrac{2.5 \times D}{237} + 0$

∴ 동체 내경$(D) = \dfrac{237}{2.5} \times 2 ≒ 190mm$

※ 인장강도 $\times \dfrac{1}{4} =$ 허용응력(N/mm²)

24 고압가스관련법에서 사용되는 용어의 정의에 대한 설명 중 틀린 것은?

① 가연성 가스라 함은 공기 중에서 연소하는 가스로서 폭발한계의 하한이 10% 이하인 것과 폭발한계의 상한과 하한의 차가 20% 이상인 것을 말한다.
② 독성 가스라 함은 인체에 유해한 독성을 가진 가스로서 허용농도가 100만분의 100 이하인 것을 말한다.
③ 액화가스라 함은 가압·냉각 등의 방법에 의하여 액체 상태로 되어 있는 것으로서 대기압에서의 비점이 섭씨 40도 이하 또는 상용의 온도 이하인 것을 말한다.
④ 초저온저장탱크라 함은 섭씨 영하 50도 이하의 저장탱크로서 단열재로 피복하거나 냉동설비로 냉각하는 등의 방법으로 저장탱크 내의 가스온도가 상용의 온도를 초과하지 아니하도록 한 것을 말한다.

해설 독성 가스(LC_{50} 기준)
허용농도 $\left(\dfrac{5,000}{100만}\right)$ 이하의 가스

25 다음 고압가스 압축작업 중 작업을 즉시 중단해야 하는 경우인 것은?

① 산소 중의 아세틸렌, 에틸렌 및 수소의 용량합계가 전체 용량의 2% 이상인 것
② 아세틸렌 중의 산소 용량이 전체 용량의 1% 이하의 것
③ 산소 중의 가연성 가스(아세틸렌, 에틸렌 및 수소를 제외한다.)의 용량이 전체 용량의 2% 이하의 것
④ 시안화수소 중의 산소 용량이 전체 용량의 2% 이상의 것

해설 ②항에서는 4% 이상
③항에서는 4% 이상
④항에서는 4% 이상

26 다음 중 가스사고를 분류하는 일반적인 방법이 아닌 것은?
① 원인에 따른 분류
② 사용처에 따른 분류
③ 사고형태에 따른 분류
④ 사용자의 연령에 따른 분류

[해설] 가스사고를 분류하는 일반적인 방법은 ①, ②, ③항이다.

27 고압가스 저장시설에 설치하는 방류둑에는 계단, 사다리 또는 토사를 높이 쌓아올림 등에 의한 출입구를 둘레 몇 m마다 1개 이상을 두어야 하는가?
① 30
② 50
③ 75
④ 100

[해설] 고압가스 저장시설의 방류둑 설치
둘레 50m마다 1개 이상 출입구가 필요하다.

28 LPG 용기 및 저장탱크에 주로 사용되는 안전밸브의 형식은?
① 가용전식
② 파열판식
③ 중추식
④ 스프링식

[해설]
• 염소의 안전장치 : 가용전식
• 암모니아 안전장치 : 파열판식, 가용전식
• LPG 안전장치 : 스프링식

29 가스 충전용기 운반 시 동일 차량에 적재할 수 없는 것은?
① 염소와 아세틸렌
② 질소와 아세틸렌
③ 프로판과 아세틸렌
④ 염소와 산소

[해설] 동일 차량에 염소와 함께 적재할 수 없는 가스
• 아세틸렌
• 수소
• 암모니아

30 다음 ( ) 안에 들어갈 수 있는 경우로 옳지 않은 것은?

"액화천연가스의 저장설비와 처리설비는 그 외면으로부터 사업소 경계까지 일정 규모 이상의 안전거리를 유지하여야 한다. 이 때 사업소 경계가 ( )의 경우에는 이들의 반대 편 끝을 경계로 보고 있다."

① 산
② 호수
③ 하천
④ 바다

[해설] ( ) 안의 내용은 호수, 하천, 바다가 해당한다.

31 비중이 0.5인 LPG를 제조하는 공장에서 1일 10만 L를 생산하여 24시간 정치 후 모두 산업현장으로 보낸다. 이 회사에서 생산하는 LPG를 저장하려면 저장용량이 5톤인 저장탱크 몇 개를 설치해야 하는가?
① 2
② 5
③ 7
④ 10

[해설] LPG 저장용량 = 100,000L × 0.5kg/L = 50,000kg
∴ 저장용량이 5톤인 탱크 수량 = $\frac{50,000}{5 \times 10^3}$ = 10개

32 고압용기나 탱크 및 라인(Line) 등의 퍼지(Perge)용으로 주로 쓰이는 기체는?
① 산소
② 수소
③ 산화질소
④ 질소

[해설] 고압용기, 고압탱크, 고압라인 등의 퍼지가스는 불연성, 비독성 가스인 질소(N_2)가 가장 이상적이다.

33 고압가스 제조소의 작업원은 얼마의 기간 이내에 1회 이상 보호구의 사용훈련을 받아 사용방법을 숙지하여야 하는가?
① 1개월
② 3개월
③ 6개월
④ 12개월

[해설] 고압가스 제조소의 작업원 보호구 사용훈련 숙지는 3개월 기간 내에 1회 이상 훈련이 필요하다.

34 LPG 기화장치의 작동원리에 따른 구분으로 저온의 액화가스를 조정기를 통하여 감압한 후 열교환기에 공급해 강제 기화시켜 공급하는 방식은?
① 해수가열방식 ② 가온감압방식
③ 감압가열방식 ④ 중간매체방식

해설 LPG 가스 감압에 의한 강제기화방식 : 감압가열방식

35 도시가스사업법령에서는 도시가스를 압력에 따라 고압, 중압 및 저압으로 구분하고 있다. 중압의 범위로 옳은 것은?(단, 액화가스가 기화되고 다른 물질과 혼합되지 않은 경우로 가정한다.)
① 0.1MPa 이상 1MPa 미만
② 0.2MPa 이상 1MPa 미만
③ 0.1MPa 이상 0.2MPa 미만
④ 0.01MPa 이상 0.2MPa 미만

해설 도시가스 공급압력
- 저압 : $0.1MPa/cm^2$ 미만
- 중압 : $0.1MPa$ 이상~$1MPa/cm^2$ 미만
- 고압 : $1MPa$ 이상$/cm^2$
단, 액화가스가 기화되고 다른 물질과 혼합되지 아니한 경우는 ④항에 의한다.

36 가연성 가스 누출검지 경보장치의 경보농도는 얼마인가?
① 폭발 하한계 이하
② LC_{50} 기준농도 이하
③ 폭발하한계 1/4 이하
④ TLV-TWA 기준농도 이하

해설 가연성 가스 누출 시 누출검지 경보장치
∴ 경보농도=가연성 가스 폭발하한계 $\times \frac{1}{4}$ 이하의 농도

37 내용적 47L인 LP가스 용기의 최대 충전량은 몇 kg인가?(단, LP가스 정수는 2.35이다.)
① 20 ② 42
③ 50 ④ 110

해설 충전량$(W) = \frac{V}{C} = \frac{47}{2.35} = 20kg$

38 부식성 유체나 고점도 유체 및 소량의 유체 측정에 가장 적합한 유량계는?
① 차압식 유량계
② 면적식 유량계
③ 용적식 유량계
④ 유속식 유량계

해설 면적식 로터미터 유량계
부식성 유체, 고점도 유체나 소량의 유체 유량측정에 유리한 유량계이다.

39 LP 가스 이송설비 중 압축기에 의한 이송방식에 대한 설명으로 틀린 것은?
① 베이퍼록 현상이 없다.
② 잔가스 회수가 용이하다.
③ 펌프에 비해 이송시간이 짧다.
④ 저온에서 부탄가스가 재액화되지 않는다.

해설 압축기에 의한 LP 가스 이송설비 중, 비점이 높은 부탄가스는 저온에서 재액화가 용이하다.

40 공기, 질소, 산소 및 헬륨 등과 같이 임계온도가 낮은 기체를 액화하는 액화사이클의 종류가 아닌 것은?
① 구데 공기액화사이클
② 린데 공기액화사이클
③ 필립스 공기액화사이클
④ 캐스케이드 공기액화사이클

해설
- 공기(기체) 액화사이클 : ②, ③, ④ 외에 클로우드식, 가역가스식, 다원액화식 등이 있다.
- 액화방법 : 단열팽창법(자유팽창법, 팽창기에 의한 방법)이 있다.
- 자유팽창법 : 줄-톰슨 효과 이용

41 다기능 가스안전계량기에 대한 설명으로 틀린 것은?
① 사용자가 쉽게 조작할 수 있는 테스트차단 기능이 있는 것으로 한다.
② 통상의 사용 상태에서 빗물, 먼지 등이 침입할 수 없는 구조로 한다.
③ 차단밸브가 작동한 후에는 복원조작을 하지 아니하는 한 열리지 않는 구조로 한다.
④ 복원을 위한 버튼이나 레버 등은 조작을 쉽게 실시할 수 있는 위치에 있는 것으로 한다.

해설 다기능 가스안전계량기
사용자가 쉽게 조작이 불가능하게 한 테스트 차단기능이 있어야 한다.

42 계측기기의 구비조건으로 틀린 것은?
① 설비비 및 유지비가 적게 들 것
② 원거리 지시 및 기록이 가능할 것
③ 구조가 간단하고 정도(精度)가 낮을 것
④ 설치장소 및 주위조건에 대한 내구성이 클 것

해설 계측기기는 정도가 높아야 신뢰성이 크다.

43 압축기에서 두압이란?
① 흡입 압력이다.
② 증발기 내의 압력이다.
③ 피스톤 상부의 압력이다.
④ 크랭크 케이스 내의 압력이다.

해설 압축기

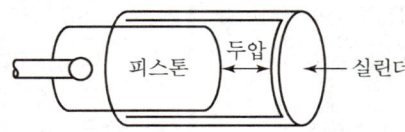

44 반밀폐식 보일러의 급·배기설비에 대한 설명으로 틀린 것은?
① 배기통의 끝은 옥외로 뽑아낸다.
② 배기통의 굴곡 수는 5개 이하로 한다.
③ 배기통의 가로 길이는 5m 이하로서 될 수 있는 한 짧게 한다.
④ 배기통의 입상높이는 원칙적으로 10m 이하로 한다.

해설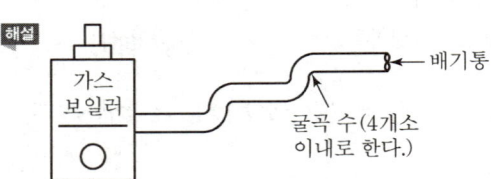

45 흡입압력이 대기압과 같으며 최종압력이 15kgf/cm²·g인 4단 공기압축기의 압축비는 약 얼마인가? (단, 대기압은 1kgf/cm²로 한다.)
① 2   ② 4
③ 8   ④ 16

해설 압축비 $= \dfrac{15+1}{1+1} = 8$

∴ 4단 압축기의 압축비 $= \dfrac{8}{4} = 2$

46 순수한 것은 안정하나 소량의 수분이나 알칼리성 물질을 함유하면 중합이 촉진되고 독성이 매우 강한 가스는?
① 염소   ② 포스겐
③ 황화수소   ④ 시안화수소

해설 시안화수소(HCN)
순수한 것은 안정, 소량의 수분(H_2O)이나 알칼리성 물질을 함유하면 중합폭발이 발생하는 가연성이면서 독성 가스이다.

47 다음 중 비점이 가장 높은 가스는?
① 수소   ② 산소
③ 아세틸렌   ④ 프로판

해설 가스의 비점온도
① 수소 : -252℃
② 산소 : -183℃
③ 아세틸렌 : -84℃
④ 프로판 : -42.1℃

41. ① 42. ③ 43. ③ 44. ② 45. ① 46. ④ 47. ④ | ANSWER

48 단위질량인 물질의 온도를 단위온도차만큼 올리는 데 필요한 열량을 무엇이라고 하는가?
① 일률 ② 비열
③ 비중 ④ 엔트로피

해설 비열(kcal/kg · ℃)
단위질량인 물질의 온도를 1℃ 높이는 데 필요한 열량(비열은 물질마다 다르다.)

49 LNG의 성질에 대한 설명 중 틀린 것은?
① NG 가스가 액화되면 체적이 약 1/600로 줄어든다.
② 무독, 무공해의 청정가스로 발열량이 약 9,500 kcal/m³ 정도이다.
③ 메탄올 주성분으로 하며 에탄, 프로판 등이 포함되어 있다.
④ LNG는 기체 상태에서는 공기보다 가벼우나 액체 상태에서는 물보다 무겁다.

해설 LNG는 기체 상태에서는 공기보다 가볍고 액체상태는 물보다 가볍다.
※ 액체천연가스 LNG의 주성분 : 메탄(CH_4)

50 압력에 대한 설명 중 틀린 것은?
① 게이지 압력은 절대압력에 대기압을 더한 압력이다.
② 압력이란 단위 면적당 작용하는 힘의 세기를 말한다.
③ $1.0332kg/cm^2$의 대기압을 표준대기압이라고 한다.
④ 대기압은 수은주를 76cm만큼의 높이로 밀어 올릴 수 있는 힘이다.

해설
- 게이지 압력($kg/cm^2 g$) : 절대압력 − 대기압력
- 절대압력 : 게이지압력 + 대기압력
- 절대압력 : 대기압력 − 진공압력

51 프로판을 완전연소시켰을 때 주로 생성되는 물질은?
① CO_2, H_2 ② CO_2, H_2O
③ C_2H_4, H_2O ④ C_4H_{10}, CO

해설 프로판(C_3H_8) + $5O_2$ → $3CO_2 + 4H_2O$
　　　　가스산화반응　　　　연소생성물

52 요소비료 제조 시 주로 사용되는 가스는?
① 염화수소 ② 질소
③ 일산화탄소 ④ 암모니아

해설 요소비료 제조 반응식
$2NH_3$(암모니아) + CO_2 → $(NH_2)_2CO$ + H_2O
　　　　　　　　　　　　　　요소비료

53 수분이 존재할 때 일반 강재를 부식시키는 가스는?
① 황화수소 ② 수소
③ 일산화탄소 ④ 질소

해설 황화수소(H_2S) + $1.5O_2$ → $H_2O + SO_2$
SO_2(아황산가스) + H_2O → H_2SO_3(무수황산)
$H_2SO_3 + \frac{1}{2}O_2$ → H_2SO_4(진한 황산) : 저온부식 발생

54 폭발위험에 대한 설명 중 틀린 것은?
① 폭발범위의 하한값이 낮을수록 폭발위험은 커진다.
② 폭발범위의 상한값과 하한값의 차가 작을수록 폭발위험은 커진다.
③ 프로판보다 부탄의 폭발범위 하한값이 낮다.
④ 프로판보다 부탄의 폭발범위 상한값이 낮다.

해설 폭발범위의 (상한값 − 하한값)의 차이가 클수록 폭발위험은 커진다. (아세틸렌가스의 경우 2.5%~81% = 81 − 2.5 = 78.5)
- 프로판 : 2.1~9.5%
- 부탄 : 1.8~8.4%

55 액체가 기체로 변하기 위해 필요한 열은?
① 융해열   ② 응축열
③ 승화열   ④ 기화열

해설 물질의 삼상태

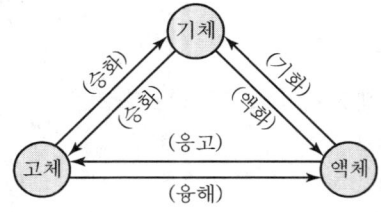

56 부탄 $1Nm^3$을 완전연소시키는 데 필요한 이론 공기량은 약 몇 Nm^3인가?(단, 공기 중의 산소농도는 21v%이다.)
① 5   ② 6.5
③ 23.8   ④ 31

해설 부탄가스(C_4H_{10})
$C_4H_{10} + 6.5O_2 \rightarrow 4CO_2 + 5H_2O$
이론산소량 = $6.5Nm^3/Nm^3$
공기량 = 산소량 × $\frac{1}{0.21}$
∴ 공기량(A_o) = $6.5 \times \frac{1}{0.21} = 31Nm^3/Nm^3$

57 온도 410°F을 절대온도로 나타내면?
① 273K   ② 483K
③ 512K   ④ 612K

해설 켈빈의 절대온도(K) = ℃ + 273
섭씨 = $\frac{5}{9}$(°F − 32) = $\frac{5}{9}$(410 − 32) = 210℃
∴ K = 210 + 273 = 483

58 도시가스에 사용되는 부취제 중 DMS의 냄새는?
① 석탄가스 냄새
② 마늘 냄새
③ 양파 썩는 냄새
④ 암모니아 냄새

해설
• 부취제 : 가스량의 $\frac{1}{1,000}$ 부가
• 종류
  − THT(석탄가스 냄새) : 토양투과성 보통
  − TBM(양파 썩는 냄새) : 토양투과성 우수
  − DMS(마늘 냄새) : 토양투과성 가장 우수

59 다음에서 설명하는 기체와 관련된 법칙은?

> 기체의 종류에 관계없이 모든 기체 1몰은 표준상태(0℃, 1기압)에서 22.4L의 부피를 차지한다.

① 보일의 법칙
② 헨리의 법칙
③ 아보가드로의 법칙
④ 아르키메데스의 법칙

해설 아보가드로 법칙에서 기체 1몰은 표준상태(STP)에서 22.4L이다.

60 내용적 47L인 용기에 C_3H_8 15kg이 충전되어 있을 때 용기 내 안전공간은 약 몇 %인가?(단, C_3H_8의 액밀도는 0.5kg/L이다.)
① 20   ② 25.2
③ 36.1   ④ 40.1

해설 용기 내 가스 질량 = 47 × 0.5 = 23.5kg
∴ 안전공간 = $\left(1 - \frac{15}{23.5}\right) \times 100 = 36.17\%$

2016년 3회 과년도 기출문제

01 가스 공급시설의 임시사용기준 항목이 아닌 것은?
① 공급의 이익 여부
② 도시가스의 공급이 가능한지의 여부
③ 가스공급시설을 사용할 때 안전을 해칠 우려가 있는지 여부
④ 도시가스의 수급상태를 고려할 때 해당지역에 도시가스의 공급이 필요한지의 여부

해설 가스 및 도시가스 공급시설의 임시사용기준 항목은 ②, ③, ④항이다.

02 다음 [보기]의 독성 가스 중 독성(LC₅₀)이 가장 강한 것과 가장 약한 것을 바르게 나열한 것은?

[보기]
㉠ 염화수소   ㉡ 암모니아
㉢ 황화수소   ㉣ 일산화탄소

① ㉠, ㉡   ② ㉢, ㉡
③ ㉠, ㉣   ④ ㉢, ㉣

해설 가스독성농도(TLV-TWA 기준) 및 LC₅₀(치사농도기준, Lethal Concentration50 기준)
• 염화수소 : 5ppm(3,124)
• 암모니아 : 25ppm(7,338)
• 황화수소 : 10ppm(750)
• 일산화탄소 : 50ppm(3,760)

03 가연성 가스의 발화점이 낮아지는 경우가 아닌 것은?
① 압력이 높을수록
② 산소 농도가 높을수록
③ 탄화수소의 탄소 수가 많을수록
④ 화학적으로 발열량이 낮을수록

해설 발열량이 높은 가스가 발화점이 낮아진다.

04 다음 각 가스의 품질검사 합격기준으로 옳은 것은?
① 수소 : 99.0% 이상
② 산소 : 98.5% 이상
③ 아세틸렌 : 98.0% 이상
④ 모든 가스 : 99.5% 이상

해설 품질검사 합격기준
• 수소 : 98.5% 이상
• 산소 : 99.5% 이상
• 아세틸렌 : 98% 이상

05 0℃에서 10L의 밀폐된 용기 속에 32g의 산소가 들어 있다. 온도를 150℃로 가열하면 압력은 약 얼마가 되는가?
① 0.11atm   ② 3.47atm
③ 34.7atm   ④ 111atm

해설 산소가 0℃에서 10L
150℃에서 산소의 팽창량 $= 10 \times \dfrac{273+150}{273+0} = 15.5L$

산소 32g = 22.4L (압력 $= \dfrac{22.4L}{10L} = 2.24$ atm)

∴ 압력 $= 2.24 \times \dfrac{15.5L}{10L} = 3.47$ atm

※ 가스는 분자량 값이 1몰(22.4L)이다.

06 염소에 다음 가스를 혼합하였을 때 가장 위험할 수 있는 가스는?
① 일산화탄소   ② 수소
③ 이산화탄소   ④ 산소

해설 혼합적재 금지가스
염소와 (아세틸렌, 암모니아, 수소)는 동일 차량에 적재하여 운반하지 않는다.

ANSWER | 1.① 2.② 3.④ 4.③ 5.② 6.②

07 고압가스 특정제조시설에서 배관을 해저에 설치하는 경우의 기준으로 틀린 것은?

① 배관은 해저면 밑에 매설한다.
② 배관은 원칙적으로 다른 배관과 교차하지 아니하여야 한다.
③ 배관은 원칙적으로 다른 배관과 수평거리로 30m 이상을 유지하여야 한다.
④ 배관의 입상부에는 방호시설물을 설치하지 아니한다.

해설 배관을 해저에 설치하는 경우에는 배관의 입상부에는 방호시설물을 반드시 설치하여야 한다.

08 고압가스 특정제조시설 중 비가연성 가스의 저장탱크는 몇 m^3 이상일 경우에 지진 영향에 대한 안전한 구조로 설계하여야 하는가?

① 300　　　　② 500
③ 1,000　　　④ 2,000

해설 비가연성 가스의 저장탱크 저장능력이 1,000m^3 이상일 경우에는 지진 영향에 대한 안전한 구조로 설계하여야 한다.

09 압축도시가스 이동식 충전차량 충전시설에서 가스누출 검지경보장치의 설치위치가 아닌 것은?

① 펌프 주변
② 압축설비 주변
③ 압축가스설비 주변
④ 개별 충전설비 본체 외부

해설 압축도시가스 이동식 충전차량(CNG) 가스의 충전시설에서 가스누출 검지경보장치 설치위치는 ①, ②, ③항이다.

10 흡수식 냉동설비의 냉동능력 정의로 옳은 것은?

① 발생기를 가열하는 1시간의 입열량 3천 320kcal를 1일의 냉동능력 1톤으로 본다.
② 발생기를 가열하는 1시간의 입열량 6천 640kcal를 1일의 냉동능력 1톤으로 본다.
③ 발생기를 가열하는 24시간의 입열량 3천 320kcal를 1일의 냉동능력 1톤으로 본다.
④ 발생기를 가열하는 24시간의 입열량 6천 640kcal를 1일의 냉동능력 1톤으로 본다.

해설 흡수식 냉동기 1RT
6,640kcal/h의 냉동능력(발생기에서의 능력)

11 폭발범위에 대한 설명으로 옳은 것은?

① 공기 중의 폭발범위는 산소 중의 폭발범위보다 넓다.
② 공기 중 아세틸렌가스의 폭발범위는 약 4~71%이다.
③ 한계산소 농도치 이하에서는 폭발성 혼합가스가 생성된다.
④ 고온·고압일 때 폭발범위는 대부분 넓어진다.

해설 폭발범위(가연성 가스)
• 가연성 가스는 공기 중보다 산소(O_2) 중의 폭발범위가 넓다.
• 아세틸렌 : 2.5~81%(공기 중)
• 한계산소농도치 이상에서 폭발된다.
• CO 가스만은 고압일수록 폭발범위가 좁아진다.(기타는 반대현상)

12 도시가스사용시설에서 배관의 이음부와 절연전선과의 이격거리는 몇 cm 이상으로 하여야 하는가?

① 10　　　　② 15
③ 30　　　　④ 60

해설

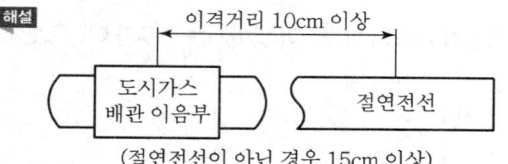

(절연전선이 아닌 경우 15cm 이상)

7.④　8.③　9.④　10.②　11.④　12.①　| **ANSWER**

13 압축기 최종단에 설치된 고압가스 냉동제조시설의 안전밸브는 얼마마다 작동압력을 조정하여야 하는가?
① 3개월에 1회 이상
② 6개월에 1회 이상
③ 1년에 1회 이상
④ 2년에 1회 이상

해설 압축기 최종단에 설치된 고압가스 안전밸브는 1년에 1회 이상 압력 조정(그 밖의 안전밸브는 2년에 1회 이상 조정)

14 고압가스 특정제조시설에서 플레어스택의 설치기준으로 틀린 것은?
① 파이로트버너를 항상 점화하여 두는 등 플레어스택에 관련된 폭발을 방지하기 위한 조치가 되어 있는 것으로 한다.
② 긴급이송설비로 이송되는 가스를 대기로 방출할 수 있는 것으로 한다.
③ 플레어스택에서 발생하는 복사열이 다른 제조시설에 나쁜 영향을 미치지 아니하도록 안전한 높이 및 위치에 설치한다.
④ 플레어스택에서 발생하는 최대열량에 장시간 견딜 수 있는 재료 및 구조로 되어 있는 것으로 한다.

해설 플레어스택 설치기준에서 긴급이송설비에 의하여 이송되는 가스를 안전하게 연소시킬 수 있는 것일 것(②항의 내용은 벤트스텍 구조이다.)

15 액화석유가스 판매시설에 설치되는 용기보관실에 대한 시설기준으로 틀린 것은?
① 용기보관실에는 가스가 누출될 경우 이를 신속히 검지하여 효과적으로 대응할 수 있도록 하기 위하여 반드시 일체형 가스누출경보기를 설치한다.
② 용기보관실에 설치되는 전기설비는 누출된 가스의 점화원이 되는 것을 방지하기 위하여 반드시 방폭구조로 한다.
③ 용기보관실에는 누출된 가스가 머물지 않도록 하기 위하여 그 용기보관실의 구조에 따라 환기구를 갖추고 환기가 잘 되지 아니하는 곳에는 강제통풍시설을 설치한다.
④ 용기보관실에는 용기가 넘어지는 것을 방지하기 위하여 적절한 조치를 마련한다.

해설 가스누출경보기
일체형이 아닌 분리형 가스누출경보기를 설치한다.

16 20kg LPG 용기의 내용적은 몇 L인가?(단, 충전상수 C는 2.35이다.)
① 8.51
② 20
③ 42.3
④ 47

해설 내용적(V) = $W \times C$ = $20 \times 2.35 = 47L$

17 독성 가스 용기를 운반할 때에는 보호구를 갖추어야 한다. 비치하여야 하는 기준은?
① 종류별로 1개 이상
② 종류별로 2개 이상
③ 종류별로 3개 이상
④ 그 차량의 승무원수에 상당한 수량

해설 독성 가스 용기 운반 시 보호구
그 차량의 승무원 수에 상당한 수량을 비치한다.

18 가스보일러의 안전사항에 대한 설명으로 틀린 것은?
① 가동 중 연소상태, 화염 유무를 수시로 확인한다.
② 가동 중지 후 노 내 잔류가스를 충분히 배출한다.
③ 수면계의 수위는 적정한지 자주 확인한다.
④ 점화 전 연료가스를 노 내에 충분히 공급하여 착화를 원활하게 한다.

해설 가스보일러 운전 시 점화 전에는 연료가스를 노 내에 넣지 않는다.(역화 방지를 위하여)

ANSWER | 13. ③ 14. ② 15. ① 16. ④ 17. ④ 18. ④

19 고압가스배관의 설치기준 중 하천과 병행하여 매설하는 경우로서 적합하지 않은 것은?
① 배관은 견고하고 내구력을 갖는 방호구조물 안에 설치한다.
② 매설심도는 배관의 외면으로부터 1.5m 이상 유지한다.
③ 설치지역은 하상(河床, 하천의 바닥)이 아닌 곳으로 한다.
④ 배관손상으로 인한 가스누출 등 위급한 상황이 발생한 때에 그 배관에 유입되는 가스를 신속히 차단할 수 있는 장치를 설치한다.

[해설] ②항에서는 1.5m 이상이 아닌 2.5m 이상이다.

20 LP GAS 사용 시 주의사항에 대한 설명으로 틀린 것은?
① 중간 밸브 개폐는 서서히 한다.
② 사용 시 조정기 압력은 적당히 조절한다.
③ 완전 연소되도록 공기조절기를 조절한다.
④ 연소기는 급배기가 충분히 행해지는 장소에 설치하여 사용하도록 한다.

[해설] 조정기 조정압력은 법에서 정하는 범위 이내에서 조정하여 사용한다.(단단식, 다단식, 자동절체식 조정기의 경우)

21 도시가스 매설배관의 주위에 파일박기 작업 시 손상방지를 위하여 유지하여야 할 최소거리는?
① 30cm   ② 50cm
③ 1m   ④ 2m

[해설]
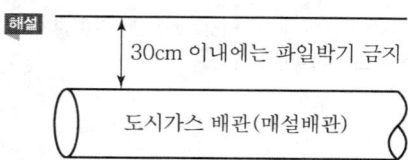

22 액화독성 가스의 운반질량이 1,000kg 미만일 경우 이동 시 휴대해야 할 소석회는 몇 kg 이상이어야 하는가?
① 20kg   ② 30kg
③ 40kg   ④ 50kg

[해설] • 1,000kg 미만 : 소석회 20kg 이상 휴대
• 1,000kg 이상 : 40kg 이상의 소석회 휴대

23 고압가스를 취급하는 자가 용기 안전점검 시 하지 않아도 되는 것은?
① 도색 표시 확인
② 재검사 기간 확인
③ 프로텍터의 변형 여부 확인
④ 밸브의 개폐조작이 쉬운 핸들 부착 여부 확인

[해설] ③항은 프로텍터의 변형이 아닌 부착 여부를 확인한다(별표 18).

24 도시가스 도매사업의 가스공급시설 기준에 대한 설명으로 옳은 것은?
① 고압의 가스공급시설은 안전구획 안에 설치하고 그 안전구역의 면적은 1만 m² 미만으로 한다.
② 안전구역 안의 고압인 가스공급시설은 그 외면으로부터 다른 안전구역 안에 있는 고압인 가스공급시설의 외면까지 20m 이상의 거리를 유지한다.
③ 액화천연가스의 저장탱크는 그 외면으로부터 처리능력이 20만 m³ 이상인 압축기까지 30m 이상의 거리를 유지한다.
④ 두 개 이상의 제조소가 인접하여 있는 경우의 가스공급시설은 그 외면으로부터 그 제조소와 다른 제조소의 경계까지 10m 이상의 거리를 유지한다.

[해설] ①항에서는 2만 m³ 미만일 것
②항에서는 30m 이상 거리 유지
④항에서는 20m 이상

25 가연성 가스의 폭발등급 및 이에 대응하는 본질안전 방폭구조의 폭발등급 분류 시 사용하는 최소점화전류비는 어느 가스의 최소점화전류를 기준으로 하는가?
① 메탄   ② 프로판
③ 수소   ④ 아세틸렌

해설 본질안전방폭구조(ia 또는 ib)에서는 최소 점화전류비는 메탄(CH_4) 가스의 최소 점화전류를 기준으로 설정한다.

26 수소의 성질에 대한 설명 중 옳지 않은 것은?
① 열전도도가 적다.
② 열에 대하여 안정하다.
③ 고온에서 철과 반응한다.
④ 확산속도가 빠른 무취의 기체이다.

해설 수소가스는 열전도율이 대단히 크고 열에 대해 안정하다.

27 용기 종류별 부속품 기호로 틀린 것은?
① AG : 아세틸렌가스를 충전하는 용기의 부속품
② LPG : 액화석유가스를 충전하는 용기의 부속품
③ TL : 초저온용기 및 저온용기의 부속품
④ PG : 압축가스를 충전하는 용기의 부속품

해설 LT : 저온 및 초저온 가스용 용기부속품 기호

28 공기액화 분리장치의 폭발원인이 아닌 것은?
① 액체공기 중의 아르곤의 혼입
② 공기 취입구로부터 아세틸렌 혼입
③ 공기 중의 질소화합물(NO, NO_2)의 혼입
④ 압축기용 윤활유 분해에 따른 탄화수소 생성

해설 액체공기 중의 오존(O_3)의 혼입이 있으면 공기액화 분리기의 폭발 원인이 된다(산소, 아르곤, 질소가스 등의 제조).

29 고압가스 충전용기를 운반할 때 운반책임자를 동승시키지 않아도 되는 경우는?
① 가연성 압축가스 $-300m^3$
② 조연성 액화가스 $-5,000kg$
③ 독성 압축가스(허용농도가 100만분의 200 초과, 100만분의 5,000 이하) $-100m^3$
④ 독성 액화가스(허용농도가 100만분의 200 초과, 100만분의 5,000 이하) $-1,000kg$

해설 조연성 가스(산소, 염소, 불소 등)는 액화가스의 경우 6,000kg 이상일 경우에만 운반책임자가 동승한다.

30 다음 중 폭발범위의 상한값이 가장 낮은 가스는?
① 암모니아   ② 프로판
③ 메탄   ④ 일산화탄소

해설 가연성 가스 폭발범위(하한값~상한값)
① 암모니아(NH_3) : 15~28%
② 프로판(C_3H_8) : 2.1~9.5%
③ 메탄(CH_4) : 5~15%
④ 일산화탄소(CO) : 12.5~74%

31 고압가스 배관재료로 사용되는 동관의 특징에 대한 설명으로 틀린 것은?
① 가공성이 좋다.
② 열전도율이 적다.
③ 가공이 용이하다.
④ 내식성이 크다.

해설 동관(구리관)은 열전도율(332kcal/m·h·℃)이 매우 크다.

32 자동절체식 일체형 저압조정기의 조정압력은?
① 2.30~3.30kPa
② 2.55~3.30kPa
③ 57~83kPa
④ 5.0~30kPa 이내에서 제조자가 설정한 기준압력의 ±20%

해설 자동절체식 일체형 저압조정기의 조정압력
2.55~3.30kPa(분리형의 경우에는 0.032~0.083MPa 이다.)
①항은 1단 감압식 저압조정기용, ③항은 2단 감압식 저압조정기용, ④항은 1단 감압식 준저압조정기용에 해당된다.

ANSWER | 25. ① 26. ① 27. ③ 28. ① 29. ② 30. ② 31. ② 32. ②

33 수소(H_2) 가스 분석방법으로 가장 적당한 것은?
 ① 팔라듐관 연소법
 ② 헴펠법
 ③ 황산바륨 침전법
 ④ 흡광광도법

해설 수소가스분석
 • 열전도도법
 • 폭발법
 • 산화동에 의한 연소법
 • 팔라듐 블랙에 의한 흡수법

34 터보압축기의 구성이 아닌 것은?
 ① 임펠러 ② 피스톤
 ③ 디퓨저 ④ 증속기어장치

해설 피스톤은 왕복식 압축기의 구성요소이다.

35 피토관을 사용하기에 적당한 유속은?
 ① 0.001m/s 이상
 ② 0.1m/s 이상
 ③ 1m/s 이상
 ④ 5m/s 이상

해설 피토관 유속 측정기는 기체의 유속이 5m/s 이상이면 정밀도가 높다.

36 수소를 취급하는 고온, 고압 장치용 재료로서 사용할 수 있는 것은?
 ① 탄소강, 니켈강
 ② 탄소강, 망간강
 ③ 탄소강, 18-8 스테인리스강
 ④ 18-8 스테인리스강, 크롬-바나듐강

해설 수소취성 $= Fe_3C + 2H_2 \rightarrow CH_4 + 3Fe$
 ※ 수소취성 방지금속 : 크롬, 타이타늄, 바나듐, 텅스텐, 몰리브덴, 나이오븀

37 원심식 압축기 중 터보형의 날개 출구각도에 해당하는 것은?
 ① 90°보다 작다. ② 90°이다.
 ③ 90°보다 크다. ④ 평행이다.

해설 원심식 압축기
 • 터보형 : 임펠러 출구각이 90° 이하일 때
 • 레이디얼형 : 임펠러 출구각이 90°일 때
 • 다익형 : 임펠러 출구각이 90° 이상일 때

38 압력변화에 의한 탄성변위를 이용한 탄성압력계에 해당하지 않는 것은?
 ① 플로트식 압력계 ② 부르동관식 압력계
 ③ 벨로스식 압력계 ④ 다이어프램식 압력계

해설 플로트식(부자식)
 • 유량계 이용
 • 액면계 이용

39 액면 측정장치가 아닌 것은?
 ① 임펠러식 액면계 ② 유리관식 액면계
 ③ 부자식 액면계 ④ 포지식 액면계

해설 임펠러식
 • 압축기에 사용
 • 유량계에 사용

40 나사압축기에서 수로터의 직경 150mm, 로터의 길이 100mm, 회전수가 350rpm이라고 할 때 이론적 토출량은 약 몇 m^3/min인가?(단, 로터 형상에 의한 계수(C_v)는 0.476이다.)
 ① 0.11 ② 0.21
 ③ 0.37 ④ 0.47

해설 토출량$(Q) = K \cdot D^3 \times \dfrac{L}{D} \times n \times 60$(시간당)
$= 0.476 \times (0.15)^3 \times \dfrac{0.1}{0.15} \times 350 \times 60$
$= 22.49 \, m^3/h = 0.37 \, m^3/min$(분당)

41 아세틸렌의 정성시험에 사용되는 시약은?
① 질산은　　　② 구리암모니아
③ 염산　　　　④ 피로갈롤

해설 아세틸렌의 정성시험
- 정성시험시약 : 질산은
- 가스분석 : 시안화수은, 수산화칼륨 용액 흡수법

42 정압기를 평가·선정할 경우 고려해야 할 특성이 아닌 것은?
① 정특성　　　② 동특성
③ 유량특성　　④ 압력특성

해설 정압기 평가·선정 시 고려사항
- 정특성
- 동특성
- 유량특성

43 액화석유가스 소형 저장탱크가 외경 1,000mm, 길이 2,000mm, 충전상수 0.03125, 온도보정계수 2.15일 때의 자연기화능력(kg/h)은 얼마인가?
① 11.2　　　② 13.2
③ 15.2　　　④ 17.2

해설 1,000mm=1m, 2,000mm=2m
$W = 0.9G$
$G(가스량) = \pi Dl = 3.14 \times 1 \times 2 = 6.28 m^3$
$6.28 \times \dfrac{44}{22.4} = 12.4 kg/h$
$\therefore 12.4 \times 0.9 = 11.2 kg/h$

44 가스누출을 감지하고 차단하는 가스누출 자동차단기의 구성요소가 아닌 것은?
① 제어부　　　② 중앙통제부
③ 검지부　　　④ 차단부

해설 가스누출 자동차단기의 구성요소
- 제어부
- 검지부
- 차단부

45 다음 중 단별 최대 압축비를 가질 수 있는 압축기는?
① 원심식　　　② 왕복식
③ 축류식　　　④ 회전식

해설 $P_m(압축비) = \dfrac{고압 측}{저압 측} = \dfrac{응축압력(kg/cm^2 \cdot a)}{증발압력(kg/cm^2 \cdot a)}$

다단압축기의 압축비 $(P_m) = \sqrt[z]{\dfrac{P_2}{P_1}}$

※ Z : 단수

46 C_3H_8 비중이 1.5라고 할 때 20m 높이 옥상까지의 압력손실은 약 몇 mmH_2O인가?
① 12.9　　　② 16.9
③ 19.4　　　④ 21.4

해설 압력손실$(H) = 1.293(S-1)h$
$\therefore H = 1.293(1.5-1) \times 20$
$= 12.93 mmH_2O$

47 실제기체가 이상기체의 상태식을 만족시키는 경우는?
① 압력과 온도가 높을 때
② 압력과 온도가 낮을 때
③ 압력이 높고 온도가 낮을 때
④ 압력이 낮고 온도가 높을 때

해설 실제기체가 이상기체의 상태식을 만족시키는 조건
- 압력을 낮게 한다.
- 온도를 높게 한다.

48 다음 중 유리병에 보관해서는 안 되는 가스는?
① O_2　　　② Cl_2
③ HF　　　④ Xe

해설 불화수소(HF)는 맹독성 가스로 증기는 극히 유독하다(유리를 부식시키므로 유리용기에 저장하지 못한다).

ANSWER | 41. ① 42. ④ 43. ① 44. ② 45. ② 46. ① 47. ④ 48. ③

49 황화수소에 대한 설명으로 틀린 것은?
① 무색의 기체로서 유독하다.
② 공기 중에서 연소가 잘 된다.
③ 산화하면 주로 황산이 생성된다.
④ 형광물질 원료의 제조 시 사용된다.

해설 황화수소(H_2S)
- 계란 썩은 냄새의 유독성 기체이다.
- 폭발범위는 4.3~45%이다.
※ $2H_2S + 3O_2 \rightarrow 2H_2O(수증기) + 2SO_2(아황산가스)$

50 다음 중 가연성 가스가 아닌 것은?
① 일산화탄소   ② 질소
③ 에탄   ④ 에틸렌

해설 질소(N_2)
- 상온에서 무색, 무미, 무취의 압축가스이다.
- 상온에서는 다른 원소와 반응하지 않는 불연성 가스이다.
- $N_2 + 3H_2 \rightarrow 2NH_3$(암모니아 제조)
- 고온에서는 Mg, Ca, Li 등과 금속화합하여 질화물을 만든다.

51 나프타의 성상과 가스화에 미치는 영향 중 PONA 값의 각 의미에 대하여 잘못 나타낸 것은?
① P : 파라핀계 탄화수소
② O : 올레핀계 탄화수소
③ N : 나프텐계 탄화수소
④ A : 지방족 탄화수소

해설 A : 나프타의 방향족 탄화수소
※ 나프타 : 원유의 상압증류에 의한 비점 200℃ 이하의 유분을 나프타라고 한다.

52 25℃의 물 10kg을 대기압하에서 비등시켜 모두 기화시키는 데는 약 몇 kcal의 열이 필요한가?(단, 물의 증발잠열은 540kcal/kg이다.)
① 750   ② 5,400
③ 6,150   ④ 7,100

해설
- 물의 현열 = 10kg × 1kcal/kg℃ × (100−25) = 750kcal
- 물의 기화열 = 10kg × 540kcal/kg = 5,400kcal
∴ Q = 750 + 5,400 = 6,150kcal

53 다음에서 설명하는 법칙은?

"같은 온도(T)와 압력(P)에서 같은 부피(V)의 기체는 같은 분자 수를 가진다."

① Dalton의 법칙
② Henry의 법칙
③ Avogadro의 법칙
④ Hess의 법칙

해설 아보가드로의 법칙
표준상태(STP)에서 모든 기체 1몰(22.4L)에는 6.02×10^{23}개의 분자가 들어 있다.
- 1mol = 22.4L = 6.02×10^{23}개의 분자
- 몰수 = $\dfrac{질량}{분자량}$ = $\dfrac{부피(L)}{22.4(L)}$

54 LP 가스의 제법으로서 가장 거리가 먼 것은?
① 원유를 정제하여 부산물로 생산
② 석유정제공정에서 부산물로 생산
③ 석탄을 건류하여 부산물로 생산
④ 나프타 분해공정에서 부산물로 생산

해설 석탄을 건류하여 부산물로 생산한 가스 : 도시가스 제조

55 가스의 연소와 관련하여 공기 중에서 점화원 없이 연소하기 시작하는 최저온도를 무엇이라 하는가?
① 인화점   ② 발화점
③ 끓는점   ④ 융해점

해설 발화점(착화점)
가스의 연소와 관련하여 공기 중에서 점화원 없이 연소하기 시작하는 최저온도

49. ③ 50. ② 51. ④ 52. ③ 53. ③ 54. ③ 55. ② | ANSWER

56 아세틸렌가스 폭발의 종류로서 가장 거리가 먼 것은?
① 중합폭발　　② 산화폭발
③ 분해폭발　　④ 화합폭발

해설 산화에틸렌(C_2H_4O)은 폭발범위가 3~80%이고 에테르 향을 가지며 고농도에서 자극성 냄새를 내는 독성 가스이다(중합하여 중합폭발의 염려 및 분해폭발이 발생한다).

57 도시가스 제조 시 사용되는 부취제 중 THT의 냄새는?
① 마늘 냄새
② 양파 썩는 냄새
③ 석탄가스 냄새
④ 암모니아 냄새

해설
- THT : 석탄가스 냄새
- TBM : 양파 썩는 냄새
- DMS : 마늘 냄새

58 압력에 대한 설명으로 틀린 것은?
① 수주 280cm는 0.28kg/cm^{2}와 같다.
② 1kg/cm^{2}는 수은주 760mm와 같다.
③ 160kg/mm^{2}는 16,000kg/cm^{2}에 해당한다.
④ 1atm이란 1cm^{2}당 1.033kg의 무게와 같다.

해설
- 1kg/cm^2(공학기압 at) = 735mmHg
- 1atm = 1.033kg/cm^2
- 160kg/mm^2 = 16,000kg/cm^2
- 수주 10m(1,000cm) = 1kg/cm^2

59 프레온(Freon)의 성질에 대한 설명으로 틀린 것은?
① 불연성이다.
② 무색, 무취이다.
③ 증발잠열이 적다.
④ 가압에 의해 액화되기 쉽다.

해설 프레온 가스는 냉매가스이며 종류에 따라 증발잠열(kcal/kg)이 크다.

60 다음 중 가장 낮은 온도는?
① $-40°F$　　② $430°R$
③ $-50°C$　　④ $240K$

해설
① $°C = \dfrac{5}{9}(°F - 32) = \dfrac{5}{9}(-40 - 32) = -40°C$

② $°C = 430 - 460 = -30°F$
- $\dfrac{5}{9}(-30 - 32) = -34°C$
- $\dfrac{430}{1.8} = 238.88K (238.88 - 273 = -34°C)$

③ $240K - 273K = -33°C$

ANSWER | 56. ①　57. ③　58. ②　59. ③　60. ③

가스기능사 필기
CRAFTSMAN GAS

APPENDIX

02

CBT 실전모의고사

01 | CBT 실전모의고사 제1회
02 | CBT 실전모의고사 제2회
03 | CBT 실전모의고사 제3회
04 | CBT 실전모의고사 제4회
05 | CBT 실전모의고사 제5회
06 | CBT 실전모의고사 제6회
07 | CBT 실전모의고사 제7회
08 | CBT 실전모의고사 제8회

2017년 이후 CBT 필기시험 대비
복원기출문제 수록

01회 실전점검! CBT 실전모의고사

01 아르곤(Ar)가스 충전용기의 도색은 어떤 색상으로 하여야 하는가?
① 백색
② 녹색
③ 갈색
④ 회색

02 가스 도매사업의 가스공급 시설·기술기준에서 배관을 지상에 설치할 경우 원칙적으로 배관에 도색하여야 하는 색상은?
① 흑색
② 황색
③ 적색
④ 회색

03 충전용기를 차량에 적재하여 운반하는 도중에 주차하고자 할 때 주의사항으로 옳지 않은 것은?
① 충전용기를 싣거나 내릴 때를 제외하고는 제1종 보호시설의 부근 및 제2종 보호시설이 밀집된 지역을 피한다.
② 주차 시는 엔진을 정지시킨 후 주차제동장치를 걸어 놓는다.
③ 주차를 하고자 하는 주위의 교통상황·지형조건·화기 등을 고려하여 안전한 장소를 택하여 주차한다.
④ 주차 시에는 긴급한 사태를 대비하여 바퀴 고정목을 사용하지 않는다.

04 가스의 폭발에 대한 설명 중 틀린 것은?
① 폭발범위가 넓은 것은 위험하다.
② 가스의 비중이 큰 것은 낮은 곳에 체류할 위험이 있다.
③ 안전간격이 큰 것일수록 위험하다.
④ 폭굉은 화염전파속도가 음속보다 크다.

05 방안에서 가스난로를 사용하다가 사망한 사고가 발생하였다. 다음 중 이 사고의 주된 원인은?
① 온도상승에 의한 질식
② 산소부족에 의한 질식
③ 탄산가스에 의한 질식
④ 질소와 탄산가스에 의한 질식

06 배관의 표지판은 배관이 설치되어 있는 경로에 따라 배관의 위치를 정확히 알 수 있도록 설치하여야 한다. 지상에 설치된 배관은 표지판을 몇 m 이하의 간격으로 설치하여 하는가?
① 100
② 300
③ 500
④ 1,000

07 국내 일반가정에 공급되는 도시가스(LNG)의 발열량은 약 몇 kcal/m³인가?(단, 도시가스 월사용예정량의 산정기준에 따른다.)
① 9,000
② 10,000
③ 11,000
④ 12,000

08 일산화탄소와 공기의 혼합가스 폭발범위는 고압일수록 어떻게 변하는가?
① 넓어진다.
② 변하지 않는다.
③ 좁아진다.
④ 일정치 않다.

09 도시가스가 안전하게 공급되어 사용되기 위한 조건으로 옳지 않은 것은?
① 공급하는 가스에 공기 중의 혼합비율의 용량이 $\frac{1}{1,000}$ 상태에서 감지할 수 있는 냄새가 나는 물질을 첨가해야 한다.
② 정압기 출구에서 측정한 가스압력은 1.5kPa 이상 2.5kPa 이내를 유지해야 한다.
③ 웨버지수는 표준 웨버지수의 ±4.5% 이내를 유지해야 한다.
④ 도시가스 중 유해성분은 건조한 도시가스 1m³당 황전량은 0.5g 이하를 유지해야 한다.

10 가연성 가스의 제조설비 중 전기설비를 방폭성능을 가지는 구조로 갖추지 아니하여도 되는 가스는?
① 암모니아
② 염화메탄
③ 아크릴알데히드
④ 산화에틸렌

11 고압가스의 분출에 대하여 정전기가 가장 발생되기 쉬운 경우는?
① 가스가 충분히 건조되어 있을 경우
② 가스 속에 고체의 미립자가 있을 경우
③ 가스분자량이 작은 경우
④ 가스비중이 큰 경우

12 고압가스의 제조장치에서 누출되고 있는 것을 그 냄새로 알 수 있는 가스는?
① 일산화탄소
② 이산화탄소
③ 염소
④ 아르곤

13 긴급용 벤트스택 방출구의 위치는 작업원이 정상작업을 하는데 필요한 장소 및 작업원이 항시 통행하는 장소로부터 몇 m 이상 떨어진 곳에 설치하여야 하는가?
① 5
② 7
③ 10
④ 15

14 용기내부에서 가연성 가스의 폭발이 발생할 경우 그 용기가 폭발압력에 견디고 접합면, 개구부 등을 통하여 외부의 가연성 가스에 인화되지 아니하도록 한 방폭구조는?
① 내압방폭구조
② 압력방폭구조
③ 유입방폭구조
④ 안전증 방폭구조

15 도시가스 매설배관의 보호판은 누출가스가 지면으로 확산되도록 구멍을 뚫는데 그 간격의 기준으로 옳은 것은?
① 1m 이하 간격
② 2m 이하 간격
③ 3m 이하 간격
④ 5m 이하 간격

16 LP가스 충전설비의 작동 상황 점검주기로 옳은 것은?
① 1일 1회 이상　　② 1주일 1회 이상
③ 1월 1회 이상　　④ 1년 1회 이상

17 긴급차단장치의 조작 동력원이 아닌 것은?
① 액압　　② 기압
③ 전기　　④ 차압

18 액화염소가스 1,375kg을 용량 50L인 용기에 충전하려면 몇 개의 용기가 필요한가?(단, 액화염소가스의 정수[C]는 0.8이다.)
① 20　　② 22
③ 25　　④ 27

19 도시가스사용시설의 노출배관에 의무적으로 표시하여야 하는 사항이 아닌 것은?
① 최고사용압력　　② 가스흐름방향
③ 사용가스명　　④ 공급자명

20 다음 중 고압가스 운반기준 위반사항은?
① LPG와 산소를 동일차량에 그 충전용기의 밸브가 서로 마주보지 않도록 적재하였다.
② 운반 중 충전용기를 40℃ 이하로 유지하였다.
③ 비독성 압축가연성 가스 500m³를 운반 시 운반책임자를 동승시키지 않고 운반하였다.
④ 200km 이상의 거리를 운행하는 경우에 중간에 충분한 휴식을 취하였다.

21 독성 가스의 충전용기를 차량에 적재하여 운반 시 그 차량의 앞 뒤 보기 쉬운 곳에 반드시 표시해야 할 사항이 아닌 것은?
 ① 위험 고압가스
 ② 독성 가스
 ③ 위험을 알리는 도형
 ④ 제조회사

22 다음 중 고압가스 처리설비로 볼 수 없는 것은?
 ① 저장탱크에 부속된 펌프
 ② 저장탱크에 부속된 안전밸브
 ③ 저장탱크에 부속된 압축기
 ④ 저장탱크에 부속된 기화장치

23 도시가스 배관의 관경이 25mm인 것은 몇 m마다 고정하여야 하는가?
 ① 1
 ② 2
 ③ 3
 ④ 4

24 가스보일러 설치기준에 따라 반드시 내열실리콘으로 마감조치를 하여 기밀이 유지되도록 하여야 하는 부분은?
 ① 배기통과 가스보일러의 접속부
 ② 배기통과 배기통의 접속부
 ③ 급기통과 배기통의 접속부
 ④ 가스보일러와 급기통의 접속부

25 고압가스 저장능력 산정기준에서 액화가스의 저장탱크 저장능력을 구하는 식은? (단, Q, W는 저장능력, P는 최고충전압력, V는 내용적, C는 가스종류에 따른 정수, d는 가스의 비중이다.)
 ① $Q=(10P+1)V$
 ② $Q=10PV$
 ③ $W=\dfrac{V}{C}$
 ④ $W=0.9dV$

26 다음 중 2중 배관으로 하지 않아도 되는 가스는?
① 일산화탄소　　② 시안화수소
③ 염소　　　　　④ 포스겐

27 도시가스 본관 중 중압 배관의 내용적이 $9m^3$일 경우, 자기압력기록계를 이용한 기밀시험 유지시간은?
① 24분 이상　　② 40분 이상
③ 216분 이상　　④ 240분 이상

28 가스의 경우 폭굉(Detonation)의 연소속도는 약 몇 m/s 정도인가?
① 0.03~10　　　② 10~50
③ 100~600　　　④ 1,000~3,000

29 수소의 폭발한계는 4~75v%이다. 수소의 위험도는 약 얼마인가?
① 0.9　　　　　② 17.75
③ 18.7　　　　　④ 19.75

30 다음 가스폭발의 위험성 평가기법 중 정량적 평가방법은?
① HAZOP(위험성운전 분석기법)
② FTA(결함수 분석기법)
③ Check List법
④ WHAT-IF(사고예상질문 분석기법)

31 왕복펌프에 사용하는 밸브 중 점성액이나 고형물이 들어 있는 액에 적합한 밸브는?
① 원판밸브   ② 윤형밸브
③ 플래트밸브 ④ 구밸브

32 가스액화분리장치의 축냉기에 사용되는 축냉체는?
① 규조토   ② 자갈
③ 암모니아   ④ 회가스

33 주로 탄광 내에서 CH_4의 발생을 검출하는 데 사용되며 청염(푸른 불꽃)의 길이로써 그 농도를 알 수 있는 가스검지기는?
① 안전등형   ② 간섭계형
③ 열선형   ④ 흡광 광도형

34 압력계의 측정방법에는 탄성을 이용하는 것과 전기적 변화를 이용하는 방법 등이 있다. 다음 중 전기적 변화를 이용하는 압력계는?
① 부르동관 압력계   ② 벨로스 압력계
③ 스트레인게이지   ④ 다이어프램 압력계

35 다음 중 비접촉식 온도계에 해당되지 않는 것은?
① 광전관 온도계   ② 색 온도계
③ 방사 온도계   ④ 압력식 온도계

36 다음 중 저온단열법이 아닌 것은?
① 분말섬유단열법   ② 고진공단열법
③ 다층진공단열법   ④ 분말진공단열법

37 20RT의 냉동능력을 갖는 냉동기에서 응축온도가 30℃, 증발온도가 −25℃일 때 냉동기를 운전하는 데 필요한 냉동기의 성적계수(COP)는 약 얼마인가?

① 4.5
② 7.5
③ 14.5
④ 17.5

38 언로딩형과 로딩형이 있으며 대용량이 요구되고 유량제어 범위가 넓은 경우에 적합한 정압기는?

① 피셔식 정압기
② 레이놀드식 정압기
③ 파일럿식 정압기
④ 액셜플로식 정압기

39 나사압축기(Screw Compressor)의 특징에 대한 설명으로 틀린 것은?

① 흡입, 압축, 토출의 3행정으로 이루어져 있다.
② 기체에는 맥동이 없고 연속적으로 압축한다.
③ 토출압력의 변화에 의한 용량변화가 크다.
④ 소음방지장치가 필요하다.

40 유속이 일정한 장소에서 전압과 정압의 차이를 측정하여 속도수두에 따른 유속을 구하여 유량을 측정하는 형식의 유량계는?

① 피토관식 유량계
② 열선식 유량계
③ 전자식 유량계
④ 초음파식 유량계

41 요오드화칼륨지(KI전분지)를 이용하여 어떤 가스의 누출여부를 검지한 결과 시험지가 청색으로 변하였다. 이때 누출된 가스의 명칭은?

① 시안화수소
② 아황산가스
③ 황화수소
④ 염소

42 2종 금속의 양끝의 온도차에 따른 열기전력을 이용하여 온도를 측정하는 온도계는?

① 베크만 온도계
② 바이메탈식 온도계
③ 열전대 온도계
④ 전기저항 온도계

43 액화산소 등과 같은 극저온 저장탱크의 액면 측정에 주로 사용되는 액면계는?

① 햄프슨식 액면계
② 슬립 튜브식 액면계
③ 크랭크식 액면계
④ 마그네틱식 액면계

44 적외선 흡광방식으로 차량에 탑재하여 메탄의 누출여부를 탐지하는 것은?

① FID(Flame Ionization Detector)
② OMD(Optical Methane Detector)
③ ECD(Electron Capture Detector)
④ TCD(Thermal Conductivity Detector)

45 가스용 금속플렉시블호스에 대한 설명으로 틀린 것은?

① 이음쇠는 플레어(Flare) 또는 유니온(Union)의 접속기능이 있어야 한다.
② 호스의 최대길이는 10,000mm 이내로 한다.
③ 호스길이의 허용오차는 $^{+3}_{-2}$% 이내로 한다.
④ 튜브는 금속제로서 주름가공으로 제작하여 쉽게 굽혀질 수 있는 구조로 한다.

46 다음 [보기]의 성질을 갖는 기체는?

[보기]
• 2중 결합을 가지므로 각종 부가반응을 일으킨다.
• 무색, 독특한 감미로운 냄새를 지닌 기체이다.
• 물에는 거의 용해되지 않으나 알코올, 에테르에는 잘 용해된다.
• 아세트알데히드, 산화에틸렌, 에탄올, 이산화에틸렌 등을 얻는다.

① 아세틸렌
② 프로판
③ 에틸렌
④ 프로필렌

47 다음 중 수분이 존재하였을 때 일반강재를 부식시키는 가스는?

① 일산화탄소　　　② 수소
③ 황화수소　　　　④ 질소

48 산소(O_2)에 대한 설명 중 틀린 것은?

① 무색, 무취의 기체이며, 물에는 약간 녹는다.
② 가연성 가스이나 그 자신은 연소하지 않는다.
③ 용기의 도색은 일반 공업용이 녹색, 의료용이 백색이다.
④ 저장용기는 무계목 용기를 사용한다.

49 수소의 성질에 대한 설명 중 틀린 것은?

① 무색, 무미, 무취의 가연성 기체이다.
② 가스 중 최소의 밀도를 가진다.
③ 열전도율이 작다.
④ 높은 온도일 때에는 강재, 기타 금속재료라도 쉽게 투과한다.

50 가스의 비열비의 값은?

① 언제나 1보다 작다.
② 언제나 1보다 크다.
③ 1보다 크기도 하고 작기도 하다.
④ 0.5와 1사이의 값이다.

51 다음 중 독성 가스에 해당되는 것은?

① 에틸렌　　　　　② 탄산가스
③ 시클로프로판　　④ 산화에틸렌

52 다음 중 가스크로마토그래피의 캐리어가스로 사용되는 것은?

① 헬륨   ② 산소
③ 불소   ④ 염소

53 다음 압력이 가장 큰 것은?

① 1.01MPa   ② 5atm
③ 100inHg   ④ 88psi

54 LPG(액화석유가스)의 일반적인 특징에 대한 설명으로 틀린 것은?

① 저장탱크 또는 용기를 통해 공급된다.
② 발열량이 크고 열효율이 높다.
③ 가스는 공기보다 무거우나 액체는 물보다 가볍다.
④ 물에 녹지 않으며, 연소 시 메탄에 비해 공기량이 적게 소요된다.

55 기준물질의 밀도에 대한 측정물질의 밀도의 비를 무엇이라고 하는가?

① 비중량   ② 비용
③ 비중   ④ 비체적

56 탄소 2kg을 완전연소시켰을 때 발생되는 연소가스는 약 몇 kg인가?

① 3.67   ② 7.33
③ 5.87   ④ 8.89

57 섭씨 -40℃는 화씨온도로 약 몇 °F인가?

① 32   ② 45
③ 273   ④ -40

58 프로판(C_3H_8) $1m^3$를 완전연소시킬 때 필요한 이론산소량은 몇 m^3인가?

① 5
② 10
③ 15
④ 20

59 다음 중 SI 기본단위가 아닌 것은?

① 질량 : 킬로그램(kg)
② 주파수 : 헤르츠(Hz)
③ 온도 : 켈빈(K)
④ 물질량 : 몰(mol)

60 다음 중 "제2종 영구기관은 존재할 수 없다. 제2종 영구기관의 존재가능성을 부인한다."라고 표현되는 법칙은?

① 열역학 제0법칙
② 열역학 제1법칙
③ 열역학 제2법칙
④ 열역학 제3법칙

CBT 정답 및 해설

01	02	03	04	05	06	07	08	09	10
④	②	④	③	②	④	③	③	②	①
11	12	13	14	15	16	17	18	19	20
②	③	③	①	③	①	④	②	④	③
21	22	23	24	25	26	27	28	29	30
④	②	②	①	④	①	④	④	①	②
31	32	33	34	35	36	37	38	39	40
④	②	①	③	④	①	①	③	③	①
41	42	43	44	45	46	47	48	49	50
④	③	①	②	④	③	④	③	②	②
51	52	53	54	55	56	57	58	59	60
④	①	①	④	③	②	④	①	②	③

01 정답 | ④
풀이 | 아르곤가스
① 방전관의 발광색은 적색
② 용기도색은 기타 가스이므로 회색

02 정답 | ②
풀이 | 가스 도매사업에서 지상배관의 도색은 황색

03 정답 | ④
풀이 | 충전용기 차량 주차 시에는 반드시 바퀴 고정목을 사용한다.

04 정답 | ③
풀이 | 안전간격이 적을수록 위험한 가스이다.

05 정답 | ②
풀이 | 방안에서 가스난로 사용 시에는 반드시 환기시켜 산소 부족을 방지한다.

06 정답 | ④
풀이 | 지상배관 위치 표지판의 간격은 1,000m 이하

07 정답 | ③
풀이 | LNG의 기준발열량은 11,000kcal/m³이다.

08 정답 | ③
풀이 | CO 가스는 고압일수록 폭발범위가 좁아진다. 다른 가연성 가스와는 반대현상이다.

09 정답 | ②
풀이 | 정압기 출구 압력은 2.3~3.3kPa 이내이어야 한다.

10 정답 | ①
풀이 | 가연성이기는 하나 폭발범위가 좁아서 암모니아 가스 및 브롬화메탄가스는 방폭 성능이 필요 없다.

11 정답 | ②
풀이 | 고압가스 분출 시 정전기가 발생하기 쉬운 경우는 가스 속에 고체의 미립자가 있을 경우이다.

12 정답 | ③
풀이 | 염소(Cl_2)가스는 상온에서 황록색의 기체이며 자극성이 강한 맹독성 가스이다.

13 정답 | ③
풀이 | 벤트스택 방출구의 위치는 작업원이 통행하는 장소로부터 10m 이상 떨어진 곳에 설치한다.

14 정답 | ①
풀이 | 내압방폭구조
용기 내부에서 그 용기가 폭발압력에 견디는 방폭구조

15 정답 | ③
풀이 | 도시가스 매설배관의 경우 보호판은 누출가스가 지면으로 확산되도록 구멍을 뚫는데 그 간격 기준은 3m 이하

16 정답 | ①
풀이 | LP가스 충전설비 작동 상황 점검은 1일 1회 이상 실시한다.

17 정답 | ④
풀이 | 긴급차단장치의 조작 동력원 : 액압, 기압, 전기 등이다.

18 정답 | ②
풀이 | $W = \dfrac{50}{0.8} = 62.5 \text{kg}$

$\therefore \dfrac{1,375}{62.5} = 22\text{EA}$

19 정답 | ④
풀이 | 도시가스 노출배관 표시사항
① 최고사용압력
② 가스흐름 방향
③ 사용가스명

CBT 정답 및 해설

20 정답 | ③
풀이 | 비독성 압축천연 가연성 가스는 300m³ 이상 운반 시 운반 책임자가 동승하여야 한다.

21 정답 | ④
풀이 | 충전용기에는 제조자명이 표시된다.

22 정답 | ②
풀이 | 안전밸브 : 부속설비 중 안전장치이다.

23 정답 | ②
풀이 | ① 13~33mm 이하 : 2m마다 고정
② 13mm 이하 : 1m마다 고정
③ 33mm 초과 : 3m마다 고정

24 정답 | ①
풀이 | 배기통과 가스보일러의 접속부는 기밀이 유지되도록 내열실리콘 마감재가 필요하다.

25 정답 | ④
풀이 | 저장탱크 저장능력
$W = 0.9dV(\text{kg})$

26 정답 | ①
풀이 | 2중 배관이 필요한 가스
염소, 포스겐, 불소, 아크릴알데히드, 아황산가스, 시안화수소, 황화수소 등

27 정답 | ④
풀이 | 9m³ = 9,000l
저압 또는 중압의 경우
① 1m³ 이상~10m³ 미만 : 240분 이상
② 1m³ 미만 : 24분

28 정답 | ④
풀이 | 폭굉 화염전파속도는 1,000~3,500m/s

29 정답 | ②
풀이 | $H = \dfrac{U-L}{L} = \dfrac{75-4}{4} = 17.75$

30 정답 | ②
풀이 | FTA
사고를 일으키는 장치의 이상이나 운전사 실수의 조합을 연역적으로 분석하는 정량적 안전성 평가기법

31 정답 | ④
풀이 | 구밸브
왕복동 펌프에 사용하며 점성액이나 고형물이 들어 있는 액에 적합한 밸브이다.

32 정답 | ②
풀이 | 가스액화분리장치 축냉기의 축냉체
자갈

33 정답 | ①
풀이 | 탄광 내에서 메탄가스(CH_4)의 가스검지기는 안전등형 가연성 검출기를 사용한다.(불꽃길이 측정용)

34 정답 | ③
풀이 | 스트레인 게이지는 전기적 변화를 이용하는 압력계이다.(전기저항 변화이용)

35 정답 | ④
풀이 | 압력식 온도계(접촉식)
① 증기압식
② 액체팽창식
③ 기체압력식

36 정답 | ①
풀이 | 저온단열법
① 고진공단열법
② 다층진공단열법
③ 분말진공단열법

37 정답 | ①
풀이 | 273+30 = 303K, 273-25 = 248K
∴ $COP = \dfrac{248}{303-248} = 4.5$

38 정답 | ③
풀이 | 파일럿식 정압기
언로딩형과 로딩형이 있다.

39 정답 | ③
풀이 | 나사압축기(스크루 압축기)는 토출압력에 따른 용량 변화가 적다.

40 정답 | ①
풀이 | 피토관식 유량계는 전압과 정압의 차이를 측정하여 속도수두에 따른 유속을 구하여 유량을 측정한다.

CBT 정답 및 해설

41 정답 | ④
풀이 | 염소가스의 가스검지 시 시험지는 KI 전분지(누설 시는 청색 변화)

42 정답 | ③
풀이 | 열전대 온도계
2종 금속의 열기전력 이용

43 정답 | ①
풀이 | 햄프슨식 액면계
액화산소 등과 같은 극저온 저장탱크의 액면 측정

44 정답 | ②
풀이 | OMD
적외선 흡광방식으로 차량에 탑재하여 CH_4(메탄)의 누출여부 확인

45 정답 | ②
풀이 | 가스용 금속플렉시브 호스의 길이(표준길이)는 제일 짧은 것은 200mm, 가장 긴 것은 3,000mm로 한다.(단, 길이 허용오차는 +3%, -2%이다.) 다만, 주문자와 제조자의 합의에 따라 최대 5,000mm 이내로 한다.

46 정답 | ③
풀이 | C_2H_4(에틸렌)은 2중 결합을 가지므로 각종 부가반응을 일으킨다.(폭발범위는 2.7~36%이다.)

47 정답 | ③
풀이 | 황화수소(H_2S)가스는 수분이 존재하면 일반강재를 부식시킨다.

48 정답 | ②
풀이 | 산소는 가연성 가스의 연소성을 돕는 조연성 가스이다.

49 정답 | ③
풀이 | 수소(H_2)가스는 열전도율이 대단히 크고 열에 대해 안정하다.

50 정답 | ②
풀이 | 비열비(K)
$K = \dfrac{정압비열}{정적비열}$ (항상 1보다 크다.)

51 정답 | ④
풀이 | 산화에틸렌가스(C_2H_4O)
① 폭발범위 : 3~80%(가연성)
② 독성 : 50ppm(독성)

52 정답 | ①
풀이 | 캐리어 가스(전개제)
Ar(아르곤), He(헬륨), H_2(수소), N_2(질소) 등

53 정답 | ①
풀이 | ① $1.01MPa = 10.1kg/cm^2$
② $5atm = 5.165kg/cm^2$
③ $100inHg = 3.44kg/cm^2$
④ $88psi = 6.18kg/cm^2$

54 정답 | ④
풀이 | ① LPG
㉠ 프로판(C_3H_8)의 액비중 0.509
㉡ 부탄(C_4H_{10})의 액비중 0.582
② 공기량
㉠ $C_3H_8 + 5O_2 \rightarrow 3CO_2 + 4H_2O$
㉡ $C_4H_{10} + 6.5O_2 \rightarrow 4CO_2 + 5H_2O$
㉢ $CH_4 + 2O_2 \rightarrow CO_2 + 2H_2O$(산소요구량이 적으면 공기량도 적다.)

55 정답 | ③
풀이 | ① $\dfrac{측정물질의 요소}{기준물질의 요소} = 비중$
② 비중 측정 시 가스는 공기와 비교, 고체 액체는 물에 비교

56 정답 | ②
풀이 | $C + O_2 \rightarrow CO_2$
$12kg + 32kg \rightarrow 44kg$
$12 : 44 = 2 : x$
$\therefore x = 44 \times \dfrac{2}{12} = 7.33kg$

57 정답 | ④
풀이 | $°F = \dfrac{9}{5} \times °C + 32 = 1.8 \times °C + 32$
$\therefore 1.8 \times (-40) + 32 = -40°F$

58 정답 | ①
풀이 | $\underline{C_3H_8} + \underline{5O_2} \rightarrow \underline{3CO_2} + \underline{4H_2O}$
　　　$1m^3$　$5m^3$　　$3m^3$　　$4m^3$

CBT 정답 및 해설

59 정답 | ②
풀이 | SI 기본단위
① 질량 ② 온도
③ 물질량 ④ 시간
⑤ 길이 ⑥ 광도
⑦ 전류

60 정답 | ③
풀이 | ① 열역학 제2법칙 : 제2종 영구기관은 존재할 수 없다.
② 제2종 영구기관 : 입력과 출력이 같은 기관
③ 제1종 영구기관 : 입력보다 출력이 더 큰 기관 즉 열효율이 100% 이상인 기관, 열역학 제1법칙에 위배된다.

실전점검! CBT 실전모의고사

01 도시가스 사용시설 중 호스의 길이는 연소기까지 몇 m 이내로 하는가?
① 1
② 2
③ 3
④ 4

02 고압가스 용기보관의 기준에 대한 설명으로 틀린 것은?
① 용기보관장소 주위 2m 이내에는 화기를 두지 말 것
② 가연성 가스・독성 가스 및 산소의 용기는 각각 구분하여 용기보관장소에 놓을 것
③ 가연성 가스를 저장하는 곳에는 방폭형 휴대용 손전등 외의 등화를 휴대하지 말 것
④ 충전용기와 잔가스용기는 서로 단단히 결속하여 넘어지지 않도록 할 것

03 하천의 바닥이 경암으로 이루어져 도시가스 배관의 매설깊이를 유지하기 곤란하여 배관을 보호조치한 경우에는 배관의 외면과 하천 바닥면의 경암 상부와의 최소거리는 얼마이어야 하는가?
① 1.0m
② 1.2m
③ 2.5m
④ 4m

04 고압가스 저장능력 산정 시 액화가스의 용기 및 차량에 고정된 탱크의 산정식은? [단, W는 저장능력(kg), d는 액화가스의 비중(kg/L), V_2는 내용적(L), C는 가스의 종류에 따르는 정수이다.]
① $W = 0.9dV_2$
② $W = \dfrac{V_2}{C}$
③ $W = 0.9dC^2$
④ $W = \dfrac{V_2}{C^2}$

05 공기 중에서 가연성 물질을 연소시킬 때 공기 중의 산소농도를 증가시키면 연소속도와 발화온도는 각각 어떻게 되는가?
   ① 연소속도는 빨라지고, 발화온도는 높아진다.
   ② 연소속도는 빨라지고, 발화온도는 낮아진다.
   ③ 연소속도는 느려지고, 발화온도는 높아진다.
   ④ 연소속도는 느려지고, 발화온도는 낮아진다.

06 탄화수소에서 탄소수가 증가할수록 높아지는 것은?
   ① 증기압   ② 발화점
   ③ 비등점   ④ 폭발하한계

07 LPG 사용시설에서 가스누출경보장치 검지부 설치높이의 기준으로 옳은 것은?
   ① 지면에서 30cm 이내   ② 지면에서 60cm 이내
   ③ 천장에서 30cm 이내   ④ 천장에서 60cm 이내

08 비중이 공기보다 무거워 바닥에 체류하는 가스로만 된 것은?
   ① 프로판, 염소, 포스겐
   ② 프로판, 수소, 아세틸렌
   ③ 염소, 암모니아, 아세틸렌
   ④ 염소, 포스겐, 암모니아

09 가스누출자동차단기를 설치하여도 설치목적을 달성할 수 없는 시설이 아닌 것은?
   ① 개방된 공장의 국부난방시설
   ② 경기장의 성화대
   ③ 상하 방향, 전후 방향, 좌우 방향 중에 2방향 이상이 외기에 개방된 가스사용시설
   ④ 개방된 작업장에 설치된 용접 또는 절단시설

10 공정에 존재하는 위험요소들과 공정의 효율을 떨어뜨릴 수 있는 운전상의 문제점을 찾아내어 그 원인을 제거하는 정성적 안전성 평가기법을 의미하는 것은?
① FTA
② ETA
③ CCA
④ HAZOP

11 다음 중 가연성이며 독성인 가스는?
① 아세틸렌, 프로판
② 수소, 이산화탄소
③ 암모니아, 산화에틸렌
④ 아황산가스, 포스겐

12 아세틸렌가스를 2.5MPa의 압력으로 압축할 때 사용되는 희석제가 아닌 것은?
① 질소
② 메탄
③ 일산화탄소
④ 아세톤

13 가스가 누출된 경우에 제2의 누출을 방지하기 위해서 방류둑을 설치한다. 방류둑을 설치하지 않아도 되는 저장탱크는?
① 저장능력 1,000톤의 액화질소탱크
② 저장능력 10톤의 액화암모니아탱크
③ 저장능력 1,000톤의 액화산소탱크
④ 저장능력 5톤의 액화염소탱크

14 수소폭명기는 수소와 산소의 혼합비가 얼마일 때를 말하는가?(단, 수소 : 산소의 비이다.)
① 1 : 2
② 2 : 1
③ 1 : 3
④ 3 : 1

15 배관을 지하에 매설하는 경우 배관은 그 외면으로부터 도로 밑의 다른 시설물과 몇 m 이상의 거리를 유지하여야 하는가?

① 0.2 ② 0.3
③ 0.5 ④ 1

16 고압가스 일반제조시설의 저장탱크를 지하에 매설하는 경우의 기준에 대한 설명으로 틀린 것은?

① 저장탱크 외면에는 부식방지코팅을 한다.
② 저장탱크는 천장, 벽, 바닥의 두께가 각각 10cm 이상의 콘크리트로 설치한다.
③ 저장탱크 주위에는 마른 모래를 채운다.
④ 저장탱크에 설치한 안전밸브에는 지면에서 5m 이상의 높이에 방출구가 있는 가스방출관을 설치한다.

17 발화온도와 폭발등급에 의한 위험성을 비교하였을 때 위험도가 가장 큰 것은?

① 부탄 ② 암모니아
③ 아세트알데히드 ④ 메탄

18 액화석유가스는 공기 중의 혼합비율의 용량이 얼마인 상태에서 감지할 수 있도록 냄새가 나는 물질을 섞어 용기에 충전하여야 하는가?

① $\dfrac{1}{10}$ ② $\dfrac{1}{100}$
③ $\dfrac{1}{1,000}$ ④ $\dfrac{1}{10,000}$

19 사람이 사망하기 시작하는 폭발압력은 약 몇 kPa인가?

① 70 ② 700
③ 1,700 ④ 2,700

20 독성 가스를 사용하는 내용적이 몇 L 이상인 수액기 주위에 액상의 가스가 누출된 경우에 대비하여 방류둑을 설치하여야 하는가?

① 1,000
② 2,000
③ 5,000
④ 10,000

21 가스설비의 설치가 완료된 후에 실시하는 내압시험 시 공기를 사용하는 경우 우선 사용압력의 몇 %까지 승압하는가?

① 30
② 40
③ 50
④ 60

22 고압가스용기 파열사고의 원인으로 가장 거리가 먼 것은?

① 용기의 내(耐)압력 부족
② 용기의 재질 불량
③ 용접상의 결함
④ 이상압력 저하

23 제조소에 설치하는 긴급차단장치에 대한 설명으로 옳지 않은 것은?

① 긴급차단장치는 저장탱크 주밸브의 외측에 가능한 한 저장탱크의 가까운 위치에 설치해야 한다.
② 긴급차단장치는 저장탱크 주밸브와 겸용으로 하여 신속하게 차단할 수 있어야 한다.
③ 긴급차단장치의 동력원은 그 구조에 따라 액압, 기압, 전기 또는 스프링 등으로 할 수 있다.
④ 긴급차단장치는 당해 저장탱크 외면으로부터 5m 이상 떨어진 곳에서 조작할 수 있어야 한다.

24 도시가스 배관에 설치하는 전위측정용 터미널의 간격을 옳게 나타낸 것은?

① 희생양극법 : 300m 이내
　외부전원법 : 400m 이내
② 희생양극법 : 300m 이내
　외부전원법 : 500m 이내
③ 희생양극법 : 400m 이내
　외부전원법 : 500m 이내
④ 희생양극법 : 400m 이내
　외부전원법 : 600m 이내

25 LPG 충전·저장·집단공급·판매시설·영업소의 안전성 확인 적용대상 공정이 아닌 것은?

① 지하탱크를 지하에 매설한 후의 공정
② 배관의 지하매설 및 비파괴시험 공정
③ 방호벽 또는 지상형 저장탱크의 기초설치 공정
④ 공정상 부득이하여 안전성 확인 시 실시하는 내압·기밀시험 공정

26 액화석유가스 사용시설에서 소형저장탱크의 저장능력이 몇 kg 이상인 경우에 과압안전장치를 설치하여야 하는가?

① 100　　　　　② 150
③ 200　　　　　④ 250

27 다음 (　) 안에 들어갈 수 있는 경우로 옳지 않은 것은?

> 액화천연가스의 저장설비 및 처리설비는 그 외면으로부터 사업소 경계까지 일정규모 이상의 안전거리를 유지하여야 한다. 이때 사업소 경계가 (　)의 경우에는 이들의 반대편 끝을 경계로 보고 있다.

① 산　　　　　② 호수
③ 하천　　　　④ 바다

28 가연성 가스와 산소의 혼합비가 완전산화에 가까울수록 발화지연은 어떻게 되는가?
① 길어진다.
② 짧아진다.
③ 변함이 없다.
④ 일정치 않다.

29 유독성 가스를 검지하고자 할 때 하리슨 시험지를 사용하는 가스는?
① 염소
② 아세틸렌
③ 황화수소
④ 포스겐

30 0℃, 101,325Pa의 압력에서 건조한 도시가스 $1m^3$당 유해성분인 암모니아는 몇 g을 초과하면 안 되는가?
① 0.02
② 0.2
③ 0.3
④ 0.5

31 암모니아 합성법 중에서 고압합성에 사용되는 방식은?
① 카자레법
② 뉴 파우더법
③ 케미크법
④ 구우데법

32 액화석유가스 이송용 펌프에서 발생하는 이상현상으로 가장 거리가 먼 것은?
① 캐비테이션
② 수격작용
③ 오일포밍
④ 베이퍼록

33 대기개방식 가스보일러가 반드시 갖추어야 하는 것은?
① 과압방지용 안전장치
② 저수위안전장치
③ 공기자동빼기장치
④ 압력팽창탱크

34 2단 감압 조정기의 장점이 아닌 것은?
① 공급압력이 안정하다.
② 배관이 가늘어도 된다.
③ 장치가 간단하다.
④ 각 연소기구에 알맞은 압력으로 공급이 가능하다.

35 재료에 인장과 압축하중을 오랜 시간 반복적으로 작용시키면 그 응력이 인장강도보다 작은 경우에도 파괴되는 현상은?
① 인성파괴
② 피로파괴
③ 취성파괴
④ 크리프파괴

36. LP가스 용기의 재질로서 가장 적당한 것은?

① 주철
② 탄소강
③ 알루미늄
④ 두랄루민

37. 냉동설비 중 흡수식 냉동설비의 냉동능력 정의로 옳은 것은?

① 발생기를 가열하는 24시간의 입열량 6천 640kcal를 1일의 냉동능력 1톤으로 봄
② 발생기를 가열하는 1시간의 입열량 3천 320kcal를 1일의 냉동능력 1톤으로 봄
③ 발생기를 가열하는 1시간의 입열량 6천 640kcal를 1일의 냉동능력 1톤으로 봄
④ 발생기를 가열하는 24시간의 입열량 3천 320kcal를 1일의 냉동능력 1톤으로 봄

38. 다음 각종 온도계에 대한 설명으로 옳은 것은?

① 저항 온도계는 이종금속 2종류의 양단을 용접 또는 납붙임으로 양단의 온도가 다를 때 발생하는 열기전력의 변화를 측정하여 온도를 구한다.
② 유리제 온도계의 봉입액으로 수은을 쓴 것은 −30∼350℃ 정도의 범위에서 사용된다.
③ 온도계의 온도검출부는 열용량이 크면 좋다.
④ 바이메탈식 온도계는 온도에 따른 전기적 변화를 이용한 온도계이다.

39. 가스액화분리장치의 구성 3요소가 아닌 것은?

① 한냉발생장치
② 정류장치
③ 불순물 제거장치
④ 유회수장치

40. 액주식 압력계에 사용되는 액체의 구비조건으로 틀린 것은?

① 화학적으로 안정되어야 한다.
② 모세관 현상이 없어야 한다.
③ 점도와 팽창계수가 작아야 한다.
④ 온도변화에 의한 밀도변화가 커야 한다.

41 다음 중 왕복식 펌프에 해당하지 않는 것은?

① 플런저 펌프 ② 피스톤 펌프
③ 다이어프램 펌프 ④ 기어 펌프

42 내용적 50L의 용기에 수압 30kgf/cm² 를 가해 내압시험을 하였다. 이 경우 30kgf/cm² 의 수압을 걸었을 때 용기의 용적이 50.5L로 늘어났고 압력을 제거하여 대기압으로 하니 용기용적은 50.025L로 되었다. 항구증가율은 얼마인가?

① 0.3% ② 0.5%
③ 3% ④ 5%

43 공기액화분리장치의 내부 세정액으로 가장 적당한 것은?

① 가성소다 ② 사염화탄소
③ 물 ④ 묽은 염산

44 다음 중 방폭구조의 표시방법으로 잘못된 것은?

① 안전증방폭구조 : e
② 본질안전방폭구조 : b
③ 유입방폭구조 : o
④ 내압방폭구조 : d

45 유체가 5m/s의 속도로 흐를 때 이 유체의 속도수두는 약 몇 m인가?(단, 중력가속도는 9.8m/s²이다.)

① 0.98 ② 1.28
③ 12.2 ④ 14.1

46 다음 중 염소의 용도로 적합하지 않은 것은?
① 소독용으로 쓰인다.
② 염화비닐 제조의 원료이다.
③ 표백제로 쓰인다.
④ 냉매로 사용된다.

47 아세틸렌 충전 시 첨가하는 다공질물질의 구비조건이 아닌 것은?
① 화학적으로 안정할 것
② 기계적인 강도가 클 것
③ 가스의 충전이 쉬울 것
④ 다공도가 작을 것

48 냄새가 나는 물질(부취제)의 구비조건이 아닌 것은?
① 독성이 없을 것
② 저농도에서도 냄새를 알 수 있을 것
③ 완전연소하고 연소 후에는 유해물질을 남기지 말 것
④ 일상생활의 냄새와 구분되지 않을 것

49 염화메탄의 특징에 대한 설명으로 틀린 것은?
① 무취이다.
② 공기보다 무겁다.
③ 수분 존재 시 금속과 반응한다.
④ 유독한 가스이다.

50 압력에 대한 설명으로 옳은 것은?
① 표준대기압이란 0°C에서 수은주 760mmHg에 해당하는 압력을 말한다.
② 진공압력이란 대기압보다 낮은 압력으로 대기압력과 절대압력을 합한 것이다.
③ 용기 내벽에 가해지는 기체의 압력을 게이지압력이라 하며, 대기압과 압력계에 나타난 압력을 합한 것이다.
④ 절대압력이란 표준대기압 상태를 0으로 기준하여 측정한 압력을 말한다.

51 화씨 86°F는 절대온도로 몇 K인가?

① 233 ② 303
③ 490 ④ 522

52 산소의 성질에 대한 설명으로 틀린 것은?

① 자신은 연소하지 않고 연소를 돕는 가스이다.
② 물에 잘 녹으며 백금과 화합하여 산화물을 만든다.
③ 화학적으로 활성이 강하여 다른 원소와 반응하여 산화물을 만든다.
④ 무색, 무취의 기체이다.

53 이상기체에 대한 설명으로 옳은 것은?

① 일정온도에서 기체부피는 압력에 비례한다.
② 일정압력에서 부피는 온도에 반비례한다.
③ 일정부피에서 압력은 온도에 반비례한다.
④ 보일-샤를의 법칙을 따르는 기체를 말한다.

54 다음 중 불연성 가스는?

① 수소 ② 헬륨
③ 아세틸렌 ④ 히드라진

55 산소가스가 27°C에서 130kgf/cm²의 압력으로 50kg이 충전되어 있다. 이때 부피는 몇 m³인가?(단, 산소의 정수는 26.5kgf·m/kg·K이다.)

① 0.25 ② 0.28
③ 0.30 ④ 0.43

56 프로판의 착화온도는 약 몇 ℃ 정도인가?

① 460~520 ② 550~590
③ 600~660 ④ 680~740

57 다음 중 가장 낮은 압력은?

① 1bar ② 0.99atm
③ 28.56inHg ④ 10.3mH2O

58 "가연성 가스"라 함은 폭발한계의 상한과 하한의 차가 몇 % 이상인 것을 말하는가?

① 5 ② 10
③ 15 ④ 20

59 "어떠한 방법으로라도 어떤 계를 절대온도 0도에 이르게 할 수 없다."는 열역학 제 몇 법칙인가?

① 열역학 제0법칙 ② 열역학 제1법칙
③ 열역학 제2법칙 ④ 열역학 제3법칙

60 염소가스의 건조제로 사용되는 것은?

① 진한 황산 ② 염화칼슘
③ 활성 알루미나 ④ 진한 염산

CBT 정답 및 해설

01	02	03	04	05	06	07	08	09	10
③	④	②	②	②	③	①	①	③	④
11	12	13	14	15	16	17	18	19	20
③	④	①	②	②	②	③	③	②	④
21	22	23	24	25	26	27	28	29	30
③	④	②	②	①	④	①	②	④	②
31	32	33	34	35	36	37	38	39	40
①	③	②	③	②	②	③	②	④	④
41	42	43	44	45	46	47	48	49	50
④	④	②	②	②	④	④	④	①	①
51	52	53	54	55	56	57	58	59	60
②	②	④	②	③	①	③	④	④	①

01 정답 | ③
풀이 | 도시가스 사용시설의 호스길이 → 연소기까지는 3m 이내로

02 정답 | ④
풀이 | 충전용기와 잔가스용기는 서로 따로 저장하여야 한다.

03 정답 | ②
풀이 | 하천의 도시가스 배관 매설 시 배관의 보호조치를 한 경우는 1.2m 이상의 깊이가 필요하다.

04 정답 | ②
풀이 | $W = \dfrac{V_2}{C}$ (kg)

05 정답 | ②
풀이 | 가연성 물질이 연소 시 산소농도가 증가하면 연소속도는 빨라지고 발화온도는 낮아진다.

06 정답 | ③
풀이 | 탄화수소 가스에서 탄소(C)수가 증가하면 비등점이 높아진다.

07 정답 | ①
풀이 | LPG 사용 시는 가스무게가 공기보다 무거워서 가스누출경보장치 검지부 설치높이는 지면 바닥에서 30cm 이내로 한다.

08 정답 | ①
풀이 | 분자량이 공기의 29보다 크면 바닥에 체류한다.(프로판 44, 염소 71, 포스겐 99)

09 정답 | ③
풀이 | 외기에 동서남북으로 개방된 가스사용시설은 가스누출 차단기를 설치하여도 효과가 미미하다.

10 정답 | ④
풀이 | ① 위험과 운전분석 : HAZOP
② 결함수 분석 : FTA
③ 사건수 분석 : ETA
④ 원인결과 분석 : CCA

11 정답 | ③
풀이 | ① 암모니아
- 연소범위 : 15~28%
- 독성농도 : 25ppm

② 산화에틸렌
- 연소범위 : 3~80%
- 독성범위 : 50ppm

12 정답 | ④
풀이 | 아세틸렌 희석제
질소, 메탄, CO, 에틸렌, 탄산가스 등

13 정답 | ①
풀이 | 질소는 불연성 무독성 가스이므로 방류둑 설치에서 제외된다.

14 정답 | ②
풀이 | ① 수소폭명기 : $2H_2 + O_2 \rightarrow 2H_2O + 136.6$kcal
② 염소폭명기 : $Cl_2 + H_2 \rightarrow 2HCl + 44$kcal
※ 촉매는 직사광선이다.

15 정답 | ②
풀이 | 0.3m 이상
A배관 ←――――→ B배관

16 정답 | ②
풀이 | 콘크리트 두께 : 30cm 이상

17 정답 | ③
풀이 | ① 부탄 : G_2
② 아세트알데히드 : G_4
③ 암모니아 : G_1
④ 메탄 : G_1
⑤ 이황화탄소 : G_5

CBT 정답 및 해설

18 정답 | ③
풀이 | 부취제 혼합비율 : $\frac{1}{1,000}$

19 정답 | ②
풀이 | ① $700kPa = 7.1428kgf/cm^2$
② $1kgf/cm^2 = 98kPa$
③ $1atm = 102kPa$

20 정답 | ④
풀이 | 독성 가스 수액기 용량이 $10,000l$ 이상이면 방류둑이 필요하다.

21 정답 | ③
풀이 | 가스설비 내압시험원 유체가 공기이면 우선 상용압력의 50%까지 승압시킨다.

22 정답 | ④
풀이 | 이상압력이 저하되면 파열사고는 방지된다.

23 정답 | ②
풀이 | 긴급차단장치와 주밸브는 겸용이 불가하다.

24 정답 | ②
풀이 | 전위측정용 터미널 간격
① 희생양극법 : 300m 이내
② 외부전원법 : 500m 이내

25 정답 | ①
풀이 | ① LPG가스 안전성 확인 적용대상 공정은 "②, ③, ④"항의 공정이 필요하다.
② 지하탱크는 지하에 매설하기 전 안전성 확인 공정이 필요하다.

26 정답 | ④
풀이 | 저장능력 250kg 이상의 LPG는 과압안전장치가 필요하다.

27 정답 | ①
풀이 | 사업소경계가 호수, 하천, 바다일 경우 → 사업소 경계가 반대편 끝이 된다.

28 정답 | ②
풀이 | 가연성 가스와 산소의 혼합비가 완전산화에 가까울수록 발화지연은 짧아진다.

29 정답 | ④
풀이 | ① 염소 : KI 전분지
② 아세틸렌 : 염화제1동 착염지
③ 황화수소 : 초산납 시험지(연당지)

30 정답 | ②
풀이 | ① 황전량 : 0.5g
② 황화수소 : 0.02g
③ 암모니아 : 0.2g

31 정답 | ①
풀이 | ① 고압법(60~100MPa) : 클로우드법, 카자레법
② 중압합성법(30MPa) : 케미크법, 뉴 파우더법
③ 저압합성법(15MPa) : 구우데법, 케로그법

32 정답 | ③
풀이 | 오일포밍 현상은 압축기 이송설비에서 발생

33 정답 | ②
풀이 | 대기개방식 가스보일러는 운전 중 저수위 안전장치가 반드시 필요하다.

34 정답 | ③
풀이 | 2단 감압 조정기는 장치가 복잡하다.

35 정답 | ②
풀이 | 피로파괴
재료에 인장, 압축하중을 오랜 시간 반복하면 파괴되는 현상

36 정답 | ②
풀이 | LP가스 용기 재료
탄소강

37 정답 | ③
풀이 | 흡수식 냉동기 1RT : 6,640kcal/hr

38 정답 | ②
풀이 | ① 열전대온도계 : 열기전력 이용
② 전기저항식 온도계 : 저항변화 이용
③ 유리제 온도계 : -30~350℃ 범위

39 정답 | ④
풀이 | 가스액화 분리장치 구성
① 한냉발생장치
② 정류장치
③ 불순물 제거장치

40 정답 | ④
풀이 | 액주식 압력계는 온도변화 시 밀도변화가 작아야 한다.

41 정답 | ④
풀이 | 기어펌프
회전식 펌프

42 정답 | ④
풀이 | $50.5 - 50 = 0.5L$
$50.025 - 50 = 0.025L$
$\therefore \frac{0.025}{0.5} \times 100 = 5\%$

43 정답 | ②
풀이 | 내부세정액
사염화탄소

44 정답 | ②
풀이 | 본질안전증방폭구조
ia 또는 ib

45 정답 | ②
풀이 | $\gamma = k\sqrt{2gh}$
$5 = \sqrt{2 \times 9.8 \times h}$
$\therefore h = \frac{5^2}{2 \times 9.8} = 1.2755m$

46 정답 | ④
풀이 | 염소는 맹독성 가스이며 잠열이 적어서 냉매사용은 금물이다.

47 정답 | ④
풀이 | 다공물질은 다공도가 클 것

48 정답 | ④
풀이 | 부취제는 일상생활의 냄새와 확실하게 구분이 되어야 된다.

49 정답 | ①
풀이 | 염화메틸(CH_3Cl)
① 에테르 냄새가 나며 허용농도가 100ppm인 독성가스
② 염소범위는 8.32%~18.7%

50 정답 | ①
풀이 | ① 절대압력 = 게이지압력 + 대기압
② 대기압을 0으로 본 상태의 압력은 게이지 압력이다.

51 정답 | ②
풀이 | $℃ = \frac{5}{9} \times (°F - 32) = \frac{5}{9} \times (86 - 32) = 30℃$
$K = ℃ + 273 = 30 + 273 = 303K$

52 정답 | ②
풀이 | 산소는 물에 약간 녹으며 액체산소는 담청색을 띤다.
(액비중은 1.14kg/L)

53 정답 | ④
풀이 | 이상기체
보일-샤를의 법칙을 따르는 기체이다.

54 정답 | ②
풀이 | 헬륨(희가스)
① 분자량 4
② 비점 -268.9℃
③ 발광색(황백색)
④ 불연성 가스

55 정답 | ③
풀이 | $PV = GRT$, $V = \frac{GRT}{P}$
$\therefore V = \frac{50 \times 26.5 \times (27 + 273)}{130 \times 10^4} = 0.305m^3$

56 정답 | ①
풀이 | 프로판의 착화온도
460~520℃

57 정답 | ③
풀이 | ① 1bar : 1.01kgf/cm²
② 28.56inHg : 1kgf/cm²

CBT 정답 및 해설

58 정답 | ④
풀이 | 가연성 가스
① 폭발범위 하한치가 10% 이하
② 상한치-하한치=20% 이상

59 정답 | ④
풀이 | 열역학 제3법칙
절대온도 0도(273K)에 이르게 할 수 없다는 법칙이다.

60 정답 | ①
풀이 | 염소가스 건조제
진한 황산

03회 CBT 실전모의고사

01 의료용 가스용기의 도색 구분 표시로 틀린 것은?
① 산소 – 백색
② 질소 – 청색
③ 헬륨 – 갈색
④ 에틸렌 – 자색

02 고압가스 제조장치의 취급에 대한 설명으로 틀린 것은?
① 안전밸브는 천천히 작동하게 한다.
② 압력계의 밸브는 천천히 연다.
③ 액화가스를 탱크에 처음 충전할 때 천천히 충전한다.
④ 제조장치의 압력을 상승시킬 때 천천히 상승시킨다.

03 특정고압가스사용시설 중 고압가스의 저장량이 몇 kg 이상인 용기 보관실의 벽을 방호벽으로 설치하여야 하는가?
① 100
② 200
③ 300
④ 500

04 지상에 설치하는 액화석유가스 저장탱크의 외면에는 그 주위에서 보기 쉽도록 가스의 명칭을 표시해야 하는데 무슨 색으로 표시하여야 하는가?
① 은백색
② 황색
③ 흑색
④ 적색

05 도시가스 공급배관을 차량이 통행하는 폭 8m 이상인 도로에 매설할 때의 깊이는 몇 m 이상으로 하여야 하는가?
① 1.0
② 1.2
③ 1.5
④ 2.0

06 다음 중 독성 가스가 아닌 것은?
① 아크릴로니트릴   ② 벤젠
③ 암모니아   ④ 펜탄

07 프로판의 표준상태에서의 이론적인 밀도는 몇 kg/m³인가?
① 1.52   ② 1.96
③ 2.96   ④ 3.52

08 차량에 고정된 탱크 중 독성 가스는 내용적을 얼마 이하로 하여야 하는가?
① 12,000L   ② 15,000L
③ 16,000L   ④ 18,000L

09 도시가스 배관의 해저설치 시의 기준으로 틀린 것은?
① 배관은 원칙적으로 다른 배관과 교차하지 아니하도록 한다.
② 배관의 입상부에는 방호 시설물을 설치한다.
③ 배관은 해저면 위에 설치한다.
④ 배관은 원칙적으로 다른 배관과 30m 이상의 수평거리를 유지한다.

10 20kg LPG 용기의 내용적은 몇 L인가?(단, 충전상수 C는 2.35이다.)
① 8.51   ② 20
③ 42.3   ④ 47

11 사업소 내에서 긴급사태 발생 시 필요한 연락을 하기 위해 안전관리자가 상주하는 사업소와 현장 사업소 간에 설치하는 통신설비가 아닌 것은?
① 구내전화
② 인터폰
③ 페이징설비
④ 메가폰

12 독성 가스를 운반하는 차량에 반드시 갖추어야 할 용구나 물품에 해당되지 않는 것은?
① 방독면
② 제독제
③ 고무장갑
④ 소화장비

13 아세틸렌가스 충전 시 첨가하는 희석제가 아닌 것은?
① 메탄
② 일산화탄소
③ 에틸렌
④ 이산화황

14 가연성 가스 제조시설의 고압가스설비는 그 외면으로부터 산소 제조시설의 고압가스 설비와 몇 m 이상의 거리를 유지하여야 하는가?
① 5
② 8
③ 10
④ 15

15 고압가스특정제조사업소의 고압가스설비 중 특수반응설비와 긴급차단장치를 설치한 고압가스설비에서 이상사태가 발생하였을 때 그 설비 내의 내용물을 설비 밖으로 긴급하고 안전하게 이송하여 연소시키기 위한 것은?
① 내부반응감시장치
② 벤트스택
③ 인터록
④ 플레어스택

16 암모니아를 사용하는 냉동장치의 시운전에 사용할 수 없는 가스는?
① 질소
② 산소
③ 아르곤
④ 이산화탄소

17 방류둑의 성토는 수평에 대하여 몇 도 이하의 기울기로 하여야 하는가?
① 15
② 30
③ 45
④ 60

18 저장탱크에 설치한 안전밸브에는 지면에서 몇 m 이상의 높이에 방출구가 있는 가스방출관을 설치하여야 하는가?
① 2
② 3
③ 5
④ 10

19 도시가스배관의 전기방식 전류가 흐르는 상태에서 자연전위와의 전위변화는 최소한 몇 mV 이하이어야 하는가?(단, 다른 금속과 접촉하는 배관은 제외한다.)
① −100
② −200
③ −300
④ −500

20 독성 가스 배관은 2중관 구조로 하여야 한다. 이때 외층관 내경은 내층관 외경의 몇 배 이상을 표준으로 하는가?
① 1.2
② 1.5
③ 2
④ 2.5

21 액화석유가스 저장시설의 액면계 설치기준으로 틀린 것은?
① 액면계는 평형반사식 유리액면계 및 평형투시식 유리액면계를 사용할 수 있다.
② 유리액면계에 사용되는 유리는 KS B 6208(보일러용 수면계유리) 중 기호 B 또는 P의 것 또는 이와 동등 이상이어야 한다.
③ 유리를 사용한 액면계에는 액면의 확인을 명확하게 하기 위하여 덮개 등을 하지 않는다.
④ 액면계 상하에는 수동식 및 자동식 스톱밸브를 각각 설치한다.

22 가스누출경보기의 검지부를 설치할 수 있는 장소는?
① 증기, 물방울, 기름기 섞인 연기 등이 직접 접촉될 우려가 있는 곳
② 주위온도 또는 복사열에 의한 온도가 섭씨 40℃ 미만이 되는 곳
③ 설비 등에 가려져 누출가스의 유동이 원활하지 못한 곳
④ 차량, 그 밖의 작업 등으로 인하여 경보기가 파손될 우려가 있는 곳

23 고압가스판매 허가를 득하여 사업을 하려는 경우 각각의 용기보관실 면적은 몇 m^2 이상이어야 하는가?
① 7   ② 10
③ 12   ④ 15

24 용기보관장소의 충전용기 보관기준으로 틀린 것은?
① 충전용기와 잔가스용기는 서로 넘어지지 않게 단단히 결속하여 놓는다.
② 가연성·독성 및 산소용기는 각각 구분하여 용기보관장소에 놓는다.
③ 용기는 항상 40℃ 이하의 온도를 유지하고, 직사광선을 받지 않게 한다.
④ 작업에 필요한 물건(계량기 등) 이외에는 두지 않는다.

25 고압가스의 인허가 및 검사의 기준이 되는 "처리능력"을 산정함에 있어 기준이 되는 온도 및 압력은?
① 온도 : 섭씨 15도, 게이지압력 : 0파스칼
② 온도 : 섭씨 15도, 게이지압력 : 1파스칼
③ 온도 : 섭씨 0도, 게이지압력 : 0파스칼
④ 온도 : 섭씨 0도, 게이지압력 : 1파스칼

26. 방폭지역이 0종인 장소에는 원칙적으로 어떤 방폭구조의 것을 사용하여야 하는가?
   ① 내압방폭구조
   ② 압력방폭구조
   ③ 본질안전방폭구조
   ④ 안전증방폭구조

27. 가스의 종류를 가연성에 따라 구분한 것이 아닌 것은?
   ① 가연성 가스
   ② 조연성 가스
   ③ 불연성 가스
   ④ 압축가스

28. 2005년 2월에 제조되어 신규검사를 득한 LPG 20kg용 용접용기(내용적 47L)의 최초의 재검사년월은?
   ① 2007년 2월
   ② 2008년 2월
   ③ 2009년 2월
   ④ 2010년 2월

29. 고압가스특정제조시설에서 안전구역을 설정하기 위한 연소열량의 계산공식을 옳게 나타낸 것은?(단, Q는 연소열량, W는 저장설비 또는 처리설비에 따라 정한 수치, K는 가스의 종류 및 상용온도에 따라 정한 수치이다.)
   ① $Q = K + W$
   ② $Q = \dfrac{W}{K}$
   ③ $Q = \dfrac{K}{W}$
   ④ $Q = K \times W$

30. 액화질소 35톤을 저장하려고 할 때 사업소 밖의 제1종 보호시설과 유지하여야 하는 안전거리는 최소 몇 m인가?
   ① 8
   ② 9
   ③ 11
   ④ 13

31 실린더 중에 피스톤과 보조 피스톤이 있고, 상부에 팽창기, 하부에 압축기로 구성되어 있으며, 수소, 헬륨을 냉매로 하는 것이 특징인 공기액화장치는?

① 카르노식 액화장치
② 필립스식 액화장치
③ 린데식 액화장치
④ 클라우드식 액화장치

32 로터리 압축기에 대한 설명으로 틀린 것은?

① 왕복식 압축기에 비해 부품수가 적고 구조가 간단하다.
② 압축이 단속적이므로 저진공에 적합하다.
③ 기름윤활방식으로 소용량이다.
④ 구조상 흡입기체에 기름이 혼입되기 쉽다.

33 다음 가스분석법 중 흡수분석법에 해당하지 않는 것은?

① 헴펠법
② 산화동법
③ 오르사트법
④ 게겔법

34 LP가스용 용기밸브의 몸통에 사용되는 재료로 가장 적당한 것은?

① 단조용 황동
② 단조용 강재
③ 절삭용 주물
④ 인발용 구리

35 초저온 저장탱크의 측정에 많이 사용되며 차압에 의해 액면을 측정하는 액면계는?

① 햄프슨식 액면계
② 전지저항식 액면계
③ 초음파식 액면계
④ 클링커식 액면계

36 도시가스에서 사용하는 부취제의 종류가 아닌 것은?
① THT
② TBM
③ MMA
④ DMS

37 가스 충전구에 따른 분류 중 가스 충전구에 나사가 없는 것은 무슨 형으로 표시하는가?
① A
② B
③ C
④ D

38 스크루 펌프는 어느 형식의 펌프에 해당하는가?
① 축류식
② 원심식
③ 회전식
④ 왕복식

39 유체 중에 인위적인 소용돌이를 일으켜 와류의 발생수, 즉 주파수가 유속에 비례한다는 사실을 응용하여 유량을 측정하는 유량계는?
① 볼텍스 유량계
② 전자 유량계
③ 초음파 유량계
④ 임펠러 유량계

40 배관 속을 흐르는 액체의 속도를 급격히 변화시키면 물이 관벽을 치는 현상이 일어나는데 이런 현상을 무엇이라 하는가?
① 캐비테이션 현상
② 워터해머링 현상
③ 서징 현상
④ 맥동 현상

41 포화황산동 기준전극으로 매설 배관의 방식전위를 측정하는 경우 몇 V 이하이어야 하는가?

① −0.75V ② −0.85V
③ −0.95V ④ −2.5V

42 LP가스 자동차충전소에서 사용하는 디스펜서(Dispenser)에 대하여 옳게 설명한 것은?

① LP가스 충전소에서 용기에 일정량의 LP가스를 충전하는 충전기기이다.
② LP가스 충전소에서 용기에 충전하는 가스용적을 계량하는 기기이다.
③ 압축기를 이용하여 탱크로리에서 저장탱크로 LP가스를 이송하는 장치이다.
④ 펌프를 이용하여 LP가스를 저장탱크로 이송할 때 사용하는 안전장치이다.

43 도시가스의 총발열량이 10,400kcal/m^3, 공기에 대한 비중이 0.55일 때 웨베지수는 얼마인가?

① 11,023 ② 12,023
③ 13,023 ④ 14,023

44 상용압력이 10MPa인 고압가스설비에 압력계를 설치하려고 한다. 압력계의 최고 눈금 범위는?

① 11~15MPa ② 15~20MPa
③ 18~20MPa ④ 20~25MPa

45 가스히트펌프(GHP)는 다음 중 어떤 분야로 분류되는가?

① 냉동기 ② 특정설비
③ 가스용품 ④ 용기

46 다음 중 1atm을 환산한 값으로 틀린 것은?
  ① 14.7psi
  ② 760mHg
  ③ 10.332mH$_2$O
  ④ 1.013kgf/m^2

47 다음 중 탄소와 수소의 중량비(C/H)가 가장 큰 것은?
  ① 에탄
  ② 프로필렌
  ③ 프로판
  ④ 메탄

48 액체는 무색 투명하고, 특유의 복숭아향을 가진 맹독성 가스는?
  ① 일산화탄소
  ② 포스겐
  ③ 시안화수소
  ④ 메탄

49 공기 중에 10vol% 존재 시 폭발의 위험성이 없는 가스는?
  ① CH$_3$Br
  ② C$_2$H$_6$
  ③ C$_2$H$_4$O
  ④ H$_2$S

50 단위 넓이에 수직으로 작용하는 힘을 무엇이라고 하는가?
  ① 압력
  ② 비중
  ③ 일률
  ④ 에너지

51 완전진공을 0으로 하여 측정한 압력을 의미하는 것은?
  ① 절대압력
  ② 게이지압력
  ③ 표준대기압
  ④ 진공압력

52 액비중에 대한 설명으로 옳은 것은?

① 4℃ 물의 밀도와의 비를 말한다.
② 0℃ 물의 밀도와의 비를 말한다.
③ 절대 영도에서 물의 밀도와의 비를 말한다.
④ 어떤 물질이 끓기 시작한 온도에서의 질량을 말한다.

53 다음 중 공기 중에서 가장 무거운 가스는?

① C_4H_{10}
② SO_2
③ C_2H_4O
④ $COCl_2$

54 질소가스의 특징에 대한 설명으로 틀린 것은?

① 암모니아 합성원료이다.
② 공기의 주성분이다.
③ 방전용으로 사용된다.
④ 산화방지제로 사용된다.

55 고압가스의 일반적 성질에 대한 설명으로 옳은 것은?

① 암모니아는 동을 부식하고 고온고압에서는 강재를 침식한다.
② 질소는 안정한 가스로서 불활성 가스라고도 하고 고온에서도 금속과 화합하지 않는다.
③ 산소는 액체공기를 분류하여 제조하는 반응성이 강한 가스로 자신은 잘 연소한다.
④ 염소는 반응성이 강한 가스로 강재에 대하여 상온에서도 건조한 상태로 현저히 부식성을 갖는다.

56 도시가스의 주원료인 메탄(CH_4)의 비점은 약 얼마인가?

① $-50℃$
② $-82℃$
③ $-120℃$
④ $-162℃$

57 500kcal/h의 열량을 일(kgf·m/s)로 환산하면 얼마가 되겠는가?
① 59.3
② 500
③ 4,215.5
④ 213,500

58 0℃, 1atm에서 5L인 기체가 273℃, 1atm에서 차지하는 부피는 약 몇 L인가? (단, 이상기체로 가정한다.)
① 2
② 5
③ 8
④ 10

59 수소 20v%, 메탄 50v%, 에탄 30v% 조성의 혼합가스가 공기와 혼합된 경우 폭발하한계의 값은?(단, 폭발하한계값은, 각각 수소는 4v%, 메탄은 5v%, 에탄은 3v%이다.)
① 3
② 4
③ 5
④ 6

60 산소의 농도를 높임에 따라 일반적으로 감소하는 것은?
① 연소속도
② 폭발범위
③ 화염속도
④ 점화에너지

CBT 정답 및 해설

01	02	03	04	05	06	07	08	09	10
②	①	③	④	②	④	②	①	③	④
11	12	13	14	15	16	17	18	19	20
④	④	④	③	④	②	③	③	③	①
21	22	23	24	25	26	27	28	29	30
③	②	②	①	③	③	④	③	④	④
31	32	33	34	35	36	37	38	39	40
②	②	②	①	①	③	③	③	①	②
41	42	43	44	45	46	47	48	49	50
②	①	④	②	①	④	②	③	①	①
51	52	53	54	55	56	57	58	59	60
①	①	④	③	①	④	①	④	②	④

01 정답 | ②
풀이 | 의료용 질소가스 용기도색 : 흑색

02 정답 | ①
풀이 | 안전밸브는 설정압력 초과시 신속하게 작동하여 파열을 방지한다.

03 정답 | ③
풀이 | 고압가스 저장량 300kg 이상의 용기보관실 벽은 방호벽이 필요하다.(압축가스의 경우에는 $1m^3$를 5kg으로 본다.)

04 정답 | ④
풀이 | 액화석유가스 저장탱크 외면의 가스명칭 색 적색

05 정답 | ②
풀이 | 도시가스 공급배관 매설깊이
① 차량 통행 폭 8m 이상 도로 : 지하매설배관깊이 1.2m 이상(저압은 1m 이상)
② 공동주택부지 내 : 0.6m 이상
③ ①, ② 외에는 1m 이상(저압은 0.8m 이상)

06 정답 | ④
풀이 | 펜탄
석유류 제품

07 정답 | ②
풀이 | C_3H_8 $22.4m^3 = 44kg$
∴ $\frac{44}{22.4} = 1.96 kg/m^3$

08 정답 | ①
풀이 | 자동차 고정탱크 독성 가스 내용적 12,000L 이하

09 정답 | ③
풀이 | 해저설치 시 도시가스 배관은 해저면 밑에 설치한다.

10 정답 | ④
풀이 | $20 = \frac{x}{2.35}$, $x = 20 \times 2.35 = 47L$

11 정답 | ④
풀이 | 메가폰
사업소 내 전체에 설치한다.

12 정답 | ④
풀이 | 소화장비
가연성 가스의 소화물품

13 정답 | ④
풀이 | 희석제
메탄, CO, 에틸렌, N_2, CO_2 등

14 정답 | ③
풀이 | 가연성 가스 고압가스설비는 그 외면으로부터 산소 제조시설의 고압가스설비와 10m 이상 이격거리 유지

15 정답 | ④
풀이 | 플레어스택
이상사태 발생시 그 설비 내의 내용물을 설비 밖으로 긴급히 안전하게 이송하여 연소시킨다.

16 정답 | ②
풀이 | 암모니아는 가연성 가스이므로 조연성 가스인 산소를 시운전하는 것은 금물이다.

17 정답 | ③
풀이 | 방류둑의 성토는 수평에 대하여 45도 이하의 기울기로 한다.

18 정답 | ③
풀이 | 안전밸브 방출구는 지면에서 5m 이상 높이에 설치한다.

19 정답 | ③
풀이 | 자연전위와의 전위변화는 최소한 −300mV 이하이어야 한다.

20 정답 | ①
풀이 | 독성 가스 이중관

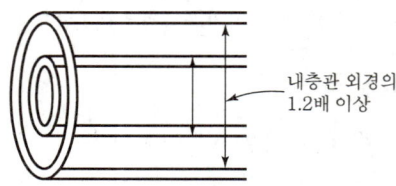
내층관 외경의 1.2배 이상

21 정답 | ③
풀이 | 유리액면계는 액면확인을 필요한 최소 면적 이외의 부분은 금속제 등의 덮개로 보호하여 그 파손을 방지한다.

22 정답 | ②
풀이 | 가스누출경보기 검지부 설치장소는 주위온도 또는 복사열에 의한 온도가 40℃ 미만이 되는 곳에 설치한다.

23 정답 | ②
풀이 | 고압가스판매 용기보관실 면적은 $10m^2$ 이상

24 정답 | ①
풀이 | 충전용기와 잔가스용기는 별도로 설치한다.

25 정답 | ③
풀이 | 고압가스 기준온도 기준압력
0℃, 게이지압력 0Pa

26 정답 | ③
풀이 | 0종 장소
상용의 상태에서 가연성 가스의 농도가 연속해서 폭발한계 이상으로 되는 장소에서 방폭구조는 본질안전방폭구조로 한다.

27 정답 | ④
풀이 | 가연성 구분
① 가연성
② 조연성
③ 불연성

28 정답 | ③
풀이 | 용접용기 500L 미만 재검사 주기는 3년마다.

29 정답 | ④
풀이 | 안전구역 연소열량 계산공식
연소열량$(Q) = K \times W$

30 정답 | ④
풀이 | 35톤 액화질소=35,000kg이므로 처리능력 3만 초과~4만 이하에서
① 제1종 보호시설안전거리 : 13m
② 제2종 보호시설안전거리 : 9m

31 정답 | ②
풀이 | 필립스식 액화장치 냉매
수소, 헬륨

32 정답 | ②
풀이 | 회전식 압축기(로터사용 로터리 압축기)는 압축이 연속적이고 고진공을 얻기 쉽다.

33 정답 | ②
풀이 | 수소가스분석법에 산화동법에 의한 연소법이 사용된다.

34 정답 | ①
풀이 | LP가스용 용기밸브 몸통
단조용 황동

35 정답 | ①
풀이 | 햄프슨식 액면계
초저온 저장탱크 측정용으로서 차압에 의한 측정액면계이다.

36 정답 | ③
풀이 | 부취제 종류
① THT
② TBM
③ DMS

37 정답 | ③
풀이 | A : 충전구 나사가 숫나사
B : 충전구 나사가 암나사
C : 충전구 나사가 없는 것

CBT 정답 및 해설

38 정답 | ③
풀이 | 스크루 펌프(나사펌프)
회전식 펌프

39 정답 | ①
풀이 | 와류식 유량계
① 델타 유량계
② 스와르메타 유량계
③ 카르만 유량계
④ 볼텍스 유량계

40 정답 | ②
풀이 | 워터해머링(수격작용)
배관 내 액체의 속도를 급격히 변화시킬 때 일어나는 현상

41 정답 | ②
풀이 | 포화황산동 기준전극으로 매설배관의 방식전위 측정 시 $-0.85V$ 이하이어야 한다.

42 정답 | ①
풀이 | LP가스 디스펜서
LP가스 분배기(일정량의 충전기)

43 정답 | ④
풀이 | $WI = \dfrac{H_g}{\sqrt{d}} = \dfrac{10,400}{\sqrt{0.55}} = 14,023$

44 정답 | ②
풀이 | 압력계는 1.5배 이상~2배 이하
10MPa=15~20MPa용이 필요하다.

45 정답 | ①
풀이 | 가스용 히트펌프
냉동기 분야에 포함된다.

46 정답 | ④
풀이 | 1atm(표준대기압)=$1.0332kgf/m^2$

47 정답 | ②
풀이 | C/H(탄화수소비)가 큰 경우 C가 많다.
에탄(C_2H_4), 프로필렌(C_3H_6), 프로판(C_3H_8), 메탄(CH_4)

48 정답 | ③
풀이 | HCl(시안화수소)
복숭아향을 가진 맹독성 가스

49 정답 | ①
풀이 | 브롬화메탄(CH_3Br)가스의 폭발범위
① 폭발범위 : 13.5~14.5%
② 독성허용농도 : 20ppm

50 정답 | ①
풀이 |

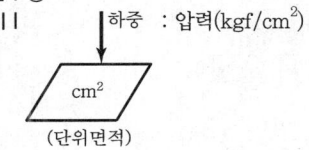

51 정답 | ①
풀이 | 절대압력 : 완전진공을 0으로 측정한 압력
게이지압력 : 대기압을 0으로 측정한 압력

52 정답 | ①
풀이 | 액비중 측정은 4℃의 물의 밀도와의 비(비중은 단위가 없다.)

53 정답 | ④
풀이 | • 부탄(C_4H_{10}) 분자량 : 58(비중 2)
• 아황산(SO_2) 분자량 : 64(비중 2.21)
• 산화에틸렌(C_2H_4O) : 44(비중 1.52)
• 포스겐($COCl_2$) : 98(비중 3.38)

54 정답 | ③
풀이 | 방전관에 넣은 가스는 휘가스(불활성 가스)
He, Ne, Ar, Kr, Xe, Rn 가스

55 정답 | ①
풀이 | 암모니아가스는 구리, 아연, 은, 알루미늄, 코발트 등으로 금속이온과 반응하여 착이온을 만든다.(탄소강을 사용한다.)

56 정답 | ④
풀이 | CH4 비점
$-162℃$

57 정답 | ①
풀이 | 1kcal=427kg · m, 500kcal
=213,500kg · m/h
∴ $\frac{213,500}{60분 \times 60초} = 59.3$kg · m/s

58 정답 | ④
풀이 | $V_2 = V_1 \times \frac{T_2}{T_1} = 5 \times \frac{273+273}{273} = 10$L

59 정답 | ②
풀이 | $\frac{100}{L} = \frac{100}{\frac{20}{4} + \frac{50}{5} + \frac{30}{3}}$
$= \frac{100}{5+10+10} = 4\%$

60 정답 | ④
풀이 | 산소농도가 높아지면 가연성 가스의 점화에너지가 감소한다.

01 가스의 폭발범위에 영향을 주는 인자로서 가장 거리가 먼 것은?
① 비열
② 압력
③ 온도
④ 조성

02 액화석유가스 지상 저장탱크 주위에는 저장능력이 얼마 이상일 때 방류둑을 설치하여야 하는가?
① 300kg
② 1,000kg
③ 300톤
④ 1,000톤

03 산소가 충전되어 있는 용기의 온도가 15℃일 때 압력은 15MPa이었다. 이 용기가 직사일광을 받아 온도가 40℃로 상승하였다면, 이때의 압력은 약 몇 MPa이 되겠는가?
① 6
② 10.3
③ 16.3
④ 40.0

04 고압가스 충전용기의 운반기준으로 틀린 것은?
① 염소와 아세틸렌, 암모니아 또는 수소는 동일차량에 적재하여 운반하지 아니한다.
② 가연성 가스와 산소를 동일차량에 적재하여 운반할 때에는 그 충전용기의 밸브가 서로 마주보도록 적재한다.
③ 충전용기와 소방기본법에서 정하는 위험물과는 동일차량에 적재하여 운반하지 아니한다.
④ 독성 가스를 차량에 적재하여 운반할 때는 그 독성 가스의 종류에 따른 방독면, 고무장갑, 고무장화 그 밖의 보호구를 갖춘다.

05 고압가스안전관리법상 "충전용기"라 함은 고압가스의 충전질량 또는 충전압력의 몇 분의 몇 이상이 충전되어 있는 상태의 용기를 말하는가?
① $\frac{1}{5}$
② $\frac{1}{4}$
③ $\frac{1}{2}$
④ $\frac{3}{4}$

06 액화석유가스의 안전관리에 필요한 안전관리자가 해임 또는 퇴직하였을 때에는 원칙적으로 그 날로부터 며칠 이내에 다른 안전관리자를 선임하여야 하는가?

① 10일　　　　　② 15일
③ 20일　　　　　④ 30일

07 도시가스 배관의 설치장소나 구경에 따라 적절한 배관재료와 접합방법을 선정하여야 한다. 다음 중 배관재료 선정기준으로 틀린 것은?

① 배관 내의 가스흐름이 원활한 것으로 한다.
② 내부의 가스압력과 외부로부터의 하중 및 충격하중 등에 견디는 강도를 갖는 것으로 한다.
③ 토양·지하수 등에 대하여 강한 부식성을 갖는 것으로 한다.
④ 절단가공이 용이한 것으로 한다.

08 내용적이 1천L 이상인 초저온가스용 용기의 단열성능시험결과 합격 기준은 몇 kcal/h·℃·L 이하인가?

① 0.0005　　　　② 0.001
③ 0.002　　　　　④ 0.005

09 고압가스안전관리법시행규칙에서 정의한 "처리능력"이라 함은 처리설비 또는 감압·설비에 의하여 며칠에 처리할 수 있는 가스의 양을 말하는가?

① 1일　　　　　　② 7일
③ 10일　　　　　④ 30일

10 다음 중 분해에 의한 폭발을 하지 않는 가스는?

① 시안화수소　　② 아세틸렌
③ 히드라진　　　④ 산화에틸렌

11 액화석유가스 공급시설 중 저장설비의 주위에는 경계책 높이를 몇 m 이상으로 설치하도록 하고 있는가?
① 0.5
② 1.0
③ 1.5
④ 2.0

12 다음 중 안전관리상 압축을 금지하는 경우가 아닌 것은?
① 수소 중 산소의 용량이 3% 함유되어 있는 경우
② 산소 중 에틸렌의 용량이 3% 함유되어 있는 경우
③ 아세틸렌 중 산소의 용량이 3% 함유되어 있는 경우
④ 산소 중 프로판의 용량이 3% 함유되어 있는 경우

13 고압가스안전관리법에서 정하고 있는 특정설비가 아닌 것은?
① 안전밸브
② 기화장치
③ 독성 가스 배관용 밸브
④ 도시가스용 압력조정기

14 도시가스 중 유해성분 측정대상인 가스는?
① 일산화탄소
② 시안화수소
③ 황화수소
④ 염소

15 가스 중 음속보다 화염전파 속도가 큰 경우 충격파가 발생하는데 이때 가스의 연소 속도로서 옳은 것은?
① 0.3~100m/s
② 100~300m/s
③ 700~800m/s
④ 1,000~3,500m/s

16 후부취출식 탱크에서 탱크 주밸브 및 긴급차단장치에 속하는 밸브와 차량의 뒷범퍼와의 수평거리는 얼마 이상 떨어져 있어야 하는가?

① 20cm ② 30cm
③ 40cm ④ 60cm

17 산소 또는 천연메탄을 수송하기 위한 배관과 이에 접속하는 압축기와의 사이에 반드시 설치하여야 하는 것은?

① 표시판 ② 압력계
③ 수취기 ④ 안전밸브

18 다음 중 같은 저장실에 혼합 저장이 가능한 것은?

① 수소와 염소가스
② 수소와 산소
③ 아세틸렌가스와 산소
④ 수소와 질소

19 LPG 용기보관소 경계표지의 "연"자 표시의 색상은?

① 흑색 ② 적색
③ 황색 ④ 흰색

20 내부반응 감시장치를 설치하여야 할 특수반응 설비에 해당하지 않는 것은?

① 암모니아 2차 개질로
② 수소화 분해반응기
③ 싸이크로헥산 제조시설의 벤젠 수첨 반응기
④ 산화에틸렌 제조시설의 아세틸렌 중합기

21 다음 중 허용 농도 1ppb에 해당하는 것은?

① $\dfrac{1}{10^3}$
② $\dfrac{1}{10^6}$
③ $\dfrac{1}{10^9}$
④ $\dfrac{1}{10^{10}}$

22 노출된 도시가스배관의 보호를 위한 안전조치 시 노출되 있는, 배관부분의 길이가 몇 m를 넘을 때 점검자가 통행이 가능한 점검통로를 설치하여야 하는가?

① 10
② 15
③ 20
④ 30

23 다음 중 가스에 대한 정의가 잘못된 것은?

① 압축가스란 일정한 압력에 의하여 압축되어 있는 가스를 말한다.
② 액화가스란 가압·냉각 등의 방법에 의하여 액체상태로 되어 있는 것으로서 대기압에서의 비점이 40℃ 이하 또는 상용 온도 이하인 것을 말한다.
③ 독성 가스란 인체에 유해한 독성을 가진 가스로서 허용농도가 100만분의 3,000 이하인 것을 말한다.
④ 가연성 가스란 공기 중에서 연소하는 가스로서 폭발한계의 하한이 10% 이하인 것과 폭발한계의 상한과 하한의 차가 20% 이상인 것을 말한다.

24 다음 [보기]의 가스 중 독성이 강한 순서부터 바르게 나열된 것은?

[보기]
① H_2S
② CO
③ Cl_2
④ $COCl_2$

① ④ > ③ > ① > ②
② ③ > ④ > ② > ①
③ ④ > ② > ① > ③
④ ④ > ③ > ② > ①

25. 정압기실 주위에는 경계책을 설치하여야 한다. 이때 경계책을 설치한 것으로 보지 않는 경우는?
   ① 철근콘크리트로 지상에 설치된 정압기실
   ② 도로의 지하에 설치되어 사람과 차량의 통행에 영향을 주는 장소로서 경계책 설치가 부득이한 정압기실
   ③ 정압기가 건축물 안에 설치되어 있어 경계책을 설치할 수 있는 공간이 없는 정압기실
   ④ 매몰형 정압기

26. 다음 중 지연성(조연성) 가스가 아닌 것은?
   ① 네온   ② 염소
   ③ 이산화질소   ④ 오존

27. 내압시험압력 및 기밀시험압력의 기준이 되는 압력으로서 사용상태에서 해당설비 등의 각부에 작용하는 최고사용압력을 의미하는 것은?
   ① 작용압력   ② 상용압력
   ③ 사용압력   ④ 설정압력

28. 공기 중에서의 폭발범위가 가장 넓은 가스는?
   ① 황화수소   ② 암모니아
   ③ 산화에틸렌   ④ 프로판

29. 방폭 전기기기의 구조별 표시방법 중 내압방폭구조의 표시방법은?
   ① d   ② o
   ③ p   ④ e

30. 고정식 압축천연가스 자동차 충전의 시설기준에서 저장설비, 처리설비, 압축가스설비 및 충전설비는 인화성물질 또는 가연성물질 저장소로부터 얼마 이상의 거리를 유지하여야 하는가?
   ① 5m   ② 8m
   ③ 12m   ④ 20m

31 관 도중에 조리개(교축기구)를 넣어 조리개 전후의 차압을 이용하여 유량을 측정하는 계측기기는?
① 오벌식 유량계
② 오리피스 유량계
③ 막식 유량계
④ 터빈 유량계

32 원통형의 관을 흐르는 물의 중심부의 유속을 피토관으로 측정하였더니 수주의 높이가 10m이었다. 이때 유속은 약 몇 m/s인가?
① 10
② 14
③ 20
④ 26

33 오르사트 가스분석기에는 수산화칼륨(KOH)용액이 들어있는 흡수피펫이 내장되어 있는데 이것은 어떤 가스를 측정하기 위한 것인가?
① CO_2
② C_2H_6
③ O_2
④ CO

34 개방형 온수기에 반드시 부착하지 않아도 되는 안전장치는?
① 소화안전장치
② 전도안전장치
③ 과열방지장치
④ 불완전연소방지장치 또는 산소결핍안전장치

35 고압가스설비에 설치하는 벤트스택과 플레어스택에 대한 설명으로 틀린 것은?
① 플레어스택에는 긴급이송설비로부터 이송되는 가스를 연속시켜 대기로 안전하게 방출시킬 수 있는 파일럿버너 또는 항상 작동할 수 있는 자동점화장치를 설치한다.
② 플레어스택의 설치위치 및 높이는 플레어스택 바로 밑의 지표면에 미치는 복사열이 $4,000 kcal/m^2 \cdot h$ 이하가 되도록 한다.
③ 가연성 가스의 긴급용 벤트스택의 높이는 착지농도가 폭발하한계값 미만이 되도록 충분한 높이로 한다.
④ 벤트스택은 가능한 공기보다 무거운 가스를 방출해야 한다.

36 정압기를 평가·선정할 경우 고려해야 할 특성이 아닌 것은?
① 정특성
② 동특성
③ 유량특성
④ 압력특성

37 LPG의 연소방식이 아닌 것은?
① 적화식
② 세미분젠식
③ 분젠식
④ 원지식

38 회전펌프의 특징에 대한 설명으로 틀린 것은?
① 토출압력이 높다.
② 연속토출되어 맥동이 많다.
③ 점성이 있는 액체에 성능이 좋다.
④ 왕복펌프와 같은 흡입·토출밸브가 없다.

39 오리피스 미터로 유량을 측정하는 것은 어떤 원리를 이용한 것인가?
① 베르누이의 정리
② 패러데이의 법칙
③ 아르키메데스의 원리
④ 돌턴의 법칙

40 저온장치에 사용되고 있는 단열법 중 단열을 하는 공간에 분말, 섬유 등의 단열재를 충전하는 방법으로 일반적으로 사용되는 단열법은?
① 상압의 단열법
② 고진공 단열법
③ 다층 진공단열법
④ 린데식 단열법

41 펌프의 회전수를 1,000rpm에서 1,200rpm으로 변화시키면 동력은 약 몇 배가 되는가?

① 1.3
② 1.5
③ 1.7
④ 2.0

42 극저온저장탱크의 액면측정에 사용되며 고압부와 저압부의 차압을 이용하는 액면계는?

① 초음파식 액면계
② 크린카식 액면계
③ 슬립튜브식 액면계
④ 햄프슨식 액면계

43 스테판-볼쯔만의 법칙을 이용하여 측정 물체에서 방사되는 전방사 에너지를 렌즈 또는 반사경을 이용하여 온도를 측정하는 온도계는?

① 색 온도계
② 방사 온도계
③ 열전대 온도계
④ 광전관 온도계

44 압력변화에 의한 탄성변위를 이용한 탄성압력계에 해당되지 않는 것은?

① 플로트식 압력계
② 부르동관식 압력계
③ 다이어프램식 압력계
④ 벨로스식 압력계

45 자동제어계의 제어동작에 의한 분류시 연속동작에 해당되지 않는 것은?

① ON-Off 제어
② 비례동작
③ 적분동작
④ 미분동작

46 대기압이 1.0332kgf/cm²이고, 계기압력이 10kgf/cm²일 때 절대압력은 약 몇 kgf/cm²인가?

① 8.9668
② 10.332
③ 11.0332
④ 103.32

47 다음 중 가연성 가스 취급장소에서 사용 가능한 방폭공구가 아닌 것은?

① 알루미늄 합금공구
② 베릴륨 합금공구
③ 고무공구
④ 나무공구

48 일기예보에서 주로 사용하는 1헥토파스칼은 약 몇 N/m²에 해당하는가?

① 1
② 10
③ 100
④ 1,000

49 다음 중 헨리법칙이 잘 적용되지 않는 가스는?

① 수소
② 산소
③ 이산화탄소
④ 암모니아

50 다음 중 임계압력(atm)이 가장 높은 가스는?

① CO
② C_2H_4
③ HCN
④ Cl_2

51 천연가스의 성질에 대한 설명으로 틀린 것은?

① 주성분은 메탄이다.
② 독성이 없고 청결한 가스이다.
③ 공기보다 무거워 누출 시 바닥에 고인다.
④ 발열량은 약 9,500~10,500kcal/m² 정도이다.

52 액화석유가스에 대한 설명으로 틀린 것은?
① 프로판, 부탄을 주성분으로 한 가스를 액화한 것이다.
② 물에 잘 녹으며 유지류 또는 천연고무를 잘 용해시킨다.
③ 기체의 경우 공기보다 무거우나 액체의 경우 물보다 가볍다.
④ 상온, 상압에서 기체이나 가압이나 냉각을 통해 액화가 가능하다.

53 도시가스의 주성분인 메탄가스가 표준상태에서 $1m^3$ 연소하는 데 필요한 산소량은 약 몇 m^3인가?
① 2
② 2.8
③ 8.89
④ 9.6

54 "열은 스스로 다른 물체에 아무런 변화도 주지 않고 저온 물체에서 고온 물체로 이동하지 않는다."라고 표현되는 법칙은?
① 열역학 제0법칙
② 열역학 제1법칙
③ 열역학 제2법칙
④ 열역학 제3법칙

55 공기액화분리장치의 폭발원인으로 볼 수 없는 것은?
① 공기취입구로부터 O_2 혼입
② 공기취입구로부터 C_2H_2 혼입
③ 액체 공기 중에 O_3 혼입
④ 공기 중에 있는 NO_2의 혼입

56 질소의 용도가 아닌 것은?
① 비료에 이용
② 질산제조에 이용
③ 연료용에 이용
④ 냉매로 이용

57 섭씨온도와 화씨온도가 같은 경우는?

① -40℃   ② 32°F
③ 273℃   ④ 45°F

58 10Joule의 일의 양을 cal 단위로 나타내면?

① 0.39   ② 1.39
③ 2.39   ④ 3.39

59 표준상태(0℃, 1기압)에서 프로판의 가스밀도는 약 몇 g/L인가?

① 1.52   ② 1.97
③ 2.52   ④ 2.97

60 공기비(m)가 클 경우 연소에 미치는 영향에 대한 설명으로 가장 거리가 먼 것은?

① 미연소에 의한 열손실이 증가한다.
② 연소가스 중에 SO_3의 양이 증대한다.
③ 연소가스 중에 NO_2의 발생이 심해진다.
④ 통풍력이 강하여 배기가스에 의한 열손실이 커진다.

CBT 정답 및 해설

01	02	03	04	05	06	07	08	09	10
①	④	③	②	③	④	③	③	①	①
11	12	13	14	15	16	17	18	19	20
③	④	④	③	④	③	③	④	②	④
21	22	23	24	25	26	27	28	29	30
③	②	③	②	①	②	③	①	③	②
31	32	33	34	35	36	37	38	39	40
②	②	①	②	④	④	②	①	①	①
41	42	43	44	45	46	47	48	49	50
③	④	③	①	③	①	③	④	④	④
51	52	53	54	55	56	57	58	59	60
③	②	③	①	③	①	③	①	②	①

01 정답 | ①
풀이 | 비열
어떤 물질 1kg을 1℃ 높이는 데 필요한 열량
(kJ/kg·K, kcal/kg·K)

02 정답 | ④
풀이 | LPG 저장탱크가 1,000톤 이상이면 방류둑 설치가 필요하다.

03 정답 | ③
풀이 | $P_2 = P_1 \times \dfrac{T_2}{T_1} = 15 \times \dfrac{273+40}{273+15} = 16.3 \text{MPa}$

04 정답 | ②
풀이 | 가연성 가스 용기와 산소용기를 동일차량에 적재하여 운반하려면 그 충전용기의 밸브는 서로 바라보지 않고서 운반한다.

05 정답 | ③
풀이 | 충전용기
충전질량 또는 충전압력의 $\dfrac{1}{2}$ 이상의 용기이다.

06 정답 | ④
풀이 | 안전관리자 선·해임, 퇴직하였을 때 그 날로 30일 이내에 다른 안전관리자를 선임하여야 한다.

07 정답 | ③
풀이 | 도시가스 배관은 토양이나 지하수 등에 대하여 부식성이 없는 곳에 설치한다.

08 정답 | ③
풀이 | ① 1,000L 이상 : 0.002kcal/h℃L 이하
② 1,000L 미만 : 0.0005kcal/h℃L 이하

09 정답 | ①
풀이 | 처리설비능력
1일에 처리할 수 있는 가스의 양

10 정답 | ①
풀이 | 시안화수소(HCN)가스는 H_2O에 의해 중합폭발 발생

11 정답 | ③
풀이 | LPG 공급시설 경계책 높이 : 1.5m 이상

12 정답 | ④
풀이 | 산소와 프로판가스의 경우 산소용량이 전용량의 4% 이상이면 압축이 금지된다.

13 정답 | ④
풀이 | 압력용기는 고압가스관련설비, 도시가스용 압력조정기는 특정설비에서 제외

14 정답 | ③
풀이 | 도시가스 유해성분 측정(0℃, 1.013250Bar)은 건조한 도시가스 $1m^3$당
① 황전량은 0.5g을 초과하지 않는다.
② 황화수소는 0.02g을 초과하지 못한다.
③ 암모니아는 0.2g을 초과하지 못한다.

15 정답 | ④
풀이 | 폭굉속도 : 1,000~3,500m/s

16 정답 | ③
풀이 | 후부취출식
40cm 이상 떨어진다.

17 정답 | ③
풀이 | 산소나 천연메탄 수송 시 배관과 압축기 사이에 수취기를 설치한다.

18 정답 | ④
풀이 | 수소(가연성), 질소(불연성)와는 저장실에 같이 혼합저장이 가능하다.

CBT 정답 및 해설

19 정답 | ②
풀이 | LPG 가연성 가스의 경계표시 연 자의 색상은 적색이다.

20 정답 | ④
풀이 | 산화에틸렌(C_2H_4O)가스 저장탱크는 질소가스 또는 탄산가스로 치환하고 5℃ 이하로 유지할 것

21 정답 | ③
풀이 | 1ppb(십억분율의 1) = $\dfrac{1}{10^9}$

22 정답 | ②
풀이 | 노출된 도시가스가 15m 이상 넘을 때 점검자가 통행이 가능하도록 한다.

23 정답 | ③
풀이 | 독성 가스란 TLV-TWA 기준은 허용농도가 100만분의 200 이하인 가스이다. (현재는 LC_{50} 기준으로 100만분의 5,000 이하이다.)

24 정답 | ①
풀이 | 독성허용농도가 적을수록 독성이 강하다.
① 황화수소(H_2S) : 10ppm
② 일산화탄소(CO) : 50ppm
③ 염소(Cl_2) : 1ppm
④ 포스겐($COCl_2$) : 0.1ppm

25 정답 | ④
풀이 | 도시가스 정압기는 매몰을 금지한다.

26 정답 | ①
풀이 | 네온
불활성 가스

27 정답 | ②
풀이 | 상용압력
내압시험, 기밀시험 압력의 기준이 되는 압력

28 정답 | ③
풀이 | 폭발범위
① 산화에틸렌(3~80%)
② 암모니아(15~28%)
③ 황화수소(4.3~45%)
④ 프로판(2.1~9.5%)

29 정답 | ①
풀이 | ① d : 내압방폭구조
② o : 유입방폭구조
③ p : 압력방폭구조
④ e : 안전증방폭구조

30 정답 | ②
풀이 | 고정식 압축천연가스의 설비에서 인화성 또는 가연성 물질 저장소와는 8m 이상의 거리를 유지하여야 한다.

31 정답 | ②
풀이 | 오리피스 차압식유량계
교축기구사용 유량계

32 정답 | ②
풀이 | $v = \sqrt{2gh} = 14\text{m/s}$

33 정답 | ①
풀이 | CO_2
KOH 용액으로 성분분석

34 정답 | ②
풀이 | 개방형 온수기에는 전도안전장치는 부착하지 않아도 된다.

35 정답 | ④
풀이 | 벤트스택은 가능한 공기보다 가벼운 가스를 방출하는 기구이다.

36 정답 | ④
풀이 | 정압기의 특성
① 정특성 ② 동특성 ③ 유량특성

37 정답 | ④
풀이 | LPG 연소방식
① 적화식 ② 세미분젠식 ③ 분젠식

38 정답 | ②
풀이 | 회전식 펌프는 연속송출로 액의 맥동이 적다.

39 정답 | ①
풀이 | 오리피스차압식 유량계
베르누이의 정리를 이용한 유량계

04 | CBT 실전모의고사

40 정답 | ①
풀이 | 상압 단열법
단열공간에 분말, 섬유 등의 단열재를 충진하는 단열법

41 정답 | ③
풀이 | $P' = P \times \left(\dfrac{N_2}{N_1}\right)^3 = 1 \times \left(\dfrac{1,200}{100}\right)^3 = 1.728$

42 정답 | ④
풀이 | 햄프슨식 액면계
극저온 저장탱크의 액면계

43 정답 | ②
풀이 | 방사고온계
스테판-볼쯔만의 법칙을 이용한 비접촉식 고온계

44 정답 | ①
풀이 | 플로트식 압력계
부자식 압력계(침종식 압력계)

45 정답 | ①
풀이 | ON-Off 제어
불연속 2위치 동작

46 정답 | ③
풀이 | abs = 1.0332 + 10 = 11.0332kgf/cm²

47 정답 | ①
풀이 | 알루미늄 합금공구는 가연성 가스 취급장소에서는 사용이 불가능한 공구이다.

48 정답 | ③
풀이 | 1헥토파스칼
100Pa(100N/m²)

49 정답 | ④
풀이 | 헨리의 법칙은 물에 잘 녹지 않는 기체만 적용, 시안화수소, 아황산가스, 암모니아는 물에 잘 녹아서 헨리의 법칙에 적용하지 않는다.

50 정답 | ④
풀이 | 임계압력(atm)
① 염소(Cl_2) : 76.1
② 일산화탄소(CO) : 35
③ 시안화수소(HCN) : 53.2
④ 에틸렌(C_2H_4) : 50.5

51 정답 | ③
풀이 | 천연가스는 주성분(메탄)의 비중이 0.55이므로 누설 시 천장으로 뜬다.

52 정답 | ②
풀이 | 액화석유가스는 물보다 가볍고 천연고무를 용해한다.
(실리콘 고무 사용)

53 정답 | ①
풀이 | $CH_4 + 2O_2 \rightarrow CO_2 + 2H_2O$

54 정답 | ③
풀이 | 열역학 제2법칙
열은 스스로 다른 물체에 아무런 변화도 주지 않고 저온물체에서 고온물체로 이동하지 않는 법칙

55 정답 | ①
풀이 | 공기액화분리장치의 물질제조
① 산소   ② 질소   ③ 아르곤

56 정답 | ③
풀이 | 질소는 불연성 가스이다.(연료용 사용이 불가하다.)

57 정답 | ①
풀이 | -40℃는
$°F = \dfrac{9}{5} \times ℃ + 32 = 1.8 \times -40 + 32 = -40°F$

58 정답 | ③
풀이 | 1Joule = 0.239cal
10J = 2.39cal

59 정답 | ②
풀이 | C_3H_8(프로판) 22.4l = 44g(분자량)
$\rho = \dfrac{44}{22.4} = 1.97g/L$

60 정답 | ①
풀이 | 공기비가 크면 연소용 공기량이 풍부하여 미연소가스 발생이 억제된다. 완전연소가 가능하나 노 내 온도가 저하하고 배기가스량이 많아서 열손실이 발생된다.

05회 실전점검! CBT 실전모의고사

01 용기의 재검사 주기에 대한 기준 중 옳지 않은 것은?
① 용접용기로서 신규검사 후 15년 이상 20년 미만인 용기는 2년마다 재검사
② 500L 이상 이음매 없는 용기는 5년마다 재검사
③ 저장탱크가 없는 곳에 설치한 기화기는 2년마다 재검사
④ 압력용기는 4년마다 재검사

02 가연성 물질을 공기로 연소시키는 경우에 공기 중의 산소농도를 높게 하면 연소속도와 발화온도는 어떻게 변화하는가?
① 연소속도는 빠르게 되고, 발화온도는 높아진다.
② 연소속도는 빠르게 되고, 발화온도는 낮아진다.
③ 연소속도는 느리게 되고, 발화온도는 높아진다.
④ 연소속도는 느리게 되고, 발화온도는 낮아진다.

03 다음 가연성 가스 중 위험성이 가장 큰 것은?
① 수소
② 프로판
③ 산화에틸렌
④ 아세틸렌

04 다음 가스 중 독성이 가장 큰 것은?
① 염소
② 불소
③ 시안화수소
④ 암모니아

05 후부 취출식 탱크에서 탱크 주밸브 및 긴급차단장치에 속하는 밸브와 차량의 뒷범퍼와의 수평거리는 얼마 이상 떨어져 있어야 하는가?
① 20cm
② 30cm
③ 40cm
④ 60cm

06 습식 아세틸렌발생기의 표면온도는 몇 ℃ 이하로 유지하여야 하는가?

① 30 ② 40
③ 60 ④ 70

07 고압가스 일반제조의 시설기준에 대한 내용 중 틀린 것은?

① 가연성 가스 제조시설의 고압가스설비는 다른 가연성 가스 고압설비와 2m 이상 거리를 유지한다.
② 가연성 가스설비 및 저장설비는 화기와 8m 이상의 우회거리를 유지한다.
③ 사업소에는 경계표지와 경계책을 설치한다.
④ 독성 가스가 누출될 수 있는 장소에는 위험표지를 설치한다.

08 공업용 질소용기의 문자 색상은?

① 백색 ② 적색
③ 흑색 ④ 녹색

09 다음 중 허용농도 1ppb에 해당하는 것은?

① $\dfrac{1}{10^3}$ ② $\dfrac{1}{10^6}$
③ $\dfrac{1}{10^9}$ ④ $\dfrac{1}{10^{10}}$

10 산화에틸렌 충전용기에는 질소 또는 탄산가스를 충전하는데, 그 내부가스압력의 기준으로 옳은 것은?

① 상온에서 0.2MPa 이상
② 35℃에서 0.2MPa 이상
③ 40℃에서 0.4MPa 이상
④ 45℃에서 0.4MPa 이상

11 가스를 사용하려 하는데 밸브에 얼음이 얼어붙었다. 이때의 조치방법으로 가장 적절한 것은?

① 40℃ 이하의 더운물을 사용하여 녹인다.
② 80℃의 램프로 가열하여 녹인다.
③ 100℃의 뜨거운 물을 사용하여 녹인다.
④ 가스토치로 가열하여 녹인다.

12 액화 염소가스의 1일 처리능력이 38,000kg일 때 수용정원이 350명인 공연장과의 안전거리는 얼마를 유지하여야 하는가?

① 17m ② 21m
③ 24m ④ 27m

13 다음 각 독성 가스 누출 시의 제독제로서 적합하지 않은 것은?

① 염소 : 탄산소다 수용액
② 포스겐 : 소석회
③ 산화에틸렌 : 소석회
④ 황화수소 : 가성소다 수용액

14 다음 가스의 용기보관실 중 그 가스가 누출된 때에 체류하지 않도록 통풍구를 갖추고, 통풍이 잘 되지 않는 곳에는 강제통풍시설을 설치하여야 하는 곳은?

① 질소 저장소 ② 탄산가스 저장소
③ 헬륨 저장소 ④ 부탄 저장소

15 고압가스 일반제조시설에서 저장탱크 및 가스홀더는 몇 m^3 이상의 가스를 저장하는 것에 가스방출장치를 설치하여야 하는가?

① 5 ② 10
③ 15 ④ 20

16 도시가스 사용시설에서 가스계량기는 절연조치를 하지 아니한 전선과 몇 cm 이상의 거리를 유지하여야 하는가?

① 5
② 15
③ 30
④ 150

17 고압가스의 충전용기는 항상 몇 ℃ 이하의 온도를 유지하여야 하는가?

① 15
② 20
③ 30
④ 40

18 다음 중 1종 보호시설이 아닌 것은?

① 가설건축물이 아닌 사람을 수용하는 건축물로서 사실상 독립된 부분의 연면적이 1,500m^{2}인 건축물
② 문화재보호법에 의하여 지정문화재로 지정된 건축물
③ 교회의 시설로서 수용능력이 200인(人)인 건축물
④ 어린이집 및 어린이놀이터

19 내화구조의 가연성 가스의 저장탱크 상호 간의 거리가 1m 또는 두 저장 탱크의 최대지름을 합산한 길이의 $\frac{1}{4}$ 길이 중 큰 쪽의 거리를 유지하지 못한 경우 물분무장치의 수량 기준으로 옳은 것은?

① 4L/m^2 · min
② 5L/m^2 · min
③ 6.5L/m^2 · min
④ 8L/m^2 · min

20 액화석유가스 용기충전시설에서 방류둑의 내측과 그 외면으로부터 몇 m 이내에는 저장탱크 부속설비 외의 것을 설치하지 않아야 하는가?

① 5
② 7
③ 10
④ 15

21 C_2H_2 제조설비에서 제조된 C_2H_2를 충전용기에 충전 시 위험한 경우는?

① 아세틸렌이 접촉되는 설비부분에 동 함량 72%의 동합금을 사용하였다.
② 충전 중의 압력을 2.5MPa 이하로 하였다.
③ 충전 후에 압력이 15℃에서 1.5MPa 이하로 될 때까지 정치하였다.
④ 충전용 지관은 탄소함유량 0.1% 이하의 강을 사용하였다.

22 방류둑에는 계단, 사다리 또는 토사를 높이 쌓아올림 등에 의한 출입구를 몇 m마다 1개 이상을 두어야 하는가?

① 30　　　　　　　② 40
③ 50　　　　　　　④ 60

23 고압가스 특정제조시설에서 배관을 해저에 설치하는 경우의 기준 중 옳지 않은 것은?

① 배관은 해저면 밑에 매설할 것
② 배관은 원칙적으로 다른 배관과 교차하지 아니할 것
③ 배관은 원칙적으로 다른 배관과 수평거리로 20m 이상을 유지할 것
④ 배관의 입상부에는 방호시설물을 설치할 것

24 액화석유가스의 안전관리 시 필요한 안전관리책임자가 해임 또는 퇴직하였을 때에는 그 날로부터 며칠 이내에 다른 안전관리책임자를 선임하여야 하는가?

① 10일　　　　　　② 15일
③ 20일　　　　　　④ 30일

25 일반도시가스 사업자 정압기의 분해점검 실시 주기는?

① 3개월에 1회 이상
② 6개월에 1회 이상
③ 1년에 1회 이상
④ 2년에 1회 이상

26 다음 중 가연성이면서 독성인 가스는?
① 프로판 ② 불소
③ 염소 ④ 암모니아

27 가스누출 검지경보장치의 설치기준 중 틀린 것은?
① 통풍이 잘 되는 곳에 설치할 것
② 가스의 누설을 신속하게 검지하고 경보하기에 충분한 수일 것
③ 그 기능은 가스종류에 적절한 것일 것
④ 체류할 우려가 있는 장소에 적절하게 설치할 것

28 다음 중 2중배관으로 하지 않아도 되는 가스는?
① 일산화탄소 ② 시안화수소
③ 염소 ④ 포스겐

29 지하에 매설된 도시가스 배관의 전기방식 기준으로 틀린 것은?
① 전기방식전류가 흐르는 상태에서 토양 중에 있는 배관 등의 방식전위 상한값은 포화황산동 기준전극으로 −0.85V 이하일 것
② 전기방식전류가 흐르는 상태에서 자연전위와의 전위변호가 최소한 −300mV 이하일 것
③ 배관에 대한 전위측정은 가능한 배관 가까운 위치에서 실시할 것
④ 전기방식시설의 관대지전위 등을 2년에 1회 이상 점검할 것

30 LPG 사용시설의 기준에 대한 설명 중 틀린 것은?
① 연소기 사용압력이 3.3kPa를 초과하는 배관에는 배관용 밸브를 설치할 수 있다.
② 배관이 분기되는 경우에는 주배관에 배관용 밸브를 설치한다.
③ 배관의 관경이 33mm 이상의 것은 3m마다 고정장치를 한다.
④ 배관의 이음부(용접이음 제외)와 전기 접속기와는 15cm 이상의 거리를 유지한다.

05회 실전점검! CBT 실전모의고사

31 수소나 헬륨을 냉매로 사용한 냉동방식으로 실린더 중에 피스톤과 보조피스톤으로 구성되어 있는 액화사이클은?

① 클라우드 공기액화사이클
② 린데 공기액화사이클
③ 필립스 공기액화사이클
④ 캐피자 공기액화사이클

32 LPG 용기에 사용되는 조정기의 기능으로 가장 옳은 것은?

① 가스의 유량 조절
② 가스의 유출압력 조정
③ 가스의 밀도 조정
④ 가스의 유속 조정

33 고온 배관용 탄소강관의 규격기호는?

① SPPH
② SPHT
③ SPLT
④ SPPW

34 원통형의 관을 흐르는 물의 중심부의 유속을 피토관으로 측정하였더니 정압과 동압의 차가 수주 10m였다. 이때 중심부의 유속은 약 몇 m/s인가?

① 10
② 14
③ 20
④ 26

35 다음 보온재 중 안전 사용 온도가 가장 높은 것은?

① 글라스 파이버
② 플라스틱 폼
③ 규산칼슘
④ 세라믹 파이버

36 부르동관 압력계 사용 시의 주의사항으로 옳지 않은 것은?
① 사전에 지시의 정확성을 확인하여 둘 것
② 안전장치가 부착된 안전한 것을 사용할 것
③ 온도나 진도, 충격 등의 변화가 적은 장소에서 사용할 것
④ 압력계에 가스를 유입하거나 빼낼 때는 신속히 조작할 것

37 다음 중 공기액화분리장치의 주요 구성요소가 아닌 것은?
① 공기압축기 ② 팽창밸브
③ 열교환기   ④ 수취기

38 가스관(강관)의 특징으로 틀린 것은?
① 구리관보다 강도가 높고 충격에 강하다.
② 관의 치수가 큰 경우 구리관보다 비경제적이다.
③ 관의 접합작업이 용이하다.
④ 연관이나 주철관에 비해 가볍다.

39 아세틸렌 용기의 안전밸브 형식으로 가장 많이 사용되는 것은?
① 가용전식 ② 파열판식
③ 스프링식 ④ 중추식

40 압축된 가스를 단열 팽창시키면 온도가 강하하는 것은 어떤 효과에 해당되는가?
① 단열효과 ② 줄-톰슨효과
③ 서징효과 ④ 블로워효과

41 땅 속의 애노드에 강제 전압을 가하여 피방식 금속제를 캐소드로 하는 전기방식법은?

① 희생양극법
② 외부전원법
③ 선택배류법
④ 강제배류법

42 펌프의 회전수를 1,000rpm에서 1,200rpm으로 변화시키면 동력은 약 몇 배가 되는가?

① 1.3
② 1.5
③ 1.7
④ 2.0

43 기호기 혼합기(믹서)에 의해서 기화한 부탄에 공기를 혼합하여 만들어지며, 부탄을 다량 소비하는 경우에 적합한 공급방식은?

① 생가스 공급방식
② 공기혼합 공급방식
③ 자연기화 공급방식
④ 변성가스 공급방식

44 시간당 200톤의 물을 20cm의 내경을 갖는 PVC 파이프로 수송하였다. 관내의 평균유속은 약 몇 m/s인가?

① 0.9
② 1.2
③ 1.8
④ 3.3

45 수소(H_2)가스 분석방법으로 가장 적당한 것은?

① 팔라듐관 연소법
② 헴펠법
③ 황산바륨 침전법
④ 흡광광도법

46 다음 중 주로 부가(첨가)반응을 하는 가스는?

① CH_4
② C_2H_2
③ C_3H_8
④ C_4H_{10}

47 다음 [보기]와 같은 성질을 갖는 것은?

[보기]
- 공기보다 무거워서 누출시 낮은 곳에 체류한다.
- 기화 및 액화가 용이하며, 발열량이 크다.
- 증발잠열이 크기 때문에 냉매로도 이용된다.

① O_2
② CO
③ LPG
④ C_2H_4

48 다음 중 공기보다 가벼운 가스는?

① O_2
② SO_2
③ H_2
④ CO_2

49 다음 중 무색투명한 액체로 특유의 복숭아향과 같은 취기를 가진 독성 가스는?

① 포스겐
② 일산화탄소
③ 시안화수소
④ 산화에틸렌

50 일반적으로 기체에 있어서 정압비열과 정적비열과의 관계는?

① 정적비열=정압비열
② 정적비열=2×정압비열
③ 정적비열>정압비열
④ 정적비열<정압비열

51 다음 중 표준상태에서 비점이 가장 높은 것은?
① 나프타
② 프로판
③ 에탄
④ 부탄

52 다음 중 표준대기압에 해당되지 않는 것은?
① 760mmHg
② 14.7PSI
③ 0.101MPa
④ 1,013bar

53 열역학적 계(System)가 주위와의 열교환을 하지 않고 진행되는 과정을 무슨 과정이라고 하는가?
① 단열과정
② 등온과정
③ 등압과정
④ 등적과정

54 프로판가스 60mol%, 부탄가스 40mol%의 혼합가스 1mol을 완전연소시키기 위하여 필요한 이론공기량은 약 몇 mol인가?(단, 공기 중 산소는 21mol%이다.)
① 17.7
② 20.7
③ 23.7
④ 26.7

55 메탄 95% 및 에탄 5%로 구성된 천연가스 $1m^3$의 진발열량은 약 몇 kcal인가?(단, 표준상태에서 메탄의 진발열량은 8,124cal/L, 에탄은 14,602cal/L이다.)
① 8,151
② 8,242
③ 8,353
④ 8,448

56. 염소에 대한 설명 중 틀린 것은?

① 상온, 상압에서 황록색의 기체로 조연성이 있다.
② 강한 자극성의 취기가 있는 독성기체이다.
③ 수소화 염소의 등량 혼합기체를 염소폭명기라 한다.
④ 건조상태의 상온에서 강재에 대하여 부식성을 갖는다.

57. 다음 LNG와 SNG에 대한 설명으로 옳은 것은?

① 액체 상태의 나프타를 LNG라 한다.
② SNG는 대체 천연가스 또는 합성 천연가스를 말한다.
③ LNG는 액화석유가스를 말한다.
④ SNG는 각종 도시가스의 총칭이다.

58. 다음 비열에 대한 설명 중 틀린 것은?

① 단위는 kcal/kg · ℃이다.
② 비열이 크면 열용량도 크다.
③ 비열이 크면 온도가 빨리 상승한다.
④ 구리(銅)는 물보다 비열이 작다.

59. 황화수소에 대한 설명 중 옳지 않은 것은?

① 건조된 상태에서 수은, 동과 같은 금속과 반응한다.
② 무색의 특유한 계란 썩는 냄새가 나는 기체이다.
③ 고농도를 다량으로 흡입할 경우에는 인체에 치명적이다.
④ 농질산, 발연질산 등의 산화제와 심하게 반응한다.

60. 기체의 체적이 커지면 밀도는?

① 작아진다. ② 커진다.
③ 일정하다. ④ 체적과 밀도는 무관하다.

CBT 정답 및 해설

01	02	03	04	05	06	07	08	09	10
③	②	④	②	③	④	①	①	③	④
11	12	13	14	15	16	17	18	19	20
①	④	③	④	①	②	④	③	①	③
21	22	23	24	25	26	27	28	29	30
①	②	②	②	③	①	①	④	④	④
31	32	33	34	35	36	37	38	39	40
③	②	②	②	④	④	④	②	①	②
41	42	43	44	45	46	47	48	49	50
②	③	③	①	②	③	③	③	④	④
51	52	53	54	55	56	57	58	59	60
①	④	①	④	④	②	③	①	④	①

01 정답 | ③
풀이 | 저장탱크가 없는 곳에 설치한 기화기의 재검사 주기는 3년(특정설비)이다.

02 정답 | ②
풀이 | 산소농도가 높게 되면 연소속도가 빨라지며 발화온도는 낮아진다.

03 정답 | ④
풀이 | 가스의 폭발범위
① 수소 : 4~75%
② 프로판 : 2.1~9.5%
③ 산화에틸렌 : 3~80%
④ 아세틸렌 : 2.5~81%

04 정답 | ②
풀이 | 독성의 허용농도
① 염소 : 1ppm
② 불소 : 0.1ppm
③ 시안화수소 : 10ppm
④ 암모니아 : 25ppm

05 정답 | ③
풀이 | 후부 취출식
40cm 이상

06 정답 | ④
풀이 | 습식 아세틸렌발생기의 표면온도는 70℃ 이하로 유지

07 정답 | ①
풀이 | 가연성 가스 제조시설
↓ (5m 이상)
다른 가연성 가스의 고압설비

08 정답 | ①
풀이 | 질소의 용기 문자 색상(공업용)
백색(의료용은 백색)

09 정답 | ③
풀이 | $1\text{ppb} = \dfrac{1}{10^9}$

10 정답 | ④
풀이 | 산화에틸렌(C_2H_4O)의 저장 탱크나 충전용기에는 45℃에서 그 내부가스의 압력이 0.4MPa 이상이 되도록 N_2 또는 CO_2 가스를 충전할 것

11 정답 | ①
풀이 | 가스밸브 얼음의 용해온도는 40℃ 이하의 더운물

12 정답 | ④
풀이 | 독성, 가연성 가스 1일 처리능력 3만 초과~4만 이하의 경우
① 제1종 보호시설 : 27m 이상
② 제2종 보호시설 : 18m 이상

13 정답 | ③
풀이 | 산화에틸렌 제독제 : 다량의 물

14 정답 | ④
풀이 | 부탄가스는 가연성 가스이므로 바닥면에 접하여 개구한 2방향 이상의 개구부 또는 바닥면 가까이에 흡입구를 갖춘 강제통풍장치가 필요하다.

15 정답 | ①
풀이 | 가스저장탱크 및 가스홀더는 가스가 누출하지 아니하는 구조로 하고 $5m^3$ 이상의 가스를 저장하는 것에는 가스방출장치를 설치할 것

16 정답 | ②
풀이 | ① 전기계량기, 전기개폐기 : 60cm 이상
② 전기점멸기, 전기접속기 : 30cm 이상
③ 절연조치를 하지 않은 전선 : 15cm 이상

CBT 정답 및 해설

17 정답 | ④
풀이 | 고압가스 충전용기 온도제한 : 40℃ 이하

18 정답 | ③
풀이 | 교회는 수용능력 300인 이상 건축물의 경우 제1종 보호시설에 해당

19 정답 | ①
풀이 | ① 저장탱크 전표면 : $8L/m^2 \cdot min$
② 내화구조 : $4L/m^2 \cdot min$
③ 준내화구조 : $6.5L/m^2 \cdot min$

20 정답 | ③
풀이 | 방류둑의 내측과 그 외면으로부터 10m 이내에는 저장탱크 부속설비 외의 것을 설치하지 아니한다.

21 정답 | ①
풀이 | C_2H_2 가스에 접촉되는 곳에는 62% 이상의 동함량 사용은 금물이다.

22 정답 | ③
풀이 | 방류둑의 사다리는 둘레 50m마다 1개 이상의 출입구가 필요하다.

23 정답 | ③
풀이 | 해저배관 설치 시 원칙적으로 다른 배관과는 30m 이상의 수평거리를 유지할 것

24 정답 | ④
풀이 | 안전관리자 선해임은 30일 이내에 한다.

25 정답 | ④
풀이 | 일반도시가스 사업장의 정압기는 2년에 1회 이상 분해점검이 필요하다.

26 정답 | ④
풀이 | NH_3 가스
① 가연성 범위(15~28%)
② 독성 허용농도(25ppm)

27 정답 | ①
풀이 | 가스누출검지경보장치는 통풍이 잘 되지 않는 곳에 설치한다.

28 정답 | ①
풀이 | 2중배관가스
염소, 포스겐, 불소, 아크릴알데히드, 아황산가스, 시안화수소 또는 황화수소

29 정답 | ④
풀이 | 전기방식시설의 관대지전위 등은 1년에 1회 이상 점검한다.

30 정답 | ④
풀이 | 배관의 이음부와 전기접속기와는 30cm 이상의 거리를 유지한다.

31 정답 | ③
풀이 | 필립스 공기액화사이클
냉매는 수소 또는 헬륨

32 정답 | ②
풀이 | 압력조정기의 기능
가스의 유출압력 조정

33 정답 | ②
풀이 | ① SPPH : 고압 배관용
② SPHT : 고온 배관용
③ SPLT : 저온 배관용
④ SPPW : 수도용 아연도금 배관용

34 정답 | ②
풀이 | $V = K\sqrt{2gh} = \sqrt{2 \times 9.8 \times 10} = 14m/s$

35 정답 | ④
풀이 | 안전사용온도
① 글라스 파이버 : 300℃ 이하
② 플라스틱 폼 : 80℃ 이하
③ 규산칼슘 : 650℃
④ 세라믹 파이버 : 1,300℃

36 정답 | ④
풀이 | 부르동관(탄성식) 압력계에 가스를 유입하거나 빼낼 때는 천천히 조작할 것

37 정답 | ④
풀이 | 수취기는 저압가스(도시가스) 공급배관에 설치한다.
(물이 체류할 우려가 있는 곳)

38 정답 | ②
풀이 | 강관은 관의 치수가 큰 경우 구리관보다 더 경제적이다.

39 정답 | ①
풀이 | C_2H_2 가스 안전밸브
① 가용전식
② 용융온도 : 105±5℃

40 정답 | ②
풀이 | 줄-톰슨효과
압축된 가스를 단열 팽창시키면 온도가 강하한다.

41 정답 | ②
풀이 | 외부전원법
땅 속에 매설한 애노드에 강제 전압을 가하여 피방식 금속제를 캐소드로 하여 방식한다.

42 정답 | ③
풀이 | $PS = P \times \left(\dfrac{N_2}{N_1}\right)^3 = 1 \times \left(\dfrac{1,200}{1,000}\right)^3 = 1.728$배

43 정답 | ②
풀이 | 공기혼합공급방식
기화된 부탄에 공기를 혼합하여 만들어서 부탄을 다량 소비하는 경우 적합한 공급방식이다.

44 정답 | ③
풀이 | 200톤=200,000kg=200m³
$200 = \dfrac{3.14}{4} \times (0.2)^2 \times V \times 3,600$
$\therefore V = \dfrac{200}{0.0314 \times 3,600} = 1.77 \text{m/s}$

45 정답 | ①
풀이 | 분별연소법 : H_2, CO가스 분석
①의 팔라듐관 연소법 : 수소량 검출

46 정답 | ②
풀이 | $C_2H_2 + H_2O$(촉매물을 부가)
↓ $HgSO_4$
CH_3CHO(아세트알데히드)

47 정답 | ③
풀이 | LPG
① 공기보다 무겁다.
② 발열량이 크고 기화, 액화가 용이하다.
③ 증발열이 크며 냉매로도 사용가능하다.

48 정답 | ③
풀이 | 분자량
① 공기(29)   ② 산소(32)
③ 아황산가스(64)   ④ 수소(2)
⑤ 탄산가스(44)

49 정답 | ③
풀이 | 시안화수소(HCN)
무색 투명한 가스로서 액화가스이며 특유의 복숭아향의 취기를 가진 독성(10ppm) 가스

50 정답 | ④
풀이 | ① 비열비 = $\dfrac{정압비열}{정적비열}$ = □ > 1
② 정압비열 > 정적비열

51 정답 | ①
풀이 | 비점
① 나프타(200~300℃)
② 에탄(−88.63℃)
③ 프로판(−42.1℃)
④ 부탄(−0.5℃)

52 정답 | ④
풀이 | 표준대기압(atm)
1.01325bar → 1,013mbar

53 정답 | ①
풀이 | 단열과정
계가 주위와의 열교환을 하지 않은 과정

54 정답 | ④
풀이 | $C_3H_8 + 5O_2 \rightarrow 3CO_2 + 4H_2O$
$C_4H_{10} + 6.5O_2 \rightarrow 4CO_2 + 5H_2O$
$\dfrac{(5 \times 0.6) + (6.5 \times 0.4)}{0.21} = 26.7 \text{mol}$

CBT 정답 및 해설

55 정답 | ④
풀이 | ① $CH_2 + 2O_2 \rightarrow CO_2 + 2H_2O$
② $C_2H_6 + 3.5O_2 \rightarrow 2CO_2 + 3H_2O$
$H_l = (8,124 \times 0.95) + (14,602 \times 0.05)$
$= 7,717.8 + 730.1 = 8,447.9 cal/L$

56 정답 | ④
풀이 | 염소는 습한 상태에서만 강재에 부식성을 나타낸다.
$H_2O + Cl_2 \rightarrow HCl + HClO$
$Fe + 2HCl \rightarrow FeCl_2 + H_2$

57 정답 | ②
풀이 | LNG : 액화천연가스
LPG : 액화석유가스
SNG : 대체천연가스(합성천연가스)

58 정답 | ③
풀이 | 비열(kcal/kg·K)이 크면 온도상승이 느리다.

59 정답 | ①
풀이 | 황화수소(H_2S)는 습기(H_2O)를 함유한 공기중에서 금, 백금 이외의 거의 모든 금속과는 반응하여 황화물을 만든다.
$4Cu + 2H_2S + O_2 \rightarrow 2Cu_2S + 2H_2O$

60 정답 | ①
풀이 | 기체의 체적이 커지면 밀도(kgf/m^3)는 작아진다.

06회 실전점검! CBT 실전모의고사

01 가연성 물질을 취급하는 설비의 주위라 함은 방류둑을 설치한 가연성 가스 저장탱크에서 당해 방류둑 외면으로부터 몇 m 이내를 말하는가?
① 5
② 10
③ 15
④ 20

02 도시가스의 가스발생설비, 가스정제설비, 가스홀더 등이 설치된 장소 주위에는 철책 또는 철망 등의 경계책을 설치하여야 하는데 그 높이는 몇 m 이상으로 하여야 하는가?
① 1
② 1.5
③ 2.0
④ 3.0

03 액화가스를 충전하는 탱크는 그 내부에 액면요동을 방지하기 위하여 무엇을 설치하는가?
① 방파판
② 보호판
③ 박강판
④ 후강판

04 다음 중 용기보관장소에 충전용기를 보관할 때의 기준으로 틀린 것은?
① 충전용기와 잔가스용기는 각각 구분하여 보관할 것
② 가연성 가스, 독성 가스 및 산소의 용기는 각각 구분하여 보관할 것
③ 충전용기는 항상 50℃ 이하의 온도를 유지하고 직사광선을 받지 아니하도록 할 것
④ 용기보관 장소의 주위 2m 이내에는 화기 또는 인화성 물질이나 발화성 물질을 두지 아니할 것

05 산소없이 분해폭발을 일으키는 물질이 아닌 것은?
① 아세틸렌
② 히드라진
③ 산화에틸렌
④ 시안화수소

06 차량에 고정된 탱크로부터 가스를 저장탱크에 이송할 때의 작업내용으로 가장 거리가 먼 것은?
① 부근의 화기 유무를 확인한다.
② 차바퀴 전후를 고정목으로 고정한다.
③ 소화기를 비치한다.
④ 정전기제거용 접지코드를 제거한다.

07 다음 중 공기 중에서 폭발범위가 가장 넓은 가스는?
① 황화수소
② 암모니아
③ 산화에틸렌
④ 프로판

08 고압가스 용기 중 동일 차량에 혼합 적재하여 운반하여도 무방한 것은?
① 산소와 질소, 탄산가스
② 염소와 아세틸렌, 암모니아 또는 수소
③ 동일 차량에 용기의 밸브가 서로 마주보게 적재한 가연성 가스와 산소
④ 충전용기와 위험물안전관리법이 정하는 위험물

09 압축 가연성 가스 몇 m^3 이상을 차량에 적재하여 운반하는 때에 운반책임자를 동승시켜 운반에 대한 감독 또는 지원을 하도록 되어 있는가?
① 100
② 300
③ 600
④ 1,000

10 일산화탄소와 공기의 혼합가스는 압력이 높아지면 폭발범위는 어떻게 되는가?
① 변함없다.
② 좁아진다.
③ 넓어진다.
④ 일정치 않다.

11 품질검사 기준 중 산소의 순도측정에 사용되는 시약은?
① 동·암모니아 시약
② 발연황산 시약
③ 피로갈롤 시약
④ 하이드로설파이드 시약

12 LP가스용기 충전시설을 설치하는 경우 저장탱크의 주위에는 액상의 LP가스가 유출하지 아니하도록 방류둑을 설치하여야 한다. 다음 중 얼마의 저장량 이상일 때 방류둑을 설치하여야 하는가?
① 500톤
② 1,000톤
③ 1,500톤
④ 2,000톤

13 다음 중 독성 가스의 가스설비 배관을 2중관으로 하지 않아도 되는 가스는?
① 암모니아
② 염소
③ 황화수소
④ 불소

14 도시가스사용시설 중 20A 가스관에 대한 고정장치의 간격으로 옳은 것은?
① 1m
② 2m
③ 3m
④ 5m

15 도시가스사업법에서 정한 중압의 기준은?
① 0.1MPa 미만의 압력
② 1MPa 미만의 압력
③ 0.1MPa 이상 1MPa 미만의 압력
④ 1MPa 이상의 압력

16 다음 중 독성 가스 재해설비를 갖추어야 하는 시설이 아닌 것은?
① 아황산가스 및 암모니아 충전설비
② 염소 및 황화수소 충전설비
③ 프레온 가스를 사용한 냉동제조시설 및 충전시설
④ 염화메탄 충전설비

17 0℃, 1atm에서 4L이던 기체는 273℃, 1atm일 때 몇 L가 되는가?
① 2 ② 4
③ 8 ④ 12

18 LP가스설비 중 조정기(Regulator) 사용의 주된 목적은?
① 유량 조절 ② 발열량 조절
③ 유속 조절 ④ 공급압력 조절

19 용기밸브의 그랜트 너트의 6각 모서리에 V형의 홈을 낸 것은 무엇을 표시하는가?
① 왼나사임을 표시
② 오른나사임을 표시
③ 암나사임을 표시
④ 수나사임을 표시

20 고압가스 충전용기 파열사고의 직접 원인으로 가장 거리가 먼 것은?
① 질소 용기 내에 5%의 산소가 존재할 때
② 재료의 불량이나 용기가 부식되었을 때
③ 가스가 과충전되어 있을 때
④ 충전용기가 외부로부터 열을 받았을 때

21 도시가스 공급시설 중 저장탱크 주위의 온도상승 방지를 위하여 설치하는 고정식 물분무장치의 단위면적당 방사능력의 기준은?(단, 단열재를 피복한 준내화구조 저장탱크가 아니다.)

① 2.5L/분·m^2 이상
② 5L/분·m^2 이상
③ 7.5L/분·m^2 이상
④ 10L/분·m^2 이상

22 일산화탄소의 경우 가스누출검지 경보장치의 검지에서 발신까지 걸리는 시간은 경보농도의 1.6배 농도에서 몇 초 이내로 규정되어 있는가?

① 10
② 20
③ 30
④ 60

23 다음 중 운전 중의 제조설비에 대한 일일점검항목이 아닌 것은?

① 회전기계의 진동, 이상음, 이상온도 상승
② 인터록의 작동
③ 제조설비 등으로부터의 누출
④ 제조설비의 조업조건의 변동사항

24 가스중독의 원인이 되는 가스가 아닌 것은?

① 시안화수소
② 염소
③ 아황산가스
④ 수소

25 겨울철 LP가스용기에 서릿발이 생겨 가스가 잘 나오지 않을 경우 가스를 사용하기 위한 가장 적절한 조치는?

① 연탄불로 쪼인다.
② 용기를 힘차게 흔든다.
③ 열 습포를 사용한다.
④ 90℃ 정도의 물을 용기에 붓는다.

26 고압가스를 차량으로 운반할 때 몇 km 이상의 거리를 운행하는 경우에 중간에 휴식을 취한 후 운행하도록 되어 있는가?
① 100   ② 200
③ 300   ④ 400

27 다음 중 천연가스 지하매설배관의 퍼지용으로 주로 사용되는 가스는?
① H_2 ② Cl_2
③ N_2 ④ O_2

28 고압가스 특정제조의 플레어스택 설치기준에 대한 설명이 아닌 것은?
① 가연성 가스가 플레어스택에 항상 10% 정도 머물 수 있도록 그 높이를 결정하여 시설한다.
② 플레어스택에서 발생하는 복사열이 다른 시설에 영향을 미치지 않도록 안전한 높이와 위치에 설치한다.
③ 플레어스택에서 발생하는 최대열량에 장시간 견딜 수 있는 재료와 구조이어야 한다.
④ 파일럿 버너를 항상 점화하여 두는 등 플레어스택에 관련된 폭발을 방지하기 위한 조치를 한다.

29 액화석유가스를 자동차에 충전하는 충전호스의 길이는 몇 m 이내이어야 하는가? (단, 자동차 제조공정 중에 설치된 것을 제외한다.)
① 3   ② 5
③ 8   ④ 10

30 선박용 액화석유가스 용기의 표시방법으로 옳은 것은?
① 용기의 상단부에 폭 2cm의 황색 띠를 두 줄로 표시한다.
② 용기의 상단부에 폭 2cm의 백색 띠를 두 줄로 표시한다.
③ 용기의 상단부에 폭 5cm의 황색 띠를 한 줄로 표시한다.
④ 용기의 상단부에 폭 5cm의 백색띠를 한 줄로 표시한다.

31 다음 중 고압가스용 금속재료에서 내질화성(耐窒化性)을 증대시키는 원소는?
① Ni
② Al
③ Cr
④ Mo

32 나사압축기에서 수로터 직경 150mm, 로터 길이 100mm, 수로터 회전수 350rpm 이라고 할 때 이론적 토출량은 약 몇 m^3/min인가?(단, 로터 형상에 의한 계수(C_v)는 0.467이다.)
① 0.11
② 0.21
③ 0.37
④ 0.47

33 가스버너의 일반적인 구비조건으로 옳지 않은 것은?
① 화염이 안정될 것
② 부하조절비가 적을 것
③ 저공기비로 완전 연소할 것
④ 제어하기 쉬울 것

34 다음 중 비접촉식 온도계에 해당되는 것은?
① 열전도온도계
② 압력식 온도계
③ 광고온계
④ 저항온도계

35 다음 흡수분석법 중 오르사트법에 의해서 분석되는 가스가 아닌 것은?
① CO_2
② C_2H_6
③ O_2
④ CO

36 다음 중 정유가스(Off 가스)의 주성분은?

① $H_2 + CH_4$
② $CH_4 + CO$
③ $H_2 + CO$
④ $CO + C_3H_8$

37 다음 중 주철관에 대한 접합법이 아닌 것은?

① 기계적 접합
② 소켓 접합
③ 플레어 접합
④ 빅토릭 접합

38 다음 중 저압식 공기액화분리장치에서 사용되지 않는 장치는?

① 여과기
② 축냉기
③ 액화기
④ 중간냉각기

39 흡수식 냉동기에서 냉매로 물을 사용할 경우 흡수제로 사용하는 것은?

① 암모니아
② 사염화에탄
③ 리튬브로마이드
④ 파라핀 유

40 다음 유량계 중 간접 유량계가 아닌 것은?

① 피토관
② 오리피스미터
③ 벤투리미터
④ 습식 가스미터

41 LPG, 액화가스와 같은 저비점의 액체에 가장 적합한 펌프의 축봉 장치는?

① 싱글시일형
② 더블시일형
③ 언밸런스시일형
④ 밸런스시일형

42 가스액화분리장치 중 축냉기에 대한 설명으로 틀린 것은?

① 열교환기이다.
② 수분을 제거시킨다.
③ 탄산가스를 제거시킨다.
④ 내부에는 열용량이 적은 충전물이 되어 있다.

43 공기액화분리기 내의 CO_2를 제거하기 위해 NaOH 수용액을 사용한다. 1.0kg의 CO_2를 제거하기 위해서는 약 몇 kg의 NaOH를 가해야 하는가?

① 0.9
② 1.8
③ 3.0
④ 3.8

44 펌프의 캐비테이션 발생에 따라 일어나는 현상이 아닌 것은?

① 양정곡선이 증가한다.
② 효율곡선이 저하한다.
③ 소음과 진동이 발생한다.
④ 깃에 대한 침식이 발생한다.

45 LP가스를 자동차용 연료로 사용할 때의 특징에 대한 설명 중 틀린 것은?

① 완전연소가 쉽다.
② 배기가스에 독성이 적다.
③ 기관의 부식 및 마모가 적다.
④ 시동이나 급가속이 용이하다.

46 진공압이 57cmHg일 때 절내압력은?(단, 대기압은 760mmHg이다.)

① $0.19kg/cm^2 \cdot a$
② $0.26kg/cm^2 \cdot a$
③ $0.31kg/cm^2 \cdot a$
④ $0.38kg/cm^2 \cdot a$

47 다음 온도의 환산식 중 틀린 것은?

① °F = 1.8℃ + 32
② ℃ = $\frac{5}{6}$(°F − 32)
③ °R = 460 + °F
④ °R = $\frac{5}{9}$K

48 다음 암모니아에 대한 설명 중 틀린 것은?

① 무색 무취의 가스이다.
② 암모니아가 분해하면 질소와 수소가 된다.
③ 물에 잘 용해된다.
④ 유안 및 요소의 제조에 이용된다.

49 다음 [보기]와 같은 반응은 어떤 반응인가?

[보기]
$CH_4 + Cl_2 \rightarrow CH_3Cl + HCl$
$CH_3Cl + Cl_2 \rightarrow CH_2Cl_2 + HCl$

① 첨가
② 치환
③ 중합
④ 축합

50 에틸렌(C_2H_4)이 수소와 반응할 때 일으키는 반응은?

① 환원반응
② 분해반응
③ 제거반응
④ 첨가반응

51 파라핀계 탄화수소 중 간단한 형의 화합물로서 불순물을 전혀 함유하지 않는 도시가스의 원료는?

① 액화천연가스
② 액화석유가스
③ Off 가스
④ 나프타

52 다음 중 1기압(1atm)과 같지 않은 것은?

① 760mmHg
② 0.987bar
③ 10.332mH₂O
④ 101.3kPa

53 다음 비열(Specific Heat)에 대한 설명 중 틀린 것은?

① 어떤 물질 1kg을 1℃ 변화시킬 수 있는 열량이다.
② 일반적으로 금속은 비열이 작다.
③ 비열이 큰 물질일수록 온도의 변화가 쉽다.
④ 물의 비열은 약 1kcal/kg·℃이다.

54 다음은 산소에 대한 설명 중 틀린 것은?

① 폭발한계는 공기 중과 비교하면 산소 중에서는 현저하게 넓어진다.
② 화학반응에 사용하는 경우에는 산화물이 생성되어 폭발의 원인이 될 수 있다.
③ 산소는 치료의 목적으로 의료계에 널리 이용되고 있다.
④ 환원성을 이용하여 금속제련에 사용한다.

55 다음 수소(H_2)에 대한 설명으로 옳은 것은?

① 3중 수소는 방사능을 갖는다.
② 밀도가 크다.
③ 금속재료를 취화시키지 않는다.
④ 열전달률이 아주 작다.

56 다음 탄화수소에 대한 설명 중 틀린 것은?
① 외부의 압력이 커지게 되면 비등점은 낮아진다.
② 탄소수가 같을 때 포화 탄화수소는 불포화 탄화수소보다 비등점이 높다.
③ 이성체 화합물에서는 Normal은 Iso보다 비등점이 높다.
④ 분자 중의 탄소 원자수가 많아질수록 비등점은 높아진다.

57 프로판가스 1kg의 기화열은 약 몇 kcal인가?
① 75
② 92
③ 102
④ 539

58 산소 용기에 부착된 압력계의 읽음이 $10kgf/cm^2$이었다. 이때 절대압력은 몇 kgf/cm^2인가?(단, 대기압은 $1.033kgf/cm^3$이다.)
① 1.033
② 8.967
③ 10
④ 11.033

59 다음 중 일반적인 석유정제과정에서 발생되지 않는 가스는?
① 암모니아
② 프로판
③ 메탄
④ 부탄

60 다음 아세틸렌에 대한 설명 중 틀린 것은?
① 연소시 고열을 얻을 수 있어 용접용으로 쓰인다.
② 압축하면 폭발을 일으킨다.
③ 2중 결합을 가진 불포화탄화수소이다.
④ 구리, 은과 반응하여 폭발성의 화합물을 만든다.

CBT 정답 및 해설

01	02	03	04	05	06	07	08	09	10
②	②	①	③	④	④	③	①	②	②
11	12	13	14	15	16	17	18	19	20
①	②	④	②	③	③	③	④	①	①
21	22	23	24	25	26	27	28	29	30
②	④	②	④	③	②	③	①	②	②
31	32	33	34	35	36	37	38	39	40
①	③	②	③	②	①	③	④	③	④
41	42	43	44	45	46	47	48	49	50
④	④	②	①	④	②	④	①	②	④
51	52	53	54	55	56	57	58	59	60
①	②	③	④	①	①	③	④	①	③

01 정답 | ②
풀이 | 방류둑 외면 10m 이내는 설비의 주위이다.

02 정답 | ②
풀이 | 경계책 높이 : 1.5m 이상

03 정답 | ①
풀이 | 방파판
    액면요동 방지

04 정답 | ③
풀이 | 충전용기 : 항상 40℃ 이하 유지

05 정답 | ④
풀이 | 시안화수소
    ① 산화폭발   ② 중합폭발

06 정답 | ④
풀이 | 차량에 고정된 탱크와 지상의 저장탱크에 액화가스 이송 시 정전기 제거 접지코드를 연결

07 정답 | ③
풀이 | ① 황화수소(H_2S) : 4.3~45%
    ② 암모니아(NH_3) : 15~28%
    ③ 산화에틸렌(C_2H_4O) : 3~80%
    ④ 프로판(C_3H_8) : 2.1~9.5%

08 정답 | ①
풀이 | ① 산소 : 조연성 가스
    ② 질소 : 불연성 가스(폭발범위 없음)
    ③ 탄산가스 : 불연성 가스(폭발범위 없음)

09 정답 | ②
풀이 | 가연성 압축가스 운반 책임자 동승기준은 300m³ 이상 (가연성 액화가스는 3,000kg 이상)

10 정답 | ②
풀이 | 일산화탄소(CO)가스는 압력이 높아지면 폭발범위는 좁아진다.(단, 타 가스는 커진다.)

11 정답 | ①
풀이 | ① 산소 : 동 · 암모니아 시약(99.5% 이상)
    ② 아세틸렌 : 발열황산시약(98% 이상)
    ③ 수소 : 하이드로설파이드 시약(98.5% 이상)

12 정답 | ②
풀이 | LPG 저장탱크 용량 1,000톤 이상
    방류둑 설치

13 정답 | ④
풀이 | ① 2중관 고압가스 대상(하천 등 횡단설비에서)
    염소>포스겐>불소>아크릴알데히드>아황산가스>시안화수소>황화수소
    ② 독성 가스 재해설비 : 아황산가스, 암모니아, 염소, 염화메탄, 산화에틸렌, 시안화수소, 포스겐, 황화수소

14 정답 | ②
풀이 | ① 13mm 이상~33mm 미만 : 2m
    ② 33mm 이상 : 3m
    ③ 13mm 미만 : 1m

15 정답 | ③
풀이 | ① : 저압가스
    ② : 중압가스
    ④ : 고압가스

16 정답 | ③
풀이 | 프레온가스
    냉매가스

17 정답 | ③
풀이 | $V_2 = V_1 \times \dfrac{T_2}{T_1} = 4 \times \dfrac{273+273}{273} = 8L$

CBT 정답 및 해설

18 정답 | ④
풀이 | 압력조정기
       가스공급압력 조절

19 정답 | ①
풀이 | 그랜드 너트 6각 모서리 V형 표시
       왼나사 표시

20 정답 | ①
풀이 | 질소는 불연성 가스이므로 조연성 가스 산소와는 폭발성이 없고 과충전에 의한 압력초과 폭발은 가능하다.

21 정답 | ②
풀이 | ① 저장탱크 전표면 : 8L/분·m^2 이상
     ② 내화구조 : 4L/분·m^2 이상
     ③ 준내화구조 : 6.5L/분·m^2 이상
     ④ 도시가스 : 5L/분·m^2 이상(준내화구조는 2.5L)

22 정답 | ④
풀이 | ① 일반가연성, 독성 : 30초 이내
     ② 암모니아, 일산화탄소 : 60초 이내(1분)

23 정답 | ②
풀이 | 인터록 작동은 긴급시에만 작동된다.

24 정답 | ④
풀이 | ① 수소는 가연성 가스이다.
     ② 시안화수소, 아황산가스, 염소는 독성 가스이다.

25 정답 | ③
풀이 | LP가스 동결 시 열습포(40℃ 이하) 사용

26 정답 | ②
풀이 | 중간 휴식
       200km 운행 시마다

27 정답 | ③
풀이 | 지하매설배관용 퍼지가스
       질소

28 정답 | ①
풀이 | 플레어스택 위치 및 높이는 플레어스택 바로 지표면에 미치는 복사열이 4,000kcal/m^2h 이하가 되는 곳이다.

29 정답 | ②
풀이 | 자동차 충전 호스길이
       5m 이내

30 정답 | ②
풀이 | 선박용 액화석유가스 용기 표시방법
       용기 상단부에 폭 2cm의 백색 띠를 두 줄로 표시한다.

31 정답 | ①
풀이 | 내질화성 원소
       니켈(Ni)

32 정답 | ③
풀이 | $Q = K \times D^3 \times \dfrac{L}{D} \times N \times 60$

      $= 0.467 \times (0.15)^3 \times \dfrac{0.1}{0.15} \times 350$

      $= 0.3677 m^3/min$

33 정답 | ②
풀이 | 가스버너는 부하조절비가 클 것

34 정답 | ③
풀이 | 비접촉식 온도계
     ① 광고온도계
     ② 방사온도계
     ③ 색 온도계
     ④ 광전관식 온도계

35 정답 | ②
풀이 | 오르사트법에 의한 분석가스
     ① CO_2
     ② O_2
     ③ CO
     ④ $N_2 = 100 - (CO_2 + O_2 + CO)$

36 정답 | ①
풀이 | 정유 Off 가스 주성분
     ① H_2(수소)
     ② CH_4(메탄)

37 정답 | ③
풀이 | 플레어 접합(압축이음)
       20A 이하의 동관용 접합용(분해가 가능)

38 정답 | ④
풀이 | 중간냉각기는 2단 압축 압축기에서 채택된다.

39 정답 | ③
풀이 | 흡수식 냉동기
① 냉매 : H_2O
② 흡수제 : LiBr(리튬브로마이드)

40 정답 | ④
풀이 | 직접식 유량계
① 가스미터기 ② 오벌기어식
③ 루트식   ④ 로터리 피스톤식
⑤ 회전원판식

41 정답 | ④
풀이 | 밸런스 시일
LPG와 같은 저비점 액화가스용 축봉장치

42 정답 | ④
풀이 | 축냉기
가스액화장치에 사용되며 열교환과 동시에 원료 공기 중의 불순물인 H_2O와 CO_2(탄산가스)를 제거시키는 일종의 열교환기이다.

43 정답 | ②
풀이 | $2NaOH + CO_2 \rightarrow NaCO_3 + H_2O$
80kg + 44kg
∴ $\frac{80}{44} = 1.818$ kg/kg

44 정답 | ①
풀이 | 캐비테이션(펌프의 공동현상)이 발생하면 양정곡선이 감소한다.

45 정답 | ④
풀이 | LP가스는 연소상태가 완만하나 고로 급속가속은 곤란하다.

46 정답 | ②
풀이 | 760mmHg(76cmHg)
76 − 57 = 19cmHg(절대압)
∴ $1.033 \times \frac{19}{76} = 0.25825$ kgf/cm² · a

47 정답 | ④
풀이 | °R = K × 1.8
※ °R(랭킨절대온도), K(켈빈절대온도)

48 정답 | ①
풀이 | 암모니아(NH_3)가스는 상온 상압에서 자극성 냄새를 가진 무색의 기체이다.

49 정답 | ②
풀이 | 치환반응(AB + C → AC + B)
홑원소 물질이 화합물과 반응하여 화합물의 구성원소 일부가 바뀌는 반응이다.

50 정답 | ④
풀이 | $C_2H_4 + H_2 \rightarrow C_2H_6$(에탄)
부가반응(첨가반응)

51 정답 | ①
풀이 | 액화천연가스 : 불순물을 포함하지 않는 도시가스로 사용하며 주성분이 메탄(CH_4)이다.
전처리 : 제진 → 탈유 → 탈향 → 탈수 → 탈습 등

52 정답 | ②
풀이 | 표준대기압(atm)
760mmHg = 1.0332kgf/cm²a
10.332mmAq = 30inHg = 14.7 lb/in²
= 1.013bar = 101,325N/m²
= 101.325kPa

53 정답 | ③
풀이 | 비열이 큰 물질은 데우기가 어렵고 온도변화가 수월하지 않다.(단위 : kcal/kg · K) 또는 kJ/kg · K이다.

54 정답 | ④
풀이 | CO가스는 강한 환원성을 가지고 있어서 각종 금속을 단체로 생성한다.(금속의 야금법에 사용)
$CuO + CO \rightarrow CO_2 + Cu$ 등

55 정답 | ①
풀이 | 수소(H_2)가스
① 수소의 밀도 : $2kg/22.4m^3 = 0.089kg/m^3$
② 수소취성을 일으킨다. : $Fe_3C + 2H_2 \rightarrow CH_4 + 3Fe$
③ 열전도율이 매우 크고 열에 대해 안정하다.

CBT 정답 및 해설

56 정답 | ①
풀이 | 탄화수소는 외부압력이 커지면 비등점이 높아진다.

57 정답 | ③
풀이 | 프로판가스(C_3H_8)는 기화열이 102kcal/kg, 부탄가스는 92kcal/kg이다.

58 정답 | ④
풀이 | abs = 10 + 1.033 = 11.033kgf/cm^2

59 정답 | ①
풀이 | 석유정제과정에서 발생되는 가스는 LPG, 메탄, 나프타 등이다.

60 정답 | ③
풀이 | C_2H_2(아세틸렌) 3분자가 중합하여 벤젠이 된다.
$$3C_2H_2 \xrightarrow[500℃]{Fe} C_6H_6(벤젠)$$

07회 실전점검! CBT 실전모의고사

01 가스용기의 취급 및 주의사항에 대한 설명 중 틀린 것은?
① 충전 시 용기는 용기 재검사기간이 지나지 않았는지를 확인한다.
② LPG 용기나 밸브를 가열할 때는 뜨거운 물(40℃ 이상)을 사용해야 한다.
③ 충전한 후에는 용기밸브의 누출 여부를 확인한다.
④ 용기 내에 잔류물이 있을 때에는 잔류물을 제거하고 충전한다.

02 LP 가스설비를 수리할 때 내부의 LP가스를 질소 또는 물로 치환하고, 치환에 사용된 가스나 액체를 공기로 재치환하여야 하는데, 이때 공기에 의한 재치환 결과가 산소농도 측정기로 측정하여 산소농도가 얼마의 범위 내에 있을 때까지 공기로 재치환하여야 하는가?
① 4~6%
② 7~11%
③ 12~16%
④ 18~22%

03 가스 사용시설의 배관을 움직이지 아니하도록 고정 부착하는 조치에 대한 설명 중 틀린 것은?
① 관경이 13mm 미만의 것에는 1,000mm마다 고정부착하는 조치를 해야 한다.
② 관경이 33mm 이상의 것에는 3,000mm마다 고정부착하는 조치를 해야 한다.
③ 관경이 13mm 이상 33mm 미만의 것에는 2,000mm마다 고정부착하는 조치를 해야 한다.
④ 관경이 43mm 이상의 것에는 4,000mm마다 고정부착하는 조치를 해야 한다.

04 내용적이 300L인 용기에 액화암모니아를 저장하려고 한다. 이 저장설비의 저장능력은 얼마인가?(단, 액화암모니아의 충전정수는 1.86이다.)
① 161kg
② 232kg
③ 279kg
④ 558kg

05 도시가스 공급배관에서 입상관의 밸브는 바닥으로부터 몇 m 범위로 설치하여야 하는가?

① 1m 이상, 1.5m 이내
② 1.6m 이상, 2m 이내
③ 1m 이상, 2m 이내
④ 1.5m 이상, 3m 이내

06 다음 가스의 저장시설 중 반드시 통풍구조로 하여야 하는 곳은?

① 산소 저장소
② 질소 저장소
③ 헬륨 저장소
④ 부탄 저장소

07 독성 가스 제조시설 식별표지의 글씨 색상은?(단, 가스의 명칭은 제외한다.)

① 백색
② 적색
③ 노란색
④ 흑색

08 다음 독성 가스 중 제독제로 물을 사용할 수 없는 것은?

① 암모니아
② 아황산가스
③ 염화메탄
④ 황화수소

09 다음 중 공기액화분리장치에서 발생할 수 있는 폭발의 원인으로 볼 수 없는 것은?

① 액체공기 중에 산소의 혼입
② 공기 취입구에서 아세틸렌의 침입
③ 윤활유 분해에 의한 탄화수소의 생성
④ 산화질소(NO), 과산화질소(NO_2)의 혼입

10 일반도시가스 공급시설의 시설기준으로 틀린 것은?

① 가스공급 시설을 설치하는 실(제조소 및 공급소 내에 설치된 것에 한 함)은 양호한 통풍구조로 한다.
② 제조소 또는 공급소에 설치한 가스가 통하는 가스 공급 시설의 부근에 설치하는 전기설비는 방폭성능을 가져야 한다.
③ 가스방출관의 방출구는 지면으로부터 5m 이상의 높이로 설치하여야 한다.
④ 고압 또는 중압의 가스공급시설은 최고 사용 압력의 1.1배 이상의 압력으로 실시하는 내압시험에 합격해야 한다.

11 산화에틸렌의 충전 시 산화에틸렌의 저장탱크는 그 내부의 분위기가스를 질소 또는 탄산가스로 치환하고 몇 ℃ 이하로 유지하여야 하는가?

① 5
② 15
③ 40
④ 60

12 LP가스의 용기보관실 바닥면적이 3m^{2}이라면 통풍구의 크기는 몇 cm^2 이상으로 하도록 되어 있는가?

① 500
② 700
③ 900
④ 1,100

13 고압가스 품질검사에서 산소의 경우 동·암모니아 시약을 사용한 오르사트법에 의한 시험에서 순도가 몇 % 이상이어야 하는가?

① 98
② 98.5
③ 99
④ 99.5

14 다음 각 가스의 위험성에 대한 설명 중 틀린 것은?

① 가연성 가스의 고압배관 밸브를 급격히 열면 배관 내의 철, 녹 등이 급격히 움직여 발화의 원인이 될 수 있다.
② 염소와 암모니아가 접촉할 때, 염소 과잉의 경우는 대단히 강한 폭발성 물질인 NCl_3를 생성하여 사고 발생의 원인이 된다.
③ 아르곤은 수은과 접촉하면 위험한 성질인 아르곤 수은을 생성하여 사고발생의 원인이 된다.
④ 암모니아용의 장치나 계기로서 구리나 구리합금을 사용하면 금속이온과 반응하여 착이온을 만들어 위험하다.

15 아세틸렌 용기에 다공질 물질을 고루 채운 후 아세틸렌을 충전하기 전에 침윤시키는 물질은?

① 알코올
② 아세톤
③ 규조토
④ 탄산마그네슘

16 액화석유가스가 공기 중에 누출 시 그 농도가 몇 %일 때 감지할 수 있도록 냄새가 나는 물질(부취제)을 섞는가?

① 0.1
② 0.5
③ 1
④ 2

17 탄화수소에서 탄소의 수가 증가할 때 생기는 현상으로 틀린 것은?

① 증기압이 낮아진다.
② 발화점이 낮아진다.
③ 비등점이 낮아진다.
④ 폭발하한계가 낮아진다.

18 압축 또는 액화 그 밖의 방법으로 처리할 수 있는 가스의 용적이 1일 $100m^3$ 이상인 사업소는 압력계를 몇 개 이상 비치하도록 되어 있는가?
① 1　　　　　② 2
③ 3　　　　　④ 4

19 다음 중 아세틸렌, 암모니아 또는 수소와 동일 차량에 적재 운반할 수 없는 가스는?
① 염소　　　　② 액화석유가스
③ 질소　　　　④ 일산화탄소

20 다음 각 가스의 성질에 대한 설명으로 옳은 것은?
① 산화에틸렌은 분해폭발성 가스이다.
② 포스겐의 비점은 -128℃로서 매우 낮다.
③ 염소는 가연성 가스로서 물에 매우 잘 녹는다.
④ 일산화탄소는 가연성이며 액화하기 쉬운 가스이다.

21 용기 또는 용기밸브에 안전밸브를 설치하는 이유는?
① 규정량 이상의 가스를 충전시켰을 때 여분의 가스를 분출하기 위해
② 용기 내 압력이 이상 상승 시 용기파열을 방지하기 위해
③ 가스출구가 막혔을 때 가스출구로 사용하기 위해
④ 분석용 가스출구로 사용하기 위해

22 다음 중 연소기구에서 발생할 수 있는 역화(Back Fire)의 원인이 아닌 것은?
① 염공이 적게 되었을 때
② 가스의 압력이 너무 낮을 때
③ 콕이 충분히 열리지 않았을 때
④ 버너 위에 큰 용기를 올려서 장시간 사용할 경우

23 방류둑의 내측 및 그 외면으로부터 몇 m 이내에 그 저장탱크의 부속설비 외의 것을 설치하지 못하도록 되어 있는가?

① 10
② 20
③ 30
④ 50

24 도시가스 지하 매설용 중압 배관의 색상은?

① 황색
② 적색
③ 청색
④ 흑색

25 고압가스 특정제조시설 중 비가연성 가스의 저장탱크는 몇 m^3 이상일 경우에 지진 영향에 대한 안전한 구조로 설계하여야 하는가?

① 5
② 250
③ 500
④ 1,000

26 독성 가스의 저장탱크에는 가스의 용량이 그 저장탱크 내용적의 90%를 초과하는 것을 방지하는 장치를 설치하여야 한다. 이 장치를 무엇이라고 하는가?

① 경보장치
② 액면계
③ 긴급차단장치
④ 과충전방지장치

27 다음 중 고압가스 운반 등의 기준으로 틀린 것은?

① 고압가스를 운반하는 때에는 재해방지를 위하여 필요한 주의사항을 기재한 서면을 운전자에게 교부하고 운전 중 휴대하게 한다.
② 차량의 고장, 교통사정 또는 운전자의 휴식 등 부득이한 경우를 제외하고는 장시간 정차하여서는 안 된다.
③ 고속도로 운행 중 점심식사를 하기 위해 운반책임자와 운전자가 동시에 차량을 이탈할 때에는 시건장치를 하여야 한다.
④ 지정한 도로, 시간, 속도에 따라 운반하여야 한다.

28 다음 가스 중 착화온도가 가장 낮은 것은?
① 메탄
② 에틸렌
③ 아세틸렌
④ 일산화탄소

29 다음 중 보일러 중독사고의 주원인이 되는 가스는?
① 이산화탄소
② 일산화탄소
③ 질소
④ 염소

30 산소운반차량에 고정된 탱크의 내용적은 몇 L를 초과할 수 없는가?
① 12,000
② 18,000
③ 24,000
④ 30,000

31. 펌프를 운전할 때 송출압력과 송출유량이 주기적으로 변동하여 펌프의 토출구 및 흡입구에서 압력계의 지침이 흔들리는 현상을 무엇이라고 하는가?

① 맥동(Surging) 현상
② 진동(Vibration) 현상
③ 공동(Cavitation) 현상
④ 수격(Water Hammering) 현상

32. 다음 중 왕복식 펌프에 해당하는 것은?

① 기어펌프
② 베인펌프
③ 터빈펌프
④ 플런저펌프

33. 다음 배관부속품 중 관 끝을 막을 때 사용하는 것은?

① 소켓
② 캡
③ 니플
④ 엘보

34. 다음 중 흡수 분석법의 종류가 아닌 것은?

① 헴펠법
② 활성알루미나겔법
③ 오르사트법
④ 게겔법

35. 다이아프램식 압력계의 특징에 대한 설명 중 틀린 것은?

① 정확성이 높다.
② 반응속도가 빠르다.
③ 온도에 따른 영향이 적다.
④ 미소압력을 측정할 때 유리하다.

36 부하변화가 큰 곳에 사용되는 정압기의 특성을 의미하는 것은?
① 정특성
② 동특성
③ 유량특성
④ 속도특성

37 다음 중 저온장치에서 사용되는 저온단열법의 종류가 아닌 것은?
① 고진공 단열법
② 분말진공 단열법
③ 다층진공 단열법
④ 단층진공 단열법

38 루트 미터에 대한 설명으로 옳은 것은?
① 설치공간이 크다.
② 일반 수용가에 적합하다.
③ 스트레이너가 필요없다.
④ 대용량의 가스 측정에 적합하다.

39 다음 중 상온취성의 원인이 되는 원소는?
① S
② P
③ Cr
④ Mn

40 2,000rpm으로 회전하는 펌프를 3,500rpm으로 변환하였을 경우 펌프의 유량과 양정은 각각 몇 배가 되는가?
① 유량 : 2.65, 양정 : 4.12
② 유량 : 3.06, 양정 : 1.75
③ 유량 : 3.06, 양정 : 5.36
④ 유량 : 1.75, 양정 : 3.06

41 40L의 질소 충전용기에 20℃, 150atm의 질소가스가 들어있다. 이 용기의 질소분자의 수는 얼마인가?(단, 아보가드로수는 6.02×10^{23}이다.)
① 4.8×10^{21}
② 1.5×10^{24}
③ 2.4×10^{24}
④ 1.5×10^{26}

42 LP가스의 이송 설비 중 압축기에 의한 공급방식의 설명으로 틀린 것은?
① 이송시간이 짧다.
② 재액화의 우려가 없다.
③ 잔가스 회수가 용이하다.
④ 베이퍼록 현상의 우려가 없다.

43 원심식 압축기의 특징에 대한 설명으로 옳은 것은?
① 용량 조정 범위는 비교적 좁고, 어려운 편이다.
② 압축비가 크며, 효율이 대단히 높다.
③ 연속토출로 맥동현상이 크다.
④ 서징현상이 발생하지 않는다.

44 소용돌이를 유체 중에 일으켜 소용돌이의 발생수가 유속과 비례하는 것을 응용한 형식의 유량계는?
① 오리피스식
② 부자식
③ 와류식
④ 전자식

45 열전대 온도계 보호관의 구비조건에 대한 설명 중 틀린 것은?
① 압력에 견디는 힘이 강할 것
② 외부 온도 변화를 열전대에 전하는 속도가 느릴 것
③ 보호관 재료가 열전대에 유해한 가스를 발생시키지 않을 것
④ 고온에서도 변형되지 않고 온도의 급변에도 영향을 받지 않을 것

46 다음 가스의 일반적인 성질에 대한 설명으로 옳은 것은?

① 질소는 안정된 가스로 불활성 가스라고도 하며, 고온, 고압에서도 금속과 화합하지 않는다.
② 산소는 액체공기를 분류하여 제조하는 반응성이 강한 가스로 그 자신이 잘 연소한다.
③ 염소는 반응성이 강한 가스로 강재에 대하여 상온, 건조한 상태에서도 현저한 부식성을 갖는다.
④ 아세틸렌은 은(Ag), 수은(Hg) 등의 금속과 반응하여 폭발성 물질을 생성한다.

47 다음 가스 중 열전도율이 가장 큰 것은?

① H_2　　　② N_2
③ CO_2　　　④ SO_2

48 다음 중 게이지압력을 옳게 표시한 것은?

① 게이지압력 = 절대압력 − 대기압
② 게이지압력 = 대기압 − 절대압력
③ 게이지압력 = 대기압 + 절대압력
④ 게이지압력 = 절대압력 + 진공압력

49 다음 중 표준상태에서 가스상 탄화수소의 검도가 가장 높은 가스는?

① 에탄　　　② 메탄
③ 부탄　　　④ 프로판

50 다음 중 액화석유가스의 주성분이 아닌 것은?

① 부탄　　　② 메탄
③ 프로판　　　④ 프로필렌

51 다음 중 같은 조건하에서 기체의 확산속도가 가장 느린 것은?
① O_2
② CO_2
③ C_3H_8
④ C_4H_{10}

52 다음 중 LNG(액화천연가스)의 주성분은?
① C_3H_8
② C_2H_6
③ CH_4
④ H_2

53 다음의 가스가 누출될 때 사용되는 시험지와 변색 상태를 옳게 짝지어진 것은?
① 포스겐 : 하리슨시약 – 청색
② 황화수소 : 초산납시험지 – 흑색
③ 시안화수소 : 초산벤지딘지 – 적색
④ 일산화탄소 : 요오드칼륨전분지 – 황색

54 나프타의 성상과 가스화에 미치는 영향 중 PONA 값의 각 의미에 대하여 잘못 나타낸 것은?
① P : 파라핀계탄화수소
② O : 올레핀계탄화수소
③ N : 나프텐계탄화수소
④ A : 지방족탄화수소

55 아세틸렌의 분해폭발을 방지하기 위하여 첨가하는 희석제가 아닌 것은?
① 에틸렌
② 산소
③ 메탄
④ 질소

56 다음 중 NH₃의 용도가 아닌 것은?
① 요소 제조
② 질산 제조
③ 유안 제조
④ 포스겐 제조

57 다음 중 시안화수소에 안정제를 첨가하는 주된 이유는?
① 분해 폭발하므로
② 산화 폭발을 일으킬 염려가 있으므로
③ 시안화수소는 강한 인화성 액체이므로
④ 소량의 수분으로도 중합하여 그 열로 인해 폭발할 위험이 있으므로

58 다음 중 섭씨온도(℃)의 눈금과 일치하는 화씨온도(℉)는?
① 0   ② −10
③ −30 ④ −40

59 표준상태(0℃, 101.3kPa)에서 메탄(CH_4)가스의 비체적 (L/g)은 얼마인가?
① 0.71   ② 1.40
③ 1.71   ④ 2.40

60 도시가스 배관이 10m 수직 상승했을 경우 배관 내의 압력상승은 약 몇 Pa이 되겠는가?(단, 가스의 비중은 0.65이다.)
① 44   ② 64
③ 86   ④ 105

CBT 정답 및 해설

01	02	03	04	05	06	07	08	09	10
②	④	④	①	②	④	④	④	①	④
11	12	13	14	15	16	17	18	19	20
①	③	④	③	②	①	③	②	①	①
21	22	23	24	25	26	27	28	29	30
②	①	②	②	②	③	④	②	②	②
31	32	33	34	35	36	37	38	39	40
①	④	②	②	③	②	④	④	②	④
41	42	43	44	45	46	47	48	49	50
④	②	②	②	④	④	①	③	②	②
51	52	53	54	55	56	57	58	59	60
④	③	②	④	②	④	④	④	②	①

01 정답 | ②
풀이 | 가스용기의 가열물의 온도는 반드시 40℃ 이하이어야 한다.

02 정답 | ④
풀이 | LP 가스설비 수리 시 공기에 의한 재치환 시에 산소농도는 18~22% 농도이어야 한다.

03 정답 | ④
풀이 | 배관 관경 33mm 이상은 무조건 3,000mm(3m)마다 고정 부착시킨다.

04 정답 | ①
풀이 | $G = \dfrac{V}{C} = \dfrac{300}{1.86} = 161.29$kg

05 정답 | ②
풀이 | 도시가스 입상관의 밸브는 바닥에서 1.6 이상~2m 이내에 설치한다.

06 정답 | ④
풀이 | 부탄은 가연성 폭발가스이므로 반드시 통풍구조로 한다.

07 정답 | ④
풀이 | 식별표지
① 가스명칭 : 적색
② 글씨색상 : 흑색
③ 바탕색 : 백색

08 정답 | ④
풀이 | 황화수소 제독제
① 가성소다 수용액
② 탄산소다 수용액

09 정답 | ①
풀이 | 공기액화분리장치는 액화산소를 얻기 때문에 산소혼입은 무방

10 정답 | ④
풀이 | 일반도시가스 공급시설 내압시험
최고사용압력의 1.5배 이상 압력

11 정답 | ①
풀이 | 산화에틸렌가스(C_2H_4O)는 5℃ 이하로 유지

12 정답 | ③
풀이 | 바닥 1m² 당 통풍구 300cm² 이상
∴ 300×3 = 900cm² 이상 면적

13 정답 | ④
풀이 | ① 산소 : 99.5% 이상
② 아세틸렌 : 98% 이상
③ 수소 : 98.5% 이상

14 정답 | ③
풀이 | 아르곤은 불활성 가스이므로 다들 물질과 반응하지 않는다.

15 정답 | ②
풀이 | 침윤제
① 아세톤
② 디메틸 포름아미드

16 정답 | ①
풀이 | 부취제는 공기 중 $0.1\%\left(\dfrac{1}{1,000}\right)$에서 냄새구별이 가능하도록 주입시킨다.

17 정답 | ③
풀이 | 탄화수소에서는 탄소의 수가 증가할수록 비등점이 높아진다.

CBT 정답 및 해설

18 정답 | ②
풀이 | 1일 가스의 용적이 $100m^3$ 이상의 양을 압축, 액화시키는 사업소는 압력계가 2개 이상 비치하도록 한다.

19 정답 | ①
풀이 | Cl_2(염소)는 C_2H_2, NH_3, H_2 가스와는 동일 차량에 적재하지 않는다.

20 정답 | ①
풀이 | 산화에틸렌(C_2H_4O) 가스의 분해
　　　① 폭발성 인자 : 화염, 전기스파크, 충격, 아세틸드에 의해 분해폭발
　　　② 폭발방지가스 : 질소, 탄산가스, 불활성 가스

21 정답 | ②
풀이 | 안전밸브 설치 목적
　　　용기내 압력이 이상 상승 시 용기 파열을 방지하기 위해

22 정답 | ①
풀이 | ① 부식에 의해 염공이 크게 되면 역화 발생
　　　② 먼지 등에 의해 염공이 작아지면 선화 발생

23 정답 | ①
풀이 | 방류둑의 내측이나 그 외면으로부터 10m 이내에는 저장탱크 부속설비 외는 설치 불가

24 정답 | ②
풀이 | 도시가스 지하매설용 중압 배관 색상
　　　적색

25 정답 | ④
풀이 | 비가연성 가스의 저장탱크 내용적이 $1,000m^3$ 이상일 경우 지진영향에 대한 안전한 구조설계가 필요하다.

26 정답 | ④
풀이 | 과충전방지장치
　　　저장탱크 내용적의 90% 초과 투입량 방지장치

27 정답 | ③
풀이 | 운반 책임자와 운전자는 자동차에서 동시에 이탈하여서는 안 된다.

28 정답 | ③
풀이 | 메탄 : 450℃ 초과
　　　에틸렌 : 300~450℃ 이하
　　　일산화탄소 : 450℃ 초과
　　　아세틸렌 : 300~450℃ 이하

29 정답 | ②
풀이 | 보일러 불완전 가스 발생 가스
　　　CO 가스

30 정답 | ②
풀이 | 산소운반차량 고정탱크 내용적은 가연성 가스와 동일하게 18,000L를 초과하지 않는다.

31 정답 | ①
풀이 | 맥동(서징) 현상
　　　펌프 운전 시 송출압력과 송출유량이 주기적으로 변동 시 나타나는 현상

32 정답 | ④
풀이 | 플런저, 워싱턴, 웨어펌프
　　　왕복동 펌프

33 정답 | ②
풀이 | 캡, 플러그
　　　배관 끝막음 이음쇠

34 정답 | ②
풀이 | 활성알루미나겔
　　　수분흡수제

35 정답 | ③
풀이 | 다이아프램식 압력계는 온도의 영향을 받기 쉬우므로 주의한다.

36 정답 | ②
풀이 | 동특성
　　　부하변화가 큰 곳에 사용되는 정압기 특성

37 정답 | ④
풀이 | 저온 단열법
　　　㉠ 고진공 단열법
　　　㉡ 분말진공 단열법
　　　㉢ 다층진공 단열법

CBT 정답 및 해설

38 정답 | ④
풀이 | ① : 막식가스미터
② : 막식
④ : 루트미터 설명

39 정답 | ②
풀이 | 상온취성의 원인 원소
인(P)

40 정답 | ④
풀이 | ① 유량 $=\left(\dfrac{3,500}{2,000}\right)=1.75$배
② 양정 $=\left(\dfrac{3,500}{2,000}\right)^2=3.0625$배
③ 동력 $=\left(\dfrac{3,500}{2,000}\right)^3=5.359$배

41 정답 | ④
풀이 | $40 \times 150 = 6,000L = 267.857$ 몰(표준상태에서 1몰은 22.4L, 분자수는 6.02×10^{23}개의 분자가 포함)

42 정답 | ②
풀이 | 압축기이송방식은 온도하강 시 재액화 우려가 발생된다.

43 정답 | ①
풀이 | 원심식 압축기(터보형)는 용량조정범위가 비교적 좁고 어려운 편이다.(서징현상발생)

44 정답 | ③
풀이 | 와류식 유량계
소용돌이를 유체 중에 일으켜 유속과 함께 유량 측정

45 정답 | ②
풀이 | 열전대 보호관은 외부 온도 변화를 열전대에 신속히 전달되어야 한다.

46 정답 | ④
풀이 | $C_2H_2 + 2Hg(수은) \rightarrow Hg_2C_2 + H_2$
$C_2H_2 + 2Ag(은) \rightarrow Ag_2C_2 + H_2$
$C_2H_2 + 2Cu(동) \rightarrow Cu_2C_2 + H_2$

47 정답 | ①
풀이 | 수소가스는 열전도율(kcal/mh℃)이 매우 크다.

48 정답 | ①
풀이 | 게이지압력 = 절대압력 – 대기압력
절대압력 = ㉠ 게이지압력 + 대기압력
㉡ 대기압력 – 진공압력

49 정답 | ②
풀이 | 메탄가스는 탄화수소 중 점도가 가장 높다.

50 정답 | ②
풀이 | 액화석유가스(LPG)
① 프로판 및 프로필렌
② 부탄 및 부틸렌

51 정답 | ④
풀이 | 기체의 확산속도비
$\dfrac{u_O}{u_H} = \sqrt{\dfrac{M_H}{M_O}}$ 에서 분자량의 제곱근에 반비례하므로 분자량이 커지는 기체는 확산속도가 느려진다.

52 정답 | ③
풀이 | LNG 주성분
메탄가스(CH_4)

53 정답 | ②
풀이 | 황화수소(H_2S)
초산납시험지(연당지) → 누설 시 흑색변화(포스겐은 오렌지색, 시안화수소는 청색, 일산화탄소는 염화파라듐지 및 흑색 변화)

54 정답 | ④
풀이 | A : 방향족탄화수소

55 정답 | ②
풀이 | 희석가스
에틸렌, 메탄, 질소, 프로판 등

56 정답 | ④
풀이 | 포스겐($COCl_2$) = $CO + Cl_2$

57 정답 | ④
풀이 | 시안화수소(HCN)가스
2% 이상의 수분에 의해 중합되어 중합 폭발 발생

CBT 정답 및 해설

58 정답 | ④
풀이 | $℃ = \dfrac{5}{9} \times (℉ - 32)$
$= \dfrac{5}{9} \times (-40 - 32)$
$= -40$

59 정답 | ②
풀이 | CH_4 = 분자량 16, 용적 22.4L
비체적 = $\dfrac{22.4}{16} = 1.40 L/g$

60 정답 | ①
풀이 | $H = 1.293 \times (S-1)h$
$= 1.293 \times (1 - 0.65) \times 10$
$= 4.5255 Aq(mmH_2O)$
1atm = 101,325Pa = 10332.5mmH$_2$O
∴ 4.5255Aq ≒ 44Pa
※ Aq(아쿠아 : 수두압)
Pa(파스칼)

08 CBT 실전모의고사

01 다음은 도시가스사용시설의 월사용예정량을 산출하는 식이다. 이 중 기호 "A"가 의미하는 것은?

$$Q = \frac{(A \times 240) + (B \times 90)}{11,000}$$

① 월사용예정량
② 산업용으로 사용하는 연소기의 명판에 기재된 가스소비량의 합계
③ 산업용이 아닌 연소기의 명판에 기재된 가스소비량의 합계
④ 가정용 연소기의 가스소비량 합계

02 LPG 충전·집단공급 저장시설의 공기에 의한 내압시험 시 상용압력의 일정·압력 이상으로 승압한 후 단계적으로 승압시킬 때 사용압력의 몇 %씩 증가시켜 내압시험압력에 달하도록 하여야 하는가?

① 5 ② 10
③ 15 ④ 20

03 지상에 액화석유가스(LPG) 저장탱크를 설치할 때 냉각살수장치는 일반적인 경우 그 외면으로부터 몇 m 이상 떨어진 것에서 조작할 수 있어야 하는가?

① 2 ② 3
③ 5 ④ 7

04 아세틸렌가스를 제조하기 위한 설비를 설치하고자 할 때 아세틸렌가스가 통하는 부분에 동합금을 사용할 경우 동함유량은 몇 % 이하의 것을 사용하여야 하는가?

① 62 ② 72
③ 75 ④ 85

05 다음 중 동이나 동합금이 함유된 장치를 사용하였을 때 폭발의 위험성이 가장 큰 가스는?

① 황화수소　　　　　② 수소
③ 산소　　　　　　　④ 아르곤

06 전기시설물과의 접촉 등에 의한 사고의 우려가 없는 장소에서 일반도시가스사업자 정압기의 가스방출관 방출구는 지면으로부터 몇 m 이상의 높이에 설치하여야 하는가?

① 1　　　　　　　　② 2
③ 3　　　　　　　　④ 5

07 LPG 사용시설에 사용하는 압력조정기에 대하여 실시하는 각종 시험압력 중 가스의 압력이 가장 높은 것은?

① 1단 감압식 저압조정기의 조정압력
② 1단 감압식 저압조정기의 출구 측 기밀시험압력
③ 1단 감압식 저압조정기의 출구 측 내압시험압력
④ 1단 감압식 저압조정기의 안전밸브작동개시압력

08 다음은 이동식 압축천연가스 자동차 충전시설을 점검한 내용이다. 이 중 기준에 부적합한 것은?

① 이동충전차량과 가스배관구를 연결하는 호스의 길이가 6m였다.
② 가스배관구 주위에는 가스배관구를 보호하기 위하여 높이 40cm, 두께 13cm인 철근콘크리트 구조물이 설치되어 있었다.
③ 이동 충전차량과 충전설비 사이 거리는 8m이었고, 이동충전차량과 충전설비 사이에 강판제 방호벽이 설치되어 있었다.
④ 충전설비 근처 및 충전설비에서 6m 떨어진 장소에 수동 긴급차단장치가 각각 설치되어 있었으며 눈에 잘 띄었다.

09 내용적 1,000L 이하인 암모니아를 충전하는 용기를 제조할 때 부식여유의 두께는 몇 mm 이상으로 하여야 하는가?
① 1 ② 2
③ 3 ④ 5

10 고압가스 운반기준에 대한 설명 중 틀린 것은?
① 밸브가 돌출한 충전용기는 고정식 프로텍터나 캡을 부착하여 밸브의 손상을 방지한다.
② 충전 용기를 운반할 때 넘어짐 등으로 인한 충격을 방지하기 위하여 충전용기를 단단하게 묶는다.
③ 위험인물안전관리법이 정하는 위험물과 충전용기를 동일차량에 적재 시는 1m 정도 이격시킨 후 운반한다.
④ 염소와 아세틸렌·암모니아 또는 수소는 동일차량에 적재하여 운반하지 않는다.

11 다음 용기종류별 부속품의 기호가 옳지 않은 것은?
① 저온용기의 부속품 : LT
② 압축가스 충전용기 부속품 : PG
③ 액화가스 충전용기 부속품 : LPG
④ 아세틸렌가스 충전용기 : AG

12 다음 독성 가스의 제독제로 가성소다수용액이 사용되지 않는 것은?
① 포스겐 ② 염화메탄
③ 시안화수소 ④ 아황산가스

13 가연성 가스를 취급하는 장소에는 누출된 가스의 폭발사고를 방지하기 위하여 전기설비를 방폭구조로 한다. 다음 중 방폭구조가 아닌 것은?
① 안전증방폭구조 ② 내열방폭구조
③ 압력방폭구조 ④ 내압방폭구조

14 특정고압가스 사용시설의 시설기준 및 기술기준으로 틀린 것은?
① 저장시설의 주위에는 보기 쉽게 경계표지를 할 것
② 사용시설은 습기 등으로 인한 부식을 방지하는 조치를 할 것
③ 독성 가스의 감압설비와 그 가스의 반응설비 간의 배관에는 일류방지장치를 할 것
④ 고압가스의 저장량이 300kg 이상인 용기 보관실의 벽은 방호벽으로 할 것

15 우리나라도 지진으로부터 안전한 지역이 아니라는 판단하에 고압가스설비를 설치할 때에는 내진설계를 하도록 의무화하고 있다. 다음 중 내진설계 대상이 아닌 것은?
① 동체부의 높이가 3m인 증류탑
② 저장능력이 1,000m³인 수소저장탱크
③ 저장능력이 5톤인 염소저장탱크
④ 저장능력이 10톤인 액화질소저장탱크

16 다음 중 가연성이며 독성 가스인 것은?
① NH_3
② H_2
③ CH_4
④ N_2

17 일반도시가스사업의 가스공급시설 중 최고사용압력이 저압인 유수식 가스홀더에서 갖추어야 할 기준이 아닌 것은?
① 가스 방출장치를 설치한 것일 것
② 봉수의 동결방지조치를 한 것일 것
③ 모든 관의 입·출구에는 반드시 신축을 흡수하는 조치를 할 것
④ 수조에 물 공급관과 물이 넘쳐 빠지는 구멍을 설치한 것일 것

18 고압가스 운반 시 사고가 발생하여 가스 누출부분의 수리가 불가능한 경우의 조치사항으로 틀린 것은?

① 상황에 따라 안전한 장소로 운반할 것
② 착화된 경우 용기 파열 등의 위험이 없다고 인정될 때는 그대로 둘 것
③ 독성 가스가 누출할 경우에는 가스를 제독할 것
④ 비상연락망에 따라 관계 업소에 원조를 의뢰할 것

19 액화암모니아 50kg을 충전하기 위하여 용기의 내용적은 몇 L로 하여야 하는가? (단, 암모니아의 정수 C는 1.86이다.)

① 27
② 40
③ 70
④ 93

20 LP가스가 충전된 납붙임용기 또는 접합용기는 얼마의 온도범위에서 가스누출시험을 할 수 있는 온수시험탱크를 갖추어야 하는가?

① 20℃ 이상 32℃ 미만
② 35℃ 이상 45℃ 미만
③ 46℃ 이상 50℃ 미만
④ 52℃ 이상 60℃ 미만

21 액화석유가스 충전사업시설 중 두 저장탱크의 최대직경을 합산한 길이의 $\frac{1}{4}$이 0.5m일 경우 저장탱크 간의 거리는 몇 m 이상을 유지하여야 하는가?

① 0.5
② 1
③ 2
④ 3

22 다음 중 초저온 용기에 대한 신규 검사항목에 해당되지 않는 것은?

① 압궤시험
② 다공도 시험
③ 단열성능시험
④ 용접부에 관한 방사선 검사

23 다음 중 고압가스관련설비가 아닌 것은?
① 일반압축가스배관용 밸브
② 자동차용 압축천연가스 완속충전설비
③ 액화석유가스용 용기 잔류가스회수장치
④ 안전밸브, 긴급차단장치, 역화방지장치

24 고압가스 용기의 어깨부분에 "FP : 15MPa"라고 표기되어 있다. 이 의미를 옳게 설명한 것은?
① 사용압력이 15MPa이다.
② 설계압력이 15MPa이다.
③ 내압시험압력이 15MPa이다.
④ 최고충전압력이 15MPa이다.

25 저장탱크의 방류둑 용량은 저장능력 상당용적 이상의 용적이어야 한다. 다만, 액화산소 저장탱크의 경우에는 저장능력 상당용적의 몇 % 용량 이상으로 할 수 있는가?
① 40
② 60
③ 80
④ 90

26 가연성 액화가스를 충전하여 200km를 초과하여 운반할 경우 몇 kg 이상일 때 운반책임자를 동승시켜야 하는가?
① 1,000
② 2,000
③ 3,000
④ 6,000

27 프로판가스의 위험도(H)는 약 얼마인가?(단, 공기 중의 폭발범위는 2.1~9.5v%이다.)
① 2.1
② 3.5
③ 9.5
④ 11.6

28. 아세틸렌가스 또는 압력이 9.8MPa 이상인 압축가스를 용기에 충전하는 경우에 압축기와 그 충전장소 사이에 다음 중 반드시 설치하여야 하는 것은?
   ① 가스방출장치
   ② 안전밸브
   ③ 방호벽
   ④ 압력계와 액면계

29. 방류둑 내측 및 그 외면으로부터 몇 m 이내에는 그 저장탱크의 부속설비 외의 것을 설치하지 않아야 하는가?(단, 저장능력이 2천 톤인 가연성 가스 저장탱크시설이다.)
   ① 10
   ② 15
   ③ 20
   ④ 25

30. 카바이드(CaC_2) 저장 및 취급 시의 주의사항으로 옳지 않은 것은?
   ① 습기가 있는 곳을 피할 것
   ② 보관 드럼통은 조심스럽게 취급할 것
   ③ 저장실은 밀폐구조로 바람의 경로가 없도록 할 것
   ④ 인화성, 가연성 물질과 혼합하여 적재하지 말 것

31. 도시가스에는 가스 누출 시 신속한 인지를 위해 냄새가 나는 물질(부취제)을 첨가하고, 정기적으로 농도를 측정하도록 하고 있다. 다음 중 농도측정방법이 아닌 것은?
① 오더(Oder)미터법
② 주사기법
③ 냄새 주머니법
④ 햄펠(Hempel)법

32. 다음 배관 부속품 중 유니온 대용으로 사용할 수 있는 것은?
① 엘보
② 플랜지
③ 리듀서
④ 부싱

33. LP가스용기로서 갖추어야 할 조건으로 틀린 것은?
① 사용 중에 견딜 수 있는 연성, 인장강도가 있을 것
② 충분한 내식성, 내마모성이 있을 것
③ 완성된 용기는 균열, 뒤틀림, 찌그러짐 기타 해로운 결함이 없을 것
④ 중량이면서 충분한 강도를 가질 것

34. 회전펌프의 일반적인 특징으로 틀린 것은?
① 토출압력이 높다.
② 흡입양정이 작다.
③ 연속회전하므로 토출액의 맥동이 적다.
④ 점성이 있는 액체에 대해서도 성능이 좋다.

35. 산소용기의 최고 충전압력이 15MPa일 때, 이 용기의 내압시험압력은 얼마인가?
① 15MPA
② 20MPa
③ 20MPa
④ 25MPa

36 다음 [보기]와 관련 있는 분석법은?

[보기]
- 쌍극자모멘트의 알짜변화
- 진동 짝지움
- Nernst 백열등
- Fourier 변환분광계

① 질량분석법 ② 흡광광도법
③ 적외선 분광분석법 ④ 킬레이트 적정법

37 다음 중 벨로스식 압력측정장치와 가장 관계가 있는 것은?
① 피스톤식 ② 전기식
③ 액체 봉입식 ④ 탄성식

38 세라믹버너를 사용하는 연소기에 반드시 부착하여야 하는 것은?
① 가버너
② 과열방지장치
③ 산소결핍안전장치
④ 전도안전장치

39 도로에 매설된 도시가스배관의 누출 여부를 검사하는 장비로서 적외선 흡광 특성을 이용한 가스누출검지기는?
① FID ② OMD
③ CO검지기 ④ 반도체식 검지기

40 다음 중 전기방식법에 속하지 않는 것은?
① 희생양극법 ② 외부전원법
③ 배류법 ④ 피복방식법

41 "압축된 가스를 단열 팽창시키면 온도가 강하한다."는 것은 무슨 효과라고 하는가?
① 단열효과
② 줄-톰슨 효과
③ 정류효과
④ 팽윤효과

42 왕복식 압축기에서 피스톤과 크랭크 샤프트를 연결하여 왕복운동을 시키는 역할을 하는 것은?
① 크랭크
② 피스톤링
③ 커넥팅 로드
④ 톱 클리어런스

43 액화가스의 비중이 0.8, 배관직경이 50mm이고 시간당 유량이 15톤일 때 배관 내의 평균유속은 약 몇 m/s인가?
① 1.80
② 2.66
③ 7.56
④ 8.52

44 다음 중 구리판, 알루미늄판 등 판재의 연성을 시험하는 방법은?
① 인장시험
② 크리프 시험
③ 에릭션 시험
④ 토션 시험

45 다음 중 액면계의 측정방식에 해당되지 않는 것은?
① 압력식
② 정전용량식
③ 초음파식
④ 환상천평식

46 국제단위계는 7가지의 SI기본단위로 구성된다. 다음 중 기본량과 SI 기본단위가 틀리게 짝지어진 것은?
① 질량 – 킬로그램(kg)
② 길이 – 미터(m)
③ 시간 – 초(s)
④ 몰질량 – 몰(mol)

47 공기 중에서 폭발하한이 가장 낮은 탄화수소는?
① CH_4
② C_4H_{10}
③ C_3H_8
④ C_2H_6

48 표준상태에서 염소가스의 증기비중은 약 얼마인가?
① 0.5
② 1.5
③ 2.0
④ 2.4

49 다음 가스 중 표준상태에서 공기보다 가벼운 것은?
① 메탄
② 에탄
③ 프로판
④ 프로필렌

50 샤를의 법칙에서 기체의 압력이 일정할 때 모든 기체의 부피는 온도가 1℃ 상승함에 따라 0℃ 때의 부피보다 어떻게 되는가?
① 22.4배씩 증가한다.
② 22.4배씩 감소한다.
③ $\frac{1}{273}$씩 증가한다.
④ $\frac{1}{273}$씩 감소한다.

51 다음은 탄화수소(C_mH_n)의 완전연소식이다. ( ) 안에 알맞은 것은?

$$C_mH_n + \left(m + \frac{n}{4}\right)O_2 \rightarrow mCO_2 + (\quad)H_2O$$

① n
② $\frac{n}{2}$
③ m
④ $\frac{m}{2}$

52 다음 중 표준대기압으로 틀린 것은?
① $1.0332 kg/cm^2$
② $1,013.2 bar$
③ $10.332 mH_2O$
④ $76 cmHg$

53 다음 각 가스의 특성에 대한 설명으로 틀린 것은?
① 수소는 고온, 고압에서 탄소강과 반응하여 수소취성을 일으킨다.
② 산소는 공기액화분리장치를 통해 제조하며, 질소와 분리 시 비등점 차이를 이용한다.
③ 일산화탄소의 국내 독성 허용농도는 LC_{50} 기준으로 50ppm이다.
④ 암모니아는 붉은 리트머스를 푸르게 변화시키는 성질을 이용하여 검출할 수 있다.

54 다음 중 이상기체상수 R 값이 1.987일 때 이에 해당되는 단위는?
① $J/mol \cdot K$
② $atm \cdot L/mol \cdot K$
③ $cal/mol \cdot K$
④ $N \cdot m/mol \cdot K$

55 섭씨온도로 측정할 때 상승된 온도가 5℃였다. 이때 화씨온도로 측정하면 상승온도는 몇 도인가?
① 7.5
② 8.3
③ 9.0
④ 41

 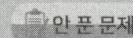 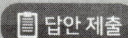

08회 CBT 실전모의고사

56 부탄 1m³을 완전 연소시키는 데 필요한 이론공기량은 약 몇 m³인가?(단, 공기 중의 산소농도는 21v%이다.)

① 5
② 23.8
③ 6.5
④ 31

57 메탄(CH_4)의 성질에 대한 설명 중 틀린 것은?

① 무색, 무취의 기체로 잘 연소한다.
② 무극성이며 물에 대한 용해도가 크다.
③ 염소와 반응시키면 염소화합물을 만든다.
④ 니켈촉매하에 고온에서 산소 또는 수증기를 반응시키면 CO와 H_2를 발생한다.

58 물을 전기분해하여 수소를 얻고자 할 때 주로 사용되는 전해액은 무엇인가?

① 25% 정도의 황산 수용액
② 1% 정도의 묽은 염산 수용액
③ 10% 정도의 탄산칼슘 수용액
④ 20% 정도의 수산화나트륨 수용액

59 다음 중 LP가스의 제조법이 아닌 것은?

① 석유정제공정으로부터 제조
② 일산화탄소의 전화법에 의해 제조
③ 나프타 분해 생성물로부터의 제조
④ 습성천연가스 및 원유로부터의 제조

60 하버 – 보시법으로 암모니아 44g을 제조하려면 표준상태에서 수소는 약 몇 L가 필요한가?

① 22
② 44
③ 87
④ 100

CBT 정답 및 해설

01	02	03	04	05	06	07	08	09	10
②	②	③	①	①	④	③	①	①	③
11	12	13	14	15	16	17	18	19	20
③	②	②	③	①	①	③	②	④	③
21	22	23	24	25	26	27	28	29	30
②	②	①	④	②	③	②	③	①	③
31	32	33	34	35	36	37	38	39	40
④	②	④	②	④	③	④	①	②	④
41	42	43	44	45	46	47	48	49	50
②	③	②	③	④	④	②	④	①	③
51	52	53	54	55	56	57	58	59	60
②	②	③	③	③	④	②	④	②	③

01 정답 | ②
풀이 | ① A : 산업용으로 사용하는 연소기의 명판에 기재된 가스소비량의 합계
② Q : (가)의 설명
③ B : (다)의 설명

02 정답 | ②
풀이 | LPG 승압 시 상용압력의 10%씩 증가시킨다.

03 정답 | ③
풀이 | 살수장치의 조작 이격거리
저장탱크 외면에서 5m 이상 떨어진 곳

04 정답 | ①
풀이 | 동합금은 62 이하의 것 사용

05 정답 | ①
풀이 | 황화수소($2H_2S$) + $4Cu$(구리) + O_2
→ $2Cu_2S$ + $2H_2O$
황화물 생성

06 정답 | ④
풀이 | 가스방출관 방출구
지면에서 5m 이상의 높이

07 정답 | ③
풀이 | 내압시험압력은 조정압력이나 기밀시험 압력 또는 안전밸브의 작동개시압력보다 높다.($3kg/cm^2$ 압력)

08 정답 | ①
풀이 | 호스의 길이 : 5m

09 정답 | ①
풀이 | ① 암모니아 : 1mm 이상
② 염소 : 3mm(내용적 1,000L 초과는 5mm)

10 정답 | ③
풀이 | 고압가스와 소방법이 정하는 위험물과는 동일차량에 운반하지 아니할 것

11 정답 | ③
풀이 | LT : 초저온 용기 및 저온용기
LG : 액화석유가스(LPG) 외의 액화가스

12 정답 | ②
풀이 | 염화메탄 제독제
다량의 물

13 정답 | ②
풀이 | ② : 유입방폭구조, 본질안전 방폭구조의 내용이 필요하다.

14 정답 | ③
풀이 | 독성 가스에는 일반적으로 역류방지장치가 필요하다.

15 정답 | ①
풀이 | 높이 3m 정도의 증류탑에는 내진설계가 불필요하다.

16 정답 | ①
풀이 | 암모니아(NH_3)
① 가연성 폭발범위 : 15~28%
② 독성허용농도 : LC 기준 7,338ppm

17 정답 | ③
풀이 | 신축흡수장치는 온도와 관계된다.

18 정답 | ②
풀이 | 가스운반 시 가스 누출부분에 착화가 된 경우 신속히 소화시킬 것

19 정답 | ④
풀이 | $V = W \times C = 50 \times 1.86 = 93L$

20 정답 | ③
풀이 | 온수시험온도
46~50℃ 미만

21 정답 | ②
풀이 | $\frac{1}{4}$이 1m 미만인 경우 이격거리는 1m 이상이다.

22 정답 | ②
풀이 | 초저온용기 신규검사에서 다공도 시험은 면제된다.

23 정답 | ①
풀이 | 관련설비
① 안전밸브, 긴급차단장치, 역화방지장치
② 기화장치
③ 압력용기
④ 자동차용 가스 자동 주입기
⑤ 독성 가스 배관용 밸브

24 정답 | ④
풀이 | FP : 최고충전압력 표시

25 정답 | ②
풀이 | 액화산소 저장 탱크 방류둑 저장 능력은 상당용적의 60% 이상

26 정답 | ③
풀이 | 액화가스 용량이 가연성의 경우 3,000kg 이상이면 운반책임자를 동승시켜야 한다.

27 정답 | ②
풀이 | $H = \frac{L-u}{u} = \frac{9.5-2.1}{2.1} = 3.52$

28 정답 | ③
풀이 | 아세틸렌가스 또는 압력이 9.8MPa(100kg/cm^2) 이상인 압축가스를 용기에 충전하는 경우 반드시 방호벽이 필요하다.

29 정답 | ①
풀이 | 방류둑 내측이나 그 외면 10m 이내에는 부속설비 외의 것은 설치하지 않는다.

30 정답 | ③
풀이 | 카바이드 저장 시 아세틸렌의 발생 우려 때문에 저장실은 개방식 구조로 한다.

31 정답 | ④
풀이 | 도시가스 농도측정법
① 오더 미터법
② 주사기법
③ 냄새주머니법

32 정답 | ②
풀이 | 플랜지 : 유니온 이음 대용

33 정답 | ④
풀이 | 가스용기는 중량이면 운반이 용이하지 못하다.

34 정답 | ②
풀이 | 회전식 펌프는 흡입양정이 크다.

35 정답 | ④
풀이 | 내압시험 : 최고충전압력 × $\frac{5}{3}$ 배
∴ $15 \times \frac{5}{3} = 25$ MPa

36 정답 | ③
풀이 | 적외선 분광분석법
쌍극자 모멘트의 알짜변화를 일으킬 진동에 의해서 적외선을 이용한 분석법(2원자 분자가스는 분석 불가)

37 정답 | ④
풀이 | 벨로스식, 다이어프램식, 부르동관식은 탄성식 압력계

38 정답 | ①
풀이 | 버너입구에는 정압기(가버너)가 반드시 부착되어야 한다.

39 정답 | ②
풀이 | OMD
도로에 매설된 배관의 적외선 흡광특성을 이용한 가스누출 검지기

40 정답 | ④
풀이 | ④ : 선택배류법, 강제배류법이 필요하다.

CBT 정답 및 해설

41 정답 | ②
풀이 | 줄-톰슨 효과
압축가스를 단열 팽창시키면 온도가 강하한다.

42 정답 | ③
풀이 | 커넥팅 로드
압축기 피스톤과 크랭크 샤프트를 연결시킨다.

43 정답 | ②
풀이 | 단면적 $= \dfrac{3.14}{4} \times (0.05)^2 = 0.0019625 \text{m}^3$
∴ $V = \dfrac{Q}{A} = \dfrac{15}{0.0019625 \times 3,600 \times 0.8}$
$≒ 2.66 \text{m/s}$
※ 1시간 = 3,600초

44 정답 | ③
풀이 | 에릭션 시험
구리판, 알루미늄판의 연성시험

45 정답 | ④
풀이 | 환상천평식
압력계

46 정답 | ④
풀이 | 물질량 : 기본단위는 몰(mol)
몰질량 : 분자량 값의 질량

47 정답 | ②
풀이 | 메탄(CH_4) : 5~15%
부탄(C_4H_{10}) : 1.8~8.4%
프로판(C_3H_8) : 2.1~9.5%
에탄(C_2H_6) : 3~12.5%

48 정답 | ④
풀이 | Cl_2 분자량 ≒ 71, 공기분자량 29
∴ 비중 $= \dfrac{71}{29} = 2.44$

49 정답 | ①
풀이 | 공기 분자량 29보다 가벼운 가스와 무거운 가스
① 메탄 분자량 : 16
② 에탄 분자량 : 30
③ 프로판 분자량 : 44
④ 프로필렌 분자량 : 42

50 정답 | ③
풀이 | 샤를의 법칙에 의해 가스는 1℃ 상승함에 따라 0℃ 때의 부피보다 $\dfrac{1}{273}$ 만큼 부피가 증가

51 정답 | ②
풀이 | $\underline{C_mH_n} + \left(m + \dfrac{n}{4}\right)O_2 \rightarrow mCO_2 + \dfrac{n}{2} H_2O$
중탄화수소

52 정답 | ②
풀이 | 표준대기압(1atm) = 1.01325bar

53 정답 | ③
풀이 | • 독성 가스 : $\dfrac{5,000}{100만}$ ppm 이하
• 염소 : 293ppm
• 아황산가스 : 2,520ppm
• CO : 3,760ppm
• 암모니아 : 7,338ppm
• 염화메탄 : 8,300ppm
• 실란 : 19,000ppm
• 삼불화질소 : 6,700ppm

54 정답 | ③
풀이 | R : 1.987cal/mol · K
R : 8.314J/mol · K

55 정답 | ③
풀이 | $\dfrac{180(℉)}{100(℃)} \times 5 = 9.0℉$

56 정답 | ④
풀이 | $C_4H_{10} + 6.5O_2 \rightarrow 4CO_2 + 5H_2O$
이론공기량$(A_o) = 6.5 \times \dfrac{100}{21}$
$= 30.95 \text{m}^3/\text{m}^3$

57 정답 | ②
풀이 | 메탄은 무극성이며 수분자와는 결합 성질이 없으므로 용해도가 적다.

58 정답 | ④
풀이 | $2H_2O \rightarrow \underline{2H_2} + \underline{O_2} + $ (NaOH 수용액)
　　　　　　 -극　+극

CBT 정답 및 해설

59 정답 | ②
풀이 | LPG[Liquefied Petroleum Gas]
　　　　　　액화　　석유　　가스
일산화탄소(CO)와는 관련성이 없다.

60 정답 | ③
풀이 | NH_3(분자량 17)
하버 – 보시법
$\underline{3H_2} + \underline{N_2} \rightarrow \underline{2NH_3} + 24kcal$
　6g　28g　34g

∴ $34 : 6 = 44 : x$, $x = 6 \times \dfrac{44}{34} = 7.764g$

$7.764 \times \dfrac{22.4}{2} = 87L$(수소가스)

※ 수소분자량 = 2, 2g = 22.4L

저자약력

권오수
- 한국가스기술인협회 회장
- 한국에너지관리자격증연합회 회장
- 한국기계설비관리협회 명예회장
- 한국보일러사랑재단 이사장
- 가스기술기준위원회 분과위원
- 한국가스신문사 기술자문위원

권혁채
- 가스분야 직업훈련교사
- 서울 제일열관리기술학원 가스분야 강사 역임
- 서울 중앙열관리기술학원 가스분야 강사 역임
- 한국가스기술인협회 사무총장 역임
- 도시가스, 액화석유가스 전문기술인
- 올윈에듀 가스분야 동영상 전문강사

임창기
- 現 인천도시가스 재직 중
- 한국가스신문사 명예기자
- 직업능력개발훈련교사(가스, 에너지, 배관)
- 우수숙련기술자 선정, 가스분야(고용노동부)
- NCS확인강사(산업안전분야)
- 한국가스기술인협회 임원

가스기능사 필기

발행일 | 2012. 2. 10. 초판 발행
2013. 1. 10. 개정 1판1쇄
2014. 1. 15. 개정 2판1쇄
2014. 4. 30. 개정 3판1쇄
2015. 1. 20. 개정 4판1쇄
2015. 4. 30. 개정 5판1쇄
2016. 1. 20. 개정 6판1쇄
2017. 1. 10. 개정 7판1쇄
2018. 1. 10. 개정 8판1쇄
2019. 1. 10. 개정 9판1쇄
2020. 1. 10. 개정 9판2쇄
2021. 1. 10. 개정 10판1쇄
2022. 3. 30. 개정 11판1쇄
2024. 1. 30. 개정 12판1쇄
2025. 1. 10. 개정 13판1쇄
2026. 1. 20. 개정 14판1쇄

저 자 | 권오수 · 권혁채 · 임창기
발행인 | 정용수
발행처 | 예문사

주 소 | 경기도 파주시 직지길 460(출판도시) 도서출판 예문사
TEL | 031) 955-0550
FAX | 031) 955-0660
등록번호 | 11-76호

- 이 책의 어느 부분도 저작권자나 발행인의 승인 없이 무단 복제하여 이용할 수 없습니다.
- 파본 및 낙장은 구입하신 서점에서 교환하여 드립니다.
- 예문사 홈페이지 http://www.yeamoonsa.com

정가 : 29,000원

ISBN 978-89-274-5880-7   13570